市版权局著作权合同登记号 图字：01-2024-3396

图书在版编目(CIP)数据

强化学习与随机优化 : 序贯决策的通用框架 /
沃伦·B.鲍威尔 (Warren B.Powell) 著 ; 郭涛译.
: 清华大学出版社, 2025. 7. -- ISBN 978-7-302-69714-5

Ⅰ. TP181
中国国家版本馆CIP数据核字第2025LY6673号

编辑：王　军　刘远菁
设计：高娟妮
设计：恒复文化
校对：马遥遥
印制：沈　露

发行：清华大学出版社
网　　　址：https://www.tup.com.cn，https://www.wqxuetang.com
地　　　址：北京清华大学学研大厦 A 座　　　邮　　编：100084
社　总　机：010-83470000　　　　　　　　邮　　购：010-62786544
投稿与读者服务：010-62776969，c-service@tup.tsinghua.edu.cn
质　量　反　馈：010-62772015，zhiliang@tup.tsinghua.edu.cn
装　者：涿州汇美亿浓印刷有限公司
销：全国新华书店
本：170mm×240mm　　　印　张：50.25　　　字　数：1070 千字
次：2025 年 9 月第 1 版　　　印　次：2025 年 9 月第 1 次印刷
价：256.00 元

编号：097949-01

强化学习与随机优 序贯决策的通用框

[美] 沃伦·B. 鲍威尔(Warren B. Powell

郭 涛

清華大学出版社

北 京

译者序

强化学习是一种重要的机器学习范式，智能体通过与环境的交互，根据环境给予的奖励信号不断优化其动作策略，从而最大化累积回报。这一范式的兴起，推动了大模型与智能体时代的到来。近年来，基于人类反馈的强化学习(Reinforcement Learning from Human Feedback，RLHF)成为关键算法之一，它通过优化大模型的奖励模型，将人类的价值观与偏好纳入人工智能系统的学习过程，极大地提升了模型对人类意图的对齐能力。在此基础上，Google Research团队进一步提出了基于人工智能反馈的强化学习(Reinforcement Learning from AI Feedback，RLAIF)，这一方法为强化学习提供了新的可扩展途径，不再依赖高昂且耗时的人类标注收集，却依然能够获得与人类反馈相当的性能表现。值得一提的是，在DeepSeek-R1-Zero和DeepSeek-R1模型中，研究者直接应用了强化学习以及群体相对策略优化(Group Relative Policy Optimization，GRPO)等新型算法，显著增强了大模型的推理能力，标志着大模型的发展进入了新的阶段。

1. 为什么向读者推荐本书

在翻译、出版《深度强化学习图解》之后，我被强化学习中蕴含的数学建模思想深深吸引，由此萌生了进一步研读相关著作的念头。一次偶然的契机使我在Warren B. Powell教授团队CASTLE Labs的主页上发现了这本堪称"宝藏"的著作。在深入了解Powell教授的学术经历后，我更为其深厚的学识与卓越的贡献所折服。

Warren B. Powell教授曾任普林斯顿大学教授，是CASTLE Labs和PENSA的创始人。四十余年来，他在强化学习与随机优化领域作出了开创性的贡献。本书正是其长期研究与不断探索的结晶，历经十余年，不断发展与完善。其源头可追溯至2011年出版的 *Approximate Dynamic Programming: Solving the Curses of Dimensionality* 与2012年出版的 *Optimal Learning*。这两部著作作为动态优化与学习领域的重要成果奠定了基础。

在随后的十余年中，作者不断探索、思考并总结研究成果，提出了以"先建模、后求解"为核心的全新理念，并构建了"序贯决策"的通用框架。书中系统阐述了四类通用策略(PFA、CFA、VFA、DLA)的设计与学习方法，涵盖混合学习与优化、机器学习与序贯决策的桥接、从确定性优化到随机优化、从单智能体到多智能体等广阔主题。近年来，Powell教授还在丰田北美总部的演讲中提出人工智能的七个层级，其中将"序贯决策"定位为第六级人工智能，认为其是支撑大模型(第四级人工智能)推理与智能决策的核心方法。他再次强调了"先建模、后求解"的理念及四类通用策略的价值与实现路径。

本书不仅在内容上具有经典性与权威性，也在方法论与实践路径上为计算随机优化与学习、大模型智能体优化提供了系统而深刻的框架。其所提出的决策与推理建模思想，既是学术探索的指引，也是实践落地的指南。无论是致力于大模型、智能体推理与优化等前沿领域的研究者，还是希望夯实理论、拓展视野的读者，都能从本书中获益良多。强烈推荐！

2. 如何使用本书

本书内容涵盖广泛的理论与数学公式，难度较高，常令读者在面对密集的推导与表达时汗流浃背甚至望而却步。为帮助读者更好地理解并掌握书中的思想，我在此提供学习路径与相关资源，协助读者循序渐进地进入本书的知识体系，并将其有效运用于学业与工作中。

1) 学习方法

(1) 整体把握，建立框架：建议读者首先关注作者提出的建模思想、框架、策略与实现路径，从整体上理解其技术体系与方法论。

(2) 专题研读，结合实践：在总体理解的基础上，选择某一专题深入研究，准确把握公式的理论含义，并通过Python或MATLAB编写代码，将理论与实践紧密结合起来。

(3) 迁移应用，发挥价值：结合自身研究方向或工作实践，将相关的建模思想与理论方法加以运用，力求真正发挥其价值。

2) 学习路线

(1) 通读本书，掌握范式：建议先通读本书，从整体上掌握作者的技术体系和方法论。

(2) 专题拓展，研读资源：针对感兴趣的专题，进一步学习作者提供的在线资源。[①]

(3) 延伸阅读，代码实践：重点推荐阅读作者的两部著作——*Sequential Decision Analytics and Modeling*与*A Modern Approach to Teaching an Introduction to Optimization*(扫描下方二维码即可延伸阅读)，并结合作者在GitHub发布的源码进行实战操作。

(4) 前沿动态，实时更新：若读者希望及时了解人工智能大模型与强化学习的最新技术进展，可扫描下方二维码，查看我整理的《AI大模型强化学习技术进展》PPT，以获得持续更新的参考资料。

---

① 扫描书中二维码，即可查看相应的拓展资源。

(5) 获取学习资源：本书作者提供了配套的PPT资源以及370个代码示例，扫描下方二维码即可下载。

PPT资源　　　　代码示例

3. 为什么要翻译本书

读完本书后，我对作者的学术经历、研究成果以及全书的宏阔视野深感震撼。心念至此，既然作者已将自己与团队多年来在该领域积累的心血汇聚成书，我为何不将这一宝贵成果译为中文，使更多读者能够领略其中的思想与方法呢？

"道阻且长，行则将至；行而不辍，未来可期。"这句话正是本书翻译过程的真实写照。三年半的时间里，翻译之路漫长而艰辛。反复重译、不断打磨的过程几近无数；为追求术语的准确性与表达的地道性，不得不多次向业内学者请教。时而在心理压力下濒临崩溃，时而又从作者网站的思想与精神中汲取力量，不断重建信心，最终才得以完成本书的翻译工作。

原著堪称鸿篇巨制，也是迄今为止我翻译过篇幅最长、耗时最久的一部著作。由于书中涉及的强化学习与随机过程的理论体系宏大、术语纷繁，而国内学界对部分概念的译法尚存分歧，为确保本书术语的一致性，我在充分研读相关文献的基础上，参考了以下出版物的译法与表述：北京大学董豪等著的《深度强化学习：基础、研究与应用》、上海交通大学俞勇教授团队编写的《动手学强化学习》、中国科学院计算技术研究所赵地研究员团队翻译的《强化学习》、上海交通大学计算机科学与工程系俞凯教授翻译的《强化学习》(第2版)、刘次华编写的《随机过程》(第5版)、胡奇英等编写的《随机过程》(第2版)、刘澍编写的《随机过程》。此外，谨向清华大学出版社的编辑、校对与排版团队致以诚挚谢意，他们为保证本书的高质量出版付出了大量心血。

本书内容宏富而深刻，而译者水平有限，译文中难免有不足之处，诚恳期待各位读者批评、指正。

致谢

本书主要讲述序贯决策问题的建模框架，涉及搜索4类决策策略。我们之所以需要所有4类策略，是因为我们处理的问题涉及的领域广泛，包括货物运输(几乎所有模式)、能源、卫生、电子商务、金融，甚至材料科学。

关于序贯决策的研究涉及大量的计算工作，离不开CASTLE实验室的许多学生和工作人员的努力。在普林斯顿大学任教的39年生涯中，我与70名研究生和博士后同事以及9名专业人员朝夕相处，受益匪浅。衷心地感谢这群才华横溢的研究者所作的贡献，是他们使我有机会加入这个"通过计算方法解决广泛问题"的挑战。也正是这种问题的多样性激励着我研究解决问题的不同方法。在这个过程中，我遇到了来自"丛林"对面的研究者，通过阅读他们的论文，与他们交谈，甚至帮助他们攻克难题，我学会了他们的语言。

我还要感谢我在指导两百余篇高级论文的过程中所获得的感悟。虽然本科生的研究较为浅显，但他们确实帮助我接触到了更广泛的问题，这些主题涵盖了体育、卫生、城市交通、社交网络、农业、制药，甚至希腊货船优化等领域。2008年，正是这些本科生加快了我进入能源领域的步伐，使我得以尝试建模并解决各种问题，包括微电网、太阳能电池阵列、储能、需求管理和风暴应对等。这段经历使我接触到了新的挑战、新的方法，而最重要的是帮助我接触到了工程和经济的新领域。

鉴于CASTLE实验室的学生和工作人员太多，无法在这里全数列出，我特意在实验室网站中列出了一幅学术谱系图，并在此向名单上的每一个人致以最诚挚的感谢！

特别感谢CASTLE实验室的资助者，其中不乏众多的政府资助机构，如美国国家科学基金会、美国空军科学研究办公室、DARPA、美国能源部(经由哥伦比亚大学和特拉华大学引荐)和劳伦斯利弗莫尔国家实验室(我的首位能源领域的资助者)。特别感谢AFOSR的优化和离散数学项目，该项目为我提供了近30年的持续资助。我要向ODM的项目经理表示感谢，他们是Neal Glassman(帮助我启动了该项目)、Donald Hearn(向我引荐了材料科学项目)、Fariba Fahro(其对这项研究的热情决定了该项研究在AFOSR的生死存亡)和Warren Adams。感谢这些项目经理多年来所发挥的举足轻重的作用，正是他们将学术研究人员和决策者(将研究成果出售给美国国会的人)连接起来。

我想感谢业界赞助商以及助力这项研究的专业人员。CASTLE实验室最鲜明的特点之一是,不仅撰写学术论文和运行计算机模拟,还在实地开展研究。我们会与某家公司合作,找出问题,建立一个模型,然后观察它是否有效,但它通常无效。这才是真正的研究,我曾经在一本名为*From the Laboratory to the Field, and Back*(《从实验室到现场,再回到实验室》)的小册子中记录了整个过程。正是这个反复的过程让我学会了如何建模和解决实际问题。我们在早期取得过一些成功,随后在解决更困难的问题时又经历了一段失败。但在21世纪初,我们取得了两项惊人的成功:在诺福克南部铁路使用近似动态规划实现了机车优化系统,并为施耐德公司(美国最大的卡车运输公司之一)提供了战略车队模拟器。该软件后来被授权给Optimal Dynamics,由其在卡车装载行业实施该技术。业界赞助商在助力我们的研究时没有得到任何保证,但是他们对我的(有时甚至是错位的)信心在我们的学习过程中发挥了至关重要的作用。

大学(尤其是普林斯顿这样的大学)研究实验室与业界合作,会带来少有人理解的管理方面的挑战。普林斯顿大学的资助官员John Ritter愿意就公司资助研究并获得软件授权的合同进行谈判,才使我能与业界达成合作。正是因为他们使用了软件,我才能了解哪些有效,哪些无效。John十分清楚,大学的首要任务是支持教师及其研究任务,而非提高许可费用。我想我可以自豪地说,我职业生涯中的5000万美元的研究经费给普林斯顿大学带来了不错的回报。

最后,我还要感谢一些专业人员的付出,是他们的努力使这些工业项目变得可能。其中表现最突出的是Hugo Simao,他是我指导的第一个博士生,毕业后在巴西任教,并于1990年回美国帮助创办了CASTLE实验室。Hugo贡献颇多,其中最重要的是其作为许多重大项目的首席开发人员,为实验室的发展奠定基础,尤其是与Yellow Freight System/YRC维持了长达数十年的关系。他也是为施耐德公司开发的获奖模型的首席开发人员,该模型后来被授权给Optimal Dynamics公司;此外,他还带领团队开发了用于模拟PJM电网的大型能源模型SMART-ISO,这已远远超出了研究生的能力范畴。而且从20世纪90年代开始,在工具还较粗糙的时期,Hugo就能把他的天赋应用于开发复杂系统。Hugo还曾在指导学生(研究生和本科生)处理软件项目的过程中发挥了重要作用,那时恰逢20世纪90年代,当许多人从Fortran语言过渡到C语言之时,我退出了编程界。Hugo的天赋、耐心和崇高的职业操守为CASTLE实验室的壮大奠定了良好的基础。后来加入实验室与Hugo并肩作战的还有Belgacem Bouzaiene Ayari,他在实验室工作了近20年,是诺福克南部铁路获奖项目的首席开发人员,作出过许多贡献。与业界赞助人合作所带来的价值无法用言语衡量,但可以肯定的是,如果没有像Hugo和Belgacem这样的天才研究人员,这项研究是万万不可能实现的。

Warren B. Powell

前言

本书浓缩了我毕生对序贯决策问题的研究，这可以追溯到1982年，当时我初次接触卡车(如优步/来福的卡车)装载运输中出现的问题，考虑到未来客户需求的高度随机性，包括运输整车货物的请求，我们必须权衡分配哪个司机来运输货物，以及哪些货物需要被运走。

我花了20年的时间才找到解决这个问题的实用算法，由此才出版了我的第一本关于近似动态规划的书(2007)，其主要突破是引入了决策后状态，并使用分层聚合来近似价值函数以解决这些高维问题。然而，我现在想说的是(当时我已意识到了这一点)，书中最重要的第5章仅仅提及了如何针对这些问题建模，而并没有提及解决问题的算法。当时，我确定了序贯决策问题的5个要素，从而得出了如下的目标函数：

$$\max_{\pi} \mathbb{E} \left\{ \sum_{t=0}^{T} C(S_t, X^{\pi}(S_t)) | S_0 \right\}$$

直到该书第2版发行(2011)，我才意识到近似动态规划(具体来说是基于价值函数的策略)不是解决这些问题的唯一方法；相反，4类策略中只有一类使用价值函数。该书的2011年版列出了本书中描述的4类策略中的3类，但该书的大部分内容仍然侧重于近似价值函数。在2014年的论文 *Clearing the Jungle of Stochastic Optimization*(《扫除随机优化"丛林"之障碍》)中，我才首次确定了现在使用的4类策略。之后，在2016年，我意识到这4类策略可以分成两种主要策略：策略搜索策略——搜索一系列函数以找到最有效的那个；前瞻策略——通过近似当前决策的下游影响来做出好的决策。

最后，我在2019年发表于 *European Journal for Operational Research*(《欧洲运筹学杂志》)的一篇论文 *A Unified Framework for Random Optimization*(《随机优化的统一框架》)中整合了这些想法，并且更充分地理解了以下主要问题：状态无关问题(包括基于导数的随机搜索和无导数随机搜索的纯学习问题)和更一般的状态相关问题；累积回报和最终回报目标函数；"任何自适应搜索算法都是一个序贯决策问题"。2019年论文中的材料实际上是本书的提纲。

本书以我2011年出版的聚焦于近似动态规划的书为基础，收录了上一本书的很多章节(部分章节改动巨大)，因此也可以称本书为"第3版"。不过，两个版本的框架完全不同。"近似动态规划"(approximate dynamic programming，ADP)这一术语仍然用于指代基于"近似处于某状态的下游价值"的理念来做决策。经过对此方法(其在本书中所占篇幅长达5章)的几十年的研究，我现在可以满怀信心地说，尽管价值函数近似(value function approximation)备受关注，但仅能处理极少的决策问题。

相反，我终于可以肯定：这4类策略具有普适性。这意味着任何决策方法都归属于这4类中的一类，或者算是两类或更多类的混合体。这将重点从算法(决策方法)转移到模型(特别是上述优化问题，以及状态转移函数和外生信息过程模型)上。这意味着，在设计决策策略之前，要先列出问题的要素。我称之为：

先建模，后求解。

研究序贯决策问题的各领域非常关注方法，我以前研究近似动态规划时也是如此。问题是，任何特定的方法本质上都局限于一类问题。在本书中，我演示了如何处理一个简单的库存问题，然后调整数据，以使4类策略中的每一类都能最有效地发挥作用。

这开辟了一种全新的方法来处理问题类。因此，在撰写本书的最后一年，我开始称之为"序贯决策分析"(sequential decision analytics)，其可以是由以下序列组成的任何问题：

决策、信息、决策、信息……

决策包括二元选择(出售资产)、离散选择(在计算机科学中备受青睐)，乃至运筹学中流行的高维资源分配问题。这种方法从一个问题开始，转移到建模不确定性这一挑战性任务，最后设计策略以做出优化某些指标的决策。该方法实用、可扩展且应用广泛。

能够创建一个跨越15个不同领域的通用框架，并使其代表解决序贯决策问题的所有可能方法，这无疑是令人兴奋的。有一种通用语言来模拟任何序贯决策问题，并结合4类策略的一般方法，这显然是有价值的，但这个框架是基于前人的成果而开发的。我不得不选择最优的符号和建模约定，但我的框架包含了为解决这些问题而开发的所有方法。我曾经与大量研究人员一样，只推广特定的算法策略。但我如今的目标是提升所有方法的知名度，从而使试图解决实际问题的人能够尽可能地使用最全的工具箱，而不是局限于某个特定领域开发的工具。

本书书名中的"强化学习"(reinforcement learning，RL)一词必须拿出来单独地讲一讲。在本书的撰写期间，人们对"强化学习"产生了极大的兴趣，它最初是以近似动态规划的形式出现的(我曾将ADP和RL喻为美式英语和英式英语)。然而，随着RL领域不断发展并开始致力于解决更棘手的问题，该领域人员与我和其他ADP研究人员得出了相同的结论：价值函数近似不是万能的——通常无法发挥作用。因此，RL领域开始尝试其他方法(正如我所做的那样)，如"策略梯度法"(英文为policy gradient method，我称之为策略函数近似)、上置信区间(英文为upper confidence bounding，成本函数近似的一种形式)、Q学习

(英文为Q-learning，基于价值函数近似生成策略)，以及蒙特卡洛树搜索(英文为Monte Carlo tree search，基于直接前瞻近似的策略)。所有这些方法都可以在Sutton和Barto的里程碑式代表作*Reinforcement Learning: An introduction*(《强化学习：导论》)的第2版中找到，但仅作为特定方法，而非一般的类。相较之下，本书更深入，并确定了一般类。

这种从一种核心方法到所有4类策略的演变正在"随机优化丛林"的其他领域中重复进行。随机搜索、模拟优化和老虎机问题的所有方法都来自这4类策略。随着时间的推移，我越来越清楚地意识到所有这些领域(包括强化学习)都在追随前人的研究，即最优控制(和随机控制)。最优控制领域率先引入并认真探索了价值函数近似(他们称之为代价函数，英文为cost-to-go function)、线性决策规则(策略函数近似的一种形式)和主力"模型预测控制"(简单的滚动时域法的"大名"，本书称之为"直接前瞻近似")。我还发现，我的建模框架与最优控制相关文献中使用的框架最为接近，相较于其他大多数领域对转移函数概念的视而不见，最优控制是第一个引入这一功能强大的建模方法的领域。我做了一些小调整，例如使用状态S_t而非x_t；使用决策x_t(其广泛用于数学规划领域)而非u_t。

随后，我又引入了一个大的变化，以充分利用所有的4类策略。也许本书最重要的创新是打破了优化策略之间近乎自动的联系，然后假设将根据贝尔曼(Bellman)方程或哈密顿-雅可比(Hamilton-Jacobi)方程来计算最优策略。这些方程几乎不可用于计算实际问题，于是人们认为下一步自然是近似这些方程。然而，几十年的研究证明了这一点是错误的，人们已经开发出了不依赖于HJB方程的方法。我意识到，本研究的主体是通过将所有4类策略原理写入上述优化问题的原始语句来开发不同的策略。

不同领域的人需要花费一些时间学习这种通用语言。更有可能的是，现有的建模语言将适应这个框架。例如，最优控制领域可以保留该领域的符号，但要学会像前面展示的那样编写其目标函数，并意识到对策略的搜索需要跨越所有4个类(需要指出的是，该领域已经在使用了)。我希望采用离散动作符号a的强化学习领域能学会使用更通用的x(就像老虎机问题领域目前所做的那样)。

本书旨在吸引该领域的新手，以及具有处理决策和不确定性的一个或多个子领域背景知识的人；在撰写本书时，我意识到满足这两个广泛的群体无疑是最大的挑战。本书篇幅很长。我通过在许多章节中标记*来标明首次阅读时可以跳过的章节，从而方便新手阅读。我还希望本书能够获得各应用领域研究者的青睐。然而，本书主要面向意图通过建模应用程序并在软件中加以实现来解决实际问题的人。设计符号是为了便于编写计算机程序，其中数学模型和软件之间应该有直接的关系。在对信息流进行建模时，这一点尤为重要；不过，在主流强化学习相关论文中，这一点经常被忽视。

Warren B. Powell

新泽西州普林斯顿

2021年8月

目录

第 **I** 部分
导　论

本书共有20章，分为6个部分。第 I 部分包括4章，为本书的其余部分奠定了基础。

- 第1章介绍"序贯决策分析"的广泛应用领域及通用建模框架，该框架可将序贯决策问题简化为一种寻找决策的方法(规则)，我们称其为策略。

- 第2章介绍不同行业用到的15个主要的典型建模框架。这些行业都从不同的角度处理不确定条件下的序贯决策问题：使用8种不同的建模系统，通常集中于一个主要问题类别，并采用特定的解决方法。我们的建模框架将覆盖所有这些行业。

- 第3章介绍在线学习，重点是序贯学习与批量学习。此章可以被视为机器学习的简介，但几乎完全专注于自适应学习，这也是整本书的重点。

- 第4章将序贯决策问题分为3类，从而为本书的其余部分奠定基础：①可以使用确定性数学解决的问题；②可以使用样本合理近似随机性的问题(然后使用确定性数学解决)；③只能使用自适应学习算法解决的问题，这是本书其余部分的重点。

第1章概述了一个通用建模框架，涵盖所有序贯决策问题；提供了用于建模和解决序贯决策问题的整个框架的图景，这对于任何读者来说都应该是有价值的，无论他们对不确定条件下的决策掌握得如何；描述了问题的范围，简要介绍序贯决策问题的建模，并概述了用来解决这些问题的4类策略(决策方法)。

第2章总结了每个领域的典型建模框架，使用该领域的符号来解决某种形式的序贯决策问题。对该领域完全陌生的读者可以略读此章以初步了解已经采用的各种方法。具有更深背景知识的读者将在一个或多个典型问题上拥有一定程度的专业知识，这将有助于将该类问题与我们的框架联系起来。

第3章深入介绍了在线学习。可以略读此章，然后根据需要选择性地参考其中的内容。可以先阅读3.1节，然后略读其余小节的标题。本书将重复引用此章中的方法。

第4章将随机优化问题分为3类：

(1) 可以使用确定性数学精确解决的随机优化问题。

(2) 可以用固定样本表示不确定性的随机优化问题。这些问题仍然可以用确定性数学来解决。

(3) 只能使用序贯、自适应学习算法解决的随机优化问题。这将是本书其余部分的重点。

此章旨在提醒我们，有一些特殊的问题可以通过用采样近似值替换原始期望值来精确地解决。此章最后会介绍与学习问题相关的一些基本概念，包括对在线问题和离线问题进行重要的区分，并确定用于设计自适应学习策略的不同策略。

第 *1* 章

序贯决策问题

简单而言，一个序贯决策问题由以下序列组成：

决策、信息、决策、信息、决策······

做决策时，会产生成本或获得回报。我们面临的挑战是，如何表示将要到达的信息，以及如何在现在和将来做决策。本书的目标是对这些问题进行建模，并在新信息存在不确定性的情况下做出有效的决策。

解决序贯决策问题的第一步是了解正在做的决策。令人惊讶的是，从实验室的科学家到试图治疗重大疾病的人，在面对复杂问题时，往往无法确定自己面临的决策。

因此，我们想找到一种决策方法。英语中至少有45个词的意思相当于"决策方法"，但我们选用的是"策略"(policy)一词。该词常见于马尔可夫决策过程和强化学习等领域，但其解释范围比我们将使用的要窄得多。其他领域根本不使用该术语。设计有效的策略将是本书大部分内容的重点。

更难的是识别不确定性的不同来源。确定潜在的决策可能很难，但对于你正在管理的事情(无论是治疗疾病、管理库存还是进行投资)，要考虑所有可能带来影响的随机事件，几乎是不可能的。不确定性不仅来源广泛，其形式也千差万别。

在不确定的情况下做决策涉及一系列的分析问题，这些问题出现在工程、科学、商业、经济、金融、心理学、卫生、交通和能源等领域，既包括实验科学、医学决策、电子商务和体育领域出现的主动学习问题，即收集信息的决策，也包括机器学习中的随机搜索的迭代算法(找到最适合数据的模型或使用模拟器查找装配线的最优布局)，还包括双智能体博弈和多智能体系统。事实上，任何人类活动都包含序贯决策问题。

在不确定的情况下做决策是十分常见的事，这是每个人自两岁时第一次尝试新食物以来都必须做到的。以下是几个日常问题示例，我们必须处理这些问题的不确定性。

- 个人决策——包括从自动取款机中取多少钱，发现找工作的最优途径，以及决定何时出发赴约。

- 食品购买——所有人都必须进食，而且不可能每天都去商店购物，所以必须提前决定什么时候去购物，以及购物时各类商品的购买量。
- 健康决策——例如，设计饮食和锻炼计划、进行年度体检、进行乳房X光检查和结肠镜检查。
- 投资决策——应该选择哪种共同基金？应该如何分配投资？应该为退休存多少钱？应该租房还是买房？

序贯决策问题无所不在、千姿百态。不确定情况下的决策几乎涵盖了所有主要领域。表1.1列出了问题领域和每个领域中可能出现的问题示例。毫不奇怪，已经出现了许多不同的分析领域来解决这些问题，通常使用不同的符号系统，并提出了适合每个特定环境中问题特征的解决方法。

本书将使用"先建模，后求解"的理念为分析序贯决策问题提供基础。虽然这对于确定性优化和机器学习等领域是标准的，但对于需要在不确定的情况下做决策的领域却完全相反。研究序贯决策问题的领域倾向于提出解决问题的方法，然后加以应用。这如同拿着锤子找钉子。

这种方法的局限性在于，已经开发的不同方法只能解决一部分问题。假设有一个最简单、最经典的序贯决策问题：管理产品库存以满足需求。设R_t是在t时的库存，x_t是订购的量(即时到达)，可满足需求$\hat{D}_{t+1}$(在t时未知)。库存R_t随时间的变化如下：

$$R_{t+1} = \max\{0, R_t + x_t - \hat{D}_{t+1}\} \tag{1.1}$$

表1.1 应用领域及对应的问题列表

领域	问题
商业	应该销售具有哪些功能的产品？应该使用哪种补给？应该要价多少？应该如何管理运载工具？哪个菜单最吸引顾客？
经济	鉴于经济状况，美联储应该拟定多高的利率？应提供何种水平的市场流动性？应该对投资银行实施什么指导准则？
金融	应该组合投资哪些股票？交易者应该如何针对潜在下跌风险进行套期保值？应该何时购入或出售资产？
互联网	应该展示哪些广告以实现广告点击量最大化？哪些电影最受青睐？何时/如何发送大规模通知？
工程	如何设计各种设备(从喷雾罐到电动汽车、桥梁到运输系统、晶体管到计算机)？
材料科学	应该使用什么样的温度、压力和浓度组合来创建具有最高强度的材料？
公共卫生	应该如何通过测试来评估疗效？应该如何分配疫苗？应针对哪些人群？
医学研究	什么样的分子结构会构成杀死最多癌细胞的药物？生产单壁纳米管需要采取哪些步骤？
供应链管理	应该什么时候从中国采购货物来补充库存？应该使用什么运输方式？应选择哪个供应商？
货物运输	应该让哪个驾驶员运输货物？卡车承运商应负责运送哪些货物？驾驶员应定居何处？
信息采集	应该派无人机去何处收集有关野火或入侵物种的信息？应该测试什么药物来对抗疾病？

领域	问题
多智能体系统	在寡头垄断的市场中，一家大公司应该如何竞标合同并预期竞争对手的反应？面对敌方的潜艇，我方潜艇应该如何应对？
算法	应该在搜索算法中使用什么步长规则？如何确定评估代价函数的下一个点？

对于上述库存管理问题，可以使用以下策略：当库存低于值 θ^{min} 时，订购足够的存货，使其增至 θ^{max}。我们只需要确定参数向量 $\theta = (\theta^{min}, \theta^{max})$。策略很简单，但可能难以找到 θ 的最优值。

接下来，考虑一系列复杂性逐渐增长的库存问题，先来看美国东南部一个仓库的库存采购问题。

(1) 采购的货物来自中国，可能需要90~150天才能到达。

(2) 必须满足季节性变化(以及圣诞节前后的巨大变化)的需求。

(3) 特殊订单可以空运，从而将运输时间缩短30天。

(4) 正在出售高价礼服，如果生产延迟或港口卸货延迟，必须特别警惕缺货风险。

(5) 礼服有不同的款式和颜色。如果某种颜色缺货，客户可能愿意接受其他颜色。

(6) 可以调整商品价格，但不清楚市场会有什么反应。可以一边调整价格一边观察市场反应来学习，以此指导未来的定价决策。

以上的每一项修改都会影响决策，这意味着在某种程度上修改了原始策略。

式(1.1)中的简单库存问题只有一个决策，x_t 指定现在要订购多少货物。在面对实际问题时，可能会考虑一系列下游决策，包括：

- 订购量及交货承诺，如加急订单、正常订单、宽限期订单。
- 等待新货物到达时当前货物的定价。
- 未来货舱预订。
- 货船的行驶速度。
- 是否通过空运紧急增加库存，以填补因延误造成的空缺。
- 通过公路还是铁路将货物从港口运入仓库。

然后，对于至少要90天才能送达的产品，必须考虑其不同形式的不确定性：

- 完成制造的时间。
- 影响船速的天气性延误。
- 陆运延误。
- 到货时的产品质量。
- 汇率变化。
- 从现在到新货物抵达这段时间的库存需求。

如果你设置了一个简单的问题，例如式(1.1)，就永远不会考虑所有这些不同的决策和不确定性的来源。我们的演示将以丰富的建模框架为特色，再次强调我们的理念：

先建模，后求解。

本书将首次介绍适合所有序贯决策问题的通用建模框架，探讨4种被称为"策略"的、涵盖学术文献中或实践中使用的所有方法的决策类别。因为评估策略有多个维度(计算复杂性、透明度、灵活性、数据要求)，所以我们的目标并非总是选择性能最好的策略。然而，我们选择策略时仍将始终关注性能，这意味着目标函数的表述将是标准的。并非所有研究序贯决策问题的领域都是如此。

1.1　目标读者

本书的目标读者是那些想为存在不同形式不确定性的序贯决策问题开发实用、灵活、可扩展且可实现的模型的读者。终极目标是创建能够解决实际问题的软件工具。在本书中，精细的数学建模是将实际问题转化为软件的必要步骤。同时拥有这两个目标的读者将从我们的演示中获益最多。

鉴于此，我们发现，多个领域的专业人员可以使用本书，他们来自各种应用领域(工程、经济学和科学)及更注重方法论的领域(如机器学习、计算机科学、最优控制和运筹学)，对概率和统计、线性代数以及计算机编程都有一定程度的了解。

我们的演示强调建模和计算，尽量避免深入理论细节。若具备概率、统计学及线性代数的基础知识，则可轻松阅读本书的绝大多数内容。有时，我们会转向诸如资源分配问题(如管理不同血型的血液库存或资产投资组合)的更高维度的应用，对于此类问题，建议先熟悉一下线性、整数和(或)非线性规划。然而，这些问题都可以使用功能强大的求解器来解决，而不必了解这些算法的实际工作原理。

也就是说，对于数学背景知识深厚的高级博士生来说，不存在算法挑战和理论问题。

1.2　序贯决策问题领域

图1.1列出了序贯决策领域各个方法学派的一些著名书籍。表1.2按照大致诞生的时间顺序分别列出了多个领域，第2章中将作更深入的讨论。我们注意到，有两个不同的领域——基于导数的随机搜索和无导数随机搜索，都可以追溯到1951年发表的论文。

这些领域中的每一个都使用大约8个符号系统和一组重叠的算法策略来处理某种类型的序贯决策问题。每个领域都至少有一本代表作(通常是几本)和数千篇论文(更有甚者，每年会有数千篇论文)。每个领域都有最适合该领域的开发工具。

图1.1 代表随机优化中不同领域的主要书籍样本

表1.2 处理不确定性下的序贯决策的领域

(1) 基于导数的随机搜索	(9) 随机规划
(2) 无导数随机搜索	(10) 多臂老虎机问题
(3) 决策树	(11) 模拟优化
(4) 马尔可夫决策过程	(12) 主动学习
(5) 最优控制	(13) 机会约束规划
(6) 近似动态规划	(14) 模型预测控制
(7) 强化学习	(15) 鲁棒优化
(8) 最优停止	

领域的分化(以及不同的符号系统)不仅使得大家忽略了不同实践领域开发的共通性,还阻碍了思想的交叉融合。一个起初很简单的问题(如式(1.1)中的库存问题)可以使用诸如动态规划的特定策略来解决。但是,随着问题的现实性(和复杂性)不断增长,原始技术将束手无策,还需要到其他领域中寻找合适的方法。

我们将所有这些领域都归入"强化学习与随机优化"的范畴。"随机优化"通常指处理不确定性决策的分析领域。从"强化学习与随机优化"中的"强化学习"可以看出该领域正日益流行,并且该术语将被应用于解决序贯决策问题的一套不断扩展的方法。本书的目标是提供一个通用框架,以涵盖致力于解决这些问题的所有领域,而不是仅支持某一特定的方法。我们将这个更广泛的领域称为序贯决策分析(sequential decision analytics)。

序贯决策分析需要整合来自数学科学的3个核心领域的工具和概念。

(1) 统计机器学习——囊括了统计、机器学习和数据科学领域。这些工具的大部分(但不是全部)应用都涉及递归学习。我们还将涉足频率论和贝叶斯(Bayesian)统计领域,但仅限于此处提及的这些材料。

(2) 数学规划——该领域涵盖基于导数和无导数搜索算法的核心方法,用于从计算策略到优化策略参数的各种目的。有时,我们会遇到向量值决策问题,这些问题需要利用线性、整数和非线性规划工具。同理,所有这些方法都是在不假设具有随机优化背景的情况下介绍和提出的。

(3) 随机建模和模拟——在存在不确定性的情况下优化问题时通常需要对影响过程性能的不确定量进行精细的建模。我们会对蒙特卡洛(Monte Carlo)模拟方法进行基本介绍,但希望你具有概率和统计学的背景知识,包括贝叶斯定理的使用。

我们的演示不要求读者深入理解高级数学知识或任何方法领域,但我们将融合上述3个领域的概念和方法。与确定性问题的处理相比,不确定性问题的处理本质上更微妙,并且需要比机器学习更复杂的建模。

1.3 通用建模框架

整本书的核心是通用建模框架的使用,与确定性优化和机器学习中的做法相同。我们的框架主要基于最优控制中广泛使用的框架。这已被证明是最实用、最灵活的,并提供了数学模型与它在软件中的实现之间的明确关系。虽然大部分演示将侧重于建模序贯决策问题和开发决策的实用方法,但我们也认识到开发不同的不确定性来源模型的重要性(这一主题可以独立著书)。

此处仅概述通用建模框架,详细讨论参见第9章。通用建模框架的核心要素如下。

- 状态变量S_t。状态变量包含了我们需要知道的一切信息,以便我们做决策并对问题进行建模。状态变量包括物理状态变量R_t(无人机的位置、库存、股票投资)、我们完全了解的参数和数量的其他信息I_t(如当前价格和天气),以及信念B_t,并以概率分布的形式描述我们不完全知道的参数和数量(这可能用来估计一种药物能将新患者的血糖降低多少,或者市场对价格会有怎样的反应)。
- 决策变量x_t。决策变量可以是二元的(持有或出售)、离散集合(药物、产品、路径)、连续变量(如价格或剂量),以及离散和连续变量的向量。决策所受约束为$x_t \in \mathcal{X}_t$,我们用一种称为策略$X^\pi(S_t)$的方法来做决策,并为策略引入了符号,但将在完成模型之后再设计策略。这便是我们所说的"先建模,后求解"的基础。
- 外生信息W_{t+1}。这是在做出决策后所了解到的信息(市场对价格的反应、患者对药物的反应、穿越路径的时间),而在做出决策时并不知道这些信息。外生信息来自正在建模的任何系统的外部。与此相对的是,决策是在过程内部做出的一种信息形式，因此决策可以被认为是一个内生信息过程。

- 转移函数$S^M(S_t, x_t, W_{t+1})$。由更新状态变量的每个元素所需的公式组成。它涵盖了系统的所有动态，包括对序贯学习问题的估计和信念的更新。广泛应用于控制理论的转移函数用符号$f(x, u, w)$表示(针对状态x、控制u和信息w)；而我们的代表"状态转移模型"或"系统模型"的符号则替代了常用的字母$f(\cdot)$。

- 目标函数。它首先包括每个时间段的贡献(或回报①、成本等)，表示为$C(S_t, x_t)$，其中$x_t = X^\pi(S_t)$由策略决定，S_t是当前状态，由转移函数计算。正如本书后部将演示的那样，有多种不同的编写目标函数的方法，但最常用的方法是最大化累积贡献，其表达式为：

$$\max_\pi \mathbb{E}\left\{\sum_{t=0}^{T} C(S_t, X^\pi(S_t))|S_0\right\} \tag{1.2}$$

其中，期望$\mathbb{E}$指"对所有类型的不确定性求平均值"，它可能是药效或者市场对价格做出反应的不确定性(在初始状态S_0下获得)，以及随着时间的推移带来的信息的不确定性$W_1, \ldots, W_t, \ldots$。策略的最大化仅仅意味着想要找到最优的决策方法。本书的大部分内容都致力于应对搜索策略的挑战。

确定了上述5个要素后，还有以下两个步骤要完成。

- 随机建模(也称为不确定性量化)。状态变量(包括初始状态S_0)中的参数和数量，以及外生信息过程$W_1, W_2, \ldots, W_t, \ldots$可能存在不确定性。某些情况下，可通过观察物理系统来避免对W_t过程建模。否则，将需要一个可能的W_{t+1}实现的数学模型，并且条件是给定S_t和决策x_t(任何一个都会影响W_{t+1})。

- 设计策略。只有完成建模之后，才能转而解决设计策略$X^\pi(S_t)$的问题。这是本书与随机优化丛林中所有书籍的出发点。我们不会在建立模型之前选择策略；相反，建模完成后，方才提供奔赴每个可能策略的路线图并教你如何在其中选择策略。

策略π由某种类型的函数$f \in \mathcal{F}$组成，可能具有可调参数$\theta \in \Theta^f$，其与函数f关联，其中策略将状态映射到决策。该策略通常包含函数中嵌入的优化问题。这意味着可以将式(1.2)改写成：

$$\max_{\pi = (f \in \mathcal{F}, \theta \in \Theta^f)} \mathbb{E}\left\{\sum_{t=0}^{T} C(S_t, X^\pi(S_t))|S_0\right\} \tag{1.3}$$

这就留下了一个问题：如何搜索函数？本书的大部分内容都致力于准确描述如何做到这一点。

---

① 译者注：在强化学习领域中，reward通常被译作"回报"或"奖励"，在本书中统一译作"回报"。

可以用上述符号修改序贯决策问题的原始表征——本章开头将该问题描述为"决策、信息、决策、信息⋯⋯",如以下序列所示:

$$(S_0, x_0, W_1, S_1, x_1, W_2, ..., S_t, x_t, W_{t+1}, ..., S_T)$$

其中使用三元组"状态、决策、新信息"来读取已知信息(状态变量S_t)、所做的决策x_t,及做出决策后了解的外生信息W_{t+1}。根据决策x_t赚取贡献$C(S_t, x_t)$(即获得回报或产生成本),其中决策来自策略$X^{\pi}(S_t)$。

若有很多问题,则倾向于使用计数器n(第n个实验,第n个客户),这种情况下,应将序贯决策问题写作:

$$(S^0, x^0, W^1, S^1, x^1, W^2, ..., S^n, x^n, W^{n+1}, ..., S^N)$$

在一些场景下甚至可以同时使用这两者,如$(S_t^n, x_t^n, W_{t+1}^n)$。例如,第$n$周第$t$小时的决策。

注意,存在由"决策、信息、停止""决策、信息、决策、停止"和"信息、决策、信息、决策⋯⋯"组成的问题,以及在无限时域内进行排序的问题。我们将有限序列用作默认模型。

可以使用前面的简单库存问题来讲述建模框架。

- 状态变量S_t。状态变量在最简单的问题中指的是库存R_t。
- 决策变量x_t。这是在t时所订购的数量。现在,假设它马上就能送达。我们还引入了策略$X^{\pi}(S_t)$,其中$x_t = X^{\pi}(S_t)$,将在创建模型后进行设计。
- 外生信息W_{t+1}。这是出现在t和$t+1$之间的需求$\hat{D}_{t+1}$。
- 转移函数$S^M(S_t, x_t, W_{t+1})$。这将是库存R_t的演变,由下式给出:

$$R_{t+1} = \max\{0, R_t + x_t - \hat{D}_{t+1}\} \tag{1.4}$$

- 目标函数。例如,在观察信息W_{t+1}后,倾向于编写单周期贡献函数,因为这包含需求$\hat{D}_{t+1}$,我们将以t周期内订购的库存x_t来满足该需求。因此,可将贡献函数写作:

$$C(S_t, x_t, W_{t+1}) = p \min\{R_t + x_t, \hat{D}_{t+1}\} - cx_t$$

其中,p是产品的销售价格,c是每件产品的成本。目标函数如下:

$$\max_{\pi} \mathbb{E}\left\{\sum_{t=0}^{T} C(S_t, X^{\pi}(S_t), W_{t+1})|S_0\right\}$$

其中,$x_t = X^{\pi}(S_t)$,且必须给出外生信息过程$W_1, ..., W_T$的一个模型。由于外生信息是随机的,因此必须取贡献总和的期望$\mathbb{E}$,以对信息过程中的所有可能结果求平均值。

接下来,利用第10章介绍的工具建立需求分布$\hat{D}_1, \hat{D}_2, ..., \hat{D}_t, ...$的数学模型。

设计策略$X^{\pi}(S_t)$时可以参考学术文献,简单的库存问题的策略具有如下补充库存(order-up-to)的结构:

$$X^{Inv}(S_t|\theta) = \begin{cases} \theta^{max} - R_t & R_t < \theta^{min}, \\ 0 & \text{其他情形} \end{cases} \tag{1.5}$$

这是一个参数化策略，需要求解下式以查找$\theta = (\theta^{min}, \theta^{max})$：

$$\max_{\theta} \mathbb{E}\left\{\sum_{t=0}^{T} C(S_t, X^{Inv}(S_t|\theta), W_{t+1})|S_0\right\} \tag{1.6}$$

此处选择一个特定的策略类，然后在该类中进行优化。

注意，我们使用建模方法在数学模型和计算机软件之间建立了直接的关系。上面的每个变量都可以在计算机程序中直接翻译为变量名，唯一的例外是，期望算子必须替换为基于模拟的估计值(我们展示了如何做到这一点)。数学模型和计算机软件之间的这种关系在当前用于不确定性决策的大多数建模框架中并不存在，但最优控制除外。

前面曾对这个简单的库存问题进行过归纳。在继续阅读本书的过程中，我们将会展示如何使用5步通用建模框架为更复杂的问题建模。此外，我们将介绍涵盖解决更复杂问题的所有方法的4类策略。换言之，不仅我们的建模框架可用于对任何序贯决策问题进行建模，我们总结的4类策略也具备通用性：它们涵盖研究文献中研究过的或实践中使用过的所有方法。1.4节将概述这4类策略。

1.4　序贯决策问题的策略设计

用于区分随机优化领域的是解决问题所用的策略类型。本书中统一框架的最重要方面可能是如何识别和组织不同类别的策略。初步介绍参见第7章，详细介绍参见第11章——这也是本书其余内容的基础。本节仅简要介绍设计策略的方法。

关于如何在不确定性条件下做决策的全部文献可大致分为两种策略制定类型。

(1) 策略搜索。这包括需要搜索的所有策略：

- 用于做决策的不同类型的函数$f \in \mathcal{F}$。例如，式(1.5)中的补充库存策略就是一种非线性参数函数。
- 任何由函数f引入的可调参数$\theta \in \Theta^f$。式(1.5)中的$\theta = (\theta^{min}, \theta^{max})$便是一个例子。

如果选择包含参数的策略，就必须找到参数θ的集以最大化(或最小化)诸如式(1.6)的目标函数。

(2)前瞻近似。此类策略的制定旨在允许我们根据决策的下游影响近似值做出最优决策。这些都是最受研究社区关注的策略种类。

补充库存策略$X^{Inv}(S_t|\theta)$是一个必须优化(也可以说是调优)的策略的好例子。可以使用模拟器(如式(1.6)所示)或在现场实际操作时进行优化。

这两种策略中的每一种都分别产生了两类子策略，从而生成了4类策略。下面详细介绍这4类策略。

1.4.1 策略搜索

策略搜索类中的策略可以分为以下两个子类。

- 策略函数近似(policy function approximation，PFA)——这些是将状态(包括我们可以获得的所有信息)映射到决策的分析函数(式(1.5)中的补充库存策略为PFA)。详见第12章。

- 成本函数近似(cost function approximation，CFA)——CFA策略是参数化优化模型(通常是确定性优化模型)，其已被修改过，可帮助模型在不确定的情况下更好地随时间而响应。CFA策略中有一个嵌入的优化问题。此处仅将CFA当作主要的新策略类别来介绍，详细介绍请参阅第13章。

PFA涵盖将我们在状态变量中知晓的信息映射到决策的所有分析函数。这些分析函数有以下3种类型。

(1) 查找表。查找表用于离散状态S可以映射到离散动作的情况，例如：

- 如果患者是男性，60岁以上，血糖高，就开二甲双胍。
- 如果你的车在某个特定的十字路口，则向左转。

(2) 参数函数。参数函数可描述由参数向量θ作参数的任何分析函数。前面的补充库存策略就是一个简单例子。也可将其写作线性模型，例如：

$$X^{PFA}(S_t|\theta) = \theta_1\phi_1(S_t) + \theta_2\phi_2(S_t) + \theta_3\phi_3(S_t) + \theta_4\phi_4(S_t)$$

其中，$\phi_f(S_t)$是从状态变量信息中提取的特征。神经网络是另一种选项。

(3) 非参数函数。非参数函数包括局部线性近似函数或深度神经网络函数。

可以使用策略搜索优化的第二类函数被称为成本函数近似，或CFA，它们是参数化优化问题。在学习问题中使用的简单的CFA被称作区间估计(interval estimation)，可以用来确定哪个广告在网站上的点击量最大。设$\mathcal{X} = \{x_1, \ldots, x_M\}$为一组广告(可能有数千个)，而$\bar{\mu}_x^n$是目前对"(对所有广告)进行$n$次观察后单击广告$x$"概率的最优估计。然后设$\bar{\sigma}_x^n$是估计值$\bar{\mu}_x^n$的标准差。区间估计将使用以下策略选择下一个广告：

$$X^{CFA}(S^n|\theta) = \arg\max_{x\in\mathcal{X}}\left(\bar{\mu}_x^n + \theta\bar{\sigma}_x^n\right) \tag{1.7}$$

其中，$\arg\max_x$意味着找到使括号中的表达式最大化的x值。CFA的显著特征在于它需要解决一个嵌入的优化问题(广告的最大点击量)，并且有一个可调参数θ。

一旦引入了在策略中解决优化问题的想法(正如在式(1.7)中对策略的处理)，就可以解决任何参数化优化问题。不再局限于"x必须是一组离散选择中的一个"；它可以是一个大的整数规划，例如预留冗余时间以应对可能的天气性延误的航班时刻表规划，或者为预防电机故障而为明天的发电和电能储备制定的规划(这两个规划都是实践中使用的CFA的真实例子)。

1.4.2 基于前瞻近似的策略

做决策时倾向于考虑现在所做决定的下游影响，为此，可以采用以下两种方法。

(1) 价值函数近似(value function approximation，VFA)。这是解决序贯决策问题的一种流行方法，应用了动态规划(或马尔可夫决策过程)领域的原理。假设状态变量会告知必须在网络的何处做出决策，或者告知所持有的库存量。假设有人告知，如果在$t+1$时处于状态S_{t+1}(即处于网络中的某个节点或将拥有某个量级的库存)，也就是说$V_{t+1}(S_{t+1})$是处于状态S_{t+1}的"价值"，可以将其视为到达目的地的最短路径的成本，或从$t+1$时起获得的预期收益。

现在假设在t时处于状态S_t，并试图决定应该做何种决策x_t。做出决策x_t之后，观察随机变量W_{t+1}，可以得到$S_{t+1} = S^M(S_t, x_t, W_{t+1})$ (例如，上面示例中的式(1.4))。假设已知$V_{t+1}(S_{t+1})$，可以通过求解下式找到状态S_t对应的值：

$$V_t(S_t) = \max_{x_t} \left(C(S_t, x_t) + \mathbb{E}_{W_{t+1}}\{V_{t+1}(S_{t+1})|S_t\} \right) \tag{1.8}$$

其中，最好将期望算子$\mathbb{E}_{W_{t+1}}$视作W_{t+1}所有结果的平均值。优化式(1.8)的x_t^*值是状态S_t的最优决策。第一期贡献$C(S_t, x_t^*)$加上未来的贡献$\mathbb{E}_{W_{t+1}}\{V_{t+1}(S_{t+1})|S_t\}$，得到现在处于状态$S_t$的价值$V_t(S_t)$。知道所有时间段和所有状态对应的价值$V_t(S_t)$时，就得到了一个基于VFA的策略，如下所示：

$$X_t^{VFA}(S_t) = \arg\max_{x_t} \left(C(S_t, x_t) + \mathbb{E}_{W_{t+1}}\{V_{t+1}(S_{t+1})|S_t\} \right) \tag{1.9}$$

其中，$\arg\max_{x_t}$返回使式(1.9)最大化的值x_t。

式(1.9)是计算最优策略的一个很不错的方法，但在实际问题中很少使用它来计算(第14章给出了一些可以精确求解的问题类)。出于此原因，许多领域都开发出了以近似动态规划、自适应动态规划或最明显的强化学习等命名的近似价值函数的方法。这些领域采用通过机器学习估计的近似函数$\overline{V}_{t+1}(S_{t+1})$来替换精确价值函数$V_{t+1}(S_{t+1})$。

基于VFA的策略引起了研究者的极大关注，并且可能是4类策略中最难的一个。本书将用4章(第15~18章)的篇幅讲解"近似"。

(2) 直接前瞻近似(direct lookahead approximation，DLA)。前瞻策略的最简单示例是导航系统，用来规划到目的地的路径，告知在下一个路口转向何处。当信息更新时，路径也会更新。

这是一个随机问题的确定性前瞻的例子。虽然确定性前瞻在某些应用中很有用，但很多情况下，做决策时必须明确考虑不确定性，这意味着必须在直接前瞻策略中解决随机优化问题！整个研究领域都非常关注处理不确定性条件下的直接前瞻近似模型的具体方法。建模和处理直接前瞻策略的通用框架参见第19章。

1.4.3 混合和匹配

可以通过混合多个类的策略来创建混合策略。可以创建前瞻策略的H个未来周期，然后使用价值函数近似来估算出规划时域结束时的状态。可以使用确定性前瞻，但须引入可调参数以使其在不确定性条件下的表现更强。可以结合PFA(将其视为建议决策的某种分析函数)，对来自PFA的决策的偏差进行加权，并将其添加到其他基于优化的策略中。在第19章中使用随机前瞻时，可能会同时用到所有4个类。

混合策略的一个例子是确定驶向目的地的路径和出发时间的策略。导航系统使用确定性前瞻，借助网络每条链路(即不同规划路径)的行程时间的"点估计"来解决最短路径问题。这条路径可能会产生40分钟的预估行程时间，但你什么时候才动身？现在你意识到了交通状况的不确定性，因此你可能决定添加一个缓冲区。当你重复行程时，你可以在评估预估方案的准确性时，向上或向下调整缓冲区。这是一种组合的直接前瞻(因为它计划了一条通向未来的路径)，具有可调的出发时间参数(使其成为PFA的一种形式)。

我们无法告诉你如何解决所有具体问题(多样性巨大)，但会给你一个完备的工具箱，并提供一些指导方针，帮助你做出选择。

1.4.4 4类的最优性

学术研究文献中普遍存在一种误解，认为式(1.8)(称为贝尔曼方程或哈密顿-雅可比方程)是创建最优策略的基础，任何好的(即接近最优的)策略的设计都必须从贝尔曼方程开始。这显然不正确。

4类策略中的任何一类都可能包含特定问题类的最优策略。出现的问题纯粹是计算问题。例如，对于绝大多数实际应用，贝尔曼方程(式(1.8))是不可计算的。尝试将式(1.8)中的真价值函数$V_{t+1}(S_{t+1})$替换为近似函数$\overline{V}_{t+1}(S_{t+1})$，效果可能很好，但许多情况下，它无法产生有效的策略。此外，一旦你开始使用价值函数近似，就会发现其他3类策略中的任何一种都可能同样有效或(通常)更好。这就是为什么随着时间的推移，许多人在存在新信息的情况下做决策时，没有使用过(甚至没有听说过)贝尔曼方程。

1.4.5 概述

我们认为，4类策略(PFA、CFA、VFA和DLA)是通用的，涵盖了前面列出的所有领域提出的所有方法，以及实践中使用的所有方法。

在这4个类别中，学术界主要关注VFA和各种形式的DLA(确定性和随机性)。相比之下，我们认为PFA和CFA在实践中的应用要广泛得多。特别是在学术界，CFA被广泛忽视了，却在实践中以一种特定的方式被广泛使用(通常不被调优)。PFA和CFA(即策略搜索类)在实践中是首选的，因为它们更简单，但正如你将反复看到的：

简单性的代价是参数可调，而调优很难！

1.5　学习

决策分析的一个重要部分涉及学习。传统的机器学习要求提供由输入 x^n 以及相关的响应 y^n 组成的数据集，然后找到一个可能是线性模型的函数 $f(x|\theta)$，例如：

$$f(x|\theta) = \theta_0 + \theta_1 \phi_f(x) + \theta_2 \phi_f(x) + \ldots + \theta_F \phi_F(x)$$

其中，函数 $\phi_f(x)$ 从 x 中的数据提取特征。输入 x 可能是文档中的单词、患者病历、天气数据或客户数据，例如个人数据和最近的购买历史，还可能是非线性模型、分层模型，甚至神经网络。之后，必须通过解决优化问题来拟合模型：

$$\min_{\theta} \frac{1}{N} \sum_{n=1}^{N} (y^n - f(x^n|\theta))^2$$

这就是经典的批量学习。

按顺序做决策时，也在进行序贯学习。假设有一个有病史 h^n 的病人；决定采用策略 $X^{\pi}(S^n)$（其中 S^n 包括患者病史 h^n）确定治疗方案 $x^{treat,n}$。选择治疗方案后，静候以观察疗效，用 y^{n+1} 对其进行索引，其原因与做出决策 x^n 后观察 W^{n+1} 的原因相同。索引 "$n+1$" 表示这是未包含在任何用 n 索引的变量中的新信息。

状态变量 S^n 内的信念状态 B^n 包含用新观察 y^{n+1} 更新估计 θ^n 需要的所有信息。所有这些更新都隐藏在以下转移中：

$$S^{n+1} = S^M(S^n, x^n, W^{n+1})$$

正如 y^{n+1} 包含在 W^{n+1} 中。进行这种自适应更新的方法参见第3章 "在线学习"，"在线学习" 是机器学习领域使用的一个术语，用于序贯学习而非批量学习或分组学习。

在序贯决策分析中使用在线学习的条件如下。

(1) 计算函数的近似期望值 $\mathbb{E}F(x, W)$，使其最大化。

(2) 创建近似策略 $X^{\pi}(S|\theta)$。

(3) 计算处于状态 S_t 的近似价值，通常将其表示为 $\overline{V}_t(S_t)$。

(4) 学习动态系统中的任何基础模型。其中包括：

　　① 用于描述过去如何影响未来活动的转移函数 $S^M(S_t, x_t, W_{t+1})$。

　　② 成本或贡献函数：如果试图复刻人类的行为，则函数可能是未知的。

(5) 参数化成本函数近似计算，使用学习来修改策略中嵌入的目标函数和(或)约束。

评估这些函数的工具详见第3章，这些不同问题的具体设置则贯穿全书。

1.6　主题

我们的演示由一系列贯穿全书的主题组成。本节将介绍其中的一部分主题。

1.6.1　混合学习和优化

我们的应用程序通常会混合多个决策，其中有的决策会直接或间接地影响学习过程，有的决策会影响学习内容，有的决策会同时影响学习过程和学习内容。不妨思考以下三大类问题。

- 纯粹的学习问题——在这类问题中，决策只控制我们为学习而获取的信息。这可能出现在实验、计算机模拟甚至市场测试中。
- 无学习的状态相关问题——我们偶尔会遇到决策影响物理系统但不涉及学习的问题。使用导航系统告知转向就是这样的例子，即决策会影响物理系统(规划汽车的路径)，但没有学习。
- 混合问题——许多情况下，决策既会改变物理系统，又会影响我们为学习获取的信息。此外，还有一些多决策系统，例如分配疫苗的物理决策和指导信息收集(如疾病传播或药物疗效信息的收集)的测试决策。

1.6.2　将机器学习桥接到序贯决策

找到最优策略等同于找到实现最低成本、最高利润或最优性能的最优函数。这个类似的随机优化问题常见于统计学和机器学习中，其中一个常见的问题是使用数据集 (x^n, y^n)，其中 $x^n = (x_1^n, \ldots, x_K^n)$ 用于预测 y^n。例如，可以指定以下形式的线性函数：

$$y^n = f(x^n|\theta) = \theta_0 + \theta_1 x_1^n + \ldots + \theta_K^n x_K^n + \epsilon^n \tag{1.10}$$

其中，ϵ^n 是一个随机误差项，通常假设为正态分布，平均值为0，方差为 σ^2。

求解下式，可以得到参数向量 $\theta = (\theta_1, \ldots, \theta_K)$：

$$\min_\theta \frac{1}{N} \sum_{n=1}^{N} (y^n - f(x^n|\theta))^2 \tag{1.11}$$

因此，将模型与数据拟合的问题涉及两个步骤。第一步是选择函数 $f(x|\theta)$，这可以通过在式(1.10)中指定线性模型来完成(注意，这个模型之所以被称为"线性"，是因为它在 θ 中呈线性)。第二步涉及求解式(1.11)中给出的优化问题。唯一的区别是表现指标的具体选择。

接下来考虑如何处理序贯决策问题。假设正在最小化成本 $C(S^n, x^n)$，该支出取决于我们的决策 x^n 以及状态变量 S^n 中涉及的其他信息。决策是根据策略 $x^n = X^\pi(S^n|\theta)$ (其参数为 θ)做出的，该策略类似于在得知 y^{n+1} 之前用于预测(或估计) y^{n+1} 的统计模型 $f(x^n|\theta)$。目标函数应为：

$$\min_{\theta} \mathbb{E} \sum_{n=0}^{N-1} C(S^n, X^{\pi}(S^n|\theta))$$ (1.12)

其中，$S^{n+1} = S^M(S^n, X^{\pi}(S^n), W^{n+1})$，此处的序列来源$(S^0, W^1, \dots, W^N)$已知。

比较式(1.11)和式(1.12)时，不难发现两者都在搜索一组函数，以最小化某些指标。在统计建模中，指标需要数据集$(x^n, y^n)_{n=1}^N$，而决策问题只需要贡献(或成本)函数$C(S, x)$、转移函数$S^{n+1} = S^M(S^n, x^n, W^{n+1})$及外生信息过程的来源$W^1, \dots, W^N$。用于搜索$\theta$以求解式(1.11)或式(1.12)的工具相同，但输入要求(训练数据集或物理问题模型)不同。

我们的统计模型可以采用多种形式中的任何一种，但它们都属于广泛的分析模型类别，可能是查找表、参数或非参数模型。所有这些类别的函数都属于4类策略中的一类，我们称之为策略函数近似。

表1.3简要对比了统计学习中的一些经典问题与随机优化中的类似问题。第一行对比了标准批量处理机器学习问题与典型随机优化问题(针对状态无关问题)。第二行对比了在线学习(必须在数据到达时适应数据)与在线决策。这两种情况都使用了期望，因为我们的目标是在下一次观察后立即做出期望有效的决策。最后，第三行清楚地表明，我们正在机器学习和随机优化中搜索函数，在这里我们使用的是典型的基于标准期望的目标函数形式。截至本书撰写之时，我们认为学术界才刚刚开始注意到这些关联，因此恳请读者帮忙留意将机器学习和序贯决策联系在一起的机会。

表1.3 统计学习中的经典问题与随机优化中的类似问题的比较

统计学习	随机优化
批量估计：$\min_{\theta} \frac{1}{N} \sum_{n=1}^N (y^n - f(x^n|\theta))^2$	样本平均近似：$\min_{x \in \mathcal{X}} \frac{1}{N} \sum_{n=1}^N F(x, W(\omega^n))$
在线学习：$\min_{\theta} \mathbb{E} F(Y - f(X|\theta))^2$	随机搜索：$\min_{\theta} \mathbb{E} F(X, W)$
搜索函数：$\min_{f \in \mathcal{F}, \theta \in \Theta^f} \mathbb{E} F(Y - f(X|\theta))^2$	策略搜索：$\min_{\pi} \mathbb{E} \sum_{t=0}^T C(S_t, X^{\pi}(S_t))$

1.6.3 从确定性优化到随机优化

我们的方法展示了如何将确定性问题推广到随机问题。假设我们正在解决前面的库存问题，尽管是从确定性模型开始，仍要使用标准的矩阵-向量数学来使符号尽可能保持紧凑。由于问题是确定性的，因此需要在不同的时段做出相应的决策$x_0, x_1, \dots, x_t, \dots$($x_t$可以是标量或向量)。设$C_t(x_t)$是在$t$时的贡献，由下式给出：

$$C_t(x_t) = p_t x_t$$

其中p_t是在t时的(已知)价格。此外，决策x_t还需要满足一组约束条件，通常写作：

$$A_t x_t = R_t$$ (1.13)

$$x_t \quad \geq \quad 0 \tag{1.14}$$

$$R_{t+1} \quad = \quad B_t x_t + \hat{R}_{t+1} \tag{1.15}$$

我们希望对下式求解：

$$\max_{x_0,\dots,x_T} \sum_{t=0}^{T} C_t(x_t) \tag{1.16}$$

目的是满足式(1.13)~式(1.15)的约束。这是一个可以用多个包求解的数学规划。

现在假设希望 $\hat{R}_{t+1}$ 是一个随机变量，这意味着它在 $t+1$ 以前是未知的。此外，假设价格 p_t 随时间随机变化，这意味着直到 $t+1$ 时才知晓 p_{t+1}。这些变化将问题转化为不确定性条件下的序贯决策问题。

一些简单的步骤可将这个确定性优化问题转化为不确定性下的序贯优化问题。先将贡献函数写作：

$$C_t(S_t, x_t) = p_t x_t$$

其中，价格 p_t 是状态 S_t 中的随机信息。将目标函数改写成：

$$\max_{\pi} \mathbb{E}\left\{\sum_{t=0}^{T} C_t(S_t, X^{\pi}(S_t)) | S_0\right\} \tag{1.17}$$

其中，$X^{\pi}(S_t)$ 必须做出满足约束条件式(1.13)~式(1.14)的决策。式(1.15)由转移函数 $S^M(S_t, x_t, W_{t+1})$ 表示，其中 W_{t+1} 包括 $\hat{R}_{t+1}$ 和更新的价格 p_{t+1}。我们现在有一个正确建模的序贯决策问题。

可通过4项更改，将确定性优化公式转换为随机优化公式：

- 用函数(策略) $X^{\pi}(S_t)$ 替换每个 x_t。
- 使贡献函数 $C_t(x_t)$ 取决于状态 S_t，以获取随时间随机演变的信息(如价格 p_t)。
- 现在，取贡献总和的期望，因为变化 $S_{t+1} = S^M(S_t, x_t, W_{t+1})$ 取决于随机变量 W_{t+1}。可将期望算子 $\mathbb{E}$ 视作信息过程的所有可能结果 $W_1, \dots, W_T$ 的平均值。
- 用 $\max_{\pi}$ 替换 $\max_{x_0,\dots,x_T}$，这意味着从寻找最优决策集转向寻找最优策略集。

当存在不确定性时，须审慎地将确定性问题的约束转换为需要的格式。例如，若要分配资源，并且必须在一段时间内强加某项预算，可以用下式表示：

$$\sum_{t=0}^{T} x_t \quad \leq \quad B$$

其中，B 是所有时间段使用的预算。这个约束不能直接用于随机问题，因为它假设我们同时"决定"所有变量——$x_0, x_1, \dots, x_T$。当面对某个序贯决策问题时，必须按顺序做出这些决策，反映每个时间点的可用信息。必须递归地施加预算约束，如：

$$x_t \leq B - R_t \tag{1.18}$$
$$R_{t+1} = R_t + x_t \tag{1.19}$$

这种情况下，R_t 将用作状态变量，策略 $X^\pi(S_t)$ 必须反映约束式(1.18)，而约束式(1.19)由转移函数捕获。每个决策 $x_t = X^\pi(S_t)$ 必须在做出决策时反映已知的情况(由 S_t 捕获)。

在实践中，期望值是很难计算的(通常是不可能计算的)，因此可采用熟知的蒙特卡洛模拟方法。这些方法详见第10章。这给我们遗留了设计策略的常见问题。为此，先来回顾一下1.4节的内容。

所有优化问题都涉及建模和算法的混合。对于整数规划(尤其是对于整数问题)，建模是很重要的，但算法设计往往比建模更重要。现代算法的强大之处在于，它们通常擅长处理建模策略，能够得到不错的效果(对于问题类)。

序贯决策问题则与此不同。

表1.4列举了确定性优化问题和随机优化问题的处理方法的一些主要差异。

表1.4 确定性优化与随机优化

处理方法	确定性优化	随机优化
(1) 模型	公式组	复杂函数、数值模拟、物理系统
(2) 目标	最小化成本	表现指标、风险指标
(3) 寻找之物	实值向量	函数(策略)
(4) 难点	设计算法	① 建模 ② 设计策略

(1) 模型。确定性模型是方程组。随机模型通常是复杂的方程组、数值模拟器，甚至是具有未知动态的物理系统。

(2) 目标。确定性模型会最小化或最大化某些定义明确的指标，如成本或利润。随机模型要求处理统计性能指标和风险等不确定性算子。许多随机动态问题非常复杂(如管理供应链、卡车运输公司、能源系统、医院、战疫)，涉及多个目标。

(3) 寻找之物。在确定性优化中，寻找确定性标量或向量。在随机优化中，几乎总是在寻找称为策略的函数。

(4) 难点。确定性优化的挑战是设计一个有效的算法。相比之下，随机优化最难的部分是建模。随机模型的设计和校准都可能非常困难。最优策略是罕见的，如果模型不正确，则策略不是最优的。

1.6.4 从单个智能体到多个智能体

本书最后将把这些想法扩展到多智能体系统。多智能体建模对于分解复杂系统(如不同供应商独立运营的供应链)以及大型运输网络(如卡车运输和铁路运输的主要运营商)非常有效。多智能体建模在军事、对抗性环境(如国土安全)、具有少量竞争对手的寡头垄断市场及许多其他应用中至关重要。

多智能体建模在机器人、无人机和水下航行器等相关问题中非常重要,这些设备通常用于分布式信息收集。例如,无人机可以辨识野火受灾区域,以指导飞机和直升机投放阻燃剂。机器人可以探测地雷,水下航行器可以收集鱼类种群的信息。

知识领域分化的必然性致使多智能体设置几乎总是需要学习。这反过来又引入了通信和协调的维度,协调可以通过中央智能体进行,也可通过设计鼓励智能体合作的策略来解决。

本章对比了建模策略与应用最广泛的学习系统建模和算法框架(称为部分可观察的马尔可夫决策过程,或POMDP)。这是一个非常复杂的数学理论,不能推出可扩展的算法。我们将使用多智能体框架来说明转移函数的知识,然后利用上述4类策略来开发实用、可扩展、可实施的解决方案。

1.7　建模方法

建模框架中的5个元素(参见1.3节)可用于建模任何序贯决策问题,可以使用多种目标函数(稍后将进行介绍)。1.4节中的4类策略涵盖了序贯决策问题中可能用来做决策的所有方法。

这4类策略是1.3节中建模框架的核心。我们认为,用于为序贯决策问题(我们指的是任何序贯决策问题)做出决策的所有方法都将使用这4类中的一类(或两类及以上的混合)。1.2节中列出的领域使用的方法通常与特定的解决方案(有时不止一种)相关。与之相比,我们的方法更具通用性。

我们注意到,我们的方法与确定性优化中使用的方法非常相似,在确定性优化中,人们在搜索解决方案之前写出一个优化模型(带有决策变量、约束和目标)。这正是我们正在做的:在不指定策略的情况下写出模型,然后寻找有效的策略。我们称这种方法为:

先建模,后求解。

4类策略的通用性使得我们能够将设计模型的过程(参见1.3节)与模型的解决方案(即找到可接受的策略)分开。第7章将初次讲解这种方法在纯学习问题中的应用。接下来,第8章将介绍更丰富的应用,第9章会给出建模框架的大幅扩展版本。第10章介绍建模不确定性,第11章将更详细地回顾这4类策略。第12章至第19章将详细描述4类策略中的每一类,最后,第20章将过渡到多智能体系统。

1.8 如何阅读本书

本书的所有主题均参照概念从简单到复杂的逻辑顺序精心编排。本节实为本书的阅读指南。

1.8.1 主题编排

本书分为6个部分。

第 I 部分——引言和基础。首先总结了一些最常见的典型问题，然后介绍了贯穿全书的近似策略。

- 典型问题及其应用(第2章)——首先列出一系列不同领域所熟悉的典型问题，此过程中主要使用这些领域所熟悉的符号。不熟悉随机优化这一领域的读者可以略读此章。

- 在线学习(第3章)——大多数关于统计学习的书籍都侧重于批量处理应用程序，其中的模型适合静态数据集。本书中的学习主要是序贯的，在机器学习领域中被称为"在线学习"。我们对在线学习的使用完全是内生的，因为不需要外部数据集进行训练。

- 随机搜索简介(第4章)——从一个基本随机优化问题(该问题为大多数随机优化问题提供了基础)入手，还提供了其他一些准确解决某些问题的示例。随后，又介绍了一些处理采样模型的方法，然后过渡到自适应学习方法，这将是本书其余部分的重点。

第 II 部分——与状态无关的问题。有很多(无论出于何种原因)始终都不会随时间变化的优化问题。所有的"与状态无关的问题"都是纯粹的学习问题，因为我们的决策所导致的一切变化都源于我们对问题的信念。这些问题也称为随机搜索问题。本书第III部分研究更一般的状态相关问题，其中包括大规模的动态资源分配问题(决策改变资源的分配)，以及其他环境因素(例如变化的天气、市场价格、房间温度等)，其中，问题本身随时间演变。

- 基于导数的随机搜索(第5章)——基于导数的算法是最早为随机优化提出的自适应方法之一。这些方法构成了经典的(基于导数的)随机搜索或随机梯度算法的基础。

- 步长策略(第6章)——基于采样的算法需要使用通常所称的步长(或学习率)在新旧估计之间进行平滑化处理。步长策略在基于导数的随机搜索中起着关键作用，其中随机梯度决定了参数向量的改进方向，步长决定了梯度方向上移动的距离。

- 无导数随机搜索(第7章)——无导数随机搜索包含各种领域，如排名和选择(用于离线学习)、响应面方法和多臂老虎机问题(用于在线形式)。这一章展示了所有4类策略，用于决定下一步用何种策略对试图优化的函数进行(通常是有噪声的)观察。

第III部分——状态相关问题。这一部分将转而讲解更多类别的序贯问题,其中被优化的问题随着时间的推移而演变,这意味着此问题取决于随时间变化的信息或参数。这意味着目标函数和(或)约束取决于状态变量中的动态数据,其中该动态数据可以取决于正在做出的决策(例如库存或无人机的位置),也可以只是根据外部因素(例如市场价格或天气)而演变。这些问题可能有(也可能没有)信念状态。

- 状态相关问题(第8章)——首先给出一系列与状态相关的问题。状态变量可能出现在目标函数(例如价格)或约束中,这常见于涉及物理资源管理的问题。然后介绍包含进化信念的问题,并引入主动学习维度(第7章首次提及)。

- 序贯决策问题建模(第9章)——此章全面总结了如何为一般(状态相关)序贯决策问题建模。首先通过简单问题演示建模框架,然后剖析深奥的复杂问题的建模框架。

- 不确定性建模(第10章)——好的策略需要一个好的不确定性模型,后者可以说是建模中最细微的层面。这一章确定了12种不同的不确定性来源,并讨论了如何对它们进行建模。

- 策略设计(第11章)——此章对创建策略的不同策略进行了更全面的阐释,从而引出了在本书第 I 部分中首次针对学习问题引入的4类策略。这一章还将指导如何针对特定问题挑选这4个类别,并介绍了一系列关于能量存储问题变化的实验结果,这些结果表明,可以根据数据的特性,使4类策略中的每一个都发挥最优作用。

第IV部分——基于策略搜索的策略。这一部分的内容描述了"策略搜索"类中必须在模拟器或现场的操作中进行调整的策略。

- PFA(policy function approximation)——策略函数近似(第12章)。这一章讲解了直接从状态变量映射到决策而不必解决嵌入优化问题的参数函数的使用(及其变化)。这是唯一一个不解决嵌入优化问题的问题类。可以在良好定义的参数空间中搜索,以找到在离线或在线环境中都能随时间产生最优表现的策略。PFA非常适用于具有标量动作空间或低维连续动作的问题。

- CFA(cost function approximation)——成本函数近似(第13章)。该策略涵盖了解决最优学习问题(也称为多臂老虎机问题)的有效策略,以及需要使用线性、整数或非线性规划求解器的高维问题的策略。这一类策略在研究文献中常被忽视,但在工业中被广泛使用(启发性地)。

第V部分——基于前瞻近似的策略。基于前瞻近似的策略与基于策略搜索的策略不相上下。这一部分将通过了解当前决策对未来的影响来设计好的策略。可以通过发现(通常是近似地)处于某种状态的价值,或者在某个时域内进行规划来做到这一点。

- VFA(value function approximation)——价值函数近似。这一类策略常见于以下文献:列出了针对不同特殊情况的各种精确方法的文献以及基于近似价值函数而作的文献,其中,近似价值函数由近似动态规划、自适应(或神经)动态规划和(最初)强化学习等术语描述。鉴于这一领域研究的深度和广度,本书将分5章介绍这类策略。

- 精确动态规划(第14章)。某些类别的序贯决策问题可以精确解决。其中最著名的特征是离散状态和动作(称为离散马尔可夫决策过程)，这是我们深入研究的主题。我们还会简要介绍最优控制文献中的一个重要问题——线性二次调节(linear quadratic regulation)，以及一些可以分析和解决的简单问题。
- 后向近似动态规划[①](第15章)。后向近似动态规划类似于经典的后向动态规划(第14章)，但不需要通过蒙特卡洛采样来枚举状态或计算期望值，并避免使用机器学习来近似估计价值函数。
- 前向近似动态规划[②]I：策略价值(第16章)。这是使用机器学习方法近似策略价值作为启动状态函数的第一步，也是被称为近似(或自适应)动态规划或强化学习的广泛方法的基础。
- 前向近似动态规划II：策略优化(第17章)。这一章基于以下基本算法：Q学习、价值迭代和策略迭代(在第14章中首次介绍)，尝试基于价值函数近似找到高质量的策略。
- 前向近似动态规划III：凸函数(第18章)。这一章重点讨论凸问题，特别强调在动态资源分配中应用的随机线性规划，利用凸性来构建价值函数的高质量近似。
- DLA(direct lookahead approximation)——直接前瞻近似(第19章)。直接前瞻策略在一定时域内进行优化，但我们允许引入各种近似，以使其更易于处理，而非优化原始模型。标准的近似是使模型具有确定性，这对某些应用非常有效。对于不太有效的应用，我们重新审视了解决随机优化问题的整个过程，但更加强调计算。

第Ⅵ部分——多智能体系统和学习。本书最后展示了如何将框架扩展到处理多智能体系统，而这本身就需要学习。

- 多智能体建模与学习(第20章)——首先展示了如何将学习系统建模为两个智能体问题(一个控制智能体观察一个环境智能体)，并展示了这如何为部分可观察的马尔可夫决策过程(partially observable Markov decision process，POMDP)生成替代框架。然后，扩展到多个控制智能体的问题，特别是需要通信建模的问题。

1.8.2　如何阅读每一章

本书主题范围甚广，因此内容繁多。然而，有些部分可以略读。章节中标有*的小节在初读时可以跳过。

---

① 译者注：backward approximate dynamic programming通常被译作"后向近似动态规划"或"反向近似动态规划"，在本书中统一译作"后向近似动态规划"。

② 译者注：forward approximate dynamic programming通常被译作"前向近似动态规划"或"正向近似动态规划"，在本书中统一译作"前向近似动态规划"。

标有**的小节表示材料涉及复杂的数学知识。数学功底不错的读者(尤其是具有测度-理论概率背景知识的读者)大多可以利用所学的全部知识来理解这一材料。尽管我们偶尔会略微提及这一材料,但毕竟本书不是为这些读者设计的。然而,我们的许多符号样式都是在理解概率论者如何思考和处理序贯决策问题的基础上设计的。本书将为希望以此为出发点进行更多理论研究的读者打下良好的基础。

初次接触序贯决策问题(指的是任何形式的动态规划、随机规划和随机控制)的读者应该从相对简单的"入门"模型开始。学习如何为相对简单的问题建模很容易。相比之下,为复杂的问题建模很难,特别是在开发随机模型时。重要的是找到处理起来得心应手的问题,然后由此精进。

本书将详细讨论4类策略。其中,两个相对简单(PFA和CFA),两个较为复杂(VFA和随机DLA)。你不必马上成为所有这些策略的专家。随着时间的推移,每个人都要根据不断变化的信息做决策,而这些人中的绝大多数都从未听说过贝尔曼方程(基于VFA的策略)。此外,虽然确定性DLA(想想规划路径的导航系统)也相对易于理解,但随机DLA却是另一回事。理解策略的概念和调整策略(可以使用PFA和CFA实现)比立马翻阅学术文献中流行的更复杂的策略(VFA和随机DLA)更重要。

1.8.3 练习分类

每一章结尾都附有一系列练习,这些练习大致分为以下几类。

- 复习问题。这些问题相对简单,直接从各章中提取,不需要创造性地解决问题。
- 建模问题。这些都是描述应用程序的问题,之后必须放入前面提及的建模框架中。
- 计算练习。这些练习要求执行与各章所述方法相关的特定计算。
- 理论问题。我们会不时地提出经典理论问题。大多数关于随机优化的论著都会强调这些问题。本书强调建模和计算,因此理论问题的作用相对较小。
- 求解问题。这些问题将给出一个环境,需要你完成建模和策略设计。
- 来自*Sequential Decision Analytics and Modeling*(《序贯决策分析和建模》)的阅读材料——这是一本通过示例方式来进行教学的在线图书。每一章(第1章和第7章除外)都在讲述如何建模以及解决特定的决策问题,以展示不同类别策略的特点。这些练习中基本都有Python模块,以便读者进行计算。这些练习通常要求读者自开始时便使用Python模块,但需要额外的编程。
- 每日一问——这是一个自选问题,你将在每章结束时以此为背景来回答问题。这就好比"记日记",因为你会基于全书的材料积累答案,但使用的是与你相关的问题设置。

并非每章的练习都包含上述所有类别。

1.9 参考文献注释

1.2节——第2章将探讨随机优化的不同领域，并概述相关文献。需要反复强调的是，我们的通用框架基于所有这些领域。

1.3节——Powell(2011)的著作(第5章)首次阐述了通用框架的5个要素(扫描右侧二维码即可查看)，它基于第1版的初始模型，初始模型具有6个元素(Powell(2007))。框架很大程度上借鉴了长期以来用于最优控制的框架(有很多相关书籍，请参阅Lewis & Vrabie(2012)的论著，这是该领域的一本受欢迎的参考文献)，但存在一些差异。将我们的框架与Powell(2021)的最优控制框架以及马尔可夫决策过程(现在是强化学习)中使用的框架进行比较。它们之间关键的区别在于，最初基于确定性控制的最优控制框架通常对控制$u_0, u_1, \ldots, u_T$进行优化，即使问题是随机的，也是如此。我们的符号表明，如果问题是随机的，则u_t是一种被我们称为策略的函数(控制人员称之为控制律)，我们总是对策略π进行优化。

1.4节——Powell(2011)似乎首次公开引用了用于解决动态规划的"4类策略"，但未列出本书中使用的4类(一类是短视策略，忽略了成本函数近似)。首次列出本书使用的4类策略的是Powell(2014)的*Clearing the Jungle of Stochastic Optimization*教程，但其没有意识到这4类策略可以(也应该)分为两个主要策略。Powell(2016)的教程给出了第一篇确定"策略搜索"和"前瞻策略"两种策略的论文。Powell(2019)提出了所有这些想法，将4类策略与状态无关和状态相关的问题类别以及累积回报和最终回报等不同类型的目标相结合。这篇论文为本书奠定了基础。

练习

复习问题

1.1 3类状态变量是什么？

1.2 序贯决策问题的5个要素是什么？

1.3 "先建模，后求解"是什么意思？

1.4 简单性的代价是什么？请举个例子，摘自本章或自行选择一个问题皆可。

1.5 为序贯决策问题设计策略的两种策略是什么？试简述每种策略的原则。

1.6 4类策略分别是什么？试简述每类策略。

建模问题

1.7 选择3个序贯决策问题的例子。试简述背景，并列出：

(1) 正在做的决策。

(2) 在做出决策后得到的可能与该决策相关的信息。

(3) 至少一个可用于评估该决策执行情况的指标。

1.8 对3种状态变量中的每一种执行以下操作:

(1) 给出3个物理状态变量的例子。

(2) 给出3个完全了解的参数或数量的信息示例,但这些信息不会被视为物理状态变量。

(3) 给出3个不完全知道但可以用概率分布估计的参数或数量的例子。

1.9 1.3节介绍了如何为简单的库存问题建模。重复这个模型,并假设以价格 p_t 销售产品。根据方程,价格在每个时间段都会发生变化:

$$p_{t+1} = p_t + \varepsilon_{t+1}$$

其中,ε_{t+1} 是平均值为0且方差为 σ^2 的正态分布随机变量。

求解问题

1.10 考虑资产出售问题,需要决定何时出售资产。设 p_t 是资产在 t 时出售的价格,并假设使用下式对资产价格的变化建模:

$$p_{t+1} = p_t + \theta(p_t - 60) + \varepsilon_{t+1}$$

假设噪声项 ε_t, $t = 1, 2, ...$ 是独立的并且随时间均匀分布,其中 $\varepsilon_t \sim N(0, \sigma_\varepsilon^2)$。设:

$$R_t = \begin{cases} 1 & \text{若} t \text{时仍持有资产} \\ 0 & \text{其他} \end{cases}$$

进一步设:

$$x_t = \begin{cases} 1 & \text{若} t \text{时出售资产} \\ 0 & \text{其他} \end{cases}$$

当然,只能在仍持有资产的情况下出售资产。现在需要一个规则来决定是否应该出售资产。假设:

$$X^\pi(S_t|\rho) = \begin{cases} 1 & \text{若} p_t \geq \bar{p}_t + \rho \text{ and } R_t = 1 \\ 0 & \text{其他} \end{cases}$$

其中:

$$S_t = \text{可用于做决策的信息(必须设计)},$$

$$\bar{p}_t = .9\bar{p}_{t-1} + .1p_t$$

(1) 这个问题的状态变量 S_t 的元素是什么?

(2) 不确定性是什么?

(3) 假设在电子表格中运行一个模拟，在该模拟中，可以获得噪声项在 T 时间段的示例实现：$(\hat{\varepsilon})^T_{t=1} = (\hat{\varepsilon}_1, \hat{\varepsilon}_2, \dots, \hat{\varepsilon}_T)$。注意，我们将 $\hat{\varepsilon}_t$ 视作数字，例如 $\hat{\varepsilon}_t = 1.67$，而 ε_t 是正态分布的随机变量。给定序列 $(\hat{\varepsilon})^T_{t=1}$，编写用于计算策略价值的表达式 $X^\pi(S_t|\rho)$。给定这一序列，我们可以评估 ρ 的不同值，如 $\rho = 0.75$、2.35 或 3.15，以查看哪个效果最好。

(4) 实际上，并不会给定序列 $(\hat{\varepsilon})^T_{t=1}$。假设 $T = 20$ 个时间段，且：

$$
\begin{aligned}
\sigma^2_\varepsilon &= 4^2, \\
p_0 &= \$65, \\
\theta &= 0.1
\end{aligned}
$$

试列出策略价值作为期望(见 1.3 节)。

(5) 使用前面的参数，开发电子表格以创建序列的 10 个样本路径 $((\varepsilon_t),\ t = 1, \dots, 20)$。可以使用函数 NORM.INV(RAND(),0,σ) 生成 ε_t 的一个随机观察。设决策规则 $X^\pi(S_t|\rho)$ 的表现取决于它决定的出售价格(如果它决定出售)，在所有 10 个样本路径上取平均值。现在测试 $\rho = 1, 2, 3, 4, \dots, 10$，并找到效果最好的 ρ 值。

(6) 重复(5)，但这次要解决以下问题：

$$
\max_{x_0,\dots,x_T} \mathbb{E} \sum_{t=0}^{T} p_t x_t
$$

为此，在看到任何信息之前选择出售的时间 t(即 $x_t = 1$)。评估解决方案 $x_2 = 1, x_4 = 1, \dots, x_{20} = 1$。哪个最好？其表现与最优 ρ 值的表现 $X^\pi(S_t|\rho)$ 有何区别？

(7) 最后，重复(6)，但现在可以看到所有的价格，然后选择最好的价格。这被称为后验界限(posterior bound)，因为它可以看到未来的所有信息，以便现在做出决策。(5)和(6)部分中的解与后验界限相比如何？(随机优化中有一整个领域都使用这种策略作为近似。)

(8) 根据 1.5 节中描述的分类，对(5)、(6)和(7)中的策略进行分类(是的，(7)是一类策略)。

1.11　库存问题描述了一种策略：如果库存低于 $\theta^{\min}$，则进行订购，购至 $\theta^{\max}$。这代表 4 个类别中的哪一个？写出为找到 θ 最优值所必须使用的目标函数。

序贯决策分析和建模

以下练习摘自在线书籍 *Sequential Decision Analytics and Modeling*(《序贯决策分析和建模》)。扫描右侧二维码，即可查看该书。

1.12　阅读上述书籍中关于资产出售问题的第 2 章(2.1~2.4 节)。

(1) 本书 1.4 节中介绍的 4 类策略中的哪一类用于解决此问题？

(2) 策略中使用了哪些可调参数？

(3) 试描述使用历史数据调整策略的过程。

每日一问

"每日一问"是你自行设计的一个将被用于本书其他章中"每日一问"的问题。

1.13 为本章选择一个问题背景。理想的问题应具有丰富性(例如,不同类型的决策和不确定性来源),但最好的问题是你熟悉或特别感兴趣的问题。如果该序贯决策问题涉及某种形式的学习,将会有助于展示建模和算法框架的丰富性。目前,可以只准备一到两段的背景摘要,再在后面的章节中提供更多的信息。

参考文献

第**2**章
典型问题及其应用

大量的序贯决策问题至少出现在15个不同的领域(1.2节中已列出了这些领域)，这些领域各自都有针对这些问题的建模方法和解决方法。正如书面语和口语的起源不同，这些领域除了来自核心系统的专业用语符号，还有大约8种完全不同的符号系统。

隐藏在这些不同符号"语言"中的方法有些是真正的原创，还有一些是在原有方法之上进行了创造性改进，而其他的只是换了一个名称而已。这些不同方法均来源于激发各领域想象力的各种问题。不出意料，各个研究团体都会不断遇到新问题，从而诞生新想法。

本章2.1节将概述这些不同的领域及其各自的建模风格。全章采用各领域的符号简要介绍各领域最重要的典型模型。某些情况下，还将补充说明如何更换视角。2.2节将概述本书中使用的通用建模框架，该框架可用于对2.1节中的每个典型问题进行建模。最后，2.3节将概述不同应用的设置。

2.1 典型问题

随机优化中的每个领域都有一个典型的建模框架，以说明各领域的问题。通常，典型的问题都倾向于寻找一种巧妙的解决方法，就好比寻找钉子的锤子。虽然这些工具通常仅限于某个特定的问题类，但通常都阐释了一些重要思想，为强大近似方法奠定了基础。因此，理解这些典型问题有助于为不确定性条件下的所有序贯决策问题打下解题基础。

对上述所有领域都陌生的读者初读本书时可以略过这些典型问题。重要的是认识到，所有这些领域都在研究某种形式的序贯决策问题，而这个问题可以使用1.3节中首次提及的通用建模框架进行建模，详见2.2节。

2.1.1 随机搜索——基于导数和无导数

如果有一个问题能够概括几乎所有随机优化问题(至少能概括所有使用期望的问题),那么这个问题通常被称为随机搜索,写作:

$$\max_x \mathbb{E}F(x,W) \tag{2.1}$$

其中,x是一个确定性变量,或者是一个向量(或者,正如将要展示的那样,是一个函数)。该期望与随机变量W相关,W可以是一个向量,也可以是一组随时间而变化的随机变量序列$W_1, \dots, W_t, \dots, W_T$。我们将式(2.1)中的期望所使用的符号形式称作简化式(compact form),该符号并没有表明期望对象。

我们倾向于使用以下表达式,以明确该期望与随机变量的相关性:

$$\max_x \mathbb{E}_W F(x,W) \tag{2.2}$$

我们将式(2.2)中使用的形式称作期望的扩展式(expanded form),该形式标明了对什么随机变量求期望。虽然概率论学者不赞成这种惯例,但终归应该提倡符号清晰化。我们还将介绍一些有助于表述与初始状态变量S^0的相关性的问题,状态变量可能包括有关市场如何响应价格变化之类的不确定参数的概率信念。我们通过下式来表达这种相关性:

$$\max_x \mathbb{E}\{F(x,W)|S^0\} = \max_x \mathbb{E}_{S^0}\mathbb{E}_{W|S^0}F(x,W) \tag{2.3}$$

初始状态变量可以表示问题与确定性或概率信息(例如,关于未知参数的分布)的相关性。例如,可以假设W呈正态分布,平均值为μ,其中μ也不确定(它可能均匀分布在0和10之间)。这种情况下,式(2.3)中的第一个期望——$\mathbb{E}_{S^0}$基于μ的均匀分布,而第二个期望——$\mathbb{E}_{W|S^0}$基于给定平均值μ的W正态分布。我们看到式(2.3)中的形式更好地传达了所涉及的不确定性。

每次解决问题时,初始状态S^0都可能发生变化,这本身就是问题。例如,S^0可能会捕捉患者的病历,之后必须选择一个治疗方案,然后观察疗效。我们有时会采用式(2.1)的简化式,但打算将式(2.3)中的扩展式用作默认式(当你开始处理实际应用时,会倾向于这么做)。

基于以下原因,这个基本问题类常以不同的形态出现。

- 初始状态S^0。初始状态将包括任何确定性参数,以及不确定参数的初始分布。S^0可能是一组固定的确定性参数(例如水沸腾时的温度),或者它可能在每次解决问题时都会发生变化(可能包括实验室中的温度和湿度),它还可能包括描述未知参数(例如市场对价格的反应)的概率分布。
- 决策x。x可以是二元的、离散的(有限且不太大)、分类的(有限但极可能有非常多的选择)、连续的(标量或向量),也可以是离散向量。
- 随机信息W。W的分布可能已知,也可能未知,分布可能是正态的或指数型的,也可能具有重尾、尖峰和罕见事件。W可能是一次实现的单个变量或向量，也可能是变量(或向量)序列$W_1, \dots, W_t, \dots, W_T$。

- 函数$F(x, W)$可以由几个维度来表征：

  - 函数评估的成本。函数$F(x, W)$可能极易评估(零点几秒到几秒)，或者成本较高(几分钟、几小时、几天或几周)。

  - 搜索预算。可能有限(例如，仅限于函数或其梯度的N个评估)，或无限(显然这纯粹出于分析目的——实际预算总是有限的)。甚至还有一些问题，其中规则决定了何时停止，这可能是外生的，也可能取决于我们所学的(这些问题被称为随时问题)。

  - 噪声级(以及噪声的性质)。有些应用的函数求值中的噪声最小(或不存在)，而其他应用的噪声级非常高。

本书的大部分内容将集中于更实用的有限成本版本，并在其上运行一个算法(称为π，原因稍后阐明)，迭代N次，以产生一个随机变量的解$x^{\pi, N}$，因为它取决于一段时间内对W的观察。

这个问题有两种类型。

- 最终回报目标。为此运行算法π，迭代N次，生成解$x^{\pi, N}$。我们只关心最终解的表现，而不关心在执行搜索时的表现。在找到$x^{\pi, N}$后必须对其进行评估，并引入一个用于测试的随机变量$\widehat{W}$(与训练相反)。最终回报目标函数(扩展式)如下：

$$\max_{\pi} \mathbb{E}_{S^0} E_{W^1, \dots, W^N | S^0} E_{\widehat{W} | S^0, x^{\pi, N}} F(x^{\pi, N}, \widehat{W}) \tag{2.4}$$

- 累积回报目标。在此设置中，我们在执行搜索时关注总回报，这会产生目标函数：

$$\max_{\pi} \mathbb{E}_{S^0} \mathbb{E}_{W^1, \dots, W^N | S^0} \sum_{n=0}^{N-1} F(X^{\pi}(S^n), W^{n+1}) \tag{2.5}$$

基于算法策略，随机搜索的一般问题一直被视为两个不同的领域，它们分别是基于导数的随机搜索和无导数随机搜索。这两个领域的起源都可以追溯到1951年，但都作为完全独立的研究领域各自发展。

1. 基于导数的随机搜索

我们接受这样一个现实：不能对期望求导，这会阻止对$F(x) = \mathbb{E}F(x, W)$求导。然而，我们会在许多问题中观察W，然后对$F(x, W)$求导，并将其写作随机梯度：

$$\nabla_x F(x, W(\omega))$$

最常见的方法是用报童问题阐释随机梯度：

$$F(x, W) = p \min\{x, W\} - cx$$

随机梯度很容易被验证为：

$$\nabla_x F(x, W) = \begin{cases} p - c & x < W \\ -c & x > W \end{cases}$$

如你所见，可以在观察W之后计算$F(x, W)$的梯度，再在随机梯度算法中使用该梯度：

$$x^{n+1} = x^n + \alpha_n \nabla_x F(x^n, W^{n+1}) \tag{2.6}$$

其中，α_n称为步长。Robbins和Monro在1951年发表的一篇著名论文中证明了随机梯度算法(式(2.6))渐近收敛到目标函数(式(2.4))的最优值，这可以表示为：

$$\lim_{n \to \infty} x^n = x^* = \arg\max_x \mathbb{E} F(x, W)$$

70年后，这种算法的热度依然不减。第5章将详细介绍这个重要的类别，第6章则专门介绍如何设计α_n的步长公式。

2. 无导数随机搜索

有很多问题能计算随机梯度$\nabla_x F(x, W)$，但还有更多的问题无法计算它。相反，我们假设只能对函数$F(x, W)$进行随机观察，因此有：

$$\hat{F}^{n+1} = F(x^n, W^{n+1})$$

其中，索引表示首先选择x^n，然后观察W^{n+1}，之后计算函数$\hat{F}^{n+1} = F(x^n, W^{n+1})$的采样观察值。最后，使用采样观察值$\hat{F}^{n+1}$更新$\mathbb{E} F(x, W)$的估计值$\bar{F}^n(x)$，以获得$\bar{F}^{n+1}(x)$。

无导数随机搜索包括以下两个核心部分。

- 创建信念$\bar{F}^n(x)$。这可以使用第3章介绍的一系列机器学习工具中的任何一种来完成。
- 选择要观察的点x^n。这通常被称为算法，但在本书中，我们称其为策略。对于这个问题，第7章进行了较深入的讨论。

无导数随机搜索是一个非常丰富的问题类别，以至于有很多领域都在研究特定的算法策略，而不承认竞争方法。

2.1.2　决策树

无论是否存在不确定性，决策树显然都是描述序贯决策问题的最常见的方法之一。图2.1展示的是一个决定持有或出售资产的简单问题。如果决定持有，则会观察资产价格的变化，然后做出持有或出售的决策。

图2.1列出了决策树的基本元素。方形节点表示做出决策的点，而圆形节点表示显示随机信息的点。通过回滚计算每个节点的值来求解决策树。在结果节点，对所有下游节点取平均值(因为不控制转移到哪个节点)；而在决策节点，则基于一个周期的回报与下游价值的和来选择最优决策。

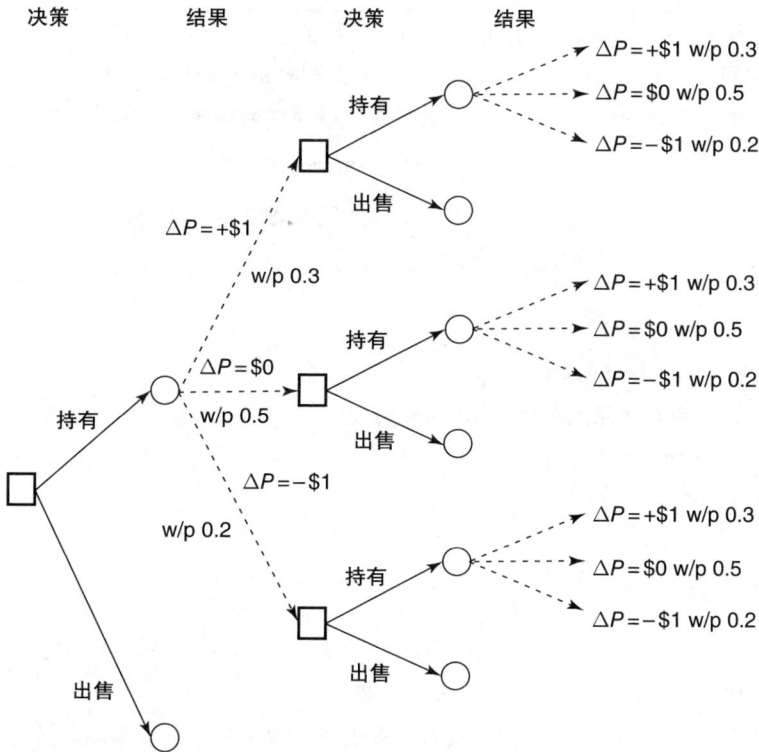

图2.1 决策树展示了决策(持有或出售资产)和新信息(价格变化)的序贯问题

几乎任何具有离散状态和动作的动态规划都可以建模为决策树。问题在于，决策树呈爆炸式增长，即使是对于较小的问题，也是如此。设想一个场景，其中有3个决策(购买、出售、持有资产)和3个随机结果(如价格变化：+1、−1或0)。价格变化及决策组成的每个序贯使树成长为原来的9倍。现在想象一个交易问题，每分钟做一次决策。仅仅一小时后，决策树的分支就扩大到$9^{60} \approx 1.8 \times 10^{57}$个！

2.1.3 马尔可夫决策过程

马尔可夫决策过程使用非常标准的框架进行建模，如图2.2所示。注意，这是在没有索引时间的情况下建模的，因为标准典型模型适用于稳定状态下的问题。在计算状态变量并选择动作时，一些研究者还考虑一组"决策迭代周期"，即时间点，通常建模为$t=1, 2, \ldots$。

例如，假设有$s \in \mathcal{S}$单位的库存，再采购$a \in \mathcal{A}_s$个单位，然后随机出售数量$\hat{D}$，用下式计算更新后的库存：

$$s' = \max\{0, s + a - \hat{D}\}$$

一步转移矩阵(one-step transition matrix)可以根据下式进行计算：

$$P(s'|s, a) = Prob[\hat{D} = \max\{0, (s + a) - s'\}]$$

状态空间——$\mathcal{S} = \{s_1, ..., s_{|\mathcal{S}|}\}$是系统可能占据的一组(离散状态)

动作空间——$\mathcal{A}_s = \{a_1, ..., a_M\}$是状态$s$下可以采取的一系列动作

转移矩阵——假设已给定了包含元素的一步状态转移矩阵

$P(s'|s,a)$ = 给定状态S_t等于s并采取动作a时状态S_{t+1}等于s'的概率

回报函数——设$r(s,a)$是当我们处于状态s并采取动作a时得到的回报

图2.2　马尔可夫决策过程的典型模型

回报函数可能是:

$$r(s,a) = p \min\{s + a, \hat{D}\} - ca$$

其中,c是购买库存物品的单位成本,p是为满足尽可能多的需求而定的销售价格。

如果要解决有限时域的问题,可设$V_t(S_t)$是处于状态S_t并从t时开始表现最优的最优价值。如果给定$V_{t+1}(S_{t+1})$,可用下式计算$V_t(S_t)$:

$$V_t(S_t) = \max_{a \in \mathcal{A}_s} \left(r(S_t, a) + \gamma \sum_{s' \in \mathcal{S}} P(s'|S_t, a) V_{t+1}(S_{t+1} = s') \right) \tag{2.7}$$

其中,γ是一个折扣因子(用于捕捉金钱的时间价值)。注意,要计算$V_t(S_t)$,就必须循环检查$S_t \in \mathcal{S}$的每个可能值,然后解决最大化问题。

式(2.7)可能看起来平淡无奇,但在其首次提出时,曾引起了巨大轰动,被称为运筹学和计算机科学中的贝尔曼最优性方程(Bellman's optimality equation),或控制论中的哈密顿-雅可比方程(Hamilton-Jacobi equations)(尽管该领域通常将其用于连续状态和动作/控制)。

式(2.7)是一类主要策略的基础方程,我们称之为基于价值函数近似的策略(或VFA策略)。具体来说,如果知道$V_{t+1}(S_{t+1})$,就可以通过求解下式在t时和状态S_t下做出决策:

$$X_t^\pi(S_t) = \arg\max_{a \in \mathcal{A}_s} \left(r(S_t, a) + \gamma \sum_{s' \in \mathcal{S}} P(s'|S_t, a) V_{t+1}(S_{t+1} = s') \right)$$

如果使用式(2.7)精确计算价值函数,那么这将是一个罕见的最优策略实例。

如果一步转移矩阵$P(s'|S_t, a)$可以计算(并存储),则非常容易从T时起开始计算式(2.7)(假设给定$V_T(S_T)$,则通常使用$V_T(S_T) = 0$),并在时间上往回推进。

该领域对稳态问题表现出极大的兴趣,假设随着$t \to \infty$,$V_t(S_t) \to V(S)$。这种情况下,式(2.7)可改写为:

$$V(s) = \max_{a \in \mathcal{A}_s} \left(r(s, a) + \gamma \sum_{s' \in \mathcal{S}} P(s'|s, a) V(s') \right) \tag{2.8}$$

现在,得到一个方程组,必须解出来才能求得$V(s)$。详见第14章。

贝尔曼方程在首次提出时曾被视为一项重大的计算突破,因为它避免了决策树的爆炸性增长。然而,人们(包括贝尔曼本人)很快意识到,当状态s是一个向量(即使它仍然是离散的)时仍存在问题——状态空间的大小会随着维数的增加呈指数级增长,因此通常

将这种方法限制在状态变量最多具有3个或4个维度的问题上。这就是众人所知的"维数灾难"。

事实上,贝尔曼方程遭受了三种"维数灾难"。除了状态变量之外,随机信息W(藏在一步转移$P(s'|s,a)$中)也可以是向量;动作a也可能是向量x。人们通常会因为"维数灾难"而忽视"动态规划"(但它们意味着离散的马尔可夫决策过程),但真正的问题是查找表的使用。有一些策略可以应对"维数灾难",但较为困难,这也是本书如此之厚的原因。

2.1.4 最优控制

最优控制领域最为人熟知的是控制问题的确定性形式,通常用"系统模型"(转移函数)来描述:

$$x_{t+1} = f(x_t, u_t)$$

其中,x_t是状态变量,u_t是控制(或动作或决策)。一个典型的工程控制问题可能涉及火箭的控制(如使SpaceX在起飞后着陆),状态x_t是火箭的位置和速度(每个都是三维的),而控制u_t将是火箭所有维度上的力。力对火箭的位置和速度(即其状态x_t)的影响都包含在转移函数$f(x_t, u_t)$中。

转移函数$f(x_t, u_t)$是一个特别强大的符号,将在全书使用(我们将转移写作$S_{t+1}=S^M(S_t, x_t, W_{t+1})$)。它捕捉决策$x_t$(例如移到某个地点、添加库存、进行治疗或对车辆施加压力)对状态x_t的影响。注意,2.1.3节图2.2中描述的典型MDP框架使用了一步转移矩阵$P(S_{t+1}|S_t, a_t)$;第9章将详细讲解为何必须使用转移函数计算一步转移矩阵。在实践中,一步转移矩阵往往不可计算,而转移函数很容易计算。

问题是要找到u_t,以便求解:

$$\min_{u_0,\dots,u_T} \sum_{t=0}^{T} L(x_t, u_t) + J_T(x_T) \tag{2.9}$$

其中,$L(x, u)$是"损失函数",$J_T(x_T)$是终端成本。式(2.9)可以递归表示为:

$$J_t(x_t) = \max_{u_t} \left(L(x_t, u_t) + J_{t+1}(x_{t+1}) \right) \tag{2.10}$$

其中,$x_{t+1} = f(x_t, u_t)$。这里,$J_t(x_t)$被称为代价(cost-to-go)函数,它只是2.1.3节中价值函数$V_t(S_t)$的不同表示法。

一个标准的解策略通常描述为模型的一部分,即将转移$x_{t+1} = f(x_t, u_t)$视为一种可以放松的约束,产生目标:

$$\min_{u_0,\dots,u_T} \sum_{t=0}^{T} \left(L(x_t, u_t) + \lambda_t(x_{t+1} - f(x_t, u_t)) \right) + J_T(x_T) \tag{2.11}$$

其中,λ_t是一组拉格朗日乘子,称为"共态变量"(co-state variable)。函数

$$H(x_0, u) = \sum_{t=0}^{T} \left(L(x_t, u_t) + \lambda_t(x_{t+1} - f(x_t, u_t)) \right) + J_T(x_T)$$

被称为哈密顿量(Hamiltonian)。

式(2.9)中目标的一种常见形式是在状态x_t和控制u_t下的二次目标函数:

$$\min_{u_0, \ldots, u_T} \sum_{t=0}^{T} \left((x_t)^T Q_t x_t + (u_t)^T R_t u_t \right) \tag{2.12}$$

尽管这需要相当多的代数运算,但可以证明式(2.12)的最优解可以写作函数$U^\pi(x_t)$的形式,如下:

$$U^*(x_t) = -K_t x_t \tag{2.13}$$

其中,K_t是取决于矩阵$(Q_{t'}, R_{t'})$,$t' \le t$的适当维度的矩阵。

这个理论的一个局限性是它很容易被推翻。例如,只需要添加一个非负约束$u_t \ge 0$,此结果即会失效。对目标函数进行任何更改,都可以得到相同的结论。这里还存在很多问题,其中目标在状态变量和决策变量中不是二次的。

有许多问题需要我们对流程如何随时间演变的不确定性进行建模。引入不确定性的最常见方法是使用转移函数,通常写作:

$$x_{t+1} = f(x_t, u_t, w_t) \tag{2.14}$$

其中,w_t在t时是随机的(这是最优控制相关文献中的标准符号,通常在连续时间内对问题进行建模)。w_t可能代表库存系统中的随机需求、从一个地点移到另一个地点时的随机成本,或确诊族群是否患病时的噪声。w_t经常被建模为附加噪声,写作:

$$x_{t+1} = f(x_t, u_t) + w_t \tag{2.15}$$

其中,w_t就像使火箭偏离轨道的风。

引入噪声时,通常将优化问题写作:

$$\min_{u_0, \ldots, u_T} \mathbb{E} \sum_{t=0}^{T} \left((x_t)^T Q_t x_t + (u_t)^T R_t u_t \right) \tag{2.16}$$

以上式子的问题是,必须认识到在t时的控制u_t是取决于状态x_t的随机变量,而状态x_t又取决于噪声项$w_0, \ldots, w_{t-1}$。

为将最初的确定性控制问题转化为随机控制问题,只须遵循1.6.3节提供的指导。先引入一个控制律(control law,最优控制的术语),表示为$U^\pi(x_t)$(称之为策略)。现在的问题是找到求解下式的最优策略("控制律"):

$$\min_{\pi} \mathbb{E}_{w_0, \ldots, w_T} \sum_{t=0}^{T} \left((x_t)^T Q_t x_t + (U_t^\pi(x_t))^T R_t U_t^\pi(x_t) \right) \tag{2.17}$$

其中,x_t根据式(2.14)进行演化,且必须给定一个模型来描述随机变量w_t。本书将用大量篇幅重点讲述寻找好策略的方法。最优控制问题详见14.11节。

最优控制语言广泛应用于工程(主要面向确定性问题)和金融领域,但仅限于这些领域。然而,最优控制的符号将构成我们自己的建模框架的基础。

2.1.5 近似动态规划

近似动态规划的核心思想是使用机器学习方法代替价值函数$V_t(S_t)$(见式(2.7)),近似值为$\overline{V}_t^n(S_t|\theta)$(假设是在$n$次迭代后)。可以使用第3章中介绍的各种近似策略中的任何一种。设a_t是t时的决策(例如订购多少货物或开什么药)。设$\bar{\theta}^n$是在n次更新之后对θ的估计。假设我们处于状态S_t^n(这可能是在第n次迭代期间t时的库存),可以使用这种近似来创建处于状态S_t^n的价值的采样观察:

$$\hat{v}_t^n = \max_{a_t}\left(C(S_t^n, a_t) + \mathbb{E}_{W_{t+1}}\{\overline{V}_{t+1}(S_{t+1}^n|\bar{\theta}^{n-1})|S_t^n\}\right) \tag{2.18}$$

其中,$S_{t+1}^n = S^M(S_t^n, a_t, W_{t+1})$,$\bar{\theta}^{n-1}$是在$n-1$次迭代之后对$\theta$的估计。

然后可以使用$\hat{v}_t^n$更新估计$\bar{\theta}^{n-1}$,以获得$\bar{\theta}^n$。这取决于如何近似$\overline{V}_t^n(S_t|\theta)$(第3章介绍了多种方法)。此外,可用其他方法获得采样观察$\hat{v}_t^n$,详见第16章。

给定价值函数近似$\overline{V}_{t+1}(S_{t+1}^n|\bar{\theta}^{n-1})$,有一种使用下式进行决策的方法(即策略):

$$A^\pi(S_t^n) = \arg\max_{a_t}\left(C(S_t^n, a_t) + \mathbb{E}_{W_{t+1}}\{\overline{V}_{t+1}(S_{t+1}^n|\bar{\theta}^{n-1})|S_t^n\}\right)$$

其中,$\arg\max\limits_{a_t}$返回的a值使表达式最大化。这就是我们所说的基于VFA的策略。

使用近似价值函数的想法最初由贝尔曼于1959年提出,随后应用于各界,并有了新的发展。20世纪70年代,最优控制领域使用神经网络近似连续价值函数;20世纪80年代和90年代,计算机科学将其称为强化学习。第16章和第17章将深入讨论这些方法。此想法还适用于随机资源分配问题,人们为此开发了利用价值函数凸性(当最大化时)的方法(见第18章)。

2.1.6 强化学习

当控制领域开发使用神经网络近似价值函数的方法时,两位计算机科学家——Andy Barto和他的学生Richard Sutton尝试模拟动物行为,就像老鼠试图找到走出迷宫的路来获得回报一样(见图2.3)。通过捕捉迷宫中从特定点出发的某一路径最终通向成功的概率,可以随着时间的推移而学习成功。

该基本思想与近似动态规划的方法非常相似,但它有自己独特的形式。强化学习的核心算法策略包括学习处于状态s并采取动作a的价值$Q(s, a)$,而非学习处于状态s的价值$V(s)$。通过计算下式进行的基本算法称为Q学习:

$$\hat{q}^n(s^n, a^n) = r(s^n, a^n) + \lambda\max_{a'}\bar{Q}^{n-1}(s', a') \tag{2.19}$$

$$\bar{Q}^n(s^n, a^n) = (1-\alpha_{n-1})\bar{Q}^{n-1}(s^n, a^n) + \alpha_{n-1}\hat{q}^n(s^n, a^n) \tag{2.20}$$

图2.3　寻找走出迷宫的路径

在这里，λ是一个折扣因子，但它不同于我们在解决动态问题(如式(2.7))时(偶尔)使用的折扣因子γ。参数λ是所谓的"算法折扣因子"，因为它有助于为未来犯错的影响打"折扣"，而这些错误会(错误地)降低处于状态s^n并采取动作a^n的价值。

更新式(2.20)有时可写作：

$$\bar{Q}^n(s^n, a^n) = \bar{Q}^{n-1}(s^n, a^n) + \alpha_{n-1}(\hat{q}^n(s^n, a^n) - \bar{Q}^{n-1}(s^n, a^n))$$
$$= \bar{Q}^{n-1}(s^n, a^n) + \alpha_{n-1} \underbrace{(r(s^n, a^n) + \lambda \max_{a'} \bar{Q}^{n-1}(s', a') - \bar{Q}^{n-1}(s^n, a^n))}_{\delta} \quad (2.21)$$

其中：

$$\delta = r(s^n, a^n) + \lambda \max_{a'} \bar{Q}^{n-1}(s', a') - \bar{Q}^{n-1}(s^n, a^n)$$

被称为"时间差分"(temporal difference)，因为它获得了从一次迭代到下一次迭代的当前估计$\bar{Q}^{n-1}(s^n, a^n)$与更新的估计$(r(s^n, a^n) + \lambda \max_{a'} \bar{Q}^{n-1}(s', a') - \bar{Q}^{n-1}(s^n, a^n))$的差值。式(2.21)被称为时间差分学习(temporal difference learning)，其通过用于选择状态和动作的固定策略来执行。该算法称为"TD(λ)"(反映算法折扣因子λ的作用)，这种方法被称为"TD学习"。第16章和第17章将其称为近似价值迭代。

为了计算式(2.19)，假设给定一个状态s^n，例如图2.3中迷宫内老鼠的位置。使用某种方法("策略")来选择一个动作a^n，这会产生一个回报$r(s^n, a^n)$。接下来，选择一个下游状态，其可能因为处于状态s^n并采取动作a^n而得到。有以下两种方法可以做到这一点。

(1) 无模型学习。假设有一个可以观察的物理系统，例如做诊断的医生或从互联网上选择产品的人。

(2) 基于模型的学习。这里假设从一步转移矩阵$p(s'|s, a)$中对下游状态进行采样。实际上，真正要做的是从$s' = S^M(s^n, a^n, W^{n+1})$模拟转移函数，其中函数$S^M(\cdot)$(使用我们的符号)与最优控制的式(2.14)相同，并且W^{n+1}是一个随机变量，必须从某些(已知)分布中采样。

计算机科学家经常研究观察系统的问题，这意味着他们不使用转移函数的显式模型。

一旦有了模拟的下游状态s'，就可以根据目前的估计$\bar{Q}^{n-1}(s', a')$(称为"Q因子")找到最佳动作a'。最后，更新处于状态s^n并采取动作a^n的估计价值。当这种逻辑应用于图2.3中的迷宫时，算法会稳定地学习找到出口概率最高的状态-动作对(pair)，但它确实需要足够频繁地对所有状态和动作进行采样。

有许多Q学习变体反映不同规则，这些规则用于选择状态s^n，选择动作a^n，处理更新后的估计$\hat{q}^n(s^n, a^n)$，以及计算估计$\bar{Q}^n(s, a)$。例如，式(2.19)~式(2.21)是查找表的一种表示方式，但仍有相当多的研究正在进行，其中用深度神经网络近似$\bar{Q}(s, a)$。

你将逐渐了解到，近似价值函数并不是万能的算法。随着RL领域扩展到更广泛的问题，研究人员开始引入不同的算法策略，这些策略将在本书中作为4类策略的样本出现(基于价值函数近似的策略只是其中之一)。如今，"强化学习"更多地应用于使用广泛策略处理序贯决策问题的领域，这正是它成为本书研究主题的原因。

如今有很多人把"强化学习"等同于Q学习，其实不然，Q学习只是一种算法，而非问题。然而，该领域的领导者将强化学习描述为：

(1) 一个由智能体(agent)在某个环境中执行动作并获得回报的问题类。

(2) 一个将其工作确定为"强化学习"的领域。

(3) 领域使用自定义的适用于该问题类的"强化学习"方法开发的一组方法。

综上，该表征由这样一个领域构成：该领域将其工作自定义为由解决"智能体在环境中执行动作并接受回报的"问题类的任何方法组成的"强化学习"。实际上，"强化学习"常被描述为问题类而非方法，因为"强化学习"所涵盖的很多工作不需要Q学习(或用于近似价值函数的任何方法)。强化学习是一个问题还是一种方法，这个问题在本书撰写之时仍然悬而未解。

我们的论点是：该问题类的更一般表征是序贯决策问题，包括任何由智能体在环境中执行动作的问题，但也包括智能体只观察环境的问题(这是RL领域中的一个重要问题类)。此外，我们并非只关注基于VFA的策略(例如Q学习)，还试图将我们的讨论泛化至所有4类策略。我们注意到，RL领域已经在研究分属4类策略的算法，因此我们认为，我们的通用模型不仅描述了RL领域目前正在研究的所有问题，还描述了RL领域可能会生成的所有问题类和方法。

2.1.7 最优停止

随机优化中的经典问题称为最优停止问题。假设有一个随机过程W_t(这可能是资产的价格)，它决定了我们在t时停止的回报$f(W_t)$(停止并出售资产时收到的报价)。设$\omega \in \Omega$是$W_1, \dots, W_T$的一个样本路径，若把讨论局限于有限期限问题，则这可能代表金融期权的到期日。设：

$$X_t(\omega) = \begin{cases} 1 & \text{若在}t\text{时停止} \\ 0 & \text{其他情形} \end{cases}$$

设τ是$X_t = 1$时的时间t(假设$t > \tau$时$X_t = 0$)。这种表示法产生了一个问题,因为ω指定了完整的样本路径,这似乎表明可以在t时做出决策之前展望未来。不要大意——当使用历史数据对策略进行回溯测试时,很容易犯这种错误。它实际上是随机规划领域的一个相当标准的近似值,详见第19章(特别是19.9节中的"两阶段随机规划")。

为了解决这个问题,需要构建函数X_t并使其只依赖于历史$W_1, \ldots, W_t$。在这种情况下,τ称为停止时间(stopping time)。优化问题可以表述为:

$$\max_{\tau} \mathbb{E}X_{\tau} f(W_{\tau}) \tag{2.22}$$

其中,τ为"停止时间"。通常,数学家会规定式中的τ(等价于X_t)为"$\mathcal{F}_t$——可测量函数",这只是另一种表述"τ不由晚于τ的时间点来计算"的说法。

经过测度—理论概率训练的读者非常熟悉这一术语,不过这一术语对于开发随机优化的模型和算法却不是必需的。9.13节将会介绍这些概念,并解释为什么不需要使用这些术语。

更确切地说,解决式(2.22)中的停止问题的一个方法是,创建一个函数$X^{\pi}(S_t)$,使其取决于t时系统的状态。假设需要一个用于出售资产的策略。设持有资产,则$R_t = 1$,否则为0。假设$p_1, p_2, \ldots, p_t$是历史价格走势,如果在t时出售,则得到p_t。通过下式,进一步假设我们创建了一个平滑的过程$\bar{p}_t$:

$$\bar{p}_t = (1-\alpha)\bar{p}_{t-1} + \alpha p_t$$

在t时,状态变量为$S_t = (R_t, \bar{p}_t, p_t)$。出售策略可能如下:

$$X^{\pi}(S_t | \theta) = \begin{cases} 1 & \text{若 } \bar{p}_t > \theta^{\max} \text{ 或 } \bar{p}_t < \theta^{\min} \\ 0 & \text{其他情形} \end{cases}$$

找到最优策略意味着通过求解下式找到最优$\theta = (\theta^{\min}, \theta^{\max})$:

$$\max_{\theta} \mathbb{E} \sum_{t=0}^{T} p_t X^{\pi}(S_t | \theta) \tag{2.23}$$

那么,停止时间是最早的时间$\tau = t$,其中$X^{\pi}(S_t | \theta) = 1$。

最优停止问题十分常见。部分示例如下。

(1) 美式期权。美式期权允许在指定日期或之前出售资产。17.6.1节将以示例阐释如何使用近似动态规划的美式期权。该策略可应用于任何停止问题。

(2) 欧式期权。金融资产的欧式期权允许在未来的指定日期出售该资产。

(3) 机器更换。在监控一台(通常是复杂的)机器的状态时,需要制定一项策略,告知何时停止、维修或更换。

(4) 临床试验。经营药物临床试验的医药公司必须知道何时停止试验并宣布成功或失败。更完整的临床试验模型,参见Powell的著作(第14章),扫描右侧二维码即可查看。

状态变量的简单性使得最优停止看起来似乎是一个容易解决的问题。然而，在实际应用中，几乎总是需要考虑额外的信息。例如，资产出售问题可能取决于一篮子指数或证券，其大大扩展了状态变量维度；机器更换问题可能涉及多个测量值，做决策时需要综合考虑这些测量值；临床实验结果则总是取决于每个患者特有的多项因素。

2.1.8　随机规划

假设我们是在线零售商，必须将库存分配给不同的配送中心，并满足存放库存的配送中心的需求。调用初始决策x_0(这是"当下"的决策)来分配库存。然后可以看到对产品的需求D_1和零售商将收讫的付款p_1。

设$W_1 = (D_1, p_1)$为这个随机信息，而ω为W_1的样本实现，因此$W_1(\omega) = (D_1(\omega), p_1(\omega))$是需求和价格的一种可能实现。我们在看到这些信息后做出决策x_1，且对于需求的每个可能实现ω都有一个出货决策$x_1(\omega)$。随机规划领域通常将每个结果ω作为一个场景。

假设此时$\Omega = (\omega_1, \omega_2, \ldots, \omega_K)$是需求$D_1(\omega)$和价格$p_1(\omega)$的一组(不太大的)可能结果("场景")，那么第二阶段的决策$x_1(\omega)$将受第一阶段x_0做出的初始库存决策的约束。这两个约束写作：

$$A_1 x_1(\omega) \leq x_0,$$
$$B_1 x_1(\omega) \leq D_1(\omega)$$

设$\mathcal{X}_1(\omega)$是$x_1(\omega)$的可行域，由以上约束定义，则这两个阶段的问题可写作：

$$\max_{x_0} \left(-c_0 x_0 + \sum_{\omega \in \Omega} p(\omega) \max_{x_1(\omega) \in \mathcal{X}_1(\omega)} (p_1(\omega) - c_1) x_1(\omega) \right) \qquad (2.24)$$

在随机规划术语中，第二阶段的决策变量$x_1(\omega)$被称为"追索权变量"(recourse variable)，因为它们代表了当新信息可用时可能会做出的反应(这就是"追索权"的定义)。两阶段随机规划基本上是确定性优化问题，但它们可以是非常大的确定性优化问题(尽管具有特殊结构)。

例如，假设允许第一阶段决策x_0"查看"第二阶段的信息，这种情况下，我们将其写作$x_0(\omega)$，并得到一系列较小的问题，每个ω对应一个问题。然而，现在我们通过展望未来允许x_0作弊。可通过引入非预期约束(nonanticipativity constraint)来解决这一点，如下所示：

$$x^0(\omega) - x^0 = 0 \qquad (2.25)$$

现在，有了一系列第一阶段变量$x_0(\omega)$(每个ω对应一个$x_0(\omega)$)，还有单个变量x_0，我们试图强制每个$x_0(\omega)$保持一致(在这一点上，可以称x_0表示"非预期")。算法专家可以放宽式(2.25)的非预期约束，然后解决一系列较小的问题(可能是并行的)，然后引入链路机制，从而使整个过程收敛到满足非预期约束的解。

将式(2.24)中的优化问题(以及时间段0和1的相关约束)称为随机优化问题。在实践中，这些应用往往诞生于序贯决策问题的背景之下，我们将在其中寻找"t时考虑了不确定的未来"(称为$t+1$，不过可以是多个时间段$t+1,...,t+H$)的最优决策x_t，得出以下策略：

$$X_t^{\pi}(S_t) = \arg\max_{x_t \in \mathcal{X}_t}\left(-c_t x_t + \sum_{\omega \in \Omega} p_{t+1}(\omega)\max_{x_{t+1}(\omega) \in \mathcal{X}_{t+1}(\omega)}((p_{t+1}(\omega) - c_{t+1})x_{t+1}(\omega))\right) \tag{2.26}$$

式(2.24)和式(2.26)中的优化问题相同，但求解式(2.26)的目标只是找到一个决策x_t来执行，之后将继续前行到时间$t+1$、更新不确定的未来$t+2$，然后重复该过程。每个场景ω的决策$x_{t+1}(\omega)$从未真正实施；对它们进行规划只是为了帮助改进现在要实施的决策x_t。这是一种解决优化问题的策略，通常不会明确建模。2.2节将说明如何对目标函数进行建模。

2.1.9 多臂老虎机问题

经典的信息获取问题被称为多臂老虎机问题(multiarmed bandit problem)，这是2.1.1节中介绍的累积回报问题的一个趣称。这个问题自20世纪50年代首次提出以来就受到了极大的关注且该词条每年都被数千篇论文提及！

老虎机故事进展如下。假设赌徒需要选择一台老虎机$x \in \mathcal{X} = \{1, 2, ..., M\}$。而每台机器的奖金都不同，但赌徒不知道获胜概率。获取信息的唯一方法是先试试看。若要用公式表述这个问题，可先假设：

x^n = 完成第n次试验后所选择的下一台机器，

W_x^n = 第n次试验中玩老虎机 $(x = x^{n-1})$ 所赢的钱

在完成第$n-1$次试验后，选择第n次试验要玩哪台机器。设S^n是玩了n次后的信念状态，而：

μ_x = 给出机器x实际预期奖金的随机变量，

$\bar{\mu}_x^n$ = n次试验之后对μ_x预期值的估计，

$\sigma_x^{2,n}$ = n 次试验之后对 μ_x 信念的方差

现在假设对μ的信念呈正态分布(n次试验之后)，平均值为$\bar{\mu}_x^n$、方差为$\sigma_x^{2,n}$。可将信念状态写作：

$$S^n = (\bar{\mu}_x^n, \sigma_x^{2,n})_{x \in \mathcal{X}}$$

我们的挑战是找到策略$X^{\pi}(S^n)$，决定在第$n+1$次试验时玩哪台机器x^n。必须找到一个策略，更好地了解真正的平均值μ_x，这意味着有时不得不玩一台回报$\bar{\mu}_x^n$有可能并不是最高的机器x^n，但要承认的是这一估计可能不准确。不过，最后玩的机器的平均回报μ_x实际上可能低于最优水平，这意味着可能获得较低的奖金。问题是要找到一个能使奖金随时间最大化的策略。

表示这个问题的一种方法是在无限期内最大化预期的折扣奖金：

$$\max_{\pi} \mathbb{E} \sum_{n=0}^{\infty} \gamma^n W_{x^n}^{n+1}$$

其中，$x^n = X^\pi(S^n)$，$\gamma < 1$是折扣因子。当然，也可将其视为一个有限时域问题(有折扣或无折扣)。

一个效果较好的策略示例称为区间估计策略，见下式：

$$X^{IE,n}(S^n | \theta^{IE}) = \arg\max_{x \in \mathcal{X}} \left(\bar{\mu}_x^n + \theta^{IE} \bar{\sigma}_x^{2,n} \right)$$

其中，$\bar{\sigma}_x^{2,n}$是对$\bar{\mu}_x^n$的方差的估计，见下式：

$$\bar{\sigma}_x^{2,n} = \frac{\sigma_x^{2,n}}{N_x^n}$$

其中，N_x^n是前n次实验中测试备选方案x的次数。策略的参数为θ^{IE}，这决定了在估计$\bar{\mu}_x^n$时对不确定性施加多大的权重。如果$\theta^{IE} = 0$，即采用纯利用策略，仅简单地选择看起来最好的备选方案。随着θ^{IE}增大，则需要更加重视估算中的不确定性。如第7章所述，有效的学习策略必须平衡探索(尝试不确定的备选方案)和利用(做看起来最好的事情)。

多臂老虎机问题是在线学习问题的一个例子(也就是说，在该示例中必须边实践边学习)，我们希望最大化累积回报。这些问题的示例如下。

■ 示例2.1

假设有一个刚搬到陌生城市居住的人当下必须找到一条最优的通勤路径。设T_p是一个随机变量，用来给出他从预定义的一组路径$\mathcal{P}$中选择路径p时将经历的时间。他获得行程时间观察值的唯一方法是沿着路径亲自走一趟。当然，他希望选择平均时间最短的路径，但可能有必要尝试较长的路径，因为他可能估计能力不佳。

■ 示例2.2

一位棒球经理想要判断四名球员中的哪一位是最优指定击球手。估计他们命中率的唯一方法是将他们当作指定击球手，按击球的多少顺序排列。

■ 示例2.3

医生正在为患者选择最优的降压药。每个患者对各种药物的反应都不同，因此有必要在一段时间内尝试一种特定药物，若医生觉得其他药物可以获得更好的治疗结果，则进行切换。

多臂老虎机问题由来已久，是应用概率和统计学(可追溯到20世纪50年代)、计算机科学(始于20世纪80年代中期)以及工程和地球科学(始于20世纪90年代)领域的一个利基问题。老虎机领域已经扩展到更广泛的问题(例如，x可以是连续的且/或为向量)，以及越来越多的策略。第7章将进一步讨论这个重要的问题类，届时我们将指出所谓的"多臂老虎机问

题"实际上只是无导数的随机优化问题,可以用4类策略中的任何一类来解决。老虎机问题与早期的无导数随机搜索研究的不同之处在于,随机搜索研究没有明确认识到主动学习的价值:评估x处的函数只是为了更好地学习近似值,以便以后做出更好的决策。

我们注意到,无导数随机搜索通常使用"最终回报"目标函数(见2.1.1节),而多臂老虎机研究一直以累积回报目标为中心,但这并非普遍正确。有一种多臂老虎机问题称为"最优臂老虎机问题",它使用最终回报目标。

2.1.10　模拟优化

"模拟优化"领域最初起源于模拟领域,该领域开发了用于模拟制造过程等复杂系统的蒙特卡洛模拟模型。20世纪60年代早期,常用于搜索一系列设计的模拟模型因其搜索的慢速性而成功地激发了人们想高效执行这些搜索的兴趣。

使用噪声评估在有限的备选方案集中进行搜索是一个排序、选择的例子(无导数随机搜索的一种形式),但这些应用培养的却是模拟领域的研究人员。该领域最早的创新方法之一是一种称为最优算力预算分配(optimal computing budget allocation,OCBA)的算法。

OCBA算法的一般思想是通过获取每个备选方案$x \in \mathcal{X}$的初始样本$N_x^0 = n_0$来实现的,这意味着要基于预算B开展$B^0 = Mn_0$个实验。然后,该算法使用规则来确定如何在不同的备选方案之间分配其算力预算。7.10.2节将详细总结典型的OCBA算法。

多年来,OCBA与"模拟优化"紧密相连,但模拟优化领域仍在持续发展,解决了更多的问题,并创造了很多新的方法来应对新的挑战。不可避免的是,也出现了一些与其他领域的交集。然而,与其他领域类似,"模拟优化"领域的活动范围不断扩大,涵盖随机搜索的其他结果(无导数和基于导数),以及用于序贯决策问题的工具,如近似动态规划和强化学习。如今,模拟优化领域将所有基于蒙特卡洛采样的搜索方法都归类为"模拟优化"的一种形式。

2.1.11　主动学习

给定数据集(x^n, y^n),$n = 1, \ldots, N$,经典(批量)机器学习解决了模型$f(x|\theta)$的拟合问题,使误差(或损失)函数$L(x, y)$最小化。在线学习解决了当数据流到达时拟合模型的设置。给出基于前n个数据点的估计值$\bar{\theta}^n$,给定(x^{n+1}, y^{n+1}),查找$\bar{\theta}^{n+1}$。假设无法控制输入x^n。

当部分或完全控制输入x^n时,就会产生主动学习。它可能是我们掌控的价格、规模或专注度;也可能是在为患者选择治疗方案时部分可控的因素,但我们无法控制患者的属性。

主动学习有很多种方法,其中一种流行的方法是在不确定性最大之处做选择。例如,假设存在二元结果(客户是否以价格x购买产品)。设x是客户的属性,$\bar{p}(x)$是该客户购买产品的概率。可以从客户的登录凭据中了解客户的属性。响应的方差由 $\bar{p}^n(x)(1-\bar{p}^n(x))$ 给出。为了最小化方差，我们希望向具有属性 x 的客户提供报价，其中，属性 x 具有的不确定性最大，由方差 $\bar{p}^n(x)(1-\bar{p}^n(x))$ 给出。这意味着我们将选择求解下式的 x:

$$\max_x \bar{p}^n(x)(1-\bar{p}^n(x))$$

这是一个非常简单的主动学习示例。

老虎机问题与主动学习之间的关系非常密切。截至本书撰写之时，"主动学习"一词已经越来越多地取代了杜撰的"多臂老虎机问题"。

2.1.12 机会约束规划

对于有些问题，在做决策时必须满足一个依赖于不确定信息的约束。例如，可能希望以"在80%的情况下都能满足需求"为目标分配库存。或者，可能希望安排一个准时率高达90%的航班。可以用下面这个一般形式表示这些问题：

$$\min_x f(x) \tag{2.27}$$

上式服从概率约束(通常称为机会约束):

$$\mathbb{P}[C(x,W)\geq 0] \leq \alpha \tag{2.28}$$

其中，$0\leq\alpha\leq 1$。约束式(2.28)通常等效地写作：

$$\mathbb{P}[C(x,W)\leq 0] \geq 1-\alpha \tag{2.29}$$

此处，$C(x,W)$ 是违背约束的数量(如果为正)。在我们的例子中，$C(x,W)$ 可能是需求减去库存，如果是正数，则未满足需求；如果是负数，则满足需求。或者，它可以是航班实际的到达时间减去预计到达时间，其中正值意味着航班晚点。

机会约束规划(chance-constrained programming)是一种处理涉及不确定性的特定约束类型的方法，通常在以下静态问题中使用：做决策、查看信息、停止。机会约束规划将这些问题转化为确定性的非线性规划，挑战是要在搜索算法中计算概率约束。

2.1.13 模型预测控制

很多情况都需要考虑未来会发生什么，以便现在做出决策。我们最熟悉的一个例子便是导航系统，该系统使用网络每条链路上的估计行程时间来规划到达目的地的路径。随着人类社会不断进步，这些时间可能会改变，路径也会更新。

在最优控制相关文献中，之所以把通过(某种方式)优化未来为当下做决策的行为称为模型预测控制(model predictive control)，是因为其使用了未来的(通常是近似的)模型为当下做决策。MPC策略的一个例子如下：

$$U^\pi(x_t) = \arg\min_{u_t}\left(L(x_t, u_t) + min_{u_{t+1},\ldots,u_{t+H}}\sum_{t'=t}^{t+H}L(x_{t'}, u_{t'})\right)$$

$$= \arg\min_{u_t,\ldots,u_{t+H}}\sum_{t'=t}^{t+H}L(x_{t'}, u_{t'}) \tag{2.30}$$

式(2.30)中的优化问题需要一个时域为$t, \ldots, t+H$的模型，这意味着需要能够使用$x_{t+1} = f(x_t, u_t)$对损失以及系统动态进行建模。对此，一个更精确的名称可能是"基于模型的预测控制"，但"模型预测控制"(通常被称为MPC)是在控制界发展起来的术语。

模型预测控制是一个广泛使用的概念，通常以"滚动时域法"(rolling horizon procedure)或"后退时域法"(receding horizon procedure)等名称命名。模型预测控制通常使用未来的确定性模型编写，主要是因为大多数控制问题都是确定性的。然而，该术语其实是指用于当下做决策的任何未来模型(甚至是近似模型)。2.1.8节中的两阶段随机规划模型是一种使用未来随机模型的模型预测控制形式。甚至可以解出一个完整的动态规划，这通常是在求解未来的近似随机模型时完成的。所有这些都是"模型预测控制"的形式。本书将这种方法归类为"直接前瞻近似"策略，详见第19章。

2.1.14 鲁棒优化

"鲁棒优化"(robust optimization)一词已应用于经典的随机优化问题(特别是随机规划)，但在20世纪90年代中期，它与需要我们做决策的问题相关联，例如设备或结构的设计，其在不可控参数的最坏设置下发挥作用。可能出现鲁棒优化的示例如下。

■ 示例2.4

结构工程师要设计一座成本最小化的高楼(这可能涉及材料最小化)，并使它能够承受风速和风向等最恶劣的风暴条件。

■ 示例2.5

一位为大型客机设计机翼的工程师希望将机翼的重量降到最低，但在最坏的情况下，机翼仍必须承受压力。

鲁棒优化领域中使用的经典符号是u，u为不确定的参数。本书使用w，并假设w属于不确定性集合$\mathcal{W}$。集合$\mathcal{W}$旨在以某种置信度获得随机结果，可以用θ参数化置信度，因此不确定性集可写作$\mathcal{W}(\theta)$。

鲁棒优化问题表示为：

$$\min_{x\in\mathcal{X}}\max_{w\in\mathcal{W}(\theta)}F(x, w) \tag{2.31}$$

创建不确定性集$W(\theta)$可能是一个不小的挑战。例如，如果w是含有元素w_i的向量，表示$W(\theta)$的一种方法是使用盒子：

$$W(\theta) = \{w|\theta_i^{lower} \le w_i \le \theta_i^{upper}, \forall i\}$$

其中，$\theta = (\theta^{lower}, \theta^{upper})$是可调参数，用于控制不确定性集的创建。

问题是，$W(\theta)$的最差结果很可能是盒子的一个角落，所有元素w_i处于其上限或下限。这在实践中可能极为罕见。更现实的不确定性集会捕捉向量w发生的可能性。在鲁棒优化中，有大量的研究集中于不确定性集$W(\theta)$的创建。

我们注意到，之前在式(2.24)中展示了一个两阶段随机规划问题，然后指出这确实是一个前瞻策略(见式(2.26))，类似地，式(2.31)给出的鲁棒优化问题可以写成鲁棒优化策略，如下：

$$X^{RO}(S_t) = \arg\min_{x_t \in \mathcal{X}_t} \max_{w_{t+1} \in \mathcal{W}_{t+1}(\theta)} F(x_t, w_{t+1}) \tag{2.32}$$

关于鲁棒优化的许多论文正是这样做的：用公式表示时间t处的鲁棒优化问题，然后用它做决策x_t，之后，继续前向观察新信息W_{t+1}，接着重复该过程。这意味着其鲁棒优化问题实际上是一种前瞻策略。

2.2 序贯决策问题的通用建模框架

现在，已经讲解了处理不确定性下的序贯决策的主要领域，有必要回顾所有序贯决策问题的要素。第9章将更深入地讨论这个主题，此处仅简单介绍，以便将我们的框架与上面回顾的框架进行比较。

我们的论述侧重于不确定性下的序贯决策问题，这意味着每次决策后都会有新的信息，但总是可以忽略新的信息来创建一个与2.1.4节中的确定性控制问题类似的问题。我们将假设问题会随着时间的推移而演变，但在许多情况下，倾向于使用计数器(第n次实验，第n个客户)。

2.2.1 序贯决策问题的通用模型

序贯决策问题包括以下要素。

(1) 状态变量——S_t。该变量捕获了从t时起对系统进行建模所需的所有信息，这意味着计算成本/贡献函数、决策约束以及对这些信息随时间推移的转变进行建模所需的任何其他变量。状态S_t可能包括物理资源R_t(如库存)，其他确定性信息I_t(产品价格、天气)和信念状态B_t，B_t会捕捉描述不能直接(和完美)观察的参数或量的概率分布的信息。重要的是认识到，无论状态变量描述物理资源、系统属性还是概率分布参数，状态变量始终是一种信息。

(2) 决策变量——x_t。决策(可称为动作a_t或控制u_t)代表如何控制过程。决策由被称为策略的决策函数决定，在控制理论中也称为控制律。如果决策是x_t，就把策略表示为$X^\pi(S_t)$。同样，如果希望使用a_t或u_t作为决策变量，则使用$A^\pi(S_t)$或$U^\pi(S_t)$作为策略。如果$\mathcal{X}_t$是可行域(取决于S_t的信息)，则假设$X^\pi(S_t) \in \mathcal{X}_t$。

(3) 外生信息——W_{t+1}。这是在$t+1$时首次从外源知道的信息(例如，产品需求、风速、诊治结果、实验结果)。W_{t+1}可以是价格(针对所有不同库存)或产品需求的高维向量。

(4) 转移函数。给出t时做出的决策以及在t时和$t+1$时之间到达的新信息后，该函数会决定系统如何从状态S_t演变到状态S_{t+1}。我们将转移函数(也称为系统模型或状态转移模型)表示为：

$$S_{t+1} = S^M(S_t, x_t, W_{t+1})$$

注意，做出决策x_t时，W_{t+1}是一个随机变量。在整个过程中，我们假设由t(或n)索引的任何变量在t时(或n次观察之后)均已知。

(5) 目标函数。该函数指定最小化的成本、最大化的贡献/回报等表现指标。设$C(S_t, x_t)$是给出决策x_t以及S_t中的信息后的最大化贡献——S_t中的信息可能包含成本、价格和约束信息。目标函数的基本形式如下：

$$F^\pi(S_0) = \mathbb{E}_{S_0} \mathbb{E}_{W_1, \dots, W_T | S_0} \left\{ \sum_{t=0}^{T} C(S_t, X^\pi(S_t)) \right\} \tag{2.33}$$

我们的目标是找到策略以求解：

$$\max_\pi F^\pi(S_0) \tag{2.34}$$

第7章和第9章将阐述一些其他形式的目标。

如果使用计数器，就可以用S^n表示状态，x^n表示决策，W^{n+1}表示外生信息。有些问题则需要同时按时间(如一周内的小时)和计数器(如第n周)索引化，因此可以使用S_t^n。

下面用一个资产收购问题来说明这个框架。

(1) 叙述。资产收购问题涉及维持一些资源的库存(共同基金中的现金、飞机的备用发动机、疫苗等)，以满足随时间推移的随机需求。假设购买成本和销售价格也会随时间而变化。

(2) 状态变量。状态变量是做决策和计算函数所需的信息，这些函数决定了系统未来的发展。在资产收购问题中，需要3条信息。第一是R_t，表示在做出任何决策(包括满足多少需求)之前手头的资源。第二是需求本身，表示为D_t。第三是价格p_t。我们将状态变量写作$S_t = (R_t, D_t, p_t)$。

(3) 决策变量。有两个决策要做。第一个决策表示为x_t^D，表示在t时间段内应该使用多少可用资产来满足需求D_t，这意味着$x_t^D \le R_t$。第二个决策表示为x_t^O，表示在t时应该收购多少新资产，该资产可用于满足$t+1$时间段内的需求。

(4) 外生信息——外生信息过程由3类信息组成。第一类信息是出现在t和$t+1$之间的新需求，表示为$\hat{D}_{t+1}$。第二类信息是t至$t+1$之间出售资产的价格变化，表示为$\hat{p}_{t+1}$。最后，假设可用资源可能会发生外源性变化。此类信息可能涉及献血或现金存款(产生积极变化)，或设备故障和现金提取(产生消极变化)。用$\hat{R}_{t+1}$表示这些变化。设W_{t+1}表示在t至$t+1$时之间(即做出决策x_t后)初次了解的所有新信息，在我们的问题中可以写作$W_{t+1}=(\hat{R}_{t+1},\hat{D}_{t+1},\hat{p}_{t+1})$。

除了指定外生信息的类型，还必须为随机模型指定特定结果的可能性。其形式可能是$\hat{R}_{t+1}$、$\hat{D}_{t+1}$及$\hat{p}_{t+1}$的假设概率分布，或者可能依赖于样本实现的外源(股票的实际价格或路径上的实际行程时间)。

(5) 转移函数。用下式描述状态变量S_t的演变：

$$S_{t+1}=S^M(S_t,x_t,W_{t+1})$$

上面各式中：

$$
\begin{aligned}
R_{t+1} &= R_t - x_t^D + x_t^O + \hat{R}_{t+1}, \\
D_{t+1} &= D_t - x_t^D + \hat{D}_{t+1}, \\
p_{t+1} &= p_t + \hat{p}_{t+1}
\end{aligned}
$$

该模型假设未满足的需求会一直保持到下一个时间段。

(6) 目标函数。计算贡献$C_t(S_t,x_t)$，这可能取决于目前的状态和t时采取的动作x_t。资产收购问题(其中状态变量为R_t)的贡献函数为：

$$C_t(S_t,x_t)=p_t x_t^D - c_t x_t^O$$

在该特定模型中，$C_t(S_t,x_t)$是状态和动作的确定性函数。在其他应用中，来自动作x_t的贡献取决于$t+1$时发生的事情。

目标函数由下式给出：

$$\max_{\pi\in\Pi}\mathbb{E}\left\{\sum_{t=0}^{T}C_t(S_t,X^\pi(S_t))|S_0\right\}$$

设计策略将占据本书大部分内容。对于这样的库存问题，可以使用简单的规则或更复杂的前瞻策略，可以通过点预测来展望未来，或者捕捉未来的不确定性。

第9章将专门补充这个基本建模框架的细节。对实际问题建模时，我们鼓励读者按顺序描述上述5个要素。

2.2.2　紧凑型建模

编写序贯决策问题时，如果希望其形式更紧凑，即采用近似于经典确定性数学规划的形式，则建议将其写作：

$$\max_{\pi} \mathbb{E}_{S_0} \mathbb{E}_{W_1,\ldots,W_T|S_0} \left\{ \sum_{t=0}^{T} C(S_t, X^{\pi}(S_t)) \right\} \tag{2.35}$$

其中，假设策略满足约束：

$$x_t = X^{\pi}(S_t) \in \mathcal{X}_t \tag{2.36}$$

转移函数由下式给出：

$$S_{t+1} = S^M(S_t, X^{\pi}(S_t), W_{t+1}) \tag{2.37}$$

并且会给出一个外生信息过程：

$$(S_0, W_1, W_2, \ldots, W_T) \tag{2.38}$$

当然，这也留下了这样的问题：如何描述外生信息过程的采样方式及设计策略的方式。然而，我们认为不必解释策略，就像不必解释确定性数学规划中的决策x一样。

2.2.3 MDP/RL与最优控制建模框架

停下来思考一个自然而然的问题：在2.1节列出的所有领域中，是否有任何领域符合我们的通用框架？有一个较为接近：最优控制(见2.1.4节)。

在描述最优控制建模框架的优点之前，先介绍截至本书撰写之时所有领域中最流行的强化学习(RL)领域采用的建模框架。从20世纪80年代开始，RL领域采用了长期用于马尔可夫决策过程的建模框架(框架简介参见2.1.3节)。这个框架在数学上实属巧妙，但在建模实际问题时却极难处理。例如，定义"状态空间"$\mathcal{S}$或"动作空间"$\mathcal{A}$后，我们仍对问题一无所知。此外，一步转移矩阵$P(s'|s,a)$几乎不可计算。最后，虽然可以指定单周期回报函数，但真正的问题是对回报进行求和并优化策略。

接下来，将这种形式与最优控制中使用的形式进行对比。在此领域中，我们会指定状态变量和决策/控制变量。最优控制领域引入的转移函数的强大构造看似明显，却往往会被其他领域所忽视。最优控制文献主要关注确定性问题，但也有随机控制问题，通常使用式(2.15)的加性噪声。

最优控制领域没有使用我们的标准格式来优化策略。然而，这个领域积极制定了不同类别的策略。我们观察到，最优控制相关文献首次引入了"线性控制律"(因为它们对于线性二次调节问题是最优的)。该领域率先为价值函数近似赋予多种名称，包括启发式动态规划、神经动态规划和近似/自适应动态规划。最后，引入了(确定性)前瞻策略(称为"模型预测控制")。这涵盖了4类策略中的3类(PFA、VFA和DLA)。我们猜想有人已将参数化优化模型的思想用于策略(我们称之为CFA)，但由于该策略尚未被公认为正式的方法，因此很难知道它是否已被使用以及何时首次使用。

2.1 节中的所有领域都有将建模框架与解决方案联系起来的习惯。最优控制以及动态规划假设起点是贝尔曼方程(在控制界称为哈密顿-雅可比方程)。这是我们对上述所有领域的主要出发点。在我们的通用建模框架中，5 个要素都没有指示如何设计策略。相反，我们以一个目标函数(式(2.33)~式(2.34))结束，并声明我们的目标是找到一个最优策略。后续章节将针对 1.4.1 节中首次介绍的 4 类策略进行搜索，并将在本书中反复提及。

2.3　应用

接下来通过一系列应用说明我们的建模框架。这些问题阐释了实际应用中可能出现的一些建模问题。我们通常从一个较简单的问题开始，然后展示如何添加细节。在引入复杂性时，请注意状态变量维度的增长。

2.3.1　报童问题

运筹学中一个流行的问题被称为报童问题，它被描述为决定发行多少报纸以满足未知需求。报童问题出现在许多设置中，我们必须选择一个固定参数，然后在随机设置中进行评估。它通常作为一个子问题出现在一系列资源分配问题(管理血液库存、紧急情况成本、分配车队、聘用人员)中。其他情况下也会出现这一问题，例如合同报价(报价过高意味着可能会错失合同)，或者留出额外的旅行时间。

报童问题通常被描述为静态的最终回报公式，但我们会开放性地探讨最终回报和累积回报公式。

1. 基本报童——最终回报

基本报童建模为：

$$F(x, W) = p \min\{x, W\} - cx \tag{2.39}$$

其中，x 是在观察随机"需求"W 之前必须订购的"报纸"数量。以价格 p 出售报纸(x 和 W 较小)，但必须以单位成本 c 购买全部报纸。目标是解决以下问题：

$$\max_{x} \mathbb{E}_W F(x, W) \tag{2.40}$$

大多数情况下，该报童问题在可以观察到 W 的环境中发生，但其分布未知(通常被称为"数据驱动")。这种情况下，假设必须确定在第 n 天结束时要订购的数量 x^n，之后观察需求 W^{n+1}，可以得到如下利润(在第 $n+1$ 天结束时)：

$$\hat{F}^{n+1} = F(x^n, W^{n+1}) = p \min\{x^n, W^{n+1}\} - cx^n$$

在每次迭代之后，可以假设观察到 W^{n+1}，尽管经常只能观察到 $\min(x^n, W^{n+1})$(这被称为截尾观察，censored observation)，或可能只能观察实现的利润：

$$\hat{F}^{n+1} = p\min\{x^n, W^{n+1}\} - cx^n$$

可以制定策略, 试图了解W的分布, 然后尽力以最优方式解决问题(参见练习4.12)。

另一种方法是尝试直接学习函数$\mathbb{E}_W F(x, W)$。不管怎样, 假设S^n是关于未知量的信念状态(关于W, 或关于$\mathbb{E}_W F(x, W)$)。S^n可能是点估计, 但通常是概率分布。例如, 可以设$\mu_x = \mathbb{E}F(x, W)$, 假设$x$是离散的(如报纸的数量)。$n$次迭代之后, 可能得到$\mathbb{E}F(x, W)$的估计$\bar{\mu}_x^n$和标准差$\bar{\sigma}_x^n$, 然后假设$\mu_x \sim N(\bar{\mu}_x^n, \bar{\sigma}_x^{n,2})$。这种情况下, 可得出$S^n = (\bar{\mu}^n, \bar{\sigma}^n)$, 其中$\bar{\mu}^n$和$\bar{\sigma}^n$都是$x$所有值的向量。

给定(信念)状态S^n, 然后定义一个用$X^\pi(S^n)$表示的策略(也可以称之为规则, 或者它可能是一种算法), 其中$x^n = X^\pi(S^n)$是我们将在下一次观察W^{n+1}或$\hat{F}^{n+1}$的试验中使用的决策。虽然希望这一策略能一直适用至$n \to \infty$, 但实际上, 这会受限于之后给出解决方案$x^{\pi,N}$的N次试验。这个解决方案取决于初始状态S^0、求解$x^{\pi,N}$时出现的观察结果$W^1, ..., W^N$, 以及随后观察到的用于评估$x^{\pi,N}$的$\widehat{W}$。需要找到求解下式的策略:

$$\max_\pi \mathbb{E}_{S^0} \mathbb{E}_{W^1,...,W^N|S^0} \mathbb{E}_{\widehat{W}|S^0} F(x^{\pi,N}, \widehat{W}) \tag{2.41}$$

2. 基本报童——累积回报

对真实的报童问题的更现实的描述是, 在积累利润的同时了解需求W(或函数$\mathbb{E}_W F(x, W)$)。这种情况下, 要找到一个策略以求解下式:

$$\max_\pi \mathbb{E}_{S_0} \mathbb{E}_{W_1,...,W_T|S_0} \sum_{t=0}^{T-1} F(X^\pi(S_t), W_{t+1}) \tag{2.42}$$

报童问题的累积回报公式捕捉了主动学习过程, 尽管该公式是真实报童问题最自然的模型, 但它是全新的。

3. 报童背景

假设在某个报童问题中, 产品的价格p是动态的, 由p_t给出, 这是做出决策之前就已明确的。利润由下式计算:

$$F(x, W|S_t) = p_t \min\{x, W\} - cx \tag{2.43}$$

如前所述, 假设不知道W的分布, B_t是对W(或关于$\mathbb{E}F(x, W)$)的信念状态。状态$S_t = (p_t, B_t)$, 因为必须同时掌握价格p_t以及信念状态B_t, 所以可以把问题改写成:

$$\max_x \mathbb{E}_W F(x, W|S_t)$$

现在, 必须找到最优订购量函数$x^*(S_t)$, 而不是找到最优订购量x^*。虽然x^*是确定性值, 但$x^*(S)$是代表决策x^* "上下文" 的状态S的函数。

如上所示, "上下文"(学习领域中的一个常用术语)实际上只是一个状态变量, 而$x^*(S)$是一种策略。找到一个最优的策略总是很难, 但若要找到一个切实可行的策略, 只需要仔细研究4类策略中的每一类, 就能得到一个有望成功的策略。

4. 多维报童问题

报童问题可能是多维的。一个版本是加性报童问题，其中有K个产品服务K种需求，但使用的生产流程限制总交付量。这将被表述为：

$$F(x_1, \dots, x_K) = E_{W_1, \dots, W_K} \sum_{k=1}^{K} p_k \min(x_k, W_k) - c_k x_k \tag{2.44}$$

其中：

$$\sum_{k=1}^{K} x_k \leq U \tag{2.45}$$

当有多种产品(不同类型/颜色的汽车)试图满足同一需求W时，就会出现第二个版本，见下式：

$$F(x_1, \dots, x_K) = \mathbb{E}_W \left\{ \sum_{k=1}^{K} p_k \min \left[x_k, \left(W - \sum_{\ell=1}^{k-1} x_\ell \right)^+ \right] - \sum_{k=1}^{K} c_k x_k \right\} \tag{2.46}$$

其中$(Z)^+ = \max(0, Z)$。

2.3.2　库存/储存问题

库存(或储存)问题代表的应用类别非常广泛，涵盖了购买/获取(或出售)资源以满足需求的任何问题，其中过剩的库存可以保留到下一个时间段。基本库存问题(具有离散量)似乎是说明某个紧凑状态空间作用的第一个问题，它可以解决当试图将这些问题表述为决策树并求解时出现的指数爆炸。然而，在处理实际应用时，这些基本问题很快会变得复杂。

1. 无滞后库存

最简单的问题就是在t时订购新产品x_t，且立即送达。先定义符号：

$R_t = t$ 时间段末剩余库存量，

$x_t = t$ 时间段末订购量，将在t时间段开始时提供，

$\hat{D}_{t+1} = t$ 至 $t+1$ 之间的产品需求，

$c_t = $ 在 t 时订购产品的单位成本，

$p_t = $ 在$(t, t+1)$期间出售一个单位产品所收取的费用

基本库存流程如下：

$$R_{t+1} = \max\{0, R_t + x_t - \hat{D}_{t+1}\}$$

在每个时间段末将总贡献相加。设y_t是时间段$(t-1, t)$内的销售额。销售受需求$\hat{D}_t$以及现有产品量$R_{t-1} + x_{t-1}$的限制，但可以自行选择卖出多少，y_t可能比这两者都小。由此可得出：

$$y_t \leq R_{t-1} + x_{t-1},$$

$$y_t \leq \hat{D}_t$$

假设在了解了前一时间段的需求 D_t 之后要确定 t 时的 y_t，可以通过下式给出 t 时的收入和成本：

$$C_t(x_t, y_t) = p_t y_t - c_t x_t$$

如果这是一个确定性问题，可将其表示为：

$$\max_{(x_t, y_t), t=0,\ldots,T} \sum_{t=0}^{T} (p_t y_t - c_t x_t)$$

然而，需求 $\hat{D}_{t+1}$ 在 t 时通常是随机的，我们希望将这一点表示出来。我们可能想允许价格 p_t(甚至成本 c_t)在可预测(如季节性)且随机(不确定)模式下随时间变化。在这种情况下，需要定义一个状态变量 S_t 来捕捉在做出决策 x_t 和 y_t 之前，t 时的已知信息。状态变量的设计是很微妙的，但现在假设它包括 R_t、p_t、c_t，以及在区间 $(t, t+1)$ 出现的需求 D_{t+1}。

与报童问题不同，库存问题可能更具挑战性，即使需求 D_t 的分布是已知的，也是如此。然而，如果需求 D_t 的分布是未知的，那么可能需要保持关于需求分布的信念状态 B_t，或下订单 x_t 时的预期利润。

此问题的特点使得我们能够创建一系列问题。

(1) 静态数据。如果价格 p_t 和成本 c_t 是恒定的(也就是说 $p_t = p$、$c_t = c$)，在已知需求分布的情况下，有一个随机优化问题，其中状态是 $S_t = R_t$。

(2) 动态数据。假设价格 p_t 随时间随机演变，其中 $p_{t+1} = p_t + \varepsilon_{t+1}$，那么状态变量是 $S_t = (R_t, p_t)$。

(3) 依赖于历史的流程。现在假设价格流程演变如下：

$$p_{t+1} = \theta_0 p_t + \theta_1 p_{t-1} + \theta_2 p_{t-2} + \varepsilon_{t+1}$$

然后将状态写作 $S_t = (R_t, (p_t, p_{t-1}, p_{t-2}))$。

(4) 学习过程。现在假设需求分布未知。可以建立一个过程来尝试从需求或销售的观察中学习。设 B_t 捕捉我们对需求分布的信念，这本身可能是一种概率分布。在这种情况下，状态变量将是 $S_t = (R_t, p_t, B_t)$。

设 $Y^\pi(S_t)$ 是用来确定 y_t 的销售策略，而 $X^\pi(S_t)$ 是用来决定 x_t 的购买策略，其中 π 带有决定两个策略的参数。可将目标函数写作：

$$\max_\pi \mathbb{E} \sum_{t=0}^{T} (p_t Y^\pi(S_t) - c_t X^\pi(S_t))$$

库存问题非常多。这是一个很容易创建变体的问题，这些变体可以用 1.4 节中介绍的 4 类策略来解决。第 11 章将更深入地描述这 4 类策略。11.9 节讲述了能源储存中出现的库存问题，对此，4 类策略中的每一类都可能发挥最优作用。

2. 带预测的库存计划

许多实际应用中都有一个重要扩展，即数据(需求、价格甚至成本)可能遵循可以近似预测的时变模式。设：

$$f_{tt'}^W = 在t时对某些活动(需求、价格、成本)的预测(我们认为活动会发生在t'时)$$

预测随着时间的推移而变化。它们可能由外源(预测供应商)提供，或者我们可以使用观察数据自行更新预测。假设它们都由外部供应商提供，则可以用下式描述预测的演变：

$$f_{t+1,t'}^W = f_{tt'}^W + \hat{f}_{t+1,t'}^W$$

其中，$\hat{f}_{t+1,t'}^W$ 是在未来所有时间段 t' 预测的(随机)变化。

当我们有预测时，向量 $f_t^W = (f_{tt'}^W)_{t'\geq t}$ 在技术上会成为状态变量的一部分。当预测可用时，标准方法是将预测视为潜在变量，这意味着不必明确地对预测的演变进行建模，而是将预测视为静态向量。此内容详见第9章，第13章将介绍处理滚动预测的策略。

3. 决策滞后

在很多应用中，t时做出的决策(例如订购新货物)会在t'时才完成(由于运输延误)。在全球物流中，这些滞后可能会持续几个月。对于一家订购新飞机的航空公司来说，这种滞后可能会持续数年。

可以用符号表示滞后：

$$x_{tt'} = t' 时送达的 t 时订购的货物$$

$$R_{tt'} = 将在t'时送达的早在t时以前订购的货物$$

变量 $R_{tt'}$ 表示如何捕捉先前决策的影响。可以将这些变量汇总到向量 $x_t = (x_{tt'})_{t'\geq t}$ 和 $R_t = (R_{tt'})_{t'\geq t}$ 中。

滞后问题特别难以建模。假设想在t''月签署购买天然气的合同，这可能需要三年的时间来满足不确定的需求。这个决策必须考虑我们在t'时下订单 $x_{t't''}$ 的可能性，t'时位于现在(t时)和t''时之间。在t时，决策 $x_{t't''}$ 是一个随机变量，不仅取决于t'时的天然气价格，还取决于可能在t和t'之间做出的决策，以及不断变化的预测。

2.3.3　最短路径问题

最短路径问题代表一个特别巧妙而强大的问题类别，因为网络中的节点可以表示任何离散状态，而节点外的链路可以表示离散动作。

1. 确定性最短路径问题

经典的序贯决策问题是最短路径问题。设：

$$\mathcal{I} = 网络中的一组节点(交点)，$$

$$\mathcal{L} = 网络中的一组链路(i, j)，$$

$$c_{ij} = 从节点i开车到节点j的成本(通常是时间)，i, j \in \mathcal{I}, (i, j) \in \mathcal{L}，$$

$\mathcal{I}_i^+$ = 节点集合j，其中有一个链路$(i, j) \in \mathcal{L}$，

$\mathcal{I}_j^-$ = 节点集合i，其中有一个链路$(i, j) \in \mathcal{L}$

节点i处的行人需要选择链路(i, j)，其中$j \in \mathcal{I}_i^+$是节点i的下游节点。假设行人需要以最小成本从起始节点j到目的节点r。设：

v_j = 从节点j到节点r所需的最小成本

可以将v_j视为处于状态j的价值。在最优条件下，这些值将满足：

$$v_i = \min_{j \in \mathcal{I}_i^+} (c_{ij} + v_j)$$

这个基本公式是导航系统中使用的所有最短路径算法的基础，不过这些算法经过了大量设计，以实现人们早已习惯的快速响应。图2.4给出了一个基本的最短路径算法，不过这只是一个真正算法的骨架。

步骤0 设：

$$v_j^0 = \begin{cases} M & j \neq r \\ 0 & j = r \end{cases}$$

其中，M被称为大M，代表一个大数。设$n = 1$

步骤1 对于所有$i \in \mathcal{I}$，求解：

$$v_i^n = \min_{j \in \mathcal{I}_i^+} (c_{ij} + v_j^{n-1})$$

步骤2 如果对于任何i，$v_i^n < v_i^{n-1}$都成立，则设$n = n + 1$并返回步骤1，否则停止

图2.4 基本最短路径算法

2. 随机最短路径问题

我们通常对最短路径问题感兴趣，其中遍历链路的成本存在不确定性。在交通示例中，可以很自然地将一个链路的行程时间视为随机的，以反映每个链路上交通状况的可变性。

为正确处理这个新维度，在决定是否遍历链路之前或之后，必须指定是否能看到链路上的随机成本结果。如果实际成本仅在遍历链路后才实现，那么节点i处所做的决策x_i将被写作：

$$x_i = \arg\min_{j \in \mathcal{I}_i^+} \mathbb{E}(\hat{c}_{ij} + v_j)$$

其中，期望值与随机成本$\hat{c}_{ij}$的分布(假设已知)相关。对于这个问题，状态变量S只是所在的节点。

如果在了解$\hat{c}_{ij}$之后做出决策，那么决策可以写作：

$$x_i = \arg\min_{j \in \mathcal{I}_i^+} (\hat{c}_{ij} + v_j)$$

在此设置中，状态变量S由$S = (i, (\hat{c}_{ij})_j)$给出，既包括当前节点，也包括来自节点$i$的链路成本。

3. 动态最短路径问题

现在假设，任何在线导航系统都能从网络获取实时信息，并定期更新最短路径，从而解决这个问题。假设导航系统在t时拥有遍历链路$(i, j) \in \mathcal{L}$的成本的估计$\bar{c}_{tij}$，其中$\mathcal{L}$是网络中所有链路的集合。该系统使用这些估计来解决确定性最短路径问题，并给出当下的建议。

假设估计成本的向量$\bar{c}_t$每个时间段更新一次(可能每5分钟更新一次)，因此在$t+1$时就得到了估计向量$\bar{c}_{t+1}$。设N_t是行人所在的节点(或前往的目的地)。状态变量当下可以写作：

$$S_t = (N_t, \bar{c}_t)$$

记住，网络中的每个链路都有一个$\bar{c}_t$元素，状态变量S_t具有维度$|\mathcal{L}| + 1$。第19章将描述如何使用简单的最短路径计算来解决如此复杂的问题。

4. 鲁棒最短路径问题

我们知道成本c_{ij}不确定。导航服务可以使用其观察来构建$\bar{c}_{tij}$的概率分布，以根据我们在t时的已知信息来估计行程时间。现在假设使用θ-百分位(用$\bar{c}_{tij}(\theta)$表示)，而不取平均值。因此，如果设$\theta = 0.90$，将使用第90百分位的行程时间，这将阻止我们使用可能变得非常拥堵的链路。

现在假设当处于状态$S_t = (N_t, \bar{c}_t(\theta))$，并通过使用链路成本$\bar{c}_t(\theta)$解决确定性最短路径问题来选择方向时，$\ell_t^\pi(\theta) \in \mathcal{L}$是推荐的链路。设$\hat{c}_{t,\ell_t^\pi(\theta)}$是行人在$t$时遍历链路$\ell_t^\pi(\theta) = (i, j) \in \mathcal{L}$的实际成本。现在的问题是通过求解下式来优化这类策略：

$$\min_\theta \mathbb{E} \left\{ \sum_t \hat{c}_{t,\ell_t^\pi(\theta)} | S_0 \right\}$$

其中，S_0捕捉了车辆的起点和成本的初始估计。第19章将进一步讨论该策略。

2.3.4 一些车队管理问题

车队管理问题(例如在网约车车队中出现的问题)代表了一类特殊的资源分配问题。本节首先描述一个"漂泊的货车司机"所面临的问题，然后展示如何将该基本理念扩展到货车车队。

1. 漂泊的货车司机

在漂泊的货车司机问题中，一个货车司机会在A处装载一批货物，从A处驶至B处，然后在B处卸载货物，再继续寻找新的货物(在某些地方可以通过打电话获取可运输货物列表)。司机必须考虑运输货物所得收入，但他也必须认识到，货物会带他驶向另一个城市。他的问题是如何在A处之外的一组货物中进行选择。

司机在每个时间点都有其当前或未来位置ℓ_t(国家的一个地区)、他的设备类型E_t——他所开的货车的类型(根据货物的需要而变化)、他预计到达ℓ_t的时间(表示为τ_t^{eta})和他离开家的时间τ_t^{home}。我们将这些属性转化为属性向量a_t，如下所示：

$$a_t = (\ell_t, E_t, \tau_t^{eta}, \tau_t^{home})$$

当司机到达货物的目的地时，打电话给货运代理并得到一组货物$\mathcal{L}_t$，他可以从中选择接下来要运送的货物。这意味着他的状态变量(做决策之前的信息)如下：

$$S_t = (a_t, \mathcal{L}_t)$$

司机必须在一系列动作$\mathcal{X}_t = (\mathcal{L}_t, "hold")$中进行选择，其中包括集合$\mathcal{L}_t$中的货物，或者什么都不做。一旦司机做出决策，$\mathcal{L}_t$就不再相关。他做出决策后的状态称为决策后状态$S_t^x = a_t^x$(做出决策后的即时状态)，该状态会被实时更新以反映货物的目的地以及预计到达该位置的时间。

司机在选择采用哪个动作时会自然而然地权衡动作的贡献(可以写作$C(S_t, x_t)$)和他在决策后的状态a_t^x中的值。可称该策略为$X^\pi(S_t)$，并用下式表示：

$$X^\pi(S_t) = \arg\max_{x \in \mathcal{X}_t} \left(C(S_t, x) + \overline{V}_t^x(a_t^x) \right) \tag{2.47}$$

算法上的挑战是创建估计$\overline{V}_t^x(a_t^x)$，这是一个价值函数近似的例子。如果司机属性向量a_t^x的可能值不是太大，那么可以使用与解决2.3.3节中介绍的随机最短路径问题所用的方法相同的方法来解决这个问题。这个问题中隐藏的假设是节点的数量不太多(即使是一百万个节点，也被认为是可管理的)。当"节点"是多维向量a_t时，则可能很难处理所有可能的值("维数灾难"的另一个例子)。

2. 从一名司机到一个车队

可以通过以下定义对一个车队进行建模：

　　R_{ta} = 司机数量(带有 t 时的属性向量a)，

　　$R_t = (R_{ta})_{a \in \mathcal{A}}$

其中，$a \in \mathcal{A}$位于属性空间中，该属性空间跨越每个a_t元素可能取的所有可能值。

同理，可以通过包含始发地、目的地、预定的装/卸货窗口、所需设备类型及货物是否包含危险材料等信息的属性向量b来描述货物。在美国，典型的做法是将全国分为100个区域，从而提供10 000对始发地和目的地。设：

　　L_{tb} = 货物数量(带有t时的属性向量b)，

　　$L_t = (L_{tb})_{b \in \mathcal{B}}$

状态变量由下式给出：

$$S_t = (R_t, L_t)$$

　　读者可以自行尝试估计这个问题的状态空间大小。第18章将阐释如何使用价值函数近似来解决这个问题。

2.3.5　定价

　　假设正在尝试为产品定价，并且感觉可以使用以下公式给出的逻辑曲线来模拟产品的需求：

$$D(p|\theta) = \theta_0 \frac{e^{\theta_1 - \theta_2 p}}{1 + e^{\theta_1 - \theta_2 p}}$$

价格为p时所得总收入由下式给出：

$$R(p|\theta) = pD(p|\theta)$$

　　如果知道θ，那么可以轻松找到最优价格。但现在假设不知道θ。图2.5展示了一系列用来表示价格-收入函数的曲线。

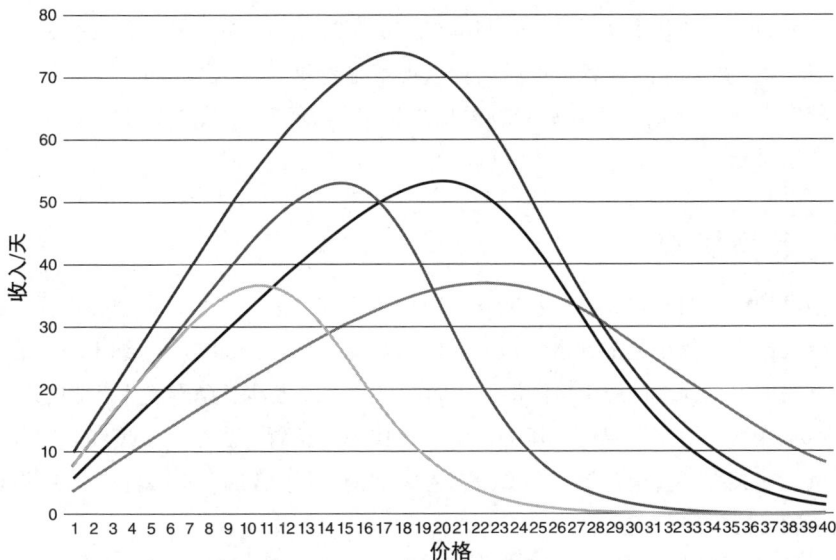

图2.5　一系列可能的收入曲线

　　可以把这个问题当作了解θ的真实值的一种方式。设$\Theta = (\theta_1, \ldots, \theta_K)$是$\theta$的可能值集合，其中假设$\Theta$的元素之一是真实值。设$P_k^n$是在完成$n$次观察之后$\theta = \theta_k$的概率。那么，该学习系统的状态$S^n = (P_k^n)_{k=1}^K$可捕获关于$\theta$的信念。第7章将进一步讨论这个问题。

2.3.6　医疗决策

　　医生必须对带着某种抱怨前来就医的患者做出决策。这一过程始于记录病历，其中包括一系列关于患者病史和生活习惯的问题。设h^n是病史，h^n可能由数千种不同的症状组成

(人类的疾病很复杂)。然后，医生可能会要求额外的测试，以得到额外信息，或者可能会开药或要求手术。设 d^n 捕捉这些决策。可以将患者病史 h^n 和医疗决策 d^n 的组合包含在指定的一组解释变量 $x^n = (h^n, d^n)$ 中，同时设 θ 是维度与 x^n 相同的参数向量。

现在假设观察到一个结果 y^n，为简单起见，将其表示为二元，其中 $y^n = 1$ 可以解释为"成功"，$y^n = 0$ 则表示"失败"。我们将假设可以使用逻辑回归模型对随机变量 y^n 进行建模(所谓随机，即指在观察治疗结果之前)，如下式所示：

$$\mathbb{P}[y^n = 1 | x^n = (h^n, d^n), \theta] = \frac{e^{\theta^T x^n}}{1 + e^{\theta^T x^n}} \tag{2.48}$$

这个问题展示了两种类型的不确定性。首先是患者病史 h^n，我们通常没有描述这些属性的概率分布。很难(实际上，不可能)对 h^n 获得的复杂特征建立一个概率模型，因为历史会呈现复杂的相关性。相比之下，随机变量 y^n 具有明确定义的数学模型，其特征是未知(和高维)参数向量 θ。

可以使用两种不同的方法来处理这些不同类型的不确定性。对于患者属性，可使用通常称为数据驱动的方法。可以访问包含先验属性、决策和结果的大型数据集，表示为 $(x^n = (h^n, d^n), y^n)_{n=1}^N$，或者，可以假设只观察患者 h^n(这是数据驱动的部分)，然后使用取决于状态变量 S^n 的决策函数 $D^\pi(S^n)$ 做出决策 $d^n = D^\pi(S^n)$，最后观察可以使用概率模型来描述的结果 y^n。

2.3.7　科学探索

科学家们在发明新药、新材料或开发新型机翼或火箭发动机时，往往需要进行艰难的实验，寻找产生最优结果的输入和过程。输入可能是催化剂的选用、纳米粒子的形状或分子化合物的选用。制造过程中可能涉及不同的步骤，或者涉及抛光镜片机器的选用。

然后是连续的决策。温度、压力、浓度、比率、位置、直径、长度和时间都是连续参数的示例。在某些设置中，这些参数是自然离散的，不过如果同时调整3个或3个以上的连续参数，则可能出现问题。

可将离散决策表示为选择元素 $x \in \mathcal{X} = \{x_1, \ldots, x_M\}$。或者，可以有一个连续向量 $x = (x_1, x_2, \ldots, x_K)$。设 x^n 是 x(离散或连续)的选择。假设 x^n 是在运行指导第 $n+1$ 个实验的第 n 个实验后所做的决策，从中观察 W^{n+1}。结果 W^{n+1} 可能是材料的强度、表面的反射性或杀死的癌细胞的数量。

使用实验结果来更新信念模型。如果 x 是离散的，假设有一个估计 $\bar{\mu}_x^n$，这是在选择 x 进行实验时对其表现的估计。如果选择 $x = x^n$ 并观察 W^{n+1}，之后就可以使用统计方法(参见第3章)来获得更新的估计 $\bar{\mu}_x^{n+1}$。事实上，可以使用一种被称为相关信念(correlated belief)的特性对值 x'(而非 x)进行实验 $x=x^n$ 并更新估计 $\bar{\mu}_{x'}^{n+1}$。

通常会使用一些参数模型来预测响应。例如，可以创建如下所示的线性模型：

$$f(x^n|\theta) = \theta_0 + \theta_1\phi_1(x^n) + \theta_2\phi_2(x^n) + ... \tag{2.49}$$

其中，$\phi_f(x^n)$ 是从实验的输入 x^n 中提取相关信息的函数。例如，如果元素 x_i 是温度，则可能有 $\phi_1(x^n) = x_i^n$ 和 $\phi_2(x^n) = (x_i^n)^2$。如果 x_{i+1} 是压力，也可能有 $\phi_3(x^n) = x_i^n x_{i+1}^n$ 和 $\phi_4(x^n) = x_i^n(x_{i+1}^n)^2$。

式(2.49)被称为线性模型，因为它在参数向量 θ 中是线性的。式(2.48)中的逻辑回归模型是非线性模型的一个例子(因为它在 θ 中是非线性的)。无论是线性还是非线性的，参数信念模型都能捕捉问题的结构，从而减少不确定性，该不确定性可以来自每个 x 的未知 $\bar{\mu}_x$(其中不同 x 值的数量在数千到数百万甚至更多)或者一组参数 θ(这个数字可能在几十到几百之间)。

2.3.8　机器学习与序贯决策问题

序贯决策问题的策略设计和机器学习密切相关。设：

x^n = 希望用来预测结果 y^n 的与第 n 个问题实例对应的数据(患者的特征、
文档的属性、图像的数据)，

y^n = 该响应可能是患者对治疗的响应、文档的分类或图像的分类，

$f(x^n|\theta)$ = 给定 x^n 时用来预测 y^n 的模型，

θ = 用于确定模型的未知参数向量

假设有一些可以用于标识模型 $f(x|\theta)$ 性能的指标。例如，可以使用：

$$L(x^n, y^n|\theta) \quad = \quad (y^n - f(x^n|\theta))^2$$

函数 $f(x|\theta)$ 可以有多种形式。最简单的是基本线性模型：

$$f(x|\theta) = \sum_{f\in\mathcal{F}} \theta_f \phi_f(x)$$

其中，$\phi_f(x)$ 被称为特征，并且 $\mathcal{F}$ 是一组特征。可能只有少量特征，也可能有数千个特征。统计和机器学习领域开发了广泛的一系列函数，每个函数中都有一些向量 θ 作参数(有时指定为权重 w)。第3章将深入介绍这些函数。

机器学习问题首先会选择一类统计模型 $f\in\mathcal{F}$，然后调整与该类函数相关的参数 $\theta\in\Theta^f$。可将其写作：

$$\min_{f\in\mathcal{F},\theta\in\Theta^f} \frac{1}{N}\sum_{n=1}^{N}(y^n - f(x^n|\theta))^2 \tag{2.50}$$

在解决序贯决策问题时，需要找到最优策略。我们可以想出一个策略 π，包括选择函数 $f\in\mathcal{F}$ 和可调参数 $\theta\in\Theta^f$。当编写优化策略的问题公式时，通常使用：

$$\max_{\pi=(f\in\mathcal{F},\theta\in\Theta^f)} \mathbb{E}\left\{\sum_{t=0}^{T} C(S_t, X^\pi(S_t|\theta))|S_0\right\} \tag{2.51}$$

比较机器学习问题(式(2.50))和序贯决策问题(式(2.51))时，不难发现两者都在搜索函数类。第3章会指出，有3类(重叠的)函数用于机器学习：查找表、参数函数和非参数函数。第11章则会指出，有4类策略(即设计策略时 $\mathcal{F}$ 中的4组函数)，其中策略函数近似包括可能在机器学习中使用的所有函数，其他3种都是优化问题的形式。

2.4 参考文献注释

2.1.1节——随机搜索领域的起源可追溯到两篇论文：Robbins和Monro于1951年发表的《论基于导数的随机搜索》、Box和Wilson于1951年发表的《论无导数方法》。一些早期的论文包括Wolfowitz(1952)(使用数值导数)、Blum(1954)(扩展到多维问题)和Dvoretzky(1956)(关于随机近似)的论文，这些论文对理论研究作出了贡献。另一个研究方向集中探讨"随机准梯度"方法所涵盖的约束问题，Ermoliev(1988)、Shor(1979)、Pflug(1988)、Kushner和Clark(1978)、Shapiro和Wardi(1996)，以及Kushner和Yin(2003)为此作出了重要贡献。与其他领域一样，这一领域多年来一直在不断发展和扩大。对随机搜索领域(冠以此名)最好的现代评述是Spall(2003)的评述，这是第一本将当时所流行的随机搜索领域整合在一起的书籍。Bartlett等人(2007)从在线算法的角度探讨了这一主题，在线算法指的是由外源提供样本的随机梯度方法。

具有离散备选方案的无导数随机搜索被当作排序和选择问题广泛研究。排序和选择有着悠久的历史，可以追溯到20世纪50年代，最有代表性的早期研究来自DeGroot(1970)，而Kim和Nelson(2007)曾对此进行过更新的评述。最近的研究重点是并行计算(Luo等人(2015)、Ni等人(2016))和未知相关结构的处理(Qu等人，2012)。然而，排序和选择只是无导数随机搜索的另一个名称，并在此范围内被广泛研究(Spall，2003)。该领域已经引起了模拟优化界的极大关注，下面将对其进行回顾。

2.1.2节——决策树是建模或者简单设置下解决序贯决策问题的最简单方法。决策树可以处理健康(患者是否应该接受MRI检查)、商业(企业是否应该进入新市场)和策略(军队是否应该推行新战略)等方面的复杂决策问题。《决策分析概论》(Skinner，1999)是关于决策树的众多书目之一，其中有几十篇调查文章讨论了决策树在不同应用领域的使用。

2.1.3节——马尔可夫决策过程领域最初由Bellman(1952)以确定性动态规划的形式引入，成就了他的经典参考文献(Bellman，1957)，另见Bellman(1954)和Bellman等人(1955)的研究，但这项研究又持续地引出了一众著作，包括Howard(1960)的著作(另一经典图书)，以及Nemhauser(1966)、Denardo(1982)、Heyman和Sobel(1984)的著作，直到Puterman(2005)(1994年首次提出)的著作出版才告一段落。其中，Puterman的书是最新的一本关于马尔可夫决策过程的书，也是最好的一本，现在算是一个大型理论领域的主要参考文献，因为该领域的核心依赖于一步转移矩阵，而这种矩阵几乎都是不可计算的，而且只适用于极小的问题。最近，Bertsekas(2017)的论著深入总结了动态规划和马尔可夫决策过程领域，使用的形式混合了最优控制符号和马尔可夫决策过程原理，同时涵盖了近似动态规划和强化学习的许多概念(如下所述)。

2.1.4节——优化控制的发展历史悠久，可追溯到20世纪50年代，许多书对其进行了综述，包括Kirk(2012)、Stengel(1986)、Sontag(1998)、Sethi(2019)及Lewis和Vrabie(2012)的论著。典型的控制问题是连续的、低维的、无约束的，引出一个解析解。当然，应用程序经历了这一典型问题的演变阶段后，才开始使用数值方法。确定性最优控制广泛应用于工程中，而随机最优控制往往涉及更复杂的数学。一些最著名的书包括Astrom(1970)、Kushner和Kleinman(1971)、Bertsekas和Shreve(1978)、Yong和Zhou(1999)，以及Nisio(2014)和Bertsekas(2017)的著作(注意，一些关于确定性控制的书提及了随机情况)。

作为一个一般问题，随机控制问题涵盖了任何序贯决策问题，因此随机控制和其他形式的序贯随机优化之间的区别更像是词汇和符号的区别(Bertsekas(2017)的著作就是一本整合了这些词汇的书)。控制理论思维已广泛应用于库存理论和供应链管理(例如Ivanov和Sokolov(2013)以及Protopappa Sieke和Seifert(2010)的论著)、金融(Yu等人，2010)和医疗服务(Ramirez-Nafarrate等人，2014)等领域。

虽然动态规划(包括马尔可夫决策过程)和最优控制(包括随机控制)领域之间存在相当大的重叠，但这两个领域在很大程度上是独立发展的，使用了不同的符号，并有非常不同的应用。然而，解决这两个领域问题的数值方法的发展过程却有许多相似之处。这两个领域是从同一个基础开始的，这个基础在动态规划中称为贝尔曼方程，在最优控制中则称为哈密顿-雅可比方程(因此一些人将其称为哈密顿-雅可比-贝尔曼(或HJB)方程)。

2.1.5节——自贝尔曼首次认识到离散动态规划遭受"维数灾难"(参见Bellman和Dreyfus(1959)和Bellman等人(1963)的著作)以来，人们便开展了对近似动态规划(也称为自适应动态规划，在一段时间内曾被称为神经动态规划)的研究，但到了20世纪80年代，运筹学界似乎停止了对近似方法的进一步研究。随着计算机的改进，研究人员开始使用数值近似方法处理贝尔曼方程，Judd(1998)在他的著作中最全面地总结了近10年的研究(另见Chen等人(1999)的论著)。

Paul Werbos(1974)认识到可以使用各种技术近似"代价函数"(与动态规划中的价值函数相同)，控制理论界随之发展出了一条完全独立的近似研究路线。Werbos的一系列论文(例如Werbos(1989)、Werbos(1990)、Worbos(1992)和Werbos(1994)的论文)帮助开发了这一领域。重要的参考文献是已经编辑并出版成书的内容，如White和Sofge(1992)和Si等人(2004)的著作，其中突出了使用神经网络来近似策略("行动者网络")和价值函数("评论家网络")的流行方法。Si等人(2004)对2002年的该领域进行了较为全面的综述。Tsitsiklis(1994)和Jaakkola等人(1994)最先认识到在强化学习范围内开发的基本算法代表了Robbins和Monro(1951)提出的早期随机梯度算法的泛化。Bertsekas和Tsitsiklis(1996)使用"神经动态规划"这一名称为动态规划中的自适应学习算法奠定了基础。Werbos(例如Werbos(1992)的论著)一直在使用"近似动态规划"这一术语，后来该术语还成了

Powell(2007)的著作的书名(之后Powell(2011)对该书进行了大幅更新)。这本书结合了数学规划和价值函数近似来解决高维凸随机优化问题(不过，还请参阅下文以了解随机规划的发展)。后来，随着运筹学界采用"近似动态规划"，工程控制界又回到了"自适应动态规划"。

2.1.6节——第三个近似方法研究方向出现于20世纪80年代，在计算机科学界被称为"强化学习"，标志是Richard Sutton和Andy Barto对Q学习的研究。随着他们的书(Sutton和Barto，2018)面世(现在被广泛引用)，该领域开始蓬勃发展，尽管在此之前该领域也相当活跃(参见Kaelbling等人(1996)的评述)。在"强化学习"范围内进行的研究已经发展到包括其他算法策略，如策略搜索和蒙特卡洛树搜索。强化学习领域的其他参考文献包括Busoniu等人(2010)的著作和Szepsvári(2010)的论文。2017年，Bertsekas出版了探讨最优控制的图书(Bertsekas(2017))的第4版，该书涵盖了一系列主题，包括经典马尔可夫决策过程以及与近似动态规划和最优控制相关的近似算法，但使用最优控制的符号和马尔可夫决策过程的构造(例如一步转移矩阵)。Bertsekas的书对ADP/RL文献进行了最全面的评述，我们建议读者阅读这本书，以获得这些领域的详尽参考书目(截至2017年)。2018年，Sutton和Barto出版了他们经典的*Reinforcement Learning*(《强化学习》)一书的第2版，其篇幅得到了极大的扩充，但方法远远落后于第1版的基础Q学习算法。通过对比《强化学习》的第1版和第2版的语言，读者便可以察觉到从仅基于价值函数的策略(RL领域中的Q学习)到所有4类策略示例的转变。

RL领域的领导者Benjamin van Roy教授在一次研讨会上介绍了"强化学习"的3个特征(例如"对环境采取动作的智能体获得回报")。

2.1.7节——最优停止是一个古老而经典的话题。Cinlar(1975)曾给出一个巧妙的演示，Cinlar(2011)则给出了更新的讨论，其中，最优停止用于说明筛选。DeGroot(1970)很好地总结了早期文献。Shiryaev(1978)的著作(原版是俄文)是最早关注这一主题的书籍之一。Moustakides(1986)描述了一种用于识别随机过程何时发生变化的应用，例如疾病发病率增加或生产线质量下降。Feng和Gallego(1995)使用最优停止来确定何时开始季节性商品的季末销售。最优停止在金融(Azevedo和Paxson，2014)、能源(Boomsma等人，2012)和技术采用(Hagspiel等人，2015)等领域有很多用途。

2.1.8节——有大量文献利用了x_0中$Q(x_0, W_1)$的自然凸性，从Van Slyke和Wets(1969)的论文开始，随后是关于随机分解的开创性论文(Higle和Sen，1991)和探讨随机双动态规划(stochastic dual dynamic programming，SDDP)的论文(Pereira和Pinto，1991)。学者们围绕这项研究展开了大量文献创作，包括Shapiro(2011)，他对SDDP进行了仔细分析，并将其扩展到风险处理措施(Shapiro等人(2013)，Philpott等人(2013))。基于Benders的解方法的收敛性证明的论文非常多，但最好的是Girardeau等人(2014)的。Kall和Wallace(2009)以及Birge和Louveaux(2011)的著作是随机规划领域的上佳入门书籍。King和Wallace(2012)很好地介绍了将问题建模为随机规划的过程。Shapiro等人(2014)对该领域进行了现代化的概述。

2.1.9节——自1960年以来，应用频率领域一直将主动学习问题作为"多臂老虎机问题"研究。DeGroot(1970)首个证明可以使用贝尔曼方程来制定解决多臂老虎机问题的最优策略(适用于任何学习问题，无论是最大化最终回报还是累积回报)。第一次真正的突破是Gittins和Jones在1974年发表的论文(该领域的第一篇也是最著名的论文)，其次是Gittins(1979)发表的论文。Gittins在他的第一本书(Gittins，1989)中对Gittins指数理论进行了详尽的描述，然而，几乎摒弃了第1版内容的"第2版"(Gittins等人，2011)是对Gittins指数领域的最好介绍，该领域目前已有数百篇论文。然而，该领域对数学要求很高，指数策略很难计算。

Lai和Robbins(1985)的著作在计算机科学界同样掀起了研究浪潮，他们发现，一个被称为上置信区间的简单策略具有一种性质，即测试错误老虎臂的次数可以被限制(尽管它会随n的增大而持续增大)。计算的简便性，加上这些理论性质，使得这一研究领域极具吸引力，引发了热烈关注。虽然目前还没有关于这一主题的书籍，但Bubeck和Cesa Bianchi(2012)曾经发表过一篇专题论文。

与此相同的理念已经应用于通过"最优臂"老虎机问题标签使用终端回报目标的老虎机问题(见Audibert和Bubeck(2010)、Kaufmann等人(2016)、Gabillon等人(2012)的论著)。

2.1.10节——Chun-Hung Chen在其1995年发表的论文中开创了关于最优算力预算分配的研究，随后发表了一系列文章(Chen，1996；Chen等人，1997；Chen等人，1998；Chen等人，2003；Chen等人，2008)，最后Chen和Li(2011)出版了一本书，对该领域进行了全面的概述。该领域主要关注离散备选方案(例如，制造系统的不同设计)，但也包括探讨连续备选方案的论著(例如，Hong和Nelson(2006))。Ryzhov(2016)最近的一个重要研究结果表明OCBA和最大化信息价值的期望改进策略具有渐近等价性。当备选方案的数量很大(例如，10 000个)时，模拟退火、遗传算法和禁忌搜索(适用于随机环境)等技术就应运而生了。Swisher等人(2000)评述了相关文献。其他评述包括Andradóttir(1998a)、Andradóttir(1998b)、Azadivar(1999)、Fu(2002)以及Kim和Nelson(2007)的评述。最近Chau等人(2014)的评述则侧重于基于梯度的方法。

在"模拟优化"范围内研究的问题和方法的范围已经得到稳步增长(这一模式与随机优化中的其他领域相似)。最好的证据是Michael Fu的*Handbook of Simulation Optimization*一书(2014)，该书为该领域的许多工具提供了参考。

2.1.11节——主动学习是机器学习领域中的一个领域；与老虎机问题领域相似，智能体可以控制(或影响)从输入x^n到产生观察结果y^n的学习过程。该领域主要出现在20世纪90年代(特别参见Cohn等人(1996)和Cohn等人(1994)的论文)。Settles(2010)的书对这一领域作了很好的介绍，表明人们强烈意识到主动学习和多臂老虎机问题之间的相似之处。最近，Krempl等人(2016)提供了教程。

2.1.12节——机会约束优化用于处理涉及不确定性的约束，最早由Charnes等人(1959)提出，后由Charnes和Cooper(1963)跟进。它也作为"概率约束规划"被研究

(Prekopa(1971)，Prekopa(2010))，每年都有数百篇论文涉及此主题。机会约束规划是许多随机优化相关书籍中的标准(例如，参见Shapiro等人(2014)发表的论著)。

2.1.13节——模型预测控制是优化控制的一个子领域，但已演变成一个独立的领域，拥有Camacho和Bordons(2003)的著作等热门书籍和数千篇文章(见Lee(2011)的30年评述)。截至本书撰写之时，自2010年以来，已有超过50篇文章对模型预测控制进行了评述。

2.1.14节——Ben Tal等人(2009)和Bertsimas等人(2011)全面评述过鲁棒优化领域，最近的评述参见Gabrel等人(2014)的成果。Bertsimas和Sim(2004)研究了鲁棒性的代价，并描述了一些重要属性。鲁棒优化引发了多个应用领域的研究人员的兴趣，如供应链管理(Bertsimas和Thiele(2006)，Keyvanshokooh等人(2016))、能源(Zugno和Conejo，2015)和金融(Fliege和Werner，2014)。

练习

复习问题

2.1 期望算子的简化式和扩展式的定义是什么？请分别举例说明。

2.2 请写出最大化累积回报或最大化最终回报时使用的目标函数。

2.3 通过创建表来比较2.1.3节中的马尔可夫决策过程模型与2.1.4节中的最优控制模型，此表要显示每种方案如何对以下内容进行建模：

- 状态变量；
- 决策/控制变量；
- 转移函数(使用包含随机性w_t的最优控制公式中的版本)；
- 在t时处于某种状态的价值；
- 给定状态x_t，如何使用该值来查找最优决策(也称为策略)。

2.4 根据本章的简短介绍，讲述近似动态规划和强化学习(使用Q学习)的区别。

2.5 写出一个最优停止问题(作为最优控制问题)。最优策略是否采用式(2.13)中的形式？说明理由。

2.6 求解式(2.23)中的优化问题时是否产生最优策略？请说明原因。

2.7 在式(2.24)的随机规划模型中，"ω"表示什么？使用在0时将库存分配给仓库的设置(此决策由x_0给出)，待了解需求之后再确定哪个仓库应该满足每个需求。

2.8 为多臂老虎机问题编写目标函数，以寻找最优区间估计策略。

2.9 用文字描述在模拟优化中使用OCBA算法优化的决策。(笼统地)对比OCBA的操作与多臂老虎机问题的区间估计。

2.10 主动学习中被优化的目标是什么？你能用区间估计来解决这个问题吗？

2.11　机会约束规划中的核心计算挑战是什么?

2.12　试比较模型预测控制与用作策略的随机规划。

2.13　用文字描述鲁棒优化的核心思想,并举例说明。参照将式(2.24)中的两阶段随机规划写成策略(如式(2.26))的形式,将鲁棒优化也写成策略。

2.14　根据2.3.8节的内容,总结机器学习问题和序贯决策问题之间的区别。

建模问题

2.15　为以下每个问题分别提供3个示例:

(1) 最大化累积回报(或最小化累积成本);

(2) 最大化最终回报(或最小化最终成本)。

2.16　展示如何使用贝尔曼方程(式(2.7))将决策树(见2.1.2节)作为马尔可夫决策过程(见2.1.3节)进行求解。

2.17　将2.3.1节中的情境性报童问题转化为2.2节中通用建模框架的形式。介绍并定义可能需要的任何其他符号。

2.18　将2.3.2节中带预测的库存计划问题转化为2.2节中通用建模框架的形式。介绍并定义可能需要的任何其他符号。

2.19　将2.3.3节中的动态最短路径问题转化为2.2节中通用建模框架的形式。介绍并定义可能需要的任何其他符号。

2.20　将2.3.3节中的鲁棒最短路径问题转化为2.2节中通用建模框架的形式。介绍并定义可能需要的任何其他符号。

2.21　将2.3.4节中的漂泊的货车司机问题转化为2.2节中通用建模框架的形式。本节中给出的状态变量$S_t = (a_t, \mathcal{L}_t)$不完整。缺少什么?介绍并定义可能需要的任何其他符号。提示:仔细查看2.2节中给出的状态变量的定义。查看式(2.47)中的策略,判断是否有任何用于做出决策的统计数据会随着时间的推移而改变(这意味着它必须进入状态变量)。

2.22　将2.3.5节中的定价问题转化为2.2节中通用建模框架的形式。介绍并定义可能需要的任何其他符号。

2.23　将2.3.6节中的医疗决策问题转化为2.2节中通用建模框架的形式。介绍并定义可能需要的任何其他符号。

2.24　将2.3.7节中的科学探索问题转化为2.2节中通用建模框架的形式。介绍并定义可能需要的任何其他符号。

每日一问

"每日一问"是你选择的一个问题(参见第1章中的指南)。针对你的每日一问,回答以下问题。

2.25　哪些典型问题(可以列举多个)看起来使用了最适合你的每日一问的语言？从你的每日一问中举例，说明其看上去符合一个特定的典型问题。

参考文献

第3章

在线学习

有一个庞大的领域是从统计学、统计学习、机器学习和数据科学等名称演变而来的，该领域的绝大部分研究被称为监督学习，涉及获取数据集(x^n, y^n)、输入数据x^n($n = 1, \ldots, N$)以及相应的观察结果(有时称为"标签")y^n，并以此设计统计模型$f(x|\theta)$，从而在$f(x^n|\theta)$以及相关观察结果(或标签)y^n之间产生最优匹配。这便是大数据领域。

本书的主题是做决策(x)。那么，为什么需要一个关于学习的章节？简单来说，机器学习是在帮计算机做决策的整个过程中产生的。经典的机器学习专注于学习有关外生过程(exogenous process)的知识：预测天气、预测需求、估计药物或材料的表现。本书关注外生学习(exogenous learning)的原因同上，但大多数时候将关注内生学习(endogenous learning)，即学习价值函数、策略和响应面，这些都是在决策方法的背景下出现的学习问题。

本章开头将概述机器学习在序贯决策中的作用。其余部分则介绍机器学习，重点是随着时间的推移展开学习，这一主题被称为在线学习，因为这将主导机器学习在序贯决策中的应用。

与其他章节一样，本章中标有*的部分在初读时可以跳过。读者应理解本章内容，不然，则应将其当作参考以便需要时查阅(本书其他章节的内容多参考本章)。

3.1 序贯决策的机器学习

有必要通过描述序贯决策背景下出现的学习问题，开始对统计学习的讨论。本节概述了学习问题的以下方面。

- 序贯决策中的观察和数据。经典统计学习问题包含由输入变量(或自变量)x和输出变量(或因变量)y组成的数据集，序贯决策中的因变量x^n是我们控制(至少部分控制)的决策。

- 索引数据。进行批量学习时，使用数据集 (x^n, y^n), $n = 1, \ldots, N$，其中 y^n 是与输入数据 x^n 相关联的响应。在序贯决策的背景下，先选择 x^n，然后观察 y^{n+1}。
- 正在学习的函数。在不同的随机优化背景下，可能需要对6类不同的函数进行近似。
- 序贯学习。大多数应用都涉及从很少的数据(甚至从零)开始逐步获取更多数据。这通常意味着必须从低维模型(可以用很少的数据拟合)过渡到高维模型。
- 近似策略。这里总结了统计学习文献中的三大类近似策略。本章的其余部分总结了这些策略。
- 目标。有时试图将一个函数与数据相匹配，以最小化误差；有时需要找到一个函数来最大化贡献或最小化成本。无论怎样，学习函数总是涉及其自身的优化问题，有时会隐藏在更大的随机优化问题中。
- 批量学习与递归学习。大多数统计学习文献都侧重于使用给定的数据集(最近，这些数据集非常大)来拟合复杂的统计模型。在序贯决策问题的背景下，我们主要依赖于自适应(或在线)学习，因此本章将讲述递归学习算法。

3.1.1　随机优化中的观察和数据

在介绍统计技术之前，需要先介绍一下用于估计函数的数据。在统计学习中，通常假设给定输入数据 x，之后观察响应 y。一些示例如下。

- 观察某患者的特征 x 以预测可能性 y(即患者对治疗方案的反应)。
- 根据当下观察到的气象条件 x 预测天气 y。
- 观察附近酒店的定价以及自己酒店房间的价格(表示为 x)，预测反应 y(即客户是否预订房间)。

在这些设置中，可获得一个数据集，在该数据集中，将响应 y^n 与观察结果 x^n 相连，便可以得到一个数据集 $(x^n, y^n)_{n=1}^N$。

在序贯决策问题的背景下，x 可能是一个决策，例如药物治疗的选择、产品的定价、疫苗库存的确定或在用户的互联网账户上显示的电影的选择。在许多设置中，x 可能由可控因素(如药物剂量)和不可控因素(如患者特征)共同组成。但总是可以将机器学习视为通过获取已知信息 x 来预测或估计未知信息 y 的过程。

3.1.2　索引输入 x^n 和响应 y^{n+1}

机器学习中的大多数研究都使用可以表示为 (x^n, y^n), $n = 1, \ldots, N$ 的批量数据集，其中，x^n 是因变量或自变量，y^n 是相关的响应(有时称为标签)。

在序贯决策的情况下，可发现基于 S^n 给出的已知信息以及一些规则或策略 $X^\pi(S^n)$ 来选择决策 $x^n = X^\pi(S^n)$ 更方便。决策 x^n 基于用于创建状态变量 S^n 的历史观察结果 $y^1, \ldots, y^n$ 得出。然后观察提供更新状态 S^{n+1} 的 y^{n+1}。注意，从 $n = 0$ 开始，其中 x^0 是必须在看到任何观察结果之前做出的第一个决策。

这种索引方式与我们对时间进行索引的方式一致，其中 $x_t = S^\pi(S_t)$，之后观察 W_{t+1}，这是在 t 和 $t+1$ 之间到达的信息。然而，它会产生不自然的标签。假设在某个医疗环境中，治疗了 n 名患者。使用从前 n 名患者中获取的信息 S^n，为第 $n+1$ 个患者决定治疗方式，之后观察第 $n+1$ 个患者的响应 y^{n+1} (如果使用 W 符号，则观察 W^{n+1})。这看起来很不自然。然而，重要的是遵循以下原则：如果变量由 n 索引，那么它只取决于前 n 个观察的信息。

3.1.3 正在学习的函数

在随机优化的许多设置中，都需要近似函数。其中最重要的包括以下设置。

(1) 近似函数的期望值 $\mathbb{E}F(x, W)$，使其最大化，假设对于给定的决策 x，可以获得无偏观察 $\hat{F} = F(x, W)$，这基于统计学习的一个主要分支——监督学习。

(2) 创建近似策略 $X^\pi(S|\theta)$。可以从两种方法中选择一种来拟合这些函数。假设可以用决策 x 的外源来拟合策略 $X^\pi(S|\theta)$(这将是监督学习)；更常见的是，调整策略以最大化贡献 (或最小化成本)，这有时被称为一种强化学习。

(3) 近似处于状态 S 的价值 $V_t(S_t)$。即使一个或多个 S_t 的元素是连续的，且/或 S_t 是多维的，我们也希望找到一个近似值 $\overline{V}_t(S_t)$ 来获得估计值。近似 $\mathbb{E}F(x, W)$ 与 $V_t(S_t)$ 之间的差异就是：$\mathbb{E}F(x, W)$ 的观察是无偏的，而 $V_t(S_t)$ 的观察依靠"使用次优策略来对引入了偏差的 $t+1, t+2, \dots$ 做决策"的模拟。

(4) 学习动态系统中的任何基础模型，如下所示。

① 描述系统如何随时间演变的转移函数。可写作 $S^M(S_t, x_t, W_{t+1})$，用于计算下一个状态 S_{t+1}。这发生在动态未知的复杂环境中，例如建模水库中保留的水量时，需要考虑降雨量和温度的综合结果。可以使用必须估计的参数模型来近似损失。

② 成本或贡献函数(也称为回报、收益、损失函数)。人类是否决定最大化未知效用这件事就可能是未知的，可以将其表示为一个线性模型，其参数由观察到的行为确定。

③ 外部量(如风或价格)的演变，可以在其中将观察结果 W_{t+1} 建模为历史 $W_t, W_{t-1}, W_{t-2}, \dots$ 的函数，并从过去的观察中拟合模型。

可以使用 3 种策略来解决这类学习问题。

外生学习——一个转移函数的例子是风速 w_t 的时间序列模型，可以写作：

$$w_{t+1} = \bar{\theta}_{t0}w_t + \bar{\theta}_{t1}w_{t-1} + \bar{\theta}_{t2}w_{t-2} + \varepsilon_{t+1}$$

其中，输入 $x_t = (w_t, w_{t-1}, w_{t-2})$ 以及响应 $y_{t+1} = w_{t+1}$ 支持更新参数向量 $\bar{\theta}_t$ 的估计。响应 y_{t+1} 来自系统外部。

内生学习——可能对以下价值函数有一个估计：

$$\overline{V}_t^n(S_t|\bar{\theta}_t) = \sum_{f \in \mathcal{F}} \bar{\theta}_{tf}^n \phi_f(S_t)$$

然后使用下式生成样本观察 $\hat{v}_t^n$：

$$\hat{v}_t^n = \max_{a_t}\left(C(S_t^n, a_t) + \mathbb{E}_{W_{t+1}}\{\overline{V}_{t+1}(S_{t+1}^n|\bar{\theta}^{n-1})|S_t^n\}\right)$$

从而更新参数 $\bar{\theta}_t^n$。采样估计值 $\hat{v}_t^n$ 是内生的。

反向优化——假设正在观察某人做决策(玩游戏、管理机器人、调度货车、决定医疗方式)，而没有明确定义的贡献函数 $C(S_t, x_t)$。假设可以得到一个参数化的贡献函数 $C(S_t, x_t|\theta^{cont})$，没有对贡献的外部观察，也没有内生计算(例如提供贡献的噪声估计的 $\hat{v}_t$)，但是给出了实际决策 x_t 的历史。假设正在使用取决于 $C(S_t, x_t|\theta^{cont})$ (即取决于 θ^{cont}) 的策略 $X^\pi(S_t|\theta^{cont})$，在这种情况下，策略 $X^\pi(S_t|\theta^{cont})$ 的作用与统计模型完全相似，也就是说，使 θ^{cont} 在策略 $X^\pi(S_t|\theta^{cont})$ 以及观察到的决策之间得到最优拟合。当然，这是一种外生学习，但决策只暗示了贡献函数应该是什么。

(5) 稍后将介绍的一类策略称为参数化成本函数近似(parametric cost function approximations)，为此，必须学习两类函数：

① 成本函数的参数修改(例如，对当下不满足需求而保留到将来的惩罚)。这与从观察到的决策来估计回报函数(见第(4)项)不同。

② 约束的参数修改(例如，在航空公司时刻表中插入冗余时间以处理行程时间的不确定性)。

必须调整上述每类参数修改(这是函数估计的一种形式)，以随时间产生最优结果。

3.1.4 序贯学习：从很少的数据到更多的数据

在序贯决策问题的背景下，学习问题的一个共同主题是必须自适应地进行学习。这通常意味着，不能只拟合一个模型，而是必须从参数相对较少的模型(可以称之为低维架构)过渡到高维架构。

参数估计的在线更新受到了相当大的关注。它在线性模型的情况下尤其简单，不过在神经网络等非线性模型中较有挑战性。然而，在在线环境中，人们很少关注模型本身的结构更新。

3.1.5 近似策略

统计学习涉及以下几类近似策略。

(1) 查找表。在查找表中，估计函数 $f(x)$ 的 x 落在离散区域 $\mathcal{X}$，由一组点——$x_1, x_2, \ldots, x_M$ 给出。点 x_m 可能是一个人、一种材料或一部电影的特征，也可能是离散连续区域中的一个点。只要 x 是离散元素，$f(x)$ 就是用于选择 x，然后"查找"其值 $f(x)$ 的函数。一些作者称其为"表格"表示。

在大多数应用中，查找表在一个或两个维度上运行良好，然后在三个或四个维度上变得困难(但可行)，接着很快从五个或六个维度开始变得不切实际。这就是经典的"维数灾难"。我们的演示重点是聚合的使用，尤其是分层聚合的使用，既可以处理"维数灾难"，也可以管理递归估计的过渡：从用很少数据的初始估计，到在更多数据可用时产生更好的估计。

(2) 参数模型。有许多问题都可以根据一些未知参数，使用分析模型来近似函数。

它们分为以下两大类。

线性模型——最简单的参数模型的参数是线性的，可以写作：

$$f(x|\theta) = \theta_0 + \theta_1\phi_1(x) + \theta_2\phi_2(x) + ... \tag{3.1}$$

其中，$(\phi_f(x))_{f\in\mathcal{F}}$ 是从 x 中提取可能有用信息的特征，它可以是向量，也可以是描述电影或广告的数据。式(3.1)被称为线性模型，因为它相对于 θ 呈线性(相对于 x 则可能呈高度非线性)。或者，可以使用非线性模型，例如：

$$f(x|\theta) = e^{\sum_{f\in\mathcal{F}} \theta_f\phi_f(x)}$$

参数模型可以是低维(1~100个参数)或高维(例如几百到几千个参数)。

非线性模型——通常，在选择非线性参数模型的同时选择问题驱动的特定形式。例如阶跃函数(在资产买卖或库存问题中有用)：

$$f(x|\theta) = \begin{cases} -1 & x \leq \theta^{low}, \\ 0 & \theta^{low} < x < \theta^{high}, \\ +1 & x \geq \theta^{high} \end{cases} \tag{3.2}$$

或逻辑回归(适用于定价和推荐问题)：

$$f(x|\theta) = \frac{1}{1 + e^{\theta_0+\theta_1 x_1+...}} \tag{3.3}$$

有些模型(例如神经网络)的主要优点是不强加任何结构，这意味着它们可以近似任何东西(特别是深度神经网络)。这些模型可以有数万到数亿个参数。毫不奇怪，它们需要非常大的数据集来确定这些参数。

(3) 非参数模型。非参数模型通过直接从数据构建结构来创建估计。例如，根据 (f^n, x^n), $n = 1, ..., N$ 的附近观察值的加权组合估计 $f(x)$。也可以通过局部线性近似来构造近似。

三类统计模型——查找表、参数和非参数，应被看作重叠的集合，如图3.1所示。例如，下面描述的神经网络可以分为参数模型(较简单的神经网络)或非参数模型(深度神经网络)。其他方法是有效的混合方法，例如基于树回归的方法，它可以围绕输入数据的特定区域(区域的定义是查找表)创建线性近似(参数化)。

本章缺少凸函数的近似方法。在许多应用中，$F(x, W)$ 在 x 中呈凸性。这个函数非常特殊，因此留到第5章(尤其是第18章)详细介绍，届时将处理随机凸(或凹)随机优化问题，例如具有随机数据的线性规划问题。

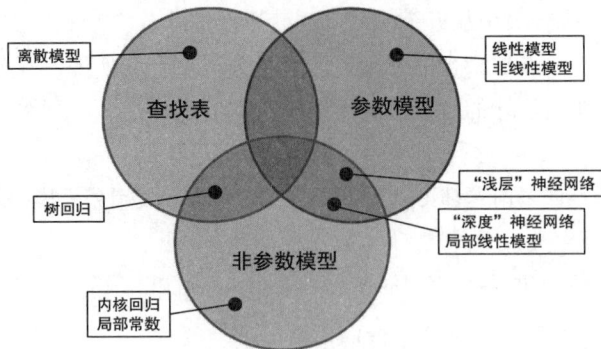

图3.1　查找表、参数模型和非参数模型之间的重叠

　　我们从查找表开始阐述,这是表示函数而不假定任何结构的最简单方法。首先从频率论和贝叶斯角度讲解查找表。序贯决策问题需要两个信念模型。一般而言,贝叶斯模型最适合用于能够获得一些先验信息并且函数评估成本高的情况。

3.1.6　从数据分析到决策分析

可以从两个广泛目标的角度处理序贯决策问题中的学习。

- 学习函数——我们可能要学习函数的近似值,例如目标函数$\mathbb{E}F(x,W)$或价值函数$V(s)$甚至转移函数$S^M(s,x,W)$。在这些设置中,假设有一个观察函数的源,它可能是有噪声的,甚至是有偏差的。例如,可以获得$\mathbb{E}F(x^n,W^{n+1})$的噪声观察值y^{n+1}并用函数$f(x|\theta)$来近似它。如果收集数据集$(x^0,y^1,x^1,y^2,...,x^{n-1},y^n)$,我们会使用下式来寻找将观察值$y$和$f(x|\theta)$之间的误差最小化的$\theta$:

$$\min_\theta \frac{1}{N}\sum_{n=0}^{N-1}\left(y^{n+1}-f(x^n|\theta)\right)^2 \tag{3.4}$$

- 最大化回报(或最小化成本)——可以使用下式搜索最大化贡献函数$C(S,x)$的策略$X^\pi(S|\theta)$:

$$\max_\theta \mathbb{E}C(S,X^\pi(S)) \approx \frac{1}{N}\sum_{n=0}^{N-1}C(S^n,X^\pi(S^n|\theta)) \tag{3.5}$$

其中,状态根据已知的转移函数$S^{n+1}=S^M(S^n,x^n,W^{n+1})$演化。

　　式(3.4)中的目标函数常见于经典机器学习,我们将其归入“数据分析”范围。表示目标的方法有很多种,例如,可能想使用$|y^{n+1}-f(x^n|\theta)|$,但它们总是涉及来自模型的预测$f(x|\theta)$和观察结果y。

　　式(3.5)中的目标函数常见于优化问题,我们将其归入“决策分析”范围。它假定了某种形式的预定义表现指标(成本、贡献、回报、效用),并且不需要外生数据集$(y^n)_{n=1}^N$。

3.1.7 批量学习与在线学习

式(3.4)(或式(3.5))是批量学习问题中的标准问题，其中使用一个固定的数据集(在当下的"大数据"时代可能是一个非常大的数据集)来拟合一个模型(维度越来越高的模型，如下面介绍的神经网络)。

虽然批量学习可能出现在随机优化中，但最常见的学习问题是自适应的，这意味着在新数据到达时更新估计，就像在线应用程序中发生的那样。假设 n 次迭代(或样本)后，有以下序列：

$$(x^0, W^1, y^1, x^1, W^2, y^2, x^2, \dots, W^n, y^n)$$

假设使用这些数据来获得称为 $\bar{F}^n(x)$ 的函数估计。现在假设使用这个估计来做决策 x^n，之后得到外生信息 W^{n+1}，然后是响应 y^{n+1}。需要使用先验估计 $\bar{F}^n(x)$ 及新信息 (W^{n+1}, y^{n+1}) 以产生新的估计 $\bar{F}^{n+1}(x)$。

当然，只需要再观察一次就可以解决一个新的批量问题。这在计算上可能要求很高，而且会对整个历史产生同等的影响。某些情况下，最近的观察更重要。

3.2 使用指数平滑的自适应学习

用于自适应学习的最常见方法有各种各样的名称，但通常被称为指数平滑(exponential smoothing)。假设有一个对某个量的观察结果的序列，例如预订房间的人数、患者对特定药物的反应或路径上的行程时间。设 μ 是未知的事实，可能是以特定价格预订房间的平均人数，或者患者对药物的反应概率，或者路径的平均行程时间，想从观察序列中估计平均值。

设 W^n 是试图估计的量的第 n 次观察，$\bar{\mu}^n$ 是 n 次观察后的真实平均值 μ 的估计。在给定 $\bar{\mu}^n$ 和一次新的观察 W^{n+1} 的情况下，应用最广泛的计算 $\bar{\mu}^{n+1}$ 的方法见下式：

$$\bar{\mu}^{n+1} = (1 - \alpha_n)\bar{\mu}^n + \alpha_n W^{n+1} \tag{3.6}$$

第5章将对式(3.6)使用随机梯度算法策略，以解决特定的优化问题。目前，可以说，这一基本公式将在各种在线学习问题中频繁出现。

毫不奇怪，这种方法的最大挑战是 α_n 的选择。变量 α_n 被称为学习率、平滑因子或(本书中的)步长(第5章将分析使用"步长"一词的原因)。这个主题非常丰富，因此第6章将专门介绍这个主题。

现在，可以概括出一些简单策略。

- 恒定步长——最简单的策略是实际广泛使用的策略，即简单设置 $\alpha_n = \bar{\alpha}$，其中 $\bar{\alpha}$ 是预先选择的常数。

- 谐波步长——这是一个算术递减序列：

$$\alpha_n = \frac{\theta^{step}}{\theta^{step} + n - 1}$$

如果 $\theta^{step} = 1$，则 $\alpha_n = 1/n$（第6章将表明，这产生了一个简单的平均值）。通常这种步长下降得太快。可增大 θ^{step} 以减缓步长的下降，从而加速学习。也可能有接近极限点的下降序列。

- 第6章还会介绍一系列响应数据的自适应步长。

3.3　使用频率更新的查找表

频率论观点可以说是具有统计学入门知识的人最熟悉的方法。假设试图估计随机变量 W 的平均值 μ，随机变量可能是设备或策略的表现。设 W^n 是第 n 次样本观察，例如产品的销售或特定药物实现的血糖降低。设 $\bar{\mu}^n$ 是对 μ 的估计，$\hat{\sigma}^{2,n}$ 是对 W 的方差的估计。基于基础统计学，可以将 $\bar{\mu}^n$ 和 $\hat{\sigma}^{2,n}$ 写作：

$$\bar{\mu}^n \;=\; \frac{1}{n} \sum_{m=1}^{n} W^m \tag{3.7}$$

$$\hat{\sigma}^{2,n} \;=\; \frac{1}{n-1} \sum_{m=1}^{n} (W^m - \bar{\mu}^n)^2 \tag{3.8}$$

估计量 $\bar{\mu}^n$ 是一个随机变量（从频率论视角看），因为它是根据其他随机变量（即 $W^1, W^2, \ldots, W^n$）计算的。假设我们让100个人每人选择一个样本，样本包含对 W 的 n 次观察。我们将获得 $\bar{\mu}^n$ 的100个不同的估计，反映了我们对 W 的观察的不同。估计量 $\bar{\mu}^n$ 的方差的最优估计如下：

$$\bar{\sigma}^{2,n} = \frac{1}{n} \hat{\sigma}^{2,n}$$

注意，随着 $n \to \infty$，$\bar{\sigma}^{2,n} \to 0$，但 $\hat{\sigma}^{2,n} \to \sigma^2$，其中 σ^2 是 W 的真实方差。如果 σ^2 是已知的，则不必计算 $\hat{\sigma}^{2,n}$，$\bar{\sigma}^{2,n}$ 将由上式与 $\hat{\sigma}^{2,n} = \sigma^2$ 一起求得。

可以递归地写出如下表达式：

$$\bar{\mu}^n \;=\; \left(1 - \frac{1}{n}\right)\bar{\mu}^{n-1} + \frac{1}{n} W^n \tag{3.9}$$

$$\hat{\sigma}^{2,n} \;=\; \frac{n-2}{n-1}\hat{\sigma}^{2,n-1} + \frac{1}{n}(W^n - \bar{\mu}^{n-1})^2, \;\; n \geq 2 \tag{3.10}$$

我们经常谈及信念状态，该状态捕捉了我们试图估计的参数的已知信息。根据观察，信念状态可以用下式表示：

$$B^n = (\bar{\mu}^n, \hat{\sigma}^{2,n})$$

式(3.9)和式(3.10)描述了信念状态如何随时间演变。

3.4　使用贝叶斯更新的查找表

贝叶斯视角对我们计算的统计数据给出了不同的解释,这在观察成本较高时(假设必须运行成本较高的模拟或现场实验),在学习的背景下特别有用。从频率论的角度来看,在收集任何数据之前,我们不会先了解系统。很容易从式(3.9)和式(3.10)中证实我们从未使用过 $\bar{\mu}^0$ 或 $\hat{\sigma}^{2,0}$。

相比之下,从贝叶斯视角看,假设我们从关于未知参数 μ 的信念的先验分布开始。换句话说,任何不知道其值的数字都被解释为一个随机变量,而这个随机变量的分布代表了我们对 μ 取某些值的可能性的信念。因此,如果 μ 是 W 的真实但未知的平均值,我们可能会说,虽然不知道平均值是什么,但我们认为这是围绕 θ^0 的具有标准差 σ^0 的正态分布。

因此,真正的平均值 μ 被视为具有已知平均值和方差的随机变量,但我们愿意在收集额外信息时调整平均值和方差的估计。如果添加一个分布假设,如正态分布,我们会说这是初始信念分布,通常称为贝叶斯先验。

贝叶斯视角非常适合收集有关观察成本较高的过程的信息的问题。当试图在互联网上为一本书定价或计划一项成本高昂的实验时,可能会出现这种情况。在这两种情况下,都可以获得先验信息:关于一本书的适当价格,或者使用物理和化学知识进行实验的行为。

我们注意到,从概率论角度看,符号有微妙的变化,其中 $\bar{\mu}^n$ 给出了我们对 μ 的估计。在贝叶斯视角中,我们设 $\bar{\mu}^n$ 是在完成 n 次观察后,对随机变量 μ 的平均值的估计。重要的是记住 μ 是一个随机变量,其分布反映了我们对 μ 的先验信念。参数 $\bar{\mu}^0$ 不是随机变量。这是我们对先验分布平均值的初步估计。n 次观察后,$\bar{\mu}^n$ 是我们对随机变量 μ 的平均值(真正的平均值)的更新估计。

下面首先使用一些简单的概率表达式来说明收集信息的效果。然后,对于独立信念的情况,给出式(3.9)和式(3.10)的贝叶斯版本,其中对一个选择的观察不会影响对其他选择的信念。我们通过给出相关信念的更新公式来继续这一讨论,其中对备选方案 x 的观察 μ_x 会帮助了解 $\mu_{x'}$。最后通过讨论其他重要的分布类型来完善演示。

3.4.1　独立信念的更新公式

先假设(正如在大部分演示中所做的那样)随机变量 W 呈正态分布。设 σ_W^2 是 W 的方差,它捕获了观察真实值的能力中的噪声。为了简化代数,可以按如下方式定义 W 的精度:

$$\beta^W = \frac{1}{\sigma_W^2}$$

精度有一个直观的含义:方差较小意味着观察值将更接近未知平均值,也就是说,它们将更精确。

现在设 $\bar{\mu}^n$ 是 n 次观察后对 μ 的真实平均值的估计,β^n 是这个估计的精度。如果观察

W^{n+1}，则 $\bar{\mu}^n$ 和 β^n 将根据以下两式更新：

$$\bar{\mu}^{n+1} = \frac{\beta^n \bar{\mu}^n + \beta^W W^{n+1}}{\beta^n + \beta^W} \tag{3.11}$$

$$\beta^{n+1} = \beta^n + \beta^W \tag{3.12}$$

第7章中的式(7.26)~式(7.27)是式(3.9)~式(3.10)的贝叶斯对应式，不过，通过假设W的方差已知，我们已稍稍简化了问题。贝叶斯视角中的信念(具有正态分布的信念)状态由如下信念状态式给出：

$$B^n = (\bar{\mu}^n, \beta^n)$$

如果有关 μ 的信念的先验分布呈正态，且观察W也呈正态分布，则后验分布也呈正态。事实证明，经过几次观察(也许5到10次)，由于大数定律，对于W的几乎任何分布，关于 μ 的信念分布将近似呈正态分布。出于同样的原因，无论W的分布如何，后验分布都将近似呈正态分布！因此，更新的式(7.26)和式(7.27)将产生几乎所有问题的正态分布的平均值和精度！

3.4.2　相关信念的更新

接下来进行转移，现在用一个从集合 $\mathcal{X} = \{x_1, \dots, x_M\}$ 中选择的向量 $\mu_{x_1}, \mu_{x_2}, \dots, \mu_{x_M}$ 来代替数字 μ。可以将 μ 的一个元素表示为 μ_x，这可能是在 x 处对函数 $\mathbb{E}F(x, W)$ 的估计。通常，μ_x 和 $\mu_{x'}$ 是相关的，当 x 是连续的，并且 x 和 x' 彼此相近时，也是如此。有许多例子说明了所谓的相关信念(correlated belief)是什么。

■ 示例3.1

我们有兴趣找到使总收入最大化的产品价格。认为将收入与价格联系起来的函数 $R(p)$ 是连续的。假设设定了一个价格 p^n 并观察高于预期的收入 R^{n+1}。当价格为 p^n 时，如果提高对函数 $R(p)$ 的估计，则对邻近价格收入的信念应该更高。

■ 示例3.2

我们选择五个人组成篮球队的首发阵容，并观察其一段时间的总得分。试图判断这个五人组是否比另一个由同一组的三个人与另外两个人组成的阵容更好。如果这五个人的得分高于预期，则可能会提高我们对另一组的信心，因为有三个人是相同的。

■ 示例3.3

一位医生正在尝试用三种药物治疗糖尿病，她观察到特定治疗过程中病人血糖值的下降。若一种治疗产生了比预期更好的反应，那么对于其他有一两种相同药物的治疗，我们将更有信心获得好的反馈。

■ 示例3.4

我们努力寻找病毒浓度最高的群体。如果一组人身体中病毒的浓度高于预期,我们会预期其他亲密群体(无论是地理位置邻近还是有其他亲密关系)的身体中的病毒浓度也将较高。

相关信念是学习函数的一个特别强大的工具,支持将单次观察的结果推广到未直接测量的其他备选方案。

设 $\bar{\mu}_x^n$ 是我们在 n 次测量后对备选方案 x 的信念。现在有:

$Cov^n(\mu_x, \mu_y) = $ 给定前 n 次观察的情况下,有关 μ_x 和 μ_y 信念的协方差

设 Σ^n 是协方差矩阵,带有元素 $\Sigma_{xy}^n = Cov^n(\mu_x, \mu_y)$。正如前面将精度 β_x^n 定义为方差的逆矩阵,此处可以将精度矩阵 M^n 定义为:

$$M^n = (\Sigma^n)^{-1}$$

设 e_x 是零的列向量,元素 x 为1,和之前一样,设 W^{n+1} 是当我们决定测量备选方案 x 时的(标量)观察值。可以将 W^{n+1} 标记为 W_x^{n+1},以使对备选方案的依赖更加明确。本次讨论中将使用我们选择的用来测量 x^n 的符号,得到的观察值是 W^{n+1}。

如果选择测量 x^n,还可以将观察结果解释为 $W^{n+1}e_{x^n}$ 给出的列向量。记住,$\bar{\mu}^n$ 是我们对 μ 的期望的信念的列向量,在存在相关信念的情况下,更新该向量的贝叶斯公式如下:

$$\bar{\mu}^{n+1} = (M^{n+1})^{-1}\left(M^n\bar{\mu}^n + \beta^W W^{n+1}e_{x^n}\right) \tag{3.13}$$

其中,M^{n+1} 由下式给出:

$$M^{n+1} = (M^n + \beta^W e_{x^n}(e_{x^n})^T) \tag{3.14}$$

注意,$e_x(e_x)^T$ 是一个零矩阵,在行 x、列 x 有一个1,而 β^W 是给出测量 W 的精度的标量。

可以执行这些更新而不必处理协方差的逆矩阵。这通过谢尔曼–莫里森(Sherman-Morrison)公式来完成。如果 A 是可逆矩阵(如 Σ^n),u 是列向量(例如 e_x),那么谢尔曼–莫里森公式为:

$$[A + uu^T]^{-1} = A^{-1} - \frac{A^{-1}uu^T A^{-1}}{1 + u^T A^{-1}u} \tag{3.15}$$

该公式的推导参见3.14.2节。

使用谢尔曼–莫里森公式,且设 $x = x^n$,可以将更新公式改写为:

$$\bar{\mu}^{n+1}(x) = \bar{\mu}^n + \frac{W^{n+1} - \bar{\mu}_x^n}{\sigma_W^2 + \Sigma_{xx}^n}\Sigma^n e_x \tag{3.16}$$

$$\Sigma^{n+1}(x) = \Sigma^n - \frac{\Sigma^n e_x(e_x)^T\Sigma^n}{\sigma_W^2 + \Sigma_{xx}^n} \tag{3.17}$$

其中，表达了 $\bar{\mu}^{n+1}(x)$ 和 $\Sigma^{n+1}(x)$ 与我们选择测量的备选方案 x 的相关性。

为了进行说明，可假设有 3 个备选方案，其平均向量为：

$$\bar{\mu}^n = \begin{bmatrix} 20 \\ 16 \\ 22 \end{bmatrix}$$

假设 $\sigma_W^2 = 9$，协方差矩阵 Σ^n 如下：

$$\Sigma^n = \begin{bmatrix} 12 & 6 & 3 \\ 6 & 7 & 4 \\ 3 & 4 & 15 \end{bmatrix}$$

假设选择测量 $x = 3$ 并观察到 $W^{n+1} = W_3^{n+1} = 19$。

代入式(3.16)中，可使用下式更新信念的平均值：

$$
\begin{aligned}
\bar{\mu}^{n+1}(3) &= \begin{bmatrix} 20 \\ 16 \\ 22 \end{bmatrix} + \frac{19-22}{9+15} \begin{bmatrix} 12 & 6 & 3 \\ 6 & 7 & 4 \\ 3 & 4 & 15 \end{bmatrix} \begin{bmatrix} 0 \\ 0 \\ 1 \end{bmatrix} \\
&= \begin{bmatrix} 20 \\ 16 \\ 22 \end{bmatrix} + \frac{-3}{24} \begin{bmatrix} 3 \\ 4 \\ 15 \end{bmatrix} \\
&= \begin{bmatrix} 19.625 \\ 15.500 \\ 20.125 \end{bmatrix}
\end{aligned}
$$

使用下式计算协方差矩阵的更新：

$$
\begin{aligned}
\Sigma^{n+1}(3) &= \begin{bmatrix} 12 & 6 & 3 \\ 6 & 7 & 4 \\ 3 & 4 & 15 \end{bmatrix} - \frac{\begin{bmatrix} 12 & 6 & 3 \\ 6 & 7 & 4 \\ 3 & 4 & 15 \end{bmatrix}\begin{bmatrix} 0 \\ 0 \\ 1 \end{bmatrix}[0\ 0\ 1]\begin{bmatrix} 12 & 6 & 3 \\ 6 & 7 & 4 \\ 3 & 4 & 15 \end{bmatrix}}{9+15} \\
&= \begin{bmatrix} 12 & 6 & 3 \\ 6 & 7 & 4 \\ 3 & 4 & 15 \end{bmatrix} - \frac{1}{24}\begin{bmatrix} 3 \\ 4 \\ 15 \end{bmatrix}[3\ 4\ 15] \\
&= \begin{bmatrix} 12 & 6 & 3 \\ 6 & 7 & 4 \\ 3 & 4 & 15 \end{bmatrix} - \frac{1}{24}\begin{bmatrix} 9 & 12 & 45 \\ 12 & 16 & 60 \\ 45 & 60 & 225 \end{bmatrix} \\
&= \begin{bmatrix} 12 & 6 & 3 \\ 6 & 7 & 4 \\ 3 & 4 & 15 \end{bmatrix} - \begin{bmatrix} 0.375 & 0.500 & 1.875 \\ 0.500 & 0.667 & 2.500 \\ 1.875 & 2.500 & 9.375 \end{bmatrix} \\
&= \begin{bmatrix} 11.625 & 5.500 & 1.125 \\ 5.500 & 6.333 & 1.500 \\ 1.125 & 1.500 & 5.625 \end{bmatrix}
\end{aligned}
$$

这些计算相当简单。这意味着即使有几千个备选方案，也可以执行。然而，如果备选方案的数量为 10^5 或更多个时，则该方法也将不可行。在考虑的问题中，备选方案 x 本身是一个多维向量时会发生这种情况。

3.4.3 高斯过程回归

近似连续函数的一种常见策略是将其离散化，然后通过注释来表明附近点的值是相关的，从而捕捉连续性，这得益于连续性，被称为高斯过程回归(Gaussian process regression，GPR)。

假设有一个未知函数 $f(x)$ 在 x 中是连续的，当前假设 x 是一个标量，离散化为值 $(x_1, x_2, \ldots, x_M)$。设 $\bar{\mu}^n(x)$ 是对 $f(x)$ 在离散集合上的估计。设 $\mu(x)$ 是 $f(x)$ 的真实值，在贝叶斯视角下将其解释为一个平均值为 $\bar{\mu}_x^0$ 和方差为 $(\sigma_x^0)^2$ (这是我们的先验知识)的正态分布随机变量。接下来进一步假设 μ_x 和 $\mu_{x'}$ 是相关的，具有以下协方差：

$$Cov(\mu_x, \mu_{x'}) = (\sigma^0)^2 e^{\alpha \|x - x'\|} \tag{3.18}$$

其中，$\|x - x'\|$ 是诸如 $|x - x'|$ 或 $(x - x')^2$ (如果 x 是标量)或 $\sqrt{\sum_{i=1}^{I}(x_i - x_i')^2}$ (如果 x 是向量)的距离指标。如果 $x = x'$，那么可以在关于 μ_x 的信念中提取方差。参数 α 捕捉 x 和 x' 相距越来越远时的相关程度。

图3.2展示的是使用式(3.18)中给出的不同 α 值的协方差函数，从信念模型中随机生成的一系列曲线。因为较小的 α 代表相距较远的 x 和 x' 值之间的较高协方差，所以较小的 α 值生成的曲线更少起伏，较为平滑。随着 α 的增大，协方差下降，曲线上的两个不同点变得更加独立。

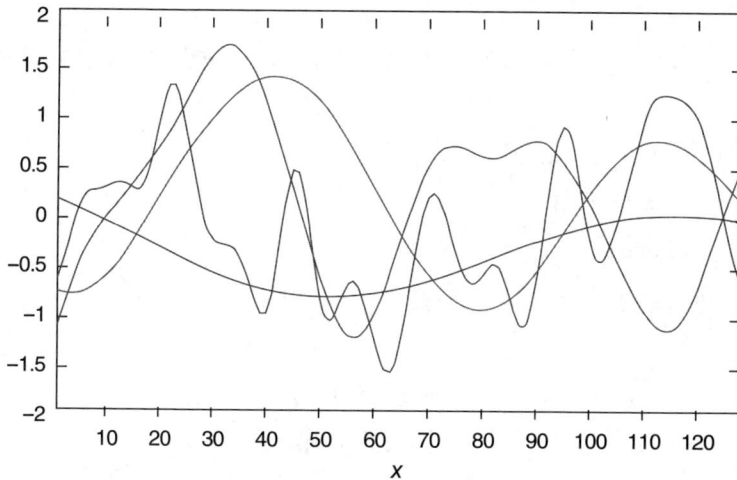

图3.2 使用不同 α 值的高斯过程回归(相关信念)生成的一系列函数

高斯过程回归(通常简称为GPR)是近似连续但没有特定结构的平滑函数的一种强大方法。这里将GPR作为查找表信念模型的一种泛化，但它也可以被描述为一种非参数统计数据，参见后面的讲解。第7章将展示如何使用GPR信念模型显著加速如下连续参数的优化函数：医疗应用中药物剂量的选择或实验室科学应用中温度、压力和浓度的选择。

3.5　计算偏差和方差*

使用查找表估计多维向量函数的一种强大策略是分层聚合，即在不同的聚合级别上估计函数。这种方法的基础是统计估计中的偏差和方差的基本结果。

假设想估计一个可观察到的真实但未知的参数 μ，但必须处理偏差 β 和噪声 ε，则有：

$$\hat{\mu}^n = \mu + \beta + \varepsilon^n \tag{3.19}$$

其中，μ 和 β 都未知，但可以假设有某种方法对将要调用 $\hat{\beta}^n$ 的偏差进行噪声估计。稍后，将提供示例说明如何获取 β 的估计。

现在假设 $\bar{\mu}^n$ 是在 n 次观察后对 μ 的估计。可对 $\bar{\mu}^n$ 使用以下递归公式：

$$\bar{\mu}^n = (1 - \alpha_{n-1})\bar{\mu}^{n-1} + \alpha_{n-1}\hat{\mu}^n$$

我们有意估计 $\bar{\mu}^n$ 的方差及其偏差 $\bar{\beta}^n$。先计算 $\bar{\mu}^n$ 的方差。假设可以使用式(3.19)表示对 μ 的观察，其中 $\mathbb{E}\varepsilon^n = 0$，$Var[\varepsilon^n] = \sigma^2$。利用该模型，可以参照下式计算 $\bar{\mu}^n$ 的方差：

$$Var[\bar{\mu}^n] = \lambda^n \sigma^2 \tag{3.20}$$

其中，λ^n(这表示第 n 次迭代的 λ，而不是 λ 的 n 次幂)可以通过简单的递归计算：

$$\lambda^n = \begin{cases} \alpha_{n-1}^2 & n = 1, \\ (1 - \alpha_{n-1})^2 \lambda^{n-1} + \alpha_{n-1}^2 & n > 1 \end{cases} \tag{3.21}$$

为此，从 $n = 1$ 开始。对于给定的(确定的)初始估计 $\bar{\mu}^0$，首先观察到 $\bar{\mu}^1$ 的方差由下式给出：

$$\begin{aligned} Var[\bar{\mu}^1] &= Var[(1 - \alpha_0)\bar{\mu}^0 + \alpha_0\hat{\mu}^1] \\ &= \alpha_0^2 Var[\hat{\mu}^1] \\ &= \alpha_0^2 \sigma^2 \end{aligned}$$

对于 $\bar{\mu}^n(n > 1)$，使用归纳法证明。假设 $Var[\bar{\mu}^{n-1}] = \lambda^{n-1}\sigma^2$。然后，由于 $\bar{\mu}^{n-1}$ 和 $\hat{\mu}^n$ 无关，因此有：

$$\begin{aligned} Var[\bar{\mu}^n] &= Var[(1 - \alpha_{n-1})\bar{\mu}^{n-1} + \alpha_{n-1}\hat{\mu}^n] \\ &= (1 - \alpha_{n-1})^2 Var[\bar{\mu}^{n-1}] + \alpha_{n-1}^2 Var[\hat{\mu}^n] \\ &= (1 - \alpha_{n-1})^2 \lambda^{n-1}\sigma^2 + \alpha_{n-1}^2\sigma^2 \tag{3.22} \\ &= \lambda^n\sigma^2 \tag{3.23} \end{aligned}$$

假设(在归纳证明中)式(3.22)正确，而式(3.23)建立了式(3.21)中的递归。这便可得到方差，当然要假设 σ^2 是已知的。

假设可以获得偏差的有噪声估计 β^n，那么可以采用下式计算均方误差：

$$\mathbb{E}\left[(\bar{\mu}^{n-1} - \bar{\mu}^n)^2\right] = \lambda^{n-1}\sigma^2 + \beta^{2,n} \tag{3.24}$$

参见练习3.11以证明这一点。该式给出了已知的平均值 $\bar{\mu}^n$ 周围的方差。也可在观察值 $\hat{\mu}^n$ 周围设置方差。设：

$$\nu^n = \mathbb{E}\left[\left(\bar{\mu}^{n-1} - \hat{\mu}^n\right)^2\right]$$

是当前估计值 $\bar{\mu}^{n-1}$ 和观察值 $\hat{\mu}^n$ 之间的均方误差(包括噪声和偏差)。可以证明(见练习 3.12):

$$\nu^n = (1 + \lambda^{n-1})\sigma^2 + \beta^{2,n} \tag{3.25}$$

其中，使用式(3.21)计算 λ^n。

实际上，我们不知道 σ^2，当然也不知道偏差 β。因此，必须从数据中估计这两个参数。先提供偏差的估计值：

$$\bar{\beta}^n = (1 - \eta_{n-1})\bar{\beta}^{n-1} + \eta_{n-1}\beta^n$$

其中，η_{n-1} 是用于估计偏差和方差的(通常简单的)步长规则。一般来说，η_{n-1} 得出的步长应大于 α_{n-1}，这是因为我们更感兴趣的是跟踪真实信号，而非生成具有低方差的估计。我们发现，恒定步长(如0.10)对大多数问题都非常有效，但如果需要精确收敛，则有必要使用步长为零的规则，比如谐波步长规则(式(6.15))。

要估计方差，首先需要找到总方差 ν^n 的估计值。设 $\bar{\nu}^n$ 是总方差的估计值，可以使用下式计算:

$$\bar{\nu}^n = (1 - \eta_{n-1})\bar{\nu}^{n-1} + \eta_{n-1}(\bar{\mu}^{n-1} - \hat{\mu}^n)^2$$

使用 $\bar{\nu}^n$ 作为对总方差的估计，可以使用下式计算 σ^2 的估计值:

$$\bar{\sigma}^{2,n} = \frac{\bar{\nu}^n - \bar{\beta}^{2,n}}{1 + \lambda^{n-1}}$$

可以使用式(3.20)获取 $\bar{\mu}^n$ 方差的估计值。

如果求真正的平均(使用步长 $1/n$)，通过使用小样本方差公式的递归形式，就可以得到小样本方差的更精确估计:

$$\hat{\sigma}^{2,n} = \frac{n-2}{n-1}\hat{\sigma}^{2,n-1} + \frac{1}{n}(\bar{\mu}^{n-1} - \hat{\mu}^n)^2 \tag{3.26}$$

$\hat{\sigma}^{2,n}$ 是 $\hat{\mu}^n$ 的方差的估计值。可以使用下式计算估计值 $\bar{\mu}^n$ 的方差:

$$\bar{\sigma}^{2,n} = \frac{1}{n}\hat{\sigma}^{2,n}$$

可在以下两种情况下利用这些结果，这两种情况的区别在于对偏差 β^n 的估计的计算方式。

- 分层聚合——在不同的聚合级别上估计函数。可以假设在最解聚(disaggregate)水平的函数的估计是有噪声但无偏的，然后设某个聚合水平的函数和最解聚水平的函数之间的差为偏差的估计。

- 瞬时函数——稍后将使用这些结果来近似价值函数。这是估计基础过程随时间变化的价值函数算法的优先算法(详见第14章)。在这种情况下，我们根据一个随时间变化的事实进行观察，而这会引入偏差。

3.6　查找表和聚合*

查找表是表示函数的最简单和最通用的方法。如果想建模函数 $f(x) = \mathbb{E}F(x, W)$ 或者价值函数 $V_t(S_t)$，就可以假设函数是在一组离散的值 $x_1, \dots, x_M$(或离散状态 $\mathcal{S} = \{1, 2, \dots, |\mathcal{S}|\}$)上定义的。我们希望使用对函数的观察(可能是 $f^n = F(x^n, W^{n+1})$ 或源自对处于状态 S_t 的价值的模拟 $\hat{v}_t^n$)，以创建估计 $\bar{F}^{n+1}$(或 $\bar{V}_t^{n+1}(S_t)$)。

查找表表示的问题是，如果变量 x(或状态 S)是一个向量，则可能值的数量会随维数增加呈指数增长。这是经典的"维数灾难"。克服"维数灾难"的一种策略是使用聚合，但选择单一级别的聚合通常不会令人满意。特别是，通常必须从无数据开始，并稳定地建立函数的估计。

通过使用分层聚合，可以实现从少数据到无数据，再到不断增加的观察数量的转变。我们使用一系列具有分层结构的聚合，而非选择单一级别的聚合。

3.6.1　分层聚合

函数的查找表表示通常是优先考虑的策略，因为它不要求采取任何结构化形式。但问题是查找表会遭受维数灾难。一种可以扩展查找表的强大策略是使用分层聚合。不是简单地将一个状态空间聚合到一个更小的空间中，而是提出一个聚合族，然后根据在每个聚合级别上的估计将它们组合起来。这不是万能的，也不应该被视为"解决维数灾难"的方法，但它确实是对近似策略的有力补充。正如你将看到的那样，这在应用于序贯决策问题时特别有用。

可以使用2.3.4节中首次介绍的漂泊的货车司机示例来说明分层聚合。在这个示例中，管理的是一个装卸货物的货车司机(想象一下货运出租车)，司机必须根据运送货物的收入和到达货物目的地的价值来选择货物。使问题复杂化的是，司机由多维属性向量 $a = (a_1, a_2, \dots, a_d)$ 描述，包括诸如货车的位置(这意味着在某个地区中的位置)、司机的设备类型和家庭住所(同样是一个地区)等属性。

如果用状态向量 $S_t = a_t$ 来描述漂泊的货车司机，对状态向量采取动作 x_t(移动一批可用货物)，那么转移函数 $S_{t+1} = S^M(S_t, x_t, W_{t+1})$ 就可以表示高细节级别的状态向量(一些值可以是连续的)。但决策问题

$$\max_{x_t \in \mathcal{X}} \left(C(S_t, x_t) + \mathbb{E}\{\bar{V}_{t+1}(G(S_{t+1}))|S_t\} \right) \tag{3.27}$$

使用价值函数 $\bar{V}_{t+1}(G(S_{t+1}))$，其中，$G(\cdot)$ 是将原始(非常详细的)状态 S 映射为更简单内容的聚合函数。聚合函数 G 可以忽略维度、对其进行离散化，或者使用某种方法来减少状

态向量的可能值的数量。这也减少了必须估计的参数数量。在下面的内容中，我们删除了聚合函数G的显式引用，只使用$\overline{V}_{t+1}(S_{t+1})$。聚合在价值函数近似中是隐式的。

可用于聚合的一些主要特征列举如下。

- 空间。运输公司有兴趣评估货车司机在特定地点的价值。地点可以按5位数的邮政编码(美国约有55 000个)、3位数的邮政编码(美国约有1000个)或州(美国本土48个州)等不同级别计算。
- 时间。银行可能有兴趣估计某一时间点持有资产的价值。时间可以用天、周、月或季度来衡量。
- 连续参数。飞机的状态可能是其燃油油位；旅行推销员的状态可能是他离家的时长；蓄水池的状态可以是水的深度；共同基金的现金储备状态是一天结束时持有的现金量。以上皆是具有至少近似连续状态的至少一个维度的系统示例。变量可以全部离散为不同长度的区间。
- 分级分类。投资组合问题可能需要估计投资特定公司股票的价值。按行业对公司进行汇总的做法可能很有用(例如，某公司可能在化工行业，可能会根据其被视为国内公司还是跨国公司进行进一步汇总)。同理，对于管理大量零件库存(例如汽车)的问题，最好将零件组织到零件族(变速器零件、发动机零件、仪表板零件)。

下面的示例提供了补充说明。

■ 示例3.5

喷气式飞机的状态可以由多个属性表征，这些属性包括空间和时间维度(位置，或者自上次维护检查以来的飞行时间)等属性。一个连续的参数可以是燃油油位——一个有助于分级聚合的属性可以是特定类型的飞机。可以通过将每个维度聚合为较少数量的潜在结果，来减少该资源的状态(属性)数量。

■ 示例3.6

投资组合的状态可能包括债券的数量，其特征在于债券的来源(公司、自治市或联邦政府)、到期日(6个月、12个月、24个月)、购买时间以及债券机构的评级。公司可以按行业分类聚合。债券可以通过其债券评级进一步聚合。

■ 示例3.7

血库中储存的血液可以按血型、来源(可能表明疾病风险)、储存时长 (最多可储存42天)和当前储存地点进行分类。国家血液管理机构可能希望通过忽略来源(忽略维度是一种聚合形式)、将储存时长从几天离散到几周，并将地点聚合到聚合区域，从而聚合状态空间。

■ 示例3.8

资产的价值由其连续的当前价格决定。可以使用离散到最接近美元的价格来估计资产。

在许多应用中，聚合天然分层。例如，在漂泊的货车司机问题中，可能希望根据3个属性来估计货车的价值：位置、家庭住所和车队类型。前两个表示地理位置，可以用3个聚合级别表示(在本例中)：400个子区域、100个区域和10个地区。表3.1说明了可能使用的5个聚合级别。在此示例中，每个较高级别可以表示为先前级别的聚合。

表3.1   漂泊的货车司机问题的状态空间聚合示例("-"表示忽略特定维度)

聚合级别	位置	车队类型	住所	状态空间大小
0	子区域	车队	区域	$400 \times 5 \times 100 = 200\,000$
1	区域	车队	区域	$100 \times 5 \times 100 = 50\,000$
2	区域	车队	地区	$100 \times 5 \times 10 = 5000$
3	区域	车队	-	$100 \times 5 \times 1 = 500$
4	地区	-	-	$10 \times 1 \times 1 = 10$

聚合对于连续变量也很有用。假设状态变量是持有的现金量，可能高达1000万美元。可能将状态空间离散化为100万美元、10万美元、1万美元、1000美元、100美元和10美元。这种离散化产生了一个自然的层次结构，因为在一个聚合级别上的10个段会自然地分组为下一个聚合级别中的一个段。

分层聚合是生成一系列估计的自然方法，但大多数情况下，没有理由假设结构是分层的。事实上，甚至可以使用重叠聚合(有时称为"软"聚合)，其中相同的状态s聚合为$\mathcal{S}^g$中的多个元素。例如，假设s表示连续空间中的坐标(x, y)，其已离散为点集$(x_i, y_i)_{i \in \mathcal{I}}$。进一步假设有一个距离指标$\rho((x, y), (x_i, y_i))$测量从任何点$(x, y)$到每个聚合点$(x_i, y_i)$，$i \in \mathcal{I}$的距离。可以在点$(x, y)$上观察，以便在每个$(x_i, y_i)$处更新估计，权重随$\rho((x, y), (x_i, y_i))$减小。

3.6.2   不同聚合水平的估计

假设要近似一个函数$f(x)$，$x \in \mathcal{X}$。应先定义一系列聚合函数：

$$G^g : \mathcal{X} \to \mathcal{X}^{(g)}$$

$\mathcal{X}^{(g)}$代表域$\mathcal{X}$的第g个聚合级别。设：

$\mathcal{G}$ = 对应于聚合级别的一组索引

本节假设有一个聚合函数G，将解聚状态$x \in \mathcal{X} = \mathcal{X}^{(0)}$映射到聚合空间$\mathcal{X}^{(g)}$。3.6.3节将设$g \in \mathcal{G} = \{0, 1, 2, \ldots\}$，并同时处理所有级别的聚合。

开始聚合研究前，应先描述如何在解聚层面采样值x。为此，可假设有两个外生过程：在第n次迭代，第一个过程选择要采样的值(表示为x^n)，而第二个过程产生对处于如下状态的价值的观察：

$$\hat{f}^n(x^n) = f(x^n) + \varepsilon^n$$

稍后，将假设x^n是由某策略决定的，但目前，可以将其视为纯粹的外因。

需要描述函数估计中出现的误差。设：

$$f_x^{(g)} = \text{对原始函数} f(x) \text{的第} g \text{个聚合的真实估计}$$

假设 $f^{(0)}(x) = f(x)$，这意味着第0级聚合是真函数。

设：

$$\bar{f}_x^{(g,n)} = n \text{次观察后，对处于第} g \text{个聚合级别的} f(x) \text{值的估计}$$

在整个讨论中，变量上的横线意味着它是根据样本观察计算出来的。尖角意味着变量是一个外生观察。

当研究最解聚的层面($g = 0$)时，测量的状态 s 是观察到的状态 $s = \hat{s}^n$。对于 $g > 0$，$\bar{f}_x^{(g,n)}$ 的下标 x 指的是 $G^g(x^n)$，或者 $f(x)$ 在 $x = x^n$ 时的第 g 个聚合水平。给出一个观察 $(x^n, \hat{f}^n(x^n))$，我们将采用下式更新 $f^{(g)}(x)$ 的估计值：

$$\bar{f}_x^{(g,n)} = (1 - \alpha_{x,n-1}^{(g)})\bar{f}_x^{(g,n-1)} + \alpha_{x,n-1}^{(g)}\hat{f}^n(x)$$

此处的步长 $\alpha_{x,n-1}^{(g)}$ 明确表示对决策 x 以及聚合水平的依赖。这意味着这也是通过 n 次迭代更新 $\bar{f}_x^{(g,n)}$ 的次数的函数，而非 n 自身的函数。

为了说明这一点，可假设漂泊的货车司机由向量 $x=$(Loc, Equip, Home, DOThrs, Days) 描述，其中，Loc 是位置，Equip 表示货车类型(长、短、冷藏)，Home 是司机的住所位置，DOThrs 是一个表示司机在过去8天中每天工作小时数的向量，Days 是司机离家的天数。为 x 的不同聚合级别估计值 $f(x)$，聚合时忽略 s 的特定维度。从最初的解聚观察 $\hat{f}(x)$ 开始，将其写作：

$$\hat{f}\begin{pmatrix} \text{Loc} \\ \text{Equip} \\ \text{Home} \\ \text{DOThrs} \\ \text{Days} \end{pmatrix} = f(x) + \varepsilon$$

现在，希望使用属性为 x 的司机的估计以得到不同聚合级别的价值函数。可以通过简单地使用不同聚合级别的估计来使该解聚估计变得平滑，例如：

$$\bar{f}^{(1,n)}\begin{pmatrix} \text{Loc} \\ \text{Equip} \\ \text{Home} \end{pmatrix} = (1 - \alpha_{x,n-1}^{(1)})\bar{f}^{(1,n-1)}\begin{pmatrix} \text{Loc} \\ \text{Equip} \\ \text{Home} \end{pmatrix} + \alpha_{x,n-1}^{(1)}\hat{f}\begin{pmatrix} \text{Loc} \\ \text{Equip} \\ \text{Home} \\ \text{DOThrs} \\ \text{Days} \end{pmatrix}$$

$$\bar{f}^{(2,n)}\begin{pmatrix} \text{Loc} \\ \text{Equip} \end{pmatrix} = (1 - \alpha_{x,n-1}^{(2)})\bar{f}^{(2,n-1)}\begin{pmatrix} \text{Loc} \\ \text{Equip} \end{pmatrix} + \alpha_{x,n-1}^{(2)}\hat{f}\begin{pmatrix} \text{Loc} \\ \text{Equip} \\ \text{Home} \\ \text{DOThrs} \\ \text{Days} \end{pmatrix}$$

$$\bar{f}^{(3,n)}\begin{pmatrix} \text{Loc} \end{pmatrix} = (1 - \alpha_{x,n-1}^{(3)})\bar{f}^{(3,n-1)}\begin{pmatrix} \text{Loc} \end{pmatrix} + \alpha_{x,n-1}^{(3)}\hat{v}\begin{pmatrix} \text{Loc} \\ \text{Equip} \\ \text{Home} \\ \text{DOThrs} \\ \text{Days} \end{pmatrix}$$

第一个式子基于五维状态向量x对司机的值进行平滑处理，其近似值由三维状态向量索引。第二个式子使用由二维状态向量索引的价值函数近似进行相同的处理，第三个式子使用一维状态向量进行相同的处理。记住，步长必须反映状态更新的次数，这一点非常重要。

需要估计 $\bar{f}_x^{(g,n)}$ 的方差。设：

$(s_x^2)^{(g,n)}$ = n次观察后，使用聚合级别g的数据对x处的函数观察值的方差估计

$(s_x^2)^{(g,n)}$ 是在 $x = x^n$ 处观察到函数聚合到x(即$G^g(x^n) = x$)时，观察值 $\hat{f}$ 方差的估计值。我们对平均值 $\bar{f}_x^{(g,n)}$ 估计值的方差非常感兴趣。3.5节中有：

$$
\begin{aligned}
(\bar{\sigma}_x^2)^{(g,n)} &= Var[\bar{f}_x^{(g,n)}] \\
&= \lambda_x^{(g,n)}(s_x^2)^{(g,n)}
\end{aligned}
\tag{3.28}
$$

其中，$(s_x^2)^{(g,n)}$ 是在第g个聚合水平对观察值 $\hat{f}^n$ 方差的估计(计算如下)，$\lambda_s^{(g,n)}$ 可以通过递归计算：

$$
\lambda_x^{(g,n)} = \begin{cases} (\alpha_{x,n-1}^{(g)})^2 & n = 1, \\ (1 - \alpha_{x,n-1}^{(g)})^2 \lambda_x^{(g,n-1)} + (\alpha_{x,n-1}^{(g)})^2 & n > 1 \end{cases}
$$

注意，如果步长 $\alpha_{x,n-1}^{(g)}$ 变为零，则 $\lambda_x^{(g,n)}$ 也会变为零，$(\bar{\sigma}_x^2)^{(g,n)}$ 亦是如此。现在需要计算 $(s_x^2)^{(g,n)}$，这是观察值 $\hat{f}^n$ 在点 x^n 处的方差的估计值，为此，$G^g(x^n) = x$(状态的观察值聚合到x)。设 $\bar{v}_x^{(g,n)}$ 为总变化量，有：

$$
\bar{v}_x^{(g,n)} = (1 - \eta_{n-1})\bar{v}_x^{(g,n-1)} + \eta_{n-1}(\bar{f}_x^{(g,n-1)} - \hat{f}_x^n)^2
$$

其中，η_{n-1} 遵循一些步长规则(可能只是一个常数)。$\bar{v}_x^{(g,n)}$ 指总变化量，因为它获得了由于测量噪声(计算 $\hat{f}^n(x)$ 时的随机性)和测量偏差(因为 $\bar{f}_x^{(g,n-1)}$ 是对 $\hat{f}^n(x)$ 平均值的有偏差估计)而产生的偏差。

最终需要计算下式以得出聚合偏差的估计值：

$$
\bar{\beta}_x^{(g,n)} = \bar{f}_x^{(g,n)} - \bar{f}_x^{(0,n)}
\tag{3.29}
$$

可以使用下式分离出偏差的影响，以获得误差方差的估计值：

$$
(s_x^2)^{(g,n)} = \frac{\bar{v}_x^{(g,n)} - (\bar{\beta}_x^{(g,n)})^2}{1 + \lambda^{n-1}}
\tag{3.30}
$$

下一节将使用聚合偏差的估计值 $\bar{\beta}_x^{(g,n)}$。

这些关系如图3.3所示。图3.3显示了在单个连续状态(例如资产价格)上定义的简单函数。如果选择一个特定的状态s，就会发现该状态只有两个观察值，而函数的那部分却有7个观察值。如果使用聚合近似，将在该函数范围内得到单一的数字，从而在真实函数和聚合估计之间产生偏差。如图3.3所示，偏差的大小取决于该区域中函数的形状。

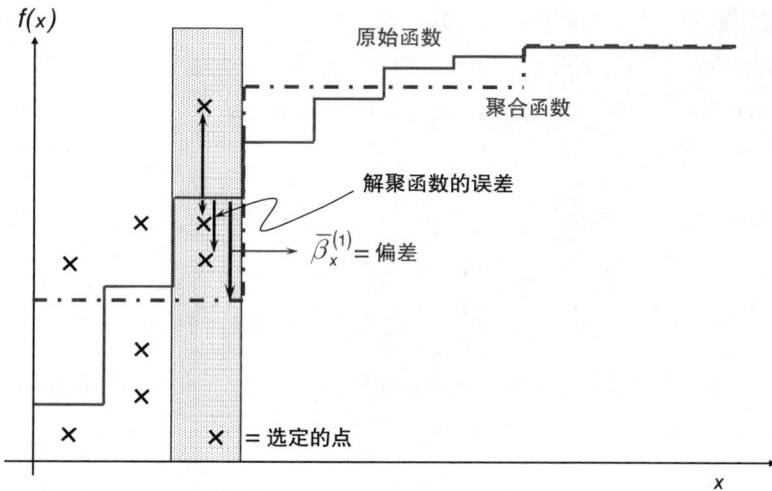

图3.3　解聚函数、聚合近似值和一组样本(为特定状态s显示估计值和偏差)

选择最优聚合级别的一种方法是选择最小化$(\bar{\sigma}_s^2)^{(g,n)} + (\bar{\beta}_s^{(g,n)})^2$的级别，它捕捉了偏差和方差。3.6.3节将使用偏差和方差来开发一种同时使用所有聚合级别的估计值的方法。

3.6.3　组合多个聚合级别

与其试图选择最优的聚合级别，不如直观地使用不同聚合级别的估计值的加权和。最简单的策略是使用下式：

$$\bar{f}_x^n = \sum_{g \in \mathcal{G}} w^{(g)} \bar{f}_x^{(g)} \tag{3.31}$$

其中，$w^{(g)}$是适用于第g个聚合级别的权重。我们希望权重是正的并且加起来是1，但也可以将它们视为回归函数中的系数。这种情况下，通常将回归写作：

$$\bar{F}(x|\theta) = \theta_0 + \sum_{g \in \mathcal{G}} \theta_g \bar{f}_x^{(g)}$$

关于线性模型的介绍参见3.7节。该策略的问题在于，权重不取决于x值。直觉上，应该对具有更多观察值或估计方差较低的点x赋予更高的权重。如果权重不取决于x，则不尽然。

在实践中，通常会更频繁地观察某些状态，以表明权重应该取决于x。要做到这一点，需要使用：

$$\bar{f}_x^n = \sum_{g \in \mathcal{G}} w_x^{(g)} \bar{f}_x^{(g,n)}$$

现在，权重取决于所估计的点，当进行大量观察时，可以对解聚估计赋予更高的权重。这显然是最自然而然的，但当域x很大时，就会面临计算数千(甚至数十万)权重的挑战。这种情况则需要一个相当简单的方法来计算权重。

可以将估计值$(\bar{f}^{(g,n)})_{g\in g}$视为估计相同量的不同方法。关于这个问题，已有大量的统计文献。例如，众所周知，在式(3.31)中最小化$\bar{f}_x^n$的方差的权重为：

$$w_x^{(g)} \propto \left((\bar{\sigma}_x^2)^{(g,n)}\right)^{-1}$$

由于权重之和应为1，因此有：

$$w_x^{(g)} = \left(\frac{1}{(\bar{\sigma}_x^2)^{(g,n)}}\right)\left(\sum_{g\in\mathcal{G}}\frac{1}{(\bar{\sigma}_x^2)^{(g,n)}}\right)^{-1} \tag{3.32}$$

如果估计无偏，则这些权重有效，但事实显然并非如此。这很容易通过使用总变化(方差加上偏差的平方)来修正，从而产生权重：

$$w_x^{(g,n)} = \frac{1}{\left((\bar{\sigma}_x^2)^{(g,n)}+\left(\bar{\beta}_x^{(g,n)}\right)^2\right)}\left(\sum_{g'\in\mathcal{G}}\frac{1}{\left((\bar{\sigma}_x^2)^{(g',n)}+\left(\bar{\beta}_x^{(g',n)}\right)^2\right)}\right)^{-1} \tag{3.33}$$

这些权重是针对每个聚合级别$g\in\mathcal{G}$计算的。此外，为每个点x计算一组不同的权重。可以使用式(3.28)和式(3.29)递归计算$(\bar{\sigma}_x^2)^{(g,n)}$和$\bar{\beta}_x^{(g,n)}$，这使得该方法非常适合大规模应用。注意，如果用于平滑$\bar{f}^n$的步长为零，则方差$(\bar{\sigma}_x^2)^{(g,n)}$也将随$n\to\infty$变为零。然而，偏差$\bar{\beta}_x^{(g,n)}$通常不会变为零。

图3.4显示了对于特定应用，每个聚合级别的平均权重(当对所有输入x求平均时)。该行为说明了一个直观的特性，即当只有少量观察时，聚合级别上的权重最高，随着算法的进展，权重会转移到更解聚的级别。这是递归近似函数时非常重要的行为。仅仅用几个数据点是不可能产生好的函数近似的，因此有必要使用只有几个参数的简单函数。

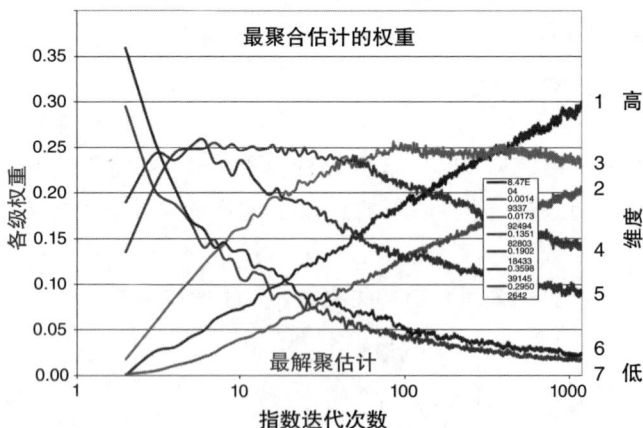

图3.4 使用式(3.33)计算的每个聚合级别的平均权重(所有状态)

3.7 线性参数模型

到目前为止,一直在关注函数的查找表表示,如果在点 x(或状态 s),就计算一个近似 $\bar{F}(x)$(或 $\bar{V}(s)$),即函数在 x(或状态 s)的估计。使用聚合(甚至是不同聚合级别的估计的混合)仍然是查找表的一种形式(只是使用一个更简单的查找表)。查找表提供了极大的灵活性,但通常不会扩展到更高维度的变量(x 或 s),而且不允许利用结构性关系。

人们对使用回归方法估计函数的做法有相当大的兴趣。线性回归的经典表示提出了估计参数向量 θ 以拟合模型的问题,这个模型使用一组观察结果(在机器学习领域中称为协变量)$(x_i)_{i\in\mathcal{I}}$ 预测变量 y,可以假设模型如下:

$$y = \theta_0 + \sum_{i=1}^{I} \theta_i x_i + \varepsilon \tag{3.34}$$

变量 x_i 可以称为自变量、解释变量或协变量,因不同领域而异。若要在动态规划中估计一个价值函数 $V^\pi(S_t)$,可以将它写作:

$$\bar{V}(S|\theta) = \sum_{f\in\mathcal{F}} \theta_f \phi_f(S)$$

其中,$(\phi_f(S))_{f\in\mathcal{F}}$ 被称为基函数(basis function)或特征(feature),但也被称为协变量(covariate)或简称为"自变量"(independent variable)。无论是近似价值函数还是策略本身,都可以使用这个词。事实上,如果使用下式编写策略:

$$X^\pi(S_t|\theta) = \sum_{f\in\mathcal{F}} \theta_f \phi_f(S_t)$$

则可将 $X^\pi(S_t|\theta)$ 称为线性决策规则(linear decision rule),或者仿射策略(英文为 affine policy,"仿射"只是线性的一个趣称,指 θ 中的线性)。

因为线性模型通过强加线性结构(这也意味着可分离和加性)来处理高维问题,所以线性模型算得上是用于复杂问题的最流行的近似策略。使用此语言,而非自变量 x_i,就可以得到一个基函数 $\phi_f(S)$,其中 $f\in\mathcal{F}$ 是一个特征。$\phi_f(S)$ 可能是一个指标变量(例如,若井字格棋盘中心的正方形内有一个 X,则 $\phi_f(S)$ 为 1)、一个离散的数字(井字格棋盘角落中的 X 的数量)或一个连续的量(资产的价格、石油的库存量、医院现有的 AB 型血量)。有些问题的特征可能少于 10 个;有些可能有几十个;还有些可能有几十万个。然而,一般会将价值函数写成以下形式:

$$\bar{V}(S|\theta) = \sum_{f\in\mathcal{F}} \theta_f \phi_f(S)$$

在时间相关模型中,参数向量 θ 通常也会按时间进行索引,这会显著增加必须估计的参数数量。

本节的后部将简要回顾线性回归,然后给出一些回归模型的示例。最后,将阐述一个更高级的主题——深入介绍基函数的几何结构(以更好地理解为什么它们被称为"基函数"）。鉴于这类近似受到了研究领域的极大关注，第16章将详细介绍如何近似价值函数。

3.7.1　线性回归

设 y^n 是我们试图预测的基于自变量(或解释性变量)的观察结果 $(x_1^n, x_2^n, \ldots, x_I^n)$（$x_i$ 等效于我们之前使用的基函数)的因变量的第 n 次观察。我们的目标是估计解下式的参数向量 θ：

$$\min_{\theta} \sum_{m=1}^{n} \left(y^m - \left(\theta_0 + \sum_{i=1}^{I} \theta_i x_i^m \right) \right)^2 \tag{3.35}$$

这是标准的线性回归问题。

本节假设得出观察结果 y^n 的基本过程是平稳的(在序贯决策问题的情况下通常不做这样的假设)。

如果 $x_0 = 1$，则设：

$$x^n = \begin{pmatrix} x_0^n \\ x_1^n \\ \vdots \\ x_I^n \end{pmatrix}$$

是观察的一个 $I+1$ 维列向量。与本书的其他部分不同，本节使用传统的向量运算，其中 $x^T x$ 是内积(产生标量)，而 xx^T 是外积，产生交叉项矩阵。

设 θ 为参数的列向量，可以将模型写作：

$$y = \theta^T x + \varepsilon$$

假设误差 $(\varepsilon^1, \ldots, \varepsilon^n)$ 是独立且恒等分布的。因为不知道参数向量 θ，所以用估计值 $\bar{\theta}$ 替换它，得到以下预测公式：

$$\bar{y}^n = (\bar{\theta})^T x^n$$

其中，$\bar{y}^n$ 是对 y^{n+1} 的预测。预测误差为：

$$\hat{\varepsilon}^n = y^n - (\bar{\theta})^T x^n$$

我们的目标是选择 θ 以使均方误差最小化：

$$\min_{\theta} \sum_{m=1}^{n} (y^m - \theta^T x^m)^2 \tag{3.36}$$

众所周知，这可以非常简单地解决。设 X^n 为 n 乘以 $I+1$ 的矩阵：

$$X^n = \begin{pmatrix} x_0^1 & x_1^1 & & x_I^1 \\ x_0^2 & x_1^2 & \cdots & x_I^2 \\ \vdots & \vdots & & \vdots \\ x_0^n & x_1^n & & x_I^n \end{pmatrix}$$

接下来，将因变量的观察向量表示为：

$$Y^n = \begin{pmatrix} y^1 \\ y^2 \\ \vdots \\ y^n \end{pmatrix}$$

最优参数向量 $\bar{\theta}$(n次观察后)由下式求得：

$$\bar{\theta} = [(X^n)^T X^n]^{-1} (X^n)^T Y^n \tag{3.37}$$

这些都被称为标准方程。

求解静态优化问题，如式(3.36)所示，产生了式(3.37)中最优参数向量的精简公式，这是统计界最常用的方法。因为应用本质上是递归的，所以这个方法在序贯决策问题中几乎没有直接应用，这反映了这样一个事实：在每次迭代时，都会获得需要更新参数向量的新观察结果。此外，我们的观察结果往往是非平稳的。稍后将展示如何使用递归统计方法来解决这个问题。

3.7.2 稀疏加性模型和Lasso

在存在大量解释变量的情况下，创建模型并不困难，示例如下。

■ 示例3.9

医生试图为患者选择最优的诊疗方案，该方案可能需要用几千种不同的特征来描述。这些特征不太可能都具有强大的解释力。

■ 示例3.10

某科学家正在尝试设计探针来识别RNA分子的结构。有数百个位置可以连接探针。该挑战就是设计探针来学习具有数百个参数(对应于每个位置)的统计模型。

■ 示例3.11

一家互联网供应商正试图最大化广告点击量，每个广告都有一个由所有文本和图形组成的完整数据集。可以通过基于广告中的单词模式生成数百(也许数千)个特征来创建一个模型。问题是通过仔细选择广告来了解哪些特征最重要。

这些设置试图近似一个函数 $f(S)$，其中 S 是由所有(描述患者、RNA分子或广告特征的)数据组成的"状态变量"。$f(S)$ 可能是响应(治疗成功率或成本，或广告点击率)，使用下式近似：

$$\bar{F}(S|\theta) = \sum_{f \in \mathcal{F}} \theta_f \phi_f(S) \tag{3.38}$$

现在假设集合 $\mathcal{F}$ 中有数百个特征，但预计对于许多特征都有 $\theta_f = 0$。在这种情况下，我们将式(3.38)视为稀疏加性模型，其挑战是识别具有最高解释力的模型，这意味着排除贡献不大的参数。

假设有一个由 $(f^n, S^n)_{n=1}^N$ 组成的数据集，其中 f^n 是观察到的响应，对应于 S^n 中的信息。如果使用该数据拟合式(3.38)，那么 θ_f 的每个拟合值将是非零的，产生一个解释力很小的巨大模型。为了克服这一点，我们引入了一个正则化项以惩罚 θ 的非零值。可将优化问题写作：

$$\min_{\theta} \left(\sum_{n=1}^N (f^n - \bar{F}(S^n|\theta))^2 + \lambda \sum_{f \in \mathcal{F}} \|\theta_f\|_1 \right) \tag{3.39}$$

其中，$\|\theta_f\|_1$ 代表所谓的 L_1 正则化，这与取绝对值 $|\theta_f|$ 相同。L_2 正则化将使用 θ_f^2，这意味着对于接近零的 θ_f 值，几乎没有惩罚。也就是说，$\theta_f \neq 0$ 时，我们在评估惩罚，并且边际惩罚对于任何非零的 θ_f 值都一样。

$\lambda \sum_f \|\theta_f\|_1$ 作为正则化项。随着 λ 的增大，使 θ_f 在模型中取更高的惩罚。有必要增大 λ，获取生成的模型，然后在样本外数据集上对其进行测试。通常，这是重复进行的(一般为5次)，其中样本外观察结果来自不同的20%的数据(此过程称为交叉验证)。可以绘制出每个 λ 值的测试误差，并找到 λ 的最优值。

该算法被称为Lasso，即"最小绝对收缩和选择算法"。尽管已经开发了递归形式，但该算法本质上是批量的。当假设可以访问可用于帮助识别最优特征集的初始测试数据集时，该方法效果最优。

正则化的一个挑战是，需要确定 λ 的最优值。如果设置了 $\lambda = 0$，创建了具有大量参数的模型，就会得到最好的拟合。问题是，这些模型不能提供最优的预测能力，因为许多拟合参数 $\theta_f > 0$ 反映的是伪噪声，而非真正重要特征的识别。

克服这一问题的方法是使用交叉验证，其工作原理如下。假设在80%的数据样本上拟合模型，然后在剩余的20%上评估模型。现在，通过旋转数据集，使用数据的不同部分进行测试，重复5次。最后，对不同的 λ 值重复整个过程，以得到产生最小误差的 λ 值。

正则化有时被称为现代统计学习。虽然对于所有变量都很重要的低维模型来说，正则化不是一个问题，但对于具有大量变量的现代模型而言，正则化可以说是最强大的工具之一。正则化几乎可以被引入任何统计模型，包括非线性模型和神经网络。

3.8　线性模型的递归最小二乘法

也许线性回归最吸引人的特点之一是模型可以轻松地递归更新。递归方法在统计学和机器学习领域中是众所周知的，但这些领域通常关注批量方法。递归统计在随机优化中特别有价值，因为它们非常适合任何自适应算法。

从下面这个基本的线性模型开始：

$$y = \theta^T x + \varepsilon$$

其中，$\theta = (\theta_1, \ldots, \theta_I)^T$ 是回归系数的向量。设 X^n 为 $n \times I$ 观察矩阵(其中 n 是观察次数)。使用批量统计，可以从正则方程估计 θ：

$$\theta = [(X^n)^T X^n]^{-1}(X^n)^T Y^n \tag{3.40}$$

顺便提一下，式(3.40)使用采样数据集表示统计模型的最优解，这是将在第4章中介绍的主要解决策略之一(敬请关注)。

现在转换到词汇上来，设 x(而不是特征 x_i)为数据，$\phi_f(x)$ 为特征(也称为基函数)，其中 $f \in \mathcal{F}$ 是特征集合。设 $\phi(x)$ 是特征的列向量，其中 $\phi^n = \phi(x^n)$ 替换 x^n。也使用下式写出函数近似：

$$\bar{F}(x|\theta) = \sum_{f \in \mathcal{F}} \theta_f \phi_f(x) = \phi(x)^T \theta$$

在整个演示过程中，假设能够得到函数 $F(x, W)$ 的观察 $\hat{f}^n$。

3.8.1 平稳数据的递归最小二乘法

在随机优化的自适应算法设置中，使用诸如式(3.40)的批量方法估计系数向量 θ 的成本较高。幸运的是，可以递归地计算这些公式。θ 的更新公式为：

$$\theta^n = \theta^{n-1} - H^n \phi^n \hat{\varepsilon}^n \tag{3.41}$$

其中，H^n 是使用下式计算的矩阵：

$$H^n = \frac{1}{\gamma^n} M^{n-1} \tag{3.42}$$

误差 $\hat{\varepsilon}^n$ 使用下式计算：

$$\hat{\varepsilon}^n = \bar{F}(x|\theta^{n-1}) - \hat{y}^n \tag{3.43}$$

注意，在统计学中，使用"实际减去预测"来计算回归中误差的做法是很常见的，不过，我们使用"预测减去实际"(见式(3.43))。我们的符号约定由优化的第一原理推导而来，第5章将对此进行更深入的讨论。

现在设 M^n 为下式给出的 $|\mathcal{F}| \times |\mathcal{F}|$ 矩阵：

$$M^n = [(X^n)^T X^n]^{-1}$$

可以使用下式而非对矩阵求逆来递归计算 M^n：

$$M^n = M^{n-1} - \frac{1}{\gamma^n}(M^{n-1}\phi^n(\phi^n)^T M^{n-1}) \tag{3.44}$$

其中，γ^n 是使用下式计算的标量：

$$\gamma^n = 1 + (\phi^n)^T M^{n-1} \phi^n \tag{3.45}$$

3.14.1节给出了式(3.41)~式(3.45)的推导过程。

在任何回归问题中，矩阵$(X^n)^T X^n$(见式(3.40))都是不可逆的。如果是这种情况，那么递归公式将无法克服这个问题。当这种情况发生时，就会观察到$\gamma^n = 0$。也可能在γ^n非常小时(例如，对于一些小ϵ，$\gamma^n < \epsilon$)，矩阵是可逆的，但不稳定。出现这种情况时，可以使用下式克服这一问题：

$$\bar{\gamma}^n = \gamma^n + \delta$$

其中，δ是适当选择的小扰动，其足够大，能避免不稳定性。一些实验可能是必要的，毕竟正确的值取决于所估计的参数的规模。

算法中唯一缺少的步骤是初始化M^0。一种策略是收集具有m个观察结果的样本，其中m足够大，可以使用完全求逆来计算M^m。一旦有了M^m，就使用它来初始化M^0，然后可以使用上面的公式继续更新它。第二种策略是使用$M^0 = \epsilon I$，其中I是单位矩阵，并且ϵ是一个"小常数"。这种策略不能保证给出精确的值，但如果观察数量相对较大，则应该可行。

在我们的随机优化应用中，$\hat{f}^n$表示对函数值的观察，或对处于某个状态的价值的估计，甚至是我们应该在给定状态下做出的决策。数据可以是决策x(也可能是决策x和初始状态S_0)或状态S。更新的公式隐含地假设估计值来自平稳序列。

在很多问题中，基函数的数量可能非常大。在这些情况下，即使是本节中的高效递归表达式，也无法回避这样一个事实：我们仍然在更新行数和列数可能很大的矩阵。如果只估计几十个或几百个参数，则没有问题。如果参数的数量增加到数千个，那么即使是这种策略，也可能不适用。在使用这些方法之前，有必要计算矩阵的近似维数。

3.8.2　非平稳数据的递归最小二乘法*

在近似动态规划中，我们的观察结果$\hat{f}^n$(一般指价值函数的估计值更新)通常来自非平稳过程。即便在使用TD学习来估计固定策略价值时，也是如此，但引入优化策略的维度时，总是如此。递归最小二乘法对所有先验观察值赋予同等权重，而我们倾向于给予最近的观察值更大的权重。

与其最小化总误差(如式(3.35)所示)，不如最小化几何加权误差和：

$$\min_{\theta} \sum_{m=1}^{n} \lambda^{n-m} \left(f^m - \left(\theta_0 + \sum_{i=1}^{I} \theta_i \phi_i^m\right) \right)^2 \tag{3.46}$$

其中，λ是用来给旧观察值打折的折扣因子。如果重复3.8.1节中的推导，只需要将M^n公式更新为下式：

$$M^n = \frac{1}{\lambda} \left(M^{n-1} - \frac{1}{\gamma^n}(M^{n-1}\phi^n(\phi^n)^T M^{n-1}) \right) \tag{3.47}$$

将 γ^n 更新为下式:

$$\gamma^n = \lambda + (\phi^n)^T M^{n-1} \phi^n \tag{3.48}$$

λ 虽然在相反的方向上, 但与步长相似。设 $\lambda = 1$ 意味着所有观察结果的权重相等, 而 λ 较小意味着最近的观察的权重更大。通过这种方式, λ 的作用与 TD(λ) 中的 λ 相同。

可以使用这个逻辑, 将 λ 视作可调参数。当然, 算法设计中的一个不变目标是避免需要调整另一个参数。对于回归模型只是常数的特殊情况(在这种情况下, $\phi^n = 1$), 可以在 α_n 与折扣因子(现在在每次迭代时计算, 所以将其写作 λ_n)之间建立一个简单的关系。设 $G^n = (H^n)^{-1}$, 这意味着更新的公式如下:

$$\theta^n = \theta^{n-1} - (G^n)^{-1} \phi^n \hat{\varepsilon}^n$$

回想一下, 式(3.43)计算了误差 ε^n, 用预测值减去实际值。如果根据第一性原理推导优化算法, 就意味着正在最小化随机函数, 则需要此项。矩阵 G^n 递归更新如下:

$$G^n = \lambda_n G^{n-1} + \phi^n (\phi^n)^T \tag{3.49}$$

其中, $G^0 = 0$。当 $\phi^n = 1$ 时(在这种情况下, G^n 也是标量), $(G^n)^{-1} \phi^n = (G^n)^{-1}$ 是步长, 因此欲将公式写作 $\alpha_n = G^n$。假设 $\alpha_{n-1} = \left(G^{n-1}\right)^{-1}$。式(3.49)意味着:

$$\begin{aligned} \alpha_n &= (\lambda_n G^{n-1} + 1)^{-1} \\ &= \left(\frac{\lambda_n}{\alpha_{n-1}} + 1\right)^{-1} \end{aligned}$$

求解 λ_n:

$$\lambda_n = \alpha_{n-1}\left(\frac{1 - \alpha_n}{\alpha_n}\right) \tag{3.50}$$

注意, 如果 $\lambda_n = 1$, 那么希望对所有观察值施加相等的权重(如果有平稳数据, 这将是最优的)。我们知道, 在这种情况下, 最优步长是 $\alpha_n = 1/n$。将该步长代入式(3.50)中, 可验证该恒等式。

式(3.50)的价值在于, 它将 λ_n 产生的折扣与步长规则的选择联系起来, 步长规则的选择必须反映观察的非平稳性。第6章将介绍更多的步长规则, 其中一些具有可调参数。使用式(3.50), 可以避免引入另一个可调参数。

3.8.3　使用多次观察的递归估计*

前面的方法假设我们得到一个观察值, 并使用它来更新参数。另一种策略是对多条路径进行采样, 并解决用于估计参数的经典最小二乘问题。在最简单的实现中, 可选择一组实现 $\hat{\Omega}^n$(而非单个样本 ω^n)并跟踪所有这些数据, 生成一组可以用来更新对函数 $\bar{F}(s|\theta)$ 的估计的估计值 $(f(\omega))_{\omega \in \hat{\Omega}^n}$。

如果已经有了一组观察值, 接下来面对的经典问题就是, 寻找一个最符合所有这些函数估计的参数向量 $\hat{\theta}^n$。因此, 欲求解下式:

$$\hat{\theta}^n = \arg\min_{\theta} \frac{1}{|\hat{\Omega}^n|} \sum_{\omega \in \hat{\Omega}^n} (\bar{F}(s|\theta) - f(\omega))^2$$

这是统计估计领域面临的标准参数估计问题。如果$\bar{F}(s|\theta)$相对于θ呈线性，那么可以使用线性回归的常用公式。如果函数更一般，则通常会使用非线性规划算法来解决问题。在任何一种情况下，$\hat{\theta}^n$都仍然是一个更新，需要与之前的估计θ^{n-1}进行平滑处理，如下：

$$\theta^n = (1 - \alpha_{n-1})\theta^{n-1} + \alpha_{n-1}\hat{\theta}^n \tag{3.51}$$

该策略的一个优点是，与依赖价值函数梯度的更新相比，式(3.51)中给出的形式的更新不会遇到缩放问题，因此要返回到我们更熟悉的领域，其中，$0 < \alpha_n \leq 1$。当然，随着样本量$\hat{\Omega}$的增大，步长也应该增大，因为在$\hat{\theta}^n$中有更多的信息。使用基于卡尔曼滤波器的步长(见6.3.2节和6.3.3节)，将自动适应估计中的噪声量。

这一策略的有效性取决于具体问题。在许多应用中，在产生参数更新之前得到多个估计$\hat{v}^n(\omega), \omega \in \hat{\Omega}^n$的计算成本太高。

3.9 非线性参数模型

虽然线性模型非常强大(记住，"线性"是指相对于参数呈线性)，但不可避免的是，某些问题需要相对于参数呈非线性的模型。可能需要对价格、剂量或温度的非线性响应进行建模。非线性模型是模型估计和随机优化问题的学习中的难点。

我们首先会介绍最大似然估计，这是非线性模型最常用的估计方法之一。然后引入采样非线性模型的概念，这是克服非线性模型复杂性的一种简单方法。最后介绍神经网络，这是一种强大的近似结构，在机器学习以及工程控制问题中出现的动态规划中非常有用。

3.9.1 最大似然估计

估计非线性模型的最常见方法被称为最大似然估计。设$f(x|\theta)$是给定θ的函数，假设观察到：

$$y = f(x|\theta) + \epsilon$$

其中，$\epsilon \sim N(0, \sigma^2)$是误差，其密度为：

$$f^\epsilon(w) = \frac{1}{\sqrt{2\pi}\sigma} \exp \frac{w^2}{2\sigma^2}$$

现在假设有一组观察结果$(y^n, x^n)_{n=1}^N$。观察结果$(y^n)_{n=1}^N$的似然由下式给出：

$$L(y|x, \theta) = \Pi_{n=1}^N \exp \frac{(y^n - f(x^n|\theta))^2}{2\sigma^2}$$

通常使用对数似然 $\mathcal{L}(y|x,\theta) = \log L(y|x,\theta)$，得到：

$$\mathcal{L}(y|x,\theta) = \sum_{n=1}^{N} \frac{1}{\sqrt{2\pi\sigma}}(y^n - f(x^n|\theta))^2 \tag{3.52}$$

当然，可以在最大化 $\mathcal{L}(y|x,\theta)$ 时删去常数 $\frac{1}{\sqrt{2\pi\sigma}}$。

非线性规划算法可以使用式(3.52)来估计参数向量 θ。这会假设有一个非典型设置的批量数据集 $(y^n, x^n)_{n=1}^N$，而且当 $f(x|\theta)$ 相对于 θ 呈非线性时，对数似然 $\mathcal{L}(y|x,\theta)$ 可以是非凸的，这会进一步使优化问题复杂化。

3.9.2节将介绍在递归设置中处理非线性模型的方法。

3.9.2 采样信念模型

估计参数非线性模型的强大策略假设未知参数 θ 只能取有限集合 $\theta_1, \theta_2, \ldots, \theta_K$ 中的一个。设 θ 是表示 θ 真实值的随机变量，取 $\Theta = (\theta_k)_{k=1}^K$ 中的一个值。

假设从一组先验概率 $p_k^0 = \mathbb{P}[\theta = \theta_k]$ 开始，设 $p^n = (p_k^n), k = 1, \ldots, K$ 是 n 次实验之后的概率。这是我们采用贝叶斯视角时使用的框架：θ 的真实值作为随机变量 θ，具有信念 p^0 的先验分布(可能是统一的)。

将 $B^n = (p^n, \Theta)$ 作为采样信念模型(sampled belief model)。采样信念模型是表示非线性信念模型中不确定性的有力方法。生成集合 Θ 的过程(实际上可以随着迭代而改变)使得用户可以确保样本的每个成员都是合理的(例如，可以确保某些系数是正的)。可以很简单地使用贝叶斯定理更新概率向量 p^n，如下所示。

现在要做的是使用随机变量 Y 的观察值更新概率分布。为了说明这一点，假设正在观察成功和失败的结果，因此有 $Y \in \{0,1\}$，这可能与医疗结果有关。在此设置中，向量 x 将包括关于患者的信息以及医疗决策。假设 $Y = 1$ 的概率由逻辑回归给出，如下式所示：

$$f(y|x,\theta) = \mathbb{P}[Y = 1|x,\theta] \tag{3.53}$$

$$= \frac{\exp^{U(x|\theta)}}{1 + \exp^{U(x|\theta)}} \tag{3.54}$$

其中，$U(x|\theta)$ 是线性模型，如下：

$$U(x|\theta) = \theta_0 + \theta_1 x_1 + \theta_2 x_2 + \ldots + \theta_M$$

假设 θ 是元素 $(\theta_k)_{k=1}^K$ 之一，其中 θ_k 是元素 $(\theta_{km})_{m=1}^M$ 的一个向量。设 $H^n = (y^1, \ldots, y^n)$ 是观察随机结果 Y 的历史。接下来假设 $p_k^n = \mathbb{P}[\theta = \theta_k|H^n]$，然后选择 x^n 并观察 $Y = y^{n+1}$ (稍后将讨论如何选择 x^n)。可以使用贝叶斯定理更新概率：

$$p_k^{n+1} = \frac{\mathbb{P}[Y = y^{n+1}|x^n, \theta_k, H^n]\mathbb{P}[\theta = \theta_k|x^n, H^n]}{\mathbb{P}[Y = y^{n+1}|x^n, H^n]} \tag{3.55}$$

首先观察 $p_k^n = \mathrm{P}[\theta = \theta_k | x^n, H^n] = \mathrm{P}[\theta = \theta_k | H^n]$。条件概率 $\mathbb{P}[Y = y^{n+1} | x^n, \theta_k, H^n]$ 来自式(3.54)中的逻辑回归：

$$\mathbb{P}[Y = y^{n+1} | x^n, \theta_k, H^n] = \begin{cases} f(x^n | \theta^n) & \text{若 } y^{n+1} = 1 \\ 1 - f(x^n | \theta^n) & \text{若 } y^{n+1} = 0 \end{cases}$$

最后，计算分母：

$$\mathbb{P}[Y = y^{n+1} | x^n, H^n] = \sum_{k=1}^{K} \mathbb{P}[Y = y^{n+1} | x^n, \theta_k, H^n] p_k^n$$

这个想法可以扩展到 Y 的广泛分布。其唯一的约束(可能很重要)是假设 θ 只能是离散值的有限集合中的一个。克服这一约束的策略是定期生成新的 θ 可能值，使用过去的观察历史来获得更新的概率，然后删去概率最低的值。

3.9.3　神经网络——参数*

神经网络代表了一类异常强大和通用的近似策略，已广泛用于最优控制和统计学习。关于这一主题，已经有许多优秀的教材和广泛可用的软件包，因此我们的演示旨在介绍基本思想，并鼓励读者在简单模型无效的情况下尝试使用这一技术。

本节将重点关注低维神经网络，尽管这些"低维"神经网络可能仍有数千个参数。多年来，这类神经网络在工程控制界非常受欢迎，用于近似确定性控制问题的策略和价值函数。

3.10.4节将继续讲解神经网络，讨论向"深度"神经网络的过渡，这是一种维度极高的函数，近似几乎任何东西，可以归类为非参数模型。

本节将描述使用神经网络执行估计的核心算法步骤。第5章将讨论如何优化参数，因为我们将使用该章中介绍的基于导数的随机优化方法。

到目前为止，已经考虑了如下近似函数：

$$\bar{F}(x | \theta) = \sum_{f \in \mathcal{F}} \theta_f \phi_f(x)$$

其中，$\mathcal{F}$ 是特征集，$(\phi_f(x))_{f \in \mathcal{F}}$ 是提取状态变量的重要特征的基函数，这些特征解释了处于某状态的价值。当使用相对于参数呈线性的近似时，可以使用线性回归的标准方法递归估计参数 θ。例如，如果 x^n 是带元素 x_i^n 的第 n 个输入，则近似值可能如下：

$$\bar{F}(x^n | \theta) = \sum_{i \in \mathcal{I}} \left(\theta_{1i} x_i^n + \theta_{2i} (x_i^n)^2 \right)$$

接下来，假设最优函数在 R_i 中可能不是二次的，但不确定准确的形式，就可能需要用下式估计函数：

$$\bar{F}(x^n | \theta) = \sum_{i \in \mathcal{I}} \left(\theta_{1i} x_i^n + \theta_{2i} (x_i^n)^{\theta_3} \right)$$

若有一个相对于参数向量$(\theta_1, \theta_2, \theta_3)$呈非线性的函数，其中$\theta_1$和$\theta_2$是向量，$\theta_3$是标量；若有一个状态–值观察结果的训练数据集$(\hat{f}^n, R^n)_{n=1}^N$，可以通过求解下式找到$\theta$：

$$\min_\theta F(\theta) = \sum_{n=1}^N \left(\hat{f}^n - \bar{F}(x^n|\theta)\right)^2 \tag{3.56}$$

这通常需要使用非线性规划算法。一个挑战是，非线性优化问题不适用于我们针对线性(相对于参数)函数总结的简单递归更新公式。更大的问题是，必须尝试各种函数形式，以找到最合适的形式。

神经网络最终是一种非线性模型，可以用来近似函数$\mathbb{E}f(x, W)$(或策略$X^\pi(S)$，或价值函数$V(S)$)。我们将有一个输入x(或S)，且使用神经网络来预测输出f(或决策x^n，或值v^n)。使用传统的统计符号，设x^n是输入向量，它可能是特征$\phi_f(S^n)$，$f \in \mathcal{F}$。如果使用线性模型，则有：

$$f(x^n|\theta) = \theta_0 + \sum_{i=1}^I \theta_i x_i^n$$

在神经网络的语言中，有I个希望用来估计单个输出f^{n+1}(函数的一个随机观察)的输入(有$I+1$个参数，因为还包括一个常量项)。这些关系如图3.5所示，其中I个输入沿着链路"流动"以产生$f(x^n|\theta)$。之后，可以学习尝试预测的样本实现$\hat{f}^{n+1}$，以计算误差$\epsilon^{n+1} = \hat{f}^{n+1} - f(x^n|\theta)$。

定义随机变量X以描述一组输入(其中x^n是X在第n次迭代时的值)，设$\hat{f}$是给出输入X的响应的随机变量。我们想找到一个向量θ以求解：

$$\min_\theta \mathbb{E} \frac{1}{2}(f(X|\theta) - \hat{f})^2$$

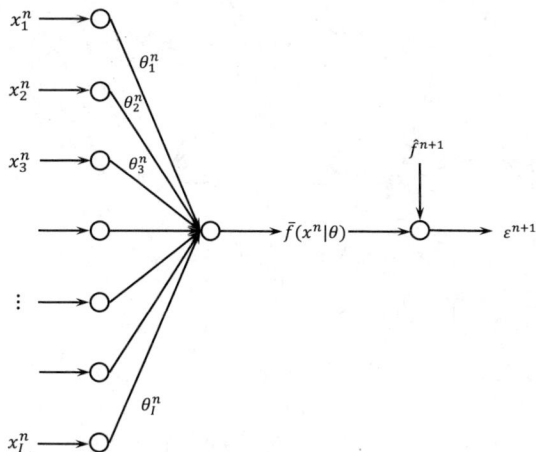

图3.5　单层神经网络

设$F(\theta) = \mathbb{E}(0.5(f(X|\theta) - \hat{f})^2)$，并设$F(\theta, \hat{f}) = 0.5(f(X|\theta) - \hat{f})^2$，其中$\hat{f}$是函数的样本

实现。如前所述，可以使用3.2节中首次引入的算法迭代求解，得到更新公式：

$$\theta^{n+1} = \theta^n - \alpha_n \nabla_\theta F(\theta^n, \hat{f}^{n+1}) \tag{3.57}$$

其中，对给定输入 $X = x^n$ 和观察到的响应 $\hat{f}^{n+1}$ 有 $\nabla_\theta F(\theta^n, \hat{f}^{n+1}) = \epsilon^{n+1} = (f(x^n|\theta) - \hat{f}^{n+1})$。

前面通过假设输入是控制变量的各个维度(表示为 x_i^n)来说明线性模型。但这不是表示系统状态的最优方式(假设表示Connect-4游戏板的状态)。一种更有效(当然也更紧凑)的方式是，编写一组基函数 $\phi_f(X)$，$f \in \mathcal{F}$，其中 $\phi_f(X)$ 获取给定输入 X 的系统的相关特征。在这种情况下，我们将使用标准基函数表示法，其中每个基函数为神经网络提供一个输入。

这是一个简单例子，但它表明，如果有一个线性模型，就会得到与前面使用过的相同的基本算法。图3.6中给出的更丰富的模型说明了更经典的神经网络。此处，"输入信号" x^n(可以是状态变量或基函数集)通过几个层进行转化。设 $x^{(1,n)} = x^n$ 作为第一层的输入(回想一下 x_i^n 可能是状态变量本身的第 i 个维度或基函数)。设 $\mathcal{J}^{(1)}$ 是第一层的输入集合(例如基函数集合)。

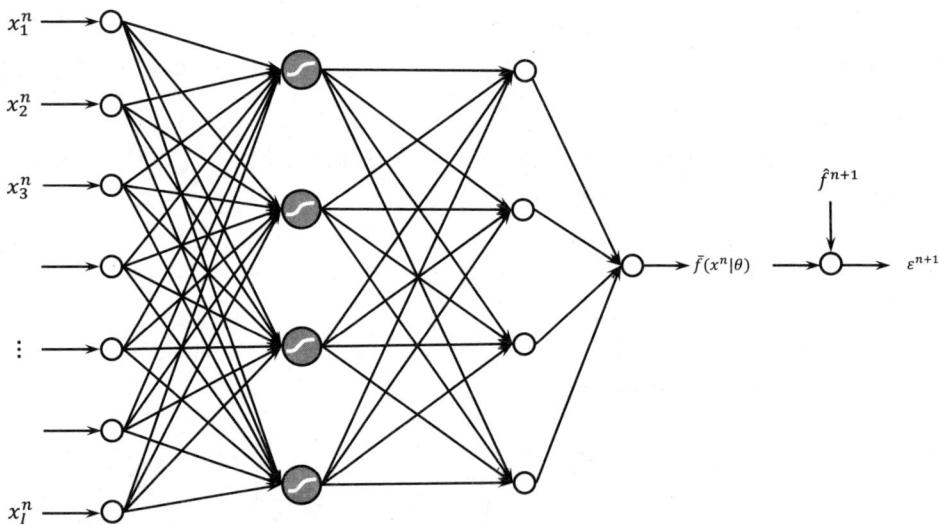

图3.6 三层神经网络

此处，第一个线性层产生的 $|\mathcal{J}^{(2)}|$ 输出可以由下式计算：

$$y_j^{(2,n)} = \sum_{i \in \mathcal{J}^{(1)}} \theta_{ij}^{(1)} x_i^{(1,n)}, \quad j \in \mathcal{J}^{(2)}$$

$x_j^{(2,n)}$ 成为非线性感知器节点的输入，该节点的特征在于可以减小或放大输入的非线性函数。感知器节点的典型函数形式是逻辑函数，如下所示：

$$\sigma(y) = \frac{1}{1 + e^{-\beta y}} \tag{3.58}$$

其中，β 是缩放系数。函数 $\sigma(y)$ 如图3.7所示。sigmoid函数 $\sigma(x)$ 在 "信号" x^n 的通信中引入非线性行为。此外，设：

$$\sigma'(y) = \frac{\partial \sigma(y)}{\partial y}$$

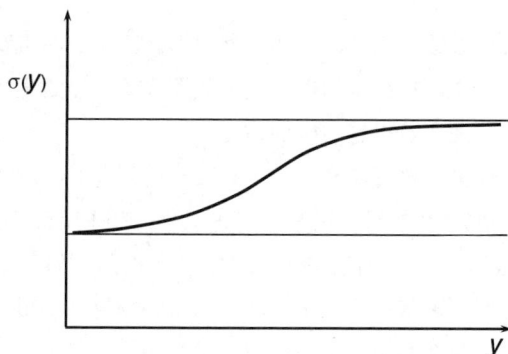

图3.7 将非线性行为引入神经网络的说明性逻辑函数

接下来计算：

$$x_i^{(2,n)} = \sigma(y_i^{(2,n)}), \ i \in \mathcal{I}^{(2)}$$

并使用 $x_i^{(2,n)}$ 作为第二线性层的输入。然后计算：

$$y_j^{(3,n)} = \sum_{i \in \mathcal{I}^{(2)}} \theta_{ij}^{(2)} x_i^{(2,n)}, \quad j \in \mathcal{I}^{(3)}$$

然后计算第三层的输入：

$$x_i^{(3,n)} = \sigma(y_i^{(3,n)}), \ i \in \mathcal{I}^{(3)}$$

最后，计算单个输出：

$$\bar{f}^n(x^n|\theta) = \sum_{i \in \mathcal{I}^{(3)}} \theta_i^{(3)} x_i^{(3,n)}$$

如前所述，f^n 是对输入 x^n 的响应的估计。这是使用观察结果 $\hat{f}^{n+1}$ 更新的函数近似值 $\bar{F}^n(s|\theta)$。现在知道了如何使用给定向量 θ 的神经网络产生估计，下一步是优化 θ。

使用式(3.57)中给出的随机梯度算法更新参数向量 $\theta = (\theta^{(1)}, \theta^{(2)}, \theta^{(3)})$。唯一的区别是导数必须捕捉到一个事实：改变 $\theta^{(1)}$ 会影响网络其余部分的 "流动"。有使用梯度算法将神经网络拟合到数据的标准包，对算法感兴趣的读者可以阅读5.5节的算法演示，毕竟该内容的基础是基于导数的随机搜索方法。

本演示是对一个极丰富领域的简单说明。神经网络的优势在于，它提供了更丰富的一类非线性函数(机器学习语言中称 "非线性结构")，可以通过迭代的方式进行训练。涉及神经网络的计算利用了分层结构，并且自然有两种形式：逐层向前 "模拟" 输入变量到输出的演变的前馈传播(feed-forward propagation)，以及用于计算导数以便计算参数变化的边际影响的反向传播(backpropagation)(详见5.5节)。

3.9.4　神经网络的局限性

神经网络提供了一种极其灵活的架构，可减少设计和测试不同非线性(参数)模型的需求，尤其适用于确定性问题，如工程系统的最优控制以及人们熟悉的语音和图像识别工具。然而，这种灵活性是有以下代价的。

- 为了拟合具有大量参数的模型，需要大型数据集。这在序贯决策问题的背景下会引发问题，因为我们通常从很少的数据或无数据开始，然后生成一系列输入，以便对所近似的任何函数创建越来越准确的估计。
- 神经网络的灵活性也意味着，当应用于有噪声的问题时，网络可能只是在拟合噪声(这是统计学习领域熟知的经典过拟合问题)。当潜在问题表现出噪声时(本书中的许多序贯决策问题都表现出很高的噪声级别)，数据需求急剧增长。遗憾的是，这在神经网络领域中经常被忽视，在该领域，时常将神经网络拟合到过小的数据集，其中，神经网络中的参数甚至多于数据点。
- 神经网络难以复制结构。在商业、工程、经济学和科学领域中，有许多问题表现出结构：单调性(价格越高，需求越低)、凹性(在资源分配问题中很常见)、单模块性(存在对剂量的最优响应，当剂量过高或过低时，性能下降)。

图3.8说明了处理噪声和无法捕获结构的问题，我们在报童问题中对数据进行了采样：

$$F(x, W) = 10 \min\{x, W\} - 8x$$

其中，W根据密度分布：

$$f^W(w) = .1e^{-.1w}$$

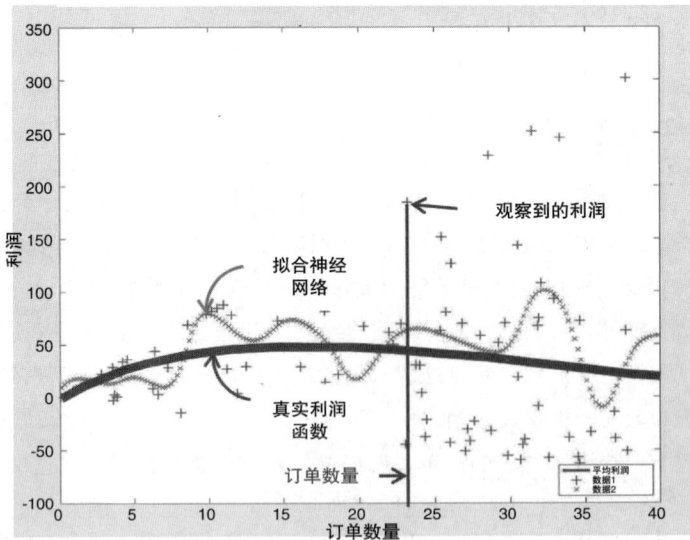

图3.8　拟合了来自报童问题的采样数据的神经网络，表明神经网络在不获得问题结构(如凹形)的情况下倾向于过拟合噪声数据

对需求 W 以及利润 $F(x, W)$ 进行1000次观察和采样，x 值在0和40之间均匀分布。然后用神经网络拟合该数据。

预期利润 $F(x) = \mathbb{E}_W F(x, W)$ 显示为凹形红线。拟合的神经网络无法逼近以捕捉这种结构。1000个观察值对于近似一维函数来说便是大量数据。

注意，在有噪声但结构化的应用中使用神经网络时要谨慎，因为上述问题经常出现在第1章开头讨论的应用领域中。

3.10 非参数模型*

参数模型的优势与基本劣势相伴相生：只有找到正确的结构，优势才起作用，这有些令人爱恨交加。因此，非参数统计最近引起了人们的关注。非参数统计不需要指定参数模型，但引入了其他复杂性。非参数方法主要通过使用观察值而非依赖于函数近似来构建函数的局部近似。

非参数模型的特征在于，随着观察值的数量 $N \to \infty$，可以以任意精度近似任何函数。这意味着非参数模型的工作定义是，只要有足够的数据，就可以近似任何函数。然而，这种灵活性的代价是要有非常大的数据集。

关于连续函数的近似方法的使用已有大量的文献记载。这些问题出现在工程和经济领域的许多应用中，需要使用能够适应广泛函数的近似方法。插值技术、正交多项式、傅里叶近似和样条曲线是最流行的一些技术。通常，这些方法使用各种数值近似技术来近似期望值。

我们注意到，从技术上讲，查找表是一种非参数近似方法，尽管这些方法也可以通过使用指标变量表示为参数模型(这就是三类统计模型在图3.1中显示为重叠函数的原因)。例如，假设 $\mathcal{X} = \{x_1, x_2, \dots, x_M\}$ 是一组离散输入，设：

$$\mathbb{1}_{\{X=x\}} = \begin{cases} 1 & 若 X = x \in \mathcal{X}, \\ 0 & 其他情形 \end{cases}$$

是一个指标变量，告知 X 何时取特定值。可以将函数写作：

$$f(X|\theta) = \sum_{x \in \mathcal{X}} \theta_x \mathbb{1}_{\{X=x\}}$$

这意味着需要对每个 $x \in \mathcal{X}$ 估计一个参数 θ_x。原则上，这是一种参数表示，但参数向量 θ 具有与输入向量 x 相同的维数。然而，非参数模型的工作定义是，在给定无限数据集的情况下，将产生真实函数的完美表示，这是我们的查找表模型显然满足的特性。正是出于这个原因，我们将查找表视为一种特殊情况，因为参数模型总是用于参数向量 θ 的维数比 $\mathcal{X}$ 的大小更低的情况。

本节回顾了一些在近似动态规划领域最受关注的非参数方法。这是一个新兴的研究领域，提供了近似策略的潜力，但在这种方法被广泛采用之前，仍存在重大障碍。下面将从最简单的方法开始，并以一类强大的非参数方法(称为支持向量机)结束。

3.10.1 *k*-最近邻

也许最简单的非参数回归形式是使用 k-最近邻的加权平均。如上所述，假设响应 y^n 对应于测量 $x^n = (x_1^n, x_2^n, \dots, x_I^n)$，设 $\rho(x, x^n)$ 是查询点 x(在动态规划中，这将是一个状态)和观察结果 x^n 之间的距离指标。然后设 $\mathcal{N}^n(x)$ 为查询点 x 的 k-最近邻点集合，明确要求 $k \le n$。最后设 $\bar{Y}^n(x)$ 为响应函数，这便是根据观察结果 $x^1, \dots, x^n$ 对真实函数 $Y(x)$ 的最优估计。使用 k-最近邻模型时，响应函数为：

$$\bar{Y}^n(x) = \frac{1}{k} \sum_{n \in \mathcal{N}^n(x)} y^n \tag{3.59}$$

因此，通过对离查询点 x 最近的 k 个点求平均，可得到对函数 $Y(x)$ 的最优估计。

使用 k-最近邻模型时当然需要选择 k。毫不奇怪，如果误差基于训练数据集，就能通过使用 $k=1$ 获得数据的最优拟合。

这种逻辑的缺点是，随着 x 连续改变，即最近邻集合改变，估计值 $\bar{Y}^n(x)$ 可能会突然改变。避免这种行为的一种有效方法是使用内核回归，也就是使用所有数据点的加权和。

3.10.2 内核回归

内核回归在统计学习相关文献中引起了相当大的关注。与 k-最近邻一样，内核回归形成估计值 $\bar{Y}(x)$，方法是使用先验观察值的加权和，通常用下式表示：

$$\bar{Y}^n(x) = \frac{\sum_{m=1}^n K_h(x, x^m) y^m}{\sum_{m=1}^n K_h(x, x^m)} \tag{3.60}$$

其中，$K_h(x, x^m)$ 是随查询点 x 和测量 x^m 之间的距离增大而下降的加权函数。h 被称为带宽，具有重要的缩放作用。加权函数 $K_h(x, x^m)$ 有许多可能的选择。其中，最流行的是高斯内核，如下：

$$K_h(x, x^m) = e^{-\left(\frac{\|x - x^m\|}{h}\right)^2}$$

其中，$\|\cdot\|$ 是欧几里得范数。此处，h 起到标准差的作用。注意，带宽 h 是一个可调参数，可捕捉测量值 x^m 的影响范围。高斯内核通常被称为径向基函数(radial basis function)，提供了平滑、连续的估计值 $\bar{Y}^n(x)$。内核函数的另一个流行选择是对称Beta族，如下：

$$K_h(x, x^m) = \max(0, (1 - \|x - x^m\|)^2)^h$$

此处，h 是非负整数。$h=1$ 给出了均匀内核；$h=2$ 给出了Epanechnikov内核；$h=3$ 给出了双权内核。图3.9展示了这4个内核函数。

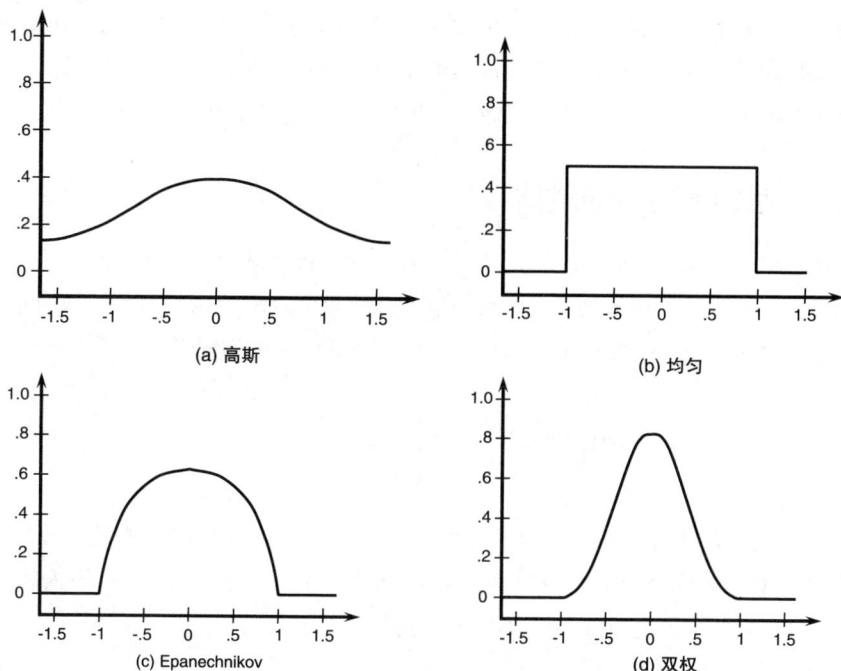

图3.9 高斯、均匀、Epanechnikov和双权内核加权函数

下面简要讨论一些有关k-最近邻和内核回归的问题。首先，人们常将k-最近邻和内核回归视为一种聚合形式。给出一组聚合在一起的状态的过程与k-最近邻回归和内核回归相似：彼此接近的点将产生相似的$Y(x)$估计值。但相似之处仅此而已。简单聚合实际上是一种使用虚拟变量的参数回归，既不提供连续近似，也不提供内核回归的渐近无偏性。

内核回归是一种近似方法，与线性回归和其他参数模型有本质区别。参数模型使用显式估计步骤，其中每个观察结果都会更新参数向量。在任何时间点，我们的近似值都由预先指定的参数模型以及回归参数的当前估计值组成。使用内核回归时，只需要存储数据，直到需要某个查询点的函数估计。只有这样，才能触发近似方法，该方法需要对所有先前的观察进行循环，这一步骤的成本显然会随着观察数量的增加而增加。

内核回归从Mercer定理中获得了一个重要的属性。结果表明存在一组基函数$\phi_f(S)$，$f \in \mathcal{F}$，可能具有非常高的维度，其中：

$$K_h(S, S') = \phi(S)^T \phi(S')$$

前提是内核函数$K_h(S, S')$满足某些基本属性(由上面列出的内核满足)。实际上，这意味着使用适当设计的内核相当于找到维度可能非常高的基函数，而不必实际创建它们。

遗憾的是，内核回归也存在缺点。首先，带宽选择的维度十分棘手，尽管这可以通过缩放解释变量来部分调节。更严重的是，内核回归(包括k-最近邻)不能立即应用于具有超过5个维度的问题(即使是这样，也可能很困难)。问题是，这些方法基本上都试图在多维空间中聚合点。随着维数的增加，d维空间中的点的密度变得非常稀疏，使得难以使用"邻近"点来形成函数的估计。高维应用的策略是使用可分离近似。这些方法在更广泛的机器学习领域中得到了相当大的关注，但尚未在近似动态规划设置中进行广泛测试。

3.10.3　局部多项式回归

经典内核回归使用响应y^n的加权和以形成对$Y(x)$的估计。一个明显的泛化是通过最小化加权最小二乘和，解决最小二乘问题，从而估计每个点x^n周围的局部线性回归模型。设$\bar{Y}^n(x|x^i)$是围绕点x^k的线性模型，通过最小化由下式给出的加权平方和得出：

$$\min_\theta \left(\sum_{m=1}^n K_h(x^k, x^m) \left(y^m - \sum_{i=1}^I \theta_i x_i^m \right)^2 \right) \tag{3.61}$$

因此，我们正在解决一个经典的线性回归问题，但对每个点x^k都这样处理，且使用所有其他点(y^m, x^m), $m = 1, \ldots, n$拟合回归。然而，通过以点x^k为中心的内核加权因子$K_h(x^k, x^m)$，为拟合模型和每个观察值y^m之间的偏差加权。

局部多项式回归在建模精度方面具有显著优势，但复杂性显著增加。

3.10.4　深度神经网络

低维(基本上是有限的)神经网络是一种参数回归。一旦指定了层的数量和每层的节点，剩下的就是网络中表示参数的权重。然而，有一类被称为深度学习器的高维神经网络，通常有4层或更多层(见图3.10)。这些网络表现得就像它们有无限数量的层且每层有无限节点一样。

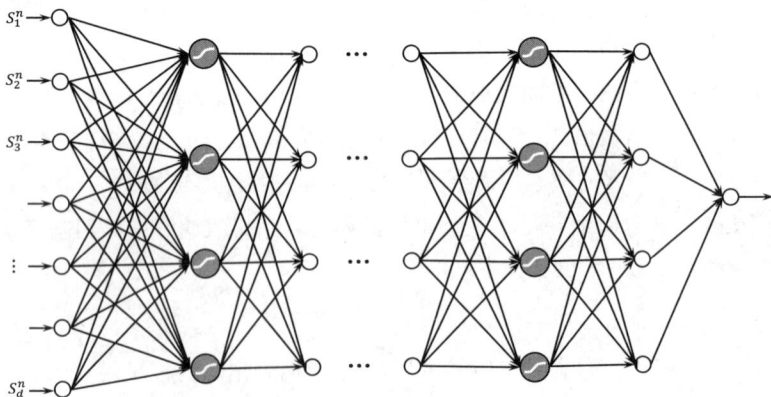

图3.10　深度神经网络图示

深度学习器在捕捉语言和图像中的复杂模式方面表现出了巨大的能力。众所周知，它们需要大型数据集进行训练，但在某些情况下，大量数据可用，例如互联网搜索结果、人物图像和文本搜索。对于用来解决序贯决策问题的算法,可以在某些设置(例如用于玩视频游戏的算法)中运行数百万次算法。

截至本书撰写之时,尚不清楚深度学习器在随机优化中是否有用,部分原因是数据来自算法的迭代,另一部分原因在于神经网络的高维能力提高了随机优化问题中过拟合的风险。深度神经网络是维度非常高的架构,这意味着它们倾向于拟合噪声,如图3.8所示。此外,它们不太擅长强加单调性等结构(尽管这是一个研究主题)。

3.10.5 支持向量机

支持向量机(用于分类)和支持向量回归(用于连续问题)在机器学习领域引起了广泛关注。为了拟合价值函数近似值,我们主要对支持向量回归感兴趣,但也可以使用回归来拟合策略函数近似值。如果有离散动作,就可能会对分类感兴趣。目前,我们专注于拟合连续函数。

支持向量回归的最基本的形式是线性回归,其目标不只是最小化误差平方和。对于支持向量回归,要考虑两个目标。首先,希望最小化大于设定值ξ的偏差的绝对和。其次,希望最小化回归参数本身,使尽可能多的回归参数接近零。

与之前一样,预测模型如下:

$$y = \theta x + \epsilon$$

设$\epsilon^i = y^i - \theta x^i$为误差。然后通过求解以下优化问题选择$\theta$:

$$\min_{\theta} \left(\frac{\eta}{2} \|\theta\|^2 + \sum_{i=1}^{n} \max\{0, |\epsilon^i| - \xi\} \right) \tag{3.62}$$

第一项惩罚正的θ值,鼓励模型最小化θ,除非它们有助于生成更好的模型。第二项惩罚大于ξ的误差。参数η和ξ都是可调参数。误差ϵ^i和误差范围ξ如图3.11所示。

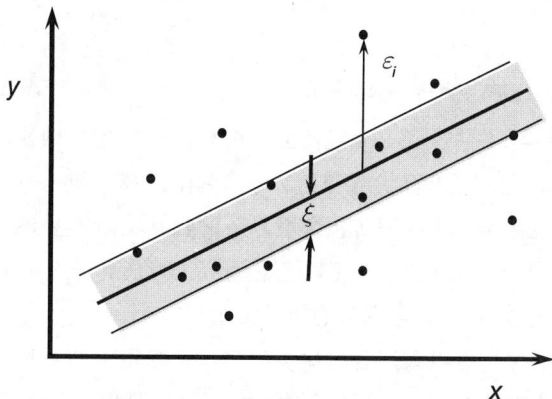

图3.11 支持向量回归的惩罚结构图示(灰色区域内的偏差估计值为零,灰色区域外的偏差基于它们到灰色区域的距离来测量)

通过求解对偶，可以得到θ的最优值和最优拟合$\bar{Y}(x)$：

$$\theta = \sum_{i=1}^{n}(\bar{\beta}^i - \bar{\alpha}^i)x^i,$$

$$\bar{Y}(x) = \sum_{i=1}^{n}(\bar{\beta}^i - \bar{\alpha}^i)(x^i)^T x^i$$

此处，通过求解下式得出$\bar{\beta}^i$和$\bar{\alpha}^i$标量：

$$\min_{\bar{\beta}^i,\bar{\alpha}^i} \xi\sum_{i=1}^{n}(\bar{\beta}^i + \bar{\alpha}^i) - \sum_{i=1}^{n}y^i(\bar{\beta}^i + \bar{\alpha}^i) + \frac{1}{2}\sum_{i=1}^{n}\sum_{i'=1}^{n}(\bar{\beta}^i + \bar{\alpha}^i)(\bar{\beta}^{i'} + \bar{\alpha}^{i'})(x^i)^T x^{i'}$$

服从如下约束：

$$0 \leq \bar{\alpha}^i, \bar{\beta}^i \leq 1/\eta,$$

$$\sum_{i=1}^{n}(\bar{\beta}^i - \bar{\alpha}^i) = 0,$$

$$\bar{\alpha}^i\bar{\beta}^i = 0$$

3.10.6 索引函数、树结构和聚类

在许多问题中，可以为一些参数指定一组简单的基函数，但不了解其他参数的贡献性质。例如，可能希望计划一天中储存多少能量。设R_t是在t时储存的能量，H_t为一天中的小时。状态变量可能是$S_t = (R_t, H_t)$。我们认为储存能量的值是R_t中的一个凹函数，但这个值取决于一天中的小时，较为复杂。例如，使用下式指定价值函数近似值的做法没有意义：

$$\bar{V}(S_t) = \theta_0 + \theta_1 R_t + \theta_2 R_t^2 + \theta_3 H_t + \theta_4 H_t^2$$

没有理由相信一天中的每一个小时都会与能量储存的值相关。相反，可以用下式估计函数$\bar{V}(S_t|H_t)$：

$$\bar{V}(S_t|h) = \theta_0(h) + \theta_1(h)R_t + \theta_2(h)R_t^2$$

我们只是为每个$h = H_t$估计了一个线性回归模型。这只是一种使用回归的查找表，需要给定复杂变量的特定值。可以将状态变量S_t分成两组：第一组——f_t包含可以使用线性回归来捕捉关系的变量；第二组——g_t包含更复杂的且其贡献不易近似的变量。如果g_t是一个离散的标量(如一天中的小时)，就可以考虑为每个g_t估计一个回归模型。然而，如果g_t是一个向量(可能具有连续维度)，则值的数量将太多。

当向量g_t无法枚举时，可以采用各种聚类策略，这些策略的名称通常包括回归树和局部多项式回归(一种内核回归)。这些方法会聚类g_t(或可能是整个状态S_t)，然后在数据子集上拟合简单回归模型。在本例中，将基于对状态和值的n次观察，创建一组聚类$\mathcal{C}^n$，然后对每个聚类$c \in \mathcal{C}^n$拟合回归函数$\bar{V}(S_t|c)$。在传统的批量统计中，这个过程分为两个阶段：

聚类和拟合。在近似动态规划中必须处理这样一个事实：当收集更多数据时，可能会更改聚类。

一种更复杂的策略基于一个称为狄利克雷(Dirichlet)过程混合的概念。这是一种相当复杂的技术，但最基本的想法是，形成围绕局部多项式回归产生良好拟合的聚类。然而，与传统的先聚类再拟合方法不同，狄利克雷过程混合的理念是，聚类中的内容是概率性的，其中概率取决于查询点(例如，试图估计的值的状态)。

3.10.7　非参数模型评注

非参数模型非常灵活，但以下几个特点使其难以使用。

- 需要大量数据。
- 由于非参数模型能够紧密拟合数据，因此当用于拟合观察值受噪声影响的函数时，非参数模型容易过拟合(本书所有示例几乎都是如此)。图3.12说明了不同价格下的收入观察结果。我们期望一个平滑的凹函数。内核回归模型能很好地拟合数据，产生看似不真实的行为。相反，我们可能会拟合一个二次模型，以捕捉期望的结构。
- 非参数模型可能难以存储。内核回归模型实际上需要整个数据集。深度神经网络可能涉及数十万甚至数百万个参数。

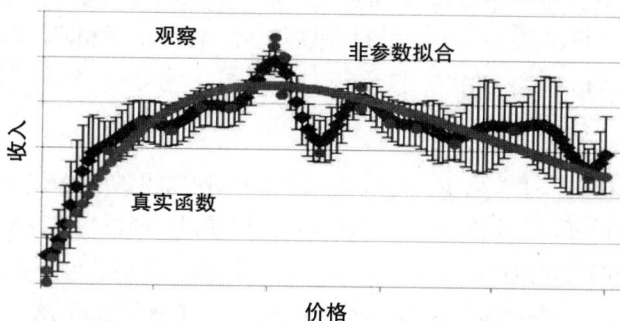

图3.12　使用内核回归与二次函数的价格函数(拟合收入的噪声数据)

近年来，神经网络因其能够识别人脸和声音而引起了广泛关注。这些问题不具有能将位图图像与人的身份相匹配的已知结构。而正确答案的确定性有助于训练。

我们预计，参数模型仍将广泛用于具有已知结构的问题。参数模型的一个难点是，它们通常仅在某些区域上准确。若正在搜索函数的唯一一点，如最优价格、药物的最优剂量或运行实验的适宜温度，则不会引发问题。然而，也存在一些问题，例如估计在t时处于状态S_t的价值$V_t(S_t)$，这是一个随机变量，取决于截至t时的历史。如果想得出一个近似值$\overline{V}_t(S_t) \approx V_t(S_t)$，那么它必须在可能访问的状态范围内准确(当然，我们可能不知道这一点)。

3.11　非平稳学习*

在许多设置中，真实平均值会随时间而变化。可以从最简单的设置开始——其中平均值可能会上升或下降，但整体来说保持不变；然后考虑信号稳定改善到某个未知极限的情况。

在第7章中，非平稳学习将用于优化非平稳随机变量的函数，或(通常)平稳随机变量的与时间相关的函数。

3.11.1　非平稳学习I——鞅真理

在平稳的情况下，可以将观察结果写作：

$$W_{t+1} = \mu + \varepsilon_{t+1}$$

其中，$\varepsilon \sim N(0, \sigma_\varepsilon^2)$。这意味着 $\mathbb{E}W_{t+1} = \mu$，这正是我们在努力学习的不变的真理，被称为平稳情况，因为 W_t 的分布不依赖于时间。

现在假设真正的平均值 μ 也随着时间的推移发生变化。将平均值的变化写作：

$$\mu_{t+1} = \mu_t + \varepsilon_{t+1}^\mu$$

其中，ε^μ 是具有分布 $N(0, \sigma_\mu^2)$ 的随机变量。这意味着 $\mathbb{E}\{\mu_{t+1}|\mu_t\} = \mu_t$，这是鞅过程的定义。这意味着就整体而言，$t+1$ 时的真实平均值 μ_{t+1} 将与 t 时的相同，尽管实际情况下可能不同。可由下式得出观察结果：

$$W_{t+1} = \mu_{t+1} + \varepsilon_{t+1}$$

通常，平均过程的可变性 $\mu_0, \mu_1, \ldots, \mu_t, \ldots$ 远低于 μ 的观察 W 的噪声的方差。

现在假设 μ_t 是带有元素 μ_{tx} 的向量，其中 x 将支持捕捉不同药物的表现、通过网络的路径、从事某项工作的人员或产品的价格。设 $\bar{\mu}_{tx}$ 是 t 时的 μ_{tx} 的估计值。设 Σ_t 是 t 时的协方差矩阵，具有元素 $\Sigma_{txx'} = Cov^n(\mu_{tx}, \mu_{tx'})$。这意味着 μ_t 的分布如下式所示：

$$\mu_t \sim N(\bar{\mu}_t, \Sigma_t)$$

这是 μ_t 的后验分布，需要给定先验观察 $W_1, \ldots, W_t$ 和先验 $N(\bar{\mu}_0, \sigma_0)$。设 Σ^μ 是随机变量 ε^μ 的协方差矩阵，它描述了 μ 的变化。预测分布是给定 μ_t 时 μ_{t+1} 的分布，可写作：

$$\mu_{t+1}|\mu_t \sim N(\bar{\mu}_t, \bar{\Sigma}_t^\mu)$$

其中：

$$\bar{\Sigma}_t^\mu = \Sigma_t + \Sigma^\mu$$

设 e_{t+1} 是观察值 W_{t+1} 向量中的误差，由下式求得：

$$e_{t+1} = W_{t+1} - \bar{\mu}_t$$

设 Σ^ε 是 e_{t+1} 的协方差矩阵。使用以下式子计算更新的平均值和协方差:

$$\bar\mu_{t+1} = \bar\mu_t + \tilde\Sigma_t^\mu(\Sigma^\varepsilon + \tilde\Sigma_t^\mu)^{-1}e_{t+1},$$
$$\Sigma_{t+1} = \tilde\Sigma_t^\mu - \tilde\Sigma_t^\mu(\Sigma^\varepsilon + \tilde\Sigma_t^\mu)\tilde\Sigma_t^\mu$$

3.11.2　非平稳学习II——瞬时真理

一个更通用但稍微更复杂的模型涉及 θ_t 中的可预测变化。例如，可能知道 θ_t 随着时间的推移而增大(也许 θ_t 与年龄或人口规模有关)，或者可能正在模拟太阳能的变化，必须捕捉太阳的升起和落下。

假设 μ_t 是带有元素 x 的向量。现在假设有一个对角矩阵 M_t，它具有控制 μ_t 中可预测变化的因子，μ_t 的演变如下:

$$\mu_{t+1} = M_t\mu_t + \delta_{t+1}$$

协方差矩阵 Σ_t 的演变如下:

$$\tilde\Sigma_t = M_t\Sigma_t M_t + \Sigma^\delta$$

现在，平均值 $\bar\mu_t$ 和协方差矩阵 Σ_t 估计值的演变如下:

$$\bar\mu_{t+1} = M_t\bar\mu_t + \tilde\Sigma_t(\Sigma^\varepsilon + \tilde\Sigma_t)^{-1}e_{t+1},$$
$$\Sigma_{t+1} = \tilde\Sigma_t - \tilde\Sigma_t(\Sigma^\varepsilon + \tilde\Sigma_t)\tilde\Sigma_t$$

注意，Σ_{t+1} 的公式没有变化，因为 M_t 内置于 $\tilde\Sigma_t$。

3.11.3　学习过程

在很多情况下，一个过程会随着时间的推移而改进，直至达到一个未知的极限。这些过程被称为学习过程，因为建模一个过程时，该过程随着其进展而学习。学习过程的示例如下。

■ 示例3.12
必须选择一个新的篮球运动员 x，然后看着他随着参赛时间的增加而进步。

■ 示例3.13
观察到糖尿病药物 x 导致患者血糖值降低。

■ 示例3.14
正在测试一种算法，其中 x 是算法的参数。算法可能很慢，所以必须预测最终的解决方案有多好。

假设观察结果来自下式并对过程进行建模：

$$W_x^n = \mu_x^n + \varepsilon^n \tag{3.63}$$

其中，真正的平均值 μ_x^n 由下式求得：

$$\mu_x^n(\theta) = \theta_x^s + [\theta_x^\ell - \theta_x^s][1 - e^{-n\theta_x^r}] \tag{3.64}$$

此处，θ_x^s 是 $n = 0$ 时预期的起点，而 θ_x^ℓ 为随着 $n \to \infty$ 的极限值。参数 θ_x^r 控制平均值逼近 θ_x^ℓ 的速度。设 $\theta = (\theta^s, \theta^\ell, \theta^r)$ 是未知参数的向量。

如果固定 θ^r，那么 $\mu_x^n(\theta)$ 相对于 θ^s 和 θ^ℓ 呈线性，因此可以使用3.8节中提出的线性模型的递归最小二乘公式。对于 θ^r 的每个可能值，都将产生估计值 $\bar{\theta}^{s,n}(\theta^r)$ 和 $\bar{\theta}^{\ell,n}(\theta^r)$。

为处理一个非线性参数 θ^r，假设将此参数离散化为值 $\theta_1^r, \ldots, \theta_K^r$。设 $p_k^{r,n}$ 是 $\theta^r = \theta_k^r$ 的概率，则其可以表示为：

$$p_k^{r,n} = \frac{L_k^n}{\sum_{k'=1}^K L_{k'}^n}$$

其中，L_k^n 是 $\theta^r = \theta_k^r$ 的似然，由下式给出：

$$L_k^n \propto e^{-\left(\frac{W^{n+1} - \mu_x^n}{\sigma_\varepsilon}\right)^2}$$

其中，σ_ε^2 是 ε 的方差，因此有：

$$\bar{\mu}_x^n(\theta) = \sum_{k=1}^K p_k^{r,n} \bar{\mu}_x^n(\theta|\theta^r)$$

该方法提供了每个 θ^r 的 $\bar{\theta}^{s,n}(\theta^r)$、$\bar{\theta}^{\ell,n}(\theta^r)$ 的条件点估计和方差，以及 θ^r 的分布 $p^{r,n}$。

3.12 维数灾难

许多应用中的状态变量都具有多个可能连续的维度。在某些应用中，维度甚至可以达到数百万或更大(参见2.3.4节)，示例如下。

■ 示例3.15

除了燃油油位外，可通过位置(三维)、速度(三维)来描述无人机。所有维度都是连续的。

■ 示例3.16

一家公用事业公司试图根据风力历史(6次测量，每小时测一次)、实时电价格历史(6次测量)和需求历史(6次测量)来规划应储存的电量。

■ 示例3.17

某证券交易员正在设计一项策略，以出售资产，他根据20种证券定价，从而创建一个20维的状态变量。

■ 示例3.18

可以用几千个特征来描述患者，从年龄、体重、性别等基本信息，扩展到生活方式变量(饮食、吸烟、锻炼)，再到描述其病史的大量变量。

以上每个问题都有一个多维状态向量，除最后一个例子外，所有的维度都是连续的。如果有10个维度，并将每个维度离散为100个元素，那么输入向量x(这可能是一个状态)是$100^{10} = 10^{20}$，这显然是一个非常大的数字。一个合理的策略可能是聚合。如果不将每个维度离散化为100个元素，而是将其离散化为5个元素，会如何？现在状态空间是$5^{10} \approx 9.766 \times 10^6$，或者说接近1000万个状态。它小得多，但仍然很大。图3.13说明了状态空间随维度增长的情况。

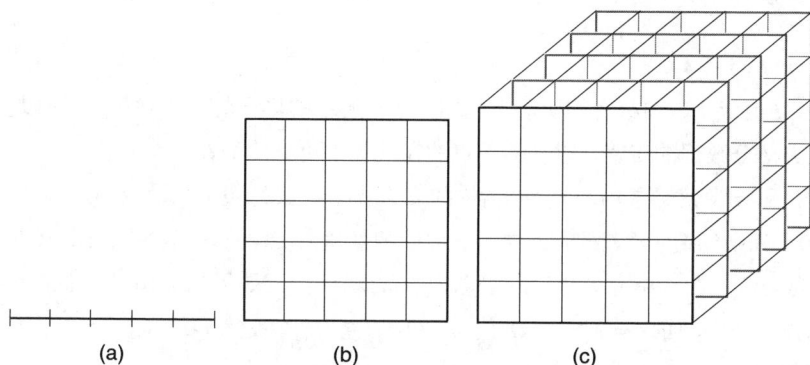

图3.13 较高的维度对聚合状态空间中网格数量的影响

因为我们对函数使用了查找表表示，所以每一个示例的维度都会爆炸式增长。重要的是认识到维数灾难与查找表的使用有关。其他近似架构避免了这种灾难，却是通过假设参数形式(线性或非线性)等结构来实现的。

如果不利用结构，那么近似高维函数本质上相当棘手。要小心任何声称"解决维数灾难"的人。纯查找表(不做结构假设)通常限于4个或5个维度(取决于每个维度可以取的值的数量)。然而，如果愿意使用一个具有可分离、可加的基函数的线性模型，则可以处理数千甚至数百万个维度。

可以通过向模型中添加特征(基函数)来提高线性模型的精度。例如，如果使用二阶参数表示，可以使用下式近似二维函数：

$$F(x) \approx \theta_0 + \theta_1 x_1 + \theta_2 x_2 + \theta_{11} x_1^2 + \theta_{22} x_2^2 + \theta_{12} x_1 x_2$$

如果有N个维度，则近似值如下：

$$F(x) \approx \theta_0 + \sum_{i=1}^{N} \theta_i x_i + \sum_{i=1}^{N} \sum_{j=1}^{N} \theta_{ij} x_i x_j$$

这意味着必须估计$1 + N + N^2$个参数。随着N增大，参数的数量也随之快速增加，这只是一个二阶近似。如果设N阶交互，则近似值如下：

$$F(x) \approx \theta_0 + \sum_{i=1}^{N} \theta_i x_i + \sum_{i_1=1}^{N} \sum_{i_2=1}^{N} \theta_{i_1 i_2} x_{i_1} x_{i_2} + \sum_{i_1=1}^{N} \sum_{i_2=1}^{N} \cdots \sum_{i_N=1}^{N} \theta_{i_1,i_2,\ldots,i_N} x_{i_1} x_{i_2} \cdots x_{i_N}$$

现在必须估计的参数数量为$1 + N + N^2 + N^3 + \ldots + N^N$。毫不奇怪，即使对于较小的$N$值，这仍然很复杂。

如果使用内核回归，也会有问题，函数在点s上的估计值可以根据一系列的观察值$(\hat{f}^i, x^i)_{i=1}^{N}$获得：

$$F(x) \approx \frac{\sum_{i=1}^{N} \hat{f}^i k(x, x^i)}{\sum_{i=1}^{N} k(x, x^i)}$$

其中，$k(x, x^i)$可能是高斯内核：

$$k(x, x^i) = e^{-\frac{\|x - x^i\|^2}{b}}$$

其中，b是带宽。内核回归实际上是图3.13(c)所示的聚合的一种软形式。问题是，必须选择覆盖大部分数据的带宽，以获得单点的在统计上可靠的估计。

为此，假设观察结果均匀分布在N维的立方体上，其每边测量值为1.0，这意味着它的体积为1.0。如果创造一个N维立方体，一边的测量值为0.5，那么这将在三维立方体中捕获12.5%的观察值，在十维立方体中将捕获0.1%的观察值。如果想选择一个捕获$\eta = .1$的立方体，则需要一个测量$r = \eta^{1/N} = .1^{1/10} = .794$的立方体，这意味着立方体几乎覆盖了每个输入维度的80%。

问题是有一个多维函数，且试图捕捉所有N个维度的共同行为。如果愿意接受可分离的近似，就可以扩展到非常高的维度。例如，近似值：

$$F(x) \approx \theta_0 + \sum_{i=1}^{N} \theta_{1i} x_i + \sum_{i=1}^{N} \theta_{2i} x_i^2$$

可捕捉二次行为，但没有任何交叉项。参数的数量为$1+2N$，这意味着可以处理维度非常高的问题。然而，我们失去了处理不同维度之间交互的能力。

内核回归，乃至几乎所有的非参数方法，基本上都是一种奇特的查找表。由于这些方法不采用任何底层结构，因此它们依赖于捕获函数的局部行为。然而，"局部"的概念在高维度上分解，"高"通常指四五个或更多。

3.13　自适应学习中的近似架构设计

随机优化中的大多数解决方法都是自适应的，这意味着随着时间的推移，数据会作为输入x^n和观察结果$\hat{f}^{n+1}$的序列抵达。每一次观察都必须更新正在近似的任何函数的估计，这可能是目标函数$\mathbb{E}F(x, W)$、价值函数$V(s)$、策略$X^{\pi}(s)$或转移函数$S^M(s, x, W)$。本章的重点是自适应学习，但背景是使用固定模型并调整参数以产生最优拟合。

自适应学习意味着必须从小数据集开始(有时根本没有数据)，然后随着新的决策和观察结果的到来而进行调整。这提出了一个之前没有解决的挑战：需要做的不仅仅是用要生成的新数据 θ^{n+1} 更新参数向量 θ^n。相反，需要更新试图估计的函数的架构。换句话说，随着获取的数据增加，θ^n 的维度(或至少 θ^n 的一组非零元素)将需要改变。

任何统计学习问题的一个关键挑战都是设计一个函数，并在该函数的维数和可用于近似该函数的数据量之间达成平衡。对于批量问题，在给定可用数据的情况下，可以使用强大的工具，如正则化(见式(3.39))来识别变量数量正确的模型。但这只适用于批量估计，其中数据集的大小是固定的。

在撰写本书时，需要进行更多的研究，以创建工具，帮助识别最优参数向量 θ^n 以及函数本身的结构。实现这一点的一种技术是分层聚合，详见3.6节中有关查找表的内容。这是一种强大的方法，可以自适应地从低维表示(即高聚合级别的函数估计)调整到更高维的表示，这是通过对更解聚的估计设置更高的权重来实现的。然而，查找表信任模型仅限于相对低维的问题。

3.14 为什么有效**

3.14.1 递归估计公式的推导

本节推导由式(3.41)~式(3.45)给出的递归估计公式。首先，注意到矩阵 $(X^n)^T X^n$ 是一个 $(I+1)\times(I+1)$ 的矩阵，其中行 i、列 j 的元素由下式给出：

$$[(X^n)^T X^n]_{i,j} = \sum_{m=1}^{n} x_i^m x_j^m$$

此项可以利用下式递归计算：

$$[(X^n)^T X^n]_{i,j} = \sum_{m=1}^{n-1} (x_i^m x_j^m) + x_i^n x_j^n$$

在矩阵形式中，这可以写作：

$$[(X^n)^T X^n] = [(X^{n-1})^T X^{n-1}] + x^n (x^n)^T$$

记住，x^n 是列向量，$x^n(x^n)^T$ 是一个 $(I+1)\times(I+1)$ 的矩阵，由 x^n 的元素的外积组成。现在使用谢尔曼-莫里森(Sherman-Morrison)公式(推导见3.14.2节)来更新矩阵的逆矩阵：

$$[A + uu^T]^{-1} = A^{-1} - \frac{A^{-1}uu^T A^{-1}}{1 + u^T A^{-1}u}$$

其中，A 是可逆的 $n\times n$ 矩阵，u 是一个 n 维的列向量。将这个公式应用于我们的问题，

得到:

$$[(X^n)^T X^n]^{-1} = [(X^{n-1})^T X^{n-1} + x^n (x^n)^T]^{-1}$$

$$= [(X^{n-1})^T X^{n-1}]^{-1}$$

$$- \frac{[(X^{n-1})^T X^{n-1}]^{-1} x^n (x^n)^T [(X^{n-1})^T X^{n-1}]^{-1}}{1 + (x^n)^T [(X^{n-1})^T X^{n-1}]^{-1} x^n} \qquad (3.65)$$

$(X^n)^T Y^n$ 项也可以递归更新:

$$(X^n)^T Y^n = (X^{n-1})^T Y^{n-1} + x^n (y^n) \qquad (3.66)$$

为了简化符号,设:

$$M^n = [(X^n)^T X^n]^{-1},$$

$$\gamma^n = 1 + (x^n)^T [(X^{n-1})^T X^{n-1}]^{-1} x^n$$

可将逆矩阵更新式(3.65)简化为:

$$M^n = M^{n-1} - \frac{1}{\gamma^n} (M^{n-1} x^n (x^n)^T M^{n-1})$$

回想一下:

$$\bar{\theta}^n = [(X^n)^T X^n]^{-1} (X^n)^T Y^n \qquad (3.67)$$

将式(3.67)与式(3.65)、式(3.66)组合在一起,得出:

$$\bar{\theta}^n = [(X^n)^T X^n]^{-1} (X^n)^T Y^n$$

$$= \left(M^{n-1} - \frac{1}{\gamma^n} (M^{n-1} x^n (x^n)^T M^{n-1}) \right) \left((X^{n-1})^T Y^{n-1} + x^n y^n \right),$$

$$= M^{n-1} (X^{n-1})^T Y^{n-1}$$

$$- \frac{1}{\gamma^n} M^{n-1} x^n (x^n)^T M^{n-1} \left[(X^{n-1})^T Y^{n-1} + x^n y^n \right] + M^{n-1} x^n y^n$$

可以通过使用 $\bar{\theta}^{n-1} = M^{n-1} (X^{n-1})^T Y^{n-1}$ 进行简化。将 $x^n M^{n-1}$ 项置于方括号内。然后,将最后一项 $M^{n-1} x^n y^n$ 置于方括号内,为此,将系数 $M^{n-1} x^n$ 置于方括号外,并将剩余的 y^n 乘以标量 $\gamma^n = 1 + (x^n)^T M^{n-1} x^n$,得到:

$$\bar{\theta}^n = \bar{\theta}^{n-1} - \frac{1}{\gamma^n} M^{n-1} x^n \left[(x^n)^T (M^{n-1} (X^{n-1})^T Y^{n-1}) \right.$$

$$\left. + (x^n)^T M^{n-1} x^n y^n - (1 + (x^n)^T M^{n-1} x^n) y^n \right]$$

再次使用 $\bar{\theta}^{n-1} = M^{n-1} (X^{n-1})^T Y^{n-1}$ 并注意到两项 $(x^n)^T M^{n-1} x^n y^n$ 可以相互抵消,剩下:

$$\bar{\theta}^n = \bar{\theta}^{n-1} - \frac{1}{\gamma^n} M^{n-1} x^n \left((x^n)^T \bar{\theta}^{n-1} - y^n \right)$$

注意,$(\bar{\theta}^{n-1})^T x^n$ 是使用第 $n-1$ 次迭代中的参数向量和解释变量 x^n 得到的对 y^n 的预测值。当然,y^n 是实际观察值,所以误差由下式给出:

$$\hat{\varepsilon}^n = y^n - (\bar{\theta}^{n-1})^T x^n$$

设：

$$H^n = -\frac{1}{\gamma^n} M^{n-1}$$

现在可以利用下式写出更新公式：

$$\bar{\theta}^n = \bar{\theta}^{n-1} - H^n x^n \hat{\varepsilon}^n \tag{3.68}$$

3.14.2 谢尔曼-莫里森更新公式

谢尔曼-莫里森矩阵更新公式(也称伍德伯里公式或谢尔曼-莫里森-伍德伯里公式)假设有一个矩阵 A，且将用列向量 u 的外积来更新它，以生成矩阵 B，有：

$$B = A + uu^T \tag{3.69}$$

左乘 B^{-1}，再右乘 A^{-1}，得到：

$$A^{-1} = B^{-1} + B^{-1} uu^T A^{-1} \tag{3.70}$$

右乘 u：

$$
\begin{aligned}
A^{-1}u &= B^{-1}u + B^{-1}uu^T A^{-1}u \\
&= B^{-1}u\left(1 + u^T A^{-1}u\right)
\end{aligned}
$$

注意，$u^T A^{-1}u$ 是标量。除以 $\left(1 + u^T A^{-1}u\right)$，如下：

$$\frac{A^{-1}u}{(1 + u^T A^{-1}u)} = B^{-1}u$$

现在右乘 $u^T A^{-1}$，如下：

$$\frac{A^{-1}uu^T A^{-1}}{(1 + u^T A^{-1}u)} = B^{-1}uu^T A^{-1} \tag{3.71}$$

由式(3.70)可得：

$$B^{-1}uu^T A^{-1} = A^{-1} - B^{-1} \tag{3.72}$$

将式(3.72)代入式(3.71)，可得：

$$\frac{A^{-1}uu^T A^{-1}}{(1 + u^T A^{-1}u)} = A^{-1} - B^{-1} \tag{3.73}$$

求解 B^{-1}，可得：

$$
\begin{aligned}
B^{-1} &= [A + uu^T]^{-1} \\
&= A^{-1} - \frac{A^{-1}uu^T A^{-1}}{(1 + u^T A^{-1}u)}
\end{aligned}
$$

这是期望的公式。

3.14.3　分层估计中的相关性

对于统计数据 $v_s^{(g)}$ 不独立的情况，也可能推导出最优权重。一般来说，如果使用分层策略并设 $g' > g$(这意味着 g' 比 g 的聚合程度更大)，之后就可以使用观察值 $\hat{v}_s^n$ 计算统计数据 $v_s^{(g',n)}$，而观察值 $\hat{v}_s^n$ 也被用于计算 $v_s^{(g,n)}$。

首先定义：

$$\mathcal{N}_s^{(g,n)} = \text{第 } n \text{ 次迭代的集合，其中 } G^g(\hat{s}^n) \text{ 等于 } G^g(s)$$
$$\text{(即 } \hat{s}^n \text{ 聚合到与 } s \text{ 相同的状态)}$$

$$N_s^{(g,n)} = |\mathcal{N}_s^{(g,n)}|$$

$$\bar{\varepsilon}_s^{(g,n)} = \text{观察到状态 } s \text{ 等于 } G(\hat{s}^n) \text{ 时对平均误差的估计}$$

$$= \frac{1}{N_s^{(g,n)}} \sum_{n \in \mathcal{N}_s^{(g,n)}} \hat{\varepsilon}_s^{(g,n)}$$

平均误差 $\bar{\varepsilon}_s^{(g,n)}$ 可以写作：

$$\bar{\varepsilon}_s^{(g,n)} = \frac{1}{N_s^{(g,n)}} \left(\sum_{n \in \mathcal{N}_s^{(0,n)}} \varepsilon^n + \sum_{n \in \mathcal{N}_s^{(g,n)} \setminus \mathcal{N}_s^{(0,n)}} \varepsilon^n \right)$$

$$= \frac{N_s^{(0,n)}}{N_s^{(g,n)}} \bar{\varepsilon}_s^{(0)} + \frac{1}{N_s^{(g,n)}} \sum_{n \in \mathcal{N}_s^{(g,n)} \setminus \mathcal{N}_s^{(0,n)}} \varepsilon^n \tag{3.74}$$

这个关系告诉我们，可以在更高的聚合级别 g' 上将误差项写为涉及较低聚合级别 g 的误差的项(对于相同的状态 s)以及涉及其他状态 s'' 的误差的项(其中，$G^{g'}(s'') = G^{g'}(s)$)的总和，如下：

$$\bar{\varepsilon}_s^{(g',n)} = \frac{1}{N_s^{(g',n)}} \left(\sum_{n \in \mathcal{N}_s^{(g,n)}} \varepsilon^n + \sum_{n \in \mathcal{N}_s^{(g',n)} \setminus \mathcal{N}_s^{(g,n)}} \varepsilon^n \right)$$

$$= \frac{1}{N_s^{(g',n)}} \left(N_s^{(g,n)} \frac{\sum_{n \in \mathcal{N}_s^{(g,n)}} \varepsilon^n}{N_s^{(g,n)}} + \sum_{n \in \mathcal{N}_s^{(g',n)} \setminus \mathcal{N}_s^{(g,n)}} \varepsilon^n \right)$$

$$= \frac{N_s^{(g,n)}}{N_s^{(g',n)}} \bar{\varepsilon}_s^{(g,n)} + \frac{1}{N_s^{(g',n)}} \sum_{n \in \mathcal{N}_s^{(g',n)} \setminus \mathcal{N}_s^{(g,n)}} \varepsilon^n \tag{3.75}$$

可以通过重新推导最优权重的表达式来克服这个问题。对于给定(解聚)状态 s，寻找最优权重 $(w_s^{(g,n)})_{g \in \mathcal{G}}$ 的问题表示为：

$$\min_{w_s^{(g,n)}, g \in \mathcal{G}} \mathbb{E} \left[\frac{1}{2} \left(\sum_{g \in \mathcal{G}} w_s^{(g,n)} \cdot v_s^{(g,n)} - \nu_s^{(g,n)} \right)^2 \right] \tag{3.76}$$

服从约束:

$$\sum_{g \in \mathcal{G}} w_s^{(g,n)} = 1 \tag{3.77}$$

$$w_s^{(g,n)} \geq 0, \quad g \in \mathcal{G} \tag{3.78}$$

设:

$$\bar{\delta}_s^{(g,n)} = \text{与属性向量} s \text{相关联的真实值的估计值} \bar{v}_s^{(g,n)} \text{中的误差}$$

$$= \bar{v}_s^{(g,n)} - \nu_s$$

使用以下定理计算最优权重。

定理3.14.1 对于给定的属性向量 s，最优权重 $w_s^{(g,n)}$，$g \in \mathcal{G}$(其中各个估计值通过树形结构进行关联)通过求解以下相对于 (w, λ) 呈线性的公式组给出:

$$\sum_{g \in \mathcal{G}} w_s^{(g,n)} \mathbb{E}\left[\bar{\delta}_s^{(g,n)} \bar{\delta}_s^{(g',n)}\right] - \lambda = 0 \quad \forall \ g' \in \mathcal{G} \tag{3.79}$$

$$\sum_{g \in \mathcal{G}} w_s^{(g,n)} = 1 \tag{3.80}$$

$$w_s^{(g,n)} \geq 0 \quad \forall \ g \in \mathcal{G} \tag{3.81}$$

证明 证明不太难，但完整地阐释了如何获得最优权重。先将式(3.76)~式(3.78)中的问题用公式表示为拉格朗日量，有:

$$L(w, \lambda) = \mathbb{E}\left[\frac{1}{2}\left(\sum_{g \in \mathcal{G}} w_s^{(g,n)} \cdot \bar{v}_s^{(g,n)} - \nu_s^{(g,n)}\right)^2\right] + \lambda\left(1 - \sum_{g \in \mathcal{G}} w_s^{(g,n)}\right)$$

$$= \mathbb{E}\left[\frac{1}{2}\left(\sum_{g \in \mathcal{G}} w_s^{(g,n)}\left(\bar{v}_s^{(g,n)} - \nu_s^{(g,n)}\right)\right)^2\right] + \lambda\left(1 - \sum_{g \in \mathcal{G}} w_s^{(g,n)}\right)$$

一阶最优性条件为:

$$\mathbb{E}\left[\sum_{g \in \mathcal{G}} w_s^{(g,n)}\left(\bar{v}_s^{(g,n)} - \nu_s^{(g,n)}\right)\left(\bar{v}_s^{(g',n)} - \nu_s^{(g,n)}\right)\right] - \lambda = 0 \quad \forall \ g' \in \mathcal{G} \tag{3.82}$$

$$\sum_{g \in \mathcal{G}} w_s^{(g,n)} - 1 = 0 \tag{3.83}$$

为了简化式(3.82)，注意到:

$$\mathbb{E}\left[\sum_{g \in \mathcal{G}} w_s^{(g,n)}\left(\bar{v}_s^{(g,n)} - \nu_s^{(g,n)}\right)\left(\bar{v}_s^{(g',n)} - \nu_s^{(g,n)}\right)\right] = \mathbb{E}\left[\sum_{g \in \mathcal{G}} w_s^{(g,n)} \bar{\delta}_s^{(g,n)} \bar{\delta}_s^{(g',n)}\right]$$

$$= \sum_{g \in \mathcal{G}} w_s^{(g,n)} \mathbb{E}\left[\bar{\delta}_s^{(g,n)} \bar{\delta}_s^{(g',n)}\right] \tag{3.84}$$

结合式(3.82)和式(3.84)，即可得到式(3.79)，从而完成证明。

要找到处理不同聚合级别统计数据之间相关性的最优权重，就需要找到 $\mathbb{E}\left[\bar{\delta}_s^{(g,n)}\bar{\delta}_s^{(g',n)}\right]$。我们将通过对一组采样的属性 $\underline{s}^n$ 进行修整来计算这个期望值。这意味着我们的期望是在结果空间 Ω^ε 上定义的。设 $N_s^{(g,n)}$ 是在聚合级别 g 观察状态 s 的次数。使用以下公式计算期望值。

命题3.14.1 式(3.80)中的权重系数可表示为：

$$\mathbb{E}\left[\bar{\delta}_s^{(g,n)}\bar{\delta}_s^{(g',n)}\right] = \mathbb{E}\left[\bar{\beta}_s^{(g,n)}\bar{\beta}_s^{(g',n)}\right] + \frac{N_s^{(g,n)}}{N_s^{(g',n)}}\mathbb{E}\left[\bar{\varepsilon}_s^{(g,n)^2}\right] \quad \forall g \le g' \text{ 并且 } g,g' \in \mathcal{G} \tag{3.85}$$

证明见3.14.4节。

现在假设测量误差 $\underline{\varepsilon}^n$ 与被采样的属性 $\underline{s}^n$ 无关。为此，假设测量误差的方差是常数 σ_ε^2。这给出了以下结果。

推论3.14.1 对于值的测量中的统计噪声与采样的属性向量无关的特殊情况，式(3.85)可简化为：

$$\mathbb{E}\left[\bar{\delta}_s^{(g,n)}\bar{\delta}_s^{(g',n)}\right] = \mathbb{E}\left[\bar{\beta}_s^{(g,n)}\bar{\beta}_s^{(g',n)}\right] + \frac{\sigma_\varepsilon^2}{N_s^{(g',n)}} \tag{3.86}$$

对于 $g = 0$(最解聚级别)的情况，假设 $\beta_s^{(0)} = 0$，有：

$$\mathbb{E}\left[\bar{\beta}_s^{(0,n)}\bar{\beta}_s^{(g',n)}\right] = 0$$

这允许进一步简化式(3.86)以获得：

$$\mathbb{E}\left[\bar{\delta}_s^{(0,n)}\bar{\delta}_s^{(g',n)}\right] = \frac{\sigma_\varepsilon^2}{N_s^{(g',n)}} \tag{3.87}$$

3.14.4　命题3.14.1的证明

首先定义：

$$\bar{\delta}_s^{(g,n)} = \bar{\beta}_s^{(g,n)} + \bar{\varepsilon}_s^{(g,n)} \tag{3.88}$$

式(3.88)给出了：

$$\begin{aligned}\mathbb{E}\left[\bar{\delta}_s^{(g,n)}\bar{\delta}_s^{(g',n)}\right] &= \mathbb{E}\left[(\bar{\beta}_s^{(g,n)} + \bar{\varepsilon}_s^{(g,n)})(\bar{\beta}_s^{(g',n)} + \bar{\varepsilon}_s^{(g',n)})\right]\\ &= \mathbb{E}\left[\bar{\beta}_s^{(g,n)}\bar{\beta}_s^{(g',n)} + \bar{\beta}_s^{(g',n)}\bar{\varepsilon}_s^{(g,n)} + \bar{\beta}_s^{(g,n)}\bar{\varepsilon}_s^{(g',n)} + \bar{\varepsilon}_s^{(g,n)}\bar{\varepsilon}_s^{(g',n)}\right]\\ &= \mathbb{E}\left[\bar{\beta}_s^{(g,n)}\bar{\beta}_s^{(g',n)}\right] + \mathbb{E}\left[\bar{\beta}_s^{(g',n)}\bar{\varepsilon}_s^{(g,n)}\right] + \mathbb{E}\left[\bar{\beta}_s^{(g,n)}\bar{\varepsilon}_s^{(g',n)}\right]\\ &\quad + \mathbb{E}\left[\bar{\varepsilon}_s^{(g,n)}\bar{\varepsilon}_s^{(g',n)}\right]\end{aligned} \tag{3.89}$$

注意到：

$$\mathbb{E}\left[\bar{\beta}_s^{(g',n)}\bar{\varepsilon}_s^{(g,n)}\right] = \bar{\beta}_s^{(g',n)}\mathbb{E}\left[\bar{\varepsilon}_s^{(g,n)}\right] = 0$$

同理：

$$\mathbb{E}\left[\bar{\beta}_s^{(g,n)}\bar{\varepsilon}_s^{(g',n)}\right] = 0$$

这允许将式(3.89)写作：

$$\mathbb{E}\left[\bar{\delta}_s^{(g,n)}\bar{\delta}_s^{(g',n)}\right] = \mathbb{E}\left[\bar{\beta}_s^{(g,n)}\bar{\beta}_s^{(g',n)}\right] + \mathbb{E}\left[\bar{\varepsilon}_s^{(g,n)}\bar{\varepsilon}_s^{(g',n)}\right] \tag{3.90}$$

从式(3.90)右侧的第二项开始。该项可以写作：

$$
\begin{aligned}
\mathbb{E}\left[\bar{\varepsilon}_s^{(g,n)}\bar{\varepsilon}_s^{(g',n)}\right] &= \mathbb{E}\left[\bar{\varepsilon}_s^{(g,n)} \cdot \frac{N_s^{(g,n)}}{N_s^{(g')}}\bar{\varepsilon}_s^{(g,n)}\right] + \mathbb{E}\left[\bar{\varepsilon}_s^{(g,n)} \cdot \frac{1}{N_s^{(g')}}\sum_{n\in\mathcal{N}_s^{(g',n)}\setminus\mathcal{N}_s^{(g,n)}}\varepsilon^n\right] \\
&= \frac{N_s^{(g,n)}}{N_s^{(g')}}\mathbb{E}\left[\bar{\varepsilon}_s^{(g,n)}\bar{\varepsilon}_s^{(g,n)}\right] + \frac{1}{N_s^{(g')}}\underbrace{\mathbb{E}\left[\bar{\varepsilon}_s^{(g,n)} \cdot \sum_{n\in\mathcal{N}_s^{(g',n)}\setminus\mathcal{N}_s^{(g,n)}}\varepsilon^n\right]}_{I}
\end{aligned}
$$

项I可以使用下式重写：

$$
\begin{aligned}
\mathbb{E}\left[\bar{\varepsilon}_s^{(g,n)} \cdot \sum_{n\in\mathcal{N}_s^{(g',n)}\setminus\mathcal{N}_s^{(g,n)}}\varepsilon^n\right] &= \mathbb{E}\left[\bar{\varepsilon}_s^{(g,n)}\right]\mathbb{E}\left[\sum_{n\in\mathcal{N}_s^{(g',n)}\setminus\mathcal{N}_s^{(g,n)}}\varepsilon^n\right] \\
&= 0
\end{aligned}
$$

这意味着：

$$\mathbb{E}\left[\bar{\varepsilon}_s^{(g,n)}\bar{\varepsilon}_s^{(g',n)}\right] = \frac{N_s^{(g,n)}}{N_s^{(g')}}\mathbb{E}\left[\bar{\varepsilon}_s^{(g)^2}\right] \tag{3.91}$$

结合式(3.90)和式(3.91)，即可证明这一命题。

式(3.91)右侧的第二项可以使用下式进一步简化：

$$
\begin{aligned}
\mathbb{E}\left[\bar{\varepsilon}_s^{(g)^2}\right] &= \mathbb{E}\left[\left(\frac{1}{N_s^{(g,n)}}\sum_{n\in\mathcal{N}_s^{(g,n)}}\varepsilon^n\right)^2\right], \quad \forall\, g'\in\mathcal{G} \\
&= \frac{1}{\left(N_s^{(g,n)}\right)^2}\sum_{m\in\mathcal{N}_s^{(g,n)}}\sum_{n\in\mathcal{N}_s^{(g,n)}}\mathbb{E}[\varepsilon^m\varepsilon^n] \\
&= \frac{1}{\left(N_s^{(g,n)}\right)^2}\sum_{n\in\mathcal{N}_s^{(g,n)}}\mathbb{E}\left[(\varepsilon^n)^2\right] \\
&= \frac{1}{\left(N_s^{(g,n)}\right)^2}N_s^{(g,n)}\sigma_\varepsilon^2 \\
&= \frac{\sigma_\varepsilon^2}{N_s^{(g,n)}}
\end{aligned}
\tag{3.92}
$$

结合式(3.85)、式(3.91)和式(3.92)，即可得到式(3.86)的结果。

3.15　参考文献注释

本章主要探讨在线(自适应)学习。希望从事算法工作的读者能够获得良好的统计参考文献，如Bishop(2006)或Hastie等人(2009)的论著。

注意，统计学习中的经典参考文献往往侧重于批量学习，而我们主要对在线(或自适应)学习感兴趣。

3.6节——聚合是动态规划中广泛使用的一种技术，用于克服维数灾难。早期的研究重点是选择固定的聚合水平(Whitt(1978)，Bean等人(1987))，或使用随着采样过程的进展而改变聚合水平的自适应技术(Bertsekas和Castanon(1989)，Mendelsson(1982)，Bertsekis和Tsitsiklis(1996))，但在任何给定的时间仍然使用固定的聚合水平。许多关于聚合的文献的重点都是推导误差范围(Zipkin(1980))。关于聚合技术(作为建模中的一般技术)，参见Rogers等人(1991)的著作。3.6.3节中的材料基于George等人(2008)以及Powell和George(2006)的论著。LeBlanc和Tibshirani(1996)以及Yang(2001)对混合不同来源的估计进行了出色的讨论。关于软态聚合(soft state aggregation)的讨论，参见Singh等人(1995)的著作。关于偏差和方差的3.5节基于Powell和George(2006)的论著。

3.7节——基函数的根源在于物理过程的建模。Heuberger等人(2005)出色地介绍了这一领域。Schweitzer和Seidmann(1985)描述了用于价值迭代、策略迭代和线性规划方法的马尔可夫决策过程的广义多项式近似。Menache等人(2005)讨论了强化学习背景下的基函数自适应。关于如何在近似动态规划中使用基函数的更多出色讨论，参见Tsitsiklis和Roy(1996)以及Van Roy(2001)的著作。Tsitsiklis和Van Roy(1997)证明了当策略保持不变时，用于拟合回归模型参数的迭代随机算法的收敛性。对于17.6.1节，Longstaff和Schwartz(2001)首次使用近似动态规划来评估美国看涨期权，但该主题的研究已经开展了几十年(见Taylor(1967)的论著)。Tsitsiklis和Van Roy(2001)也为美国看涨期权提供了一种备选的近似动态均规划算法。Clement等人(2002)则提供了用于对美国期权进行定价的回归模型的正式收敛结果。基函数几何视图的演示基于Tsitsiklis和Van Roy(1997)的论著。

3.10节——Judd(1998)在经济体系和计算动态规划的背景下对连续近似技术进行了出色的介绍。Ormoneit和Sen(2002)以及Ormonei和Glynn(2002)讨论了在近似动态规划环境中使用基于内核的回归方法，为特定算法策略提供了收敛性证明。有关局部多项式回归方法的详细介绍，参见Fan和Gijbels(1996)的论著。Hastie等人(2009)对广泛的统计学习方法进行了出色的讨论。Bertsekas和Tsitsiklis(1996)在近似动态规划的背景下对神经网络进行了极其出彩的讨论。Haykin(1999)对神经网络进行了更深入的介绍，包括如何使用神经网络进行近似动态规划。支持向量机和支持向量回归涉及一个非常丰富的研究领域。有关详细教程，参见Smola和Schölkopf(2004)的著作。Hastie等人(2009)的著作的第12章中包含了更简短、更易读的介绍。注意，SVR不容易进行递归更新，我们怀疑这将限制其在近似动态规划中的有用性。

图3.8由Larry Thul创作。

3.12节——参见Hastie等人(2009)的论著,该书的2.5节充分探讨了近似高维函数的挑战。

3.14.2节——谢尔曼-莫里森更新公式在许多参考文献中都被提及,如L.和Soderstrom(1983)以及Golub和Loan(1996)的论著。

练习

复习问题

3.1 序贯决策问题中可能出现的五类近似值是哪几类?

3.2 当使用具有独立观察值的查找表模型时,频率论和贝叶斯信念的信念状态变量是什么?

3.3 当使用贝叶斯信念模型时,具有相关信念的查找表的信念状态是什么?

3.4 本章围绕三大类近似架构进行组织:查找表、参数和非参数。但还有人认为应该只有两类:参数和非参数。给出你的答案,并解释查找表可以被正确建模为参数模型的理由,然后提出查找表与非参数模型更相似的反驳的理由,来验证你的答案。(提示:非参数模型的定义特征是什么?参见3.10节。)

3.5 如果你正在递归更新线性模型,那么信念状态是什么?

3.6 深度神经网络只是一个更大的神经网络。那么,为什么深度神经网络被认为是非参数模型呢?毕竟,它们只是一个具有大量参数的非线性模型。一个每层具有100个节点的四层神经网络有多少个参数?

计算练习

3.7 使用式(3.16)和式(3.17)更新平均向量,使其具有先验:

$$\bar{\mu}^0 = \begin{bmatrix} 10 \\ 18 \\ 12 \end{bmatrix}$$

假设测试备选方案3并观察$W = 19$,并且先验协方差矩阵Σ^0由下式给出:

$$\Sigma^0 = \begin{bmatrix} 12 & 4 & 2 \\ 4 & 8 & 3 \\ 2 & 3 & 10 \end{bmatrix}$$

假设$\lambda^W = 4$。试给出$\bar{\mu}^1$和Σ^1。

3.8 在电子表格中,创建一个4×4的网格,其中单元格编号从左上角开始,从左向右依次为1、2、……、16、如图3.14所示。

1	2	3	4
5	6	7	8
9	10	11	12
13	14	15	16

图3.14　4×4的网格

　　把单元格中的每个数字视为从该单元格中获得的观察值的平均值。现在假设正在观察一个单元格，观察到该平均值会加上一个均匀分布在−1和+1之间的随机变量。接下来定义一系列聚合，其中聚合0是解聚级别，聚合1将网格划分为4个2×2的单元格，聚合2将所有内容聚合为一个单元格。n次迭代之后，设$\bar{f}_s^{(g,n)}$是单元格s在第n个聚合级别的估计，并设：

$$\bar{f}_s^n = \sum_{g \in \mathcal{g}} w_s^{(g)} \bar{f}_s^{(g,n)}$$

是你使用加权聚合方案对单元格s的最优估计。试使用下式计算总体误差估量：

$$(\bar{\sigma}^2)^n = \sum_{s \in \mathcal{S}} (\bar{f}_s^n - \nu_s)^2$$

　　其中，ν_s是处于单元格s的真实值(取自网格)。设$w^{(g,n)}$为对该聚合级别上的所有单元格求平均后，对聚合级别g进行n次迭代后的平均权重(例如，只有一个单元格用于$w^{(2,n)}$)。执行1000次迭代，在每一次迭代中，随机抽取一个单元格并用噪声测量它。更新每个聚合级别的估计值，并计算有/无偏差校正的估计值的方差。

　　(1) 对于每次迭代的3个聚合级别，逐个绘制$w^{(g,n)}$。权重是否符合你的预期？请给出解释。

　　(2) 对于每个聚合级别，将该级别的权重设置为1(换句话说，使用的是单个聚合级别)，并将总体误差绘制为迭代次数的函数。

　　(3) 将使用加权平均值时的平均误差添加到绘图中，其中权重由式(3.32)确定，不需要偏差校正。

　　(4) 最后，将使用加权平均值时的平均误差添加到绘图中，但现在通过使用偏差校正的式(3.33)确定权重。

　　(5) 重复上述步骤，假设噪声均匀分布在−5和5之间。

　　3.9　在本练习中，将使用3.8.1节中的公式更新线性模型。假设有一个线性模型的估计：

$$\begin{aligned} \bar{F}(x|\theta^0) &= \theta_0 + \theta_1 \phi_1(x) + \theta_2 \phi_2(x) \\ &= -12 + 5.2\phi_1 + 2.8\phi_2 \end{aligned}$$

假设矩阵B^0是一个3×3的单位矩阵。假设向量$\phi = (\phi_0 \ \phi_1 \ \phi_2) = (5 \ 15 \ 22)$并且观察到$\hat{f}^1 = 90$。请给出更新的回归向量$\theta^1$。

理论问题

3.10 证明在聚合水平上分解估计值的总变化的 σ_s^2 是观察误差的变化加上偏差的平方，如下：

$$\sigma_s^2 = (\sigma_s^2)^{(g)} + (\beta_s^{(g)})^2 \tag{3.93}$$

3.11 证明 $\mathbb{E}\left[\left(\bar{\mu}^{n-1} - \mu(n)\right)^2\right] = \lambda^{n-1}\sigma^2 + (\beta^n)^2$（这证明了式(3.24)）。（提示：在期望内加、减 $\mathbb{E}\bar{\mu}^{n-1}$ 并扩大。）

3.12 证明 $\mathbb{E}\left[\left(\bar{\theta}^{n-1} - \hat{\theta}^n\right)^2\right] = (1 + \lambda^{n-1})\sigma^2 + (\beta^n)^2$（这证明了式(3.25)）。（提示：参见前面的练习。）

3.13 推导式(3.26)中给出的方差的递归公式的小样本形式。回想一下，如果：

$$\bar{\mu}^n = \frac{1}{n}\sum_{m=1}^{n}\hat{\mu}^m$$

那么 $\hat{\theta}$ 的方差估计值是：

$$Var[\hat{\mu}] = \frac{1}{n-1}\sum_{m=1}^{n}(\hat{\mu}^m - \bar{\mu}^n)^2$$

求解问题

3.14 假设你在观察抵达人数 Y^{n+1}，你认为它来自具有平均值 λ 的泊松分布，由下式给出：

$$Prob\left[Y^{n+1} = y | \lambda\right] = \frac{\lambda^y e^{-\lambda}}{\lambda!}$$

其中，假设 $y = 0, 1, 2, \ldots$。问题是你不知道 λ 是什么，但认为它是 $\{\lambda_1, \lambda_2, \ldots, \lambda_K\}$ 中的一个。假设在对抵达人数 Y 进行 n 次观察后，已经估计了概率：

$$p_k^n = Prob[\lambda = \lambda_k | Y^1, \ldots, Y^n]$$

使用3.9.2节中用于采样信念模型的方法，根据观察结果 Y^{n+1} 写出 p_k^{n+1} 的表达式。注意，表达必须基于 p_k^n 以及上述泊松分布。

3.15 贝叶斯定理来源于恒等式 $P(A|B)P(B) = P(B|A)P(A)$，其中 A 和 B 是概率事件。由此，可得：

$$P(B|A) = \frac{P(A|B)P(B)}{P(A)}$$

使用此恒等式导出用于更新采样信念模型信念的式(3.55)。明确识别事件 A 和 B。提示：贝叶斯定理的一种等价形式涉及将一切都基于事件 C。如下：

$$P(B|A,C) = \frac{P(A|B,C)P(B|C)}{P(A|C)}$$

式(3.55)中的事件 C 是什么？

每日一问

"每日一问"是你选择的一个问题(参见第1章中的指南)。针对你的每日一问,回答以下问题。

3.16 回顾3.1.3节中所述的不同类别的近似值,并确定你的近似值中可能出现的各种近似值的示例。

参考文献

第 **4** 章

随机搜索简介

我们最基本的优化问题可以写作：

$$\max_{x \in \mathcal{X}} \mathbb{E}_W F(x, W) \tag{4.1}$$

其中，x是决策，W是任意形式的随机变量。这个问题的一个简单例子是报童问题，可以写作：

$$\max_{x \in \mathcal{X}} \mathbb{E}_W \big(p \min(x, W) - cx \big)$$

其中，x是按成本c订购的产品(报纸)数量，W是需求，以价格p出售报纸(x和W较小)。

这个问题是"随机搜索"领域中最常见的一个问题。它通常被称为"静态"随机优化问题，原因是它包括做出单个决策x，然后观察结果W，以评估表现$F(x, W)$，并在评估表现之时停止。然而，这一切都取决于如何解释$F(x, W)$、x和W。

例如，可以使用$F(x, W)$表示运行模拟的结果、一组实验或管理卡车队的利润。输入x可能是一组可控输入，该组输入控制模拟器的行为、实验中使用的材料或车队的规模。此外，x也可能是决策策略的参数，例如1.3节中介绍的库存问题中的补充库存参数$\theta = (\theta^{\min}, \theta^{\max})$(见式(1.5))。

同时，变量W可能是序列$W = (W^1, W^2, \dots, W^N)$，代表模拟器内的事件、单个实验的结果或在调度卡车队时到达的货物。最后，$F(x, W)$可能是模拟的表现或一组实验的表现，也可能是卡车队在一周内的业绩。这意味着可以将$F(x, W)$写作：

$$F(x, W) = \sum_{t=0}^{T} C(S_t, X^{\pi}(S_t))$$

其中，x是策略π，并且状态变量根据给定序列$W = (W_1, \dots, W_T)$的$S_{t+1} = S^M(S_t, X^{\pi}(S_t), W_{t+1})$演变。

虽然式(4.1)是解决这个问题的最标准的方法，但我们将以其扩展形式作为问题的默认表述，如下所示：

$$\max_{x \in \mathcal{X}} \mathbb{E}_{S^0} \mathbb{E}_{W|S^0} \{F(x, W)|S^0\} \tag{4.2}$$

上式支持在初始状态 S^0 下表达对信息的期望，而初始状态可以包括确定性参数以及概率信息(使用贝叶斯信念模型时需要这些信息)。例如，问题可能取决于未知的物理参数 θ，而我们认为该参数可能是集合 $\theta_1, \dots, \theta_K$ 中之一，其概率为 $p_k^0 = \mathbb{P}[\theta = \theta_k]$。

有以下 3 种核心策略可以解决式(4.2)所示的基本随机优化问题。

(1) 确定性方法。有些问题具有支持精确计算任何期望值的结构，可将随机问题简化为确定性问题(更准确地说，它将随机问题转化为可以使用确定性数学解决的问题)。在某些情况下，问题可以通过分析来解决，而在其他情况下则需要使用确定性优化算法。

(2) 采样近似。这是一种强大且广泛使用的方法，用于将难以计算的期望转化为易于处理的期望。我们注意到，采样问题虽然可以解决，但可能不容易解决，因此引起了人们深厚的研究兴趣，特别是当 x 是高维的并且可能是整数时，人们的研究兴趣越发浓烈。然而，我们也会提出这样的论点：尽管对结果的性质的分析可能需要随机工具，但是采样随机问题从根本上说是一个可以用确定性数学解决的问题。

(3) 自适应学习方法。绝大多数随机优化问题最终都需要自适应学习方法，这些方法基本上是随机的，需要随机工具。这些方法也是本书的重点。我们对这些使用有限学习预算的方法的表现特别感兴趣。

我们首先讨论基本随机优化问题的不同观点——基本随机优化问题包含将 x 解释为策略 π 时的完全序列问题。然后观察到，有一些随机优化问题可以使用标准确定性方法来解决——要么直接利用不确定性的结构(直接计算期望值)，要么使用采样模型的强大思想。

最后，初步讨论自适应学习方法——详见第5~7章。正如下面所指出的，自适应学习方法代表了一种序贯决策问题，其中状态变量 S^n 只捕捉已知(或相信)的信息。没有其他物理过程(如库存)或信息过程(如时间序列)将决策与时间联系起来。本书的第 III 部分将处理这些更复杂的问题。

本章提出的观点是全新的，并为本书其余部分中使用的方法奠定了基础。

4.1　基本随机优化问题阐释

基本随机优化问题并不缺乏应用。一些示例说明了不同设置下的应用，如下所示。

■ 示例4.1

工程设计。工程设计中的 x 是飞机机翼的设计，此设计必须在一系列不同条件下使成本最小化。可以借助数值模拟、实验室强度测试和对实际飞机的应力断裂检查。

■ 示例4.2

设$(y^n, x^n)_{n=1}^N$是一组解释性自变量x^n和因变量y^n。我们希望拟合一个统计模型(这可能是一个线性参数模型或神经网络),其中θ是表征模型的参数(或权重)。我们想找到求解下式的θ:

$$\min_\theta \frac{1}{N} \sum_{n=1}^N (y^n - f(x^n|\theta))^2$$

这个问题在统计学中很常见,是下式的采样近似:

$$\min_\theta \mathbb{E}(Y - f(X|\theta))^2$$

其中,X是随机输入,Y是相关的随机响应。

■ 示例4.3

我们希望设计一个能源系统,其中R是能源(风电场、太阳能场、电池存储、燃气轮机)投资向量,必须根据一年内定义的风能和太阳能的随机实现(使用向量W表示)来解决。设$C^{cap}(R)$是这些投资的资本成本,$C^{op}(R, W)$是给定W(通过数值模拟计算)的净营业收入。现在须求解下式:

$$\max_R \mathbb{E}(-C^{cap}(R) + C^{op}(R, W))$$

■ 示例4.4

某银行使用策略$X^\pi(S|\theta)$,这涵盖了给定状态S的情况下,存入或取出现金的量,状态S描述了现有现金的量、标准普尔500指数(股市的一个重要指数)的远期市盈率,以及当前的10年期债券利率。向量θ获取每个变量的上限和下限,这些变量会触发资金流入或流出现金的决策。如果$C(S_t, X^\pi(S_t|\theta), W_{t+1})$是给定状态$S_t$和下一个周期回报$W_{t+1}$的现金流,就要查找求解下式的策略控制参数$\theta$:

$$\max_\theta \mathbb{E} \sum_{t=0}^T e^{-rt} C(S_t, X^\pi(S_t|\theta), W_{t+1})$$

以上每个例子都涉及做决策:飞机机翼的设计、模型参数θ、能源投资R或现金转账策略参数θ。在每种情况下,都必须选择一种设计来优化确定性函数、随机问题的采样近似值或使用自适应学习(借助模拟器、实验室实验或现场观察)。

虽然在某些设置中,可以直接求解式(4.2)(可能用期望值近似),但大多数情况下将使用迭代学习算法。我们将从状态S^n开始,它捕捉n次实验(或观察)后对函数$F(x) = \mathbb{E}\{F(x, W)|S^0\}$的信念,然后,我们利用这些知识做出决策$x^n$,之后再观察将我们引向一个新的信念状态$S^{n+1}$的$W^{n+1}$。这个问题要求设计一个好的规则(或决策),即决定$x^n$的$X^\pi(S^n)$。例如,可能希望用$N$次迭代的预算找到最优答案。

我们认为这是确定解决方案 $x^{\pi,N}$ 的最优策略之一，这是一个随机变量，可能取决于任何初始分布 S^0(如有必要)，以及观察序列 $(W^1, \ldots, W^N)$，其结合我们的策略(算法) π，生成 $x^{\pi,N}$。可以将 $(W^1, \ldots, W^N)$ 视作训练观察，然后设 $\widehat{W}$ 是为了测试 $x^{\pi,N}$ 而进行的观察。这一切都可以(使用我们扩展的期望形式)写作：

$$\max_{\pi} \mathbb{E}_{S^0} \mathbb{E}_{W^1,\ldots,W^N|S^0} \mathbb{E}_{\widehat{W}|S^0} \{F(x^{\pi,N}, \widehat{W})|S^0\} \tag{4.3}$$

我们要求读者将式(4.1)中的这个问题的原始版本与式(4.3)进行对比。式(4.1)的版本可以在相关研究文献中找到。但式(4.3)中的版本是我们实际解决的问题。

式(4.1)~(4.3)的重点都是找到最优决策(或设计)以最大化某函数。我们将这些公式称为最终回报公式。当使用自适应学习策略 $X^{\pi}(S)$ 时，这种区别很重要，原因是这涉及使用智能试错进行优化。

当使用自适应学习(这是一种广泛使用的策略)时，必须考虑对中间决策 $x^n (n < N)$ 的态度。如果必须"计算"这些中间实验的结果，则应把目标写作：

$$\max_{\pi} \mathbb{E}_{S^0} \mathbb{E}_{W^1,\ldots,W^N|S^0} \left\{ \sum_{n=0}^{N-1} F(X^{\pi}(S^n), W^{n+1})|S^0 \right\} \tag{4.4}$$

当使用自适应学习策略时，将式(4.3)作为最终回报公式，而式(4.4)中的目标函数是累积回报公式。

函数 $F(x, W)$ 不依赖于不断变化的状态变量 S^n(或 S_t)，而策略 $X^{\pi}(S^n)$ 依赖 S^n，这并非偶然。在此，假设函数 $F(x, W)$ 本身并没有随着时间的推移而演变；改变的是输入 x 和 W。当希望策略的表现取决于状态时，可使用 $C(S, x)$ 标识这种依赖性。

有大量应用符合式(4.2)中给出的基本模型。出于讨论的目的，有必要认识在此设置中出现的一些主要问题类别，如下所示。

- 离散问题，其中 $\mathcal{X} = \{x_1, \ldots, x_M\}$。例如：$x_M$ 可能是一种产品的一组特征、一种材料的催化剂、药物鸡尾酒，甚至网络上的路径。
- 凹问题，其中 $F(x, W)$ 相对于 x 呈凹性(通常，x 在这种情况下是向量)。
- 线性规划问题，其中 $F(x, W)$ 是线性成本函数，$\mathcal{X}$ 是一组线性约束。
- 连续、非凹问题，其中 x 是连续的。
- 计算成本高的函数。在许多设置中，$F(x, W)$ 的计算包括运行耗时的计算机模拟或实验室实验(可能需要数小时、数天，乃至数周)，或者现场实验(可能需要几周或数月)。
- 噪声函数。对于许多问题，函数中的测量误差或观察误差非常高，这就需要开发管理这种噪声水平的方法。

对于这些问题，决策 x 可以是有限的、连续的标量或向量(可以是离散的或连续的)。

随着探索的深入，可看到式(4.1)(或式(4.2))对应的许多实例，在这些实例中，可依次

猜测决策 x^n，然后观察 W^{n+1}，并使用此信息更好地猜测 x^{n+1}，目标是求解式(4.1)。事实上，在完成本章探索之前，我们将证明可以将完全序贯问题(如库存问题)的公式简化为与式(4.3)(或式(4.4))相同的形式。因此，将式(4.2)称为基本随机优化模型。

4.2 确定性方法

有一些随机优化问题可以使用纯确定性方法得到最优解。接下来将简要说明一些示例，但在实践中，随机问题的精确解非常罕见。本节中的讨论相对超前，但这一点很重要，因为研究界经常忽略使用纯确定性数学运算解决的许多所谓的"随机优化问题"。

4.2.1 "随机"最短路径问题

2.3.3节介绍了一个随机最短路径问题，其中到达节点i的行人可看见到每个节点j的随机成本C_{ij}的样本实现，从i出发，可以到达节点j。假设在第n天到达节点i，并观察随机变量C_{ij}的样本实现$\hat{c}_{ij}^n$。然后，根据下式获得节点i处的值的采样观察结果：

$$\hat{v}_i^n = \min_{j \in \mathcal{I}_i^+} \left(\hat{c}_{ij}^n + \overline{V}_j^{n-1} \right)$$

其中，$\mathcal{I}_i^+$是从节点i出发可到达的所有节点的集合。现在假设在做出决策之前，没有看到随机变量C_{ij}的样本实现。假设必须在看到实现之前做出决策。在这种情况下，必须使用预期值$\bar{c}_{ij} = \mathbb{E}C_{ij}$，这意味着要求解下式：

$$
\begin{aligned}
\hat{v}_i^n &= \min_{j \in \mathcal{I}_i^+} \mathbb{E}\left(C_{ij} + \overline{V}_j^{n-1} \right), \\
&= \min_{j \in \mathcal{I}_i^+} \left(\bar{c}_{ij} + \overline{V}_j^{n-1} \right)
\end{aligned}
$$

如果有一个确定性最短路径问题，上式就是要解决的问题。换言之，当有一个线性目标时，如果必须在看到信息之前做出决策，由此产生的问题就变成了一个确定性优化问题，这个问题(通常)可以准确地解决。

这个"随机"最短路径问题与2.3.3节中的问题之间的关键区别在于信息的显示方式不同。2.3.3节中的问题更难(也更有趣)，原因是在我们决定下一个要遍历的链路之前，信息已经显示出来了。而此处的信息是在我们做出决策后显示的，这意味着必须使用分布信息来做决策。由于问题相对于成本呈线性，因此只需要将随机问题转化为确定性问题的方法。

4.2.2 具有已知分布的报童问题

接下来考虑一个最古老的随机优化问题，称为报童问题，由下式给出：

$$\max_x EF(x, W) = \mathbb{E}\left(p \min\{x, W\} - cx \right) \tag{4.5}$$

假设知道需求 W 的累积分布 $F^W(w) = \mathbb{P}[W \le w]$。首先用下式计算随机梯度：

$$\nabla_x F(x, W) = \begin{cases} p - c & \text{若 } x \le W, \\ -c & \text{若 } x > W \end{cases} \tag{4.6}$$

接下来观察到，如果 $x = x^*$(最优解)，则梯度的期望值应为零。这意味着：

$$\begin{aligned} \mathbb{E}\nabla_x F(x, W) &= (p - c)\mathbb{P}[x^* \le W] - c\mathbb{P}[x^* > W], \\ &= (p - c)\mathbb{P}[x^* \le W] - c(1 - \mathbb{P}[x^* \le W]), \\ &= 0 \end{aligned}$$

求解 $\mathbb{P}[x^* \le W]$，可得：

$$\mathbb{P}[x^* \le W] = \frac{c}{p} \tag{4.7}$$

(合理)假设单位购买成本 c 低于销售价格 p，就会看到最优解 x^* 对应于某个点，在这个点上，x^* 小于需求 W 的概率是成本与价格的比率。因此，如果成本低，则需求大于供应(这意味着损失销量)的概率应该很低。

式(4.7)给出了报童问题的最优解。它要求我们知道需求的分布，还要求能够获得梯度的期望值，并通过分析求解最优概率。毫不奇怪，在实践中这些条件很少得到满足。

4.2.3　机会约束优化

可以精确地计算某些问题的期望值，但结果(通常)是一个非线性问题，只能用数字来解决。一个很好的例子是被称为机会约束规划的方法，这本身就是一个丰富的研究领域。一个经典公式(见2.1.12节)提出了该问题：

$$\min_x f(x) \tag{4.8}$$

服从以下约束：

$$p(x) \le \alpha \tag{4.9}$$

其中：

$$p(x) = \mathbb{P}[C(x, W) \ge 0] \tag{4.10}$$

这是由 $C(x, W)$ 捕获的约束被违反的概率。因此，$C(x, W)$ 可能是未发掘的能源需求，或者反映两辆无人驾驶汽车的距离过近，超过了允许的范围。如果可以计算 $p(x)$(分析求解或数值求解)，就能利用强大的非线性规划算法直接求解式(4.8)。

4.2.4　最优控制

2.1.4节提出了以下形式的最优控制问题：

$$\min_{u_0,\dots,u_T} \sum_{t=0}^{T} L_t(x_t, u_t)$$

其中，状态根据 $x_{t+1} = f(x_t, u_t)$ 演变。可以引入一个随机噪声项，给出以下状态转移公式：

$$x_{t+1} = f(x_t, u_t) + w_t$$

其中，w_t 在 t 时是随机的(遵循控制领域的标准惯例)。这种符号惯例的历史基础是连续时间最优控制的根源，其中 w_t 将代表 t 时和 $t + dt$ 时之间的噪声。在有噪声的情况下，需要策略 $U^{\pi}(x_t)$。将目标函数写作：

$$\min_{\pi} \mathbb{E} \sum_{t=0}^{T} L_t(x_t, U_t^{\pi}(x_t)) \tag{4.11}$$

现在假设损失函数具有二次形式：

$$L_t(x_t, u_t) = (x_t)^T Q_t x_t + (u_t)^T R_t u_t$$

经过代数运算，可以证明最优策略具有以下形式：

$$U_t^{\pi}(x_t) = K_t x_t \tag{4.12}$$

其中，K_t 是一个依赖于矩阵 Q_t 和 R_t 的复杂矩阵。

此解决方案取决于此问题的以下 3 个关键特征。

- 目标函数在状态 x_t 和控制 u_t 中是二次的。
- 控制 u_t 不服从约束。
- 噪声项 w_t 在转移函数中呈加性。

尽管存在这些局限性，但这一结果对许多工程问题具有重要意义。

4.2.5 离散马尔可夫决策过程

与随机控制领域一样，围绕离散动态规划的基本问题，已有大量研究文献涌现出来，2.1.3 节首次介绍了这个问题，第 14 章将会更深入地讨论这个问题。假设在处于状态 $s \in \mathcal{S}$ 并采取离散动作 $x \in \mathcal{X} = \{x_1, \dots, x_M\}$ 时有一个贡献 $C(s, x)$，且一步转移矩阵 $P(s'|s, x)$ 给出了演化到状态 $S_{t+1} = s'$ 的概率，假定处于状态 $S_t = s$ 并采取动作 x。这可能表明在 t 时处于状态 $S_t = s$ 的价值由下式求得：

$$V_t(S_t) = \max_{x \in \mathcal{X}} \left(C(S_t, x) + \sum_{s' \in \mathcal{S}} P(s'|S_t, x) V_{t+1}(s') \right) \tag{4.13}$$

如果从 T 时开始，有一些初始值，如 $V_T(s) = 0$，然后在时间上后退，就可以计算式(4.13)。这会产生由下式求解的最优策略 $X_t^*(S_t)$：

$$X_t^*(S_t) = \arg\max_{x \in \mathcal{X}} \left(C(S_t, x) + \sum_{s' \in \mathcal{S}} P(s'|S_t, x) V_{t+1}(s') \right) \tag{4.14}$$

这又一次证明了最优策略纯粹使用确定性数学。该公式的关键要素是假设一步转移矩阵 $P(s'|S_t, x)$ 已知(且可计算)。它还要求状态空间 $\mathcal{S}$ 和动作空间 $\mathcal{X}$ 是离散的且不太大。

4.2.6　备注

这些只是一小部分具有代表性的随机优化问题，可以使用确定性方法进行分析求解或数值求解。虽然没有一一列出每个可以通过这种方式解决的问题，但其实这样的问题并不多。这并不是在弱化这些结果的重要性，相反，这些结果有时会充当更一般问题的算法的基础。

通常，随机优化问题最难的方面是期望(或其他算子，如处理不确定性的风险指标)。因此，用于解决更一般的随机优化问题的技术往往侧重于简化或分解不确定性的表示。4.3节将介绍采样模型的概念，这是一种广泛用于随机优化的强大策略。之后，再讨论基于自适应采样的方法，这是本书其余大部分内容的重点。

4.3　采样模型

随机优化中最强大且最广泛使用的方法之一是将式(4.1)中的原始模型中的期望值(通常在计算上很难处理)替换为采样模型。例如，可以使用集合 $\hat{W} = \{w^1, ..., w^N\}$ 表示 W 的可能值(可能是一个向量)。假设每个 w^n 发生的概率是相等的。然后，可以近似式(4.1)中的期望值：

$$\mathbb{E}F(x, W) \approx \bar{F}(x) = \frac{1}{N}\sum_{n=1}^{N} F(x, w^n)$$

使用样本，可以将复杂的期望转化为相对简单的计算。更困难的是理解所得的近似 $\bar{F}(x)$ 的性质，以及采样误差对下式的解的影响：

$$\max_x \bar{F}(x) \tag{4.15}$$

这些问题已经被一种称为样本平均近似(sample average approximation)的方法解决了，而这种想法早已应用于各种环境之中。

上述报童问题是随机优化问题的一个很好的例子，其中不确定的随机变量是标量，但实际应用可以使用维度非常高的随机输入 W。以下几个例子说明了随机变量有多大。

■ 示例4.5

某个血液管理问题需要管理8种血型，这些血液可以是0到5周龄，可以是冷冻的，也可以不冷冻，从而产生 $6\times 8\times 2=96$ 种血型。需要血液的患者会提出对8种不同类型的血液的需求。每周都有随机的供给(96个维度)和随机的需求(8个维度)，产生了一个具有104个维度的外生信息变量 W_t。

■ 示例4.6

一家货运公司正在1000个不同的终端之间运送货物。由于每个货物都有其起点和终点，因此新需求的向量具有1 000 000个维度。

■ 示例4.7

到达医生办公室的患者可能表现出多达300种不同的症状。由于每个患者可能具有或不具有这些症状，因此有多达$2^{300} \approx 2 \times 10^{90}$种不同类型的患者。(远远超过地球人口！)

本节是对成果颇丰的研究主题的简要介绍。先设法解决以下问题。

• 如何建立一个采样模型？

• 采样解决方案的质量有多好(以及随着K增大，它以多快的速度接近最优)？

• 对于大型问题(高维x)，解决式(4.15)的策略是什么？

• 同样，对于大型问题，创建样本$w^1, \dots, w^N$的最优方法是什么？

我们将不时地回顾采样模型，因为它们代表了处理期望的强大策略。

4.3.1　建立采样模型

设W是这些多维(维度可能非常高)的随机变量之一。进一步假设有某种生成一组样本$w^1, \dots, w^N$的方法。这些可能是从已知的概率分布中产生的，也可能是从历史样本中产生的。可以将原始随机优化问题式(4.1)替换为：

$$\max_x \frac{1}{N} \sum_{n=1}^{N} F(x, w^n) \tag{4.16}$$

将式(4.16)作为式(4.1)中原始问题的近似解，称为样本平均近似。重要的是认识到，式(4.1)中的原始随机优化问题和式(4.16)中的采样问题都是确定性优化问题。挑战在于计算。

下面将说明采样模型的几种用法。

1. 采样随机线性规划

与W同理，决策变量x可以是标量或维度非常高的向量。例如，可能有一个正在优化货物x_{ij}从位置i到位置j的输送的线性规划问题，可以通过下式求解：

$$\min_x F(x, W) = \sum_{i,j \in \mathcal{I}} c_{ij} x_{ij}$$

该式服从一组线性约束：

$$Ax = b,$$
$$x \geq 0$$

该模型的一个常见应用是，在知道每周献血的结果和下一周每家医院需要输血的手术的时间表之前，决定如何为各家医院分配中央血库的血液库存等资源。

现在假设随机信息是成本向量c(可能反映需要输血的手术类型)、系数矩阵A(可能会捕获库存地点和医院之间的行程时间),以及向量b(捕获了献血结果和手术安排)。因此有$W = (A, b, c)$。

如果只有一个W样本,那么将有一个可能不太难解的简单的线性规划问题。但现在假设有$N=100$个数据样本,由$(A^n, b^n, c^n)_{n=1}^N$给出。那么,可以求解下式:

$$\min_x \frac{1}{N} \sum_{n=1}^N c_{ij}^n x_{ij}$$

条件是,对于$n = 1, \dots, 100$,有:

$$A^n x = b^n,$$
$$x \geq 0$$

如果选择含有$N=100$个结果的样本,那么式(4.16)中的采样问题将变成一个大小是原来100倍的线性规划问题(记住只有一个向量x,但有100个(A, b, c)样本)。这可能很难计算(事实上,甚至不可能得出一个对100个(A, b, c)数据样本都可行的向量x)。

2. 采样机会约束模型

可以使用采样的思想来解决机会约束规划问题。首先注意到概率就像一种期望。如果事件E为真,则设$\mathbb{1}_{\{E\}} = 1$。然后可以将概率写作:

$$\mathbb{P}[C(x, W) \leq 0] = \mathbb{E}_W \mathbb{1}_{\{C(x,W)\leq 0\}}$$

可以用采样版本替换式(4.10)中的机会约束,在采样版本中基本上会对随机指示变量求平均值,得到下式:

$$\mathbb{P}[C(x, W) \leq 0] \approx \frac{1}{N} \sum_{n=1}^N \mathbb{1}_{\{C(x,w^n)\leq 0\}}$$

如果x是离散的,那么可以对每个w^n预先计算$\mathbb{1}_{\{C(x,w^n)\}}$。如果$x$是连续的,那么这些指示函数很可能可以写成线性约束。

3. 采样参数模型

采样模型可以采用其他形式。假设希望使用逻辑函数将需求建模为价格的函数,如下所示:

$$D(p|\theta) = D^0 \frac{e^{\theta_0 - \theta_1 p}}{1 + e^{\theta_0 - \theta_1 p}}$$

希望选择一个能最大化收入的价格:

$$R(p|\theta) = pD(p|\theta)$$

我们的问题是不知道θ。可以假设向量θ遵循多变量正态分布,在这种情况下,需要求解下式:

$$\max_p \mathbb{E}_\theta pD(p|\theta) \tag{4.17}$$

但期望值可能很难计算。然而，也许可以假设 θ 是一组值——$\theta^1, \dots, \theta^N$ 中的任意一个，每个都有概率 q^n。那么，接下来可以求解：

$$\max_p \sum_{n=1}^N pD(p|\theta^n)q^n \tag{4.18}$$

尽管式(4.17)可能难以处理，但式(4.18)就容易很多。

式(4.16)和式(4.18)都是采样模型的示例。然而，式(4.16)中的表示用于以下设置：其中，$(w^1, \dots, w^N)$ 是从一组大型(通常是无限的)潜在结果中抽取的样本。当对参数有不确定的信念，并且使用具有概率向量 q(q 可能会随着时间推移而演变)的集合 $\theta^1, \dots, \theta^N$ 时，就使用式(4.18)中的模型。

4.3.2　收敛性

采样模型产生的第一个问题是 N 的大小。幸运的是，样本平均近似具有很好的收敛特性。首先定义：

$$
\begin{aligned}
F(x) &= \mathbb{E}F(x, W), \\
\bar{F}^N(x) &= \frac{1}{N}\sum_{n=1}^N F(x, w^n)
\end{aligned}
$$

最简单(也最直观)的结果是，随着样本量的增加，越来越接近最优解，如下式所示：

$$\lim_{N\to\infty} \bar{F}^N(x) \to \mathbb{E}F(x, W)$$

设 x^N 是近似函数的最优解，即有：

$$x^N = \arg\max_{x\in\mathcal{X}} \bar{F}^N(x)$$

渐近收敛意味着最终将获得最优解，其中的一个结果可以通过下式表示：

$$\lim_{N\to\infty} \bar{F}^N(x^N) \to F(x^*)$$

由这些结果可知，最终将实现尽可能好的目标函数(注意，可能有多个最优解)。最有趣(也最重要)的结果是达到这个结果的速度。先假设可行域 $\mathcal{X}$ 是一组离散的备选方案 $x_1, \dots, x_M$。这可能是一组离散的选择(例如不同的产品配置或不同的药物鸡尾酒)，或离散的连续参数，例如价格或浓度。或者，它可以是一组可能的向量值决策的随机样本。

现在，设 ϵ 是一个小值(无论这意味着什么)。惊人的结果是，随着 N 增大，近似问题 X^N 的最优解 $F(X^N)$ 与最优解 $F(X^*)$ 的差距大于 ϵ 的概率以指数速度减小。这句话的数学表达式为：

$$\mathbb{P}[F(x^N) < F(x^*) - \epsilon] < |\mathcal{X}|e^{-\eta N} \tag{4.19}$$

且常量 $\eta > 0$。从式(4.19)可知，由 $F(x^N)$ 给出的估计解 x^N 的质量与最优解 $F(x^*)$ 之间的差距大于 ϵ 的概率，以常数为 $|\mathcal{X}|$ 的指数速率 $e^{-\eta N}$ 下降，$|\mathcal{X}|$ 取决于可行域的大小。当

然，系数 $\mathcal{X}$ 相当大，且 η 的大小未知。

然而，结果表明，随着 N 增大，我们得到的解劣于 $F(x^*) - \epsilon$ (记住我们在最大化)的概率以指数速度减小，这令人欣慰。

当 x 是连续的，且 $f(x, W)$ 是凹的时，可以得到一个类似但更强健的结果，并且可行域 $\mathcal{X}$ 可以由一组线性不等式来指定。在这种情况下，收敛性由下式给出：

$$\mathbb{P}[F(x^N) < F(x^*) - \epsilon] < Ce^{-\eta N} \tag{4.20}$$

且给定常数 $C > 0$ 和 $\eta > 0$。注意，与式(4.19)不同，式(4.20)不取决于可行域的大小，不过该性质的实际效果尚不清楚。

根据式(4.19)(对于离散决策)或式(4.20)(对于凸函数)的收敛率结果可知，当允许样本大小 N 增大时，最优目标函数 $F(x^N)$ 以指数速度接近最优解 $F(x^*)$，这是一个非常鼓舞人心的结果。当然，我们从不知道参数 η，或 C 和 η，因此，必须依靠实证检验来了解实际收敛速度。然而，重要的是知道收敛速度是指数的(无论 C 和 η 的值如何)。我们还将注意到，虽然求解样本模型基本上是确定性的(因为样本给了一个可以精确计算的近似期望值)，但对样本大小 N 的收敛速度的分析却是纯随机分析。

指数收敛速度令人欣慰，但也存在一些问题，例如线性(特别是整数)规划，即使在 $N = 1$ 时仍然难以计算。在稍后的模型中使用采样来展望未来时，将了解到这些。需要解决以下两个计算问题。

(1) 采样。不建议简单地进行随机采样以获得 $W^1, \dots, W^N$，相反，应当更仔细地选择这些样本，以便使用较小的样本来产生对潜在不确定性源的更真实的表示。

(2) 分解。式(4.16)中的采样问题可能仍然很大(如果只使用不确定量的期望值，则该问题会比得到的问题大 N 倍)，但采样问题具有可以使用分解算法的结构。

第10章将更详细地介绍采样方法，以表示不确定性。之后，第19章将展示如何在前瞻策略中使用分解方法。

4.3.3 创建采样模型

大规模应用程序的一个特别重要的问题是样本 $W^1, \dots, W^N$ 的设计。生成样本的最常用方法列举如下。

- 根据历史。可能没有 W 的概率模型，但可以从历史中采样。例如，W^n 可能是一周的风速样本，也可能是一年的货币波动样本。
- 蒙特卡洛模拟。计算机上有一套强大的工具，称为蒙特卡洛模拟，只要知道基本分布，就可以创建随机变量的样本(详见第10章)。

在某些情况下，我们有兴趣用尽可能小的样本来合理表示潜在的不确定性。例如，假设用采样表示替换原始问题 $\max_x \mathbb{E}F(x, W)$，如下所示：

$$\max_x \frac{1}{N} \sum_{n=1}^{N} F(x, W^n)$$

现在假设x是一个(可能很大的)整数变量向量，如果试图为航空公司安排飞机，或者为大型物流网络规划仓库位置，就可能会出现这种情况。在这种情况下，即使该问题是确定性的，也可能具有挑战性，而我们现在正试图解决的问题可能比它大N倍。相较于在整个样本$W^1, \dots, W^N$上解决问题，可能更希望使用一个好的代表子集(W^j), $j \in \mathcal{J}$。设W^n是包含元素$W^n = (W_1^n, \dots, W_k^n, \dots, W_K^n)$的向量。计算这种子集的一种方法是使用下式计算$W^n$和$W^{n'}$之间的距离指标$d^1(n, n')$：

$$d^1(n, n') = \sum_{k=1}^{K} |W_k^n - W_k^{n'}|$$

这被称为"L_1-范数"，原因是它通过每个元素之间距离的绝对值来测量距离。还可以通过计算下式来使用"L_2-范数"：

$$d^2(n, n') = \sqrt{\left(\sum_{k=1}^{K} (W_k^n - W_k^{n'})^2 \right)}$$

L_2-范数将更多的权重放在单个元素中的大偏差上，而非使权重分布在多个维度上的大量小偏差之上。可以使用下式泛化这一指标：

$$d^p(n, n') = \left(\sum_{k=1}^{K} (W_k^n - W_k^{n'})^p \right)^{\frac{1}{p}}$$

然而，除了L_1和L_2这两个指标外，唯一令人感兴趣的另一个指标可能是L_∞-范数，相当于设$d^\infty(n, n')$等于所有维度上最大差值的绝对值。

使用距离指标$d^p(n, n')$选择大量聚类J，然后将原始的观察集$W^1, \dots, W^n$归入J聚类。这可以使用一系列流行的算法来实现，如k-平均值聚类或k-最近邻聚类。在标准库中可以找到这些算法的不同变体。这些方法的核心思想可以大致描述为如下步骤。

步骤0：使用某种规则选择J质心。这可能是由问题结构提出的，也可以随机从集合$W^1, \dots, W^N$中选择元素J。

步骤1：现在逐一完成$W^1, \dots, W^N$并将它们逐一指定给使所有质心$j \in \mathcal{J}$上的距离$d^p(n, j)$最小化的质心。

步骤2：找到每个聚类的质心，然后返回步骤1，直到发现聚类与上一次迭代相同(或达到某个极限)。

这种方法的一个特点是它可以应用于高维随机变量W，条件是W表示在多个时间段内的观察结果(风速、价格)，或者它表示对人群(如医疗患者)属性的观察结果。

有关使用精心设计的样本来表示不确定事件的研究文献已逐渐成熟。参考文献注释中给出了撰写本书所依据的材料。

4.3.4　分解策略*

设 $\overline{W} = \mathbb{E}W$ 是随机变量W的点估计。有些情况下，会碰到如下很难解决的确定性问题：

$$\max_{x \in \mathcal{X}} F(x, \overline{W})$$

例如，这可能是一个大型整数规划问题，在安排航班时刻表或计划何时开启和关闭发电机时可能会出现这种问题。在这种情况下，$F(x, \overline{W})$ 将是贡献函数，而 $\mathcal{X}$ 将包含完整性在内的所有约束。假设可以解决确定性问题，但可能不是那么容易(整数规划问题可能有100 000个整数变量)。例如，如果要使用20个不同W值的样本来捕捉W的不确定性，就要创建一个20倍大的整数规划。即使是当今计算机上的最先进的求解器，也很难做到这一点。

现在假设要对问题进行分解，使得W的每个可能的值都有一个不同的解。假设有N个样本结果 $\omega^1, \omega^2, \dots, \omega^N$，其中$W^n = W(\omega^n)$是对应于结果$\omega^n$的$W$样本实现集合。设$x(\omega^n)$是与该结果对应的最优解。

可以先将式(4.16)中的采样随机优化问题重写为：

$$\max_{x(\omega^1), \dots, x(\omega^N)} \frac{1}{N} \sum_{n=1}^{N} F(x(\omega^n), W(\omega^n)) \tag{4.21}$$

通过创建N个并行问题，并为每个ω获得不同的解$x^*(\omega^n)$，来解决这个问题。即有：

$$x^*(\omega^n) = \arg \max_{x(\omega^n) \in \mathcal{X}} F(x(\omega^n), W(\omega^n))$$

这是一个小得多的问题，但也意味着在知道结果W的前提下选择x。这就像允许飞机晚点到达机场，因为已经知晓下一航班的机组人员也会迟到。

好消息是，这是一个起点。真正想要的解决方案中$x(\omega)$都是一样的。可以引入下式所示的约束，通常称为非预期约束：

$$x(\omega^n) - \bar{x} = 0, \ n = 1, \dots, N \tag{4.22}$$

如果引入这个约束，就回到了最初的(非常大的)问题。但是如果放宽这个约束，并将其添加到带有惩罚项λ的目标函数中，就会产生如下放宽约束的问题：

$$\max_{x(\omega^1), \dots, x(\omega^N)} \frac{1}{N} \sum_{n=1}^{N} \left(F(x(\omega^n), W(\omega^n)) + \lambda^n (x(\omega^n) - \bar{x}) \right) \tag{4.23}$$

这个新目标函数的优点在于，与式(4.21)中的问题一样，它被分解为N个问题，以便让整个问题可被解决。现在的困难是，必须协调不同的子问题，方法是调整向量$\lambda^1, \dots, \lambda^N$，直到式(4.22)中的非预期约束得到满足。我们不打算详细讨论这个问题，但这指明了一条使用采样方法解决大规模问题的途径。

4.4　自适应学习算法

当无法通过结构或采样模型来精确计算期望值时，必须求助于自适应学习算法。这种转变从根本上改变了随机优化问题的处理方式，因为任何自适应算法都可以被建模为序贯决策问题，或者称为动态规划问题。

我们将自适应学习算法的讨论分为第5章中的基于导数的算法和第7章中的无导数算法。这两章之间的第6章将讨论自适应学习信号的问题，这一问题将引入第5章中首次提及的恼人但持续存在的步长问题，这一问题贯穿于自适应学习算法的设计中。

我们会先提供自适应学习问题的一般模型，这基本上是本书后面讨论的动态规划的一个更简单的示例。正如第5章和第7章即将讲到的，自适应学习方法可以被视为序贯决策问题(动态规划问题)，其中状态变量仅捕获搜索算法的状态的已知信息。这提供了一个介绍序贯决策问题的核心思想的机会，而不需要纠结这个问题类带来的丰富性和复杂性。

下面将概述所有序贯决策问题的核心要素，以及用于解决这些问题的策略(或算法)的基本类别。

4.4.1　建模自适应学习问题

无论要解决的是基于导数的问题还是无导数的问题，任何自适应学习算法都将具有序贯决策问题的结构，此类结构有以下5个核心组成部分。

(1) 状态 S^n。这将捕捉搜索中的当前点以及算法所需的其他信息。状态变量的性质在很大程度上取决于如何构建搜索过程。状态变量可以捕捉关于函数的信念(这是无导数随机搜索中的一个主要问题)，以及算法本身的状态。在第9章，将解决建模一般动态规划的问题，这些规划包括直接可控的状态(通常是物理问题)。

(2) 决策 x^n。虽然"决策"有时是 x^n，但自适应学习算法中做出的精确"决策"取决于算法的性质(详见第5章)。根据设置，决策是由决策规则、算法或策略(本书主要使用的术语)做出的。如果 x 是决策，则指定 $X^\pi(S)$ 作为策略(或算法)。

(3) 外生信息 W^{n+1}。这是在第 n 次迭代期间(但在做出决策 x^n 之后)采样的新信息，来自蒙特卡洛模拟或外生过程(可能是计算机模拟或真实世界)的观察结果。

(4) 转移函数。转移函数包括控制从 S^n 到 S^{n+1} 的演变的公式。本书中使用的默认符号是：

$$S^{n+1} = S^M(S^n, x^n, W^{n+1})$$

(5) 目标函数。这是我们评估决策执行情况的方式。符号取决于设置。对于某些问题，我们在第 n 次迭代结束时做决策 x^n，然后观察第 $n+1$ 次迭代中的信息 W^{n+1}，然后可以使用 $F(x^n, W^{n+1})$ 估计表现。这将是我们学习问题的默认符号。

当过渡到具有物理状态的更复杂的问题时，还将遇到贡献(如果最小化，则为成本)取

决于状态 S^n 和决策 x^n 的问题，我们将其写作 $C(S^n, x^n)$，但也有其他变化。回到下面的目标函数。

我们能够将任何序贯学习算法建模为序贯决策过程，它可以建模为如下序列：

$$(S^0, x^0 = X^\pi(S^0), W^1, S^1, x^1 = X^\pi(S^1), W^2, \ldots)$$

因此，对于任何随机优化问题，所有序贯学习算法最终都可以简化为序贯决策问题。

目前(也就是说，第5章和第7章)，关注的范围有限，决策只影响我们对正在优化的函数的了解。第8章将介绍可控物理状态的复杂维度。在一些问题中，状态仅由我们对函数的了解组成，而在另一些问题中，状态捕捉人员、设备和库存的位置，不管是哪种情形，从数学上讲，表示问题的方法没有区别。然而，纯学习问题要简单得多，并且是使用顺序(自适应)方法建模和解决随机优化问题的良好起点。此外，本书的其余部分将运用这些方法。例如，策略搜索方法(第12章和第13章)都要求解决随机搜索问题，可以使用基于导数或无导数的方法来解决这些问题。

4.4.2　在线与离线的应用

"在线"和"离线"是机器学习和随机优化设置中广泛使用的术语，但它们具有不同的解释(这可能非常重要)，并且在文献中造成了混淆。下面将在这两个领域的背景下解释这些术语，然后描述这些术语在本书中的使用方式。

1. 机器学习

机器学习是一个优化问题，涉及将提出的模型(通常是参数模型)和数据集之间的误差最小化。可以使用 $f(x|\theta)$ 表示模型，而模型相对于 θ 可能呈线性或非线性(见第3章)。最传统的表示是假设有一组因变量 $x^1, \ldots, x^n$ 具有相应的观察集 $y^1, \ldots, y^n$，将通过求解下式拟合模型：

$$\min_\theta \sum_{i=1}^n (y^i - f(x^i|\theta))^2 \tag{4.24}$$

可以用 θ^* 表示式(4.24)的最优解。使用确定性优化算法中的任何一个，将该问题作为批量优化问题来解决。这一过程通常被称为机器学习中的离线学习。得到 θ^* 后，可能会使用模型 $f(x|\theta^*)$ 来进行估计，如对未来的预测或产品推荐。

在线学习中假设数据是随着时间的推移按顺序到达的。在这种情况下，将假设看到 x^n，然后观察 y^{n+1}，其中 $n+1$ 的使用旨在表明在看到 $x^0, \ldots, x^n$ 后观察 y^{n+1}。设 D^n 是时间 n 的数据集，其中：

$$D^n = \{x^0, y^1, x^1, y^2, \ldots, x^{n-1}, y^n\}$$

需要为包括 (x^{n-1}, y^n) 在内的每一条新信息估计 θ 的新值，称之为 θ^n。可将任何用于计算 θ^n 的方法称为学习策略，但是最明显的例子是：

$$\theta^n = \arg\min_{\theta} \sum_{i=0}^{n-1} (y^{i+1} - f(x^i|\theta))^2 \tag{4.25}$$

更笼统的方式是将学习决策写作 $\theta^n = \Theta^\pi(D^n)$。随着数据集的演化——$D^1, D^2, \dots, D^n, D^{n+1}, \dots$，按顺序更新估计 θ^n。

在机器学习领域中，式(4.24)中的离线问题与式(4.25)中的在线学习问题之间的区别在于，前者是单一的批量优化问题，而后者是按顺序实现的。

2. 优化

假设正在尝试设计一种新材料，以最大限度地将太阳能转化为电能。我们将进行一系列实验来测试不同的材料以及连续的参数，例如材料层的厚度。我们希望对实验进行排序，以尝试在一定的实验成本内创建一个最大化能量转换的曲面。我们关心的是最终做得如何；只要最终设计效果良好，尝试一个不起作用的设计便不是问题。

现在考虑一个问题：主动倾斜太阳能电池板，以最大限度地提高一天中的能源产量。为此，不仅要处理白天(和季节)太阳角度的变化，还要处理云层的变化。同样，可能需要用不同的角度进行实验，但当下需要在学习最优角度的同时最大化所产生的总能量。

因为是在实验室学习，所以将第一个问题视为离线问题。而第二个问题则是在线问题，因为是在现场进行优化。在实验室时，不介意失败的实验，但前提是最终得到最好的结果，这意味着即将获得最大的最终回报。相比之下，在现场学习时，则希望优化累积回报。注意，这两个问题都是完全连续的，这意味着机器学习领域将两者视为在线学习。

接下来展示如何写出离线设置和在线设置的目标函数。

4.4.3   用于学习的目标函数

与解决随机优化问题的精确方法相比，构建自适应学习问题的目标函数的方法各式各样。对于学习问题，设 $F(x, W)$ 为在做出决策 x 后观察随机信息 W 时，捕捉表现目标的函数。在迭代设置中，它被写作 $F(x^n, W^{n+1})$；在时间设置中，写作 $F(x_t, W_{t+1})$。根据取决于状态的策略做出选择 $x^n = X^\pi(S^n)$，但在其他情况下贡献 $F(x, W)$ 仅取决于动作和随机信息。

函数 $\mathbb{E}F(x, W)$ 捕捉实施决策 x 的表现。为了做出一个好的决策，需要设计一个算法，或者更准确地说，需要设计一个学习策略 $X^\pi(S)$，以找到最好的 x。可以使用以下不同的目标函数以捕获学习策略的表现。

(1) **最终回报**。设 $x^{\pi,n} = X^\pi(S^n)$ 是遵循策略 π 在第 n 次迭代时的解决方案。可以用两种方式分析策略 π。

有限时间分析——此处，想求解：

$$\max_{\pi} \mathbb{E}\{F(x^{\pi,N}, W)|S^0\} = \mathbb{E}_{S^0}\mathbb{E}_{W^1,\dots,W^N|S^0}\mathbb{E}_{\widehat{W}|S^0}F(x^{\pi,N}, \widehat{W}) \tag{4.26}$$

其中:

- S^0可以包括关于未知参数(例如患者是否对药物过敏)的信念分布;
- $W^1, \dots, W^N$是执行搜索策略π在N次迭代(这些是训练迭代)时所做的观察;
- $\widehat{W}$是为了测试最终设计$x^{\pi,N}$的表现所进行的采样。

渐近分析——在这种设置下,试图确定:

$$\lim_{N \to \infty} x^{\pi,N} \to x^*$$

其中, x^*是$\max_{x} \mathbb{E} F(x, W)$的解。在这两种设置下,我们只关心最终解决方案的质量,而不管它是$x^{\pi,N}$还是x^*,也不关心过程中的解。

(2) **累积回报**。学习完最优渐近设计x^*,或者有限预算N中的最优设计$x^{\pi,N}$,或有限时间T中的最佳设计x_T^{π}后,不仅会对它们的表现感兴趣,还会产生累积回报目标。

我们将这些问题分为以下两大类。

确定性策略——最常见的设置是,希望设计单一的策略,以优化某个时间段内的累积回报;还可以进一步将确定性策略分为以下两类。

平稳策略——这是最简单的设置,希望找到单一策略$X^{\pi}(S_t)$以在有限的时间范围T内求解下式:

$$\max_{\pi} \mathbb{E} \sum_{t=0}^{T-1} F(X^{\pi}(S_t), W_{t+1}) \tag{4.27}$$

可以将其写作折扣目标:

$$\max_{\pi} \mathbb{E} \sum_{t=0}^{T} \gamma^t C(S_t, X^{\pi}(S_t)) \tag{4.28}$$

或平均回报:

$$\max_{\pi} \mathbb{E} \frac{1}{T} \sum_{t=0}^{T} C(S_t, X^{\pi}(S_t)) \tag{4.29}$$

式(4.28)和式(4.29)都可以扩展到无限时域,可以将式(4.29)替换为:

$$\max_{\pi} \lim_{T \to \infty} \mathbb{E} \frac{1}{T} \sum_{t=0}^{T} C(S_t, X^{\pi}(S_t)) \tag{4.30}$$

时间相关策略——有许多问题都需要与时间相关的策略$X_t^{\pi}(S_t)$,这要么是因为行为需要随一天中的时间而变化,要么是因为需要不同的行为,这取决于决策离时域尾部的距离。将t时的决策表示为$X_t^{\pi}(S_t)$,设π_t表示需要为每个时间段做出的选择(函数类型、参数)。这些问题将被表示为:

$$\max_{\pi_0, \dots, \pi_{T-1}} \mathbb{E} \sum_{t=0}^{T-1} F(X_t^{\pi}(S_t), W_{t+1}) \tag{4.31}$$

虽然这些策略依赖时间，但都属于静态策略类，因为它们是在观察过程开始之前设计的。

自适应策略——现在允许策略随着时间的推移而学习，这在在线设置中经常发生。此类策略的建模有点微妙，使用一个示例来讲可能有助于理解。假设决策可以用下式表示：

$$X^{\pi}(S_t|\theta) = \theta_0 + \theta_1 S_t + \theta_2 S_t^2$$

这将是一个平稳策略的示例，由 $\theta = (\theta_0, \theta_1, \theta_2)$ 参数化。现在假设 θ 是关于时间的函数，因此可将决策写作：

$$X_t^{\pi}(S_t|\theta_t) = \theta_{t0} + \theta_{t1} S_t + \theta_{t2} S_t^2$$

目前，式中的决策 $X_t^{\pi}(S_t)$ 与时间相关，原因是时间(通过参数向量 θ_t)决定函数。最后，假设有一个自适应策略，它计算 $x_t = X^{\pi}(S_t|\theta_t)$，观察 W_{t+1}，然后更新 θ_t。正如必须做出决策 x_t 一样，也必须"决定"如何在给定 S_{t+1} 的情况下设置 θ_{t+1}(S_{t+1} 取决于 S_t、x_t 和 W_{t+1})。在这种情况下，θ_t 成为状态变量的一部分(以及给定 t 时的已知信息，计算 θ_{t+1} 所需的任何其他统计信息)。

将学习 θ 的策略称作学习策略，表示为下式中的 $\Theta^{\pi^{lrn}}$：

$$\theta_t = \Theta^{\pi^{lrn}}(S_t)$$

将 $\Theta^{\pi^{lrn}}(S_t)$ 称作学习策略(也称为"行为策略")，而 $X^{\pi^{imp}}(S_t|\theta_t)$ 是实施策略，即确定要实施的决策的策略(也称为"目标策略")。这个问题被表示为：

$$\max_{\pi^{imp}} \max_{\pi^{lrn}} \mathbb{E} \sum_{t=0}^{T-1} F(X^{\pi^{imp}}(S_t|\theta_t), W_{t+1})$$

学习问题(函数 $F(x, W)$ 不取决于状态)将使用式(4.26)(最终回报)或式(4.27)(平稳策略的累积回报)作为目标函数的默认符号。

特别地，在机器学习领域中，通常关注懊悔而非总的回报、成本或贡献。懊悔只是衡量做得如何与本可以做得如何(但要认识到，有不同的方式来定义我们所能做的最好的程度)之间的关系。例如，假设学习策略产生了函数 $\mathbb{E}F(x, W)$ 的近似值 $\bar{F}^{\pi,N}(x)$，方式是在 N 个采样之后遵循策略 π，并设

$$x^{\pi,N} = \arg\max_x \bar{F}^{\pi,N}(x)$$

是基于近似的最优解。懊悔 $\mathcal{R}^{\pi,N}$ 由下式给出：

$$\mathcal{R}^{\pi,N} = \max_x \mathbb{E}F(x, W) - \mathbb{E}F(x^{\pi,N}, W) \tag{4.32}$$

当然，无法在实际应用中计算懊悔，但可以假设知晓真实函数(即 $\mathbb{E}F(x, W)$)，然后比较策略以尝试发现这个真实的值，从而研究算法的表现。懊悔在理论研究(例如，计算策略表现的界限的研究)中很流行，但它也可以用于计算机模拟以比较不同策略的表现。

4.4.4 设计策略

到此，我们已经提出了一个建模学习问题的框架，还需要解决设计策略(有时策略也称为算法)的问题，特别是在第7章中，当处理无导数优化时尤其关注这一问题。

最初，我们在1.4节中介绍了不同类别的策略。简单提醒一下，设计策略有两种基本策略，每种策略又分为两个子类，共有4类策略。

(1) 策略搜索。函数经过调整之后，可以在不直接为当前决策对未来的影响建模的情况下长期正常工作。使用策略搜索设计的策略分为以下两种类型。

策略函数近似(PFA)——PFA是直接从状态映射到决策的分析函数。

成本函数近似(CFA)——CFA涉及最大化(或最小化)返回决策的参数优化问题。

(2) 前瞻策略。前瞻策略是通过直接或间接评估当前决策对未来的影响而设计的。创建该策略的方法有以下两种。

价值函数近似(VFA)——如果处于状态 S^n，要做出一个(引入新信息)进入新状态 S^{n+1} 的决策 x^n，则假设有一个(准确地或往往近似地)估计处于状态 S^{n+1} 的价值的函数 $V^{n+1}(S^{n+1})$。价值函数 $V^{n+1}(S^{n+1})$ 捕捉决策 x^n 的下游影响，并且可以用来帮助我们在当下做出最优决策。

直接前瞻近似(DLA)——可在这些策略中对每个决策的下游轨迹进行建模，并对当前决策以及未来决策进行优化(这可能需要考虑不确定性)。

这4个类别的重要性因具体问题而异，所有4个类均可参见第7章中的无导数优化设置。相比之下，第5章中回顾的基于导数的搜索策略在历史上更为有限，不过这种角度也可能会引入新的策略。当从第8章开始过渡到具有物理状态的问题时，就需要利用所有的4个类。因此，第11章将会更深入地讨论这4个类。

4.5　小结

本章提供了随机优化问题的3个基本观点。4.2节提醒我们，如果能够准确计算期望值，那么任何随机优化问题都可以作为确定性优化问题来解决。虽然这种情况不会经常发生，但本节重在提醒读者不要忽视这种方法。

4.3节随后介绍了使用采样模型的强大方法，该方法通过用小样本集替换潜在的不确定性模型来克服计算期望的复杂性，更容易建模。虽然这个策略不能解决整个问题，但我们应该意识到它的存在。

当所有其他方法都失败时(大多数情况都是如此)，将需要自适应学习策略，这种策略越来越多地被归入强化学习的范畴。这些方法已经发展成为成果丰富的研究领域，第5章将介绍基于导数的方法；第7章将介绍无导数方法。第5章将介绍一种称为"步长"的必需设备(详见第6章)，它可以被视为一种决策，其中不同的步长规则实际上是不同类型的策略。

4.6 参考文献注释

- 4.2.2节——W分布已知的报童问题在有关库存理论的任何标准教程(如Porteus(2002)的教程)中都可以找到，并且是许多关于随机优化的书籍(如Shapiro等人(2014)的著作)中的标准典型问题。

- 4.2.3节——有关机会约束规划的参考文献，参见2.1.12节的参考文献注释。

- 4.2.4节——有关最优控制的参考文献，参见2.1.4节的参考文献注释。

- 4.2.5节——第14章及其中引用的参考文献详细介绍了马尔可夫决策过程。

- 4.3.1节——有关随机规划的参考文献，参见2.1.8节的参考文献。

- 4.3.2节——Shapiro等人(2014)根据Shapiro和Wardi(1996)以及Shapiro与Homem de Mello(2000)的研究，介绍了式(4.19)和式(4.20)中给出的收敛速度结果。采样方法和收敛速度的卓越论述参见Kim、Pasupathy和Henderson在Fu(2014)发表的著作中的章节(第8章)以及Ghadimi和Lan关于有限时间收敛性质的章节(第7章)。

- 4.3.3节——使用场景来近似未来，可能会使已经存在的大问题变得更大，因此对高效场景进行采样的过程引发了广泛的关注；参见Dupacova等人(2003)以及Heitsch和Romisch(2009)对该领域的先期但十分重要且有卓越贡献的论述。

- 4.3.4节——Rockafellar和Wets(1991)使用一种称为"渐进式对冲"的技术对随机程序进行了分解。Mulvey等人(1995)实施了该方法并进行了数值测试。

- 4.4.1节——每个自适应问题，无论是序贯决策问题还是随机算法，都可以使用此处列出的5个元素进行建模。Powell(2011)首次以这种形式提出了这种结构。该框架遵循确定性数学程序的形式，由3个核心要素组成：决策变量、约束和目标函数。我们的框架基于随机最优控制中使用的建模框架(例如，参见Kirk(2012)、Stengel(1986)、Sontag(1998)、Sethi(2019)以及Lewis和Vrabie(2012)的论著)。Powell(2021)将本书中使用的建模框架与马尔可夫决策过程的建模形式(用于强化学习)与优化控制中使用的建模形式进行了对比。

- 4.4.3节——首次使用式(4.3)中给出的随机搜索问题的有限时间公式(参见Powell(2019)的论著)；由于式(4.1)中的渐近公式在随机优化文献中非常标准，因此其他地方并没有使用过这个公式。

- 4.4.4节——Powell(2011)的论著(第6章)首次讨论了不同类别的策略，但忽略了成本函数近似。Powell(2014)首次给出了4类策略(如本书所列)，但没有提出它们分属于两类。Powell(2016)提出4类策略，并将它们分为两大类：策略搜索和前瞻策略。Powell(2019)再次总结，并引入了其他建模见解，如最终和累积回报(式(4.3)被写作最终回报，但也可以表示为累积回报，详见第7章)。本书是第一本正式提出这些想法的图书。

练习

复习问题

4.1　用自己的话解释在能够计算期望值 W 的条件下，为什么可以将 $\max\limits_{x} \mathbb{E}_W F(x, W)$ 视为确定性优化问题。

4.2　如何使用采样近似计算 $\mathbb{E}_W F(x, W)$？这是否满足确定性优化问题的条件？请给出解释(尽可能简短)。

4.3　假设进行了一个采样 $\{w^1, \ldots, w^N\}$，然后求解以下采样表示以获得一个最优解 x^N。

$$\max_{x} \frac{1}{N} \sum_{n=1}^{N} F(x, w^n)$$

设 x^* 是 $\max\limits_{x} \mathbb{E}F(x, W)$ 的解(如果可以计算的话)。$F(x^N)$ 接近 $F(x^*)$ 的速率是多少？$F(x)$ 何时是凹的？

4.4　机器学习领域中的离线学习和在线学习有什么区别？

4.5　请写出最终回报和累积回报的目标函数。一定要使用期望的扩展形式，这意味着需要指出每个期望是由哪些随机变量决定的。

建模问题

4.6　基本报童问题

$$F(x, W) = p \max\{0, x - W\} - cx$$

可以被写成不同形式的优化问题：

(1) 写出优化问题的渐近形式，以最大化最终回报。

(2) 写出报童问题的最终回报版本，假设只能对报童问题进行 N 次观察。

(3) 假设必须在现场进行学习，这意味着需要在 n 次观察之上最大化回报的和。请写出这个问题的目标函数。

4.7　根据基本报童问题阐释 $F(x, W)$：

$$F(x, W) = p \max\{0, x - W\} - cx$$

不过，这只是一种可用于表示一系列序贯决策问题的通用符号。假设有一个资产出售问题，需要决定何时出售资产。设 W 是价格序列 $p_1, p_2, \ldots, p_t, \ldots, p_T$。假设打算在 $p_t \geq x$ 时出售，这意味着 x 定义了一个策略。试列出 $F(x, W)$ 对于此问题的意义，并构建目标函数以优化策略。

求解问题

4.8　在弹性支出账户(flexible spending account，FSA)中，设某家庭可以拨出x税前美元存入由雇主维护的托管账户。这些资金可用于下一年的医疗费用。下一年年底，账户中剩余的资金将返还给雇主。假设税率等级为35%(听起来不错，而且较容易计算)。

设W是表示下一年医疗费用总额的随机变量，设$P^W(S) = Prob[W \leq w]$是随机变量W的累积分布函数。

(1) 写出需要求解以得到x的目标函数$F(x)$，该函数旨在最小化明年支付医疗费用的总成本(税前美元)。

(2) 如果x^*是最优解，$\nabla_x F(x)$是为FSA分配x的前提下目标函数的梯度，设$\nabla_x F(x) = 0$，以推导表示x^*和累积分布函数$P^W(w)$之间关系的临界比率。

(3) 假设税率等级为35%，年底应该有多大比例的资金剩余？

4.9　假设共同基金经理面临的问题是，必须决定是持有一定量的流动资产，还是投资以获得市场收益。假设在第t天结束时有R_t美元可以投资，需要确定在第t天结束时投入现金的量x_t，以满足第$t + 1$天的现金需求$\hat{D}_{t+1}$。剩余部分，即$R_t - x_t$，将进行投资，并将获得市场收益$\hat{\rho}_{t+1}$(例如，$\hat{\rho}_{t+1} = 1.0002$意味着今天投资的一美元明天价值为1.0002)。假设现金金额没有任何收益。

如果$\hat{D}_t > x_{t-1}$，那么基金经理必须赎回股票。不仅要付0.20%的交易成本(赎回1000美元的成本为2.00美元)，还须为资本收益缴税。基金根据其持有的总资产的平均收益(而不是刚刚投资的资金收益)缴税。目前，出售资产将产生10%的税款，该税款将被扣除并托管。因此，出售1000美元的资产可产生0.9×(1000-2)的净收益。因此，如果需要支付10 000美元的现金，就需要出售足够的资产来支付交易成本(可抵扣税款)和税款，得到10 000美元的净收益来支付现金。

(1) 将确定现金持有量的问题表述为一个随机优化问题。构建目标函数$F(x)$，它在持有x美元现金时给出预期收益。

(2) 给出随机梯度$\nabla_x F(x)$的表达式。

(3) 找到必须清算资产以赎回现金的最优时间。例如，如果管理基金100天，预计多少天后可以清算资产以支付交易成本和税款并赎回现金？

4.10　独立系统运营商(ISO)是指通过将发电机与客户进行匹配来管理电网的公司。电力既可以通过蒸汽产生(这需要时间)，也可以通过快速但昂贵的燃气轮机产生。蒸汽发电必须提前一天投入市场，而燃气轮机很少需要提前通知。

设x_t是在第t天要求的在$t + 1$天可用的蒸汽发电量(以兆瓦时为单位)。设$P_{t,t+1}^{steam}$是在第t天给出的(在第t天已知的)第$t + 1$天的蒸汽价格。设D_{t+1}是第$t + 1$天的电力需求(也以兆瓦时为单位)，这取决于温度和其他无法完美预测的因素。然而，我们实际上已经知道D_{t+1}的

累积分布函数 $F^D(d) = Prob[D_{t+1} < d]$。如果需求超过可用蒸汽发电量(在第 t 天所计划的),那么必须由燃气轮机进行补充。这些都是在最后一刻出价的,因此必须支付随机价格 p_{t+1}^{GT}。同时,我们无法储存能量;如果 $D_{t+1} < x_t$,则没有库存。假设需求 D_{t+1} 和燃气轮机的电价 p_{t+1}^{GT} 是独立的。

(1) 构建目标函数 $F(x)$ 以将 x_t 定义为一个优化问题。

(2) 计算关于 x_t 的目标函数 $F(x)$ 的随机梯度。确定在 t 时已知的变量,它只有在 $t+1$ 时才已知。

(3) 根据需求 D_T 的累积概率分布 $F^D(d)$,得出表示 x_t 最优值的表达式。

4.11　我们将说明:

$$\max_x \mathbb{E}F(x, W) \tag{4.33}$$

和

$$\max_x F(x, \mathbb{E}W) \tag{4.34}$$

之间的差异,为此,将使用采样信念模型。假设要尝试为一种产品定价,其需求函数为:

$$D(p|\theta) = \theta^0 \frac{e^{U(p|\theta)}}{1 + e^{U(p|\theta)}} \tag{4.35}$$

其中,

$$U(p|\theta) = \theta_1 + \theta_2 p$$

我们的目标是找到使总收入最大化的价格:

$$R(p|\theta) = pD(p|\theta) \tag{4.36}$$

这里的随机变量 W 是系数的向量 $\theta = (\theta_0, \theta_1, \theta_2)$,它可以取 θ 的4个可能值中的一个,由集合 $\Theta = \{\theta^1, \theta^2, \theta^3, \theta^4\}$ 给出,如表4.1所示。

表4.1　练习4.11的数据

θ	$P(\theta)$	θ_0	θ_1	θ_2
θ^1	0.20	50	4	−0.2
θ^2	0.35	65	4	−0.3
θ^3	0.30	75	4	−0.4
θ^4	0.15	35	7	−0.25

(1) 针对 θ 的4个值中的每一个,求出使下式最大化的价格 $p(\theta)$:

$$\max_p R(p|\theta) \tag{4.37}$$

可以通过解析或近似的方式得到最近的整数(相关价格范围在0到40之间)。无论选择的是哪种方式,绘制曲线(它们是经过仔细选择的)都是一个好主意。设 $p^*(\theta)$ 是每个 θ 值的最优价格,计算:

$$R^1 = \mathbb{E}_\theta \max_{p(\theta)} R(p^*(\theta)|\theta) \tag{4.38}$$

(2) 查找使用下式最大化的价格 p:

$$R^2 = \max_p \mathbb{E}_\theta R(p|\theta) \tag{4.39}$$

其中, $R(p|\theta)$ 由式(4.36)给出。

(3) 现在找到使下式最大化的价格 p:

$$R^3 = \max_p R(p|\mathbb{E}\theta)$$

(4) 比较最优价格以及分别通过求解式(4.37)、式(4.39)和式(4.40)得出的最优目标函数 R^1、R^2 和 R^3。使用收益函数之间的关系尽可能解释相关收益和价格。

理论问题

4.12　回顾一下报童问题:

$$\max_x \mathbb{E}_W F(x, W)$$

其中, $F(x, W) = p\min(x, W) - cx$。假设 W 由已知分布 $f^W(w)$ 给出,它具有累积分布:

$$F^W(w) = \mathbb{P}[W \le w]$$

这说明最优解 x^* 满足下式:

$$F^W(x^*) = \frac{p-c}{p} \tag{4.40}$$

首先找到随机梯度 $\nabla_x F(x, W)$,从而得到一个取决于 $W < x$ 或 $W > x$ 的梯度。接下来,取这个梯度的期望值,将其设置为零,并使用它证明式(4.40)。

4.13　报童问题为:

$$\max_x F(x) = \mathbb{E}_W F(x, W)$$

其中,

$$F(x, W) = p\min\{x, W\} - cx$$

假设销售价格 p 严格高于采购成本 c。报童问题的一个重要特性是 $F(x)$ 相对于 x 呈凹性。这意味着,例如,对于下式:

$$\lambda F(x_1) + (1-\lambda)F(x_2) \le F(\lambda x_1 + (1-\lambda)x_2) \tag{4.41}$$

有 $0 \le \lambda \le 1$,且 $x_1 \le x_2$。该特性如图4.1所示。

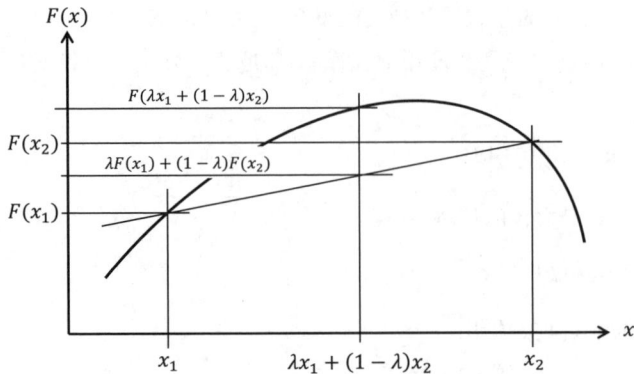

图4.1　凹形函数，表示 $\lambda F(x_1) + (1-\lambda)F(x_2) \leq F(\lambda x_1 + (1-\lambda)x_2)$

(1) 固定随机变量 W 并表明 $F(x, W)$ 是凹的(对固定的 W 绘制 $F(x, W)$，即可发现这是显而易见的)。

（2）现在假设 W 只取一组固定的值——$w^1, \dots, w^N$，其中每个值的概率为 $p^n = Prob[W = w^n]$。设 $F(x) = \sum_{n=1}^{N} p^n F(x, w^n)$。将其代入式(4.41)，以证明凹函数的加权和是凹的。

(3) 说明(2)意味着报童问题相对于 x 呈凹性。

每日一问

"每日一问"是你选择的一个问题(参见第1章中的指南)。针对你的每日一问，回答以下问题。

4.14　对于你的每日一问：

(1) 你认为可以将问题简化为4.2节所述的确定性问题吗？如果不能，能否使用4.3节中描述的采样方法进行近似？对于这两种方法，请分别解释原因。假设两种方法都不适用，你能描绘自适应搜索算法的工作原理吗？

(2) 你将使用最终回报还是累积回报目标来表示决策问题？

参考文献

第 II 部分
随机搜索

随机搜索涵盖了一类广泛的问题，通常它们按名称分为随机近似方法(基于导数的随机搜索)、排序和选择(无导数的随机搜索)、模拟优化和多臂老虎机问题。本书第 II 部分涵盖了通常用迭代算法解决的问题，其中，从一次迭代传递到下一次迭代的唯一信息是我们对函数的了解。这正是学习问题的典型特征。

第5章将讲解基于导数(梯度)的算法，并细述渐近分析和有限时间分析之间的差异，同时明确步长的重要性——步长实际上是基于导数的方法的"决策"。第6章会深入讨论步长策略。

第7章将转而讲解无导数问题。与基于导数的方法相比，无导数问题的设计策略更为传统。这将是第一次全面探讨我们提出的典型框架和4类策略。无导数随机搜索是一种以捕捉潜在问题的近似的纯信念状态为特征的序贯决策问题，这相当于搭建了一座通往多臂老虎机领域的桥梁。为此，我们还引入了主动学习的概念，专门为提升我们对正在优化的函数的认知做决策。

本部分的末尾将为更丰富的序贯决策问题做铺垫，这些问题涉及将决策和动态从一个时间段连接到下一个时间段的可控制物理状态。而第5~7章所提及的工具则将用于本书的其余部分，特别是调整策略参数的上下文中。

第5章

基于导数的随机搜索

在讲解自适应学习方法前，不妨先处理一个获取函数 $F(x, W)$ 的导数(若 x 是向量，则获取梯度)的问题。通常从下式所示的基本随机优化问题的渐近形式开始：

$$\max_{x \in \mathcal{X}} \mathbb{E}\{F(x, W)|S^0\} \tag{5.1}$$

但很快我们将集中注意力寻找最佳算法(或策略)以在有限成本内找到最优解。我们将说明，使用任何自适应学习算法，都可以定义在 n 次迭代后捕捉已知信息的状态 S^n。可以将任何算法表示为"策略" $X^\pi(S^n)$，该策略会告知，经过 n 次迭代后，给定已知信息 S^n 的下一个点 $x^n = X^\pi(S^n)$。最终完成 N 次迭代的预算，并生成一个称作 $x^{\pi,N}$ 的解，以表示该解是对策略(算法) π 进行 N 次迭代后获得的。

选择 x^n 后，我们观察到一个先前未知的随机变量 W^{n+1}，然后，又通过函数 $F(x^n, W^{n+1})$ 评估其表现，该函数可以充当许多设置的占位符，包括计算机模拟的结果、产品在市场上的运作方式、患者对药物的反应或实验室生产的材料的强度。初始状态 S^0 可能包含固定参数(例如材料的沸点)、患者的属性、算法的起点以及关于任何不确定参数的信念。

当关注这个有限预算的设置时，式(5.1)中的问题就变成了：

$$\max_{\pi} \mathbb{E}\{F(x^{\pi,N}, W)|S^0\} \tag{5.2}$$

但这种描述问题的方式掩盖了实际发生的事情。从 S^0 中的已知信息开始，我们将在生成以下序列的同时使用策略 $X^\pi(S^n)$ ：

$$(S^0, x^0, W^1, S^1, \ldots, S^n, x^n, W^{n+1}, \ldots, S^N)$$

其中，观察值 $W^1, \ldots, W^N$ 可以称为生成解 $x^{\pi,N}$ 的训练数据。一旦求得 $x^{\pi,N}$，就可以用一个新的随机变量来计算它，此处以一个用于测试的 $\widehat{W}$ 来指代这个随机变量。然后使用 $\widehat{W}$ 计算 $x^{\pi,N}$ 的表现，其计算方法为：

$$\bar{F}^{\pi,N} = \mathbb{E}_{\widehat{W}} F(x^{\pi,N}, \widehat{W}) \tag{5.3}$$

答案马上就要揭晓了。$F^{\pi,N}$ 的问题是，它是一个取决于特定序列 $W^1, \ldots, W^N$ 和 S^0 中的任何分布信息的随机变量(稍后将回过头来讲解此问题)。现在有以下3个潜在的不确定性信息来源。

(1) 初始状态 S^0。初始状态 S^0 可能包含一个描述对随机变量平均值的信念的概率分布。

(2) 训练序列 $W^1, \ldots, W^N$。这是计算 $x^{\pi,N}$ 时的观察结果。

(3) 测试过程。最后用 $\widehat{W}$ 表示从 W 重复采样的结果，以使它区别于用来训练 $x^{\pi,N}$ 的随机变量 W。

目前，策略(算法) $X^\pi(S)$ 的价值 F^π 可以(使用扩展的期望形式)写作：

$$F^\pi = \mathbb{E}_{S^0} \mathbb{E}_{W^1, \ldots, W^N | S^0} \mathbb{E}_{\widehat{W} | S^0} \{ F(x^{\pi,N}, \widehat{W}) | S^0 \} \tag{5.4}$$

这些期望表示形式看起来有点复杂。在实践中，我们会模拟它们，但这要放到本章的后部讲解。

式(5.2)中的目标是式(5.1)的自然预算版本(也称为最终回报目标)，但即便如此，仍应该保持开放的心态，并意识到还有可能从下式给出的累积回报公式中得到更多的惊喜：

$$\max_\pi \mathbb{E}_{S^0} \mathbb{E}_{W^1, \ldots, W^N | S^0} \left\{ \sum_{n=0}^{N-1} F(x^n, W^{n+1}) | S^0 \right\} \tag{5.5}$$

其中，$x^n = X^\pi(S^n)$ 是搜索策略(通常称为"算法")。注意，在最大化累积回报时，会在执行策略期间持续累积表现，因此不需要像上面对最终回报目标那样，对 $\widehat{W}$ 进行最后的训练。

从搜索解 x 到查找函数 π 的这一转变，是确定性优化问题和随机优化问题之间的主要区别之一。我们正在从寻找最优解 x 转向寻找最佳算法(或策略) π。

本章假设，在随机信息 W 已知之时，便可计算梯度 $\nabla F(x, W)$。报童问题最适合用来阐明这一点。设 x 是放在箱子里的报纸数量，每一份的成本为 c。设 W 是对报纸的随机需求(选择 x 后即知)，报纸皆按价格 p 出售。希望找到下式的解 x：

$$\max_x F(x) = \mathbb{E}F(x, W) = \mathbb{E}(p\min\{x, W\} - cx) \tag{5.6}$$

可以利用这样的一个事实——随机梯度是仅在观察需求值 W 后，由下式计算而得的梯度：

$$\nabla_x F(x, W) = \begin{cases} p - c & \text{若 } x \leq W, \\ -c & \text{若 } x > W \end{cases} \tag{5.7}$$

梯度 $\nabla_x F(x, W)$ 因其取决于随机需求 W 而被称为随机梯度，即只有在观察 W 之后才能计算它。

接下来将展示如何在随机信息已知的情况下，利用计算梯度的能力设计简单的算法。即使无法直接获得梯度，也可以使用有限差分来估计梯度；而且，随机梯度方法的核心理念已经渗透到广泛的自适应学习算法中。

下面先总结各种应用。

5.1　一些示例应用程序

基于导数的问题利用了我们在观察到随机信息后使用导数的能力(要记住的是，必须在观察到该信息前做决策x)。这些被称为随机梯度的导数要求理解问题的底层动态。当满足该条件时，才可以使用一些强大的算法策略——这些策略自1951年被Robbins和Monro首次提出以来一直在发展。

一些可直接计算导数的问题示例列举如下。

- 成本最小化的报童问题。报童问题的另一种表达方式是最小化超额成本和短缺成本的问题。还可以使用与上面相同的符号将目标函数写作：

$$\min_x \mathbb{E}F(x, W) = \mathbb{E}[c^o \max\{0, x - W\} + c^u \max\{0, W - x\}] \tag{5.8}$$

当W已知时，可以通过下式计算$F(x, \hat{D})$相对于x的导数：

$$\nabla_x F(x, W) = \begin{cases} c^0 & \text{若 } x > W, \\ -c^u & \text{若 } x \le W \end{cases}$$

- 嵌套报童问题。这暗示了一个多维问题，即使知道需求分布，也很难解决。这里有一个简单的随机需求D，可以使用产品$1, \dots, K$来实现，其中，在使用产品k之前，使用产品$1, \dots, k-1$来供应。利润最大化版本由下式给出：

$$\max_{x_1, \dots, x_K} = \sum_{k=1}^{K} p_k \mathbb{E} \min \left\{ x_k, \left(D - \sum_{j=1}^{k-1} x_j \right)^+ \right\} - \sum_{k=1}^{K} c_k x_k \tag{5.9}$$

虽然嵌套报童问题比标量报童问题更复杂，但是在需求已知的情况下，仍然能够很容易地找到相对于向量x的梯度。

- 统计学习。设$f(x|\theta)$是一个统计模型，其形式可能是：

$$f(x|\theta) = \theta_0 + \theta_1 \phi_1(x) + \theta_2 \phi_2(x) + \dots$$

假设有一个数据集，其中，自变量为$x^1, \dots, x^N$，相应的因变量为$y^1, \dots, y^N$。想找到θ以求解下式：

$$\min_\theta \frac{1}{N} \sum_{n=1}^{N} (y^n - f(x^n|\theta))^2$$

- 寻找最佳库存策略。设R_t是t时的库存。假设按照以下规则下订单x_t：

$$X^\pi(R_t|\theta) = \begin{cases} \theta^{max} - R_t & \text{若 } R_t < \theta^{min} \\ 0 & \text{其他} \end{cases}$$

库存根据下式变动:

$$R_{t+1} = \max\{0, R_t + x_t - D_{t+1}\}$$

假设赚取的贡献 $C(R_t, x_t, D_{t+1})$ 由下式给出:

$$C(R_t, x_t, D_{t+1}) = p\min\{R_t + x_t, D_{t+1}\} - cx_t$$

然后想选择 θ 以最大化下式:

$$\max_{\theta} \mathbb{E} \sum_{t=0}^{T} C(R_t, X^{\pi}(R_t|\theta), D_{t+1})$$

如果设 $F(x, W) = \sum_{t=0}^{T-1} C(R_t, X^{\pi}(R_t|\theta), D_{t+1})$，其中 $x = (\theta^{\min}, \theta^{\max})$，并且 $W = D_1$，$D_2, \dots, D_T$，那么，这个问题与式(5.6)中的报童问题相同。在这种设置中，我们会模拟策略，并回过头来确认如果在相同的样本路径下改变 θ，结果将如何变化。有时可以解析求导，不能解析求导时，也可以计算一个数值导数(但使用相同的需求序列)。

- 最大化电子商务收入。假设对产品的需求由下式决定:

$$D(p|\theta) = \theta_0 - \theta_1 p + \theta_2 p^2$$

现在需要找出使收益 $R(p) = pD(p|\theta)$ 最大化的价格 p，其中 θ 未知。

- 优化工程设计。工程团队必须调整内燃机的操作时间，以最大限度地提高燃油效率，同时最小化排放。假设设计参数 x 包括用于喷射燃油的压力、开始喷射的时间以及喷射的时长。基于此，工程师观察了特定发动机转速下的油耗 $G(x)$ 和排放 $E(x)$，并将二者组合成一个将排放量和里程数合并为单一指标的效用函数 $U(x) = U(E(x), G(x))$。因为 $U(x)$ 是未知的，所以目标是找到一个近似 $U(x)$ 的估计值 $\bar{U}(x)$，然后将其最大化。

- 模拟的导数。前面通过一个简单的报童问题演示了随机梯度算法。现在假设有一个多周期的模拟，例如制造中心外围作业流的模拟问题。也许在机器完成一个特定步骤(例如钻孔或喷漆)后，可以用一个简单的规则来管理机器的作业分配。不过，这些规则必须反映物理约束，例如在机器开始处理作业之前，用于保存作业的缓冲区的大小。如果下游机器的缓冲区已满，规则可能会指定将作业按照某线路转移到其他机器或特殊的等待队列。

这是一个由静态变量(如缓冲区大小)控制的策略示例。设 x 是缓冲区大小的向量。如果不是只对固定向量 x 进行模拟，这便很有帮助。如果可以计算相对于每个元素的导数 x，那么在运行模拟之后，不就可以得到所有导数了?

从模拟过程中计算这些导数是整个模拟领域分支的重点，为此，人们还专门开发了一类称为无穷小扰动分析(infinitesimal perturbation analysis)的算法。因篇幅有限，本书不会详细描述这些方法，但读者必须意识到这个研究领域的存在。

5.2　建模不确定性

在继续深入讲解前，先来谈谈如何对不确定性建模，以及随机优化中最棘手的符号——期望算子$\mathbb{E}$的含义。

下面将从3个角度讨论不确定性。第一个是在评估解时出现的随机变量W，被称为训练不确定性(training uncertainty)。第二个是用于表达模型不确定性(model uncertainty)的初始状态S^0，通常采用参数不确定性的形式(但有时是模型本身的结构)。第三个是测试不确定性。最终回报问题使用随机变量$\widehat{W}$来进行测试。在累积回报设置中，则在操作过程中进行测试。

5.2.1　训练不确定性$W^1, ..., W^N$

先来看一种自适应算法(其介绍参见第4章)，该算法通过猜测x^n，然后观察W^{n+1}来得出x^{n+1}，以此类推(本章将给出这些程序的示例)。如果将算法限制为N次迭代，则序列如下：

$$(x^0, W^1, x^1, W^2, x^2, ..., x^n, W^{n+1}, ..., x^N)$$

表5.1显示了序列$W^1, ..., W^{10}$的6个样本路径。通常，人们用ω来表示随机变量的结果，或者整个样本路径(如此处所示)。设Ω是所有样本路径的集合，那么这个问题对应的集合如下：

$$\Omega = (\omega_1, \omega_2, \omega_3, \omega_4, \omega_5, \omega_6)$$

之后，设$W_t(\omega)$是样本路径ω在t时的随机变量W_t。因此，$W_5(\omega_2) = 7$。如果遵循样本路径ω使用策略π，就会得到最终的设计$x^{\pi, N}(\omega)$。通过对每个结果$\omega \in \Omega$运行策略π，将产生一批设计$x^{\pi, N}$，提供一种将$x^{\pi, N}$表示为随机变量的好方法。

表5.1　随机变量W的6条样本路径

ω	W^1	W^2	W^3	W^4	W^5	W^6	W^7	W^8	W^9	W^{10}
1	0	1	6	3	6	1	6	0	2	4
2	3	2	2	1	7	5	4	6	5	4
3	5	2	3	2	3	4	2	7	7	5
4	6	3	7	3	2	3	4	7	3	4
5	3	1	4	5	2	4	3	4	3	1
6	3	4	4	3	3	3	2	2	6	1

5.2.2　模型不确定性S^0

下面将以报童问题为例来说明模型的不确定性，其中会做出一个决策x，然后观察随机需求$W = \hat{D}$，之后再使用式(5.6)计算利润。假设需求遵循泊松分布，如下所示：

$$\mathbb{P}[W = w] = \frac{\mu^w e^{-\mu}}{w!}$$

其中，$w = 0, 1, 2, \dots$。在这种设置下，期望将超出可能的 W 结果，因此可以将式(5.6)中的优化问题写作：

$$F(x|\mu) = \sum_{w=0}^{\infty} \frac{\mu^w e^{-\mu}}{w!}(p \min\{x, w\} - cx)$$

这看起来并不难，但如果不知道 μ，会发生什么？这个参数由初始状态 S^0 传递。如果不确定 μ，似乎可以用下式给出的指数分布来描述它：

$$\mu \sim \lambda e^{-\lambda u}$$

其中，参数 λ 被称为超参数，也就是说，它是一个决定分布的参数，而分布描述了问题参数的不确定性。假设条件是，即使不知道 λ 的准确值，也能很好地描述平均需求 μ 的不确定性。在这种情况下，S^0 同时包括 λ 以及一个假设——μ 是由指数分布描述的。

将 $F(x, W)$ 的期望写成：

$$\begin{aligned} F(x) &= \mathbb{E}\{F(x, W)|S^0\}, \\ &= \mathbb{E}_{S^0}\mathbb{E}_{W|S^0}\{F(x, W)|S^0\} \end{aligned}$$

对于本示例，上式可被转换为：

$$F(x|\lambda) = \mathbb{E}_{\mu|\lambda}\mathbb{E}_{W|\mu}\{F(x, W)|\mu\}$$

符号 $\mathbb{E}_{W|\mu}$ 指的是给定 μ 的 W 的条件期望。使用我们的分布(其中随机需求 W 遵循具有平均值 μ 的泊松分布，μ 本身是随机的且具有平均值 λ 的指数分布)，将期望写作：

$$F(x|\lambda) = \int_{u=0}^{\infty} \lambda e^{-\lambda u} \sum_{w=0}^{\infty} \frac{u^w e^{-u}}{w!}(p \min(x, w) - cx)du.$$

在实践中，很少使用显式概率分布。其中的一个原因是，可能不知道分布，但可能有产生随机结果的外生信息来源。另一个原因是，可能有一个多维且无法计算的分布。

5.2.3　测试不确定性

最终得到解 $x^{\pi,N}$ 时，还必须评估解的质量。接下来，先求解 $x^{\pi,N}$。设 $\widehat{W}$ 为测试最终解 $x^{\pi,N}$ 的表现时使用的随机观察值。在测试时使用 $\widehat{W}$ 表示随机观察值，以免将它与训练时使用的随机观察值 W 混淆。

使用下式计算解 $x^{\pi,N}$ 的值：

$$F(x^{\pi,N}) = \mathbb{E}_{\widehat{W}}\{F(x^{\pi,N}, \widehat{W})|S^0\} \tag{5.10}$$

在实践中，通常使用蒙特卡洛模拟来评估期望。假设有一组称为 $\widehat{\Omega}$ 的 $\widehat{W}$ 的结果，其中，$\omega \in \widehat{\Omega}$ 是 $\widehat{W}$ 的一个结果，使用 $\widehat{W}(\omega)$ 表示。再次假设进行了一个随机采样以创建 $\widehat{\Omega}$，其中每个结果都有相同的可能性。然后便可以使用下式评估解 $x^{\pi,N}$：

$$\bar{F}(x^{\pi,N}) = \frac{1}{|\hat{\Omega}|} \sum_{\omega \in \hat{\Omega}} F(x^{\pi,N}, \widehat{W}(\omega))$$

估计值$\bar{F}(x^{\pi,N})$评估单个决策$x^{\pi,N}$，这暗示了学习策略π的表现。

5.2.4　策略评估

如果希望评估策略$X^{\pi}(S^n)$，则必须将所有3种类型的不确定性结合起来。这可以通过计算下式来实现：

$$F^{\pi} = \mathbb{E}_{S^0} E_{W^1,\dots,W^N|S^0} E_{\widehat{W}|S^0} F(x^{\pi,N}, \widehat{W})$$

在实践中，可以用一个随机样本来替换每个期望。此外，这些样本可以从概率分布中抽取，由大批量数据集表示，或者从外生过程(包括在线学习)中观察到。

5.2.5　结束语

本节不能全面介绍建模的不确定性。鉴于本主题的丰富性，第10章将专门讲解建模过程的不确定性。本节只是在评估随机搜索算法时提出不确定性的基本形式。

我们提到人们日益倾向于以某种形式的风险指标取代期望$\mathbb{E}$，这种风险指标使人认识到极端结果的概率(probability)比其似然(likelihood)(可能较低)更重要。期望是基于所有结果的平均，因此，如果极端事件发生的概率很低，则不会对解产生太大的影响。此外，期望可能会导致高的结果值与低的结果值相互抵消，而事实上，其中的一条"尾巴"比另一条重要得多。9.8.5节将更详细地讨论风险。用某种形式的风险指标代替期望算子的做法并不会改变评估策略时的核心步骤。

5.3　随机梯度法

解决基本随机优化问题的最古老和最早的方法之一如下：

$$\max_x \mathbb{E} F(x, W) \tag{5.11}$$

这个式子利用了这样一个事实：通常可以在随机变量W已知的情况下计算$F(x, W)$相对于x的梯度。例如，假设要解决一个报童问题，在知道需求W之前，希望分配数量为x的资源("报纸")。优化问题由下式给出：

$$\max_x F(x) = \mathbb{E} p \min\{x, W\} - cx \tag{5.12}$$

如果可以精确地(即解析地)计算$F(x)$及其导数，那么可以通过取其导数并将其设置为零的方式找到x^*，如4.2.2节所做的那样。如果这种方法不可行，则仍然可以使用经典的最速上升法：

$$x^{n+1} \quad = \quad x^n + \alpha_n \nabla_x F(x^n) \tag{5.13}$$

其中，α_n 是步长。确定性问题通常通过求解如下所示的一维优化问题来选择最佳步长：

$$\alpha^n = \underset{\alpha \geq 0}{\arg\max} \, F(x^n + \alpha \nabla F(x^n)) \tag{5.14}$$

随机问题则必须确保能够通过极其难以计算的式(5.14)计算 $F(x) = \mathbb{E}F(x, W)$(否则要重新使用第4章中的技术)。这意味着无法通过式(5.14)为最佳步长求解一维搜索问题。

相反，要使用梯度 $\nabla_x F(x^n, W^{n+1})$——诉诸被称为随机梯度的算法策略，这意味着要在观察到 W^{n+1} 之后获取函数的梯度。该算法策略不可能适用于所有问题(出于此原因而写了第7章)，但适用于可以找到梯度的问题，它攻克了与计算期望导数相关的问题。允许在观察到 W^{n+1} 之后计算梯度的想法正是随机梯度算法的神奇之处。

5.3.1　随机梯度算法

针对我们的随机问题，假设既无法计算 $F(x)$，也不能精确地计算梯度。然而，如果设 $W = W(\omega)$，则可以找到 $F(x, W(\omega))$ 相对于 x 的导数。然后，不使用式(5.13)中的确定性更新公式，而使用下式：

$$x^{n+1} \quad = \quad x^n + \alpha_n \nabla_x F(x^n, W^{n+1}) \tag{5.15}$$

这里，$\nabla_x F(x^n, W^{n+1})$ 称为随机梯度，原因是它取决于 W^{n+1} 的样本实现。

注意，索引很重要。像 x^n 或 α_n 等由 n 索引的变量被假设是观察值 $W^1, W^2, \ldots, W^n$(而非 W^{n+1})的函数。因此，随机梯度 $\nabla_x F(x^n, W^{n+1})$ 取决于当前的解 x^n 以及下一次的观察结果 W^{n+1}。

为了说明这一点，先来看一个以利润最大化为目标的简单报童问题：

$$F(x, W) \quad = \quad p \min\{x, W\} - cx$$

在这个问题中，我们订购了数量为 $x = x^n$ 的报纸(在第 n 天结束时确定)，然后观察第 $n+1$ 天的随机需求 W^{n+1}。我们的收入来自 $p \min\{x^n, W^{n+1}\}$(销量不能超过购买量，也不能超过需求量)，但必须为订单付款，产生负成本 $-cx$。设 $\nabla F(x^n, W^{n+1})$ 是在 $W = W^{n+1}$ 时的样本梯度。在这个示例中，样本梯度由下式给出：

$$\frac{\partial F(x^n, W^{n+1})}{\partial x} = \begin{cases} p - c & \text{若 } x^n < W^{n+1}, \\ -c & \text{若 } x^n > W^{n+1} \end{cases} \tag{5.16}$$

数量 x^n 是上一次迭代计算所得的 x 的估计值(使用样本实现 ω^n)，而 W^{n+1} 是第 $n+1$ 次迭代中的样本实现(索引告知 x^n 是在 W^{n+1} 未知的情况下计算得到的)。当函数确定时，通过求解由式(5.14)确定的一维优化问题来选择步长。

5.3.2　步长简介

现在面临的问题是在必须处理随机梯度$\nabla F(x^n, W^{n+1})$时，找到步长α_n。与确定性算法不同，在看到W^{n+1}之后，不能通过求解一维搜索问题(如式(5.14)所示)来找到最佳步长，原因是无法计算期望值。

随机梯度有助于克服无法计算期望值的问题。虽然该计算优势巨大，但这意味着梯度目前是一个随机变量。这也意味着随机梯度甚至可能指向远离最优解的方向，因此任何正步长实际上都会使解变得更糟。图5.1比较了确定性搜索算法(解在每次迭代时都会改进)和随机梯度算法的行为。

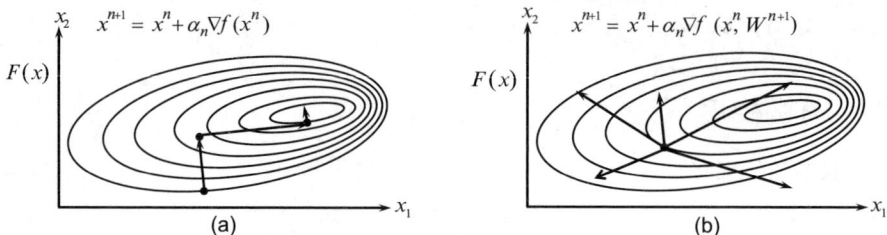

图5.1　确定性问题(a)和随机梯度(b)的梯度上升

使用报童问题，可以很容易地说明这种行为。最理想的订货量可能是15。然而，如果订货量$x=20$，那么某一天的需求量可能是24，迫使我们将订单量调整到大于20的数量，离最佳值越来越远。

使用随机梯度时的主要挑战是步长；不能再像式(5.14)中使用确定性应用那样使用一维搜索。有趣的是，在处理随机问题时，会通过使用相对简单的步长规则(称为步长策略)来避开无法求解的一维搜索问题。例如，经典公式无非是：

$$\alpha_n = \frac{1}{n+1} \tag{5.17}$$

其中，$n = 0, 1, \ldots$。通过该公式，可以证明下式：

$$\lim_{n \to \infty} x^n \to x^* \tag{5.18}$$

其中，x^*是式(5.1)所示的最初的优化问题的最优解。但请注意，不承诺收敛速度快，只确保它(最终)会收敛。(该收敛性的证明，参见5.10节。)有大量文献证明了渐近收敛性，但随后对策略算法进行了有限次数的迭代，并假设得到的解是好的。

在许多应用中，梯度的单位和决策变量的单位是不同的。这发生在我们的报童问题示例中，其中梯度以美元为单位，而决策变量x以报纸量为单位。这在实践中是一个令人头痛的大问题。

如果我们试图学习随机变量W的平均值，就可以避免这个问题的发生，但随之会出现另一个问题。我们可以使用下式将此任务表述为随机优化问题：

$$\min_x \mathbb{E} \frac{1}{2}(x-W)^2 \tag{5.19}$$

这里，函数 $F(x,W)=\frac{1}{2}(x-W)^2$，不难看出使该函数最小化的变量的值是 $x=\mathbb{E}W$。现在假设要使用一个类似于下式的序贯(在线)随机梯度算法解决这个问题，来生成 $\mathbb{E}W$ 的估计序列：

$$\begin{aligned} x^{n+1} &= x^n - \alpha_n \nabla F_x(x^n, W^{n+1}), \tag{5.20}\\ &= x^n - \alpha_n(x^n - W^{n+1}),\\ &= (1-\alpha_n)x^n + \alpha_n W^{n+1} \tag{5.21} \end{aligned}$$

式(5.20)说明 α_n 是随机梯度算法的步长，而式(5.21)为指数平滑法(见3.2节)，在这种情况下，α_n 被广泛称为平滑因子或"学习率"。

这里将会出现问题："一对 n"的步长公式(5.17)非常慢。不过，第6章将会针对估计随机变量平均值的问题，证明"一对 n"实际上是最佳步长公式！也就是说，没有其他步长公式会给出更快的收敛。这也意味着将要学习更多的步长规则。

对于一些问题，可以先探讨能表示为 x^0 的 $\mathbb{E}W$ 的先验估计。在这种情况下，希望使用初始步长 $\alpha^0 < 1$。不过，通常要在没有信息的情况下开始，此时，初始步长 $\alpha^0 = 1$，有：

$$\begin{aligned} x^1 &= (1-\alpha_0)x^0 + \alpha_0 W^1\\ &= W^1 \end{aligned}$$

这意味着不需要 x^0 的先验估计。只有在能够获取可靠的先验估计时，较小的初始步长才有意义，在这种情况下，步长应该反映出对先验估计的信心(例如，可能会从先前的迭代中热启动算法)。

本节只是大概介绍步长。第6章将更详细地介绍这个丰富的主题。

5.3.3　评估随机梯度算法

5.10节将提供两个渐近最优性的证明。问题是，我们从未将这些算法运行到极限，这意味着我们只对有限时间内的性能感兴趣。如果只对最终解 $x^{\pi,N}$ 的质量感兴趣，就要使用式(5.4)给出的最终回报目标，但这会引出一个问题：要如何计算这个目标？答案是必须模拟它。

设 ω^ℓ 是用于训练(评估) $x^{\pi,N}(\omega^\ell)$($\ell=1,2,\dots,L$)的随机变量 $W^1(\omega^\ell),\dots,W^N(\omega^\ell)$ 的样本实现。然后，设 ψ^k 为测试信息 $\widehat{W}(\psi^k)$($k=1,2,\dots,K$)的样本实现。假设 S^0 中没有概率信息，可以使用下式估计算法 π 的性能：

$$\bar{F}^\pi = \frac{1}{L}\sum_{\ell=1}^{L}\left(\frac{1}{K}\sum_{k=1}^{K}F(x^{\pi,N}(\omega^\ell),\widehat{W}(\psi^k))\right) \tag{5.22}$$

其中，$x^n(\omega^\ell) = X^\pi(S^n(\omega^\ell))$由随机梯度公式(5.20)确定，而$\alpha_n$来自步长公式(如式(例5.17))。这个问题的状态变量$S^n = x^n$，这意味着状态转移公式$S^{n+1}(\omega^\ell) = S^M(S^n(\omega^\ell), x^n(\omega^\ell), W^{n+1}(\omega^\ell))$只是随机梯度公式(5.20)。之后，设$x^{\pi,N} = x^N$是终点。

式(5.22)中的最终回报目标很容易成为评估随机搜索算法的最经典方法，但是使用下式模拟的累积回报还需要几个参数：

$$\bar{F}^\pi = \frac{1}{L}\sum_{\ell=1}^{L}\left(\sum_{n=0}^{N-1}F(x^n(\omega^\ell), W^{n+1}(\omega^\ell))\right) \tag{5.23}$$

在真实的报童问题等现实情况下，有可能必须应用此算法，且必须接受每个解x^n的结果。然而，我们可能只是对能通过式(5.23)更好地捕捉的总体收敛速度感兴趣。

5.3.4　符号注释

在本书中，我们对变量进行索引(无论是按迭代还是按时间进行索引)，以清楚地识别每个变量的信息内容。因此，x^n是在W^n已知后所做的决策。在计算随机梯度$\nabla_x F(x^n, W^{n+1})$时，使用在观察W^n后所确定的x^n。如果迭代计数器引用了一个实验，那么这意味着x^n是在完成第n次实验后所确定的。如果正在解决报童问题，其中n为天数，那么这相当于在观察第n天的销售情况后确定第$n+1$天要订购的报纸数量。如果正在进行实验，就会通过前n个实验中的信息来选择为第$n+1$个实验指定设计环境的x^n。当你意识到索引n反映的是信息内容，而不是实施时间时，这种索引就非常有意义。

第6章将介绍一些用来确定步长的公式。其中一些是确定性的，例如$\alpha_n = 1/n$，还有一些是随机的，随着信息的到来而调整。式(5.15)中的随机梯度公式传达了这样一个性质：步长α_n乘以梯度$\nabla_x F(x^n, W^{n+1})$，允许观察W^n和x^n，但不能观察W^{n+1}。

第9章将继续讨论这个问题，但我们强烈要求读者采用这种符号系统。

5.4　梯度样式

基本随机梯度方法有几个变体。下面介绍梯度平滑的概念，并讲解一种近似二阶算法的方法。

5.4.1　梯度平滑

在实践中，随机梯度可以是高度随机的，这就是必须使用步长的原因。然而，通过对梯度本身进行平滑处理，可以适度减轻可变性。如果在$n+1$次实验后计算出来的$\nabla F(x^n, W^{n+1})$正是所需要的随机梯度，就可以使用下式来使它平滑：

$$g^{n+1} = (1 - \eta)g^n + \eta\nabla F(x^n, W^{n+1})$$

其中，η 是平滑因子，$0 < \eta \leq 1$。可以用递减序列 η_n 代替 η，不过通常的做法是使这个过程尽可能保持简单。无论采用何种策略，梯度平滑都具有引入一个以上可调参数的效果。开放性的实证问题是，除了用于更新 x^n 步长的策略所产生的平滑之外，梯度平滑是否有任何副作用。

5.4.2 二阶方法

用于确定性优化的二阶方法已被证明特别有吸引力。对于平滑的可微函数，基本更新步骤如下：

$$x^{n+1} = x^n + (H^n)^{-1}\nabla_x f(x^n) \tag{5.24}$$

其中，H^n 是黑塞矩阵(Hessian Matrix)，它是二阶导数的矩阵，即：

$$H^n_{xx'} = \left.\frac{\partial^2 f(x)}{\partial x \partial x'}\right|_{x=x^n}$$

式(5.24)中更新的亮点在于没有步长。原因(且该原因要求用连续的一阶导数平滑 $f(x)$)是逆黑塞矩阵解决了缩放问题。事实上，如果 $f(x)$ 是二次的，式(5.24)便能一步得到最优解！

由于函数并不总是像我们希望的那样好，因此有时须引入一个常量"步长"α，可以得到下式：

$$x^{n+1} = x^n + \alpha(H^n)^{-1}\nabla_x f(x^n)$$

其中，$0 < \alpha \leq 1$。注意，该平滑因子不必解决任何缩放问题(同样，这是由黑塞矩阵解决的)。

如果能够获取二阶导数(情况并非总是如此)，那么唯一的挑战将是求逆黑塞矩阵。这不是几十或几百个变量的问题，而是几千甚至数万个变量的问题。对于大问题，可以达成妥协，只使用黑塞矩阵的对角线。这既易于计算，也易于求逆。当然，也丢失了一些快速的收敛(和缩放)。

有很多问题(包括所有随机优化问题)会致使无法访问黑塞矩阵。克服这一问题的一个策略是使用所谓的秩一更新(rank-one update)来构造一个近似的黑塞矩阵。设 $\bar{H}^n$ 是我们使用的近似黑塞矩阵，用下式计算：

$$\bar{H}^{n+1} = \bar{H}^n + \nabla f(x^n)(\nabla f(x^n))^T \tag{5.25}$$

我们知道 $\nabla f(x^n)$ 是一个列向量，因此 $\nabla f(x^n)(\nabla f(x^n))^T$ 是维数为 x 的矩阵。由于它由两个向量的外积组成，因此该矩阵的秩为1。

这种方法可以应用于随机问题。截至本书撰写之时，我们还没有发现任何表明这些方法有效的实证研究，不过最近有人对在线机器学习的二阶方法很感兴趣。

5.4.3　有限差分

通常情况下，无法直接获取导数。相反，可以使用有限差分来近似导数，这需要在扰动输入的情况下多次运行模拟。

假设 x 是一个 P 维向量，并设 e_p 是一个 p 维列向量，对于 e_p，除了第 p 个位置的值是 1 以外，其余的值都是 0。设 $W_p^{n+1,+}$ 和 $W_p^{n+1,-}$ 是我们在第 $n+1$ 次迭代中运行每个模拟时所生成的随机变量序列。下标 p 仅表示这些是第 p 次运行的随机变量。

现在假设可以对每个维度运行两次模拟——$F(x^n + \delta x^n e_p, W_p^{n+1,+})$ 和 $F(x^n - \delta x^n e_p, W_p^{n+1,-})$，其中 $\delta x^n e_p$ 是 x^n 的变化乘以 e_p，因此只是在改变第 p 维。把 $F(x^n + \delta x^n e_p, W_p^{n+1,+})$ 和 $F(x^n - \delta x^n e_p, W_p^{n+1,-})$ 想象成对黑盒模拟器的调用，从一组参数 x^n 开始，然后将其扰动成 $x^n + \delta x^n e_p$ 和 $x^n - \delta x^n e_p$，并运行两次独立的模拟。然后对每个维度 p 执行此操作，以便计算下式：

$$g_p^n(x^n, W^{n+1,+}, W^{n+1,-}) = \frac{F(x^n + \delta x^n e_p, W_p^{n+1,+}) - F(x^n - \delta x^n e_p, W_p^{n+1,-})}{2\delta x_p^n} \tag{5.26}$$

这里，将差值除以变化的宽度(即 $2\delta x_p^n$)，以获得斜率。

(一维)导数的计算如图 5.2 所示。从图 5.2 中可以看出，通过缩小 δx，可以在梯度的估计中引入大量噪声。若增大 δx，则会引入偏差，参见表示 $\mathbb{E}g^n(x^n, W^{n+1,+}, W^{n+1,-})$ 的虚线以及表示 $\partial \mathbb{E}F(x^n, W^{n+1})/\partial x^n$ 的点状线之间的差异。如果想要一个渐近收敛于极限的算法，则需要减小 δx^n，但在实践中，它通常被设置为常量 δx，并作为可调参数处理。

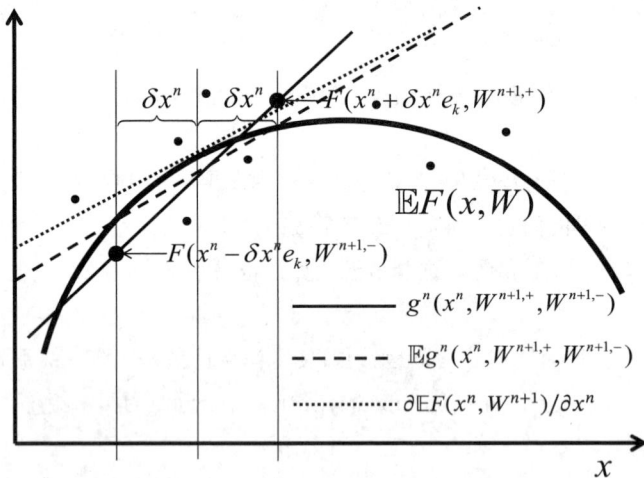

图 5.2　$F(x, W)$ 梯度的不同估计：随机梯度 $g^n(x^n, W^{n+1,+}, W^{n+1,-})$(实线)、预期的有限差分 $\mathbb{E}g^n(x^n, W^{n+1,+}, W^{n+1,-})$(虚线)，以及 x^n 处的精确斜率 $\partial \mathbb{E}F(x^n, W^{n+1})/\partial x^n$

有限差分代价高昂。运行函数评估可能需要几秒钟到几分钟，但有些计算机模型可能需要数小时或数天(或更久)的运行时长。式(5.26)需要 $2P$ 个函数评估，当 $F(x, W)$ 是一个代价高昂的模拟，且维度 P 的数量非常大时，这便是严重的问题。幸运的是，这些模拟通常可以并行处理。5.4.4节将介绍一种处理多维参数向量的策略。

5.4.4 SPSA

一种处理高维参数向量的强大方法是同时扰动随机近似(simultaneous perturbation stochastic approximation，SPSA)。SPSA按以下方式计算梯度。设$Z_p, p = 1, \dots, P$是一个零平均值随机变量的向量，并设Z^n是此向量在第n次迭代时的一个样本。通过向量Z，使用$x^n + \eta^n Z^n$和$x^n - \eta^n Z^n$扰动x^n以逼近梯度，其中η^n是一个缩放参数，它在迭代过程中可能是一个常数，也可能会变化(通常会下降)。接下来设$W^{n+1,+}$和$W^{n+1,-}$表示驱动模拟的随机变量的两个不同样本(这些样本可以提前生成或动态生成)。再运行两次模拟：一次得到$F(x^n + \eta^n Z^n, W^{n+1,+})$，另一次得到$F(x^n - \eta^n Z^n, W^{n+1,-})$。最后，梯度的估计由下式给出：

$$
g^n(x^n, W^{n+1,+}, W^{n+1,-}) = \begin{bmatrix} \frac{F(x^n + \eta^n Z^n, W^{n+1,+}) - F(x^n - \eta^n Z^n, W^{n+1,-})}{2\eta^n Z_1^n} \\ \frac{F(x^n + \eta^n Z^n, W^{n+1,+}) - F(x^n - \eta^n Z^n, W^{n+1,-})}{2\eta^n Z_2^n} \\ \vdots \\ \frac{F(x^n + \eta^n Z^n, W^{n+1,+}) - F(x^n - \eta^n Z^n, W^{n+1,-})}{2\eta^n Z_p^n} \end{bmatrix} \tag{5.27}
$$

注意，式(5.27)中g^n的每个元素的分子相同，这意味着只需要对两个函数求值：$F(x^n + \eta^n Z^n, W^{n+1,+})$和$F(x^n - \eta^n Z^n, W^{n+1,-})$。唯一的区别是每个维度$p$的分母中的$Z_p^n$。

SPSA的真正威力呈现于那些模拟有噪声的应用中，并且在许多设置中，噪声都非常强烈。克服这一问题的一种方法是使用"小批量"，例如，让计算$F(x^n + \eta^n Z^n, W^{n+1,+})$和$F(x^n - \eta^n Z^n, W^{n+1,-})$的模拟运行$M$次并且最后取平均值。记住，这些操作都是可以并行处理的；这并不意味着它们是免费的，但如果可以使用并行处理能力(这很常见)，就意味着重复的模拟可能不会增加算法的完成时间。图5.3展示了不同大小的小批量的效果。

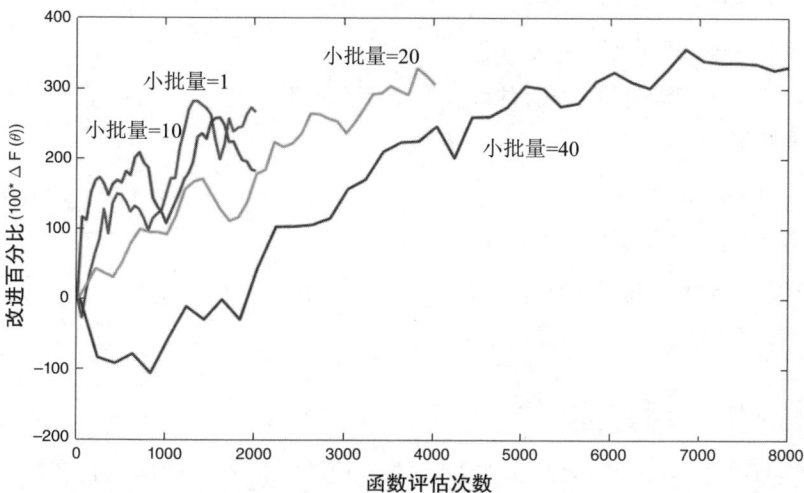

图5.3 不同大小的小批量SPSA的收敛性，其中较大的小批量收敛速度较慢，能得到更好的解

图5.3说明了小批量的效果：较大的小批量虽然初始性能较慢，但是能在更多的迭代中产生更好的性能。注意，该图显示的是函数评估方面的性能，而非CPU时间，忽略了并行计算的优势。该图建议使用增大小批量的策略。较小的小批量在刚开始时表现得很好，而较大的小批量则会随着算法的进展产生助力。

SPSA似乎很神奇：无论P值如何，都只从两个函数评估中获得P维梯度。开放性问题是收敛速度，这在很大程度上取决于当前问题的特征。读者会自发提问："它有效吗？"不合格的答案是："它能起作用。"但你需要花时间了解问题的特点，并调整SPSA的算法选择，特别是：

- 步长公式的选择，以及任何步长参数的调整(通常至少调整一个)。调整时要小心，原因是这可能取决于算法的起点x^0及其他问题特征。
- 小批量的大小选择。SPSA正试图从两个函数评估中获得大量信息，因此在收敛速度方面需要付出代价。这里的一个关键问题是能否访问并行计算资源。
- 也可以尝试使用梯度平滑，这是稳定算法但没有小批量重复模拟代价的另一种方法。此法会引入调整平滑因子的额外维度。
- 不要忘记，所有基于梯度的方法都是为最大化凹函数(最小化凸函数)而设计的，但你的函数可能不是凹的。对于复杂的问题，函数的行为不一定易于验证(甚至不可能验证)，对于维度更高的问题(三维以上的问题)，尤其如此。

5.4.5 约束问题

存在x必须留在可行域$\mathcal{X}$的问题，这可以由线性方程组来描述，例如：

$$\mathcal{X} = \{x|Ax = b, x \geq 0\}$$

当存在约束时，会首先计算：

$$y^{n+1} = x^n + \alpha_n \nabla_x F(x^n, W^{n+1})$$

这可能会产生不满足约束条件的解y^{n+1}。为了处理这个问题，可以通过使用下式编写的投影步骤投影y^{n+1}：

$$x^{n+1} \leftarrow \Pi_{\mathcal{X}}[y^{n+1}]$$

投影算子$\Pi_{\mathcal{X}}[\cdot]$的定义由下式给出：

$$\Pi_{\mathcal{X}}[y] = \arg\min_{x \in \mathcal{X}} \|x - y\|_2 \tag{5.28}$$

其中，$\|x - y\|_2$是"L_2-范数"，由下式定义：

$$\|x - y\|_2 = \sum_i (x_i - y_i)^2$$

投影运算符$\Pi_{\mathcal{X}}[\cdot]$通常可以通过利用问题的结构轻松求解。例如，可能存在$0 \leq x_i \leq u_i$约束。在这种情况下，超出此范围的任何元素x_i的值仅映射回最近的边界(0或u_i)。

5.5　神经网络参数优化*

3.9.3节介绍了如何在给定一组参数的情况下从神经网络中生成估计。接下来展示如何使用本章中介绍的随机梯度概念来估计这些参数。

下面将说明如何导出三层网络的梯度(见图5.4)，并会用到以下这些从前向传递中推导出的关系(见3.9.3节)：

$$\bar{f}(x^n|\theta) \;=\; \sum_{i \in \mathcal{I}^{(1)}} \sum_{j \in \mathcal{I}^{(2)}} \theta_{ij}^{(1)} x_i^{(1,n)}, \tag{5.29}$$

$$y_j^{(2,n)} \;=\; \sum_{i \in \mathcal{I}^{(1)}} \theta_{ij}^{(1)} x_i^{(1,n)}, \quad j \in \mathcal{I}^{(2)}, \tag{5.30}$$

$$x_i^{(2,n)} \;=\; \sigma(y_i^{(2,n)}), \;\; i \in \mathcal{I}^{(2)}, \tag{5.31}$$

$$y_j^{(3,n)} \;=\; \sum_{i \in \mathcal{I}^{(2)}} \theta_{ij}^{(2)} x_i^{(2,n)}, \quad j \in \mathcal{I}^{(3)}, \tag{5.32}$$

$$x_i^{(3,n)} \;=\; \sigma(y_i^{(3,n)}), \;\; i \in \mathcal{I}^{(3)} \tag{5.33}$$

由3.9.3节可知$\sigma(y)$是sigmoid函数：

$$\sigma(y) = \frac{1}{1 + e^{-\beta y}} \tag{5.34}$$

且$\sigma'(y) = \frac{\partial \sigma(y)}{\partial y}$。

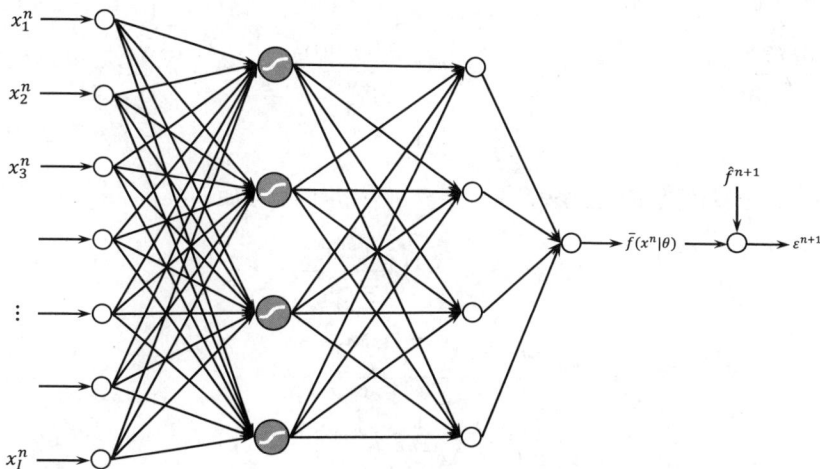

图5.4　三层神经网络

接下来将首先演示如何计算梯度，然后介绍随机梯度算法，并讨论神经网络环境中出现的一些问题。

5.5.1　计算梯度

可以根据给定输入 x^n 和观察到的变量 $\hat{f}^{n+1}$ 计算随机梯度 $\nabla_\theta F(\theta)$。在最初的推导中，$\hat{f}^{n+1}$ 扮演 W^{n+1} 的角色。

假设有一个输入 x^n。如果遵循上述的前向操作指示，最终估算将由下式得出：

$$\bar{f}(x^n|\theta) = \sum_{i\in\mathcal{J}^{(3)}} \theta_i^{(3)} x_i^{(3,n)} \tag{5.35}$$

目标是找到求解下式的 θ：

$$\min_\theta F(\theta) = \mathbb{E}\frac{1}{2}\sum_{n=1}^{N-1}(\bar{f}(x^n|\theta)-\hat{f}^{n+1})^2 \tag{5.36}$$

我们想知道在给定输入 x^n 和响应 $\hat{f}^{n+1}$ 情况下，如果改变 θ 的值，会带来什么影响。具体来说，需要求梯度 $\nabla_\theta F(\theta)$。首先，既然无法计算期望，就应计算一个随机梯度——这意味着要用"为特定 x^n 评估的函数"来替换 $F(\theta)$，给定响应 $\hat{f}^{n+1}$，将其写作：

$$F(x^n, \hat{f}^{n+1}|\theta) = \frac{1}{2}(\bar{f}(x^n|\theta)-\hat{f}^{n+1})^2$$

计算 $\nabla_\theta F(x^n, \hat{f}^{n+1}|\theta)$ 被证明是应用链式法则的一个很好的练习。我们将通过图5.4中的神经网络逐步地倒推计算梯度，并希望通过说明如何为该网络做到这一点，来让其他神经网络更便捷地套用此举。

从相对于 $\theta^{(3)}$ 求导开始：

$$\frac{\partial F(\theta|x^n, \hat{f}^{n+1})}{\partial \theta_i^{(3)}} = (\bar{f}(x^n|\theta)-\hat{f}^{n+1})\frac{\partial \bar{f}(x^n|\theta)}{\partial \theta_i^{(3)}}, \tag{5.37}$$

$$= (\bar{f}(x^n|\theta)-\hat{f}^{n+1})x_i^{(3,n)} \tag{5.38}$$

其中，式(5.38)是对式(5.29)求微分。关于 $\theta^{(2)}$ 梯度的导数如下：

$$\frac{\partial F(\theta|x^n, \hat{f}^{n+1})}{\partial \theta_{ij}^{(2)}} = (\bar{f}(x^n|\theta)-\hat{f}^{n+1})\frac{\partial \bar{f}(x^n|\theta)}{\partial \theta_{ij}^{(2)}}, \tag{5.39}$$

$$\frac{\partial \bar{f}(x^n|\theta)}{\partial \theta_{ij}^{(2)}} = \frac{\partial \bar{f}(x^n|\theta)}{\partial x_j^{(3,n)}} \frac{\partial x_j^{(3,n)}}{\partial y_j^{(3)}} \frac{\partial y_j^{(3,n)}}{\partial \theta_{ij}^{(2)}}, \tag{5.40}$$

$$= \theta_j^{(3)}\sigma'(y_j^{(3,n)})x_i^{(2,n)} \tag{5.41}$$

记住，$\sigma'(y)$ 是相对于 y 的sigmoid函数求导(参见式(3.58)和式(5.34))。

最后，相对于 $\theta^{(1)}$ 的梯度由下式求得：

$$\frac{\partial F(\theta|x^n, \hat{f}^{n+1})}{\partial \theta_{ij}^{(1)}} = (\bar{f}(x^n|\theta) - \hat{f}^{n+1})\frac{\partial \bar{f}(x^n|\theta)}{\partial \theta_{ij}^{(1)}}, \tag{5.42}$$

$$\frac{\partial \bar{f}(x^n|\theta)}{\partial \theta_{ij}^{(1)}} = \sum_k \frac{\partial \bar{f}(x^n|\theta)}{\partial x_k^{(3)}}\frac{\partial x_k^{(3,n)}}{\partial y_k^{(3)}}\frac{\partial y_k^{(3)}}{\partial \theta_{ij}^{(1)}}, \tag{5.43}$$

$$= \sum_k \theta_k^{(3)}\sigma'(y_k^{(3)})\frac{\partial y_k^{(3)}}{\partial \theta_{ij}^{(1)}}, \tag{5.44}$$

$$\frac{\partial y_k^{(3)}}{\partial \theta_{ij}^{(1)}} = \frac{\partial y_k^{(3)}}{\partial x_j^{(2)}}\frac{\partial x_j^{(2)}}{\partial \theta_{ij}^{(1)}}, \tag{5.45}$$

$$= \frac{\partial y_k^{(3)}}{\partial x_j^{(2)}}\frac{\partial x_j^{(2)}}{\partial y_j^{(2)}}\frac{\partial y_j^{(2)}}{\partial \theta_{ij}^{(1)}}, \tag{5.46}$$

$$= \theta_{jk}^{(2)}\sigma'(y_j^{(2)})x_i^{(1)} \tag{5.47}$$

结合以上所有式子，可以得到：

$$\frac{\partial F(\theta|x^n, \hat{f}^{n+1})}{\partial \theta_i^{(1)}} = (\bar{f}(x^n|\theta) - \hat{f}^{n+1})\left(\sum_k \theta_k^{(3)}\sigma'(y_k^{(3)})\theta_{jk}^{(2)}\right)\sigma'(y_j^{(2)})x_i^{(1)},$$

$$\frac{\partial F(\theta|x^n, \hat{f}^{n+1})}{\partial \theta_i^{(2)}} = (\bar{f}(x^n|\theta) - \hat{f}^{n+1})\theta_j^{(3)}\sigma'(y_j^{(3,n)})x_i^{(2,n)},$$

$$\frac{\partial F(\theta|x^n, \hat{f}^{n+1})}{\partial \theta_i^{(3)}} = (\bar{f}(x^n|\theta) - \hat{f}^{n+1})x_i^{(3,n)}$$

完整的随机梯度由下式给出：

$$\nabla_\theta F(\theta|x^n, \hat{f}^{n+1}|\theta) = \begin{pmatrix} \nabla_{\theta^{(1)}}F(x^n, \hat{f}^{n+1}|\theta) \\ \nabla_{\theta^{(2)}}F(x^n, \hat{f}^{n+1}|\theta) \\ \nabla_{\theta^{(3)}}F(x^n, \hat{f}^{n+1}|\theta) \end{pmatrix}$$

接下来，准备使用随机梯度算法执行参数搜索。

5.5.2 随机梯度算法

对 θ 的搜索由下式给出的基本随机梯度算法完成：

$$\theta^{n+1} = \theta^n - \alpha_n \nabla_\theta F(\theta^n, \hat{f}^{n+1}) \tag{5.48}$$

本章再次详细地讨论了该方法。特别是，还将用一整章(第6章)的篇幅来专门讨论步长 α_n 的设计，不过，现在可以使用如下这个简单的公式：

$$\alpha_n = \frac{\theta^{step}}{\theta^{step} + n - 1}$$

　　现在，重点关注式(5.36)中函数 $F(\theta)$ 的属性。特别是，读者需要注意，函数 $F(\theta)$ 是高度非凸的，如图5.5(a)所示的二维问题。图5.5(b)显示，当从两个不同的起点出发时，可以到达两个不同的局部最小值。这种行为在非线性模型中很典型，在神经网络中尤其如此。

　　目标函数 $F(\theta)$ 缺乏凸性是神经网络领域熟知的问题。一种解决策略是尝试多个不同的起点，然后使用 θ 的最佳优化值。当然，真正的问题并不在于哪一个 θ 值对特定数据集产生最小的误差，而是哪一个 θ 值对新数据产生的性能最佳。

　　这种行为也使得在线环境中神经网络的使用变得复杂。若拟合了一个神经网络，再添加一个数据点，那么将没有一个自然的过程来逐步更新 θ。简单地对式(5.48)中的梯度进行一次更新迭代，效果甚微，原因是从未真正处于最佳状态。

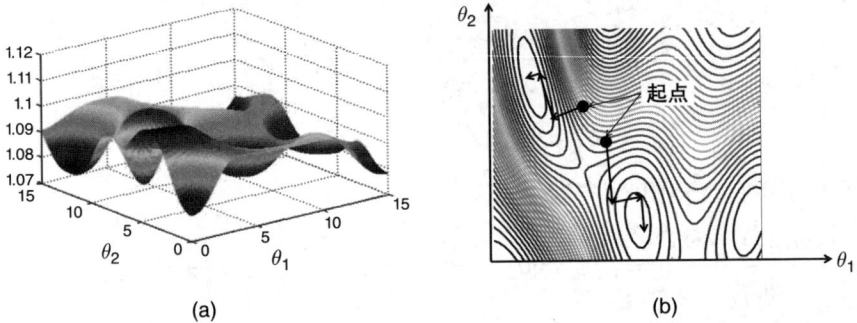

图5.5　(a) $F(\theta)$ 的响应面的非凸性图示；(b) 从两个不同的起点到局部最小值的路径

5.6　作为序贯决策问题的随机梯度算法

　　我们认为随机梯度算法是解决诸如式(5.1)等基本优化问题的方法。然而，随机梯度算法的设计本身可以被表述为序贯决策问题，并使用2.2节中提出的典型框架进行建模。

　　先重新表述随机梯度算法：

$$x^{n+1} \quad = \quad x^n + \alpha_n \nabla_x F(x^n)$$

　　在实践中，通常必须调整步长公式。虽然有许多规则可用，但此处仅通过一个简单的自适应步长策略(称为Kesten规则)来说明核心理念：

$$\alpha_n(\theta^{kest}) = \frac{\theta^{kest}}{\theta^{kest} + N^n} \tag{5.49}$$

其中，θ^{kest} 是可调参数，N^n 计量梯度 $\nabla_x F(x^n)$ 更改符号的次数，这意味着：

$$(\nabla_x F(x^{n-1}))^T \nabla_x F(x^n) < 0$$

当内积为负值时，这意味着算法开始交叉，这表明它在最佳值附近。

　　随机梯度算法被描述为图5.6中的序贯决策问题。将随机梯度算法表述为一个序贯决策问题，会产生一个寻找最佳算法的优化问题。这里仅讨论随机梯度算法的使用，以及

Kesten步长策略的使用。这意味着我们只是在优化可调参数θ^{kest}，也就是说，我们正在一类算法内进行优化，这是十分常见的。

状态变量　$S^n = (x^n, N^n)$

决策变量　步长α_n。这是由式(5.49)中的Kesten步长策略确定的，该式的参数为θ

外生信息　W^{n+1}(取决于激励问题)

这可能涉及观察报童问题中的需求，也可能涉及运行模拟器并观察 $\hat{F}^{n+1} = F(x^n, W^{n+1})$

转移函数　由每个状态变量的公式组成：

$$x^{n+1} = x^n + \alpha_n \nabla_x F(x^n),$$

$$N^{n+1} = \begin{cases} N^n + 1 & 若\ (\nabla_x F(x^{n-1}))^T \nabla_x F(x^n) < 0, \\ N^n & 其他 \end{cases}$$

注意，可以使用SPSA之类的数值导数来近似$\nabla_x F(x^n)$

目标函数　希望最大化被称为$x^{\pi,N}$的最终解的表现，这意味着希望优化下式：

$$\max_{\pi} \mathbb{E}_{S^0} \mathbb{E}_{W^1,...,W^N|S^0} \mathbb{E}_{\widehat{W}|S^0} F(x^{\pi,N}, \widehat{W}) \tag{5.50}$$

如果只使用Kesten规则，就可以根据对θ^{kest}的优化来定目标。更通俗的说法是，可以搜索不同类别的步长规则，但每个规则都有自己的可调参数

图5.6　作为序贯决策问题的随机梯度算法

有大量关于随机优化算法的文献证明了其渐近收敛性质，然后用实证的方式检验了收敛速度。式(5.50)中所述的寻找最佳算法的目标是理想的，不过只是在将人们试图在实践中实现的目标形式化。第6章将回顾各种步长策略。可以搜索所有这些策略，不过从未有人这样做过。

即使仅关注某一类步长策略，也很容易忽视基于起点x^0之类的问题参数调整θ^{kest}。很容易忽略可调参数对问题数据的依赖性。这个问题在很大程度上被研究界忽视了。

1.4节介绍了4类策略，可以描述对策略的任何搜索。然而，几乎所有的随机梯度算法都使用第一类策略——策略函数近似。这就提出了一个问题：其他3类中的任何一个是否可以正常工作？截至本书撰写之时，我们还不知道有哪些工作需要探索这些选择。

5.7　实证问题

毫无疑问，实际实现这些算法的过程会引发一些问题，这些问题在描述算法时往往会被忽略。为了帮助缓解从理论到现实的转变，下面列出了实验者可能遇到的一些挑战。

可调参数——可以说，任何算法的难点都包括调参。对于基于梯度的算法，这通常指步长策略中的可调参数，但可能包括用于梯度平滑的平滑因子。这些可调参数是使用一阶

算法的直接结果，该算法易于计算，但很少利用有关底层函数的信息。特别令人沮丧的是，这种调整真的很重要。调整不当的步长算法可能会致使步长减小得过快，从而产生明显的收敛。完全有可能的是，一个调整不当的步长策略会让人误以为一个算法不起作用。步长过大可能会引入过多的噪声。

缩放——在大多数(但不是所有)应用中，梯度$\nabla F(x,W)$的单位不同于x的单位。一个粗略的规则是，应选择初始步长，以使x的初始变化约为起始值的30%至50%。

基准测试——只要可能，应在更简单的问题上运行算法，在这个问题上，可以使用其他方法(分析或数值)找到最优解。例如，可以将随机梯度算法应用于可以使用确定性算法求解的确定性序列。

鲁棒性——任何算法的理想特性都是：能在任何问题实例上(即在问题类内)可靠地工作。例如，步长策略中的参数调整很烦人，但如果只需要执行一次，则可以忍受。

5.8　瞬态问题*

许多应用都会尝试在在线环境中解决基本的随机优化问题，其中随机变量W来自现场观察。在这种情况下，通常会发现描述W的基础分布随着时间的推移而改变。例如，报童应用程序中的需求可能会随着市场购买模式的变化而变化。

我们倾向于设计算法，使其表现出渐近收敛性。例如，坚持让步长α_n随着算法的进展减为零。在瞬态设置中，这是有问题的，因为这意味着越来越不重视旧信息更重要的最新信息。随着时间的推移，α_n逐渐接近零，算法将停止对新信息的响应。如果使用一个步长(如$\alpha_n = 1/n$)，则可能表明算法最终会适应新的信息，但适应的速度太慢，以至于结果没什么用处。

从业者通过选择一个恒定的步长或一个开始较大但会收敛到大于零的常数的步长来避免这个问题。如果这样做，算法将会在最佳值附近开始"跳跃"。虽然这种行为看起来不可取，但在实践中却是可取的，部分原因是随机优化问题的优化趋于平滑，但主要原因是这意味着算法仍在适应新的信息，驱使其对变化的信号做出响应。

5.9　理论性能*

在实践中，对搜索算法的查找和调整往往是临时的。搜索算法的形式分析通常分为以下3类。

渐近收敛——对于算法来说，最标准的结果可能是证明该解将以渐近的方式接近最优解(即，随着迭代次数$N \to \infty$)。渐近收敛受到的批评是，没有提及收敛速度，这意味着它没有告知N次迭代后解的质量。关于渐近收敛证明的例子，参见附录中的5.10.2节和5.10.3节。

有限时间范围——这些结果表明，N次迭代后解的质量处于一定范围之内。这个范围不那么清晰、明确，且几乎都是用未知系数来表征的。

渐近收敛速度——通常可以提供收敛速度的高质量估计，但仅在解接近最优时如此。

优秀的算法理论分析是指n次迭代后仍有清晰、明确的性能区间。这实属罕见，仅限于非常简单的问题。因此，算法的实证分析仍然是搜索算法的设计和分析的重要部分。令人沮丧的是，搜索算法在某个数据集上的性能不能保证在另一个不同的数据集上重现，即使对于相同的问题类，也是如此。我们预计这通常是未能正确调整算法的结果。

5.10 为什么有效

随机近似方法有着丰富的历史，始于Robbins和Monro(1951)的开创性论文，随后是Blum(1954)和Dvoretzky(1956)的论著。严谨的读者应该看看Kushner和Yin(1997)对这一主题的现代处理。Wasan(1969)也为随机收敛理论的基本结果提供了有用的参考。东欧领域的研究人员还进行过一项单独的调查，重点是约束随机优化问题(Gaivronski(1988)、Ermoliev(1988)、Ruszczyński(1980)和Ruszczyński(1987))。这项工作对于理解基于蒙特卡洛的随机学习方法至关重要。

这些证明背后的理论相当深奥，需要一定的数学功底。出于教学的原因，5.10.1节将先从概率论的基础知识开始讲解，之后再在5.10.2节给出一个原始证明——该证明相对来说更容易理解，并且为步长必须满足的普遍要求提供了基础。5.10.3节提供了基于鞅理论的更现代的证明。

5.10.1 概率论基础知识

本节的目标是证明上述算法有效。但这意味着什么？第n次迭代的解$\bar{x}^n$是一个随机变量。它的值取决于第1次迭代到第n次迭代中随机变量的样本实现顺序。如果$\omega = (W^1, W^2, ..., W^n, ...)$表示我们所遵循的样本路径，则可以询问极限$\lim_{n \to \infty} \bar{x}^n(\omega)$发生了什么变化。如果极限为$x^*$，那么$x^*$是否取决于样本路径$\omega$呢？

下面的证明将表明算法几乎必然收敛。这意味着：

$$\lim_{n \to \infty} \bar{x}^n(\omega) = x^*$$

对于所有$\omega \in \Omega$，都能以正测度形式发生。这相当于以概率1收敛到x^*。在这里，x^*是不依赖于样本路径的确定性数量。因为限定条件为$p(\omega) > 0$，我们承认理论上，可能存在一个永远不会发生的样本结果，这将产生一条收敛到其他点的路径。所以说收敛是"几乎必然"(almost sure，通常缩写为a.s.)。几乎必然的收敛建立了算法的核心理论性质：算法最终将在单个点上解决。这是算法的一个重要性质，但却没有说明收敛速度(近似动态规划中的一个关键问题)。

设 $x \in \mathfrak{R}^n$。在每 n 次迭代中，抽取一些随机变量以计算函数(及其梯度)。样本实现表示为 W^n。设 $\omega = (W^1, W^2, \dots,)$ 是所有迭代中所有随机变量的实现。设 Ω 是 ω 的所有可能实现的集合，设 $\mathfrak{F}$ 为 Ω 上的 σ 代数(也就是可以用 Ω 定义的所有可能事件的集合)。需要通过 n 次迭代来定义历史的概念。设：

$H^n =$ 通过 n 次迭代给出所有随机变量历史的随机变量

H^n 的示例实现可以是：

$$
\begin{aligned}
h^n &= H^n(\omega) \\
&= (W^1, W^2, \dots, W^n)
\end{aligned}
$$

然后，设 W^n 是整个过程中所有结果的集合(即，$h^n \in H^n$)，并设 $\mathcal{H}^n$ 为 W^n 上的 σ 代数(这是所有事件的集合，包括它们的补集和并集，使用 W^n 中的结果定义)。虽然可以做到这一点，但这并不是概率领域遵循的惯例。相反，我们将 σ 代数 $\mathfrak{F}^1, \mathfrak{F}^2, \dots, \mathfrak{F}^n$ 定义为，分别通过前 $1, 2, \dots, n$ 次迭代访问信息时生成的 Ω 上的 σ 代数序列。这是什么意思？假设两个结果 $\omega \neq \omega'$，且 $H^n(\omega) = H^n(\omega')$。如果是这样，则 $\mathfrak{F}^n$ 中包含 ω 的任何事件也必须包含 ω'。如果某个函数是 $\mathfrak{F}^n$ 可测量的，那么这意味着该函数必须用 $\mathfrak{F}^n$ 中的事件来定义，这反过来相当于不能使用 $n+1, n+2, \dots$ 次迭代中的任何信息。

那么，可以说，有一个标准概率空间 $(\Omega, \mathfrak{F}, \mathcal{P})$，其中 $\omega \in \Omega$ 表示基本结果，$\mathfrak{F}$ 是 Ω 上的 σ 代数，$\mathcal{P}$ 是 Ω 上的概率测度。由于信息是通过一次又一次的迭代显示的，因此这也相当于，有一组不断增长的 σ 代数集合 $\mathfrak{F}^1 \subseteq \mathfrak{F}^2 \subseteq \dots \subseteq \mathfrak{F}^n$(即，$\mathfrak{F}^n$ 是过滤器)。

5.10.2　一个旧证明*

了解了有关概率论的基础知识，接下来解决无约束问题：

$$
\max_x \mathbb{E} F(x, \omega) \tag{5.51}
$$

其中，x^* 是最优解。设 $g(x, \omega)$ 是满足下式的随机上升向量：

$$
g(x, \omega)^T \nabla F(x, \omega) \geq 0 \tag{5.52}
$$

对于许多问题，最自然的上升向量是梯度本身：

$$
g(x, \omega) = \nabla F(x, \omega) \tag{5.53}
$$

上式明显满足式(5.52)。

假设 $F(x) = \mathbb{E} F(x, \omega)$ 是连续可微且凹的，一阶导数和二阶导数有界，因此对于界限 M，有：

$$
-M \leq g(x, \omega)^T \nabla^2 F(x) g(x, \omega) \leq M \tag{5.54}
$$

随机梯度算法(有时称为随机近似法)由下式给出：

$$
\bar{x}^n = \bar{x}^{n-1} + \alpha_{n-1} g(\bar{x}^{n-1}, \omega) \tag{5.55}
$$

首先使用Blum(1954b)的证明技术证明结果，该技术将Robbins和Monro(1951)提出的原始随机近似程序推广至多维问题。这种方法不依赖于更先进的概念，例如鞅，因此，受众更广。该证明有助于读者理解条件$\sum_{n=0}^{\infty} \alpha_n = \infty$和$\sum_{n=0}^{\infty} (\alpha_n)^2 < \infty$的基础，这是所有随机近似算法都需要的。

对步长进行以下(标准)假设：

对于所有的n≥0，都有

$$\alpha_n > 0 \tag{5.56}$$

$$\sum_{n=0}^{\infty} \alpha_n = \infty \tag{5.57}$$

$$\sum_{n=0}^{\infty} (\alpha_n)^2 < \infty \tag{5.58}$$

现在要证明，在适当的假设下，式(5.55)生成的序列收敛到最优解。也就是说，要证明下式：

$$\lim_{n \to \infty} x^n = x^* \ a.s. \tag{5.59}$$

接下来使用泰勒定理(还记得初等微积分中的泰勒定理吗)——对于任何连续可微的凸函数$F(x)$，都存在一个满足给定的x和x^0的参数$0 \le \eta \le 1$：

$$F(x) = F(x^0) + \nabla F(x^0 + \eta(x - x^0))(x - x^0) \tag{5.60}$$

这是泰勒定理的一阶版本。对于某些$0 \le \eta \le 1$，二阶版本如下所示：

$$F(x) = F(x^0) + \nabla F(x^0)(x - x^0) + \frac{1}{2}(x - x^0)^T \nabla^2 F(x^0 + \eta(x - x^0))(x - x^0) \tag{5.61}$$

这里使用二阶版本。此外，由于问题是随机的，因此可将$F(x)$替换为$F(x, \omega)$，其中，ω告知所处的样本路径，而样本路径反过来告知W。

为了简化符号，可将x^0替换为x^{n-1}，并将x替换为x^n，最后使用：

$$g^n = g(x^{n-1}, \omega) \tag{5.62}$$

这意味着根据算法的定义，有：

$$\begin{aligned} x - x^0 &= x^n - x^{n-1} \\ &= (x^{n-1} + \alpha_{n-1} g^n) - x^{n-1} \\ &= \alpha_{n-1} g^n \end{aligned}$$

由式(5.55)中的随机梯度算法，可以得到下式：

$$\begin{aligned} F(x^n, \omega) &= F(x^{n-1} + \alpha_{n-1} g^n, \omega) \\ &= F(x^{n-1}, \omega) + \nabla F(x^{n-1}, \omega)(\alpha_{n-1} g^n) \\ &\quad + \frac{1}{2}(\alpha_{n-1} g^n)^T \nabla^2 F(x^{n-1} + \eta \alpha_{n-1} g^n, \omega)(\alpha_{n-1} g^n) \end{aligned} \tag{5.63}$$

现在是时候使用标准数学家的技巧了。将式(5.63)的两边相加，得到：

$$\sum_{n=1}^{N} F(x^n, \omega) = \sum_{n=1}^{N} F(x^{n-1}, \omega) + \sum_{n=1}^{N} \nabla F(x^{n-1}, \omega)(\alpha_{n-1}g^n) +$$

$$\frac{1}{2} \sum_{n=1}^{N} (\alpha_{n-1}g^n)^T \nabla^2 F\left(x^{n-1} + \eta \alpha_{n-1}g^n, \omega\right)(\alpha_{n-1}g^n) \tag{5.64}$$

注意，$F(x^n), n = 2, 3, \ldots, N$ 等项出现在式(5.64)的两边。可以消除这些项，然后使用二次项式(5.54)的下界来编写下式：

$$F(x^N, \omega) \geq F(x^0, \omega) + \sum_{n=1}^{N} \nabla F(x^{n-1}, \omega)(\alpha_{n-1}g^n) + \frac{1}{2}\sum_{n=1}^{N}(\alpha_{n-1})^2(-M) \tag{5.65}$$

接下来，对式(5.65)的两边取极限 $N \to \infty$。这么做旨在表明一切都必须有界。因为假设原始函数是有界的，所以 $F(x^N)$ 也是有界的(几乎确定)。接下来，使用式(5.58)中的假设(即步长平方和的无穷大也是有界的)，得出结论：式(5.65)中最右边的项是有界的。最后，使用式(5.52)来声明余项求和($\sum_{n=1}^{N} \nabla F(x^{n-1})(\alpha_{n-1}g^n)$)是正的。这意味着这一项也是有界的(从上到下)。

我们能从这些有界性质得出什么结论？如果对于所有 ω，有：

$$\sum_{n=1}^{\infty} \alpha_{n-1} \nabla F(x^n, \omega)g^n < \infty \tag{5.66}$$

且(由式(5.57))有：

$$\sum_{n=1}^{\infty} \alpha_{n-1} = \infty \tag{5.67}$$

便可以得出下式：

$$\sum_{n=1}^{\infty} \nabla F(x^{n-1}, \omega)g^n < \infty \tag{5.68}$$

由于式(5.68)中的所有项都是正的，因此它们必须为零。(记住，这里的一切几乎都是真实的。)

到此，除了一些用于证明收敛性的相对困难的技术点(如果你打算自行证明的话，这便也很重要)之外，任务基本上已经完成。此时，将使用上升向量 g^n 性质的技术条件来证明，若 $\nabla F(x^n, \omega)g^n \to 0$，则 $\nabla F(x^n, \omega) \to 0$。(若 g^n 像 $F(x^n, \omega)$ 那样变为零，也没有问题，但不能太快地变为零。)

这一证明最早由Robbins和Monro在20世纪50年代初提出，并成为随机近似方法主题下大范围研究的基础。20世纪60年代，西方学界独立出一个新的领域，以随机梯度(或随机准梯度)方法的名义解决了这些问题。更现代的证明以鞅过程的使用为基础。鞅过程不以泰勒公式开始，也不(总是)需要这种方法所需的连续性条件。

然而，我们的演示确实有助于展示这种类型的大多数证明中存在的几个核心理念。首先，几乎可以肯定收敛的概念确实是标准的。其次，常见的是建立公式(如式(5.63))，然后采用式(5.64)中的求和项中的错位相减来消除某个函数序列(这个示例中的 $F(x^{n-1}, \omega)$)中除第一个和最后一个元素之外的所有元素，从而获得有限和。然后将该表达式的界确定为 $N \to \infty$，需要满足假设条件 $\sum_{n=1}^{\infty} \alpha_{n-1} < \infty$。最后，假设条件 $\sum_{n=1}^{\infty} \alpha_{n-1} = \infty$ 用于证明：如果剩余项的和是有界的，则其项必须为零。

更现代的证明使用 $F(x)$ 以外的函数。流行的方法是引入所谓的 Lyapunov 函数，这是一种提供最优度量的人工函数。这些函数是专为证明而构造的，在算法本身中不起作用。例如，可以设 $T^n = ||x^n - x^*||$ 是当前解以及最优解 x^n 之间的距离。然后尝试说明适当减小 T^n 以证明收敛。因为 x^* 未知，所以这不是实际测量的函数，但可以作为证明算法实际收敛的有用工具。

重要的是认识到，所有形式的随机梯度算法都不能保证目标函数从某次迭代到下一次迭代的改进。首先，样本梯度 g^n 可以表示函数 $F(x^n, \omega)$ 样本而非期望的近似上升向量。换句话说，随机性意味着在任何时间点都可能走错方向。其次，使用非优化步长，例如 $\alpha_{n-1} = 1/n$，这意味着即使有一个好的上升向量，也可能会走过头，最终会得到一个较低的值。

5.10.3　更现代的证明**

自 Robbins 和 Monro 的原创论著问世以来，更强大的证明技术已经发展起来。下面讲述收敛性质的一个基本鞅证明。这些概念更先进，但证明更简洁，所需条件更少。更重要的是，不再要求函数是可微的(而这正是我们的第一个证明所要求的)。对于大型资源分配问题，这是一个显著的改进。

首先，什么是鞅？设 $\omega_1, \omega_2, \dots, \omega_t$ 是一组外部的随机结果，并设 $h_t = H_t(\omega) = (\omega_1, \omega_2, \dots, \omega_t)$ 表示直到 t 时为止的过程。另设 $\mathfrak{F}_t$ 是由 H_t 生成的 Ω 上的 σ 代数。此外，设 U_t 是一个依赖于 h_t 的函数(可以说 U_t 是一个 $\mathfrak{F}_t$ 可测函数)，并且是是有界的($\mathbb{E}|U_t| < \infty, \forall t \geq 0$)。这意味着如果知道 h_t，就确定性地知道了 U_t(当然，如果只知道 h_t，则 U_{t+1} 仍然是随机变量)。进一步假设函数满足下式：

$$\mathbb{E}[U_{t+1}|\mathfrak{F}_t] \quad = \quad U_t$$

如果满足以上条件，那么 U_t 是鞅。或者，如果有：

$$\mathbb{E}[U_{t+1}|\mathfrak{F}_t] \quad \leq \quad U_t \qquad\qquad (5.69)$$

则 U_t 是一个超鞅。如果 U_t 是一个超鞅，它便具有向下漂移的特性，通常会漂移到某个极限点 U^*。重要的是，它只是在期望中向下漂移。也就是说，具体结果很容易出现 $U_{t+1} > U_t$ 这样的情况。这捕获了随机近似算法的行为。如果设计得当，它们提供的解平均来说会有所改善，但从一次迭代到另一次迭代，结果也可能会变得更糟。

最后，设$U_t \geq 0$。如果是这样的情况，有一个序列U_t向下漂移，但不能小于零。那么一定可以得到以下关键结果。

定理5.10.1 设U_t为正超鞅，则U_t几乎必然收敛于有限随机变量U^*。

注意，"几乎必然"(通常缩写为"a.s")意味着"所有(或每个)ω"。数学家喜欢识别每一种可能性，因此也会补充"每个可能以某种概率发生的ω"，这意味着U_t可能不会收敛于某个永远不会发生的示例实现ω(即$p(\omega) > 0$)。这也意味着它以概率1收敛。

那么这对我们来说意味着什么？假设我们仍在解决以下形式的问题：

$$\max_x \mathbb{E}F(x, \omega) \tag{5.70}$$

假设$F(x, \omega)$是连续且凹的(但不要求可微性)。设$\bar{x}^n$是在第n次迭代时对x的估计(记住$\bar{x}^n$是随机变量)。这里不观察时间过程的演变，而研究算法在迭代过程中的行为。设$F^n = \mathbb{E}F(\bar{x}^n)$是第$n$次迭代时的目标函数，设$F^*$是目标函数的最优值。如果正在最大化目标函数的值，则知晓$F^n \leq F^*$。如果设$U^n = F^* - F^n$，便知晓$U^n \geq 0$(假设可以找到真正的期望，而非期望的某种近似值)。随机算法不能保证$F^n \geq F^{n-1}$，但如果有一个好的算法，就也许能够证明U^n是一个上鞅，它至少可以告知，在极限中，U^n将接近某个极限$\bar{U}$。通过额外的工作，或许能够证明$\bar{U} = 0$，这意味着找到了最优解。

一个常见的策略是将U^n定义为$\bar{x}^n$和最优解之间的距离，即有：

$$U^n = (\bar{x}^n - x^*)^2 \tag{5.71}$$

当然，x^*未知，因此实际上无法计算U^n，但这对我们来说并不是一个真正的问题(我们只是试图证明收敛性)。注意，我们会立即得到$U^n \geq 0$(没有期望)。如果能证明U^n是一个超鞅，就可以得到U^n收敛于随机变量U^*的结果(这意味着算法收敛)。证明$U^* = 0$意味着算法将(最终)产生最优解。我们将通过研究U^n的行为来研究最大化$\mathbb{E}F(x, W)$的算法的收敛性。

使用随机梯度算法来解决这个问题：

$$\bar{x}^n = \bar{x}^{n-1} + \alpha_{n-1}g^n \tag{5.72}$$

其中，g^n是随机梯度。如果F是可微的，则有：

$$g^n = \nabla_x F(\bar{x}^{n-1}, W^n)$$

但一般而言，F可能是不可微的，因此，点$\bar{x}^{n-1}$上可能有多个梯度(对于单个样本实现)。在这种情况下，有：

$$g^n \in \partial_x F(\bar{x}^{n-1}, W^n)$$

其中，$\partial_x F(\bar{x}^{n-1}, W^n)$是指在$\bar{x}^{n-1}$的次梯度。假设我们的问题是无约束的，如果$F$可微，则$\nabla_x F(\bar{x}^*, W^n) = 0$。如果$F$不可微，则假设$0 \in \partial_x F(\bar{x}^*, W^n)$。

在整个演示过程中，假设x(g^n也一样)是一个标量(练习6.17提供了使用向量表示法重做本节的机会)。与5.10.2节不同，这里的步长可以是随机的。出于这个原因，需要稍微修改关于步长的初始假设(式(5.56)~式(5.58))，进行如下假设：

$$\alpha_n > 0 \quad \text{(几乎必然是这样)} \tag{5.73}$$

$$\sum_{n=0}^{\infty} \alpha_n = \infty \quad \text{(几乎必然是这样)} \tag{5.74}$$

$$\mathbb{E}\left[\sum_{n=0}^{\infty} (\alpha_n)^2\right] < \infty \tag{5.75}$$

因为要求α_n是非负的，所以α_n几乎必然是一个随机变量。可以把$\alpha_n(\omega)$作为步长的样本实现(即，如果遵循样本路径ω，这就是第n次迭代时的步长)。当要求$\alpha_n \geq 0$"几乎必然"时，则表示对于所有ω都有$\alpha_n(\omega) \geq 0$，其中ω的概率(更准确来说是概率测度)$p(\omega)$大于零(换句话说，这意味着$\mathbb{P}[\alpha_n \geq 0] = 1$)。同样的推理适用于式(5.74)中给出的步长之和。随着证明的展开，我们将看到需要这些条件的原因(以及为什么它们会如此表述)。

接下来，需要假设随机梯度g^n的一些性质。具体而言，需要进行如下假设。

假设1 $\mathbb{E}[g^{n+1}(\bar{x}^n - x^*)|\mathfrak{F}^n] \geq 0$,

假设2 $|g^n| \leq B_g$,

假设3 如果$|x - x^*| > \delta$，$\delta > 0$，那么对于任何x，存在$\epsilon > 0$，使得$\mathbb{E}[g^{n+1}|\mathfrak{F}^n] > \epsilon$

假设1要求，g^n大体上都指向最优解x^*。对于确定性、可微函数，这很容易证明。尽管对于随机问题或$F(x)$不可微的问题，这会更难证明，也不必假设$F(x)$是可微的。同样不用假设特定的梯度g^{n+1}朝着最优解移动(对于特定的样本实现，完全有可能远离最优解)。假设2要求梯度是有界的。假设3要求期望梯度不能在x的非最佳值处为0。这一假设满足任何凹函数。

为了证明U^n是一个超鞅，可以从下式开始：

$$
\begin{aligned}
U^{n+1} - U^n &= (\bar{x}^{n+1} - x^*)^2 - (\bar{x}^n - x^*)^2 \\
&= \left((\bar{x}^n - \alpha_n g^{n+1}) - x^*\right)^2 - (\bar{x}^n - x^*)^2 \\
&= \left((\bar{x}^n - x^*)^2 - 2\alpha_n g^{n+1}(\bar{x}^n - x^*) + (\alpha_n g^{n+1})^2\right) - (\bar{x}^n - x^*)^2 \\
&= (\alpha_n g^{n+1})^2 - 2\alpha_n g^{n+1}(\bar{x}^n - x^*)
\end{aligned}
\tag{5.76}
$$

对公式两边取条件期望，可得：

$$\mathbb{E}[U^{n+1}|\mathfrak{F}^n] - \mathbb{E}[U^n|\mathfrak{F}^n] = \mathbb{E}[(\alpha_n g^{n+1})^2|\mathfrak{F}^n] - 2\mathbb{E}[\alpha_n g^{n+1}(\bar{x}^n - x^*)|\mathfrak{F}^n] \tag{5.77}$$

注意到：

$$\mathbb{E}[\alpha_n g^{n+1}(\bar{x}^n - x^*)|\mathfrak{F}^n] = \alpha_n \mathbb{E}[g^{n+1}(\bar{x}^n - x^*)|\mathfrak{F}^n] \tag{5.78}$$

$$\geq 0 \tag{5.79}$$

式(5.78)虽然微妙但很重要，因为它解释了本书中的一个关键符号。记住，我们可能会使用随机步长公式，这意味着α_n是一个随机变量。假设α_n是$\mathfrak{F}^n$可测量的，这意味着不允许使用第$n + 1$次迭代中的信息来计算。这正是使用$n + 1$更新公式(如式(5.13))而非α_n的原因。当在式(5.78)中以 $\mathfrak{F}^n$ 为条件时，α_n 是确定性的，允许置于期望之外。这允许将 α_n 和 g^{n+1} 乘积的条件期望写作期望的乘积。式(5.79)来自假设1和步长的非负性。

得知 $\mathbb{E}[U^n|\mathfrak{F}^n] = U^n$ (给定 $\mathfrak{F}^n$)，可将式(5.77)改写为：

$$
\begin{aligned}
\mathbb{E}[U^{n+1}|\mathfrak{F}^n] &= U^n + \mathbb{E}[(\alpha_n g^{n+1})^2|\mathfrak{F}^n] - 2\mathbb{E}[\alpha_n g^{n+1}(\bar{x}^n - x^*)|\mathfrak{F}^n] \\
&\leq U^n + \mathbb{E}[(\alpha_n g^{n+1})^2|\mathfrak{F}^n]
\end{aligned}
\tag{5.80}
$$

因为式(5.80)的右边是正项，不能直接断定 U^n 是超鞅。但希望还未破灭。只需要如下所示的一个的小技巧。设：

$$
W^n = \mathbb{E}[U^n + \sum_{m=n}^{\infty}(\alpha_m g^{m+1})^2|\mathfrak{F}^n]
\tag{5.81}
$$

接下来证明 W^n 是一个超鞅。根据其定义，可得：

$$
\begin{aligned}
W^n &= \mathbb{E}[W^{n+1} + U^n - U^{n+1} + (\alpha_n g^{n+1})^2|\mathfrak{F}^n], \\
&= \mathbb{E}[W^{n+1}|\mathfrak{F}^n] + U^n - \mathbb{E}[U^{n+1}|\mathfrak{F}^n] + \mathbb{E}[(\alpha_n g^{n+1})^2|\mathfrak{F}^n]
\end{aligned}
$$

这与下式相同：

$$
\mathbb{E}[W^{n+1}|\mathfrak{F}^n] = W^n - \underbrace{(U^n + \mathbb{E}[(\alpha_n g^{n+1})^2|\mathfrak{F}^n] - \mathbb{E}[U^{n+1}|\mathfrak{F}^n])}_{I}
$$

从式(5.80)中可以看出 $I \geq 0$，去掉这个项，就得到了以下不等式：

$$
\mathbb{E}[W^{n+1}|\mathfrak{F}^n] \leq W^n
\tag{5.82}
$$

这意味着 W^n 是一个超鞅。事实证明，这是我们真正需要的，因为 $\lim_{n\to\infty} W^n = \lim_{n\to\infty} U^n$。这意味着：

$$
\lim_{n\to\infty} U^n \to U^* \text{ (几乎必然是这样)}
\tag{5.83}
$$

现在有了算法的基本收敛性，就不得不问：但它会收敛到什么程度呢？对于这个结果，回到式(5.76)，并从 $n = 0$ 到某个数字 N 进行求和，有：

$$
\sum_{n=0}^{N}(U^{n+1} - U^n) = \sum_{n=0}^{N}(\alpha_n g^{n+1})^2 - 2\sum_{n=0}^{N}\alpha_n g^{n+1}(\bar{x}^n - x^*)
\tag{5.84}
$$

式(5.84)的左侧是错位相减求和(有时称为裂项求和)，这意味着除了第一个和最后一个元素之外，其他的所有元素都抵消了，得到：

$$
U^{N+1} - U^0 = \sum_{n=0}^{N}(\alpha_n g^{n+1})^2 - 2\sum_{n=0}^{N}\alpha_n g^{n+1}(\bar{x}^n - x^*)
$$

两边取期望，得到：

$$
\mathbb{E}[U^{N+1} - U^0] = \mathbb{E}\left[\sum_{n=0}^{N}(\alpha_n g^{n+1})^2\right] - 2\mathbb{E}\left[\sum_{n=0}^{N}\alpha_n g^{n+1}(\bar{x}^n - x^*)\right]
\tag{5.85}
$$

对两边取极限N到无穷大。要做到这一点，必须求助于控制收敛定理(Dominated Convergence Theorem，DCT)，得到：

$$\lim_{N\to\infty}\int_x f^n(x)dx = \int_x \left(\lim_{N\to\infty}f^n(x)\right)dx$$

如果对于某些函数$g(x)$，有$|f^n(x)|\le g(x)$，其中：

$$\int_x g(x)dx < \infty$$

对于我们的应用，积分表示期望值(如果x是离散的话，这将是求和而非积分)，这意味着DCT提供了交换极限和期望运算所需的条件。上面展示了$\mathbb{E}[U^{n+1}|\mathfrak{F}^n]$是有界的(源自式(5.80)以及$U^0$和梯度的有界性)。这意味着式(5.85)的右侧对于所有n也是有界的。之后DCT允许当N在期望内达到无穷大时取极限值，因此有：

$$U^* - U^0 = \mathbb{E}\left[\sum_{n=0}^{\infty}(\alpha_n g^{n+1})^2\right] - 2\mathbb{E}\left[\sum_{n=0}^{\infty}\alpha_n g^{n+1}(\bar{x}^n - x^*)\right]$$

可以将右侧的第一项改写为：

$$\mathbb{E}\left[\sum_{n=0}^{\infty}(\alpha_n g^{n+1})^2\right] \le \mathbb{E}\left[\sum_{n=0}^{\infty}(\alpha_n)^2(B)^2\right] \tag{5.86}$$

$$= B^2\mathbb{E}\left[\sum_{n=0}^{\infty}(\alpha_n)^2\right] \tag{5.87}$$

$$< \infty \tag{5.88}$$

式(5.86)来自假设2，假设2要求$|g^n|$以B为界，这可以立即得到式(5.87)。由$\sum_{n=0}^{\infty}(\alpha_n)^2<\infty$(式(5.58))得到式(5.88)，这意味着式(5.85)右侧的第一个求和式是有界的。由于式(5.85)的左侧也是有界的，因此可以得出结论，式(5.85)右侧的第二项也是有界的。

现在设：

$$\beta^n = \mathbb{E}\left[g^{n+1}(\bar{x}^n - x^*)\right]$$
$$= \mathbb{E}\left[\mathbb{E}\left[g^{n+1}(\bar{x}^n - x^*)|\mathfrak{F}^n\right]\right]$$
$$\ge 0$$

原因是$\mathbb{E}[g^{n+1}(\bar{x}^n - x^*)|\mathfrak{F}^n]\ge 0$来自假设1。这基本上意味着：

$$\sum_{n=0}^{\infty}\alpha_n\beta^n < \infty\ (\text{几乎必然是这样}) \tag{5.89}$$

但是，我们要求$\sum_{n=0}^{\infty}\alpha_n\beta^n=\infty$(式(5.74))。因为$\alpha_n>0$和$\beta^n\ge 0$(几乎必然是这样)，所以有以下结论：

$$\lim_{n\to\infty}\beta^n \to 0\ (\text{几乎必然是这样}) \tag{5.90}$$

如果$\beta^n \to 0$，则$\mathbb{E}[g^{n+1}(\bar{x}^n - x^*)] \to 0$，这可以得出结论$\mathbb{E}[g^{n+1}(\bar{x}^n - x^*)|\mathfrak{F}^n] \to 0$(除非随机变量总是零，否则非负随机变量的期望值不能为零)。但是这会告知$\bar{x}^n$的行为是什么？知道$\beta^n \to 0$不一定意味着$g^{n+1} \to 0$或$\bar{x}^n \to x^*$。有以下3种情况：

(1) 对于所有n，有$\bar{x}^n \to x^*$，当然所有的样本路径ω也都成立。如果是这样的话，则目的达到。

(2) 对于子序列$n_1, n_2, \ldots, n_k, \ldots$，有$\bar{x}^{n_k} \to x^*$。例如，存在序列$\bar{x}^1, \bar{x}^3, \bar{x}^5, \ldots, \to x^*$，满足$\mathbb{E}[g^2|\mathfrak{F}^1], \mathbb{E}[g^4|\mathfrak{F}^3], \ldots, \to 0$。这也意味着对于子序列$n_k$，有$U^{n_k} \to 0$。但我们已经知道$U^n \to U^*$，其中$U^*$是唯一的极限点，这意味着$U^* = 0$。但如果是这样的话，这就是$\bar{x}^n$的每个序列的极限点。

(3) 不存在以$\bar{x}^*$作为极限点的子序列$\bar{x}^{n_k}$。这意味着$\mathbb{E}[g^{n+1}|\mathfrak{F}^n] \to 0$。然而，假设3告诉我们，期望的梯度不能在非最佳值$x$处为0。这意味着这种情况不会发生。

证明完成。

5.11　参考文献注释

5.3节——使用蒙特卡洛估计价值函数的理论基础源自Robbins和Monro(1951)最早提出的随机近似理论，Kiefer和Wolfowitz(1952)、Blum(1954a)和Dvoretzky(1956)在早期也作出了重要的贡献。关于随机近似理论的全面的理论处理，参见Wasan(1969)、Kushner和Clark(1978)以及Kushner和Yin(1997)的论著。在Pflug(1996)和Spall(2003)的书中，可以找到非常具有可读性的随机优化处理方法(Spall的书是关于随机近似方法的现代经典)。Fu(2014)和Shapiro等人(2014)给出了随机梯度方法的更现代的处理方法。

5.4节——计算梯度的方法有很多，包括数值导数(没有精确的梯度时)、梯度平滑、小批量(采样梯度的平均值)。优秀的现代处理方法可以在Michael Fu的合订本(2014)中找到，合订本中收录了Fu的关于随机梯度估计的章节(第5章)，以及Chau和Fu的关于随机近似方法和有限差分方法的章节(第1章)。

5.4.4节——同时扰动随机近似(SPSA)方法是由Spall(2003)提出的，它为估算高维问题的数值梯度提供了一种实用策略。图5.3由Saeed Ghadimi绘制。

5.6节——Powell(2019)首次描述了处理序贯决策问题的随机梯度算法的公式。然而，应该提到Harold Kushner的工作(见Kushner和Yin(2003)的总结)，他将算法视为动态系统。我们将算法视为受控动态系统的做法似乎是新颖的，不过这很难验证。

5.10.2节——该证明基于Blum(1954b)对Robbins和Monro(1951)的原始论文的归纳。

5.10.3节——5.10.3节中的证明使用了多个来源的标准技术，特别是Wasan(1969)、Chong(1991)、Kushner和Yin(1997)，以及Powell和Cheung(2000)的论著。

练习

复习问题

5.1　编写第n次迭代的基本随机梯度算法，并解释W^{n+1}是索引$n + 1$而非n的原因。写出报童问题的随机梯度。

5.2　使用随机梯度算法时可能会出现3种形式的不确定性。给出每个符号并举例说明(可以使用本章中的示例)。

5.3　连续、确定性函数的梯度指向最陡上升方向。这对随机梯度是真的吗？试用随机变量平均值的估计问题来说明这一点。

5.4　假设有以下报童问题：

$$F(x, W) = 10 \max\{x, W\} - 8x$$

当$x = 9$且$W = 10$时，使用增量$\delta = 1$来计算数值导数$\nabla_x F(x, W)$。当$\delta = 4$时，结果又是多少？

建模问题

5.5　假设有一个函数$F(x, W)$，该函数取决于决策$x = x^n$，在此决策之后观察到随机结果W^{n+1}。假设可以计算梯度$\nabla_x F(x^n, W^{n+1})$，如果希望使用标准的随机梯度算法来优化这个问题：

$$x^{n+1} = x^n + \alpha_n \nabla_x F(x^n, W^{n+1})$$

目标是在N次迭代后找到最优解。

(1) 假设使用以下步长策略：

$$\alpha_n = \frac{\theta}{\theta + n - 1}$$

将寻找最佳步长策略的问题建模为随机优化问题。给出状态变量、决策变量、外生信息、转移函数和目标函数。请使用精确的符号。

(2) 如果改用基于下式的Kesten步长规则，模型会发生什么变化？

$$\alpha_n = \frac{\theta}{\theta + N^n - 1}$$

其中，N^n是梯度改变符号的次数，使用下式进行计算：

$$N^{n+1} = \begin{cases} N^n + 1 & \text{若 } \nabla_x F(x^{n-1}, W^n) \nabla_x F(x^n, W^{n+1}) < 0 \\ N^n & \text{其他} \end{cases}$$

5.6　电话公司要求客户每月为手机支付一个最低通话时长(以分钟计)的费用。客户会针对最低通话时长支付12美分/分钟的保证金，超出最低时长的话费为30美分/分钟。设 x 为客户每月承诺的通话时长，M 为每月通话时长的随机变量，其中 M 是一个正态分布，其平均值为300分钟，标准差为60分钟。

(1) 以 $\min_x \mathbb{E} f(x, M)$ 的形式写出目标函数。

(2) 导出该函数的随机梯度。

(3) 设 $x^0 = 0$ 并选择步长 $\alpha_{n-1} = 10/n$。使用100次迭代来确定客户每月应承诺的最佳通话时长(分钟)。

5.7　石油公司通过期货和现货市场购买的石油组合来满足每年的石油需求。$t - 1$ 年底的期货单可用于满足 t 年的需求。如果通过这种方式购买的石油太少，则可以利用现货市场满足剩余需求。如果期货购买量太大，则多余的石油将以现货市场价格的70%出售(不会持有到下一年——石油价高，储存成本高)。

要写明该问题，可使用：

$\hat{D}_t = t$ 年内石油需求，

$\hat{p}_t^s = t$ 年购买石油的现货价格，

$\hat{p}_{t,t+1}^f = t$ 年为 $t + 1$ 年使用的石油所支付的期货价格

需求量(以百万桶计)呈正态分布，其中平均值为600，标准差为50。决策变量由下式给出：

$\bar{\theta}_{t,t+1}^f = t$ 年底为 $t + 1$ 年购买的期货数量，

$\bar{\theta}_t^s = t$ 年现货采购

(1) 建立最小化 $t + 1$ 年石油需求的预期支付总额的目标函数——$\bar{\theta}_t^f$ 的函数。列出表达式中的变量，这些变量在 t 年必须做出决策时是未知的。

(2) 给出目标函数随机梯度的表达式。即，对于($t + 1$ 年的)需求和价格的特定样本实现，函数的导数是多少?

(3) 生成100年的随机现货和期货价格，如下所示：

$$\hat{p}_t^f = 0.80 + 0.10 U_t^f,$$

$$\hat{p}_{t,t+1}^s = \hat{p}_t^f + 0.20 + 0.10 U_t^s$$

其中，U_t^f 和 U_t^s 是均匀分布在0和1之间的随机变量。运行随机梯度算法的100次迭代，以确定每年年底要购买的期货数量。使用 $\bar{\theta}_0^f = 30$ 作为初始订单数量，并使用步长 $\alpha_t = 20/t$。对100年后的解决方案与10年后的方案进行比较。经过10年的迭代，你认为会有一个好的解决方案吗?

计算练习

5.8　要计算报童问题的数值导数：

$$F(x, W) = 10 \min\{x, W\} - 8x$$

假设已经生成了 $W = 12$ 的随机样本，并且当 $x = 8$，$W = 12$ 时，想生成一个数值导数来估计梯度 $\nabla_x F(x, W)$。

(1) 使用 $\delta = 1.0$ 计算右偏数值导数。演示如何执行计算并给出结果估计。

(2) 计算以 $x = 8$ 为中心值的平衡数值导数，但必须使用受到 $+\delta$ 和 $-\delta$ 扰动的估计。

(3) 使用任何环境编写软件来优化使用数值导数的 $F(x, W)$，假设 $W \in Uniform[5, 20]$。仔细说明你所做的任何假设，并迭代运行算法20次。

5.9　下面是二维报童问题的一种形式，其中分配了两种类型的资源——x_1 和 x_2，以满足共同需求 W：

$$F(x_1, x_2, W) = 10 \min\{x_1, W\} + 14 \min\{x_2, (\max\{0, W - x_1\})\}$$
$$- 8x_1 - 10x_2$$

假设向量 x 可能有十几个或更多的维度，但使用这个二维版本来执行估计梯度的SPSA方法的详细数值示例。

(1) 使用SPSA算法计算梯度 $\nabla_x F(x_1, x_2, W)$ 的估计值，围绕点 $x_1 = 8$，$x_2 = 10$，使用两个函数求值。显示所有详细的计算结果和生成的梯度。说明处理 W 的过程。

(2) 使用任何环境编写软件以使用SPSA算法优化 $F(x_1, x_2, W)$，假设 $W \in Uniform[5, 20]$。仔细说明你所做的任何假设。迭代运行算法20次。

理论问题

5.10　5.10.3节中的证明是在假设 x 是标量的情况下进行的。现假设 x 是向量，再重新证明一次。此时需要进行调整(如将假设2替换为 $\|g^n\| < B$)，并使用明确指出 $\|a + b\| \leq \|a\| + \|b\|$ 的三角形不等式。

求解问题

5.11　试写出式(5.9)中给出的嵌套报童问题的随机梯度。

5.12　在弹性支出账户(FSA)中，允许家庭分配 x 税前美元存入雇主维护的托管账户。这些资金可用于下一年的医疗费用。下一年年底，账户中剩余的资金将返还给雇主。假设税率等级为40%(听起来不错，而且计算起来容易一点)。设 M 是表示下一年医疗费用总额的随机变量，$F(x) = Prob[M \leq x]$ 是随机变量的累积分布函数 M。

(1) 写出需要求解以找到 x 的目标函数，以便最小化明年支付医疗费用的总成本(税前美元)。

(2) 如果 x^* 是最优解，并且 $g(x)$ 是为FSA分配 x 的条件下目标函数的梯度，请使用属性 $g(x^*) = 0$ 推导(必须说明推导过程)给出 x^* 和累积分布函数 $F(x)$ 之间关系的临界比率。

(3) 假设税率等级为35%，年底应该有多大比例的资金剩余？

5.13　使用报童问题来解决经典的随机优化问题。假设必须订购 x 资产，之后再尝试满足这些资产的随机需求 D，其中 D 随机分布在 100 和 200 之间。如果 $x > D$，则说明订得太多，需要支付 $5(x - D)$。如果 $x < D$，则说明订得太少，得支付 $20(D - x)$。

(1) 以 $\min_x \mathbb{E} f(x, D)$ 的形式写出目标函数。

(2) 导出该函数的随机梯度。

(3) 用解析的方式找到最优解。(提示：取随机梯度的期望值，将其设置为零，并求解数量 $\mathbb{P}(D \le x^*)$，以此找到 x^*。)

(4) 因为该梯度以美元为单位，而 x 以订购资产的数量为单位，所以会遇到缩放问题。选择步长 $\alpha_{n-1} = \alpha_0/n$，其中 α_0 是必须选择的参数。使用 $x^0 = 100$ 作为初始解。当 $\alpha_0 = 1, 5, 10, 20$ 时，分别绘制 1000 次迭代的 x^n。观察哪个值 α_0 看似产生了最佳行为？

(5) 重复算法(1000 次迭代)10 次。设 $\omega = (1, \dots, 10)$ 表示算法的 10 个样本路径，并且设 $x^n(\omega)$ 是样本路径 ω 第 n 次迭代时的解，设 $Var(x^n)$ 是随机变量 x^n 的方差，其中：

$$\overline{V}(x^n) = \frac{1}{10} \sum_{\omega=1}^{10} (x^n(\omega) - x^*)^2$$

对于 $1 \le n \le 1000$，将标准差绘制为 n 的函数。

5.14　按照 5.5.1 节中的方法，针对图 5.7 所示的网络，计算梯度 $\nabla_\theta F(x^n, \hat{f}^{n+1}|\theta)$。

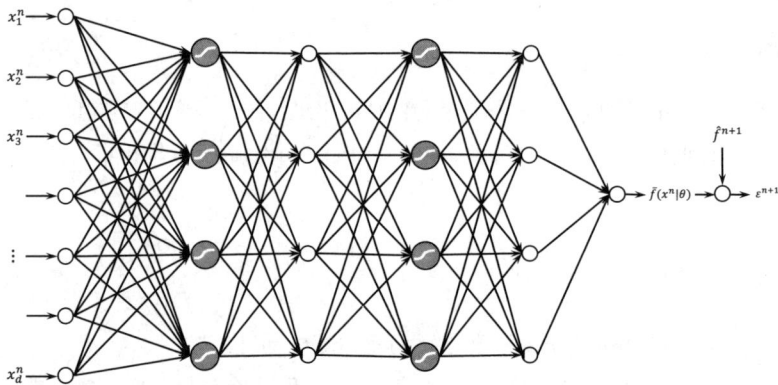

图 5.7　练习 5.14 的 4 层神经网络

序贯决策分析和建模

以下练习摘自在线书籍 *Sequential Decision Analytics and Modeling*(《序贯决策分析和建模》)。扫描右侧二维码，即可查看该书。

5.15　阅读上述书籍第 3 章 3.1~3.4 节关于适应性市场规划问题的内容。该演示提供了报童问题的最佳订购量的经典推导，但随后给出了该问题的一个版本，其中目标是累积回报。

(1) 当优化一个单周期的报童问题时，是在寻找最好的 x。当优化一个多周期的报童问

题时，是在寻找什么？优化多周期的报童问题时是在最大化累积回报(如书中所示)？

(2) 计算累积回报目标函数相对于步长规则中的步长参数 θ^{step} 的梯度。

(3) 描述一种在使用累积回报目标时用于优化 θ^{step} 的随机梯度算法。

每日一问

"每日一问"是你选择的一个问题(请参阅第1章中的指南)。针对你的每日一问，回答以下问题。

5.16　你的每日一问可能有一个连续的决策 x(数量、温度、价格、剂量)。如果没有，你可能希望使用一个参数化过程 $X^{\pi}(S_t|\theta)$ 来确定当处于状态 S_t 时的 x_t，这种情况下需要调整 θ。在本书中，目前并没有开发建模和解决问题的背景，而是讨论了建模和解决问题时可能出现的任何连续决策(或可调参数)。然后，描述修复连续变量后可能学到的任何新信息(这将在本章的典型问题中起到 W 的作用)。

参考文献

第6章

步长策略

有一系列的自适应学习问题取决于第5章首次提及的形式的迭代，如下式所示：

$$x^{n+1} \quad = \quad x^n + \alpha_n \nabla_x F(x^n, W^{n+1}) \tag{6.1}$$

随机梯度 $\nabla_x F(x^n, W^{n+1})$ 告知往哪个方向走，但需要步长 α_n 告知应该走多远。

使用此公式时有两个重要的设置。可以在第一个设置中最大化一些指标，如贡献、效用或性能。在这些设置中，$\nabla_x F(x^n, W^{n+1})$ 和决策变量 x 的单位不同，因此步长必须进行缩放，使得 $\alpha_n \nabla_x F(x^n, W^{n+1})$ 相对于 x^n 不太大也不太小。

第二个也非常重要的设置出现在所谓的监督学习中。在这种情况下，我们试图利用观察结果 $y = f(x|\theta) + \varepsilon$ 来估计函数 $f(x|\theta)$。在此背景下，$f(x|\theta)$ 和 y 具有相同的标度。在以下3种设置中会遇到这些问题：

- 近似函数 $\mathbb{E}F(x, W)$ 的价值，创建可被优化的估计值 $\bar{F}(x)$。
- 近似处于状态 S_t 的价值 $V_t(S_t)$，然后遵循一些策略(从第16章和第17章开始，在引入近似动态规划时，将遇到这个问题)。
- 创建参数化策略 $X^\pi(S|\theta)$ 以拟合观察到的决策。在此，假设可以使用某些方法来创建决策 x，再使用决策来创建参数化策略 $X^\pi(S|\theta)$。决策 x 的一个来源是对人类行为(例如医生的选择)的观察，这个来源可以使用4类策略中的任何一种。

第3章讲解了一系列近似函数的方法。假设面临一个最简单的估计随机变量 W 的平均值的问题，可以证明(见练习6.21)它解决了以下随机优化问题：

$$\min_x \mathbb{E} \frac{1}{2}(x - W)^2 \tag{6.2}$$

设 $F(x, W) = \frac{1}{2}(x - W)^2$。$F(x, W)$ 相对于 x 的随机梯度是：

$$\nabla_x F(x, W) = (x - W)$$

可以使用下式所示的随机梯度算法来优化式(6.2)(这里是最小化):

$$x^{n+1} \quad = \quad x^n - \alpha_n \nabla F(x^n, W^{n+1}) \tag{6.3}$$

$$= \quad x^n - \alpha_n(x^n - W^{n+1}) \tag{6.4}$$

$$= \quad (1 - \alpha_n)x^n + \alpha_n W^{n+1} \tag{6.5}$$

对于许多读者来说,式(6.5)是熟悉的指数平滑(在信号处理中也称为线性滤波器)。一个重要的观察结果是,在这种情况下,步长α_n需要介于0和1之间,因为x和W的比例相同。

蒙特卡洛方法的挑战之一是确定步长α_n。我们将选择步长的方法称为步长策略,不过流行的术语还包括步长规则或学习率计划。为了说明这一点,先重写式(6.2)中的优化问题,即找到μ的估计值$\bar{\mu}$,这是随机变量W的真实平均值,写作:

$$\min_{\bar{\mu}} \mathbb{E} \frac{1}{2}(\bar{\mu} - W)^2 \tag{6.6}$$

这种符号转换允许我们稍后再决定如何估计 $\mu_x = \mathbb{E}_W F(x, W)$,其中可观察到 $\hat{F} = F(x, W)$。现在,我们只想关注一个简单的估计问题。

随机梯度更新式(6.4)变为:

$$\bar{\mu}^{n+1} \quad = \quad \bar{\mu}^n - \alpha_n(\bar{\mu}^n - W^{n+1}) \tag{6.7}$$

使用正确设计的步长规则(如$\alpha_n = 1/n$),便可保证:

$$\lim_{n \to \infty} \bar{\mu}^n \to \mu$$

但我们想在N次迭代预算内做到最好,这意味着须求解下式:

$$\max_{\pi} \mathbb{E}_{S^0} \mathbb{E}_{W^1, \dots, W^N | S^0} \mathbb{E}_{\widehat{W} | S^0} F(x^{\pi, N}, \widehat{W}) \tag{6.8}$$

其中,π指步长规则,包括规则类型和任何可调参数。注意,本章不再关心究竟是在解决式(6.8)中的最终回报目标,还是解决由下式给出的最终回报目标:

$$\max_{\pi} \mathbb{E}_{S^0} \mathbb{E}_{W^1, \dots, W^N | S^0} \sum_{n=0}^{N} F(x^n, W^{n+1}) \tag{6.9}$$

其中,$x^n = X^{\pi}(S^n)$。我们的目标是寻找最佳步长公式(以及某类中的最佳),而不再考虑目标。

设计一个好的步长规则时要考虑两个问题。第一个问题是步长是否产生某种理论保证,例如渐近收敛或有限时间界限。虽然这主要是理论上的兴趣,但这些条件确实为产生良好行为提供了重要的指导。第二个问题是,该规则是否能产生良好的实证效果。

我们将步长规则的表示分为3类。

确定性策略——该步长策略是迭代计数器n的确定性函数。这意味着在开始运行算法之前就知道步长α_n。

　　自适应策略——该策略在第n次迭代时的步长取决于算法轨迹计算所得的统计数字。该策略也称为随机步长规则。

　　最优策略——确定性和自适应步长策略可能具有渐近收敛的可证明性保证，但不是使用同样的优化模型推导出来的。这种传统的一个缺点是需要调整一个或多个参数。最优策略通常是从一个简化问题的形式化模型中导出的。这些策略往往更复杂，但消除了或至少最大限度地减少了调整参数的需要。

　　6.1节和6.2节中给出的确定性和随机规则在很大程度上旨在实现良好的收敛速度，但没有任何理论能证明它们会产生最佳收敛速度。不论如何，这些步长规则中的一些已经得到了收敛和(或)懊悔边界的渐近证明的支持。

　　6.3节提供了一种理论，以便在基于策略评估值估计价值函数时选择能使收敛速度尽可能快的步长。最后，6.4节给出了专门为近似值迭代设计的最优步长规则。

6.1　确定性步长策略

　　确定性步长策略是最容易实现的。适当的调整可以提供非常好的结果。下面首先介绍步长规则必须满足的一些基本属性，以确保渐近收敛。虽然我们只对有限时间内的性能感兴趣，但无论实验预算如何，这些规则都提供了有用的指导。在此之后，会继续提出确定性步长策略的各种方法。

6.1.1　收敛性

　　证明随机梯度算法收敛性的理论最早于20世纪50年代初兴起，此后便发展得相当成熟(见5.10节)。然而，所有证明都需要以下3个基本条件：

$$\alpha_n \; > \; 0, \quad n = 0, 1, \dots, \tag{6.10}$$

$$\sum_{n=0}^{\infty} \alpha_n \; = \; \infty, \tag{6.11}$$

$$\sum_{n=0}^{\infty} (\alpha_n)^2 \; < \; \infty \tag{6.12}$$

　　式(6.10)要求步长严格为正(不允许步长等于零)。最重要的要求是式(6.11)，其中，规定步长的"无限和"必须是无限的。如果此条件不成立，则算法可能会过早停止。最后，条件式(6.12)要求步长的平方的无限和是有限的。事实上，这个条件要求步长序列"合理地快速"收敛。

条件式(6.12)的一个直观理由是，它保证了最优解的估计方差在极限值内为零。5.10.2节和5.10.3节说明了两种证明技术，这两种技术都导致了对步长的这些要求。然而，在某些条件下，可以用更低的要求($\lim_{n \to \infty} \alpha_n = 0$)代替式(6.12)。

实际上，条件式(6.11)要求步长参照下式所示的算术顺序递减：

$$\alpha_{n-1} = \frac{1}{n} \tag{6.13}$$

这个规则有一个有趣的属性。练习6.21要求证明$1/n$的步长会产生估计值$\bar{\mu}^n$，它是之前所有观察结果的平均值，也就是说：

$$\bar{\mu}^n = \frac{1}{n} \sum_{m=1}^{n} W^m \tag{6.14}$$

当然，式(6.14)有一个很好的名字：样本平均值。一般来说(需要适度的技术条件)$n \to \infty$，$\bar{\mu}^n$将(在某种意义上)收敛到随机变量W的平均值。

步长减小的速率问题具有相当重要的实际意义。例如，考虑步长序列：

$$\alpha_n = .5\alpha_{n-1}$$

这是一个几何递减的级数。这个步长公式违反了条件式(6.11)。更直观地说，问题是步长会迅速减小，使得算法过早停止。即使每次迭代时梯度指向正确的方向，也可能永远不会达到最佳值。

在某些设置中，$1/n$步长公式是我们所能采用的最好的公式(如求随机变量的平均值)，而在其他情况下，它会表现得非常糟糕，原因是它会很快下降到零。当估计一个随时间(或迭代)变化的函数时，就会出现效果不佳的情况。例如，称为Q学习(2.1.6节中首次介绍)的算法策略包括以下两个步骤：

$$\hat{q}^n(s^n, a^n) = r(s^n, a^n) + \gamma \max_{a'} \bar{Q}^{n-1}(s', a'),$$

$$\bar{Q}^n(s^n, a^n) = (1 - \alpha_{n-1})\bar{Q}^{n-1}(s^n, a^n) + \alpha_{n-1}\hat{q}^n(s^n, a^n)$$

在这里，可以在给定状态s^n和动作a^n的情况下创建一个采样观察$\hat{q}^n(s^n, a^n)$，该采样观察用一个周期的回报$r(s^n, a^n)$加下游价值的估计值来计算，其中，下游价值是在给定当前状态s^n和动作a^n的情况下，通过对下游状态s'进行采样计算而得到的，然后基于当前对不同状态-动作的价值估计$\bar{Q}^{n-1}(s', a')$来选择最佳动作a'。然后使用步长α_{n-1}对$\hat{q}^n(s^n, a^n)$进行平滑处理以获得更新的估计值$\bar{Q}^n(s^n, a^n)$。

图6.1说明了在此设置中使用$1/n$步长公式的行为，证明严重低估了这些值。接下来，通过使用可调参数推广$1/n$规则来解决这个问题。稍后将介绍有助于缓解这种行为的步长公式。

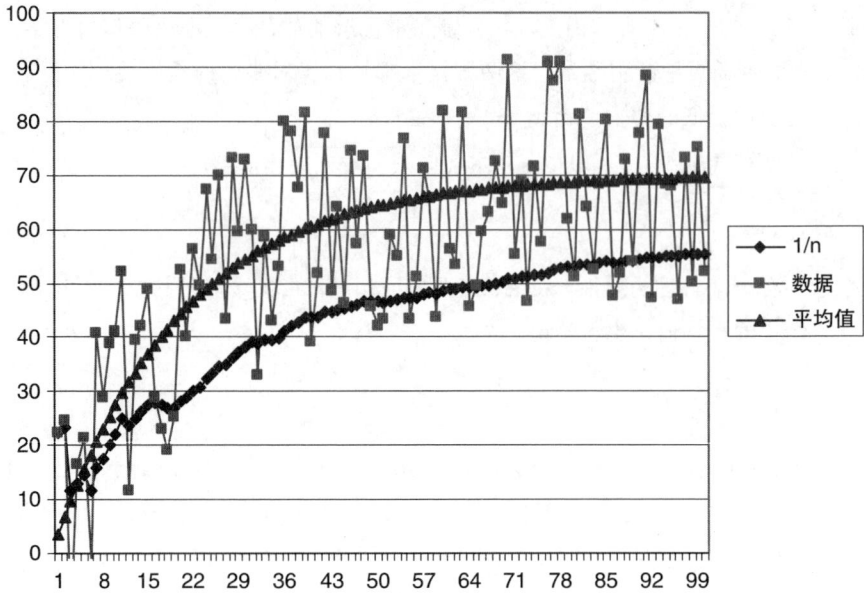

图6.1 瞬时数据存在时的$1/n$步长规则收敛性不佳

6.1.2　确定性策略集锦

本节的其余部分介绍了一系列旨在解决此问题的确定性步长公式。这些规则最容易实现，在实现自适应学习算法时通常是一个很好的起点。

1. 恒定步长

恒定步长规则很简单：

$$\alpha_{n-1} = \begin{cases} 1 & \text{若} n = 1, \\ \bar{\alpha} & \text{其他} \end{cases}$$

其中，$\bar{\alpha}$是选择的步长。通常以步长1开始，这样就不需要将初始值$\bar{\mu}^0$用于统计了。

当估计的不是一个(而是多个)参数时，通常流行使用恒定步长(对于大规模应用，这些参数很容易达到数千或数百万)。在这些情况下，没有一条规则适用于所有参数，而且有足够的噪声，任何合理的步长规则都可以很好地工作。

恒定步长易于编码(无内存要求)，且特别易于调整(只有一个参数)。也许对其最有利的一点是，不需要知晓收敛速度，这意味着允许步长过快下降(存在风险)，从而产生称为"明显收敛"的行为。

在动态规划中，通常会试图使用观察值来估计处于某个状态的价值，这些观察值不仅是随机的，而且在我们试图找到最优策略时仍在系统地变化。一般来说，随着观察值中的噪声增大，最佳步长减小。但如果这些值快速增大，则需要更大的步长。

选择最佳步长时需要在稳定噪声和响应变化的平均值之间取得平衡。图6.2(a)说明了当噪声相对较低但平均值变化很快时的观察结果，图6.2(b)则展示了当噪声非常大但平均值根本没有变化时的观察值。对于第一种情况，最佳步长相对较大，而对于第二种情况，最佳步长相当小。

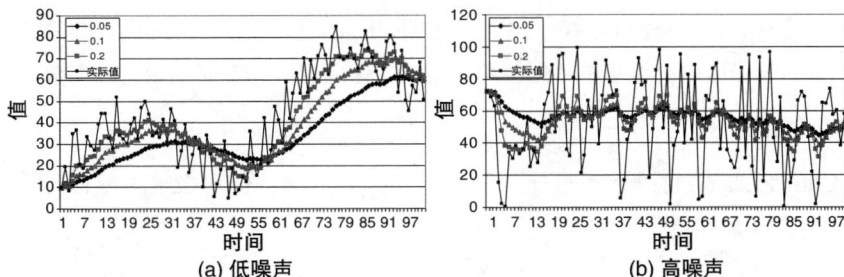

图6.2 使用恒定步长的平滑效果。情况(a)表示低噪声数据集，具有底层非平稳结构；情况(b)表示来自平稳过程的高噪声数据集

2. 广义谐波步长

$1/n$的推广规则是由下式给出的广义谐波序列：

$$\alpha_{n-1} = \frac{\theta}{\theta + n - 1} \tag{6.15}$$

此规则满足收敛条件，但会在满足$\theta > 1$时比$1/n$规则产生更大的步长。如图6.3所示，增大的θ会减慢步长降至零的速度。在实践中，尽管理论上有相反的收敛证明，但步长$1/n$可能会过快地降低到零，导致"明显收敛"，而事实上，得到的解远远不如可以获得的最优解。

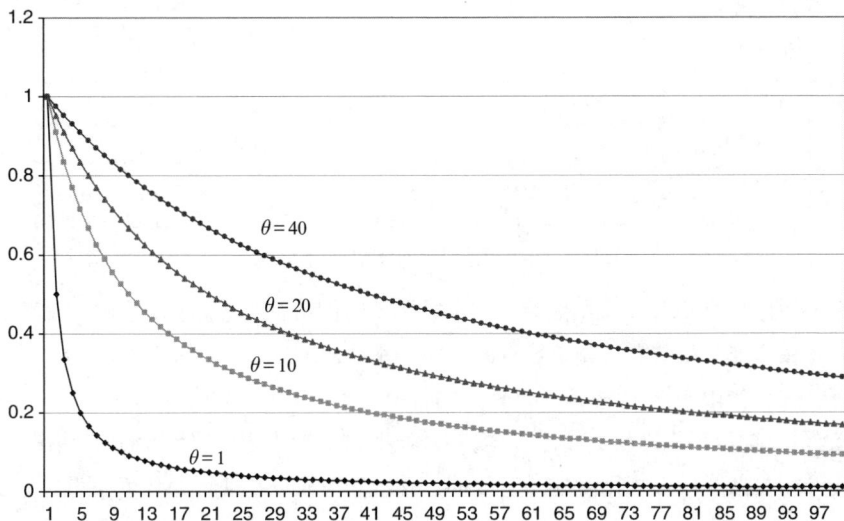

图6.3 改变a时的$a/(a+n)$步长

3. 多项式学习率

基本谐波序列的一个扩展是步长：

$$\alpha_{n-1} = \frac{1}{(n)^\beta} \tag{6.16}$$

其中，$\beta \in (\frac{1}{2}, 1]$。较小的 β 值会减缓步长下降的速度，此举会提高初始瞬态条件下的响应性。β 的最佳值取决于初始数据的瞬态程度，因此算是一个需要调整的参数。

4. McClain公式

McClain公式是一种简洁的方法，起初表现得像 $1/n$，但在极限中近似指定常数(见图6.4)。该公式如下：

$$\alpha_n = \frac{\alpha_{n-1}}{1 + \alpha_{n-1} - \bar{\alpha}} \tag{6.17}$$

其中，$\bar{\alpha}$ 是指定的参数。注意，此模型生成的步骤满足以下属性：

$$\alpha_n > \alpha_{n+1} > \bar{\alpha} \quad 若 \alpha > \bar{\alpha},$$

$$\alpha_n < \alpha_{n+1} < \bar{\alpha} \quad 若 \alpha < \bar{\alpha}$$

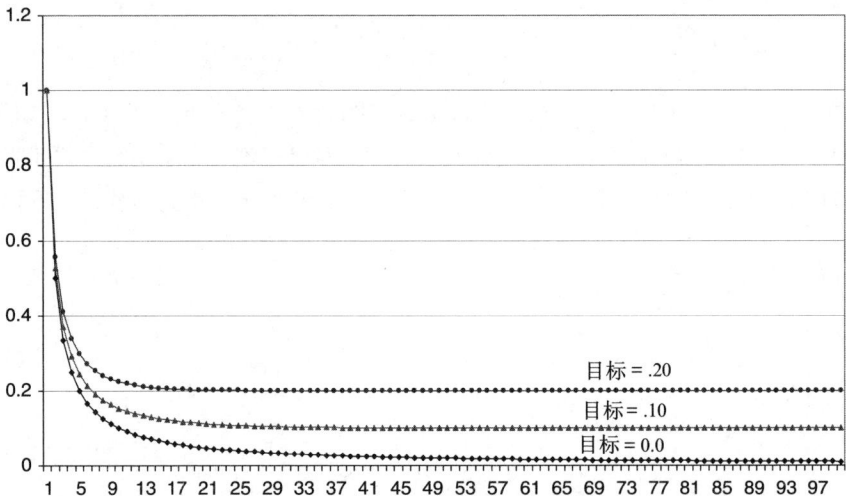

图6.4 具有不同目标的McClain步长规则

如图6.4所示，McClain规则结合了"$1/n$"规则的特征，该规则适用于平稳数据，而恒定步长适用于非平稳数据。如果设定 $\bar{\alpha} = 0$，那么McClain规则将产生 $\alpha_{n-1} = 1/n$，这很容易验证。在该极限中，$\alpha_n \to \bar{\alpha}$。该规则的价值在于，$1/n$ 平均值通常在第一次迭代中非常有效(这是恒定步长规则的一个主要缺点)，但要避免变为零。当不确定算法需要多少次迭代才能开始收敛时，该规则可能是有效的，并且它也可以在非平稳环境中很好地工作。

5. 搜寻后收敛学习策略

搜寻后收敛(search-then-converge，STC)步长规则是谐波步长规则的变体，会产生延迟学习。该规则可以写作：

$$\alpha_{n-1} = \alpha_0 \frac{\left(\frac{b}{n} + a\right)}{\left(\frac{b}{n} + a + n^\beta\right)} \tag{6.18}$$

如果 $\beta = 1$，该公式则类似于STC策略。此外，如果 $b = 0$，该公式则与谐波步长策略 $\theta/(\theta + n)$ 相同。将 b/n 项添加到分子和分母后，该规则可以被视为一种谐波步长策略，其中 a 非常大，但随着 n 增大而减小。如图6.5(a)所示，b/n 项使得算法在更长的时间内保持更大的步长。这可以使算法在估计值相对不稳定时，必然经过一个延长的学习阶段。b 的相对大小取决于预期运行的迭代次数，其范围从几十到几百万不等。

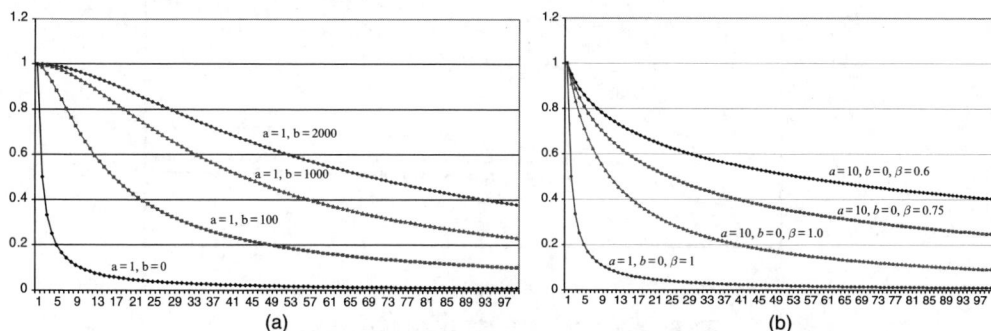

图6.5 (a) 改变 b 时的搜寻后收敛规则；(b) 改变 β 时的搜寻后收敛规则

这类步长规则之所以被称为"搜寻后收敛"，是因为它们提供了一段时间的高步长(在进行搜索时)，之后步长减小(以实现收敛)。延迟学习的程度由参数 b 控制，你可以认为它扮演着与参数 a 相同的角色，但它随着算法的执行而下降。该规则是为近似动态规划方法设计的，适用于延迟回报的游戏设置(在你赢得或输掉游戏之前没有回报)。

分母中的指数 β 在后续迭代中具有增大步长的效果(见图6.5(b))。使用此参数，可以在早期迭代中(通过使用较小的 a)加快步长的减小，但在随后的迭代中减缓下降(以维持学习过程)。这对于需要更大步长以进行更多次迭代的扩展瞬态阶段的问题可能有用。

6.2 自适应步长策略

步长应取决于算法的实际轨迹，这一观点具有相当大的吸引力。例如，如果持续观察到 $\bar{\mu}^{n-1}$ 小于(或大于)观察值 W^n，那么它表明算法正在向上(或向下)发展。当这种情况发生时，我们通常希望使用更大的步长来快些达到良好的估计。当步长取决于观察值 W^n 时，说明使用的是自适应步长。然而，这意味着必须认识到它是一个随机变量(有些人将其称为随机步长规则)。

本节将首先回顾自适应步长的情况，然后提出改进的收敛理论条件，最后概述文献中提出的一系列启发式方案；在此之后，还会提出一些在特殊条件下最优的步长规则。

6.2.1　自适应步长的情况

假设估计值始终低于或始终高于实际观察值——这在早期迭代中极易发生，原因是初始起点差或者在早期迭代期间使用的偏差估计(这在动态规划中很常见)。大型问题可能需要估计数千个参数，所有参数似乎不太可能以相同的速度接近其真实值。图6.6显示了处于不同状态的估计值的变化，说明了在同一动态规划中可能发生的学习率的广泛变化。

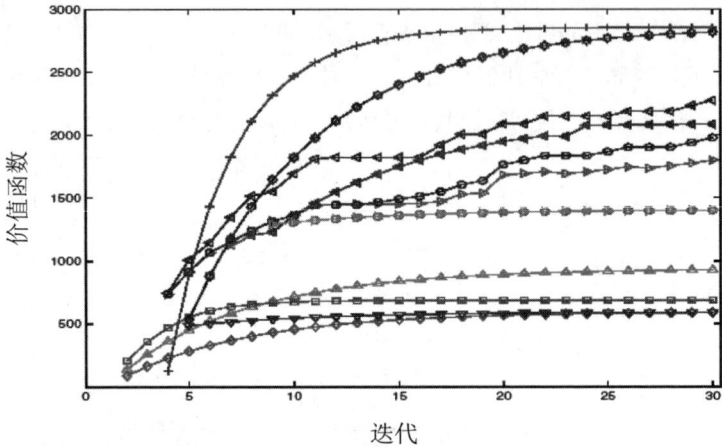

图6.6　不同参数可能经历显著不同的初始速率

自适应步长试图调整数据，以保持较大的步长，同时估计的参数仍在快速变化。平衡噪声与潜在信号的变化是一个困难的挑战，特别是当这两者都未知时。

6.2.2　收敛条件

当步长取决于运行的历史时，步长本身就变成了一个随机变量，这意味着可以使用 $\alpha_n(\omega)$ 替换步长 α_n，表达其对样本路径 ω 的依赖性。样本路径 ω 是我们所关注的。这一变化要求对收敛标准进行一些细微的修改(见式(6.11)和式(6.12))。出于技术原因，收敛标准要改为：

$$\alpha_n \; > \; 0 \,(\text{几乎必然是这样}), \tag{6.19}$$

$$\sum_{n=0}^{\infty} \alpha_n \; = \; \infty \,(\text{几乎必然是这样}), \tag{6.20}$$

$$\mathbb{E}\left\{\sum_{n=0}^{\infty}(\alpha_n)^2\right\} \; < \; \infty \tag{6.21}$$

条件"几乎必然"(一般缩写为"a.s.")意味着式(6.19)~式(6.20)适用于每个样本路径 ω，而不仅仅是平均值。例如，可以将式(6.20)替换为：

$$\sum_{n=0}^{\infty} \alpha_n(\omega) \; = \; \infty, \; \text{对于所有的 } \omega, \, p(\omega) > 0 \tag{6.22}$$

更准确地说，这指的是实际上可能发生的每个样本路径 ω，这正是引入条件 $p(\omega) > 0$ 的原因。我们排除了(数学家强调的)发生概率为零的样本路径。注意，式(6.22)几乎必然与以下要求不同：

$$\mathbb{E}\left\{\sum_{n=0}^{\infty} \alpha_n\right\} = \infty \tag{6.23}$$

式(6.23)大体上满足上述条件，但允许特定的样本路径失败。这是一个弱得多的条件，不能保证每次运行算法时都能收敛。注意，条件式(6.21)实际上使用了一个期望值，这暗示该式是一个较弱的条件。

这些条件背后的原因可参阅5.10节。注意，虽然理论条件提供了广泛的指导，但满足渐近最优条件的策略之间存在显著的实证差异。

6.2.3　随机策略集锦

越来越多的人致力于寻找适应数据的步长策略，各种各样的式子应运而生，具有不同程度的复杂性和收敛性保证。本节简要介绍一些流行的策略，其中一些(如AdaGrad)具有强大的性能保证。随后，还将提出一些针对特殊问题的最优策略。

为了给出我们的自适应步长公式，还需要定义一些量。前面曾提及基本更新表达式由下式给出：

$$\bar{\mu}^n = (1 - \alpha_{n-1})\bar{\mu}^{n-1} + \alpha_{n-1}W^n$$

$\bar{\mu}^{n-1}$ 是正在估计的任何值的估计值。注意，可能在估计一个函数 $\mu(x) = EF(x, W)$(对于离散型 x)，或者估计需要平滑处理的连续函数。可以通过比较当前估计值 $\bar{\mu}^{n-1}$ 和最新观察值 W^n 之间的差异来计算误差，即：

$$\varepsilon^n = \bar{\mu}^{n-1} - W^n$$

有些公式要求跟踪误差符号的变化。这可以使用指示函数完成：

$$\mathbb{1}_{\{X\}} = \begin{cases} 1 & \text{若逻辑条件} X \text{为真} \\ 0 & \text{其他} \end{cases}$$

因此，$\mathbb{1}_{\varepsilon^n \varepsilon^{n-1} < 0}$ 表示误差的符号在上一次迭代中是否已更改。

下面首先总结3个经典的规则。Kesten规则最古老，可能是自适应步长规则的最简单说明。Trigg公式是需求预测领域广泛使用的一个简单规则。随机梯度自适应步长规则具有理论上的收敛性证明，但受几个可调参数的控制，这使其在实践中的使用变得复杂。然后，我们提出了3个更现代的规则——ADAM、AdaGrad和RMSProp，它们是机器学习领域开发的用于将神经网络拟合到数据的规则。

1. Kesten规则

Kesten规则是最早利用简单原理的步长规则之一。如果离最优值很远，梯度$\nabla_x F(x^n, W^{n+1})$倾向于指向相同的方向；当接近最佳值时，梯度开始改变方向。利用这个简单的观察结果，Kesten提出了一个简单的规则：

$$\alpha_{n-1} = \frac{\theta}{\theta + K^n - 1} \tag{6.24}$$

其中，θ是要校准的参数。K^n统计误差符号发生变化的次数，并用到了下式：

$$K^n = \begin{cases} n & \text{若 } n = 1, 2, \\ K^{n-1} + \mathbb{1}_{\{(\nabla_x F(x^{n-1}, W^n))^T \nabla_x F(x^n, W^{n+1}) < 0\}} & \text{若 } n > 2 \end{cases} \tag{6.25}$$

Kesten规则特别适用于初始化问题。只要连续的梯度大致指向同一方向，就减缓步长的下降。当梯度的符号开始交替变换时，则表明正在围绕最佳值移动。

2. Trigg公式

设$S(\cdot)$是使用下式计算的平滑的误差估计：

$$S(\varepsilon^n) = (1 - \beta)S(\varepsilon^{n-1}) + \beta\varepsilon^n$$

Trigg公式由下式给出：

$$\alpha_n = \frac{|S(\varepsilon^n)|}{S(|\varepsilon^n|)} \tag{6.26}$$

该公式利用了误差绝对值的平滑大于或等于平滑误差绝对值这一简单特性。如果存在一系列具有相同符号的误差，则表明真实平均值和平均值的估计值之间存在显著差异，这意味着我们需要更大的步长。

3. 随机梯度自适应步长规则

这类规则使用随机梯度逻辑来更新步长，首先计算：

$$\psi^n = (1 - \alpha_{n-1})\psi^{n-1} + \varepsilon^n \tag{6.27}$$

步长由下式给出：

$$\alpha_n = \left[\alpha_{n-1} + \nu\psi^{n-1}\varepsilon^n \right]_{\alpha_-}^{\alpha_+} \tag{6.28}$$

其中，α_+和α_-分别是步长的上限和下限。$[\cdot]_{\alpha_-}^{\alpha_+}$表示返回区间$[\alpha_-, \alpha_+]$的投影，而$\nu$是缩放因子。$\psi^{n-1}\varepsilon^n$是指示应该如何改变步长以改善误差的随机梯度。由于随机梯度的单位是误差单位的平方，而步长是无单位的，因此ν必须执行一个重要的缩放功能。式$\alpha_{n-1} + \nu\psi^{n-1}\varepsilon^n$可以容易地生成大于1或小于0的步长，因此通常要指定允许的区间(一般小于(0,1))。该规则具有可证明的收敛性，ν、α_+和α_-等参数都需要调整。

4. ADAM

ADAM(自适应矩估计)是近年来引起关注的另一种步长策略。如上所述，设 $g^n = \nabla_x F(x^{n-1}, W^n)$ 是我们的梯度，并设 g_i^n 为第 i 个要素，ADAM根据下式自适应地计算平均值和方差：

$$m_i^n = \beta_1 m_i^{n-1} + (1 - \beta_1)g_i^n, \tag{6.29}$$

$$v_i^n = \beta_2 v_i^{n-1} + (1 - \beta_2)(g_i^n)^2 \tag{6.30}$$

当数据非平稳的时候，这些更新公式引入了偏差，这在随机优化中是典型的情况。ADAM使用下式补偿这些偏差：

$$\bar{m}_i^n = \frac{m_i^n}{1 - \beta_1},$$

$$\bar{v}_i^n = \frac{v_i^n}{1 - \beta_2}$$

ADAM的随机梯度公式由下式给出：

$$x_i^{n+1} = x_i^n + \frac{\eta}{\sqrt{\bar{v}_i^n} + \epsilon} \bar{m}_i^n \tag{6.31}$$

5. AdaGrad

AdaGrad(adaptive gradient，自适应梯度)是一种相对较新的步长策略，在机器学习相关文献中引起了相当大的关注，该策略不仅具有良好的理论性能保证，而且由于在实践中似乎非常有效而变得非常流行。

假设要解决以下标准问题：

$$\max_x \mathbb{E}_W F(x, W)$$

其中，假设 x 是一个向量，而且每个维度的缩放比例可能不同(这是到目前为止一直被忽略的一个问题)。为了稍稍简化符号，可设相对于 $x_i(i = 1, \ldots, I)$ 的随机梯度由下式给出：

$$g_i^n = \nabla_{x_i} F(x^{n-1}, W^n)$$

现在，创建一个 $I \times I$ 的对角矩阵 G^n，其中 (i, i) 要素 G_{ii}^n 由下式给出：

$$G_{ii}^n = \sum_{m=1}^n (g_i^n)^2$$

然后使用下式为第 i 维设定步长：

$$\alpha_{ni} = \frac{\eta}{(G_{ii}^n)^2 + \epsilon} \tag{6.32}$$

其中，ϵ 是一个小数字(例如 10^{-8})，以避免被零除的可能性。这可以用矩阵形式写作：

$$\alpha_n = \frac{\eta}{\sqrt{G^n + \epsilon}} \otimes g_t \tag{6.33}$$

其中，α_n是一个I维度的矩阵。

AdaGrad在适应函数的行为方面做得异常出色。它还可以适应每个维度的潜在不同行为。例如，可能正在为以下形式的线性模型解决一个机器学习问题，来学习参数向量θ(这将是代替x的决策变量)：

$$y = \theta_0 + \theta_1 X_1 + \theta_2 X_2 + \ldots$$

解释变量$X_1, X_2, \ldots$可以采用完全不同范围内的值。在医疗环境中，X_1可能是介于5和8之间的血糖值，而X_2可能是患者的体重，范围是100~300磅(1磅=0.454千克)。系数θ_1和θ_2将根据解释变量的比例的倒数进行缩放。

6. RMSProp

RMSProp(Root Mean Squared Propagation，均方根传播)旨在解决AdaGrad下降过快的实证观察结果。继续设$g^n = \nabla_x F(x^n, W^{n+1})$是我们的随机梯度。设$\bar{g}^n$是$(g^n)^T g^n$内积的平滑版本，由下式给出：

$$\bar{g}^n = (1 - \beta)\bar{g}^n + \beta\|g^n\|^2 \qquad (6.34)$$

然后，使用下式计算：

$$\alpha_n = \frac{\eta}{\sqrt{\bar{g}^n}} \qquad (6.35)$$

建议的参数值为$\beta = 0.1$和$\eta = 0.001$，但我们始终建议使用可调参数进行一些探索。

6.2.4 实验笔记

在测试步长规则时，需要提醒一句。在一个简单的电子表格中，可以轻松地对随机生成的数据进行受控测试，但电子表格中显示的步长和特定应用程序中的步长之间存在很大差距。自适应步长规则在存在瞬时数据的情况下工作得最好，其中噪声程度相较于信号的变化(平均值)而言不是太大。随着数据方差的增大，自适应步长规则开始受到影响，而更简单的确定性规则往往更有效。

6.3 最优步长策略*

考虑到可选择的步长公式的多样性，似乎很自然地要问是否存在最佳步长规则。在回答这个问题之前，必须准确地定义其含义。假设正在尝试估计一个参数μ，它可能是静态的，也可能是随时间的推移而演变的(可能是学习行为的结果)，在这种情况下，将其写作μ^n。

在n次迭代时，假设试图跟踪一个时变过程μ^n。例如，在估计近似价值函数$\overline{V}^n(s)$时，将使用这样的算法，其中$\overline{V}^n(s)$倾向于随着迭代次数n增大而上升(或下降)。我们将使用学

习策略 π，因此会指定估计值 $\bar{\mu}^{\pi,n}$ 来明确对学习策略的依赖性。在时间 n，我们想选择一个步长策略来计算：

$$\min_{\pi} \mathbb{E}(\bar{\mu}^{\pi,n} - \mu^n)^2 \tag{6.36}$$

这里，算法的整个操作处理过程中都伴随着期望(注意，它不受任何条件的影响，尽管 S^0 是隐式的)，并且要求(原则上)知道所估计的参数的真实值。

理解这一点的最佳方法是，先想象我们有一个步长策略，例如谐波步长规则：

$$\alpha_n(\theta) = \frac{\theta}{\theta + n - 1}$$

这意味着(对于此步长策略) π 优化与 θ 优化相同。假设观察过程存在误差 ε，也就是说：

$$W^{n+1} = \mu^n + \varepsilon^{n+1}$$

$\bar{\mu}^{\pi,n}$ 的估计值由下式给出：

$$\bar{\mu}^{\pi,n+1} = (1 - \alpha_n(\theta))\bar{\mu}^{\pi,n} + \alpha_n(\theta)W^{n+1}$$

现在假设创建了一系列观察结果 $(\varepsilon^n)_{n=1}^N$ 的样本路径 ω。如果遵循观察误差 $(\varepsilon^n(\omega))_{n=1}^N$ 的特定样本实现，那么可以得到一系列的观察结果 $(W^n(\omega))_{n=1}^N$，并相对于给定的步长策略 π 生成一系列估计值 $(\bar{\mu}^{\pi,n}(\omega))_{n=1}^N$。可以将优化问题写作：

$$\min_{\theta} \frac{1}{N} \sum_{n=1}^{N} (\bar{\mu}^{\pi,n}(\omega^n) - \mu^n)^2 \tag{6.37}$$

式(6.37)中的优化问题说明了如何完成优化步长策略的步骤。当然，要做的不只是调整特定策略的参数，还要比较不同的步长策略，例如6.2节中列出的策略。

自6.3.1节起将开始讨论最佳步长，解决在有噪声的情况下观察到的常数参数的估计问题。6.3.2节将考虑这样一种情况：正在估计一个随时间变化的参数，但变化的平均值为零。最后，6.3.3节将讨论平均值可能随非零平均值向上或向下漂移的情况，这是在近似价值函数时通常面临的情况。

6.3.1 平稳数据的最佳步长

假设在第 n 次迭代时观察到 W^n，并且该观察结果 W^n 可以写作：

$$W^n \;=\; \mu + \varepsilon^n$$

其中，μ 是未知常数，ε^n 是一个具有平均值0和方差 σ_ε^2 的独立同分布的随机偏差的平稳序列。可以从两个角度解决估算 μ 的问题：选择最佳步长和选择估计的最佳线性组合。也就是说，可以选择使用下式写出在 n 次观察之后的估算值 $\bar{\mu}^n$：

$$\bar{\mu}^n = \sum_{m=1}^{n} a_m^n W^m$$

针对上述讨论，固定 n，并确定向量 $a_1,\dots,a_n$ 的系数(此处抑制迭代计数器 n 以简化符号)。我们希望统计数据具有两个性质:它应该是无偏的,并且应该具有最小方差(即,它应该满足式(6.36))。要想无偏,须满足下式:

$$
\begin{aligned}
\mathbb{E}\left[\sum_{m=1}^{n} a_m W^m\right] &= \sum_{m=1}^{n} a_m \mathbb{E} W^m \\
&= \sum_{m=1}^{n} a_m \mu \\
&= \mu
\end{aligned}
$$

这意味着必须满足:

$$
\sum_{m=1}^{n} a_m = 1
$$

估计量的方差由下式给出:

$$
Var(\bar{\mu}^n) = Var\left[\sum_{m=1}^{n} a_m W^m\right]
$$

假设随机偏差是独立的,有:

$$
\begin{aligned}
Var(\bar{\mu}^n) &= \sum_{m=1}^{n} Var[a_m W^m] \\
&= \sum_{m=1}^{n} a_m^2 Var[W^m] \\
&= \sigma_\varepsilon^2 \sum_{m=1}^{n} a_m^2
\end{aligned}
\tag{6.38}
$$

现在面临的问题是找出 $a_1, \ldots, a_n$ 以最小化式(6.38),从而满足 $\sum_{m=1}^{n} a_m = 1$ 的必要条件。

这个问题很容易用拉格朗日乘子法解决,下面从非线性规划问题开始:

$$
\min_{\{a_1, \ldots, a_n\}} \sum_{m=1}^{n} a_m^2
$$

满足以下条件:

$$
\sum_{m=1}^{n} a_m = 1,
\tag{6.39}
$$

$$
a_m \geq 0
\tag{6.40}
$$

放宽约束式(6.39)并将其添加到目标函数中:

$$
\min_{\{a_m\}} L(a, \lambda) = \sum_{m=1}^{n} a_m^2 - \lambda\left(\sum_{m=1}^{n} a_m - 1\right)
$$

满足式(6.40)。现在将设法求解$L(a, \lambda)$(称为"拉格朗日量")并且希望系数a都是非负的。如果此为真,则可以取导数并将其设为零:

$$\frac{\partial L(a, \lambda)}{\partial a_m} = 2a_m - \lambda \tag{6.41}$$

最优解(a^*, λ^*)将满足:

$$\frac{\partial L(a, \lambda)}{\partial a_m} = 0$$

这意味着性能最优时,有:

$$a_m = \lambda/2$$

这说明系数a_m都是相等的。将此结果与系数a_m之和为1的必要条件相结合,可得出以下预期结果:

$$a_m = \frac{1}{n}$$

换句话说,最佳估计值是样本平均值。之所以可以从这个(有点明显的)结果中获得最佳步长,是因为已经知道$\alpha_{n-1} = 1/n$等同于使用一个样本平均值。

这个结果说明,如果基础数据平稳,并且没有关于样本平均值的先验信息,那么最佳步长规则是基本的$1/n$规则。使用任何其他规则都会违反基本假设。在实践中,最常见的违反行为是观察结果因来自寻找最优解的过程而不平稳。

6.3.2　非平稳数据的最佳步长1

现在假设参数根据进程随时间(迭代)演变:

$$\mu^n = \mu^{n-1} + \xi^n \tag{6.42}$$

其中,$\mathbb{E}\xi^n = 0$是具有方差σ_ξ^2的零平均值漂移项。和以前一样,根据下式衡量带误差的μ^n:

$$W^{n+1} = \mu^n + \varepsilon^{n+1}$$

要选择步长,以使均方误差最小化。这个问题可以用一种称为卡尔曼滤波器(Kalman filter)的方法来解决。卡尔曼滤波器是一种强大的递归回归技术,但我们将其用于估计单个参数的问题。卡尔曼滤波器的典型应用是假设由σ_ξ^2给定的ξ^n的方差以及由σ_ε^2给定的测量方差ε^n的误差都是已知的。在这种情况下,卡尔曼滤波器将采用下式计算步长(一般称为"增益"):

$$\alpha_n = \frac{\sigma_\xi^2}{\nu^n + \sigma_\varepsilon^2} \tag{6.43}$$

其中，ν^n 使用下式递归计算：

$$\nu^n = (1 - \alpha_{n-1})\nu^{n-1} + \sigma_\xi^2 \tag{6.44}$$

记住，$\alpha_0 = 1$，因此不需要 ν^0 的值。对于我们的应用，方差未知，因此必须根据数据进行估计。先使用下式估计偏差：

$$\bar{\beta}^n = (1 - \eta_{n-1})\bar{\beta}^{n-1} + \eta_{n-1}(\bar{\mu}^{n-1} - W^n) \tag{6.45}$$

其中，η_{n-1} 是一个简单的步长规则，如谐波步长规则或McClain公式。然后，使用下式估计总误差平方和：

$$\bar{\nu}^n = (1 - \eta_{n-1})\bar{\nu}^{n-1} + \eta_{n-1}(\bar{\mu}^{n-1} - W^n)^2 \tag{6.46}$$

最后，使用下式估计误差的方差：

$$(\bar{\sigma}_\varepsilon^{2,n}) = \frac{\bar{\nu}^n - (\bar{\beta}^n)^2}{1 + \bar{\lambda}^{n-1}} \tag{6.47}$$

其中，$\bar{\lambda}^{n-1}$ 是通过下式计算的：

$$\lambda^n = \begin{cases} (\alpha_{n-1})^2, & n = 1, \\ (1 - \alpha_{n-1})^2 \lambda^{n-1} + (\alpha_{n-1})^2, & n > 1 \end{cases}$$

将 $(\bar{\sigma}_\varepsilon^{2,n})$ 视作对 σ_ε^2 的估计。建议将 $(\bar{\beta}^n)^2$ 视作对 σ_ξ^2 的估计。这纯粹是一种近似，但实验结果表明，它的性能相当好，而且相对容易实现。

6.3.3   非平稳数据的最佳步长2

在动态规划中，试图通过 $\bar{\upsilon}$ 估计处于某个状态(称为 υ)的值，$\bar{\upsilon}$ 由一系列随机观察结果 $\hat{\upsilon}$ 估计而得。我们遇到的问题是，$\hat{\upsilon}$ 可能取决于稳步增大(或减小)的价值函数的近似值，这意味着观察值 $\hat{\upsilon}$ 是非平稳的。此外，与卡尔曼滤波器所做的假设(即 $\hat{\upsilon}$ 的平均值以零平均值的方式变化)不同，$\hat{\upsilon}$ 观察值可能在稳步增长，这与上面的 $E\xi = \mu > 0$ 假设相同。本节将推导有偏估计的卡尔曼滤波器学习率。

我们的挑战是设计一个步长，在最小化误差(倾向于较小的步长)和响应非平稳数据(在较大步长下更有效)之间取得平衡。回到基本模型：

$$W^{n+1} = \mu^n + \varepsilon^{n+1}$$

其中，μ^n 随着时间的推移而变化，但可能会稳步增大或减小。这类似于6.3.2节中的模型(式(6.42))，但其中 ξ^n 具有非零平均值。如前所述，假设 $\{\varepsilon^n\}_{n=1,2,\ldots}$ 是独立同分布的，平均值为零，方差为 σ^2。

执行通常的随机梯度更新以获得平均值的估计值：

$$\bar{\mu}^n(\alpha_{n-1}) = (1-\alpha_{n-1})\bar{\mu}^{n-1}(\alpha_{n-1}) + \alpha_{n-1}W^n \tag{6.48}$$

希望找到 α_{n-1} 以求解下式：

$$\min_{\alpha_{n-1}} F(\alpha_{n-1}) = \mathbb{E}\left[(\bar{\mu}^n(\alpha_{n-1}) - \mu^n)^2\right] \tag{6.49}$$

重要的是意识到正在努力选择 α_{n-1} 以最小化 $\bar{\mu}^n$ 和真实值 μ^n 之间的误差的无约束期望。因此，我们的步长规则将是确定性的，因为不允许它依赖于通过 n 次迭代获得的信息。

假设第 n 次迭代时的观察是无偏的，即有：

$$\mathbb{E}\left[W^{n+1}\right] = \mu^n \tag{6.50}$$

但平滑估计是有偏的，原因是我们对非平稳数据使用了简单的平滑处理。这种偏差表示为：

$$\begin{aligned}\beta^{n-1} &= \mathbb{E}\left[\bar{\mu}^{n-1} - \mu^n\right] \\ &= \mathbb{E}\left[\bar{\mu}^{n-1}\right] - \mu^n\end{aligned} \tag{6.51}$$

注意，β^{n-1} 是第 $n-1$ 次迭代后(即，计算 $\bar{\mu}^{n-1}$ 之后)计算的偏差。β^{n-1} 是将 $\bar{\mu}^{n-1}$ 用作 μ^n 的估计值时的偏差。

观察结果 W^n 的方差按如下方式计算：

$$\begin{aligned}Var\left[W^n\right] &= \mathbb{E}\left[(W^n - \mu^n)^2\right] \\ &= \mathbb{E}\left[(\varepsilon^n)^2\right] \\ &= \sigma_\varepsilon^2\end{aligned} \tag{6.52}$$

可以证明(见6.7.1节)最佳步长由下式给出：

$$\alpha_{n-1} = 1 - \frac{\sigma_\varepsilon^2}{(1+\lambda^{n-1})\sigma_\varepsilon^2 + (\beta^{n-1})^2} \tag{6.53}$$

其中，λ 由下式递归计算得出：

$$\lambda^n = \begin{cases} (\alpha_{n-1})^2, & n=1, \\ (1-\alpha_{n-1})^2\lambda^{n-1} + (\alpha_{n-1})^2, & n>1 \end{cases} \tag{6.54}$$

将式(6.53)中的步长规则称为偏置调整卡尔曼滤波器(bias adjusted Kalman filter，BAKF)。BAKF步长公式具有以下几个优点。

平稳数据 对于具有静态平均值的序列，最佳步长由下式给出：

$$\alpha_{n-1} = \frac{1}{n} \quad \forall n = 1, 2, \dots \tag{6.55}$$

这是平衡数据的最佳步长。

无噪声　对于无噪声的情况($\sigma^2 = 0$)，有：

$$\alpha_{n-1} = 1 \quad \forall\, n = 1, 2, \ldots \tag{6.56}$$

这是无噪声的非平稳数据的理想选择。

以$1/n$为界　在任何时候，步长都满足：

$$\alpha_{n-1} \geq \frac{1}{n} \quad \forall\, n = 1, 2, \ldots$$

这很重要，因为它保证了渐近收敛。

这些属性特别好，因为通常必须进行参数调整才能获得这种行为。这些特性在估计价值函数时尤其重要，因为处于某个状态的价值的采样估计往往是瞬时的。

在式(6.53)中使用步长公式的问题在于，它假设方差σ^2和偏差$(\beta^n)^2$是已知的。在实际情况下，这可能是有问题的，特别是知晓偏差的假设，因为计算偏差时通常需要知道真函数。如果有这些信息，就不需要这个算法了。

一个备选方案是，尝试从数据中估计这些量。设：

$$\bar{\sigma}_{\varepsilon}^{2,n} = \quad \text{第}n\text{次迭代后误差方差的估计,}$$

$$\bar{\beta}^n = \quad \text{第}n\text{次迭代后偏差的估计,}$$

$$\bar{\nu}^n = \quad \text{第}n\text{次迭代后偏差方差的估计}$$

为了进行这些估计，需要使用当前的最佳估计值对新的观察结果进行平滑处理，这需要使用步长公式。可以尝试为此找到一个最佳步长，但合理选择的确定性公式很可能更奏效。一种可能性是McClain公式(见式(6.17))：

$$\eta_n = \frac{\eta_{n-1}}{1 + \eta_{n-1} - \bar{\eta}}$$

诸如$\bar{\eta} \in (0.05, 0.10)$等极限点在各种函数行为中表现良好。这个步长拥有$\eta_n \to \bar{\eta}$的属性，这可能是一种优势，但也确实意味着算法不会极限收敛，极限收敛要求步长趋于零。如果需要，建议使用谐波步长规则：

$$\eta_{n-1} = \frac{a}{a + n - 1}$$

其中，a在5到10之间，该规则对许多动态规划应用来说似乎非常有效。

在早期迭代中须谨慎。例如，如果设$\alpha_0 = 1$，那么不需要初始估计$\bar{\mu}^0$(我们一贯使用的技巧)。然而，由于公式依赖于方差的估计，第二次迭代仍然存在问题。因此，建议强制η_1等于1(并使用$\eta_0 = 1$)，并在最初的几次迭代中使用$\alpha_n = 1/(n+1)$，因为$(\bar{\sigma}^2)^n$、$\bar{\beta}^n$和$\bar{\nu}^n$很可能一开始就非常不可靠。

图6.7总结了整个算法。注意，估计值的构建使得α_n成为n次迭代过程中可用信息的函数。

图6.8说明了两种信号下的偏置调整卡尔曼滤波器(BAKF)步长规则的行为：低噪声信号(见图6.8(a))和较高噪声信号(见图6.8(b))。这两种情况中的信号开始时都很小，并向上限1.0(平均值)上升。这两幅图还显示了步长$1/n$。对于低噪声情况，BAKF步长一直都较大。对于高噪声情况，BAKF步长大致为$1/n$(注意，它永远不会低于$1/n$)。

步骤0 初始化：

   步骤0a 将基准设置为其初始值 $\bar{\mu}_0$

   步骤0b 初始化参数 $-\bar{\beta}_0$、$\bar{\nu}_0$ 和 $\bar{\lambda}_0$

   步骤0c 设置初始步长 $\alpha_0 = \eta_0 = 1$，并指定 η 的步长规则

   步骤0d 设置迭代计数器，$n = 1$

步骤1 获得新的观察结果 W^n

步骤2 对基准估计进行平滑处理：

$$\bar{\mu}^n = (1 - \alpha_{n-1})\bar{\mu}^{n-1} + \alpha_{n-1}W^n$$

步骤3 更新以下参数：

$$\varepsilon^n = \bar{\mu}^{n-1} - W^n,$$
$$\bar{\beta}^n = (1 - \eta_{n-1})\bar{\beta}^{n-1} + \eta_{n-1}\varepsilon^n,$$
$$\bar{\nu}^n = (1 - \eta_{n-1})\bar{\nu}^{n-1} + \eta_{n-1}(\varepsilon^n)^2,$$
$$(\bar{\sigma}^2)^n = \frac{\bar{\nu}^n - (\bar{\beta}^n)^2}{1 + \lambda^{n-1}}$$

步骤4 估计下一次迭代的步长：

$$\alpha_n = \begin{cases} 1/(n+1) & n = 1,2, \\ 1 - \frac{(\bar{\sigma}^2)^n}{\bar{\nu}^n}, & n > 2, \end{cases}$$

$$\eta_n = \frac{a}{a + n - 1} \quad \text{注意这里有 } \eta_1 = 1$$

步骤5 计算基准的平滑估计的方差系数

$$\bar{\lambda}^n = (1 - \alpha_{n-1})^2 \bar{\lambda}^{n-1} + (\alpha_{n-1})^2$$

步骤6 如果$n<N$，则$n=n+1$并回到步骤1，否则停止

图6.7 偏置调整卡尔曼滤波器步长规则

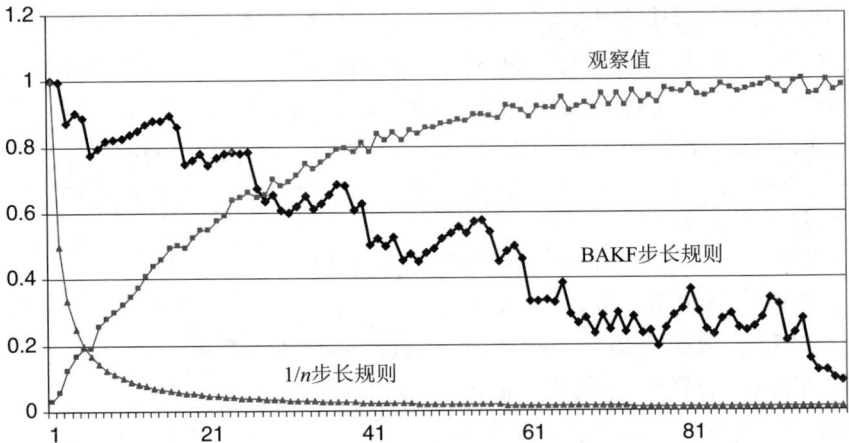

(a) 低噪声信号下的偏置调整卡尔曼滤波器

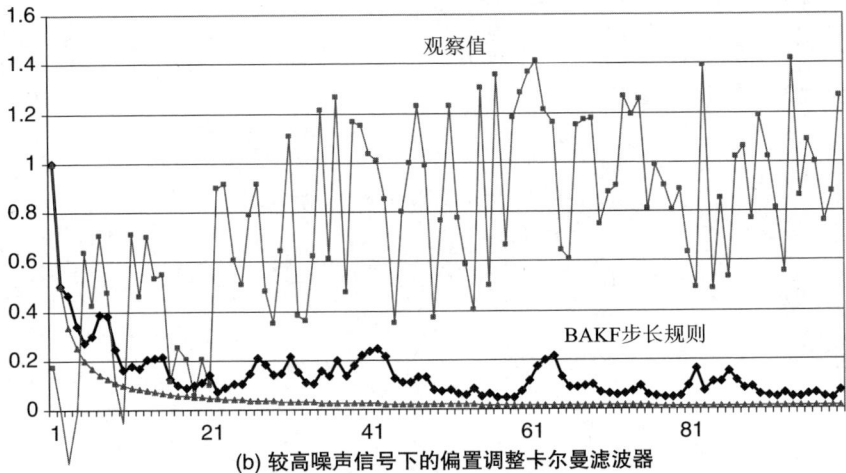

(b) 较高噪声信号下的偏置调整卡尔曼滤波器

图6.8   低噪声信号(a)和较高噪声信号(b)下的BAKF步长规则。每个图都显示了信号、
BAKF步长和1/n步长规则

6.4 近似值迭代的最佳步长*

到目前为止提出的所有步长规则都用于估计非平稳序列的平均值。本节将开发一个专门为近似值迭代设计的步长规则,其算法详见第16章和第17章。另一个应用是Q学习,相关内容可参见2.1.6节。

本节以具有单一状态和单一动作的动态规划作为基础,使用与6.3节相同的理论基础。然而,考虑到推导的复杂性,只简单地提供最佳步长的表达式,该式总结了式(6.53)中给出的BAKF步长规则。

从单状态问题的基本关系开始,有:

$$v^n(\alpha_{n-1}) = (1 - (1-\gamma)\alpha_{n-1})v^{n-1} + \alpha_{n-1}\hat{C}^n \tag{6.57}$$

设 $c = \hat{C}$ 是针对我们的问题预期的一个周期的贡献，并设 $Var(\hat{C}) = \sigma^2$。目前，假设 c 和 σ^2 是已知的。接下来定义两个级数(λ^n 和 δ^n)的迭代公式，如下所示：

$$\lambda^n = \begin{cases} \alpha_0^2 & n = 1 \\ \alpha_{n-1}^2 + (1-(1-\gamma)\alpha_{n-1})^2\lambda^{n-1} & n > 1 \end{cases}$$

$$\delta^n = \begin{cases} \alpha_0 & n = 1 \\ \alpha_{n-1} + (1-(1-\gamma)\alpha_{n-1})\delta^{n-1} & n > 1 \end{cases}$$

然后可以证明：

$$\mathbb{E}(v^n) = \delta^n c,$$
$$Var(v^n) = \lambda^n \sigma^2$$

设 $v^n(\alpha_{n-1})$ 定义为式(6.57)的形式，目标是解决以下优化问题：

$$\min_{\alpha_{n-1}} \mathbb{E}\left[\left(v^n(\alpha_{n-1}) - \mathbb{E}\hat{v}^n\right)^2\right] \tag{6.58}$$

最优解可由下式给出：

$$\alpha_{n-1} = \frac{(1-\gamma)\lambda^{n-1}\sigma^2 + (1-(1-\gamma)\delta^{n-1})^2c^2}{(1-\gamma)^2\lambda^{n-1}\sigma^2 + (1-(1-\gamma)\delta^{n-1})^2c^2 + \sigma^2} \tag{6.59}$$

将式(6.59)视作近似值迭代的最佳步长(optimal stepsize for approximate value iteration，OSAVI)。当然，只有在单状态问题中，才能说它是最优的，并且它假设我们知道每个时间段的预期贡献 c，以及贡献 $\hat{C}$ 的方差 σ^2。

OSAVI 具有一些理想的特性。如果 $\sigma^2 = 0$，则 $\alpha_{n-1} = 1$。此外，如果 $\gamma = 0$，则 $\alpha_{n-1} = 1/n$。也可以证明对于任何样本路径，都有 $\alpha_{n-1} \geq (1-\gamma)/n$。

剩下的就是调整公式以适应具有多个状态的更一般的动态规划，在此问题中，我们正在寻找最优策略。建议进行以下调整。估计一个常数 $\bar{c}$ 以表示每个周期的平均贡献，在所有状态下取平均值。如果 $\hat{C}^n$ 是在期间 n 内获得的贡献，设：

$$\bar{c}^n = (1-\nu_{n-1})\bar{c}^{n-1} + \nu_{n-1}\hat{C}^n,$$
$$(\bar{\sigma}^n)^2 = (1-\nu_{n-1})(\bar{\sigma}^{n-1})^2 + \nu_{n-1}(\bar{c}^n - \hat{C}^n)^2$$

在这里，ν_{n-1} 是单独的步长规则。实验结果表明，恒定步长能起到很好的作用，并且结果对于 ν_{n-1} 的值而言相当鲁棒。建议设 $\nu_{n-1} = 0.2$。设 $\bar{c}^n$ 是 c 的估计值，$(\bar{\sigma}^n)^2$ 是 σ^2 的估计值。

也可以考虑对每个状态估算 $\bar{c}^n(s)$ 以及 $(\bar{\sigma}^n)^2(s)$，以便估计与状态相关的步长 $\alpha_{n-1}(s)$。没有足够的实验工作来支持这一策略的价值——正因为此，才倾向于采用简单而非复杂的策略。

6.5　收敛

所有随机近似算法都会遇到一个实际问题：根本没有可靠且可实现的停止规则。极限收敛性的证明具有重要的理论性质，但它们没有在实践中提供指导或保证。

图6.9很好地说明了这个问题。图6.9(a)显示了超过100次迭代的动态规划的目标函数(在本应用中，一次迭代需要大约20分钟的CPU处理时间)。该图显示了近似动态规划算法的目标函数，该算法运行了100次迭代，此时它似乎趋于平缓(收敛的证据)。图6.9(b)显示了相同算法运行400次迭代的目标函数，这表明在100次迭代后仍有很大的改进空间。

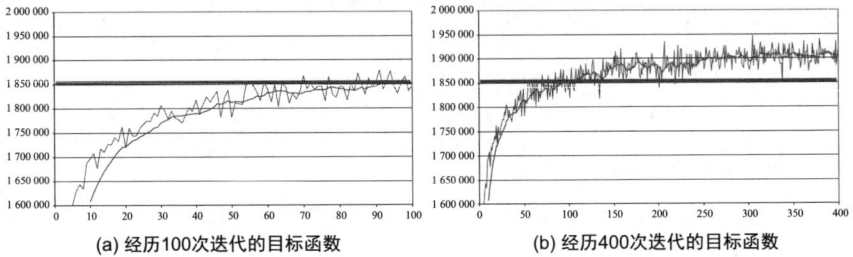

(a) 经历100次迭代的目标函数　　(b) 经历400次迭代的目标函数

图6.9　经过100次迭代所绘制的目标函数(a)显示了"明显的收敛性"。持续经历了400次迭代的相同算法(b)显示了显著的改进

这种行为称为"表观收敛"(apparent convergence)。在运行时间较长的大规模问题上，这种行为的问题尤其严重。通常，在算法"收敛"之前所需的迭代次数需要一定程度的主观判断。当运行时间很长时，主观的想法会干扰过程。

使随机搜索中的收敛性分析复杂化的是一些问题在经历稳定期时的行为，而稳定期又只是突破新的平稳期的前兆。在探索期间，随机梯度算法可能会发现一种策略，从而找到新的机会，将算法的性能提升到一个全新的水平。

在选择步长规则时必须特别小心。在任何使用递减步长的算法中，只要步长在减小，就可以显示稳定目标函数。当使用基于值迭代的算法时，这个问题更加严重，其中状态价值的更新取决于对未来状态价值的估计(该估计可能有偏差)。建议随机梯度算法的初始测试从较大的步长开始。了解了稳定算法所需的迭代次数后，减小步长(记住收敛所需的次数可能会增加)以找到噪声和收敛速度之间的正确权衡。

6.6　如何选择步长策略

鉴于计算步长的策略过多，在选择步长公式时通常需要一般性的指引，这并不奇怪。步长的策略取决于问题本身，因此，任何建议都源于个人经验。

一个经常被忽视的问题是调整步长策略的作用。如果步长执行得不好，应思考其原因。是因为没有使用有效的步长策略吗？还是因为没有正确调整正在使用的那个策略？更麻烦的是，你以为已经调整了步长策略，并且它可以被调整，但是问题变了。例如，从起点到最优解的距离很重要。起点或问题参数的变动会改变最优解，进而更改步长策略的最优调整。

这有助于强调我们的公式的重要性，该公式将随机搜索算法作为搜索最佳算法的优化问题。由于步长的参数调整是一个手动过程，人们往往会忽略它，或将其最小化。图6.10说明了无法识别调整点的风险。

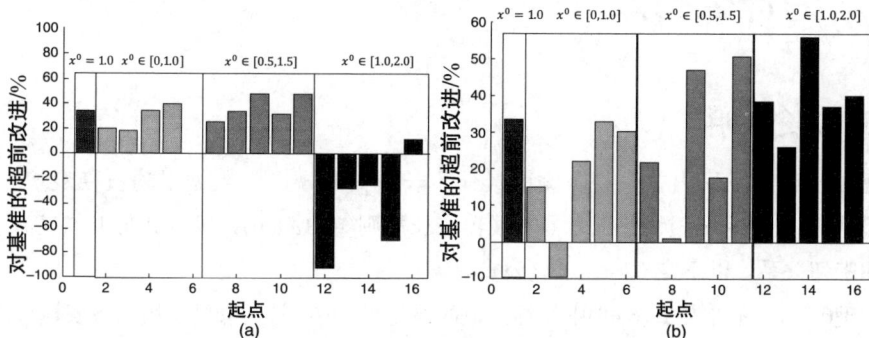

图6.10　使用起点 $x^0 = 1.0$、$x^0 \in [0,1.0]$、$x^0 \in [0.5,1.5]$和$x^0 \in [1.0,2.0]$的随机梯度算法的性能，其中用到了步长参数 θ 的两个不同调整值

图6.10(a)显示的是对于 x^0 的4组起点($x^0 = 1.0$、$x^0 \in [0,1.0]$、$x^0 \in [0.5,1.5]$和 $x^0 \in [1.0,2.0]$)，使用"已调整"步长的随机梯度算法的性能。注意，当起点位于 $x^0 \in [1.0,2.0]$ 范围内时，算法性能较差。图6.10(b)显示的是针对范围 $x^0 \in [1.0,2.0]$重新调整步长后的相同算法(对所有4个范围使用相同的步长)。

考虑到上述问题，我们提供了以下选择步长的一般策略。

步骤1 从恒定步长 α 开始，测试不同的值。具有较高噪声的问题需要较小的步长。定期停止搜索并测试解决方案的质量(这需要对 $F(x, \widehat{W})$ 运行多次模拟并取平均值)。根据绘制结果大致判断在结果停止改进之前需要多少次迭代。

步骤2 现在尝试谐波步长 $\theta/(\theta + n - 1)$。$\theta = 1$产生$1/n$步长规则。该规则是可证明收敛的，但可能下降得太快。选择 θ，看看在使用恒定步长时需要多少次迭代。如果100次迭代似乎足以满足0.1的步长，那么再尝试 $\theta \approx 10$，因为它在100次迭代后产生大约0.1的步长。如果需要10 000次迭代，则选择 $\theta \approx 1000$，但需要调整 θ。另一种规则是多项式步长规则 $\alpha_n = 1/n^\beta$，其中 $\beta \in (0.5, 1]$(建议将0.7作为一个良好的起点)。

步骤3 现在开始尝试自适应步长策略。在本书撰写之时，RMSProp已成为平稳随机搜索的流行工具。建议对非平稳设置使用BAKF步长规则(见6.3.3节)。在第16章和第17章估计价值函数近似值时，将遇到一类重要的非平稳应用。

简单的事情总是更有诱惑。恒定步长规则或谐波规则都非常容易实现。记住，两者都有一个可调参数，并且恒定步长规则不会收敛到任何值(尽管最终的解可能是完全可以接受的)。一个主要问题是，步长的最佳调整不仅取决于问题，还取决于问题的参数，例如折扣因子。

　　BAKF和OSAVI更难实现，但对单个可调参数的设置更具鲁棒性。可调参数可能是算法设计中的一个主要难题，将算法所需的可调参数数量降到最低是一个很好的策略。步长规则应该是编写一次代码就忘记的东西，但要记住图6.10中的教训。

6.7 为什么有效*

BAKF步长证明

　　现在已经有了导出非平稳数据的最佳步长所需的规则，数据平均值稳步增大(或减小)。该规则被称为偏置调整卡尔曼滤波器步长规则(或BAKF)，以示其与卡尔曼滤波器学习率的密切关系。以下定理陈述了该公式。

　　定理6.7.1 最小化式(6.49)中目标函数的最佳步长$(\alpha_m)_{m=0}^n$可以使用以下表达式求得：

$$\alpha_{n-1} = 1 - \frac{\sigma^2}{(1+\lambda^{n-1})\sigma^2+(\beta^{n-1})^2} \tag{6.60}$$

其中，λ使用下式递归求得：

$$\lambda^n = \begin{cases} (\alpha_{n-1})^2, & n=1 \\ (1-\alpha_{n-1})^2\lambda^{n-1}+(\alpha_{n-1})^2, & n>1 \end{cases} \tag{6.61}$$

　　证明：因为该结果说明了稍后处理方差和偏差未知的情况时使用的解的一些属性，所以此处给出了这个结果的证明。设$F(\alpha_{n-1})$表示式(6.49)中所述问题的目标函数。

$$F(\alpha_{n-1}) = \mathbb{E}\left[(\bar{\mu}^n(\alpha_{n-1})-\mu^n)^2\right] \tag{6.62}$$

$$= \mathbb{E}\left[((1-\alpha_{n-1})\bar{\mu}^{n-1}+\alpha_{n-1}W^n-\mu^n)^2\right] \tag{6.63}$$

$$= \mathbb{E}\left[((1-\alpha_{n-1})(\bar{\mu}^{n-1}-\mu^n)+\alpha_{n-1}(W^n-\mu^n))^2\right] \tag{6.64}$$

$$= (1-\alpha_{n-1})^2\mathbb{E}\left[(\bar{\mu}^{n-1}-\mu^n)^2\right]+(\alpha_{n-1})^2\mathbb{E}\left[(W^n-\mu^n)^2\right] \tag{6.65}$$

$$+2\alpha_{n-1}(1-\alpha_{n-1})\underbrace{\mathbb{E}\left[(\bar{\mu}^{n-1}-\mu^n)(W^n-\mu^n)\right]}_{I}$$

　　根据定义可知式(6.62)为真，而根据$\bar{\mu}^n$的更新公式的定义可知式(6.63)为真。我们通过加、减$\alpha_{n-1}\mu^n$得到式(6.64)。为了得到式(6.65)，可展开二次项，然后，因为α_{n-1}是确定的，所以可将α_{n-1}放在预期值之外。之后，在观察值独立的假设下，叉积项I的期望值消失，目标函数简化为以下形式：

$$F(\alpha_{n-1}) = (1-\alpha_{n-1})^2\mathbb{E}\left[(\bar{\mu}^{n-1}-\mu^n)^2\right]+(\alpha_{n-1})^2\mathbb{E}\left[(W^n-\mu^n)^2\right] \tag{6.66}$$

为了找到最佳步长 α_{n-1}^*，使该函数最小化，可通过设置 $\frac{\partial F(\alpha_{n-1})}{\partial \alpha_{n-1}} = 0$ 得到一阶最优条件：

$$-2\left(1 - \alpha_{n-1}^*\right)\mathbb{E}\left[\left(\bar{\mu}^{n-1} - \mu^n\right)^2\right] + 2\alpha_{n-1}^*\mathbb{E}\left[\left(W^n - \mu^n\right)^2\right] = 0 \tag{6.67}$$

针对 α_{n-1}^* 求解上式，可以得到以下结果：

$$\alpha_{n-1}^* = \frac{\mathbb{E}\left[\left(\bar{\mu}^{n-1} - \mu^n\right)^2\right]}{\mathbb{E}\left[\left(\bar{\mu}^{n-1} - \mu^n\right)^2\right] + \mathbb{E}\left[\left(W^n - \mu^n\right)^2\right]} \tag{6.68}$$

可以使用下式将 $(\bar{\mu}^{n-1} - \mu^n)^2$ 写成方差与偏差平方的和：

$$\mathbb{E}\left[\left(\bar{\mu}^{n-1} - \mu^n\right)^2\right] = \lambda^{n-1}\sigma^2 + \left(\beta^{n-1}\right)^2 \tag{6.69}$$

使用式(6.69)和式(6.68)中的 $\mathbb{E}\left[\left(W^n - \mu^n\right)^2\right] = \sigma^2$，可以得到下式：

$$\begin{aligned} \alpha_{n-1} &= \frac{\lambda^{n-1}\sigma^2 + (\beta^{n-1})^2}{\lambda^{n-1}\sigma^2 + (\beta^{n-1})^2 + \sigma^2} \\ &= 1 - \frac{\sigma^2}{(1 + \lambda^{n-1})\,\sigma^2 + (\beta^{n-1})^2} \end{aligned}$$

这正是期望的结果(式(6.60))。

基于这个结果，可以通过以下推论确定几个性质。

推论6.7.1　对于具有静态平均值的序列，最佳步长由下式给出：

$$\alpha_{n-1} = \frac{1}{n} \quad \forall\, n = 1, 2, \ldots \tag{6.70}$$

证明：在这种情况下，平均值 $\mu^n = \mu$ 是常数。因此，平均值的估计是无偏的，这意味着 $\beta^n = 0 \quad \forall t = 2, \ldots$。这支持将最佳步长写作：

$$\alpha_{n-1} = \frac{\lambda^{n-1}}{1 + \lambda^{n-1}} \tag{6.71}$$

将式(6.71)代入式(6.54)，可得：

$$\alpha_n = \frac{\alpha_{n-1}}{1 + \alpha_{n-1}} \tag{6.72}$$

如果 $\alpha_0 = 1$，则可以轻松地验证式(6.70)。

对于没有噪声的情况($\sigma^2 = 0$)，可以得到以下结果。

推论6.7.2　对于零噪声序列，最佳步长由下式给出：

$$\alpha_{n-1} = 1 \quad \forall\, n = 1, 2, \ldots \tag{6.73}$$

这个推论通过简单地设式(6.53)中的 $\sigma^2 = 0$ 来证明。

最后，得到以下推论。

推论6.7.3　一般来说，

$$\alpha_{n-1} \geq \frac{1}{n} \quad \forall\, n = 1, 2, \ldots$$

证明：这个更有趣的证明作为练习留给读者(见练习6.17)。

推论6.7.3很重要，原因是它证实了随机近似方法收敛所需的条件之一，即 $\sum_{n=1}^{\infty}\alpha_n = \infty$。在本书撰写之时，一个开放的理论问题是BAKF步长规则是否也满足 $\sum_{n=1}^{\infty}(\alpha_n)^2 < \infty$。

6.8　参考文献注释

6.1~6.2节　许多不同的群体研究了"步长"问题，包括商业预测界(Brown(1959)、Brown(1963)、Gardner(1983)、Giffin(1971)、Holt等人(1960)、Trigg(1964))、人工智能界(Darken和Moody(1991)、Darken等人(1992)、Jaakkola等人(1994)、Sutton和Singh(1994))、随机规划界(Kesten (1958)、Mirozahmedov和Uryasev(1983)、Pflug(1988)、Ruszczynski和Syski(1986))，以及信号处理界(Douglas和Mathews(1995)、Goodwin和Sin(1984))。神经网络领域指的是"学习率计划"，见Haykin(1999)的论著。Even-dar和Mansour(2003)对某些类型的步长公式(包括$1/n$和多项式学习率$1/n^{\beta}$)、Q学习问题的收敛率提供了全面分析。这些小节均基于Powell和George(2006)、Broadie等人(2011)对步长条件的介绍。

6.3.1节——平稳数据平均值的最优性是众所周知的。我们的演示基于Kushner和Yin(2003)的著作(第1892~1895页)。

6.3.2节——非平稳数据的这一结果是卡尔曼滤波理论的经典结果(例如，参见Meinhold和Singpurwalla(2007)的著作)。

6.3.3节——BAKF步长公式由Powell和George(2006)开发，最初称为"最优步长算法"(optimal stepsize algorithm，OSA)。

6.4节——Ryzhov等人(2015)开发了用于近似值迭代的OSAVI步长公式。

6.6节——图6.10由Saeed Ghadimi绘制。

练习

复习问题

6.1　什么是谐波步长策略？证明步长$\alpha_n = 1/n$的效果等同于简单地求平均值。

6.2　确定性步长策略的收敛必须满足哪3个条件。

6.3　试讲述Kesten规则，并为该策略的设计提供直观的解释。

6.4　假设步长α_n是一种自适应(即随机)步长策略。要求下式"几乎必然"为真，意味着什么？

$$\sum_{n=0}^{\infty} \alpha_n = \infty$$

为什么这不等价于要求下式"几乎必然"为真?

$$\mathbb{E}\left\{\sum_{n=0}^{\infty} \alpha_n\right\} = \infty$$

要求条件"几乎必然"为真,实际意味着什么?

6.5 解释为什么在迭代过程中,从平稳的观察值估计随机变量的平均值时,$1/n$是最优步长策略。

6.6 给出卡尔曼滤波器假设的基本随机模型。该模型的最优策略是什么?

计算练习

6.7 设U是满足$[0,1]$均匀分布的随机变量,并设:

$$\mu^n = 1 - \exp(-\theta_1 n)$$

接下来设$\hat{R}^n = \mu^n + \theta_2(U^n - .5)$。希望尝试使用下式估算$\mu^n$:

$$\bar{R}^n = (1 - \alpha_{n-1})\bar{R}^{n-1} + \alpha_{n-1}\hat{R}^n$$

在下面的练习中,为以下每个步长规则(使用μ^n)估计平均值并计算$\bar{R}^n(n=1,2,\dots,100)$的标准差:

- $\alpha_{n-1} = 0.10$。
- $\alpha_{n-1} = a/(a+n-1)$,对于$a = 1, 10$。
- Kesten规则。
- 偏置调整卡尔曼滤波器步长规则。

为下面的每个参数设置比较基于所有100次迭代的平均误差的规则和基于$\bar{R}^{100}$的标准差的平均误差的规则。

(1) $\theta_1 = 0, \theta_2 = 10$。

(2) $\theta_1 = 0.05, \theta_2 = 0$。

(3) $\theta_1 = 0.05, \theta_2 = 0.2$。

(4) $\theta_1 = 0.05, \theta_2 = 0.5$。

(5) 选择上述4个练习中效果最好的单步长。

6.8 假设一个随机变量为$R = 10U$(在0和10之间均匀分布)。假设希望使用随机梯度算法基于迭代$\bar{\theta}^n = \bar{\theta}^{n-1} - \alpha_{n-1}(R^n - \bar{\theta}^{n-1})$来估计$R$的平均值,其中,$R^n$是第$n$次迭代中$R$的一个蒙特卡洛样本。对于以下每个步长规则,使用如下的均方差(MSE)来测量步长规则的性能,以确定哪一个步长规则最有效,并计算每次迭代中偏差和方差的估计值。

$$\text{MSE} = \sqrt{\frac{1}{N} \sum_{n=1}^{N} (R^n - \bar{\theta}^{n-1})^2} \tag{6.74}$$

如果步长规则要求选择一个参数，请证明所做的选择是正确的(可能需要执行一些测试)。

(1) $\alpha_{n-1} = 1/n$。

(2) 固定步长 $\alpha_n = .05$、$.10$ 和 $.20$。

(3) 随机梯度自适应步长规则(式(6.27)~式(6.28))。

(4) 卡尔曼滤波器(式(6.43)~式(6.47))。

(5) 最佳步长规则(见图6.7)。

6.9 使用下式重复练习6.8：

$$R^n = 10(1 - e^{-0.1n}) + 6(U - 0.5)$$

6.10 使用下式重复练习6.8：

$$R^n = \big(10/(1 + e^{-0.1(50-n)})\big) + 6(U - 0.5)$$

6.11 使用随机梯度算法解决以下问题：

$$\min_x \frac{1}{2}(X - x)^2$$

其中，X 是一个随机变量。使用参数 $\theta = 5$ 的谐波步长规则(见式(6.15))。假设你执行100次迭代后观察到 $X^1 = 6, X^2 = 2, X^3 = 5$(这可以在电子表格中完成)。使用初始值 $x^0 = 10$。对于该问题，最好的 θ 值是什么？

6.12 假设一个随机变量为 $R = 10U$(在0和10之间均匀分布)。假设希望使用随机梯度算法基于迭代 $\bar{\mu}^n = \bar{\mu}^{n-1} - \alpha_{n-1}(R^n - \bar{\mu}^{n-1})$ 来估计 R 的平均值，其中 R^n 是第 n 次迭代中 R 的一个蒙特卡洛样本。对于以下每个步长规则，使用式(6.74)(见练习6.8)来测量步长规则的性能，以确定哪一个步长规则最有效，并计算每次迭代中偏差和方差的估计值。如果步长规则要求选择一个参数，请证明所做的选择是正确的(可能需要执行一些测试)。

(1) $\alpha_{n-1} = 1/n$。

(2) 固定步长 $\alpha_n = .05$、$.10$ 和 $.20$。

(3) 随机梯度自适应步长规则(式(6.27)~式(6.28))。

(4) 卡尔曼滤波器(式(6.43)~式(6.47))。

(5) 最佳步长规则(见图6.7)。

理论问题

6.13 证明若使用步长规则 $\alpha_{n-1} = 1/n$，则 $\bar{\mu}^n$ 是 $W^1, W^2, \dots, W^n$ 的简单平均值(因此证明了式(6.14))。使用该结果证明式(6.7)的任何解都产生 W 的平均值。

6.14 证明推论6.7.3。

6.15 偏置调整卡尔曼滤波器(BAKF)步长规则(式(6.53))由下式给出：

$$\alpha_{n-1} = 1 - \frac{\sigma_\varepsilon^2}{(1 + \lambda^{n-1})\sigma_\varepsilon^2 + (\beta^{n-1})^2}$$

其中，λ使用下式递归计算得出：

$$\lambda^n = \begin{cases} (\alpha_{n-1})^2, & n = 1 \\ (1 - \alpha_{n-1})^2 \lambda^{n-1} + (\alpha_{n-1})^2, & n > 1 \end{cases}$$

试证明对于平稳数据序列，其中$\beta^n = 0$，所产生的步长满足：

$$\alpha_{n-1} = \frac{1}{n} \quad \forall\, n = 1, 2, \ldots$$

6.16 BAKF步长策略的一个重要性质(见式(6.53))满足以下性质：$\alpha_n \geq 1/n$。

(1) 为什么这很重要？

(2) 证明这个结果成立。

序贯决策分析和建模

以下练习摘自在线书籍*Sequential Decision Analytics and Modeling*(《序贯决策分析和建模》)。扫描右侧二维码，即可查看该书。

6.17 阅读上述书籍第5章5.1~5.6节中关于静态最短路径问题的内容。重点关注5.6节中的扩展部分，在该部分中，旅行者在遍历链路之前可以看到实际的链路成本$\hat{c}_{ij}$。

(1) 写出这个动态模型的5个要素。使用我们表述该策略的方法$X^\pi(S_t)$而不指定策略。

(2) 使用基于价值函数近似的策略，该策略需要估计函数：

$$\overline{V}_t^{x,n}(i) = (1 - \alpha_n)\overline{V}_t^{x,n-1}(i) + \alpha_n \hat{v}_t^n(i)$$

稍后将更深入地讨论价值函数近似，但目前只对步长α_n感兴趣，α_n对系统的性能有重大影响。近似动态规划算法已在Python中实现，可使用模块"StochasticShortestPath_Static"(扫描右侧二维码即可下载)。代码当前使用谐波步长规则：

$$\alpha_n = \frac{\theta^\alpha}{\theta^\alpha + n - 1}$$

其中，θ^α是一个可调参数。使用$\theta^\alpha = 1, 2, 5, 10, 20, 50$运行50次迭代，并报告执行效果。

(3) 实现步长规则RMSProp(如本书6.2.3节所述)(它有自己的可调参数)，并将RMSProp的最佳实现与谐波步长的最佳版本进行比较。

每日一问

"每日一问"是你选择的一个问题(参见第1章中的指南)。针对你的每日一问,回答以下问题。

6.18 尝试识别至少一个参数(或函数),如果可能的话,尽量多识别一些参数(或函数),这些参数(或函数)必须以在线方式自适应地估计,要么来自真实数据流,要么来自迭代搜索算法。请针对每种情况回答以下问题:

(1) 根据平稳或非平稳行为的程度、噪声量以及序列是否可能发生突然变化(这仅适用于来自实时观察的数据),描述观察结果的特征。

(2) 为每个数据系列建议一个确定性步长策略和一个自适应步长策略,并解释你的选择。然后将这些策略与BAKF策略进行比较,并讨论它们各自的优势和劣势。

参考文献

第 **7** 章

无导数随机搜索

很多种设置都需要求解下式：

$$\max_{x \in \mathcal{X}} \mathbb{E}\{F(x, W)|S^0\} \tag{7.1}$$

这与第5章开头介绍的问题相同。当使用无导数随机搜索时，假设可以根据某个策略选择点 x^n，该策略使用一个关于函数 $\bar{F}^n(x) \approx \mathbb{E}F(x, W)$ 的信念(如下所示，这一信念并非只是对函数的简单估计)。然后，我们观察其表现 $\hat{F}^{n+1} = F(x^n, W^{n+1})$。随机结果可以是患者对药物的反应、显示特定广告的点击次数、混合输入的材料强度以及材料的制备方式，或者完成网络路径所需的时间。运行实验之后，使用观察到的表现 $\hat{F}^{n+1}$ 即可获得关于函数 $\bar{F}^{n+1}(x)$ 的更新信念。

使用无导数随机搜索的原因可能是导数(或梯度) $\nabla F(x, W)$ 甚或导数的数值近似是无法获得的。最明显的例子出现在 x 是离散集合 $\mathcal{X} = \{x_1, \dots, x_M\}$ 的成员之时，例如一组药物或材料，或者不同的网站选项。此外，x 可能是连续的，但我们甚至不能获得导数的近似值。例如，想在患者身上测试药物剂量，但只能通过尝试不同的剂量并观察患者一个月来完成。

也可能存在可以使用随机梯度算法(可能使用数值导数)解决的问题。目前尚不清楚基于梯度的解是否一定更好。我们怀疑，如果可以直接计算随机梯度(不使用数值导数)，那么基于梯度的解决方案可能是解决高维问题的最佳方案(拟合神经网络是一个很好的例子)。但是，也有两种方法都适用的地方，而且哪种方法最佳并不明显。

我们打算通过设计策略(或算法) $X^\pi(S^n)$ 来解决问题，$X^\pi(S^n)$ 会选择 $x^n = X^\pi(S^n)$，假设已知 $\mathbb{E}\{F(x, W)|S^0\}$ 由以下近似计算所捕获：

$$\bar{F}^n \approx \mathbb{E}\{F(x, W)|S^0\}$$

例如，如果对离散 $x \in \mathcal{X} = \{x_1, \dots, x_M\}$ 使用贝叶斯信念处理，那么对于每个 $x \in \mathcal{X}$，信念值 B^n 将包括一组估计 $\bar{\mu}_x^n$ 和精度 β_x^n。我们的信念状态便是已更新使用的

$B^n = (\bar{\mu}_x^n, \beta_x^n)_{x \in \mathcal{X}}$，其中 $x = x^n$，

$$\bar{\mu}_x^{n+1} = \frac{\beta_x^n \bar{\mu}_x^n + \beta^W W^{n+1}}{\beta_x^n + \beta^W},$$

$$\beta_x^{n+1} = \beta_x^n + \beta^W$$

第3章首次讲解了这些公式。或者，可以使用以下形式的线性模型 $f(x|\theta)$：

$$f(x|\bar{\theta}^n) = \bar{\theta}_0^n + \bar{\theta}_1^n \phi_1(x) + \bar{\theta}_2^n \phi_2(x) + \bar{\theta}_2^n \phi_2(x) + \ldots$$

其中，$\phi_f(x)$ 是从输入 x 中提取的特征，它可以包括来自网站、电影或患者(或患者类型)的数据。系数向量 $\bar{\theta}^n$ 将使用递归最小二乘公式(见3.8节)进行更新，其中信念状态值 B^n 由系数 $\bar{\theta}^n$ 的估计和矩阵 M^n 组成。

选择 $x^n = X^\pi(S^n)$ 后，观察响应 $\hat{F}^{n+1} = F(x^n, W^{n+1})$，更新近似值以获得 $\bar{F}^{n+1}$，注意，$\bar{F}^{n+1}$ 是使用第3章介绍的方法在信念状态 S^{n+1} 中捕获的。使用下式表示信念更新：

$$S^{n+1} = S^M(S^n, x^n, W^{n+1})$$

这可以使用第3章描述的任何更新方法来完成。这个过程产生的一系列状态、决策和信息通常可以被写成以下形式：

$$(S^0, x^0 = X^\pi(S^0), W^1, S^1, x^1 = X^\pi(S^1), W^2, \ldots, S^n, x^n = X^\pi(S^n), W^{n+1}, \ldots)$$

在实际应用中，必须在某个有限的 N 处停止。这将上述优化问题从式(7.1)中的渐近公式转变为以下问题(使用扩展形式陈述)：

$$\max_\pi \mathbb{E}_{S^0} \mathbb{E}_{W^1, \ldots, W^N | S^0} \mathbb{E}_{\widehat{W} | S^0} \{ F(x^{\pi, N}, \widehat{W}) | S^0 \} \tag{7.2}$$

其中，$x^{\pi, N}$ 取决于序列 $W^1, \ldots, W^N$。

这正是第4章讨论的最终回报公式。还可以考虑由下式给出的累积回报：

$$\max_\pi \mathbb{E}_{S^0} \mathbb{E}_{W^1, \ldots, W^N | S^0} \left\{ \sum_{n=0}^{N-1} F(X^\pi(S^n), W^{n+1}) | S^0 \right\} \tag{7.3}$$

例如，当进行实验来设计新型太阳能电池板，或者对生产最结实材料的制造过程进行计算机模拟时，可以使用式(7.2)。相比之下，如果想找到在互联网上销售产品的收入最大化价格，就要使用式(7.3)，这是因为在进行实验时必须随着时间的推移实现收入最大化。注意，在比较式(7.2)和式(7.3)时，使用扩展形式表示期望值的重要性。

关于无导数随机搜索的内容可以单独成书了。事实上，很多图书(包括专著)都是专门针对问题的特定版本以及特定类别的解决策略撰写的。本章将简要介绍这一领域。

我们的目标是提供一个统一的观点，不仅涵盖一系列不同的公式(如最终回报和累积回报)，还涵盖可以使用的不同类别的策略。本章将首次全面介绍第1章介绍的所有4类策略。接下来可以看到所有4类策略在纯学习问题的背景下发挥作用。注意，在研究文献中，4类策略中的每一类都来自完全不同的领域。这也是本书首次同时介绍这4个领域。

7.1　无导数随机搜索概述

无导数随机搜索的丰富问题类有许多维度。本节旨在介绍这一具有挑战性的领域。

7.1.1　应用和时间尺度

常见的应用示例包括以下几种。

- 计算机模拟。可能有一个制造系统或物流网络的模拟器，为全球供应链的库存建模。模拟可能需要几秒钟到几天的时间。事实上，可以将任何需要使用计算机评估复杂功能的设置归入这一类别。
- 互联网应用。可能希望找到能够带来最多点击量的广告，或者能够产生最佳响应的网站功能。
- 交通——通过网络选择最佳路径。在获得新职位并租下新公寓后，可以使用互联网识别K条路径——存在许多重叠，但涵盖步行、公交、自行车、优步等多种模式。每天都可以尝试不同的道路x，努力学习遍历路径x所需的时间μ_x。
- 体育——确定最佳篮球运动员团队。一名教练在一支有15名球员的篮球队中挑选首发阵容的5名球员。球员在投篮、篮板和防守技巧方面各有所长。
- 实验室实验。有可能正在努力寻找能够生产最高强度材料的催化剂。这也可能取决于其他实验选项，例如材料烘烤的温度，或者在浴中暴露于催化剂的时间。
- 医疗决策。医生可能希望在患者身上尝试不同的治疗糖尿病的药物，这可能需要几周的时间来了解患者对药物的反应。
- 现场实验。可能会在市场上测试不同的产品，这可能需要一个月或更长的时间来评估产品。或者，可以尝试不同的产品售价，等上几周来评估市场反应。最后，一所大学可以招收某所高中的学生，以了解有多少人接受录取；这所大学要到次年才能使用这些信息。
- 策略搜索。必须决定何时存储太阳能阵列电能，何时向电网购买或出售这些电能，以及如何管理存储以满足建筑物随时间变化的负载。这些规则可能取决于电网的电能价格、太阳能阵列的电能可用性以及建筑物的电能需求。策略搜索通常在模拟器中执行，但也可以在现场执行。

这些例子说明了无导数学习中可能出现的时间尺度范围：

- 几分之一秒到几秒——运行简单的计算机模拟，或评估热门新闻文章发布后的反应。
- 几分钟——运行更昂贵的计算机模拟，测试温度对药物毒性的影响。
- 几小时——评估互联网广告的投标效果。
- 几小时到几天——运行昂贵的计算机模拟，评估药物对退烧的影响，评估催化剂对材料强度的影响。

- 几周——测试营销新产品和测试价格。
- 几年——评估从某所大学聘用的人员的表现，观察高中毕业生的入学情况。

7.1.2　无导数随机搜索领域

无导数搜索出现在众多的环境中，以至于相关文献涉及诸多领域。无导数搜索有助于理解观点的多样性。

统计学　关于无导数随机搜索的最早论文出现在1951年，有趣的是，这篇论文与基于导数的随机搜索的原始论文出现在同一年。

概率应用　20世纪50年代，第一篇关于"单臂"和"双臂"老虎机的论文为研究多臂老虎机的文献奠定了基础，该文献已成为该领域最引人注目的文献之一(如下所示)。

模拟　20世纪70年代，模拟领域面临着设计制造系统的问题。模拟模型很慢，很难在计算资源有限的情况下找到最佳配置。这项工作被称为"模拟优化"。

地球科学　地球科学家在野外寻找石油时，时常面临要在哪打测试井的问题，这个问题涉及连续但结构较差的地表的评估。

运筹学　关于无导数搜索的运筹学的早期工作侧重于优化复杂的确定性函数。模拟领域及其排序和选择工作均划归到了运筹学领域。

计算机科学　计算机科学界在20世纪80年代偶然发现了多臂老虎机问题，并开发了比应用概率界开发的方法简单得多的方法。这产生了大量关于上置信边界的文献。

7.1.3　多臂老虎机故事

如果否认大量研究对解决所谓的多臂老虎机问题的贡献，就无法对关于学习的文献做出公正的评价。这个词来自(美国)一个常见的描述，即(美式英语中的)"老虎机"，有时被称为"水果机"(在英式英语中)，它是一个"单臂老虎机"(见图7.1)，因为每当你拉动老虎机上的"臂"时，都可能会亏钱。

图7.1　一组老虎机

现在假设必须从一组老虎机中选择一台来玩(这是一个虚构的情节，毕竟现实中老虎机的获胜概率是经过了仔细校准的)。想象一下(这只是一个延展)，每个老虎机都有不同的获胜概率，了解获胜概率的唯一方法是玩老虎机并观察奖金。这可能意味着要玩一台你估计奖金很少的机器，但你认为自己的估计可能是错误的，必须通过尝试玩这台机器来完善自己的认知。

这个经典问题有几个显著的特点。第一点，也是最重要的一点，是探索(尝试一个看似并非最好的单臂，以便了解更多信息)和利用①(尝试具有更高的估计奖金的多臂，以随着时间的推移最大化奖金)之间的权衡，其中奖金会随着时间累积起来。基础的老虎机问题的其他显著特征包括：离散选择(即老虎机，通常称为"臂")、查找表信念模型(每个机器都有一个信念)和一个基本的平稳过程(奖金的分布不会随时间而改变)。随着时间的推移，老虎机领域已逐渐将这个基本问题泛化。

多臂老虎机问题在20世纪50年代首次引起应用概率界的注意，起初是更简单的两臂问题。该问题最初在1970年被表述为一个描述最优策略的、但无法计算的动态规划公式。直到1974年，得益于J. C. Gittins的努力，多臂问题才有了计算解，Gittins发现了一种新的分解方式，得到了所谓的指数策略，即计算每个臂的值("指数")，然后选择具有最大索引的臂。虽然"Gittins指数"(随着它们逐渐为人所知)仍然很难计算，但指数策略的优雅简洁性引导了人们对一系列非常实用的策略的研究。

1985年，计算机科学界取得了第二个突破，发现了一类非常简单的策略——所谓的上置信边界(upper confidence bound，UCB)策略(详见下文)。该策略在理论上具有很好的性质，这体现在它能使访问错误臂的次数受限。这些策略的计算非常简便(它们是一种指数策略形式)，在互联网这样的高速环境中特别受欢迎。互联网中许多情况都需要你做出正确的选择，例如发布哪些广告以最大化一系列服务的价值。

现在，关于"老虎机问题"的文献已经远远超出了其初衷，扩展到了几乎所有序贯学习问题(这意味着状态S^n包括函数$\mathbb{E}F(x,W)$的信念状态)，可以在这些问题中控制评估的决策$F(x,W)$。然而，老虎机问题现在还包括以下一些问题变体。

- 最大化最终回报，而不仅仅是累积回报。
- "多臂"不再是分离的；x可以是连续的向量值。
- 通常每一个臂都有一个信念，信念可能是一种依赖于从x中提取的特征的线性模型。
- 可用的一组"臂"可能会在一轮至下一轮之间发生改变。

老虎机领域培育了一种文化，即创建问题变体，然后导出指数策略，并证明策略性能的特性(如懊悔界限)。虽然上置信边界策略的实际性能需要仔细的实验和调整，但创建问

---

① 译者注：exploration与exploitation是强化学习领域的专业术语，本书中分别译作"探索"与"利用"。

题变体的文化是这个领域的一个显著特征。表7.1列出了这些老虎机问题的样本,最初的多臂老虎机问题位于表格顶部。

表7.1　老虎机问题日益增多的统计样本

老虎机问题	说明
多臂老虎机	具有离散备选方案的基本问题、在线(累积懊悔)学习、具有独立信念的查找表信念模型
最佳臂老虎机	在给定固定预算的情况下确定具有最大信心的最佳臂
不安型老虎机	随着时间的推移,真相在外部演变
对抗型老虎机	对手可以任意设置从中抽取的回报的分布
连续多臂老虎机	臂是连续的
X型多臂老虎机	臂是一个一般的拓扑空间
情境性老虎机	揭示了影响回报分布的外生状态
决斗型老虎机	智能体获得臂的相对反馈,而不是绝对反馈
获取臂老虎机	机器不断推陈出新
间歇性老虎机	臂并不总是可用的
响应面老虎机	信念模型是一个响应面(通常是线性模型)
线性老虎机	信念是一个线性模型
从属老虎机	一种相关的信念
有限层位老虎机	经典无限时域多臂老虎机问题的有限时域形式
参量老虎机	关于臂的信念由参数信念模型描述
非参数老虎机	具有非参数信念模型的老虎机
图结构化老虎机	反馈来自图上的近邻而非单臂
极端老虎机	优化已获得回报的最大值
基于分位数的老虎机	根据指定的分位数对臂进行评估
基于偏好的老虎机	查找多臂的正确顺序

7.1.4　从被动学习到主动学习再到老虎机问题

第3章讲解了递归(或自适应)学习方法,它可以描述为一系列输入 x^n,随后是观察到的响应 y^{n+1}。如果无法控制输入 x^n,则将其描述为被动学习。

在本章中,输入 x^n 是所做决策的结果,其中统计模型输入的标准符号和优化模型的决策都使用 x。当直接控制输入(即选择 x^n)时,或者当决策影响输入时,可称之为主动学习。无导数随机搜索总是可以被描述为一种主动学习,原因是(直接或间接)控制更新信念模型的输入。

在这一点上,应该问:无导数随机搜索(或者所谓的主动学习)和多臂老虎机问题之间有什么区别?这个阶段认为以下问题类是等价的。

(1) 具有动态信念状态的序贯决策问题,其中,决策会影响用于更新信念的观察结果。

(2) 无导数随机搜索问题。

(3) 主动学习问题。

(4) 多臂老虎机问题。

我们的观点是，(1)类问题是对这些问题最清晰的描述。我们注意到，我们原则上并不排除基于导数的随机搜索问题。第5章中介绍的基于导数的随机搜索问题没有包括任何具有信念状态的算法，但我们怀疑这将在不久的将来发生。

老虎机问题的有效定义可以是任何被赋予"[形容词]老虎机问题"标签的主动学习问题。我们认为，任何具有动态信念状态的序贯决策问题，以及类似的问题(其中决策会影响信念状态的演变)，要么是老虎机问题的一种形式，要么在等待被贴上老虎机问题的标签。

7.2　无导数随机搜索建模

与所有序贯决策问题一样，无导数随机搜索问题可以使用5个核心要素来建模：状态变量、决策变量、外生信息、转移函数和目标函数。我们首先将详细地描述这5个元素中的每一个，然后使用涉及设计制造过程的问题的上下文来说明模型。

7.2.1　通用模型

任何序贯决策问题的通用模型都由5个元素组成：状态变量、决策变量、外生信息、转移函数和目标函数。下面将针对无导数随机优化的具体情况，详细地描述这些元素。

状态变量——对于无导数随机优化问题，n 次实验后的状态变量 S^n 完全由函数 $\mathbb{E}F(x, W)$ 的信念状态 B^n 组成。第8章将介绍物理状态 R^n 下的问题，例如做实验的预算，或者无人机收集信息的地点，在这种情况下，状态将是 $S^n = (R^n, B^n)$。我们不但对患者的治疗效果有信念，还可能记录了患者的特征，并因此得到除上述3类状态变量 $S^n = (I^n, B^n)$ 之外的一种状态 $S^n = (R^n, I^n, B^n)$(这些通常被称为"上下文问题")。然而，本章几乎只关注以下问题：$S^n = B^n$。

信念 B^0 将包含信念模型的未知参数的初始估计。通常，我们会有关于参数的先验分布，在这种情况下 B^0 将包含描述此分布的参数。

如果没有任何先验信息，则还可能需要进行一些初步的探索，这往往以对问题的某种理解(特别是尺度)为指导。

决策变量——在 n 次实验后做出的决策 x^n(这意味着使用来自 S^n 的信息)，可以是二进制的(接受网站A或网站B)、离散的(有限选择组中的一个)、连续的(标量或向量)、整数(标量或向量)和分类的(例如，根据年龄、性别、体重、吸烟与否和病史来选择患者类型)。

决策通常受到 $x^n \in \mathcal{X}^n$ 约束，使用表示为 $X^\pi(S^n)$ 的策略。这里，"π"携带关于函数类型和任何可调参数的信息。如果使用策略 $X^\pi(S^n)$ 运行 N 次实验，那么可设 $x^{\pi,N}$ 为最终设计结果。在某些情况下，策略取决于时间，此时策略写作 $X^{\pi,n}(S^n)$。

大多数时候假设决策是：运行一个单独的、离散的实验，返回一个观察结果 $W^{n+1}_{x^n}$ 或

$\hat{F}^{n+1} = F(x^n, W^{n+1})$，但有时 x_a^n 表示在"臂" a 上进行实验的次数。

外生信息——设 W^{n+1} 是在选择运行实验 x^n 后出现的新信息。通常来说，W^{n+1} 是一个实验的结果，写作 $W_{x^n}^{n+1}$。更常见的是，把响应函数写作 $F(x^n, W^{n+1})$，在这种情况下，W^{n+1} 代表得到的观察结果，这些结果允许根据给定的 x 计算 $F(x, W)$。在某些情况下，使用 $F(x^n, W^{n+1})$ 表示运行实验的过程，其中可以观察到响应 $\hat{F}^{n+1} = F(x^n, W^{n+1})$。

转移函数——将转移函数表示为：

$$S^{n+1} = S^M(S^n, x^n, W^{n+1}) \tag{7.4}$$

在无导数搜索中，S^n 通常是关于未知函数 $\mathbb{E}F(x, W)$ 的信念，转移函数表示使用第3章中讲述的方法对统计模型进行递归更新。更新公式的性质取决于信念模型的性质(例如查找表、参数、神经网络)，以及使用的是频率理论还是贝叶斯信念模型。

目标函数——在序贯决策问题中，有许多方法可以用来编写目标函数。无导数随机搜索问题的默认表示法如下：

$F(x, W) =$ 运行实验 x^n 的响应(可能是贡献或成本，或任何性能指标)(换句话说，用设计参数进行实验 x^n)

注意，$F(x, W)$ 不是 S_t 的函数，从第8章开始处理这些问题。

如果在计算机或实验室环境中进行一系列实验，通常会对最终设计 $x^{\pi,N}$ 感兴趣，这是一个取决于初始状态 S^0 的随机变量(可能包含先前的信念 B^0 分布和实验 $W_{x^0}^1, W_{x^1}^2, \ldots, W_{x^{N-1}}^N$。这意味着 $x^{\pi,N} = X^\pi(S^N)$ 是一个随机变量。可以通过用随机变量 $\hat{W}$ 捕获的一系列测试来评估该随机变量，列出以下最终回报目标函数：

$$\max_\pi \mathbb{E}\{F(x^{\pi,N}, W)|S^0\} = \mathbb{E}_{S^0}\mathbb{E}_{W^1,\ldots,W^N|S^0}\mathbb{E}_{\hat{W}|S^0}F(x^{\pi,N}, \hat{W}) \tag{7.5}$$

其中，$S^0 = B^0$，这是对函数的初始信念。

当在现场进行实验时，我们关心每个实验的性能。在这种情况下，我们的目标是由下式求得的累积回报：

$$\max_\pi \mathbb{E}_{S^0}\mathbb{E}_{W^1,\ldots,W^N|S^0}\left\{\sum_{n=0}^{N-1} F(x^n, W^{n+1})|S^0\right\} \tag{7.6}$$

其中，$x^n = X^\pi(S^n)$，S^0 将我们在开始之前知道(或相信)的关于函数的任何信息包含在 B^0 中。

性能指标有很多种。7.11.1节将会列出更多内容。

我们鼓励读者在需要表示序贯决策问题的任何时候写出上述5个元素。我们将此问题称为基础模型。我们需要这个术语的原因是：稍后将引入前瞻模型的概念，其中会引入近似值以简化计算。

因此，我们的挑战是设计在基础模型中运行良好的有效策略。首先会在优化制造系统模拟的经典问题中说明这一点。

7.2.2　示例：优化制造过程

假设 $x \in \mathcal{X} = \{x_1, \ldots, x_M\}$ 代表了制造新型电动汽车的不同配置，我们将使用模拟器对其进行评估。如果可以运行一个无限长的模拟，则设 $\mu_x = \mathbb{E}_W F(x, W)$ 是预期的性能。假设(合理持续时间内的)单个模拟可以产生以下性能：

$$\hat{F}_x = \mu_x + \varepsilon$$

其中，$\varepsilon \sim N(0, \sigma_W^2)$ 是运行单个模拟所产生的噪声。

假设使用贝叶斯模型(可以使用一个频率模型来完成整个练习)，其中先验知识 μ_x 是真实存在的，由 $\mu_x \sim N(\bar{\mu}_x^0, \bar{\sigma}_x^{2,0})$ 给出。假设已经执行了 n 次模拟，并且 $\mu_x \sim N(\bar{\mu}_x^n, \bar{\sigma}_x^{2,n})$。在 n 次模拟之后，关于 μ_x 的信念 B^n 通过以下公式进行模拟：

$$B^n = (\bar{\mu}_x^n, \bar{\sigma}_x^{2,n})_{x \in \mathcal{X}} \tag{7.7}$$

为方便起见，将实验的精度定义为 $\beta^W = 1/\sigma_W^2$，将我们对配置 x 的性能的信念精度定义为 $\beta_x^n = 1/\bar{\sigma}_x^{2,n}$。

如果选择尝试配置 x^n，然后运行 $n+1$ 次模拟，并观察 $\hat{F}^{n+1} = F(x^n, W^{n+1})$，可以使用下式更新信念：

$$\bar{\mu}_x^{n+1} = \frac{\beta_x^n \bar{\mu}_x^n + \beta^W \hat{F}_x^{n+1}}{\beta_x^n + \beta^W}, \tag{7.8}$$

$$\beta_x^{n+1} = \beta_x^n + \beta^W \qquad 若 x = x^n \tag{7.9}$$

否则 $\bar{\mu}_x^{n+1} = \bar{\mu}_x^n$ 并且 $\beta_x^{n+1} = \beta_x^n$。这些更新公式假设信念是独立的；这是允许相关信念的一个小扩展。

现在，已经准备好使用典型框架来陈述模型。

状态变量　状态变量是由式(7.7)给出的信念 $S^n = B^n$。

决策变量　决策变量是希望接下来进行测试的配置 $x \in \mathcal{X}$，这将由策略 $X^\pi(S^n)$ 决定。

外生信息　这是由 $\hat{F}^{n+1}(x^n) = F(x^n, W^{n+1})$ 给出的模拟性能。

转移函数　由式(7.8)~式(7.9)给出，用于更新信念。

目标函数　有一个运行 N 次不同配置的模拟的预算。当预算耗尽时，便根据下式选择最好的设计方案：

$$x^{\pi,N} = \arg\max_{x \in \mathcal{X}} \bar{\mu}_x^N$$

其中，介绍策略 π 的原因是已经通过使用实验策略 $X^\pi(S^n)$ 运行实验获得了 $\bar{\mu}_x^N$ 的估计值。策略 $X^\pi(S^n)$ 的表现由下式给出：

$$F^\pi(S^0) = \mathbb{E}_{S^0} \mathbb{E}_{W^1, \ldots, W^N | S^0} \mathbb{E}_{\widehat{W} | S^0} F(x^{\pi,N}, \widehat{W})$$

目标是求解下式：

$$\max_\pi F^\pi(S^0)$$

这个问题需要一个优化最终设计 $x^{\pi,N}$ 性能的目标，我们称之为最终回报目标。不过，可以将这个"故事"改编为一个关于现场学习的故事，希望在学习过程中进行优化，在这种情况下需要优化累积回报。目标的选择不会改变分析方法，但会改变最优策略的选择。

7.2.3 主要问题类别

无导数随机搜索的领域有着广泛的应用。从设计策略的角度来看，一些最重要的特征(我们将在下面详细讨论)列举如下。

- 设计 x 的特征——设计变量 x 可以是二进制、有限、连续标量、向量(离散或连续)和多属性。

- 噪声水平——这获取了从一个实验到下一个实验结果的可变性。实验可能显示出极少噪声(甚至没有噪声)，也可能显示出大大超过了 μ_x 的极高噪声水平。

- 实验所需时间——实验可能需要几分之一秒钟、几秒钟、几分钟，甚至几小时、几周或几个月。

- 学习预算——与实验所需时间密切相关的是完成一系列实验和选择设计的预算。存在的问题是：对广告点击量的观察有5000次的预算，但只需要学习1000个广告中最好的广告，或者只有30次实验的预算，但要从30 000个广告中学习最好的综合结果。

- 信念模型——当开发信念模型时，若能开发潜在的结构属性，将带来助益。信念可能是相关的、连续的(对于连续 x)、凹的或凸的(在 x 中)、单调的(结果随着 x 增大或减小)。信念也可能是符合贝叶斯定理的或具有频率性质。

- 稳态或瞬态——通常会假设观察到的过程不会随时间推移而变化，但这并不总是正确的。

- 隐藏变量——在许多设置中，响应取决于无法观察到或根本不知道的变量(这可能是一个瞬态过程)。

一系列的问题会促使你采取一种通用的方法来设计策略。

7.3 设计策略

接下来讲述为式(7.2)中的最终回报目标或式(7.3)中的累积回报设计策略的问题。有两种策略可用于设计策略，每种策略都可以进一步分为两类，产生4类策略。这里只简要介绍这些策略，本章的其余部分将给出更深入的示例。刚开始时或许并不明显，但所有4类策略对于无导数随机搜索问题的特定实例都是有用的。

在本书的大部分篇幅里，都使用 t 作为时间索引，如 x_t 和 S_t。但是对于无导数随机搜索，最自然的索引是计数器 n，如第 n 次实验、观察或迭代。上标索引计数器 n(如第1章所述)意味着存在决策x^n(运行第n次实验后的决策)和S^n(用来做决策x^n的信息)。

4类策略列举如下。

(1) **策略搜索**——使用任何目标函数(式(7.5)或式(7.6))在一系列函数中进行搜索,以找到最有效的策略。策略搜索类中的策略可以进一步分为以下两类。

① **策略函数近似(PFA)**——PFA是将状态映射到动作的分析函数。它可以是查找表,也可以是以下形式的线性模型:

$$X^{PFA}(S^n|\theta) = \sum_{f \in \mathcal{F}} \theta_f \phi_f(S^n)$$

PFA也可以是非线性模型,例如神经网络,尽管这些模型可能需要大量的训练迭代。

② **成本函数近似(CFA)**——CFA是参数化优化模型。在纯学习问题中广泛使用的一个简单的方法,称为区间估计,由下式给出:

$$X^{CFA-IE}(S^n|\theta^{IE}) = \arg\max_{x \in \mathcal{X}}(\bar{\mu}_x^n + \theta^{IE}\bar{\sigma}_x^n) \tag{7.10}$$

其中,$\bar{\sigma}_x^n$是$\bar{\mu}_x^n$的标准差,$\bar{\mu}_x^n$随着观察备选方案x的次数增加而增大。

CFA可以是一种随着式(7.10)中的区间估计策略产生的简单排序,也可以是线性、非线性或整数规划,此时,x可能是一个大的向量,而不是一个离散的集合,通常用下式表示:

$$X^{CFA}(S^n|\theta) = \arg\max_{x \in \mathcal{X}^\pi(\theta)} \bar{C}^\pi(S^n, x|\theta)$$

其中,$\bar{C}^\pi(S^n, x|\theta)$可能是参数化修改的目标函数(例如带有惩罚),而$\mathcal{X}^\pi(\theta)$可能是参数化修改的约束。

(2) **前瞻近似**——最优策略可以写作:

$$
\begin{aligned}
X^{*,n}(S^n) = \arg\max_{x^n}\bigg(& C(S^n, x^n) + \\
& \mathbb{E}\bigg\{\max_\pi \mathbb{E}\bigg\{\sum_{m=n+1}^N C(S^m, X^{\pi,m}(S^m))\bigg|S^{n+1}\bigg\}\bigg|S^n, x^n\bigg\}\bigg)
\end{aligned} \tag{7.11}
$$

记住,$S^{n+1} = S^M(S^n, x^n, W^{n+1})$,其中存在两个潜在的不确定性来源:外生信息$W^{n+1}$以及$S^n$中获取的参数的不确定性。记住,对于无导数随机搜索问题,S^n是在n次观察后的信念状态,通常由连续参数组成(在某些情况下,由连续参数的向量组成,例如各国疾病的存在)。

实际上,式(7.11)是无法计算的,因此必须使用近似值。要创建这些近似值,可以采用以下两种方法。

① **价值函数近似(VFA)**——理想的VFA策略涉及求解贝尔曼方程:

$$V^n(S^n) = \max_x \big(C(S^n, x) + \mathbb{E}\{V^{n+1}(S^{n+1})|S^n, x\}\big) \tag{7.12}$$

其中,

$$V^{n+1}(S^{n+1}) \;=\; \max_{\pi} \mathbb{E}\left\{ \sum_{m=n+1}^{N} C(S^m, X^{\pi,m}(S^m)) \,\middle|\, S^{n+1} \right\}$$

如果能够计算出上式,则最优策略将由下式给出:

$$X^{*,n}(S^n) = \arg\max_{x \in \mathcal{X}^n} \left(C(S^n, x) + \mathbb{E}\{V^{n+1}(S^{n+1}) | S^n, x\} \right) \tag{7.13}$$

通常无法准确地计算$V^{n+1}(S^{n+1})$。一种被称为"近似动态规划"的流行策略涉及用近似值$\overline{V}^{n+1}(S^{n+1})$替换价值函数,即有:

$$X^{VFA,n}(S^n) = \arg\max_{x \in \mathcal{X}^n} \left(C(S^n, x) + \mathbb{E}\{\overline{V}^{n+1}(S^{n+1}|\theta) | S^n, x\} \right) \tag{7.14}$$

鉴于期望值可能无法计算(并且近似值的计算代价高昂),通常会围绕决策后的状态使用消除期望值的价值函数近似:

$$X^{VFA,n}(S^n) = \arg\max_{x \in \mathcal{X}^n} \left(C(S^n, x) + \overline{V}^{x,n}(S^{x,n}|\theta) \right) \tag{7.15}$$

② **直接前瞻近似(DLA)**——第二种方法是创建一个近似的前瞻模型。如果在t时做出决策,就使用与基础模型相同的符号表示前瞻模型,但将状态S^n替换成$\tilde{S}^{n,m}$,将决策x^n替换成由策略$\tilde{X}^{\tilde{\pi}}(\tilde{S}^{n,m})$确定的$\tilde{x}^{n,m}$,同时将外生信息$W^n$替换成$\tilde{W}^{n,m}$。这将创建一个如下形式的前瞻模型:

$$(S^n, x^n, \tilde{W}^{n,n+1}, \tilde{S}^{n,n+1}, \tilde{x}^{n,n+1}, \tilde{W}^{n,n+2}, ..., \tilde{S}^{n,m}, \tilde{x}^{n,m}, \tilde{W}^{n,m+1}, ...)$$

可以引入任何适合前瞻模型的近似值。例如,可以改变信念模型,或者简化不同类型的不确定性。这提供了一个近似的前瞻策略:

$$X^{DLA,n}(S^n) = \arg\max_{x} \Bigg(C(S^n, x) + $$
$$\tilde{E}\left\{ \max_{\tilde{\pi}} \tilde{E}\left\{ \sum_{m=n+1}^{N} C(\tilde{S}^{n,m}, \tilde{X}^{\tilde{\pi}}(\tilde{S}^{n,m})) | \tilde{S}^{n,n+1} \right\} | S^n, x \right\} \Bigg) \tag{7.16}$$

我们强调,前瞻模型可能是确定性的,但在学习问题中,前瞻模型必须捕获不确定性。这些问题很难解决,也正因为这一点,才要创建不同于用于评估策略的基础模型的前瞻模型。下面将回过头来继续讲解前瞻模型。

在无导数随机搜索中,有一些领域关注这4类策略中的每一类,因此我们敦促读者谨慎行事,不要贸然下结论说哪类策略最好。我们强调这是4个元类。这4个类别中的每一个都有许多不同变体。

鉴于7.2.3节中强调的各种各样的问题,我们认为(有大量的实证工作支持)有必要理解所有4类策略。要在3000种可能的选择中找到最佳组合,一次实验需要2~4天才能完成,而预算只有60天(这是一个现实的问题),这与找到最佳的广告来最大化点击量非常不同,因为可以每天测试2000种不同的广告，用户的浏览量达到数百万。不太可能用同样的策略应对这两种情况。

接下来的4个小节分别涵盖4类策略中的一类：

- 7.4节——策略函数近似
- 7.5节——成本函数近似
- 7.6节——基于价值函数近似的策略
- 7.7节——基于直接前瞻模型的策略

在此之后，7.8~7.10节将提供两类重要策略的额外背景。7.11节讨论评估策略，7.12节教你如何选择策略。最后讨论对基本模型的一系列扩展。

7.4 策略函数近似

策略函数近似(PFA)是直接从状态映射到动作而不解决嵌入优化问题的任何函数。PFA可以是第3章中讨论的任何函数类，但对于纯学习问题，它们更可能是参数函数。一些示例列举如下。

- 激励策略——假设需求是价格的函数，如下式所示：

$$D(p) = \theta_0 - \theta_1 p$$

可能想要最大化收益 $R(p) = pD(p) = \theta_0 p - \theta_1 p^2$，其中 θ_0 和 θ_1 是未知的。假设在 n 次实验之后的估计为 $\bar{\theta}^n = (\bar{\theta}_0^n, \bar{\theta}_1^n)$。给定 $\bar{\theta}^n$，优化收入后的价格是：

$$p^n = \frac{\bar{\theta}_0^n}{2\bar{\theta}_1^n}$$

发布价格 p^n 后可以观察到需求为 $\hat{D}^{n+1}$，然后使用递归最小二乘法更新估计 $\bar{\theta}^n$（见3.8节）。

如果引入一些噪声，便可以更有效地学习。使用下式即可做到这一点。

$$p^n = \frac{\bar{\theta}_0^n}{2\bar{\theta}_1^n} + \varepsilon^{n+1} \tag{7.17}$$

其中，$\varepsilon \sim N(0, \sigma_\varepsilon^2)$，探索方差 σ_ε^2 是可调参数。设 $P^{exc}(S^n|\sigma_\varepsilon)$ 为决定式(7.17)中决策价格 p^n 的激励策略，由 σ_ε 参数化。同时设：

$$\hat{R}(p^n, \hat{D}^{n+1}) = 将收取价格定为 p^n，再观察到需求 \hat{D}_{t+1} 时所获得的收入$$

通过求解下式调整 σ_ε：

$$\max_{\sigma_\varepsilon} F(\sigma_\varepsilon) = \mathbb{E} \sum_{n=0}^{N-1} \hat{R}(P^{exc}(S^n|\sigma_\varepsilon), \hat{D}^{n+1})$$

激励策略在工程中常用于学习参数模型，该策略因擅长尝试接近最优解的点而非常适合在线学习。

- 我们已为定价问题推导出一个最优价格(给定有关需求响应的信念)，但可以简单地提出一个形式化的线性函数：

$$X^\pi(S^n|\theta) = \sum_{f \in \mathcal{F}} \theta_f \phi_f(S^n) \tag{7.18}$$

  3.8节曾提供了一个表示由 $S^n = B^n = (\bar{\theta}^n, M^n)$ 给出的状态变量的递归公式。在此，通过求解下式确定 θ：

$$\max_\theta F(\theta) = \mathbb{E} \sum_{n=0}^{N-1} F(X^\pi(S^n|\theta), W^{n+1}) \tag{7.19}$$

  注意，$F(\theta)$ 在 θ 中通常是高度非凹的。求解(7.19)的算法仍然是一个活跃的研究领域。在第12章中考虑状态相关问题的策略函数近似时，会再次讨论这一点。

- 神经网络——虽然神经网络作为策略的处理方法越来越受欢迎，但截至本书撰写之时，我们还没有意识到其作为策略在纯学习问题中的用途，但这可能是一个研究领域。例如，当状态变量由 $S^n = (\bar{\theta}^n, M^n)$ 给出时，不太可能一眼看出如何设计特征 $\phi_f(S)$。神经网络或许能够处理这种非线性响应。

  如果 $X^\pi(S^n|\theta)$ 是神经网络，并且 θ 是权重向量(注意 θ 可能有数千个维度)，则挑战在于如何使用式(7.19)优化权重。注意，这种通用性的代价是需要多次迭代来找到一个好的权重向量。

还要注意，如果存在嵌入优化问题(通常情况就是如此)，则该策略在技术上是一种成本函数近似形式。

7.5　成本函数近似

成本函数近似(CFA)代表了当今最明显和最流行的学习策略类别之一。CFA描述了必须最大化(或最小化)某些事情以找到接下来要尝试的备选方案的策略，以及不估算当前决策对未来的影响的策略。CFA涵盖了一系列实用且令人惊讶的强大策略。

简单贪婪策略——简单贪婪[①]策略在给定当前信念情况下，选择最大化预期回报动作，由下式给出：

$$X^{SG}(S^n) = \arg\max_x \bar{\mu}_x^n$$

现在假设有一个非线性函数 $F(x, \theta)$，其中 θ 是未知参数，在 n 次实验后，函数可能呈正态分布 $N(\theta^n, \sigma^{2,n})$。简单贪婪策略可以用于解决以下问题：

$$
\begin{aligned}
X^{SG}(S^n) &= \arg\max_x F(x, \theta^n), \\
&= \arg\max_x F(x, \mathbb{E}(\theta|S^n))
\end{aligned}
$$

---

① 译者注：在强化学习领域中，greedy通常被译作"贪婪"或"贪心"，本书中统一译作"贪婪"。

这描述了一种被归入响应面方法(response surface method)范畴的经典方法，该方法可以根据函数的最新统计近似值来选择最佳动作。然后，还可以像式(7.17)中的激励策略那样添加一个噪声项，以引入一个可调参数σ_ε。

贝叶斯贪婪——贝叶斯贪婪只是一种期望保持在函数外部(其所属的位置)的贪婪策略，其表达式如下所示：

$$X^{BG}(S^n) = \arg\max_x \mathbb{E}_\theta\{F(x,\theta)|S^n\}$$

如果函数$F(x,\theta)$相对于θ来说是非线性的，那么这个期望值很难计算。一种策略是使用采样信念模型，并假设$\theta \in \{\theta_1,\ldots,\theta_K\}$，并且在$n$次迭代之后设$p_k^n = Prob[\theta = \theta_k]$。然后可把策略写作：

$$X^{BG}(S^n) = \arg\max_x \sum_{k=1}^K p_k^n F(x,\theta_k)$$

最后，可以添加一个噪声项$\varepsilon \sim N(0,\sigma_\varepsilon^2)$，然后必须对其进行调整。

上置信边界——UCB策略在计算机科学中非常流行，有多种形式，但都遵循最早的UCB策略之一：

$$\nu_x^{UCB,n} = \bar\mu_x^n + 4\sigma^W \sqrt{\frac{\log n}{N_x^n}} \tag{7.20}$$

其中，$\bar\mu_x^n$是对备选解x值的估计，N_x^n是在前n次迭代中评估备选解x的次数。系数$4\sigma^W$具有理论基础，但通常用可调参数θ^{UCB}代替，式(7.20)可以写作：

$$\nu_x^{UCB,n}(\theta^{UCB}) = \bar\mu_x^n + \theta^{UCB} \sqrt{\frac{\log n}{N_x^n}} \tag{7.21}$$

UCB策略可以是：

$$X^{UCB}(S^n|\theta^{UCB}) = \arg\max_x \nu_x^{UCB,n}(\theta^{UCB}) \tag{7.22}$$

其中，θ^{UCB}将使用诸如式(7.19)中给出的优化公式进行调整。

UCB策略全都使用了一个指数，该指数由$\bar\mu_x^n$给出的备选解(以老虎机为导向的UCB领域语言中的"臂")的当前估计值组成，外加一个有时被称为"不确定性奖金"的鼓励探索的术语。随着观察次数的增加，$\log n$也会增长(但它是对数增长)，与此同时，N_x^n会统计对备选解x采样的次数。注意，最初$N_x^0 = 0$，UCB策略会假设有这样一个预算，即尝试每种备选解至少一次。当备选解的数量超过预算时，要么需要一个先验模型，要么放弃查找表信念模型。

区间估计——区间估计是UCB策略的一类，不同之处在于不确定性奖金由备选解x的估计值$\bar\mu_x^n$的标准差$\bar\sigma_x^n$给出。区间估计策略由下式给出：

$$X^{IE}(S^n|\theta^{IE}) = \arg\max_x \left(\bar\mu_x^n + \theta^{IE}\bar\sigma_x^n\right) \tag{7.23}$$

在这里，$\bar{\sigma}_x^n$是对$\bar{\mu}_x^n$标准差的估计值。当观察动作x的次数达到无穷大时，$\bar{\sigma}_x^n$变为零。参数θ^{IE}是一个可调参数，使用式(7.19)进行调整。

Thompson采样——Thompson采样的工作原理是从$\mu_x \sim N(\bar{\mu}_x^n, \bar{\sigma}_x^{n,2})$的当前信念中采样，这可以看作$n+1$次实验的先验分布。接下来，从分布$N(\bar{\mu}_x^n, \bar{\sigma}_x^{n,2})$中选择样本$\hat{\mu}_x^n$。Thompson采样策略可表示为：

$$X^{TS}(S^n) = \arg\max_x \hat{\mu}_x^n$$

Thompson采样更有可能选择具有最大的$\hat{\mu}_x^n$的备选解x，但由于它是从分布中采样，因此也可能选择其他备选解，但不太可能选择估计值$\hat{\mu}_x^n$相对更低的备选解。

注意，可以通过选择$\hat{\mu}_x^n \sim N(\bar{\mu}_x^n, (\theta^{TS}\bar{\sigma}_x^n)^2)$来创建Thompson采样的可调版本，在这种情况下，要将策略写作$X^{TS}(S^n|\theta^{TS})$。现在只需要调整θ^{TS}。

Boltzmann探索——另一种最大化动作的形式涉及在给定动作回报的估计值$\bar{\mu}_x^n$的情况下，计算选择动作x的概率。这通常会使用下式计算：

$$p^n(x|\theta) = \frac{e^{\theta\bar{\mu}_x^n}}{\sum_{x'} e^{\theta\bar{\mu}_{x'}^n}} \tag{7.24}$$

接着，根据分布$p^n(x|\theta)$随机选择x^n。Boltzmann探索有时被称为"软最大化"，原因是它在概率意义上实现了最大化。

PFA和CFA都需要调整参数θ(通常是标量，但可能是向量)，其中可以通过调整来最大化最终回报或累积回报目标函数，搜索θ本身就是一个序贯决策问题，这需要一种称为学习策略的策略(查找θ)，然后产生一个好的实施策略$X^{\pi}(S^n|\theta)$。

7.6　基于价值函数近似的策略

一些问题类的强大算法策略基于贝尔曼方程，参见2.1.3节中的简要介绍。这种方法在学习问题的背景下受到的关注较少，值得注意的是，有一个领域以"Gittins指数"为中心，下面将对此进行回顾。Gittins指数在应用概率界很受欢迎，但在关注上置信边界的计算机科学中几乎闻所未闻。Gittins指数更难计算(如下所示)，但是Gittins指数引入了使用指数策略的想法，这是UCB策略的最初灵感(这种联系发生在1984年，即第一篇关于Gittins的论文发表10年后)。

下面将从7.6.1节开始介绍将贝尔曼方程式用于纯学习问题的一般理念。7.6.2节将说明在一个简单问题的背景下的想法，该问题涉及一种新药的测试，其中观察值均为0或1。7.6.3节将基于近似函数的理念引入一种强大的近似策略。7.6.4节的末尾将介绍Gittins指数背后的丰富历史和理论，这为纯学习问题的现代研究奠定了基础。

7.6.1　最优策略

接下来，先看一下图7.2(a)。假设状态(即所在的节点)是$S^n = 2$，且正在考虑使我们处于状态$S^{n+1} = 5$的决策$x_s = 5$。设$\mathcal{X}^n$是可以从状态(节点)S^n到达的状态(节点)，假设对于每个$s \in \mathcal{X}^n$都有一个值$V^{n+1}(s')$。然后可以使用贝尔曼方程写出处于状态S^n的价值：

$$V^n(S^n) = \max_{s' \in \mathcal{X}^n} \left(C(S^n, s') + V^{n+1}(s') \right) \tag{7.25}$$

式(7.25)所示的贝尔曼方程相当直观。事实上，这是现代导航系统中使用的每一种最短路径算法的基础。

接下来，思考图7.2(b)中的学习问题。状态是对5个备选方案中每一个的真实表现的信念，精度为$\beta_x^n = 1/\sigma_x^{2,n}$。可以将状态表示为$S^n = (\bar{\mu}_x^n, \beta_x^n)_{x \in \mathcal{X}}$。现在假设决定尝试第5种选择方案，这将得到观察$W_5^{n+1}$。观察$W_5^{n+1}$的结果将使我们进入以下状态：

$$\bar{\mu}_5^{n+1} = \frac{\beta_5^n \bar{\mu}_5^n + \beta^W W_5^{n+1}}{\beta_5^n + \beta^W}, \tag{7.26}$$

$$\beta_5^{n+1} = \beta_5^n + \beta^W \tag{7.27}$$

除5以外，x的$\bar{\mu}_x^n$和β_x^n值不变。

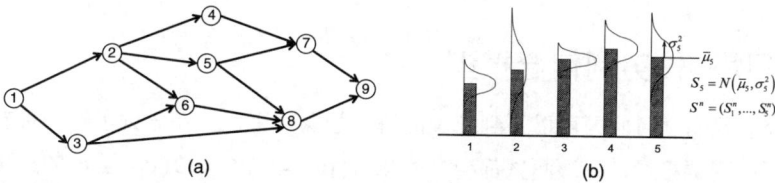

图7.2　(a)对图进行优化，考虑从节点(状态)2到节点(状态)5的转换。(b)优化学习问题，考虑评估备选方案5，这会将信念(状态)$S_5^n = (\bar{\mu}_x^n, \sigma_5^{2,n})$更改为信念(状态)$S_5^{n+1} = (\bar{\mu}_x^{n+1}, \sigma_5^{2,n+1})$

图7.2(a)中的图问题和图7.2(b)中的学习问题之间的区别是：

(1) 在图问题中，从状态(节点)2移到状态(节点)5的决策是确定性的转变。

(2) 在图问题中，状态是离散的，而学习问题中的状态变量是连续的、向量值的。

在学习问题中，做出决策$x^n = 5$以测试备选方案5，但结果W_5^{n+1}是随机的，因此不知道实验会把我们带到什么状态。然而，可以通过在贝尔曼方程中插入一个期望值来解决这个问题：

$$V^n(S^n) = \max_{x \in \mathcal{X}} \left(C(S^n, x) + \mathbb{E}_{S^n} \mathbb{E}_{W|S^n} \{ V^{n+1}(S^{n+1}) | S^n, x \} \right) \tag{7.28}$$

其中，第一个期望$\mathbb{E}_{S^n}$处理给定S^n中信念的真实值μ_x的不确定性，而第二个期望$\mathbb{E}_{W|S^n}$处理未知真实值μ_x的观察值$W_x^{n+1} = \mu_x + \varepsilon^{n+1}$中的噪声。注意，如果使用的是一个频率信念模型，则只需要使用$\mathbb{E}_W$。

除式(7.28)中的期望外，式(7.25)和式(7.28)基本相同。关键是无论状态是网络中的节点，还是对一组备选方案的性能的信念，都可以使用贝尔曼方程。状态变量是状态变量，与其解释无关。

如果能够解出式(7.28)，就可以得到由下式给出的最优策略：

$$X^*(S^n) = \arg\max_{x \in \mathcal{X}} \left(C(S^n, x) + \mathbb{E}_{S^n}\mathbb{E}_{W|S^n}\{V^{n+1}(S^{n+1})|S^n, x\} \right) \tag{7.29}$$

式(7.28)是针对最大化未折扣累积回报的问题而建立的。如果想解决一个最终回报问题，只需要在最终评估之前忽略贡献，这意味着要将贝尔曼方程写作：

$$V^n(S^n) = \max_{x \in \mathcal{X}} \begin{cases} \left(0 + \mathbb{E}_{S^n}\mathbb{E}_{W|S^n}\{V^{n+1}(S^{n+1})|S^n, x\}\right) & n < N, \\ C(S^N, x) & n = N \end{cases} \tag{7.30}$$

还可通过简单地添加一个折扣因子$\gamma < 1$，将目标更改为一个折扣无限时域模型，也就是将式(7.28)变为：

$$V^n(S^n) = \max_{x \in \mathcal{X}} \left(C(S^n, x) + \gamma\mathbb{E}_W\{V^{n+1}(S^{n+1})|S^n, x\} \right) \tag{7.31}$$

贝尔曼方程的问题是，虽然在图中找到每个节点的值并不难(即使有100 000个节点)，但处理信念状态要难得多。如果只有20个备选方案，则状态$S^n = (\bar{\mu}_x^n, \beta_x^n)_{x \in \mathcal{X}}$将有40个连续维度，在给定噪声测量和合理计算预算的情况下，这将是一个非常难的估计问题。世上有数千种(甚至更多)备选的实际应用，例如，从数千种组合治疗方案中找到最好的对抗疾病的治疗方案，或在新闻机构网站上展示最好的新闻文章。

7.6.2 贝塔–伯努利信念模型

有一类重要的学习问题可以得到准确的解。想象一下，正在尝试了解一种新药是否成功。我们正在测试患者，每次测试都会产生成功($W^n = 1$)或失败($W^n = 0$)的结果。我们唯一的决策是：

$$\mathcal{X} = \{ 继续，申请专利，取消 \}$$

"申请专利"的决策意味着在上市前停止试验并申请该药物的专利。"取消"的决策意味着停止试验并取消药物。维持一个状态变量R^n，其中有：

$$R^n = \begin{cases} 1 & 若继续测试 \\ 0 & 若停止测试 \end{cases}$$

R^n的演变由下式给出：

$$R^{n+1} = \begin{cases} 1 & R^n = 1 \text{且} x^n = \text{“继续”} \\ 0 & 其他 \end{cases}$$

随着实验的进展，使用下式继续追踪成功α^n和失败β^n：

$$\alpha^{n+1} = \alpha^n + W^{n+1},$$
$$\beta^{n+1} = \beta^n + (1 - W^{n+1})$$

然后可以使用下式估计药物成功的概率：

$$\rho^n = \frac{\alpha^n}{\alpha^n + \beta^n}$$

状态变量为：

$$S^n = (R^n, \alpha^n, \beta^n)$$

可以创建成功的真实概率 ρ 的信念，假设 ρ 由参数为 (α^n, β^n) 的 β 分布给出，并且参数由下式给出：

$$f(\rho|\alpha, \beta) = \frac{\Gamma(\alpha)}{\Gamma(\alpha) + \Gamma(\beta)} \rho^{\alpha-1}(1-\rho)^{\beta-1}$$

其中，$\Gamma(k) = k!$。β 分布如图7.3所示。鉴于处于状态 S^n，假设 $\rho^{n+1} \sim beta(\alpha^n, \beta^n)$。

这是一个允许(针对有限时域问题)精确计算式(7.28)中的贝尔曼方程的模型，因为 R^n、α^n 和 β^n 都是离散的。必须具体说明继续研究的负成本(即运行研究的成本)，以及停止申请专利的贡献与取消药物的贡献。

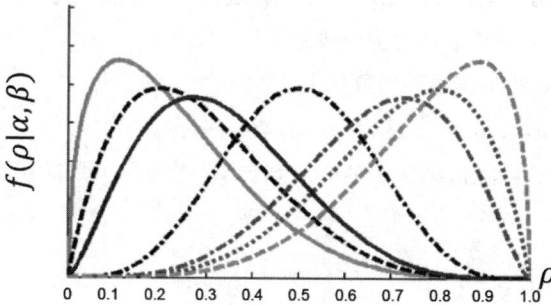

图7.3　β 分布的密度族

7.6.3　后向近似动态规划

使用近似动态规划概念的领域对学习问题的关注相对较少。第15~17章会谈及这些想法。为了避免重复，此处只简要介绍如何使用所谓的后向近似动态规划，详细介绍参见第15章。

目前，假设有一个标准的离散学习模型，它会针对每个 $x \in \mathcal{X} = \{x_1, ..., x_M\}$ 尝试学习真实值 μ_x。假设信念呈正态分布，这意味着 n 次实验之后有：

$$\mu_x \sim N(\bar{\mu}_x^n, \bar{\sigma}_x^{2,n})$$

那么，信念状态将为：

$$S^n = (\bar{\mu}_x^n, \bar{\sigma}_x^n)_{x \in \mathcal{X}}$$

要做的是把价值函数 $V^n(S^n)$ 替换为以下形式的线性模型：

$$V^n(S^n|\theta^n) \approx \overline{V}^n(S^n) = \sum_{f \in \mathcal{F}} \theta_f^n \phi_f(S^n) \tag{7.32}$$

注意，将问题建模为有限时域问题，意味着价值函数近似 $\overline{V}^n(S^n)$ 取决于索引 n，这正是索引向量 $\theta^n = (\theta_f^n)_{f \in \mathcal{F}}$ 的原因。

$(\phi_f)_{f \in \mathcal{F}}$（不取决于 n）是根据状态变量 S^n 设计出来的特征。例如，假设对于我们的特征，备选方案的排序基于由下式给出的索引 ν_x^n：

$$\nu_x^n = \bar{\mu}_x^n + 2\bar{\sigma}_x^n$$

现在假设备选方案已排序，且有 $\nu_{x_1}^n \geq \nu_{x_2}^n \geq \dots \geq \nu_{x_F}^n$，其中 F 可能是前20个备选方案（这种排序非常重要——必须在每次迭代时完成排序）。接下来创建以下特征：

$$
\begin{aligned}
\phi_{x,1} &= \bar{\mu}_x^n, \\
\phi_{x,2} &= (\bar{\mu}_x^n)^2, \\
\phi_{x,3} &= \bar{\sigma}_x^n, \\
\phi_{x,4} &= \bar{\mu}_x^n \bar{\sigma}_x^n, \\
\phi_{x,5} &= \bar{\mu}_x^n + 2\bar{\sigma}_x^n
\end{aligned}
$$

现在，每个备选方案有5个特征，共20个备选方案，这给定了一个具备100个特征（和101个参数——当包含一个常数项时）的模型。

后向近似动态规划的工作原理大致如下。

步骤0 设 $\theta^{N+1} = 0$，有 $\overline{V}^{N+1}(S^{N+1}) = 0$。设 $n = N$。

步骤1 从状态 S 的可能值集合中抽取 K 个样本。对于每个采样状态 $\hat{s}_k^n$，根据下式计算估计值 $\hat{v}_k^n$：

$$\hat{v}_k^n = \max_x \left(C(\hat{s}_k^n, x) + \mathbb{E}\{\overline{V}^{n+1}(S^{n+1}|\theta^{n+1})|\hat{s}_k^n, x\} \right) \tag{7.33}$$

其中，S^{n+1} 是通过对（从测试备选方案 x 的选择中）可能观察到的 W_x^{n+1} 进行采样来计算的，$\overline{V}^{n+1}(S^{n+1}|\theta^{n+1})$ 由式(7.32)中的近似给出。期望必须在这些值之上取平均值结果。

步骤2 取一组值 $(\hat{s}_k^n, \hat{v}_k^n)_{k=1}^K$ 并使用批线性回归（见3.7.1节）拟合新的线性模型 $\overline{V}^n(s|\theta^n)$。

步骤3 设 $n \leftarrow n - 1$。如果 $n \geq 0$，则返回步骤1。

相对来说，这种方法不受状态变量或外生信息变量维度的影响。事实上，如果使用参数模型表达信念，甚至也可以使用这些想法，不过必须设计一组新的特征。最后，逻辑甚至不要求备选方案 x 是离散的，因为可以把求解式(7.33)看作一个非线性规划问题。然而，这一想法只经历过极少的实验。

我们怀疑基于价值函数近似的策略最适合学习成本较小的问题。注意，生成的策略是非平稳的（取决于 n），相比之下，基于成本函数近似的策略因其简单性而在一些领域非常流行。

我们认为，在学习模型中使用价值函数近似的想法还很幼稚，在这个阶段无法保证这种特定近似策略的性能。之所以提出这一逻辑，是为了说明这样一个想法：或许能够使用统计模型解决动态规划的所谓"维数灾难"。

7.6.4　稳态学习的Gittins指数*

我们终将转向20世纪70年代被视为突破性的成果。"老虎机问题"最初于20世纪50年代提出，在20世纪70年代产生了一些理论意义。使用贝尔曼方程(如式(7.28)所示)描述最优策略的想法也首次出现在这一时期。使用信念作为状态变量的想法是一个核心见解。然而，求解贝尔曼方程看起来十分困难。

基本理念

1974年，John Gittins提出了用所谓的"拉格朗日松弛"来分解老虎机问题的想法。简言之，老虎机问题要求一次只能观察一个备选方案。如果选择测试备选方案i，就把决策写作$x_i^n = 1$，并引入一个如下所示的约束：

$$\sum_{i=1}^{M} x_i^n = 1 \tag{7.34}$$

接着，想象一下求解优化问题，其中放松了式(7.34)所示的约束。问题分解成M个动态规划(每个臂对应一个)。然而，在式(7.34)上付出了代价ν^n，这意味着把优化问题写作：

$$\min_{(\nu^n)_{n=1}^{N}} \max_{(\pi^n)_{n=1}^{N}} \mathbb{E}\left\{ \sum_{n=0}^{N} \left(W_{x^n}^{n+1} + \nu^n \left(\sum_{i=1}^{M} x_i^n - 1 \right) \right) |S^0 \right\} \tag{7.35}$$

其中，$x^n = X^{\pi^n}(S^n)$是第n次迭代的策略。

这个问题看似很复杂，原因是不但必须在每n次迭代中找到一个对应的策略$X^{\pi^n}(S^n)$，还必须为每个n优化惩罚(也称为对偶变量或影子价格)ν^n。但是，如果求解问题的稳态版本，则有：

$$\min_{\nu} \max_{\pi} \mathbb{E}\left\{ \sum_{n=0}^{\infty} \gamma^n \left(W_{x^n}^{n+1} + \nu \left(\sum_{i=1}^{M} x_i^n - 1 \right) \right) |S^0 \right\} \tag{7.36}$$

其中，$x^n = X^{\pi}(S^n)$是目前固定不变的策略，只有一个惩罚ν。对于无限时域问题，必须引入折扣因子γ(可以在有限时域版本中这样做，但这通常不是必要的)。

现在，这个问题已经分解成了各种备选方案。对于这些备选方式，可以选择继续测试或停止测试。当继续测试备选方案x时，不仅会接收到W_x^{n+1}，还会支付"罚款"ν。对于该问题，一个更自然的表示方法是假设继续这个游戏，就会得到回报W_x^{n+1}；停止则会得到回报$r = -\nu$。

至此，每个臂都具有以下动态规划，其决策只是"停止"或"继续"，即：

$$V_x(S|r) = \max\{ \underbrace{r + \gamma V_x(S|r)}_{\text{停止}}, \underbrace{\mathbb{E}_W\{W_x + \gamma V_x(S'|r)|S^n\}}_{\text{继续}} \} \tag{7.37}$$

其中，S'是给定随机观察W时的更新状态，W的分布由S^n中的信念给出。例如，如果有二项式结果(0/1)，那么S^n可能是$W = 1$的概率ρ^n(参见7.6.2节)。对于正常分配的回报，有$\mathbb{E}_{W|S^n} = \bar{\mu}^n$。如果停止，则什么都学不到，因此状态$S$保持不变。

可以看出，如果选择在第n次迭代中停止采样并接受固定的支付款项ρ，那么这将是未来所有回合的最优策略。这意味着从第n次迭代开始，(一旦决定接受固定的支付款项，则)未来的最佳回报是：

$$\begin{aligned} V(S|r) &= r + \gamma r + \gamma^2 r + \cdots \\ &= \frac{r}{1-\gamma} \end{aligned}$$

这意味着可以将最优性递归写作：

$$V(S^n|r) = \max\left[\frac{r}{1-\gamma}, \bar{\mu}^n + \gamma \mathbb{E}\left\{V(S^{n+1}|r)\big| S^n\right\}\right] \tag{7.38}$$

接着来看看Gittins指数的魔力。设Γ的值为r，使式(7.38)中方括号内的两项相等(选用Γ是为了纪念Gittins)。即有：

$$\frac{\Gamma}{1-\gamma} = \mu + \gamma \mathbb{E}\left\{V(S|\Gamma)\big| S\right\} \tag{7.39}$$

Gittins指数的难点在于，必须迭代求解不同Γ值的贝尔曼方程，直至找到使式(7.39)为真的值。读者应该能从此得出结论：Gittins指数是可计算的(这是一个突破)，但计算它们并不容易。

假设W具有已知方差σ_W^2的随机变量。设$\Gamma^{Gitt}(\mu, \sigma, \sigma_W, \gamma)$是式(7.39)的最优解，该最优解取决于平均值的当前估计μ、其方差σ^2、测量的方差σ_W^2，以及折扣因子γ。为了简化符号，会假设实验噪声σ_W^2独立于操作x，但这种假设很容易被放宽。

接下来假设有一组备选方案$\mathcal{X}$，并设$\Gamma_x^{Gitt,n}(\bar{\mu}_x^n, \bar{\sigma}_x^n, \sigma_W, \gamma)$是给定状态$S^n = (\bar{\mu}_x^n, \bar{\sigma}_x^n)_{x \in \mathcal{X}}$时，为每个备选方案$x \in \mathcal{X}$计算的$\Gamma$的值。选择备选方案$x$时，最好选择能使$\Gamma_x^{Gitt,n}(\bar{\mu}_x^n, \bar{\sigma}_x^n, \sigma_W, \gamma)$的值最高的那一个。也就是说，将使用下式进行选择：

$$\max_x \Gamma_x^{Gitt,n}(\bar{\mu}_x^n, \bar{\sigma}_x^n, \sigma_W, \gamma)$$

这类策略称为指数策略，指的是备选方案x的参数$\Gamma_x^{Gitt,n}(\bar{\mu}_x^n, \bar{\sigma}_x^n, \sigma_W, \gamma)$仅取决于备选方案$x$的特征。对于这个问题，参数$\Gamma_x^{Gitt,n}(\bar{\mu}_x^n, \bar{\sigma}_x^n, \sigma_W, \gamma)$称为Gittins指数。虽然(考虑到计算的复杂性)Gittins指数在概率界之外很少引起关注，但1984年，第一篇引入(CFA类中的)上置信边界的论文中的指数策略概念引起了研究界的注意。因此，Gittins指数策略的真正贡献是指数策略的简单概念。

当信念呈正态分布时，将提供以下一些专门的结果。

正态分布回报的Gittins指数

学生们通常会在第一次统计学课程中学到，正态分布随机变量具有很好的特性。如果Z呈正态分布，其平均值为0，方差为1，那么，若有：

$$X = \mu + \sigma Z$$

则X也呈正态分布，其平均值为μ，方差为σ^2。这个性质简化了关于事件概率的复杂计算。

相同的性质适用于Gittins指数。尽管证明还需要进一步发展，但可以证明：

$$\Gamma^{Gitt,n}(\bar{\mu}^n, \bar{\sigma}^n, \sigma_W, \gamma) = \mu + \Gamma(\frac{\bar{\sigma}^n}{\sigma_W}, \gamma)\sigma_W$$

其中，

$$\Gamma(\frac{\bar{\sigma}^n}{\sigma_W}, \gamma) = \Gamma^{Gitt,n}(0, \sigma, 1, \gamma)$$

是平均值为0、方差为1的问题的"标准正态Gittins指数"。

注意，$\bar{\sigma}^n/\sigma_W$随着n增大而减小，$\Gamma(\frac{\bar{\sigma}^n}{\sigma_W}, \gamma)$随着$\bar{\sigma}^n/\sigma_W$减小而趋向零。当$n \to \infty$时，$\Gamma^{Gitt,n}(\bar{\mu}^n, \bar{\sigma}^n, \sigma_W, \gamma) \to \bar{\mu}^n$。

遗憾的是，截至本书撰写之时，还没有用于计算标准Gittins指数的易于使用的软件实用程序。表7.2正是Gittins指数的表。该表给出了已知方差和未知方差情况下的指数，但仅适用于以下情况：$\frac{\sigma^n}{\sigma_W} = \frac{1}{n}$。在方差已知的情况下，假设已给定$\sigma^2$，那么这将允许仅通过除以观察次数来计算特定老虎机的估计方差。

表7.2　Gittins指数$\Gamma(\frac{\sigma^n}{\sigma_W}, \gamma)$在平均值为0、方差为1时的正态分布观察值，其中$\frac{\sigma^n}{\sigma_W} = \frac{1}{n}$

(改编自Gittins. Multiarmed Bandit Allocation Indices[M]. New York: Wiley and Sons, 1989)

观察	折扣因子			
	已知方差		未知方差	
	0.95	0.99	0.95	0.99
1	0.9956	1.5758	-	-
2	0.6343	1.0415	10.1410	39.3343
3	0.4781	0.8061	1.1656	3.1020
4	0.3878	0.6677	0.6193	1.3428
5	0.3281	0.5747	0.4478	0.9052
6	0.2853	0.5072	0.3590	0.7054
7	0.2528	0.4554	0.3035	0.5901
8	0.2274	0.4144	0.2645	0.5123
9	0.2069	0.3808	0.2353	0.4556
10	0.1899	0.3528	0.2123	0.4119
20	0.1058	0.2094	0.1109	0.2230
30	0.0739	0.1520	0.0761	0.1579

续表

观察	折扣因子			
	已知方差		未知方差	
	0.95	0.99	0.95	0.99
40	0.0570	0.1202	0.0582	0.1235
50	0.0464	0.0998	0.0472	0.1019
60	0.0392	0.0855	0.0397	0.0870
70	0.0339	0.0749	0.0343	0.0760
80	0.0299	0.0667	0.0302	0.0675
90	0.0267	0.0602	0.0269	0.0608
100	0.0242	0.0549	0.0244	0.0554

由于缺乏计算Gittins指数的标准软件库，研究人员开发了简单的近似值。截至本书撰写之时，这些工作中的最新进展如下。首先，可以证明：

$$\Gamma(s,\gamma) = \sqrt{-\log\gamma} \cdot b\left(-\frac{s^2}{\log\gamma}\right) \tag{7.40}$$

我们将$b(s)$的一个很好的近似值表示为$\tilde{b}(s)$，它由下式给出：

$$\tilde{b}(s) = \begin{cases} \frac{s}{\sqrt{2}} & s \le \frac{1}{7}, \\ e^{-0.02645(\log s)^2 + 0.89106\log s - 0.4873} & \frac{1}{7} < s \le 100, \\ \sqrt{s}\left(2\log s - \log\log s - \log 16\pi\right)^{\frac{1}{2}} & s > 100 \end{cases}$$

因此，式(7.40)的近似版本为：

$$\Gamma^{Gitt,n}(\mu, \sigma, \sigma_W, \gamma) \approx \bar{\mu}^n + \sigma_W\sqrt{-\log\gamma} \cdot \tilde{b}\left(-\frac{\bar{\sigma}^{2,n}}{\sigma_W^2 \log\gamma}\right) \tag{7.41}$$

说明

虽然Gittins指数被认为是一个重大突破，但它在很大程度上仍然是应用概率界的理论兴趣领域。使用Gittins指数时需要注意的一些问题列举如下。

- 虽然Gittins指数被视为计算上的突破，但它们本身并不容易计算。
- Gittins指数理论只适用于无限时域、折扣、累积回报问题。Gittins指数对于实践中经常遇到的有限时域问题并不是最优的，但Gittins指数可能仍然是有用的近似。
- Gittins理论仅限于具有独立信念的查找表信念模型(即离散的臂/备选方案)。这是实际应用中的一个主要限制。

我们注意到，Gittins指数在实践中并没有得到广泛应用，但是Gittins指数的发展使得使用指数策略的想法得以确立，这为1984年首次开发的上置信边界的所有工作奠定了基础，2000年后这一工作出现了爆炸性增长，这很大程度上是由互联网上的搜索算法驱动的。

7.7　基于直接前瞻模型的策略

有些学习问题需要实际规划未来，就像导航包规划到达目的地的路径一样。不同之处在于，导航系统只需要解决确定性近似问题，而识别和建模不确定性是学习问题的核心。

7.7.1节开始讨论适合采用前瞻策略的学习问题类型。然后，将描述一系列前瞻策略，这些策略会在进入完全随机前瞻之前分阶段进行，具体步骤如下：

- 7.7.2节讨论使用一步前瞻的强大理念，这对于实验成本昂贵的某些问题类非常有用。
- 当一步前瞻不起作用时，一个有用的策略是进行受限的多步前瞻，7.7.3节将对此进行描述。
- 7.7.4节会提出一个完整的多周期、确定性前瞻。
- 7.7.5节会说明一个完整的多周期随机前瞻，更详尽的讨论参见第19章。
- 7.7.6节描述了一类混合策略。

7.7.1　何时需要前瞻策略

当管理物理资源时，前瞻策略非常重要。这正是导航系统必须规划到达目的地的路径，以便确定现在该做什么的原因。相比之下，对于纯学习问题，最流行的策略属于CFA类，如上置信边界、Thompson采样和区间估计。

然而，在纯学习问题中，不同类别的前瞻策略特别有用。随着通过直接前瞻策略取得进展，以下问题特征将被证明是重要的。

- 复杂的信念模型——假设要测试市场对 $p = 100$ 美元的图书定价的反应，我们发现销售额比预期高。那么预计价格 $p = 95$ 美元和 $p = 105$ 美元下的销售额也将高于预期。这反映了相关的信念。直接前瞻模型可以获取这些交互作用，而纯指数策略(如上置信边界和Thompson采样)则无法获取这些交互作用(不过它们通过调整过程间接获取这些影响)。
- 昂贵的实验/小预算——在很多环境中，实验的代价都很高昂，这意味着预算(通常是时间和金钱)会限制行动。在有限的预算下，人们倾向于在早期实验中探索而非坚持到最后。这在累积回报中尤为明显，不过在最终回报中也是如此。
- 噪声实验/信息的S曲线值——如图7.4(a)所示，有些问题崇尚直观的行为，即多次重复同一实验提供了增长的价值，但边际回报却在降低。如图7.4(b)所示，当运行实验产生的噪声足够高时，运行实验的边际价值实际上会增加。

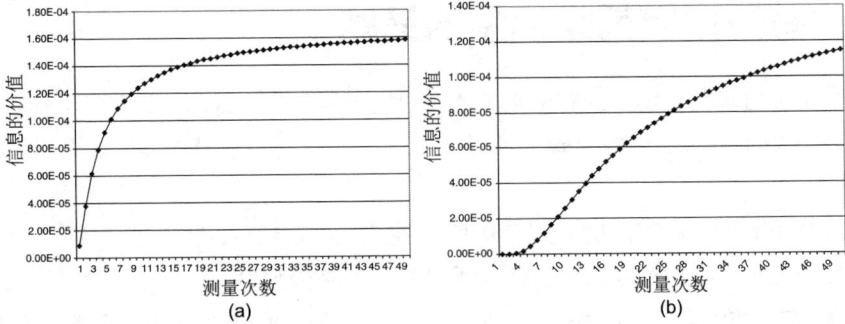

图7.4 观察n次的价值。在(a)中，信息的价值是凹的，而在(b)中，信息的价值遵循S曲线

图7.4(b)中的这个S曲线行为出现在有噪声的情况下，这意味着单个实验贡献的信息很少。这种行为实际上很常见，尤其是当实验结果是成功或失败(可能用1或0表示)时。

当信息价值呈S曲线时，这意味着必须考虑可以评估某个备选方案x多少次。在学习任何东西之前，可能需要重复10次。如果有100个备选方案和50次的预算，那么将无法对每个备选方案进行10次评估，这意味着将不得不完全忽略许多备选方案。然而，考虑到实验成本，做出这一决策之前需要对未来进行规划。

- 与预算相关的大量备选方案——在某些问题中，需要测试的备选方案的数量会远远超出预算。这意味着无法很好地评估备选方案。需要规划未来，以确定实验(哪怕只有一个)是否值得尝试。当信息价值遵循S曲线时，这一点最为明显，不过即使当信息价值为凹形时，也会出现这种情况。

7.7.2 单周期前瞻策略

如果必须处理一个物理状态(假设用单周期前瞻策略来解决某个图上的最短路径问题)，那么单周期前瞻策略永远都不会有出色表现。然而，此类策略在解决学习问题时往往会表现得非常出色。下面是执行单周期前瞻策略的一些方法。

最终回报的知识梯度——单周期前瞻策略的最常见形式是信息价值策略，它最大化了单个实验中的信息价值。设$S^n = (\bar{\mu}_x^n, \beta_x^n)_{x \in x}$是现在的信念状态，$\bar{\mu}_x^n$是对设计$x$的性能的估计，$\beta_x^n$是精度(1除以方差)。

想象一下，我们正尝试找到最大化μ_x的设计x，其中μ_x是未知的。设$\bar{\mu}_x^n$是给定知识状态(由$S^n = B^n$捕获)下对μ的最佳估计。如果现在就停止，则可通过求解下式选择设计x^n：

$$x^n = \arg \max_{x'} \bar{\mu}_{x'}^n$$

现在假设要运行实验$x = x^n$，将进行噪声观察：

$$W_{x^n}^{n+1} = \mu_{x^n} + \varepsilon^{n+1}$$

其中, $\varepsilon^{n+1} \sim N(0, \sigma_W^2)$。对于 $x' = x^n$, 这将产生一个使用下式计算的更新的估计 $\bar{\mu}_{x'}^{n+1}(x^n)$:

$$\bar{\mu}_{x^n}^{n+1} = \frac{\beta_{x^n}^n \bar{\mu}_{x^n}^n + \beta^W W_{x^n}^{n+1}}{\beta_{x^n}^n + \beta^W}, \tag{7.42}$$

$$\beta_{x^n}^{n+1} = \beta_{x^n}^n + \beta^W \tag{7.43}$$

对于 $x' \neq x^n$, $\bar{\mu}_{x'}^{n+1}$ 和 $\beta_{x'}^{n+1}$ 保持不变。这提供了更新的状态 $S^{n+1}(x) = (\bar{\mu}_{x'}^{n+1}, \beta_{x'}^{n+1})_{x' \in \mathcal{X}}$, 该状态是随机的, 原因是还没有观察到 W_x^{n+1} (仍在努力决定是否应该进行实验 x)。该实验 (由 n 时的已知信息给出)后, 我们的解由下式给出:

$$\mathbb{E}_{S^n} \mathbb{E}_{W|S^n} \{\max_{x'} \bar{\mu}^{n+1}(x)) | S^n\}$$

可以预期, 使用参数(或设计) x 的实验将改进解, 因此可以使用下式评估这种改进:

$$\nu^{KG}(x) = \mathbb{E}_{S^n} \mathbb{E}_{W|S^n} \{\max_{x'} \bar{\mu}^{n+1}(x)) | S^n\} - \max_{x'} \bar{\mu}_{x'}^n \tag{7.44}$$

量 $\nu^{KG}(x)$ 称为知识梯度, 它给出了实验 x 的信息的期望值。这个计算是通过观察未来的一个实验得出的。7.8节将更深入地介绍知识梯度策略。

预期改进——在文献中称为EI, 预期改进与知识梯度密切相关, 由下式给出:

$$\nu_x^{EI,n} = \mathbb{E}\left[\max\left\{0, \mu_x - \max_{x'} \bar{\mu}_{x'}^n\right\} \middle| S^n, x = x^n\right] \tag{7.45}$$

与知识梯度不同, EI没有明确获取实验的价值, 这需要评估实验改变最终设计决策的能力。相反, 它衡量的是备选方案 x 能改善到什么程度。为此, 它需要知道随机真值 μ_x 可能比当前最佳估计 $\max_{x'} \bar{\mu}_{x'}^n$ 大多少。

序列Kriging法——这是地球科学中开发的一种方法, 用于指导地质条件的调查, 地质条件本质上是连续的、二维的或三维的。Kriging法在地理空间问题的背景下发展起来, 其中 x 是连续的(表示空间位置, 甚至三维地下位置)。出于这个原因, 设真值为函数 $\mu(x)$, 而非 μ_x (在 x 是离散的时候使用的符号)。

Kriging法使用一种元建模的形式, 其中假设表面由线性模型、偏差模型和噪声项表示, 可以写作:

$$\mu(x) = \sum_{f \in \mathcal{F}} \theta_f \phi_f(x) + Z(x) + \varepsilon$$

其中, $Z(x)$ 是偏置函数, $(\phi_f(x))_{f \in \mathcal{F}}$ 是从与 x 相关的数据中提取的一组特征。考虑到表面的(假设)连续性, 很自然地会假设 $Z(x)$ 和 $Z(x')$ 与协方差相关:

$$Cov(Z(x), Z(x')) = \beta \exp\left[-\sum_{i=1}^{d} \alpha_i (x_i - x_i')^2\right]$$

其中, β 是 $Z(x)$ 的方差, 而参数 α_i 对每个维度执行缩放。

表面$\mu(x)$的最佳线性模型——$\bar{Y}^n(x)$由下式给出：

$$\bar{Y}^n(x) = \sum_{f \in \mathcal{F}} \theta_f^n \phi_f(x) +$$

$$\sum_{i=1}^n Cov(Z(x_i), Z(x)) \sum_{j=1}^n Cov(Z(x_j), Z(x))(\hat{y}_i - \sum_{f \in \mathcal{F}} \theta_f^n \phi_f(x))$$

其中，θ^n是回归参数的最小二乘估计量，给定了n个观察值$\hat{y}^1, \ldots, \hat{y}^n$。

Kriging法从式(7.45)中的预期改进开始，通过启发式修改来处理实验中的不确定性(在式(7.45)中忽略)。调整后的EI如下：

$$\mathbb{E}^n I(x) = \mathbb{E}^n \left[\max(\bar{Y}^n(x^{**}) - \mu(x), 0) \right] \left(1 - \frac{\sigma_\varepsilon}{\sqrt{\sigma^{2,n}(x) + \sigma_\varepsilon^2}} \right) \tag{7.46}$$

其中，x^{**}是为了最大化下式给出的效用而选择的点：

$$u^n(x) = -(\bar{Y}^n(x) + \sigma^n(x))$$

鉴于x是连续的，最大化关于x的$u^n(x)$可能很难，因此通常将搜索限制于先前观察到的点：

$$x^{**} = \arg \max_{x \in \{x^1, \ldots, x^n\}} u^n(x)$$

式(7.46)中的期望可通过下式进行分析计算：

$$\mathbb{E}^n \left[\max(\bar{Y}^n(x^{**}) - \mu(x), 0) \right] = (\bar{Y}^n(x^{**}) - \bar{Y}^n(x)) \Phi \left(\frac{\bar{Y}^n(x^{**}) - \bar{Y}^n(x)}{\sigma^n(x)} \right)$$

$$+ \sigma^n(x) \phi \left(\frac{\bar{Y}^n(x^{**}) - \bar{Y}^n(x)}{\sigma^n(x)} \right)$$

其中，$\phi(z)$为标准正态密度，$\Phi(z)$是正态分布的累积密度函数。

信息价值策略非常适合信息昂贵的问题，因为它专注于以最高的信息价值进行实验。当信息的价值呈凹形时，这些策略特别有效，这意味着每个附加实验的边际价值都低于前一个实验。这一特性并不总是正确的，特别是当实验有噪声时，正如上面讨论的那样。

诸如知识梯度之类的前瞻策略能够利用比简单查找表信念更复杂的信念模型。下面将讲到，信念可能是相关的，甚至可能是参数模型。这是因为，例如，备选方案x的知识梯度必须考虑所有$x' \in \mathcal{X}$的信念。这与其他指数策略(如上置信边界)形成对比，在其他指数策略中，与备选方案x相关的价值与其他备选方案的信念无关。

7.7.3　有约束的多周期前瞻

如图7.4(a)所示，当信息价值呈凹形时，知识梯度(仅向前看一步)被发现特别有效。然而，当信息的价值遵循图7.4(b)所示的S曲线时，进行一次实验的价值几乎为零，对于确定最佳实验没有指导意义。

当实验有很多噪声时，一步前瞻策略(如知识梯度)的常见问题就出现了，这意味着来自单个实验的信息价值非常低。当结果为0/1时，这个问题几乎总是会出现，例如当为一个产品做广告并观察客户是否点击广告时，不用说，没有人会根据0/1的结果来选择最佳的备选方案；我们将进行多次实验并取平均值。这正是所谓的受限前瞻策略，因为我们限制了对未来的评估，一次只能使用一种备选方案。

可以将重复实验的概念形式化。假设可以对备选方案x重复进行n_x次评估，而不是只做一个实验。如果使用查找表置信度模型，则意味着更新的精度为：

$$\beta_x^{n+1}(n_x) = \beta_x^n + n_x \beta^W$$

如前所述，β^W是单个实验的精度。然后，计算式(7.44)中给出的知识梯度(详见7.8节)，但使用$n_x\beta^W$的精度而不是β^W。

这就留下了决定如何选择n_x的问题。一种方法是使用KG(*)算法，可以找到产生最高的信息平均价值的n_x。首先从下式开始计算n_x^*：

$$n_x^* = \arg\max_{n_x>0} \frac{v_x(n_x)}{n_x} \tag{7.47}$$

如图7.5所示，对每个x都这样处理，然后用$\frac{v_x(n_x)}{n_x}$的最大值运行实验。注意，并不要求每个实验重复n_x^*次；只使用它来产生一个新的索引(信息的最大平均值)，并用这个新的索引来确定下一个实验。这也是将这一策略称为受限前瞻策略的原因；我们正在前瞻n_x次步骤，但只考虑对同一实验x重复多次。

一个更常见的策略是使用重塑后验(posterior reshaping)的概念。这个想法很简单。引入重复参数θ^{KGLA}，其中实验的精度由下式给出：

$$\beta_x^{n+1}(\theta^{KGLA}) = \beta_x^n + \theta^{KGLA}\beta^W$$

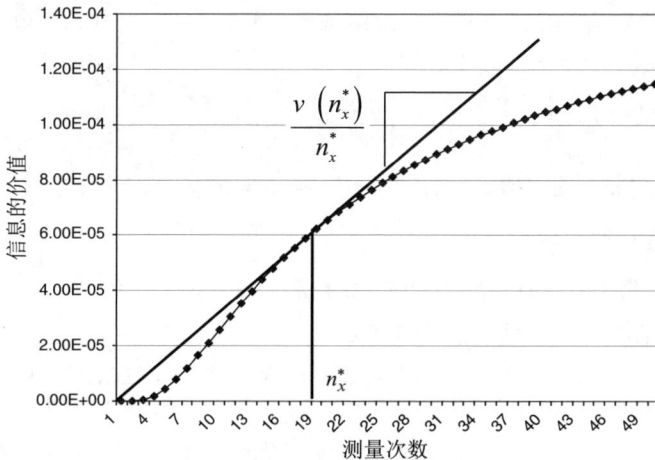

图7.5　KG(*)策略使测试单个备选方案的一系列实验的平均价值最大化

现在设$v_x^{KG,n}(\theta^{KGLA})$是使用重复因子$\theta^{KGLA}$时的知识梯度。知识梯度策略仍然由下式决定：

$$X^{KG}(S^n|\theta^{KGLA}) = \arg\max_x \nu_x^{KG,n}(\theta^{KGLA})$$

现在有了一个可调参数，但这正是管理这种复杂性的代价。使用可调参数的价值在于，调整过程隐含地获取了实验预算 N 的效果。

7.7.4　多周期确定性前瞻

假设实验环境有噪声，这意味着我们可能会面临一个S形的信息价值曲线，如图7.4(b)所示。不使用 θ^{KGLA} 作为知识梯度的重复因子，设 y_x 是给定每个备选方案的先验信念分布的情况下，为备选方案 x 重复实验的次数。然后设 $\nu_x^{KG,0}(y_x)$ 是备选方案 x 的信息价值曲线，如果该实验计划进行 y_x 次，则使用先验(第0次)信念。

假设从 R^0 个实验的预算开始。之前，假设的预算为 N 次实验，R^0 符号的灵活性更大。

可以通过求解下面的优化问题来确定向量 $y = (y_x)_{x \in \mathcal{X}}$：

$$\max_y \sum_{x \in \mathcal{X}} \nu_x^{KG,0}(y_x) \tag{7.48}$$

服从下式的约束：

$$\sum_{x \in \mathcal{X}} y_x \leq R^0, \tag{7.49}$$

$$y_x \geq 0, \ x \in \mathcal{X} \tag{7.50}$$

式(7.48)~式(7.50)描述的优化问题是一个非凹整数规划问题。好消息是，使用简单的动态规划递归，很容易进行优化求解。

假设 $\mathcal{X} = \{1, 2, ..., M\}$，因此 x 是介于1和 M 之间的整数。接下来将从 $x = M$ 开始，基于备选方案求解一个动态规划。设 R_x^0 是分配给备选方案 $x, x+1, ..., M$ 的剩余实验数量。从需要求解下式的最后一个备选方案开始：

$$\max_{y_M \leq R_M^0} \nu_M^{KG,0}(y_M) \tag{7.51}$$

因为 $\nu_M^{KG,0}(y_M)$ 是严格递增的，所以最优解为 $y_M = R_M^0$。现在设：

$$V_M(R_M) = \nu_M^{KG,0}(R_M)$$

通过对 R_M^0 的每个值求解式(7.51)，可以获得 $R_M = 0, 1, ..., R^0$ 时的上式。注意，此时不必真正"求解"式(7.51)，因为解正是 $\nu_M^{KG,0}(y_M)$。

现在，有了 $V_M(R_M)$，可以使用贝尔曼递归方程(详见第14章)从后向前逐步遍历所有备选方案：

$$\begin{aligned} V_x(R_x^0) &= \max_{y_x \leq R_x^0} \left(\nu_x^{KG,0}(y_x) + V_{x+1}(R_{x+1}^0) \right) \\ &= \max_{y_x \leq R_x^0} \left(\nu_x^{KG,0}(y_x) + V_{x+1}(R_x^0 - y_x) \right) \end{aligned} \tag{7.52}$$

其中，式（7.53）必须分别对 $R_x^0 = 0, 1, \ldots, R^0$ 求解。而式（7.52）必须分别对 $x = M-1, M-2, \ldots, 1$ 求解。

针对每个 $x \in \mathcal{X}$ 及所有 $0 \leq R_x^0 \leq R^0$ 获得 $V_x(R_x^0)$ 之后，便可根据下式找到最佳分配 y^0：

$$y_x^0 = \arg\max_{y_x \leq R_x^0} \left(v_x^{KG,0}(y_x) + V_{x+1}(R_x^0 - y_x) \right) \tag{7.53}$$

给定分配向量 $y^0 = (y_x^0)_{x \in \mathcal{X}}$，必须决定如何实现这个解。如果一次只能做一个实验，合理的策略可能是选择 y_x 最大的实验 x。这个策略可以写作：

$$X^{DLA,n}(S^n) = \arg\max_{x \in \mathcal{X}} y_x^n \tag{7.54}$$

在上述计算中，使用 y^n 替换 y^0。在第 n 次迭代时，用 R^n 替换 R^0。在实施执行实验 $x^n = X^{DLA,n}(S^n)$ 的决策后，更新 $R^{n+1} = R^n - 1$（假设一次只做一个实验）。然后观察 W^{n+1}，并使用运用了式(7.42)~式(7.43)的转移函数 $S^{n+1} = S^M(S^n, x^n, W^{n+1})$ 更新信念。

7.7.5　多周期随机前瞻策略

一个完整的多周期前瞻策略考虑到，在迈向未来时会做出不同的决策。我们通过尝试确定棒球队中最佳击球手的设置来说明一个完整的多周期前瞻学习策略。收集信息的唯一方法是将球员放入阵容中并观察发生的情况，对球员命中的概率进行估计，但在观察时更新这一估计(这是学习的本质)。

假设该角色有三位候选人。表7.3给出了前几场比赛中收集的每名球员的信息。如果选择球员A，则必须平衡命中的可能性，以及收集到的关于他真实命中能力的信息的价值，毕竟要根据其是否命中的事件来更新对其命中概率的评估。我们将再次使用贝叶斯定理来更新关于击中概率的信念。幸运的是，这个模型产生了一些非常直观的更新公式。设 H^n 是一名球员在 n 次击球中的击中次数。如果球员在第 $(n+1)$ 次又击中了，则设 $\hat{H}^{n+1} = 1$。n 次击球后命中的先验概率是：

$$\mathbb{P}[\hat{H}^{n+1} = 1 | H^n, n] = \frac{H^n}{n}$$

表7.3　三名候选人的历史击球表现

球员	击中次数	击球次数	命中率
A	36	100	0.360
B	1	3	0.333
C	7	22	0.318

一旦观察到 $\hat{H}^{n+1}$，则可以证明后验概率为：

$$\mathbb{P}[\hat{H}^{n+2} = 1 | H^n, n, \hat{H}^{n+1}] = \frac{H^n + \hat{H}^{n+1}}{n+1}$$

换句话说，我们所做的就是计算命中率(击中次数除以击球次数)。

我们面临的挑战是确定现在是否应该尝试A、B或C球员。目前，A球员的平均命中率为0.360，因为该球员在100次击球中有36次击中。为什么我们要试试命中率只有0.333的B球员？我们很容易看出，这一统计数据仅基于三次击球，这意味着这一命中率存在很大的不确定性。

可以通过建立图7.6所示的决策树来正式研究这一点。出于实际原因，只能研究包含两次击球的问题。第一次击球只显示了命中或未命中的当前先验概率。第二次击球则只显示了被击中的概率，以防止数据变得过于混乱。

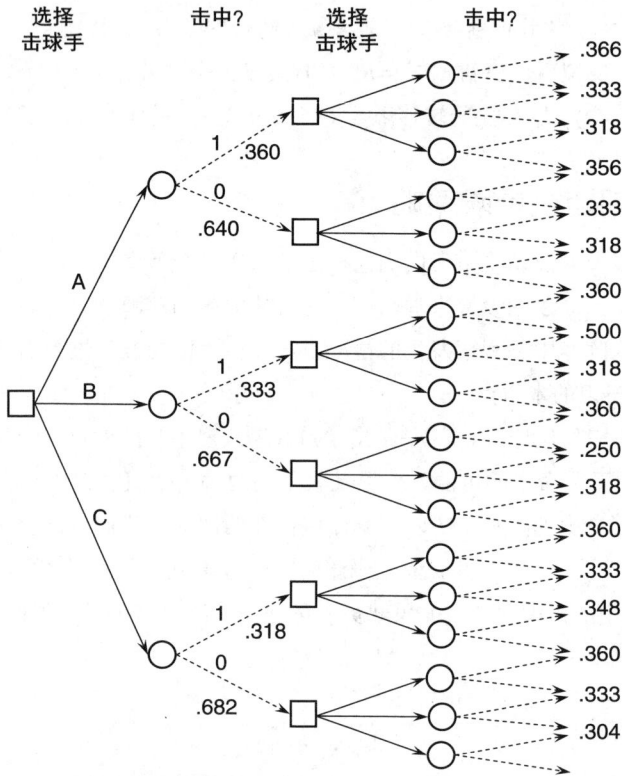

图7.6　找到最佳击球手的决策树

图7.7显示了回滚树时的计算结果。图7.7(c)显示了使用从第一次决策中获取的信息，得到的每个球员再次击球的期望值。需要强调的是，在第一次决策后，只有一名球员击球，因此只有该球员的命中率发生变化。图7.7(b)反映了选择我们心中的最佳击球手的能力，图7.7(a)显示了每个球员在击球前的期望值。我们使用两次击球的期望总命中数作为回报(回报)函数。如果球员x击球，则设R_x为回报(回报)，并设H_{1x}和H_{2x}是球员x超过两次击球的命中次数。于是有：

$$R_x = H_{1x} + H_{2x}$$

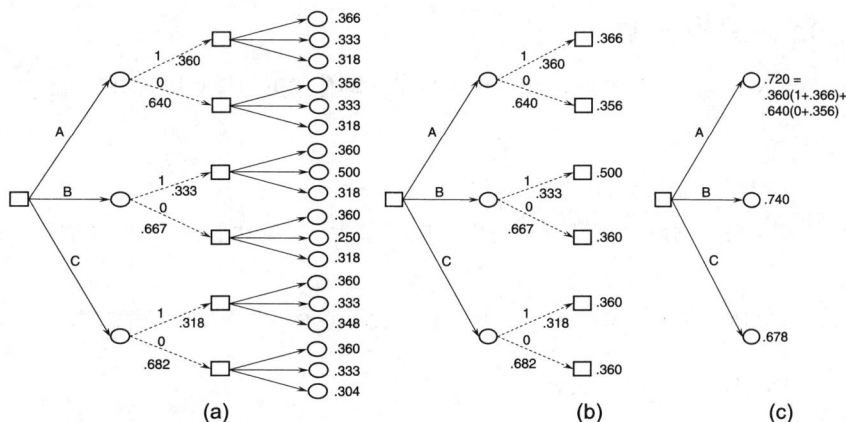

图7.7　(a)第二次击球的期望值；(b)第一次击球后最佳击球手的价值；(c)第一次击球前每个球员的期望值

对其取期望，可得：

$$\mathbb{E}R_x = \mathbb{E}H_{1x} + \mathbb{E}H_{2x}$$

因此，如果选择球员A，则预期命中数为：

$$\mathbb{E}R_A = 0.360(1 + 0.366) + 0.640(0 + 0.356)$$

$$\approx 0.720$$

其中，0.360是对其命中率的先验信念。若第一次击球便能击中，则0.366是其在第二次击球时的期望命中数(与击中的概率相同)。如果球员A在第一次击球时未击中，那么其击中的最新概率(0.356)仍然高于任何其他球员。这意味着，如果只有一次击球机会，即使球员A在第一次击球时未击中，我们仍然会选择他。

虽然球员A最初的击中率最高，但分析表明，应该让球员B先击球。这是为什么？在进一步的研究中，我们意识到这在很大程度上是因为球员B只进行过3次击球。如果这名球员已击中，则其命中率的估计值会跃升至0.500，反之，如果他未击中，则其命中率会下降到0.250。如果球员A击中，则其命中率会从0.360上升到0.366，这反映了其更长久的记录的权重。这是我们的第一个提示，即在存在最大不确定性的地方收集有关选择的信息可能是有用的。

这个例子说明了观察值改变信念的设置，我们将其构建到树中。可以在所有概率保持不变的情况下构建树，这在决策树中很常见。在决策树中嵌入更新概率的过程体现了经典决策树与学习环境中使用的决策树之间的区别。

尽管决策树在学习文献中没有引起人们太多的关注，但是它实际上是一种强大的学习策略。其中的一个原因是，决策树的计算相对更为困难，而且对于大多数应用程序来说，决策树实际上并不能更好地工作。另一个原因则是决策树更难分析，这使得它在分析算法的研究领域中不太受人关注。

7.7.6 混合直接前瞻

在首次引入直接前瞻策略时，我们曾描述了一种使用近似模型进行全面前瞻的策略。也就是说，若：

$$S^0, x^0, W^1, \ldots, S^n, x^n, W^{n+1}, \ldots$$

表示基础模型，则前瞻模型可能使用近似状态 $\tilde{S}^{n,m}$，简化的决策 $\tilde{x}^{n,m}$ 和(或)采样信息处理 $\tilde{W}^{n,m}$。

此外，可以使用简化的策略 $\tilde{X}^{\pi}(\tilde{S}^{n,m})$，它与式(11.24)中首次提出的前瞻策略一样：

$$X^{DLA,n}(S^n) = \arg\max_{x^n} \left(C(S^n, x^n) + \right.$$

$$\left. \tilde{E}\left\{ \max_{\tilde{\pi}} \tilde{E}\left\{ \sum_{m=n+1}^{N} C(\tilde{S}^{n,m}, \tilde{X}^{\tilde{\pi}}(\tilde{S}^{n,m})) | \tilde{S}^{n,n+1} \right\} | S^n, x^n \right\} \right) \tag{7.55}$$

为了说明一类混合策略，我们不打算以任何方式近似该模型(状态变量、决策和观察结果都将与基础模型中的情况相同)。但建议使用简单的UCB或 $\tilde{X}^{\tilde{\pi}}(\tilde{S}^{n,m})$ 的区间估计策略。例如，可能使用：

$$\tilde{X}^{\tilde{\pi}}(\tilde{S}^{n,m} | \tilde{\theta}^{IE}) = \arg\max_{x \in \mathcal{X}} \left(\tilde{\mu}^{n,m} + \tilde{\theta}^{IE} \tilde{\sigma}^{n,m} \right)$$

接下来看看这是如何工作的。首先，将式(20.24)中嵌入的策略优化替换为对 $\tilde{\theta}^{IE}$ 的搜索，将其写作：

$$X^{DLA,n}(S^n) = \arg\max_{x^n} \left(C(S^n, x^n) + \right.$$

$$\left. \tilde{E}\left\{ \max_{\tilde{\theta}^{IE}} \tilde{E}\left\{ \sum_{m=n+1}^{N} C(\tilde{S}^{n,m}, \tilde{X}^{\tilde{\pi}}(\tilde{S}^{n,m} | \tilde{\theta}^{IE})) | \tilde{S}^{n,n+1} \right\} | S^n, x^n \right\} \right) \tag{7.56}$$

这似乎更容易，但必须理解嵌入策略中的最大运算符的含义。现在发生的事情是：当对观察 n 做出决策 x^n 时，对给定 x^n 的结果 W^{n+1} 进行采样，进入(随机)状态 $\tilde{S}^{n,n+1}$。只有这样，才可以优化 $\tilde{\theta}^{IE}$，这意味着实际上在尝试找到一个函数 $\tilde{\theta}^{IE}(\tilde{S}_{n,n+1})$。哇！

显然，没有人会这样做，因此只需要修复一个参数 θ^{IE}。注意，之所以不再对其使用波浪号，是因为它现在是基本策略而非前瞻策略的一部分。这意味着它作为基本策略的一部分进行了调整，因此前瞻策略可以写作：

$$X^{DLA,n}(S^n | \theta^{IE}) = \arg\max_{x^n} \left(C(S^n, x^n) + \right.$$

$$\left. \tilde{E}\left\{ \tilde{E}\left\{ \sum_{m=n+1}^{N} C(\tilde{S}^{n,m}, \tilde{X}^{\tilde{\pi}}(\tilde{S}^{n,m} | \tilde{\theta}^{IE})) | \tilde{S}^{n,n+1} \right\} | S^n, x^n \right\} \right) \tag{7.57}$$

现在已经完全去掉了嵌入的max运算符，目前有一个参数化策略 $X^{DLA,n}(S^n | \theta^{IE})$，其中 θ^{IE} 必须进行调整。然而，这似乎更容易管理。

那么，策略 $X^{DLA,n}(S^n|\theta^{IE})$ 实际上是如何工作的呢？假设决策 x^n 是可以枚举的标量。我们可以做的是，针对 x^n 每一个可能的值多次模拟区间估计前瞻策略，并取平均值。

之所以提及这个想法，主要是为了说明如何在前瞻模型中使用更简单的策略。当然，首先使用前瞻策略是有原因的，那么为什么会期望一个简单的IE策略起作用呢？部分原因是，只要尝试使用此策略而非前瞻策略，策略中的近似值就不会引入相同的错误。

7.8　知识梯度(续)*

知识梯度属于信息价值策略的类别，它根据对问题的深化理解所产生的更好决策对目标质量的改进来选择备选方案。知识梯度来自贝叶斯信念模型，其中，对真实的信念由可能真实的概率分布表示。基本知识梯度计算单个实验的值，但这可以作为允许重复实验的变体的基础。

知识梯度最初是为离线(最终回报)设置而开发的，因此要从这个问题类开始。我们的经验是，知识梯度特别适合实验(或观察)代价高昂的情况。例如：

- 一家航空公司想知道允许额外的航班空闲的效果，这只能通过运行数十次模拟来评估，以获取天气造成的变数。每次模拟可能需要几个小时的运行时长。
- 科学家需要评估提高化学反应温度或材料强度的效果。单个实验可能需要几个小时，并且需要重复进行以减小每个实验中的噪声影响。
- 一家制药公司正在对一种新药进行临床试验，需要对不同剂量的药物进行毒性测试。评估特定药物剂量的效果需要几天时间。

在开发了离线(最终回报)设置的知识梯度后，还要展示如何计算在线(累积回报)问题的知识梯度。这将从讨论信念模型开始，不过本节的其余部分将致力于处理独立信念的特殊情况。7.8.4节还会将知识梯度扩展到非线性参数信念模型的一般类。

7.8.1　信念模型

知识梯度使用了一个从"$\mu_x = \mathbb{E}F(x,W)$，其中 $x \in \{x_1,\dots,x_M\}$"的先验开始的贝叶斯信念模型。我们将使用一个查找表信念模型(也就是说，具备对每个 x 值的估计)来阐释其核心理念，注意，该模型的信念在最初假设中是独立的。这意味着学习到的任何备选方案 x 没有传授任何关于备选方案 x' 的知识。

假设相信 μ_x 的真值是由正态分布 $N(\bar{\mu}_x^0, \bar{\sigma}_x^{2,0})$ 描述的，被称为先验。这可以基于以前的经验(例如以往对一本新书收取 x 费用的经验)、一些初始数据或对问题物理特性的理解(例如温度对金属导电性的影响)。

可以将知识梯度扩展到各种信念模型。简要概述如下。

相关信念　备选方案 x 可能是相关的，这可能是因为它们是连续参数(如温度或价格)的离散化，因此 μ_x 和 μ_{x+1} 彼此接近。尝试 x 然后获取一些关于 μ_{x+1} 的知识，或者，x 和 x' 可能是两种同类型的药物，或者是功能稍有差别的产品。用协方差矩阵 Σ^0 来获取这些关系，其中 $\Sigma^0_{xx'} = Cov(\mu_x, \mu_{x'})$。下面将展示如何处理相关信念。

参数线性模型　可以导出一系列特征 $\phi_f(x)$，其中 $f \in \mathcal{F}$。假设使用下式表示信念：

$$f(x|\theta) = \sum_{f \in \mathcal{F}} \theta_f \phi_f(x)$$

其中，$f(x|\theta) \approx \mathbb{E}F(x, W)$ 是对 $\mathbb{E}F(x, W)$ 的估计。将 θ 视为未知参数，可以假设向量 θ 由多变量正态分布 $N(\theta^0, \Sigma^{\theta,0})$ 描述，尽管(在参数空间中)提出这些先验可能很棘手。

参数非线性模型　信念模型可能相对于 θ 呈非线性。例如，可以使用逻辑回归：

$$f(x|\theta) \;=\; \frac{e^{U(x|\theta)}}{1 + e^{U(x|\theta)}} \tag{7.58}$$

其中，$U(x|\theta)$ 是线性模型，由下式给出：

$$U(x|\theta) = \theta_0 + \theta_1 x_1 + \theta_2 x_2 + ... + \theta_K x_K$$

其中，$(x_1, ..., x_K)$ 是决策 x 的特征。

相对于参数呈非线性的信念模型可能更难处理，但可以通过使用采样信念模型来规避这一问题，其中假设该不确定的 θ 是集合 $\{\theta_1, ..., \theta_K\}$ 中的某个值。设 P_k^n 是 $\theta = \theta_k$ 的概率，这意味着 "$p^n = (p_k^n)$，其中 $k = 1, ..., K$" 是 n 时的信念。更多信息参见3.9.2节。

非参数模型　简单的非参数模型主要是局部近似，因此可以使用在局部区域上定义的常数、线性或非线性模型。更高级的模型包括神经网络(称为"深度学习器")或支持向量机，参见第3章。

下面将展示如何计算上述每个信念模型的知识梯度，非参数模型除外(为了完整性列出)。

7.8.2　使最终回报最大化的知识梯度

知识梯度试图通过最大化来自单次观察的信息的价值来获取不同动作的价值。设 S^n 是对每项动作 x 的价值的信念状态。知识梯度使用贝叶斯模型，因此：

$$S^n = (\bar{\mu}_x^n, \sigma_x^{2,n})_{x \in \mathcal{X}}$$

上式获取对真实价值 $\mu_x = \mathbb{E}F(x, W)$ 的信念的平均值和方差，其中假设 $\mu_x \sim N(\bar{\mu}_x^n, \sigma_x^{2,n})$。信念状态 S^n 的价值由下式给出：

$$V^n(S^n) = \mu_{x^n}$$

其中，x^n 是给定 n 次实验后已知信息的情况下，使用下式计算出的最佳选择：

$$x^n = \arg\max_{x' \in \mathcal{X}} \bar{\mu}_{x'}^n$$

如果选择动作 x^n，就观察 $W_{x^n}^{n+1}$，然后使用贝叶斯更新公式(式(7.42)~式(7.43))更新对

μ_x 的信念估计。

当尝试动作 x 时，状态 $S^{n+1}(x)$ 的价值由下式给出：

$$V^{n+1}(S^{n+1}(x)) = \max_{x' \in \mathcal{X}} \bar{\mu}_{x'}^{n+1}(x)$$

其中，$\bar{\mu}_{x'}^{n+1}(x)$ 是给定 S^n 时对 $\mathbb{E}\mu$ 的更新估计(即，n 次实验后对 μ 的估计)，以及实现 x 和观察 W_x^{n+1} 的结果。必须决定在第 n 次观察后运行哪个实验，因此必须使用由下式给出的运行实验 x 的预期价值：

$$\mathbb{E}\{V^{n+1}(S^{n+1}(x))|S^n\} = \mathbb{E}\{\max_{x' \in \mathcal{X}} \bar{\mu}_{x'}^{n+1}(x)|S^n\}$$

知识梯度由下式给出：

$$\nu_x^{KG,n} = \mathbb{E}\{V^{n+1}(S^M(S^n, x, W^{n+1}))|S^n, x\} - V^n(S^n)$$

相当于：

$$\nu^{KG}(x) = \mathbb{E}\{\max_{x'} \bar{\mu}_{x'}^{n+1}(x)|S^n\} - \max_{x'} \bar{\mu}_{x'}^n \tag{7.59}$$

在这里，$\bar{\mu}^{n+1}(x)$ 是在运行设置 $x = x^n$ 的实验后 $\bar{\mu}^n$ 的更新值，之后观察 W_x^{n+1}。鉴于还没有进行实验，W_x^{n+1} 是一个随机变量，这意味着 $\bar{\mu}^{n+1}(x)$ 是随机的。

事实上，有两个原因使得 $\bar{\mu}^{n+1}(x)$ 是随机的。为了了解这一点，应注意，在运行实验 x 时，从下式观察更新值：

$$W_x^{n+1} = \mu_x + \varepsilon_x^{n+1}$$

其中，$\mu_x = \mathbb{E}F(x, W)$ 是真实值，而 ε_x^{n+1} 是观察中的噪声。这引入了两种形式的不确定性：未知的真实值 μ_x 和噪声 ε_x^{n+1}。因此，式(7.59)可以写成以下更精准的形式：

$$\nu^{KG}(x) = \mathbb{E}_\mu\{\mathbb{E}_{W|\mu} \max_{x'} \bar{\mu}_{x'}^{n+1}(x)|S^n\} - \max_{x'} \bar{\mu}_{x'}^n \tag{7.60}$$

其中，期望 $\mathbb{E}_\mu$ 取决于信念状态 S^n，而期望 $\mathbb{E}_{W|\mu}$ 取决于给定真实 μ 的信念分布时的实验噪声 W。

为了说明式(7.60)是如何计算的，假设 μ 取值于 $\{\mu_1, \dots, \mu_K\}$，而且 p_k^μ 是 $\mu = \mu_k$ 的概率。假设 μ 是描述点击网站的客户数量 W 的泊松分布的平均值，并假设：

$$P^W[W = \ell | \mu = \mu_k] = \frac{\mu_k^\ell e^{-\mu_k}}{\ell!}$$

然后，使用下式计算式(7.60)中的期望：

$$\nu^{KG}(x) = \sum_{k=1}^K \left(\sum_{\ell=0}^\infty \left(\max_{x'} \bar{\mu}_{x'}^{n+1}(x|W = \ell) \right) P^W[W = \ell | \mu = \mu_k] \right) p_k^\mu - \max_{x'} \bar{\mu}_{x'}^n$$

其中，如果进行实验 x(这可能是网站的价格或设计)，然后观察 $W = \ell$，则 $\bar{\mu}_{x'}^{n+1}(x|W = \ell)$ 是 $\bar{\mu}_{x'}^n$ 的更新估计值。更新将使用第 3 章中描述的任何递归更新公式来完成。

现在要了解我们解决优化问题的能力，这意味着求解 $\max_{x'} \bar{\mu}_{x'}^{n+1}(x)$。因为 $\bar{\mu}_{x'}^{n+1}(x)$ 是随

机的(因为在知道W^{n+1}前必须选择x)，所以$\max\limits_{x'}\bar{\mu}_{x'}^{n+1}(x)$是随机的。这正是必须接受期望的原因，其条件是捕获了当下已知信息的S^n。

为独立信念计算知识梯度策略非常容易。假设所有的回报都呈正态分布，并且从对决策x的价值的平均值和方差开始初步估计，有：

$\bar{\mu}_x^0 =$ 对决策x预期回报的初步估计，

$\bar{\sigma}_x^0 =$ 关于μ的信念的标准差的初步估计

每次做决策时，都会通过下式计算回报：

$$W_x^{n+1} = \mu_x + \varepsilon^{n+1}$$

其中，μ_x是动作x的真实期望回报(未知)，ε是标准差σ_W的实验误差(假设这是已知的)。

估计$(\bar{\mu}_x^n, \bar{\sigma}_x^{2,n})$是$n$次观察后对$\mu_x$的信念的平均值和方差。可以发现，使用精度的概念更方便(参见第3章)，精度是方差的倒数。因此，可将信念的精度和实验噪声的精度定义为：

$$\begin{aligned} \beta_x^n &= 1/\bar{\sigma}_x^{2,n}, \\ \beta^W &= 1/\sigma_W^2 \end{aligned}$$

如果采取动作x并观察到回报W_x^{n+1}，可以使用贝叶斯更新公式来获得对动作x的平均值和方差的新估计，为此，须遵循3.4节中首次介绍的步骤。举例来说，假设尝试某个动作x，其中$\beta_x^n = 1/(20^2) = 0.0025$，以及$\beta^W = 1/(40^2) = 0.000625$。假定$\bar{\mu}_x^n = 200$并且观察到$W_x^{n+1} = 250$。那么可以由下式计算更新的平均值和精度：

$$\begin{aligned} \bar{\mu}_x^{n+1} &= \frac{\beta_x^n \bar{\mu}_x^n + \beta^W W_x^{n+1}}{\beta_x^n + \beta^W} \\ &= \frac{(.0025)(200) + (.000625)(250)}{.0025 + .000625} \\ &= 210 \end{aligned}$$

$$\begin{aligned} \beta_x^{n+1} &= \beta_x^n + \beta^W \\ &= .0025 + .000625 \\ &= .003125 \end{aligned}$$

接下来，假设选择在第n次迭代中对动作x进行采样，在估计值μ_x中找到变化的方差。为此，可定义：

$$\bar{\sigma}_x^{2,n} = Var[\bar{\mu}_x^{n+1} - \bar{\mu}_x^n | S^n] \tag{7.61}$$

$$= Var[\bar{\mu}_x^{n+1} | S^n] \tag{7.62}$$

使用式(7.61)的形式来强调$\bar{\sigma}_x^{2,n}$的定义，即给定n时的已知信息的情况下方差中的变化。但是当以(由S^n捕获的)已知信息为条件时，这意味着$Var[\bar{\mu}_x^n | S^n] = 0$，因为在$n$时，$\bar{\mu}_x^n$只是一个数字。

只要稍加修改，就能以不同的方式表示 $\bar{\sigma}_x^{2,n}$，例如：

$$\tilde{\sigma}_x^{2,n} = \bar{\sigma}_x^{2,n} - \bar{\sigma}_x^{2,n+1}, \tag{7.63}$$

$$= \frac{(\bar{\sigma}_x^{2,n})}{1 + \sigma_W^2/\bar{\sigma}_x^{2,n}} \tag{7.64}$$

式(7.63)表示(可能是意外的)结果：$\tilde{\sigma}_x^{2,n}$ 衡量决策 x 从第 $n-1$ 次迭代至第 n 次迭代的回报标准差估计的变化。使用数值示例，式(7.63)和式(7.64)都产生了结果：

$$\tilde{\sigma}_x^{2,n} = 80$$

最后，计算：

$$\zeta_x^n = -\left| \frac{\bar{\mu}_x^n - \max_{x' \neq x} \bar{\mu}_{x'}^n}{\tilde{\sigma}_x^n} \right|$$

ζ_x^n 称为决策 x 的归一化影响(normalized influence)。它给出了对决策 x 的价值的当前估计的标准差(由 $\bar{\mu}_x^n$ 给出)，以及除决策 x 之外的最佳选择。之后有：

$$f(\zeta) = \zeta \Phi(\zeta) + \phi(\zeta)$$

其中，$\Phi(\zeta)$ 和 $\phi(\zeta)$ 分别为累积标准正态分布和标准正态密度。因此，如果 Z 是正态分布，平均值为0，方差为1，$\Phi(\zeta) = \mathbb{P}[Z \leq \zeta]$，则有：

$$\phi(\zeta) = \frac{1}{\sqrt{2\pi}} \exp\left(-\frac{\zeta^2}{2}\right)$$

知识梯度算法选择下式求得的 $\nu_x^{KG,n}$ 的最大值所对应的决策 x：

$$\nu_x^{KG,n} = \tilde{\sigma}_x^n f(\zeta_x^n)$$

知识梯度算法很容易实现。表7.4说明了一组具有5个选项的问题的计算。$\bar{\mu}$ 表示当前对每个动作的价值的估计，而 $\bar{\sigma}$ 是 μ 的当前的标准差。决策1~3具有相同的 $\bar{\sigma}$ 值，但 $\bar{\mu}$ 值是递增的。

表7.4　知识梯度算法背后的计算

决策	$\bar{\mu}$	$\bar{\sigma}$	$\tilde{\sigma}$	ζ	$f(z)$	知识梯度指数
1	1.0	2.5	1.569	-1.275	0.048	0.075
2	1.5	2.5	1.569	-0.956	0.090	0.142
3	2.0	2.5	1.569	-0.637	0.159	0.249
4	2.0	2.0	1.400	-0.714	0.139	0.195
5	3.0	1.0	0.981	-1.020	0.080	0.079

该表表明，当方差相同时，知识梯度倾向于选择看似最佳的决策。决策3和决策4具有相同的 $\bar{\mu}$ 值，但递减的 $\bar{\sigma}$ 值说明知识梯度偏好具有最高方差的决策。最后，决策5似乎是所有决策中最好的，但其方差最小(这意味着对该决策有最高的置信度)。该知识梯度是所有

决策中最小的。

　　知识梯度权衡了某个备选方案的预期表现，以及我们对这一估计的不确定程度。图7.8说明了这种权衡。图7.8(a)显示了5个备选方案，其中3个备选方案的估计相同，但标准差逐渐增大。在平均值保持不变的情况下，知识梯度随着平均值的估计值的标准差增大。图7.8(b)重复了这一练习，不过，这回标准差保持不变，平均值增大，表明知识梯度随着平均值的估计值增大。最后，图7.8(c)改变了平均值和标准差的估计值，使知识梯度保持恒定，说明了估计平均值与其不确定性之间的权衡。

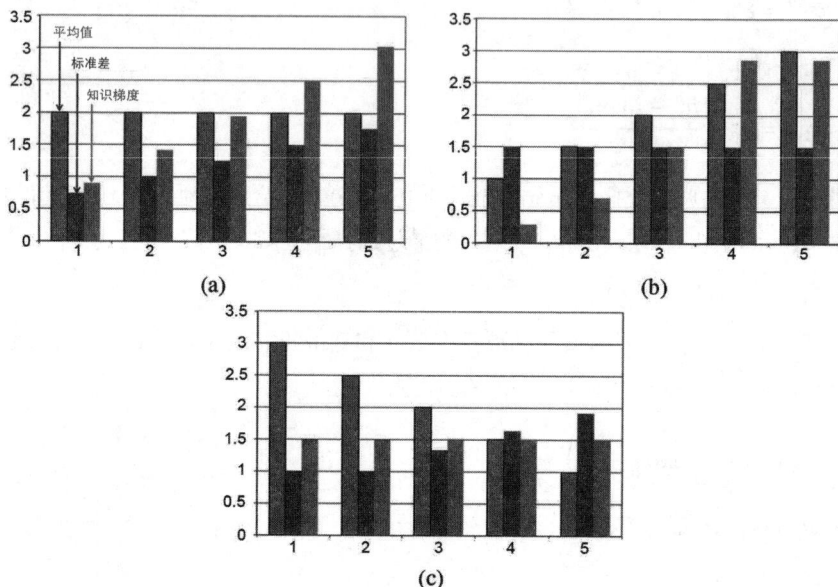

图7.8　具有独立信念的查找表的知识梯度：(a) 平均值保持不变；(b) 标准差保持不变；(c) 知识梯度保持恒定

　　设计的预期表现与表现的不确定性之间的权衡是贯穿精心设计的策略的一个特点。然而，具有此属性的所有其他策略(区间估计、上置信边界、Gittins指数)都是通过由预期表现和反映备选方案不确定性的项组成的指数实现的。

　　然而，在没有预期回报的结构、没有带可调参数的不确定性项的情况下，知识梯度实现了这种行为。事实上，这为知识梯度赋予了一个主要特征——没有可调的参数。

7.8.3　累积回报最大化的知识梯度

　　许多动态规划的在线应用都有一个需要在现场优化的操作系统。在这些情况下，必须接受每个实验的回报。因此，必须在动作的价值和获得的信息之间取得平衡，这些信息可能会改善我们未来的动作选择。这正是Gittins指数对多臂老虎机问题所做的权衡。

事实证明，知识梯度很容易适应在线问题。和以前一样，设 $\nu_x^{KG,n}$ 为离线知识梯度，提供观察动作 x 的价值，该价值根据单个决策的改进程度衡量。现在想象一下，我们有 N 个决策。完成 n 个决策后(这意味着，对不同动作的价值进行了 n 次观察)，如果对允许我们观察 W_x^{n+1} 的 $x = x^n$ 进行观察，就会得到预期的 $\mathbb{E}^n W_x^{n+1} = \bar{\mu}_x^n$ 的回报，并通过 $\nu_x^{KG,n}$ 从单个决策中获得提高贡献的信息。然而，我们还有 $(N - n)$ 个决策要做。假设通过选择 $x^n = x$，我们能从对 W_x^{n+1} 的观察中学习，但我们不允许自己从未来的决策中学到任何东西。这意味着剩余的 $(N-n)$ 个决策可以访问相同的信息。

从该分析可知，在线应用的知识梯度等于实验的单周期贡献的预期值，加上时域中所有剩余决策的改进。这意味着有：

$$\nu_x^{OLKG,n} = \bar{\mu}_x^n + (N - n)\nu_x^{KG,n} \tag{7.65}$$

这是一个将离线知识梯度的任何计算问题扩展到在线(累积回报)学习问题的通用公式。注意，现在获得了以前在UCB和IE策略(以及Gittins指数)中看到的相同结构，其中指数等于单周期回报加上学习回报项。

同样重要的是，应认识到因为 $(N-n)$ 系数的存在，在线策略是与时间相关的。当 n 较小，而 $(N-n)$ 数值很大时，策略将强调探索。随着计算不断推进，$(N-n)$ 数值不断减小，策略更加强调最大化即时回报。

7.8.4　采样信念模型的知识梯度*

在许多情况下，信念模型相对于参数都是非线性的。例如，假设正在对某个客户在投标报价 x 时点击广告的概率进行建模，更高的投标报价提升了获得有吸引力位置的能力，从而增加了点击量。假设响应是由下式给出的逻辑回归：

$$P^{purchase}(x|\theta) = \frac{e^{U(x|\theta)}}{1 + e^{U(x|\theta)}} \tag{7.66}$$

其中，$U(x|\theta) = \theta_0 + \theta_1 x$。我们不知道 θ，因此将其表示为具有某种分布的随机变量。可以将其表示成多元正态分布，但这会使知识梯度的计算变得非常复杂。

一个非常实用的策略是使用3.9.2节中首次引入的采样信念模型。使用这种方法，并假设 θ 在集合 $\{\theta_1, \ldots, \theta_K\}$ 中取值。运行 n 次实验之后，设 $p_k^n = Prob[\theta = \theta_k]$。注意，这些概率代表信念状态，意味着：

$$S^n = (p_k^n)_{k=1}^K$$

可以使用初始分布 $p_k^0 = 1/K$。逻辑曲线的采样信念如图7.9所示。

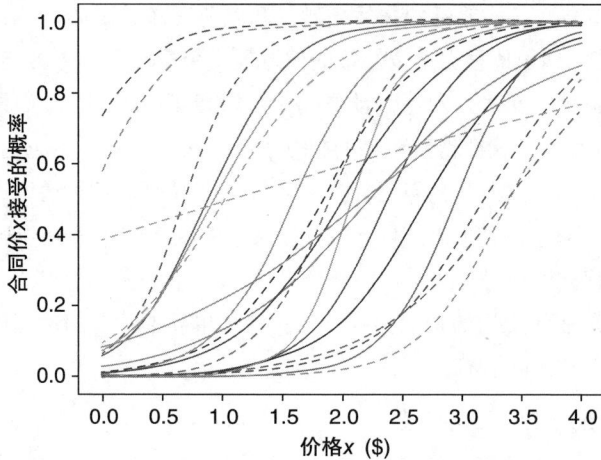

图7.9 投标响应曲线样本集

设 W_x^{n+1} 是运行实验 $x^n = x$ 时的观察值，设 θ^{n+1} 是运行实验 x 并观察到 W_x^{n+1} 之后表示 θ 的随机变量。当使用查找表信念模型时，将知识梯度写作(参见式(7.59))如下形式：

$$\nu^{KG,n}(x) = \mathbb{E}\{\max_{x'} \bar{\mu}_{x'}^{n+1}(x)|S^n, x^n = x\} - \max_{x'} \bar{\mu}_{x'}^n \tag{7.67}$$

对于我们的非线性模型，可设 $\mu_x = f(x|\theta)$，其中假设函数 $f(x|\theta)$ 已知，θ 未知。然后将知识梯度写成以下形式：

$$\nu^{KG,n}(x) = \mathbb{E}\{\max_{x'} \mathbb{E}\{f(x', \theta^{n+1}(x))|S^{n+1}\}|S^n, x^n = x\} \\ - \max_{x'} \mathbb{E}_\theta\{f(x', \theta)|S^n\} \tag{7.68}$$

我们将更仔细地研究这个表达式，因为必须直接计算它。对计算知识梯度感兴趣的读者可以直接跳到式(7.76)，该公式可以直接实现。接下来提供的推导将帮助你深入了解知识梯度作为概念的原理。

首先，需要认识到 $\bar{\mu}_x^n = \mathbb{E}\{\mu_x|S^n\}$ 是给定 n 次迭代后已知信息的情况下 μ_x 的期望值，它是在 S^n 中获取的。对于我们的非线性模型，有：

$$\mathbb{E}_\theta\{f(x', \theta)|S^n\} = \sum_{k=1}^K p_k^n f(x', \theta_k)$$
$$= \bar{f}^n(x')$$

接下来，式(7.67)中的 $\bar{\mu}_{x'}^{n+1}(x)$ 是运行实验 $x^n = x$ 并观察 W_x^{n+1} 后对 μ_x 的估计。对于查找表模型，可将其写作：

$$\bar{\mu}_{x'}^{n+1}(x) = \mathbb{E}_\mu\{\mu_{x'}|S^{n+1}\} \tag{7.69}$$

其中，$S^{n+1} = S^M(S^n, x^n, W^{n+1})$。这意味着式(7.69)也可以写作：

$$\bar{\mu}_{x'}^{n+1}(x) = \mathbb{E}_\mu\{\mu_{x'}|S^n, x^n, W^{n+1}\} \tag{7.70}$$

我们的采样信念模型使用 P_k^n 而非 $\bar{\mu}^n$，使用更新的概率 $p_k^{n+1}(S^n, x^n = s, W_x^{n+1} = W)$ 而非 $\bar{\mu}^{n+1}(x)$，其中：

$$p_k^{n+1}(S^n, x^n = x, W_x^{n+1} = W) = Prob[\theta = \theta_k | S^n, x^n = x, W_x^{n+1} = W]$$

我们表达了 $p_k^{n+1}(S^n, x^n = s, W_x^{n+1} = W)$ 对先前状态 S^n、决策 x^n 和实验结果 W^{n+1} 的依赖性，以明确这些依赖关系。随机变量 $W = W_x^{n+1}$ 取决于 θ，因为：

$$W_x^{n+1} = f(x|\theta) + \varepsilon^{n+1}$$

我们对 θ 的信念取决于何时接受期望，这是通过对 S^n 设定条件(或稍后，$\mathbb{E}^n \dots = \mathbb{E}\dots|S^n$)来获得的。为了强调对 S^n 的依赖性，我们打算使用 $\mathbb{E}^n\{\cdot|S^n\}$ 式来强调何时对 S^n 设定条件。当必须使用嵌套的期望对同一等式中的 S^n 和 S^{n+1} 设定条件时，这将有所帮助。

最大值运算符内部的期望为：

$$\mathbb{E}_\theta^{n+1}\{f(x', \theta^{n+1}(x))|S^{n+1}\} = \mathbb{E}_\theta^{n+1}\{f(x', \theta^{n+1}(x))|S^n, x^n = x, W_x^{n+1} = W\}$$

$$= \sum_{k=1}^{K} f(x', \theta_k) p_k^{n+1}(S^n, x^n = x, W_x^{n+1} = W)$$

注意，由于 W^{n+1} 在此时是已知的，因此只需要取 θ 的期望。在给定后验概率 p_k^{n+1} 的情况下对 θ 取期望值，原因是即使完成了第 $n+1$ 个实验，仍然必须在不知道 θ 真实值的情况下做出决策(即选择 x')。

现在必须计算 $p_k^{n+1}(S^n, x^n = x, W_x^{n+1} = W)$。首先假设在已给定 θ 的情况下，W_x^{n+1} 的分布已知(即，如果已知 θ，则 W_x^{n+1} 的分布也已知)。对于广告点击问题，这只会产生结果0或1，其中 $Prob[W=1]$ 由式(7.66)中的逻辑曲线给出。对于更一般的问题，可以假设已有该分布。

$$f^W(w|x, \theta_k) \quad = \quad \mathbb{P}[W^{n+1} = w|x, \theta = \theta_k]$$

首先通过下式使用贝叶斯定理计算 $p_k^{n+1}(S^n, x^n = x, W_x^{n+1} = w)$：

$$p_k^{n+1}(S^n, x^n = x, W_x^{n+1} = w) = Prob[\theta = \theta_k | S^n, x^n = x, W_x^{n+1} = w]$$

$$= \frac{Prob[W_x^{n+1} = w | \theta = \theta_k, S^n, x^n = x] Prob[\theta = \theta_k | S^n, x^n = x]}{Prob[W_x^{n+1} = w | S^n, x^n = x]}$$

$$= \frac{f^W(W^{n+1} = w | x^n, \theta_k) p_k^n}{C(w)} \tag{7.71}$$

其中，$C(w)$ 是给定 $W^{n+1} = w$ 时的归一化常数，使用下式计算而得。

$$C(w) = \sum_{k=1}^{K} f^W(W^{n+1} = w | x^n, \theta_k) p_k^n$$

接下来，将 $C(W)$(大写 W)作为实现 $C(w)$ 的随机变量。注意，对 S^n 设置条件 $p_k^{n+1}(S^n, x^n = x, W_x^{n+1} = w)$，因为这为我们提供了贝叶斯定理中使用的先验概率 p_k^n。然而，一旦完成 $p_k^{n+1}(S^n, x^n = x, W_x^{n+1} = w)$ 的计算，就要将后验概率写作 $p_k^{n+1}(w)$，毕竟不

再需要记住 $x^n = x$ 或之前的分布 $S^n = (p_k^n)_{k=1}^K$，但确实需要表达对结果 $W^{n+1} = w$ 的依赖性。若要把结果表示为随机变量，可将后验分布写作 $p^n(W)$。

现在已准备好计算式(7.68)中的知识梯度。从扩展的期望开始表示该知识梯度：

$$\nu^{KG,n}(x) = \mathbb{E}_\theta^n \mathbb{E}_{W^{n+1}|\theta}\{\max_{x'} \mathbb{E}_\theta^{n+1}\{f(x',\theta^{n+1})|S^{n+1}\}|S^n, x^n = x\}$$
$$- \max_{x'} \mathbb{E}_\theta^n\{f(x',\theta)|S^n\} \tag{7.72}$$

必须接受期望 $\mathbb{E}_\theta^n \mathbb{E}_{W^{n+1}|\theta}$ 的原因是：在试图决定运行哪个实验 x 时，并不知道结果 W^{n+1}，也不知道 W^{n+1} 所依赖的 θ 的真实值。

信念的后验分布允许使用下式表示 $\mathbb{E}_\theta^{n+1}\{f(x',\theta^{n+1})|S^{n+1}\}$。

$$\mathbb{E}_\theta^{n+1}\{f(x',\theta^{n+1})|S^{n+1}\} = \sum_{k=1}^K f(x',\theta_k)p_k^{n+1}(W^{n+1})$$

将其代入式(7.72)中，有：

$$\nu^{KG,n}(x) = \mathbb{E}_\theta^n \mathbb{E}_{W^{n+1}|\theta}\left\{\max_{x'} \sum_{k=1}^K f(x',\theta_k)p_k^{n+1}(W^{n+1})\middle| S^n, x^n = x\right\}$$
$$- \max_{x'} \bar{f}^n(x') \tag{7.73}$$

接下来专注于计算知识梯度的第一项。把式(7.71)中的 $p_k^{n+1}(W^{n+1})$ 代入式(7.73)，得到：

$$\mathbb{E}_\theta^n \mathbb{E}_{W^{n+1}|\theta}\left\{\max_{x'} \sum_{k=1}^K f(x',\theta_k)p_k^{n+1}(W^{n+1})\middle| S^n\right\}$$

$$= \mathbb{E}_\theta^n \mathbb{E}_{W^{n+1}|\theta}\left\{\max_{x'} \sum_{k=1}^K f(x',\theta_k)\left(\frac{f^W(W^{n+1}|x^n,\theta_k)p_k^n}{C(W^{n+1})}\right)|S^n, x = x^n\right\}$$

记住，整个表达式是关于 x 的函数，期望可以写作：

$$\mathbb{E}_\theta^n \mathbb{E}_{W^{n+1}|\theta}\left\{\max_{x'} \frac{1}{C(W)} \sum_{k=1}^K f(x',\theta)(f^W(W^{n+1}|x^n,\theta_k)p_k^n)|S^n, x = x^n\right\}$$

$$= \mathbb{E}_\theta^n \mathbb{E}_{W|\theta} \frac{1}{C(W)}\left\{\max_{x'} \sum_{k=1}^K f(x',\theta)(f^W(W^{n+1}|x^n,\theta_k)p_k^n)|S^n, x = x^n\right\}$$

$$= \sum_{j=1}^K \left(\sum_{\ell=1}^L \frac{1}{C(w_\ell)}\{A_\ell\}f^W(W^{n+1} = w_\ell|x,\theta_j)\right)p_j^n \tag{7.74}$$

其中，

$$A_\ell = \max_{x'} \sum_{k=1}^{K} f(x', \theta_k)(f^W(W^{n+1} = w_\ell | x^n, \theta_k) p_k^n)$$

先停下来，注意式(7.74)中出现两次的密度 $f^W(w, x, \theta)$：一次为 $f^W(W^{n+1} = w_\ell | x^n, \theta_k)$，另一次为 $f^W(W^{n+1} = w_\ell | x, \theta_j)$。

第一种形式在方程式中作为贝叶斯定理的一部分求 $p_x^{n+1}(W)$。此计算是观察到 W^{n+1} 后、在最大化运算符内完成的。第二种形式出现的原因是，当决定实验 x^n 时，W^{n+1} 未知，所以必须对所有可能的结果取期望。注意，如果有二元结果(即客户点击广告，则为1，否则为0)，那么仅针对这两个值对 w_ℓ 求和。

可以进一步简化这个表达式，注意，项 $f^W(W = w_\ell | x, \theta_j)$ 和 p_j^n 不是 x' 或 k 的函数，这意味着可以将它们提取到最大运算符之外。然后可以颠倒其他 k 和 w_ℓ 之和的顺序，得到：

$$\mathbb{E}_\theta \mathbb{E}_{W|\theta} \left\{ \max_{x'} \frac{1}{C(W)} \sum_{k=1}^{K} f(x', \theta_k f^W(W|x^n, \theta_k)) p_k^n | S^n, x = x^n \right\}$$

$$= \sum_{\ell=1}^{L} \sum_{j=1}^{K} \left(\frac{f^W(W = w_\ell | x, \theta_j) p_j^n}{C(w_\ell)} \right) \left\{ \max_{x'} \sum_{k=1}^{K} f(x', \theta_k) f^W(W = w_\ell | x^n, \theta_k) p_k^n | S^n, x = x^n \right\} \quad (7.75)$$

使用归一化常数 $C(w)$ 的定义，有：

$$\sum_{j=1}^{K} \left(\frac{f^W(W = w_\ell | x, \theta_j) p_j^n}{C(w_\ell)} \right) = \left(\frac{\sum_{j=1}^{K} f^W(W = w_\ell | x, \theta_j) p_j^n}{C(w_\ell)} \right)$$

$$= \left(\frac{\sum_{j=1}^{K} f^W(W = w_\ell | x, \theta_j) p_j^n}{\sum_{k=1}^{K} f^W(W = w_\ell | x, \theta_k) p_k^n} \right)$$

$$= 1$$

只是通过取消基于 θ 的 K 值的两次求和来简化问题。这是一个显著的简化，因为这些和是嵌套的。这允许将式(7.75)改写成：

$$\mathbb{E}_\theta \mathbb{E}_{W|\theta} \left\{ \max_{x'} \frac{1}{C(W)} \sum_{k=1}^{K} p_k^n f^W(W|x^n, \theta_k) f(x', \theta_k) | S^n, x = x^n \right\}$$

$$= \sum_{\ell=1}^{L} \left\{ \max_{x'} \sum_{k=1}^{K} p_k^n f^W(W = w_\ell | x^n, \theta_k) f(x', \theta_k) | S^n, x = x^n \right\} \quad (7.76)$$

这是令人惊讶的强大逻辑，因为它适用于任何非线性信念模型。

7.8.5　相关信念的知识梯度

知识梯度的一个特别重要的特征是，可以用来处理相关信念的重要问题。事实上，绝大多数实际应用都表现出某种形式的相关信念。下面给出了一些示例。

■ **示例7.1**

当最大化连续表面(附近的点将是相关的)或选择子集(例如一组设施的位置)时，会引发相关信念——当子集共享公共元素时，会产生相关性。在尝试估计一个连续函数时，可以假设协方差矩阵满足以下条件：

$$Cov(x, x') \propto e^{-\rho\|x-x'\|}$$

其中，ρ捕获相邻点之间的关系。如果x是用于表示子集元素的由0和1组成的向量，那么协方差可能与两个选择之间共有的1的数量成正比。

■ **示例7.2**

大约有二十多种降血糖药物，分为四大类。通过尝试某类别中的一种药物，可以预测患者对该类别中其他药物的反应。

■ **示例7.3**

一位材料科学家正在测试不同的催化剂，以设计具有最大导电性的材料。在进行任何实验之前，科学家能够估计不同催化剂性能的可能关系，如表7.5所示。共享Fe(铁)或Ni(镍)分子的催化剂显示出更高的相关性。

表7.5　描述专家估算的不同催化剂性能之间关系的相关矩阵

催化剂	1.4nmFe	1nmFe	2nmFe	10nmFe	2nmNi	Ni0.6nm	10nmNi
1.4nmFe	1.0	0.7	0.7	0.6	0.4	0.4	0.2
1nmFe	0.7	1.0	0.7	0.6	0.4	0.4	0.2
2nmFe	0.7	0.7	1.0	0.6	0.4	0.4	0.2
10nmFe	0.6	0.6	0.6	1.0	0.4	0.3	0.0
2nmNi	0.4	0.4	0.4	0.4	1.0	0.7	0.6
Ni0.6nm	0.4	0.4	0.4	0.3	0.7	1.0	0.6
10nmNi	0.2	0.2	0.2	0.0	0.6	0.6	1.0

构造协方差矩阵涉及问题的结构。这可能相对容易，就像连续表面的离散选择之间的协方差一样。

在存在相关信念的情况下，有一种更紧凑的方法来更新对$\bar{\mu}^n$的估计。设$\lambda^W = \sigma_W^2 = 1/\beta^W$(这是一个可以摆脱最小二乘法的技巧)。设$\Sigma^{n+1}(x)$是更新后的协方差矩阵，假设选择了评估备选方案$x$，并设$\tilde{\Sigma}^n(x)$是对$x$求值后协方差矩阵的变化，由下式给出：

$$\begin{aligned}
\tilde{\Sigma}^n(x) &= \Sigma^n - \Sigma^{n+1}, \\
&= \frac{\Sigma^n e_x (e_x)^T \Sigma^n}{\Sigma_{xx}^n + \lambda^W}
\end{aligned}$$

其中，e_x 是一个为 0 的向量，在对应于备选方案 x 的位置上的是 1。现在定义向量 $\tilde{\sigma}^n(x)$，该向量给出了测量 x 引起的方差变化的平方根，由下式给出：

$$\tilde{\sigma}^n(x) = \frac{\Sigma^n e_x}{\sqrt{\Sigma^n_{xx} + \lambda^W}} \tag{7.77}$$

设 $\tilde{\sigma}_i(\Sigma, x)$ 为向量 $\tilde{\sigma}(x)$ 的分量 $(e_i)^T \tilde{\sigma}(x)$，$Var^n(\cdot)$ 是给定 n 次实验后已知信息的情况下的方差。我们注意到，如果评估备选方案 x^n，则有：

$$\begin{aligned} Var^n\left[W^{n+1} - \bar{\mu}^n_{x^n}\right] &= Var^n\left[\mu_{x^n} + \varepsilon^{n+1}\right] \\ &= \Sigma^n_{x^n x^n} + \lambda^W \end{aligned} \tag{7.78}$$

接下来定义随机变量：

$$Z^{n+1} = (W^{n+1} - \bar{\mu}^n_{x^n})/\sqrt{Var^n\left[W^{n+1} - \bar{\mu}^n_{x^n}\right]}$$

现在，可以重写第 3 章的式 (7.26) 中首次出现的表达式，以更新有关平均值的信念：

$$\bar{\mu}^{n+1} = \bar{\mu}^n + \tilde{\sigma}(x^n)Z^{n+1} \tag{7.79}$$

注意，$\bar{\mu}^{n+1}$ 和 $\bar{\mu}^n$ 这两个向量给出了所有备选方案信念，而不仅仅是测试过的备选方案 x^n。相关信念的知识梯度策略使用下式计算。

$$\begin{aligned} X^{KG}(s) &= \arg\max_x \mathbb{E}\left[\max_i \mu^{n+1}_i \mid S^n = s\right] \\ &= \arg\max_x \mathbb{E}\left[\max_i \left(\bar{\mu}^n_i + \tilde{\sigma}_i(x^n)Z^{n+1}\right) \mid S^n, x\right] \end{aligned} \tag{7.80}$$

其中，Z 是一个标量形式的标准正态随机变量。这个表达式的问题是很难计算期望，但可以使用一个简单的算法来精确计算期望。可以通过定义下式来开始该计算。

$$h(\bar{\mu}^n, \tilde{\sigma}(x)) = \mathbb{E}\left[\max_i \left(\bar{\mu}^n_i + \tilde{\sigma}_i(x^n)Z^{n+1}\right) \mid S^n, x = x^n\right] \tag{7.81}$$

将式 (7.81) 代入式 (7.80)，有：

$$X^{KG}(s) = \arg\max_x h(\bar{\mu}^n, \tilde{\sigma}(x)) \tag{7.82}$$

设 $a_i = \bar{\mu}^n_i$，$b_i = \tilde{\sigma}_i(\Sigma^n, x^n)$，$Z$ 是标准正态偏差。将函数 $h(a, b)$ 定义为：

$$h(a, b) = \mathbb{E}\max_i \left(a_i + b_i Z\right) \tag{7.83}$$

a 和 b 都是 M 维向量。对元素 b_i 进行排序，有 $b_1 \le b_2 \le \dots$，因此得到一系列斜率递增的直线，如图 7.10 所示。特定直线上的 z 区域可能会优于其他直线，处于主导地位，而某些直线则可能一直处于被支配的地位 (例如备选方案 3)。

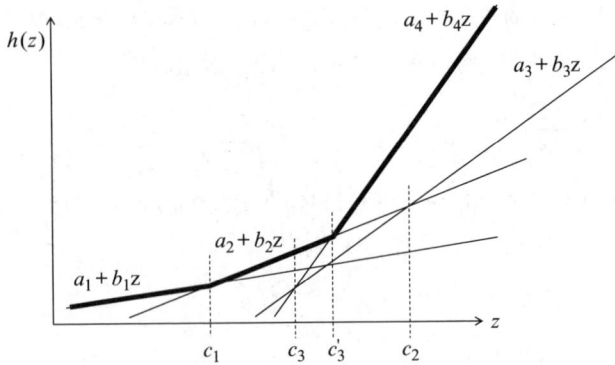

图7.10　由不同备选方案占据主导地位的z区域。备选方案3总是处于被支配地位

需要确定并排除处于支配地位的备选方案。为此，首先找到直线相交的点。直线 a_i+b_iz 和 $a_{i+1}+b_{i+1}z$ 相交于：

$$z = c_i = \frac{a_i - a_{i+1}}{b_{i+1} - b_i}$$

目前，假设 $b_{i+1} > b_i$。如果 $c_{i-1} < c_i < c_{i+1}$，那么可以找到一个由特定备选方案占主导的 z 区域，如图7.10所示。当 $c_{i+1} < c_i$ 时，说明一条直线处于被支配地位，可以从该集合中删除。一旦找到序列 c_i，就可以使用下式计算式(7.80)。

$$h(a, b) = \sum_{i=1}^{M}(b_{i+1} - b_i)f(-|c_i|)$$

如前所述，$f(z) = z\Phi(z) + \phi(z)$。当然，必须调整总和，以跳过任何被发现处于被支配地位的备选方案 i。

重要的是认识到，在实验后更新信念时，结合相关信念比简单地使用协方差更重要。通过这个过程，甚至可以在进行实验之前预测更新。

在选择进行什么实验时，处理相关信念的能力是一个重要特征，而这一特征在其他程序中被忽略了。当实验预算远少于必须评估的潜在备选方案数量时，这可以协助做出明智的选择。当然，还有计算方面的影响。处理几十个或数百个备选方案相对容易，但由于矩阵计算的复杂性，处理备选方案数量成千上万的问题的花费就相当大了。如果出现了这种情况，那么该问题很可能有特殊的结构。例如，建议在离散化 p 维参数表面时以参数模型作为信念模型。

一个合理的问题是：考虑到相关知识梯度策略比具有独立信念的知识梯度策略复杂得多，使用相关知识梯度策略的价值是什么？图7.11(a)显示的采样模式发生在从统一先验开始学习二次函数之时，以具有独立信念的知识梯度作为学习策略，但在一次实验运行后使用相关信念更新信念。

这一策略倾向于在接近最佳值的区域进行更为集中的采样。图7.11(b)显示了具有相关信念的知识梯度策略的采样模式，显示了能更好地开展实验的更统一的模式。

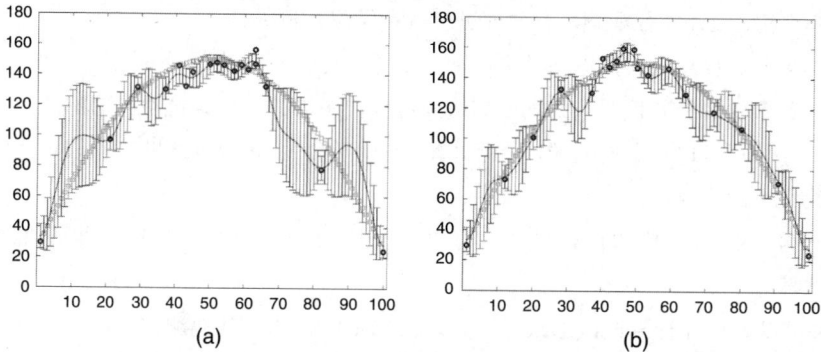

图7.11　(a)使用独立信念从知识梯度中抽取模式；(b)使用相关信念从知识梯度中抽取模式

因此，相关知识梯度逻辑似乎在探索方面做得更好，但它的效果如何？图7.12显示了每种策略的机会成本，其中机会成本越小越好。在本例中，相关知识梯度策略的效果要好得多，这可能是因为相关知识梯度策略倾向于更有效地进行探索。

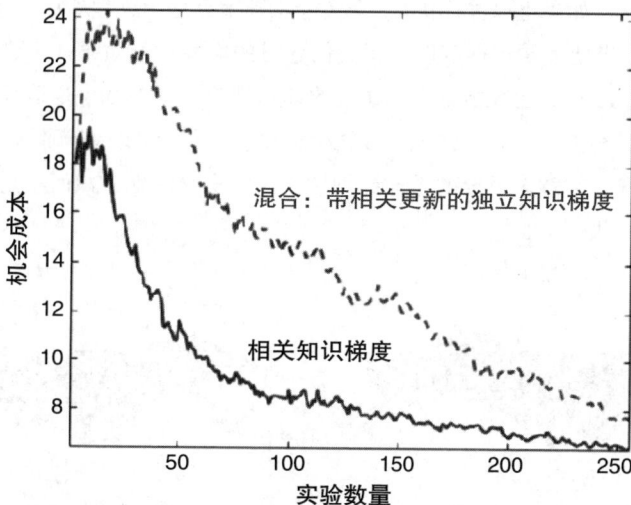

图7.12　相关知识梯度策略与具有独立信念但使用相关更新的知识梯度策略的比较，显示了使用相关知识梯度策略时的改进

虽然这些实验表明，当我们有相关信念时，相关知识梯度策略得到了有力支持，但我们还需要注意，可调的基于成本函数近似(CFA)的策略，如区间估计或上置信边界(UCB)策略，也可以在相关信念问题的背景下进行调整。权衡是，相关知识梯度策略不需要调整，但更难实现。可调的CFA策略需要调整(这可能是一个挑战)，但在其他方面实现起来很简单。这是(策略搜索类中的)CFA策略和(前瞻类中的)直接前瞻近似策略之间的经典权衡。

7.9　批量学习

有许多情况允许并行观察，有效地进行批量学习。例如：

- 如果通过计算机模拟进行学习，则可以并行运行不同的运行；
- 一家希望调整其机器人的汽车制造商可以在不同的工厂尝试不同的想法；
- 一家公司可以在不同的城市进行本地测试营销，也可以使用针对不同类型的网上购物人群的广告；
- 一位寻找新材料的材料科学家可以将一块板分成25个正方形，并分批进行25次实验。

如果可以进行并行测试，那么接下来的问题是：在知道其他测试的结果之前，如何确定测试集？不能简单地重复应用一个策略，因为它最终可能会选择相同的点(除非存在某种形式的强制随机化)。

一个简单的策略是模拟序贯学习过程。也就是说，使用某种策略来确定第一次测试，然后使用预期结果或模拟结果来更新运行测试的信念，接着重复该过程。关键是在每次模拟结果后更新信念。如果可以并行执行K个实验，则重复这个过程K次。

图7.13显示了当使用知识梯度以及相关信念时的实验运行效果，不过该原理适用于许多学习策略。图7.13(a)是运行指定实验之前的知识梯度，图7.13(b)是运行实验之后的知识梯度。由于使用了相关的信念，知识梯度在第一个实验周围的区域下降，从而阻碍了附近另一个实验的选择。注意，重要的是你计划做第一个实验的地方，而不是结果。对于知识梯度来说，尤其如此。

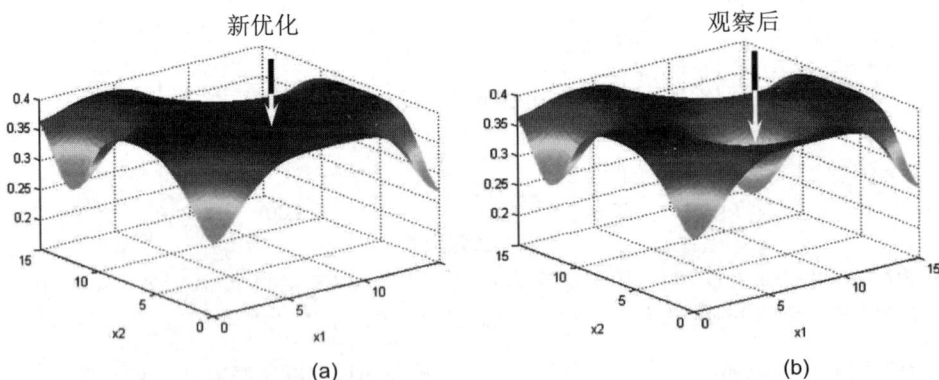

图7.13　运行实验之前(a)和之后(b)具有相关信念的知识梯度，显示了运行实验之后测试点和相邻区域知识梯度的下降

7.10　模拟优化*

大型随机搜索领域中的一个子领域被称为模拟优化。这个领域还致力于以 $\max_x \mathbb{E}F(x,W)$ 的形式描述问题，这个使用场景通常发生在用 x 表示物理系统的设计之时——该物理系统使用离散事件模拟进行(带噪声的)评估。潜在设计 x 的数量通常在5至100的范围内。模拟优化中的标准方法是使用频率主义信念模型，通常假设实验预算足够大，可以对每个备选方案进行一些初始测试，以建立初始信念。

模拟优化领域的根源在于设计分析，例如制造系统的布局，如果长时间运行离散事件模拟模型，可以获得更好的结果。可以通过增加模拟的运行长度 n_x 以更准确地评估设计 x，其中，n_x 可能是时间段的数量、CPU时间或离散事件的数量(例如客户的到来)。假设有一个全局预算 N，且需要为每个 x 找到 n_x，有：

$$\sum_{x \in \mathcal{X}} n_x = N$$

为了达成我们的目的，物理系统的潜在设计和策略之间没有区别。从算法上讲，只要策略集不太大，搜索最佳设计和搜索最优策略就没有差别。

如果将问题分解为一系列简短的模拟(例如，1个时间步长或1个CPU时间单位)，就可以使用上述策略(例如知识梯度)来解决它。然后，在每次迭代中，都必须决定评估哪个设计 x，以便为设计 x 评估 θ_x^n。该策略的问题在于它忽略了模拟的启动时间。一种容易得多的做法是，先为每个设计 x 设置运行长度 n_x，然后运行整个模拟以获得 θ_x 的估计。

模拟优化问题传统上是在频率主义框架中规划的，反映了备选方案相关先验信息的缺失。标准策略分两阶段实验。第一阶段为每个设计收集一个样本 n^0。第一阶段的信息用于评估每个设计的价值。例如，你可能会发现，某些设计似乎根本没有任何希望，而其他设计可能更有意义。可以使用这些信息将计算预算集中在具有最大潜力的设计上，而非将预算分散在所有设计上。

7.10.1　无差异区域算法

有许多算法被建议使用无差异区域准则(indifference zone criterion)来搜索最佳设计，这是模拟优化领域最流行的算法之一。图7.14中的算法总结了一种方法，该方法在每次迭代时会连续减少一组备选方案，将评估工作集中在一组越来越少的备选方案上。(在某些假设下)使用用户指定的 δ 无差异区域算法。当然，随着 δ 的减少，计算需求增加。

步骤0 初始化

步骤0a 使用正确选择的概率$1-\alpha$、无差异区域参数δ和初始样本量$n_0 \geq 2$

步骤0b 计算：

$$\eta = \frac{1}{2}\left[\left(\frac{2\alpha}{k-1}\right)^{-2/(n_0-1)} - 1\right]$$

步骤0c 设$h^2 = 2\eta(n_0 - 1)$

步骤0d 设$\mathcal{X}^0 = \mathcal{X}$为争用中的系统集合

步骤0e 获取每个$x \in \mathcal{X}^0$的样本W_x^m, $m = 1, \ldots, n_0$，并使用下式计算每个备选方案的最终样本平均值θ_x^0：

$$\theta_x^0 = \frac{1}{n_0}\sum_{m=1}^{n_0} W_x^m$$

用下式计算每对样本的方差：

$$\hat{\sigma}_{xx'}^2 = \frac{1}{n_0 - 1}\sum_{m=1}^{n_0}\left[W_x^m - W_{x'}^m - (\theta_x^0 - \theta_{x'}^0)\right]^2$$

设置$r = n_0$

步骤1 计算：

$$W_{xx'}(r) = \max\left\{0, \frac{\delta}{2r}\left(\frac{h^2\hat{\sigma}_{xx'}^2}{\delta^2} - r\right)\right\}$$

步骤2 使用下式完善符合条件的数据集：

$$\mathcal{X}^n = \left\{x : x \in \mathcal{X}^{n-1} \text{ and } \theta_x^n \geq \theta_{x'}^n - W_{xx'}(r), x' \neq x\right\}$$

步骤3 如果$|\mathcal{X}^n| = 1$，则停止并选择$\mathcal{X}^n$中的元素。否则，对每个$x \in \mathcal{X}^n$进行额外的采样W_x^{n+1}，设置$r = r + 1$，重返步骤1

图7.14 使用无差异区域准则的策略搜索算法(改编自：Nelson, Kim. A fully sequential procedure for indifference zone selection in simulation[J]. ACM Trans. Model. Comput. Simul. 2001, 11(3): 251–273)

7.10.2 最优计算预算分配

无差异区域策略的价值在于，它专注于实现特定水平的解决方案质量，并受到特定预算的约束。然而，通常情况下，我们可以在特定的计算预算内尽力做到最好。为此，一系列研究以最优计算预算分配(optimal computing budget allocation，OCBA)的名称展开。

图7.15说明了OCBA算法的典型版本。该算法通过获取每个备选方案$x \in \mathcal{X}$的初始样本$N_x^0 = n_0$来运行，这意味着使用预算B中的$B^0 = Mn_0$个实验。设$M = |\mathcal{X}|$，将实验$B - B^0$剩余的预算平均分成大小为Δ的相等增量，从而进行$N = (B - Mn_0)\Delta$次迭代。

在n次迭代之后，假设已经测试了备选方案x共N_x^n次，设W_x^m为x的第m次观察，$m = 1, \ldots, N_x^n$。对每个备选方案x的价值的更新估计由下式给出：

$$\theta_x^n = \frac{1}{N_x^n}\sum_{m=1}^{N_x^n} W_x^m$$

设 $x^n = \arg\max_x \theta_x^n$ 是目前最好的选择。

使用预算中的 Mn_0 个观察结果，在每次迭代中，通过 $B^n = B^{n-1} + \Delta$ 增加允许的预算，直到 $B^N = B$。每次增加后，配给量 N_x^n，$x \in \mathcal{X}$ 使用下式重新计算：

$$\frac{N_x^{n+1}}{N_{x'}^{n+1}} = \frac{\hat{\sigma}_x^{2,n}/(\theta_{x^n}^n - \theta_{x'}^n)^2}{\hat{\sigma}_{x'}^{2,n}/(\theta_{x^n}^n - \theta_{x'}^n)^2} \quad x \neq x' \neq x^n \tag{7.84}$$

$$N_{x^n}^{n+1} = \hat{\sigma}_{x^n}^n \sqrt{\sum_{i=1, i \neq x^n}^{M} \left(\frac{N_x^{n+1}}{\hat{\sigma}_i^n}\right)^2} \tag{7.85}$$

使用式(7.84)~式(7.85)来产生一个配给量 N_x^n，使得 $\sum_x N_x^n = B^n$。注意，在增加预算后，对于部分 x，不能保证 $N_x^n \geq N_x^{n-1}$。如果是这种情况，在下一次迭代中将完全不评估这些备选方案。可以根据某些固定备选方案(除了 x^n)写出每个 N_x^n，例如 N_1^n(假设 $x^n \neq 1$)，从而求解这些公式。将 N_x^n 写作所有 x 的 N_1^n 的函数，然后确定 N_1^n，使得 $\sum N_x^n \approx B^n$(四舍五入)。

完整的算法如图7.15所示。

步骤0　初始化

步骤0a.　给定计算预算 B，设 n^0 为每个 $M = |\mathcal{X}|$ 备选方案的初始样本量。将剩余预算 $T - Mn_0$ 平均分成若干增量，使 $N = (T - Mn_0)/\delta$ 为整数

步骤0b.　获取每个 $x \in \mathcal{X}$ 的样本 $W_x^m, m = 1, \ldots, n_0$

步骤0c.　对于所有 $x \in \mathcal{X}$，初始化 $N_x^1 = n_0$

步骤0d.　初始化 $n = 1$

步骤1　计算：

$$\theta_x^n = \frac{1}{N_x^n} \sum_{m=1}^{N_x^n} W_x^m$$

用下式计算每对样本的方差：

$$\hat{\sigma}_x^{2,n} = \frac{1}{N_x^n - 1} \sum_{m=1}^{N_x^n} (W_x^m - \theta_x^n)^2$$

步骤2　设 $x^n = \arg\max_{x \in \mathcal{X}} \theta_x^n$

步骤3　将计算预算增加 Δ 并计算新的分配 $N_1^{n+1}, \ldots, N_M^{n+1}$，以便有：

$$\frac{N_x^{n+1}}{N_{x'}^{n+1}} = \frac{\hat{\sigma}_x^{2,n}/(\theta_{x^n}^n - \theta_{x'}^n)^2}{\hat{\sigma}_{x'}^{2,n}/(\theta_{x^n}^n - \theta_{x'}^n)^2} \quad x \neq x' \neq x^n,$$

$$N_{x^n}^{n+1} = \hat{\sigma}_{x^n}^n \sqrt{\sum_{i=1, i \neq x^n}^{M} \left(\frac{N_x^{n+1}}{\hat{\sigma}_i^n}\right)^2}$$

步骤4　对每个备选方案 x 执行 $\max(N_x^{n+1} - N_x^n, 0)$ 额外模拟

步骤5　设置 $n = n + 1$。如果 $\sum_{x \in \mathcal{X}} N_x^n < B$，则返回到步骤1

步骤6　返回 $x^n \arg\max_{x \in \mathcal{X}} \theta_x^n$

图7.15　最优计算预算分配程序

7.11　评估策略*

有很多无导数随机搜索的方法可以用于评估策略。下面首先介绍各种备选方案的性能指标，最后讨论最优性的多种不同视角。

7.11.1　备选方案性能指标*

到目前为止，已经根据最终回报或累积回报的预期值评估了策略的性能。然而，评估策略的方式多种多样。以下是从不同领域得出的一系列指标。

实证性能

可以模拟一个策略K次，每次重复都需要N次观察W。设ω^k代表这N次观察结果的完整样本实现，N次观察结果用$W^1(\omega^k),...,W^N(\omega^k)$表示。每个序列$\omega^k$创建一个设计决策$x^{\pi,N}(\omega^k)$。

为了将学习时观察到的随机变量W与用来评估设计的随机变量区分开来，可设W是在学习时观察到的随机变量，而$\widehat{W}$是用来评估设计的随机变量。大多数时候，这些都是具有相同分布的随机变量，而这却为它们的不同开启了一扇门。

一旦获得了一个设计$x^{\pi,N}(\omega^k)$，就必须通过对$\widehat{W}$进行L次观察来评估它，用$\widehat{W}^1,...,\widehat{W}^\ell,...,\widehat{W}^L$表示。使用这种表示法，就可以使用下式近似设计$x^{\pi,N}(\omega^k)$的性能：

$$\bar{F}^\pi(\omega^k) = \frac{1}{L}\sum_{\ell=1}^{L}F(x^{\pi,N}(\omega^k),\widehat{W}^\ell)$$

然后使用下式对所有数据ω^k取平均值：

$$\bar{F}^\pi = \frac{1}{K}\sum_{k=1}^{K}\bar{F}^\pi(\omega^k)$$

分位数

我们有可能希望基于某个分位数来评估决策而非平均性能。例如，如果要最大化性能，就可能会对第10个百分位数感兴趣，因为一个产生良好平均性能的策略在某些时候可能效果很差。

设$Q_\alpha(R)$是随机变量R的α分位数，并设$F^\pi = F(x^{\pi,N},W)$是用来描述策略π性能的随机变量，注意：模型可能具有不确定性(由S^0获取)；进入最终设计$x^{\pi,N}$的尝试$W^1,...,W^N$存在不确定性；鉴于$\widehat{W}$，在实现$x^{\pi,N}$时的表现也存在不确定性。接下来，将一改以前对F^π取期望值的方式，设：

$$V_\alpha^\pi = Q_\alpha F(x^{\pi,N},\widehat{W})$$

我们预计会有许多设置，其中α分位数比期望更有意思。但是，必须注意，优化α分位数比优化期望要难得多。

静态懊悔—确定性设置

我们使用机器学习的上下文来说明确定性问题的静态懊悔,其中我们要做的决策是选择一个参数θ,该参数拟合模型的$f(x|\theta)$和观察结果y。这里,"x"扮演数据的角色,而不是决策,尽管稍后我们将"决定"收集什么数据。

机器学习领域喜欢评估机器学习算法(称为"学习器")的性能,该算法正在搜索最佳参数θ来拟合某个模型$f(x|\theta)$以预测响应y。假设有一个数据集$x^1,...,x^n,...,x^N$,设$L^n(\theta)$为损失函数,用于捕获函数$f(x^n|\theta^n)$对响应y^{n+1}的预测能力,其中θ^n是基于前n个观察值对θ的估计。损失函数可以写作:

$$L^{n+1}(x^n, y^{n+1}|\theta^n) = (y^{n+1} - f(x^n|\theta^n))^2$$

现在假设有一个算法(或策略)用于更新对θ的估计,将其指定为$\Theta^\pi(S^n)$,其中S^n捕获将θ^{n-1}更新为θ^n所需的算法(或策略)。策略的一个示例是对前n个数据点进行优化,可以写作:

$$\Theta^\pi(S^n) = \arg\min_\theta \sum_{m=0}^{n-1} L^{m+1}(x^m, y^{m+1}|\theta)$$

或者,可以使用第5章中介绍的基于梯度的算法之一。如果修改这个策略,总损失将是:

$$L^\pi = \sum_{n=0}^{N-1} L^{n+1}(x^n, y^{n+1}|\Theta^\pi(S^n))$$

想象一下,基于所有数据选择了θ的最佳值,称之为θ^*。这需要求解:

$$L^{static,*} = \min_\theta \sum_{n=0}^{N-1} L^{n+1}(x^n, y^{n+1}|\theta)$$

现在将策略L^π的性能与静态边界$L^{static,*}$进行比较。这种差异在机器学习领域被称为静态懊悔(static regret),在其他领域则被称为机会成本(opportunity cost)。懊悔(或机会成本)由下式给出:

$$R^{static,\pi} = L^\pi - L^{static,*} \tag{7.86}$$

静态懊悔—随机设置

回到必须决定采用哪种备选方案x的情境,接下来讲解随机环境下的静态懊悔,通过在第n次实验尝试替代方案x来寻求最大化回报("奖金")W_x^n。设$X^\pi(S^n)$是一个策略,该策略在给定n次实验后已知信息(由状态变量S^n捕获)的情况下,决定要评估的替代方案x^n。不妨想象一下,如果能为所有备选方案x以及所有迭代n生成整个奖金序列W_x^n,会出现怎样的场景。如果在单个数据集上评估策略(就像在机器学习情境中所做的那样),便可以将懊悔(也称为静态懊悔)评估为：

$$R^{\pi,n} = \max_x \sum_{m=1}^{n} W_x^m - \sum_{m=1}^{n} W_{X^{\pi}(S^m)}^m \tag{7.87}$$

或者，可以将n时的最优解写作：

$$x^n = \arg\max_x \sum_{m=1}^{n} W_x^m$$

把懊悔写作：

$$R^{\pi,n} = \sum_{m=1}^{n} W_{x^n}^m - \sum_{m=1}^{n} W_{X^{\pi}(S^m)}^m$$

(确定性问题的)懊悔 $R^{\pi,n}$ 正在对比 n 时的最优决策(假设已知所有值 W_x^m, $x \in \mathcal{X}$, 其中, $m = 1, \ldots, n$)与策略 $X^{\pi}(S^m)$ 在给定 m 时已知信息的情况下选择的决策(请特别注意索引)。这是一个确定性问题静态懊悔的例子。

在实践中，W_x^m 是一个随机变量。设 $W_x^m(\omega)$ 是示例路径 $\omega \in \Omega$ 的一个示例实现(可以将确定性问题的懊悔视为单个样本路径的懊悔)。在这里，ω 表示 W 在所有备选方案 x 以及所有迭代 n 上所有可能的实现的集合。考虑将 ω 指定为预生成的可能在所有实验中都会经历的 W 的所有观察值。然而，当在 m 时做出决策 $X^{\pi}(S^m)$ 时，不支持查看任何可能在 m 时之后到达的信息。

当引入不确定性时，有两种评估懊悔的方法。第一是假设首先观察到所有备选方案和整个过程 $m = 1, \ldots, n$ 的结果 $W_x^m(\omega)$，并将其与策略 $X^{\pi}(S^m)$ 在给定截至 m 时的已知信息的情况下在每个 m 时所做的决策进行比较。结果是对单一样本路径 ω 的懊悔计算：

$$R^{\pi,n}(\omega) = \max_{x(\omega)} \sum_{m=1}^{n} W_{x(\omega)}^m(\omega) - \sum_{m=1}^{n} W_{X^{\pi}(S^m)}^m(\omega) \tag{7.88}$$

如上所述，还可以将随机情况下的最优决策写作：

$$x^n(\omega) = \arg\max_{x \in \mathcal{X}} \sum_{m=1}^{n} W_x^m(\omega)$$

然后，将示例路径 ω 的懊悔写作：

$$R^{\pi,n}(\omega) = \sum_{m=1}^{n} W_{x^n(\omega)}^m(\omega) - \sum_{m=1}^{n} W_{X^{\pi}(S^m)}^m(\omega)$$

如果真的知道 $W_x^m(\omega)$, $m = 1, \ldots, n$，那么把 $x^n(\omega)$ 看作最好的答案，但这在实践中永远不会是真的。

如果使用机器学习设置，样本 ω 将是用于拟合模型的单个数据集。机器学习中通常有一个数据集，类似于处理单个 ω。这通常是确定性问题的意思。在这里，我们正在尝试设计能够在许多数据集上正常工作的策略。

在概率的语言中，$R^{\pi,n}$是一个随机变量(因为每次运行模拟时都会得到不同的答案)，而$R^{\pi,n}(\omega)$是一个样本实现。当写参数(ω)时，这会有所帮助，因为这会告知什么是随机的，$R^{\pi,n}(\omega)$和$x^n(\omega)$是样本实现，而$R^{\pi,n}$和x^n被认为是随机变量(符号并不能告诉你，它们是随机的——你只需要知道这一点)。可以通过计算期望值来求所有结果的"平均值"：

$$\mathbb{E}R^{\pi,n} = \mathbb{E}\left\{W_{x^n}^n - \sum_{m=1}^{n} W_{X^\pi(S^m)}^m\right\}$$

期望在数学上是美好的，但实际上不太可能被计算出来，因此这里只进行模拟并取平均值。假设有一组样本实现$\omega \in \hat{\Omega} = \{\omega^1, \ldots, \omega^\ell, \ldots, \omega^L\}$。可以使用下式来计算平均懊悔(近似期望懊悔)：

$$\mathbb{E}R^{\pi,n} \approx \frac{1}{L}\sum_{\ell=1}^{L} R^{\pi,n}(\omega^\ell)$$

经典静态懊悔假设每个样本路径都可以找到解$x^n(\omega)$。在许多情况下，必须在看到任何数据之前找到解，这些解通常在所有样本路径上都运行良好。这产生了一种不同形式的懊悔，计算机科学界称之为"伪懊悔"，它将策略$X^\pi(S^n)$与在所有可能的样本路径上平均效果最好的解x^*相比较，可写成下式：

$$\bar{R}^{\pi,n} = \max_x \mathbb{E}\left\{\sum_{m=1}^{n} W_x^n\right\} - \mathbb{E}\left\{\sum_{m=1}^{n} W_{X^\pi(S^n)}^n(\omega)\right\} \tag{7.89}$$

同样，通常还需要使用一组样本路径$\hat{\Omega}$来近似期望值。

动态懊悔

对静态懊悔的一种批评是：人们将策略与整个数据集的最优决策x^*进行比较(或学习问题中的最佳参数θ^*)，却在事后使用完美的信息。对于在线设置，只需要使用n次迭代中可用的信息做出决策x^n(或更新参数θ^n)。

动态懊悔通过选择最小化$L^n(x^{n-1}, y^n|\theta)$的最优值θ^n来提高标准，即有：

$$\theta^{*,n} = \arg\min_\theta L^n(x^{n-1}, y^n|\theta), \tag{7.90}$$

$$= \arg\min_\theta (y^n - f(x^{n-1}|\theta))^2 \tag{7.91}$$

动态损失函数为：

$$L^{dynamic,*} = \sum_{n=0}^{N-1} L^{n+1}(x^n, y^{n+1}|\theta^{*,n})$$

更常见的是，为自适应更新θ创建策略Θ^π(式(7.91)是此类策略的一个示例)。在这种情况下，使用$\theta^n = \Theta^\pi(S^n)$计算$\theta$，其中$S^n$是$n$时的信念状态(这可能是当前的估计，也可能是整个历史数据)。然后，动态损失问题可写成如下形式——寻求用于自适应搜索θ的最优策略Θ^π：

$$L^{dynamic,*} = \min_{\Theta^\pi} \sum_{n=0}^{N-1} L^{n+1}(x^n, y^{n+1} | \Theta^\pi(S^n))$$

再使用下式定义动态懊悔：

$$R^{dynamic,\pi} = L^\pi - L^{dynamic,*}$$

动态懊悔只是一个使用更激进的基准的性能指标。作为一种开发评估学习策略的理论基准的方法，它最近引起了机器学习界的关注。

机会成本(随机)

机会成本是学习领域中使用的一个术语，与懊悔相同，但通常被用于评估随机环境中的策略。设 $\mu_x = \mathbb{E}F(x,\theta)$ 是设计 x 的真实值，设：

$$x^* = \arg\max_x \mu_x,$$
$$x^\pi = \arg\max_x \mu_{x^{\pi,N}}$$

则 x^* 是已知真实值的最好设计，而 $x^{\pi,N}$ 是在耗尽 N 个实验的预算后使用学习策略 π 获得的设计。在该设置中，μ_x 已被确定性地处理(将其视为已知的事实)，但 $x^{\pi,N}$ 是随机的，因为它取决于有噪声的实验过程。策略 π 的预期懊悔或机会成本由下式给出：

$$R^\pi = \mu_{x^*} - \mathbb{E}\mu_{x^{\pi,N}} \tag{7.92}$$

竞争分析

一种流行于在线计算(online computation)(与"在线学习"无关)领域的策略喜欢将策略的性能与可能达到的最佳性能进行比较。衡量"最佳"的方法有两种。最常见的是假设我们知道未来。假设正在时域 $0,\dots,T$ 做决策 $x^0, x^1, \dots, x^T$。设 ω 表示样本路径 $W^1(\omega),\dots,W^N(\omega)$，设 $x^{*,t}(\omega)$ 是在知道(整个时域内)所有随机结果都是已知(且由 ω 指定)的情况下的最佳决策。最后，设 $F(x^n, W^{n+1}(\omega))$ 是 $t+1$ 时观察到的表现。然后可以使用下式创建一个完美预见(perfect foresight，PF)：

$$X^{PF,n}(\omega) = \arg\max_{x^n(\omega)} \left(c^n x^n(\omega) + \max_{x^{n+1}(\omega),\dots,x^N(\omega)} \sum_{m=n+1}^N c^m x^m(\omega) \right)$$

与本书中的其他策略不同，这一策略可以预见未来，做出的决策比没有这一能力的策略所能做出的任何决策都更好。接下来，考虑只允许在 S^n 时查看状态的策略 $X^\pi(S^n)$。可以使用下式给出的竞争比率(competitive ratio)比较策略 $X^\pi(S)$ 和我们的完美预见：

$$\rho^\pi = \mathbb{E}\frac{\sum_{n=0}^{N-1} F(X^{\pi,n}(\omega), W^{n+1}(\omega))}{\sum_{n=0}^{N-1} F(X^{PF,n}(\omega), W^{n+1}(\omega))}$$

其中，期望遍及所有样本路径 ω(通常对单个样本路径进行竞争分析)。研究人员喜欢证明竞争比率的界限，尽管这些界限从不是严格的。

无差异区域选择

目标"选择最佳备选方案 $x^* = \arg\max_x \mu_x$"的一个变体是尽可能做出一个几乎和 x^* 一样好的选择 $x^{\pi,N}$。假设对位于 δ 内的最好结果同样满意，则意味着有：

$$\mu_{x^*} - \mu_{x^{\pi,N}} \le \delta$$

区域 $(\mu_{x^*} - \delta, \mu_{x^*})$ 被称为无差异区域(indifference zone)。设 $V^{n,\pi}$ 是 n 次实验后的解的值。我们要求对于所有 μ，有 $\mathbb{P}^\pi\{\mu_{d^*} = \bar{\mu}^*|\mu\} > 1 - \alpha$，其中 $\mu_{[1]} - \mu_{[2]} > \delta$，$\mu_{[1]}$ 和 $\mu_{[2]}$ 分别代表最佳和次最佳选择。

我们可能希望最大限度地提高我们落入无差异区域的可能性，可以使用：

$$P^{IZ,\pi} = \mathbb{P}^\pi(V^{\pi,n} > \mu^* - \delta)$$

如前所述，概率必须用适当的贝叶斯或频率分布来计算。

7.11.2　最优视角*

本节将回顾序贯搜索过程中的最优视角。

最终回报的渐近收敛性

虽然在实践中需要评估算法在有限预算时的表现，但在算法分析中有一个长期的传统：在使用最终回报标准时研究算法的渐近性能。特别是，如果 x^* 是式(7.1)中渐近公式的解，我们想知道经过 N 次评估之后产生解 $x^{\pi,N}$ 的策略是否最终会收敛到 x^*。也就是说，是否存在下式：

$$\lim_{N\to\infty} x^{\pi,N} \to x^*$$

研究人员通常会首先证明算法是渐近收敛的(正如在第5章中所做的那样)，然后根据经验评估其在有限预算 N 下的性能。渐近分析通常只有在使用最终回报目标时才有意义。

选择错误备选方案的有限次数限制

有一系列研究试图限制一项策略选择次优方案的次数(在多臂老虎机问题中，这些备选方案通常被称为"多臂")。设 μ_x 是备选方案 x 的(未知)预期回报，设 $W_x^n = \mu_x + \epsilon_x^n$ 是从尝试 x 中观察到的随机回报。设 x^* 是最佳备选方案，其中：

$$x^* = \arg\max_x \mu_x$$

对于这些问题，可将损失函数定义为：

$$L^n(x^n) = \begin{cases} 1 & \text{若 } x^n \ne x^*, \\ 0 & \text{其他} \end{cases}$$

假设正在努力最小化累积回报，即没有选择最佳备选方案的总次数。可以对比选择 $x^n = X^\pi(S^n)$ 的策略与每次选择 x^* 的完美策略。这种设置的懊悔很简单：

$$R^{\pi,n} = \sum_{m=1}^{n} L^n(X^\pi(S^n))$$

毫不奇怪，R^π 在 n 中单调增长，因为好的策略必须不断尝试不同的备选方案。一个重要的研究目标是设计 $R^{\pi,n}$ 的边界，这被称为有限次数边界，因为它适用于有限 n 的 $R^{\pi,n}$。

正确选择的概率

另一种观点是关注从 x 个备选方案中选出最佳方案的概率。在这种情况下，备选方案的数量通常不会太多，例如 10 到 100 个，肯定不会到 100 000 个。假设：

$$x^* = \arg\max_{x \in \mathcal{X}} \mu_x$$

是最好的决策(简单起见，将忽略相关性的存在)。在 n 个样本后，要做出以下选择：

$$x^n = \arg\max_{x \in \mathcal{X}} \bar{\mu}_x^n$$

无论使用的是频率论还是贝叶斯估计，情况都是如此。

如果 $x^n = x^*$，则意味着做出了正确的选择，但即使是最好的策略也不能保证每次都会做出最好的选择。如果事件 $\mathcal{E}$ 为真，则 $\mathbb{1}_{\{\mathcal{E}\}}$ 等于 1，否则为 0。将正确选择的概率写作：

$$
\begin{aligned}
P^{CS,\pi} &= \quad \text{选择最佳解决方案的概率} \\
&= \quad \mathbb{E}\mathbb{1}_{\{x^n = x^*\}}
\end{aligned}
$$

其中，潜在的概率分布取决于实验策略 π。概率是使用合适的分布来计算的，这取决于使用的是贝叶斯还是频率论。这可以用损失函数的语言编写。我们对损失函数的定义如下：

$$L^{CS,\pi} = \quad \mathbb{1}_{\{x^n \neq x^*\}}$$

此处使用 $L^{CS,\pi}$ 是为了使之与其他符号一致，它通常表示为 L_{0-1}，意指"0~1 损失"。

注意，此式根据负面结果列出，因此希望将损失最小化，这意味着没有找到最佳选择。在这种情况下，正确选择的概率为：

$$P^{CS,\pi} = 1 - \mathbb{E}L^{CS,\pi}$$

子集选择

最终目标是选择最佳设计。假设愿意选择设计 S 的子集，并且希望确保 $P(x^* \in S) \geq 1-\alpha$，其中 $1/|\mathcal{X}| < 1-\alpha < 1$。当然，$|\mathcal{S}| = 1$ 最好，否则，应尽可能小。设 $\bar{\mu}_x^n$ 是 n 次实验后对 x 值的估计，假设所有实验都有一个恒定的已知方差 σ。如果下式成立，则将 x 纳入子集中。

$$\bar{\mu}_x^n \geq \max_{x' \neq x} \bar{\mu}_{x'}^n - h\sigma\sqrt{\frac{2}{n}}$$

参数 h 是随机变量 $\max_i Z_i^n$ 的 $1-\alpha$ 的分位数，其中 Z_i^n 由下式给出：

$$Z_i^n = \frac{(\bar{\mu}_i^n - \bar{\mu}_x^n) - (\mu_i - \mu_x)}{\sigma\sqrt{2/n}}$$

7.12　设计策略

到目前为止，已经回顾了由4类策略规划的许多解决方案。

PFA——策略函数近似，诸如(必须调整的)线性决策规则或有噪声的情况下最优价格的设置(激励策略)等分析函数。

CFA——成本函数近似，这可能是这些问题中最流行的策略类别。一个很好的例子是上置信边界策略系列，例如：

$$X^{UCB}(S^n|\theta) = \arg\max_{x^n \in \mathcal{X}} \left(\bar{\mu}_x^n + \theta\bar{\sigma}_x^n\right)$$

VFA——基于价值函数近似的策略，例如使用Gittins指数或后向近似动态规划来估计信息的价值。

DLA——基于直接前瞻近似的策略，如知识梯度(一步前瞻)或Kriging法。

很容易假设想要的策略是表现最好的策略。但事实并非如此。一家使用积极学习策略的大型科技公司的代表非常简单地陈述了他们的标准：

我们将使用可在50毫秒内计算的最优策略。

这意味着使用策略时考虑的不仅仅是其性能。我们从一系列良好学习策略的特点开始讨论。然后，提出了可调参数的缩放问题，最后讨论了整个调整过程。

7.12.1　策略的特点

评估策略的标准方法是根据一些性能指标来寻找(平均)性能最佳的策略。在实践中，策略的选择倾向于考虑以下特征。

性能　这是目标函数，通常写作：

$$\max_{\pi} \mathbb{E}_{S^0} \mathbb{E}_{W^1,\ldots,W^N|S^0} \mathbb{E}_{\widehat{W}|S^0} \{F(x^{\pi,N}, \widehat{W})|S^0\}$$

或者

$$\max_{\pi} \mathbb{E}_{S^0} \mathbb{E}_{W^1,\ldots,W^N|S^0} \sum_{n=0}^{N-1} F(X^{\pi}(S^n), W^{n+1})$$

计算复杂性　CPU时间很重要。上述科技公司要求能在50毫秒内计算出策略，而能源公司则面临4小时的限制。

鲁棒性　策略是否可靠？它是否能在广泛的数据输入下提供始终如一的可靠解决方案？这在设置酒店客房推荐价格时可能很重要，因为该策略涉及现场学习。酒店不想推荐一个不切实际的价格系统。

调整　所需的调整越少越好。

透明度　银行可能需要一个建议是否批准贷款的系统。一些保护消费者的法津为了防止偏见，要求公开部分贷款被拒的原因。

实现的复杂性　编码有多难？编码错误影响结果的可能性有多大？

简单与复杂之间的权衡尤为重要。截至本书撰写之时，基于CFA的策略(如上置信边界)在科技行业中受到了极大关注，这在很大程度上缘于其简单性和有效性，但始终以引入可调参数为代价。

调整问题几乎被关注理论性能指标(如懊悔界限)的理论界所忽视。另一方面，虽然从业者意识到了调整的重要性，但调整在历史上一直是一项临时活动，而且常常被忽视！调整最好在模拟器中完成，但模拟器只是真实世界的近似，而且它们的构建成本可能很高。我们还需要对在线调整进行更多研究。

前瞻策略可能没有调整，例如在存在凹值信息的情况下，知识梯度或确定性直接前瞻也可能带一些调整，如7.7.3节中的参数θ^{KGLA}。无论哪种情况，前瞻策略都需要前瞻模型，该模型引入了自己的近似值。天下没有免费的午餐。

7.12.2　缩放效果

考虑两种策略的情况。第一个是区间估计，由下式给出：

$$X^{IE}(S^n|\theta^{IE}) = \arg\max_x \left(\bar{\mu}_x^n + \theta^{IE}\sigma_x^n \right)$$

它具有无单位可调参数θ^{IE}。第二种策略在文献中被称为UCB-E，是一种上置信边界策略，由下式给出：

$$X^{UCB-E,n}(S^n|\theta^{UCB-E}) = \arg\max_x \left(\bar{\mu}_x^n + \sqrt{\frac{\theta^{UCB-E}}{N_x^n}} \right)$$

其中，N_x^n是评估备选方案x的次数。我们注意到，与区间估计策略不同，可调参数θ^{UCB-E}有单位，这意味着搜索范围必须比优化θ^{IE}时的搜索范围更大。

使用名为MOLTE的测试系统，基于一系列基准学习问题对这些参数中的每一个进行调整，结果如表7.6所示。θ^{IE}的最佳取值范围约为0.01至1.2。相比之下，θ^{UCB-E}的取值范围为0.0001至2500。

表7.6 区间估计IE和UCB-E的最佳调整参数(改编自Wang Y, Wang C, Powell W B, Edu P P. The Knowledge Gradient for Sequential Decision Making with Stochastic Binary Feedbacks [R]. ICML2016, 2016(48))

问题	IE	UCB-E
Goldstein	0.0099	2571
AUF_HNoise	0.0150	0.319
AUF_MNoise	0.0187	1.591
AUF_LNoise	0.0109	6.835
Branin	0.2694	0.000 366
Ackley	1.1970	1.329
HyperEllipsoid	0.8991	21.21
Pinter	0.9989	0.000 164
Rastrigin	0.2086	0.001 476

这些结果说明了单位对可调参数的影响。UCB-E策略的懊悔有次数限制,但如果不进行调整,就永远不会产生合理的结果。相比之下,区间估计θ^{IE}的最佳值变化范围较窄,不过传统上该参数的范围应该在1到3之间。如果θ^{IE}很小,则IE策略基本上是一种纯粹的利用策略。

参数调整在实践中可能很难执行。例如,假设在真实的环境中有一个代价高昂的实验。如何进行调整?这一问题在研究文献中通常会被忽略,因为标准实践侧重于可证明的特性。我们认为,尽管存在可证明的特性,但对参数调整的需求却是一个启发式的标志。如果不能进行调整,则策略的实际经验表现可能会很差。

诸如知识梯度等贝叶斯策略没有可调参数,但需要使用先验。正如没有任何真实的理论来描述已经(或未经)调整的算法的行为一样,也没有任何理论来描述错误先验的影响。

7.12.3 调整

算法设计中不断出现的一个问题便是调整。我们将不断重复下面这句口头禅:

简单性的代价是参数可调⋯⋯而调整很难!

我们正在设计策略以解决各种随机搜索问题中的任何一个,但当策略涉及可调参数时,要创建一个随机搜索问题(调整参数)来寻求解决方案。当然,希望的是:调整策略参数的问题比我们尝试解决的搜索问题更简单。

读者需要注意的是,随机搜索策略的性能可能非常依赖于策略参数的调整。此外,这些可调参数的最佳值可能取决于任何因素——从问题的特性到算法的起点。这很可能是调整策略参数最令人沮丧的方面,因为必须知道何时停止并重新访问参数的设置。

7.13　扩展*

本节介绍基本学习问题的一系列扩展：

- 非平稳环境中的学习
- 设计策略的策略
- 瞬态学习模型
- 瞬态问题的知识梯度
- 使用大型或连续选择集学习
- 利用外部状态信息学习
- 状态相关问题与状态无关问题

7.13.1　非平稳环境中的学习

经典"老虎机"问题涉及通过观察来学习 μ_x 的值，其中 $x \in \mathcal{X} = \{x_1, \ldots, x_M\}$，这里选择评估 $x^n = X^\pi(S^n)$ 的备选方案，从中观察到如下关系：

$$W^{n+1} = \mu_{x^n} + \varepsilon^{n+1}$$

在此设置中，我们试图使用固定策略 $X^\pi(S_t)$ 学习一组静态参数 μ_x，其中 $x \in \mathcal{X}$。学习的固定策略的一个例子是上置信边界，由下式给出：

$$X^{UCB}(S^n | \theta^{UCB}) = \arg\max_x \left(\bar{\mu}_x^n + \theta^{UCB} \sqrt{\frac{\log n}{N_x^n}} \right) \tag{7.93}$$

其中，N_x^n 是我们在前 n 次实验中尝试备选方案 x 的次数。

一种很自然的做法是通过优化诸如下式的无限时域、折扣目标，以寻找固定策略 $X^\pi(S^n)$（即，函数不依赖于时间 t 的策略）：

$$\max_\pi \mathbb{E} \sum_{n=0}^{\infty} \gamma^n F(X^\pi(S^n), W^{n+1}) \tag{7.94}$$

实际上，真正稳定的问题很少。非平稳性可以通过多种方式产生。

有限时域问题——试图在问题的有限时域 $(0, N)$ 期间优化性能，其中，该问题的外生信息 W_t 来自一个平稳的过程。该目标由下式给出：

$$\max_\pi \mathbb{E} \sum_{n=0}^{N} F(X^\pi(S^n), W^{n+1})$$

注意，可以使用平稳策略(如上置信边界)来解决这个问题，但这不是最优的累积回报的知识梯度策略(参见式(7.65))。

学习过程——x 可能是一名在比赛中表现得越来越好的运动员，或者一家在制造复杂组件方面表现得越来越好的公司。

外生非平稳性——现场实验可能会受到持续变化的天气的影响。

对抗性回应——x可能是对显示的广告的选择，但市场反应取决于其他改变策略的玩家的行为。这个问题类在老虎机界被称为"不安的老虎机"(restless bandit)。

选择的可用性——我们可能希望尝试让不同的人来干某个工作，但他们可能在任何一天都不可用。这个问题被称为"间歇性老虎机"(intermittent bandit)。

7.13.2　设计策略的策略

下面介绍两种设计策略的策略。

时间相关策略　时间相关策略只是一个取决于时间的策略。当推导累积回报的知识梯度时，就已经看到了一个非平稳策略的实例，产生了以下策略：

$$X^{OLKG,n}(S^n) = \arg\max_{x \in \mathcal{X}} \left(\bar{\mu}_x^n + (N - n)\bar{\sigma}_x^n \right) \tag{7.95}$$

在这里，因为系数$(N - n)$与时间相关，所以不仅状态$S^n = (\bar{\mu}^n, \bar{\sigma}^n)$与时间相关，策略自身也与时间相关。如果使用系数为$\theta^{UCB,n}$的UCB策略，情况也是如此，但这意味着要学习的不是一个参数θ^{UCB}，而是$(\theta_0^{UCB}, \theta_1^{UCB}, ..., \theta_N^{UCB})$。

注意，在进行任何观察之前，都预先设计了一个与时间相关的策略。这可以在数学上表示为求解优化问题：

$$\max_{\pi^0, ..., \pi^N} \mathbb{E} \sum_{n=0}^{N} F(X^{\pi^n}(S^n), W^{n+1}) \tag{7.96}$$

自适应策略　这些是适应数据的策略，这意味着函数本身会随着时间而改变。如果假设有一个参数化的策略$X^\pi(S_t|\theta)$(如区间估计，参见式(12.46))，这是最容易理解的。现在想象一下，市场已经发生了变化，这意味着希望增加目前的探索量。

为此，可以允许参数θ随着时间的推移而变化，这意味着要把决策策略写作$X^\pi(S^n|\theta^n)$。需要调整θ^n的逻辑(使用$\theta^{n+1} = \Theta^{\pi^\theta}(S^n)$表示)。函数$\Theta^{\pi^\theta}(S^n)$可以被视为一种调整$\theta^n$的策略(有些人称之为算法)，可将其视为"调整策略的策略"。

对于给定的策略$X^\pi(S_t|\theta^n)$。调整π^θ策略的问题将被写作：

$$\max_{\pi^\theta} \mathbb{E} \sum_{n=0}^{N} F(X^\pi(S^n|\Theta^\pi(S^n)), W^{n+1})$$

仍然必须选择最佳的实施策略$X^\pi(S^n|\theta^n)$。可以将组合问题写作：

$$\max_{\pi^\theta} \max_{\pi} \mathbb{E} \sum_{n=0}^{N} F(X^\pi(S^n|\Theta^\pi(S^n)), W^{n+1})$$

两种策略——π^θ(决定$\Theta^{\pi^\theta}(S^n)$)和π(决定$X^\pi(S^n|\theta^n)$)都必须是离线决策，但决策策略在现场(即"在线")时都需要自适应调整。

7.13.3　瞬态学习模型

3.11节中首次引入了瞬态学习模型，其真实平均值随时间变化。从时间t变化的角度来讨论非平稳问题是最自然的，但为了保持一致性，将继续使用计数器索引n。

当有一个瞬态的过程时，会根据以下模型更新信念：

$$\mu^{n+1} = M^n \mu^n + \varepsilon^{\mu, n+1}$$

其中，$\varepsilon^{\mu, n+1}$是具有分布$N(0, \sigma_\mu^2)$的随机变量，这意味着$\mathbb{E}\{\mu^{n+1}|\mu^n\} = M^n \mu^n$。矩阵$M^n$是捕获可预测变化的对角矩阵(例如，其平均值可预测地增大或减小)。如果设M^n是单位矩阵，那么会有一个更简单的问题——平均值变化的平均值为0，这意味着我们期望$\mu^{n+1} = \mu^n$。然而，一些问题可能存在可预测的漂移，例如水库水位的估计值会因随机降雨和可预测蒸发而变化。可以使用下式对μ^n进行噪声观察：

$$W^n = M^n \mu^n + \varepsilon^n$$

过去，如果没有观察到备选方案x'，信念$\bar{\mu}_{x'}^n$就不会改变(当然，真实情况也不会改变)。现在，真实情况可能正在改变，并且在一定程度上存在可预测的变化(即，M^n不是单位矩阵)，接着，信念实际上也可能会发生改变。

平均向量的更新公式由下式给出：

$$\bar{\mu}_x^{n+1} = \begin{cases} M_x^n \bar{\mu}_x^n + \frac{W^{n+1} - M_x^n \bar{\mu}_x^n}{\sigma_\varepsilon^2 + \Sigma_{xx}^n} \Sigma_{xx}^n & \text{若 } x^n = x, \\ M_x^n \bar{\mu}_x^n & \text{其他} \end{cases} \tag{7.97}$$

为了描述Σ^n的更新，设Σ_x^n是与备选方案x相关联的列，而e_x是一个为0的向量，其中与备选方案x对应的位置为1。Σ^n的更新公式便可以写作：

$$\Sigma_x^{n+1} = \begin{cases} \Sigma_x^n - \frac{(\Sigma_x^n)^T \Sigma_x^n}{\sigma_\varepsilon^2 + \Sigma_{xx}^n} e_x & \text{若 } x^n = x, \\ \Sigma_x^n & \text{其他} \end{cases} \tag{7.98}$$

这些更新公式可以在学习策略的设计中发挥两个作用。首先，它可以用在前瞻策略中，正如接下来用知识梯度(一步前瞻策略)所说明的那样。其次，它可以用于模拟器中，以便进行最佳PFA或CFA的策略搜索。

7.13.4　瞬态问题的知识梯度

计算知识梯度前应先计算：

$$\begin{aligned} \bar{\sigma}_x^{2,n} &= \text{给定已知信息的情况下 } \bar{\mu}_x^{n+1} \text{ 的方差的条件变化} \\ &= Var(\bar{\mu}_x^{n+1}|\bar{\mu}^n) - Var(\bar{\mu}^n), \\ &= Var(\bar{\mu}_x^{n+1}|\bar{\mu}^n), \\ &= \bar{\Sigma}_{xx}^n \end{aligned}$$

可以使用 $\tilde{\sigma}_x^n$ 编写如下所示的 $\bar{\mu}^n$ 的更新公式：

$$\bar{\mu}^{n+1} = M^n \bar{\mu}^n + \tilde{\sigma}_x^n Z^{n+1} e_p$$

其中，$Z^{n+1} \sim N(0,1)$ 是一个标量形式的标准正态随机变量。

接下来介绍一些与原始知识梯度计算并行的计算。首先，像以前一样定义 ζ_x^n。

$$\zeta_x^n = -\left| \frac{\bar{\mu}_x^n - \max_{x' \neq x} \bar{\mu}_{x'}^n}{\tilde{\sigma}_x^n} \right|$$

这是为平稳问题定义的。现在定义称为 $\zeta_x^{M,n}$ 的修改后问题，有：

$$\zeta_x^{M,n} = M^n \zeta_x^n$$

接着，可以使用与原始知识梯度非常相似的形式，计算非平稳真实值的知识梯度：

$$
\begin{aligned}
\nu_x^{KG-NS,n} &= \tilde{\sigma}_x^n \left(\zeta_x^{M,n} \Phi(\zeta_x^{M,n}) + \phi(\zeta_x^{M,n}) \right) & (7.99) \\
&= \tilde{\sigma}_x^n \left(M^n \zeta_x^n \Phi(M^n \zeta_x^n) + \phi(M^n \zeta_x^n) \right) & (7.100)
\end{aligned}
$$

不妨将此版本的知识梯度与包含静态事实的原始问题的知识梯度进行比较。如果 M^n 是单位矩阵，那么这意味着真实值 μ^n 没有以可预测的方式改变；它们可能会增大或减小，但大体上，μ^{n+1} 与 μ^n 相同。当这种情况发生时，瞬时问题的知识梯度与事实完全不变时的知识梯度相同。

那么，这是否意味着事实正在改变的问题与事实保持不变的问题相同呢？完全不是这样的。差异出现在更新公式中，其中未经测试的备选方案 x 的精度减小了，从信息收集的角度看，这更具吸引力。

7.13.5　使用大型或连续选择集学习

许多问题中的选择集 $\mathcal{X}$ 要么非常大，要么是连续的(这意味着可能值的数量是无限的)。请看以下几个示例。

■ 示例7.4
电影广告网站可以从特定类型的数百部电影中选择10部推荐影片。该网站必须从中选出所有可能的10部电影的组合。

■ 示例7.5
一位科学家试图从一千多种不同的材料中选出最好的材料，但预算只够测试20种。

■ 示例7.6
食品生产商的烘焙师必须找到面粉、牛奶、酵母和盐的最佳配比。

■ **示例7.7**

篮球教练必须从一支12人的球队中选出最好的5名首发球员。大约需要近半场比赛才能对5名球员的合作表现下定论。

以上例子中的每一个都展示了大量的选择集，特别是在相对于运行实验的预算进行评估时。这种情况非常普遍。可以使用以下策略组合来处理这些情况。

广义学习 处理大型选择集的第一步是使用一个提供高水平泛化能力的信念模型。这可以使用查找表模型和参数模型的相关信念来完成，在这些模型中，只需要学习相对较少的参数(希望它比学习预算小)。

采样动作 无论是有连续动作还是有大型(通常是多维)动作，都可以通过使用一组采样动作来创建较小的问题，就像之前使用的关于参数向量θ的采样信念一样。

动作采样只是蒙特卡洛模拟的另一种用途，旨在将一个大集合降为一个小集合，正如使用蒙特卡洛采样将随机变量的大(通常是无限)结果集降为更小的离散集时所做的那样。因此，可以从以下优化问题开始：

$$F^* = \max_{x \in \mathcal{X}} \mathbb{E}_W F(x, W)$$

通常无法计算期望值，因此我们把典型的W的大结果集(用集合Ω表示)替换为采样结果集$\hat{\Omega} = \{w_1, w_2, \ldots, w_K\}$，由此有：

$$\bar{F}^K = \max_{x \in \mathcal{X}} \frac{1}{K} \sum_{k=1}^{K} F(x, w_k)$$

如果$\mathcal{X}$太大，可以如法炮制，用随机样本$\hat{\mathcal{X}} = \{x_1, \ldots, x_L\}$替换它，得到以下问题：

$$W^{K,L} = \max_{x \in \hat{x}} \frac{1}{K} \sum_{k=1}^{K} F(x, w_k) \tag{7.101}$$

4.3.2节提供的结果表明随着K增大，近似$\bar{F}^K$会很快收敛到F^*。我们可能希望$W^{K,L}$随着L增大而产生类似的效果，不过，在很多问题中，L都不太可能超过一定数量。例如，在采样信念模型对应的式(7.76)中，如果采样的θ值太大，则该模型的计算会变得更具挑战性。

克服这种限制的策略是周期性地减少$L/2$个$\mathcal{X}$的元素(基于概率p_k^n)，然后随机生成新值并将其添加到集合中，直到再次获得L个元素。在进行任何新的实验之前，实际上都可以获得每个新的备选方案的价值估计。这可以通过以下方式实现。

- 如果有一个参数信念模型，就可以使用θ的当前估计来估计x的值。这可能是一个点估计或一组可能的值$\theta_1, \ldots, \theta_K$上的分布$(p_k^n)_{k=1}^{K}$。
- 如果使用具有相关信念的查找表，并且假设可以访问一个为任何一对x和x'提供$Cov(F(x), F(x'))$的相关函数，那么可以从迄今为止所做的实验中建立起一种信念。只需要重新运行第3章中内含新备选方案的相关信念模型，而不用进行任何新的实验。

- 总是可以使用非参数方法(如内核回归),根据迄今为止所做的观察来估计任何x的值,只需要对新点进行平滑处理。非参数方法可能非常强大(分层聚合就是一个例子,尽管第3章中将其与查找表模型放在一起),但它们假设没有结构,因此需要更多的观察。

使用这些估计,可能要求任何新生成的备选方案x至少与当前集合中的任何估计值一样好。如果在测试了一些数字M后无法添加任何新的备选方案,那么这个过程可能会停止。

7.13.6 利用外部状态信息学习——上下文老虎机问题

(采用渐近形式的)基本随机优化问题的原始声明

$$\max_x \mathbb{E}F(x, W)$$

正在以一种确定性决策x^*的形式寻找解决方案。接下来,我们提出了如下这个更好的形式:

$$\max_x \mathbb{E}\{F(x, W)|S^0\} \tag{7.102}$$

再次,假设正在寻找单一决策x^*,不过,现在必须认识到,从技术上来说,这个决策是初始状态S^0的函数。

接下来看一个自适应学习过程,其中每次尝试评估$F(x, W)$时,都会显示一个新的初始状态S^0。这改变了学习过程,因为每次观察某些x和采样的W的$F(x, W)$时,所学到的信息都必须反映出其位于初始状态S^0的上下文之中。此设置的一些示例列举如下。

■ 示例7.8

假设有一个报童问题,其中S^0是明天的天气预测。已知如果下雨或天气寒冷,销售额就会下降。需要找到一个反映天气预测的最佳订单决策。根据预测决定库存多少份报纸,然后观察销售情况。

■ 示例7.9

患者带病来医院就诊,医生必须做出治疗决策。患者的属性代表患者以病史的形式提供的初始信息,接下来给出决策以及随机结果(治疗成功)。

在这两个例子中,都必须在给定预测信息(天气或患者的属性)的情况下做出决策。与查找单一的最优解x^*不同的是,需要找到一个函数$x^*(S^0)$。此函数是策略的一种形式(因为它是状态到动作的映射)。

这个问题最初是作为一类多臂老虎机问题来研究的,第2章最先提及这类问题。在这个领域中,这些问题被称为上下文老虎机问题(contextual bandit problem),但正如这里所展示的，当正确建模时，这个问题只是一个状态相关(state dependent)的序贯决策问题的实例。

我们提出了以下情境问题模型。首先，设 B_t 是 t 时的信念状态，它会获取我们对函数 $F(x)=\mathbb{E}F(x,W)$ 的信念(记住，这是分布信息)。然后对两种类型的外生信息进行建模。

外生信息 W_t^e　这是在做出决策之前到达的信息(可能是报童问题中的天气，或是在做出医疗决策之前的患者属性)。

结果 W_t^o　这是一个作为决策结果到达的信息，例如患者对药物的反应。

可以使用该标记法将信息、信念状态和决策顺序表述为：

$$(B^0, W^{e,0}, x^0, W^{o,1}, B^1, W^{e,1}, x^1, W^{o,2}, B^2, ...)$$

我们已经写好了序列 $(W^{o,n}, B^n, W^{e,n})$ 来反映逻辑进展，在该序列中首先学习决策 $W^{o,n}$ 的结果，然后更新信念状态 B^n，再在做出决策 x^n 之前观察新的外生信息 $W^{e,n}$。然而，可以将 $W^n=(W^{o,n}, W^{e,n})$ 作为外生信息，从而得到一种新的状态 $S^n=(B^n, W^{e,n})$。

变量的变化与定义 $S^0=(B^0, W^{e,0})$ 一同提供了通常的状态、动作和新信息序贯，可以写作：

$$(S^0=(B^0,W^{e,0}), x^0, W^{o,1}, B^1=B^M(B^0,x^0,W^1=(W^{e,1},W^{o,1})), S^1=(B^1,W^{e,1}), x^1,$$
$$W^{o,2}, B^2=B^M(B^1,x^1,W^2=(W^{e,2},W^{o,2})), ...)$$

因此，这与我们的基本序列相同：

$$(S^0, x^0, W^1, S^1, x^1, S^2, ..., S^n, x^n, W^{n+1}, ...)$$

我们的策略 $X^{\pi,n}(S^n)$ 现在将取决于有关 $\mathbb{E}F(x,W)$ 的信念状态 B^n，以及新的外生信息 $W^{e,n}$。

那么为什么这是一个问题呢？简单而言，纯学习问题比依赖状态的问题更简单。特别是，要考虑一种流行的CFA策略，如上置信边界或区间估计，必须学习 $\bar{\mu}_x^n(W^e)$ 而非 $\bar{\mu}_x^n$。例如，如果 $\bar{\mu}_x^n$ 描述了使用药物 x 后降低血糖的情况，那么接下来必须了解具有属性 $W^{e,n}$ 的患者使用药物 x 后血糖降低的情况。

换句话说，外生状态信息使学习变得更加复杂。如果正在解决一个外生信息是天气的问题，就能使用几个状态(冷/热、干旱/多雨)来描述天气。然而，如果外生信息是患者的属性，那么很可能有多个维度。如果使用查找表来表示(就像对天气一样)，就会有问题，但也许我们只是在使用一个参数化模型。

例如，假设需要决定广告的投标出价。客户点击广告的概率取决于投标出价 b，由逻辑曲线给出：

$$p(b|\theta)=\frac{e^{U(b|\theta)}}{1+e^{U(b|\theta)}} \tag{7.103}$$

其中，$U(b|\theta)$ 是线性模型，由下式给出：

$$U(b|\theta)=\theta_0+\theta_1 b$$

现在假设给定了在 W_t^e 中交付的额外信息，它提供了消费者的属性以及广告的属性，设 a_t 捕获了该属性向量(这意味着 $W_t^e = a_t$)。那么这将产生将效用函数更改为下式的效果：

$$U(b|a,\theta) = \theta_0 + \theta_1 b + \theta_2 a_1 + \theta_3 a_2 + ...$$

正如我们所看到的，如果使用参数化模型，则额外属性会扩展 $U(b|a,\theta)$ 中的特征数量，这将增加估计系数 θ 向量所需的观察数量。所需的观察数量取决于参数的数量和数据中的噪声水平。

7.13.7　状态相关问题与状态无关问题

我们将在本书的后部讨论所谓的"状态相关问题"——问题取决于状态变量的设置。举例来说，可以考虑一个简单的报童问题：

$$\max_x F(x) = \mathbb{E}_W(p\min\{x,W\} - cx) \tag{7.104}$$

假设不知道 W 的分布，但可以通过选择 x^n 来收集信息，然后观察：

$$\hat{F}^{n+1} = p\min\{x^n, W^{n+1}\} - cx^n$$

然后可以使用观察 $\hat{F}^{n+1}$ 以产生更新的估计值 $\bar{F}^{n+1}(x)$。描述近似 $\bar{F}^n(x)$ 的参数构成了信念状态 B^n，对于这个问题，它表示唯一的状态变量。目标是探索 x 的不同值，以得到一个良好的近似值 $\bar{F}^n(x)$ 来帮助选择最佳 x 值。

现在假设每个周期的价格都在变化，并且在做出选择 x^n 之前被给定了价格 p^n。价格 p^n 是一种外生信息，这意味着不是试图找到最佳的 x，而是努力寻找最佳函数 $x(p)$。现在必须决定要使用什么类型的函数来表示 $x(p)$。

最后，假设必须从库存中选择产品以满足需求 W，其中 R^n 是库存。假设必须遵循 $x^n \le R^n$，并且库存根据下式更新：

$$R^{n+1} = R^n - \min\{x^n, W^{n+1}\} + \max\{0, x^n - W^{n+1}\}$$

现在，n 时的决策 x^n 会影响状态 R^{n+1}。对于这个问题，状态变量由下式给出：

$$S^n = (R^n, p^n, B^n)$$

状态相关问题的一个特例是 7.13.6 节中的学习问题，该问题取决于外生信息 $W^{e,n}$。这是一种状态相关问题，但决策只影响信念；外生信息 $W^{e,n+1}$ 不受决策 x^n 影响。这种特性意味着它比更广泛的状态相关问题更接近学习问题。

状态相关问题可能涉及也可能不涉及信念状态，但会涉及信念以外的信息(这正是导致它成为状态相关问题的原因)。主要问题类别包括涉及资源管理的问题。一个简单的示例就是当管理在图形上移动的车辆时，决策会改变车辆的位置。

本书的后部将说明可以使用第 2 章首次介绍的、在本章中再次提及的 5 元素建模框架来处理这些更复杂的问题。此外，还将使用本书中介绍的 4 类策略来设计策略。不同的是在本章中，我们确定哪种策略最有效。

7.14 参考文献注释

7.1节——关于无导数随机搜索的最早论文是开创性论文(Box和Wilson，1951)，有趣的是，该论文与基于导数的随机搜索的原始论文(Robbins和Monro，1951)出现在同一年。

7.1.4节——首次以书面形式记录所观察到的4类问题的等效性。

7.2.1节——Powell(2019)首次提出了无导数随机搜索公式。其特殊价值在于，它以明确的方式写出评价策略的目标函数；也许令人惊讶的是，这一点经常(但并不总是)被忽视。我们没有意识到另一个文献用公式将随机搜索问题表示为搜索最优策略的正式优化问题。

7.3节——Powell(2019)首次提出了将所有4类策略用于纯学习问题的想法，但本书是第一本全面阐述这一想法的图书。

7.5节——目前，强化学习领域中有大量文献使用了通常称为"上置信边界"的策略，我们将其归类为参数化成本函数近似。Kaelbling(1993)以及Sutton和Barto(2018)对这些学习策略进行了出色的介绍。Thrun(1992)对学习过程中的探索进行了精彩的讨论，这是通过UCB策略中的"不确定性奖金"实现的。关于Boltzmann探索和ϵ贪婪探索的讨论基于Singh等人(2000)的论著。上置信边界由Lai和Robbins(1985)提出。我们使用Lai(1987)给出的UCB规则版本。Auer等人(2002)给出了UCB1策略。Lai和Robbins(1985)以及Chang等人(2007)对UCB策略进行了分析。

有关贝叶斯优化的精彩回顾，参见Frazier(2018)的论著。

区间估计源于Kaelbling(1993)的著作(今天的区间估计被正确地视为上置信边界的另一种形式)。

参见Russo等人(2017)的著作，了解关于Thompson采样的精彩教程，该教程于1933年首次引入。

7.6节——DeGroot(1970)是第一个使用贝尔曼最优性方程表达纯学习问题(当时称为多臂老虎机问题)的人，不过计算很复杂。Gittins和Jones(1974)首先提出将折扣无限时域学习问题分解为每条手臂(因此维度要低得多)的动态规划。这一结果引发了对"Gittins指数"(或简称"指数策略")的研究热潮。参见Gittins(1979)、Gittins(1981)和Gittins(1989)的论著。Whittle(1983)和Ross(1983)提供了关于Gittins指数的非常清晰的教程，帮助推出了关于该主题的大量文献(例如，Lai和Robbins(1985)、Berry和Fristedt(1985)以及Weber(1992)的论著)。Brezzi和Lai(2002)、Yao(2006)以及Chick和Gans(2009)对Gittins指数进行了近似研究。2011年，Gittins的前学生Kevin Glazebrook出版了Gittins原著的"第2版"。这本书实际上是全新的。

鉴于"指数"需要独立于时间，与耦合约束上的拉格朗日乘子有关，要求最多尝试一条手臂，所以指数策略仅限于折扣的无限期问题。然而，可以使用近似动态规划工具(特别是第15章中描述的后向动态规划)来围绕信念状态近似价值函数。这个想法是由一位前学生(Weidong Han)提出的，但从未发表过。

　　7.7.2节——有各种基于近似一个或多个实验价值理念的策略。目前，基于知识梯度原理的研究范围广泛，我们在7.8节中对此进行了回顾(参见以下参考文献注释)。Huang等人(2006)提出了序贯Kriging优化。Stein(1999)对Kriging领域进行了全面的介绍，Kriging是从空间统计领域发展而来的。

　　限制性前瞻策略的一个例子是Frazier和Powell(2010)提出的用于克服信息价值中潜在不一致性的KG(*)策略。

　　确定性多周期前瞻策略是与研究生Ahmet Duzgun共同完成的工作，但从未发表。这里介绍它只是为了说明可以尝试的不同策略的范围。

　　使用决策树评估信息价值的想法是决策科学中的标准素材(例如，参见Skinner(1999)的论著)。

　　7.7.5节——本节中的击球示例取自Powell和Ryzhov(2012)的论著。

　　7.8节——Gupta和Miescke(1996)引入了正态分布回报和独立信念的知识梯度策略，随后Frazier等人(2008)对其进行了更深入的分析。Frazier等人(2009)引入了相关信念的知识梯度。Ryzhov和Powell(2009)针对在线问题对知识梯度进行了调整。Powell和Ryzhov(2012)对知识梯度策略进行了相当全面的介绍(扫描右侧二维码，即可下载该书第2版部分内容)。本节的部分内容改编自Powell和Ryzhov(2012)中的材料。

　　7.10节——模拟界有一个先进的研究领域，它解决了使用模拟(特别是离散事件模拟)来查找控制模拟行为的一组参数的最佳设置问题。Bechhofer等人(1995)进行了早期调查；Fu等人(2007)的论著中有一项更新的调查。Kim等人(2005)提供了基于序优化方法的一个很好的综述。这方面的其他重要贡献者还有Hong和Nelson(2006、2007)。大多数文献都考虑了潜在备选方案数量不太多的问题。Nelson等人(2001)考虑了设计数量庞大的情况。Ankenman等人(2009)讨论了一种称为Kriging的技术的用法，该技术在参数向量x连续时使用。关于最优计算预算分配的文献基于以下的一系列文章：Chen(1995)、Chen等人(1997、1998)和Chen等人(2000)的论文。Chick等人(2001)提出了最大化带测量预算B的线性损失的$LL(B)$策略。He等人(2007)介绍了一种用于优化所选设计预期价值的OCBA程序，使用Bonferroni不等式来近似单个阶段的目标函数。模拟中的一种常见策略是使用同一组随机数测试不同的参数，以减小比较的方差。Fu等人(2007)将OCBA概念应用于使用普通随机数的测量。模拟优化领域持续发展。有关活动范围的更现代概述，参见Fu(2014)的论著。

　　7.11.1节——不同目标函数列表摘自Powell和Ryzhov(2012)的论著(第6章)。

练习

复习问题

7.1　用文字解释式(7.2)中的3个嵌套期望。

7.2　为什么在式(7.1)的初始随机搜索问题中要最大化x，而在式(7.2)中，却要最大化策略π？

7.3　在多臂老虎机问题中，"老虎机"(bandit)和"臂"(arm)的含义是什么？

7.4　被动学习和主动学习是什么意思？为什么无导数随机搜索是一个主动学习问题？

7.5　在描述无导数随机搜索的搜索算法时，用文字说明状态变量中需要的信息。

7.6　第5章描述的基于导数的随机搜索算法中使用了4类策略中的哪一类？本章描述了无导数随机搜索的4类策略中的哪一类？试解释为什么基于导数的设置和基于无导数的设置有区别？

7.7　请给出一个基于PFA的无导数随机搜索策略的示例。

7.8　请给出一个基于CFA的随机搜索策略的示例。

7.9　从数学的角度讲述知识梯度的定义，并用文字说明其作用。

7.10　知识梯度策略是查找下一个实验的价值的一步前瞻策略。这种方法在什么情况下会失败？

7.11　受限的多步前瞻指什么？

7.12　给出学习问题的最终回报和累积回报目标。

7.13　定义最小化期望静态懊悔的目标函数。

7.14　无差异区域指什么？

建模问题

7.15　来看一个在一组离散选择$\mathcal{X} = \{x_1, \ldots, x_M\}$中找到最优选择的问题。假设对于每个备选方案都有一个查找表信念模型，其中$\bar{\mu}_x^n$是对真实平均值μ_x的估计，精度是β_x^n。假设你对μ_x的信念呈高斯分布，而$X^\pi(S^n)$是一个指定接下来要运行的实验$x^n = X^\pi(S^n)$的策略，其中可以学到用来更新信念的$W_{x^n}^{n+1}$。

(1) 将此学习问题表述为随机优化问题。定义状态变量、决策变量、外生信息、转移函数和目标函数。

(2) 指定3个可能的策略，但不能有两个来自同一策略类(PFA、CFA、VFA和DLA)。

7.16　7.3节介绍的4类无导数随机搜索策略是第5章引入基于导数的随机搜索时未讨论的概念。你会将随机梯度算法归入这4类策略中的哪一类？用选择的策略类来解释并描述随机梯度算法设计中的一个关键步骤。

7.17　报童问题是需求分布W已知的静态问题。使用学习时，这就是一个完全连续的问题。假设要使用的是第5章中介绍的具有确定性谐波步长规则的基于导数的随机梯度算法。把这个系统建模为一个限于 N 次迭代的完全序贯问题。

7.18 假设使用二次近似来近似报童问题的期望利润：

$$F(x_t) = \mathbb{E}\{p \min\{x_t, W_{t+1}\} - cx_t\}$$

假设要使用递归最小二乘法来更新二次信念模型：

$$\bar{F}_t(x|\bar{\theta}_t) = \bar{\theta}_{t0} + \bar{\theta}_{t1}x + \bar{\theta}_{t2}x_t^2$$

假设将使用下式的激励策略来选择决策：

$$X^\pi(S_t|\bar{\theta}_t) = \arg\max_{x_t} \bar{F}_t(x|\bar{\theta}_t) + \varepsilon_{t+1}$$

其中，$\varepsilon_{t+1} \sim N(0, \sigma_\varepsilon^2)$。将此学习问题建模为序贯决策问题。你使用的是哪类策略？可调参数是什么？

计算练习

7.19 表7.7展示了5种方案的先验 $\bar{\mu}^n$ 和标准差 σ^n。

表7.7 练习7.19的数据

备选方案	$\bar{\mu}^n$	σ^n
1	3.0	8.0
2	4.0	8.0
3	5.0	8.0
4	5.0	9.0
5	5.0	10.0

(1) 3个备选方案具有相同的标准差，但先验越来越大。3个具有相同的先验，但标准差越来越大。仅使用此信息，说明每个备选方案的知识梯度之间存在的任何关系。注意，无法对所有备选方案进行完全排序。

(2) 假设 $\sigma^W = 4$，计算每个备选方案的知识梯度。

7.20 必须找到5种方案中最好的一种。经过 n 次实验之后，得到表7.8所示的数据。假设实验的精度为 $\beta^W = 0.6$。

表7.8 练习7.20的数据

备选方案	θ^n	β^n	β^{n+1}	$\tilde{\sigma}$	$\max_{x'\neq x}\theta_{x'}^n$	ζ	$f(\zeta)$	ν_x^{KG}
1	3.0	0.444	1.044	1.248	6	-2.404	0.003	0.003
2	5.0	0.160	0.760	2.321	6	-0.431	0.220	0.511
3	6.0	0.207	0.807	2.003	5	-0.499	0.198	0.397
4	4.0	0.077	?	?	?	?	?	?
5	2.0	0.052	0.652	4.291	6	-0.932	0.095	0.406

(1) 给出知识梯度的定义，先用简单的文字表达，再用数学式表达。

(2) 填写表7.8中备选方案4的缺失条目。务必清楚地写出每个表达式，然后进行计算。需要使用电子表格(或MATLAB)来计算知识梯度 ν_x^{KG} 的正态分布。

(3) 假设有一个在线学习问题。预算为20个实验，表7.8中的数据显示了在3次实验后学到的信息。假设没有折扣，备选方案2的在线知识梯度是什么？请给出公式和数字。

7.21　必须找到5种备选方案中最好的一种。经过 n 次实验之后，可以获得表7.9所示的数据。假设实验的精度为 $\beta^W = 0.6$。

表7.9　练习7.21的数据

备选方案	$\bar{\mu}^n$	$\bar{\sigma}^n$	$\tilde{\sigma}$	ζ	$f(\zeta)$	知识梯度指数
1	4.0	2.5	2.321	−0.215	0.300	0.696
2	4.5	3.0	?	?	?	?
3	4.0	3.5	3.365	−0.149	0.329	1.107
4	4.2	4.0	3.881	−0.077	0.361	1.401
5	3.7	3.0	2.846	−0.281	0.274	0.780

(1) 给出知识梯度的定义，先用简单的文字表达，再用数学式表达。

(2) 填写表7.9中备选方案2的缺失条目。务必清楚地写出每个表达式，然后进行计算。需要使用电子表格(或编程环境)来计算知识梯度 ν_x^{KG} 的正态分布。

(3) 假设有一个在线学习问题。预算为20个实验，表7.9中的数据显示了在3次实验后学到的信息。假设没有折扣，备选方案2的在线知识梯度是什么？给出公式和数字。

7.22　有3种方案，先验(平均值和精度)如表7.10第二行所示。然后，在3个连续的实验中观察每个备选方案，结果如表7.10所示。所有观察精度都为 $\beta^W = 0.2$。假设信念是独立的。

表7.10　给定一个正态分布信念并假设观察值呈正态分布的3个备选方案的3个观察值

迭代先验 (μ_x^0, β_x^0)	A	B	C
	(32,0.2)	(24,0.2)	(27,0.2)
1	36	-	-
2	-	-	23
3	-	22	-

(1) 如果仅有3个实验的预算，并且使用真实情况来评估策略(就像在模拟器中所做的那样)，那么请(用代数的方式)给出离线学习的目标函数(最大化最终回报)。

(2) 使用模拟真实值的能力(就像在之前的习题中所做的那样)，给出用于生成表7.10所示选择的策略的数值。这需要最少的计算(不需要计算器即可完成)。

(3) 假设需要在在线(累积回报)环境中运行实验。如果有3个实验，那么请(用代数的方式)给出目标函数以找到在线学习的最优策略(最大化累积回报)。使用表中的数字，给出生成所做选择的策略的性能。这同样需要最少的计算。

7.23　可以通过4种途径找到新工作。在地图上，这4种途径看起来都很合理，据悉，它们都需要20分钟，但实际时间相差很大。选择一条路径的价值是你当前对该路径上行进时间的估计。表7.11显示了你走过的每一条路径所花的时间。每个价值函数的初始估计是20分钟，使用平局决胜规则(tie-breaking rule)，用最小编号的路径。在每次迭代中，选择具有最佳估计值的路径，并根据经验更新对路径值的估计。在10次迭代之后，将每条路径的估计值与通过对10天内每条路径的"观察值"求平均而获得的估计值进行比较。使用恒定步长0.20。你做得怎么样？

表7.11　10天内走过的每条路径所花的时间

天数	路径1/min	路径2/min	路径3/min	路径4/min
1	37	29	17	23
2	32	32	23	17
3	35	26	28	17
4	30	35	19	32
5	28	25	21	26
6	24	19	25	31
7	26	37	33	30
8	28	22	28	27
9	24	28	31	30
10	33	29	17	29

7.24　假设正在考虑5种决策。实际值μ_d、初始估计值$\bar{\mu}_d^0$和每个$\bar{\mu}_d^0$的初始标准差$\bar{\sigma}_d^0$如表7.12所示。对以下算法各执行20次迭代：

(1) 使用$\theta^{IE} = 2$的区间估计。

(2) 使用$\theta^{UCB} = 6$的上置信边界算法。

(3) 知识梯度算法。

(4) 纯粹的利用策略。

(5) 纯粹的探索策略。

表7.12　练习7.24的数据

决策	μ_d	$\bar{\mu}_d^0$	$\bar{\sigma}_d^0$
1	1.4	1.0	2.5
2	1.2	1.2	2.5
3	1.0	1.4	2.5
4	1.5	1.0	1.5
5	1.5	1.0	1.0

每次对一个决策采样时，都随机生成一个观察结果$W_d = \mu_d + \sigma^\varepsilon Z$，其中$\sigma^\varepsilon = 1$，$Z$呈正态分布，平均值为0，方差为1。(提示：可以在Excel中使用=NORM.INV(RAND())生成Z的随机观察值。)

7.25　设$\sigma^\varepsilon = 10$，使用表7.13中的数据重复练习7.24。

7.26　设$\sigma^\varepsilon = 20$，使用表7.14中的数据重复练习7.24。

表7.13　练习7.25的数据

决策	μ_d	$\bar{\mu}_d^0$	$\bar{\sigma}_d^0$
1	100	100	20
2	80	100	20
3	120	100	20
4	110	100	10
5	60	100	30

表7.14　练习7.26的数据

决策	μ_d	$\bar{\mu}_d^0$	$\bar{\sigma}_d^0$
1	120	100	30
2	110	105	30
3	100	110	30
4	90	115	30
5	80	120	30

理论问题

7.27　如表7.15所示，假设有一个关于真实参数μ的标准正态先验，呈正态分布，平均值是$\bar{\mu}^0$，方差是$(\sigma^0)^2$。

(1) 给定观察结果$W^1, \ldots, W^n$，请问$\bar{\mu}^n$是确定的还是随机的？

(2) 给定观察结果$W^1, \ldots, W^n$，请问$\mathbb{E}(\mu|W^1, \ldots, W^n)$是什么(其中$\mu$是真实值)？为什么在给定前$n$次实验的情况下$\mu$是随机的？

表7.15　练习7.27的数据

备选方案	$\bar{\mu}^n$	σ^n
1	5.0	9.0
2	3.0	8.0
3	5.0	10.0
4	4.5	12.0
5	5.0	8.0
6	5.5	6.0
7	4.0	8.0

(3) 给定观察结果$W^1, \ldots, W^n$，求$\bar{\mu}^{n+1}$的平均值和方差。为什么$\bar{\mu}^{n+1}$是随机的？

7.28　式(7.86)中的确定性懊悔$R^{static, \pi}$(这是针对机器学习问题而做的，其中"决策"是选择一个参数θ)和式(7.88)中单个样本路径ω的懊悔$R^{\pi,n}(\omega)$之间的关系是什么？请写出学习问题情境下式(7.88)中的懊悔$R^{\pi,n}(\omega)$，并解释样本ω的含义。

7.29 式(7.89)中的期望懊悔$\mathbb{E}R^{\pi,n}$和式(7.89)中的伪懊悔$\overline{R}^{\pi,n}$之间的关系是什么？其中一个始终至少与另一个一样大吗？请描述这两个懊悔都适用的环境。

求解问题

7.30 表7.15给出了"μ_x，$x \in \{1,2,3,4,5,6,7\}$"具有正态分布的先验的7种备选方案。请在不进行任何计算的情况下，根据知识梯度说明备选方案之间的任何关系。例如，1<2<3表明3具有比2更高的知识梯度，而2又优于1(如果是这种情况，则不必单独说明1<3)。

7.31 图7.16将某个未知函数的信念表示为3条可能的曲线，其中一条是真实函数。我们的目标是找到使函数最大化的点x^*。在不进行任何计算(或算数)的情况下，为每个可能的实验x创建一个图表，并绘制知识梯度的大致形状。(提示：知识梯度捕捉到了你利用更多信息做出更好决策的能力。)

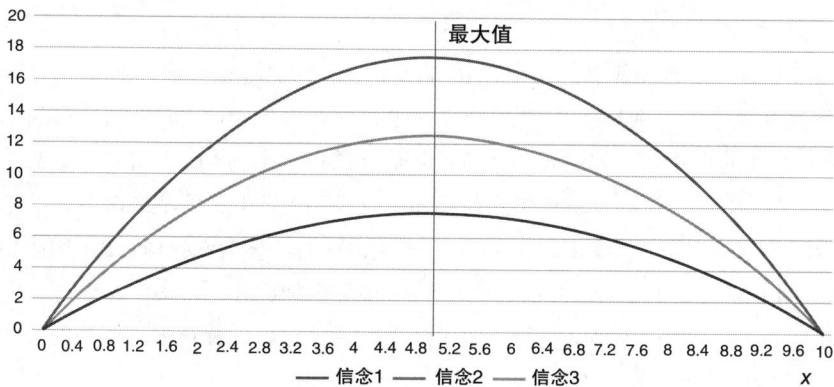

图7.16 用于绘制所有x的知识梯度的形状

7.32 假设正试图查找5个备选方案中的最佳方案。实际值μ_x、初始估计值$\bar{\mu}_x^0$和每个$\bar{\mu}_x^0$的初始标准差$\bar{\sigma}_x^0$见表7.16。(此练习不需要任何数值计算。)

1) 考虑以下学习策略：

(1) 纯粹利用。

(2) 区间估计。

(3) 上置信边界(选择任何变量)。

(4) Thompson采样。

(5) 知识梯度。

写出每个策略并确定任何可调参数。你将如何调整参数？

2) 将上述每个策略划分为4类：策略函数近似(PFA)、成本函数近似(CFA)、基于价值函数近似(VFA)的策略以及基于直接前瞻近似(DLA)的策略。

3) 设置优化公式，该公式可以作为在线(累积回报)设置中评估这些策略的基础(只需要一个通用公式，而非每个策略一个)。

表7.16　练习7.32的数据

备选方案	μ_x	$\bar{\mu}_x^0$	$\bar{\sigma}_x^0$
1	1.4	1.0	2.5
2	1.2	1.2	2.5
3	1.0	1.4	2.5
4	1.5	1.0	1.5
5	1.5	1.0	1.0

7.33　前Yankee队经理Joe Torre一直在努力猜测谁是他最好的击球手。问题是，如果按顺序排列，则只能观察一个球员。他有4名球员。表7.17显示了他们的实际命中率(也就是说，球员A的击球命中率是30%，球员B的击球命中率是32%，以此类推)。遗憾的是，Joe不知道这些数字。就他而言，他们都是命中率为30%的球员。

对于每次击球机会，Joe都必须从这些球员中选择一个击球。表7.17显示了如果给每个球员一次击球机会(1=击球，0=出局)，会发生什么。同样，Joe没有看到所有这些数字。他只能观察球员的击球结果。

假设Joe总是能让球员发挥出最好的击球水平，而且他对每个球员都使用0.300的初始命中率(如果打成平手，则让球员A优先于球员B，然后是球员C、球员D)。每当球员击球时，计算一个新的命中率，方法是将之前对其估计的命中率的80%权重加上他在击球时表现的20%权重。所以，根据这个逻辑，你会先选择球员A。由于他没有命中，其更新的平均值将为$0.80 \times (0.300) + 0.20 \times (0) = 0.240$。下一次击球时，你会选择球员B，因为你对他的命中率的估计仍然是0.300，而你对球员A的估计已经变为0.240。

在10次击球后，你认为谁会是最好的击球手？评论这种选择最佳击球手的方法的局限性。你有更好的主意吗？

表7.17　问题7.33的数据

天数	实际命中率			
	0.300	0.320	0.280	0.260
	球员			
	A	B	C	D
1	0	1	1	1
2	1	0	0	0
3	0	0	0	0
4	1	1	1	1
5	1	1	0	0
6	0	0	0	0
7	0	0	1	0
8	1	0	0	0
9	0	1	0	0
10	0	1	0	1

7.34　7.13.3节表明，对于瞬态学习问题，如果M_t是单位矩阵，即瞬时真实值的知识梯度与静止环境的知识梯度相同，这是否意味着知识梯度在两种环境中产生相同的行为？

7.35　描述一个问题的状态变量S^n，其中$\mathcal{X} = \{x_1, \ldots, x_M\}$是一组使用贝叶斯信念模型的离散动作(也称为"臂")，其中μ_x^n是关于备选方案x的信念，β_x^n是精度。建立贝尔曼方程，描述一个最优策略(假设有N次实验的预算)，并回答以下问题：

(1) 是什么原因使这个公式如此难以求解？

(2) Gittins指数使用的方法有什么不同之处？为何能使这种方法变得容易处理？这种方法需要某种分解；问题是如何分解的？

序贯决策分析和建模

以下练习摘自在线书籍*Sequential Decision Analytics and Modeling*(《序贯决策分析和建模》)。扫描右侧二维码，即可查看该书。

7.36　阅读上述书籍第4章4.1~4.4节，学习最佳糖尿病药物。

(1) 这是一个序贯决策问题。状态变量是什么？

(2) 4类策略中的哪一类是解决此问题的最佳方案？

(3) 需要了解患者对不同药物的反应的问题必须通过现场测试来解决。这些问题的适当目标函数是什么？

(4) 策略具有可调参数。将参数调整问题用公式表示为序贯决策问题。假设这是在模拟器中离线完成的。用公式表示优化策略的目标函数时要小心。

7.37　阅读上述书籍第12章12.1~12.4节(但仅限于12.4.2节)中关于广告点击优化的内容。

(1) 上述书籍12.4.2节介绍了激励策略。这属于4类策略中的哪一类？

(2) 激励策略具有可调参数ρ。寻找最佳ρ的一种方法是将其离散化以创建一组可能的值$\{\rho_1, \rho_2, \ldots, \rho_K\}$。使用以下方法描述信念模型：

① 独立信念。

② 相关信念。

描述CFA策略，以使用任一信念模型在该集合中找到ρ的最佳值。

7.38　阅读上述书籍第12章12.1~12.4节中关于广告点击优化的内容。重点关注提出知识梯度策略的12.4.3节。

(1) 详细描述如何针对该问题实施知识梯度策略。

(2) 当观察结果为二进制(客户点击或未点击广告)时，广告x的单个观察结果$W_{t+1,x}$中的噪声可能非常大，这意味着来自单个实验的信息价值可能非常低。处理这一问题的一种方法是使用前瞻τ个时段的一个前瞻模型。描述如何在前瞻τ个时段(而不是一个时段)计算知识梯度。

(3) 你会如何选择 τ？

(4) 存在离线学习(最大化最终回报)和在线学习(最大限度地累积回报)的知识梯度版本。给出离线学习和在线学习的知识梯度表达式。

7.39　继续上述书籍第4章中的练习，假设必须在现场(而非模拟器中)调整策略，请将此问题建模为序贯决策问题。注意，需要一个"策略"(有些人将其称为算法)来更新与选择药物策略分离的可调参数 θ。

每日一问

"每日一问"是你选择的一个问题(请参阅第1章中的指南)。针对你的每日一问，回答以下问题。

7.40　从你的每日一问中选择一个学习问题，对新信息做出自适应性的反应。信息处理是平稳的还是非平稳的？什么问题讨论了以下优点和缺点：

(1) 确定性步长策略(确定你正在考虑的策略)。

(2) 随机步长策略(确定你正在考虑的策略)。

(3) 最佳步长策略(确定你正在考虑的策略)。

参考文献

第 Ⅲ 部分
状态相关问题

接下来将介绍更丰富的一类动态问题，其中，问题的某些方面取决于动态信息。这可能以3种方式出现：

- 目标函数取决于动态信息，如成本或价格；
- 约束可能取决于(被动态控制的)资源的可用性，或约束中的其他信息，如一幅图中的行程时间或水蒸发的速率；
- 随机变量(如天气)的分布或需求的分布可能随时间而变化，这意味着分布的参数位于状态变量之中。

研究与状态无关的问题时，经常将函数最大化成$F(x, W)$，以表示其取决于决策x或随机信息W，而不取决于状态的任何信息S_t(或S^n)。当进入状态相关世界时，会把成本/贡献函数写作$C(S_t, x_t)$，或者在某些情况下写作$C(S_t, x_t, W_{t+1})$，以捕捉目标函数对S_t中动态信息的可能依赖性。此外，决策x_t可能受到$x_t \in \mathcal{X}_t$的约束，其中约束$\mathcal{X}_t$可能取决于库存、行程时间或转换率等动态数据。

最终，随机信息W本身可能取决于状态变量S_t中的已知信息，或者可能取决于无法观察到的但有相关信念的隐藏信息。(这些信念也会被捕捉到状态变量中。)例如，W可能是由某些概率分布描述的广告点击次数，该概率分布的参数(例如平均值)也是不确定的。因此，在t时(或n时)，我们可能会发现自己在解决一个类似于下式的问题：

$$\max_{x_t \in \mathcal{X}_t} \mathbb{E}_{S_t} \mathbb{E}_{W|S_t} \{C(S_t, x_t, W_{t+1})|S_t\}$$

如果成本/贡献函数$C(S_t, x_t, W_{t+1})$、约束$\mathcal{X}_t$和(或)期望取决于时间相关数据，就有了状态相关问题的例子。

这并不是说所有的状态相关问题都一样，但这确实是在声称，相对于状态无关问题，状态相关问题代表着一个重要转变，在状态无关问题中，唯一的状态是关于函数的信念B_t。这也是将状态无关问题称为学习问题的原因。

以下章节为状态相关问题奠定了基础。

- 状态相关的应用(第8章)——首先讲到函数是状态相关的一系列问题的应用。状态变量可能出现在目标函数(如价格)中，但在大多数应用中，状态都出现在约束中，这是涉及物理资源管理的典型问题。

- 序贯决策问题建模(第9章)——全面总结了如何对一般(状态相关)序贯决策问题建模。

- 不确定性建模(第10章)——要找到好的决策(做出好的决策)，就需要一个好的模型，这指的是一个精准的不确定性模型。这一章确定了不同的不确定性来源，并讨论了如何对其进行建模。

- 策略设计(第11章)——此章对制定策略的不同策略进行了更全面的阐述，得出了本书第Ⅰ部分中首次介绍的针对学习问题的4类策略。如果有一个特定的问题要解决(而不仅仅是创建工具箱)，此章应该可以引导你找到与你的问题最相关的策略。

在这些章节之后，本书的其余部分将介绍第7章在无导数随机优化的背景下说明的4类策略。

第**8**章

状态相关的应用

第5章和第7章介绍了序贯决策问题，其中状态变量仅由算法的状态(见第5章)或未知函数$\mathbb{E}\{F(x,W)|S_0\}$的信念状态组成(见第7章)。这些问题涵盖了一类涉及最大化或最小化函数的非常重要的应用，这些函数可以表示从复杂的分析函数和黑盒模拟器到实验室和现场实验的任何内容。

状态相关问题的显著特征是，正在优化的问题取决于状态变量，其中"问题"可能是函数$F(x,W)$、期望(如W的分布)，或可行域x。状态变量的变化可能完全是外生的(决策不会影响系统的状态)，也可能完全是内生的(状态变量只因决策而变化)，或者两者兼而有之(更典型)。

确实存在一系列的问题，其性能指标(成本或贡献)、随机变量W的分布和(或)限制条件取决于随着时间推移而变化的信息，这些信息要么是外生的，要么是决策的结果(或两者兼有)。随时间变化的信息会被捕捉到状态变量S_t(或S^n——如果用n计算事件数量)中。

影响问题本身的状态变量示例如下。

* 物理状态变量，可能包括库存、车辆在图上的位置、患者的医疗状况、机器人的速度和位置，以及飞机发动机的状况。物理状态变量通常通过约束来表示。

* 信息状态变量，如价格、患者病史、实验室湿度或登录互联网用户的属性。这些变量可能会影响目标函数(成本或贡献)或约束条件。这些信息可能是外生的(例如天气)，也可能是被直接控制的(例如设定产品价格)，或受决策影响(可能以较低的电价向电网出售能源)。

* 分布信息捕捉关于未知参数或数量的信念，例如关于患者对药物的反应、喷气发动机中材料的状态或市场对产品价格的反应的信息。

虽然物理资源管理问题可能最容易想象，但是状态相关问题可包括由动态信息决定的函数最小化问题，这些问题可以是目标函数本身，也可以是约束，或是控制系统如何随时间演变的公式(转移函数)。

可以将与状态无关的问题的目标函数写作 $F(x, W)$，因为函数本身不取决于状态变量。状态相关问题的单周期贡献(或成本)函数则写作 $C(S_t, x_t)$，不过在某些环境中，会将其写作 $C(S_t, x_t, W_{t+1})$；在一些环境中会写作 $C(S_t, x_t, S_{t+1})$。

我们将通过条件(即 $\mathbb{E}\{F(\cdot)|S_t\}$(或 $\mathbb{E}\{F(\cdot)|S^n\}$))来表示期望对状态变量的依赖。通过 $x \in \mathcal{X}_t$ 来表示约束对动态状态信息的依赖。注意，$C(S_t, x_t)$ 表示贡献函数取决于诸如下式的动态信息：

$$C(S_t, x_t) = p_t x_t$$

其中，价格 p_t 随时间变化而随机演变。

此时，有必要强调一下最大的一类状态相关问题(即那些涉及物理资源管理的问题)是什么。通常这被称为动态资源分配问题，这些问题是我们将遇到的最大和最困难的问题的基础。这些问题大都是高维的，一般具有复杂的动态和多种不确定性。

本章将介绍以下4类示例。

- 图问题——这些问题是对某单个资源建模的问题，该资源采用在离散状态集上移动的离散动作集来控制。
- 库存问题——这是动态规划中的一个经典问题，它有一组几乎无限的变量。
- 信息获取问题——这些都是状态相关的主动学习问题，第7章末尾曾谈到过，但现在将它们嵌入更复杂的环境中。
- 复杂的资源配置问题——在此将深入研究并描述一些高维应用。

其中的配图针对示范教学而设计。细心的读者会发现一些微妙的建模选择，特别是关于时间的索引。建议读者略读这些问题，并挑选感兴趣的例子来研究。第9章将介绍一个非常通用的建模框架，它有助于了解可能出现的应用的复杂性。

最后要提醒的是，本章只介绍模型而非解决方案。这符合"先建模，后求解"的方法，甚至不使用通用建模框架。其理念是引入带有符号的应用。第9章将详细介绍针对这些更复杂问题的通用建模框架。在第10章介绍了不确定性建模的丰富挑战之后，第11章将转向策略设计的问题。在这一点上，我们只能说：存在4类策略，可选择的任何方法都来自这4类策略中的一类(或混合策略)。我们不会假设可以用一种特定的策略来解决它，例如近似动态规划。

8.1　图问题

一类流行的随机优化问题涉及管理在图上移动的单个物理资产，其中图的节点捕捉物理状态。

8.1.1　随机最短路径问题

我们经常会对最短路径问题感兴趣，其中遍历链路的成本存在不确定性。很自然地会将交通示例某条链路上的行程时间视为随机的，以反映出每条链路上交通状况的可变性。有两种方法可以处理这种不确定性。最简单的方法是假设司机在看到链路上的行程时间之前必须做出决策。在这种情况下，可将式子更新为：

$$v_i^n = \min_{j \in \mathcal{I}_i^+} \mathbb{E}\{\hat{c}_{ij} + v_j^{n-1}\}$$

其中，$\hat{c}_{ij}$ 是描述遍历 i 到 j 的成本的随机变量。如果 $\bar{c}_{ij} = \mathbb{E}\hat{c}_{ij}$，那么问题可以简化为：

$$v_i^n = \min_{j \in \mathcal{I}_i^+} (\bar{c}_{ij} + v_j^{n-1})$$

这是一个简单的确定性问题。

另一个模型假设一到节点 i，便知晓从 i 到 j 的成本。在这种情况下，必须求解：

$$v_i^n = \mathbb{E}\left\{\min_{j \in \mathcal{I}_i^+} \left(\hat{c}_{ij} + v_j^{n-1}\right)\right\}$$

在这里，期望在选择最优决策的最小算子之外，这说明当前决策本身是随机的。

注意，我们的符号是不明确的，在相同的符号下，有两个完全不同的模型。第9章将改进符号，以便当决策"看到"随机信息时，以及当必须在信息可用之前做出决策时，让符号立刻变得明确。

8.1.2　漂泊的货车司机

序贯决策的一个很好的例子是称为"漂泊的货车司机"的问题。在这个问题中，货车司机不得不把(装满货车的)一车货物从一个城市运到另一个城市。当他到达城市 i 时，又被提供了一组前往不同目的地的货物，必须从中选择一种货物。一旦做出选择(在本例中，司机选择了运往新泽西州的货物)，就要将货物运到目的地，递送货物，然后问题会周而复始地出现。其他货物会被提供给其他司机，因此如果稍后返回节点 i，将会得到一组全新的货物(完全是随机的)。

通过设 R_t 是货车司机的位置，便可以对漂泊的货车司机建模。在某个地点，货车司机可以从一系列需求 $\hat{D}_t$ 中进行选择。因此，状态变量是 $S = (R_t, \hat{D}_t)$，其中 R_t 是标量(位置)，而 $\hat{D}_t$ 是给出从 R_t 到每个可能的目的地的货物数量的向量。某个决策 $x_t \in \mathcal{X}_t$ 表示在 $\hat{D}_t$ 中接受一件货物并前往该货物的目的地的决策。

设 $C(S_t, x_t)$ 是在位置 R_t(包含在 S_t 中)并做出决策 x_t 时获得的贡献。在 t 时未包含在 $\hat{D}_t$ 的任何需求都会丢失。执行决策 x_t 后，货车司机要么停留在当前位置(如果他什么都不做)，要么移动到与其在集合 $\hat{D}_t$ 中选择的货物目的地相对应的位置。

设 R_t^x 是决策 x_t 派遣货车司机去向的位置。后文称之为决策后状态(post-decision state)，这是在做出决策后但在任何新信息到达前的状态。决策后状态变量 $S_t^x = R_t^x$ 是货车在任何需求公布之前将要驶向的位置。假设决策 x_t 确定下游目的地,因此有 $R_{t+1} = R_t^x$。

货车司机通过求解下式做出决策:

$$\hat{v}_t = \max_{x \in \hat{D}_t} \left(C(S_t, x) + \overrightarrow{V}_t^x(R_t^x) \right)$$

其中,R_t^x 是下游位置("决策后状态"),$\overrightarrow{V}_t^x(R_t^x)$ 是对货车处于目的地 R_t^x 的价值的当前估计值(截至 t 时)。设 x_t 是给定下游价值 $\overrightarrow{V}_t^x(R_t^x)$ 时的最优决策。注意,R_t 是货车的当前位置,使用下式更新先前的决策后状态的价值:

$$\overrightarrow{V}_{t-1}^x(R_{t-1}^x) \leftarrow (1 - \alpha)\overrightarrow{V}_{t-1}^x(R_{t-1}^x) + \alpha\hat{v}_t$$

注意,我们正使用先前的决策后状态的当前估计值 $\overrightarrow{V}_{t-1}^x(R_{t-1}^x)$ 对决策前状态 S_t 中的值 $\hat{v}_t$ 进行平滑处理。

8.1.3 变压器更换问题

电力行业会使用一种被称为变压器的设备,将发电厂输出的高压电转换为逐渐降低的电压,最终输出可以在家庭和企业中使用的电流。其中最大的变压器重达200吨,它的更换成本可能高达数百万美元,其建造和交付可能需要一年或更长时间。故障率很难估计(最强大的变压器于20世纪60年代首次安装,目前仍旧在用)。实际故障可能很难预测,因为其通常取决于热量、电涌和使用水平。

我们将建立一个总的更换模型,它只获取变压器的使用时长。设:

a = 变压器在 t 时的使用时长(以时间段为单位),

R_{ta} = 在 t 时使用时长为 a 的正常变压器的数量

此处和其他地方,需要对资源的属性(本例中的使用时长)进行建模。

我们的模型需要假设使用时长是变压器故障概率的最优预测因素。设:

$\hat{R}_{t+1,a}^{fail}$ = 使用时长为 a 的变压器在 t 到 $t+1$ 期间损坏的数量

p_a = 使用时长为 a 的变压器在 t 到 $t+1$ 期间损坏的概率

当然 $\hat{R}_{t+1,a}^{fail}$ 取决于 R_{ta},因为变压器只有被使用了才可能失灵。

购买一台全新的变压器可能需要一到两年的时间。假设以季度(3个月)为单位来衡量时间。通常情况下,从购买变压器到在网络中安装变压器的时长大约为6个季度。不过,可以支付额外费用,在3个季度内获得一台全新的变压器。如果购买了一台在6个时间段内到达的变压器,就可以说已经获得了一台使用时长为 $a = -6$ 个时间段的变压器。若支付额外费用,可得到一台使用时长为 $a = -3$ 个时间段的变压器。当然,变压器至少在 $a = 0$ 个时间段之前没有生产力。设:

x_{ta} = 在 t 时购买的使用时长为 a 的变压器的数量

$$R_{t+1,a} = R_{t,a-1} + x_{t,a-1} - \hat{R}_{t+1,a}^{fail}$$

如果变压器太少，就会产生所谓的"拥堵成本"，即因电网出现传输瓶颈而不得不从电价更高的公用事业公司购电所产生的额外成本。要捕捉到这一点，可设：

$$\bar{R} = 应该拥有的可用变压器的目标数量，$$

$$R_t^A = t时可用的变压器的实际数量，$$

$$= \sum_{a \geq 0} R_{ta},$$

$$c_a = 购买使用时长为 a 的变压器的成本，$$

$$C_t(R_t^A, \bar{R}) = 如果 R_t^A 台变压器可用，预期的拥堵成本$$

$$= c_0 \left(\frac{\bar{R}}{R_t^A}\right)^{\beta}$$

函数 $C_t(R_t^A, \bar{R})$ 捕捉在 R_t^A 低于 $\bar{R}$ 时，拥堵成本迅速上升的行为。

总成本函数由下式给出：

$$C(S_t, x_t) = C_t(R_t^A, \bar{R}) + c_a x_t$$

对于此应用，状态变量 R_t 可能具有多达100个维度。如果有200个变压器，每个变压器的使用年限可能高达100年，那么 R_t 可以是 100^{200}。建模人员计算状态空间大小的行为并不罕见，尽管这只适用于特定的求解方法，这些方法取决于状态价值的查找表表示，或者在状态下应该采取的动作。

8.1.4 资产评估

想象一下，你持有的资产可以以随机波动的价格出售。在这个问题中，我们想确定出售资产的最优时间，并据此推断资产的价值。因此，这类问题经常出现在资产估值和定价的背景下。

设 p_t 是可以在 t 时出售的资产的价格，这时必须做出一个决策：

$$x_t = \begin{cases} 1 & 出售， \\ 0 & 持有 \end{cases}$$

假设该简单模型的 p_t 与先验价格无关(更典型的模型将假设价格的变化与先验历史无关)。根据这个假设，系统会有两个物理状态，用 R_t 表示，其中：

$$R_t = \begin{cases} 1 & 持有资产， \\ 0 & 出售资产 \end{cases}$$

状态变量由下式给出：

$$S_t = (R_t, p_t)$$

设：

τ = 出售资产的时间

τ被称为停止时间(见2.1.7节中的讨论)，这意味着它只能取决于已到达的信息或t时之前的信息。

根据定义，$x_\tau = 1$表示在$t = \tau$时的出售决策。将τ视作决策变量，我们希望求解：

$$\max_\tau \mathbb{E} p_\tau \tag{8.1}$$

式(8.1)解释起来有点棘手。显然，何时停止的选择是一个随机变量，因为它取决于价格p_t。不能最优地选择一个随机变量，因此式(8.1)的意思是，希望选择一个决定何时出售的函数(或策略)。例如，可能会使用如下规则：

$$X_t^{PFA}(S_t|\theta^{\text{sell}}) = \begin{cases} 1 & \text{若} p_t \geq \theta^{\text{sell}} \text{且} S_t = 1, \\ 0 & \text{其他} \end{cases} \tag{8.2}$$

在这种情况下，有一个参数为θ^{sell}的函数，允许将问题写成以下形式：

$$\max_{\theta^{\text{sell}}} \mathbb{E} \left\{ \sum_{t=0}^{\infty} \gamma^t p_t X_t^{PFA}(S_t|\theta^{\text{sell}}) \right\} \tag{8.3}$$

其中，$\gamma < 1$是折扣因子。这个形式提出了两个问题。

第一个问题是，虽然直观上策略采用式(8.2)中给出的形式似乎合理，但理论上仍须探讨这是否真的是最优策略的结构。

第二个问题是如何在该类中找到最优策略。对于这个问题，这意味着要找到参数θ^{sell}。这正是第5章和第7章讨论随机搜索时处理的问题类型。然而，这并不是可能使用的唯一策略。另一个策略是定义函数：

$V_t(S_t)$=在t时处于状态S_t的价值，然后从t时继续做出最优决策

更实际的是，设$V^\pi(S_t)$是处于状态S_t时的价值，然后从t时继续遵循策略π。这可以表述为下式：

$$V_t^\pi(S_t) = \mathbb{E} \left\{ \sum_{t'=t}^{\infty} \gamma^{t'-t} p_{t'} X_{t'}^\pi(S_{t'}|\theta^{\text{sell}}) \right\}$$

当然，如果能找到一个最优的决策，那就太好了，因为这会将$V_t^\pi(S_t)$最大化。更常见的情况是，需要使用称为$\overline{V}_t(S_t)$的近似值。在这种情况下，可以定义一个策略：

$$X^{VFA}(S_t) = \arg\max_x \left(p_t x_t + \gamma \mathbb{E}\{\overline{V}_{t+1}(S_{t+1})|S_t, x_t\} \right) \tag{8.4}$$

我们刚刚举例说明了两种类型的策略：X^{PFA}和X^{VFA}。这是第7章首次提到的4类策略

中的2类，称为策略函数近似和价值函数近似。第11章将再次回顾所有4类策略，并在第12~19章中深入讨论。

8.2　库存问题

另一类流行的问题涉及管理某种库存中的大量资源。库存可以是钱、产品、血液、人、蓄水池里的水或电池里的能量。这些决策控制着进、出库存的资源数量。

8.2.1　基本库存问题

有些应用(t时购买的产品在$t+1$时间段内使用)中会出现一种基本的库存问题。这种问题会多次出现，有时是离散问题，但通常是连续问题，有时是向量值问题(当必须获得不同类型的资产时)。

可以使用以下符号对这类问题进行建模：

R_t ＝ 在做出新的订购决策前，以及在满足t时间段内出现的任何需求之前，t时的手头存货，

x_t ＝ t时购买的产品数量，假设产品会立即送达，

D_t ＝ t时必须满足的已知需求

我们选择在需求得到满足前，将R_t建模为t时间段内的手头资源。这里的定义有助于理解8.2.2节介绍的应该满足多少需求的决策。在最基本的问题中，状态变量S_t由下式给定：

$$S_t = (R_t, D_t)$$

库存R_t使用以下公式表示：

$$R_{t+1} = R_t - \min\{R_t, D_t\} + x_t$$

设：

$\hat{D}_{t+1}$＝在时间段$(t, t+1)$内了解到的新需求

假设任何未满足的需求都会丢失。这意味着D_t根据下式演变：

$$D_{t+1} = \hat{D}_{t+1}$$

这里假设D_{t+1}是通过新信息$\hat{D}_{t+1}$来获知的。下面介绍如何处理积压的未满足的需求。

假设以固定价格p^{buy}购买新资产并以固定价格p^{sell}出售。在$t-1$时和t时之间的收入(满足在t时变为已知需求的D_t)，包括在t时所做的决策，由下式给定：

$$C(S_t, x_t) = p^{\text{sell}} \min\{R_t, D_t\} - p^{\text{buy}} x_t$$

这个问题的另一种表达方式是根据t时和$t+1$时之间所获得的价值来列贡献式。在这种情况下，可以把贡献写作：

$$C(S_t, x_t, \hat{D}_{t+1}) = p^{\text{sell}} \min\{(R_t - \min\{R_t, D_t\} + x_t), \hat{D}_{t+1}\} - p^{\text{buy}} x_t \tag{8.5}$$

正是因为类似的问题，有时会把贡献函数写作$C(S_t, x_t, W_{t+1})$。

8.2.2　进阶库存问题

许多库存问题都引入了额外的不确定性来源。管理的库存可以是股票、飞机、石油等能源商品、消费品和血液。除了需要满足随机的需求(基本库存问题中考虑的唯一不确定性来源)外，购买和出售资产的价格也可能具有随机性。还可能包括由于增加(现金存款、献血、能源发现)和减少(现金提取、设备故障、产品被盗)而导致的手头库存的外生变化。

可以使用以下符号建模这类问题：

$$x_t^{\text{buy}} = t\text{时购买的库存将在}t+1\text{时间段内使用,}$$

$$x_t^{\text{sell}} = \text{为满足}t\text{时间段内的需求而出售的库存数量,}$$

$$x_t = (x_t^{\text{buy}}, x_t^{\text{sell}}),$$

$$R_t = \text{做出任何决策之前,}t\text{时的库存水平,}$$

$$D_t = \text{在}t\text{时等候服务的需求}$$

当然，我们会要求$x_t^{\text{sell}} \leq \min\{R_t, D_t\}$，因为不能出售不存在的东西，也不能卖出超过市场需求的东西。我们还将假设以随时间波动的市场价格买卖库存。使用以下符号描述上述问题：

$$p_t^{\text{buy}} = \text{在}t\text{时采购库存的市场价格,}$$

$$p_t^{\text{sell}} = \text{在}t\text{时销售库存的市场价格,}$$

$$p_t = (p_{t+1}^{\text{sell}}, p_{t+1}^{\text{buy}})$$

系统会根据包括供应(库存)、需求和价格的随机变化在内的几类外生信息进行演化。可以使用以下符号对这类系统进行建模：

$$\hat{R}_{t+1} = \text{时间段}(t, t+1)\text{内发生的库存外生变化(例如,降雨增加了水库水量,共}$$
$$\text{同基金存款/提现,或献血),}$$

$$\hat{D}_{t+1} = \text{时间段}(t, t+1)\text{内出现的新库存需求,}$$

$$\hat{p}_{t+1}^{\text{buy}} = \text{时间段}(t, t+1)\text{内发生的采购价格变化,}$$

$$\hat{p}_{t+1}^{\text{sell}} = \text{时间段}(t, t+1)\text{内发生的销售价格变化,}$$

$$\hat{p}_{t+1} = (\hat{p}_{t+1}^{\text{buy}}, \hat{p}_{t+1}^{\text{sell}})$$

假设库存的外生变化为$\hat{R}_t$，在t时满足需求之前发生。

对于这种更复杂的问题，可以为外生信息提供一个通用变量，它将为你提供便利。使用符号W_{t+1}表示在t时和$t+1$时之间的所有信息，对于这个问题，有：

$$W_{t+1} = (\hat{R}_{t+1}, \hat{D}_{t+1}, \hat{p}_{t+1})$$

系统的状态由下式描述：

$$S_t = (R_t, D_t, p_t)$$

状态变量根据以下式子演变：

$$
\begin{aligned}
R_{t+1} &= R_t - x_t^{\text{sell}} + x_t^{\text{buy}} + \hat{R}_{t+1}, \\
D_{t+1} &= D_t - x_t^{\text{sell}} + \hat{D}_{t+1}, \\
p_{t+1}^{\text{buy}} &= p_t^{\text{buy}} + \hat{p}_{t+1}^{\text{buy}}, \\
p_{t+1}^{\text{sell}} &= p_t^{\text{sell}} + \hat{p}_{t+1}^{\text{sell}}
\end{aligned}
$$

例如，如果假设市场价格遵循时间序列模型，可以添加额外的复杂性：

$$p_{t+1}^{\text{sell}} = \theta_0 p_t^{\text{sell}} + \theta_1 p_{t-1}^{\text{sell}} + \theta_2 p_{t-2}^{\text{sell}} + \varepsilon_{t+1}$$

式中，$\varepsilon_{t+1} \sim N(0, \sigma_\varepsilon^2)$。在本例中，价格过程的状态由$(p_t^{\text{sell}}, p_{t-1}^{\text{sell}}, p_{t-2}^{\text{sell}})$捕捉，这意味着状态变量将由下式给出：

$$S_t = (R_t, D_t, (p_t, p_{t-1}, p_{t-2}))$$

注意，如果不允许积压，那么将使用下式更新需求：

$$D_{t+1} = \hat{D}_{t+1} \tag{8.6}$$

这与价格p_{t+1}的更新形成对比，p_{t+1}取决于p_t，甚至取决于p_{t-1}和p_{t-2}。为了对价格的演变进行建模，需要一个明确的数学模型，包括一个假定的误差，如$\varepsilon_{t+1} \sim N(0, \sigma_\varepsilon^2)$。当仅观察需求的更新值时(正如在式(8.6)中所做的那样)，便可以将这个过程描述为"数据驱动"。我们需要一个可以得出观察值$\hat{D}_1, \hat{D}_2, \ldots, \hat{D}_t, \ldots$的数据源，第10章将更深入地讨论这个概念。

单周期贡献函数为：

$$C_t(S_t, x_t) = p_t^{\text{sell}} x_t^{\text{sell}} - p_t^{\text{buy}} x_t$$

8.2.3　滞后资产收购问题

8.2.1节中介绍的基本资产收购问题的一个变体出现在可以购买资产以供未来使用之时。例如，酒店可能会在t时为未来的某个日期t'预订房间，旅行社可能会在旅行实际发生之前的不同时间点购买航班或游轮上的座位。航空公司可能会购买燃油期货合约。在所有这些情况下，通常提前购买的资产会更便宜，尽管价格可能会波动。

对于这个问题，假设售价为：

$$
\begin{aligned}
x_{tt'} &= \text{在}t\text{时购买的资源，用于满足}t'-1\text{到}t'\text{时间段内的已知需求，} \\
x_t &= (x_{t,t+1}, x_{t,t+2}, \ldots), \\
&= (x_{tt'})_{t'>t}
\end{aligned}
$$

$D_{tt'}$ = t时所知的总需求将在t'时被服务，

　　D_t = $(D_{tt'})_{t' \geq t}$，

$R_{tt'}$ = 在t时或t时之前获得的库存，可用于满足$t'-1$到t'时间段内的已知需求，

　　R_t = $(R_{tt'})_{t' \geq t}$

现在，R_{tt}是t时可用的资源，可用于满足t时间段已知的需求D_t。在这个公式中，不允许使用表示现货市场上购买量的x_{tt}。如果允许的话，则t时的购买量可以用来满足在$t-1$到t时间段中产生的未满足的需求。

在做出决策x_t之后，观察到新的需求：

　　$\hat{D}_{t+1,t'}$ =对时间段$(t, t+1)$内已知的将在t'时被服务的资源的新需求

这个问题的状态函数是：

　　$S_t = (R_t, D_t)$

其中，R_t是捕捉将来送达的库存的向量。

R_t的转移方程由下式给出：

$$
R_{t+1,t'} = \begin{cases} (R_{t,t} - \min(R_{tt}, D_{tt})) + x_{t,t+1} + R_{t,t+1}, & t' = t+1, \\ R_{tt'} + x_{tt'}, & t' > t+1 \end{cases}
$$

D_t的转移方程由下式给出：

$$
D_{t+1,t'} = \begin{cases} (D_{tt} - \min(R_{tt}, D_{tt})) + \hat{D}_{t,t+1} + D_{t,t+1}, & t' = t+1, \\ D_{tt'} + \hat{D}_{t+1,t'}, & t' > t+1 \end{cases}
$$

为了计算利润，设：

　　p_t^{sell} = 销售价格，像之前一样随时间随机变化，

　　$p_{t,t'-t}^{\text{buy}}$ = 购买价格，取决于时间t以及将在未来多久的时间内采购

单周期贡献函数(在时间上向前测量)是：

$$
C_t(S_t, x_t) = p_t^{\text{sell}} \min(R_{tt}, D_{tt}) - \sum_{t' > t} p_{t,t'-t}^{\text{buy}} x_{tt'}
$$

注意，我们根据时间t对贡献函数$C_t(S_t, x_t)$进行索引。这并不是因为价格p_t^{sell}和$p_{t,\tau}^{\text{buy}}$取决于时间，此信息在状态变量S_t中捕捉。相反，这是因为总和$\sum_{t' > t}$取决于t。

8.2.4　批量补货问题

运筹学中的一个经典问题就是这里所说的批量补货问题。为了说明该基本问题，假设有一种随时间消耗的单一类型的资源。由于资源的储备越来越少，有必要补充资源。对许多问

题来说，这个过程中存在规模经济。在一次"激增"中提升资源级别的做法更节约(参见示例8.1~示例8.3)。

■ 示例8.1

某家石油公司保持着一个总体石油储备水平。随着这些油田的枯竭，该公司将进行勘探，以确定新的油田，这将使该公司控制下的总储量激增。

■ 示例8.2

创业公司必须保持充足的运营资本储备，为产品开发和营销提供资金。由于现金耗尽，财务官不得不去市场筹集额外的资金。筹集资金的成本是固定的，所以这往往是分批进行的。

■ 示例8.3

电子商务食品配送公司的配送车希望同时进行几次配送。随着订单的到来，它必须决定是继续等待，还是携前面的订单离开。

介绍核心元素前，可设：

D_t = 在 t 时等待被服务的需求，

R_t = t 时的资源级别，

x_t = t 时获得的将在 $t+1$ 时间段用掉的额外资源

状态函数为：

$$S_t = (R_t, D_t)$$

在做出订购多少新产品的决策 x_t 之后，我们观察到了新的需求：

$\hat{D}_{t+1}$ = 在时间段 $(t, t+1)$ 内到达的新需求

转移函数由下式给出：

$$R_{t+1} = \max\{0, (R_t + x_t - D_t)\},$$

$$D_{t+1} = D_t - \min\{R_t + x_t, D_t\} + \hat{D}_{t+1}$$

我们的单周期成本函数(我们希望其最小化)由下式给出：

$$C(S_t, x_t, \hat{D}_{t+1}) = 收购 x_t 单位资源的总成本$$

$$= c^f I_{\{x_t > 0\}} + c^p x_t + c^h R_{t+1}^M(R_t, x_t, \hat{D}_{t+1})$$

其中：

c^f = 下订单的固定成本，

c^p = 单位购买成本，

c^h = 单位持有成本

为了我们的目的，$C(S_t, x_t, \hat{D}_{t+1})$可以是任何非凸函数；这是一个简单的例子。成本函数的非凸性将有助于同时订购更大的数量。

假设有一个决策函数族" $X^\pi(R_t)$, $\pi \in \Pi$ "，用于确定x_t。例如，可以使用诸如下式的决策规则：

$$X^\pi(R_t|\theta) = \begin{cases} \theta^{\max} - R_t & \text{若 } R_t < \theta^{\min}, \\ 0 & \text{若 } R_t \geq \theta^{\min} \end{cases}$$

其中，$\theta = (\theta^{\min}, \theta^{\max})$是指定的参数。在序贯决策问题的语言中，诸如$X^\pi(S_t)$的决策规则被称为策略(字面意思是做决策的规则)。通过π索引策略，并用π表示策略集。在本例中，$(\theta^{\min}, \theta^{\max})$表示补充库存策略的一个实例，$\theta$表示$\theta^{\min}$和$\theta^{\max}$之间可能的值(这将是此类中的一组策略)。

我们的目标是解出下式：

$$\min_{\theta \in \Theta} \mathbb{E} \left\{ \sum_{t=0}^{T} \gamma^t C(S_t, X^\pi(R_t|\theta), \hat{D}_{t+1}) \right\}$$

这意味着要搜索$\theta^{\min}$和$\theta^{\max}$之间所有的可能结果以找到最优表现(平均值)。

基本的批量补货问题(其中R_t和x_t是标量)很容易求解(如果知晓需求分布等信息)。但是，由于存在不同类型的资源，这些都是向量，因此存在许多实际问题。向量可能很小(不同类型的燃料或血液)，也可能非常大(为咨询公司或军队雇用不同类型的人；维护备件库存)。

8.3　复杂的资源配置问题

涉及物质资源管理的问题可能会变得相当复杂。下面讲解一个动态分配问题以及一个涉及为不同类型血液库存建模的问题，前一个问题要求随时间将车队的司机(和汽车)分配给请求出行的乘客。

8.3.1　动态分配问题

先来看一个随时间动态匹配司机(或者可能是无人驾驶电动汽车)与叫车客户的问题，如图8.1所示。必须根据司机(或汽车)的特征，例如司机住在哪里(或汽车电池中有多少电量)，以及行程的特征(起点、目的地、行程长短)，来考虑将哪个司机分配给哪个叫车客户。

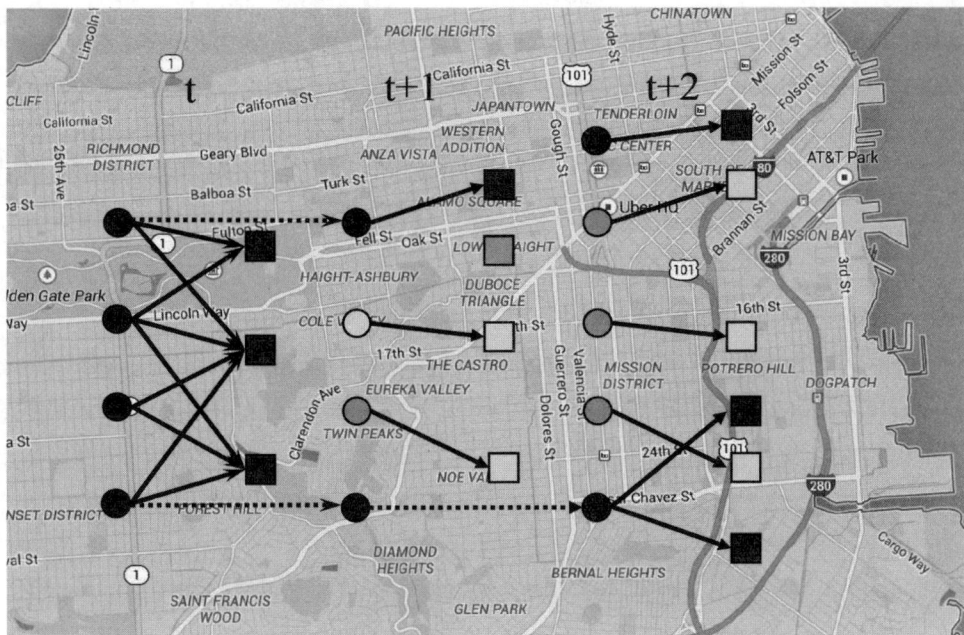

图8.1　司机(圆圈)与叫车客户(方块)的动态分配

使用下式描述司机和汽车：

$$a_t = \begin{pmatrix} a_1 \\ a_2 \\ a_3 \end{pmatrix} = \begin{pmatrix} \text{车的位置} \\ \text{车的类型} \\ \text{司机在岗小时数} \end{pmatrix}$$

可以使用以下符号为车队的司机和汽车建模：

$\mathcal{A}$ ＝ 所有可能的属性向量的集合，

R_{ta} ＝ 在t时属性为$a \in \mathcal{A}$的汽车数，

R_t ＝ $(R_{ta})_{a \in \mathcal{A}}$

我们注意到R_t可以是高维的，因为属性a是一个向量。在实践中，我们从不生成向量R_t，因为更切实可行的做法是只创建司机和汽车的列表。符号R_t仅用于建模目的。

旅行需求会随着时间的推移而产生，可以使用以下符号建模：

b ＝ 旅行的特点(出发地、目的地、要求的汽车类型)，

$\mathcal{B}$ ＝ 向量b的所有可能值的集合，

$\hat{D}_{tb}$ ＝ 在t时第一次学习到的具有b属性的新叫车请求的数量，

$\hat{D}_t$ ＝ $(\hat{D}_{tb})_{b \in \mathcal{B}}$，

D_{tb} ＝ 在t时等待的具有b属性的未服务行程的总数，

D_t ＝ $(D_{tb})_{b \in \mathcal{B}}$

接下来，必须为做出的决策建模。假设在任何时间点，都可以指定一名司机来接待叫车客户，或者送其回家。设：

$\mathcal{D}^H$ = 代表将司机指引到叫车客户所在位置的决策集，

$\mathcal{D}^D$ = 将司机分配给叫车客户的决策集，其中 $d \in \mathcal{D}^D$ 表示满足类型为 b_d 的需求的决策，

d^ϕ = "什么都不做"的决策，

$\mathcal{D}$ = $\mathcal{D}^H \cup \mathcal{D}^D \cup d^\phi$

决策具有改变司机属性的效果，并可能满足某个需求。使用属性转移函数捕捉决策对司机资源属性向量的影响，表示为：

$$a_{t+1} = a^M(a_t, d)$$

出于代数的目的，有必要定义指示函数：

$$\delta_{a'}(a_t, d) = \begin{cases} 1 & \text{对于} a^M(a_t, d) = a', \\ 0 & \text{其他} \end{cases}$$

决策 $d \in \mathcal{D}^D$ 意味着正在服务一个由属性向量 b_d 描述的客户。当然，这只有在 $D_{tb} > 0$ 时才有可能。通常，D_{tb} 将是0或1，尽管模型允许具有相同属性的多次行程。

使用以下符号表示我们已做的决策：

x_{tad} = 将类型为 d 的决策应用于属性为 a 的行程的次数，

x_t = $(x_{tad})_{a \in \mathcal{A}, d \in \mathcal{D}}$

同样，将决策的成本定义为：

c_{tad} = 将类型为 d 的决策应用于属性为 a 的司机的成本，

c_t = $(c_{tad})_{a \in \mathcal{A}, d \in \mathcal{D}}$

可以暂且短视地解决这个问题，做出现在看起来最好的决定，而忽略它们对未来的影响。为此，可以求解下式：

$$\min_{x_t} \sum_{a \in \mathcal{A}} \sum_{d \in \mathcal{D}} c_{tad} x_{tad}, \tag{8.7}$$

满足：

$$\sum_{d \in \mathcal{D}} x_{tad} = R_{ta}, \tag{8.8}$$

$$\sum_{a \in \mathcal{A}} x_{tad} \leq D_{tb_d}, \quad d \in \mathcal{D}^D, \tag{8.9}$$

$$x_{tad} \geq 0 \tag{8.10}$$

式(8.8)表示，要么安排司机回家，要么指派其为客户服务。式(8.9)表明，如果真的有一份类型为b_d的工作，就只能为司机分配类型为b_d的工作。换句话说，不能为每位叫车客户分配多名司机。然而，不必服务每个行程。

式(8.7)~式(8.10)提出的问题是一个线性规划。真正的问题可能涉及管理数百个甚至数千个独立的实体。决策向量$x_t = (x_{tad})_{a \in \mathcal{A}, d \in \mathcal{D}}$可能有超过一万个维度(线性规划语言中的变量)。不过，商业线性规划包可以轻松处理这种规模的问题。

如果通过求解式(8.7)~式(8.10)来做决策，我们就认为这是一种短视的策略，因为这只会用到目前的已知信息，而忽略当前决策对未来的影响。例如，可能会安排司机回家，而不是让他空坐在酒店房间里等候工作分配，但这又会忽略司机当前位置附近突然出现另一份工作的可能性。

给定一个决策向量，即可使用下式描述系统的动态：

$$R_{t+1,a} = \sum_{a' \in \mathcal{A}} \sum_{d \in \mathcal{D}} x_{ta'd} \delta_a(a', d), \tag{8.11}$$

$$D_{t+1,b_d} = D_{t,b_d} - \sum_{a \in \mathcal{A}} x_{tad} + \hat{D}_{t+1,b_d}, \quad d \in \mathcal{D}^D \tag{8.12}$$

式(8.11)捕捉了所有决策(包括服务需求)对司机属性的影响。如果假设所有任务都在一个时间段内完成，那么这是最容易可视化的。如果不是这样的话，就只需要增加状态向量来获取已经部分完成任务的属性。式(8.12)从可用需求列表中减去由决策$d \in \mathcal{D}^D$服务的任何类型为b_d的需求(回想一下，$\mathcal{D}^D$的每个元素都对应于一种表示为b_d类型的旅行)。

系统的状态由下式给出：

$$S_t = (R_t, D_t)$$

状态变量随时间的演变由式(8.11)和式(8.12)决定。接下来可以使用下式设置最优性递归，以确定随时间最小化成本的决策：

$$V_t(S_t) = \min_{x_t \in \mathcal{X}_t} (C_t(S_t, x_t) + \gamma \mathbb{E} V_{t+1}(S_{t+1}))$$

其中，S_{t+1}是给定状态S_t和动作x_t下的$t+1$时的状态。因为在t时，不知道$\hat{D}_{t+1}$，所以S_{t+1}是随机的。可行域$\mathcal{X}_t$由式(8.8)~式(8.10)定义。

不用说，这个问题的状态变量相当大。R_t的维度由司机的属性数量决定，而D_t的维度则由需求的相关属性决定。在实际应用中，这些属性可能会变得相当详细和具体。幸运的是，这个问题有很多结构，第18章将对此进行进一步的探讨。

8.3.2　血液管理问题

血液库存管理问题是资源分配问题的一个特别好的例子。假设在一家医院管理库存，每周都必须决定哪些血液库存应用于满足下周的需求。

我们必须从血液的背景开始。对于血液库存管理，最重要的是关注血型和储存时长。尽管两个人的血液存在很大的差异，但大多数情况下，医生主要关注8种主要血型：A+("A阳性")、A-("A阴性")、B+、B-、AB+、AB-、O+和O-。虽然不同血型的替代能力取决于手术的性质，但大多数情况下，血液的替换都可以根据表8.1进行。

表8.1 大多数手术允许的血液置换，"X"表示允许置换(改编自Cant L. Life Saving Decisions: A Model for Optimal Blood Inventory Management. 2006)

捐赠者	受赠者							
	AB+	AB-	A+	A-	B+	B-	O+	O-
AB+	X							
AB-	X	X						
A+	X		X					
A-	X	X	X	X				
B+	X				X			
B-	X	X			X	X		
O+	X		X		X		X	
O-	X	X	X	X	X	X	X	X

血液的第二个重要特征是储存时长。血液的储存时长限制在6周内，长于此的都不得被使用。医院需要在血液达到这个时长极限前预测其是否会用到血液，否则血液可以转运至监测全区不同医院血液库存的血液中心。帮助医院尽快识别出不需要的血液以将血液转移到短缺的地方，是一件非常有益的事。

延长血液保质期的一种机制是冷冻。冷冻的血液可以储存10年，但解冻至少需要一个小时，这就限制了紧急情况或血液需求量高度不确定的手术对它的使用。此外，冷冻血液一旦解冻，就只能在24小时内使用。

可以将血液问题建模为一个异质资源分配问题。下面将从一个相当基本的模型开始探讨。该模型可以很容易地扩展，几乎不需要任何符号变动。先使用下式描述一个标准单位的储存血液的属性：

$$a = \begin{pmatrix} a_1 \\ a_2 \end{pmatrix} = \begin{pmatrix} \text{血型 (A+, A-, \dots)} \\ \text{寿命(周)} \end{pmatrix},$$

$\mathcal{B}$ = 所有属性类型集

接下来把储存时长限制在以下范围内：$0 \leq a_2 \leq 6$。$a_2 = 6$的血液(即已存储6周的血液)不再可用。假设决策迭代周期以一周为增量。

使用以下符号表示血液库存和献血量：

R_{ta} = 在t时可分配或可持有的a类型血液的单位数，

R_t = $(R_{ta})_{a \in \mathcal{A}}$，

$\hat{R}_{ta}$ = $t-1$时至t时之间捐献的a类型血液的单位数，

$\hat{R}_t$ = $(\hat{R}_{ta})_{a \in \mathcal{A}}$

血液需求的属性由下式给出：

$$d = \begin{pmatrix} d_1 \\ d_2 \\ d_3 \end{pmatrix} = \begin{pmatrix} \text{患者血型} \\ \text{手术类型：紧急或择期} \\ \text{是否允许替换} \end{pmatrix},$$

d^ϕ = 决定在库存中保留血液（"什么都不做"），

$\mathcal{D}$ = 所有需求类型 d 加 d^ϕ 的集合

属性 d_3 捕捉这样一个事实：在某些操作中，医生不允许任何替换。一个例子是分娩，因为婴儿可能无法处理不同的血型，即使这种血型是允许的替代品。我们的基本模型不允许将一周内未满足的需求推迟到下一周。因此，只需要借助以下符号来完成对新需求的建模：

$\hat{D}_{td}$ = $t-1$ 时至 t 时之间产生的属性为 d 的需求单位，

$\hat{D}_t$ = $(\hat{D}_{td})_{d \in \mathcal{D}}$

根据下式给出的决策对血液资源采取动作：

x_{tad} = 将属性为 a 的血液单位数分配给类型为 d 的需求，

x_t = $(x_{tad})_{a \in \mathcal{A}, d \in \mathcal{D}}$

可行域 $\mathcal{X}_t$ 由以下约束定义：

$$\sum_{d \in \mathcal{D}} x_{tad} = R_{ta}, \tag{8.13}$$

$$\sum_{a \in \mathcal{A}} x_{tad} \leq \hat{D}_{td}, \quad d \in \mathcal{D}, \tag{8.14}$$

$$x_{tad} \geq 0 \tag{8.15}$$

血液只能存放一周，但我们将其储存时长宽限至 6 周内。为满足需求而分配的血液可以建模为被转移至血型库的血液，可能用 $a_{t,1} = \phi$（空血型）表示。血液属性转移函数 $a^M(a_t, d_t)$ 由下式给出：

$$a_{t+1} = \begin{pmatrix} a_{t+1,1} \\ a_{t+1,2} \end{pmatrix} = \begin{cases} \begin{pmatrix} a_{t,1} \\ \min\{6, a_{t,2}+1\} \end{pmatrix}, & d_t = d^\phi, \\ \begin{pmatrix} \phi \\ - \end{pmatrix}, & d_t \in \mathcal{D} \end{cases}$$

为了表示该转移函数，可以定义：

$$\delta_{a'}(a,d) = \begin{cases} 1 & a_t^x = a' = a^M(a_t, d_t), \\ 0 & \text{其他}, \end{cases}$$

Δ = $\delta_{a'}(a,d)$ 在 a' 行和 (a,d) 列的矩阵

我们注意到属性转移函数是确定性的。例如，如果对血液的检查导致不到6周的血液被判定为过期，就会出现随机因素。现在资源转移函数可以写作：

$$R_{ta'}^x = \sum_{a \in \mathcal{A}} \sum_{d \in \mathcal{D}} \delta_{a'}(a, d) x_{tad},$$

$$R_{t+1,a'} = R_{ta'}^x + \hat{R}_{t+1,a'}$$

在矩阵形式中，这些可以写作：

$$R_t^x = \Delta x_t, \tag{8.16}$$

$$R_{t+1} = R_t^x + \hat{R}_{t+1} \tag{8.17}$$

图8.2说明了t周内发生的转移。要么决定使用哪种类型的血液来满足需求(见图8.2(a))，要么将血液保留到下一周。如果血液被用来满足需求，它就会从系统中消失。如果把血液保存到下一周，它就会成为储存期延长一周的血液。储存期已达6周的血液可能不会被用来满足任何需求，因此可以把储存期为6周的血液看作无法使用的血液(其价值为零)。注意，我们假定捐献的血液储存期为0。决策前和决策后的状态变量由下式决定：

$$S_t = (R_t, \hat{D}_t),$$

$$S_t^x = (R_t^x)$$

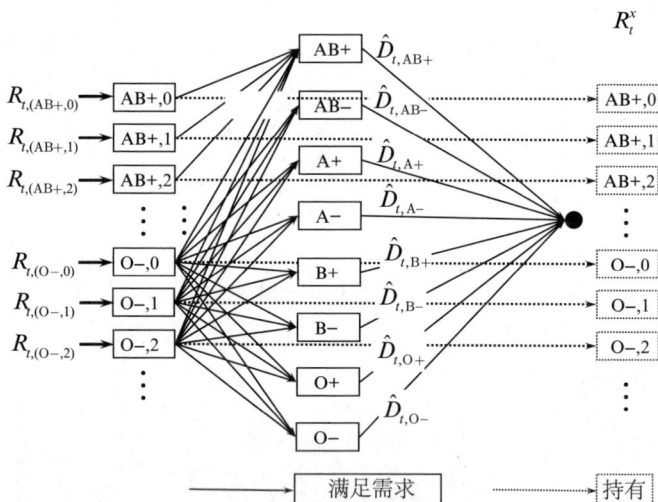

(a) 第t周按需求分配血液。实线表示将血液分配给某个需求，虚线表示持有血液

图8.2 (a)第t周按已知需求分配不同血型(储存时长)的血液；(b)持有血液到下一周

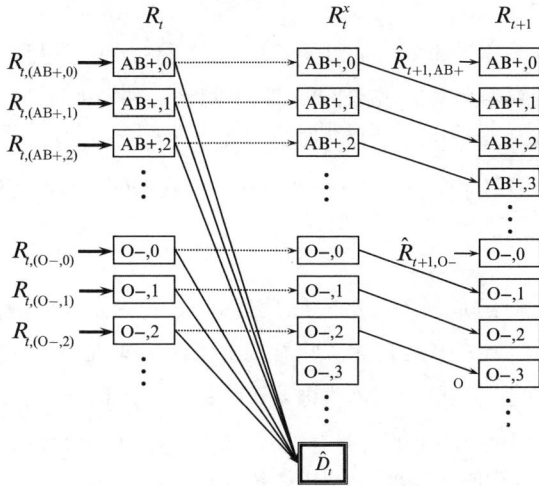

(b) 持有血液至第 t+1 周

图8.2 (a)第 t 周按已知需求分配不同血型(储存时长)的血液；(b)持有血液到下一周(续)

将一种血型的血液分配给另一种血型的需求并不存在真正的"成本"(我们没有考虑花钱鼓励更多的献血，或将库存从一家医院运送到另一家医院)。相反，我们使用贡献函数来捕捉医生的偏好，希望抓住自然的偏好，即最好不要替代血型，满足紧急需求比满足非紧急需求更重要。例如，可以使用表8.2中描述的贡献。因此，如果使用O-型血来满足某个A+型血非急需病人的需求，将获得-10美元的贡献值(惩罚，因为它是负的)，+5美元回报使用O-型血(医院倾向于鼓励此)，+20美元的贡献值用于回报满足非紧急需求，总贡献值为+15美元。

表8.2　不同血型和决定的贡献

条件	说明	值
当 $d = d^{\phi}$ 时	持有	0
当 $d \in \mathcal{D}$ 时，若 $a_1 = a_1$	不替代	0
当 $d \in \mathcal{D}$ 时，若 $a_1 \neq a_1$	替代	−10
当 $d \in \mathcal{D}$ 时，若 $a_1 = $ O−	O−替代	5
如果 d_2=紧急	满足紧急需求	40
如果 d_2=非紧急	满足非紧急需求	20

(t 时的)总贡献值最终由下式求得：

$$C_t(S_t, x_t) = \sum_{a \in \mathcal{A}} \sum_{d \in \mathcal{D}} c_{tad} x_{tad}$$

和前面一样，假设 $X_t^{\pi}(S_t)$ 是在给定 S_t 的情况下决定 $x_t \in \mathcal{X}_t$ 的策略(某种决策规则)。希望通过求解下式找到最优策略：

$$\max_{\pi \in \Pi} \mathbb{E} \sum_{t=0}^{T} C(S_t, X^{\pi}(S_t)) \tag{8.18}$$

解决这个问题的最明显的方法是采用一个简单的短视策略,即在每个时间点上最大化贡献,而不考虑决策对未来的影响。通过调整单周期贡献,可以得到一个短视策略族。例如,使用O—型血获得的5美元回报(见表8.2)实际上就是一种短视策略。我们鼓励使用O—型血,因为这种血型通常比其他血型更容易获得。通过改变这个回报,我们得到了不同类型的短视策略,可以用集合Π^M来表示,其中$\pi \in \Pi^M$,我们的决策函数将由下式给出:

$$X_t^\pi(S_t) = \arg \max_{x_t \in \mathcal{X}_t} \sum_{a \in \mathcal{A}} \sum_{d \in \mathcal{D}} c_{tad} x_{tad} \tag{8.19}$$

式(8.19)中的优化问题是一个简单的线性规划问题(称为"运输问题")。对于集合$\pi \in \Pi^M$,求解式(8.18)给出的优化问题意味着搜索使用O—型血的不同回报值。

第13章将介绍一种通过简单参数化改进该策略的方法,该方法使用一类称为成本函数近似(cost function approximation)的策略。之后,在第18章开发基于近似动态规划的强大策略时,将重新讨论相同的问题,彼时会利用价值函数的自然凹性。此外,在第20章展示如何使用多剂配方优化许多医院的血液管理时,将最后一次谈及这个问题。

8.4 状态相关的学习问题

在许多应用中,信息获取都是一个重要的问题,我们面临着一个动作价值的不确定性,但是获得更好的价值估计的唯一方法是进行该动作。例如,棒球经理可能不知道特定球员在本垒板上的表现如何。唯一的办法就是让他上场击球。共同基金要想了解一位经理人的表现有多好,唯一的办法可能就是让他管理一部分投资组合。制药公司不知道市场对特定定价策略的反应。唯一的学习方法就是在测试市场上以不同的价格供药。

第7章曾提及信息获取问题,我们称之为主动学习问题。本章将继续探讨这个话题,但是在更复杂的问题的背景下,除了信念状态(即学习问题的原因)之外,这些问题还结合了物理状态和信息状态。

信息获取在序贯决策问题中起着特别重要的作用,但物理状态的存在会使学习过程复杂化。假设我们正在管理一个医疗团队,目前正在进行i区域测试,以确定是否存在传染病。我们还在考虑将团队转移到j区域以进行更多的测试,并已经对不同区域的疾病存在的状态进行了估计,但访问j区域不仅可以改善对j区域的估计,还可以通过相关信念改善其他区域的估计。

信息获取问题是具有信念状态的动态优化问题的一个例子。这些在研究文献中没有受到太多关注,但我们怀疑其会出现在将不确定性下的决策与实地观察相结合的许多实际应用中。

8.4.1　医疗决策

病人来到医生的办公室接受治疗时首先会提供病史，我们将其捕捉为一组属性 $a_1, a_2, \ldots$，其中包括患者特征(性别、年龄、体重)、习惯(吸烟、饮食、运动方式)、血液检查结果和病史(如既往疾病)。最后，病人可能有一些健康问题(发烧、膝盖疼痛、血糖升高等)，这是就诊的原因。这个属性向量可以有数百个元素。

假设患者需要处理血糖升高的问题。医生可能会开出改变生活方式(饮食和锻炼)的处方，或者药方(以及剂量)，可以将备选方案表示为 $d \in \mathcal{D}$。设 t 索引在看医生，并设：

$$x_{td} = \begin{cases} 1 & \text{若医生选择药方} d \in \mathcal{D}, \\ 0 & \text{其他情形} \end{cases}$$

医生做出决策 x_t 后，我们将通过下次看病时了解的 $\hat{y}_{t+1}$ 观察血糖水平的变化。

设 $U(a, x|\theta)$ 是患者属性和医疗决策的线性模型，使用下式表示：

$$U(a, x|\theta) = \sum_{f \in \mathcal{F}} \theta_f \phi_f(a, x)$$

其中，" $\phi_f(a, x)$，$f \in \mathcal{F}$ " 表示根据患者属性 a(已给出)和医疗决策 x 的组合而设计的特征。我们相信可以使用以下逻辑函数来预测患者的反应 $\hat{y}$：

$$\hat{y}|\theta \sim \frac{e^{U(a, x|\theta)}}{1 + e^{U(a, x|\theta)}} \tag{8.20}$$

当然，我们不知道 θ 是多少。可以使用大范围患者的数据来获得总体估计 $\bar{\theta}_t^{pop}$，该估计在每次治疗患者并观察结果时都会更新。医疗决策的一个难题是每个病人对治疗的反应不同。理想情况下，我们希望根据单个患者的属性 a 来估计 $\bar{\theta}_{ta}$。

这是一个经典的学习问题，类似于第7章中的无导数问题，但又有一点不同：此处先给出患者的属性 a，然后做出决策。而后，由对 $\bar{\theta}_t^{pop}$(或 $\bar{\theta}_{ta}$)的估计组成的状态，会与影响响应函数本身的患者属性 a_t 一同进入信念状态。属性 a_t 表示问题的动态信息。

8.4.2　实验室实验

假设正在尝试设计一种新材料。对于第 n 次实验，必须选择：

x_1^n = 实验运行的温度，

x_2^n = 材料的加热时长，

x_3^n = 舱内的氧气浓度，

x_4^n = 水的浓度

在实验完成后，测试最终材料的强度，将其建模为：

W^{n+1} = 实验产生的材料的强度

利用这一观察结果更新对输入 x^n 之间关系的估计，以及由此产生的强度 W^{n+1}，使用

下式表示:

$$f(x|\bar\theta^n)=\text{由输入 }x^n\text{ 得出的对材料强度的统计估计}$$

信念状态 B^n 将由估计值 $\bar\theta^n$ 以及执行递归更新所需的任何其他信息组成(你必须从第3章中选择自己最喜欢的方法)。B^n 的转移函数将是你从第3章中选择的方法中得到的 $\bar\theta^n$ 的递归更新公式。

在实验中,经常存在可能会捕捉实验所需材料清单的物理状态变量 R^n,并且我们可能会在信息状态 I^n 中获取信息,例如正在进行实验的房间的温度和湿度。这给了我们一个由物理状态 R^n、附加信息 I^n 以及信念 B^n 组成的状态变量。

8.4.3 广告点击竞价

有公司想在互联网上为自己的产品做广告,需要首先选择一系列关键词,如"纽约酒店""宠物友好酒店""纽约豪华酒店",这些关键词会吸引那些认为其产品最具吸引力的人。然后,这些公司必须决定出价竞标,才能在Google和Facebook等网站上展示其广告。假设当出价 p 时,赢得这两个平台上有限"赞助"名额的概率由下式给定:

$$P^{\text{click}}(p|\theta) = \frac{e^{\theta_0+\theta_1 p}}{1+e^{\theta_0+\theta_1 p}} \tag{8.21}$$

我们的问题是,$\theta=(\theta_0,\theta_1)$ 是未知的,但我们认为它是 $\Theta=\{\theta_1,\dots,\theta_K\}$ 族中的一个。

假设 n 次试验后,得到一个信念 $p_k^n = Prob[\theta=\theta_k]$,其中 θ_k 是 θ 的真正价值。现在,有一个在每周初从 R^0 开始的预算 R^n。考虑到预算限制,必须学习如何出价,这样才可以学习如何最大化广告点击量。状态变量由剩余预算 R^n 和信念向量 $p^n=(p_1^n,\dots,p_K^n)$ 组成。

8.4.4 信息收集最短路径问题

假设必须选择一条通过网络的路径,但不知道网络任何链路上的实际通行时间。事实上,甚至不知道均值或方差(我们可能会愿意假设概率分布呈正态)。

为了更好地理解在图上四处移动时学习的复杂性,可以想象一下如何找到从纽约的公寓到新工作地点的最优路径。首先,必须决定是步行到地铁站,还是乘地铁到工作地点附近的地铁站,然后步行。或者走到主干道等出租车,如果等待时间太长,也可以决定叫优步(Uber)或来福车(Lyft)。最后,还可以从公寓叫优步或来福车,只需要在公寓等车,然后直接被送去办公室。

每个决策都包括通过决策和观察每段行程所需的时间来收集信息。收集信息需要参与这个过程,并且需要更改位置。此外,观察在公寓里等优步或来福车的时间,你就会知道,如果呼叫了一辆出租车,可能必须花多长时间等候。你在图上的位置(以及其他可能可用的信息,如天气)表示动态信息。与无法控制患者属性 a_t 的医疗决策示例相反,在动态最短路径问题中,当前位置是过去所做决策的直接结果。

信息收集最短路径问题会出现在任何信息收集问题中，其中当前的决策不仅影响收集的信息，还影响将来可能做出的决策。虽然可以用最佳方式解决基本的老虎机问题，但这个更广泛的问题类别仍未被解决。

8.5　问题类序列

最后，我们将说明大多数随机优化问题都可以用一个共同的框架来表述。然而，这似乎表明所有的随机优化问题都是一样的，但事实并非如此——实际上它有助于识别主要问题类别。

1) 确定可解决的问题

这些是优化问题，其中不确定性具有足够的结构，使得我们可以使用确定性方法精确地解决问题。这涵盖了一类重要的问题，不过我们现在要把它们放在一起。所有剩下的问题类都需要某种形式的适应性学习。

2) 纯学习问题

做出决策x^n(或x_t)，然后观察新信息W^{n+1}(或W_{t+1})，再根据更新知识以做出新的决策。在纯学习问题中，从第n次到第$n+1$次迭代(或从t时到$t+1$时)传递的唯一信息是更新的知识，而在其他问题中，可能存在物理状态(如库存)链路决策。

3) 带物理状态的随机问题

大量涉及人员、设备或不同产品库存资源的问题都需要管理资源。资源也可能是金钱或不同类型的金融资产。根据环境的性质，会存在各种各样的物理状态问题。一些主要的问题类别列举如下。

(1) 停止问题——状态为1(进程继续)或0(进程已停止)。这发生在资产出售中，1表示仍持有资产，0表示资产已出售。

(2) 库存问题——持有满足需求的一定数量的资源，剩余的库存被保留到下一个时段。两个重要的子类包括：

① 具备静态属性的库存问题——静态属性可能反映了不会改变的设备或资源的类型。

② 具备动态属性的库存问题——动态属性可能是空间位置、储存时长或恶化程度。

(3) 多属性资源分配——资源可能具有静态和动态属性，并可能随着时间的推移而重复使用(如人员或设备)。

(4) 离散资源分配——这包括动态运输问题、车辆路线问题和动态分配问题。

4) 具备外生信息状态的物理状态问题

可以在管理资源的同时，获得诸如价格、天气、既往史或气候或经济信息等外生信息。信息状态有以下3种类型。

(1) 无记忆——在t时的信息I_t不取决于既往史，且会在做出决策后被"遗忘"。

(2) 一阶外生过程——I_t取决于I_{t-1}，但不取决于先前的决策。

(3) 状态相关的外生过程——I_t取决于S_{t-1}，而且可能与x_{t-1}相关。

5) 具备信念状态的物理状态

在学习的同时管理资源。

上面列出了一系列日益复杂的问题。然而，每个问题类都可以使用4类策略中的任何一类来处理。

8.6   参考文献注释

本章的所有问题都是运筹学相关文献中的热门话题。本章的大部分工作都基于与以前学生一起进行的工作。

8.1.1节——随机最短路径问题是运筹学中的一个经典问题(例如，参见Bertsekas等人(1991)的著作)。当对旅行者在穿行路径网络时的所见做出不同的假设时，可以用它来说明建模策略。

8.1.2节——Powell(2011)首次提出了"漂泊的货车司机"问题。

8.1.3节——设备更换问题是一个热门话题。本节基于Johannes Enders的论著(Enders等人(2010))。

8.2.4节——批量补货问题是运筹学中的一个热门话题，通常出现在批量服务队列的背景下。本节以Katerina Padaki(Powell和Papadaki(2002))的论著为基础，另见Puterman(2005)的论著。

8.3.1节——关于动态分配问题的内容基于Michael Spivey的论著(Spivey和Powell(2004))。

8.3.2节——血液管理问题的模型基于Lindsey Cant的本科毕业论文研究(Cant(2006))。

8.4.3节——本节基于Han和Powell(2020)的论著。

8.4.4节——信息收集最短路径问题的工作基于Ryzhov和Powell(2011)的论著。

练习

复习问题

8.1   什么是"状态相关问题"？请举3个例子。

8.2   你正在静态图上移动。在每个时间段，都会到达另一个节点。为什么这是一个"状态相关问题"？

8.3　具有随机成本的最短路径问题和具有随机需求(以及确定性价格和成本)的库存问题之间的本质区别是什么?

8.4　假设有一个离散库存问题,在这个问题中,一次最多可以订购10件商品,但分别让它们在第1天、第2天……第5天到达。给出状态变量,并计算这个(极简)问题的状态。

8.5　假设8.3.1节中的动态分配问题空间已被划分为200个区域,有3种类型的汽车,司机可能连续工作长达10小时(将小时数视为从1开始的整数)。为了理解问题的复杂性,请回答以下问题:

(1) 状态变量的维度是多少?

(2) 决策向量的维度是多少?

(3) 外生信息向量的维度是多少?

8.6　请就8.3.2节中的血液管理问题回答:

(1) 状态变量的维度是多少?

(2) 决策向量的维度是多少?

(3) 外生信息向量的维度是多少?

建模问题

8.7　假设有一个离散库存问题,需求是确定的,但成本(可能)是随机的。从0库存开始,假设不能在每个时间段内订购超过2件商品,试绘制出这个问题的几个时间段,并说明这个问题可以建模为动态最短路径问题。

8.8　与第5章和第7章中探讨的状态无关问题相比,状态相关问题的显著特征是什么?具有状态无关函数的随机优化问题的解和具有状态相关函数的随机优化问题的解分别指什么?

8.9　重复老虎机问题,假设最终得到 S^N 美元的价值是 $\sqrt{S^N}$。

8.10　8.2.1节讲述了一个使用贡献函数 $C(S_t, x_t, W_{t+1})$ 的库存问题,并展示了它也可以被建模,因此单周期的贡献函数可以写作 $C(S_t, x_t)$。请说明如何将给定的贡献函数为 $C(S_t, x_t, W_{t+1})$ 的问题转换为贡献之和不随时间改变的、由 $C(S_t, x_t)$ 给出的单周期贡献问题。该结果支持在不失去一般性的情况下写作 $C(S_t, x_t)$,但是会存在一些问题(例如8.2.1节中的库存问题),在这些问题中, $C(S_t, x_t, W_{t+1})$ 的表达方式更自然。建模者可自行选择。

8.11　重写库存问题2(见8.2.2节)的转移函数,假设 R_t 是我们满足需求后手头的资源。

8.12　在允许现货购买的情况下,列出8.2.3节中滞后资产收购问题的转移公式,这意味着可能有 $x_{tt} > 0$。 x_{tt} 是指在 t 时进行的购买,可以用来满足在 t 时间段中发生的未满足的需求 D_t。

8.13　使用7.13.6节中描述的符号对8.4.1节中医疗决策问题的状态、决策和信息序列进行建模。

理论问题

8.14   考虑最短路径问题的以下3种变体。

案例1——所有的成本都是预先知道的。在这里，假设有一个实时网络跟踪系统，允许我们在开始行程之前查看网络上每条链路的成本。同时假设从开始行程至到达链路的时间内费用不变。

案例2——随着行程的进行，成本也会逐渐增加。在这种情况下，假设到达节点i时，会查看节点i外链路的实际链路成本。

案例3——事后了解成本。在这种设置中，只能在行程结束后了解每个环节的成本。

设v_i^I是从节点i到案例1的目的地的预期成本。同样，设v_i^{II}和v_i^{III}是案例2和案例3的预期费用。试说明$v_i^I \leq v_i^{II} \leq v_i^{III}$。

求解问题

8.15   现在要解决一个预算问题，其中回报函数没有任何特殊的属性。它可能有(值的)"跳跃"，也可能是凸函数和凹函数的混合。但是此次假设$R = 30$美元，并且分配额x_t必须是0到30之间的整数。假设有$T = 5$种产品，贡献函数$C_t(x_t) = cf(x_t)$，其中$c = (c_1, \ldots, c_5) = (3, 1, 4, 2, 5)$和$f(x)$由下式给定：

$$f(x) = \begin{cases} 0, & x \leq 5, \\ 5, & x = 6, \\ 7, & x = 7, \\ 10, & x = 8, \\ 12, & x \geq 9 \end{cases}$$

试找出5种产品的最优资源分配方案。

8.16   学期快结束时，你突然意识到有3门课程被分配了一个学期项目而非期末考试。你可以快速估算出每个人投入多少才能在项目中获得100分(相当于A+)。然后你猜测，如果在一个项目中投入t小时，但估计需要T小时才能获得100分，那么对于$t < T$，分数将是：

$$R = 100\sqrt{t/T}$$

也就是说，在一个项目中投入更多工作的边际收益在下降。因此，如果一个项目预计需要40个小时，而你只投入了10个小时，估计分数将是50分(100乘以10除以40的平方根)。你决定在项目上花费的时间不能超过30个小时，并且希望为每个项目选择一个值t，该值是5小时的倍数。你还觉得需要在每个项目上花费至少5个小时(也就是说，你不能完全忽略一个项目)。你估计在3个项目中获得满分的时间由表8.3分配：

表8.3　练习8.16的数据

项目	完成时间 T
1	20
2	15
3	10

　　阐释如何以决策树的形式解决这个问题。假设必须决定为每个项目分配多少小时，以5小时为增量。建立你的决策树，以便枚举项目1的决策(5,10,15,20)，然后是项目2、项目3。在前两个项目中有12种可能的决策(并非所有决策都可行)。对于每个组合，查看项目3的剩余时间，并为项目3找到最优的时间分配方案。向后查找所有3个项目的最优分配方案。

每日一问

　　"每日一问"是你选择的一个问题(参考第1章中的指南)。针对你的每日一问，回答以下问题。

　　8.17　你的每日一问很可能属于"状态相关问题"类。使用物理状态、其他信息和信念状态的维度，描述一些表征问题的关键状态变量。在每种情况下，说明状态变量的演变取决于决策、外源还是两者兼而有之。

参考文献

第 9 章

序贯决策问题建模

在解决序贯决策问题时，可能需要培养的最重要的技能之一是：列出问题的数学模型的能力。如图9.1所示，从实际应用到在计算机上进行计算工作的过程必须经过数学建模的步骤。与确定性优化和机器学习等领域不同，不确定性下的决策没有标准的建模框架。本章将更详细地阐释任何序贯决策问题的通用建模框架。虽然我们已经在前面的章节中介绍了这个框架，但本章会致力于建模，揭示序贯决策问题令人难以置信的丰富性。本章是单独编写的，因此通用模型部分会有一些重复的内容。

| 应用 | 数学模型 | 计算机模型 |

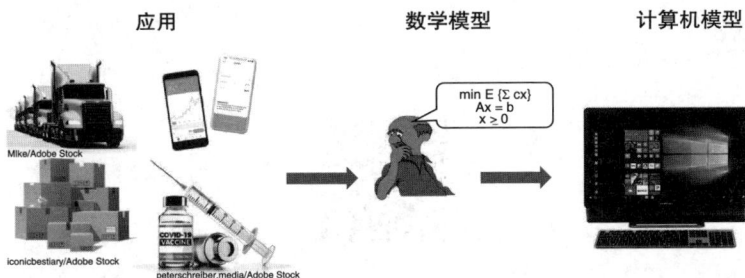

图9.1 从应用到计算的过程需要一个数学模型

虽然序贯决策问题的问题域非常丰富，但可将任何序贯决策问题写成以下序列形式：

(决策，信息，决策，信息，……)

设 x_t 是在 t 时做出的决策，然后设 W_{t+1} 是在 t 时(即在做出决策后)和 $t+1$ 时之间到达的信息(当必须做出下一个决策时)。当做出决定时，会发现可以方便地表达已知信息。我们将此信息称为"状态"变量 S_t (把这看作我们的"知识状态")。使用这个符号，可以将序贯决策问题写作：

$$(S_0, x_0, W_1, S_1, \ldots, S_t, x_t, W_{t+1}, S_{t+1}, \ldots, S_T) \tag{9.1}$$

在许多应用中，更自然的方式是使用计数器 n，可能表示某个客户第 n 次到达、第 n 次实验、算法的第 n 次迭代等，在这种情况下，我们将把序列写作：

$$(S^0, x^0, W^1, S^1, \dots, S^n, x^n, W^{n+1}, S^{n+1}, \dots, S^N, x^N) \tag{9.2}$$

注意，第 n 次到达可能会在连续的时间内发生，可能设 τ^n 是第 n 次事件发生的时间。该符号允许在连续时间内对系统进行建模(可以设 t^n 是第 n 次决策事件的时间)。

在一些问题中，可能会随着时间的推移重复模拟，而在这种情况下，会将序列写作：

$$(S_0^1, x_0^1, W_1^1, \dots, S_t^1, x_t^1, W_{t+1}^1, \dots, S_0^n, x_0^n, W_1^n, \dots, S_t^n, x_t^n, W_{t+1}^n, \dots)$$

其中，假设第一次遍历被视为迭代 $n = 1$。本章的其余部分将假设底层物理过程随着时间的推移而发展，但是任何对更好的策略(或参数)的搜索都将使用迭代 n。

在每次决策后，都会使用一个指标来评估其表现，例如贡献(可能会使用很多术语)，通常会将其写作 $C(S_t, x_t)$ 或者在某些情况下写作 $C(S_t, x_t, W_{t+1})$(同样，很快将讨论其他风格)。决策 x_t 使用称为策略的函数来确定，并表示为 $X^\pi(S_t)$。我们的最终目标是找到以某种方式优化贡献函数的最优策略。

式(9.1)(或式(9.2)，如果使用计数)中的序列可以用于描述几乎任何序贯决策问题，但它要求正确建模问题，这意味着正确使用序贯决策问题中最容易误解的概念之一：状态变量。本章的其余部分将对这个基本模型进行更深入的阐释。

到目前为止，我们避免讨论序贯决策系统建模中出现的一些重要的微妙之处：故意忽略了定义状态变量的尝试，简单认为这只是 S_t；未讨论如何对时间或更复杂的信息过程进行适当建模；还忽略了对所有不同的不确定性来源进行建模的丰富性，并用专门的章节(第 10 章)来讲解。这种形式有助于在动态规划中引入一些基本理念，但会严重限制将这些方法应用于实际问题的能力。

任何序贯决策问题都有如下 5 个要素。

状态变量——状态变量描述了需要(从历史中)了解的信息，以便及时对系统进行建模。初始状态 S_0 也是我们指定的固定参数、随时间变化的参数(或量)的初始值，以及我们对未知参数的信念分布。

决策/动作/控制变量——这些是我们控制的变量。这些变量的选择("决策")代表了序贯决策问题的核心挑战。这正是我们描述约束条件以限制可以做出什么决策的地方，也是介绍策略概念，但没有描述如何设计该策略的地方。

外生信息变量——这些变量描述了获得的外生信息，代表了在做出每个决策后学到的东西。对许多应用来说，外生信息过程建模可能是一个重大挑战。

转移函数——这是描述每个状态变量如何从一个时间点演化到另一个时间点的函数。对于部分、全部或不涉及任何状态变量的情况，我们可能拥有将下一状态与当前状态、决策和决策后获取的外生信息相关联的显式方程。

目标函数——假设正在尝试最大化或最小化某些指定的指标。该函数描述了在某个时间点上做得有多好，并代表了评估策略的基础。

关于建模框架，有一点很重要：它总与软件实现有直接的关系。数学模型可以直接转换成软件，并且有可能将软件中的变化转换回数学模型。

我们将在9.1节的一个简单的能量存储问题的背景下开始说明这些元素。这是一个很好的入门问题，因为状态变量很明显。不过，9.9节将在9.1节的初始储能应用的基础上进行扩展，展示简单的问题如何迅速变得复杂。9.9节中的变体则介绍了学术文献中从未讨论过的建模问题。

如果读者是这个领域的新手，并且刚刚入门，那么可以跳过本章后面的全部内容。本章的其余部分将为建模(和求解)非常广泛的问题奠定基础，包括第2章中介绍的内容涵盖的所有应用领域，以及第8章中概述的所有应用。9.9节展示如何对能量存储变化建模时将阐释这些概念。

那些愿意阅读9.1节的更坚定的读者，可以在第一次阅读时跳过*标记的部分。

这一整章内容都基于"先建模，后求解"的风格编写，原因是我们将在不详述如何解决它的情况下展现模型(提示：将使用4类策略中的一个或多个)。这与序贯决策问题相关文献中使用的标准风格形成了对比，标准风格是提出一种方法(例如，2.1.6节中对强化学习的介绍)。但我们也会展示所谓的模型，而下一步显然是使用贝尔曼方程。

本章的其余部分组织如下。首先在9.2节中讲述良好符号的原则，然后在9.3节中列举建模时间的微妙之处。这两个部分奠定了全书使用符号的关键基础。符号对于简单的问题并不重要，只要是精确的和一致的即可。但是，对于一个简单的问题，看似无碍的符号决策也可能会造成不必要的困难——可能产生一个根本无法捕捉实际问题的模型，或者使模型根本无法处理。

关于动态模型的5个要素，详见以下小节。

- 状态变量——9.4节
- 决策变量——9.5节
- 外生信息变量——9.6节
- 转移函数——9.7节
- 目标函数——9.8节

然后会在9.9节中讲解一个更复杂的能量储存问题。

在奠定了这一基础之后，内容将转向一系列主题，第一遍阅读时可以略过这些主题，不过，这些主题有助于扩展读者对动态系统建模的理解。这些主题列举如下。

基本模型与前瞻模型——9.10节介绍基本模型(本章详细描述的内容)和前瞻模型的概念，二者代表了一类策略(详见第19章)。

问题分类——9.11节讲述4个基本问题类别，根据是否存在状态无关问题或状态相关问题，以及是在离线环境(最大化最终回报)还是在在线环境(最大限度地增加累积回报)中工作来区分。

策略评估——9.12节描述如何使用蒙特卡洛模拟评估策略。这实际上可能有些微妙。

我们发现，判断是否理解期望的一个很好的方法是，测一测你是否知道如何使用蒙特卡洛模拟来估计它。

高级概率建模概念——对于那些喜欢了解概率论中更高级概念的读者，9.13节将介绍测度—理论概念和概率建模方面的词汇。如果你在这一领域没有接受过任何正式培训，但希望理解测度—理论概率为这一领域引入的一些语言(和概念)，那么这部分内容正是为你设计的。

列出模型的5个核心元素后，仍需要在后续章节中深入处理以下两个部分。

不确定性建模——第10章探讨建模不确定性的异常丰富的领域，此类不确定性通过可以获取参数和数量不确定性的初始状态S_0以及外生信息过程$W_1, \dots, W_T$进入模型。建议在提供问题的基本模型时，对"外生信息"的讨论应仅限于列出变量，而不深入研究如何对不确定性进行建模。

策略设计——第11章将更详细地描述4类策略，这是第12~19章的主题。我们坚信，只有在开发了模型后，才能开始策略设计。

本章对建模进行了相当深入的描述，因此篇幅较长。第一次阅读时可以跳过标有"*"的小节。关于更高级的概率建模的小节用"**"标记，以表示此内容更难。

9.1　简单建模

首先以非结构化的方式讲解一个简单的能量储存问题，然后将该问题拉到一个序贯决策问题的5个维度之中。本节内容从简单的叙述开始(对于任何问题，都建议这样做)。

叙述：我们有一个接入电网的电池，既可以向电网购入电能，也可以将电能出售给电网。电价波动很大，可能从20美元/兆瓦时左右跃升至1000美元/兆瓦时(在该国的某些地区，电价可能在短期内超过10 000美元/兆瓦时)。电价每5分钟变化一次，假设可以先观察电价，再决定买入还是卖出。只能在5分钟的时间段内以10千瓦(0.01兆瓦)的最大功率进行买卖。电池储存容量为100千瓦，这意味着可能需要连续充电10个小时才能充满整个空电池。

为了模拟该问题引入了以下符号：

$x_t =$ 从电网购电(为电池充电)的速率($x_t > 0$)或将电能售回电网(为电池放电)的速率($x_t < 0$)，

$u =$ 电池的最大充/放电速率(额定功率为10千瓦时)，

$p_t = t$时的电网电价，

$R_t =$ 电池的剩余电量，

$R^{\max} =$ 电池的容量

对于这个简单模型，可假设价格p_t随时间的推移是随机的和独立的。

如果价格是事先已知的(这会使其成为确定性问题)，则可以将问题表述为：

$$\max_{x_0,\dots,x_T} \sum_{t=0}^{T} -p_t x_t \tag{9.3}$$

满足：

$$R_{t+1} = R_t + x_t,$$
$$x_t \leq u,$$
$$x_t \leq R^{\max} - R_t,$$
$$x_t \geq 0$$

接下来，引入一个假设：价格 p_t 是随机的且在时间上是独立的。第一步是将确定性决策 x_t 替换为取决于需要定义的状态(即已知信息)的策略 $X^\pi(S_t)$(将在一分钟内完成)。

接下来，假设要运行一个模拟。假设已基于过往历史收集了一系列样本路径，将通过希腊字母 ω 对其进行索引。如果有20个样本路径，那么要考虑20个 ω 值，其中每个 ω 代表一系列价格 $p_0(\omega), p_1(\omega), \dots, p_T(\omega)$。设 Ω 是整组样本路径(如果有20个价格样本路径，就可以把它想象成数字 $1, 2, \dots, 20$)。假设每个样本路径发生的可能性相等。

到此还没有描述如何设计策略(稍后进行)，但假设已经有了一个策略。可以模拟样本路径 ω 的策略并使用下式获取策略的样本值：

$$F^\pi(\omega) = \sum_{t=0}^{T} -p_t(\omega) X^\pi(S_t(\omega))$$

其中，尚未定义的状态变量符号 $S_t(\omega)$ 表明，正如所期望的，它取决于样本路径 ω(从技术上讲，它还取决于我们一直遵循的策略 π)。接下来，要对所有样本路径求平均值，因此可以参照下式计算一个平均值：

$$\bar{F}^\pi = \frac{1}{|\Omega|} \sum_{\omega \in \Omega} F^\pi(\omega)$$

这个平均值是期望的近似。如果能枚举每个样本路径，就有：

$$F^\pi = \mathbb{E} \sum_{t=0}^{T} -p_t X^\pi(S_t) \tag{9.4}$$

此处放弃了对 ω 的依赖，但需要记住价格 p_t，以及状态变量 S_t，它们都是随机变量，原因是它们确实取决于采样路径。我们会多次使用式(9.4)中的期望来列出目标函数。无论何时看到这种情况，都请记住，实际上都是在假设将用式(9.4)中的平均值来近似期望。

最后一步是找到最优策略。使用下式来编写目标：

$$\max_{\pi} \mathbb{E} \sum_{t=0}^{T} -p_t X^\pi(S_t) \tag{9.5}$$

现在已经有了目标函数(式(9.5))，不过其在优化策略方面有些令人沮丧，毕竟还没有提供任何关于如何做到这一点的指示！这就是我们所说的"先建模，后求解"。本章将只讨论目标函数。这与每一篇关于确定性优化或最优控制的论文以及任何关于机器学习的论文中所做的工作类似。这些论文和工作都是先提出一个模型(包括一个目标函数)，然后着手求解它(在我们的环境中，这意味着制定一项策略)。

目前，还有两项任务：

(1) 不确定性量化。我们需要开发一个诸如价格过程等的任意不确定性来源的模型。在一个真正的问题中，不能假设价格是独立的。事实上，这是一个相当困难的问题。

(2) 策略设计。需要设计有效的只取决于状态变量 S_t 中的信息的买卖策略。

既然已经描述了这个问题，给出了符号，并说明了剩下的两项任务，接下来将后退一步，根据前面描述的5个元素来描述这个问题。

状态变量——它必须捕捉 t 时所需的所有信息。需要了解电池 R_t 中的储存电量以及电网价格 p_t，因此有：

$$S_t = (R_t, p_t)$$

决策变量——很明显这是 x_t。需要表示对 x_t 的约束，这些约束由下式表示：

$$x_t \le u,$$

$$x_t \le R^{\max} - R_t,$$

$$x_t \ge 0$$

最后，在定义决策变量时，还引入待设计的策略 $X^\pi(S_t)$。现在之所以引入它，是因为需要它来表示目标函数。注意，已经定义了状态变量 S_t，因此这是确定的。

外生信息变量——它用于在做出决策 x_t 后为可用信息建模。对于简单问题，这将是更新后的价格，因此有：

$$W_{t+1} = p_{t+1}$$

转移函数——这些是控制状态变量如何随时间演变的公式。状态变量中有两个变量。R_t 根据下式进行演变：

$$R_{t+1} = R_t + x_t$$

价格过程的演变取决于下式：

$$p_{t+1} = W_{t+1}$$

换句话说，我们只是观察下一个价格，而不是从公式中推导它。这是一个"无模型动态规划"的例子。有许多问题只需要观察 S_{t+1}，而不用计算它；对于这里的实例，需要计算 R_{t+1}，但观察 p_{t+1}。在一种备选模型中，假设使用下式来模拟价格的变化：

$$\hat{p}_{t+1} = \text{从} t \text{到} t+1 \text{时间段的价格变化}$$

这意味着 $W_{t+1} = \hat{p}_{t+1}$，转移函数变成：

$$p_{t+1} = p_t + \hat{p}_{t+1}$$

目标函数——t时的贡献函数由下式给出：

$$C(S_t, x_t) = -p_t x_t$$

其中，p_t是从状态变量S_t中提取出来的，然后可将目标函数写作：

$$\max_\pi \mathbb{E} \sum_{t=0}^T C(S_t, X^\pi(S_t)) \tag{9.6}$$

现在，已经使用前面概述的5个维度对问题进行了建模。这遵循了用于确定性优化的相同风格，但适用于序贯决策问题。随着问题变得越来越复杂，状态变量也会变得更复杂，转移函数(需要每个状态变量都有一个公式)也是如此。如果能从上到下编写一个模型，从状态变量开始，那就太好了，但这不是它在实践中的工作方式。建模是迭代的。

再重申一次：对于刚接触这个领域的读者来说，这是一个很好的起点。9.2节中的符号风格和9.3节中的建模时间，都有助于培养符号技能。如果想为更复杂的问题打下坚实的基础，就有必要参阅本章的其余内容了(9.9节中的扩展储能问题对此给出了提示)。特别是，9.4节会深入介绍状态变量的概念，即使对简单问题进行了相对适度的扩展，状态变量也会很快变得复杂。9.9节将准确地演示这个过程，对这个能量问题进行一系列看似适度的扩展，重点是在为问题添加细节时如何对状态变量进行建模。

9.2 符号风格

好的建模始于好的符号表示。符号的选择必须平衡传统风格和特定问题类的需要。如果符号是助记的(字母的含义正如其名)和简洁的(避免大量的符号)，就更便于学习。符号也有助于连接各领域。符号是一种语言：语言越简单，就越有利于理解问题。

首先，需要采用符号约定来简化表示样式。为此，我们采用以下符号约定。

变量——变量总是一个字母。例如，永远不会使用**CH**来表示"持有库存的成本"。

建模时间——我们总是使用t来表示时间点，而使用τ来表示时间间隔。当需要表示不同的时间点时，可以使用t、t'、$\bar{t}$、$t^{\max}$等。时间总是以下标形式表示，例如S_t。

索引时间——如果采用离散时间对行动建模，t就是一个索引，应该放在下标中。因此x_t会是t时的一个行动，向量$x = (x_0, x_1, \ldots, x_t, \ldots, x_T)$可以给出随着时间推移的所有动作。当在连续的时间内建模问题时，更常见的做法是把t用作自变量，如$x(t)$。x_t在符号上更紧凑(试着将一个由变量构成的复杂式子写作$x(t)$而非x_t)。

索引向量——向量几乎总是在下标中进行索引，如x_{ij}。由于我们全程使用离散时间模型，因此在t时进行的行动可以被看作向量的一个元素。当有多个索引时，它们应该按照可能求和的一般顺序从外排序(将最外层的索引视为最详细的信息)。如果x_{tij}是在t时从i到j的流，成本为c_{tij}，就可能会用$\sum_t \sum_i \sum_j c_{tij} x_{tij}$来计算总成本。删除一个或多个索引将在右侧缺失索引的元素上创建一个向量。因此，$x_t = (x_{tij})_{\forall i, \forall j}$是发生在$t$时的所有流的向量。当时间存在时，它总是最里面的索引。

函数的时间索引——一个常见的符号错误是按时间 t 索引函数。事实上，函数本身并不取决于时间，而是取决于输入，而输入又取决于时间。例如，假设有一个随机价格过程，其中状态 $S_t = p_t$(资产的价格)，x_t 是卖出的量($x_t > 0$)或买入的数量($x_t < 0$)。我们可能想把贡献写作：

$$C_t(S_t, x) = p_t x_t$$

但是，在这种情况下，函数不取决于时间 t，只取决于数据 $S_t = p_t$，而 p_t 取决于时间。因此正确的写法是：

$$C(S_t, x) = p_t x_t$$

现在假设贡献函数如下式所示：

$$C_t(S_t, x_t) = \sum_{t'=t}^{t+H} p_{tt'} x_{tt'}$$

在此，函数取决于时间，原因是它涉及从 t 到 $t + H$ 的求和。

变量的种类——通常情况下，还需要表示不同种类的变量，如持有成本和订单成本。这些总是用上标表示，可以用 c^h 或 c^{hold} 表示持有成本。注意，虽然变量必须是单个字母，但上标可能是单词(不过应该谨慎使用)。可以将 c^h 这样的变量看成一个单独的符号。最好把 c^h 用作持有成本，把 c^p 用作购买成本，而不要把 h 用作持有成本，p 用作购买成本(第一种方法使用单个字母 c 表示成本，而第二种方法使用了两个字母——罗马字母是一种稀缺资源，需要节约使用)。其他表示种类的方式有戴帽子($\hat{x}$)，加横线($\bar{x}$)，加波浪线($\tilde{x}$)以及带撇(x')。

迭代计数器——对于一些问题，更自然的做法是对事件进行计数，如客户到达、实验、观察或算法迭代，而不是表示做出决策的实际时间。

将迭代计数器上标的原因是将其视为表示第 n 次迭代时单个变量的值，而非向量的第 n 个元素。因此，在第 n 次迭代中，x^n 是第 n 次迭代时的行动，而 x^{n+1} 是第 $n + 1$ 次迭代时 x 的值。如果使用上标，可以用 $x^{h,n}$ 来表示第 n 次迭代时的 x^h。有时，算法需要内部迭代和外部迭代。本例使用 n 作为外部迭代的索引，使用 m 作为内部迭代的索引。

虽然这将被证明是索引迭代的最自然方式，但是有可能会出现混淆，因为可能不清楚上标 n 是索引(如我们所见)还是对变量进行 n 次方运算。这个约定的一个显著例外是索引步长，首次讲述参见第5章。如果将步长写作 α^n，就像是对 α 进行 n 次方运算，此时便使用 α^n。集合使用书法字体中的大写字母表示，例如 $\mathcal{X}$、$\mathcal{F}$ 或 $\mathcal{I}$。通常使用小写罗马字母作为集合的元素，如 $x \in \mathcal{X}$ 或 $i \in \mathcal{I}$。

外生信息——在 t 时(来自系统外部的)首先变得可用的信息采用戴帽子的形式表示，例如 $\hat{D}_t$ 或 $\hat{p}_t$。唯一的例外是 W_t，W_t 是外生信息的通用符号(因为 W_t 总是指外生信息，所以不再对其采用戴帽法标注)。

统计数据——使用外生信息计算的统计数据通常通过加横线来表示，例如 $\bar{x}_t$ 或 $\overline{V}_t$。由于这些是随机变量的函数，因此它们也是随机的。之所以不使用戴帽法，是为了给外生信息保留"帽子"变量。

索引变量——i、j、k、l、m 和 n 始终是标量索引。

上标/下标中的上标/下标——一般来说，应避免在上标上再加上标(诸如此类)。例如，很容易认为 x_{b_t} 表示 x 是时间 t 的函数，而事实上，这意味着它是由时间决定的 b 的函数。

例如，当 t 时的出价为 b_t 时，x 是可能的点击次数，但这个符号的意思是点击次数只取决于出价，而非时间。如果想捕捉出价和时间的影响，则必须将符号写作 $x_{b,t}$。

同样，符号 F_{T^D} 不能用作 T 时对需求 D 的预测。要想表述该预测，就应该将它写作 F_T^D。符号 F_{T^D} 只是在时间 $t = T^D$ 的一个预测，它可能对应着需求发生的时间。但如果也有 F_{T^P}，而且碰巧有 $T^D = T^P$，就不能因为一个是由 T^D 索引的，另一个是由 T^P 索引的，而将它们称为不同的预测。

当然，每个规则都有例外，必须密切关注细分领域中的标准符号约定。

9.3　时间建模

在序贯决策问题中，有如下两种建模"时间"的策略。

- 计数器——很多情况都根据离散事件做决策，例如运行实验、客户来访或算法迭代。我们通常将计数的变量设为 n，并将其放入上标中，如 X^n 或 $\bar{f}^n(x)$。$n = 1$ 对应第一个事件，$n = 0$ 表示没有发生任何事件。然而，第一个决策发生在 $n = 0$ 时，因为通常必须在任何事情发生之前做出决策。

- 时间——我们可能希望直接进行时间建模。如果时间是连续的，就可将函数写作 $f(t)$，但本书中的所有问题都是在离散时间 $t = 0, 1, 2, \ldots$ 中建模的，如果希望对第 n 个客户到达的时间建模，就可以写作 t^n。但是，我们将取决于第 n 次到达的变量写作 X^n，而非 X_{t^n}。

当对模拟进行建模时，必须多次运行模拟，这种情况下，应在上标中索引计数器，在下标中索引时间。因此，可以用 X_t^n 表示模拟第 n 次迭代中的 t 时的信息。

搞不清建模时间的部分原因是必须捕捉两个过程：信息流以及物理实体和财务资源的流。例如，一个买家可能当下购入了一个购买未来商品(实体事件)的期权(信息事件)；顾客可以打电话给航空公司(信息事件)要求搭乘未来的航班(物理事件)；电力公司当下必须购买设备，以便在未来一两年内使用。所有这些问题都代表了滞后信息处理的例子，并迫使我们明确地对信息和物理事件建模。

当作者起初写下物理过程的确定性模型，然后不得不增加不确定性时，符号很容易变得混乱。这个问题出现的原因是信息过程建模时间的适当约定不同于用于物理过程的约定。

首先建立离散时间和连续时间之间的关系。本书中的所有模型都假设决策是在离散时间(有时称为决策迭代周期，英文为decision epoch)中做出的。然而，信息流最好在连续时间内观察。

离散时间近似与真实信息和物理资源流的关系如图9.2所示。在这条线的上方，t是一个时间段，而在这条线的下方，t是一个时间点。建模信息时，时间$t = 0$较为特殊；它用当下可用的信息代表"此时此地"。离散时间t是指从$t - 1$到t的时间段(见图9.2(a))。这意味着第一个新信息在时间段1内到达。

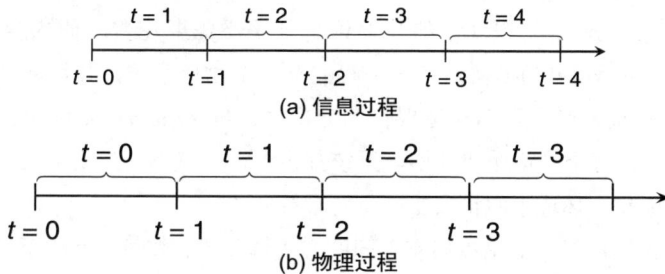

图9.2　信息过程(a)与物理过程(b)中离散时间与连续时间的关系

这种符号风格意味着，任何被t索引的变量(如S_t或x_t)都被假定能够访问t时之前到达的信息，即t时间段内到达的信息。这个性质将极大地简化符号。例如，假设f_t是对电力需求的预测。如果$\hat{D}_t$是在t时间段内观察到的需求，就将下式用作更新等式：

$$f_{t+1} = (1 - \alpha)f_t + \alpha\hat{D}_{t+1} \tag{9.7}$$

此形式称为信息表示(informational representation)。注意，预测f_{t+1}被写作时间段$(t, t + 1)$内可用信息的函数，由需求$\hat{D}_{t+1}$给出。

当对一个物理过程建模时，更自然的做法是采用一种不同的约定(见图9.2(b))：离散时间t表示t和$t + 1$之间的时间段。产生这种约定的原因是：在确定性模型中理应使用时间来表示某事何时发生或资源何时可以使用。例如，设R_t为可在第t天使用的手头现金(这暗示着我们可以在这一天开始时就测量它)。设$\hat{D}_t$为一整天对现金的需求，而x_t表示决定添加到余额中的额外现金(供第t天使用)。使用下式对手头的现金建模：

$$R_{t+1} = R_t + x_t - \hat{D}_t \tag{9.8}$$

此形式称为物理表示(physical representation)。注意，式左边的索引是$t + 1$，而式右边的所有量的索引是t。

全书将使用式(9.7)所示的信息表示。该表示第一次出现在第5章的随机梯度演示中，当时使用下式表示随机梯度的更新：

$$x^{n+1} = x^n + \alpha_n \nabla_x F(x^n, W^{n+1})$$

这里使用迭代n而非时间t。

9.4 系统的状态

在任何序贯决策过程中，最重要的量都是状态变量。这是一组捕捉已知信息和需要了解的信息以便对系统进行建模的变量。毫无疑问，这是对序贯决策问题建模的最微妙、理解最差的维度。

9.4.1 定义状态变量

令人惊讶的是，关于动态规划的其他论著几乎不需要花费时间来定义状态变量。Bellman的开创性论著(1957)提及："……我们有一个物理系统，其特征是在任何阶段都有一小组参数——状态变量。"在更现代的处理中，Puterman首先引入了一个状态变量(2005)，提及："在每个决策迭代周期，系统都占据一个状态。"实际上，两位作者都认为只要给定一个系统，环境中的状态变量便显而易见了。

有趣的是，不同的领域似乎以略有不同的方式解释状态变量。我们采用一种在控制理论领域中相当常见的解释，该解释有效地将状态变量 S_t 建模为从 t 时开始建模系统所需的所有信息。我们认同这个定义，但是在实际情况下将实际应用转换为正式模型方面，它并没有提供太多指导。我们建议采纳以下定义。

定义9.4.1　状态变量是：

- 策略相关版本。对于计算成本/贡献函数、决策函数(策略)以及为构建成本/贡献和决策函数提供所需信息的转移函数而言，与外生信息(和策略)相结合的历史函数都是必要和充分的。
- 优化版本。对于计算成本/贡献函数、约束以及为构建成本/贡献函数和约束提供所需信息的转移函数而言，历史函数都是必要和充分的。

以下是一些评论。

(1) 策略相关的定义根据计算核心建模信息(成本/贡献函数和策略(或决策函数))所需的信息，以及对核心信息随时间的演变建模所需的任何其他信息(即转移函数)来定义状态变量。注意，假设约束(在某个时间点 t)是由该策略捕捉的。由于策略可以是任何函数，因此它可能是包含看似与问题无关的信息的函数，并且这些信息永远不会用于最优策略。例如，一个策略称"如果有太阳，就向左转"，其目标是最小化旅行时间，此举将把"是否有太阳"放于状态变量中，尽管这对于最小化旅行时间并无助益。

(2) 优化版本根据计算核心建模信息(成本/贡献和约束)所需的信息，以及对核心信息随时间的演变建模所需的任何其他信息(它们的转移函数)定义状态变量。这个定义将状态变量限定为优化问题所需的信息，不能包含与核心建模无关的信息。

(3) 这两个定义都包括计算核心建模信息演化所需的任何信息，以及对该信息随时间的演化建模所需的信息。这包括表示随机行为所需的信息，其中包含计算或近似期望所需的分布信息。9.9.4节中有一个例子就说明了滚动预测如何进入状态变量，原因是转移函数需要它们。

(4) 这两个定义都意味着状态变量包含计算核心建模信息的转移函数所需的信息。例如，如果使用下式建模价格过程：

$$p_{t+1} = \theta_0 p_t + \theta_1 p_{t-1} + \theta_2 p_{t-2} + \varepsilon_{t+1}^p \tag{9.9}$$

那么这个价格过程的状态变量是 $S_t = (p_t, p_{t-1}, p_{t-2})$。在 t 时，计算成本/贡献函数或约束时不需要价格 p_{t-1} 和 p_{t-2}，但模拟 p_t 的演化时需要价格 p_{t-1} 和 p_{t-2}，p_t 是成本/贡献函数的一部分。

(5) 限定词 "必要和充分" (necessary and sufficient)旨在消除无关的信息。例如，对于前面显示的滞后价格模型，需要 p_t、p_{t-1} 和 p_{t-2}，但不需要 p_{t-3}、p_{t-4}。统计学相关文献中使用的一个类似术语是 "充分统计"，这意味着它包含任何未来计算所需的所有信息。

(6) 上述定义的一个副产品是观察到所有正确建模的动态系统经过构造后都具有马尔可夫性质。令人惊讶的是，人们常常把 "马尔可夫" 过程和 "历史相关" 过程区分开来。例如，如果价格过程根据式(9.9)演变，则许多人会称之为历史相关过程，但会考虑到在定义下式时会发生什么：

$$\bar{p}_t = \begin{pmatrix} p_t \\ p_{t-1} \\ p_{t-2} \end{pmatrix}$$

并设：

$$\bar{\theta}_t = \begin{pmatrix} \theta_0 \\ \theta_1 \\ \theta_2 \end{pmatrix}$$

也就是说，有：

$$p_{t+1} = \bar{\theta}^T \bar{p}_t + \varepsilon_{t+1} \tag{9.10}$$

在这里，可看到 $\bar{p}_t$ 是一个在 t 时已知的向量。(谁会关心第一次知道信息是什么时候？)我们会说式(9.10)描述了状态为 $S_t = (p_t, p_{t-1}, p_{t-2})$ 的马尔可夫过程。

(7) 存在信息缺失和(或)模型错误的问题。例如，可以假设价格过程根据式(9.9)中的模型演变，但这实际上只是我们不知道的更复杂过程的近似。来看一个简单的例子，假设真模型是由下式给出的：

$$
\begin{aligned}
p_{t+1} \;=\;& \theta_0 p_t + \theta_1 p_{t-1} + \theta_2 p_{t-1}^2 + \theta_3 p_{t-2} + \theta_4 p_{t-2}^2 \\
& + \theta_5 p_{t-1} p_{t-2} + \varepsilon_{t+1}^p
\end{aligned}
\tag{9.11}
$$

此处使用式(9.9)是因为它更简单。即使尝试使用式(9.11)，数据中的噪声也可能导致我们得出结论：θ_2、θ_4 和 θ_5 在统计学上与零不可区分。如果有足够的数据，就可能会意识到式(9.9)中的模型违反了误差项的假设——ε_t 是跨时间独立的，具有相同的分布。如果知道式(9.11)是真模型(也许是因为我们将其编码到试图优化的模拟器中)，就可能会说式(9.9)中的模型不具有马尔可夫性质。关于这个问题，可以来看看G. E. P. Box的名言，他指出："所有模型都是错误的，但其中一些是有用的。"这就是在说所有模型都有错误。式(9.9)中的模型之所以具有马尔可夫性质，是因为我们假设它具有马尔可夫性质。

这会产生一些问题，我们了解一个参数或数量是未知的，但在这些情况下，解是引入一个关于这些值的信念。这个信念被添加到状态变量中，然后产生一个马尔可夫模型。如果有人声称这个模型不具有马尔可夫性质，则要么它缺少应该添加的已知信息，要么应该添加关于未知参数和数量的信念。

这些定义提供了对状态变量有效性的快速测试。如果决策函数(策略)、转移函数或贡献函数中有一段数据不在状态变量中，就没有完整的状态变量。类似地，如果状态变量中有这3个函数中任何一个都不需要的信息，就可以删除它，并且仍然有一个有效的状态变量。

我们使用术语"必要和充分"，以使状态变量尽可能紧凑。例如，我们可能会说"需要 t 时之前的整个事件历史来建模未来的动态"，但在实践中，情况很少是这样的。在开始做计算工作时，会希望 S_t 尽可能紧凑。此外，还有许多问题根本不需要知道整个历史，知道 t 时所有资源的状态(资源变量 R_t)就足够了。但在有些例子中，这还不够。

例如，假设需要使用历史数据来预测股票的价格。历史价格由 $(\hat{p}_1, \hat{p}_2, \ldots, \hat{p}_t)$ 给出。如果使用一个简单的指数平滑模型，就可以使用下式计算平均价格 $\bar{p}_t$ 的估计值：

$$
\bar{p}_t = (1 - \alpha)\bar{p}_{t-1} + \alpha \hat{p}_t
$$

其中，α 为满足 $0 \le \alpha \le 1$ 的步长。有了这种预测机制，就不需要保留历史价格，而只需要保留最新的估计 $\bar{p}_t$。因此，$\bar{p}_t$ 被称为充分统计(sufficient statistic)，它是一种从新信息中捕捉计算任何额外统计信息所需的所有相关信息的统计。根据我们的定义，状态变量始终是充分统计。

接下来，看看当从指数平滑(exponential smoothing)切换到 N-时间段移动平均(N-period moving average)时会发生什么。我们对未来价格的预测现在由下式给出：

$$
\bar{p}_t = \frac{1}{N} \sum_{\tau=0}^{N-1} \hat{p}_{t-\tau}
$$

当前，我们必须保留N-时间段滚动价格集$(\hat{p}_t, \hat{p}_{t-1}, \dots, \hat{p}_{t-N+1})$以便计算下一时间段中的估计价格。使用指数平滑列出下式：

$$S_t = \bar{p}_t$$

如果使用移动平均值，则状态变量会变为：

$$S_t = (\hat{p}_t, \hat{p}_{t-1}, \dots, \hat{p}_{t-N+1}) \tag{9.12}$$

我们讨论了潜在变量(选择近似为确定性的状态变量，但它们确实会随着时间的推移而随机变化)和不可观察的状态变量(它们也在随机变化，但我们无法观察到)。

9.4.2 系统的三种状态

在开始讨论前，假设有兴趣解决一个相对复杂的资源管理问题，这个问题涉及多种(可能是很多种)不同类型的资源，这些资源可以通过各种方式进行修改(更改其属性)。对于这样的问题，有必要使用以下3种状态变量。

物理状态R_t——这是正在管理的物理资源的状态及其属性的快照。它可能包括水库中的水量、股票价格或网络上传感器的位置，也可以指机器人的位置和速度。

信息状态I_t——这包括做出决策、计算转移或计算目标函数所需的任何其他信息。可以考虑把I_t作为关于完全知晓的量和参数的信息，但这些信息似乎不属于通常捕捉正在管理的资源的物理状态R_t。

信念(或知识)状态B_t——信念状态是指定描述未知量或参数的概率分布的信息。分布类型(如二项式、正态或指数)通常在初始状态S_0中指定，但也有例外。信念状态B_t是与R_t和I_t一样的信息，不同之处在于它是指定概率分布(如正态分布的均值和方差)的信息或表征频率论模型的统计信息(见3.3节和3.4节)。

然后，我们将这些集合在一起，创建状态变量：

$$S_t = (R_t, I_t, B_t)$$

从数学上讲，信息状态I_t应该包括有关资源R_t的信息，因为R_t毕竟是一种信息形式。I_t(例如风速、温度或股票市场)和R_t(电池中有多少能量、水库中有多少水或投资于股票市场的资金量)之间的区别并不重要。我们把这些变量分开，只是因为有太多的问题涉及管理物理或财务资源，而且决策通常只影响物理资源。同时，B_t包含了我们不完全了解的参数的概率信息。完全知道一个参数(如R_t和I_t)的情况只是概率分布的一种特殊情况。

B_t、I_t和R_t之间关系的适当表示如图9.3所示。然而，我们发现有必要区分(即使是主观的)构成描述部分物理状态R_t的变量的信息，然后设I_t为描述完全已知量的所有剩余变量。再设B_t完全由描述我们不完全知道的参数的概率分布组成。

状态变量

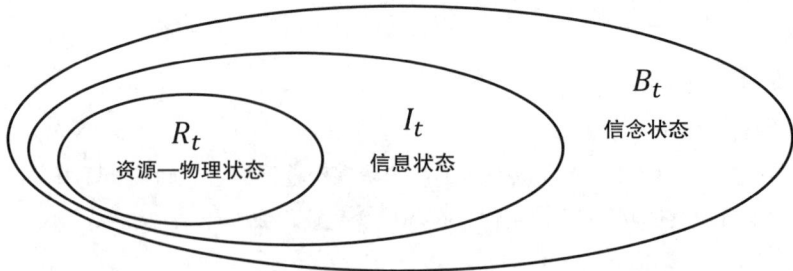

图9.3　状态变量增长集示意图，其中信息状态包括物理状态变量，而信念状态则涵盖所有

结合物理状态、信息状态和信念状态，以及系统现在状态和过去状态之间的关系，状态变量呈现出不同的风格。

物理状态——有以下3种重要的变化涉及物理状态。

(1) 纯物理状态——有许多问题只涉及一种通常是某种正在管理的资源的物理状态。在有些问题中，R_t 是一个向量——一个低维向量(如 $R_t = (R_{ti})_{i \in J}$ 中，i 可能是一种血型或者一种设备)，或者高维向量(如 $R_t = (R_{ta})_{a \in A}$ 中，a 是一个多维属性向量)。

(2) 具有信息的物理状态——可能正在管理给定了通过 I_t 捕捉的温度和风速(影响蒸发)的情况下水库中的水(通过 R_t 捕捉)。

(3) 物理状态、信息状态和信念状态——我们需要共同基金中的现金 R_t、关于利率的信息 I_t 和描述对股票市场涨跌信念的概率模型 B_t。

信息状态——在大多数应用中，信息都是外部演化的，不过也有例外。信息的演化有以下几个方面。

(1) 无记忆——信息 I_{t+1} 不取决于 I_t。例如，可能认为在 $t+1$ 时到达医生办公室的患者的特征与在 t 时到达的患者无关；也可能认为 $t+1$ 月份的降雨量与 t 月份的降雨量无关。

(2) 一阶马尔可夫——这里假设 I_{t+1} 取决于 I_t。例如，可能 $t+1$ 时的石油现货市场价格、风速或温度和湿度取决于 t 时的值；也可能坚持认为决策 x_{t+1} 与在 t 时做的决策 x_t 的偏差不超过一定数量。

(3) 高阶马尔可夫——可能会感觉股票 p_{t+1} 的价格取决于 p_t、p_{t-1} 和 p_{t-2}。然而，可以创建一个变量 $\bar{p}_t = (p_t, p_{t-1}, p_{t-2})$ 并将这样的系统转换为一阶马尔可夫系统，因此实际上只需要处理无记忆和一阶马尔可夫系统。

(4) 全历史相关——当信息 I_{t+1} 的演变取决于完整的历史时，就会出现这种情况，正如建模货币价格过程或疾病过程时可能发生的那样。这种类型的模型通常在我们对紧凑状态变量感到不舒服时使用(并且有专门用于处理这些问题的方法，参见19.9节)。

信念状态——信念状态获取了我们对不确定数量或参数的信念，这些不确定数量或参数(往往)随着时间的推移而变化，通常是决策的直接或间接结果。信念状态的不确定性可以通过以下3种方式产生。

(1) 静态参数的不确定性——例如，可能不知道价格对需求的影响，或者具有特定功能的笔记本电脑的销量。未知参数的性质取决于信念模型的类型：笔记本电脑的特征对应于查找表，而需求—价格权衡代表参数模型的参数。这些问题因属于最优学习的范畴而广为人知，但通常与多臂老虎机问题的文献相关。

(2) 动态(不可控)参数的不确定性——具有一组特定功能的笔记本电脑的销量可能会随着时间而变化。这可能是由不可观察的变量造成的。例如，一种产品(如住房)的需求弹性可能取决于其他市场特征(如该地区工业的增长)。

(3) 动态可控参数的不确定性——想象一下，我们控制着一种无法完美观察的产品的库存。可以控制进货来补充库存以完成销售，但跟踪销售的能力不完善，导致对库存的估计不精确。这些问题通常被称为部分可观察马尔可夫决策过程(partially observable Markov decision processes，POMDP)。

文献倾向于认为信念状态与状态变量有所不同。事实并非如此。状态变量是用于描述 t 时系统的所有信息，无论这些信息是库存数量、车辆位置、当前天气或利率，还是描述某些未知量的分布参数。如果决策者只有一个关于不确定参数的信念，那么对于该决策问题，信念在很大程度上是状态变量的一部分。

我们相信能通过第20章(多智能体建模和学习)中提供的一个双智能体模型(环境和控制智能体)来解决这个独特的困惑点，这意味着有两个状态变量：一个用于环境，一个用于控制智能体。当做出决策时，控制智能体只能访问其状态变量中的信息，如果这是一个关于不确定量的信念，那就使用它，就像第7章中所做的那样(考虑区间估计策略)。

可以使用 S_t 作为单个资源的状态(如果这是所管理的全部)，或者设 $S_t = R_t$ 为正在管理的所有资源的状态。许多问题的系统状态仅包括 R_t。我们建议在不需要具体说明的情况下使用 S_t 作为通用状态变量，但在希望包括其他形式的信息时，必须使用它。例如，可能正在管理资源(消费品、设备、人员)以满足客户 t 时的已知需求 $\hat{D}_t$。如果 R_t 描述正在管理的资源的状态，那么状态变量包括 $S_t = (R_t, \hat{D}_t)$，其中 $\hat{D}_t$ 代表解决问题所需的附加信息。

9.4.3　初始状态 S_0 与后续状态"$S_t, t > 0$"

有必要区分初始状态 S_0 及后续状态"$S_t, t > 0$"，原因如下。

初始状态 S_0

初始状态在序贯决策问题的建模中起着特殊的作用。它存储作为系统输入的任何数据，这些数据可能包括：

- 任何确定性参数——这可能包括(例如)描述某幅图的确定性数据，或任何永远不会改变的问题参数。

- 随时间变化的参数的初始值——例如，这可能是初始库存、机器人的起始位置或者风力发电场的初始风速。
- 关于不确定参数的信念分布——这被称为关于任何不完全已知的信念的先验分布。我们强调这个先验可以是贝叶斯先验或者频率模型的初始统计量。

后续状态"$S_t, t > 0$"

按照惯例，动态状态S_t(其中$t > 0$)仅包含随时间变化的信息。因此，如果要在一幅确定性图上求解最短路径问题，S_t会告知当前占用的节点，但不包括描述该图的确定性数据，当在图上移动时，此类数据不会改变(通过假设)。同样，它也不包括任何确定性参数，如车辆的最大速度。

随着系统的发展，我们会丢弃任何不变的确定性参数。这些参数会成为潜在的(或隐藏的)变量，因为问题取决于它们，但可以把它们从"$S_t, t > 0$"中去除。但是，重要的是认识到，每次求解问题的实例时，这些值都可能发生变化。这些随机启动状态的示例列举如下。

■ 示例9.1

优化货车车队的管理。固定车队中的货车数量，但这是我们指定的参数，我们可能会将车队规模从一个问题实例改为另一个。

■ 示例9.2

在给定24小时规划时域内的云预测的情况下，优化电池中储存的能量。设$f_{0t'}$是在0时给出的t'时的能量预测，预测向量$f_0 = (f_{0t'})_{t'=0}^{24}$(不随时间变化)是初始状态的一部分。然而，每次优化问题时，都会得到一个新的预测。

■ 示例9.3

正在设计一种最优策略来寻找治疗Ⅱ型糖尿病的最佳药物，但该策略取决于患者的特征(年龄、体重、性别、种族和病史)，这些特征在治疗过程中不会改变。

9.4.4   滞后状态变量*

在许多环境中，状态变量实际上会告知有关未来的信息。最简单的例子出现在资源分配问题中，其中资源(前往目的地的卡车/火车/飞机、入境库存、接受培训的人员)当前是已知的，但要到未来某个时候才能使用。为捕获此类信息，可使用以下符号：

$R_{tt'}$ = 到t'时才能使用的t时的手头资源

$R_t \quad = \quad (R_{tt'})_{t' \geq t}$

另一个例子是客户在t时为未来下的订单。例如，可能有：

$$D_{tt'} \quad = \quad \text{在 } t \text{ 时知晓的 } t' \text{ 时的机票预订数量,}$$

$$D_t \quad = \quad (D_{tt'})_{t' \geq t}$$

R_t 和 D_t 都被认为是状态 S_t 的一部分。

9.4.5　决策后状态变量*

标准策略是将状态变量 S_t 建模为做出决策所需的所有信息(以及计算成本、约束和转移函数)。这允许将状态、决策、信息的序列写作:

$$(S_0, x_0, W_1, S_1, x_1, W_2, S_2, x_2, \dots, x_{t-1}, W_t, S_t) \tag{9.13}$$

由于状态 S_t 是在做出决定之前就知晓的,因此也可以称为决策前状态(pre-decision state)。某些情况下,在做出决定后应立即对状态建模。将此建模为 S_t^x 以表明其在 t 时仍然可以被观察,但是要在做出决定后立即进行(因此使用上标)。S_t^x 称为决策后状态(post-decision state)。式(9.13)中的信息序列变成:

$$(S_0, x_0, S_0^x, W_1, S_1, x_1, S_1^x, W_2, S_2, x_2, S_2^x, \dots, x_{t-1}, S_{t-1}^x, W_t, S_t) \tag{9.14}$$

因为在做出决策 x_t 和对决策后状态 S_t^x 的观察之间没有新的外生信息,所以决策后状态就是决策前状态 S_t 和 x_t 的确定函数。

以下例子针对决策前和决策后状态提供了说明。

■ 示例9.4

旅行者开车经过路网,路网中每个链路上的旅行时间都是随机的。当到达节点 i 时,可以查看节点 i 之外每个链路的行程时间,表示为 $\hat{\tau}_i = (\hat{\tau}_{ij})_j$。当到达节点 i 时,决策前状态是 $S_t = (i, \hat{\tau}_i)$。假设其决定从节点 i 驶向节点 k,则决策后状态为 $S_t^x = (k)$。注意,其仍处于节点 i;决策后状态会捕捉其接下来将在节点 k 出现的事实,并且不再需要包括节点 i 之外的链路的旅行时间。

■ 示例9.5

漂泊的货车司机再次到访。如果货车司机在 t 时具有属性向量 a,则设 $R_{ta} = 1$,否则为0。当下,设 D_{tb} 是可以在 t 时移动的类型为 b 的客户需求量(货物装载量)。货车司机的决策前状态变量为 $S_t = (R_t, D_t)$,它可告知货车司机的状态和可被移动的需求。假设一旦货车司机做出决策,D_t 中所有未得到服务的需求都会丢失,并且新的需求会在 $t+1$ 时可用。如果在做出决策后货车司机具有属性向量 r,则决策后状态变量由 "$S_t^x = R_t^x$,其中 $R_{ta}^x = 1$" 给定。

■ 示例9.6

想象一下,在玩西洋双陆棋时,R_{ti} 是你的棋子在西洋双陆棋棋盘上第 i 个 "点" 上的数目(一块棋盘上有24个点)。从 S_t 到 S_{t+1} 的转移取决于玩家的决策 x_t、对手的玩法以及下一次掷骰子的结果。决策后状态变量是指玩家移动棋子之后，对手移动棋子之前棋盘的状态。

决策后状态在动态规划的上下文中可能特别有价值，详细讨论参见第16章和第17章。可通过以下3种方法找到决策后状态变量。

分解决策和信息

在许多问题中都可以创建函数 $S^{M,x}(\cdot)$ 和 $S^{M,W}(\cdot)$，从中可以计算：

$$S_t^x = S^{M,x}(S_t, x_t), \tag{9.15}$$

$$S_{t+1} = S^{M,W}(S_t^x, W_{t+1}) \tag{9.16}$$

这些函数的结构与问题高度相关，然而，有时也有显著的计算优势，主要是当需要在状态 S_t 下做出决策并且想知道决策将导致的状态的价值之时。决策后状态 S_t 是决策前状态以及决策 x_t 的确定函数，其计算非常方便(参见第15章和第16章)。

状态—决策对

表示决策后状态的一种非常通用的方法是简单地将其写作：

$$S_t^x = (S_t, x_t)$$

图9.4以井字游戏为例提供了很好的说明。图9.4(a)显示了玩家O移动棋子前的棋盘。图9.4(b)显示了增广的状态—决策对，其中的决策(O决定将棋子移到右上角)与状态不同。最后，图9.4(c)显示了决策后的状态。对于本例，决策前和决策后的状态空间是相同的，而增广的状态—决策对是原来的9倍大。

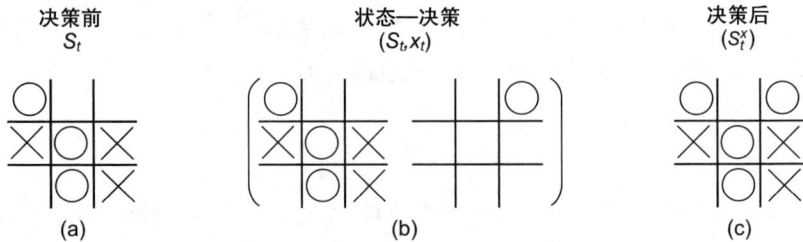

图9.4　井字游戏的决策前状态、增广的状态—决策对和决策后状态

增广的状态 (S_t, x_t) 与决策后状态 S_t^x 密切相关(这并不奇怪，因为可以从 S_t 和 x_t 确定地计算 S_t^x)。但在计算上，这种差异是显著的。如果 $\mathcal{S}$ 是 S_t 的一组可能值的集合，$\mathcal{X}$ 是 x_t 的一组可能值的集合，那么增广状态空间大小为 $|\mathcal{S}| \times |\mathcal{X}|$，这显然要大得多(尤其当 x 是向量时)。

增广的状态变量用于一类称为Q学习的流行算法(首次介绍参见第2章)，其中的挑战是以统计方法估计Q因子，Q因子给出处于状态 S_t 的价值并做出决策 x_t。这个Q因子已写入 $Q(S_t, x_t)$，与提供处于某种状态的价值的价值函数 $V_t(S_t)$ 形成对比。这使得我们能够通过求解$\min_x Q(S_t, x_t)$来直接找到最优决策。这是Q学习的本质，但这个算法步骤的代价是必须针对每个S_t和x_t估计$Q(S_t, x_t)$。无法单独通过优化S_t^x函数来确定x_t，原因是通常无法确定哪个决策x_t会最终得出S_t^x。

作为点估计的决策后状态

假设有一个计算未来信息的点估计的问题。设$\overline{W}_{t,t+1}$是一个在t时计算的W_{t+1}结果的点估计。如果W_{t+1}是一个数值，就可以使用$\overline{W}_{t,t+1}=\mathbb{E}(W_{t+1}|S_t)$或$\overline{W}_{t,t+1}=0$。

如果可以创建一个合理的估计值$\overline{W}_{t,t+1}$，就可使用下式计算决策后和决策前状态变量：

$$S_t^x = S^M(S_t, x_t, \overline{W}_{t,t+1}),$$
$$S_{t+1} = S^M(S_t, x_t, W_{t+1})$$

采用这种方式进行测量，便可以将S_t^x视为S_{t+1}的点估计，但这并不意味着S_t^x必然是S_{t+1}期望值的近似值。

9.4.6　最短路径图解

接下来使用一个简单的最短路径问题来说明定义状态变量的过程。从图9.5所示的确定性图开始，其中我们感兴趣的是从节点1到节点11的最优路径。设t为我们已经遍历的链路数，设N_t为经过$t=2$次转移后所处的节点数。现在处于什么状态？

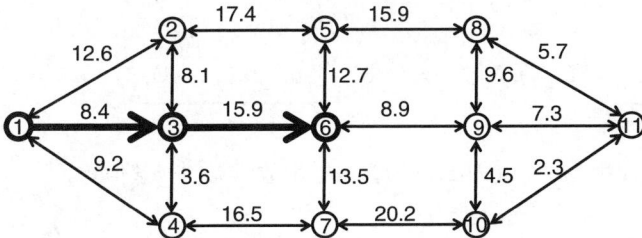

图9.5　从节点1移到节点11的确定性网络(具有已知的弧成本)

大多数人的回答是：

$$S_t = N_t = 6$$

这个答案暗示了我们在定义状态变量时使用的两个约定。首先，排除任何不变的信息，在这种情况下是关于确定性图的任何信息。其次，排除路径中的先验节点(1和3)，因为这些节点对于未来的任何决策都不是必需的。

现在假设旅行时间是随机的，但知道每个环节旅行时间的概率分布(这些分布不会随时间变化)。该图如图9.6所示。然而，要假设(如果这是现在选择的链路)，当旅行者到达节点i时，能够看到除了节点i以外的链路(i, j)的实际成本$\hat{c}_{ij}$。现在的状态变量是什么？

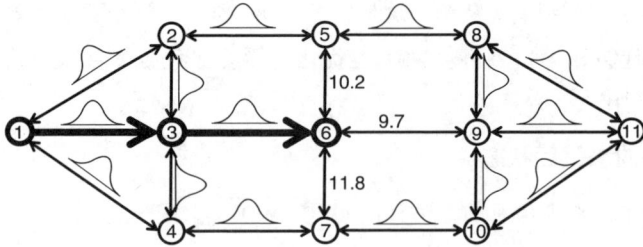

图9.6 当旅行者到达某个节点时就会显示弧成本的随机网络

显然，仍然需要知晓当前节点 $N_t = 6$。然而，显示的链路成本也很重要。如果从节点6移到节点9的成本从9.7变为2.3或18.4，决策也会改变。这意味着这些成本在很大程度上是信息状态的一部分。因此，可以把状态写作：

$$S_t = (\underbrace{N_t}_{R_t}, \underbrace{(\hat{c}_{N_t,\cdot})}_{I_t}) = (\underbrace{6}_{R_t}, \underbrace{(10.2, 9.7, 11.8)}_{I_t})$$

其中，$(\hat{c}_{N_t,\cdot})$ 表示节点 N_t 外的所有链路的成本。因此，看到了物理状态 $R_t = N_t$ 和信息 $I_t = (10.2、9.7、11.8)$ 的图例。

为上述最后一个例子引入左转处罚的问题。如果从节点6到节点5的转向为左转，则增加0.7分钟的处罚。现在的状态变量是什么？

左转处罚要求知晓从6到5的移动是不是左转。这种计算需要知晓上一个位置。

因此，现在需要在状态变量中包含以前的节点 N_{t-1}，有：

$$S_t = (\underbrace{N_t}_{R_t}, \underbrace{(\hat{c}_{N_t,\cdot}), N_{t-1}}_{I_t}) = (\underbrace{6}_{R_t}, \underbrace{(10.2, 9.7, 11.8), 3}_{I_t})$$

现在 N_t 是物理状态，但是 N_{t-1} 是计算成本函数所需的一条信息。

9.4.7 信念状态*

许多应用都无法精确地观察(或测量)系统的状态。相反，我们将保持对未知参数或数量的概率信念。相关例子列举如下。

─────────────────────────────────────

■ 示例9.7

患者可能患有结肠癌，这可能是由息肉(结肠中的小异物)的存在所指示的。息肉的数量不能直接观察到。有不同的方法可以检测息肉的存在，从而推断息肉的数量，但这些方法并不完美。

■ 示例9.8

军方必须决定是否派遣飞机清除可能在先前袭击中受损的重要军事目标。这些决策通常必须在不知道目标的确切状态的情况下做出。

■ 示例9.9

策略制定者必须决定减少多少CO_2的排放，并希望在200年内制定一项能在成本和全球气温上升之间取得平衡的策略。科学家无法完美地测量温度(很大程度上是因为自然的变化)，并且CO_2对温度的影响是未知的，也无法直接观察到。

以上例子中的每一个都有一个数量或参数无法观察但变量可以观察的系统。当这种情况发生时，就使用信念状态B_t来处理这些值。

关于所谓的"部分可观察的马尔可夫决策过程"(或POMDP)有大量的文献，这是数量或参数不完全已知的序贯决策问题。POMDP相关文献既具有数学复杂性，又具有计算挑战性。换句话说，就算弄清楚了数学问题，最终也不会得到可以解决实际问题的工具。

我们认为POMDP相关文献没有正确地建模这些问题。我们认为它们应该被建模为多智能体系统，其中有一个"环境智能体"和一个不能完美观察环境的"控制智能体"。当每个智能体的模型都用我们的建模框架来表述时，信念状态的问题就会变得更加实际。该讨论可参看第20章关于多智能体问题的小节。

9.4.8 潜在变量*

动态模型的一个更微妙的维度是存在状态变量S_t未明确捕捉的信息。记住，不要在动态状态S_t中对不会随时间变化的S_0的任何信息进行建模。S_0中可能有许多静态参数。虽然这些参数在模型中使用，但它们并不位于S_t中。最优策略将取决于这些信息，但这种相关性并不明确。

下面列举了一些可观察潜在变量的例子。

■ 示例9.10

正在求解从起始节点r开始到目标节点s的最短路径，设$i, j \in \mathcal{J}$是中间节点。如果当前位于节点i，就要将"状态"建模为处于节点i。使用最短路径算法从每个$i \in \mathcal{J}$找到最优路径，这将提供到达每个节点i并沿着最优路径到达节点s的"价值"$V(i)$(实际上是每个节点的成本)。目的地s实际上是一个潜在的变量，因为它没有被捕获到我们的状态中。如果将s纳入状态变量，就必须对每个i和s的组合计算最优值$V(i,s)$，而这要困难得多。

■ 示例9.11

一家公司正在优化不同配送中心的库存。每个DC(数据中心)根据它看到的需求优化自己的库存。然而，由于订单可以从任何DC(并不总是最近的)得到满足，因此任何单个DC的最优库存取决于其他DC的库存，这些库存成为每个DC规划中的潜在变量。

■ 示例9.12

一家制药公司正在根据病人的体重确定最佳剂量。正确的剂量还取决于年龄以及糖尿病等医疗状况。根据体重、年龄和血糖制定的剂量表过于复杂，但患者的医生需要考虑这些变量。这意味着医生需要为每个病人优化剂量，从制药公司的剂量表开始，忽略体重以外的变量。

当决定是显式地对一个变量建模(这意味着模型应显示其如何随时间演变)还是将它作为一个潜在变量建模(这意味着保持其不变)时，引入了一个重要的权衡：若在状态变量中添加一个动态变化的参数，会产生一个更复杂、更高维的状态变量，但是当参数改变时，不必重新优化；而相反，若将参数作为潜在变量处理，可以简化模型，但需要在参数变化时重新优化模型。

9.4.9 滚动预测*

任何动态模型的一个重要维度是未来将发生的随机活动的概率分布。例如，假设正在根据给定的 t 时产生能量 $W_{t'}$ 的预测 $f_{tt'}^W$ 规划能源资源，其中，能量 $W_{t'}$ 由在未来 t' 时的风产生。那么，可以假设未来的风由下式决定：

$$W_{t'} = f_{tt'}^W + \varepsilon_{tt'},$$

其中，$\varepsilon_{tt'} \sim N(0, (t' - t)\sigma^2)$

对于这个简单的模型，误差的方差只取决于所预测的未来，预测决定了风能的概率分布。在绝大多数模型中，可以把预测 $(f_{tt'}^W)_{t'=t}^{t+H}$ 看作固定值。这意味着预测是一种潜在变量。在实践中，随着新信息的到来，预测会随着时间的推移而变化。可以使用下式对其建模：

$$f_{t+1,t'}^W = f_{tt'}^W + \hat{f}_{t+1,t'}^W \tag{9.17}$$

其中，$\hat{f}_{t+1,t'}^W \sim N(0, \sigma_W^2)$ 表示 t' 时预测中的外生变化。在与库存相关的文献中，式(9.17)被称为预测演化的鞅模(martingale model of forecast evolution，MMFE)，这意味着未来的预测值 $f_{t'',t'}^W$ 等于当下的预测值 $f_{t,t'}^W$。"鞅"是一个随机过程，可能从一个时间段向上或向下演变到上一个或下一个时间段，但大体上保持不变。这意味着如果给定" $f_{tt'}^W, t'$ $= t, \dots, T$ "，这个预测向量就是状态变量的一部分，因为所有这些信息都是建模 W_t 的演变所需要的。

然而，对于许多问题，预测都不是作为一个动态演变的随机过程建模的；相反，它们被视为静态的，这意味着它们不是状态变量的一部分。在这种情况下，它们将是潜在变量(latent variable)，并且未被显式地建模。正如第19章所展示的，在直接前瞻模型中，保持预测不变是一种常见的近似。这就是导航系统在网络上规划路径时所做的事情。在某个时间点，系统固定了每条线路的行驶时间估计值，并规划出一条路径。几分钟后，时间被更新，路径被重新计算，但是寻找路径的逻辑并没有显式地对链路时间估计的可能变化进行建模。

经典的动态规划模型看似普遍忽略了预测在动态优化问题建模中的作用，这意味着它们被视为潜在变量。这反过来意味着，当预测更新时，问题必须从头开始重新优化。相反，正如后面将要讲到的，在前瞻策略中预测很容易处理。第19章将会讲述处理预测的方法；现在，我们只想展示滚动预测是如何影响状态变量的。

9.4.10　平面与因子状态表示*

在动态规划相关文献中，一种常见的做法是，定义一组离散状态 $\mathcal{S} = (1, 2, \dots, |\mathcal{S}|)$，其中 $s \in \mathcal{S}$ 索引特定状态。例如，有一个库存问题，其中 S_t 是库存中的物品数量(S_t 是标量)。在这里，状态空间 $\mathcal{S}$ 是整数集，并且 $s \in \mathcal{S}$ 用于告知库存中有多少产品。

现在假设正在管理一组 K 产品类型。我们系统的状态可能由 $S_t = (S_{t1}, S_{t2}, \dots, S_{tk}, \dots)$ 给出，其中 S_{tk} 是在 t 时库存中 k 类项目的数量。假设 $S_{tk} \le M$。状态空间 $\mathcal{S}$ 将包含 S_t 的所有可能值，有可能为 K^M 大小。一个状态 $s \in \mathcal{S}$ 对应于一个特定的量 $(S_{tk})_{k=1}^K$ 的向量。

用单个标量索引对每个状态进行建模称为平面或非结构化表示。这样的表示简单而优雅，并且产生了数学上紧凑的模型，这些模型在运筹学和计算机科学等领域中很受欢迎。早在2.1.3节就讲述了此，详细讨论参见第14章。不过，单个索引的使用会完全掩盖状态变量的结构，并且经常会产生难以控制的大状态空间。

在算法的设计中，通常必须利用状态变量的结构。出于这个原因，通常会发现有必要使用所谓的因子表示，其中每个因子表示状态变量的一个特征。例如，在我们的库存示例中，有 K 个因子(或特征)。可以构建近似，利用状态变量的每个维度都是特定量的结构。

8.3.1节解决了管理资源(人员、设备)的问题，这些资源由属性向量 $a \in \mathcal{A}$ 描述，其中假设属性空间 $\mathcal{A}$ 是离散的。这是平面表示的一个示例。属性向量的每个元素 a_i 都表示实体的一个特定特征。这种表示使我们能够将资源向量建模为 $R_t = (R_{ta})_{a \in \mathcal{A}}$，其中 R_t 是一个带有元素 $a \in \mathcal{A}$ 的向量。

9.4.11　程序员对状态变量的看法

状态变量很容易成为动态建模中最不被理解的概念之一，正如大量关于动态规划的书籍所证明的那样，这些书籍甚至没有定义状态变量(至少没有正确定义)。从另一个角度来看，假设正在编写一个动态系统的模拟器，其中的决策是随着时间的推移而做出的，就要创建一组变量来对系统进行建模(对于许多问题，这可能是许多变量)。我们可以将变量分为以下四大类。

类别1——这些是最初设置的所有变量(硬编码到程序中，或从外部数据源读取)。可以将其分为以下几个子类。

(1) 固定参数(如水的沸点或车辆的最高速度)永远不会改变。

(2) 随时间演变的变量的初始值(无论是否源于决策和/或外部输入)。

(3) 关于完全未知的参数和数量的初始信念。这些信念可能会(也可能不会)在模拟过程中演变。

类别2——在模拟过程中由于决策或外部输入而发生变化的变量(排除了类别3和类别4中的决策和外生信息)。这些可能包括以下几个子类。

(1) 描述完全已知的数量和参数的变量。

(2) 描述随时间演变的概率分布的变量。这些变量可以描述参数分布、概率或充分统计的参数。

类别3——代表由某些策略决定的决策的变量。

类别4——从外部进入我们系统的信息。该信息可以用于做决定，然后丢弃，或者放入类别2的变量中。

所有归属于类别1的变量都是我们放入初始状态变量 S_0 中的变量。所有归属于类别2的变量都是放入初始状态变量" S_t, $t > 0$ "中的变量。类别3指的是我们控制的变量，称为控制变量、动作，或者在本书中称为 x_t 的决策(参见9.5节)。最后，类别4指的是来自系统外部的新信息，我们将其建模为 W_{t+1}。可以使用它来做决策，然后丢弃它。然而，它可能会融入类别2的一个变量中。

从这个讨论中可以看到，除非这些变量被保留以供将来使用(在这种情况下，它们被归入类别2)，否则"状态变量"都是程序员所说的"变量"，不过还排除了决策变量和外生信息变量。此外，程序员还可能会在"变量"中保留大量用于报告目的的信息，然而我们将状态变量的定义限制为对系统建模实际需要的信息。

9.5 建模决策

如表9.1所示，英语中有许多单词可以表示"决策"。关于优化的文献假设决策类型是事先已知的，忽略了建模中最微妙的维度之一。可以说，优化最具挑战性的维度之一就是准确识别需要优化的决策！

表9.1 代表决策的英语单词样本。第二列描述了收集信息背景下的决策，如选择要进行的实验或者要听什么或观察什么

通用术语	收集信息
Action	Examine
Acquire/buy/purchase	Experiment
Choice	Listen
Control	Observe
Decision	Probe

通用术语	收集信息
Design	Research
Intervention (medical)	Sample
Option	Sense
Move	Test
Response	View
Task	Scan
Trade(finance)	

即使是优化领域，也会使用不同的单词(和符号)来表示决策，这并不奇怪。关于马尔可夫决策过程的经典文献讨论了选择动作 $a \in \mathcal{A}$(或 $a \in \mathcal{A}_s$，其中 $\mathcal{A}_s$ 是处于状态 s 时可用的一组动作)。当系统处于状态 x 时，最优控制群体会选择一个控制 $u \in \mathcal{U}_x$。数学规划领域希望选择一个由向量 x 表示的决策。我们还注意到，计算机科学领域研究老虎机的团体也采用 x 作为其决策的符号，其决策通常是离散的。本书使用 x 作为默认符号，不过偶尔也会在必须使用离散动作的方法中改用动作 a(特别是在第14章)。

当对序贯决策问题中的决策进行建模时，建议引入以下元素：

- 决策的类型，以及是否已经做出决策的符号(如果合适的话，有多少)；
- 对 t 时做出决策的约束；
- 决策的策略(或方法)的符号，但不指定策略。

9.5.1 决策类型

决策有多种形式。我们用符号 x 来说明这一点，对于更复杂的问题，往往选择这一符号。不同类型的决策示例如下。

- 二进制，其中 x 可以是0或1。
- 离散集，其中 $x \in \{x_1, \dots, x_M\}$。
- 连续标量，其中 $x \in [a, b]$。
- 连续向量，其中 $x \in \Re^n$。
- 整数向量，其中 $x \in \mathbb{Z}^n$。
- 子集选择，其中 x 是0和1的向量，指示集合中的成员。
- 多维分类，其中，如果做出由属性 $a = (a_1, \dots, a_K)$ 描述的选择，则 $x_a = 1$。例如，a 可以是药物或患者的属性，也可以是电影的特征。

在许多应用中，决策要么是连续的，要么是向量值的。例如，第8章描述了涉及在 t 时将资源分配给任务的应用。设 $x = (x_d)_{d \in \mathcal{D}}$ 是决策的向量，其中 $d \in \mathcal{D}$ 是一种决策类型，例如将资源 i 分配给任务 j，或者购买特定类型的设备。制造成百上千甚至数万个维度的问题并不难。这些高维决策向量经常出现在运筹学的资源分配问题类型中。

　　这一讨论清楚地表明，决策(或动作或控制)空间的复杂性可能因应用而异。整个领域都致力于解决特定决策类别的问题。例如，最优停止问题的特征是二元动作(持有或出售)。马尔可夫决策过程的整个领域以及第7章中描述的无导数随机优化的所有问题，都进行了离散集的假设。基于导数的随机优化以及随机规划领域都假设x是一个向量，而且它通常是连续的。

9.5.2　初始决策x_0与后续决策"$x_t, t > 0$"

　　正如区分初始状态S_0及后续状态"$S_t, t \geq 0$"一样，应区分第一个决策x_0和正在进行的决策"$x_t, t > 0$"。

初始决策x_0

　　第一个决策x_0是只进行一次的初始设计决策和正在进行的控制决策的第一个实例的混合体。初始设计决策的示例包括：

- 固定设施的位置和容量；
- 制造系统或网络的配置；
- 机器人或其他机器的设计；
- 受雇为系统工作的人员；
- 将在模拟过程中被管理的资源(机器人、货车、护士)的初始位置和数量；
- 管理策略行为的参数。

　　所有这些都是可以被视为要优化的设计变量的参数。特别重要的是认识到，策略的设计与影响系统设计的任何其他决策都没有什么不同。

后续决策"$x_t, t > 0$"

　　决策x_t表示在持续的基础上做出的控制系统的决策。控制决策的数组太长了，无法一一列出，但可以将其分为以下几大类别。

- 管理物理资源的决策：人、机器人、机械、(任何产品的)库存、水、能源。
- 管理财务资源的决策：投资、合同。
- 影响过程性能的决策：价格、速度、温度。
- 从计算机模拟、实验室实验、现场实验中收集信息的决策。
- 传播或共享信息的决策：广告、营销、促销。

请按需查看第1章中的表1.1，了解控制决策的多样性。

9.5.3　战略、战术和执行决策

　　重要的是认识到，在做出决策(决定其信息内容)和实施决策(影响系统的时间点)之间往往存在滞后。为了处理滞后的决策过程，可以按如下方式定义：

$x_{tt'}$＝在t时做出的将在$t' \geq t$时实施的决策

接着介绍基于滞后的3类决策。

- 战略规划——x_0表示在$t=0$时做出的所有决策。这些是前面讨论过的设计决策。
- 战术规划——"$x_{tt'}$，其中$t' > t$"，这个当下的决策会影响未来，这意味着必须对外生信息$W_{t+1}, \ldots, W_{t'}$以及在t至t'期间做出的决策$x_{t+1}, \ldots, x_{t'}$进行建模。
- 执行——x_{tt}，这是在t时执行的决策。

以上每个决策都需要模拟其他决策。例如：

- 战略规划——需要模拟决策$x_1, x_2, \ldots, x_T$，以便评估设计决策x_0的表现。
- 战术规划——在t时做出将在t'时实施的决策$x_{tt'}$，这意味着需要模拟决策$x_t, x_{t+1}, \ldots, x_{t'-1}$来预期当在$t$时做出决策时，$t'$时所处的状态。
- 执行——帮助做出当下(t时)要实施的决策x_{tt}，通常需要模拟该决策的下游影响，这意味着模拟决策$x_{t+1}, x_{t+2}, \ldots, x_T$。

9.5.4　约束

当在t时做出决策时，经常必须指定决策的约束条件。最简单的"约束"类型是指定一组假设处于状态s时的可能的(离散的)决策$\mathcal{D}_s$。通常，这组可能的决策类型$\mathcal{D}$是静态的，但如果它取决于状态(可随时间变化)，则会有：

$\mathcal{D}_t$＝该决策类型集由在t时所处的状态S_t给出。与状态S_t的相关性隐式地表现为通过时间索引集合，

x_{td}＝在t时执行决策$d \in \mathcal{D}_t$的次数

一个示例是为司机分配t时的装载量，其中$\mathcal{D}_t$是t时可用的一组装载量。

如果对于$d \in \mathcal{D}$，有一个决策向量x_{td}，那么可以很容易地对向量x_t进行约束。例如，x_{td}可能是在股票d上的投资额，但必须将投资限制在手头现金R_t数额以内，因此有：

$$\sum_{d \in \mathcal{D}} x_{td} \leq R_t,$$
$$x_{td} \geq 0$$

可以用通用形式写出如下约束：

$$A_t x_t = R_t,$$
$$x_t \geq 0$$

更一般的形式为：

$$x_t \in \mathcal{X}_t$$

其中，$\mathcal{X}_t$可以是诸如$\{x_1, \ldots, x_M\}$等的离散集，也可以是线性方程组的解。当用t对集合(如$\mathcal{X}_t$)或变量进行索引时，则意味着它取决于状态S_t中的信息。不只是为了保持符号的简洁才把它写成$\mathcal{X}(S_t)$。

9.5.5　策略介绍

任何优化问题(包括随机优化)的挑战都是做出决策。在序贯(随机)决策问题中，决策x_t取决于t时可用的信息，这些信息由S_t捕捉。这意味着需要对每个S_t做出一个决策，即需要一个函数$x_t(S_t)$。这个函数被称为策略，通常用π表示。当许多作者用$\pi(S_t)$来表示策略时，我们使用π来携带描述函数的信息，并指定函数为$X^\pi(S_t)$。如果正在使用动作a_t，就将策略写成$A^\pi(S_t)$，如果正在寻找控制u_t，则把策略写成$U^\pi(S_t)$。策略可能是静止的(和前面所列出的式子一样)，或者是时间相关的，在这种情况下，则写成$X_t^\pi(S_t)$。

在模型中引入决策的同时，引入了策略(如$X^\pi(S_t)$)的符号，但是我们没有在选择策略上付出任何努力。这正是我们理念的核心：

先建模，后求解。

策略的选择不仅取决于问题的结构，还可能取决于特定问题的数据性质。第11章将讲述一个能量储存问题(9.9节将对此建模)，并展示4类策略(加上第5种混合策略)中的每一类都可以根据数据集的特定特征展开最佳的工作。

从第11章开始，本书会用剩下的篇幅来讲述如何确定适用于具有不同特征的问题的不同类型的策略。注意，在第10章讨论了建模不确定性之后讲解策略设计并非偶然，正是应了我们所讲的"先建模，后求解"。

9.6　外生信息过程

我们解决的许多问题的一个重要维度都是外生信息的到达，它改变了系统的状态。外生信息流建模与状态一起，代表了随机优化问题建模的最微妙的维度。本节仅概述外生信息建模的基本符号，详细讨论参见第10章对不确定性的更完整的讨论。

首先要注意的是，本节只讨论$t > 0$时的外生信息。这将忽略初始状态S_0，这是一个完全不同的信息源(从技术上讲是外生信息)。

9.6.1　信息过程的基本符号

假设有一个跟踪资产价值的问题。假设价格根据下式演化：

$$p_{t+1} = p_t + \hat{p}_{t+1}$$

其中，$\hat{p}_{t+1}$是一个外生随机变量，表示$t + 1$时间段内价格的变化。在t时，p_t是一个数字，而(在t时)p_{t+1}是随机的。

可以假设$\hat{p}_{t+1}$来自一些概率分布，例如具有平均值0和方差σ^2的正态分布。然而，我们将主要处理样本实现，而非由一些概率分布描述的随机变量。表9.2显示的是从$p_0 =$

29.80开始、之后随样本实现而演化的价格过程的10个样本实现。这些样本可能来自数学模型，也可能来自历史观察。

表9.2 价格(p_t)和价格变化($\hat{p}_t$)的一组样本实现

样本路径	$t=0$	$t=1$		$t=2$		$t=3$	
ω	p_0	$\hat{p}_1$	p_1	$\hat{p}_2$	p_2	$\hat{p}_3$	p_3
1	29.80	2.44	32.24	1.71	33.95	−1.65	32.30
2	29.80	−1.96	27.84	0.47	28.30	1.88	30.18
3	29.80	−1.05	28.75	−0.77	27.98	1.64	29.61
4	29.80	2.35	32.15	1.43	33.58	−0.71	32.87
5	29.80	0.50	30.30	−0.56	29.74	−0.73	29.01
6	29.80	−1.82	27.98	−0.78	27.20	0.29	27.48
7	29.80	−1.63	28.17	0.00	28.17	−1.99	26.18
8	29.80	−0.47	29.33	−1.02	28.31	−1.44	26.87
9	29.80	−0.24	29.56	2.25	31.81	1.48	33.29
10	29.80	−2.45	27.35	2.06	29.41	−0.62	28.80

按照标准约定，用希腊字母ω对每条路径进行索引(在该示例中，ω取值范围为1到10)。在$t=0$时，p_t和$\hat{p}_t$是一个随机变量(对于$t \geq 1$)，而$p_t(\omega)$和$\hat{p}_t(\omega)$是样本实现(sample realization)。我们把序列$p_1(\omega)$, $p_2(\omega)$, $p_3(\omega)$, ..., $p_T(\omega)$称作价格p_t的样本路径。

我们将在本节使用ω符号。因此，有必要理解它的含义。通常，主要使用ω对外生随机变量进行索引，例如，若使用ω对$\hat{p}_t$索引，就有$\hat{p}_t(\omega)$。如果处于$t < t'$的某个时间点，则$\hat{p}_{t'}$是随机变量。$\hat{p}_t(\omega)$不是随机变量，而是一个样本实现。例如，如果$\omega = 5$且$t = 2$，那么$\hat{p}_t(\omega) = -0.73$。我们将通过随机选择$\omega$来产生随机性。为了更具体地说明，需要进行如下定义：

Ω = 所有可能的样本实现的集合($\omega \in \Omega$)，

$p(\omega)$ = 结果ω发生的概率

这里需要提醒一句。我们经常会处理连续的随机变量，在这种情况下，必须把ω看作连续的。在这种情况下，不能说$p(\omega)$是"结果的概率ω"。然而，在我们所有的工作中，都要使用离散样本。为此，可以定义：

$\hat{\Omega}$ = $\omega \in \Omega$的一组离散样本观察值

在这种情况下，可以说$p(\omega)$是从集合$\hat{\Omega}$中抽取ω的概率。通常，会假设$\hat{\Omega}$中的每个元素都以相同的概率出现：

$$p(\omega) = \frac{1}{|\hat{\Omega}|}$$

对于更复杂的问题，可能会有一个完整的随机变量族。在这种情况下，通用的"信息变量"是有用的，它表示在t时间段内到达的所有信息。为此，定义：

W_{t+1}=在时间段$(t, t+1)$内变得可用的外部信息

也可以这样说，W_{t+1}是$t+1$时最先知道的信息，这意味着不知道何时做出决策x_t。

W_t可以是单个变量，也可以是一组变量(行程时间、设备故障、客户需求)。我们注意到，当使用戴帽子变量代表外生信息$(\hat{D}_t, \hat{p}_t)$的惯例时，并不会对W_t戴帽子，原因是该变量只有一个用处，而D_t和p_t还具有其他含义。我们总是认为信息是在连续的时间内到达的，因此W_t是在t时间段内到达的信息，而不是在t时。这消除了在t时做出决策时可用信息的模糊性。

有时还需要参考过程的历史，为其定义：

$$h_t \ = \ \text{过程的历史，包括整个} t \text{时的所有已知信息，}$$

$$= (W_1, W_2, ..., W_t)$$

$$\mathcal{H}_t \ = \ t \text{时所有可能的历史集合，}$$

$$= \{h_t(\omega) | \omega \in \Omega\}$$

$$\Omega_t(h_t) \ = \ \text{与历史} h_t \text{相对应的所有采样路径的集合，}$$

$$= \{\omega \in \Omega | h_t(\omega) = h_t\}$$

在某些应用中，可以把h_t称作系统的状态，但这通常是一个非常笨拙的表示。不过，接下来会将该过程的历史用于特定的建模和算法策略。

9.6.2　结果和场景

一些领域更喜欢使用"场景"一词来指代随机信息的样本实现。对于大多数目的，"结果"(outcome)、"样本路径"(sample path)和"场景"(scenario)可以互换使用(尽管样本路径指的是一系列随时间变化的结果)。然而，有许多人使用"场景"一词来表示重大事件。例如，一家公司可能会推出一款新产品，该产品可能会接收到强烈、中等或较弱的市场反应。对于每一种情况，销售额都会每天波动。我们更喜欢用"场景"来指代市场反应(即重大事件)，用"结果"来获取市场反应的变化。

建议用Ψ表示场景集，$\psi \in \Psi$表示一个单独的场景。对于特定场景ψ，可能会有一系列结果$\omega \in \Omega$(或$\Omega(\psi)$)，代表各种小事件(每日销量)。

下面的两个例子说明了这种表示法。

■ 示例9.13

规划备用变压器——在电力行业，一种特定类型的变压器是在20世纪60年代发明的。截至本书撰写之时，该行业还不知道这些机组的故障率曲线。(它们的使用寿命大约是50年? 60年?)设ψ是故障曲线具有特定形状的场景(例如，故障在变压器被使用了50年左右开始以更高的频率发生)。对于给定的场景ψ(故障率曲线)，ω表示故障的样本结果(尽管变

压器发生故障的可能性取决于 ψ，但仍可能在任何时候发生故障)。

■ 示例9.14

长期电力合同——当下的电价在很大程度上取决于天然气的价格。每小时的电价可能
波动很大，但其平均价格反映了天然气的价格。这种关系可能取决于天然气的总产量(这可
能取决于政府策略)和可再生能源的可用性。我们可以将天然气和可再生能源的相对能源供
应描述为一种场景 ψ，然后将每小时的变化建模为样本路径 ω。

9.6.3　滞后的信息过程*

在许多情况下，关于某个新到达的信息会出现在该新的到达本身之前——正如之前在
状态变量中看到的那样。这种情况也发生在外生信息过程中，如以下示例所示。

■ 示例9.15

客户可以在 t 时预订 t' 时的服务。

■ 示例9.16

橙汁产品公司在 t 时购买的冷冻浓缩橙汁期货可以在 t' 时行权。

■ 示例9.17

程序员可能会在 t 时开始编写一段代码，并期望在 t' 时完成。

使用两个时间索引来处理这些问题，这种形式可称为"(t, t')"表示法。

滞后的信息处理非常普遍。设 $\hat{D}_{tt'}$ 是 t 时打电话预订 t' 时的酒店房间的客户数量。可以
把 t 时到达的订单写成：

$\qquad \hat{D}_{tt'} =$ 在 t 时间段内首次已知的需求，将在 t' 时间段内提供，

$\qquad \hat{D}_t = (\hat{D}_{tt'})_{t' \geq t}$

$\hat{D}_1, \hat{D}_2, \dots, \hat{D}_t, \dots$ 是订单的序列，其中每个 $\hat{D}_t$ 可以是在未来不同时间调用的订单。

一类重要的滞后过程是预测。设：

$\qquad f_{tt'}^D =$ 在 t' 时间段所做的需求预测 $\hat{D}_{t'}$，使用在 t 时都可用的信息，

$\qquad f_t^D = (f_{tt'}^D)_{t' \geq t}$

每个变量的一个重要特例是 $t' = t$ 的情况，将按如下方式对每个变量的这一版本进行
描述：

$\qquad \hat{D}_{tt} = t$ 时的实际需求，

$\qquad f_{tt}^D = \hat{D}_{tt}$ 的另一种写法，

R_{tt} = 在t时了解的、可在t时使用的资源

注意，这些变量目前是根据信息内容编写的。例如，$\hat{D}_{tt'}$是t时了解的需求，需要在t'时被服务。第一个时间索引指定信息何时已知。

9.6.4 信息过程模型*

信息过程具有不同程度的复杂性。不用说，信息过程的结构在用于解决问题的模型和算法中起着重要作用。我们描述的信息过程越来越复杂。

状态无关流程

信息可能由独立、非智能的外部过程(如天气、市场、生物过程、化学反应和复杂的模拟器)产生，其中信息独立于状态S_t或决策x_t。

■ 示例9.18

公开交易的指数基金的价格过程可以描述为(在离散时间内)$p_{t+1} = p_t + \sigma\delta$，其中$\delta$呈均值为$\mu$、方差为1的正态分布，$\sigma$是随时间间隔长度变化的标准差。

■ 示例9.19

信用卡确认请求服从速度为λ的泊松过程。这意味着在一段长达Δt的时段内到达的人数满足平均值为$\lambda\Delta t$的泊松分布，且独立于系统的历史。

这些应用通常面临的实际挑战是不知道系统的参数。在价格过程中，参数μ决定了价格呈上升还是下降趋势。在客户到达过程中，需要知道速度λ(这也可以是时间的函数)。

状态无关的信息过程很有吸引力，原因是信息过程可以提前生成和储存，简化了测试策略的过程。第19章将描述一种基于必须提前创建的场景树的算法策略。

状态/动作相关的信息过程

很多问题的外生信息W_{t+1}取决于状态S_t和(或)决策x_t。其中一些例子列举如下。

■ 示例9.20

风电场中的风速变化取决于当前的风速。如果当前速度较低，则变化可能会增加。如果当前速度很高，则变化很可能减少。

■ 示例9.21

信息有限的市场可能会对价格变化做出反应。如果价格在一天内下跌，那么市场可能会将这种变化解释为向下移动，增加销售额，并进一步对价格施加下行压力。市场也可能对共同基金出售大量股票的决策做出反应。

■ 示例9.22

银行出纳员负责接待到达银行的客户，银行经理会控制出纳员的在岗人数。客户的到达率取决于排队的长度(这是系统的状态)，而排队的长度取决于(每小时)有多少人值班的决策。

状态/动作相关的信息过程使得在测试策略时无法预先生成样本结果。虽然这不是一个大问题，但是会使策略的比较变得复杂，原因是无法固定样本结果。

状态相关信息过程引入了一种微妙的符号复杂性。按照标准惯例，符号 ω 几乎普遍指的是样本路径。因此当遵循样本路径 ω 时，$W_t(\omega)$ 表示在 $t-1$ 和 t 时间段到达的外生信息。$S_t(\omega)$ 则指的是在遵循样本路径 ω 时，t 时所处的状态。不过现在必须明确正在遵循什么策略以实现这一目标。例如，可能写 $S_{t+1}^{\pi} = S^M(S_t^{\pi}, X_t^{\pi}(S_t), W_{t+1}^{\pi}(\omega))$，显然这是在使用策略 π 以从 S_t^{π} 到达 S_{t+1}^{π}。

多智能体系统

外生信息可能来自另一个智能体所做的决策。可以提出这样的论点：随机变量 W_{t+1} 实际上是另一个智能体的决策，它取决于一些可观察的系统状态变量(如游戏板的状态)以及第一级智能体所做的决策 x_t。然而，经过足够的训练，每个智能体的行为往往会变得可预测(这是专家们相互对抗的典型情况)，这意味着确定性(尽管对抗性游戏中的一种对策是引入噪声，阻止对手学习你的策略)。

第20章将介绍多智能体系统的主题。

更复杂的信息过程

现在，考虑货币汇率建模的问题。一对货币之间的汇率变化通常会很快引起其他货币的变化。如果日元相对于美元上涨，那么欧元很可能也会相对上涨，尽管不一定成比例，因此有了一个相互关联的信息过程向量。

除了信息过程之间的相关性，还可以有基于时间的相关性。当市场对新信息做出反应时，两种货币之间的汇率会在一天内上涨，随后几天还可能会发生类似的变化。有时，这些变化反映了一个国家经济的长期问题。这样的过程可以使用捕捉过程之间的相关性及基于时间的相关性的高级统计模型来建模。

信息模型(information model)是底层信息过程的数学模型。这属于不确定性建模或不确定性量化的范畴，详见第10章。在一些具有复杂信息模型的情况下，建模或量化可以在完全没有任何模型的情况下开展。相反，可以使用来自历史的实现。例如，可以从历史上不同时期的汇率变化中抽采样本，并假设这些变化代表了未来可能发生的变化。使用历史样本的价值在于，获取了真实系统的所有属性。这是一个在没有信息过程模型的情况下规划系统的例子。

确定性模型

与处理其他确定性系统时一样，在列出不同类型的外生信息过程时，不能忽视没有外生信息过程的可能性。我们注意到，在工程应用中(主要)进行的最优控制的大部分工作都是确定性的。

9.6.5 监督过程*

有时会尝试控制系统，从外生来源获得一组决策。这些决策可能来自历史，也可能来自知识渊博的专家。无论采用哪种方式，都会生成一个状态$(S^m)_{m=1}^n$和决策$(x^m)_{m=1}^n$数据集。在某些情况下，可以使用这些信息来拟合用于预测给定状态下的决策的统计模型。

这种统计模型的性质很大程度上取决于环境，如以下例子所示。

■ **示例9.23**

可以捕捉病人的病史和投诉数据，以及医生的治疗决策。可以用该历史来训练一个根据病人特征推荐治疗方法的神经网络。

■ **示例9.24**

可以使用玩游戏时的决策历史(尤其是电子游戏，也可以使用国际象棋和电脑围棋等游戏)训练一个统计模型，根据给定游戏状态做出决策。

可以使用监督过程来统计性地估计形成初始策略的决策函数。然后，可以在方法的上下文中使用此策略，使用策略搜索的原则来创建更好的策略。监督程序有助于提供一个可能不完美、但至少合理的初始策略。

9.7 转移函数

建模动态系统的下一步是指定转移函数(transition function)，这是一个在最优控制领域中广泛使用的概念。该函数描述了系统如何根据决策和信息的结果从一种状态发展到另一种状态。只要编写过动态系统的模拟器，就编写过转移函数，转移函数只不过是描述变量如何随时间演变的方程。

我们通过引入一些通用的数学符号着手讨论系统动力学。虽然这种通用符号很有用，但并没有为如何对特定问题进行建模提供太多指导。接着讲述如何对一些简单问题的动力学建模，最后讲解复杂资源的更通用的模型。

9.7.1　通用模型

系统的动态由一个函数表示，该函数描述了随着新信息的到来和决策的做出，状态如何演变。最优控制领域通常将转移函数(使用控制符号)写作：

$$x_{t+1} = f(x_t, u_t, w_t)$$

其中，x_t 是状态的符号，u_t 是决策或控制的符号，w_t 是 t 时随机的外生信息的符号(这背后有着悠久的历史)。函数 $f(\cdot)$ 有不同的名称，如"工厂模型"(字面意思是实体生产工厂的模型)"工厂式""运动律""转移函数""系统动态""系统模型""状态式""转移律""转移函数"。

当对复杂问题建模时，字母 f、g 和 h 广泛用于"函数"，其中 f 因用途多样而尤其受欢迎。为了避免占用字母表中为数不多的字母，我们使用以下符号：

$$S_{t+1} = S^M(S_t, x_t, W_{t+1}) \tag{9.18}$$

我们使用符号 $S^M(\cdot)$ 是因为其意指"状态模型"或"状态转移模型"。这种风格可以避免占用字母表中的另一个字母。

针对现实世界中的问题，转移函数往往会在系统动态建模中隐藏巨大的复杂性。转移函数随随便便就有数百或数千行代码。当然，9.1 节中的第一个简单示例仅需要两个公式。

这是表示系统动态的一种非常通用的方法。假设有一个适当的状态变量 S_t，它获取了系统建模所需的从 t 时开始的所有信息，在时间段 $(t, t+1)$ 内到达的信息 W_{t+1} 取决于 t 时间段末尾的状态 S_t(可能还有决策 x_t)。在这种情况下，可以用下式以一步转移矩阵的形式储存系统动态：

$P(s'|s, x) =$ 给定 S_t 等于 s 且 $X^\pi(S_t)$ 等于 x 时，S_{t+1} 等于 s' 的概率

一步转移矩阵是离散马尔可夫决策过程领域的基础，详见第 14 章。转移函数和一步转移矩阵之间存在简单的关系。参照下式定义指标函数：

$$\mathbb{1}_X = \begin{cases} 1 & \text{若 } X \text{ 为真,} \\ 0 & \text{其他} \end{cases}$$

假设 $W_{t+1} = w \in \Omega^W$ 是离散的，一步转移矩阵可以使用下式计算：

$$P(s'|s, x) = \mathbb{E}_{W_{t+1}}\{\mathbb{1}_{\{s'=S^M(S_t=s, x_t=x, W_{t+1})\}}|S_t = s, x_t = x\}$$
$$= \sum_{w \in \Omega^W} P(W_{t+1} = w|S_t = s, x_t = x)\mathbb{1}_{\{s'=S^M(S_t=s, x_t=x, w)\}} \tag{9.19}$$

现在，有两种表示系统动态的方法：转移函数 $S^M(S_t, x_t, W_{t+1})$ 和一步转移矩阵 $P(s'|s, x)$。控制领域(占多数)使用转移函数，而使用马尔可夫决策过程(为计算机科学中的强化学习群体所采用)的领域则使用一步转移矩阵 $P(s'|s, x)$。给定式(9.19)中的推导，显然还需要一步转移函数来计算一步转移矩阵。然而，马尔可夫决策过程(Markov decision processes，MDP)领域通常会将一步转移矩阵视为输入数据。

鉴于一步转移函数具有简单的可计算性——即使在状态变量 S_t 是高维的(甚至是连续的)情况下亦是如此,本书特地使用了该函数。一步转移函数就是用来模拟系统的公式。相反,一步转移矩阵却是一种强大的理论手段,除了此处最简单的问题外,它几乎完全不可计算。

9.7.2 无模型动态规划

许多复杂的操作问题根本没有转移函数。相关示例如下。

■ 示例9.25

我们正在努力寻找一种有效的碳税策略来减少 CO_2 的排放。可能会尝试提高碳税,但气候变化的动态非常复杂,能做得最好的事情就是等上一年,然后重复测量。

■ 示例9.26

叫车服务通过提高价格(峰值定价)来激励司机接单。由于无法预测司机的行为,因此有必要简单地提升价格,并观察有多少司机在岗(或下班)。

■ 示例9.27

管理水库的公用事业公司可以观察水库的水位并控制水的释放,但水位也会受到降雨、河水流入和地下水循环的影响,这些都是不可观察的。

这些例子都是动态未知的问题,其系统反映了优步(Uber)司机未知的效用函数以及不可观察的外生信息。因此,要么转移函数本身未知,要么存在无法建模的决策,要么存在无法模拟的外生信息。在这3种情况下,都无法计算转移函数 $S_{t+1} = S^M(S_t, x_t, W_{t+1})$。

在这样的情况下(这种情况非常常见),假设给定状态 S_t,采取动作 x_t,然后简单地观察下一个状态 S_{t+1}。可将其放入原始模型的格式中,设 W_{t+1} 是新状态,并将转移函数写作:

$$S_{t+1} = W_{t+1}$$

然而,简单地假设系统根据下式演化:

$$S_0 \rightarrow x_0 \rightarrow S_1 \rightarrow x_1 \rightarrow S_2 \rightarrow ...$$

我们注意到,许多系统都可能存在确实知道转移公式的状态变量(例如库存问题),也存在其他未知转移的状态变量,例如需求和价格。

9.7.3 外生转移

在许多问题中,一些状态变量会随着时间的推移而发生外生转移:降雨量、股价(假设我们无法左右其价格)、拥堵交通网上的行驶时间以及设备故障。有两种方法可以对这些过程进行建模。

第一种方法会用变量对变化进行建模。如果状态变量是价格p_t，则可以设$\hat{p}_{t+1}$是介于t和$t+1$之间的价格，转移函数为：

$$p_{t+1} = p_t + \hat{p}_{t+1}$$

这样做的好处是可以得到一个清晰的描述价格如何随时间演变的转移函数。有了这个符号，就可以写$W_{t+1} = (\hat{p}_{t+1})$，使得外生信息不同于状态变量。

或者，可以简单地假设新状态p_{t+1}是外生信息，这意味着可以写$W_{t+1} = p_{t+1}$。这要求有一个正在观察的过程，给出了p_{t+1}，但未告知是如何从p_t转移到p_{t+1}的。

9.8　目标函数

模型的最后一个维度是目标函数。本书可分为两部分：如何创建评估决策x_t的性能指标，以及如何评估策略$X^\pi(S_t)$。

9.8.1　性能指标

如下术语用于描述性能指标：

1. 回报、利润、收入、成本(业务)

2. 收益、损失(工程)

3. 强度、导电率、扩散率(材料科学)

4. 耐受性、毒性、有效性(健康)

5. 稳定性、可靠性(工程)

6. 风险、波动性(金融)

7. 效用性(经济学)

8. 错误(机器学习)

9. 时间(完成任务)

以上术语的区别主要在于单位以及目标(最小化还是最大化)。其可使用各种符号系统(如成本c、收入或回报r、增益g、损失L或ℓ、效用U、随机变量X的风险措施$\rho(X)$)来建模。

有很多问题都存在多重指标。可以使用以下3种策略来处理这些问题。

(1) 效用函数——可以将不同的指标组合成一个效用，这需要指定每个指标的权重。

(2) 在其他指标的约束下最大化一个指标。

(3) 多目标规划——同时捕捉不同的目标(如预期利润和风险)，然后让决策者作出适当的权衡。

方法(1)和方法(2)都会产生一个单独的性能指标。鉴于上述方法都可能支持计算机识别单个最优决策，这些方法在本书中全都用上了。

9.8.2   优化策略

我们通过给出寻找最优策略的目标函数来结束第一次完整的建模。状态相关问题的默认目标函数(即贡献函数和/或约束取决于状态 S_t)可以写作:

$$\max_{\pi \in \Pi} \mathbb{E}_{S_0} \mathbb{E}_{W_1,\dots,W_T|S_0} \left\{ \sum_{t=0}^{T} C_t(S_t, X_t^{\pi}(S_t))|S_0 \right\} \tag{9.20}$$

一旦习惯了期望的形式,就可以使用期望的紧凑形式:

$$\max_{\pi \in \Pi} \mathbb{E} \left\{ \sum_{t=0}^{T} C_t(S_t, X_t^{\pi}(S_t))|S_0 \right\} \tag{9.21}$$

正如第7章所述,用嵌套的形式写下期望,以表示可能存在概率初始状态 S_0(其中可能对某些信息有信念分布)及其观察结果 $W_1,\dots,W_T$。我们明确表示依赖 S_0,即使它不包含任何概率信念,也可以传达对任何静态数据(可能包括潜在变量)的依赖性。

式(9.21)中的目标是使用累积回报写出来的,但在某些设置中,我们应该使用最终回报目标。我们很快就会回到这个问题上来。

9.8.3   最优策略对 S_0 的依赖性

式(9.20)中的目标函数的符号捕捉到了始终存在的最优策略对 S_0 的依赖性,但关于优化的文献通常会忽视这一点。具体来说,如果找到一个最优策略 $X^*(S_t)$,就真的应该把它写作 $X^*(S_t|S_0)$。这意味着如果改变初始状态,就可能会改变(甚至显著改变)最优策略。

早在6.6节讨论调整步长策略时,就已经看到了这一点,之后还演示了当改变算法的起点(这将由 S^0 捕捉)时,如果不重新调整步长,工作效果有多差。当在区域[1,2]中选择一个起点时,这个问题便在图6.10(a)中得到了生动的展示。在实践中,当改变 S_0 时,重新优化策略可能会很快变得不切实际。我们只是强调:虽然不太可能在每次改变策略时都重新优化 S_0,但这并不意味着可以假装它不是问题。这种依赖性是高度问题相关的,任何算法研究者都需要意识到这一点。

在随机前瞻模型的背景下设计策略时,这个问题会再次显现。19.7.1节指出我们忽略了可调参数对启动状态的依赖性,但也提出:当策略仅用于模拟决策的下游影响时,可以容忍这样的近似。不用说,这里还有很多问题没有得到解答。

9.8.4　状态相关的变量

根据不同的情况，可以使用以下任何一种方式来表示贡献函数：

$F(x, W)$ = 仅取决于决策 x 和在选择决策 x 之后被揭示的信息 W 的一般性能指标(要最小化或最大化)

$C(S_t, x_t)$ = 取决于状态 S_t 和决策 x_t 的成本/贡献函数

$C(S_t, x_t, W_{t+1})$ = 取决于状态 S_t、决策 x_t 以及 x_t 确定之后被揭示的信息 W_{t+1} 的成本/贡献函数

$C(S_t, x_t, S_{t+1})$ = 取决于状态 S_t、决策 x_t 以及之后观察到的后续状态 S_{t+1} 的成本/贡献函数。这种形式用于不知道转移函数的无模型设置中

$C_t(S_t, x_t)$ = 函数本身取决于 t 时的成本/贡献函数

当问题不取决于状态时，使用的是符号 $F(x, W)$(正如在第5章和第7章中所做的那样)。然而，当转移到状态相关问题时，使用 $C(S_t, x_t)$(或 $C(S_t, x_t, W_{t+1})$ 或 $C(S_t, x_t, S_{t+1})$)来表达取决于状态的目标函数(或约束或期望)。读者可以选择使用任何符号，例如回报 $r(\cdot)$、增益 $g(\cdot)$、损失 $L(\cdot)$ 或效用 $U(\cdot)$。

状态相关的表示都取决于状态 S_t(或 S^n，如果愿意)，但有必要强调一下这意味着什么。做决定时，需要处理一个成本函数和可能的约束条件，其中通过将可行域 $\mathcal{X}_t$ 写作取决于 t 的形式来表示对 S_t 的依赖(符号 $\mathcal{X}(S_t)$ 看似很笨拙)。例如，共同基金中的资金可以转为现金或来自现金，买入或卖出价格为 p_t 的指数。设 R_t 是可用现金的数量，随存款或取款而变化。现金数额可以由下式定义：

$$R_{t+1}^{\text{cash}} = R_t^{\text{cash}} + x_t + \hat{R}_{t+1}, \tag{9.22}$$
$$R_{t+1}^{\text{index}} = R_t^{\text{index}} - x_t \tag{9.23}$$

其中，$x_t > 0$ 是通过出售指数基金转化为现金的金额，而 $x_t < 0$ 表示从现金流入指数基金的资金。必须遵守以下约束条件：

$$x_t \le R_t^{\text{index}},$$
$$-x_t \le R_t^{\text{cash}}$$

所赚的钱基于通过购买或出售指数基金获得的收入，可写作：

$$C(S_t, x_t) = p_t x_t$$

其中，价格根据模型变化：

$$p_{t+1} = \theta_0 p_t + \theta_1 p_{t-1} + \varepsilon_{t+1}$$

这个问题的状态变量是 $S_t = (R_t, p_t, p_{t-1})$。这个例子的贡献函数本身通过价格依赖于状态，而约束(R_t^{index} 和 R_t^{cash})也会动态变化，并且是状态的一部分。

假设要做出买卖指数基金股票的决策，则该价格会基于做决策时未知的收盘价得出。

在这种情况下，贡献函数可写作：

$$C(S_t, x_t, W_{t+1}) = p_{t+1} x_t$$

其中，$W_{t+1} = \hat{p}_{t+1} = p_{t+1} - p_t$。我们注意到，策略 $X^\pi(S_t)$ 在做决策 x_t 时不允许使用 W_{t+1}；相反，必须等到 $t+1$ 时才能评估决策的质量。

最后，再来看一个水力发电的水库模型，其中必须管理水库中的水量，但描述其演变动态的表达式要比式(9.22)和式(9.23)复杂得多。在此情况下，可以观察水库水位 R_t，然后决定从水库 x_t 中排掉多少水，之后再观察最新的水库水位 R_{t+1}。这类似于观察更新的价格 p_{t+1}。这些问题可设 W_{t+1} 为新状态，"转移方程"如下：

$$S_{t+1} = W_{t+1}$$

或者，把贡献函数写作 $C(S_t, x_t, S_{t+1})$ 更自然——这相当常见，但在某些情况下，一些变量有转移方程，而另一些则没有。

我们使用 $C(S_t, x_t)$ 作为标准符号(在某些情况下，按时间索引贡献函数，如 $C_t(S_t, x_t)$)。如果以一种需要 $C(S_t, x_t, W_{t+1})$ 的形式编写贡献函数，就总是可以将贡献函数分解为可以在 t 时计算的部分，以及在 $t+1$ 时之前无法计算的部分。很容易将其写作：

$$C_t(S_t, x_t, W_{t+1}) = C_t^1(S_t, x_t) + C_{t+1}^2(S_t, x_t, W_{t+1})$$

其中，$C_t^1(S_t, x_t) = -cx_t$ 捕捉可以在 t 时计算的贡献函数的一部分，$C_{t+1}^2(S_t, x_t, W_{t+1}) = p \min\{S_t + x_t, W_{t+1}\}$ 捕捉在 $t+1$ 时之前无法计算的一部分。

现在创建贡献函数：

$$\tilde{C}_t(S_t, x_t) = C_t^2(S_{t-1}, x_{t-1}, W_t) + C_t^1(S_t, x_t)$$

接下来，在时域内优化贡献函数 $\tilde{C}_t(S_t, x_t)$ 的和。这个策略可能看起来不直观(或不吸引人)，原因是 $C_{t-1}^2(S_{t-1}, x_{t-1}, W_t)$ 不取决于 x_t，而且没有捕捉 x_t 对收入的影响。然而，这些只是表面上的问题。简单地将取决于 W_{t+1} 的贡献移至下一个时间段，不会改变第11章中提出的(或在本书其余部分中开发的)任何优化策略的整体性能。

9.8.5 不确定算子

在不确定性条件下进行优化时的一个重要问题是，必须决定如何评估策略的目标函数的分布。

下面列出了可以使用的一些选择。

- **期望算子** $\mathbb{E}\{\cdot|S_0\}$——将其用作默认算子，原因是它很容易成为最常用的算子。
- **风险算子** $\rho(\cdot)$——这实际上是一个算子家族，旨在获取结果分布的尾部或范围。

例如：

(1) 风险价值 $F_\alpha^\pi = VaR_\alpha(F^\pi)$——这是随机变量 F^π 的 α 分位数的价值 F_α^π，表示策略 $X^\pi(S)$ 的表现。如果要最大化，就可能会使用第10个百分位数来避免错误处理。

(2) 条件风险价值 $CVaR_\alpha(Z)$——也称为风险平均值或预期不足，是 $Z = \max\{0, F_\alpha - F^\pi\}$ 的期望(如果最大化)。

(3) 还有许多其他的潜在衡量标准，例如在时域内的最差表现，所有时间段的 α 百分位数等。

- **鲁棒优化**——使用下式编写其最坏的可能结果：

$$\min_{\omega \in \Omega} F^\pi(\omega)$$

其中，$F^\pi(\omega)$ 是样本路径 ω 的策略表现。这意味着我们的优化问题是：

$$\max_\pi \min_{\omega \in \Omega} F^\pi(\omega)$$

我们的默认算子是期望，即使在随机前瞻模型中使用风险指标，也经常使用期望。例如，有一个称为"鲁棒优化"的实体领域(见2.1.14节)，可能使用具有鲁棒目标的随机前瞻策略，但随后通过多次模拟并取平均值来评估"鲁棒"策略(这意味着使用期望来评估策略)。第19章将重新讨论这一点。

9.9　示例：能量储存模型

9.1节提出了一个非常简单的储能问题，必须确定何时从电网购入电能，或将其售回电网。我们将扩展这种模式，首先引入从电网或从用电池储电的风力发电场获取电能的能力，从中提取电能以满足需求 D_t。然后，把价格过程变成一个简单的一阶过程。

决策变量由以下符号给出：

$x_t^G =$ 从电网购买的电能($x_t^G > 0$)或售回电网的电能($x_t^G < 0$)，这些电能会移至电池或从电池移出，

$x_t^E = t$ 时风力发电场生成的存到电池的电能，

$x_t^D =$ 为满足需求 D_t 而从电池中移出的电能

然后定义外部输入：

$E_t =$ 风力发电场在 t 时可用的电能，
$D_t = t$ 时对电能的需求

所有"流"(flow)必须满足以下约束条件：

$$x_t^E \leq E_t, \tag{9.24}$$
$$x_t^G + x_t^E \leq R^{\max} - R_t, \tag{9.25}$$
$$x_t^D \leq R_t, \tag{9.26}$$
$$x_t^D \leq D_t, \tag{9.27}$$
$$-x_t^G \leq R_t \tag{9.28}$$

式(9.24)将储存在风力发电场电池中的电能限制为不超出风力发电场中的可用风。式(9.25)将来自电网和风力发电场的总电能限制为不超出电池中的可用容量。式(9.26)将由电池满足的需求量限制为不超出电池中的量,而式(9.27)将用于满足需求的电能输送量限制为不超出需求本身。式(9.28)将发送回电网的电能(此处 $x_t^G < 0$)限制为不超出电池中的电量。

转移方程由以下式子给出:

$$
\begin{aligned}
R_{t+1} &= R_t + x_t, \\
p_{t+1} &= p_t + \varepsilon_{t+1}
\end{aligned}
$$

其中, $\varepsilon_{t+1} \sim N(0, \sigma^2)$(在假设刚刚观察到 p_{t+1} 之前)。假设价格 $\hat{p}_t$ 的变化在时间上独立,并且来自风力发电场的电能 E_t 和需求 D_t 在没有演化模型的情况下就能被观察到。我们解决了一些与预测 E_t 相关的建模问题。

对于这个基本系统,状态变量为:

$$
S_t = \big((R_t, E_t, D_t), p_t\big)
$$

接下来将逐步经历一系列变化:修改价格过程,描述变化对状态变量的影响。

9.9.1 使用时间序列价格模型

首先用下式给出的时间序列模型代替式(9.29)中的简单价格过程:

$$
p_{t+1} = \theta_0 p_t + \theta_1 p_{t-1} + \theta_2 p_{t-2} + \varepsilon_{t+1} \tag{9.29}
$$

令人惊讶的是,人们经常说 p_t 是价格过程的"状态",并强调它不再具有马尔可夫性质(其被称为"历史相关的"),而是"可以通过扩展状态变量成为马尔可夫链",这将通过添加 p_{t-1} 和 p_{t-2} 来完成。根据我们的定义,状态是对从 t 时往前的过程建模所需的所有信息,这意味着价格过程的状态是 (p_t, p_{t-1}, p_{t-2})。这意味着我们的系统状态变量现在变为:

$$
S_t = \big((R_t, E_t, D_t), (p_t, p_{t-1}, p_{t-2})\big)
$$

然后,必须修改转移函数,使"价格状态变量"在 $t+1$ 时变为 (p_{t+1}, p_t, p_{t-1})。

9.9.2 使用被动学习

式(9.29)中的价格模型假定系数 $\theta = (\theta_0, \theta_1, \theta_2)$ 是已知的。现在假设系数是未知的,并且必须在过程中学习,如:

$$
p_{t+1} = \bar{\theta}_{t0} p_t + \bar{\theta}_{t1} p_{t-1} + \bar{\theta}_{t2} p_{t-2} + \varepsilon_{t+1} \tag{9.30}
$$

在这里,必须递归地更新估计 $\bar{\theta}_t$,这可以使用3.8节中介绍的递归最小二乘法来实现。为此,可以设:

$$
\begin{aligned}
\bar{p}_t &= (p_t, p_{t-2}, p_{t-2})^T, \\
\bar{F}_t(\bar{p}_t \mid \bar{\theta}_t) &= (\bar{p}_t)^T \bar{\theta}_t
\end{aligned}
$$

$\bar{\theta}_t$ 的更新公式由下式给定：

$$\bar{\theta}_{t+1} = \bar{\theta}_t + \frac{1}{\gamma_t} M_t \bar{p}_t \varepsilon_{t+1}, \tag{9.31}$$

$$\varepsilon_{t+1} = \bar{F}_t(\bar{p}_t | \bar{\theta}_t) - p_{t+1}, \tag{9.32}$$

$$M_{t+1} = M_t - \frac{1}{\gamma_t} M_t (\bar{p}_t)(\bar{p}_t)^T M_t, \tag{9.33}$$

$$\gamma_t = 1 - (\bar{p}_t)^T M_t \bar{p}_t \tag{9.34}$$

为了计算这些等式，需要三元向量 $\bar{\theta}_t$ 和 3×3 矩阵 M_t。然后需要将这些因素添加到状态变量中，得出：

$$S_t = ((R_t, E_t, D_t), (p_t, p_{t-1}, p_{t-2}), (\bar{\theta}_t, M_t))$$

该式具有18个连续的维度。然后，必须将式(9.31)~式(9.34)包含在转移函数中。

9.9.3　使用主动学习

在许多情况下，所做的决策要么直接影响，要么至少影响所观察到的状态。接下来假设从电网购入或向电网出售电能的决策 x_t^{GB} 会对价格产生影响。可以提出一个修改后的价格模型，参见下式：

$$p_{t+1} = \bar{\theta}_{t0} p_t + \bar{\theta}_{t1} p_{t-1} + \bar{\theta}_{t2} p_{t-2} + \bar{\theta}_{t3} x_t^{GB} + \varepsilon_{t+1} \tag{9.35}$$

现在，从电网大量购入或向电网大量售出电能可以推高或拉低其价格，以探索模型的不同区域。这被称为主动学习(active learning)，第7章在离线和在线环境下介绍过该主题。

除了向 $\bar{\theta}_t$ 添加一个元素，并对矩阵 M_t 进行必要的更改之外，价格模型中的这种变化不会影响前一个模型中的状态变量。然而，这一变化将对该策略产生影响。通过在一个大范围内改变变量 x_t^{GB} 来学习 θ_{t3} 更容易，这意味着在给定向量 $\bar{\theta}_t$ 的当前估计下，x_t^{GB} 的尝试值似乎不是最优的。做决策的部分目的是促进学习(以便在未来做出更好的决策)，这是主动学习的本质，在多臂老虎机问题领域最为人所熟知。

9.9.4　使用滚动预测

预测是操作问题中的一项常规活动，这些问题的建模错误可能会让人感到匪夷所思。假设有一个对风力发电场产能 E_{t+1} 的预测 $f_{t,t+1}^E$，这意味着：

$$E_{t+1} = f_{t,t+1}^E + \varepsilon_{t+1,1} \tag{9.36}$$

其中，$\varepsilon_{t+1,1} \sim N(0, \sigma_\varepsilon^2)$ 是捕捉预测中上一个周期误差的随机变量。

式(9.36)引入了一个新的变量——预测 $f_{t,t+1}^E$，现在必须将其添加到状态变量中。这意味着现在需要一个转移方程来描述 $f_{t,t+1}^E$ 如何随着时间的推移而演变。通过使用两个周期的预测 $f_{t,t+2}^E$，加上一个误差，即可实现对 $f_{t+1,t+2}^E$ 的预测：

$$f_{t+1,t+2}^E = f_{t,t+2}^E + \varepsilon_{t+1,2} \tag{9.37}$$

其中，$\varepsilon_{t+1,2} \sim N(0, \sigma_\varepsilon^2)$ 是两个周期前的误差(假设预测中的方差随时间线性增加)。接下来必须把 $f_{t,t+2}^E$ 代入状态变量，这会产生一个新的转移方程。这可泛化为：

$$f_{t+1,t'}^E = f_{t,t'}^E + \varepsilon_{t+1,t'-t} \tag{9.38}$$

其中，$\varepsilon_{t+1,t'-t} \sim N(0, \sigma_\varepsilon^2)$

当然，待到达规划时域 H 时停止。这意味着现在必须将下式添加到状态变量：

$$f_t^E = (f_{tt'}^E)_{t'=t+1}^{t+H}$$

且转移式(9.38)成立的条件为 $t' = t+1, \ldots, t+H$。结合学习统计数据，状态变量现在变为：

$$S_t = ((R_t, E_t, D_t), (p_t, p_{t-1}, p_{t-2}), (\bar{\theta}_t, M_t), f_t^E)$$

值得注意的是，我们对状态变量的3个元素进行了很好的说明：

$(R_t, E_t, D_t) = $ 物理状态变量(电池中的电能、可从风力发电场获得的电能、当前对电能的需求)，

$(p_t, p_{t-1}, p_{t-2}) = $ 其他信息(最近的价格)，

$((\bar{\theta}_t, M_t), f_t^E) = $ 信念状态，因为这些参数决定了对未知变量的信念分布

这个状态变量有42个维度：3个维度用于物理状态，3个维度为价格，12个维度用于内生预测，24个维度用于滚动预测。

9.10   基本模型和前瞻模型

真实问题的"模型"和将要了解的"前瞻模型"之间有一个微妙但关键的区别，前瞻模型是一种用于窥视未来的近似(通常使用各种方便的近似)，目的是现在就做出决策。第19章将更深入地描述前瞻模型，此处先对二者进行区分。

使用本章介绍的框架，可以以紧凑的形式编写几乎任何序贯决策过程：

$$max_{\pi \in \Pi} \mathbb{E} \left\{ \sum_{t=0}^{T} C_t(S_t, X_t^\pi(S_t)) | S_0 \right\} \tag{9.39}$$

其中，$S_{t+1} = S^M(S_t, X_t^\pi(S_t), W_{t+1})$。当然，除了定义状态变量之外，还必须指定 $(W_t)_{t=0}^{T+1}$ 的模型(稍后将讨论标识策略类的问题)。

目前，将式(9.39)(连同转移函数)视为试图解决的"问题"。如果找到了一个有效的策略，就认为已经解决了"该问题"。然而，还将了解到，在动态系统中，经常需要在时域 $(t, \ldots, t+H)$ 内的 t 时解决一个问题，简单地设置 $t=0$ 并相应地对时间段编号。问题是：这是对整个规划时域内的解感兴趣，还是只对第一个时间段内的决策感兴趣？

鉴于前瞻模型的广泛使用，还需要一个术语来标识何时呈现希望解决的问题的模型。

我们可能会使用术语"真实模型"(real model)来表明这是真实世界的模型。统计学家使用"真模型"(true model)这个术语，但这似乎假设已经以某种方式完美地对一个真实的问题进行了建模，而事实并非如此。一些作者使用术语"名义模型"(nominal model)，不过，我们认为该术语的描述性不够。

本书使用术语"基本模型"(base model)，因为我们觉得该术语表达了我们希望求解的模型的理念。我们的立场是，不管已经引入什么建模近似(无论是出于可追溯性还是数据可用性的原因)，这都是我们试图求解的"那个"模型。

稍后将介绍基本模型的近似，这可能仍然很难求解。最重要的是使用前瞻模型，详见第19章。

9.11　问题的分类*

不妨基于两个关键维度来对比问题：第一，目标函数是最终回报还是累积回报；第二，目标函数是状态无关的(学习问题，见第5章和第7章)还是状态相关的(传统动态规划)。相关内容始见于第8章，其余章节将重点讲解。

这将产生表9.3所示的4个问题类。我们按照复杂度的递增顺序对这些类进行编号，注意，类(4)特别难以分析。本节将以期望形式写出目标，9.12节将展示如何模拟期望，使期望更容易理解。也可先学习9.12节中每个表达式的模拟版本。

表9.3　状态无关(学习)问题与状态相关问题的离线(最终回报)、在线(累积回报)公式比较

问题类型	离线最终回报	在线累积回报
状态无关问题	$\max_\pi \mathbb{E}\{F(x^{\pi,N}, W)|S_0\}$ (1)随机搜索	$\max_\pi \mathbb{E}\{\sum_{n=0}^{N-1} F(X^\pi(S^n), W^{n+1})|S_0\}$ (2)多臂老虎机问题
状态相关问题	$\max_{\pi^{lrn}} \mathbb{E}\{C(S, X^{\pi^{imp}}(S|\theta^{imp}), W)|S_0\}$ (4)离线动态规划	$\max_\pi \mathbb{E}\{\sum_{t=0}^{T} C(S_t, X^\pi(S_t), W_{t+1})|S_0\}$ (3)在线动态规划

类(1) 状态无关，最终回报——其描述的是经典的搜索问题，这些问题会尝试找到最好的算法(称之为策略π)，以在预算N中找到最好的解$x^{\pi,N}$。在n次实验之后，状态S^n只捕捉到了关于函数的信念状态$\mathbb{E}F(x,W)$，并且决策是用策略(或算法)$x^n = X^\pi(S^n)$做出的。可以把这个问题写作：

$$\max_\pi \mathbb{E}\{F(x^{\pi,N}, \widehat{W})|S^0\} = \mathbb{E}_{S^0}\mathbb{E}_{W^1,\ldots,W^N|S^0}\mathbb{E}_{\widehat{W}|S^0}F(x^{\pi,N}, \widehat{W}) \tag{9.40}$$

其中，$W^1,\ldots,W^N$是在学习函数$\mathbb{E}F(x,W)$时对W的观察，$\widehat{W}$是用于测试最终设计$x^{\pi,N}$的随机变量。这个问题的显著特征是：①函数$F(x,W)$仅取决于x和W，而非状态S^n；②只有在完成了N次实验的预算后，才评估策略$X^\pi(S)$。我们确实允许函数$F(x,W)$、观察结果$W^1,\ldots,W^N$和随机变量W取决于包括任何确定性参数的初始状态S_0以及描述任何未知参数

(如市场如何对价格做出反应)的概率信息(如贝叶斯先验)。

类(2) 状态无关，累积回报——此处正在寻找在优化的同时学习的最优策略。这意味着正在尝试在预算范围内最大限度地获得回报。这是首次在第7章看到的经典的多臂老虎机问题，如果决策x是离散的，就不能获取导数(但我们并没有墨守成规)。可以将问题写作：

$$\max_{\pi} \mathbb{E}\left\{\sum_{n=0}^{N-1} F(X^{\pi}(S^n), W^{n+1})|S^0\right\} = \mathbb{E}_{S^0} \mathbb{E}_{W^1,\ldots,W^N|S^0} \sum_{n=0}^{N-1} F(X^{\pi}(S^n), W^{n+1}) \tag{9.41}$$

类(3) 状态相关，累积回报——现在转移到最大化贡献的问题，这些贡献取决于状态变量、决策以及可能(但不总是)在做出决策后到达的随机信息(如果在决策前到达，就会被包括在状态变量中)。出于这个原因，符号$F(x, W)$被改为$C(S, x, W)$(或者时间索引环境中的$C(S_t, x_t, W_{t+1})$)。与多臂老虎机问题(或更普遍的类(2)问题)一样，我们想要找到一种在执行时学习的策略。

这些问题可以写作：

$$\max_{\pi} \mathbb{E}\left\{\sum_{t=0}^{T} C(S_t, X^{\pi}(S_t), W_{t+1})|S_0\right\} = \mathbb{E}_{S_0}\mathbb{E}_{W_1,\ldots,W_T|S_0}\left\{\sum_{t=0}^{T} C(S_t, X^{\pi}(S_t), W_{t+1})|S_0\right\} \tag{9.42}$$

该问题类中的状态变量可能包括以下任何一项。

- 受决策控制(或影响)的变量(如图中传感器的库存或位置)。这些变量直接影响贡献函数(如价格)或约束(如库存)。
- 外生演化的变量(如风速或资产价格)。
- 捕捉关于仅由策略使用的参数的信念的变量。

假设状态S_t包括可控的物理状态S_t、外生信息I_t和(或)信念状态B_t，这便涵盖了非常广泛的问题。这里的关键特征是，随着我们的推进，策略必须最大限度地提高累积贡献，这可能包括学习(如果存在信念状态)。

类(4) 状态相关，最终回报——针对状态无关函数$F(x, W)$，我们正在寻找最优策略来了解这个待实现的决策$x^{\pi,N}$。在这种情况下，可以将该策略视为一项学习策略(learning policy)，$x^{\pi,N}$则是实现决策(implementation decision)。在状态无关的情况下，实现决策变成了取决于状态(至少部分状态)的决策，这正是被称为实现策略(implementation policy)的函数。我们通过$X^{\pi^{imp}}(S|\theta^{imp})$指定实现策略，该策略可以写作取决于一组必须学习的参数θ^{imp}的形式。我们通过$\Theta^{\pi^{lrn}}(S^n|\theta^{lrn})$指定用于学习$\theta^{imp,n}$的学习策略，该策略通过给出参数$\theta^{imp,n} = \Theta^{\pi^{lrn}}(S^n|\theta^{lrn})$开展。这个问题可以写作：

$$\max_{\pi^{lrn}} \mathbb{E}\{C(S, X^{\pi^{imp}}(S|\theta^{imp}), \widehat{W})|S^0\} =$$
$$\mathbb{E}_{S^0}\mathbb{E}_{W^1,\ldots,W^N|S^0}^{\pi^{lrn}}\mathbb{E}_{S|S^0}^{\pi^{imp}}\mathbb{E}_{\widehat{W}|S^0}C(S, X^{\pi^{imp}}(S|\theta^{imp}), \widehat{W}) \tag{9.43}$$

其中，$W^1,\ldots,W^N$代表在使用N次试验预算学习策略时的观察，$\widehat{W}$是在最后评估策略时观察到的随机变量。当期望基于分布受学习策略影响的随机变量之时，使用由学习策略

索引的期望算子 $\mathbb{E}^{\pi^{lrn}}$。

学习策略可以是一种学习参数 θ^{imp} 的随机梯度算法，也可以是一种无导数方法，例如区间估计或上置信边界。学习策略可以是用于学习诸如Q学习等的价值函数的算法，(见第2章中的式(2.19)~式(2.21))，或第7章中任何无导数搜索算法的参数。

鉴于期望 $\mathbb{E}_S^{\pi^{imp}}$ 取决于实施策略，而实施策略又取决于学习策略，因此通常无法计算其值。一个替代方案是，在时域 $t = 0, \dots, T$ 上运行模拟，然后除以 T 以获得每单位时间的平均贡献。因为在学习了实施策略之后才评估策略，该模拟是使用测试随机变量 $\widehat{W}_t$ 进行的。设 $\widehat{W}^n = (\widehat{W}_1^n, \dots, \widehat{W}_T^n)$ 是时域中的一个模拟，则学习问题可写作：

$$\max_{\pi^{lrn}} \mathbb{E}_{S^0} \mathbb{E}^{\pi^{imp}}_{((W_t^n)_{t=0}^T)_{n=0}^N | S^0} \left(\mathbb{E}^{\pi^{imp}}_{(\widehat{W}_t)_{t=0}^T | S^0} \frac{1}{T} \sum_{t=0}^{T-1} C(S_t, X^{\pi^{imp}}(S_t | \theta^{imp}), \widehat{W}_{t+1}) \right) \qquad (9.44)$$

这与问题类(1)类似。我们正在搜索学习策略，这些策略通过 $\theta^{imp} = \Theta^{\pi^{lrn}}(S | \theta^{lrn})$ 确定实现策略，其中随时间推移的模拟会在状态相关的式子中替代 $F(x, W)$。在状态无关的案例中，用序列 "$(W_t^n)_{t=0}^T$, $n = 1, \dots, N$" 替代序列 $W^1, \dots, W^N$，此处将从状态 $S_0 = S^0$ 开始；接下来通过对 $(\widehat{W}_t)_{t=0}^T$ 取期望进行最后的评估，此处会再次假设模拟从 $S^0 = S_0$ 处开始。

9.12　策略评估*

虽然描述这4类问题肯定很有用，但计算式(9.40)~式(9.44)中的期望完全是另一回事。处理这项任务的最好方法(事实上，真正理解期望的最好方法)是模拟。本节将讲述如何使用模拟来近似每个期望。

从通过某个向量 θ 参数化制定策略 $X^\pi(S_t | \theta)$ 开始，它可以是任何东西，包括诸如Thompson采样的学习策略、具有特定步长策略的随机梯度算法或直接前瞻策略。在问题类(1)中，$X^\pi(S_t | \theta)$ 是一种纯粹的学习策略，它学习实现决策 $x^{\pi, N}(\theta)$。在类(2)和类(3)中，这是一项在执行时学习的策略。在类(4)中，使用学习策略 $\Theta^{\pi^{lrn}}(S_t | \theta^{lrn})$ 学习实现策略 $X^{\pi^{imp}}(S_t | \theta^{imp})$ 的参数 θ^{imp}，其中 $\theta^{imp} = \Theta^{\pi^{lrn}}(\theta^{lrn})$ 取决于学习策略。

整个过程使用 θ (或 θ^{lrn}) 作为控制学习策略(针对类(1)和类(4))或针对类(2)和类(3)的实现策略(可能具有学习)的(可能具有向量值的)参数。向量 θ (或 θ^{lrn}) 可以是控制任何自适应学习算法的行为的参数。

接着还需要评估这项策略的效果。如果是问题类(1)或类(4)，就从状态 S^0 开始；如果是问题类(3)，就从状态 S_0 开始，如在问题类(2)中，就从状态 S^0 或 S_0 开始。从初始状态中选择任何参数的初始值，它们要么是固定的，要么从假设分布(即贝叶斯先验)中提取。

接下来，将讨论为4个问题类中的每一个模拟策略的过程。

类(1) 状态无关，最终回报——从初始状态 S^0 开始，使用(学习)策略做决策 $x^0 = X^\pi(S^0 | \theta)$，然后观察结果 W^1，生成更新状态 S^1(在该问题中，S^n 是纯粹的知识

状态)。参数 θ 控制学习策略的行为。重复这一点，直到预算耗尽，在此期间观察序列 $W^1(\omega),\dots,W^N(\omega)$，设 ω 代表特定的采样路径。最后学习状态 S^N，从中找到最优解(最终设计) $x^{\pi,N}$，将其写作 $x^{\pi,N}(\theta|\omega)$ 形式以表达其对学习策略 π(参数为 θ)和采样路径 ω 的依赖。

然后，通过不断从 $\widehat{W}$ 采样来获得对 $\mathbb{E}_{\widehat{W}}F(x^{\pi,N}(\theta|\omega),\widehat{W})$ 的采样估计，通过模拟 $\mathbb{E}_{\widehat{W}}F(x^{\pi,N}(\theta|\omega),\widehat{W})$ 来评估 $x^{\pi,N}(\theta|\omega)$。设 $\widehat{W}(\psi)$ 是 $\widehat{W}$ 的特别实现，对策略 π 的采样估计(假设其参数为 θ)由下式给定：

$$F^{\pi}(\theta|\omega,\psi) = F(x^{\pi,N}(\theta|\omega),\widehat{W}(\psi)) \tag{9.45}$$

现在对于一组 ω 的 K 样本和 ψ 的 L 样本，有：

$$\bar{F}^{\pi}(\theta) = \frac{1}{K}\frac{1}{L}\sum_{k=1}^{K}\sum_{\ell=1}^{L}F^{\pi}(\theta|\omega^k,\psi^\ell) \tag{9.46}$$

类(2) 状态无关，累积回报——此问题可以用两种方式解释。作为问题类(1)的累积回报版本，对策略进行 N 次迭代模拟，得到序列 $(S^0,x^0,W^1,\dots,x^{N-1},W^N,S^N)$。在此累积回报，产生一个采样估计：

$$F^{\pi}(\theta|\omega) = \sum_{n=0}^{N-1}F(X^{\pi}(S^n|\theta),W^{n+1}(\omega)) \tag{9.47}$$

与类(1)不同的是，这里是在进行过程中评估策略，不再需要最后一步。然后，使用下式对 K 个观察值样本计算平均值：

$$\bar{F}^{\pi}(\theta) = \frac{1}{K}\sum_{k=1}^{K}F^{\pi}(\theta|\omega^k) \tag{9.48}$$

也可以将这个问题重新定义为对时间的模拟，只需要将 W^n 替换为 W_t，将 S^n 替换为 S_t。

类(3) 状态相关，累积回报——这是问题类(2)的状态相关版本，我们将其建模为随时间演变的问题。从状态 S_0 开始，参照式(9.47)模拟策略，得到：

$$F^{\pi}(\theta|\omega) = \sum_{t=0}^{T-1}C(S_t(\omega),X^{\pi}(S_t(\omega)|\theta),W_{t+1}(\omega)) \tag{9.49}$$

然后对样本路径求平均值，得到：

$$\bar{F}^{\pi}(\theta) = \frac{1}{K}\sum_{k=1}^{K}F^{\pi}(\theta|\omega^k) \tag{9.50}$$

类(4) 状态相关，最终回报——现在有了问题类(1)和类(3)的混合，使用学习策略 $\Theta^{\pi^{lrn}}(S|\theta^{lrn})$ 学习实现策略 $X^{\pi^{imp}}(S_t|\theta^{imp})$ 的参数，其中决定实现策略行为的参数 $\theta^{imp} = \Theta^{\pi^{lrn}}(\theta^{lrn})$ 取决于学习策略 π^{lrn} 及其可调参数 θ^{lrn}。然后，必须评估实现策略，就像评估类(1)中的最终设计 $x^{\pi,N}(\theta)$ 一样，其中实现决策 $x^{\pi,N}(\theta)$ 取决于学习策略 π 及其参数 θ。

类(1)通过模拟 $\widehat{W}$ 获得 $F(x^{\pi,N},\widehat{W})$ 以评估实现决策 $x^{\pi,N}(\theta)$。现在必须对这个状态 S 取期望值，从状态 S_0 开始，直到时域 S_T 结束，通过模拟实现策略 $X^{\pi^{imp}}(S_t|\theta^{imp})$ 来实现。一

个从 0 到 T 的模拟可以与对变量 $F(x, W)$ 的估计相媲美。这意味着一个样本路径 ω,在类(1)中是 $W_1, ..., W_T$ 的一个观察,是 "$(W_t^n, t = 1, ..., T)$, $n = 0, ..., N$" 的一个观察。这一观察产生了实现策略 $X^{\pi^{imp}}(S_t|\theta^{imp})$(而在类(1)问题中,它产生了实现决策 $x^{\pi,N}(\theta|\omega)$)。

为了模拟策略的价值,我们模拟了最后一组观察 $\widehat{W}_1(\psi), ..., \widehat{W}_T(\psi)$,结合形式为 $X^{\pi^{imp},N}(S_t|\theta^{imp}, \omega)$ 的实现策略,产生一系列状态 $S_t(\psi)$,给出以下估计:

$$F^\pi(\theta^{lrn}|\omega, \psi) = \frac{1}{T} \sum_{t=0}^{T} C(S_t(\psi), X^{\pi^{imp}}(S_t(\psi)|\theta^{imp}, \omega), \widehat{W}_{t+1}(\psi)) \tag{9.51}$$

其中需要记住 $\theta^{imp} = \Theta^{\pi^{lrn}}(\theta^{lrn})$。最终对一组 ω 的 K 个样本和 ψ 的 L 个样本求平均值,得到:

$$\bar{F}^\pi(\theta^{lrn}) = \frac{1}{K}\frac{1}{L} \sum_{k=1}^{K} \sum_{\ell=1}^{L} F^\pi(\theta^{lrn}|\omega^k, \psi^\ell) \tag{9.52}$$

现在有了一种计算策略 $\bar{F}^\pi(\theta)$ 性能的方法,其可以是用于类(1)和类(4)的学习策略或用于类(2)和类(3)的实现(和学习)策略。

9.13 高级概率建模概念**

序贯决策问题在与经典概率论相结合时引入了一些非常微妙的问题。对于那些只想关注模型和算法的读者来说,这些内容并不重要。不过,了解概率领域如何看待随机动态规划提供了一个新的视角,为概率领域带来了丰富的理论。

9.13.1 节为初学者介绍了所谓的信息测度论观点,该观点提供了一些在随机优化的高级研究论文中经常提及的基本概念。9.13.2 节提供了在随机优化相关论文中广泛使用的术语的简短介绍,这些术语代表了 9.13.1 节中提出的测度论术语的最常见用途。要强调的是,虽然这些概念在数学研究文献中被广泛使用,但它们对于建模和解决实际问题来说并不是必要的。

9.13.1 信息的测度论视角**

对于那些对证明定理或阅读理论研究文章感兴趣的读者来说,对信息有更基本的理解是有用的。

在处理随机信息过程和不确定性时,概率论领域的标准做法是定义一个由 3 个元素组成的概率空间。第一个是结果集 Ω,通常假定它表示信息处理的所有可能结果(实际上,Ω 可以包含永远不会发生的结果)。如果这些结果是离散的,那么所需要的将是每个结果的概率 $p(\omega)$。

支持连续数量的术语可以带来便利。我们想定义事件的概率,但如果 ω 是连续的,就没法讨论结果 ω 的概率。然而,可以谈论表示某个特定事件的一组结果 ε(如果信息是价格，则事件ε可以是构成价格大于某个数字的事件的所有价格)。在这种情况下，可以通过对事件ε中的所有ω的密度函数$p(\omega)$进行积分来定义结果ε的概率。

概率论者通过定义一组事件$\mathfrak{F}$来处理连续的结果，而这组事件实际上是"集合的集合"，因为$\mathfrak{F}$中的每个元素本身就是Ω的一组结果。这也是使用手写字体$\mathfrak{F}$而非书法字体的原因；很容易将ε读作"手写体E"，将$\mathfrak{F}$读作"手写体F"。集合$\mathfrak{F}$具有这样的特性：如果一个事件ε位于集合$\mathfrak{F}$中，那么它的补集$\Omega\backslash\varepsilon$位于$\mathfrak{F}$中，并且$\mathfrak{F}$中的任意两个事件的并集$\varepsilon_X\cup\varepsilon_Y$也位于$\mathfrak{F}$中。

$\mathfrak{F}$被称为"西格玛代数"(写作"σ代数")，并且是Ω中的事件的可数并集。对西格玛代数的理解对计算工作并不重要，但在某些类型的证明中可能有用(5.10.3节中的证明就是一个很好的例子)。西格玛代数无疑是概率论界使用的一种较为神秘的工具，不过一旦掌握了它们，就可以将之作为一种强大的理论工具(但对建模或计算毫无用处，这就是我们不在其他地方使用它们的原因)。

最后，需要指定一个符号为$\mathcal{P}$的概率测度，给出结果ω的概率(或密度)，并将其用于计算$\mathfrak{F}$中事件的概率。

现在可以为外生信息过程定义一个正式的概率空间$(\Omega,\mathfrak{F},\mathcal{P})$，它有时被称为概率中的"圣三位一体"。如果希望对取决于信息的某个量取期望，例如$Ef(W)$，就要对集合$\varepsilon\in\mathfrak{F}$乘以概率$\mathcal{P}$(或密度)所得的结果求和(或积分)。

这种符号对于有以下两个时间点的"静态"问题尤其强大：在看到随机变量W之前和之后。当遇到信息随时间变化而变化的序贯问题时，这就带来了挑战。概率论者通过操纵事件集$\mathfrak{F}$调整了概率空间$(\Omega,\mathfrak{F},\mathcal{P})$的原始概念。

必须强调的是，ω表示所有时间段内可用的所有信息。通常，我们在t时解决问题，这意味着t时之后没有可用的信息。为了处理这个问题，设$\mathfrak{F}_t$是表示事件的西格玛代数，这些事件只能使用截至t时的信息来创建。为了说明这一点，请考虑在每个时间段中包含单个0或1的信息处理W_t。W_t可能是客户购买喷气式飞机的信息，或者是电网中昂贵的组件发生故障的事件。如果观察3个时间段，就会有8种可能的结果，如表9.4所示。

表9.4　需求结果集

结果ω	时间段1	时间段2	时间段3
1	0	0	0
2	0	0	1
3	0	1	0
4	0	1	1
5	1	0	0
6	1	0	1
7	1	1	0
8	1	1	1

设 $\mathcal{E}_{\{W_1\}}$ 是在 W_1 上满足某些逻辑条件的结果集合 ω。如果处于时间 $t=1$，就只会看到 W_1。事件 $W_1=0$ 将写作：

$$\mathcal{E}_{\{W_1=0\}} = \{\omega | W_1 = 0\} = \{1, 2, 3, 4\}$$

西格玛代数 $\mathfrak{F}_1$ 将由以下事件组成：

$$\{\mathcal{E}_{\{W_1=0\}}, \mathcal{E}_{\{W_1=1\}}, \mathcal{E}_{\{W_1 \in \{0,1\}\}}, \mathcal{E}_{\{W_1 \notin \{0,1\}\}}\}$$

现在假设我们处于时间 $t=2$，并且可以访问 W_1 和 W_2。有了这些信息，我们就可以将结果 Ω 分成更精细的子集。我们的历史 H_2 由基本事件 $\mathcal{H}_2 = \{(0,0),(0,1),(1,0),(1,1)\}$ 组成。设 $h_2 = (0,1)$ 为 H_2 的一个元素。事件 $\mathcal{E}_{\{h_2=(0,1)\}} = \{3,4\}$。在时间 $t=1$ 时，我们无法分辨结果1、2、3和4之间的差异；现在位于时间2，则可以区分 $\omega \in \{1,2\}$ 和 $\omega \in \{3,4\}$。西格玛代数 $\mathfrak{F}_2$ 包含所有的事件 "$\mathcal{E}_{h_2}, h_2 \in \mathcal{H}_2$"，以及所有可能的并集和补集。

另一个位于 $\mathfrak{F}_2$ 中的事件是 $\{\omega | (W_1, W_2) = (0,0)\} = \{1,2\}$。$\mathfrak{F}_2$ 中的第三个事件是这两个事件的并集，由 $\omega = \{1,2,3,4\}$ 组成，当然，这是 $\mathfrak{F}_1$ 中的一个事件。事实上，$\mathfrak{F}_1$ 中的每个事件都是 $\mathfrak{F}_2$ 中的一个事件，但反之则不亦然。原因是来自第二个时间段的附加信息允许将 $\mathfrak{F}$ 划分为更精细的子集。因为 $\mathfrak{F}_2$ 包含所有的并集(和补集)，所以我们总是可以取事件的并集，这等同于忽略了一条信息。

相反，不能将 $\mathfrak{F}_1$ 划分为更细的子集。$\mathfrak{F}_2$ 中的额外信息允许我们将 Ω 过滤为一组更精细的子集，而非只持有第一个时间段的信息。如果我们处于时间段3，$\mathfrak{F}$ 将由 Ω 中的每个单独元素以及在 $\mathfrak{F}_2$ 和 $\mathfrak{F}_1$ 中创建相同事件所需的所有并集组成。

从这个例子中，我们看到，更多的信息(即能够看到 $W_1, W_2, \ldots$ 的更多元素)允许将 Ω 划分为颗粒度更低的子集。因此，我们始终可以写 $\mathfrak{F}_{t-1} \subseteq \mathfrak{F}_t$，也就是说，$\mathfrak{F}_t$ 总是包含 $\mathfrak{F}_{t-1}$ 中的每个事件以及其他颗粒度更低的事件。由于这个特性，$\mathfrak{F}_t$ 被称为过滤。正是因为这个解释，西格玛代数通常使用手写字母 F(顾名思义代表 "过滤")而非更自然的字母 H(代表历史)来表示。用来表示西格玛代数的花式字体旨在表示它是集合的集合(而不仅仅是一个集合)。

始终假设信息处理满足 $\mathfrak{F}_{t-1} \subseteq \mathfrak{F}_t$。有趣的是，在实践中并非总是如此。信息形成过滤的特性要求我们永远不要 "忘记" 任何事情。在实际应用中，这并不总是正确的。例如，假设正在使用一个移动平均数进行预测。这意味着预测 f_t 可能写作 $f_t = (1/T) \sum_{t'=1}^{T} \hat{D}_{t-t'}$。这样的预测过程 "忘记" 了 T 时间段之前的信息。

到目前为止，符号 $\mathfrak{F}_t$ 最广泛的用途是表示 t 时所知的信息。例如，设 W_{t+1} 为将在 $t+1$ 时所学的信息。如果处于时间 t，则可以使用如下所示的预测 $f_{t,t+1}^W$：

$$f_{t,t+1}^W = \mathbb{E}\{W_{t+1} | \mathfrak{F}_t\} \tag{9.53}$$

$\mathfrak{F}_t$ 的约束条件即在 t 时所知信息的约束条件，有些作者将其写为：

$$f_{t,t+1}^W = \mathbb{E}_t W_{t+1} \tag{9.54}$$

式(9.53)和式(9.54)等价，两者都可以被理解为 W_{t+1} 在给定 t 时所知信息的情况下的条件期望。

如果不考虑该约束条件，那么这将与0时的期望相同，可以写作：

$$
\begin{aligned}
f_{0,t+1}^{W} &= \mathbb{E}W_{t+1} \\
&= \mathbb{E}\{W_{t+1}|\mathfrak{F}_0\}
\end{aligned}
$$

有许多关于测度理论的教科书。关于测度理论思维的一个很好的介绍(特别是测度理论思维的价值)，请参阅Pollard(2002)关于测度理论概率论的介绍，或Cinlar(2011)的出色文献。有关使用这种符号的数学说明，参见5.10.3节中关于随机梯度算法收敛性的更现代的证明。

9.13.2 策略和可测量性

我们的全新测度理论词汇的直接用途是传达一个相对简单的概念——必须在不使用未来信息的情况下做出决策。本节的目的是让你像一个训练有素的随机优化师那样侃侃而谈，同时你将学习一种更简单(也许更准确)的方式来传达这个简单的理念。

和前面一样，设x_t是在t时的一个决策。在t时做出的决策x_t取决于截至t到达的信息。标准的数学风格是通过将决策写作$x_t(\omega)$来表达这种依赖性，其中ω表示的是在9.6节中描述并在表9.2中说明的样本路径。重要的是记住，当使用ω时，指定的是在标准时域$0,\dots,T$上的整个样本路径。这就意味着，允许x_t"看到"整个历史，以及整个未来！

概率学界已经学会了如何解决这个问题。下面的陈述都意味着决策x_t只取决于截至t时并包括t时的可用信息。

- "x_t是$\mathcal{F}_t$可测量的。"这句话的快速翻译是"x_t只使用t时已知的信息"。基于9.13.1节中的说明，还可以提供更多的背景知识。更早的时候曾提及$\mathfrak{F}_t$是集合的集合，$\mathfrak{F}_t$中的一个集合将包括有相同的历史$h_t(\omega) = (W_1,\dots,W_t)$，但不考虑结果$W_{t+1},\dots,W_T$的所有样本路径$\omega$。设$\mathcal{E}_t(h_t)$是包括满足$h_t(\omega) = h_t$的所有$\omega$的基本事件(记住$\mathfrak{F}_t$由并集和补集组成，这意味着$\mathfrak{F}_t$将包括满足$h_{t-1}(\omega) = h_{t-1}$的所有$\omega$的事件)。

现在，任何属于$\mathcal{E}_t(h_t)$的样本路径都应该产生相同的决策x_t。因此，对于每个基本事件$\mathcal{E}_t(h_t)$(记住每个ω都有一个h_t)，都有一个决策，这意味着可以创建一个决策集合，可将其称为$\mathcal{X}_t$。$\mathfrak{F}_t$中的集合和$\mathcal{X}_t$中的集合之间有一对一的对应关系。

假设样本路径ω是离散的(使用ω的采样集合时都是这种情况)，假设每个ω的概率为$p(\omega)$(概率论者将$p^W(\omega)$称作测度)。可以通过在$\mathfrak{F}_t$中找到相应的ω的集合来查找$\mathcal{X}_t$中每组决策发生的概率。因此，如果$\mathcal{E}_t$是$\mathfrak{F}_t$中的基本集合，则可以用下式计算其概率：

$$
P(\mathcal{E}_t) = \sum_{\omega \in \mathcal{E}_t} p^W(\omega)
$$

然后，每个基本事件$\mathcal{E}_t$都有一个单独的决策$x_t(\mathcal{E}_t)$，其发生的概率为$P(\mathcal{E}_t)$。从这个思路出发，可以计算 $\mathfrak{X}_t$ 中每个事件的概率。因此 $\mathfrak{X}_t$ 中集合的测度是根据已经从 $\mathfrak{F}_t$ 的概率中计算出来的概率计算出来的。

这正好解释了"决策 x_t 是 $\mathfrak{F}_t$ 可测量的"。

- "x_t 是非预期的。"本书第一次提及"非预期"是在第2章，当我们介绍两阶段随机规划时，2.1.8节介绍了"非预期约束"(具体参见式(2.25))。这实际上是另一种说法，即 x_t 不能取决于"$W_{t'}$，$t' > t$"的实际结果。
- "x_t 是一个适应策略。"这只不过是另一种说法，即 x_t 仅取决于截至 t 时的已知信息(或者 x_t 是 $\mathfrak{F}_t$ 可测量的)，这反过来意味着，x_t 可以"适应"新的信息。随着时间的推移，决策会"适应"新的信息。
- "τ 是一个停止时间。"对于最优停止问题，我们希望在一个取决于价格过程的时间点 τ 出售资产，"τ 是一个停止时间"意味着在时间点 $\tau = t$ 出售的决策必须是 $\mathcal{F}_t$ 可测量的。

所有这些陈述都需要一定的数学水平才能理解，它们都意味着：

$$x_t = X^\pi(S_t) \text{ 是状态 } S_t \text{ 的函数}$$

通过将策略构建为取决于状态 S_t 的函数，我们保证决策无法访问来自未来的任何信息。这是从以下转移函数得出的：

$$S_t = S^M(S_{t-1}, x_{t-1}, W_t)$$

上式显示 S_t 只是 W_t 以及 S_{t-1} 和 x_{t-1} 的函数。层层迭代，可知 S_t 只是 S_0 和 $W_1, \ldots, W_t$ 的函数。

这个(更简单的)讨论还表明，我们实际上对整个历史 $h_t = (S_0, W_1, \ldots, W_t)$ 并不感兴趣，只需要状态 S_t。例如，在库存问题中，我们只关心在 t 时有多少库存，但是如果想要计算某个决策 x_t 的概率，则需要处于状态 S_t 的概率，这意味着需要知道导致状态 S_t 的结果集 ω。毫不奇怪，这也取决于先验决策 $x_0, \ldots, x_{t-1}$ 以及产生这些决策的策略。听起来很复杂，但实际上永远不需要计算决策的概率。真正需要的是策略的预期表现，该表现使用模拟来估计。

可以从这个讨论中得出这样的结论：你不需要理解"x_t 是 $\mathfrak{F}_t$ 可测量的"，而只需要理解它仅意味着 x_t 只能访问在 t 时或 t 时之前到达的信息。你真正需要理解的是，x_t 只取决于状态 S_t，但这意味着你需要理解状态变量是什么。每个研究随机优化的理论家都知道"$\mathfrak{F}_t$ 可测量的"意味着什么，但很多人不知道状态变量是什么。

9.14 展望

到此，还没有完全完成建模。第10章将讨论以多种形式出现的建模不确定性的丰富领域。对于某些应用，很容易认为建模不确定性比追求最优策略更重要。不过，书籍能涵盖的内容有限。

在简单介绍不确定性建模之后，本书的其余部分将关注策略设计。内容组织如下。

策略设计(第11章)——讲解4类基本(元)策略，分别为策略函数近似(PFA)、成本函数近似(CFA)、价值函数近似(VFA)和直接前瞻近似(DLA)策略。

策略函数近似(第12章)——最简单的一类策略是策略函数近似，我们将策略描述为某种分析函数(查找表、参数或非参数函数)。

成本函数近似(第13章)——在这里，我们找到了成本函数的近似，然后将其最小化(可能服从一组可能会被修改的约束)。

价值函数近似(第14~18章)——这些章节根据价值函数利用策略。鉴于这种通用方法的丰富性，内容分为以下章节。

精确动态规划(第14章)——这是关于具有离散状态、离散动作和随机性的动态规划的经典内容，它足够简单，可以取预期。

后向近似动态规划(第15章)——这是该系列章节介绍学习价值函数近似的迭代方法的第一章。此章介绍了一种称为后向近似动态规划的技术，因为它建立在第14章中提出的马尔可夫决策过程的经典"后向"方法的基础上。关于近似价值函数的其余内容侧重于"前向"方法。

前向近似动态规划I(第16章)——首先介绍使用前向方法近似价值函数的方法。在此章中，策略是固定的。

前向近似动态规划II(第17章)——在第16章的工具的基础上进行构建，但使用近似价值函数来定义策略。

前向近似动态规划III(第18章)——重点讨论状态变量中凸形价值函数的重要特例。这出现在涉及资源分配的应用中。

直接前瞻策略(第19章)——最后一类策略优化了近似前瞻模型。其中处理两个重要的问题类：决策是离散的(或被离散的)，可以枚举所有动作；决策x是一个向量，无法枚举所有动作。

多智能体建模与学习(第20章)——最后，将讨论多智能体建模的重要主题，该主题出现在广泛的应用中，从控制无人机或机器人车队、建模医疗技术人员或士兵团队，到建模全球供应链。多智能体建模引入了对通信建模的需求，不过，该章并没有出现这一问题，只是将基本学习问题建模为双智能体系统。

9.15　参考文献注释

本章是Powell(2011)著作第5章的修订版。据我们所知，这本书以及Powell(2011)的前作是仅有的两本以这种方式清晰阐述序贯决策问题五要素的书籍。然而，正如Powell(2021)

的论著(可在arXiv上获取)所回顾的那样，我们的框架严格遵循了整个最优控制领域使用的一般风格，有一些小的调整，也有一些大的调整。一些小调整列举如下。

- 从使用状态 x_t 和"控制" u_t 的控制领域的标准符号切换至反映数学规划中使用 x 作为决策的实体领域，采用标准的(和更多的助记符号) S_t 表示状态(使用遵循应用概率领域标准风格的大写字母)。

- 使用 $S^M(s, x, w)$ (而非 $f(s, x, w)$)作为转移函数的原因很简单，$f(\cdot)$ 常用来建模范围广泛的函数。$S^M(\cdot)$ 中包含助记符"状态模型"(state model)或"系统模型"(system model)。

- 控制领域经常这样写式子：

  $$x_{t+1} = f(x_t, u_t, w_t)$$

其中，w_t 在 t 时是随机的(例如，参见Bertsekas(2017)的论著)。这种符号继承自连续时间模型。有：

$$S_{t+1} = S^M(S_t, x_t, W_{t+1})$$

其中，W_{t+1} 在 t 时是随机的，但在 $t+1$ 时是已知的。这种符号允许我们保持这样的惯例，即任何由 t 索引的变量在 t 时都是已知的。令人惊讶的是，在关于控制的文献中，人们普遍将(随机问题的)目标函数写作：

$$\min_{u_0, \dots, u_T} \mathbb{E} \sum_{t=0}^{T} p_t u_t$$

其中，(对于本例而言)价格 p_t 随时间随机变化(约束中可能存在其他随机元素)。问题是，写作 $\min_{u_0, \dots, u_T}$ 的形式就表示没有意识到 u_t 是一个随机变量。精通数学的作者知道 u_t 是随机的，可以写作 $u_t(\omega)$，ω 是任意随机信息的样本路径。要求" u_t 是 $\mathcal{F}_t$ 可测量的"很重要，这表示承认 u_t 是一个函数，但它不提供关于如何构建策略的任何指示。通常，作者只是简单地假设即将通过求解Hamilton-Jacobi-Bellman方程找到最优策略，而没有意识到这通常是不可能的(甚至是近似的)。

我们的建模风格将目标函数写作：

$$\max_{\pi} \mathbb{E} \left\{ \sum_{t=0}^{T} C(S_t, X^{\pi}(S_t)) | S_0 \right\}$$

其中，我们会显式地搜索策略(从最小到最大的切换只是简单的偏好)。然后，确定4种特定的策略类别，简化可能使用的所有方法。

我们的建模方法将模型(需要搜索策略)与如何求解模型完全分离开来，通过4类设计策略来求解模型。

9.3节——图9.2(Erhan Cinlar绘制)描述了从连续时间到离散时间的映射。

9.4节——在序贯决策问题相关文献中，状态的定义十分混乱。第一次认识到物理状态和信念状态之间的区别似乎是在Bellman和Kalaba(1959)的论著中，他们使用术语"超状态"(hyperstate)指代信念状态，以区分"物理状态"(physical states)。即使在今天，许多作者仍将"物理状态"等同于"状态变量"。

长期以来，控制相关文献一直使用状态来表示足够的统计量(例如，参见Kirk(2012)的论著)，表示及时"向前"建模系统所需的信息。有关部分可观察的马尔可夫决策过程的介绍，参见White(1991)的著作。Boutilier等人(1999)从人工智能(AI)的角度对马尔可夫决策过程的建模进行了极为精彩的描述，其中包含对状态变量的因子表示的极佳讨论。Guestrin等人(2003)也曾在其文献中将因子状态空间的概念应用于马尔可夫决策过程。

这里对状态变量的定义完善了Powell(2011)的论著中引入的定义。

9.5节——我们的决策符号代表了将动态规划和数学规划领域结合起来的努力。Powell等人(2001)首次使用该符号。关于从马尔可夫决策过程的角度对决策的经典处理，参见Puterman(2005)的著作。关于最优控制领域视角的决策示例，参见Kirk(2012)以及Lewis和Vrabie(2012)的著作。有关经济学中动态规划处理的例子，参见Stokey和R. E. Lucas(1989)以及Chow(1997)的论著。

9.6节——我们的信息表示遵循概率相关文献中的经典风格(例如，参见Chung(1974)的论著)。监督控制的主题吸引了相当多的注意力(例如，见Werbos(1992)的著作)。

9.7节——"转移函数"(有很多不同的名字)的概念在控制领域中出奇一致，但令人惊讶的是，在其他领域中却不这么统一(特别是在马尔可夫决策过程中，人们一直在坚持使用"一步转移矩阵"的概念)。可参见任何一本关于最优控制的书籍(Kirk(2012)、Stengel(1986)、Sontag(1998)、Sethi(2019)以及Lewis和Vrabie(2012)的著作)。Bertsekas(2017)先在其书籍的开篇讲解了转移函数，随后讲述转移矩阵(或连续状态的内核)的使用，后者需要对转移函数取期望。

9.11节——4类目标(最终回报和累积回报，状态无关问题和状态相关问题)的识别首次在Powell(2019)的著作中提出，不过9.12节中的内容是全新的。

9.9节——能量储存示例取自Powell(2021)的论著(可在arXiv上获取)。

练习

复习问题

9.1 过程的历史和过程的状态之间有什么区别？

9.2 "预测进化的鞅模型"是什么意思？

9.3 序贯决策问题的5个组成部分分别是什么？

9.4 状态变量的3种类型是什么？请各举一例。

9.5　外部信息W_{t+1}可能取决于什么？

9.6　假设状态S_t是离散的，并且W_{t+1}的概率分布是已知的，如何从转移函数中计算出一步概率转移矩阵？

9.7　请写出以下4种情况对应的目标函数并尝试解释它们：

(1) 状态无关问题，最终回报。

(2) 状态无关问题，累积回报。

(3) 状态相关问题，累积回报。

(4) 状态相关问题，最终回报。

建模问题

9.8　旅行者需要遍历图9.7所示的路径图，从节点①到节点⑪，目标是找到一条能最小化总成本的路径。为了解决这个问题，打算使用贝尔曼最优性方程的确定性版本：

$$V(s) = \min_{a \in \mathcal{A}_s} \left(c(s, a) + V(s'(s, a)) \right) \tag{9.55}$$

其中，$s'(s, a)$是处于状态s且采取动作$a \in \mathcal{A}_s$时，要转移到的状态。集合$\mathcal{A}_s$是在状态s时可用的一组动作(在本例中是遍历链路)。

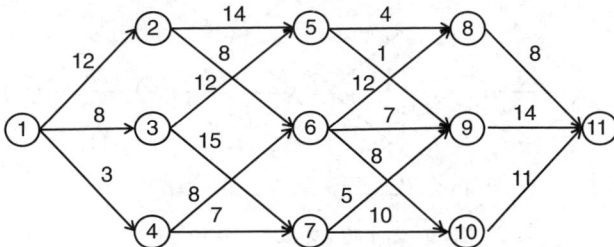

图9.7　确定性最短路径问题

要解决此问题，请回答以下问题。

(1) 为这个问题匹配一个合适的状态变量(用符号表示)。

(2) 如果旅行者沿着路径①-②-⑥到达节点⑥，其状态是什么？

(3) 请找到一条路径，使旅行者所遍历的链路的总成本最小。使用式(14.2)中的贝尔曼方程，从节点⑪反向查找从每个节点到节点⑪的最优路径，最终找到从节点①到节点⑪的最优路径。用粗线绘出从某个节点到节点⑪的最优路径上的链路，以展示你的解决方案。

9.9　旅行者需要通过从节点①走到节点⑪，来遍历图9.8所示的路径图，其目标是找到一条路径，使路径上所有链路的最大成本最小化。要解决此问题，请回答以下问题。

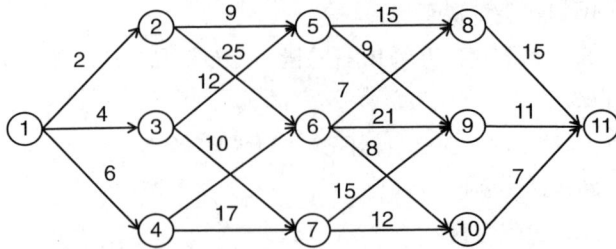

图9.8　最小化路径上所有链路的最大成本的路径问题

(1) 为这个问题匹配一个合适的状态变量(用符号表示)。

(2) 如果旅行者沿着路径①-②-⑥到达节点⑥，最终状态是什么？

(3) 使用贝尔曼方程(见式(14.2))，找到使旅行者遍历的链路的最大成本最小化的一条或多条路径。对于每个决策点(图9.8中的节点)，给出与该决策点的最优路径相对应的状态变量的值，以及处于该状态的价值(即，从该状态开始，遵循最优解的成本)。

9.10　重复练习9.9，但这一次要将路径上的第二大圆弧成本降至最低。

9.11　旅行者需要遍历图9.9所示的路径图，从节点①到节点⑪，其目标是找到一条路径，使该路径的第二大链路成本最小化。要解决此问题，请回答以下问题。

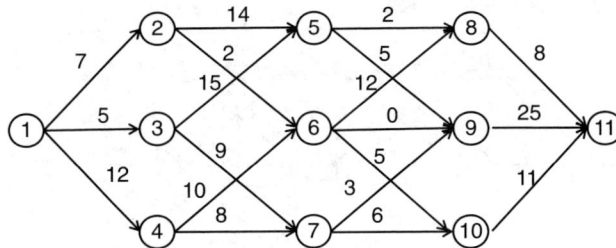

图9.9　最小化成本乘积的路径问题

(1) 为这个问题描述一个合适的状态变量(用符号表示)。

(2) 如果旅行者沿着路径①-②-⑥到达节点⑥，其状态是什么？

(3) 如果旅行者沿着路径①-②-⑥-⑩到达节点⑩，其状态是什么？

(4) 使用式(14.2)中的贝尔曼方程，找到一条或多条路径，使旅行者遍历的链路的成本乘积最小化。给出与每个决策点(图9.9中的节点)的最优路径相对应的状态变量的值，以及处于该状态的价值(即，从该状态开始，遵循最优解的成本)。

9.12　假设基本的报童问题如下式所示：

$$\max_{x} \mathbb{E}_D F(x, D) = \mathbb{E}_D \big(p \min\{x, D\} - cx \big) \tag{9.56}$$

试说明如何使用通用建模框架对该问题的以下变体进行建模：

(1) 基本报童问题的最终回报公式。

(2) 基本报童问题的累积回报公式。

(3) 报童问题的渐近公式。渐近公式和最终回报公式之间有什么区别？

9.13 接下来，看一个报童问题的动态版本，其中，为了做出 t 时的决策 x_t，可以求解下式：

$$\max_x \mathbb{E}_D F(x, D) = \mathbb{E}_D \big(p_t \min\{x, D_{t+1}\} - cx \big) \tag{9.57}$$

假设价格 p_t 与先验历史无关。

(1) 对式(9.57)中报童问题的累积回报版本进行建模。

(2) 若要解决以下问题，模型会发生什么变化？

$$\max_x \mathbb{E}_D F(x, D) = \mathbb{E}_D \big(p_{t+1} \min\{x, D_{t+1}\} - cx \big) \tag{9.58}$$

其中，继续假设现在的价格是 p_{t+1}，与先验历史无关。

(3) 如果下式成立，式(9.58)的模型会发生什么改变？

$$p_{t+1} = \theta_0 p_t + \theta_1 p_{t-1} + \varepsilon_{t+1} \tag{9.59}$$

其中，ε_{t+1} 为零—平均值噪声项，与系统状态无关。

9.14 沿用练习9.13中的报童问题，但假设式(9.59)中的 (θ_0, θ_1) 是未知的。在 t 时，估计 $\bar\theta_t = (\bar\theta_{t0}, \bar\theta_{t1})$。假设真实的 θ 现在是一个随机变量，遵循一个平均值为 $\mathbb{E}_t \theta = \bar\theta_t$ 的可初始化为下式的多变量正态分布：

$$\bar\theta_0 = \begin{pmatrix} 20 \\ 40 \end{pmatrix}$$

且其协方差矩阵 Σ_t^θ 可以被初始化为下式：

$$\Sigma_0^\theta = \begin{pmatrix} \sigma_{00}^2 & \sigma_{01}^2 \\ \sigma_{10}^2 & \sigma_{11}^2 \end{pmatrix}.$$

$$= \begin{pmatrix} 36 & 16 \\ 16 & 25 \end{pmatrix}$$

参考3.4.2节中的更新公式，使用累积回报目标函数(即，给出状态、决策和外生信息变量、转移函数和目标函数)给出该问题的完整模型。

9.15 查看我们熟悉的报童(或库存)问题的一系列变体。试用以下形式为每种情况描述决策前和决策后状态、决策以及外生信息：

$$(S_0, x_0, S_0^x, W_1, S_1, x_1, S_1^x, W_2, \dots)$$

根据问题的变量指定 S_t、S_t^x、x_t 和 W_t。

(1) 在基本报童问题中，希望找到求解下式的 x：

$$\max_x \mathbb{E}\{p \min(x, \hat{D}) - cx\} \tag{9.60}$$

其中，$\hat{D}$ 的分布未知。

(2) 与(1)相同，但给定 t 时的价格 p_t，并要求使用该信息求解式(9.60)。注意，p_t 与任何先验历史或决策都无关。

(3) 重复(2)，此时，$p_{t+1} = p_t + \hat{p}_{t+1}$。

(4) 重复(3)，此时，剩余库存被保留到下一个时间段。

(5) 在以上提及的问题中，哪些不是动态规划(如果有的话)？请解释。

(6) 在以上提及的问题中，哪些是求解状态相关函数？哪些是求解状态无关函数？

9.16　本练习将建模一个储能问题，这是一个在很多情况下都会出现的问题类(手头要保留多少现金，商店货架上有多少库存，要持有多少单位的血液，药店里要保留多少毫克的药物，等等)。我们将首先用少量的符号描述这个问题。你的任务是把它发展成一个正式的动态模型。

我们的问题是决定以一定的价格 p_t 从电网购买多少电能。设 x_t^{gs} 是购买的电量(如果 $x_t^{gs}>0$)或出售的电量(如果 $x_t^{gs}<0$)。然后，必须决定从储量中转出多少电量来满足商业大楼的供电需求 D_t，其中，$x_t^{gs} \geq 0$ 是为了满足供电需求 D_t 而供给大楼的电量。不满足的需求每单位电价为 c。

假设价格根据下式给出的时间序列模型演化：

$$p_{t+1} = \theta_0 p_t + \theta_1 p_{t-1} + \theta_2 p_{t-2} + \varepsilon_{t+1} \tag{9.61}$$

其中，ε_{t+1} 是一个与价格过程无关且平均值为0的随机变量。由于系数"$\theta_i, i=0,1,2$"未知，因此改用估计值 $\bar{\theta}_{ti}$。观察 p_{t+1} 时，可以使用第3章3.8节中描述的更新线性模型的递归公式来更新向量 $\bar{\theta}_t$(可先复习此节再回答此问)。

每个时间段都给出了一个对未来 t' 时需求 $D_{t'}$ 的预测 $f_{tt'}^D$，其中 $t' = t, t+1, t+H$。可以设 $f_{tt}^D = D_t$ 是实际需求。还可将预测 $f_{t+1,t'}^D$ 视为"新信息"，或者将"预测中的变化"定义为 $\hat{f}_{t+1,t'}^D$，在这种情况下，有：

$$f_{t+1,t'}^D = f_{tt'}^D + \hat{f}_{t+1,t'}^D$$

(1) 状态变量 S_t 的元素是什么(建议填写模型的其他元素，以帮助确定 S_t 中所需的信息)？请定义决策前状态和决策后状态。

(2) 决策变量 x_t 的元素是什么？什么是约束(描述决策限制的公式)？最后引入一个函数 $X^\pi(S_t)$，这将是稍后设计决策的策略(它需要出现在随后解释的目标函数中)。

(3) 在 $t+1$ 时变为已知但在 t 时未知的外生信息变量 W_t 的元素是什么？

(4) 请列出转移函数 $S_{t+1} = S^M(S_t, x_t, W_{t+1})$，这是描述状态变量 S_t 的每个元素如何随时间演变的公式。每个状态变量都需要一个公式。

(5) 将目标函数写作贡献函数 $C(S_t, x_t)$。

在目标函数中，可以基于某些一般策略集(定义参见后续练习)最大化预期利润。

9.17　患者到达医生办公室，每位患者都由一个属性向量 $a = (a_1, a_2, ..., a_K)$ 描述，其中，a 可以描述年龄、性别、身高、体重、患者是否吸烟等。设 a^n 是描述第 n 个患者的属性向量。医生会为每个患者做出治疗决策 x^n(手术、药物治疗、康复)，然后观察患者 n 的结果 y^n。从 y^n 中，得到了非线性模型 $f(x|\theta)$ 的参数的更新估计 θ^n，这有助于预测其他患者的 y 值。

(1) 给出这个决策问题的5个要素。一定要对患者到达后的状态 S^n(这将是决策前状态)、做出决策后的状态 $S^{x,n}$,以及决策结果已知后的状态 $S^{y,n}$ 进行建模。

(2) 处于状态 S^n 的价值可以用贝尔曼方程计算:

$$V^n(S^n) = \max_{x \in \mathcal{X}} \left((C(S^n, x) + E_W\{V^{n+1}(S^{n+1})|S^n, x\} \right) \tag{9.62}$$

定义患者到达后的状态价值、做出决策后的状态价值以及患者到达前的状态价值。调用这些 $V(S)$、$V^x(S^x)$ 和 $V^y(S^y)$。把 $V(S^n)$ 写成 $V^x(S^{x,n})$ 的函数,并把 $V^x(S^{x,n})$ 写成 $V^y(S^{y,n})$ 的函数。

9.18 来看一个控制共同基金持有的现金数量的问题。设 R_t 为 t 时手头的现金。设 $\hat{R}_{t+1}$ 是存款净额(如果 $\hat{R}_{t+1} > 0$)或钞票回笼净额(如果 $\hat{R}_{t+1} < 0$),这里假设 $\hat{R}_{t+1}$ 与 $\hat{R}_t$ 无关。设 M_t 是 t 时股票市场指数,其中股票市场的演变由 $M_{t+1} = M_t + \hat{M}_{t+1}$ 给定,其中 $\hat{M}_{t+1}$ 与 M_t 无关。设 x_t 是从股市转为现金的金额($x_t > 0$)或从现金流入股市的金额($x_t < 0$)。

(1) 给出问题的完整模型,包括决策前和决策后的状态变量。

(2) 提出一个简单的参数策略函数近似,并将目标函数作为在线学习问题。

9.19 大学生必须计划好8个学期中各学期的学习课程。毕业的前提是学够34门课程,但任何学期都不得超过5门,也不得少于3门。此外,还需要修2门语言课程、1门科学课程、8门专业课程和2门数学课程。

(1) 以最紧凑的方式为该问题制定状态变量。

(2) 假设大学生成功通过了所学的任何课程,请为其列出转移函数,引入代表其决策的变量。

(3) 列出转移函数,但要考虑到大学生可能不会通过每门课程的随机结果。

9.20 一名经纪人正在买卖交易清淡的股票。他必须确保其交易量不会影响股票价格。他认为如果个人交易量不超过平均成交量的10%,就是安全的。为此,他跟踪了某只股票在一段时间内的平均成交量。设 υ_t 是 t 天的成交量,并假设使用 $f_t = (1 - \alpha)f_{t-1} + \alpha \upsilon_t$ 估计了平均需求 f_t。然后使用 f_t 作为对第二天成交量的估计。假设其当天就开始跟踪($t = 1$)需求,什么信息会构成其状态变量?

9.21 如果经纪人用10天移动平均值来估计其需求,那么你之前的答案会有什么变化?也就是说,他将使用 $f_t = 0.10 \sum_{i=1}^{10} \upsilon_{t-i+1}$ 作为其对需求的估计。

9.22 制药行业花费数百万美元管理销售队伍,以推广该行业最新、最棒的药物。假设其中一位推销员必须走访他所在地区的一个客户集 $\mathcal{J}$。只有在完成一次拜访后,才能决定下一次拜访哪个客户。在这个练习中,假设其拜访决策不取决于其拜访历史(也就是说,还可能会回访之前访问过的客户)。设 S_n 是他在当天完成 n 次访问后的即时状态。

(1) 假设从任何客户到任何其他客户只需要一个时间段。请写出状态变量的定义,并说明其状态只是其当前的位置。

(2) 现在假设 τ_{ij} 是从位置 i 移动到位置 j 所需的时间(确定且是整数)。推销员在任何时间t都是什么状态？一定要考虑他在一个地点(刚刚与客户结束)或在两个地点之间的可能性。

(3) 最后假设途经时间τ_{ij}在a_{ij}和b_{ij}之间遵循离散均匀分布(其中a_{ij}和b_{ij}是整数)。

9.23   来看一个简单的资产收购问题，其中x_t是在t时间段末购买的、在$t+1$时间段使用的资产量。设D_t是t时间段内对资产的需求。设R_t为决策前状态变量(订购x_t前手头的现金量)，R_t^x为决策后状态变量。

(1) 写出转移函数，使得R_{t+1}是R_t、x_t和D_{t+1}的函数。

(2) 写出转移函数，使得R_t^x是R_{t-1}^x、D_t和x_t的函数。

(3) 将R_t^x写成R_t的函数，并将R_{t+1}写成R_t^x的函数。

9.24   作为橙汁产品公司的买方，你负责购买冷冻浓缩橙汁期货。设$x_{tt'}$为你在t年购买的、可在t'年行权的期货数量。

(1) t年的状态变量是什么？

(2) 写出转移函数。

9.25   经典库存问题的工作原理如下。假设状态变量R_t是t时间段末时手头的产品数量，D_t是给出时间段$(t-1,t)$内需求的随机变量，其分布为$p_d = P(D_t = d)$。t时间段内的需求必须满足初期手头的产品。然后，就可以在t时间段末订购一定数量的x_t且可在$t+1$时间段用于补充库存的产品。请给出将R_{t+1}与R_t相关的转移函数。

9.26   许多问题都涉及资源在网络上的移动。然而，由于对遍历链路所需时间的概率分布的不同假设，单个资源的状态定义可能会变得很复杂。请为以下每个示例给出资源的状态。

(1) 你有一个确定性的静态网络，并且希望找到从原始节点q开始到目标节点r的最短路径。存在一个用于遍历每个链路(i,j)的已知成本c_{ij}。

(2) 接下来假设成本c_{ij}是一个分布未知的随机变量。每次遍历链路(i,j)时，你都会观察允许更新c_{ij}平均值的估计$\bar{c}_{ij}$的成本$\hat{c}_{ij}$。

(3) 最后假设当旅行者到达节点i时，会看到节点i之外的每个链路(i,j)的$\hat{c}_{ij}$。

(4) 一辆出租车正在一个城市集$\mathcal{C}$里接送乘客。在城市i放下一名乘客后，调度员可能必须将出租车重新从i定位到j，$(i,j) \in \mathcal{C}$。从i到j的行程时间τ_{ij}是一个具有离散均匀分布的随机变量(即，对于$t = 1,2,\ldots,T$来说，$\tau_{ij}=t$的概率为$1/T$)。假设在行程开始之前，行程时间就已知。

(5) 同(4)，但目前的行程时间是随机的，且具有几何分布(即，对于$t = 1,2,3,\ldots$来说，$\tau_{ij}=t$的概率为$(1 - \theta)\theta^{t-1}$)。

9.27   作为一家大型橙汁公司的采购经理，你有责任保留足够的备售橙子或将橙子转化为橙汁产品。设x_{ti}是你在t周决定从供应商i处购买的、将要在$t+1$周使用的橙子数量。每周，最多以价格$\hat{p}_{ti}$从供应商$i \in \mathcal{I}$购买不超过$\hat{q}_{ti}$的橙子(即$x_{ti} \le \hat{q}_{ti}$)，其中价格—数量对$(\hat{p}_{ti},\hat{q}_{ti})_{i\in\mathcal{I}}$每周都在波动。设$s_0$是最初的橙子总库存，而$D_t$是公司$t$周生产所需的橙子数量

(这是我们的需求)。如果不能满足需求，公司就必须以现货价格 $\hat{p}_{ti}^{spot}$ 在现货市场上额外采购橙子。

(1) 这个系统的外生随机过程是什么？

(2) 你可以做出哪些决策来影响系统？

(3) 你的问题的状态变量是什么？

(4) 写出转移方程。

(5) 什么是单周期贡献函数？

(6) 为这个问题的决策规则提出一个合理的结构，并称之为 X^{π}。你的决策规则应该是一个决定在 t 时间段内购买多少橙子的函数。

(7) 根据外生随机过程，仔细而精确地写出这个问题的目标函数。清楚地确定你正在优化的内容。

(8) 针对你的决策规则解释策略空间。

9.28　客户打给服务中心的电话遵循(非平稳)泊松过程。设 $\mathcal{E}$ 是表示电话呼叫的事件集，其中 "$t_e, e \in \mathcal{E}$" 是拨打电话的时间。每个客户都会提出一个需要 τ_e 时长完成的请求并向服务中心支付一定的报酬 r_e。电话最初由接线员处理，接线员决定 τ_e 和 r_e。服务中心不必处理所有的来电，而且显然更喜欢单位时间报酬比例高的呼叫 (r_e/τ_e)。因此，该公司采取的策略是，如果 $(r_e/\tau_e) < \gamma$，则来电被拒绝；如果来电被接入，则被放入队列中，以等待空闲的服务代表。假设驱动该过程的概率定律已知，希望在其中找到适当的 γ 值。

(1) 该过程由一个潜在的外生随机过程驱动，其元素 $\omega \in \Omega$。ω 的实例是什么？

(2) 什么是决策迭代周期？

(3 这个系统的状态函数是什么？转移函数是什么？

(4) 这个系统的动作空间是什么？

(5) 列出该单周期回报函数。

(6) 给出定义马尔可夫决策过程的目标函数的完整陈述。明确定义期望所在的概率空间，以及优化内容。

9.29　预计油价将会出现快速上涨，某大型石油公司打算增加油罐储量。该公司可以获取 2000 万桶石油，并希望在未来 10 周内(从第 1 周开始)购入。本周初，该公司联系了自己的上游供货方，每个供货方 $j \in \mathcal{J}$ 都愿意以 $\hat{p}_{tj}$ 的价格提供 $\hat{q}_{tj}$ 万桶油。价格—数量对 $(\hat{p}_{tj}, \hat{q}_{tj})$ 每周都在波动。公司想要在 "t 周，$t \in \{1, 2, \dots, 10\}$" 内从上游供货方 j 处购买(以百万桶为离散单位) x_{tj} 百万桶(其中，x_{tj} 是离散的)。你的目标是尽可能花最少的钱购入 2000 万桶石油。

(1) 这个系统的外生随机过程是什么？

(2) 你的问题的状态变量是什么？给出系统动态方程。

(3) 提供该问题的决策规则结构，称之为 X^{π}。

(4) 针对你的决策规则解释策略空间。给出两种不同决策规则的例子。

(5) 用外生随机过程的期望写出这个问题的目标函数。

(6) 给定一个3亿美元的石油购买预算，要求必须在10周结束时购入2000万桶。如果超出了3亿美元的初始预算，就要动用额外的资金，但每增加100万美元，需要支付150万美元的代价。请问这将如何影响根据问题列出的公式？

9.30   你管理着一个共同基金，每当t周末都必须决定出售还是再持有一周。设$\hat{r}_t$是一周的收益(例如$\hat{r}_t = 1.05$是指资产在上一周上涨5%)，并设p_t是资产的价格，如果在t周卖掉它(因此有$p_{t+1} = p_t\hat{r}_{t+1}$)。假设收益$\hat{r}_t$是独立且同分布的。你正在投资这笔资产，最终用于个人大学教育开支，投资发生在100个时间段内。如果在t时间段末出售资产，那么在100个时间段之前，出售资产的所得会在每个时间段按货币市场利率q收益，此时需要用现金支付大学学费。

(1) 该问题的状态空间是什么？

(2) 什么是动作空间？

(3) 驱动这个系统的外生随机过程是什么？举一个含5个时间段的例子。这个过程在t时的历史是什么？

(4) 采取一项策略，即如果资产价格低于$\bar{p}$(我们要求该价格与时间无关)，你将出售。给定这个策略，写出问题的目标函数。清楚地确定你在优化什么。

理论问题

9.31   假设有N个需要管理的离散资源，其中R_a是类型$a \in \mathcal{A}$的资源数量，$N = \sum_{a \in \mathcal{A}} R_a$。设$\mathcal{R}$是向量$R$的一组可能值，表示为：

$$|\mathcal{R}| = \left(\begin{array}{c} N + |\mathcal{A}| - 1 \\ |\mathcal{A}| - 1 \end{array} \right)$$

其中，

$$\left(\begin{array}{c} X \\ Y \end{array} \right) = \frac{X!}{Y!(X-Y)!}$$

是一次获取Y项的X项的组合数。

每日一问

"每日一问"是你选择的一个问题(参考第1章中的指南)。针对你的每日一问，回答以下问题。

9.32   现在，你终于要对日常问题进行全面的建模了(但不必设计策略)。

(1) 定义状态变量的每个元素。注意，这是一个迭代过程；通常需要定义状态变量，因为需要在t时确定从t时开始对系统建模所需的信息。你有信念状态吗？如果没有，请试着介绍一个。你所需要的只是一些参数，可以将其建模为未知，但可以在数据到达系统时对其进行估计。最有趣的问题是你的决策如何影响观察结果。

(2) 有哪些决策？试用文字描述之，然后为每个决策引入符号。接下来，描述在t时的约束或可用的决策集。在状态变量中添加t时需要的任何信息(随着时间的推移，这些信息可能会发生变化)。为策略引入符号，不过我们会在完成模型后设计策略。策略可能会引入额外的必须添加到状态变量中的信息，但我们将在开始设计策略后处理这些信息。

(3) 做出决策后，得到的外生信息是什么？(注意，可能会遇到确定性问题，这意味着没有任何外生信息。)如果外生信息取决于在t时所知的信息，那么这个信息一定在状态函数中。

(4) 定义转移函数，描述每个状态变量如何随时间演变(并不是说我们可能没有完成状态变量)。这里的详细程度取决于问题的复杂程度。你可以随意使用基于模型的转移(其中控制转移公式是已知的)和无模型转移(其中你只需要观察变量的更新值)。

(5) 写出单周期贡献函数，它可能会引入额外的信息，你需要将这些信息添加到状态变量中(并将其相应地添加到转移函数中)。现在就写出策略的价值，并写出最大化策略(或策略类)的目标。

参考文献

第10章

不确定性建模

除非正确地建模这个问题，否则将无法找到有效的策略。在序贯决策问题的领域中，这意味着准确地建模不确定性。在关于随机优化的文献中，建模不确定性的重要性一直没有得到充分的体现，尽管致力于解决实际问题的实践者早就意识到建模不确定性的重要性和挑战。

幸运的是，在研究蒙特卡洛模拟和不确定性量化的领域中，有大量研究聚焦于不确定性和随机过程的建模。我们使用不确定性建模作为描述识别和建模不确定性过程的广义术语，而模拟是指使用蒙特卡洛模拟的计算工具来分解复杂随机过程的大量工具。

这有助于提醒我们注意驱动任何序列随机优化问题的两个信息过程：决策和外生信息。假设可以选择一些策略 $X_t^\pi(S_t)$，需要能够模拟该策略的示例实现，如下所示：

$$S_0 \to x_0 = X_0^\pi(S_0) \to W_1 \to S_1 \to x_1 = X_1^\pi(S_1) \to W_2 \to S_3 \to$$

根据我们的策略，此模拟假设可以访问转移函数：

$$S_{t+1} = S^M(S_t, X_t^\pi(S_t), W_{t+1}) \tag{10.1}$$

如果给定一个策略 $X_t^\pi(S_t)$，就可以执行式(10.1)。如果可以访问以下内容：

S_0 =初始状态——包含关于参数的初始估计(或先验)以及关于概率分布和函数的假设等信息

W_t =(对于 $t = 1, 2, \ldots, T$)在 $t - 1$ 和 t 之间首次进入系统的外生信息

本章将重点讨论模拟外生序列 $(W_t)_{t=0}^T$ 这一经常具有挑战性的问题。假设给定了初始状态 S_0，但要认识到它可能包含关于未知和不可观察参数的概率信念。将随机过程的特征转换为数学模型的过程被广泛称为不确定性量化(uncertainty quantification)。由于在构建模型时很容易忽视不确定性的来源，我们非常重视识别在应用工作中遇到的不同的不确定性来源，并时刻谨记 S_0 和 W_t 是建模框架提供的用于表示不确定性的唯一变量。

在回顾不同的不确定性来源后，将介绍一套强大的技术，即蒙特卡洛模拟，它允许在

计算机上复制随机过程。鉴于不同类型随机过程的丰富阵列，我们只简单尝试一下可用于复制随机过程的工具。

10.1　不确定性来源

不确定性以不同的形式出现。我们遇到的一些主要形式列举如下。

- 观察的误差——这是由观察或测量系统状态的不确定性引起的。当有无法直接(准确)观察到的未知状态变量时，就会出现观察误差。

- 外生的不确定性——描述到达系统的外源性信息，可能是天气、需求、价格、患者对药物的反应或市场对产品的反应。

- 预测的不确定性——通常可以获得信息 W_t 的预测 $f_{tt'}^W$。预测的不确定性反映了实际 $W_{t'}$ 与预测 $f_{tt'}^W$ 的偏差。如果将 $W_t = f_{tt}^W$ 视为 W_t 的实际值，就可以将 W_t(上述外生信息)的实现视为对预测的更新。

- 推断(或诊断)的不确定性——当使用(来自现场或物理测量，或者计算机模拟的)观察来推断另一组参数时，会产生推断不确定性。这种不确定性源于我们对系统的精确性质或行为的认知不足，为估计参数带来了误差，这种误差部分来自观察中的噪声，部分来自底层系统建模的误差。

- 实验的可变性——有时等同于观察的不确定性，实验的可变性是指在相似条件下进行实验的结果之间的差异。实验可以是计算机模拟、实验室实验或现场实现。即使可以完美地测量一个实验的结果，从一个实验到下一个实验也不可避免地会产生变化。

- 模型的不确定性——我们可能不知道转移函数 $S_{t+1} = S^M(S_t, x_t, W_{t+1})$ 的结构，或者函数中嵌入的参数。模型的不确定性通常归因于转移函数，但它也可能适用于随机过程 W_t 的模型，因为我们经常不知道精确的结构。

- 转移的不确定性——当有一个规划系统进化的完美模型时，这种情况就会出现：外来冲击(风吹击飞机，降雨影响水库水位)会给一个本来确定的系统带来不确定性。转移的不确定性通常表示为：

$$S_{t+1} = S^M(S_t, x_t) + \varepsilon_{t+1}$$

- 控制/实现的不确定性——这是选择某个控制 u_t(如温度或速度)的地方，但实际情况是 $\hat{u}_t = u_t + \delta u_t$，其中 δu_t 是随机扰动。

- 通信错误和偏差——智能体 q 就其状态 S_{qt} 与智能体 q' 的通信，可能无意或有意地引入错误。

- 算法的不稳定性——问题输入数据的微小变化，或指导算法的参数的微小调整(几乎存在于所有算法中)，都可能完全改变算法的路径，进而导致结果的可变性。

- 目标的不确定性——解决方案所需目标的不确定性，当单个模型必须产生不同人员或用户可接受的结果时，可能会出现这种不确定性。
- 政治/监管的不确定性——影响成本和约束的税金、规则和要求的不确定性(例如，税收能源抵免、汽车里程标准)。这些可以被视为系统不确定性的一种形式，但这是自身行为不确定性的一个特别重要的来源。

下面将对每种类型的不确定性进行更详细的讨论。一个挑战是对每个不确定性来源进行建模，因为只有两种机制可以将外生信息引入模型：初始状态 S_0 以及外生信息过程 $W_1, W_2, \ldots$。因此，不同类型的不确定性在数学上可能看起来相似，但重要的是描述不确定性进入模型的机制。

10.1.1　观察的误差

观察(或测量)中的不确定性反映了直接观察(或衡量)系统状态的能力的局限性。示例列举如下。

■ 示例10.1

不同的人可能会测量高压变压器的油中的气体，从而产生不同的测量结果(可能是由于设备的变化、所观察的变压器的温度或线圈周围油的变化)。

■ 示例10.2

疾病控制和预防中心通过设置陷阱和统计被捕捉的携带疾病的蚊子数量来估计携带疾病的蚊虫数量。每天被捉到的受感染蚊子的数量可能有很大差异。

■ 示例10.3

一家公司可能正在以不断变化的价格 p_t 销售产品，以找到最佳价格。然而，从一个时间段到下一个时间段(以固定价格)的销售是随机的。

■ 示例10.4

不同的医生第一次看同一个病人时可能会得出关于病人特征的不同信息。

无法直接观察参数的任何应用中都可能会出现部分可观察系统。一个简单的例子就是在定价中，可能会察觉到需求随价格出现线性变化：

$$D(p) = \theta_0 - \theta_1 p$$

在 t 时，对需求函数的最优估计由下式给出：

$$D(p) = \bar{\theta}_0 - \bar{\theta}_1 p$$

观察销售额，可以得到：

$$\hat{D}_{t+1} = \theta_0 - \theta_1 p_t + \varepsilon_{t+1}$$

(θ_0, θ_1) 未知，但是可以通过观察来创建更新的估计。如果 $(\bar{\theta}_{t0}, \bar{\theta}_{t1})$ 是在 t 时的估计，就可以利用 t 和 $t+1$ 之间销售额的观察值 $\hat{D}_{t+1}$，以获得更新的估计 $(\bar{\theta}_{t+1,0}, \bar{\theta}_{t+1,1})$。该模型将 $\bar{\theta}_t = (\bar{\theta}_{t0}, \bar{\theta}_{t1})$ 作为状态变量，这是对静态参数 θ 的估计。因为 θ 是一个固定参数，所以不将其包含在状态变量中，而是将其视为一个潜在变量。

不能完全观察到的状态的存在导致了广为人知的部分可观察马尔可夫决策过程 (POMDP)。为了对此进行建模，设 $\check{S}_t$ 是 t 时系统的真状态(但可能不可观察)，S_t 为可观察状态。编写动态的一种可能的方法如下：

$$S_{t+1} = \check{S}^M(\check{S}_t, x_t) + \varepsilon_{t+1}$$

该式会捕捉无法直接观察的 $\check{S}_t$。这些系统通常是由一些问题驱动的，例如在工程中，无法直接观察电池的充电状态、飞机的位置和速度，或者码头上卡车拖车的数量(码头管理人员倾向于隐藏拖车以保持库存)。

可以将不可观察的状态表示为概率分布。这可能是一个连续分布(可能是正态或多元正态分布)，也可能是一个离散分布，其中 q_{ti}^k 是在 t 时的状态变量 S_{ti} 接受结果 k 的概率(或者可能是一个参数 θ^k)。然后，向量 " $q_{ti} = (q_{ti}^k), k = 1, \ldots, K$" 用于捕捉关于不可观察状态的信念的分布。然后将(每个不确定的状态维度) q_t 作为状态变量的一部分(这就是信念状态的来源)。

10.1.2　外生的不确定性

外生的不确定性代表通常在过程 W_t 中建模的信息，表示关于供应和需求、成本和价格以及可能出现在目标函数或约束中的物理参数的新信息。外生不确定性可能以不同的方式出现，例如：

- 细粒度时间尺度不确定性——有时被称为任意不确定性(aleatoric uncertainty)，细粒度时间尺度不确定性是指随着时间步长的变化而变化的不确定性，这被认为反映了问题的动态。无论时间步长是几分钟、几小时、几天还是几周，细粒度时间尺度不确定性都意味着从一个时间步长到下一个时间步长的信息要么无关，要么相关性下降得相当快。

- 粗粒度时间尺度不确定性——在不同的环境中被称为系统不确定性或认知不确定性(英文为epistemic uncertainty，在医学界很流行)，粗粒度时间尺度不确定性反映了在长时间尺度上发生的环境中的不确定性。这可能反映了新技术、市场模式的变化、一种新疾病的引入，或者机械在某一过程中出现的未观察到的故障。

- 分布的不确定性——如果将外生信息 W_t 或初始状态 S_0 表示为概率分布，那么分布的类型或分布的参数就可能存在不确定性。

- 对抗的不确定性——外生信息过程 $W_1, \ldots, W_T$ 可能来自另一个正在选择 W_t 的智能体，这在某种程度上让智能体表现不佳。我们不能确定对抗性智能体的行为。

10.1.3 预测的不确定性

预测的不确定性反映了预测未来活动的能力存在局限性。通常，这些会写作$f_{tt'}$以表示在给定t时所知信息(由状态变量S_t表示)的情况下对t'时某个量的预测。示例列举如下。

■ **示例10.5**

公司可以对其产品需求D_t进行预测。如果$f_{tt'}^D$是在给定t时已知信息的情况下对需求$D_{t'}$的预测，那么$f_{tt'}^D$和$D_{t'}$是预测中的不确定性。

■ **示例10.6**

一家公用事业公司有兴趣预测10年后的电价。电价可以很好地通过负荷(某个时间点所需的电量)和"供应堆"的交集来近似，供应堆是总供应函数的能源成本(通常是一个递增函数)。供应堆反映了不同燃料(核能、煤炭、天然气)和发电机的成本(不同的技术和不同的使用年限会影响运营成本)。我们必须预测这些不同来源(不确定性的一种形式)以及负载(不确定性的另一种形式)的价格。

■ **示例10.7**

我们可能有兴趣在t时预测风能$E_{t'}^W$。这可能需要先产生天气系统(高压和低压系统)的气象预测，并捕捉大气的运动(风速和方向)。

如果$W_{t'}$是未来某种形式的随机信息，就可以使用t时的已知信息创建一个预测$f_{tt'}^W$。通常，我们认为自己的预测是无偏的，这意味着有：

$$f_{tt'}^W = \mathbb{E}\{W_{t'}|S_t\}$$

预测可以来自两个来源。内生预测(endogenous forecast)是从数据内生创建的模型中获得的。例如，可能使用此模型预测需求：

$$f_{tt'}^D = \theta_{t0} + \theta_{t1}(t' - t)$$

现在假设要观察需求D_{t+1}，可以使用一系列算法中的任何一种来更新参数估计，以获得：

$$f_{t+1,t'}^D = \theta_{t+1,0} + \theta_{t+1,1}(t' - (t+1))$$

参数向量θ_t可以根据观察结果W_{t+1}递归更新。如果θ_t是目前$(\theta_{t0}, \theta_{t1})$的估计，设$\Sigma_t$是我们对随机变量$\theta_0$和$\theta_1$之间协方差的估计(这些是参数的真值)。设$\beta^W = 1/(\sigma_W^2)$是观察值$W_{t+1}$的精度(精度是方差的倒数)，并假设可以构建精度矩阵$M_t = [(X_t)^T X_t]^{-1}$，其中，X_t是一个每行都由自变量的向量组成的矩阵。在我们的需求示例中，t时的设计变量应该为$x_t = (1 \quad p_t)^T$。可以使用下式递归更新θ_t和Σ_t(或M_t)：

$$\theta_{t+1} = \theta_t - \frac{1}{\gamma_{t+1}} M_t x_{t+1} \varepsilon_{t+1} \tag{10.2}$$

其中，ε_{t+1} 是下式给出的误差：

$$\varepsilon_{t+1} = W_{t+1} - \theta_t x_t \tag{10.3}$$

矩阵 $M_{t+1} = [(X_{t+1})^T X_{t+1}]^{-1}$ 可以递归地更新，而不必使用下式计算：

$$M_{t+1} = M_t - \frac{1}{\gamma_{t+1}}(M_t x_{t+1}(x_{t+1})^T M_t) \tag{10.4}$$

参数 γ_{t+1} 是使用下式计算的标量：

$$\gamma_{t+1} = 1 + (x_{t+1})^T M_t x_{t+1} \tag{10.5}$$

注意，如果将式(10.4)乘上 σ_ε^2，可以得到：

$$\Sigma_{t+1}^\theta = \Sigma_t^\theta - \frac{1}{\gamma_{t+1}}(\Sigma_t^\theta x_{t+1}(x_{t+1})^T \Sigma_t^\theta) \tag{10.6}$$

其中，将 γ_{t+1} 乘以 σ_ε^2，得到：

$$\gamma_{t+1} = \sigma_\varepsilon^2 + (x_{t+1})^T \Sigma_t^\theta x_{t+1} \tag{10.7}$$

式(10.2)~式(10.7)表示更新 θ_t 的转移函数。

预测的第二个来源是外生的，其中预测可能由供应商提供。在这种情况下，可以将更新的预测集 $(f_{tt'})_{t' \geq t}$ 视为外生信息。或者，可以把预测的变化看作外生信息。如果设 $\hat{f}_{t+1,t'}$ 是 t' 时活动预测中 t 和 $t+1$ 之间的变化，那么有：

$$f_{t+1,t'} = f_{tt'} + \hat{f}_{t+1,t'}$$

从建模的角度来看，这些预测的不同之处在于它们在状态变量中的表示方式。在内生预测的情况下，状态变量将由 (θ_t, Σ_t) 捕捉，相应的转移方程由式(10.2)~式(10.7)给出。对于外生预测，状态变量将简单地设为 $(f_{tt'})_{t'=t}^T$。

无论预测是外生的还是内生的，新信息(外源性观察或更新的预测)都将被建模为外生信息过程 W_t 的一部分。

10.1.4　推断(或诊断)的不确定性

通常情况下，无法直接观察参数。相反，必须使用对一个或多个参数的(可能不完美的)观察来推断无法直接观察到的变量或参数。示例列举如下。

■ 示例10.8

我们可能无法直接观察心脏病的存在，但可以将血压作为一个指标。测量血压会带来观察误差，但若仅凭血压推断患者是否患有心脏病，也会产生误差。

■ 示例10.9

观察(可能有误差)一种产品的销售情况。希望根据这些销售情况估计需求相对于价格的弹性。

■ 示例10.10

通常，电力公司不知道导致停电的树木倒伏的确切位置。相反，倒下的树会产生短路，使树上更高的断路器跳闸(根源为变电站)，进而导致许多地方停电，包括可能远离倒伏树木的客户。诊断的不确定性是指仅依据来电准确描述某棵倒伏树木位置的能力存在不足。

■ 示例10.11

传感器可以检测到汽车尾气中一氧化碳的增加。该信息可表明几种可能的原因，如催化转化器老化、气缸定时不当或油气混合比不当(这可能暗示不同传感器存在问题)。

推断的不确定性可以被描述为模型参数的不确定性。在检测一氧化碳的示例中，可能会使用该信息来更新三到四个不同机械问题的每一个的真实原因的概率。这表示使用一个(可能有噪声的)观察来更新故障所在的查找表模型的实例。相反，当使用销售数据来更新需求弹性时，意味着在使用有噪声的观察数据来更新参数模型。

在某些情况下，术语诊断不确定性(diagnostic uncertainty)被用来代替推断不确定性。我们认为，这个术语反映了识别无法直接观察到的问题(故障组件、疾病的存在)的背景。然而，推断的不确定性和诊断的不确定性都反映了通过间接观察估计(推断)的参数的不确定性。

推断的不确定性是当我们根据数据(模拟或观察)估计参数θ时产生的一种派生不确定性。原始不确定性包含在序列W_t(或 W^n)中。然后，我们必须推导出由外源噪声产生的估计θ的分布，这些噪声包含在信念状态B_t中。

10.1.5　实验的可变性

实验的可变性反映了在相同条件下运行的实验结果的变化。实验设置列举如下。

实验室实验——包括在实验室环境中进行的物理实验，如化学、生物、机械甚至人体测试。

数值模拟——从业务模型到物理过程模型等描述复杂物理系统的大型模拟器，可以表现出从某次运行到下一次运行的可变性，通常反映了输入数据和参数的微小变化。

现场测试——从观察产品销售到测试新药，此类测试十分常见。

实验的不确定性源于系统(模拟的或物理的)动态的微小变化，这些变化在运行实验时会带来可变性。实验的不确定性通常反映的是无法完美估计驱动系统的参数，或者理解(或建模)系统的能力的不足。

一些来源将观察的不确定性和实验的不确定性等同起来，并且通常以相同的方式处理它们。然而，我们认为应该适当区分纯测量(观察)误差和实验误差，前者也许能通过更好的技术来减小，后者则与过程有更大的关系，无法通过更好的测量技术来减小。

实验噪声可能被认为是外生信息过程W_t的副产品。例如，对于给定的策略$X^\pi(S_t)$，实验可能包括评估：

$$\hat{F}^\pi = F^\pi(\omega) = \sum_{t=0}^{T} C(S_t(\omega), X^\pi(S_t(\omega)))$$

这里，噪声源于W_t中的变化。想象正在进行一系列的实验。设$\hat{F}^n(\theta^n)$是对带有参数$\theta = \theta^n$的实验运行结果的观察，并设$f(\theta) = \mathbb{E}\hat{F}^n(\theta)$是通过参数$\theta$设置运行实验的精确值(但不可观察)，则有：

$$\hat{F}^n(\theta^n) = f(\theta^n) + \varepsilon^n$$

在这种情况下，序列ε^n即外生信息W^n。

10.1.6　模型的不确定性

"模型的不确定性"是一个包罗万象的短语，通常指的是转移函数，但并不总是如此。模型的不确定性有两种形式。第一个是参数模型的参数估计中的误差。如果根据观察值来估计这些参数，可将其称为推断的不确定性。现在假设使用一组未被更新的固定参数来表征模型。这不是在估计这些参数随时间的变化，而是使用不确定的假设值。

第二个是模型本身的结构错误(经济学家称之为设定错误，英文为specification error)。示例列举如下。

■ 示例10.12

可以将需求近似为价格的函数，如线性函数、逻辑曲线或二次函数。我们将使用观察的数据来估计每个函数的参数，但可能不会直接处理通过假设特定类型的函数而引入的误差。

■ 示例10.13

可以使用一组一阶微分方程来描述化学物质在液体中的扩散，将其与观察数据相拟合。然而，实际过程可以用二阶(或更高阶)微分方程组来更好地描述。一阶模型可能只是一个很好的局部近似。

■ 示例10.14

电网运营商通常使用凸函数对发电机的供电曲线进行建模，这更容易求解。然而，更详细的模型可能会捕捉到复杂的关系，这些关系反映了这样一个事实：随着发电机的不同构成要素(如热回收)的出现，成本可能会逐步上升。

动态问题的模型不确定性可以在模型的以下4个不同部分中找到。
- 成本或回报——衡量电网停电的成本时可能需要估计停电对家庭和企业的影响。

- 约束——约束通常可以写在表单 $A_t x_t = R_t$ 中。在许多应用中，动态不确定性通过右侧 R_t 进入；这是对血液供应或需求建模的方式，也将是一种更典型的动态不确定性形式。矩阵 A_t 中经常出现模型的不确定性，这正是可能捕捉飞机假定速度或制造过程效率的地方。

- 随机建模——若使用的是外生信息 W_t 的模型，则该模型中可能存在错误。

- 动态——这是函数 $S^M(S_t, x_t, W_{t+1})$ 产生不确定性的地方，它描述了系统如何随时间演变。

转移函数 $S^M(\cdot)$ 捕捉了一个问题的所有物理性质，在许多问题中，我们根本不了解物理性质。例如，可能试图解释一个人或市场对价格的反应，或者全球变暖对二氧化碳浓度变化的反应。

一些策略只使用当前状态来做出决策，从而允许在尚未对基本动态进行建模的设置中使用这些决策。相反，一整类基于前瞻模型的策略(详见第19章)至少取决于问题的近似模型。有关无模型动态规划的讨论参见9.7.2节。

无论处理的是成本、约束还是动态，我们的模型都可以根据模型结构的选择和表征模型的任何参数来描述。设 $m \in \mathcal{M}$ 表示模型的结构，并设 $\theta \in \Theta^m$ 是表征具有结构 m 的模型的参数。在一般规则下，模型结构 m 是预先固定的(例如，可能假设某个特定关系是线性的)，但参数是不确定的。

另一种方法是关联先验 q_0^m，其给出了相信该模型 m 是正确的概率。同样，可以从参数向量为 θ^m 的初步估计 θ_0^m 开始。甚至可以一开始就假设 θ^m 是由具有均值 θ_0^m 和协方差矩阵 Σ_0^m 的多元正态分布描述的。

正如所期望的，关于模型的先验信息(无论其是模型类型正确的概率 q_0，还是在 θ^m 上的先验分布)通过初始状态 S_0 进行通信。如果这种信念随着时间的推移而更新，那么它也将是动态状态 S_t 的一部分。

10.1.7　转移的不确定性

在许多问题中，系统的动态都已被确定性建模。工程应用中常将控制 u_t(如力)应用于动态系统。简单的物理学可以描述控制是如何影响系统的，并且可以写作：

$$S_{t+1} = S^M(S_t, u_t)$$

然而，外部噪声可能会干扰这些动态。例如，可能会在施加力 u_t 后预测飞机的速度和位置。大气的变化可能会干扰上式，因此又引入了一个噪声项 ε_{t+1}，有：

$$S_{t+1} = S^M(S_t, u_t) + \varepsilon_{t+1}$$

我们注意到，尽管有噪声，仍认为能完美地观察(测量)状态。

10.1.8　控制/实现的不确定性

在许多问题中，不能精确地控制一个过程。示例列举如下。

■ 示例10.15

一名实验者要求给老鼠喂食 x_t 克脂肪。然而，膳食准备的可变性以及老鼠对饮食的选择导致脂肪消耗量存在可变性。

■ 示例10.16

出版商选择在 t 时以批发价 p_t^W 出售一本书，然后观察销售情况。然而，出版商无法控制面向大众出售的零售价格。

■ 示例10.17

电网运营商可能会要求发电机上线并发出 x_t 兆瓦的电力。然而，这不太可能因为技术故障或人为实施错误而发生。

控制不确定性在动态规划相关文献中被广泛忽视，但在计量经济学界被称为"变量误差"模型。

可以使用简单的加性模型对实现决策中的错误进行建模：

$$\hat{x}_t = x_t + \varepsilon_t^x$$

其中，$\hat{x}_t$ 是实际执行的决策，ε_t^x 捕捉请求 x_t 与实现 $\hat{x}_t$ 之间的差异。我们注意到 ε_t^x 将被建模为 W_t 的一个元素，尽管在实践中它并不总是可观察的。

重要的是区分决策(或控制)与其他不确定性来源实现方式的不确定性，原因是决策对结果的影响可能是非线性的。

10.1.9　通信误差和偏差

在多智能体系统中，一个智能体可能会将位置或状态传达到另一个智能体内，但这些信息可能包含误差(无人机可能不知道其确切位置)或偏差(车队驾驶员可能会报告更短的驾驶时长，以便开得更远)。在供应链管理中，发动机制造商可能会向供应商发送夸大的生产目标，以鼓励供应商准备足够的库存来处理零件质量问题，比如要求退货的问题。

10.1.10　算法的不稳定性

一种更微妙的不确定性形式是我们所说的算法不确定性。这一类别用来描述用于解决问题的算法引入的不确定性，这也可能部分归因于模型本身。以下例子展示了算法的不确定性是如何产生的。

- 取决于蒙特卡洛采样的算法。

- 对输入数据中的微小变化表现出敏感性的算法。
- 即使在完全相同的数据上运行，也会产生不同结果的算法，这可能源于算法并行实现的运行时间的变化。
- 非凸问题的优化算法，其中最优解的高度取决于可以随机生成的起点。

第5章中介绍的随机梯度算法可以用下式表示：

$$x^{n+1} = x^n + \alpha_n \nabla_x F(x^n, W^{n+1})$$

这是一个很好的算法示例，取决于生成观察值W^{n+1}的蒙特卡洛采样。这些算法依赖于针对α_n仔细调整的步长策略来减轻噪声的影响。

第二种类型的算法不确定性源于许多确定性优化算法(特别是整数规划和非线性规划)所表现出的敏感性。输入数据的微小变化可能会导致解的大幅波动，尽管目标函数通常可能变化很小或没有变化。因此，我们可以解决一个取决于参数θ的优化问题(也许这是一个线性规划)。设$F(\theta)$是最优目标函数，并设$x(\theta)$是最优解。θ中的小更改可能导致$x(\theta)$中产生巨大(且不可预测的)变化，引入一种非常真实的不确定性形式。

第三种类型的不确定性主要出现在复杂的问题中，例如可能利用并行处理的大整数规划。这些算法的行为取决于并行处理器的性能，而并行处理器可能会受到系统上其他作业的影响。因此，我们可以观察结果的可变性，甚至将其应用于具有相同数据的完全相同的问题。

算法的不确定性与实验的不确定性同属一类，因此下面讨论如何对其建模。

10.1.11　目标的不确定性

许多问题都涉及多个相互竞争的目标之间的平衡，例如要在成本与服务、利润与风险之间划分不同的优先级。建模的一种方法是假设一个如下形式的线性效用函数：

$$U(S, x) = \sum_{\ell \in \mathcal{L}} \theta_\ell \phi_\ell(S, x)$$

其中，S是状态变量，x是一个决策，$(\phi_\ell(S, x))_{\ell \in \mathcal{L}}$是一组特征，用于获取评估系统的不同指标，如成本、服务、生产力和总利润。向量$(\theta_\ell)_{\ell \in \mathcal{L}}$获取每个特征的权重。对目标不确定性建模的一种方法是将θ表示为不确定的(甚至可能因决策者而异)。

当所有特征$\phi(S, x)$未知时，可能会出现另一种形式的不确定性。例如，我们可能没有意识到，指定特定司机接送客户的原因是客户的目的地正好在司机家附近。人类调度员可能通过与司机的个人互动知晓此事，但计算机可能不知道。结果可能是计算机的推荐与人类的愿望之间存在分歧。

10.1.12　政治/监管的不确定性

对于涉及长期规划的问题，法律法规的变化可能会带来很大的不确定性。例如，中美的供应链关系会引入关税变化的维度。规划能源投资带来了碳税的潜力。从农业到软件再到制造业，许多国家/地区的人力规划可能取决于移民策略。

10.1.13　讨论

细心的读者会注意到这些不同类型的不确定性之间有一些重叠。观察的不确定性(指直接观察参数时的误差)和推断的不确定性(指根据数据间接推断模型和参数的能力存在的不足)就是一个例子，不过有必要强调区别。模型的不确定性是一个引起许多人共鸣的术语，但它涵盖了数种不确定性。

重要的是这份清单能否帮助人们识别尽可能多的不确定性来源。接下来，我们将在一个简短的案例研究中检验这一理念。

10.2　建模案例研究：COVID-19疫情

在规划应对新冠病毒感染(COVID)的疫苗时，出现了一个特别丰富的建模不确定性的应用，这一应用在本书撰写之时正在开展。表10.1列出了每种不同的不确定性来源，并提供了每种来源的几个例子。

表10.1　新冠病毒疫苗接种反应中不同类型的不确定性示例

不确定性类型	说明
观察的误差	观察有症状病人的样本误差
	将有症状病人归类为新冠病毒感染者的误差
外生的不确定性	新增病例和死亡报告
	ICU和个人防护设备的可用性
	疫苗的实际生产
预测的不确定性	病例预测、住院人数
	对疫苗未来性能的估计
	人口对疫苗反应的预测
	疫苗生产预测
推断(或诊断)的不确定性	感染率的估计
	疫苗有效性的估计
实验的可变性	药物在临床试验中表现出的不确定性
	有多少人会同意接种疫苗的不确定性
模型的不确定性	用于预测传染病地理传播的传染模型结构的不确定性
	传播模型结构中的不确定性
转移的不确定性	疫苗库存添加/撤出，冷藏故障产生噪声
控制的不确定性	根据计划的优先次序，哪些人群接种了疫苗
	相对于计划，疫苗是如何分配的
实现的不确定性	未给正确的人接种疫苗时产生的偏差

续表

不确定性类型	说明
通信误差和偏差	现场报告错误
	没有通知人们什么时候应该接种疫苗
目标的不确定性	在谁能优先接种的问题上存在分歧
政治/监管的不确定性	疫苗是否/何时会被批准
	将疫苗分配给不同的州和国家

对于像规划新冠病毒疫苗接种过程这样复杂的问题，存在许多不确定性来源。根据表10.1列出的不同类型的不确定性来进行规划，有助于突出可能被忽视的不确定性形式。记住，任何复杂问题的模型都需要简化，但它有助于列出尽可能多的不确定性来源，以便有意识地进行所有简化，而非简单地忽略不确定性来源。

10.3　随机建模

确定了不确定性的来源之后，下一步就是生成随机结果序列，这些序列代表了外生信息的观察样本。这个练习可能相对简单，也可能不简单。在许多问题中，对不同不确定性来源的随机建模要比设计一项策略困难得多，也重要得多。

10.3.1　外生信息采样

在随机建模中，通常需要计算期望，正如第9章所示，将目标函数表示为：

$$\min_{\pi} \mathbb{E} \sum_{t=0}^{T} C(S_t, X_t^{\pi}(S_t))$$

除了极少数例外，都无法计算期望，相反，必须求助于采样，这可以通过以下几种方式之一来完成。

- 数学模型——用于开发概率分布来描述不同结果的频率。然后，使用蒙特卡洛模拟方法(如10.4节所述)从这些分布中采样。这种方法需要最高的数学复杂度来生成模拟实际行为的样本。
- 历史数据——一种常见的策略是简单地对历史数据运行一个过程。这被广泛用于测试金融中的交易策略，例如，这被称为"反向测试"。
- 观察采样——使用外部过程(通常称为"真实世界")的观察来生成样本实现。
- 数值模拟——可能有一个复杂过程的(通常大型)计算机模型。模拟可能是诸如供应链或资产分配模型之类的物理系统。一些模拟模型可能需要大量计算(在计算机上实现单个样本可能需要数小时或数天)。可以使用这样的模拟作为观察来源，类似于真实世界环境中的观察。

- 偶然性——术语"偶然性"用来指代可能发生的结果,我们必须为它们发生的可能性做计划,而非建立概率模型或估计这些事件的频率。例如,管理电网的公司被要求为其最大的发电机可能发生的故障事件做出计划。有些人会使用术语"场景"来指代偶然性,但"场景"通常用于指代一组随机变量的样本,这些随机变量用于表示概率分布的样本。

通常,为了测试算法,我们会创建真实世界的模拟版本,并认识到模拟的观察源将被外来观察所取代。有必要了解这是不是最终计划,因为一些策略依赖于对底层模型的访问。

10.3.2　分布类型

虽然将随机信息表示为单个变量(如W_t)很容易,但重要的是认识到随机变量可以表现出非常不同的行为。工作中遇到的主要分布类型列举如下。

- 随机变量的指数(或几何)族——包括连续分布(如正态/高斯分布、对数正态分布、指数分布和伽马分布),以及离散分布(如泊松分布、几何分布和负二项分布)。这一类中还包括均匀分布(连续或离散)。
- 重尾分布——价格过程是可变性的一个很好的例子,往往表现出非常高的标准差。一个极端的例子是柯西分布,有无限的方差,但也可能有不太极端的重尾分布。
- 尖峰——这是罕见但极端的观察结果。例如,电价周期性地从每兆瓦20至50美元的平常价格飙升至每兆瓦300至10 000美元的价格,时间间隔很短(可能为5至10分钟)。
- 突变——突变描述了雪、雨等极端天气导致的停电,或新产品的销售、广告或降价可能在一段时间内导致销售额上升的过程。突变由短时间内进行的一系列观察表征。
- 罕见事件——罕见事件与尖峰类似,但其特征不是极端值,而是可能发生但很少发生的事件。例如,喷气发动机的故障相当罕见,但一旦发生,就要求制造商持有备件。
- 机制转变——随着世界的变化,一系列数据可能会从一种机制转换到另一种机制。例如,水力压裂的发现创造了新的天然气供应,导致电价从每兆瓦时50美元左右降至每兆瓦时20美元左右。
- 混合/复合分布——在一些问题中,随机变量是从平均值本身就是随机变量的分布中提取的。泊松分布的平均值可能代表人们点击广告的行为,其平均值本身可能是反映竞争广告行为的随机变量。

10.3.3　建模样本路径

第9章9.8.2节说明了可以将策略的价值写作:

$$F^{\pi} = \mathbb{E} \sum_{t=0}^{T} C(S_t, X_t^{\pi}(S_t)) \tag{10.8}$$

然后使用下式进行模拟：

$$F^{\pi}(\omega) = \sum_{t=0}^{T} C(S_t(\omega), X_t^{\pi}(S_t(\omega))) \tag{10.9}$$

其中，状态根据 $S_{t+1}(\omega) = S^M(S_t(\omega), X_t^{\pi}(S_t(\omega)), W_{t+1}(\omega))$ 生成。本节将更仔细地说明表示样本路径的符号。

首先假设已经构建了10个潜在价格路径 " p_t, $t = 1, 2, \dots, 8$ " 的实现如表10.2所示。所有时间段的每个样本路径都是 p_t 输出的特定集合。通过 ω 对每一组潜在结果进行索引，然后设 Ω 是所有样本路径的集合，$\Omega = \{1, 2, \dots, 10\}$。因此，$p_t(\omega^n)$ 将是样本路径 ω^n 在 t 时的价格。例如，查阅表格，可以看到 $p_2(\omega^4) = 45.67$。

表10.2   价格均为45.00美元起的一组样本路径

| ω^n | $t=1$ | $t=2$ | $t=3$ | $t=4$ | $t=5$ | $t=6$ | $t=7$ | $t=8$ |
	p_1	p_2	p_3	p_4	p_5	p_6	p_7	p_8
ω^1	45.00	45.53	47.07	47.56	47.80	48.43	46.93	46.57
ω^2	45.00	43.15	42.51	40.51	41.50	41.00	39.16	41.11
ω^3	45.00	45.16	45.37	44.30	45.35	47.23	47.35	46.30
ω^4	45.00	45.67	46.18	46.22	45.69	44.24	43.77	43.57
ω^5	45.00	46.32	46.14	46.53	44.84	45.17	44.92	46.09
ω^6	45.00	44.70	43.05	43.77	42.61	44.32	44.16	45.29
ω^7	45.00	43.67	43.14	44.78	43.12	42.36	41.60	40.83
ω^8	45.00	44.98	44.53	45.42	46.43	47.67	47.68	49.03
ω^9	45.00	44.57	45.99	47.38	45.51	46.27	46.02	45.09
ω^{10}	45.00	45.01	46.73	46.08	47.40	49.14	49.03	48.74

可以动态生成信息的一个原因是它更容易在软件中实现。例如，这会避免生成和存储整个观察样本路径。然而，另一个原因是随机信息可能取决于当前状态，这是接下来要处理的情况。

10.3.4   状态动作相关过程

想象一下，在风能和太阳能贡献不断增加的情况下，我们正在寻求优化能源系统。可以合理地假设风能或太阳能的可用量，将其表示为 W_t，它不受所做的任何决策的影响。可以创建风的一系列样本路径，用 $\hat{\omega} \in \hat{\Omega}$ 表示，其中每个序列 $\hat{\omega}$ 是 $W_1(\hat{\omega}), \dots, W_T(\hat{\omega})$ 的输出集合。这些样本路径可以存储在数据集中并反复使用。

有许多例子表明，外生信息取决于系统的状态。一些例子列举如下。

■ 示例10.18

一架无人机正在监视森林以查找火灾的迹象。无人机观察到的(外生信息)取决于其位置(状态)。

■ 示例10.19

假设一个病人正在服用一种降低胆固醇的药物。必须决定剂量(10mg、20mg……)，再观察血压以及患者是否出现任何心脏异常。观察结果代表随机信息，但这些观察结果受先验剂量决策的影响。

■ 示例10.20

石油价格反映石油库存。随着库存的增加，市场认识到库存过剩的存在，从而压低了价格。关于储存多少石油的决策会影响市场价格的外生变化。

在某些情况下，随机信息取决于在 t 时做出的决策。例如，假设我们来自一家买卖股票的大型投资银行。大额买卖订单将影响价格。假设我们放出了一个(大)订单——出售 x_t 股股票，该订单将以随机价格在市场上售罄：

$$p_{t+1}(x_t) = p_t - \theta x_t + \varepsilon_{t+1}$$

其中，θ 捕捉订单对市场价格的影响。我们无法直接观察到这种影响，因此创建了一个单独的随机变量 $\hat{p}_{t+1}$，以捕捉价格的整体变化，参见下式：

$$\hat{p}_{t+1} = -\theta x_t + \varepsilon_{t+1}$$

因此，随机变量 $\hat{p}_{t+1}$ 取决于决策 x_t。

在一些问题中，外生信息 W_{t+1} 取决于动作 x_t，可以对此类问题建模，就好像它取决于决策后状态 $S_t^x = (S_t, x_t)$。然而，既然是销售 x_t 本身影响价格的变化，因此有必要在决策后状态中明确地捕捉 x_t。

无论外生信息取决于状态还是动作，最终都取决于策略，因为 t 时的状态反映先验决策。

10.3.5　相关性建模

随机建模中最困难的问题之一就是捕捉相关性。相关类型的一些例子列举如下。

- 随时间的相关性——从一个时间段到下一个时间段的活动可以是正相关的(增加的需求表明下一个时间段的需求可能会更高)或负相关的(高于平均水平的观察之后会有低于平均水平的观察)。
- 空间相关性——有许多问题表现出很强的空间相关性。示例如下：
  - 天气——温度、风速和降雨量往往与距离呈正相关。

- 疾病的存在——由于疾病从一个人(或动物)传播到另一个人，疾病的集中区域在
  不断地增长。
- 购买行为——产品的口碑可能会产生类似购买行为的区域性集中。
- 基于表征或特征的相关性——基于性别、基因市场或吸烟史，人们对某种药物的反
  应有相似之处。我们可能正在对相似产品的市场需求建模。

当存在相关性时生成随机样本的挑战之一是，可能必须在不同的聚合水平上捕捉这些
相关性。我们注意到，3.6.1节中介绍的分层聚合方法自动实现了这一点。

10.4　蒙特卡洛模拟

接下来使用蒙特卡洛模拟过程来解决从已知概率分布生成随机变量的问题。尽管大多
数软件工具都带有从主要发行版生成观察值的功能，但通常需要自定义工具来处理更通用
的发行版。

有一个完整的领域专注于开发和使用基于蒙特卡洛模拟理念的工具，我们的讨论只是
简单介绍。

10.4.1　生成均匀分布[0,1]随机变量

可以说，蒙特卡洛工具箱中最强大的工具是使用计算机生成在0和1之间均匀分布的随
机数的能力。这一点非常重要，以至于大多数计算机语言和计算环境都有一个内置工具，
以便生成统一的[0,1]随机变量，以及来自其他分布的随机变量。虽然我们强烈建议使用这
些工具，但仍须了解它们的工作原理。此工具从一个简单的递归开始，看起来像：

$$R^{n+1} \leftarrow (a + bR^n) \bmod (m)$$

其中，a和b是非常大的数字，而m可能是一个类似于$2^{64} - 1$(对于64位计算机)的数
字，也可能是$m = 999\,999\,999$。例如，可以使用：

$$R^{n+1} \leftarrow (593845395 + 2817593R^n) \quad \bmod (999999999)$$

这个过程模拟了随机性，因为算术运算$(a + bR)$产生的数字比m大得多，这意味着取
的是以非常随机的方式移动的低阶数字。

必须用一些称为随机数种子(random number seed)的初始变量R^0来初始化该运算。如果
将R^0固定为某个数字(如123 456)，那么每个序列$R^1, R^2, \ldots$将完全相同(有些计算机使用内部
时钟来防止这种情况发生，但有时这正是所需的理想功能)。如果仔细选择a和b，那么R^n
和R^{n+1}就不相关(即使经过仔细的统计测试)。

mod函数使得R^n的所有值都在0到999 999 999之间。这很方便，因为这意味着如果把
它们每个除以999 999 999，就能得到一个介于0和1之间的数列。因此设：

$$U^n = \frac{R^n}{m}$$

这个过程看似简单，但读者需要使用内置函数来生成随机变量，因为它们将被精心设计以生成所需的独立属性。每种编程语言都内置了这个函数。例如，在Excel中，函数Rand()将生成一个介于0和1之间的随机数，该随机数在此区间内均匀分布，并且是独立的(一个关键特征)。

既然我们能够生成一系列均匀的[0,1]随机变量，下面我们将利用这一能力来生成表示为$W^1, ..., W^n, ...$的各种随机变量，将序列W^n称为蒙特卡洛样本，将使用该样本进行建模的过程称为蒙特卡洛模拟。

可以利用各种各样的概率分布来模拟不同类型的随机现象，所以我们甚至不打算提供一个全面的概率分布列表。然而，我们将简单总结一些主要的分布类型，以说明生成随机观察值的不同方法。

10.4.2 均匀和正态随机变量

现在可以生成介于0和1之间的随机数，可使用以下式子快速生成介于a和b之间的一致的随机数：

$$X = a + (b - a)U$$

下面展示如何使用生成(0,1)随机变量的能力从许多其他分布中生成随机变量。然而，一个重要的例外是，不能轻易地使用这种能力来生成呈正态分布的随机变量。

出于此原因，编程语言开始具有生成均值为0和方差为1的正态分布的随机变量Z的能力。有了这种能力，便可以使用以下样本转换生成具有均值μ和方差σ^2的正态分布的随机变量：

$$X = \mu + \sigma Z$$

还可以再进一步。虽然我们将从生成一系列均匀分布在[0,1]上的独立随机变量的能力中获得巨大的价值，但通常需要生成一系列正态分布的相关随机变量。想象一下，若需要一个如下的向量X：

$$X = \begin{pmatrix} X_1 \\ X_2 \\ \vdots \\ X_N \end{pmatrix}$$

假设得到一个协方差矩阵Σ，其中$\Sigma_{ij} = Cov(X_i, X_j)$。正如前面使用了$\sigma$(方差的平方根$\sigma^2$)，下面将通过取$\Sigma$的Cholesky分解来取$\Sigma$的平方根，产生一个右上三角矩阵。在Python中(使用numpy包)，可以使用下式来完成此目标：

$$C = \texttt{numpy.linalg.cholesky}(\Sigma)$$

矩阵C满足：

$$\Sigma = CC^T$$

这正是λ有时被视为Σ的平方根的原因。

现在假设要生成一个包含N个正态分布的独立随机变量的列向量Z，其均值为0，方差为1。设μ是$\mu_1,\dots,\mu_N$的列向量，而$\mu_1,\dots,\mu_N$是随机变量向量的均值。可以使用下式生成一个均值为0、协方差矩阵为Σ的N个随机变量X的向量：

$$\begin{pmatrix} X_1 \\ X_2 \\ \vdots \\ X_N \end{pmatrix} = \begin{pmatrix} \mu_1 \\ \mu_2 \\ \vdots \\ \mu_N \end{pmatrix} + C \begin{pmatrix} Z_1 \\ Z_2 \\ \vdots \\ Z_N \end{pmatrix}$$

为了进行说明，可假设均值向量由下式给出：

$$\mu = \begin{bmatrix} 10 \\ 3 \\ 7 \end{bmatrix}$$

假设协方差矩阵由下式给出：

$$\Sigma = \begin{bmatrix} 9 & 3.31 & 0.1648 \\ 3.31 & 9 & 3.3109 \\ 0.1648 & 3.3109 & 9 \end{bmatrix}$$

在Python中使用"C=numpy.linalg.cholesky(Σ)"指令计算Cholesky分解，有：

$$C = \begin{bmatrix} 3 & 1.1033 & 0.0549 \\ 0 & 3 & 1.1651 \\ 0 & 0 & 3 \end{bmatrix}$$

假设生成一个独立标准正态偏差的向量Z：

$$Z = \begin{bmatrix} 1.1 \\ -0.57 \\ 0.98 \end{bmatrix}$$

使用这组Z样本实现，可将样本实现u写作：

$$u = \begin{bmatrix} 10.7249 \\ 2.4318 \\ 9.9400 \end{bmatrix}$$

10.4.3 从逆累积分布生成随机变量

假设有一个密度为$f_X(x)$、累积分布为$f_X(x)$的分布，并设$F_X^{-1}(u)$是它的逆分布，这意味着$x = F_X^{-1}(u)$是满足$X \leq x$的概率等于$u(0 \leq u \leq 1)$的x值。在一些分布中，可以用解析方式找到$F_X^{-1}(u)$，但也可用数值方法计算。接下来，使用下面的概率技巧。设U为随机变量，在区间[0,1]内均匀分布。那么$X = F_X^{-1}(U)$是一个随机变量，其分布为$X \sim f_X(x)$。

这个结果的一个简单的例子是累积分布函数为$1 - e^{-\lambda x}$的指数密度函数$\lambda e^{-\lambda x}$。设$U = 1 - e^{-\lambda x}$，求解x，可得到下式：

$$X = -\frac{1}{\lambda} \ln(1 - U)$$

因为$1-U$也均匀分布在0和1之间，所以可以使用下式：

$$X = -\frac{1}{\lambda} \ln(U)$$

可以从下式给出的伽玛分布生成输出：

$$f(x|k, \theta) = \frac{x^{k-1}e^{-\frac{x}{\theta}}}{\theta^k \Gamma(k)}$$

$\Gamma(k)$是伽玛函数，$\Gamma(k) = (k - 1)!$(如果k是整数)。伽玛分布是通过对k指数分布求和生成的，每个指数分布的平均值为$(k\lambda)^{-1}$。为模拟此分布，可以简单地生成具有指数分布的k随机变量，并将它们相加。

这个结果的一个特殊情况允许我们生成二项随机变量。第一个样本U在[0,1]上是均匀的，然后计算：

$$R = \begin{cases} 1 & \text{若} U < p \\ 0 & \text{其他} \end{cases}$$

R将有一个概率为p的二项分布。同样的理念也可以用来生成一个几何分布，它由下式给出(其中，$x = 0, 1, ...$)：

$$\mathbb{P}(X \leq x) = 1 - (1 - p)^{k+1}$$

现在生成U并找到最大的使得$1 - (1 - p)^{k+1} \leq U$成立的k。

图10.1说明了使用逆累积分布方法生成均匀分布和指数分布的随机数。在区间[0,1](在图10.1中表示为$U(0,1)$)中生成一个均匀分布的随机数后，将这个数字从纵轴映射到横轴。如果想找到一个在a和b之间均匀分布的随机数，其累积分布会在(a,b)区间拉伸(或压缩)均匀的$(0,1)$分布。

(a) 生成均匀随机变量

(b) 生成指数分布随机变量

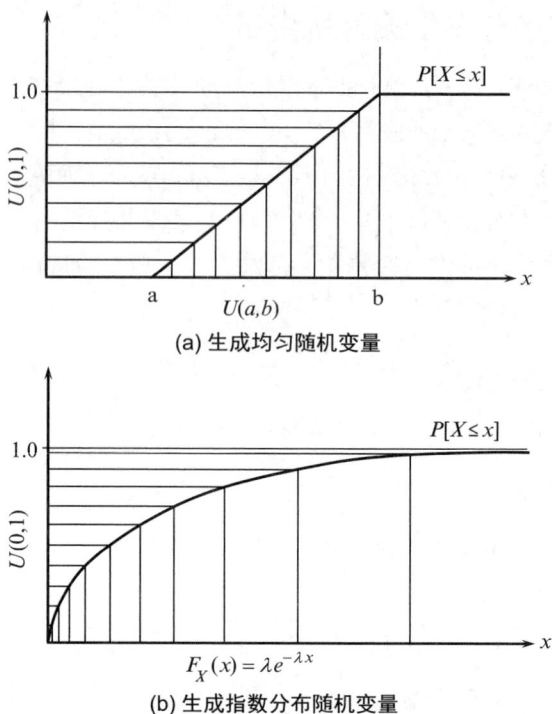

图10.1　使用逆累积分布法生成均匀分布随机变量和指数分布随机变量

10.4.4　分位数分布的逆累积

同样的理念也可以用于分位数分布(非参数分布的一种形式)。假设要从数据中编译累积分布。例如,我们可能对风速的分布感兴趣。若收集了大量的观察样本 $X_1, \dots, X_n, \dots, X_N$,并进一步假设它们按照 $X_n \leq X_{n+1}$ 规律被排序,设 $F_X(x)$ 是小于或等于 x 的观察值的百分比。通过简单地关联每一个观察值 X_n 和 $f_n = F_X(x_n)$ 来计算逆累积。现在,如果选择一个均匀的随机数 U,便能简单地找到一个最小的 n,使得 $f_n \leq U$,输出的 x_n 就是生成的随机变量。

10.4.5　不确定参数分布

假如市场提出了一个关于优化航空公司或酒店价格的问题,可以合理地假设客户抵达过程由每天具有速率 λ 的泊松(Poisson)到达过程来描述。然而,在大多数情况下,λ 未知。

一种方法是假设 λ 由另外一个概率分布来描述。例如,可以假设 λ 遵循参数为 (k, θ) 的伽玛(gamma)分布。现在不必知道 λ,只需要选择称为超参数的 (k, θ)。引入对未知参数的信念,则引入了更多用于拟合分布的参数。例如,如果 λ 是预计每天到达的人数,那么到达人数的方差也应是 λ,但实际方差很可能要高得多。可以调整超参数 (k, θ),使得在仍匹配平均值的前提下，能产生一个更接近实际观察信息的方差。

例如，考虑泊松到达量的采样问题，该问题描述了在特定日期为酒店预订房间的过程。简单起见，可假设预订率是区间$[0,T]$内的常数λ，其中T是人们实际待在房间的日期(实际上，这个预订率会随着时间的推移而变化)。如果N_t是t天预订房间的客户数量，那么N_t的概率分布将是：

$$\mathbb{P}[N_t = i] = \frac{\lambda^i e^{-\lambda}}{i!}$$

可以使用前面介绍的方法从这种分布中生成随机样本。

现在假设不确定λ。可以假设它有一个β分布，由下式给出：

$$f(x : \alpha, \beta) = \frac{\Gamma(\alpha + \beta)}{\Gamma(\alpha)\Gamma(\beta)} x^{\alpha-1} (1-x)^{\beta-1}$$

其中，$\Gamma(k) = (k-1)!\,\lambda$(如果$k$是整数)。$\beta$分布在域$0 \leq x \leq 1$内呈各种形状(请查看维基百科上的形状)。假设当观察预订量时，会发现N_t具有平均值μ和方差σ^2。如果到达率λ是已知的，就会有$\mu = \sigma^2 = \lambda$。然而，在实践中，我们经常发现$\sigma^2 > \mu$，在这种情况下，我们可以把λ视为随机变量。

为了找到λ的平均值和方差，从观察值开始：

$$\mathbb{E}N_t = \mathbb{E}\{\mathbb{E}\{N_t|\lambda\}\} = \mathbb{E}\lambda = \mu$$

要找到方差，就有点难了。从以下恒等式开始：

$$
\begin{aligned}
VarN_t &= \sigma^2 \\
&= \mathbb{E}N_t^2 - (\mathbb{E}N_t)^2
\end{aligned}
\tag{10.10}
$$

这允许写作：

$$
\begin{aligned}
\mathbb{E}N_t^2 &= VarN_t + (\mathbb{E}N_t)^2 \\
&= \sigma^2 + \mu^2
\end{aligned}
$$

然后使用：

$$
\begin{aligned}
\mathbb{E}N_t &= \mathbb{E}\{\mathbb{E}\{N_t|\lambda\}\} \\
&= \mathbb{E}\lambda, \\
&= \mu. \\
\mathbb{E}N_t^2 &= \mathbb{E}\{\mathbb{E}\{N_t^2|\lambda\}\} \\
&= \mathbb{E}\{\lambda + \lambda^2\} \\
&= \mu + (Var\lambda + \mu^2)
\end{aligned}
$$

现在有：

$$
\begin{aligned}
\sigma^2 + \mu^2 &= \mu + (Var\lambda + \mu^2), \\
Var\lambda &= \sigma^2 - \mu
\end{aligned}
$$

因此，给定 N_t 的均值 μ 和方差 σ^2，就可以求出 λ 的均值和方差。

下一个挑战是找到 β 分布的参数 α 和 β，它有均值和方差：

$$\mathbb{E}X = \frac{\alpha}{\alpha+\beta},$$

$$VarX = \frac{\alpha\beta}{(\alpha+\beta)^2(\alpha+\beta+1)}$$

读者可自行决定如何挑选 α 和 β，使得 β 分布随机变量 X 的矩符合 λ 的矩。

因为参数 α 和 β 是描述到达率参数 λ 不确定性的分布参数，所以被称为超参数。α 和 β 的选择应使 β 分布的平均值与观察到的平均值 μ(即 λ 的平均值)非常匹配。不那么关键的是匹配方差，但必须合理复制 N_t 的方差 σ^2。

一旦拟合了 β 分布，就可以先通过从 β 分布模拟 λ 的值来运行模拟。然后，给定 λ 的采样值(称之为 $\hat{\lambda}$)，便可使用到达率 $\hat{\lambda}$ 从泊松分布中采样。

10.5　案例研究：电价建模

随着人们对可再生能源越来越重视，研究人员对这种环境中出现的随机过程的建模产生了相当大的兴趣。本节将研究电价(包括从电网购买的电能和风力发电场的电能的价格)建模中出现的挑战。

下面将从实时电价建模问题开始，如图10.2所示。这些价格来自PJM Interconnections运营的电网，该公司运营的电网服务于美国东海岸的中部各州。这些价格来自2015年2月，说明了众所周知的电价重尾行为。

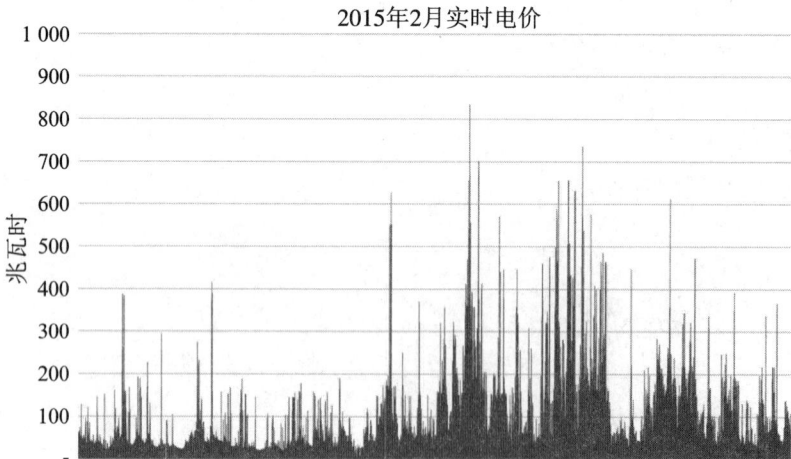

图10.2　PJM Interconnections 2015年2月每隔5分钟的现货电价

最基本的价格模型呈现出基本的随机游走模式，由下式给出：

$$p_{t+1} = p_t + \varepsilon_{t+1} \tag{10.11}$$

其中，通常假设从 $p_{t+1} - p_t$ 的观察序列中估计出的结果，即 $\varepsilon_{t+1} \sim N(0, \sigma_\varepsilon^2)$。

这个模型在电价等应用方面存在许多问题。本节的其余部分将提出改进这个基本模型性能的方法。

10.5.1　均值回归

最流行的价格随机模型被最简单地称为均值回归模型，或者，如果你喜欢使用行话，可称之为Ornstein-Uhlenbeck过程。首先使用一个简单的指数平滑模型来跟踪过程的平均值：

$$\bar{\mu}_t = (1 - \eta)\bar{\mu}_{t-1} + \eta p_t$$

其中，η 是对价格信号进行平滑处理的步长(或平滑因子，或学习率)，通常是在 $[0.01, 0.10]$ 范围内的数字。

给定平均值的这个估计后，平均值回归模型由下式给出：

$$p_{t+1} = p_t + \kappa(\bar{\mu}_t - p_t) + \varepsilon_{t+1} \tag{10.12}$$

其中，κ 是另一个必须校准以产生估计价格和实际价格的最优拟合的平滑系数。如果 p_t 大于平均值 $\bar{\mu}_t$ 的估计值，下一个价格就会被压低。噪声项 ε_{t+1} 通常被假定为正态分布 $N(0, \sigma_\varepsilon^2)$，其中 σ_ε^2 根据下式给出的估计价格 $\bar{p}_t$ 和真实价格 p_{t+1} 的差异计算：

$$\bar{p}_t = p_t + \kappa(\bar{\mu}_t - p_t)$$

10.5.2　跳跃—扩散模型

基本均值回归模型的一个局限性是 p_{t+1} 的分布可能不能很好地用正态分布(给定 p_t)来描述。一个简单的解决方案是使用"跳跃—扩散"模型，该模型使用称为 $\varepsilon^{\text{base}}$ 和 $\varepsilon^{\text{jump}}$ 的噪声项。我们只为一小部分时间段添加跳跃项 ρ^{jump}，通过引入以下指标变量来实现这一点：

$$I_t^{\text{jump}} = \begin{cases} 1 & \text{发生概率 } \rho^{\text{jump}} \\ 0 & \text{其他} \end{cases}$$

现在可以把跳跃—扩散模型写作：

$$p_{t+1} = p_t + \kappa(\bar{\mu}_t - p_t) + \varepsilon_{t+1}^{\text{base}} + I_{t+1}^{\text{jump}} \varepsilon_{t+1}^{\text{jump}} \tag{10.13}$$

从式(10.12)中的基本均值回归模型开始，估计 ρ^{jump}，拟合模型，然后估计方差 σ_ε^2。然后，选择一个公差(如3个标准差)，并将任何与预测价格 $\bar{p}_t$ 相差超过3个标准差的价格 p_{t+1} 划归到基本模型之外。价格在这个范围内下跌的比例给了我们一个初步的 ρ^{jump} 估计。

然后，我们仅使用落在3西格玛范围之外的那些点来估计跳跃噪声 $\varepsilon_{t+1}^{\text{jump}}$ 的分布，并且仅使用落在3西格玛范围内的价格重新估计 $\varepsilon_{t+1}^{\text{base}}$ 的分布。当然，这个子集的误差分布的方差会比之前小。因此，我们通常会使用式(10.13)中的跳跃—扩散模型重复该过程。这个过程可能会重复几次，直到估计稳定下来。

跳跃—扩散模型会产生一个比简单的正态分布更接近重尾行为的误差。

$$\varepsilon_{t+1} = \varepsilon_{t+1}^{\text{base}} + I_{t+1}^{\text{jump}}\varepsilon_{t+1}^{\text{jump}}$$

10.5.3　分位数分布

许多应用(如电价)中的一个常见问题是不对称分布。相对于均值而言，最高的价格要比最低的价格高得多。风能也是如此，因为相对于平均值，阵风的风速可能比零大得多，而零是最小的风速。此外，很难选择一个适合这些过程的参数分布。

使用参数分布(如正态分布)的另一种方法是直接从数据中编译误差的累积分布。分位数分布如图10.3所示，说明了其获取不对称重尾行为的能力。这是一种非参数分布形式(也是一个查找表)，因为必须存储与每个可能的 x 对应的 $F_X(x)$。因此，如果价格在0到1000美元之间，并且希望以0.10的增量存储累积分布，就需要一个可能有10 000个不同值的表(尽管只需要存储实际观察到的价格的累积分布)。

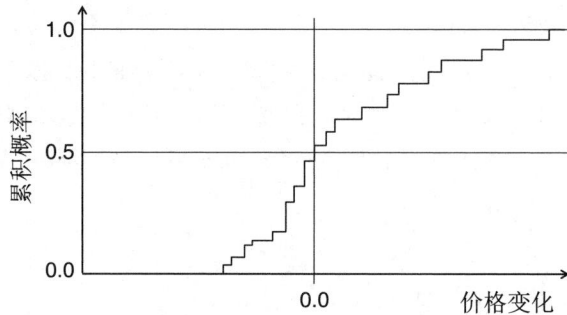

图10.3　价格变化的量级分布

以更紧凑的方式存储累积分布相对容易。更大的问题发生在分布取决于温度和湿度等其他变量时。如果将温度分为10个范围，将湿度分为10个范围，就有100种温度和湿度的组合，需要为这100种组合中的每一种计算累积分布(这是一个经典的维数灾难，因为使用的是温度和湿度查找表)。参数分布可能提供更紧凑的策略来合并额外的因变量，但当使用查找表(即分位数分布)时，这通常是不可能的。

上述所有方法都专注于更好地表示误差的分布，但忽略了时间的相关性。高电价往往会突然出现，与高温持续的时间段相关。我们提出了解决这一问题的两种方法——机制转变和交叉时间。

10.5.4　机制转变

一个强大的策略是识别描述随机变量(如价格)不同范围的"机制"。例如，可以将价格划分为5个区间或机制。每个机制都可能与温度和湿度的组合(或任何其他外生变量)有关，也可能涉及价格的范围。

首先，计算感兴趣的按机制索引的分布(如价格变化)。因此，不需要列举100种温度和湿度的组合，而是将它们分为5到10个最能解释价格的"存储桶"(bucket)。将机制编号为$s_1, \dots, s_K$，并设$\mathcal{S}^{\text{regime}}$是机制的集合。然后，进行以下两项任务。

- 使用由你所在的机制索引的任何方法计算误差分布(和任何其他量)。这些分布可以是参数的或非参数的(如分位数)，使用上述任何建模策略。

- 将从机制s_k转换到机制s_ℓ的次数f_{s_k,s_ℓ}加起来，然后将这些归一化以获得转变概率：

$$P^{\text{regime}}_{s_k,s_\ell} = Prob[S^{\text{regime}}_{t+1} = s_\ell | S^{\text{regime}}_t = s_k] \tag{10.14}$$

执行这两组计算，同时通过历史数据在时间上向前推进。如果机制取决于其他变量(如湿度和温度)，那么也需要这些历史数据。

机制转变是一种索引建模的形式，可以被认为是一种非参数建模策略。它能够识别相当少量的机制，并允许我们拟合适用于单个机制的模型，而不是在整个数据集上进行全局拟合，从而简化建模过程。

机制转变也带来了另一个关键特征。例如，对于跳跃—扩散模型，假设跳跃指标变量I^{jump}_t在不同的时间段内是独立的。然而，图10.2中的价格图显示了价格的突变。可以在一定程度上捕捉到这些突变，因为$P^{\text{regime}}_{s_k,s_k}$代表继续采用机制$s_k$的可能性，支持捕捉一定程度的持久性。

10.5.5　交叉时间

建模随机过程的一个重要特征是不仅会捕捉预测值的高低(相对于实际值)，还会捕捉预测值高于或低于实际值的时间。这在许多情况下都很重要。例如，如果电价在一段时间内保持高位，那么必须支付该价格的公用事业公司可能会耗尽现金储备。

下面以模拟风能为背景。图10.4显示了实际风能的样本路径，旁边是预测(例如，在前一天中午做出)。该图显示了两个时间段：第一个是实际值低于预测值的时间，称为"向下交叉时间"，第二个是实际值高于预测值的时间，称为"向上交叉时间"。这些"交叉时间"是指实际值持续低于或高于预测值的时段。

我们将在本节描述的方法的基础上，开发一种更复杂的方法来复现随机过程在较高或较低水平上停留的时间，不过这次将使用来自风力发电场的电能，并试图建立与风能预测相关的误差模型。

建模策略的理念列举如下。

(1) 当通过历史数据集在时间上向前推进时，每次实际值从预测值的上方(下方)交叉到预测值的下方(上方)时，都要计算实际值高于或低于预测值的时间，并将其归为一组范围(例如3个范围，分别为短(S)、中(M)或长(L))，我们将把这些视为实际值高于或低于预测值(称之为A或B)以及该时间段落入哪个时间范围(S、M或L)的机制。如果有3个时间范围，就会有6个机制，得到$\mathcal{S}^{\text{regime}} = \{A-S, A-M, A-L, B-S, B-M, B-L\}$。

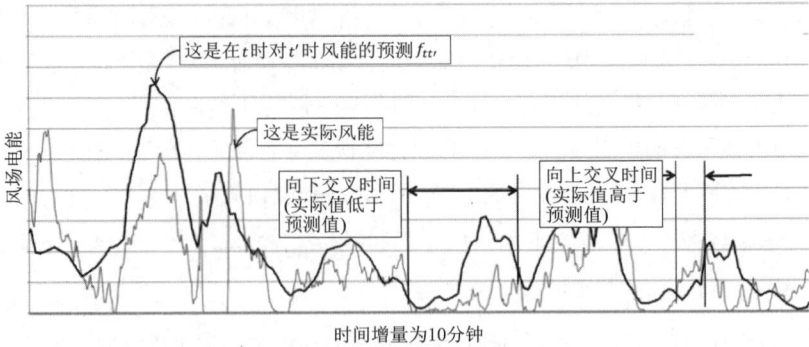

图10.4　实际风能与预测风能的对比(显示向上交叉时间和向下交叉时间)

(2) 每次确定交叉时间结束时，都会更新频率计数器" f_{s_k,s_ℓ}， $s_k,s_\ell \in \mathcal{S}^{\text{regime}}$ "以及给定所处机制的情况下间隔持续时间的频率分布。归一化后会得到机制转变矩阵 $P^{\text{regime}}_{s_k,s_\ell}$ ，以及给定机制 $\mathcal{S}^{\text{regime}}$ 下每次交叉时间长度的分布。

(3) 对于已知 S^{regime}_t 的每个时间段，将来自风的能量 E_t 汇总成一个范围集(如5个)，并将该集合称为 $\mathcal{E}$。

(4) 给定 t 时汇总的风能 $E^g_t \in \mathcal{E}$ 和交叉状态 $i \in \mathcal{I}$，观察能量 E_{t+1}(未汇总)，并在给定交叉状态 i 和汇总风能状态 E^g_t 时编译 E_{t+1} 的累积分布。该分布将类似于图10.3中的分布。因此，如果有6个交叉状态和5个汇总风速，就相当于有30个状态，这意味着正在创建30个风速累积分布。此计算结果为如下分布：

$$P^W_w(e,s) = Prob[W_{t+1}|E^g_t = e, S^{\text{regime}}_t = s]$$

这个逻辑非常强大。我们现在有能力明确地模拟实际数据流(本实例为风速)在基线(风速预测值)之上或之下停留多久的分布。在其他应用中，基线可能只是一个平均值。

10.6　采样与采样模型

蒙特卡洛采样无疑是处理不确定性工具箱中最强大的工具。本节将演示执行蒙特卡洛采样的3种方法：迭代采样、求解静态采样模型，以及使用自适应学习依次求解采样模型。

10.6.1　迭代采样：一种随机梯度算法

假设想要求解以下问题：

$$F(x) = \mathbb{E}F(x,W) \tag{10.15}$$
$$= \mathbb{E}\{p\min\{x,\hat{D}\} - cx\} \tag{10.16}$$

其中，$W = \hat{D}(\omega)$ 是需求 $\hat{D}$ 的样例实现，从一组完整的结果 Ω 中提取。可以使用如下的经典随机梯度算法来搜索最优 x：

$$x^{n+1} = x^n + \alpha_n \nabla_x F(x^n, \hat{D}(\omega^{n+1})) \tag{10.17}$$

其中，

$$\nabla_x F(x, \hat{D}) = \begin{cases} p - c & x > \hat{D}, \\ -c & x \leq \hat{D} \end{cases} \tag{10.18}$$

$\nabla_x F(x, \hat{D})$ 被称为随机梯度(stochastic gradient)，原因是它取决于随机变量 $\hat{D}$。在某些条件下(例如，步长 α_n 需要趋近于零，但不能太快时)，可以证明该算法将渐近收敛到最优解。

10.6.2　静态采样：求解一个采样模型

另一方面，这个问题的采样版本涉及选择一个样本 $\hat{\Omega} = \{\omega^1, \dots, \omega^N\}$。然后求解：

$$\bar{\theta}^N = \arg\min_\theta \frac{1}{N} \sum_{n=1}^N F(\theta|\omega^n) \tag{10.19}$$

这实际上是一个确定性问题(在一些领域中称为样本平均近似，英文为sample average approximation)，不过，它比原始随机问题大得多(更完整的讨论见4.3节)。对于许多应用，式(10.19)可以使用确定性求解器求解，不过问题可能相当大。计算式(10.17)中的随机梯度更新可能比求解式(10.19)中的采样问题更容易。

与式(10.15)中的原始问题的最优解相比，式(10.19)的解的质量取决于应用，但正如4.3.2节所述，(对于无限样本) $\bar{\theta}^N$ 收敛到最优值 θ 的速率实际上相当快。

在实践中，随机梯度算法需要调整步长序列 α_n，这可能非常令人沮丧。另一方面，随机梯度算法可以通过在线方式实现(如通过现场观察)，而式(10.19)中的目标是严格的离线方法。一个丰富的理论表明，当 N 趋于无穷大时，式(10.19)的最优解 x^N 渐近于真最优解(即式(10.15)中原问题的解)，不过该算法总是应用于静态样本 $\hat{\Omega}$。与10.6.1节中的随机梯度算法不同，静态采样没有渐近收敛的概念(尽管在实践中，我们通常会在固定次数的迭代后停止随机梯度算法)。

10.6.3　贝叶斯更新采样表示

在本节中，我们将介绍一个使用采样模型的示例，其中，我们对模型的参数不确定。然后，依次进行实验，并更新对每个采样参数值正确的概率的信念。

例如，假设正在解决航空公司的随机收入管理问题，客户的到达依据速率为 λ 的泊松过程。问题是不能确定到达率 λ。假设真(实)到达率是集合 $\lambda_t^1, \dots, \lambda_t^K$ 中的一个值，其中每个值都是真的并且概率为 q_t^k。向量 q_t 捕捉了我们对真参数的信念，并且可以使用贝叶斯定理的简单应用来更新。

现在设 $N(\lambda)$ 是具有平均值 λ 的泊松随机变量，并设 N_{t+1} 是在 t 与 $t+1$ 之间可以观察的到达次数。使用下式更新 q_t ：

$$q_{t+1}^k = \frac{\mathbb{P}(N(\lambda) = N_{t+1}|\lambda = \lambda^k)q_t^k}{\sum_{\ell=1}^{K} q_t^\ell \mathbb{P}(N(\lambda) = N_{t+1}|\lambda = \lambda^\ell)}$$

其中，

$$\mathbb{P}(N(\lambda) = N_{t+1}|\lambda = \lambda^\ell) = \frac{(\lambda^\ell)^{N_{t+1}} e^{\lambda^\ell}}{N_{t+1}!}$$

使用一组采样参数的理念非常强大，可扩展到维度更高的分布。然而，随着参数数量的增加，识别适当的参数样本会变得更加困难。

10.7　结束语

我们本可以用整本书的篇幅专门介绍随机系统建模的方法，而不需要提及任何决策或优化。随机系统的研究可以在名称中带"蒙特卡洛模拟"和"不确定性量化"等的文章中找到，统计、随机搜索、模拟优化和随机规划等领域对此作出了重大贡献。本章仅用于说明读者在开发序贯决策模型时会遇到的一些主题。

能源、供应链管理、工程和健康领域存在着各种各样的问题，设计不确定性来源千差万别的随机模型很可能比设计有效的策略更难(尽管这并不是为了最小化有效策略的重要性)。接下来将进入探讨策略设计的第11章，我们鼓励读者将开发随机模型和相关策略的过程视为一个迭代过程。这4类策略越来越复杂，在构建更复杂的不确定性模型时，你可能希望获得一个更简单的策略来测试软件。

10.8　参考文献注释

10.1节——开创性地从模型的视角识别不同的不确定性来源。

10.3节——随机建模是一个丰富而成熟的研究领域，有着悠久的历史。例如，有一个领域被称为不确定性量化(uncertainty quantification)；参见Smith(2014)和Sullivan(2015)的现代介绍。随机建模是一个通常与蒙特卡洛模拟相关的术语(见10.4节)。

10.4节——蒙特卡洛模拟是一个有着深刻而丰富历史的领域，始于使用计算机生成看似随机的数字的基本理念。该领域已非常成熟，可以解决随机系统建模的所有维度。Nelson(2013)、Carsey和Harden(2014)、Law(2007)以及Thomopoulos(2013)对此做了出色的介绍。对于模拟数学的严格处理，可以在Asmussen和Glynn(2007)的论著中找到。有许多书在特定领域的背景下描述了这些方法。例如，Glasserman(2004)和McLeish(2005)描述了金融的模拟方法，而Carsey和Harden(2014)则在社会科学的背景下介绍了这些方法。

练习

复习问题

10.1 10.5节描述了一系列模型：均值回归、跳跃—扩散、分位数分布、机制转变和交叉时间。非常简要地总结了每种策略相对于最基本的随机游走模型的具体特征：

$$p_{t+1} = p_t + \varepsilon_{t+1}$$

其中，

$$\varepsilon_{t+1} \sim N(0, \sigma_\varepsilon^2)$$

10.2 10.5.5节对随机过程的交叉时间进行了建模。

(1) 讲述"交叉时间"的含义。

(2) 该方法被描述为机制转变的一种形式。为风能建模问题引入的一组机制转变是什么？

建模问题

10.3 对于下面每一种不确定性形式，列出10.1节中最能描述不确定性形式的一类(或几类)：

(1) 病人对新药的反应。

(2) 风力发电场将在接下来的一小时内产生的电能 E_{t+1}，给定之前6个小时中每个小时的风力观测：$E_t, E_{t-1}, E_{t-5}, ...$，以及拟合的线性模型：

$$E_{t+1} = \theta_0 E_t + ... + \theta_5 E_{t-5} + \varepsilon_{t+1}$$

(3) 在100人的电话民意调查中，表示将选票投给竞选公职的候选人的人数。

(4) 使用雷达信号计算的船只的估计位置，这可能会因天气失真。

(5) 货运公司调度员为司机分配货物的表现。

(6) 明年将为从另一个国家进口的零部件支付关税。

(7) 根据总经理的指示，从一家商店转移到另一家商店的库存单位数。

(8) 管理实物资产组合的团队中每个成员的表现。

(9) 当一只大型共同基金决定出售大量股票(足以影响市场)时，市场价格的变化。

计算练习

练习10.4~10.10均使用"Spreadsheet of electricity price data"(电价数据电子表格,扫描右侧二维码即可下载)。使用2月份的电价数据。

10.4 电价往往非常随机,尖峰非常大。假设电价 p_t (其中 t 以5分钟的增量前进)来自指数分布,这意味着有:

$$p_t \sim \lambda e^{-\lambda y}$$

假设 p_t 独立于 p_{t+1}。一天有288个5分钟的时间段。

(1) 使用计算出的平均价格 $\bar{p}$(已在电子表格中给出)计算 $\lambda = 1/\bar{p}$。然后,使用累积分布来计算(2月份8064个时间段),预期的价格数量应该高于100, 200, ..., 500。将其与这些值之上的实际价格数进行比较(使用突出显示的黄色单元格输入这些值,以获得高于这些值的预期价格数和实际价格数)。你看到了什么模式?

(2) 演示如何利用计算机生成均匀分布在0和1之间的随机变量 U,从指数分布中执行样本实现。

(3) 模拟8064次价格观察,并像绘制实际价格一样绘制它们。这两张图比较起来如何?

10.5 使用电价数据电子表格,拟合随机游走模型(见式(10.11)),其中必须根据8064个价格估计 ε_{t+1} 的方差。使用此模型生成8064个价格样本,并将其与实际历史价格进行比较。如何描述这两套价格之间的异同?

10.6 再次使用电价数据电子表格,拟合均值回归模型,必须调整 κ(使用试错法进行此操作)以找到最合适的模型。在 $\bar{\mu}_t$ 的平滑模型中使用 $\eta=0.10$。还需要使用该模型来估计 ε_{t+1} 的方差。最后,生成8064个价格样本,并将结果与实际价格进行比较。

10.7 按照10.5.2节的说明拟合跳跃—扩散模型,并将结果与历史数据进行比较。

10.8 使用式(10.11)中的基本随机游走模型计算误差,然后使用\$1的价格增量拟合分位数分布。同样,模拟该模型中的8064个价格,并将模式与历史模型以及随机漫步模型(或者你可能在前文实现的其他方法)中的价格进行比较。

10.9 将价格范围划分为你选择的5个范围(这些范围可能大小相同,但考虑到价格的广泛范围,你可能希望尝试不同的大小)。计算在式(10.14)中定义的机制转变概率分布 $P_{s_k,s_\ell}^{\text{regime}}$。现在拟合每个地区价格变化的正态分布。最后,模拟机制的演化过程,绘制出各机制下随机分布的随机价格。将你的结果与历史价格进行比较。

10.10 使用10.5.5节中描述的步骤来估计机制转变概率和条件风能分布 $Prob[W_{t+1}|E_t^g = e, S_t^{\text{regime}} = s]$。最后,使用这些分布来模拟电价,并将(在8064个时间段内)得到的样本与历史数据进行比较。

理论问题

设 X 是一个随机变量(任何具有有限方差的随机变量)，并设 $F_X(x)$ 是累积分布，这意味着 $F_X(x) = Prob[X \leq x]$。设 $F^{-1}(u)$ 为逆累积分布，其中 $0 \leq u \leq 1$，且 $u = Prob[X \leq F^{-1}(u)]$。试说明随机变量 U(其中，$U = F^{-1}(X)$)在0和1之间均匀分布。

序贯决策分析和建模

以下练习摘自在线书籍 *Sequential Decision Analytics and Modeling*(《序贯决策分析和建模》)。扫描右侧二维码，即可查看该书。

10.12 阅读上述书籍第8章8.1~8.4节，但重点放在8.3节中讨论不确定性建模的部分，该节描述了建模预测不确定性的三种方法。详细描述每种方法，并讨论每种方法的优点和缺点。

10.13 阅读上述书籍第9章9.1~9.4节，但重点关注9.3节中讨论不确定性建模的部分，该节描述了建模预测不确定性的两种方法。详细描述每种方法，并讨论每种方法的优点和缺点。

每日一问

"每日一问"是你选择的一个问题(请参阅第1章中的指南)。针对你的每日一问，回答以下问题。

10.14 通过列出不同类别的不确定性，创建你自己版本的表10.1，然后列出属于每个类别的日常问题中的不确定性类型(如果有的话)。你可能会觉得你的问题中的一种不确定性可以列在多个类别中。

参考文献

第11章

策略设计

现在我们已经学会了如何对序贯决策问题建模并模拟外生过程 $W_1, \ldots, W_t, \ldots$，从第9章开始，再次致力于寻找求解目标函数的策略：

$$\max_{\pi \in \Pi} \mathbb{E} \left\{ \sum_{t=0}^{T} C_t(S_t, X_t^{\pi}(S_t)) | S_0 \right\} \tag{11.1}$$

这个目标函数是"先建模，后求解"方法的基础。但现在是时候解决它了。这也留下了一个问题：到底应该如何寻找某种武断的策略？

正因为此，这种形式的目标函数在不关心计算的数学家中十分受欢迎，而那些对所使用的策略类别已十分清楚的人，亦十分青睐这种形式的目标函数。然而，式(11.1)并没有被广泛使用，我们认为其原因是缺乏一条自然而然的计算路径。事实上，已经出现了关注特定策略类别的完整领域。

本章将以一般的方式解决策略搜索的问题。我们的方法非常实用，原因是该方法使用在实践或研究文献中广泛使用的策略类别来组织搜索。我们没有把重点放在"四处寻找钉子的特定锤子"之上，而是涵盖了所有4类策略。要知道，选定的方法将来自4类中的一类，或者可能是两类(或更多)策略的混合体。

先澄清一个令人困惑的词——"策略"的确切含义，它只在某些领域流行。策略的简单定义如下。

定义11.0.1 策略(policy)是在给定状态 S_t 信息的情况下确定决策的任何方法。

定义中包含"任何方法"是为了消除许多人的假设，即"策略"具体而狭义地指分析函数。实际上分析函数只是我们的4类策略之一。

"策略"出现在人类行为的许多情境中，因此许多词具有相同的含义，这不足为奇。表11.1给出了45个描述决策方法的英语单词。

表11.1 描述决策方法的英语单词

Algorithm	Format	Prejudice
Behavior	Formula	Principle
Belief	Grammar	Procedure
Bias	Habit	Process
Canon	Laws/bylaws	Protocols
Code	Manner	Recipe
Commandment	Method	Ritual
Conduct	Mode	Rule
Control law	Mores	Style
Convention	Orthodoxy	Syntax
Culture	Patterns	Technique
Customs	Plans	Template
Duty	Policies	Tenet
Etiquette	Practice	Tradition
Fashion	Precedent	Way of life

策略概念的问题在于，它指的是在给定状态下确定决策的任何方法，因此它涵盖了广泛的算法策略，每种策略都适用于具有不同计算要求的不同问题。在第7章，我们第一次真正看到所有4类策略都应用于无导数随机优化的背景下，其中有专门研究这4类策略中的每一类的完整研究领域。问题的多样性导致了这4个类别中没有一类相对最优的策略，即使在特定的问题类别中也是如此。随着我们转向更大一类状态相关的问题，应用的多样性会变得更加广泛。

本章将更深入地回顾4类策略(综合简介参见第1章、第4章和第7章)。在读完本章后，希望解决特定问题的读者可能会知晓哪一类(或两类)策略最适合某类特定问题。对于希望简单构建方法工具箱的读者而言，本章只介绍这4个类别，并介绍如何在其中进行选择。第12~19章将更详细地研究这4个类别。

我们将首先描述从(确定性)优化到机器学习的一系列问题，然后对比搜索最优策略的问题与其他问题领域提出的搜索问题。

11.1 从优化到机器学习再到序贯决策问题

如果有一个线性规划问题，任何受过确定性优化训练的人都会写下如下所示的模型：

$$\min_x c^T x$$

满足：

$$Ax = b,$$
$$x \geq 0$$

在实际应用中，挑战在于创建A矩阵，但这个过程已经被很好地理解了，并且有一些计算机包可以采用这些模型并求解它们，即使x是一个包含数千甚至数十万个变量(或维度)的向量，也不会造成多大的困难。线性规划的正式培训不再是必需的；Gurobi和Cplex等流行计算机软件包的用户手册足以让你入门。

同样流行的是用于确定性最优控制的格式，在这种格式中，必须通过选择一组控制$u_0, u_1, \dots, u_T$(想象一下飞行器上的力，例如SpaceX火箭的着陆)来管理一个随时间变化的系统，以在系统处于"状态"x_t之时最小化损失函数$L(x_t, u_t)$(例如，火箭的位置和速度)。典型的控制问题将被写作：

$$\min_{u_0, \dots, u_T} \sum_{t=0}^{T} L(x_t, u_t) \tag{11.2}$$

其中，状态x_t(这个领域的标准表示法)根据以下转移函数演变：

$$x_{t+1} = f(x_t, u_t) \tag{11.3}$$

控制可能受到约束。同样，有一些标准包可以解决这个问题的不同版本。

在机器学习中出现了一个与我们的工作高度相关的不同问题，我们要找到一个函数(通常称为"统计模型")$f(x|\theta)$，将训练数据集"(x^n, y^n)，$n = 1, \dots, N$"的观察输入x^n和相应输出y^n之间的误差最小化。例如，可以编写一个线性模型：

$$y = \theta_0 + \theta_1 \phi_1(x) + \theta_2 \phi_2(x) + \dots + \varepsilon \tag{11.4}$$

其中，$\phi_f(x)$是输入数据x的一个特征。设$f \in \mathcal{F}$是一系列函数(模型)，其中f可以指定结构(如式(11.4)中的线性模型)和特征($\phi_f(x)$)。然后设$\theta \in \Theta^f$是与模型f相关联的可调参数。我们的优化问题是找到最优函数(模型)以及与函数相关的最优参数θ，该问题写作：

$$\min_{f \in \mathcal{F}, \theta \in \Theta^f} \sum_{n=1}^{N} (y^n - f(x^n|\theta))^2 \tag{11.5}$$

这里有一个优化问题，其式子根据函数的优化以及该函数的任何参数列出。对于机器学习应用，$\mathcal{F}$涵盖了查找表、参数模型和非参数模型，以及这些集合中的所有选项(如第3章中所述)。

这些模型非常标准。在这些领域接受过培训的读者都能识别这些模型，并曾访问过为解决这些问题而设计的软件库。这些建模语言广泛应用于世界各地。

式(11.1)给出的序贯决策问题的优化涉及对策略的搜索，这与机器学习中对函数的搜索类似("策略"都是函数的例子)。然而，策略涵盖的函数要广泛得多。例如，我们将看到4类策略中的第一类涵盖了机器学习中可能考虑的每一类函数。

11.2 策略类别

创建策略的基本策略有两种，每种策略都可以进一步分为两类，形成我们的4类策略。这两种策略列举如下。

策略搜索——此处直接使用式(11.1)来搜索函数类和表征特定函数类的参数。

前瞻近似——这些策略近似(有时恰好是)现在采取的动作的下游值。

这两者都可以在特定情况下得到最优策略，不过前提是在我们可以利用结构的特殊情况下。由于这些情况相对罕见，因此出现了各种近似策略。

策略搜索的基本原则为：假设策略 $X^\pi(S_t|\theta)$ 属于某类函数，通常是参数函数，但也可能是非参数函数(即局部参数函数)。设集合 $f \in \mathcal{F}$ 捕捉函数的结构，并设 $\theta \in \Theta^f$ 是与每个函数相关联的可调参数。集合 $\mathcal{F}$ 的设计以及 $f \in \mathcal{F}$ 的选择往往(并非总是)更像艺术而非科学。设 $\pi = (f \in \mathcal{F}, \theta \in \Theta^f)$ 同时描述函数的类型和参数。

策略搜索问题一般可以写作：

$$\max_{\pi=(f\in\mathcal{F},\theta\in\Theta^f)} \mathbb{E}_{S_0}\mathbb{E}_{W_1,\dots,W_T|S_0}\left\{\sum_{t=0}^{T} C(S_t, X^\pi(S_t|\theta))|S_0\right\} \tag{11.6}$$

注意，可以使用任何目标函数(累积回报、最终回报)和不确定性算子(参见9.8.5节)，如期望(最常见)、最大值/最小值(鲁棒优化)或任何强调分布尾部的风险指标。

在策略搜索类中有以下两类策略。

策略函数近似(PFA)——这些是将状态映射到可行操作的分析函数。这些函数可以是第3章中介绍的3种函数中的任何一种。

查找表——也称为表格函数，查找表意味着每个离散状态 S 都有一个离散决策 $X^\pi(S)$。

参数表示——这些是 $X^\pi(S)$ 的显式解析函数，一般来说涉及通常用 θ 表示的参数向量。因此，可以将策略写成：

$$X(S|\theta) = \sum_{f\in\mathcal{F}} \theta_f \phi_f(S)$$

其中，" $\phi_f(S)$，$f \in \mathcal{F}$ "是近似价值函数或策略而调整的特征集合。神经网络是工程控制界流行的一类参数函数(见3.9.3节)，可用于近似策略或价值函数。

非参数表示——非参数表示提供了一种更通用的表示函数的方法，但代价是增加了复杂性。

PFA通常限于离散动作或低维(通常是连续的)向量。注意，PFA包括所有类别的统计模型，如第3章中回顾的统计模型。PFA见第12章。

成本函数近似(CFA)——这些是参数化的优化模型，其中可以使用目标函数的参数化调整，受约束的(可能参数化的)近似值约束。CFA是一种优化问题，它可能是一种简单的问题(如第7章中引入的UCB策略)，也可能涉及解决大型线性规划或整数规划，如规划航线或供应链。CFA的一般形式如下：

$$X^{CFA}(S_t|\theta) = \arg\max_{x\in\mathcal{X}_t(\theta)} \bar{C}_t(S_t, x|\theta)$$

其中，$\bar{C}_t(S_t, x|\theta)$ 是一个参数化调整的成本函数，服从一个参数化调整的约束集。CFA见第13章。

前瞻策略的基础是试图解决乍看起来相当吓人的问题：

$$X_t^*(S_t) = \arg\max_{x_t}\left(C(S_t, x_t) + \mathbb{E}\left\{\max_\pi \mathbb{E}\left\{\sum_{t'=t+1}^{T} C(S_{t'}, X_{t'}^\pi(S_{t'}))\middle| S_{t+1}\right\}\middle| S_t, x_t\right\}\right) \tag{11.7}$$

毋庸置疑，此式无法计算，因此要转向近似。近似策略有如下两大类。

价值函数近似(VFA)——这些策略基于状态价值的近似，具有如下的一般形式：

$$X^{VFA}(S_t|\theta) = \arg\max_{x\in\mathcal{X}_t}\left(C(S_t, x) + \mathbb{E}\{\overline{V}_{t+1}(S_{t+1}|\theta)|S_t, x_t\}\right) \tag{11.8}$$

其中，$\overline{V}_{t+1}(S_{t+1})$ 是状态 S_{t+1} 价值的近似。

VFA代表了一种丰富而富有挑战性的算法策略，详见第14~18章。

直接前瞻近似(DLA)——最后一类策略直接求解式(11.6)中前瞻策略的近似版本。创建近似前瞻模型的策略有很多种。最常见的近似是使用确定性前瞻，但在许多应用中，这种近似过于强大。随机前瞻是一个如此丰富的问题类，以至于有整个领域专门致力于求解随机前瞻的近似版本的特定策略。直接前瞻策略详见第19章。

综上，创建了4类策略(更准确地说，这些是元类)，涵盖了为任何序列随机优化问题提出的每种算法策略。这些类涵盖了已经在实践中使用的任何启发式方法，以及研究文献中涵盖的所有内容。

一些观察结果列举如下。

- 前3类策略(PFA、CFA和VFA)介绍了可能近似的4种不同类型的函数(首次介绍参见第3章)。其中包括近似正在最大化的函数 $\mathbb{E}F(x, W)$、策略 $X^\pi(S)$、目标函数或约束或状态 $V_t(S_t)$ 的下游价值。函数近似在随机优化中发挥着重要作用，并引入了统计学和机器学习学科。

- PFA类中的函数类正是机器学习中3类近似架构的集合：查找表、参数和非参数。机器学习和搜索最优PFA策略之间的唯一区别是目标函数。机器学习使用训练数据集 "$(x^n, y^n), n = 1, \ldots, N$" 求解下式：

$$\min_{f\in\mathcal{F}, \theta\in\Theta^f}\sum_{n=1}^{N}(y^n - f(x^n|\theta))^2$$

这需要训练数据集。策略搜索需要性能指标 $C(S, x)$ 和一个模型(转移函数 $S^M(s, x, W)$)以创建式(11.1)中的目标函数。

- 最后3类策略(CFA、VFA和DLA)都使用嵌入的arg max(或arg min)，这意味着必须将求解最大化问题看作计算策略的一个步骤。这个最大化(或最小化)问题可能相当琐碎(例如，对一组选择的值进行排序)，也可能相当复杂(一些应用需要求解大整数规划)。

- 如果允许对相对简单的策略进行调整，就有可能从中获得质量非常高的结果(这些就属于策略搜索范围)。然而，这为使用相对简单的前瞻策略(例如，使用确定性前瞻)打开了大门，该策略已通过可调参数进行了修改，以帮助管理不确定性。

这4类策略涵盖了我们在第2章中回顾的所有学科。在第7章中讨论无导数随机优化时，就已经提及了所有的策略。第12~19章将更深入地介绍这些策略。本章的目标是提供完备的基础知识，以便为第9章中介绍的完整建模框架设计有效的策略。

本章后部将更深入地描述这些策略，不过，还需要参阅后面的章节以获得完整的描述。阅读本章是了解所有4类策略的最佳方式。11.9节将会使用一个储能应用来证明，根据数据的具体特征，这4个类别中的每一个都可能在同一问题类别中产生最佳效果。

11.3 策略函数近似

通常情况下，我们对如何做出决策有一个非常好的想法，并且可以设计一个函数(即一个策略)来返回获取问题结构的决策。示例如下。

■ 示例11.1

一个警察想最大化其开罚单的收益率。逼停一辆车后需要大约15分钟的时间来开罚单。超出10英里/小时(1英里/小时=1609.34米/小时)的限速规定的违规行为的罚款相当少；超出20英里/小时的限速规定的违规行为非常严重，但超速如此多的司机相对较少。很明显，最好的策略是选择一个速度，例如θ^{speed}，若司机超过这个速度，就开一张罚单。问题在于如何选择θ^{speed}。

■ 示例11.2

公用事业公司希望在白天电价最低时将电能储存在电池中，并在电价最高时释放电能，从而实现利润最大化。每日电价有相当规律的变化。最优策略可以通过求解动态规划或随机前瞻策略来找到，但很明显，该策略是在一天中的某个时间对电池充电，并在另一个时间放电。问题是如何识别这些时间。

■ 示例11.3

交易员喜欢投资IPO，等几天再卖出，希望股价能迅速上涨。她想使用一个规则，即等待d天再出售。问题是如何确定d。

■ 示例11.4

无人机可以使用一系列执行器来控制，这些执行器可以控制3个方向上施加的力，以控制加速度、速度和位置(按此顺序)。指定每个方向上的力的逻辑可以由神经网络控制，神经网络必须经过训练才能产生最优结果。

■ 示例11.5

持有一只股票，希望在股价超过售价θ^{sell}时卖出。应该如何确定θ^{sell}？

■ 示例11.6

在库存策略中，当库存S_t低于$\theta^{\min}$时，将订购新产品。当这种情况发生时，会下订单$x_t = \theta^{\max} - S_t$，这意味着"最多订购"$\theta^{\max}$。需要确定的是$\theta = (\theta^{\min}, \theta^{\max})$。

■ 示例11.7

可以选择将来自水库的输出x_t设置为状态S_t(水位)的函数，使用形如$x_t = \theta_0 + \theta_1 S_t$的线性函数。或者，可能希望$x_t$与水位建立非线性关系，并使用基函数$\phi(S_t)$制定策略$x_t = \theta_0 + \theta_1 \phi(S_t)$。

最常见的策略函数近似类型是某种参数模型。假设一个策略在一组基函数"$\phi_f(S_t), f \in \mathcal{F}$"中是线性的。例如，如果$S_t$是标量，可以使用$\phi_1(S_t) = S_t$和$\phi_2(S_t) = S_t^2$。也可以创建一个常数基函数$\phi_0(S_t) = 1$。设$\mathcal{F} = \{0, 1, 2\}$是3个基函数的集合。假设认为可以将策略写作如下形式：

$$X^\pi(S_t|\theta) = \theta_0 \phi_0(S_t) + \theta_1 \phi_1(S_t) + \theta_2 \phi_2(S_t) \tag{11.9}$$

在这里，索引π携带了一条信息：在该基函数集合和参数向量θ中该函数是线性的。具有这种结构的策略被称为线性决策规则(linear decision rule)或者仿射策略(affine policy)，原因是它们在参数向量θ中是线性的。

关键在于制定策略的结构。选择θ是一门科学，可通过求解以下随机优化问题来做到这一点：

$$\max_\theta F^\pi(\theta) = \mathbb{E} \sum_{t=0}^{T} C(S_t, X^\pi(S_t|\theta)) \tag{11.10}$$

在这里，使用$\max_\theta$是因为已经固定了策略类别(即搜索$f \in \mathcal{F}$)，正在一个定义良好的空间内进行搜索。如果使用$\max_\pi \ldots$，则一个恰当的解释是，除了搜索与该类相关联的任何参数θ外，还将搜索不同的函数(例如，不同的基函数集)，甚至可能搜索不同的类。注意，设π既是策略类又是其参数向量θ，但仍然将优化问题明确地写作θ的函数$F^\pi(\theta)$。

我们面临的主要挑战是，无法以任何紧凑的形式计算出其期望值。相反，必须依赖蒙特卡洛样本。幸运的是，可利用随机搜索来帮助完成这个过程。这些算法详见第12章，但这些工作都是基于导数的随机优化(见第5章)和无导数的随机搜索(见第7章)。

参数策略因其紧凑的形式而受到欢迎，但在很大程度上仅限于平衡问题，其中，策略不是时间函数。例如，想象一下式(11.9)中的参数向量与时间相关的情况，给出如下的策略：

$$X_t^\pi(S_t|\theta) = \sum_{f \in \mathcal{F}} \theta_{tf} \phi_f(S_t) \tag{11.11}$$

现在的参数向量是$\theta = (\theta_t)_{t=0}^T$，这通常显著大于平稳问题。对于这样一个大的参数向量(很容易有数百或数千个维度)，求解式(11.10)变得很困难，除非能够计算相对于θ的

$F^\pi(\theta)$的导数。

第12章将更深入地介绍策略函数近似,以及如何优化它们。

11.4 成本函数近似

成本函数近似(CFA)代表了一类在学术文献中被极大地忽视的策略,但它在行业内被广泛使用(以一种特殊的方式)。简言之,CFA涉及解决确定性优化问题,该问题已被修改,以便在不确定的情况下随时间良好地运行。

为了说明这一点,可以从以下形式的短视策略开始:

$$X_t^{Myopic}(S_t) = \arg\max_{x \in \mathcal{X}_t} C(S_t, x) \tag{11.12}$$

其中,$\mathcal{X}_t$捕捉约束集。我们强调x可以是高维的,具有线性成本函数,例如$C(S_t, x) = c_t x$,服从以下这组线性约束:

$$\begin{aligned} A_t x_t &= b_t, \\ x_t &\leq u_t, \\ x_t &\geq 0 \end{aligned}$$

这暗示了可以应用CFA的问题类型的差异。示例应用可能涉及随着时间的推移将资源(人员、机器)分配给作业(任务、订单)。设c_{trj}是在t时将资源r分配给工作j的成本(或贡献),其中C_t是所有分配成本的向量。如果在t时将资源r分配给工作j,则$x_{trj} = 1$,否则为0。短视策略会通过把资源分配给工作来最大限度地降低成本,当下可能会表现得相当好。接下来假设想看看是否可以让它更好地工作。

我们有时可以通过校正目标函数来解决问题,从而改进短视策略。

$$X_t^{CFA}(S_t | \theta) = \arg\max_{x \in \mathcal{X}_t} \Big(C(S_t, x) + \underbrace{\sum_{f \in \mathcal{F}} \theta_f \phi_f(S_t, x)}_{\text{成本函数校正项}} \Big) \tag{11.13}$$

目标中的新项被称为"成本函数校正项"。我们注意到,即使成本函数校正项在同一个地方,甚至可能具有相同的分析形式,它也不是价值函数近似。不同之处在于系数向量θ的计算方式。

根据经验,更多的时候是通过修改约束来工作的。我们可能会使用以下式子:

$$\begin{aligned} A_t x_t &= \theta^1 \otimes b_t + \theta^2, \\ x_t &\leq u_t - \theta^3, \\ x_t &\geq \theta^4 \end{aligned}$$

这里,运算符$\otimes$意味着将θ^1的第i个元素乘以b_t的第i个元素。假定θ^1和θ^2有与向量b_t相同的维度,同时,假定θ^3和θ^4的维度与x_t相同。参数θ^3可以用来缩小蓄电池的容量,这样便有了多余的容量来存储来自风能的突变，而θ^4可以用来确保供应链问题中的安全库存。

有时候可能会缩放矩阵A_t的值。例如，航空公司必须在航班安排上留出空档，以应对可能出现的天气延误。航空公司会使用一个可调整的参数——第80个百分位数来替代两个城市之间的平均飞行时间。

第13章会讨论更广泛的近似策略，包括调整约束和混合前瞻策略。

11.5 价值函数近似

下一类策略基于近似当下采取动作所产生的状态的价值。核心理念始于贝尔曼的最优性方程(首次介绍参见第2章，详见第14章)：

$$V_t(S_t) = \max_{x \in \mathcal{X}_t} \left(C(S_t, x) + \gamma \mathbb{E}\{V_{t+1}(S_{t+1})|S_t\} \right) \tag{11.14}$$

其中，$S_{t+1} = S^M(S_t, x, W_{t+1})$。如果使用决策后状态变量$S_t^x$，则有：

$$V_t(S_t) = \max_{x \in \mathcal{X}_t} \left(C(S_t, x) + V_t^x(S_t^x) \right) \tag{11.15}$$

其中，$V_t^x(S_t^x)$是在t时处于决策后状态S_t^x的(最优)值。第15~18章介绍了在无法准确计算价值函数时对其进行近似的方法，从而产生了以下策略：

$$X_t^{VFA-pre}(S_t) = \arg\max_x \left(C(S_t, x) + \gamma \mathbb{E}\left\{ \overline{V}_{t+1}(S_{t+1}|\theta)|S_t \right\} \right) \tag{11.16}$$

其中，$\overline{V}_{t+1}(S_{t+1}|\theta)$近似以下项(根据式(11.7)给出的最优策略)：

$$\overline{V}_{t+1}(S_{t+1}|\theta) \approx \max_\pi \mathbb{E}\left\{ \sum_{t'=t+1}^{T} C(S_{t'}, X_{t'}^\pi(S_{t'})) \,\middle|\, S_{t+1} \right\}$$

式(11.16)中的期望可能会在$\arg\max\limits_x$中出现计算问题，因此，避免这种情况的一种方法是使用策略的决策后版本(参见9.4.5节)，由下式给出：

$$X^{VFA}(S_t|\theta) = \arg\max_{x \in \mathcal{X}_t} \left(C(S_t, x) + \overline{V}_t^x(S_t^x|\theta) \right) \tag{11.17}$$

其中，

$$\overline{V}_t^x(S_t^x, x|\theta) \approx \mathbb{E}\left\{ \max_\pi \mathbb{E}\left\{ \sum_{t'=t+1}^{T} C(S_{t'}, X_{t'}^\pi(S_{t'})) \,\middle|\, S_{t+1} \right\} \,\middle|\, S_t, x_t \right\}$$

在式(11.17)中，$\arg\max\limits_x$现在是一个确定性优化问题，使用起来方便多了，并且为x成为潜在的高维向量打开了大门。

虽然动态规划最常用于具有离散动作的情境，但如果贡献函数$C(S_t, x_t)$在x_t中是凹的，对于此类问题，可以处理向量值决策x_t，从而产生凹价值函数。第18章说明了如何创建利用这一属性的价值函数近似，从而使高维的资源分配问题可能得到解决。

在计算机科学中强化学习的范畴下开发的一个密切相关的策略是使用Q因子(Q-factors)，它近似于处于状态S_t并采取离散动作a_t的价值(该策略仅适用于离散动作)。设$\bar{Q}^n(s,a)$是在n次迭代后处于状态s并采取动作a的近似价值。Q学习(Q-learning)使用一些规则来选择状态s^n和动作a^n，然后使用一些过程来模拟后续的下游状态s'(可能从物理系统中观察到)。然后计算：

$$\hat{q}^n(s^n, a^n) \quad = \quad C(s^n, a^n) + \max_{a'} \bar{Q}^{n-1}(s', a'), \tag{11.18}$$

$$\bar{Q}^n(s^n, a^n) \quad = \quad (1-\alpha)\bar{Q}^{n-1}(s^n, a^n) + \alpha\hat{q}^n(s^n, a^n) \tag{11.19}$$

给定一组Q因子$\bar{Q}^n(s,a)$，策略由下式求出：

$$A^\pi(S_t) = \arg\max_a \bar{Q}^n(S_t, a) \tag{11.20}$$

Q学习之所以变得非常流行，很大程度上是源于它的简单性，但是在式(11.18)到式(11.19)中编写的基本更新和实际运用之间存在很大的差距。必须做出许多算法选择，例如在学习过程中如何选择状态s^n和动作a^n，以及如何在状态空间很大(它总是很大)时近似$Q(s,a)$。

通过近似价值函数的过程开发有效的策略是一种强大的解决方案，但它并非万能灵药，要使其良好运行，可能相当困难。它引起了学术界的极大关注，这也是本书用5章(第14~18章)篇幅讲述它的原因之一。

11.6 直接前瞻近似

把直接前瞻近似(DLA)留到最后的原因是它是4类策略中最暴力的方法。DLA策略的一个很好的描述是，当所有其他策略都失效且通常失效时，前瞻策略就是最后可以求助的类别。

11.6.1 基本理念

假设处于状态S_t，希望选择一个动作x_t，使当前贡献$C(S_t, x_t)$加动作所带来的状态价值的结果最大化。给定S_t和x_t，通常会遇到某种随机性W_{t+1}，然后将我们带到状态S_{t+1}。状态S_{t+1}的价值由下式给出：

$$V_{t+1}^*(S_{t+1}) \quad = \quad \max_\pi \mathbb{E}\left\{ \sum_{t'=t+1}^T C(S_{t'}, X_{t'}^\pi(S_{t'})) | S_{t+1} \right\}$$

$$= \quad \mathbb{E}\left\{ \sum_{t'=t+1}^T C(S_{t'}, X_{t'}^*(S_{t'})) | S_{t+1} \right\} \tag{11.21}$$

可以参照式(11.14)写出最优策略：

$$X^*(S_t) = \arg\max_{x_t} \left(C(S_t, x_t) + \mathbb{E}\{V_{t+1}^*(S_{t+1})|S_t, x_t\} \right)$$

但是当下要认识到，通常不能计算最优价值函数 $V_{t+1}^*(S_{t+1})$。与其尝试近似这个函数，不如代入式(11.21)中 $V_{t+1}^*(S_{t+1})$ 的定义，得到：

$$X_t^*(S_t) = \arg\max_{x_t} \left(C(S_t, x_t) + \mathbb{E}\left\{ \mathbb{E}\left\{ \sum_{t'=t+1}^{T} C(S_{t'}, X_{t'}^*(S_{t'})) \middle| S_{t+1} \right\} \middle| S_t, x_t \right\} \right) \quad (11.22)$$

另一种写式(11.22)的方式是显式地将对最优策略的搜索嵌入前瞻部分，从而得到：

$$X_t^*(S_t) = \arg\max_{x_t} \left(C(S_t, x_t) + \mathbb{E}\left\{ \max_{\pi} \mathbb{E}\left\{ \sum_{t'=t+1}^{T} C(S_{t'}, X_{t'}^{\pi}(S_{t'})) \middle| S_{t+1} \right\} \middle| S_t, x_t \right\} \right) (11.23)$$

式(11.23)可能看起来特别令人生畏，不过其实它只是在求解决策树(练习11.10提供了一个数值示例)时所做的事情，如图11.1所示。记住，决策树中的(方形)"决策节点"对应于状态 S_t(第一个节点)，或者对应于后面节点的状态 $S_{t'}$。

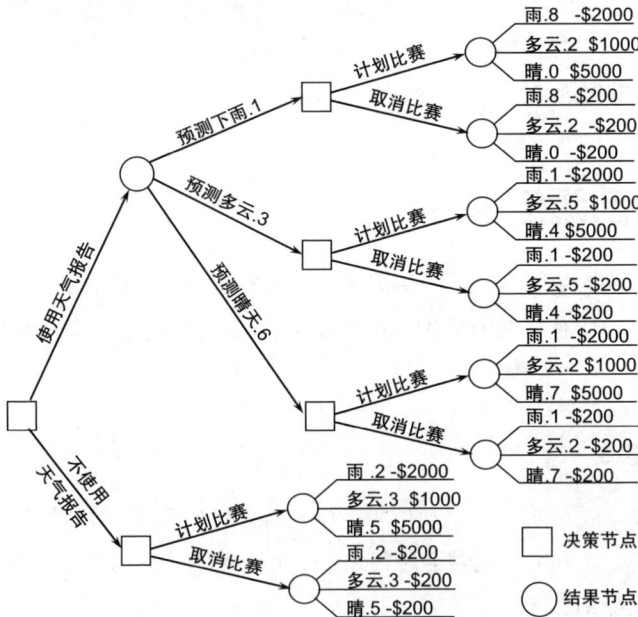

图11.1　决策树显示了决定是否安排棒球比赛的决策节点以及结果节点

可以使用某种通用规则 $X_{t'}^{\pi}(S_{t'})$ 来做决策，或者通过后退一步来求解决策树，以找到每个离散状态 $S_{t'}$ 的最优动作 $x_{t'}^*$，这是最优策略 $X_{t'}^*(S_{t'})$ 的查找表表示法。我们只需要认识到 $X_{t'}^{\pi}(S_{t'})$ 是指从节点 $S_{t'}$ 中选择一个动作的某种规则，而 $X_{t'}^*(S_{t'})$ 是节点 $S_{t'}$ 中的最优动作。

解析式(11.23)时，第一个期望以状态S_t和动作x_t为条件，以圆形节点外的第一组随机结果为基础。内部$\max_\pi$通常是指在知道下游随机结果之前，从每个剩余决策节点中找出最优动作的过程。然后，通过对所有结果取期望来评估该策略。

帮助理解式(11.22)(或式(11.23))的另一种方法是思考确定性最短路径问题。来看图11.2所示的网络。如果我们知道自己会选择路径②-⑤-⑦-⑨以从②移到⑨，就会选择从①移到②来使用这条路径。但是，如果选择节点②之外的不同路径(成本更高的路径)，那么在节点①出发的决策可能是去向节点③。正在考虑的下游决策可能会影响当下的决策。

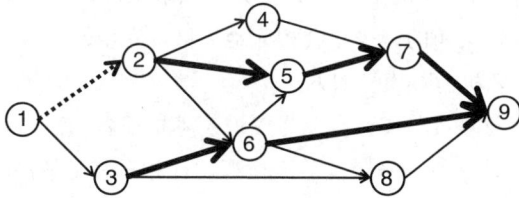

(a)

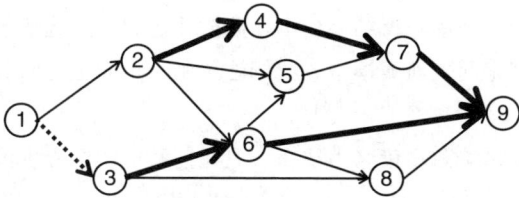

(b)

图11.2 (a)给定路径②-⑤-⑦-⑨时，选择①-②的决策；(b)当路径不过节点②时，选择①-③的决策

关键是洞悉充满不确定性的世界：当下做出的决策取决于未来做决策时使用的策略。虽然我们梦想着使用最优策略，但在实践中这只是一个梦想。第19章将探讨在前瞻模型中使用更简单的策略来帮助简化计算的理念。

11.6.2 前瞻问题建模

这暗示了随机问题最流行的近似未来的方法之一，即简单地使用未来的确定性近似。可以创建一个称为确定性前瞻的模型，在这个模型中，我们的行为就像我们在未来进行优化一样，但只是针对一个近似模型。

因此不要混淆前瞻模型和须求解的模型，需要引入两套符号。首先，使用波浪表示状态、决策变量和外生信息变量。其次，通过t和t'对它们进行索引，其中t指的是做决策的时间，而t'在前瞻模型中索引时间。因此，时域$t,\ldots,t+H$上的确定性前瞻模型可表示为：

$$X_t^{DLA-Det}(S_t|\theta) = \arg\max_{x_t,(\tilde{x}_{t,t+1},\ldots,\tilde{x}_{t,t+H})}\left(C(S_t,x_t) + \sum_{t'=t+1}^{t+H} C(\tilde{S}_{tt'},\tilde{x}_{tt'})\right)$$

此处用确定性近似替换了从时间 $t+1$ 到时域 T 终点的问题模型,该近似可延伸到某些被截断的时域,如 $t+H$。

在一些特殊情况下,可以求解随机前瞻模型。一种是涉及少量离散行为和形式相对简单的不确定性问题。在这种情况下,可以使用图11.1所示的决策树来表示问题。决策树允许为每个节点(即每个状态)找到最优决策,这是查找表策略的一种形式。问题是,随着大多数问题的规模增大,决策树的规模也会相应地激增,有用性受限。第19章将讲述使用蒙特卡洛方法制定和求解随机前瞻模型的方法。

虽然这是最简单的前瞻策略类型,但足以说明基本理念。我们无法解决式(11.23)中的真问题,因此要引入各种近似。确定性前瞻模型往往相对容易解决(但并非总是如此)。然而,使用未来的确定性近似值意味着,当下做出的决策可能不会为将来可能发生的随机事件做好准备。因此,人们非常乐于求解一个能认识到未来不确定性的前瞻模型。

前瞻模型的设计既是一门艺术,也是一门科学,不过可以用一些科学来指导这种艺术。可以通过限制时域、使用随机结果样本、离散化、忽略所选变量的更新以及使用简化的前瞻模型策略等策略来简化前瞻模型。我们注意到,市面上有些书专门讨论近似前瞻模型的具体方法。

第19章将更深入地讨论前瞻策略。现在,只在前瞻模型中提供策略设计的细节,也称为"策略中的策略"。

11.6.3 策略中的策略

这暗示了设计"策略中的策略"的含义,可以选择使用如下所示的线性决策规则:

$$\bar{X}_t^{Lin}(\tilde{S}_{tt'}|\theta_t) = \theta_{t0} + \theta_{t1}\phi_1(\tilde{S}_{tt'}) + \theta_{t2}\phi_2(\tilde{S}_{tt'})$$

可以把随机前瞻策略写作:

$$X_t^{DLA-Stoch}(S_t) = \arg\max_{x_t}\left(C(S_t,x_t) + \right.$$

$$\left. \tilde{E}\left\{\max_{\tilde{\theta}_t}\tilde{E}\left\{\sum_{t'=t+1}^{T} C(\tilde{S}_{tt'},\bar{X}_t^{Lin}(\tilde{S}_{tt'}|\tilde{\theta}_t))|\tilde{S}_{t,t+1}\right\}|S_t,x_t\right\}\right) \tag{11.24}$$

记住,当看到期望算子 $\tilde{E}$ 时,就意味着要对近似随机模型取期望。事实上,这几乎总是意味着对采样模型取期望,因此只需要考虑对所涉及的任何随机变量进行采样。第一个 $\tilde{E}$ 对第一组外生结果 $\tilde{W}_{t,t+1}$ 取期望,而第二个 $\tilde{E}$ 需要对整个序列 $\tilde{W}_{t,t+2},\ldots,\tilde{W}_{t,t+H}$ 进行采样。给定此示例,接下来模拟前瞻策略 $\bar{X}_t^{Lin}(\tilde{S}_{tt'}|\theta_t)$(通常称为卷展栏策略,英文为rollout policy)，以帮助评估当下决策 x_t 的下游影响。

设计"策略中的策略"是一门真正的艺术，它只受4类策略的指导。需要捕获问题的基本行为，但要使用易于计算的策略。由于策略中的策略建议的决策实际上并没有得到实施，为了简化计算，就要接受策略中的近似值。不用说，这种权衡要求我们深入了解问题的行为。

11.7 混合策略

既然已经确定了4个主要的(元)策略类别，就需要认识到，还可通过混合不同的类别来创建混合策略。

一组(可能可调的)策略函数近似、参数化成本函数近似、价值函数近似和直接前瞻策略代表了为序贯决策问题寻找有效策略的核心工具。考虑到应用的丰富性，我们经常使用这些策略的混合策略，这并不奇怪。

11.7.1 成本函数近似与策略函数近似

确定性前瞻策略的一个主要优势是，可以使用强大的数学规划求解器来求解高维确定性模型。一个挑战是处理这个框架中的不确定性。另一方面，策略函数近似(PFA)最适合相对简单的决策，并且能够通过捕捉结构属性(当它们可以清楚地识别时)来处理不确定性。PFA可以作为作用于单个(标量)变量的非线性惩罚项集成到高维模型中。

例如，来看一个将资源分配给任务的问题(假设正在管理血液供应)，其中每个资源都由属性向量 a(血型和储存时长)描述，而每个任务都由属性向量 b(患者血型以及其他属性，如患者是婴儿或患有免疫障碍)描述。如果将类型为 a 的资源分配给血型患者 b，则设 c_{ab} 为分配的贡献。设 R_{ta} 是在 t 时可用血型 a 的单位数，而 D_{tb} 是对血液 b 的需求。最后设 x_{tab} 是分配给类型 b 任务的类型 a 资源的数量。短视策略(成本函数近似的一种形式)可以通过下式求解：

$$X^{CFA}(S_t) = \arg\max_{x_t} \sum_{a \in \mathcal{A}} \sum_{b \in \mathcal{B}} c_{ab} x_{tab} \tag{11.25}$$

满足：

$$\sum_{b \in \mathcal{B}} x_{tab} \leq R_{ta}, \tag{11.26}$$

$$\sum_{a \in \mathcal{A}} x_{tab} \leq D_{tb}, \tag{11.27}$$

$$x_{tab} \geq 0 \tag{11.28}$$

该策略将最大限度地提高所有血液分配的总贡献，但可能会忽略一些问题，例如医生倾向于避免对婴儿或患有某些免疫障碍的患者使用不完全匹配的血液。

医生的偏好可以通过模式 ρ_{ab} 来表达，它给出了 a 型血液满足 b 型需求的比例，其中 $\sum_a \rho_{ab} = 1$。向量 $\rho_{\cdot b} = (\rho_{ab})_{a \in A}$ 可以被视为一种概率策略，描述了如何满足对一个单位的 b 型血液的需求(它是PFA的一种形式)。

一个自然的问题是：为什么需要优化模型？为什么不能直接使用模式 ρ_{ab}？原因是模式可能会指定多少 b 型需求量应该被提供属性为 a 的血液(可以扭转这些概率)，但实际上必须平衡所有血型和需求，这是一个更高维的问题。

式(11.25)~式(11.28)描述的优化问题很容易处理维度非常高的问题。事实上，可以包括血型(8种)、储存时长(6种)、是否冷冻等血液属性。如果愿意，还可以包括血液的位置(该数值可能为数百到数千)。这意味着血液属性数量可能在100到100万之间。这种规模的问题很容易落入现代求解器的范围。

可以将式(11.25)~式(11.28)给出的优化模型的高维能力与捕捉血液管理系统行为的低维模式 ρ_{ab} 相结合，得到以下这个混合式：

$$X^{CFA-PFA}(S_t|\theta) = \arg\max_{x_t} \sum_{a \in A} \sum_{b \in B} (c_{ab}x_{tab} + \theta(x_{tab} - D_{tb}\rho_{ab})^2)$$

其中，θ 是一个可调参数，用于控制放置在PFA上的权重。现在可以使用策略搜索方法对其进行优化。

11.7.2　具有价值函数近似的前瞻策略

确定性滚动时域程序的优点是可以最优地求解，如果有向量值决策，便可以使用商业求解器。这种方法的局限性在于：其要求使用确定性的未来视角，以及其计算成本可能很高(迫使使用更短的时域)。相反，价值函数近似(VFA)的一个主要限制是，可能无法捕捉到在未来的优化中发生的复杂交互。

一个想当然的策略是将这两种方法结合起来。低维动作空间可以对 H 周期使用树搜索或卷展栏启发式(rollout heuristic)方法，然后使用价值函数近似。如果使用滚动时域程序进行向量值决策，就可能会求解下式：

$$X^{\pi}(S_t) = \arg\max_{x_t,\ldots,x_{t+H}} \sum_{t'=t}^{t+H-1} C(S_{t'}, x_{t'}) + \overline{V}_{t+H}(S_{t+H})$$

其中，S_{t+H} 由 X_{t+H} 确定。在这种情况下，为了在适当的求解器中使用，$\overline{V}_{t+H}(S_{t+H})$ 必须采用某种方便的分析形式(S_{t+H} 中的线性、分段线性、非线性)。

混合策略可以在几个时间段内以非常精确的方式捕捉未来，同时通过近似价值函数终止树来最小化截断误差。这是计算机化国际象棋游戏中的一种流行的策略，在这种策略中，决策树可以捕捉未来几步的所有复杂交互。然后，使用一个捕捉丢失碎片的简单点系统来减少有限时域的影响。

虽然这里只是简单地提及该策略，但它可以说是随机优化中最强大的新算法技术之一，用于解决需要前瞻策略的(很多)问题。第13章还会更深入地讲解这一策略。

我们注意到，最近在使用计算机破解国际象棋或中国围棋方面取得的突破使用了一种混合策略，该策略融合了前瞻策略(使用第19章讲解的树搜索方法)、PFA(基本上是基于查看过去游戏得出的模式的行为规则)和VFA。

11.7.3 具有成本函数近似的前瞻策略

当然，使用确定性预测的滚动时域程序容易受到未来点预测的影响。例如，可能正在为iPhone的供应链计划库存，但如果点预测仍能满足需求预测，那么库存可能会降至零。如果需求高于预期，或者交货延迟，这种策略将会使供应链变得脆弱。

这个限制不能通过在时域的末端引入价值函数近似来解决。然而，可以通过扰乱需求预测来诱发不确定性。例如，可以夸大需求预测，以鼓励持有库存。将在t时做出的t'时的需求预测$f_{tt'}^D$乘以因子$\theta_{t'-t}^D$。这将给出一个长度为H的规划时域内可调的参数向量$\theta_1^D,...,\theta_H^D$。现在只需要调整这个参数向量，就能在许多样本路径上获得良好的结果。

第13章将通过储能来演示这一策略。

11.7.4 具有卷展栏启发式和查找表策略的树搜索

一种功能惊人的启发式算法在设计游戏计算机算法方面取得了相当大的成功，它被命名为"蒙特卡洛树搜索"(Monte Carlo tree search，MCTS)。MCTS使用一种有限的树搜索，然后通过用户定义的查找表策略辅助的卷展栏启发式来增强。换言之，这是随机模型上的一种模拟求解原始问题的直接前瞻策略，其局限是仅适用于具有离散动作的决策问题。

例如，计算机可能会评估一场国际象棋接下来四步的所有选择，在这四步中，树会爆炸性地生长。在四步之后，该算法可能会求助于卷展栏启发式(这是一个通用术语，意味着一个简单的策略中的策略)，并辅以数千局国际象棋游戏中的规则(PFA的一种形式，类似于上文的模式ρ_{ab})。这些规则被封装在查找表策略的聚合形式中，指导对未来大量其他走法的搜索。

11.7.5 兼具策略函数近似的价值函数近似

假设有一个策略$\bar{X}(S_t)$，它可能是查找表的形式，也可能是参数化策略函数的近似形式。该策略可能反映了领域专家的经验，也可能来自过去决策的大型数据库。例如，可以访问人们玩在线扑克的决策，或者某家公司的历史模式。可以将$\bar{X}(S_t)$视为领域专家的决策或在该领域做出的决策。若动作连续，则可以使用下式将其并入决策函数中：

$$X^\pi(S_t|\theta) = \arg\max_x \left(C(S_t, x) + \overline{V}(S^{M,x}(S_t, x)) - \theta(\bar{X}(S_t) - x)^2 \right)$$

项$\theta(\bar{X}(S_t)-x)^2$可以被看作对选择偏离外部领域专家的行为的惩罚。参数θ控制着该项的重要性。我们注意到，可以通过设置此惩罚项来处理某些聚合级别的决策。

11.7.6　使用ADP和策略搜索拟合价值函数

来看一看近似动态规划(ADP)在使用参数价值函数近似(线性、非线性参数或神经网络)的问题中的任何应用。我们可能在玩游戏，为一个选择定价，管理能源储存，或者解决一个高维的资源分配问题。

可以分两个阶段估计类似VFA的项。假设使用以下线性模型，从使用符合决策后状态S_t^x的价值函数近似$\overline{V}_t^x(S_t^x|\theta^{VFA})$的纯VFA策略开始：

$$\overline{V}_t^x(S_t^x|\theta^{VFA}) = \sum_{f \in \mathcal{F}} \theta_f^{VFA} \phi_f(S_t^x) \tag{11.29}$$

其中，$(\phi_f(S_t^x))_{f \in \mathcal{F}}$是一组用户定义的功能，$\theta^{VFA}$是使用近似动态规划算法选择的一组参数。这提供了一个可以写作以下形式的VFA策略：

$$X_t^{VFA}(S_t|\theta^{VFA}) = \arg\max_x \left(C(S_t, x) + \overline{V}_t^x(S_t^x|\theta^{VFA}) \right) \tag{11.30}$$

第15~17章涵盖了近似动态规划范畴下更深入地近似价值函数的策略。这些方法可以产生很好的解，但经典的ADP技术远非完美，尤其是当使用参数化近似时，如式(11.29)中的线性模型。这是这种混合策略的第一阶段。

第二阶段可以采取VFA策略$X_t^{VFA}(S_t|\theta^{VFA})$，并且，从$\theta = \theta^{VFA}$开始，通过求解下式使用策略搜索技术进一步调整$\theta$：

$$\max_\theta F(\theta) = \mathbb{E} \sum_{t=0}^T C(S_t, X^{VFA}(S_t|\theta)) \tag{11.31}$$

这通常需要使用第5章或第7章中介绍的一种算法。设θ^{CFA}是式(11.31)的最优解。当使用式(11.30)策略中的θ^{CFA}时，便得出了以下策略：

$$X_t^{CFA}(S_t|\theta^{CFA}) = \arg\max_x \left(C(S_t, x) + \sum_{f \in \mathcal{F}} \theta_f^{CFA} \phi_f(S_t^x) \right)$$

策略$X_t^{CFA}(S_t|\theta^{CFA})$不再是VFA策略，因为没有理由在此时此刻用$\sum_{f \in \mathcal{F}} \theta_f^{CFA} \phi_f(S_t^x)$近似价值函数。原因是选择$\theta$优化式(11.31)的做法完全失去了使$\sum_{f \in \mathcal{F}} \theta_f^{CFA} \phi_f(S_t^x)$近似价值函数的目的。

我们同时注意到，从理论上讲，基于CFA的策略$X_t^{CFA}(S_t|\theta^{CFA})$应该总是优于基于VFA的策略$X_t^{VFA}(S_t|\theta^{VFA})$，因为两者具有完全相同的架构，但基于CFA的策略是专门为优化目标函数而调整过的。以下两个原因可以解释为什么情况并非如此。

- 求解式(11.31)中的策略搜索问题时会引入噪声。函数$F(\theta)$通常是非凹的，如果搜索算法没有得到适当的调整，它最终可能会得出比起点更差的解决方案。

- 基于VFA的策略可以很容易地处理与时间相关的问题，从而产生与时间相关的策略(在这种情况下，将θ_t^{VFA}写作取决于时间t的形式)。另一方面，假设基于CFA的策略中的参数是平稳的(也就是说，它们不取决于时间)。如果它们确实取决于时间，那么参数向量θ_t当下会比平稳参数向量θ大得多。

尽管存在这些问题，我们仍旧相信，与其在式(11.31)中使用一些随机选择的起点，不如以θ^{VFA}作为起点，这样可能会产生更好的结果。

11.8 随机策略

在以下几种情况下，随机策略是有用的。

探索与利用——这很容易成为随机策略的最常见用途。开发策略的几个流行示例列举如下。

ϵ贪婪探索——这是一种平衡探索和利用的流行策略，可以用于任何离散行为的问题。该策略具有一个内嵌$\arg\max\limits_{a}$，以便在离散集合$\mathcal{X} = \{x_1, \dots, x_M\}$中选择最优的离散行为。设$C(s, x)$为处于状态$s$并采取动作$x$的贡献，其中可能包括一个价值函数或一个前瞻模型。$\epsilon$贪婪探索策略选择一个带有随机概率$\epsilon$的动作$x \in \mathcal{X}$，并选择带有概率$1 - \epsilon$的动作$\arg\max\limits_{x \in \mathcal{X}} C(s, x)$。

玻尔兹曼探索——设$\bar{Q}^n(s, x)$是对处于状态s并做出决策$x \in \mathcal{X} = \{x_1, \dots, x_M\}$的价值的当前估计。接下来，根据玻尔兹曼(Boltzmann)分布计算选择动作a的概率：

$$P(x|s, \theta) = \frac{e^{\theta \bar{Q}^n(s,x)}}{\sum_{x' \in \mathcal{X}} e^{\theta \bar{Q}^n(s,x')}}$$

参数θ是一个可调参数，其中$\theta = 0$生成纯探索策略，随着θ增大，策略会变得贪婪(选择看似最好的动作)，这是一种纯粹的利用策略。玻尔兹曼策略以最高的概率选择看似最优的动作，但任何动作都可以入选。这就是它经常被称为软最大(soft max)算子的原因。

激励——假设控制变量x是连续的(也可能是向量值)。设Z为一个相似维数的正态分布随机变量向量，均值为0，方差为1。激励策略通过添加噪声项来扰动策略$X^\pi(S_t)$，例如：

$$x_t = X^\pi(S_t) + \sigma Z$$

其中，σ是假定的噪声水平。

Thompson采样——如第7章所示，Thompson采样使用$\mu_x = \mathbb{E}F(x, W)$的价值先验$\mu_x \sim N(\bar{\mu}_x^n, \sigma_x^{2,n})$。现在，为每个$x$从分布$N(\bar{\mu}_x^n, \sigma_x^{2,n})$中抽取$\hat{\mu}_x^n$，然后选择：

$$X^{TS}(S^n) = \arg\max\limits_{x} \hat{\mu}_x^n$$

不可预测行为建模——我们可能正在尝试对带有人工输入的系统的行为建模。策略$X^\pi(S_t)$可能反映完全理性的行为，但是人的行为可能不规律。

　　隐藏状态——在多智能体系统中，一个决策可能会泄露私有信息。随机化可以帮助隐藏私人信息。

　　4类策略中的任何一类都可以随机化，方法是在策略产生后干扰决策，或者随机化成本或约束等输入。

　　通过将均匀分布的随机变量U_t(或正态分布的变量Z)包含到外生信息过程W_t中，使其成为状态变量S_t的一部分，便可以将任何随机策略转换为确定性策略，然后，这个随机变量可以用来提供额外的信息，使$X^\pi(S_t)$成为(当下已扩展的)状态S_t的确定性函数。然而，标准的做法是将上述策略称为"随机策略"。

11.9　示例：重新审视储能模型

　　9.9节提出了一个储能问题的模型。下面再回到这个问题，并创建所有4类策略的样本以及一个混合策略。我们将进一步展示，这些策略中的每一个都可能根据数据产生最优效果。因为要使用相同的符号，所以建议先复习模型。

11.9.1　策略函数近似

　　策略函数近似如下所示：

$$
X_t^{PFA}(S_t|\theta) = \begin{cases}
x_t^{EL} &= \min\{L_t, E_t\}, \\
x_t^{BL} &= \begin{cases} h_t & \text{若 } p_t > \theta^U \\ 0 & \text{若 } p_t < \theta^U \end{cases} \\
x_t^{GL} &= L_t - x_t^{EL} - x_t^{BL}, \\
x_t^{EB} &= \min\{E_t - x_t^{EL}, \rho^{chrg}\}, \\
x_t^{GB} &= \begin{cases} \rho^{chrg} - x_t^{EB} & \text{若 } p_t < \theta^L \\ 0 & \text{若 } p_t > \theta^L \end{cases}
\end{cases}
$$

　　其中，$h_t = \min\{L_t - x_t^{EL}, \min\{R_t, \rho^{chrg}\}\}$。此策略的参数为$(\theta^L, \theta^U)$，用于确定充电或放电的价格点。

11.9.2　成本函数近似

　　成本函数近似最小化一个单周期的成本(加上一个可调的误差校正项)：

$$
X^{CFA-EC}(S_t|\theta) = \arg\min_{x_t \in \mathcal{X}_t} \left(C(S_t, x_t) + \theta(x_t^{GB} + x_t^{EB} + x_t^{BL}) \right) \tag{11.32}
$$

　　其中，$\mathcal{X}_t$捕捉了流的约束(式(9.24)~式(9.28)来自9.9节给出的模型)。简单起见，使用了一个参数为标量θ的线性校正项。

11.9.3 价值函数近似

VFA策略使用价值函数近似，如下所示：

$$X^{VFA}(S_t) \quad = \quad \arg\min_{x_t \in \mathcal{X}_t} \left(C(S_t, x_t) + \overline{V}_t^x(R_t^x) \right) \tag{11.33}$$

其中，$\overline{V}_t^x(R_t^x)$是近似于决策后资源状态边际值的分段线性函数。我们使用第18章讲解的方法来计算利用问题的自然凸性的价值函数近似。从现在起，我们只注意到近似是相当好的。

11.9.4 确定性前瞻

下一个策略是对可以获得风能预测的时域H的确定性前瞻。

$$X_t^{DLA-DET}(S_t) = \arg\min_{(x_t, \tilde{x}_{t+1,t}, \dots, \tilde{x}_{t,t+H})} \left(C(S_t, x_t) + \sum_{t'=t+1}^{t+H} C(\tilde{S}_{tt'}, \tilde{x}_{tt'}) \right) \tag{11.34}$$

对于$t' = t, \dots, T$，满足：

$$\tilde{x}_{tt'}^{EL} + \tilde{x}_{tt'}^{EB} \leq f_{tt'}^E, \tag{11.35}$$

$$(\tilde{x}_{tt'}^{GL} + \tilde{x}_{tt'}^{EL} + \tilde{x}_{tt'}^{BL}) = f_{tt'}^L, \tag{11.36}$$

$$\tilde{x}_{tt'}^{BL} \leq \tilde{R}_{tt'}, \tag{11.37}$$

$$\tilde{x}_{tt'} \geq 0 \tag{11.38}$$

其中，$f_{tt'}^E$是在t时对风力发电场在t'时的风能所做的预测，$f_{tt'}^L$是对电力负荷(需求)的预测。对前瞻模型中的变量使用波浪号，这样就不会将其与基本模型中的同一变量混淆了。这些变量还会通过t和t'来索引，t表示形成前瞻模型的时间段，t'表示前瞻时域内的时间段。

11.9.5 混合前瞻—成本函数近似

最后一项策略—— $X_t^{DLA-CFA}(S_t|\theta^L, \theta^U)$是一种具有成本函数近似(CFA)形式的混合前瞻，其以如下两种附加约束形式呈现，其中$t' = t+1, \dots, T$。

$$\tilde{R}_{tt'} \geq \theta^L, \tag{11.39}$$

$$\tilde{R}_{tt'} \leq \theta^U \tag{11.40}$$

这些限制提供了缓冲，以确保不让电能水平计划得过于接近下限或上限，从而允许预测来自可再生能源的电能低于或高于计划的水平。我们注意到，CFA前瞻策略实际上是一种将确定性前瞻与成本函数近似相结合的混合策略(其中近似位于约束的修改中)。

11.9.6 实验测试

为了测试策略，创建了以下5个问题变体。

(1) 一个平稳的问题，具有重尾价格、相对较低的噪声、适度准确的预测和储能速度合理的设备。

(2) 一个与时间相关的问题，具有每日负荷模式、无季节性的电能和价格、相对较低的噪声、不太准确的预测，以及储能速度非常快的设备。

(3) 一个与时间相关的问题，包括日常负荷、电能和价格模式、相对较高的噪声、使用时间序列的不太准确的预测(误差随着时间的推移而增长)，以及储能速度相当快的设备。

(4) 一个与时间相关的问题，包括日常负荷、电能和价格模式、相对较低的噪声、非常准确的预测，以及储能速度相当快的设备。

(5) 与问题(3)相同，但预测误差在计划时域内是固定的。

每个问题变体都专门针对5项策略中的每个特点而设计。我们针对以上5个问题测试了所有5项策略。在每种情况下，都使用完美信息来解决问题，从而评估策略(这被称为后验界，posterior bound)，然后将策略作为后验界的一部分来评估。结果如表11.2所示，其中粗体条目(对角线上)表示该问题类中效果最好的策略。

表11.2　相对于最优后验解，每类策略在每个问题上的性能(引自Powell和Meisel(2016)的论著)

问题	PFA	CFA-EC	VFA	LA-DET	LA-CFA
(1)	**0.959**	0.839	0.936	0.887	0.887
(2)	0.714	**0.752**	0.712	0.746	0.746
(3)	0.865	0.590	**0.914**	0.886	0.886
(4)	0.962	0.749	0.971	**0.997**	0.997
(5)	0.865	0.590	0.914	0.922	**0.934**

该表显示，5项策略中的每一项都能最好地解决5个问题中的一个。当然，问题是故意这样设计的，但这也说明了任何策略都可以是最好的，即使在单个问题类上，也只需要修改数据。例如，当预测非常好时，确定性前瞻的效果最好。基于VFA的策略最适用于时间依赖性强、不确定性高(即预测较差)的问题。如果预测是不确定的，基于CFA的混合策略效果最好，但会增加价值。

11.10　选择策略类

给定策略选项，问题自然出现，如何设计最适合特定问题的策略呢？毋庸置疑，它取决于问题的特性、计算时间的限制以及算法的复杂性。这是策略设计的艺术，我们已经竭尽所能来提供指导并做出明智的选择。

下面总结了不同类型的问题，并提供了一个看似非常适合应用的策略示例，该策略主要基于实际应用中的经验。

11.10.1　策略类

首先回顾4个元策略类别中每一类的特征。

策略函数近似

公用事业公司想了解储能电池的价值——这种电池可以在价格低时储存电能,在价格高时释放电能。价格过程波动很大,每日周期适中。该实用程序需要一个易于在软件中实现的简单策略。公用事业公司选择了一种策略:固定两个价格,当价格低于较低的那个价格水平时存储电能,当价格高于较高的价格水平时释放电能。需要优化这两个价格。不同的策略可能涉及在一天中的某个时间存储电能,并在一天的另一个时间释放电能,以捕捉每日周期。

因为我们了解该策略的结构,所以自然而然地选择了策略函数近似(PFA)。很明显,"低买高卖"的策略最优(支持研究也证明了这一点)。在许多情况下,PFA的结构鲜明,但缺乏任何最优性证明,并且可能不是最优的,只是看似工作得很好。

该指导不适合神经网络的使用。神经网络在控制机器人和电脑游戏中引起了人们相当大的关注,机器人和游戏都提供了收集大量观察结果的环境。神经网络可以处理复杂的输入,例如玩家的特征和游戏状态,其弱点列举如下。

- 需要大量的训练迭代。
- 在捕捉结构方面做得很差(例如,当意识到竞争对手提高酒店房价时,应该提高酒店房价)。
- 噪声颇多,并且很容易出现过拟合(参见3.9.4节中的图3.8)。

神经网络似乎在低噪声环境中工作得最好,在这种环境中,可以通过大量的重复来训练构成神经网络的大量参数。

即使策略的结构看起来很明显,也会存在以下几个限制PFA效用的问题特征。

- 时间相关——PFA参数(例如,买卖电量的点)通常是时间相关的。对两个参数进行优化相对容易。如果有100个时间段,优化超过200个参数就完全是另一回事了。
- 状态相关——策略可能取决于其他状态变量,例如天气(在储能属性中)。在健康应用中,可以设计PFA来确定降低血糖的药物剂量。例如,可以设计一个简单的线性(或分段线性)函数,将剂量与血糖水平联系起来。但是,药物的选择(有几十种)可能取决于患者的属性(有几百种),可能需要针对每一组患者属性使用不同的PFA。
- 决策维度——PFA不太适用于决策x_t是向量的问题。如果决策是一个向量,那么这意味着,应使用另外3个类别(CFA、VFA和DLA)中的一个,毕竟它们3个都有一个嵌入式优化问题,允许我们利用数学规划的所有工具。

成本函数近似

成本函数近似(CFA)可能很容易成为在实际应用中使用最广泛的策略类,尽管作为一个类，它们长期被研究文献所忽视。当存在可以使用标准方法求解的自然确定性近似时，通常使用CFA。其理念是引入参数，使策略在不确定性下更好地发挥作用。当然，这意味着，就像PFA一样，必须有足够的结构，以便设计有效的参数化。然而，与其从头开始构建策略，不如从确定性近似开始。

我们在第7章中第一次看到，CFA在纯学习问题中的使用非常有效。例如，区间估计策略

$$X^{IE}(S^n|\theta^{IE}) = \arg\max_x \left(\bar{\mu}_x^n + \theta^{IE}\bar{\sigma}_x^n\right)$$

会权衡利用(通过最大化$\bar{\mu}_x^n$，即选择x奏效程度的估计)与探索(通过最大化$\bar{\sigma}_x^n$，即$\bar{\mu}_x^n$标准差的估计)。我们赋予的相对于$\bar{\mu}_x^n$的、由θ^{IE}给出的$\bar{\sigma}_x^n$必须被调整。

当存在一个可被优化的合理确定性近似，并且我们对如何处理不确定性有直观的想法时，CFA是有用的。假设需要在某个人口密集的城市决定何时离家去上班。导航系统告知这段行程需要37分钟，出于安全考虑，你又为行程增加了10分钟的预算。采用该策略一周后，如果因为某天的意外延误而迟到，那么你会把缓冲时间增加到15分钟。这是CFA的一种形式，在搜索到最优路径后，添加一个可在字段中调优的缓冲区来应对不确定性。

CFA也非常适合复杂的高维问题，如航班调度问题。在这种情况下，我们将求解一个大型的确定性整数规划问题来安排飞机和机组人员，但必须处理由拥堵和天气延误导致的飞行时间的不确定性。航空公司会添加一个缓冲区，这个缓冲区可能取决于出发地和目的地，但也取决于每天的时段。这个缓冲区可能基于一个数据集，航空公司在这个数据集中选择一个缓冲区，使航班的准点率达到θ%。然后，该航空公司将监控整个网络的准点率表现和来自客户的反馈，以帮助其调整θ。

价值函数近似

价值函数近似(VFA)倾向于用于需要捕捉当前决策对未来的影响的问题，以及可以在定义良好的函数中获取该价值的问题。由于基于VFA的策略比基于DLA的策略更容易使用(特别是当需要随机前瞻时)，因此本类别的第一个问题应该是：为什么不使用VFA？

这时必须审视问题，并询问价值函数需要有多复杂。注意，维度不是问题。如果感觉可以使用状态变量中的线性或凹函数(最大化意味着凹函数，最小化意味着凸函数)合理地近似未来，则可以对非常高的维度进行估计。这些通常发生在大型资源分配问题中。

VFA似乎相对容易近似的一些例子列举如下。

血液管理问题——来看一下8.3.2节中提出的血液管理问题。可以使用近似动态规划来解决这个问题的高维、空间分布版本，使用第18章中介绍的方法。

库存问题——在许多问题中，R_t是描述待售产品、血液供应、电池储能或共同基金现金等库存的标量。

图上的路由——目前位于节点i，需要确定下一步转到哪个链路(i, j)，其中遍历某个链路时会产生一个离开i、到达j后方才显示的随机成本$\hat{c}_{ij}$。需要学习在每个节点上做出最优

决策的价值 $\bar{v}_i$。注意，此表示法使用的是价值函数的查找表版本，这意味着节点的数量不能太大。

随意地调整这些问题，即可创建一些价值函数很难近似的示例，如下所示。

积压的血液管理——以8.3.2节的血液管理问题为例，添加一个简单的条件，即存在不需要立即满足的选择性手术。如果现在不支付手术费用，还可以以后再做。这种"积压"引入了手头的血量和积压的手术之间的相关性，使得价值函数的结构更加复杂。

上下文库存问题——假设在管理库存 R_t 时，必须考虑其他动态数据。例如，如果 R_t 是电池中的储能，可能还必须跟踪当前和先前的电价、温度和电量需求。这些额外的使问题复杂化的数据有时被称为"上下文"，原因是库存的价值通常不具有可以利用的结构属性。

动态图上的路由——假设面临着这样的情况：规划一条通过真实网络的路径，该网络的行程时间在不断更新。虽然经常被忽视，但这个问题的状态变量是车辆必须做出决策的节点和网络中每条链路的当前链路时间的估计值的组合！

在一些问题中，基于价值函数近似的策略取得了惊人的进展，但我们认为它们只占(普遍存在的)真实序贯决策问题的一小部分。我们注意到，学术文献中关注价值函数的使用的论文数量，占所有处理不确定性决策的论文数量的百分比，远远超过了使用价值函数实际解决的现实问题的百分比。

直接前瞻策略

许多问题似乎很自然地需要我们基于一个时域开展计划，以便在当下做出决策。一个简单的例子是导航系统，它规划了一条通往目的地的道路，以确定在下一个十字路口是向右转弯还是向左转弯。PFA或CFA永远无法解决这个问题。有人可能会争辩说，它可以用VFA来解决，因为确定性最短路径问题实际上是使用价值函数来解决的动态规划问题，但是在将问题转化为确定性近似(即确定性DLA)问题之后，忽略了行程时间估计的动态更新(这是滚动预测的一种形式)。

DLA类中有以下3种重要的策略，对于许多应用来说非常实用。

确定性前瞻——有时被称为模型预测控制(model predictive control，MPC)或滚动/后退过程，确定性前瞻通常是许多人在面临需要前瞻策略的问题时尝试的第一个策略。没有一个简单的公式来确定该策略，但读者应该自行思考各自的问题，并自问下游决策可能在多大程度上影响现在需要做出的决策。在DLA和VFA之间进行选择时，同样重要的是信息在多大程度上被视为VFA中的潜在变量。例如，在使用基于VFA的策略时，预测通常被建模为潜在变量，这意味着每次更新预测时都必须重新计算VFA。相比之下，确定性DLA将预测直接构建在模型中，这通常(但并不总是)相对容易解决。

我们发现，有些量比其他量更容易确定性地近似。例如，如果用确定性预测对不确定的价格进行建模，就永远不会获得低买高卖类型策略的近似值。另一方面，我们似乎很乐意使用行程时间的点估计来规划网络上的最优路径。

作为一种普通模式，随着不确定性的增加，VFA往往工作得更好，因为它提供了一种平滑变化的自然机制。更高级别的不确定性也往往会使价值函数更平滑、更容易近似。

即使在存在不确定性的情况下，确定性前瞻通常也能提供很好的近似值。例如，它在规划到达目的地的路径时效果很好，即使网络中每条支路的行程时间都是随机的。

样本前瞻——当需要处理未来的不确定性时，将回到近似随机前瞻策略，它可以写作：

$$
\begin{aligned}
X_t^{DLA-Stoch}(S_t) = \arg\max_{x_t} \Bigg(& C(S_t, x_t) + \\
& \tilde{E}\left\{\max_{\tilde{\pi}} \tilde{E}\left\{\sum_{t'=t+1}^{T} C(\tilde{S}_{tt'}, \tilde{X}_t^{\tilde{\pi}}(\tilde{S}_{tt'} | \tilde{\theta}_t)) | \tilde{S}_{t,t+1}\right\} | S_t, x_t\right\}\Bigg)
\end{aligned}
\tag{11.41}
$$

式(11.41)有点让人望而生畏，其具体分解详见第19章。简言之，每个 $\tilde{E}$ 都是通过模拟底层序列 $\tilde{W}_{t,t+1}$（对于第一个 $\tilde{E}$）和 $\tilde{W}_{t,t+2}, \tilde{W}_{t,t+3}, \dots, \tilde{W}_{t,t+H}$（对于第二个 $\tilde{E}$）来近似的。挑战在于前瞻策略 $\tilde{X}^{\tilde{\pi}}(\tilde{S}_{tt'})$ 的设计。当然，虽然想要尽可能好的决策，但在前瞻模型中，可以用略逊于最优策略的策略，同时更多地关注计算复杂性。

参数化前瞻——该策略在实践中广泛使用，却被研究界普遍忽视。其理念是使用确定性前瞻，再引入修改确定性模型的参数，使其在不确定性下更好地工作。例如，假设想在链路时间不确定的网络上找到最优路径，可以使用第80个百分位数来代替平均链路时间的估计值。接着将该百分位数转换为可调参数 θ 并且基于行程时间来模拟使用最短路径的情况。该理念详见第13章。

11.10.2　策略复杂性——计算权衡

在选择策略时，有一个简单的权衡。简单来说，就是在计算策略上投入的工作越多，在设计和调优策略上投入的工作就越少。

例如，PFA是最简单的函数，但它们只适用于简单的问题。库存问题就是一个很好的例子。标准库存策略的特点是：触发库存订单的较低库存 θ^{min} 和补充库存量 θ^{max} 创建了可调参数向量 $\theta = (\theta^{min}, \theta^{max})$。这听起来这么简单，以至于讨论库存问题的文献在60年内都没有超越这一基本策略。

事实上，第1章的开头从横跨太平洋到美国东南部仓库的货物库存问题开始(见图1.1)，引入了一系列复杂问题。表11.3展示了这些复杂问题的示例，其中列出了策略必须考虑的3种类型的问题：状态变量、未来信息和未来决策。

表11.3 决策问题的复杂状态变量、未来信息和未来决策

状态变量	未来信息	未来决策
货船将在6周至20周内抵达	40天后到达的货船可能会延迟0到7天	可以通过空运发送紧急订单
暴风雨将袭击港口，造成1周的延误	农产品需求可能增加15%	可以提高价格
2周内需求激增	预测的运输能力无法满足激增的需求	必须安排外部运输能力
商品价格刚刚上涨20%	可能出现商品短缺	可以更换供应商

复杂的状态变量意味着状态不再是库存R_t，而是许多其他信息，例如先前订购的库存的时间(船只在6周至20周内到达)、即将袭击港口的风暴和商品价格的变化。可以将所有这些都纳入状态S_t中，但这如何改变库存策略呢？

现在，补充库存参数向量θ变成了一个函数$\theta(S_t)$，但是这个函数是什么样子的呢？最有可能的是，这将涉及额外的实验和更多必须调整的参数。PFA可能很简单，但是与状态相关的参数向量$\theta(S_t)$代表了主要的复杂性。此外，非平稳行为通常意味着，在这种情况下，$\theta(S_t)$变成了$\theta_t(S_t)$，这意味着θ本身(或函数)当前与时间相关。

未来可能到达的信息中会出现更多的复杂性，我们可能做出相应的决策。然而，补充库存策略的基本结构是围绕一个相当简单的模型构建的，该模型不能处理以不同方式适应新信息的混合决策结构。

其他类型的策略更适合用来处理这些复杂性。VFA更适合用来处理时间相关和高不确定性，而DLA(通常是参数化的)求解近似前瞻，通过将复杂的问题直接构建到模型中，来消除对策略行为方式的大量猜测。代价是额外的计算(可能很多)。

冒着过分简化这个问题的风险，图11.3描述了创建策略的复杂性和计算策略的成本之间的权衡。将直接预判分为确定性预判和随机预判——基于它们之间的明显不同。关键是认识到构建策略和计算策略的复杂性是在设计策略时必须考虑的重要问题。

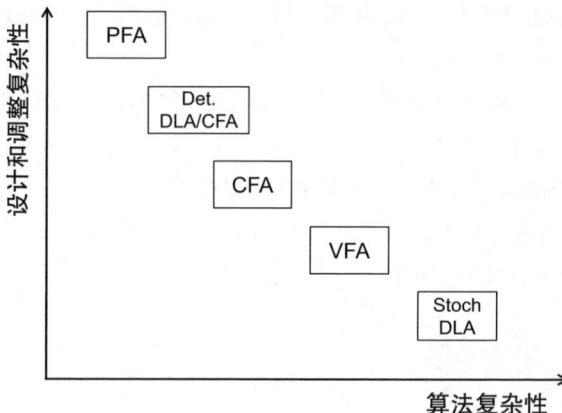

图11.3 每个主要策略类创建策略的复杂性和计算策略的成本之间的权衡

11.10.3 筛选问题

以下筛选问题可能有助于评估哪个策略类别可能是合适的。记住，策略的选择在很大程度上取决于正在处理的特定应用的上下文。

(1) 问题的结构是否暗示了一个简单而自然的决策规则？如果存在一个"明显"的策略(例如，当库存过低时补充库存)，那么基于价值函数近似的更复杂的算法可能会遇到困难。利用结构总是有益的，但要记住，简单的规则意味着需要可调参数，而调优可能很难。

(2) 一项贪婪(即短视)的策略会合理地发挥作用吗？这将为解决相对简单的高维资源分配问题(如将资源分配给任务)的优化问题开启一扇大门。

(3) 这个问题是相当平稳的，还是非常不平稳的？非平稳问题(例如响应每小时的需求或每天的水位)意味着需要一个时间相关的策略。如果不确定性水平比可预测的可变性低，那么滚动时域算法可以很好地发挥作用。当参数随时间周期变化时，很难产生策略函数近似值。

(4) 你是否有一种强烈的预感——将来可能做出的决策会影响现在要做的事情？一个简单的例子是可以规划到目的地的路径的车辆导航系统，而计划投资以满足主要债务(大学，退休)则是另一个例子。如果是这样的话，就需要问一些关于不确定性的问题：

(a) 是否有一个明确的目标，必须在某个时间点达到？

(b) 未来的确定性近似可以成为一个合理的起点吗？既然确定性前瞻策略如此流行(有一个称为模型预测控制的最优控制领域，专门研究此方法)，那么必须仔细考虑"为什么不采用确定性前瞻"。然而，在许多问题中，确定性查找无效。一些例子列举如下。

- 具有随机销售价格的资产出售问题——最优策略在很大程度上取决于识别价格变化并利用它们的策略(例如，当价格高于某一点时出售)。
- 管理服务于离散需求的单个资源(参见2.3.4节中漂泊的货车司机的例子)。
- 实际上存在一些动态问题，其中确定性前瞻模型太大，无法在动态环境中足够快地解决。

(c) 未来的不确定性有多大？当不确定性很高时，价值函数近似特别有价值，并且可以使处于某种状态的价值更容易近似。

(5) 最重要的状态变量(特别是物理状态或被直接控制的状态)的值是否具有可以在价值函数近似设计中利用的自然结构？

使用这4类策略时的指导原则是从最简单的策略着手。

表11.4列出了上述每种场景以及建议的起始策略。鉴于问题类的多样性，很难提供精确的建议，但是要强调的是：这些只是起始策略的建议。

表11.4 不同场景的建议起始策略

场景	建议策略
(1)	明确选择PFA
(2)	可能选择CFA，因为这可能需要一个嵌入式优化问题。可寻找参数化方法以提高性能
(3)	确定前瞻(内嵌预测)可以将非平稳问题转化为平稳问题
(4)	此时此刻可以采用直接前瞻策略；只需要确定采用哪种策略
(4a)	如果能接受确定前瞻，那么这就是第一步。如果需要在不确定的情况下，在特定的时间内达到特定的目标，那么需要考虑的是技术上具有挑战性的策略
(4b)	这表明，确定性直接前瞻是顺其自然的起点
(4c)	如果存在很大的不确定性，那么确定性前瞻会开始力不从心，而价值函数开始变得更有吸引力
(5)	如果状态变量的值是被直接控制的(即使是一些相对简单的系统，也可能有外生演化的辅助变量)，那么可以尝试设计一个价值函数近似的架构。此时，需要考虑第15~18章所述的更新机制

除非将算法作为一种智力练习，否则最好将注意力集中在问题上，并选择最适合应用的方法。对于更复杂的问题，则做好使用混合策略的准备。

例如，滚动时域规划可以与取决于可调参数的调整(策略函数近似的一种形式)相结合。可以通过采用了决策树的前瞻策略(结合简单价值函数近似)来减小树的大小。

CFA在优化问题中包含了更多的结构，这使调整系数变得更容易。纯CFA不会在优化问题中试图近似未来，而基于VFA的策略会在优化问题中近似未来(VFA策略中存在嵌入的 $\arg\max_x$)，该优化问题倾向于进一步简化VFA的架构以及调优。

记住，任何近似都可以用可调参数进行补偿。这正是PFA和(短视的)CFA(如UCB策略)的有效性之所在。然而，近似DLA也可以使用精心设计的参数化进行补偿，详见第13章。此外，参数化DLA的调优也得到了简化，因为它已经在策略中内置了大量的问题结构，详见第13章。

但最终，策略取决于特定应用的特性。

11.11 策略评估

选择最优策略类时，尤其是当策略类中有任何调整时，都需要执行策略评估。

首先必须决定：是否会像在线环境中通常发生的那样，最大限度地提高累积回报？在这种情况下，应使用

$$\max_{\pi} F^{\pi} = \mathbb{E}\left\{\sum_{t=0}^{T} C(S_t, X^{\pi}(S_t), W_{t+1})|S_0\right\}$$

$$= \mathbb{E}_{S_0}\mathbb{E}_{W_1,...,W_T|S_0}\left\{\sum_{t=0}^{T} C(S_t, X^{\pi}(S_t))|S_0\right\}$$

然后使用下式模拟 F^π。

$$F^\pi(\theta|\omega) = \sum_{t=0}^{T-1} C(S_t(\omega), X^\pi(S_t(\omega)|\theta))$$

最后，对样本路径进行平均，以得到：

$$\bar{F}^\pi(\theta) = \frac{1}{K} \sum_{k=1}^{K} F^\pi(\theta|\omega^k)$$

否则，要优化最终设计，对于状态相关问题，这意味着使用下式估计策略：

$$\max_{\pi^{lrn}} F^{\pi^{lrn}} = \mathbb{E}\{C(S, X^{\pi^{imp}}(S|\theta^{imp}), \widehat{W})|S^0\}$$

$$= \mathbb{E}_{S^0} \mathbb{E}^{\pi^{imp}}_{((W_t^n)_{t=0}^T)_{n=0}^N|S^0} \left(\mathbb{E}^{\pi^{imp}}_{(\widehat{W}_t)_{t=0}^T|S^0} \frac{1}{T} \sum_{t=0}^{T-1} C(S_t, X^{\pi^{imp}}(S_t|\theta^{imp}), \widehat{W}_{t+1}) \right)$$

然后使用下式模拟 F^π。

$$F^\pi(\theta^{lrn}|\omega, \psi) = \frac{1}{T} \sum_{t=0}^{T-1} C(S_t(\omega), X^{\pi^{imp}}(S_t(\omega)|\theta^{imp}), \widehat{W}_{t+1}(\psi))$$

最后，对样本路径取平均，以得到：

$$\bar{F}^\pi(\theta^{lrn}) = \frac{1}{K}\frac{1}{L} \sum_{k=1}^{K} \sum_{\ell=1}^{L} F^\pi(\theta^{lrn}|\omega^k, \psi^\ell)$$

评估的一个重要部分是设计由 $\widehat{W}$ 表示的测试样本的观察值。

另一个选择是处理风险。使用期望算子 $\mathbb{E}$ 作为对整个结果取平均的默认指标，但是风险完全有可能是一个重要的问题。我们感兴趣的可能是最坏情况的表现、第10个百分位数或者9.8.5节中讨论的VaR或CVaR风险指标之一。

11.12 参数调整

策略搜索中的参数调整是其自身的随机优化问题，目的是找到解决随机优化问题的策略(或算法)，可以将其写作：

$$\max_\theta F^\pi(\theta) \tag{11.42}$$

由于 $F^\pi(\theta)$ 涉及通常无法计算的期望，因此通常改为求解：

$$\max_\theta \bar{F}^\pi(\theta) \tag{11.43}$$

无论哪类问题产生了函数 $F^\pi(\theta)$(或 $\bar{F}^\pi(\theta)$)，都需要找到一个(可能是向量值的)参数 θ，以控制实现策略(或如何找到实现策略)。

执行参数调整有两种广泛的策略：基于导数的随机搜索(详见第5章)和无导数随机搜索(详见第7章)。记住，对于梯度并非直接可用的问题(大多数情况下)，可以使用数值导数。

SPSA算法(见5.4.4节)非常适合用来优化向量值参数θ，即便在导数不可用时，也是如此。

参数调整过程需要考虑以下问题。

模拟器与现场实验——根据我们的经验，绝大多数正式参数调整都是使用模拟器完成的，但构建一个校准良好的模拟器可能是一个重大项目。有许多序贯决策问题需要解决，但这些问题并不能证明构建模拟器所需的资源是合理的。如果是这种情况，唯一的选择是在该领域使用在线学习，这消除了使用任何基于导数的算法的可能性。第7章中使用累积回报目标的技巧应适用于此。

可调参数——选择最优策略时需要平衡计算复杂性和参数化策略的简单性。PFA和CFA类中更简单的策略看起来很有吸引力的原因是它易于开发，不过随着你在这一领域的经验增长，你会开始欣赏下面这句话：

"简单性的代价是参数可调……而调整很难！"

前瞻策略通常具有低得多的参数调整负担(当有参数时，它们也更容易调整)，但你可以权衡在现场执行这些策略的计算成本。

潜在变量——"潜在变量"的存在使参数的调整过程更加复杂。根据定义，潜在变量是隐藏的，这意味着如果它们发生变化，其影响不会被明确建模。潜在变量可以像算法的起点一样简单。如果针对特定的起点调整步长规则的参数，则生成的步长规则可能很容易失败，因为起点离最优解更近或更远。潜在变量也可以是实验中的噪声，或者影响响应面的形状的问题特征。

昂贵的实验——在许多情况下，实验是耗时的(而且可能很昂贵)。该领域的任何实验都面临着耗费时间进行观察的问题。然而，也有一些问题需要昂贵的计算机模拟，一次观察需要数小时到数天的时间。实验室实验通常要糟糕得多。截至本书撰写之时，对小成本参数调整的研究相当有限。在这样的问题设置中，关键是利用尽可能多的结构和专业知识。

在整个参数调整过程中，要记住，参数调整是解决序贯决策问题的序贯决策问题。若想为实际应用获得一个好的解决方案，必须做好参数搜索。我们建议在一些基准应用上测试搜索过程，以便准确衡量该过程的工作情况。当然，要设计一个与实际应用的一般行为相匹配的基准测试。

正如确定性优化问题的弱算法可能产生糟糕的解决方案，弱搜索算法("学习策略")也可能产生较差的实现策略。事实上，结果可能相当糟糕。仅仅运行了一个算法且进行了多次迭代并不意味着已经产生了一个高质量的解决方案。保护自己的最佳方式是设计相互竞争的解决方案(可能使用两类或多类策略，但这可能适用于一类策略内部)，并选择最有效的方案。

11.12.1 软问题

如果要测试的类的数量很少，那么合理的策略是分析每个策略类并选择最好的一个。

当然，还可以做得更好，因为这基本上是对离散选择的搜索。

与其深入评估每个策略类(这是不切实际的)，不如进行部分评估，就像检查未知函数一样。这就带来了必须对一组参数进行优化以评估特定搜索策略/算法的问题。如果这很容易，可能就没必要找到最优的搜索策略/算法。但是，假设要为一个没有导数并且函数估计需要几个小时(或一天)的问题查找最优搜索策略，考虑到我们关注的是寻找最优策略，选择的过程并不像看起来那么简单。不像确定性优化，我们想要的是最好的解(最低成本、最高利润等)，策略 $X^\pi(S_t|\theta)$ 的表现只是需要考虑的众多因素之一。

这与机器学习有相似之处，想要的 θ 值是，模型 $f(x|\theta)$ 产生的与数据(训练数据集)的最优拟合。然而，选择最优模型 $f(x|\theta)$ 时需要对函数 $f \in \mathcal{F}$ 进行搜索，这就比较复杂了。目标是找到在该领域工作良好的模型，虽然产生良好的估计(或预测)总是很重要，但透明度和健壮性等问题也很重要。

应基于环境选择最优策略，但在最终选择中以下问题可能会变得很重要。

- 解决方案质量——当然，我们希望解决方案尽可能好，尤其是在具有明显经济后果的大额交易中。

- 计算可处理性——谷歌公司的一位代表曾发表声明，说想要一个选择显示什么广告的最优策略，但该策略不要超过50毫秒。一个主要的电网运营商有4个小时的时间来确定其明天的发电计划，但要求实现随机前瞻(详见第19章)，这明显需要更多的计算工作。

- 鲁棒性——在各种条件下，程序是否始终可靠？

- 方法的复杂性——如果方法是在一个黑盒中获取的，那么我们只关心这个盒子是否有效以及效果如何。但通用软件包很少，这意味着公司(或其顾问)必须自己开发逻辑。一家公司(更确切地说，是做这项工作的团队)必须对该方法能够正确实现、按时、按预算取得良好效果充满信心。

- 透明度/可诊断性——我们可能需要了解做出决策的原因。如果自动化系统拒绝了少数族裔申请人的贷款申请，法律就可能会要求对此进行归档记录。然而，我们可能也会想：为什么司机要经过长时间的空驶到达提货处？货物必须被转移吗？它可以稍后转移吗？由于数据可能并不完美，因此可能有必要了解哪些数据对决策有影响。如果不喜欢一个决策，是否可以追溯建议背后的原因，以便理解或解决它？

- 数据需求——应了解需要什么数据以及数据的可靠性如何。

11.12.2 跨策略类搜索

11.12.1节重点讨论了调整特定策略类的参数。跨策略类搜索如何？需要记住的是，策略的4个"类"实际上是元类；选择PFA或VFA这样的类时仍然需要大量的工作来确定(策略或价值函数的)最优函数近似，再进行所有调整或拟合这些近似值的工作。有时甚至要花几个月的时间制定一项特定的策略。当然，通常不太可能对每个策略类都这样做。

此刻有必要思考本章提出的一些问题。软问题可能主导策略类别的选择。你有多少时间来制定和测试一项策略？计算复杂性或透明度有多重要？不妨让这些维度来引导策略类的选择。对于那些想使用本书解决特定问题(而不是获得该领域的一般知识)的读者，我们希望本章中的讨论能够引导他们找到最适合各自问题需求的章节。

11.13　参考文献注释

11.2节——特定策略类的识别由Powell(2011)首次提出，但该讨论未能将成本函数近似确定为一个特定类别。本书中确定的4类策略最初由Powell(2014)正式确定。Powell(2016)将这4类问题分为两个核心策略："策略搜索策略"和"前瞻策略"。最后，Powell(2019)引入了状态不相关问题(纯学习问题)和状态相关问题的概念，以及最终回报和累积回报目标。

本章简要概述了所有4类策略，但这只是为本书的其余部分奠定基础。这4个类别中每一类的详细介绍参见第12~19章。请参阅这些章节中的参考文献，以获得更完整的综述。

11.9节——本节内容摘自Powell和Meisel(2016)的论著。

练习

复习问题

11.1　什么是策略？

11.2　设计策略的两种策略是什么？它们的区别是什么？

11.3　这两种策略分别由两类策略组成。请为这4类策略命名，并描述将其与其他3个类区分开来的特征。

11.4　为4类策略中的每一类描述该类策略难度最大的特征。

11.5　11.9节中描述的储能问题的核心信息是什么？

11.6　"策略中的策略"是什么意思？

11.7　描述随机策略的含义，试举两个随机策略的例子，分别用于连续决策和离散决策。

建模问题

11.8　平稳策略、确定性非平稳策略和适应性策略之间的区别是什么？

11.9　下面列出了一系列问题，每个问题对应着某个建议的决策方法。请根据4类策略对每个方法进行分类(可以自行判断某个方法是不是多个类的混合)。

(1) 使用谷歌地图寻找到达目的地的最优路径。

(2) 假设正在管理大陆和一个小度假岛之间的班车服务。一旦到达最低人数，或者当第一个上车的人的等待时间超过特定时长时，就要决定发车。

(3) 一家航空公司在一个月内利用空闲时间优化其航班，以防止潜在的延误。

(4) 执行序贯学习的上置信边界策略(详见第7章)。

(5) 某个用于下棋的计算机程序使用计分系统来计算尚未被捕捉的棋子的价值。假设它选择在一次移动后保持点数最高的移动。

(6) 假设有一个经过改进的计算机程序会在下棋3步之后列出所有可能的走法，然后应用它的计分系统。

(7) 用于序贯学习的Thompson采样(详见第7章)。

11.10 你是某个赛车队的老板，必须决定是留用现有的车手，还是雇用一个新车手。每次比赛后的决策是留用或暂停雇用(或者换人)。你唯一关心的结果是车手赢或输。

(1) 将问题表述为3个竞赛的决策树(将这些竞赛索引为0、1和2)。

(2) 在式(11.23)中，将最优策略写作：

$$X_t^*(S_t) = \arg\max_{x_t} \left(C(S_t, x_t) + \mathbb{E}\left\{ \max_\pi \mathbb{E}\left\{ \sum_{t'=t+1}^{T} C(S_{t'}, X_{t'}^\pi(S_{t'})) \middle| S_{t+1} \right\} \middle| S_t, x_t \right\} \right) \tag{11.44}$$

设$t=0$时面临两种动作之一(留用当前车手或换人)，完整枚举当$t=1,2$时，可能考虑的所有策略。

(3) 式(11.44)中的外部期望$\mathbb{E}$基于哪个随机变量？

(4) 式(11.44)中的内部期望$\mathbb{E}$基于哪个随机变量？

求解问题

11.11 下面列出了一系列情境以说明在特定情况下如何做出决策。对于每种决策，根据正在使用的是4类基本策略中的哪一类对决策函数进行分类。如果使用了策略函数近似或价值函数近似，请确定正在使用的函数类。

(1) 如果我醒来时温度低于40华氏度，我会穿上冬衣。如果温度在40华氏度以上、55华氏度以下，我会穿一件轻便的夹克。如果温度在55华氏度以上，我不穿任何夹克。

(2) 当我上车时，我会使用导航系统来计算到达目的地的路径。

(3) 为了确定明天选择哪些煤电厂、天然气厂和核电站，电网运营商求解了一个整数规划问题，计划在未来24小时内将要打开或关闭哪些发电机，以及何时打开或关闭。该计划随后用于通知明天将投入运营的工厂。

(4) 国际象棋棋手根据先前经验判断从特定棋盘位置获胜的概率，从而做出动作。

(5) 一位股票经纪人观察到一只股票从每股22美元上涨到了每股36美元。在达到36美元后，经纪人决定再持有该股几天，因为他觉得该股可能还会上涨。

11.12 对于以下决策情况，重复练习11.11。

(1) 公用事业公司必须规划从一个水库到下一个水库的水流，同时确保满足一系列法律限制。这个问题可以被公式化为一个强制执行这些约束的线性规划。该公司会利用对未来12个月的降雨量的预测来确定现在应该做什么。

(2) 该公用事业公司当下决定通过对未来一年逐月降雨量的20种不同场景进行建模来获取降雨量的不确定性。

(3) 共同基金必须决定手头持有多少现金。共同基金使用的规则是，保留足够的现金来支付过去5天的总赎回额。

(4) 一家公司正计划在圣诞节期间销售电视。它每周都会对需求进行预测，但不希望在本季结束时库存为零，因此该公司增加了一个函数，为多达20台电视提供正值。

(5) 风力发电场必须承诺明天能提供多少电能。风力发电场会创建一个预测，其中包含对预期风量和误差标准差的估计。然后，运营商做出供电承诺，因此他有80%的可能性能够做出承诺。

11.13 考虑以下两个策略：

$$X^{\pi^A}(S_t|\theta) = \arg\max_{x_t}\left(C(S_t, x_t) + \sum_{f\in\mathcal{F}}\theta_f\phi_f(S_t)\right) \tag{11.45}$$

以及

$$X^{\pi^B}(S_t|\theta) = \arg\max_{x_t}\left(C(S_t, x_t) + \sum_{f\in\mathcal{F}}\theta_f\phi_f(S_t)\right) \tag{11.46}$$

对于式(11.45)中的策略 π^A，可以通过求解下式来寻找参数向量。

$$\max_{\theta} \mathbb{E}\sum_{t=0}^{T} C(S_t, X^{\pi^A}(S_t|\theta)) \tag{11.47}$$

对于策略 π^B，我们希望找到 θ，以满足下式：

$$\sum_{f\in\mathcal{F}}\theta_f\phi_f(S_t) \approx \mathbb{E}\sum_{t'=t}^{T} C(S_t, X^{\pi^B}(S_t|\theta)) \tag{11.48}$$

(1) 在4类策略中对策略 π^A 和 π^B 进行分类。

(2) 能指望优化式(11.47)的值 θ^A 与求解式(11.48)的值 θ^B 近似相等吗？

(3) 假设可以对式(11.47)中的策略搜索问题求解最优值，是否可以声明两种策略中哪一种可能更好？试给出解释。

11.14 前面考虑了将资源 i 分配给任务 j 的问题。如果任务在 t 时没有完成，我们认为将来有希望完成它，想给被延迟的任务更高的优先级，因此不是简单地最大化贡献 c_{ij}，而是添加一个随着任务延时而增加的回报，得到修改后的贡献：

$$c_{tij}^{\pi}(\theta) = c_{ij} + \theta_0 e^{-\theta_1(\tau_j - t)}$$

假设使用这个贡献函数，但是使用对未来可能到达的任务的预测在时域 T 上进行优化。

(1) 试写出在模拟器中离线优化θ的目标函数。

(2) 解决这个问题，并使用$c_{tij}^{\pi}(\theta)$作为在t时使用资源i完成任务j的贡献，会给你想要的行为吗？

序贯决策分析和建模

以下练习摘自在线书籍*Sequential Decision Analytics and Modeling*(《序贯决策分析和建模》)。扫描右侧二维码，即可查看该书。

11.15 简要总结上述书籍第2~6章"策略设计"部分使用的策略(可能不止一个)。根据4类策略(PFA、CFA、VFA、DLA)对每个策略进行分类。如果是DLA策略，那么对于策略中的策略，建议的策略是什么？

11.16 简要总结上述书籍第8章(8.4.1~8.4.5节)、第9章(9.4.1节和9.4.2节)和第10章(10.4.1节和10.4.2节)"策略设计"部分使用的策略(可能不止一个)。根据4类策略(PFA、CFA、VFA、DLA)对每个策略进行分类。如果是DLA策略，那么对于策略中的策略，建议的策略是什么？

11.17 简要总结上述书籍第11章(11.4节)、第12章(12.4.1~12.4.3节)和第13章(13.4节)"策略设计"部分使用的策略(可能不止一个)。根据4类策略(PFA、CFA、VFA、DLA)对每个策略进行分类。如果是DLA策略，那么对于策略中的策略，建议的策略是什么？

每日一问

"每日一问"是你选择的一个问题(参考第1章中的指南)。针对你的每日一问，回答以下问题。

11.18 列出在你的每日一问上下文中出现的所有决策(可能只有一个，但如果你的问题足够丰富，你可能会找到几个)。建议列出你认为对每种类型的决策最有希望的策略类别。如果可能的话，试着找出第二个选择，并讨论为什么你觉得第一个选择更好。

11.19 讨论你预计会与你的日常问题中的至少一个决策相关的软问题(参见11.12.1节)？

参考文献

第IV部分
策略搜索

策略搜索是一种策略,它定义了一类用于做决策的函数并在该类函数中搜索最佳函数。策略搜索类中的策略可分为以下两个子类。

策略函数近似(PFA)——PFA是将状态变量中的信息与决策关联起来的分析函数。PFA有3种(交叠的)形式:查找表、参数模型和非参数(或局部参数)模型。这3种形式与机器学习中使用的函数类别相同。PFA通常仅限于标量动作或低维控制。

关于PFA及策略搜索方法的一般性讨论详见第12章。

成本函数近似(CFA)——参数化成本函数近似是参数化的优化问题,其中参数化指导优化问题生成在一段时间内和在不确定性的情况下都能良好运行的决策。第7章中首次介绍的参数CFA,以适用于多臂老虎机问题的策略形式(如区间估计策略)出现:

$$X^{\pi}(S_t|\theta) = \arg\max_{x \in \mathcal{X}} \left(\bar{\mu}_x^n + \theta \bar{\sigma}_x^n \right)$$

其中, $\mathcal{X} = \{x_1, \dots, x_M\}$ 是备选方案(广告、药物)的离散集合, $\bar{\mu}_x^n$ 是经过 n 次实验后对备选方案 x 表现的当前估计值, $\bar{\sigma}_x^n$ 是 $\bar{\mu}_x^n$ 的标准差。要优化策略,就必须调整参数 θ 。

"arg max"算子开启了使用优化求解器的大门,这意味着修正后的优化问题可以是一个大型的线性、非线性或整数规划问题。目前, x 可以是一个高维向量,包含数千甚至数十万个变量。例如,在航空公司的航班排期中,必须为天气原因造成的延误引入航班空档;又如,在电网的发电机排期中,考虑到停电的可能性,必须有调度计划。

关于CFA的介绍详见第13章。

策略搜索用于寻找解析性策略函数近似,已在学术文献中得到广泛研究。策略搜索与经典的机器学习有密切相似之处:机器学习会最小化模型 $f(x^n|\theta)$ 与其相应观察值 y^n 之间的距离指标,并且需要一个训练数据集 " $(x^n, y^n), n = 1, \dots, N$ ";而策略搜索则需要一个性能指标 $C(S_t, x_t)$,以及一个由转移函数 $S_{t+1} = S^M(S_t, x_t, W_{t+1})$ 和外生信息过程模型给出的系统模型。

另一方面，参数化成本函数近似是一种在实践中得到广泛使用的强大策略(通常以一种特别的方式)，但几乎完全被研究文献忽略，在文献中它被视为"确定性启发式"。我们的立场是，参数化成本函数近似与机器学习中使用的其他参数模型一样有效。本书首次将这种方法作为一种有效的算法策略用于特定类别的随机优化问题。

策略的策略搜索类比前瞻类简单，因此深受欢迎。学术文献对前瞻类的关注度要高得多，但策略搜索类在实践中的应用更为广泛。问题在于，简单性的代价是参数可调，而调整很难。

第 *12* 章

策略函数近似和策略搜索

策略函数近似(PFA)是将状态映射到动作的任何解析函数。这些"解析函数"有3大类(且相互交叠):

查找表——查找表由离散输入组成,并产生离散输出。例如:"如果棋盘棋局如此,我就走这步"或者"如果这是一位男性患者,50岁以上,从不吸烟,血糖高,就服用这种药"。

参数函数——可以是线性或非线性模型,包括神经网络。用户必须指定模型的结构,假设模型由参数向量θ控制,且之后算法会搜索参数的最佳值。

非参数函数——非参数函数可能是局部常量近似、区域定义的局部线性或诸如深度神经网络等的高维非线性函数。

策略函数近似与本书后部介绍的其他策略类的区别在于,其他的每一类策略都有一个嵌入式优化问题。因此,PFA是最简单的(也是最容易计算的)策略类,但是(通常)需要人工指定结构。考虑到人的一生中会遇到各式各样的决策,大多数决策都是通过简单的规则做出的,而这些规则都可以被描述为PFA,因此PFA可以说是日常决策中使用最广泛的策略类别。

我们的注意力主要集中于参数函数,这些函数由一组使用θ表示的参数来表征。一些示例列举如下。

■ 示例12.1

基本库存策略是,当库存低于某个值θ^{min}时就订购产品,直至达到某个上限值θ^{max}。如果S_t是库存水平,则该策略可表示为:

$$X^\pi(S_t|\theta) = \begin{cases} \theta^{max} - S_t & \text{若} S_t < \theta^{min} \\ 0 & \text{其他} \end{cases}$$

■ 示例12.2

例如，如果S_t是一个标量变量，给出了上周的降雨量，则可以用以下方法制定水库放水策略：

$$X^\pi(S_t|\theta) = \theta_0 + \theta_1 S_t + \theta_2 S_t^2$$

■ 示例12.3

工程界流行的一种策略是使用神经网络训练用于控制机器人(或SpaceX火箭)的策略$U^\pi(S_t|\theta)$，该神经网络由一个层集和一组由θ表示的权重组成，将状态变量S_t作为输入，并输出控制变量u_t(神经网络的简介参见3.9.3节)。

每个例子都涉及一个由参数向量θ参数化的策略。原则上，可以用这个符号来表示查找表，其中每个离散状态s都有一个参数θ_s。然而，大多数问题都会表现出大量(可能无限)的状态，这就意味着参数数量也很大(可能无限)。只要能精确地计算梯度，就可以使用一些技术来优化高维参数向量(参见本章后部)。不过，大多数应用程序都是低维的，可以使用第5章和第7章中的方法进行优化。

首先介绍不同类别的策略，尤其是在文献中引起一定关注的策略。之后，逐渐转向更为艰巨的任务——优化这些参数。这一过程的基础始于我们的一个目标函数，例如：

$$\max_{\theta \in \Theta^\pi} \mathbb{E}\left\{\sum_{t=0}^{T} C(S_t, X^\pi(S_t|\theta))|S_0\right\} \tag{12.1}$$

其中，$S_{t+1} = S^M(S_t, X^\pi(S_t|\theta), W_{t+1})$，期望是$S_0$(如果适用)中的信念和不同的可能序列$W_1, \ldots, W_T$。搜索是在某个与所选策略类别相对应的空间$\Theta^\pi$上进行的。正如之前所展示的，这种简单的式子可能很难求解。然而，必须记住，在众多序贯决策问题中，PFA可能是使用最广泛的一类策略。

12.1　作为序贯决策问题的策略搜索

所有策略搜索方法的基本出发点都是模拟一条样本路径ω，提供一个性能指标，如：

$$\hat{F}^\pi(\theta, \omega) = \sum_{t=0}^{T} C(S_t(\omega), X^\pi(S_t(\omega)|\theta)) \tag{12.2}$$

其中，$S_{t+1}(\omega) = S^M(S_t(\omega), X^\pi(S_t(\omega)|\theta), W_{t+1}(\omega))$，遵循样本路径$W_1(\omega), \ldots, W_T(\omega)$。如果设$W = (W_1, \ldots, W_T)$表示整个随机变量序列(去掉索引$\omega$)，就可以用随机搜索问题的标准形式来表示此问题，即有：

$$\max_{\theta} F^\pi(\theta) = \mathbb{E}F^\pi(\theta, W) \tag{12.3}$$

当然，我们只处理 $\hat{F}^\pi(\theta, \omega)$ 的模拟，但式(12.3)中的形式是随机搜索问题的标准形式。

式(12.3)中的目标函数描述了一个通过下面5个要素来表征的序贯决策问题：①状态 S_t；②策略 $X^\pi(S_t|\theta)$；③外生信息过程 W_t；④转移函数 $S_{t+1} = S^M(S_t, X^\pi(S_t|\theta), W_{t+1})$；⑤目标函数，如第9章所述。

搜索 θ 的问题是其自身的序贯决策问题，由相同的5个部分组成：

(1) 算法的状态 $S^{\theta,n}$，包括函数 $F^\pi(\theta)$ 的信念 B^n。

(2) 由 θ 策略 $\theta^n = \Theta^\pi(S^{\theta,n})$ 确定的决策 θ^n。

(3) 外生信息，即式(12.3)得出的策略 $\hat{F}^\pi(\theta, \omega)$ 的模拟结果。

(4) 转移函数

$$S^{\theta,n+1} = S^{\theta,M}(S^{\theta,n}, \theta^n, \hat{F}^\pi(\theta, \omega^{n+1}))$$

是在给定函数观察点 θ^n 和已观察到的表现(性能) $\hat{F}^\pi(\theta^n, \omega^{n+1})$ 的前提下，用于更新信念 B^n 的公式，其中 ω^{n+1} 是用于第 $n+1$ 次模拟的样本路径。

(5) 目标函数，其中使用了在 N 次迭代后用于学习 θ 的学习策略 π^{lrn} 的终端表现(性能)。

$$\max_{\pi^{lrn}} \mathbb{E}_{S^{\theta,0}} \mathbb{E}_{W^1,\dots,W^N|S^0} \mathbb{E}_{\widehat{W}|S^{\theta,0}} \{F(\theta^{\pi,N}, \widehat{W})|S^{\theta,0}\}$$

有关该目标函数的深入讨论，参见第7章中的式(7.5)。

现在面临着与设计实现策略 $X^\pi(S_t|\theta)$ 时相同的问题。这就是本章要解决的难题，为此，将回顾对基于PFA的策略进行参数调整的基于导数和无导数的方法。

12.2　策略函数近似的分类

策略函数近似可以简单地使用第3章讲解的机器学习中使用的任何策略：查找表、参数函数(包括神经网络)、非参数函数(包括深度神经网络)，以及任何混合函数。机器学习和策略函数近似之间的唯一区别是目标函数和数据需求，有需要的读者可以阅读1.6.2节的相关内容。重点在于，机器学习涉及基于函数 $f \in \mathcal{F}, \theta \in \Theta^f$ 求解搜索问题，其表达式如下：

$$\min_{\theta=(f\in\mathcal{F},\theta\in\Theta^f)} \frac{1}{N}\sum_{n=1}^{N}(y^n - f(x^n|\theta))^2$$

该式需要训练数据集 "$(x^n, y^n), n = 1,\dots,N$"。相比之下，策略搜索涉及求解：

$$\min_{\theta=(f\in\mathcal{F},\theta\in\Theta^f)} \mathbb{E}\sum_{t=0}^{t} C(S_t, X^\pi(S_t|\theta))$$

该式不需要训练数据集，但需要系统模型 $S_{t+1} = S^M(S_t, X^\pi(S_t|\theta), W_{t+1})$ 和外生信息过程模型 $S_0, W_1,\dots,W_T$。此外，两者都要对同一函数类 $f \in \mathcal{F}$ (包括查找表、参数和非参数函数)以及任何相关参数 $\theta \in \Theta^f$ 进行搜索。

12.2.1 查找表策略

查找表策略是一个函数，对于特定的离散状态s，它会返回一个离散动作$x = X^{\pi}(s)$。这意味着每个状态都有一个参数(一个动作)。我们从这一类别中排除了任何可以通过少量参数进行参数化的策略。

查找表易于理解，因此在实际应用中比较常见。部分示例列举如下:

- 美国运输安全管理局(Transportation Safety Administration，TSA)对于何时以及如何对乘客进行搜查有着具体规定。
- 呼叫中心使用特定的规则来管理如何转接呼叫。
- 国际象棋高手能够(在棋局开端)观察棋盘，并清楚地知道下一步棋如何走。
- 医生通常会根据症状和病人的特点来确定正确的治疗方案。

查找表既易于理解，也易于执行。但在实际操作中，因为每个状态都有一个值(动作)，所以很难对其进行优化。因此，如果有$|\mathcal{S}| = 1000$个状态，那么直接搜索最优策略意味着要在1000维的参数空间(每个状态下要采取的动作)中搜索。

查找表策略的一个吸引人之处在于，它很容易计算；适合需要在某个实时设定中以极快的速度做决策的场景。在商业中，查找表策略被广泛用于业务规则中，不过这些规则可能经常被参数化。在实践中，这些规则并没有使用形式化的方法进行优化；本章将介绍如何进行优化。

12.2.2 离散动作的玻尔兹曼策略

玻尔兹曼策略根据以下概率分布选择离散动作$x \in \mathcal{X}_s$。

$$f(x|s,\theta) = \frac{e^{\theta\bar{C}(s,x)}}{\sum_{x' \in x} e^{\theta\bar{C}(s,x)}}$$

其中，$\bar{C}(s,x)$是某种需要最大化的贡献。这可能是对函数$\mathbb{E}F(x,W)$的估计，参见第7章，或是对一步贡献加下游价值的估计，如:

$$\bar{C}(S^n,x) = C(S^n,x) + \mathbb{E}\{\overline{V}^n(S^{n+1})|S^n,x\}$$

其中，$\overline{V}^n(S)$是对处于状态S的价值的当前估计。

设$F(x|S^n,\theta)$为概率累积分布:

$$F(x|s,\theta) = \sum_{x' \leq x} f(x'|s,\theta)$$

设$U \in [0,1]$是均匀分布的随机数。策略$X^{\pi}(s|\theta)$可以写作:

$$X^{\pi}(s|\theta) = \arg\max_x\{F(x|s,\theta)|F(x|s,\theta) \leq U\}$$

这是一个所谓的随机策略的例子，但处理方式与其他策略一样。

玻尔兹曼策略通常被称为"软最大"(soft-max)，原因是估计值最高的动作被接受的概率也最高。随着θ增大，选择具有最高$\bar{C}(s,x)$的决策x的概率会迅速接近1.0。使用θ值，以便有合理的概率选择吸引力较小的动作，其目的是让我们可以观察决策的执行情况，并更新$\bar{C}(s,x)$的估计值。

12.2.3　线性决策规则

线性决策规则(又称"仿射策略")是指在未知参数中呈线性的任何策略。因此，线性决策规则策略的形式可能为：

$$X^{\pi}(S_t|\theta) = \theta_0 + \theta_1\phi_1(S_t) + \theta_2\phi_2(S_t)$$

一个简单的例子是，根据患者的血糖值h_t设定胰岛素剂量x的规则。可以提出以下剂量策略：

$$X^{\pi}(S_t|\theta) = \theta_0 + \theta_1 h_t + \theta_2 h_t^2 + \theta_3 h_t^3$$

现在的挑战是确定一个向量θ，将血糖控制在指定范围内。

第4章中首次提及线性决策规则，当时提出了线性二次控制问题，该问题可用我们的符号表示为：

$$\min_{\theta} \mathbb{E} \sum_{t=0}^{T} \left((S_t)^T Q_t S_t + (X^{\pi}(S_t|\theta))^T R_t X^{\pi}(S_t|\theta) \right) \tag{12.4}$$

经过大量的代数运算，可以得出最优策略$X_t^*(S_t)$的计算公式：

$$X_t^*(S_t) = -K_t S_t$$

其中，K_t是一个适当维数的矩阵，它也是矩阵Q_t和R_t的函数。当然，要假设S_t和x_t是连续向量。因此，$X^*(S_t)$是S_t的线性函数，其系数由矩阵K_t决定。详见14.11节。

这一结果要求目标函数是状态S_t和控制x_t的二次函数(或二次函数和线性函数的混合函数)。它还要求问题不受约束，这对机器人控制中的许多问题来说都是一个合理的起点，因为在这些问题中，力x_t可以为正，也可以为负，而且有些约束条件(如最大力)根本不具约束力。

线性决策规则已被应用于其他问题，但必须谨慎使用。函数的线性近似适用于函数的特定区域，但策略$X^{\pi}(S_t)$必须在我们可能实际遇到的整个状态S_t范围内都运行良好。低维线性模型(如二次近似)可能会产生拟合误差，而高维模型更难拟合，尤其是在实验成本高昂的情况下。

12.2.4　单调策略

在许多问题中，决策会随着状态变量的变化而增大或减小。如果状态变量是多维的，那么决策(假设是标量)会随状态变量的每个维度增大或减小。具有这种结构的策略称为单调策略。部分示例列举如下。

- 许多二元动作问题可以建模为 $x \in \{0,1\}$。示例如下。

(1) 如果价格 p_t 低于平滑估计值 $\bar{p}_t$，那么可以持有股票$(x_t = 0)$或卖股票$(x_t = 1)$，$\bar{p}_t$ 使用下式计算：

$$\bar{p}_t = (1 - \alpha)\bar{p}_{t-1} + \alpha p_t$$

策略可表示为：

$$X^\pi(S_t|\theta) = \begin{cases} 1 & \text{若 } p_t \le \bar{p}_t - \theta, \\ 0 & \text{其他} \end{cases}$$

函数 $X^\pi(S_t|\theta)$ 在 p_t 中单调递减(随着 p_t 增大，$X^\pi(S_t|\theta)$ 从1变为0)。

(2) 一辆班车要等至少有 R_t 名乘客上车，或者等待时长至少为 τ_t 时才发车。当 R_t 超过阈值 θ^R 或者 τ_t 超过 θ^τ 时，发车的决策将从 $x_t = 0$(等候)变为 $x_t = 1$(发车)，这意味着策略 $X^\pi(S_t|\theta)$ 在两个状态变量 $S_t = (R_t, \tau_t)$ 中单调递增。

- 当电价 p_t 低于下限 $\theta^{\min}$ 时，电池从电网购电，当电价 p_t 高于上限 $\theta^{\max}$ 时，电池向电网售电。当 $\theta^{\min} < p_t < \theta^{\max}$ 时，电池什么也不做。该策略可写作：

$$X^\pi(S_t|\theta) = \begin{cases} -1 & p_t \le \theta^{\min}, \\ 0 & \theta^{\min} < p_t < \theta^{\max}, \\ 1 & p_t \ge \theta^{\max} \end{cases} \tag{12.5}$$

其中，在 $S_t = p_t$ 的状态下，$X^\pi(S_t|\theta)$ 单调递增。

- 控制血糖的剂量随着患者体重和血糖指数的增大而增大。该策略采用查找表的形式，对不同的体重和血糖指数范围采用不同的剂量。

每种策略都由相对较少的参数控制，但情况并非总是如此。例如，如果对病人体重和血糖指数进行精细离散化处理，就会发现需要指定数百种剂量。不过，单调性可以大大简化搜索过程。

12.2.5 非线性策略

术语"非线性策略"几乎涵盖了任何具有单一参数形式的策略，这些策略在可调参数中不是线性的。部分示例列举如下。

- 许多问题都具有特定的结构。决策可能是一个连续的量，例如浇灭野火的用水量或者给病人服药的剂量。策略可能会根据野火的强度或病人的体重等变量表现出S曲线状的行为，可以表示为：

$$X^\pi(S_t|\theta) = \frac{1}{1 + e^{\theta_0 + \theta_1\phi_1(S_t) + \dots + \theta_F\phi_F(S_t)}}$$

$\phi_1(S_t)$ 项可能反映了野火的强度或病人的体重，而其他项可能反映了使S曲线移动的其他变量。

- 式(12.5)中的"低买高卖"策略是一种非线性策略。它并不平滑，因为随着价格的上升，函数会阶跃增大。

- 神经网络——神经网络(包括小型神经网络)是一种高维非线性模型，可以有数千到数百万个参数。神经网络的优势在于，几乎可以拟合任何函数形式，这似乎表明不必知道函数形式。实际上，神经网络已经在主要的确定性工程控制问题上应用了数十年，在这些问题中，决策可能作用于设备的三个维度的力。

神经网络有以下3个弱点：

- 神经网络是一种高维架构，这意味着需要大量的数据。当存在噪声时，这个问题就会被放大(神经网络大多数应用于确定性问题，如模式识别或机器人控制)。
- 神经网络非常灵活(几乎可以拟合任何函数)，这意味着它们可能会过拟合，也就是说在处理带噪声的数据时会很吃力，模拟策略时很容易出现这种情况。
- 神经网络很难反映单调性(价格越高，需求越低)等结构。

截至本书撰写之时，神经网络已经引起了计算机科学界的广泛关注(神经网络在工程控制问题上的应用也由来已久)，但考虑到本书列出的问题，必须谨慎使用神经网络。在优化博弈的背景下，神经网络吸引了大量的关注，因为优化博弈的噪声很低(只需要掌握对手行为)，并且可运行数百万个模拟博弈来训练策略。

12.2.6　非参数/局部线性策略

参数模型的问题在于，函数有时过于复杂，无法用低阶参数模型来拟合。例如，策略类似于图12.1所示的函数。简单的二次拟合将不起作用，而高阶多项式也会因过拟合而难以拟合，除非观测数据的量非常大。

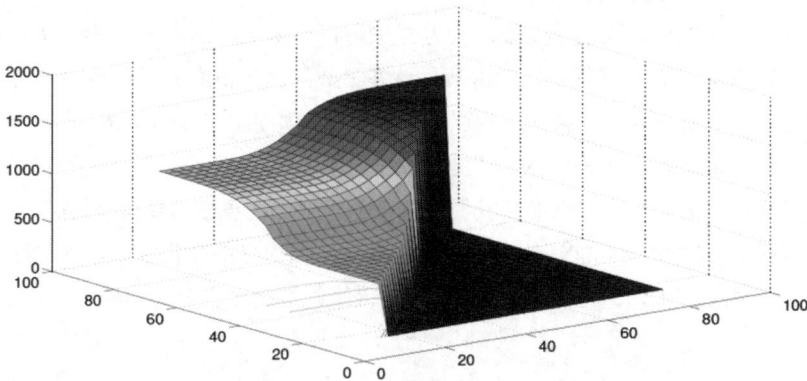

图12.1　复杂非线性(单调)函数

如果能使用查找表(这可能要求将连续参数离散化)，就能处理非常普通的函数。然而，当状态变量有3个或更多维度时，查找表就会变得非常庞大。即使是三维查找表，也会快速增长到数千到数百万个元素。当搜索算法必须多次评估每个状态的动作以处理噪声时，问题就会变得更加复杂。

对于许多具有连续状态和动作的问题，一个令人惊讶的强大策略是假设局部线性响应。例如，S_t 可以捕捉水库的水位或直升机的当前速度和高度。控制 x_t 可以捕捉水库排水的速度或施加在直升机上的力。假设利用对问题的理解创建一系列区域 $S_1, \ldots, S_I$，这些区域很可能是一组矩形区域(如果只有一维，则为区间)。然后，对于 $S_t \in S_i$，可以创建一个线性(仿射)策略族，其形式为：

$$X_i^\pi(S_t|\theta) = \theta_{i0} + \theta_{i1}\phi_1(S_t) + \theta_{i2}\phi_2(S_t)$$

其中，S_i 是用户定义的状态空间区域(只有几个这样的区域)。

这种方法在某些类型的控制问题中非常有效。在实践中，区域 S_i 是由了解问题物理原理的人员设计的。此外，必须调整 $\theta_1, \ldots, \theta_I$，而不是只调整一个向量 θ。虽然这需要进行大量的测试和调整，但这种方法效果极好，而且具有一个重要的特点：可以极快地计算出最终策略。

12.2.7　上下文策略

设想一下，已经设计了一个取决于 S_t 并由 θ 参数化的策略 $X^\pi(S_t|\theta)$。这个策略实际上是如下问题的解决方案：

$$\max_{\pi=(f\in\mathcal{F},\theta\in\Theta^f)} \mathbb{E}\left\{\sum_{t=0}^{T} C(S_t, X^\pi(S_t|\theta))|S_0\right\} \tag{12.6}$$

回想一下，$f \in \mathcal{F}$ 反映了对策略类的搜索(可能已将其固定为一个类)，而 $\theta \in \Theta^F$ 则捕捉了对该类任何可调参数的搜索(总是进行这种搜索)。现在，假设也将策略固定为某个类 $f \in \mathcal{F}$，这样就只用对 θ 进行优化了。

细心的读者会发现，我们总是以这种方式来写目标函数，这意味着我们明确表达了对初始状态 S_0 的依赖，而 S_0 捕捉确定性参数、动态参数的初始值和先验信念。这意味着优化后的 θ 实际上应该写为 $\theta(S_0)$。换句话说，如果改变了初始条件，就可能需要重新调整 θ。

有些人将初始状态 S_0 作为问题的"上下文"。如果 S_0 捕捉的是稳定、静态的参数，那么它不太可能发生很大变化。然而，我们可能每个季度都会重新调整策略(就像在金融环境中发生的那样)，这样策略就能适应当下的市场条件，而这可能非常复杂。如果序贯决策问题是一个搜索算法，那么 S_0 可能是算法的起点，而 θ 则控制着步长策略的行为。

12.3　问题特征

在设计策略搜索方法时，须了解系统对参数化策略做出响应的方式特征。问题表征的一些重要方面列举如下。

计算复杂性——如果一个策略的单次模拟时间为几分之一秒，或者几小时、几天甚至更长，那么策略搜索的方式就会截然不同。将模拟器视为黑盒的方法往往需要更多的函数评估。

噪声水平——策略模拟可能相当稳定，对于总体行为较稳定的超大型系统，尤其如此，但也可能极具随机性。

响应面——它可能是凹的、平滑的，但只是单模的；非凹但有局部最大值；还可能具有跳跃特征(参考低买高卖的策略)。

参数维度——可以将参数分为三类。

* 标量模型——许多应用只有一个标量参数(如玻尔兹曼策略)。
* 低维连续模型——在许多应用中，可调参数的数量少于5个或10个，这可能意味着可调参数的数量太大，无法进行全网格搜索(将每个维度离散化并搜索所有值)，但可以简化数值导数的计算。
* 高维连续模型——很容易创建具有数十到数百个参数(甚至数十万个参数)的策略。神经网络就是高维策略的一个很好的例子，但它也可能出现在具有高维状态变量的线性模型中(如可能出现在复杂资源的管理中)。

稳定性——控制的过程可能如下。

* 稳定性，即基本过程的参数不随时间改变。
* 周期性(如一天中的不同时段模式)。
* 非稳定性，也有不同的形式。例如，假设正在控制一个基本的库存问题。这个问题可能有以下特点：
  * 平稳变化，指产品需求稳步增加或减少，或呈现平稳的季节性变化。
  * 突变，指产品在一段时间内突然流行起来。
  * 转变，如广告活动或价格变化后需求突增。
  * 尖峰，例如电价飙升，鼓励突然抛售。

12.4　策略查询的类型

若给定一个以 θ(通常是向量，但并不总是)为参数的参数(或局部参数)函数，则面临的挑战是找到 θ 的最优值。策略搜索问题有以下不同的维度。

1) 基于导数的方法与无导数方法

基于导数的方法——在优化连续参数向量时，如果确信 $\mathbb{E}F^{\pi}(\theta, W)$ 是平滑的，那么基于导数的方法将很有吸引力(注意，期望通常对平滑函数有很大帮助)。绝大多数基于导数的方法都使用第5章所述的经典一阶随机梯度算法：

$$\theta^{n+1} = \theta^n + \alpha_n \nabla_\theta F^\pi(\theta^n, W^{n+1}) \tag{12.7}$$

可以将基于导数的方法分为以下两大类。

* 数值导数——数值导数是对导数的估计，只使用模拟 $F^\pi(\theta, \omega)$，而不需要 $\nabla_\theta F^\pi(\theta, \omega)$ 的任何实际导数信息。这些方法已经在第5章中介绍过，下面将回顾基

于数值导数的方法。

- 精确导数——这些方法利用序贯决策问题的基本结构来精确计算导数，不需要代价高昂的数值导数。

无导数方法——该方法将策略模拟器视为一个黑盒，并使用第7章中描述的方法。设 $S^{\theta,n}$ 为我们所知道的 $\mathbb{E}F^{\pi}(\theta, W)$(不要与序贯决策问题中的 S_t 混淆)，设 $\Theta^{\pi}(S^{\theta,n})$ 为根据在 $S^{\theta,n}$ 中了解到的信息选择参数向量 θ^n 的策略。更新规则 $\Theta^{\pi}(S^{\theta,n})$ 可以是第7章中描述的4类策略中的任何一种。

2) 在线学习与离线学习

在线学习的学习环境是随时更新的。通常情况下，必须接受策略的表现，这意味着正在最大化累积回报。大多数策略搜索都使用某种形式的自适应算法，不过这也可以在实验室中完成，使用一种策略(即学习策略)找到要实现的最优策略(即实现策略)。强化学习领域中的一些人将学习策略称为行为策略(behavior policy)，而将实现策略称为目标策略(target policy)。许多人将学习策略称为算法；我们认为，策略间的关系在整个框架与4类策略之间架起了一座桥梁。

3) 基于表现的学习与监督学习

大多数策略搜索的目标都是使总回报(最终回报或累积回报)最大化，但在有些情况下，会有一位"专家"(监督者)指定应该做什么，从而使我们的策略与监督者的选择相匹配。专家决策可以是医生做出的决策，也可以是金融交易员做出的交易，还可以是调度员给司机分配的货物。这就将策略搜索问题(最大化性能指标)变成了机器学习问题(有效地"预测"监督者将做什么)，或者混合问题，在这种情况下，需要在性能指标与外部决策者的决策之间取得平衡。

这些方法的效率和复杂性之间存在明显的权衡。我们将从最简单的方法开始，将 $F^{\pi}(\theta)$ 视为一个黑盒，结果就是不利用底层问题的任何结构属性。这包括无导数方法，以及使用数值导数的基于导数的方法。

然后，通过利用底层问题结构梯度的解析导数，进一步研究基于导数的方法。有两种演示类型。

离散动态规划——在这些问题中，我们处于节点(状态) s，选择一个离散动作 a，然后以概率 $P(s'|s,a)$(可以表示但通常无法计算)转移到节点 s'。图问题的一个重要子类是随机选择动作(称为随机策略)，但确定性地进行转移。在这里，我们希望优化参数化策略 $A^{\pi}(s|\theta)$，其中动作 $a_t = A^{\pi}(S_t|\theta)$ 是离散的。

连续控制问题——在这种情况下，我们选择一个连续控制 x_t(可以是向量值)，通过已知的(可微的)转移函数连续影响状态 S_{t+1}。

这两类问题都备受关注，并演示了计算梯度的不同方法。

演示将从最简单的方法逐步推进到最复杂的方法。

- 使用数值导数的基于导数的策略搜索——12.5节。

- 无导数策略搜索——12.6节。
- 基于导数的精确导数：连续动态规划——12.7节。
- 基于导数的精确导数：离散动态规划——12.8节。

前两种方法将策略模拟器视为黑盒，对问题的内部结构几乎不做任何假设。这些方法最简单，但付出的代价是必须处理策略模拟器可能产生的高噪声。此外，虽然模拟策略的速度可以很快，但在许多应用中，这种方法的计算量很大，需要几分钟、几小时、几天甚至更长时间的数值模拟。此外，在有些情况下，无法使用模拟器，只能在现场进行策略搜索，并花费时间进行观察。

第三种方法会推导梯度的明确公式，这要求了解模型内的特定关系。计算梯度所需的导数都是针对特定的样本路径计算的，因此避免了与期望相关的任何复杂性。

第四种方法专为离散动态规划设计，直接从基于期望的目标函数形式出发。这是一种高级的数学演示，适合具有较强概率背景的读者(这也是其标注**的原因)。

12.5　基于数值导数的策略搜索

任何"黑盒"模型都以假设为起点，即可以通过模拟样本路径来对策略 $X^{\pi}(S_t|\theta)$ 进行模拟，从而得到以下估计值：

$$\hat{F}(\theta,\omega) = \sum_{t=0}^{T} C(S_t(\omega), X^{\pi}(S_t(\omega)|\theta)) \tag{12.8}$$

虽然有不同的数值估计导数的方法，但重点关注SPSA算法(同时扰动随机近似)，该算法设计适用于以下情形：θ 是一个向量(首次介绍参见5.4.4节)。理论上，无论 θ 的维度是多少，SPSA只需要两次模拟就可以产生梯度 $\nabla_{\theta}F(\theta,\omega)$ 的估计。在实践中，这些估计的噪声可能很大，因此需要运行多次模拟并取平均值。

该方法的工作原理如下。

(1) 设 " $Z_k, k = 1, \dots, K$ " 是零平均值随机变量的向量，并且 Z^n 是第 n 次迭代时该向量的样本。

(2) 使用 $\theta^{n+} = \theta^n + \eta^n Z^n$ 和 $\theta^{n-} = \theta^n - \eta^n Z^n$ 创建 θ^n 的扰动值，其中 η^n 是一个缩放序列(通常选择为一个不随 n 改变的常量)。

(3) 设 $W^{n+1,+}$ 和 $W^{n+1,-}$ 表示驱动模拟的随机变量的两个不同样本(可以提前或动态生成)。上标中的+和−用于表示这些是运行以评估 θ^{n+} 和 θ^{n-} 的样本，除此之外没有任何意义。

(4) 运行模拟两次，一次找到 $\hat{F}^{n+} = F(\theta^{n+}, W^{n+1,+})$，另一次找到 $\hat{F}^{n-} = F(\theta^{n-}, W^{n+1,-})$。

(5) 通常必须运行多次模拟并取平均值。设 $W_m^{n+1,+}$ 是第 m 个随机信息序列的样本，并设

$$\hat{F}_m^{n+1,+}(\theta^{n+1,+}) = F(\theta^{n+1,+}, W_m^{n+1,+})$$

代表运行 m^{batch} 次(这称为"小批量")的第 m 个模拟的表现(性能)。设 $\hat{F}_m^{n+1,-}(\theta^{n+1,-})$ 是

并行的运行集。然后取平均值：

$$\bar{F}^{n+1,+}(\theta^{n+1,+}) = \frac{1}{m^{batch}} \sum_{m=1}^{m^{batch}} \hat{F}_m^{n+1,+}(\theta^{n+1,+})$$

$\bar{F}^{n+1,-}(\theta^{n+1,-})$ 以类似方式计算。

(6) 使用以下公式计算梯度的估计值：

$$g^{n+1}(\theta^n) = \begin{bmatrix} \frac{\bar{F}^{n+1,+}(\theta^{n+1,+}) - \bar{F}^{n+1,-}(\theta^{n+1,-})}{2\eta^n Z_1^n} \\ \frac{\bar{F}^{n+1,+}(\theta^{n+1,+}) - \bar{F}^{n+1,-}(\theta^{n+1,-})}{2\eta^n Z_2^n} \\ \vdots \\ \frac{\bar{F}^{n+1,+}(\theta^{n+1,+}) - \bar{F}^{n+1,-}(\theta^{n+1,-})}{2\eta^n Z_P^n} \end{bmatrix} \tag{12.9}$$

然后将其用于随机梯度算法：

$$\theta^{n+1} = \theta^n + \alpha_n g^{n+1}(\theta^n) \tag{12.10}$$

虽然基本梯度更新式(12.10)非常简单(这也是首先介绍它的原因)，但它可能需要试验步长公式(见第6章)，调整步长公式所需的参数并调整小批量的大小(可能需要通过迭代改变)。

随机梯度可能有效且易于实现，但要做好准备，你可能需要花费一些时间调整算法以获得良好结果。

12.6 无导数策略搜索方法

本节介绍第7章中只要求我们能够执行策略模拟的方法。需要注意可用于执行无导数随机搜索的4类策略。

策略函数近似(PFA)——7.4节。这些是简单的规则，下面推荐一个可以加速简单统计学习方法的规则。当然，简化的代价是(又一个)可调参数。

成本函数近似(CFA)——7.5节。简单的CFA包括离散方案问题的上置信界和区间估计。后面还提出了一个将这些想法应用于策略搜索的策略。

价值函数近似(VFA)——7.6节。基于VFA的策略相对复杂，尚未被证明能显著优于更简单的方法。出于此原因，此处暂不讨论这些方法。

直接前瞻近似(DLA)——7.7节。知识梯度是一步前瞻(很容易被修正为受限的多步前瞻)，在要求较小预算的代价高昂的函数评估中，这被证明是有用的。

12.6.1 信念模型

可以借鉴第3章中提到的许多不同的信念结构。一些有助于为参数向量θ表示连续向量的结构包括：

- 相关信念查找表——也称为高斯过程回归(从技术角度来讲是GPR的一种形式)，适用于一到三维的向量θ。GPR不强加除平滑外的任何结构假设，但这也意味着它不能产生已知的凹、凸或单模的函数。
- 低维线性模型(如二次模型)——低维线性模型可以应用于涉及一到几十个变量的许多情况。效果极佳的方法是在最优值附近拟合低维模型(当然，我们正在努力寻找最优值)。
- 稀疏线性模型——这些模型将线性模型扩展到高维向量领域，但我们认为其中的许多θ元素可能为零。
- 采样信念模型——存在特殊结构的问题，这些结构表明了一种特定类型的非线性模型，如定价或推荐系统的逻辑回归。如果非线性函数 $f(x|\theta)$ 由未知向量θ参数化，那么可以用一系列可能的值 $\theta \in \{\theta^1, \dots, \theta^K\}$ 来代表信念中的不确定性。
- 神经网络——我们已经描述了使用神经网络策略的基于梯度的搜索模型(可以是维度非常高的)，但神经网络具有可以复制任何函数的灵活性，这是它最大的优势，也是最大的弱点，因为这种灵活性需要非常大的数据集。它的灵活性还意味着它们可能过拟合噪声数据。

更重要的是，这有助于表示信念的最佳估计和信念的不确定性。可以对查找表(包括相关信念)和线性模型执行此操作。可以通过使用采样信念模型的技术对非线性模型执行此操作，但须保持未知参数向量θ的可能值的总体以及每个值都是真值的概率。然而，神经网络做不到这一点。

读者可以回顾第7章中的不同策略，但我们也提供了一些已证明有用的简单示例。

12.6.2　通过扰动PFA学习

优化未知函数的最流行的启发式方法之一是使用第7章中的任何方法，通过前 n 个观察值 $(x^0, y^1), (x^1, y^2), \dots, (x^{n-1}, y^n)$ 创造一种信念 $\bar{f}^n(x|\bar{\theta}^n)$。然后，计算：

$$x^n = \arg\max_x \bar{f}^n(x|\bar{\theta}^n) \tag{12.11}$$

再使用上式运行模拟以获得更新的样本：

$$y^{n+1} = F(x^n, W^{n+1})$$

事实证明，这个简单的想法是无效的，这有点出人意料。图12.2所示的是学习价格如何影响销售的情境，其中需要了解销售和价格之间的关系，同时实现收入最大化。图12.2(a)显示了3种可能的不同销售响应曲线，其中简单假设销售与价格呈线性关系(记住，任何参数模型最多都是局部精确的)。

现在假设使用销售响应的最佳估计来创建收入(价格函数)的最佳估计，然后设置价格以最大化收入(如果使用式(12.11)确定下一个观察点，便可以这样做)。这样做的问题是，最终测试的价格接近表面最优值，如图12.2(b)所示。这些观察值的问题在于，需要从一系列聚集在一起的噪声观察值中学习销售响应，这使得几乎不可能获得销售曲线的可靠估计。

学习销售曲线的最佳方法是尽可能远离中心进行观察，如图12.2(c)所示。这种策略有两个问题。第一个问题是，销售响应模型只是一个近似；本例假设它与价格呈线性关系，这显然只在接近中间时准确。第二个问题是，如果在现场学习，这将是表现不佳的点(即，预计收入非常低)。

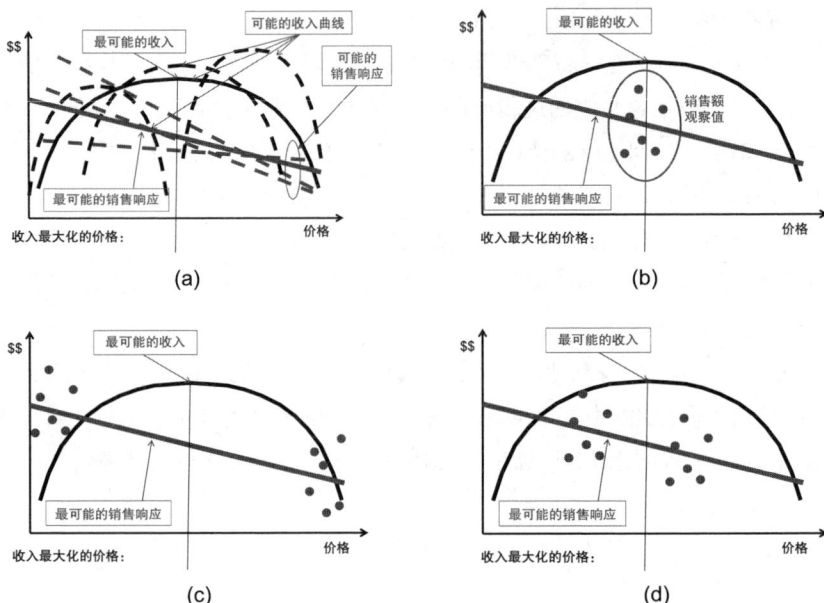

图12.2 主动学习需求响应函数：(a)3种可能的销售响应线和相应的收入曲线；(b)使用的价格看似能够最大化收入时所观察到的价格—销售组合；(c)观察极端价格(高和低)，以改善对销售响应的学习；(d)平衡学习(远离中间观察)和收入(观察接近中间的价格)

最有效的策略如图12.2(d)所示，观察值不太接近最佳值，但也没十分偏离。这被称为函数的"肩部采样"。

对每个点采样所得到的信息值的分析，支持了在最佳值周围区域(而不是最佳值本身)对函数进行采样的想法。图12.3显示了使用知识梯度(见7.7.2节和7.8节)计算的标量函数 $\bar{f}^n(x|\bar{\theta}^n)$ 的信息值，这表明信息值存在峰值，与最佳值之间存在一定距离。

这就引出了一个问题：如何找到这个峰值？知识梯度的计算更加复杂，仍然需要了解真实函数的行为，但这在实践中永远不会是真的。出于这个原因，一个有趣的策略是采用这种观点并设计一个简单的策略(属于PFA类)。事实上，我们推荐以下两项策略。

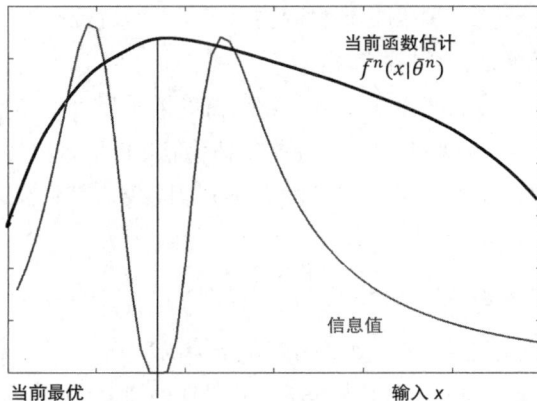

图12.3　在一定范围内采样x的信息值的示意图，表明信息的最高值与当前表面最佳值之间存在一定距离

最佳偏差策略——这里的想法是选择一个点x^n，其与最佳值$\bar{x}^n = \arg\max_x \bar{f}^n(x|\bar{\theta}^n)$之间的距离为$\rho$。如果$x$是$k$维向量，则可以通过对$k$个正态分布随机变量$Z_1, \dots, Z_K$(每个元素的平均值都为0，方差为1)采样来创建该偏差，然后对它们进行归一化，使得：

$$\sqrt{\sum_{k=1}^{K} Z_k^2} = \rho$$

设$\bar{Z}^n$为结果k维向量。现在，使用以下公式计算采样点：

$$x_k^n = \bar{x}_k^n + \bar{Z}_k^n$$

注意，在一维中，将得到$\bar{Z}^n = \pm\rho$。

激励策略——此处再次生成k维扰动向量Z^n，其中每个元素的平均值为0，方差为1，然后设：

$$x_k^n = \bar{X}_k^n + \rho Z_k^n$$

当最佳偏差策略迫使x^n与最佳值$\bar{x}^n$相距ρ时，激励策略简单地引入平均值为0的随机扰动，这意味着最有可能采样的点是$\bar{f}^n(x|\bar{\theta}^n)$的最优值。

在使用累积回报目标现场学习的情况下，激励策略更为自然，该策略会提供一个额外激励在表面最优值附近采样，同时仍强制进行一些探索。最佳偏差策略的学习更快，但代价是牺牲学习过程中的表现，若使用最终回报目标，则表现最佳。

我们必须提醒自己，这些策略是为调整实现策略的参数向量θ而设计的，但现在有了一个新的可调参数ρ。幸运的是，可以选择一个合理的先验ρ值。首次注意到，几乎任何搜索算法都受益于数据x可以缩放这一假设。例如，可以假设x的任意维度都在0和1之间缩放，或遵循正态分布，平均值为0，方差为1。这样做时，ρ很可能在0.1和0.5之间。

12.6.3　学习CFA

7.5节介绍了无导数随机搜索的一些CFA策略，它们都可以用于参数搜索。我们阐述的两种策略通过相同的机制发挥作用，该机制突出了主动学习策略的一个重要特征(描述了"决策会影响对未知参数的信念"的策略)。

区间估计——首先假设可以通过有限(或采样)集 $\mathcal{X} = \{x^1, ..., x^K\}$ 表示 x 的可行域。设 $\bar{\mu}_x^n$ 是 n 次实验后 " $f(x) = \mathbb{E}F(x, W)$ ，$x \in \mathcal{X}$ "的估计值。由于 $f(x)$ 是连续表面，因此可以使用3.4.2节中介绍的相关信念(也称为高斯过程回归)。那时候，我们会保留协方差矩阵 Σ^n。

基本区间估计策略表示为：

$$X^{IE}(S^n|\theta^{IE}) = \arg\max_{x \in \mathcal{X}} \left(\bar{\mu}_x^n + \theta^{IE} \bar{\sigma}_x^n \right) \tag{12.12}$$

其中，$\bar{\sigma}_x^n = \sqrt{\Sigma_{xx}^n}$。注意，状态 S^n 是信念 $B^n = (\bar{\mu}^n, \Sigma^n)$。

采样θ百分位——与区间估计密切相关的策略是明确捕捉 θ 百分位。图12.4显示了具有20种可能信念的采样信念模型。如果设置 $\theta = 0.95$，则意味着采用第二高信念，如图12.4中的黑实线所示。如上所述，仍然需要调整 θ。

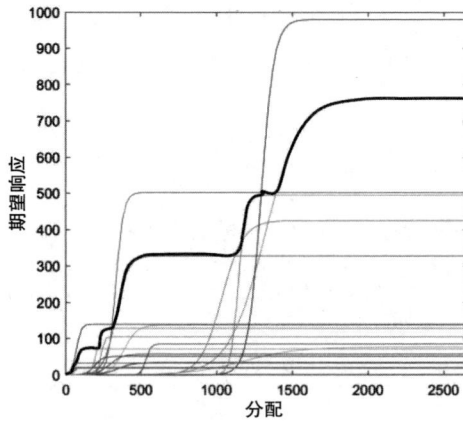

图12.4　采样信念模型，突出显示了第95个百分位(第二高信念)

区间估计策略和采样 θ 百分位策略都基于对估计函数的乐观估计提出建议。使用区间估计，随机变量 $\bar{\mu}_x^n$ 将遵循正态分布(根据中心极限定理)，因此如果选择 $\theta^{IE} = 2$，则根据函数的第95个百分位进行选择。

同样，如果在采样信念模型中使用 $K = 20$ 个样本，则可以使用第19个最高样本(见图12.4)，并再次获得第95个百分位估计。当然，这里使用的百分位是一个可调参数，取决于实验成本，以及采用的是离线学习(最终回报)还是在线学习(累积回报)。对于昂贵的函数(和较小的学习预算)，θ 的最佳值可能是已完成实验数量的递减函数。

有大量文献分析了基于乐观估计原则的策略，此类策略通常被统称为上置信边界策略。该理念是，当使用函数的乐观估计时，学习会得到改进，因为当前估计可能由于实验噪声而低估真函数。

12.6.4　使用知识梯度的DLA

直接前瞻的一种形式参见7.7.2节(也见7.8节)首次介绍的知识梯度，它是一种一步前瞻。知识梯度特别适合用来评估计算成本相对较高的函数，它可以限制实验预算。

图12.5说明了使用相关信念估计的二维表面上的知识梯度(关于如何计算相关信念的知识梯度的综述，参见7.8.5节；相关信念的更新公式，参见3.4.2节)。注意，知识梯度(图12.5右侧)在距离先前测量最远的函数区域最高，而在刚刚评估的点最小(最小化不确定性)。

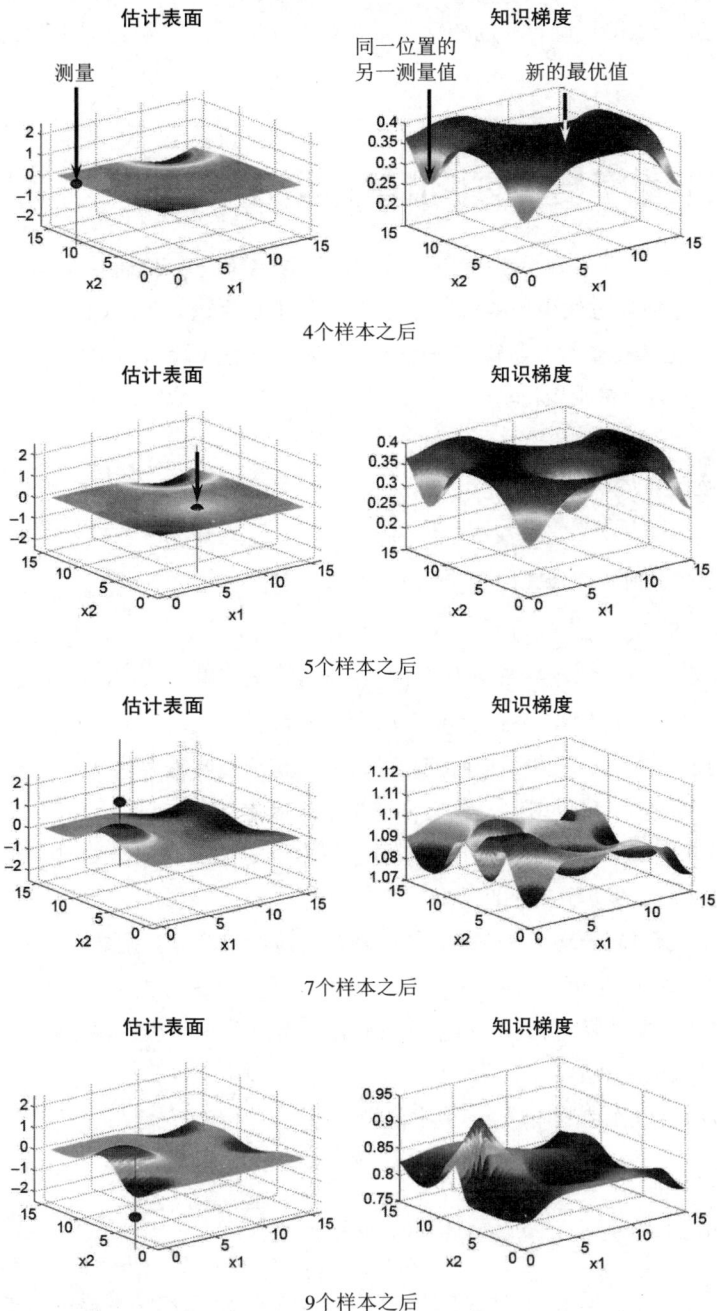

图12.5　应用于二维表面的知识梯度及相关信念。左侧的图表示 n 个样本之后的信念，右侧的图表示每个点的知识梯度

12.6.5 说明

这些策略(以及关于主动学习问题的所有文献)都有一个共同的主题：希望进行函数评估，以在以下两个方面之间取得平衡：最大限度地提升不确定性，同时最大限度地提高函数中的某个点被证明是最优的可能性。这意味着保持函数 $\bar{f}^n(x|\bar{\theta}^n)$ 的信念是不够的；还必须维持函数在每个点的不确定性的信念。本节重点介绍了我们在工作中已经发现的最有效的方法。

12.7 连续序贯问题的精确导数*

下面将针对控制策略表现(性能)的参数 θ，推导出策略表现(性能)的精确梯度(从技术上讲，这是第5章所述方法中的随机梯度)。本节将重点讨论以下问题：相对于状态 S_t 和决策 x_t，状态 S_{t+1} 是可微函数，当管理资源(水、血液、金钱)时可能会出现这种情况。

再次回到基本的序列优化问题：

$$F^\pi(\theta) = \mathbb{E}\left\{\sum_{t=0}^{T} C(S_t, X_t^\pi(S_t|\theta))|S_0\right\} \tag{12.13}$$

动态演化(和以前一样)根据下式进行：

$$S_{t+1} = S^M(S_t, x_t, W_{t+1})$$

此处会给定一个初始状态 S_0 并且会访问序列 $W = (W_1, ..., W_T)$ 的观察值。本节的目标是精确地找到特定样本路径 ω 的梯度 $\nabla_\theta F^\pi(\theta, \omega)$(而非使用数值导数)。

编写好的策略 $X_t^\pi(S_t)$ 一般采用时间相关形式，但这意味着要估计具有该策略特征的时间相关参数 θ_t。在大多数应用中，我们将使用平稳版本 $X^\pi(S_t)$ 以及一组参数 θ。然而，当能够精确计算梯度时，此方案可以比基于数值导数的方法更有效地处理高维参数(SPSA可能看起来像魔法，但事实并非如此)。

连续序贯问题与离散动态规划问题的区别在于前者假设可以计算 $\partial S_{t+1}/\partial x_t$。而离散动态规划问题假设动作 a 是可分类的(例如，左/右或红/绿/蓝)。在这种情况下，必须通过捕捉更改策略参数 θ 对访问某个状态的概率的影响，来考虑现在做出的决策的下游影响。现在则可以直接获取这种影响。

有两种方法可以在参数向量 θ 上最小化 $F^\pi(\theta)$。

批量学习——此处将式(12.13)替换为 N 个样本的平均值，得出：

$$\bar{F}^\pi(\theta) = \frac{1}{N}\sum_{n=1}^{N}\sum_{t=0}^{T} C(S_t(\omega^n), X_t^\pi(S_t(\omega^n)|\theta)) \tag{12.14}$$

其中，$S_{t+1}(\omega^n) = S^M(S_t(\omega^n), X^\pi(S_t(\omega^n)), W_{t+1}(\omega^n))$ 是按照样本路径 ω^n 生成的状态序列。这是一个经典的统计估计问题。

自适应学习——可以使用我们的标准随机梯度更新逻辑(详见第7章)，而不是解决单个(可能非常大)的批量问题：

$$\theta^{n+1} = \theta^n + \alpha_n \nabla_\theta F^\pi(\theta^n, W^{n+1})$$

该更新在通过模拟的每个前向遍历之后执行。

这两种方法都取决于计算给定简单路径 ω 的梯度 $\nabla_\theta F^\pi(\theta, \omega)$，由简单路径 ω 生成状态序列 $S_{t+1} = S^M(S_t, x_t, W_{t+1}(\omega))$，其中 $x_t = X^\pi(S_t)$。通常，会使用 $S_t(\omega)$ 或 $x_t(\omega)$ 以表明对样本路径 ω 的依赖性，但这里为了符号紧凑性而放弃了这一点。

我们通过对式(12.13)相对于 θ 进行微分计算求来梯度，这需要严谨地应用链式规则，并认识到 $C(S_t, x_t)$ 是 S_t 和 x_t 的函数，而策略 $X^\pi(S_t|\theta)$ 是状态 S_t 和参数 θ 的函数，状态 S_t 是先前状态 S_{t-1}、先前控制 x_{t-1}、最新的外生信息 W_t 的函数，假设 W_t 独立于控制(虽然这是可以处理的)。由此可得：

$$\nabla_\theta F^\pi(\theta, \omega) = \left(\frac{\partial C_0(S_0, x_0)}{\partial x_0}\right)\left(\frac{\partial X_0^\pi(S_0|\theta)}{\partial \theta}\right) + \sum_{t'=1}^{T}\left[\left(\frac{\partial C_{t'}(S_{t'}, X_{t'}^\pi(S_{t'}|\theta))}{\partial S_{t'}}\frac{\partial S_{t'}}{\partial \theta}\right)\right.$$
$$\left. + \frac{\partial C_{t'}(S_{t'}, x_{t'})}{\partial x_{t'}}\left(\frac{\partial X_{t'}^\pi(S_{t'}|\theta)}{\partial S_{t'}}\frac{\partial S_{t'}}{\partial \theta} + \frac{\partial X_{t'}^\pi(S_{t'}|\theta)}{\partial \theta}\right)\right] \tag{12.15}$$

其中，

$$\frac{\partial S_{t'}}{\partial \theta} = \frac{\partial S_{t'}}{\partial S_{t'-1}}\frac{\partial S_{t'-1}}{\partial \theta} + \frac{\partial S_{t'}}{\partial x_{t'-1}}\left[\frac{\partial X_{t'-1}^\pi(S_{t'-1}|\theta)}{\partial S_{t'-1}}\frac{\partial S_{t'-1}}{\partial \theta} + \frac{\partial X_{t'-1}^\pi(S_{t'-1}|\theta)}{\partial \theta}\right] \tag{12.16}$$

导数 $\partial S_{t'}/\partial \theta$ 使用式(12.16)从 $t' = 0$ 开始计算，其中，

$$\frac{\partial S_0}{\partial \theta} = 0$$

并随着时间向前推进。

式(12.15)和式(12.16)要求能够对成本函数、策略和转移函数求导。尽管这些导数的复杂度与问题高度相关，我们仍旧假设这是可能的。

12.8　离散动态规划的精确导数**

本节将在离散动态规划的背景下，在推导策略参数的解析导数的复杂度上迈出一大步。这些问题的决策都是可分类的：左右、颜色或产品推荐。对于领先(和有决心的)读者，本节提供了一个不同的视角来研究序贯决策问题中的数学，该问题与期望直接相关，不同于12.7节中使用的基于模拟的策略。

为了强调离散动作的使用，我们将使用表示动作的符号 a 而非通常使用的决策 x。假设将在稳定状态下最大化单周期预期回报。使用以下符号：

$$r(s, a) \quad = \quad \text{在状态} s \in \mathcal{S} \text{采取动作} a \in \mathcal{A}_s \text{的回报,}$$

$$A^{\pi}(s|\theta) \quad = \quad \text{处于参数为} \theta \text{的状态} s \text{时,决定动作} a \text{的策略,}$$

$$P_t(s'|s, a) \quad = \quad \begin{array}{l} \text{处于状态} s \text{且在} t \text{时采取动作} a \text{的情况下转移到状态} s' \\ \text{的概率(如果底层动态是平稳的,则使用} P(s'|s, a) \text{),} \end{array}$$

$$d_t^{\pi}(s|\theta) \quad = \quad \text{在} t \text{时处于状态} s \text{且遵循策略} \pi \text{的概率}$$

这些符号反映了强化学习领域的经典符号,其采用了马尔可夫决策过程的符号(详见第14章)。通常会使用转移函数,但这里使用的是一步转移矩阵(9.7节展示了如何根据转移函数计算一步转移矩阵)。此外,此处首次使用了已知 $d_t^{\pi}(s|\theta)$ 并在遵循策略 π 时处于某个状态的概率,不过之前在9.11节中对该状态应用了计算状态期望的理念(查看类(4)的目标函数)。

我们首先介绍一种参数化随机策略,该策略通常用于解决离散且没有特定结构的问题(如红—绿—蓝)。我们注意到,正在优化的参数主要控制探索与利用之间的平衡。然后给出目标函数(有多种方法来编写,如后面所示)。最后,描述一种计算该目标函数梯度的方法。

12.8.1　随机策略

我们遵循文献中的标准实践,使用所谓的随机策略,其中动作 a 以一定概率被选中。使用以下符号表示策略:

$$p_t^{\pi}(a|s, \theta) \quad = \quad \begin{array}{l} \text{处于状态} s \text{且在} t \text{时选择动作} a \text{的概率,} \\ \text{其中} \theta \text{是可调参数(可能是向量)} \end{array}$$

大多数情况下会使用表示为 $\bar{p}^{\pi}(a|s, \theta)$ 的平稳策略,$\bar{p}^{\pi}(a|s, \theta)$ 可以被视为用下式计算的策略 $p_t^{\pi}(a|s, \theta)$ 的时间平均版本。

$$\bar{p}^{\pi}(a|s, \theta) = \lim_{T \to \infty} \frac{1}{T} \sum_{t=1}^{T} p_t^{\pi}(a|s, \theta)$$

一种特别流行的策略(特别是在计算机科学中)假设动作是根据玻尔兹曼分布(也称为吉布斯采样)随机选择的。假设在 t 时,有:

$\bar{Q}_t(s, a)=$在 t 时处于状态 s 并采取动作 a 的估计价值

接下来,(使用熟悉的玻尔兹曼分布)定义概率:

$$p_t^{\pi}(a|s, \theta) = \frac{e^{\theta \bar{Q}_t(s,a)}}{\sum_{a' \in \mathcal{A}_s} e^{\theta \bar{Q}_t(s,a')}} \tag{12.17}$$

可以使用 $\bar{Q}_t(s, a) = r(s, a)$ 计算值 $\bar{Q}_t(s, a)$,尽管这意味着要根据即时回报来选择动作。或者,可以使用:

$$\bar{Q}_t(s, a) \quad = \quad r(s, a) + \max_{a'} \bar{Q}_{t+1}(s', a')$$

其中,s' 通过模拟下一步随机选择(或在转移矩阵 $P_t(s'|s, a)$ 可行时从中采样)。我们首

先看到了2.1.6节中强化学习范畴内计算Q值的方法。

如果正在建模一个平稳的问题，那么自然会转移到平稳策略。设$\bar{p}^{\pi}(a|s,\theta)$是平稳动作概率，其中将时间相关值$\bar{Q}_t(s,a)$替换为平稳值$\bar{Q}(s,a)$，计算如下：

$$\bar{Q}^{\pi}(s,a|\theta) = r(s,a) + \mathbb{E}\left\{\sum_{t'=1}^{T} r(S_{t'}, A^{\pi}(S_{t'}|\theta))|S_0 = s, a_0 = a\right\} \tag{12.18}$$

这是从状态s和执行动作a开始的时域内的总回报(注意，可以在有限或无限时域内使用平均回报或折扣回报)。要提醒的是，我们永远都不会真正计算这些期望。使用这些值，可以通过下式创建一个用于选择动作的平稳分布：

$$\bar{p}^{\pi}(a|s,\theta) = \frac{e^{\theta \bar{Q}^{\pi}(s,a|\theta)}}{\sum_{a' \in \mathcal{A}_s} e^{\theta \bar{Q}^{\pi}(s,a'|\theta)}} \tag{12.19}$$

最后，我们的策略$A^{\pi}(s|\theta)$被用来以$p_t^{\pi}(a|s,\theta)$给定的概率选择动作a。12.8.2节展示的开发不要求使用玻尔兹曼策略，但它有助于记住典型示例。

12.8.2 目标函数

为了开发梯度，必须先写出目标函数，即随着时间的推移最大化平均回报：

$$F^{\pi}(\theta) = \lim_{T \to \infty} \frac{1}{T}\left\{\sum_{t=0}^{T}\sum_{s \in \mathcal{S}}\left(d_t^{\pi}(s|\theta)\sum_{a \in \mathcal{A}_s} r(s,a)p_t^{\pi}(a|s,\theta)\right)\right\} \tag{12.20}$$

一种更紧凑的形式是用时间平均值替换时间相关的状态概率(因为采用了极限)。设：

$$\bar{d}^{\pi}(s|\theta) = \lim_{T \to \infty} \frac{1}{T}\sum_{t=0}^{T} d_t^{\pi}(s|\theta)$$

然后，可以将每个时间段的平均回报写作：

$$F^{\pi}(\theta) = \sum_{s \in \mathcal{S}} \bar{d}^{\pi}(s|\theta) \sum_{a \in \mathcal{A}_s} r(s,a)\bar{p}^{\pi}(a|s,\theta) \tag{12.21}$$

12.8.3 策略梯度定理

现在可以求导了。对式(12.21)的两侧求导，应用链式法则，得到：

$$\nabla_{\theta} F^{\pi}(\theta)$$
$$= \sum_{s \in \mathcal{S}}\left(\nabla_{\theta}\bar{d}^{\pi}(s|\theta)\sum_{a \in \mathcal{A}_s} r(s,a)\bar{p}^{\pi}(a|s,\theta) + \bar{d}^{\pi}(s|\theta)\sum_{a \in \mathcal{A}_s} r(s,a)\nabla_{\theta}\bar{p}^{\pi}(a|s,\theta)\right) \tag{12.22}$$

虽然无法计算诸如$d^{\pi}(s)$等的概率，但可以模拟概率(稍后讨论)。假设可以通过对式(12.19)中的概率分布进行微分计算$\nabla_{\theta}\bar{p}^{\pi}(a|s,\theta)$。然而，概率的导数(如$\nabla_{\theta}\bar{d}^{\pi}(s|\theta)$)是另一回事。

这就是称为策略梯度定理(policy gradient theorem)的开发的有用之处。这个定理告诉我们，可以使用下式计算相对于 θ 的 $F^\pi(\theta)$ 的梯度：

$$\frac{\partial F^\pi(\theta)}{\partial \theta} = \sum_s d^\pi(s|\theta) \sum_a \frac{\partial \bar{p}^\pi(a|s,\theta)}{\partial \theta} Q^\pi(s,a) \tag{12.23}$$

其中，$Q^\pi(s,a)$ 由下式得出：

$$Q^\pi(s,a|\theta) = \sum_{t=1}^\infty \mathbb{E}\{r(s_t, a_t) - F^\pi(\theta)|s_0 = s, a_0 = a\}$$

这是从起始状态开始的每个时间段获得的回报与处于稳定状态时每个时间段获得的($F^\pi(\theta)$给予的)预期回报之间的期望差。无法精确计算该导数，但稍后你将看到，可以毫无困难地得出无偏估计。最重要的是，与式(12.22)不同，不必计算(甚至不必近似计算)$\nabla_\theta \bar{d}^\pi(s|\theta)$。12.10.1节收录了这个推导。如果你愿意相信式(12.23)是正确的，请继续阅读！

12.8.4　计算策略梯度

在随机优化的案例中，计算通常是一项挑战。为了便于讨论，此处再一次列出策略梯度结果：

$$\frac{\partial F^\pi(\theta)}{\partial \theta} = \sum_s d^\pi(s|\theta) \sum_a \frac{\partial \bar{p}^\pi(a|s,\theta)}{\partial \theta} Q^\pi(s,a) \tag{12.24}$$

首先，假设有一些允许计算 $\partial \bar{p}^\pi(a|s,\theta)/\partial \theta$ 的策略解析形式(这正是使用玻尔兹曼分布时的情况)。这里保留了平稳概率分布 $d^\pi(s|\theta)$ 以及边际回报 $Q^\pi(s,a)$。

基于在长时间的模拟中，会以一定概率 $d^\pi(s|\theta)$ 访问每个状态，我们只是简单地模拟策略，而非直接计算 $d^\pi(s|\theta)$。因此，对于足够大的 T，可以计算：

$$\nabla_\theta F^\pi(\theta) \approx \frac{1}{T} \sum_{t=1}^T \sum_a \frac{\partial \bar{p}^\pi(a|s_t,\theta)}{\partial \theta} Q^\pi(s_t, a) \tag{12.25}$$

其中，根据已知的转移函数 $s_{t+1} = S^M(s_t, a, W_{t+1})$ 进行模拟。可以通过已知的转移函数和外生信息过程 W_t(如果存在)模型来模拟该过程，也可仅在一段时间内观察策略的运行情况。

这会保留 $Q^\pi(s_t, a)$。接下来将用称为 $\bar{Q}_t^\pi(S_t|\theta)$ 的估计来近似 $Q^\pi(s_t, a)$，$\bar{Q}_t^\pi(S_t|\theta)$ 可通过运行从 t 时开始到 T 时(或某个时域 $t+H$)结束的近似来计算。这需要运行不同的被称为卷展栏模拟或者前瞻模拟的模拟。为了避免混淆，设在 t 时启动的卷展栏模拟在 t' 时的状态变量为 $\tilde{S}_{tt'}$。设在 t 时启动的模拟在 $t'-1$ 时和 t' 时之间的模拟随机信息为 $\widetilde{W}_{tt'}$。鉴于 $\tilde{S}_{tt} = S_t$，有：

$$\bar{Q}_t^\pi(S_t|\theta) = \mathbb{E}_W \frac{1}{T-t} \sum_{t'=t}^{T-1} r(\tilde{S}_{tt'}, A^\pi(\tilde{S}_{tt'}|\theta))$$

其中，$\tilde{S}_{t,t'+1} = S^M(\tilde{S}_{tt'}, A^{\pi}(\tilde{S}_{tt'}|\theta), \tilde{W}_{t,t'+1})$表示前瞻模拟中的转移。当然，我们无法计算期望，因此使用模拟估计：

$$\bar{Q}_t^{\pi}(S_t|\theta) \approx \frac{1}{T-t} \sum_{t'=t}^{T-1} r(\tilde{S}_{tt'}, A^{\pi}(\tilde{S}_{tt'}|\theta)) \tag{12.26}$$

我们注意到，虽然将前瞻模拟的时间跨度写作t到T，但这没有必要。可以在固定的时间段$(t, t+H)$内运行这些前瞻模拟，并相应地调整平均值。

通过将式(12.26)中的$Q_t^{\pi}(S_t|\theta)$替换为$\bar{Q}_t^{\pi}(S_t|\theta)$，即可获得一个可计算的$F^{\pi}(\theta)$估计，其使用下式给出策略$\pi$的采样估计：

$$F^{\pi}(\theta) \approx \sum_{t=0}^{T-1} \hat{Q}_t^{\pi}(S_t|\theta)$$

最后一步是计算导数$\nabla_{\theta}F^{\pi}(\theta)$。为此，我们将转向数值导数。假设前瞻模拟非常容易计算。然后，可以使用有限差分获得$\nabla_{\theta}\hat{Q}_t^{\pi}(S_t|\theta)$的估计值。为此，可以扰动$\theta$的每个元素。如果$\theta$是一个标量，就可以使用：

$$\nabla_{\theta}\hat{Q}_t^{\pi}(S_t|\theta) = \frac{\hat{Q}_t^{\pi}(S_t|\theta+\delta) - \hat{Q}_t^{\pi}(S_t|\theta-\delta)}{2\delta} \tag{12.27}$$

如果θ是一个向量，则可以对每个维度进行有限差分，或者转向同时扰动随机近似(SPSA)(详见5.4.3节)。

该策略首先以增强算法的名称引入。其优势在于能够获取在后续状态中改变θ的下游影响，但方式十分野蛮。这实际上是一种直接前瞻策略，详见第19章。

现在你知道为什么我们用**标记此部分了吧！

12.9　监督学习

开发PFA的一种完全不同的方法是利用称为"监督者"的外部决策源(如果可用)。这可能是某领域的专家(例如做医疗决策的医生、解释X光的放射科医生或驾驶汽车的司机)，或者可能只是一个不同的基于优化的策略，例如确定性的前瞻。决策问题的监督学习与机器学习的监督学习完全相似。

假设有一组来自外源(人或计算机)的决策x^n。设S^n为状态变量，表示做出第n个决策时可用的信息。当下，假设可以通过历史访问数据集$(S^n, x^n)_{n=1}^N$，那么现在面临的是一个经典的机器学习问题：如何将函数(策略)与该数据拟合？首先假设将使用一个如下形式的简单线性模型：

$$X^{\pi}(S|\theta) = \sum_{f \in \mathcal{F}} \theta_f \phi_f(S)$$

其中，$(\phi_f(S))_{f\in\mathcal{F}}$是一组由人类设计的函数(有一个解决该问题的巨大的统计学习工具的机制)。可以使用批量数据集估计$X^\pi(S|\theta)$，不过更经常使用第3章中的工具以在线方式适应新数据。

采用这种方法时会出现以下几个问题。

- 策略永远不会比监督者好，尽管在许多情况下，与经验丰富的监督者一样好的策略可能会非常好。
- 在递归设置中，需要设计允许策略适应更多可用数据的算法。例如，神经网络的使用可能会导致显著的过拟合，并在函数适应噪声数据时产生意外的结果。
- 如果监督者是人，则会限制允许查询领域专家的次数，这就要求考虑如何有效地设计问题。

监督学习可以是一种强大的策略，用于找到初始策略，然后使用策略搜索方法(基于导数或无导数)进一步改进策略。然而，这会面临从监督者处收集数据的问题。如果有一个大型的决策数据库和(捕捉用于做决策的信息的)相应状态变量，那么这是一个很好的统计挑战(尽管不一定是一个简单的挑战)。然而，通常情况下，必须以在线方式处理循序到达的数据。可以通过以下方式进行策略评估。

主动策略搜索——在这种情况下，我们会积极参与过程的操作，以设计更好的策略。可以通过以下两种方式做到这一点。

- 主动策略调整——这涉及调整控制策略的参数，如之前讨论策略搜索时所述。
- 主动状态选择——可以选择决定决策的状态。其形式可能是选择假设情况(如患者特征)，然后请专家做决策。

被动策略搜索——在这种情况下，我们会遵循某些策略，然后有选择地使用结果更新策略。

主动状态选择类似于无导数随机搜索(见第7章)。我们不选择x来获得含噪声的观察$F(x)=\mathbb{E}F(x,W)$，而是选择以状态S从某种来源获得动作x的(可能有噪声的)观察值。主动状态选择只能在离线环境下进行(不能选择走进医院的患者的特征，但可以提出假设患者的特征)，但我们只能向监督者提出有限的问题，特别是在监督者是人(或耗时的优化模型)的情况下。

被动策略搜索使用策略$X^\pi(S_t)$来做出后续用于更新策略的决策x_t。当然，如果所做的只是将自己的决策反馈到产生决策的函数中，将不会学到任何东西。然而，可以进行加权统计拟合，即对表现更好的决策给予更高的权重。

12.10 有效的原因

策略梯度定理的推导

下面将提供12.8.3节提及的下述公式的详细推导:

$$\frac{\partial F^\pi(\theta)}{\partial \theta} = \sum_s d^\pi(s|\theta) \sum_a \frac{\partial \bar{p}^\pi(a|s,\theta)}{\partial \theta} Q^\pi(s,a) \tag{12.28}$$

首先定义两个重要的量:

$$Q^\pi(s,a|\theta) = \sum_{t=1}^\infty \mathbb{E}\{r(s_t,a_t) - F^\pi(\theta)|s_0 = s, a_0 = a\},$$

$$V^\pi(s|\theta) = \sum_{t=1}^\infty \mathbb{E}\{r(s_t,a_t) - F^\pi(\theta)|s_0 = s\},$$

$$= \sum_{a \in \mathcal{A}} \bar{p}^\pi(a_0 = a|s,\theta) \sum_{t=1}^\infty \mathbb{E}\{r(s_t,a_t) - F^\pi(\theta)|s_0 = s, a_0 = a\},$$

$$= \sum_a \bar{p}^\pi(a|s,\theta) Q^\pi(s,a). \tag{12.29}$$

注意,$Q^\pi(s,a|\theta)$不同于之前用于玻尔兹曼策略(这与2.1.6节首次提及的Q学习一致)的数量$\bar{Q}^\pi(s,a|\theta)$。$Q^\pi(s,a|\theta)$将每个周期的回报与每个周期的稳定状态回报之间的差值相加(差值的平均值趋向于零),假设从状态s开始且最初采取动作a。根据概率策略,$V^\pi(s|\theta)$只是对所有初始动作a的期望。

接下来,将$Q^\pi(s,a)$重写为总和中的第一项,使用下式加上无穷和的余数的预期值:

$$Q^\pi(s,a) = \sum_{t=1}^\infty \mathbb{E}\{r_t - F^\pi(\theta)|s_0 = s, a_0 = a\},$$

$$= r(s,a) - F^\pi(\theta) + \sum_{s'} P(s'|s,a)V^\pi(s'), \quad \forall s, a \tag{12.30}$$

其中,$P(s'|s,a)$是一步转移矩阵(好好回想一下,这不取决于θ)。求$F^\pi(\theta)$,可得:

$$F^\pi(\theta) = r(s,a) + \sum_{s'} P(s'|s,a)V^\pi(s') - Q^\pi(s,a) \tag{12.31}$$

现在,请注意,即使s或a都出现在式(12.31)的右侧,$F^\pi(\theta)$也不是s或a的函数。注意,由于策略必须采取一些动作,$\sum_{a \in \mathcal{A}} \bar{p}^\pi(a|s,\theta) = 1$,这意味着:

$$\sum_{a \in \mathcal{A}} \bar{p}^\pi(a|s,\theta)F^\pi(\theta) = F^\pi(\theta), \quad \forall a$$

这意味着可以对所有的动作取式(12.31)的期望,即对于所有状态s,有:

$$F^\pi(\theta) = \sum_a \bar{p}^\pi(a|s,\theta)\left(r(s,a) + \sum_{s'} P(s'|s,a)V^\pi(s') - Q^\pi(s,a)\right) \tag{12.32}$$

深呼吸，现在可以使用以下步骤取导了：

$$\frac{\partial F^\pi(\theta)}{\partial \theta} = \frac{\partial}{\partial \theta}\left(\sum_a \bar{p}^\pi(a|s,\theta)\Big(r(s,a) + \sum_{s'} P(s'|s,a)V^\pi(s') - Q^\pi(s,a)\Big)\right) \tag{12.33}$$

$$= \sum_a \frac{\partial \bar{p}^\pi(a|s,\theta)}{\partial \theta} r(s,a) + \sum_a \frac{\partial \bar{p}^\pi(a|s,\theta)}{\partial \theta}\sum_{s'} P(s'|s,a)V^\pi(s')$$

$$\quad + \sum_a \bar{p}^\pi(a|s,\theta)\sum_{s'} P(s'|s,a)\frac{\partial V^\pi(s')}{\partial \theta} - \frac{\partial}{\partial \theta}\left(\sum_a \bar{p}^\pi(a|s,\theta)Q^\pi(s,a)\right) \tag{12.34}$$

$$= \sum_a \frac{\partial \bar{p}^\pi(a|s,\theta)}{\partial \theta}\Big(r(s,a) + \sum_{s'} P(s'|s,a)V^\pi(s')\Big)$$

$$\quad + \sum_a \bar{p}^\pi(a|s,\theta)\sum_{s'} P(s'|s,a)\frac{\partial V^\pi(s')}{\partial \theta} - \frac{\partial V^\pi(s)}{\partial \theta} \tag{12.35}$$

$$= \sum_a \frac{\partial \bar{p}^\pi(a|s,\theta)}{\partial \theta}\Big(Q^\pi(s,a) + F^\pi(\theta)\Big)$$

$$\quad + \sum_a \bar{p}^\pi(a|s,\theta)\sum_{s'} P(s'|s,a)\frac{\partial V^\pi(s')}{\partial \theta} - \frac{\partial V^\pi(s)}{\partial \theta} \tag{12.36}$$

$$= \sum_a \frac{\partial \bar{p}^\pi(a|s,\theta)}{\partial \theta} Q^\pi(s,a) + \sum_a \bar{p}^\pi(a|s,\theta)\sum_{s'} P(s'|s,a)\frac{\partial V^\pi(s')}{\partial \theta} - \frac{\partial V^\pi(s)}{\partial \theta} \tag{12.37}$$

式(12.33)来自式(12.32)；式(12.34)是式(12.33)的直接展开式，其中，因为$r(s,a)$和$P(s'|s,a)$不取决于策略$\bar{p}^\pi(a|s,\theta)$，有两项消失；式(12.33)使用式(12.29)作为末项；式(12.36)使用式(12.30)；式(12.29)运用到了一个事实：$F^\pi(\theta)$在状态和动作上为常量，且$\sum_a \bar{p}^\pi(a|s,\theta) = 1$。最后，注意式(12.37)适用于所有状态。

还有：

$$\frac{\partial F^\pi(\theta)}{\partial \theta} = \sum_s d^\pi(s|\theta)\frac{\partial F^\pi(\theta)}{\partial \theta} \tag{12.38}$$

$$= \sum_s d^\pi(s|\theta)\left(\sum_a \frac{\partial \bar{p}^\pi(a|s,\theta)}{\partial \theta} Q^\pi(s,a)\right.$$

$$\quad \left. + \sum_a \bar{p}^\pi(a|s,\theta)\sum_{s'} P(s'|s,a)\frac{\partial V^\pi(s')}{\partial \theta} - \frac{\partial V^\pi(s)}{\partial \theta}\right) \tag{12.39}$$

扩展后可得：

$$\frac{\partial F^\pi(\theta)}{\partial \theta} = \sum_s d^\pi(s|\theta)\sum_a \frac{\partial \bar{p}^\pi(a|s,\theta)}{\partial \theta} Q^\pi(s,a)$$

$$\quad + \sum_s d^\pi(s|\theta)\sum_a \bar{p}^\pi(a|s,\theta)\sum_{s'} P(s'|s,a)\frac{\partial V^\pi(s')}{\partial \theta}$$

$$- \sum_s d^\pi(s|\theta)\frac{\partial V^\pi(s)}{\partial \theta} \tag{12.40}$$

$$= \sum_s d^\pi(s|\theta) \sum_a \frac{\partial \bar{p}^\pi(a|s,\theta)}{\partial \theta} Q^\pi(s,a)$$

$$+ \sum_s d^\pi(s|\theta) \frac{\partial V^\pi(s)}{\partial \theta} - \sum_s d^\pi(s|\theta) \frac{\partial V^\pi(s)}{\partial \theta} \tag{12.41}$$

$$= \sum_s d^\pi(s|\theta) \sum_a \frac{\partial \bar{p}^\pi(a|s,\theta)}{\partial \theta} Q^\pi(s,a) \tag{12.42}$$

式(12.38)使用 $\sum_s d^\pi(s|\theta) = 1$。式(12.39)运用到了式(12.37)适用于所有 s 的事实；式(12.40)简单地扩展式(12.39)；式(12.41)使用到了如下属性：由于 $d^\pi(s)$ 是平稳分布，因此 $\sum_s d^\pi(s|\theta)P(s'|s,a) = d^\pi(s'|\theta)$ (替换此结果后，只需要将索引 s' 改为 s)。式(12.42)是在式(12.28)(以及式(12.23))中首次提出的策略梯度定理。

12.11 参考文献注释

12.1节——建模随机搜索算法(无论是基于导数的还是无导数的)的理念最初是在 Powell(2019)的论著中完成的(据我们所知)。

12.2节——对策略函数近似的搜索与在任何机器学习练习中发生的搜索，都是对相同的函数类型开展的，这一观念似乎是新的。

12.5~12.6节——自20世纪90年代以来，人们一直在积极研究优化参数化策略的概念，这被描述为"策略搜索"。这也是我们将这个类命名为"策略搜索"类的原因。我们提出的使用数值导数的策略搜索，或无导数随机搜索的方法(两者都纯粹依赖于将策略模拟为黑盒)在强化学习领域中是众所周知的(参见Sigaud和Stulp(2019)的最新全面综述)。我们注意到，这篇综述专门针对连续的动作，但参数化策略可以用于离散的动作，并使用相同的方法进行优化。

12.7节——12.5节和12.6节完全依赖函数近似来执行随机搜索。有一大类动态规划，其中未来状态 S_{t+1} 是 S_t 和 x_t 的连续函数。例如，此类问题包括管理资金、水、血液、库存和电力的问题，其中资源库存 R_t 正在通过决策 x_t 进行分配以生成更新库存 R_{t+1}。核心公式(式(12.15)~式(12.16))只不过是长期用于控制问题和神经网络(称为反向传播)的链式规则中的精细练习而已。参见离散时间最优控制的任何标准处理(如Kirk(2012)、Stengel(1986)、Sontag(1998)以及Lewis和Vrabie(2012)的论著)。我们对参数化策略的适应源于第一原则，但方法很简单。

12.8节——在强化学习领域，用策略梯度方法求解具有离散状态和动作的问题得到了相当大的关注。这一节介绍了一种用于计算离散动态规划的策略梯度的方法，该方法使用了Sutton等人(2000)提出的"策略梯度法"的概念，并且Sutton和Barto(2018)的书的第2版给出了很好的描述(见该书第13章)。

练习

复习问题

12.1　策略搜索是一个序贯决策问题。请使用我们的建模框架写出策略搜索算法的要素。

12.2　什么是"仿射策略"？请写出仿射策略的一般形式。假设正在管理一个库存问题，其中状态 $S_t = (R_t, p_t)$ 取决于持有的库存 R_t 以及可以出售存货的价格 p_t。设 x_t 是 t 时要销售的库存量。如果将策略写为：

$$X^\pi(S_t|\theta) = \theta_0 + \theta_1 R_t + \theta_2 R_T^2 + \theta_3 p_t + \theta_4 p_t^2 + \theta_5 R_t p_t$$

这是仿射策略吗？为什么？

12.3　要进行策略搜索，必须知道如何写出用于评估策略表现的目标函数。

(1) 如果在模拟器中调整策略，那么目标函数是什么？请仔细解释每一个不确定性(或偶然性)的来源。

(2) 如果在现场调整策略，那么目标函数是什么？

建模问题

12.4　假设要搜索一个简单的库存问题的策略，其中库存 R_t 根据下式演变：

$$R_{t+1} = \max\{0, R_t + x_{t-\tau} - \hat{D}_{t+1}\}$$

其中随机需求 $\hat{D}_{t+1}$ 以相等的概率遵循从1到10的离散均匀分布。设订单 x_t 在 $t + \tau$ 时到达。假定 $R_0 = 10$，并使用以下贡献函数：

$$C(S_t, x_t) = p_t \min\{R_t + x_{t-\tau}, \hat{D}_{t+1}\} - 15x_t$$

其中，价格 p_t 以相等的概率从16和25之间的均匀分布中得出。

我们将根据补充库存策略进行订购：

$$X^{Inv}(S_t|\theta) = \begin{cases} \theta^{\max} & \text{若} R_t < \theta^{\min}, \\ 0 & \text{其他} \end{cases}$$

要选择 θ 来求解：

$$\max_\theta F(\theta) = \mathbb{E}_W \left\{ \sum_{t=0}^{100} C(S_t, x_t) | S_0 \right\} \tag{12.43}$$

其中，$W = (W_1, \ldots, W_{100})$ 是价格和需求实现的向量。

(1) t 时的状态变量 S_t 为多少？

(2) t 时的决策变量为多少？直到 τ 个时间段后，t 时的决策未对系统造成任何影响，这重要吗？

(3) 外生信息变量W_t的要素是什么？

(4) 转移函数是什么？回想一下，S_t的每个元素都需要一个公式。

(5) 式(12.43)中的目标函数最大化累积回报，但我们正在离线模拟器中优化策略，这意味着要优化最终回报，而非累积回报。证明式(12.43)仍然是正确的目标。(提示：查看表9.3，确定式(12.43)属于4类目标函数中的哪一类。)

12.5 假设你正在使用基于梯度的搜索算法调整策略$X^\pi(S^n|\theta)$的参数θ，以找出N次迭代中的$x^{\pi,N}$来最大化$\mathbb{E}F(\theta,W)$。这意味着你可以访问梯度$\nabla_\theta F(\theta,W)$。

(1) 写出序贯决策问题的5个要素(状态变量、决策变量、外生信息、转移函数和目标函数)。

(2) 这个问题的外生信息是什么？

(3) 回顾学过的步长策略(参见6.2.3节)，搜索策略意味着什么？

计算练习

接下来的两个练习将使用基于导数的方法优化练习12.4中的建模策略。

12.6 实现基于有限差分的基本随机梯度算法(见5.4.3节)。使用谐波步长：

$$\alpha_n = \frac{\theta^{step}}{\theta^{step} + n - 1} \tag{12.44}$$

这意味着还必须调整θ^{step}。假设$\tau = 1$。

(1) 对$\theta^{step} = 1, 5, 10, 20$进行100次迭代运算(每次仅一个样本路径)，并报告哪个θ^{step}值最有效，以及算法返回的θ值。

(2) 对$\theta^{step} = 10$进行100次迭代运算，并为每个θ^{step}值绘制迭代过程中的目标函数。重复20次，以说明算法可以采用的采样路径范围。你认为需要多少个样本才能可靠地估计哪个θ^{step}值最有效？

(3) 使用θ^{step}的最佳值，分别找出$\tau = 1, 5, 10$时的最佳θ值。

12.7 使用SPSA算法优化练习12.4中的建模策略。假设$\tau = 1$。

(1) 实现同时扰动随机近似(SPSA)算法(见5.4.4节)。使用谐波步长(见式(12.44))，这意味着还必须调整步长参数θ^{step}。使用1的小批量计算梯度。对$\theta^{step} = 1, 5, 10, 20$进行100次迭代运算，其中，每个$\theta^{step}$值重复20次，并取结果的平均值。报告哪个$\theta^{step}$值最有效。

(2) 使用$\theta^{step} = 10$和1、5、10和20的小批量运行算法，并比较100次迭代的表现。

接下来的两个练习将使用无导数方法优化练习12.4中的建模策略。对于每种方法，通过在范围2, 4, ..., 10内改变θ^{min}，并在范围6, 8, ..., 20内改变θ^{max}，同时排除任何$\theta^{min} \geq \theta^{max}$的组合，来枚举一个二维订购策略$\theta$的可能值集合$\Theta$。设$\Theta$是允许的$\theta$的集合。恒假设$\tau = 1$。

12.8 具有相关信念的查找表：构建集合 Θ 后，执行以下操作。

(1) 通过为 $\theta \in \Theta$ 的5个不同值运行5次模拟来初始化信念。对这些结果求平均，并设 $\bar{\mu}_\theta^0$ 为所有 $\theta \in \Theta$ 的平均值。计算这5个观察值的方差 $\sigma^{2,0}$，并为所有 $\theta \in \Theta$ 初始化 $\beta_\theta^0 = 1/\sigma^{2,0}$ 处的信念的精确度。设：

$$\bar{F}^0 = \max_{\theta \in \Theta} \bar{\mu}_\theta^0$$

报告 $\bar{F}^0$(当然，$\bar{\mu}_\theta^0$ 对所有 θ 来说都相同，因此可以选择任何 θ)。

(2) 假设估计值 $\bar{\mu}_\theta^0$ 与下式相关：

$$Cov(\bar{\mu}_\theta^0, \bar{\mu}_{\theta'}^0) = \sigma^0 e^{-\rho|\theta - \theta'|}$$

通过对 $\theta = (4,6),(4,8),(4,10),(4,12),(4,14)$ 的每个组合运行10次模拟来计算 $Cov(\bar{\mu}_\theta^0, \bar{\mu}_{\theta'}^0)$。接着，使用这5个数据点找到生成 $Cov(\bar{\mu}_\theta^0, \bar{\mu}_{\theta'}^0)$ 的最佳拟合的 ρ 值。再对所有 $\theta' \in \Theta$ 填写矩阵 Σ^0：

$$\Sigma_{\theta,\theta'}^0 = \sigma^0 e^{-\rho|\theta - \theta'|}$$

使用之前确定的 ρ 值。

(3) 使用相关信念(见3.4.2节)写出更新 $\bar{\mu}_\theta^n$ 的等式。

(4) 使用以下区间估计策略：

$$\Theta^\pi(S^n|\theta^{IE}) = \arg\max_{\theta \in \Theta} (\bar{\mu}_\theta^n + \theta^{IE}\bar{\sigma}_\theta^n)$$

其中，$\bar{\sigma}_\theta^n = \Sigma_{\theta,\theta}^0$。当然，现在已在策略中引入了另一个可调参数 θ^{IE} 以调整订购策略 $X^\pi(S_t|\theta)$ 中的参数。这样的事经常发生，要习以为常。使用 $\theta^{IE} = 2$，对策略 $\Theta^\pi(S^n|\theta^{IE})$ 执行100次迭代，并随着运行的推进报告式(12.43)所示目标的模拟表现。在显示 Θ 的所有组合的二维图上，报告对每种组合进行采样的次数。

(5) 重复搜索 $\theta^{IE} = 0, .5, 1, 2, 3$。准备一个图表，显示 θ^{IE} 每个值的表现。

12.9 响应面方法：本练习将通过创建函数 $F(\theta)$ 的统计模型来优化 θ。构建集合 Θ 后，执行以下操作。

(1) 随机选取 Θ 中的10个元素，模拟策略20次，然后利用策略的模拟表现拟合以下线性模型：

$$\bar{F}^0(\theta) = \rho_0^0 + \rho_1^0\theta^{min} + \rho_2^0(\theta^{min})^2 + \rho_3^0\theta^{max} + \rho_4^0(\theta^{max})^2 + \rho_5^0\theta^{min}\theta^{max}$$

使用3.7节中的方法拟合此模型。

(2) 在第 n 次迭代中找到：

$$\theta^n = \arg\max_\theta \bar{F}^n(\theta)$$

然后使用 $\theta = \theta^n$ 运行策略以获得 $\hat{F}^{n+1}(\theta^n)$。将 $(\theta^n, \hat{F}^{n+1})$ 添加至用于拟合近似值的数据以获得更新近似值 $\bar{F}^{n+1}(\theta)$，并重复此操作。运行20次迭代，并重复10次。报告平均值

和范围。

(3) 重复算法，但这次将计算 θ^n 的策略替换为：

$$\hat{\theta}^n = \arg\max_{\theta} \bar{F}^n(\theta),$$

$$\theta^n = \hat{\theta}^n + \delta^n$$

其中，

$$\theta^n = \begin{pmatrix} \theta_1^n \\ \theta_2^n \end{pmatrix}$$

且

$$\delta^n = \begin{pmatrix} \delta_1^n \\ \delta_2^n \end{pmatrix}$$

向量 δ 是幅度为 r 的扰动，其中，

$$\delta_1^n + \delta_2^n = 0,$$

$$\sqrt{(\delta_1^n)^2 + (\delta_2^n)^2} = r$$

这些公式意味着：

$$\delta_1^n = -\delta_2^n = r/\sqrt{2}$$

或

$$\delta_2^n = -\delta_1^n = r/\sqrt{2}$$

该算法利用了更好地对替换最优值的点进行采样的属性。通常情况下，这个简单的策略涉及另一个可调参数——扰动半径 r。最初 $r = 4$。进行20次迭代运算，然后使用 $\delta^n = 0$ 来查看给定近似函数情况下，基于最优 θ 值的表现。重复 $r = 0, 2, 6, 8$ 并报告表现最优的扰动半径。

求解问题

12.10　假设遇到一个资产出售问题，其中策略为：

$$X^\pi(S_t|\theta) = \begin{cases} 1 = \text{“sell”} & \text{若 } p_t \geq \theta, \\ 0 = \text{“hold”} & \text{若 } p_t < \theta \end{cases} \tag{12.45}$$

(1) 这是仿射策略吗？理由是什么？

(2) 现在假设不知道这可能是正确的策略结构，要设计一个仿射策略。仿射策略会是什么样子的？你认为你的仿射策略可能会有效吗？

(3) 单调策略意味着什么？式(12.45)中的策略是单调的吗？

(4) 假设你相信你的策略是单调的，但除此之外，你不知道函数的形状。请给出你可

能会提出的近似策略(该策略允许函数相对于 p_t 呈单调趋势)，并绘制估计此函数的方法。

序贯决策分析和建模

这些练习摘自在线书籍 *Sequential Decision Analytics and Modeling*(《序贯决策分析和建模》)。扫描右侧二维码，即可查看该书。

12.11　通过上述书籍的2.4节回顾第2章中的资产销售问题。其中提出了3项策略，但本练习将重点关注涉及调整单个参数的跟踪策略。使用Python模块"AssetSelling"(扫描右侧二维码即可下载)，其中包含模拟跟踪策略的代码。本练习将重点介绍执行参数搜索的无导数方法。

(1) 运行20次定价模型的模拟，并从中确定最高和最低的价格。将此范围分为20个部分。接着实施以下区间估计策略:

$$X^{IE}(S^n|\theta^{IE}) = \arg\max_{x\in\mathcal{X}}(\bar{\mu}_x^n + \theta^{IE}\bar{\sigma}_x^n) \tag{12.46}$$

其中，$\mathcal{X}$ 是跟踪参数的20个可能值，$\bar{\mu}_x^n$ 是取值 $x\in\mathcal{X}$ 时，跟踪参数表现的估计值。本练习设置 $\theta^{IE}=2$(不过这是一个还需要调整的参数)。试给出实验预算是 $N=20$ 及 $N=100$ 时每个 x 值的估计值 $\bar{\mu}_x^N$。

(2) 接下来，创建一个二次信念模型:

$$\bar{F}^n(x) = \bar{\theta}_0^n + \bar{\theta}_1^n x + \bar{\theta}_2^n x^2$$

其中，x 仍然是跟踪参数的值。测试选择 x^n 的3种策略(参见第7章):

① 贪婪策略，其中 $x^n = \arg\max_x \bar{F}^n(x)$。

② 激励策略 $x^n = \arg\max_x \bar{F}^n(x) + \varepsilon^{n+1}$，其中 $\varepsilon^{n+1}\sim N(0,\sigma^2)$，$\sigma^2$ 是探索过程中的噪声，这是一个必须调整的参数。

③ 参数化的知识梯度策略，其中，"$x^n = \arg\max_x \bar{F}^n(x) + Z$，$Z = \pm r$"，$r$ 是需要调整的参数。

对100次迭代模拟每个策略，并比较每个策略的表现。

12.12　通过上述书籍的2.4节回顾第2章中的资产销售问题。其中提出了3项策略，但本练习将重点关注涉及调整单个参数的跟踪策略。使用Python模块"AssetSelling"，其中包含模拟跟踪策略的代码。本练习将重点介绍执行参数搜索的基于导数的方法。

(1) 通过运行跟踪参数设置为 x 的模拟来生成随机梯度的估计，然后在 $x+\delta$ 处(其中 $\delta=1$)再次模拟。使用谐波步长:

$$\alpha_n = \frac{\theta^{step}}{\theta^{step}+n-1}$$

在此，需要调整 θ^{step}。进行100次迭代运算，然后找到 θ^{step} 以生成最好的解决方案 $x^{\pi,N}$。

(2) 重复(1)，但这次使用小批量重复模拟 m，其中 $m=1,5,10,20$。注意 θ^{step} 的最佳值

可能取决于m。对100次迭代($N = 100$)中的每个m值运行随机梯度算法并比较结果。

每日一问

"每日一问"是你选择的一个问题(请参阅第1章中的指南)。针对你的每日一问,回答以下问题。

12.13　在每日一问中选择一个特定的决策(如果有多个的话),并尝试设计一个策略函数近似值来做决策。这通常涉及可调参数(如果你的PFA没有可调参数,则请尝试引入一个)。然后演示如何在以下设置中调整策略。

(1) 离线,在模拟器中。记住,你将调整参数,然后进行测试。使用最终回报公式写出目标函数(如果你不记得这一点了,则请回到式(7.2))。明确描述初始状态S^0以及外生信息W_t和测试随机变量$\widehat{W}_t$中的任何不确定性。

(2) 在线,在现场。这意味着使用累积回报公式进行优化(参见式(7.3))。再次,明确定义所有随机变量。

参考文献

第 *13* 章

成本函数近似

对于策略结构清晰的问题而言，参数函数近似(见第12章)是一个特别强大的策略。例如，在价格低于 $\theta^{\min}$ 时买入，在价格高于 $\theta^{\max}$ 时售出，是许多买卖问题的明显结构。但是PFA并没有扩展到更大、更复杂的问题，例如安排航班或管理国际供应链。PFA甚至无法帮助规划驾车行驶的路径。

PFA的问题在于，要么必须能够识别一个简单的结构形式(这意味着某种形式的线性或非线性模型)，要么可以指定一个高维体系结构(局部常数或线性，完全非参数，或深度神经网络)，这将需要大量的训练迭代(可能是数百万或数千万)。然而，在高维决策的情况下，存在许多问题，这意味着许多变量相互作用，例如棋盘上棋子的位置，或一个地区剩余血液库存对全国血液分配的影响。当存在噪声时学习这些相互作用尤其困难。

CFA是参数化优化模型的一种形式。假设你有一个问题表明自然近似是确定性优化问题，这些可能是短视的(为等待的客户分配可接单的拼车司机)，或者它们可能涉及优化未来的确定性近似值(技术上是直接前瞻近似的一种形式，但很简单)。一个例子是在导航系统中使用确定性最短路径，或者在给定需求点预测的情况下在规划时域内优化库存决策。

优化问题可能与航班排期一样复杂，也可能像尝试为高血糖患者选择治疗方案 $x \in \mathcal{X} = \{x_1, \ldots, x_M\}$ 一样简单。设 $\bar{\mu}_x^n$ 表示在进行 n 次不同测试后，血糖因治疗方案 x_m 下降的程度，而 $\bar{\sigma}_x^n$ 是估计值 $\bar{\mu}_x^n$ 的标准差。假设多个信念之间彼此独立，目前的状态(信念状态)表示为 " $S^n = B^n = (\bar{\mu}_x^n, \bar{\sigma}_x^n), x \in \mathcal{X}$ "。贪婪("纯利用")策略将使用以下策略：

$$X^{Explt}(S^n) = \arg\max_x \bar{\mu}_x^n$$

这样的策略使用看似最好的治疗方法，但没有认识到，在选择 x^n 并观察 $\hat{F}^{n+1} = F(x^n, W^{n+1})$ 后，可以使用这些信息来更新信念状态(由 S^n 捕捉)。问题是我们可能得到一个过低的估计值 $\bar{\mu}_x^n$，它可能打消我们再次尝试的积极性。解决这个问题的一种方法

(见第7章介绍的间隔估计)是使用修正后的策略：

$$X^{IE}(S_t|\theta) = \arg\max_{x\in\mathcal{X}} \left(\bar{\mu}_x^n + \theta\bar{\sigma}_x^n\right) \tag{13.1}$$

其中，θ是一个参数，必须通过通常的目标函数进行调整：

$$\max_\theta F(\theta) = \mathbb{E}\sum_{t=0}^{T} C(S_t, X^\pi(S_t|\theta)) \tag{13.2}$$

我们调整了纯利用策略，在式(13.1)中增加了"不确定性回报"，鼓励尝试$\bar{\mu}_x$较低的方案，但如果有足够的不确定性，它实际上可能更高。这是一种纯启发式方法，可以在探索与利用之间进行权衡(但是这种启发式方法具有很好的理论属性)。

虽然我们的区间估计策略仅限于离散动作空间，但参数CFA实际上可以扩展到规模非常大的问题。一旦在策略中引入$\arg\max_x$，便为使用大型线性、整数、非线性甚至非线性整数规划的解决方案开启了大门，如本章后部所述。突然就可以设x_t为具有数十万个变量(维度)的向量。

使用参数化优化模型的方法是一种广泛使用的工程启发式方法，但作为构建解决随机序贯决策问题的策略的有效途径，已被完全忽略。特殊启发式和形式优化模型之间的出发点是式(13.2)。通常在模拟器(可能具有最终回报目标)中，或者在现场在线(可能具有累积回报目标)进行参数调整。无论哪种方式，都需要将参数调整过程转变为一个显式优化问题(如式(13.2))；如果没有这样做，那么所做的实际上只是一个工程启发式。

虽然参数化优化模型在实践中应用得非常普遍，但人们不怎么使用式(13.2)来调整参数。与PFA一样，参数CFA的使用有以下3个维度。

(1) 设计参数化——这是任何参数模型(包括统计模型)的艺术。CFA以某种形式的确定性优化模型开始，其中参数化应被选择用于改进可用原始确定性近似实现的结果。

(2) 评估参数CFA——评估策略最常用的方法是模拟器，但有许多设置中的模拟器要么太耗时，要么开发代价高昂，或者根本无法创建问题的数学模型，需要在现场完成评估。

(3) 调整参数——正如在关于随机搜索(见第5章和第7章)和策略搜索(见第12章)的论述中看到的那样，使用式(13.2)中的目标函数调整参数θ并不容易。出于这个原因，在工程中凭直觉选择θ值的做法十分常见。虽然所得策略的性能可能是合理的，但这绝非优化。

学术界在很大程度上将参数化确定性模型视为"工业启发式"。我们声称参数化优化模型是解决某些类别的随机优化问题的有力策略，并且与任何PFA或任何将在本书后部介绍的策略一样有效。归根到底，要开发问题结构并洞察不确定性如何影响解决方案。

需要停下来看一个重要的观察结果：PFA和CFA都看似参数化策略，但它们在关键方面往往有所不同，特别是当PFA使用通用架构(如线性模型或神经网络)时。使用通用架构的PFA将不会在向量θ的缩放方面提供任何指导。相比之下，如果我们从确定性近似开始，就会引入大量的结构，这将对缩放问题产生影响，从而大大简化参数搜索过程。

本章的其余部分将重点介绍创建参数CFA的不同方法。13.1节设置了一些通用符号，13.2节介绍了参数化目标函数的例子，13.3节介绍了参数化约束的例子。

13.1　参数CFA的一般公式

有两种方法可以参数化优化问题：目标函数和约束。为了捕捉这些变化，定义：

$$\bar{C}^{\pi}(S_t, x_t|\theta) = \text{由策略}\pi\text{决定的修正目标函数(其中}\theta\text{代表可调参数)},$$

$$\mathcal{X}_t^{\pi}(\theta) = \text{由策略}\pi\text{决定的具有可调参数}\theta\text{的修正约束集(即可行域)}$$

参数CFA可以写作其最一般的形式：

$$X^{CFA}(S_t|\theta) = \arg \max_{x_t \in \mathcal{X}_t^{\pi}(\theta)} \bar{C}^{\pi}(S_t, x_t|\theta) \tag{13.3}$$

其中，$\bar{C}^{\pi}(S_t, x_t|\theta)$是一个参数化修正的成本函数，满足一组(可能修正的)约束集$\mathcal{X}^{\pi}(\theta)$，其中$\theta$是可调参数的向量。

现在得到一个可调策略$X^{CFA}(S_t|\theta)$，并与第12章中处理PFA时一样面临寻找θ的问题。注意θ可能是一个标量，也可能有几十、甚至数百或数千个维度。我们预计最常见的搜索算法是基于导数的随机搜索(使用数值导数)，例如12.5节(或5.4.4节)中描述的SPSA算法，或无导数随机优化，例如12.6节中概述的方法。可以应用12.7节中描述的精确梯度，但是，当策略是一个优化问题时，对策略求导可能会令人生畏。

13.2　目标修正的CFA

首先考虑通过目标函数修正问题以实现期望行为的问题。包括回报和惩罚在内的方法，都是广泛用于获得基于成本的优化模型以产生期望的行为的启发式方法，例如平衡实际成本与糟糕服务的惩罚。毋庸置疑，可以使用这种方法在存在不确定性的情况下仍旧产生具有鲁棒性的行为。

接下来，将介绍一种在目标函数中添加线性成本修正模型的一般方法。然后，提出3个应用设置：用于为司机分配货物装载量的动态分配问题，随机、动态最短路径问题以及金融交易问题。

13.2.1　线性成本函数修正

虽然倾向于以问题结构为指导的参数化，但是提高基于优化的策略性能的一般方法是在目标上添加一个线性项，可得：

$$X^{CFA-cost}(S_t|\theta) = \arg\max_{x_t \in \mathcal{X}_t}\left(C(S_t, x_t) + \sum_{f \in \mathcal{F}} \theta_f \phi_f(S_t, x_t)\right) \tag{13.4}$$

其中，$(\phi_f(S, x))_{f \in \mathcal{F}}$ 是一组首先取决于 x 并且可能取决于状态 S 的特征。如果某个特征不取决于决策，则不会影响最优解决方案的选择。

为式(13.4)与线性策略函数近似(或者第3章中引入的任何线性统计模型)设计的特征没有什么不同。总是可以简单地构造由 x_t 和 S_t 元素的不同组合组成的多项式，其具有不同的转换(线性、正方形等)，但许多问题具有非常具体的结构。

13.2.2　动态分配问题的CFA

货运业要求司机与货物相匹配，就像顺风车公司匹配司机与乘客一样。货运的区别在于运送的是货物而非乘客，有时货物必须等待一段时间(可能是几个小时)才能被提取。

为了模拟问题，首先定义组成状态变量的资源和任务集：

$\mathcal{D}_t$　　$=$　　t时可用的所有(有牵引车的)司机的集合，

$\mathcal{L}_t$　　$=$　　t时等待运送的所有货物的集合，

S_t　　$=$　　$(\mathcal{D}_t, \mathcal{L}_t) = t$ 时系统的状态

决策变量和成本为：

$x_{td\ell}$　　$=$　　若t时将司机d分配给货物ℓ，则为1，否则为0，

$c_{td\ell}$　　$=$　　在t时将司机$d \in \mathcal{D}_t$分配给货物$\ell \in \mathcal{L}_t$的贡献，包括货物产生的收入、空车驶到提货处的成本以及延迟取货或交付的处罚

最后，使用以下定义来表示货物和司机的决策后集：

$\mathcal{L}_t^x$　　$=$　　t时提供的货物集，即对于所有ℓ，满足$\sum d \in \mathcal{D}_t x_{td\ell} = 1$，

$\mathcal{D}_t^x$　　$=$　　t时派遣的司机集，即对于所有d，满足$\sum \ell \in \mathcal{L}_t x_{td\ell} = 1$

将司机分配给货物的短视策略表示为：

$$X^{Assign}(S_t) = \arg\max_{x_t} \sum_{d \in \mathcal{D}_t} \sum_{\ell \in \mathcal{L}_t} c_{td\ell} x_{td\ell} \tag{13.5}$$

一旦派遣了一名司机(即，对于某些$\ell \in \mathcal{L}_t$，$x_{td\ell} = 1$)，则假设司机消失(这纯粹是为了简化建模)。然后将司机建模为伴随新货物的外生随机过程。建模使用：

$\hat{L}_{t+1}$　　$=$　　外生过程，描述t和$t+1$之间调用的随机货物(包括起点和目的地)，

$\hat{D}_{t+1}$　　$=$　　外生过程，描述t和$t+1$之间调用的可用司机(及其位置)

在实践中，$\hat{D}_t$将取决于先验决策，但是这种简化的模型将帮助我们达成目的。转移函数由下式给出：

$$\mathcal{L}_{t+1} = \mathcal{L}_t \setminus \mathcal{L}_t^x \cup \hat{L}_{t+1}, \tag{13.6}$$

$$\mathcal{D}_{t+1} = \mathcal{D}_t \setminus \mathcal{D}_t^x \cup \hat{D}_{t+1} \tag{13.7}$$

其中，$\mathcal{A} \setminus \mathcal{B}$意味着从集合$\mathcal{A}$中减去集合$\mathcal{B}$。然而，在实际环境中，持续等待时间过长的货物可能会退出并寻找另一家运输商，这意味着我们失去了该货物的运送权(和收入)。我们的短视策略根本没有考虑到未来可能发生事情的价值。

处理此问题的一种方法是对已延时的货物运送提供正向回报。设：

$\tau_{t\ell}$=货物$\ell \in \mathcal{L}_t$相对于时间t的延时

接下来考虑修正后的策略：

$$X^{CFA-Assign}(S_t|\theta) = \arg\max_{x_t} \sum_{d \in \mathcal{D}_t} \sum_{\ell \in \mathcal{L}_t} (c_{td\ell} + \theta\tau_{t\ell})x_{td\ell} \tag{13.8}$$

现在得到了修正后的被θ参数化的成本函数(即使目标是最大化，仍使用术语"成本函数")，其中，θ为延时的货物设置了回报(假设$\theta > 0$)。下一个挑战是调整θ：若θ过大，则需要驶经一段很长的距离来拉一直在等待配送的货物；若θ过小，最终将失去须等待太久的货物。优化问题表示为：

$$\max_{\theta} \mathbb{E} \sum_{t=0}^{T} C(S_t, X^{CFA-Assign}(S_t|\theta)) \tag{13.9}$$

其中，

$$C(S_t, x_t) = \sum_{d \in \mathcal{D}_t} \sum_{\ell \in \mathcal{L}_t} c_{td\ell} x_{td\ell}$$

现在面临的问题是调整θ以最大限度地提高利润。也可以设定一个目标，例如最小化延迟超过4小时的货物数量。

这是参数化成本函数近似的经典使用，旨在为维度非常高的资源分配问题找到鲁棒性的策略。延迟惩罚参数θ可以在代表目标(见式(13.9))以及动态(见式(13.6)和式(13.7))的模拟器中进行调整。在实际应用中，这种调整通常是在基于真实观察的在线设置中完成的(尽管是以一种特别的方式)。

13.2.3　动态最短路径

来看一个在一段时间内通过网络寻找最佳路径的问题，如图13.1所示。导航系统使用网络中每个链路的最佳估计时间来规划一条到达目的地的路径，但随着我们沿着路径前进，新的信息到达，路径会被更新。这是一种使用预测行程时间的直接前瞻策略(详见第19章)。

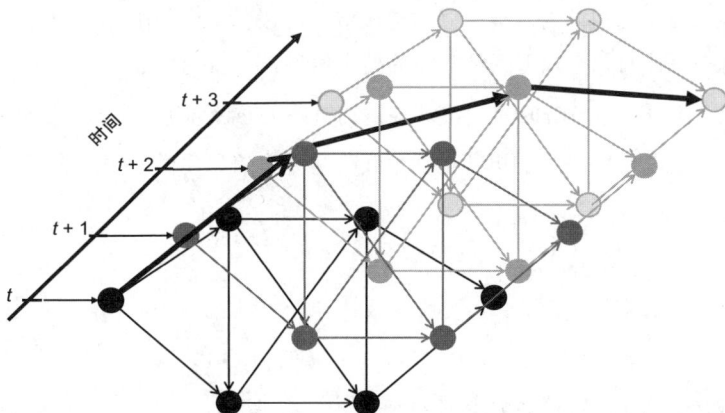

图13.1　时间相关网络上的最短路径

我们对使用确定性预测来规划未来路径的理念已经相当熟悉,因此不存在挑战性,但这是一个完全连续的、随机的带有滚动预测的决策问题。假设最短的路径会经过一座收费桥,这座桥会定期吊起,以便让超高的船只在桥下通过。当这种情况发生时,交通会中断20分钟。到这座桥需要40分钟,如果迟到,就会错过吊起的时间。

当链路时间分布具有长尾时,我们可能希望考虑遍历每个链路的时间的第90个百分位数(诸如此类),而非预期时间。这是参数化成本函数近似的一种形式,其中会使用修正的目标函数。

下面简单描述一下使用标准框架的模型。

状态变量——通过以下方式表示旅行者的位置:

R_t =旅行者必须做决策的下一个节点

差旅估计费用表示为:

$$\tilde{c}_t \quad = \quad (\tilde{c}_{t,i,j})_{(i,j)\in\mathcal{N}},$$
$$= \quad 给定t时已知信息的情况下,t时遍历链路(i,j)的成本估计向量$$

假设有一个给出行程成本分布的历史数据集。由于这些分布将基于许多观察结果进行编译,因此假设这些分布是静态的(这些分布将包含在初始状态S_0而非动态S_t中)。

在t时,旅行者的状态S_t为:

$$S_t = (R_t, \tilde{c}_t)$$

一个常见的错误是假设系统的状态是旅行者的位置。在动态网络中,必须在状态变量中包含网络中每个链路上的行程时间估计值,因为这些估计值在每个时间段都会更新。

决策变量——决策变量由下式给出:

$$x_{tij} \quad = \quad \begin{cases} 1 & 若t时位于i,则遍历链路(i,j), \\ 0 & 其他情形 \end{cases}$$

这些都会服从约束,以确保必须从任一节点i去向某个地方(直至到达目的地)。

一如既往，设 $X^\pi(S_t|\theta)$ 为决策，以确定从节点 i 出发，应遍历的链路 (i,j)。

外生信息——该问题有以下两种类型的外生信息。

$\hat{c}_{t+1,ij}$ = 旅行者在 t 时做出决策并遍历链路 (i,j) 后所观察到的遍历此链路的成本

第二类新信息是链路成本的更新估计。我们将外生信息建模为估计的变化：

$$\delta\tilde{c}_{t+1,ij} = \tilde{c}_{t+1,ij} - \tilde{c}_{t,ij},$$

$$\delta\tilde{c}_{t+1} = (\tilde{c}_{t+1,ij})_{(i,j)\in\mathcal{N}}$$

因此，外生信息变量表示为：

$$W_{t+1} = (\hat{c}_{t+1}, \delta\tilde{c}_{t+1})$$

转移函数——预测的转移函数根据下式演变：

$$\tilde{c}_{t+1,ij} = \tilde{c}_{t,ij} + \delta\tilde{c}_{t+1,ij} \tag{13.10}$$

使用下式更新物理状态 R_t：

$$R_{t+1} = \{j|x_{t,R_t,j} = 1\} \tag{13.11}$$

换句话说，如果位于节点 $i = R_t$ 并做出决策 $x_{tij} = 1$(这要求处于节点 i，否则 $x_{tij} = 0$)，则 $R_{t+1} = j$。

式(13.10)和式(13.11)构成了转移函数：

$$S_{t+1} = S^M(S_t, X^\pi(S_t|\theta), W_{t+1})$$

目标函数——现在将目标函数写作：

$$\min_\pi F^\pi(\theta) = \mathbb{E}\left\{\sum_{t=0}^{T}\sum_{(i,j)\in\mathcal{N}}\hat{c}_{t+1,ij}X^\pi(S_t|\theta)|S_0\right\} \tag{13.12}$$

注意，我们的策略 $X^\pi(S_t|\theta)$ 是一个指示变量，如果指示出行者在 t 时应在链路 (i,j) 上移动，则为1，产生成本 $\hat{c}_{t+1,ij}$。

策略设计——学术界总会有人有兴趣解决上述随机最短路径问题，但我们并不知道解决这个由状态变量捕捉整张图状态的全动态最短路径问题的实用(甚至是近似的)算法。

然而，目前，我们专注于简单而实用的解决方案。事实上，确定性最短路径问题非常容易解决(参见2.3.3节)。建议使用每个链路分布的 θ 百分位(而非估计值 $\tilde{c}_t$)来解决确定性最短路径问题。设：

$\tilde{c}_{t,ij}^\pi(\theta)$=已知 t 时估计值的情况下，遍历链路 (i,j) 的行程时间的 θ 百分位数

我们将使用这些修正的链路成本来解决确定性最短路径问题。设 $X^\pi(S_t|\theta)$ 为基于这些修正的链路成本求解最短路径以选择下一链路的策略。

图13.2展示了在滚动基础上求解最短路径(见图13.1)的过程。每次前瞻时，都使用 θ 百分位成本 $\tilde{c}_t^\pi(\theta)$ 解决确定性最短路径问题。当处于节点 i 时，t 时最短路径问题的解决方案会简单地告知要遍历至哪个节点 j。在到达节点 j 时，成本 $\tilde{c}_t^\pi(\theta)$ 将被更新，该过程会周而复

始地进行下去。

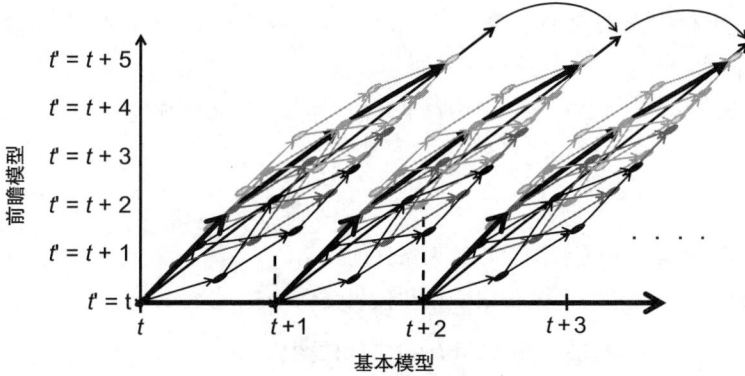

图13.2　使用成本 $\bar{c}_t^\pi(\theta)$ 滚动求解确定性最短路径问题

剩下的就是选择 θ 了。就像过去所做的那样，可通过模拟策略来做到这一点，其中必须估计式(13.12)中的 $F^\pi(\theta)$。在这里，只需要应用常用的随机搜索工具，因为 θ 是一个标量，这意味着只需要一维搜索。如果策略模拟中没有潜在的高噪声水平，这将相当容易。

13.2.4　动态交易策略

接下来讲述一种动态交易策略以确定购买哪些金融工具，该策略使用其他行业统计数据的随机价格预测，需要平衡风险与预期资产绩效。

首先使用标准框架简要介绍一个问题模型。然而，特别令人感兴趣的是我们在最后建议的使用修正目标函数的策略。

状态变量——使用以下定义来表示可能购买的资产：

$\mathcal{J} =$ 可能持有的一组股票，$i = 0$ 指的是现金，

$R_{ti} =$ 在特定股票 $i \in \mathcal{J}$ 中的仓位(股份)，其中 R_{ti} 可以是正值(对于多头仓位)或负值(对于空头仓位)，$R_{t,0}$ 是现金金额，

$R_t = (R_{ti})_{i \in \mathcal{J}}$

其他信息变量包括：

$$
\begin{aligned}
p_{ti} &= \text{股票 } i \text{ 的价格，}\\
p_t &= (p_{ti})_{i \in \mathcal{J}},\\
f_{tt'i} &= \text{在 } t \text{ 时生成的对时域 } t' = t, \dots, t+H \text{ 内对 } t' \text{ 时股票 } i \text{ 价格的预测，}\\
f_t &= (f_{tt'i})_{i \in \mathcal{J}, t' = t, \dots, t+H}
\end{aligned}
$$

状态变量是：

$$S_t = (R_t, p_t, f_t)$$

决策变量——决策变量为:

x_{ti}=每种股票的交易股数(使用 $x_{ti} > 0$ 表示购入股票的数量 i , $x_{ti} < 0$ 表示销售决策)

该决策满足一个约束条件——手头有足够的支持购买决策的现金,即:

$$\sum_{i=1}^{M} x_{ti} p_{ti} \leq R_{t,0}$$

设 $X^{\pi}(S_t|\theta)$ 是确定 x_t 是否满足该约束条件的策略。

外生信息——外生信息包括价格变化和预测变化,表示为:

$$\hat{p}_{t+1,i} \quad = \quad 股票 i 的价格在 t 和 t+1 之间的变化,$$

$$\hat{p}_t \quad = \quad (\hat{p}_{t+1,i})_{i \in \mathcal{I}}$$

对于预测,新信息包含在新预测 $f_{t+1,t',i}$ 中。然后,外生信息 W_{t+1} 可表示为:

$$W_{t+1} = (\hat{p}_{t+1}, f_{t+1})$$

为了模拟我们的过程,需要为 $\hat{p}_{t+1,i}$ 假设一个概率模型。简单的模型是假设 $\hat{p}_{t+1,i}$ 遵循平均值为0、方差为 σ_i^2 的正态分布。这些随机过程的建模很重要,也可能相当具有挑战性,但现在仅关注策略设计。

转移函数——股票 R_{ti} 仓位的转移方程为:

$$R_{t+1,i} = R_{ti} + x_{ti} \tag{13.13}$$

现金仓位 $R_{t,0}$ 的转移方程为:

$$R_{t+1,0} = R_{t0} - \sum_{i=1}^{M} x_{ti} p_{ti} \tag{13.14}$$

价格 p_t 的转移函数为:

$$p_{t+1,i} = p_{ti} + \hat{p}_{t+1,i} \tag{13.15}$$

此外,由于新预测包含在外生信息中,因此可以将式(13.13)、式(13.14)和式(13.15)组合为:

$$S_{t+1} = S^M(S_t, X^{\pi}(S_t|\theta), W_{t+1}) \tag{13.16}$$

其中, $X^{\pi}(S_t|\theta)$ 表示将状态映射到决策的策略。

目标函数——单周期贡献函数为:

c^{trans}=每美元的交易成本

每个时间段的交易成本表示为:

$$C_t(S_t, x_t) = -c^{trans} \sum_{i=1}^{M} |x_{ti}| p_{ti}, \text{对于} t = 0, \dots, T-1$$

其中, $|x_{ti}|$ 是 x_{ti} 的绝对值,用于给定交易数量(不管是买还是卖)。

最后，使用以下二次函数评估风险：

$$\rho(R_T) = R_T'\Sigma R_T \tag{13.17}$$

其中，Σ 表示收益的协方差矩阵，假设已经预先从历史数据中得出收益的估计值。终期贡献函数表示为：

$$C_T(S_T, x_T) = R_{T0} + \sum_{i=1}^{M} R_{Ti} p_{Ti} - \rho(R_T)$$

现在，目标函数可表示为：

$$\max_{\pi} \mathbb{E}\left\{\sum_{t=0}^{T} C_t(S_t, X_t^\pi(S_t)) \middle| S_0\right\} \tag{13.18}$$

在实践中，通过使用历史价格来近似期望，避免了开发基本随机模型的需要。

策略设计——我们提出以下策略：

$$X_t^\pi(S_t|\theta) = \arg\max_{x_t}\left(\sum_{i=1}^{M}\left((R_{ti} + x_{ti})(\tilde{f}_{ti}(\theta) - p_{ti}) - c^{trans}|x_{ti}|p_{ti}\right) - \rho(R_t + x_t)\right) \tag{13.19}$$

其中，$\tilde{f}_{ti}(\theta) = \sum_{s=1}^{H}\theta_s f_{t,t+s,i}$ 表示使用具有不同时域和可调参数向量 $\theta = (\theta_1, \dots, \theta_H)$ 的所有可用预测对未来价格做出的总预测。该策略使平衡回报和风险的效用函数最大化。可以看出，对于式(13.17)中的风险函数，可以通过求解凸优化问题有效地计算策略。

在金融交易环境中调整策略的一种流行方法是使用历史价格，也称为"回溯测试"。可以根据从历史中提取的一系列价格调整策略。与往常一样，风险在于，该策略适应了历史上某一特定价格序列的变化无常，但在未来可能无法复制。然而，使用历史价格集，可避免任何数学模型中固有的建模近似。

13.2.5　讨论

如果希望使用随机梯度法优化成本修正CFA策略，则必须小心，因为关于 θ 的目标函数 $F(\theta)$（见式(13.2)）通常不可微。θ 的细微变化可能会产生突然的阶跃，而区间完全没有变化。然而，这种期望确实有助于平滑曲面，因此要尝试不同的方法，看看哪种方法最有效。

13.3　约束修正的CFA

CFA的一个特别强大的方法是修正约束，因为这使得分析师可以直接控制解决方案。如果凭直觉感受到不确定性会影响最终解决方案，则该方法会有所帮助。虽然案例并非总是如此，但事实往往如此，参数化修正约束的想法使得我们能够将这种理解构建到解决方案中。

下列示例提供了一些说明。

■ 示例13.1

航空公司通常使用确定性调度模型来规划飞机的移动。这些模型须代表城市之间的旅行时间，而这可能是高度不确定的。为了处理这个问题，航空公司使用的旅行时间等于每对城市之间旅行时间分布的 θ 百分位数(对于不同类型的市场，可能有不同的 θ 值)。

■ 示例13.2

某零售商必须管理从远东到北美的长供应链的库存。生产和运输的不确定性要求该零售商保持缓冲库存。设 θ 是未来计划的缓冲库存量(允许库存在最后一刻变为零)，通过约束进入模型。

■ 示例13.3

电网的独立系统运营商(ISO)必须根据负荷预测以及风能和太阳能发电量来规划第二天的发电量。它们使用由向量 θ 分解的预测，其中包含用于每种预测类型的元素。

接下来，首先描述如何修正一组线性约束。然后，展示一项对与时间相关的现实能量储存问题的研究，该问题中存在对风能的滚动预测。

13.3.1　约束修正CFA的通用公式

约束修正的CFA可以写作以下形式：

$$X^{Con-CFA}(S_t|\theta) = \arg\max_{x_t \in \mathcal{X}_t^\pi(\theta)} C(S_t, x_t) \tag{13.20}$$

这里使用了一个由下式定义的修正可行域 $\mathcal{X}_t^\pi(\theta)$：

$$A_t^\pi(\theta^a)\tilde{x}_t = \theta^b \otimes b_t + \theta^c, \tag{13.21}$$

$$\tilde{x}_t \leq u_t - \theta^u, \tag{13.22}$$

$$\tilde{x}_t \geq 0 + \theta^\ell \tag{13.23}$$

其中，$\theta^b \otimes b_t$ 是向量 b 与相同维数的系数向量 θ^b 的逐元素乘积，θ^c 是位移向量。矩阵 $A_t^\pi(\theta^a)$ 的参数化就是为行程时间插入时刻表冗余的方式，以及看似适合应用的任何其他调整。然后通过位移向量 θ^u 降低上限 u_t，并通过 θ^ℓ 提高下限。约束现在由(可能是高维的)向量 $\theta = (\theta^a, \theta^b, \theta^c, \theta^\ell, \theta^u)$ 参数化。

修正后的约束集结构提示了缩放向量 θ 的方式。如果确定性模型与实际发生的情况非常吻合，就会期望 $\theta^b \approx 1$、$\theta^c, \theta^u, \theta^\ell \approx 0$。随着不确定性增加，预计 θ^b 会远离1(但不太远)，而我们可能期望 $\theta^u, \theta^\ell \leq u_t$，$\theta^c \leq b_t$。当开始进行随机搜索时，会发现这类缩放信息非常有价值。

13.3.2　血液管理问题

8.3.2节讲述了一个血液管理问题,我们必须管理8种类型的血液,这些血液只能保存5周(模型以一周为增量工作)。图13.3提供了血型被替代的所有方法。注意,O-阴性血可用于任何血型(这是万能供血者),但却无法满足对血液的全部需求。

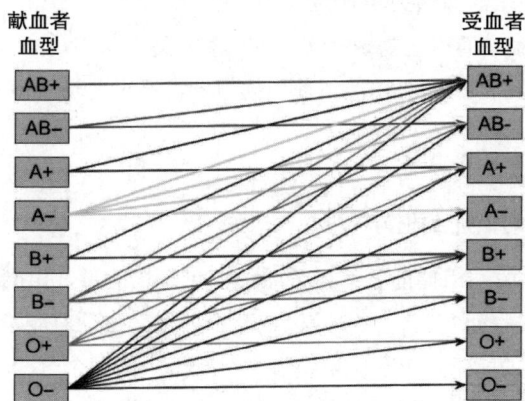

图13.3　不同血型允许的替代血型

我们面临的挑战是,考虑到未来对血液的随机需求,确定每个患者使用哪种血型。8.3.2节中已经提供了该问题的数学模型。而图13.4所示的模型示意图显示了动态网络的两个时间段,其中所有不同的需求都被聚合在一起,这纯粹是为了简化图表,并强调使用血液(如果允许)或保存血液的决策,必须跟踪储存期的情况。如果对血液需求有完美的预测,这将是一个简单的、时间相关的线性规划。

假设这个问题须每周解决一次,使用下式给出的血液需求预测:

$$f_{t,t'b}^D = 在t时对带属性向量b的血液需求做的预测,以满足在t'时的需求$$

如果使用点预测(即假设预测$f_{tt'}^D$完美),则会得到一个确定性的前瞻策略,正如13.2.3节处理动态最短路径问题时一样。我们为动态最短路径问题提供了一个解决方案,通过使用θ百分位数(而非平均值修正成本)来处理行程时间的不确定性,这是一种修正的目标函数。

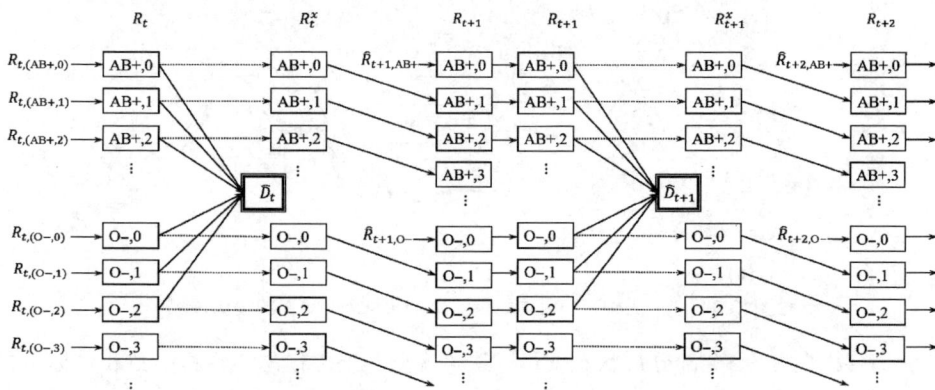

图13.4　血液管理的多周期模型,重点是随着时间的推移保留剩余血液

在血液管理问题中忽略预测中的不确定性时可能会产生这样一个解决方案：使用全部O-阴性血液库存。直觉告诉我们要保存O-阴性血液，因为它可以满足任何形式的随机需求。这样做的一个方法是增加O-阴性血液的需求，鼓励该模型保持O-阴性血的储备。为了估计膨胀率，可以把所有其他血型加起来，然后取其他血型总需求的平均值和θ百分位数的差值。然后，将该差值添加到O-阴性血预测中。

考虑到对O-阴性血液的修正需求，可以在此修正中设$X_t^\pi(S_t|\theta)$是在t时分配血液供应的解决方案。必须调整θ，在理想情况下使用模拟器，不过现场实验并非不可能(当然，使用累积回报目标)。

13.3.3 滚动预测的储能示例

假设有图13.5所示的通用储能系统，该系统由风电场能量、电网能量、电池存储和负荷组成，这些负荷可以是建筑物、大学校园或整个城市。必须对能量流进行管理，以满足相当一致(假设有噪声)的需求，该需求取决于处于一天中的哪个时间(见图13.6(a))，必须在对风能进行滚动预测的情况下进行规划(见图13.6(b))。需求遵循熟悉的日常模式，但风却不是。此外，风力预测并不十分准确，而且会随着预测的更新而迅速变化。

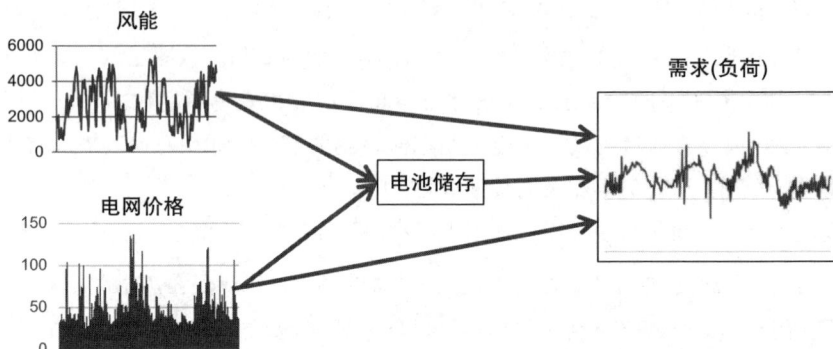

图13.5 储能系统，包括可再生能源(风能)、以实时价格从电网获取的能源、电池存储和负荷

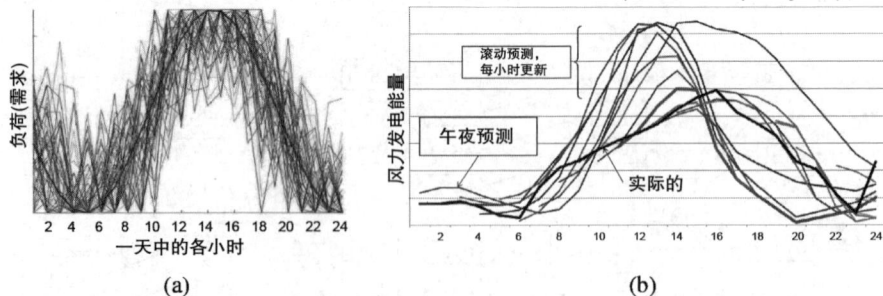

图13.6 (a)一天中每小时的能量负荷；(b)每小时更新的滚动预测

我们将模型分为5个部分：状态变量、决策变量、外生信息、转移函数和目标函数。我们注意到，理解模型的细节并不重要。展示模型后，将介绍一种使用确定性前瞻的策

略，该策略取决于风电场的能源预测以及一天中的能源需求。我们将把这些预测参数化为处理预测中不确定性的一种方法。

状态变量——系统规划必须对随时间变化的以下信息做出响应。

$D_t = t$小时内的电力需求("负荷")

$E_t = t$小时内可再生能源(风能/太阳能)产生的电能

$R_t = t$时电池中储存的电量

$u_t = $对$t$时可传输的发电量的限制(这是预先知道的)

$p_t = $对$t$时从电网获取的电能的支付价格

可以对需求D_t和风能E_t进行滚动预测，表示为：

$f^D_{tt'} = t$时做出的$D_{t'}$预测

$f^E_{tt'} = t$时做出的$E_{t'}$预测

这些变量构成了我们的状态变量：

$$S_t = (R_t, (f^D_{tt'})_{t' \geq t}, (f^E_{tt'})_{t' \geq t})$$

决策变量——这些是能源系统各要素之间的流量。

$x_t = t$小时内的计划发电量，包括以下元素：

$x^{ED}_t = $从风到需求的能量流，

$x^{EB}_t = $从风到电池的能量流，

$x^{GD}_t = $从电网到需求的能量流，

$x^{GB}_t = $从电网到电池的能量流，

$x^{BD}_t = $从电池到需求的能量流

通常会写出这些流量必须满足的约束条件，包括流量守恒约束、传输能量的上限，以及除x^{GB}_t之外的所有变量的非负性约束，因为能量可以在电网和电池之间双向流动。出于紧凑性考虑，将使用以下条件来表示约束：

$$A_t x_t = R_t,$$
$$x_t \leq u_t,$$
$$x_t \geq 0$$

外生信息——对于具有预测的变量(需求和风能)，外生信息是预测的变化，或预测与实际之间的偏差：

$\varepsilon^D_{t+1,\tau} = t+1$时首次学习的需求预测的变化(对于未来的$\tau > 1$个时期)，或实际与预测之间的偏差(对于$\tau = 1$)

$\varepsilon^E_{t+1,\tau} = t+1$时首次学习的风能预测的变化(对于未来的$\tau > 1$个时期)，或实际与预测之间的偏差(对于$\tau = 1$)

假设价格是纯粹随着偏差而改变的：

$$\hat{p}_{t+1} = 电网价格在 t 和 t+1 之间的变化$$

外生信息是：

$$W_{t+1} = ((\varepsilon^D_{t+1,\tau}, \varepsilon^E_{t+1,\tau})_{\tau \geq 1}, \hat{p}_{t+1})$$

转移函数——外部演化的变量包括：

$$
\begin{aligned}
f^D_{t+1,t'} &= f^D_{tt'} + \varepsilon^D_{t+1,t'-t-1}, \quad t' = t+2, \dots, \\
D_{t+1} &= f^D_{t+1,t'} + \varepsilon^D_{t+1,1}, \\
f^E_{t+1,t'} &= f^E_{tt'} + \varepsilon^E_{t+1,t'-t-1}, \quad t' = t+2, \dots, \\
E_{t+1} &= f^E_{t+1,t'} + \varepsilon^E_{t+1,1}, \\
p_{t+1} &= p_t + \hat{p}_{t+1}
\end{aligned}
$$

储存的能量根据下式演变：

$$R_{t+1,t'} = R_{tt'} + x^{EB}_{tt'} + x^{GB}_{tt'} - x^{BD}_{tt'}$$

估计值 $\tilde{R}_{t+1,t+1}$ 成为截至 $t+1$ 时电池中的实际能量，而 " $\tilde{R}_{t+1,t'}$, $t' \geq t+2$" 是可能改变的预测。这些公式构成了转移函数 $S_{t+1} = S^M(S_t, x_t, W_{t+1})$。

目标函数——单周期贡献函数为：

$$C(S_t, x_t) = p_t(x^{GB}_t + x^{GD}_t)$$

目标函数为：

$$\max_{\pi} F^{\pi}(\theta) = \mathbb{E}\left\{ \sum_{t=0}^{T} C(S_t, X^{\pi}(S_t|\theta)) | S_0 \right\} \tag{13.24}$$

与过去一样，可以通过模拟策略来估计这一目标函数，这将在下一部分介绍。

策略设计——考虑到与时间相关的需求、随时间变化的风能和输电约束之间的复杂相互作用，我们将开发一个确定性前瞻模型(DLA的一种形式)。尽管到第19章才深入讨论DLA，但确定性前瞻相当简单，此处将展示如何参数化策略以处理预测中的不确定性。

先来区分在 t 时做出的决策 x_t，以及在 t 时针对规划时域做出的规划决策——表示为 $\tilde{x}_{tt'}$。规划决策由以下符号表示。

$$
\begin{aligned}
\tilde{x}_{tt'} &= t' > t \text{小时内计划发电量，其中计划是在} t \text{时设定的，包括以下元素：} \\
\tilde{x}^{ED}_{tt'} &= 从可再生能源到需求的能量流， \\
\tilde{x}^{EB}_{tt'} &= 从可再生能源到电池的能量流， \\
\tilde{x}^{GD}_{tt'} &= 从电网到需求的能量流， \\
\tilde{x}^{GB}_{tt'} &= 从电网到电池的能量流， \\
\tilde{x}^{BD}_{tt'} &= 从电池到需求的能量流
\end{aligned}
$$

必须在时域 $t' > t$ 上对电池中的能量进行预测：

$$\tilde{R}_{t+1,t'} = \tilde{R}_{tt'} + \tilde{x}_{tt'}^{EB} + \tilde{x}_{tt'}^{GB} - \tilde{x}_{tt'}^{BD}$$

估计 $\tilde{R}_{t+1,t+1}$ 成为电池中截至 $t+1$ 时的实际能量，而 " $\tilde{R}_{t+1,t'}$ ， $t' \geq t+2$ " 是可能改变的预测。

因此，我们的策略是在规划时域 $t, t+1, \ldots, t+H$ 内使用点预测进行确定性优化：

$$X^{DLA}(S_t) = \arg \max_{x_t, (\tilde{x}_{tt'}, t'=t+1,\ldots,t+H)} \left(p_t(x_t^{GB} + x_t^{GD}) + \sum_{t'=t+1}^{t+H} \tilde{p}_{tt'}(\tilde{x}_{tt'}^{GB} + \tilde{x}_{tt'}^{GD}) \right) \tag{13.25}$$

上式满足以下约束条件。第一，对于 t 时，有：

$$x_t^{BD} - x_t^{GB} - x_t^{EB} \leq R_t, \tag{13.26}$$

$$\tilde{R}_{t,t+1} - (x_t^{GB} + x_t^{EB} - x_t^{BD}) = R_t, \tag{13.27}$$

$$x_t^{ED} + x_t^{BD} + x_t^{GD} = D_t, \tag{13.28}$$

$$x_t^{EB} + x_t^{ED} \leq E_t, \tag{13.29}$$

$$x_t^{GD}, x_t^{EB}, x_t^{ED}, x_t^{BD} \geq 0 \tag{13.30}$$

然后，对于 $t' = t+1, \ldots, t+H$，有：

$$\tilde{x}_{tt'}^{BD} - \tilde{x}_{tt'}^{GB} - \tilde{x}_{tt'}^{EB} \leq \tilde{R}_{tt'}, \tag{13.31}$$

$$\tilde{R}_{t,t'+1} - (\tilde{x}_{tt'}^{GB} + \tilde{x}_{tt'}^{EB} - \tilde{x}_{tt'}^{BD}) = \tilde{R}_{tt'}, \tag{13.32}$$

$$\tilde{x}_{tt'}^{ED} + \tilde{x}_{tt'}^{BD} + \tilde{x}_{tt'}^{GD} = f_{tt'}^{D}, \tag{13.33}$$

$$\tilde{x}_{tt'}^{EB} + \tilde{x}_{tt'}^{ED} \leq f_{tt'}^{E} \tag{13.34}$$

接下来重点讨论式(13.33)和式(13.34)，因为它们都取决于不确定的预测。第19章将提出一种用于创建获取不确定性的前瞻策略的通用方法。此处仅完成一些简单(且非常实用)的事情，它甚至可能优于稍后描述的更复杂的前瞻策略。

参数化策略将式(13.33)和式(13.34)替换为：

$$\tilde{x}_{tt'}^{ED} + \tilde{x}_{tt'}^{BD} + \tilde{x}_{tt'}^{GD} = \theta_{t'-t}^{D} f_{tt'}^{D}, \tag{13.35}$$

$$\tilde{x}_{tt'}^{EB} + \tilde{x}_{tt'}^{ED} \leq \theta_{t'-t}^{E} f_{tt'}^{E} \tag{13.36}$$

现在，设 $X_t^{CFA}(S_t|\theta)$ 是解决受式(13.31)、式(13.32)和式(13.35)、式(13.36)约束的式(13.25)中优化问题的策略。前面已经介绍过参数 " $\theta = (\theta_\tau^E, \theta_\tau^D), \tau = 1, 2, \ldots, H$ " 是预测 f_t^D 和 f_t^E 的一种 "折扣因子"。

现在面临调整 θ 的问题，这意味着在式(13.24)中优化 $F^\pi(\theta)$。为此，可借鉴随机搜索的基础。这个问题使用了12.5节中描述的SPSA算法(详见5.4.4节)，原因是它非常适合用来处理多维问题(θ 具有两个23维向量)。

这里不再重复任何算法步骤，但分享以下数值工作的经验。

- 该策略的模拟相对较快，需要求解24个相对较小的线性规划(允许在几秒钟内完成整个模拟)。

- 该策略的模拟噪声较大。有必要取1000次重复的平均值以获得函数的合理估计(但始终使用任何可用的并行计算能力)。
- 这并不意味着需要在SPSA计算中使用1000次模拟的小批量，但确实需要20到40的小批量。这意味着每个梯度需要40到80次函数评估。
- 不要忘记调整步长公式(使用第6章中的RMSProp)。调整很重要，它甚至取决于你对起点的选择。
- 问题与时间高度相关，但参数化前瞻策略完全固定。例如θ_τ取决于未来要预测多少时间段，但不取决于做出决策的t时。这是将预测嵌入策略的价值。

该策略的一个很好的特性是，如果预测是完美的，那么最优解应该是$\theta^* = 1$。图13.7(a)通过一个具有完美预测的问题来测试这一想法，对于所有τ，设$\theta_\tau = 1$，并分别改变每个θ_τ。图13.7显示，对于每个τ值，都有$\theta_\tau^* = 1$。

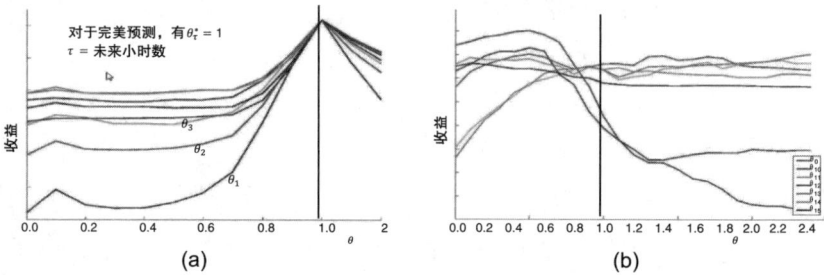

图13.7 (a)完美预测；(b)随机预测的目标与θ_τ

首先运行SPSA算法来解决不完美(事实上，非常不完美)预测的问题。然后修改SPSA算法产生的θ_τ值，并重复为每个τ值改变θ_τ的练习。结果如图13.7(b)所示，这表明最佳值已经远离1.0。

使用任何算法(基于导数或无导数)进行随机搜索时，都有助于理解表面的行为$\mathbb{E}F^\pi(\theta, W)$。虽然图13.7中的一维图暗示了表面的行为(例如，函数似乎在每个维度上都有一个最佳值)，但在更高维度上观察函数有助于理解。

图13.8显示了四组二维热度图，其中较深的红色表示较高的值(扫描右侧二维码，可查看彩图)。每个热度图都会显示θ_τ在0和2之间的两个值，因此中心是$\theta_\tau = 1$，这对于确定性问题是最优的。注意，图13.8(a)和图13.8(b)中的脊线将导致基于梯度的算法出现问题。这些脊线还将给无导数搜索方法带来挑战。

图13.9显示了相较于使用$\theta = 1$的方法，通过使用SPSA算法优化θ的方法在性能上提升了多少。从不同的起点θ^0开始运行，θ^0取自4个不同范围：

(1) 第一个范围从$\theta^0 = 1$开始。
(2) 第二个范围是$\theta^0 \in [0, 1]$。
(3) 第三个范围是$\theta^0 \in [0.5, 1.5]$。
(4) 第四个范围是$\theta^0 \in [1, 2]$。

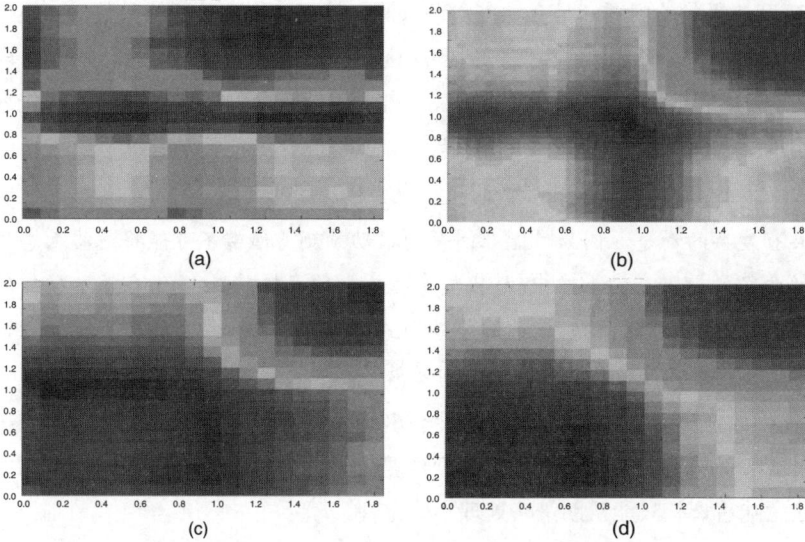

图13.8　4对不同(θ_i, θ_j)的目标函数的二维热度图(每个图的每个维度的范围为0到2)

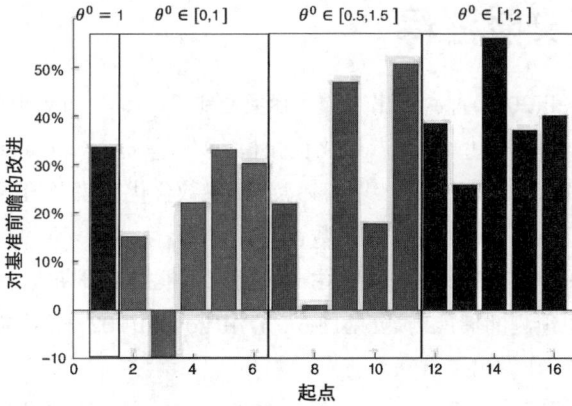

图13.9　对$\theta = 1$的基本结果使用优化的θ，用到了分别从4个范围中提取的起点θ^0：$\theta^0 = 1$, $\theta^0 \in [0,1]$, $\theta^0 \in [0.5, 1.5]$和$\theta^0 \in [1, 2]$

可以从图13.9中得出以下结论。

- 优化后的CFA在性能上比基本确定性前瞻$(\theta = 1)$高20%到50%，这是显著的。

- 当随机化起点时，性能会有很大的变化。然而，从$\theta^0 = 1$开始产生的结果约等于或优于15次运行中的12次，但明显比3次运行差。有一个自然的起点是非常好的，但需要更多的实验来理解优化解的鲁棒性。

- 调整步长策略的效果未实现，但很显著。将用于调整起始区域[0,1]的步长用于起始区域[1,2]，会生成不如$\theta = 1$的θ优化值。

- 调整过程需要严谨的算法工作，但最终的策略并不比基本确定性前瞻(即$\theta = 1$)更复杂。

- 这是一个高度非平稳的问题,具有动态滚动预测。然而,嵌入预测的参数CFA策略是平稳的(所有参数都不取决于每天的时段),这对于具有强时间(即受每天不同时段影响的)行为的问题非常有价值。通过嵌入预测,我们将高度非平稳的问题转化为对不断变化的预测立即做出响应的平稳问题。

通常,对于参数CFA(特别是参数化前瞻)而言,以下这点特别重要。

许多问题都具有复杂的动态,例如对能源问题的滚动预测。通常不可能将这些动态构建到从第14章开始介绍的前瞻类的策略中(尤其是第19章中的直接前瞻),但在基本模型的模拟中很容易捕捉到它们。因此,精心设计的参数CFA使用捕捉这些动态的全基模型进行调整,此类CFA可能比需要近似的更复杂的随机前瞻策略表现得更好。

与(优化或统计中的)任何参数模型一样,其在新环境中实现时,始终存在模型的鲁棒性问题。PFA和CFA都仍然存在这些问题。最重要的是,确定性优化模型应该捕捉策略的重要结构属性,这意味着调整只能帮助策略处理不确定性。

13.4 参考文献注释

13.1节——Powell(2014)首次提出"成本函数近似"一词。Powell和Meisel(2016)对比了储能问题的4类策略,其中一类是参数化优化模型的简单版本。Ghadimi等人(2020)的论文是正式提出CFA概念的首篇论文。我们注意到,参数化优化模型的概念是一种广泛使用的工业启发式方法,但没有适当的目标函数说明。

13.2节——动态交易策略(见13.2.4节)由一名研究生根据其暑期实习提出。

13.2节——滚动预测的储能问题(见13.3.3节)由Powell(2021)首次提出。Ghadimi等人(2020)为模型和算法工作做出了贡献。

练习

复习问题

13.1 参数化基于优化的策略的两种方法是什么?

13.2 动态分配问题和动态最短路径问题都是对目标函数进行参数化,但它们的动机完全不同,分别是什么?

13.3 动态最短路径问题的完全状态变量是什么?

建模问题

13.4 使用8.3.2节中的模型,为13.3.2节中的血液管理问题编写一个捕捉血液预测中的不确定性的模型。13.3.2节提出了一个简单的想法——增加对O-阴性血的需求，这样，在其他血型供应短缺的情况下仍有足够的储备。当然，这忽略了其他血型的替代能力。你要根据参数化前瞻，为这个问题建立一个更通用的模型。

(1) 写出具有随机需求的完整、多周期模型，包括动态模型的所有5个维度。

(2) 引入每种血型的储备θ_a，并制定修正后的前瞻策略。

(3) 写出评价该策略的目标函数。

(4) 在(2)中设计的策略使用了加性调整。现在进行乘法调整(见13.3.3节)。这会如何改变θ？

(5) 可调参数现在是一个8维向量，请简述使用SPSA算法估算梯度所需的计算。

13.5　13.3.3节中的储能问题必须管理与时间高度相关的需求(具有一致的高峰和低谷)，以及可以在一天中任何时间显示高峰和低谷的滚动预测。鉴于这些特点，回答以下问题：

(1) "策略是平稳的"意味着什么？

(2) 由式(13.25)定义的策略受式(13.26)~式(13.32)和式(13.35)~式(13.36)的约束，该策略是平稳的吗？是什么促使你做出这样的判断？

(3) 参数θ_τ的向量的每个元素都落在范围[0,2]内。事实上，如果预测是完美的，那么可以得知$\theta_\tau = 1$。这非常有价值。这项CFA策略是如何被很好地扩展的？

计算练习

13.6　扫描右侧二维码，下载Python模块(在Software下)，以解决动态分配问题。该软件用θ百分比成本$\bar{c}_{t,i,j}^\pi(\theta)$对动态分配问题进行了建模。使用此软件完成以下操作。

(1) 使用$\theta = 1$模拟策略的表现。重复此操作20次，估计策略表现的平均值和标准差，并报告结果。通常，会使用这样的初始实验来确定需要运行模拟的次数，但目前通过对20次模拟取平均值来评估策略。

(2) 使用$\theta = 0, .2, .4, .6, .8, .9$模拟$\theta$百分位策略，并报告产生最优结果的值。

理论问题

13.7　说明优化问题(式(13.25)~式(13.32))以及修正后的约束(式(13.35)~式(13.36))定义的策略目标函数是有关θ的凸函数。注意：这需要有线性规划的背景。

13.8　论证为什么通过模拟由式(13.25)给定的策略$X^\pi(S_t|\theta)$(受式(13.26)~式(13.32)约束)得出的策略$F(\theta)$的性能函数不是关于θ的凸函数。

求解问题

13.9　你想购买笔记本电脑。需要考虑价格，也要考虑可靠性和服务。有一些零售连锁店为其销售的模型提供服务。你发现你每两年就要买一次笔记本电脑。你做了一些研究来开发可靠性意识，但也会从经验中学习。设：

$$\mathcal{I} \ = \ \text{可以购买笔记本电脑的渠道(零售店、网站),}$$

$$Q_i \ = \ \text{若渠道} i \text{提供保修服务，则为1，否则为0,}$$

$$\bar{\mu}_{ti} \ = \ \text{由} t \text{时的经验知晓从渠道} i \text{购买的电脑需要服务的估计概率,}$$

$$p_{ti} \ = \ t \text{时从渠道} i \text{购买笔记本电脑的价格,}$$

$$R_{ti} \ = \ \text{若} t \text{时持有从渠道} i \text{购买的笔记本电脑，则为1，否则为0,}$$

$$z_{ti} \ = \ \text{若} t \text{时从渠道} i \text{购买笔记本电脑，则为1，否则为0,}$$

$$\hat{F}_{ti} \ = \ \text{如果从渠道} i \text{购买的笔记本电脑在} t \text{时需要修理，则为1，否则为0}$$

使用以上符号回答以下问题。

(1) 定义状态变量 S_t。

(2) 确定决策变量和外生信息变量。为制定决策的策略创建符号(我们设计符号)。

(3) 给出转移函数的公式。假设你将使用参数 α 的指数平滑来更新 $\bar{\mu}_{ti}$ 的估计。

(4) 你想把花费降到最低，便增加了从提供服务的渠道购买笔记本电脑的价值的权重 ρ^{serv}。最后，希望将需要服务的概率约束在0.05以下。使用这些指导原则创建一个目标函数来评估策略。

每日一问

"每日一问"是你选择的一个问题(参见第1章中的指南)。针对你的每日一问，回答以下问题。

13.10 执行以下操作之一。

(1) 在问题中选择一个通过在某个时域内求解确定性近似做出的决策。想一想不确定性如何影响解决方案的质量，以及在存在不确定性的情况下，应该采取哪些不同的方式。尝试采用一种参数化方法，让确定性前瞻策略的工作效果更佳。

(2) 在问题中选择一个决策，其中，短视优化是合理起点。接下来考虑决策的下游影响会如何影响现在所做的决策。尝试引入参数化，使短视模型的工作效果更佳。

参考文献

前 瞻 策 略

前瞻策略基于对未来决策的影响的估计。有以下两种广泛的策略可以做到这一点。

价值函数近似 如果处于状态 S_t 并采取动作 x_t，然后观察到将我们带到新状态 S_{t+1} 的新信息 W_{t+1}(该信息在 t 时是随机的)，就可能近似出处于状态 S_{t+1} 的价值。如果能最大程度地接近处于该状态的价值，就能做出更好的决策 x_t。

直接前瞻近似 接下来明确规划当下的决策 x_t，以及未来的决策 $x_{t+1}, \dots, x_{t+H}$，以帮助做出现在要执行的最优决策 x_t。随机模型中的问题在于，决策"$x_{tt'}$，$t' > t$"取决于未来的信息，因此是随机的。

使用价值函数还是直接前瞻？这一选择可以归结为下面这个单一的公式，该公式给出了处于状态 S_t 时，t 时的最优策略：

$$X_t^{\pi^*}(S_t) = \arg\max_{x_t \in \mathcal{X}_t} \left\{ C(S_t, x_t) + \mathbb{E}\left\{ \max_{\pi \in \Pi} \mathbb{E}\left\{ \underbrace{\sum_{t'=t+1}^{T} C(S_{t'}, X_{t'}^{\pi}(S_{t'})) | S_{t+1}}_{\text{未来贡献}} \right\} | S_t, x_t \right\} \right\} \tag{V.1}$$

现在的挑战是平衡由 $C(S_t, x_t)$ 给出的当下贡献和未来贡献。如果能够计算未来的贡献，这将是一个最优策略。然而，在(随机的)序贯信息过程中，未来的贡献几乎是无法计算的。

可为某些问题的未来贡献创建合理的近似。围绕决策后的状态 S_t^x(也可以写作 (S_t, x_t))创建的未来贡献的合理近似被称为决策后价值函数，写作 $\overline{V}_t^x(S_t^x|\theta)$。由此，策略可写作：

$$X_t^{VFA}(S_t|\theta) = \arg\max_{x_t \in \mathcal{X}_t}(C(S_t, x_t) + \overline{V}_t^x(S_t^x|\theta)) \tag{V.2}$$

不用说，式(V.2)中的VFA策略看起来比式(V.1)使用的完整DLA策略友好得多。这一挑战在于创建一个称得上准确的近似值 $\overline{V}_t^x(S_t^x|\theta)$，其中：

$$\overline{V}_t^x(S_t^x|\theta) \approx \mathbb{E}\left\{\max_{\pi \in \Pi} \mathbb{E}\left\{\sum_{t'=t+1}^{T} C(S_{t'}, X_{t'}^{\pi}(S_{t'}))S_{t+1}\right\} | S_t, x_t\right\}$$

这引出了一个问题：能否创建一个足够准确的近似值 $\overline{V}_t^x(S_t^x|\theta)$？答案是……有时可以。这完全取决于问题。

多年来，基于价值函数的策略一直备受学术界的广泛关注。事实上，"动态规划"和"最优控制"等术语基本上与价值函数(或控制理论中的代价函数)同义。由于有一小部分问题可以被精确计算，人们对诸如"近似动态规划""自适应动态规划"或"强化学习"之类的领域很感兴趣，不过强化学习已经发展到涵盖一整套策略，用本书的话来讲，也就是涵盖了所有4类策略。

第3章中回顾了各种近似价值函数的策略，它们各有优缺点。这些策略的丰富性解释了为什么VFA策略相关内容遍及以下章节。

第14章"精确动态规划"——重点讨论少量可以被精确解决的序贯决策问题，也就是说，可以找到可证明的最优策略。此章的大部分内容集中于一个被称为离散马尔可夫决策过程的领域，该领域起源于20世纪50年代，重点关注存在一组(不太大的)离散状态集、一组(不太大的)离散动作集以及允许接受期望的随机信息 W_{t+1} 的问题。如果满足这些条件，那么这些问题可以通过一种策略来解决，即通过后向一步计算出处于每个状态的价值(这通常被称为"后向动态规划")。这个理论很巧妙，但很少能计算出来。然而，这些想法为各种近似策略奠定了基础。我们还谈及了最优控制中一个被称为线性二次调节的特殊问题。这一问题是广大最优控制领域的基础性成果，在机器人和飞机的控制方面有许多应用。

第15章"后向近似动态规划"——讲述了如何对多维(甚至连续)状态、多维(甚至连续)决策以及复杂的多维外部信息过程进行后向近似动态规划。

第16章"前向ADP I：策略价值"——描述了使用前向方法近似固定策略的价值函数的基本原理，其中在时间上进行了前向模拟。前向方法创建了一种自然的状态采样机制(注意第15章中是如何进行状态采样的)。

第17章"前向ADP II：策略优化"——通过展示如何同时学习和优化策略来延伸前一章的学习。在学习价值函数的同时搜索策略，这一交互的复杂性解释了为什么这个领域如此丰富。

第18章"前向ADP III：凸性资源分配问题"——将前向ADP方法应用于凸问题的上下文(尤其是由资源分配问题引起的凸问题)，凸问题代表了一个广泛的问题类别。凸性(最大化时的凹性)使得维度非常高的问题有可能得到处理。

相反，第19章专门探讨求解式(V.1)的直接前瞻近似(DLA)策略。求解式(V.1)的核心策略使用更容易求解的近似前瞻模型替换基本模型，同时继续获取问题的最重要的元素。

我们的近似前瞻模型可能是确定的，也可能是随机的。如果它是确定性的，就假设算法可用于求解前瞻模型。如果它是随机的，则要在随机优化问题内解决一个随机优化问题，尽管这是一个简化的问题。整个领域都致力于寻找近似和求解前瞻模型的具体策略，但这些方法基本上借鉴了本书其余部分的所有方法。因此，鉴于本书的其余部分涵盖了求解前瞻模型的方法，第19章将侧重于创建前瞻模型的策略。

近似动态规划简史

自20世纪50年代以来，解决序贯决策问题(动态规划、最优控制问题)的标准方法是从确定描述最优策略的贝尔曼方程(或有等同效果的Hamilton-Jacobi方程)开始。然而，几乎无一例外的是，这些方程无法实际计算，因此通常的做法是近似求解这些方程。到目前为止，正如第11章中的介绍以及第12章和第13章中对PFA和CFA的讨论所示，我们需要一个更加平衡的视角。

近似动态规划有着悠久的历史，它由不同领域反复重塑。第一次尝试是在1959年由Bellman本人进行的。他意识到，当存在多个状态变量时，使用离散状态会导致维数爆炸式增长，这一情况被广泛称为"维数灾难"。因此，研究马尔可夫决策过程的领域也基本停止了计算工作，而随后的工作更多地集中在第14章所总结的理论上。

1974年，Paul Werbos展示了如何使用其所谓的"反向传播"方法来推导控制问题的价值函数估计值。该方法在控制领域引起了一系列主要针对连续的、确定性问题的研究，并持续至今。事实上，正是控制领域首创了使用神经网络来近似其所谓的"代价"函数(也就是本书中的价值函数)。

然后，在20世纪80年代，Rich Sutton和他的顾问Andy Barto试验了心理学中的学习算法，实验旨在描述一只老鼠如何学会走迷宫。心理学有着悠久的历史，可以追溯到1897年，Ivan Pavlov的研究是通过训练，让狗将一个特定信号或线索(他采用的是摇铃)与喂食点形成的条件反射(分泌唾液)建立联系。通过反复试验，可以让狗将摇铃声与使其分泌唾液的食物投喂联系起来。反复的试验强化了铃声和被投食(然后分泌唾液)之间的关系。这被称为"线索学习"(其中铃声是"线索")，将线索与回报联系起来的过程被称为强化学习，这一术语在20世纪40年代和50年代开始流行。

Sutton和Barto在迷宫中应用了同样的理念。在迷宫中，老鼠只有学会找到通往有回报的特定出口的路径，才会收到回报。因此，一项动作不会立即获得回报；相反，它只是将老鼠带到可能最终通向回报的下游状态。这意味着动作(向左或向右)的值取决于状态。他们设计了一种算法，通过多次重复，学习Q因子，其中$Q(s,a)$是当老鼠处于状态s时，采取动作a的价值。该算法有两个基本步骤：

$$\hat{q}^{n+1}(s^n, a^n) = r(s^n, a^n) + \lambda \max_{a'} \bar{Q}^n(s^{n+1}, a') \tag{V.3}$$

$$\bar{Q}^{n+1}(s^n, a^n) = (1 - \alpha_n)\bar{Q}^n(s^n, a^n) + \alpha_n \hat{q}^{n+1}(s^n, a^n) \tag{V.4}$$

变量s^n和a^n是当前状态和动作(必须根据设计的规则选择)。λ起着折扣因子的作用，但这与金钱的时间值无关。s^{n+1}要么是从物理系统观察到的，要么是从给定s^n和a^n的已知转移函数模拟得到的。α_n被称为步长或学习率。

式(V.3)和式(V.4)可以改写为：

$$
\begin{aligned}
\bar{Q}^{n+1}(s^n, a^n) &= \bar{Q}^n(s^n, a^n) + \alpha_n(r(s^n, a^n) \\
&\quad + \lambda \max_{a'} \bar{Q}^n(s^{n+1}, a') - -\bar{Q}^n(s^n, a^n))
\end{aligned}
\tag{V.5}
$$

下面这个量：

$$
(r(s^n, a^n) + \lambda \max_{a'} \bar{Q}^n(s^{n+1}, a') - -\bar{Q}^n(s^n, a^n))
$$

在强化学习相关文献中被称为参数λ的"时序差分"。因此，更新后的公式被称为"TD(λ)"(发音为tee-dee-lambda)。参数λ看起来是一个折扣因子，但它实际上是一个算法折扣因子，与金钱的时间值(使用γ)无关。

在20世纪80年代的某个时刻，式(V.3)和式(V.4)与离散马尔可夫决策过程领域之间建立了联系，但直到1992年，John Tsitsiklis才将更新式(V.3)和式(V.4)与随机近似方法(这些是第5章讨论的随机梯度方法)联系起来，为收敛性证明提供了基础。

式(V.5)看起来应该很眼熟：它基本上是一个随机梯度，不同之处在于$\bar{Q}^n(s^{n+1}, a')$和$\bar{Q}^n(s^n, a^n)$是真函数的有偏估计。Tsitsiklis扩展了随机近似方法的理论来处理这一问题。这项工作为Bertsekas和Tsitsiklis于1996年出版的具有里程碑意义的著作*Neuro Dynamic Programming*提供了灵感，该书为基于VFA的整个策略领域的收敛理论奠定了理论基础。

多年来，式(V.3)和式(V.4)与"强化学习"这个术语的联系最为密切。这一学术领域以及所有基于价值函数近似法进行研究的人都发现，价值函数近似只在一组相当有限的问题上有效，而在这些问题中，使用机器学习来近似处于某种状态的价值会产生有效的策略(在合理的努力下——这是一个经常被忽视的问题)。

如今，Sutton和Barto的*Reinforcement Learning: An Introduction*(第2版)非常受欢迎，其中包含本书介绍的所有4类策略。从不同类别的策略中"发现"策略是一种模式，这种模式在研究序贯决策问题的领域中重复出现：随机搜索、模拟优化、最优控制和多臂老虎机等领域都从不同类别的策略改进了策略的使用。

当你采用这套丰富的近似价值函数的策略时，请确保已经穷尽了更简单的PFA和CFA，以及将在第19章中介绍的DLA。记住，序贯决策问题是普遍存在的，所有决策都必须采用某种方法。想想有多少决策是通过求解(甚至近似求解)贝尔曼方程做出的。

第 **14** 章

精确动态规划

　　一些特定类别的序贯决策问题可以被精确地解决，从而产生最优策略。最普遍的一类问题属于离散马尔可夫决策过程，其特征是存在一组(不太大的)离散状态 $\mathcal{S}$，以及一组(不太大的)离散动作 $\mathcal{A}$。我们未使用通常用来表示决策的 x，相反，我们使用 a 表示动作，沿袭了该领域长期以来的传统，其中，a 是离散的(它可以是整数、离散化的连续变量或诸如颜色、医疗或产品推荐等的分类量)。这是强化学习领域采用的符号。

　　事实证明，离散动作的应用范围很广，其中动作的数量"不太多"，但对状态空间"不太大"的要求在实践中限制得更多。然而，尽管存在这种(严格的)限制，但对这类问题的研究仍有助于建立序贯决策问题的理论，并为在不适用小状态和动作空间假设的情况下，产生不同的算法策略奠定了基础。

　　离散马尔可夫决策过程的研究吸引了一个数学上成熟的领域，其在很大程度上定义了这一领域的工作，直到20世纪90年代。本章中的一些公式虽然很巧妙(有时也很复杂)，但只能用来计算简单的问题。这种风格与本书的其余部分形成鲜明对比。然而，本章中的算法为第15~18章中所述的各类算法奠定了基础，这些算法可扩展到更大的(在某种情况下甚至是异常大的)问题。我们注意到，14.1~14.3节为本材料奠定了基础。

　　尽管本章主要关注离散动态规划(离散状态和动作)，但仍旧会在14.4节中说明如何使用相同的公式以解析的方式解决某些连续问题。本节应被视为一个练习，它用一个简单的问题说明了14.1~14.3节的核心理念，这个简单问题可以使用相同的工具和概念来解决，但不需要任何数值计算。本章的最后一节(14.11节)介绍了一个称为最优控制的非常大的领域的基础知识，在这里可以找到一个重要问题的最优解，这类问题被称为线性二次调节，在工程中有很多应用。

14.1 离散动态规划

为了理解马尔可夫决策过程框架的威力，很有必要温习决策树这一概念，如图14.1所示。我们枚举了每个决策节点(方形)的决策，以及每个结果节点(圆形)的随机结果。如果有10个可能的决策和10个可能的随机结果，那么在一系列决策和随机信息之后，决策树会变大100倍。如果向前推进10个步骤(10个决策跟着随机信息)，则决策树将有10 010个结果节点。这甚至不是一个大问题(很容易发现大量的动作和结果的问题)。决策树规模的爆炸性增长如图14.1所示，其中决策和结果的数量非常少。

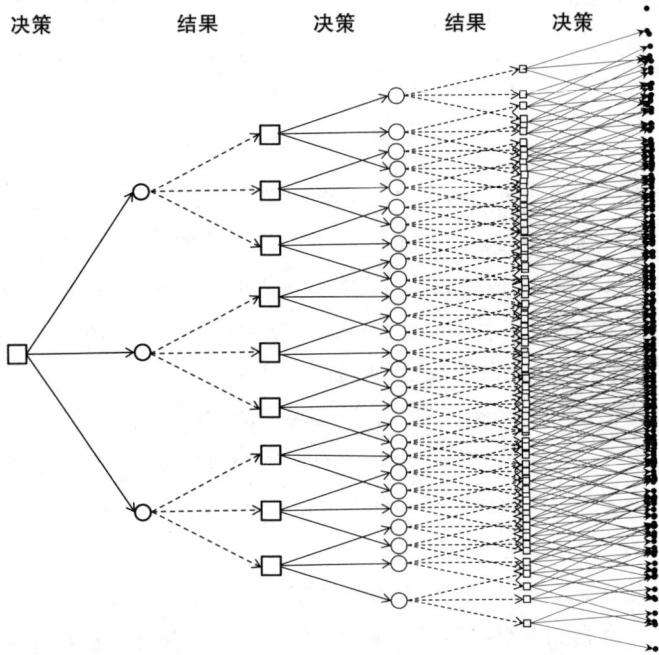

图14.1 决策树说明了决策序列和新信息，展示了决策树的爆炸性增长

马尔可夫决策过程(由Richard Bellman在20世纪50年代提出)的突破是认识到每个决策节点都对应动态系统的一个状态。在决策树的经典表示中，决策节点对应着该时间点的整个历史过程。然而，在许多情况下，可能不需要参考整个历史过程来做决策。

假设做决策所需的相关信息可以由属于离散集合 $\mathcal{S} = (1, 2, \ldots, |\mathcal{S}|)$ 的状态 s 表示，其中 $\mathcal{S}$ 足够小，可以枚举。例如，S_t 可能是医院库存中的血液单位数。在这种情况下，决策节点的数量不会呈指数增长。此外，只需要知道库存，而不需要知道其历史。

当可以利用这种更紧凑的结构时，决策树会折叠成图14.2所示的版本，其中每个周期(阶段)中的状态数是固定的。注意，结果节点的数量可能非常大(甚至是无穷的)。例如，随机信息可能是连续的或多维的；这将是2.1.3节中首次介绍的三种"维数灾难"中的第二种。(状态变量非常复杂，可回顾9.9节中的储能说明。)

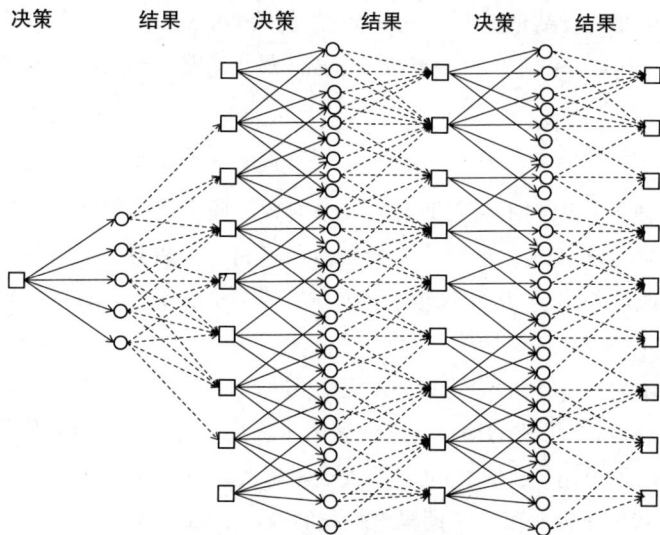

图14.2 决策树的折叠版本(当状态不捕捉整个历史记录时)

在很多情况下，状态是连续的，或者状态变量是一个产生大到无法枚举的状态空间的向量。此外，一步转移矩阵 $p_t(S_{t+1}|S_t, a_t)$ 也可能难以计算或无法处理。那么，为什么要涵盖那些被广泛认为只适用于小型或高度专业化问题的材料呢？(至少)有4个原因。

(1) 有些问题的状态和动作空间小，可以用这些技术解决。事实上，通常情况下，马尔可夫决策过程的工具提供了找到最优策略的唯一途径。

(2) 可以使用优化策略(仅限于相当小的问题)来评估可以扩展到更大问题的近似算法。

(3) 马尔可夫决策过程理论可用于识别结构属性，这些属性可帮助识别可在策略搜索算法中加以利用的最优策略的属性。

(4) 该材料为近似算法提供了智力基础，该算法可以扩展到更复杂的问题，例如为主干铁路优化机车，或优化水力发电的水库网络。

与本书大部分章节一样，本章的主体侧重于算法。"有效的原因"一节(14.12节)将介绍为该领域开发的一些精妙的理论。这一安排的目的是让结果的呈现更加自然，但我们鼓励严谨学习动态规划的读者深入研究这些非常巧妙的证明。这在一定程度上是为了加深对问题性质的理解，以及对该领域使用的证明技术的理解。

14.2 最优方程

第13章举例说明了一些随机优化模型，这些模型涉及求解以下目标函数：

$$\max_{\pi} \mathbb{E} \left\{ \sum_{t=0}^{T} \gamma^t C(S_t, A_t^{\pi}(S_t)) | S_0 \right\} \tag{14.1}$$

本章材料最重要的贡献是提供了一条通向最优策略的途径。在实践中，最优策略是罕见的，因此虽然有计算限制，但至少能有一个描述最优策略的框架，这是非常有价值的。

14.2.1 贝尔曼方程

稍加思考，便可意识到不必立即解决整个问题。假设正在解决一个确定性最短路径问题，其中 S_t 是必须做出决策的网络中的节点的索引。如果处于状态 $S_t = i$(即处于网络中的节点 i)并采取动作 $a_t = j$(即希望遍历所有从 i 到 j 的链路)，转移函数告知将到达状态 $S_{t+1} = S^M(S_t, a_t)$(本例中为节点 j)。

如果有一个函数 $V_{t+1}(S_{t+1})$ 能让我们知晓处于状态 S_{t+1} 的价值(提供从节点 j 到目的地的路径值)，就可以对每个可能的动作 a_t 进行评估，并且只需要选择符合特定条件的 a_t：单周期贡献 $C_t(S_t, a_t)$ 加上用 $V_{t+1}(S_{t+1})$ 表示的处于状态 $S_{t+1} = S^M(S_t, a_t)$ 的价值所得的结果最大。由于这个值代表了未来某个时间段内收到的钱，因此可以用一个 γ 因子作为折扣。换言之，必须解决的是：

$$a_t^*(S_t) = \arg \max_{a_t \in \mathcal{A}_t} \left(C_t(S_t, a_t) + \gamma V_{t+1}(S_{t+1}) \right)$$

其中，"arg max"表示要选择的使括号中的表达式最大化的动作 a_t。我们还注意到 S_{t+1} 是关于 S_t 和 a_t 的函数，这意味着可以把它写作 $S_{t+1}(S_t, a_t)$。两种形式都很好。将其写作 S_{t+1} 的做法很常见，但需要理解其与 S_t 和 a_t 的相关性。

处于状态 S_t 的价值是使用最优决策 $a_t^*(S_t)$ 的价值，即：

$$\begin{aligned} V_t(S_t) &= \max_{a_t \in \mathcal{A}_t} \left(C_t(S_t, a_t) + \gamma V_{t+1}(S_{t+1}(S_t, a_t)) \right) \\ &= C_t(S_t, a_t^*(S_t)) + \gamma V_{t+1}(S_{t+1}(S_t, a_t^*(S_t))) \end{aligned} \tag{14.2}$$

式(14.2)是确定性问题的最优方程。

当解决随机问题时，必须模拟这样一个事实：在做出决策 a_t 后，可以得到新的信息。其结果可能在所获得的贡献和确定访问的下一个状态 S_{t+1} 中存在不确定性。以炼油厂的石油库存管理问题为例。设状态 S_t 为处于 t 时的以千桶为单位的石油库存(要求 S_t 为整数)。设 a_t 为在 t 时订购的石油量，它在 t 和 $t+1$ 之间可以使用，并设 $\hat{D}_{t+1}$ 为 t 和 $t+1$ 之间的石油需求量。状态变量由下面这个简单的库存公式控制：

$$S_{t+1}(S_t, a_t, \hat{D}_{t+1}) = \max\{0, S_t + a_t - \hat{D}_{t+1}\}$$

使用 $S_{t+1}(S_t, a_t, \hat{D}_{t+1})$ 来表示状态 S_{t+1}，以表达其与 S_t、a_t 和 $\hat{D}_{t+1}$ 的相关性。但通常情况下只写 S_{t+1}，其与 S_t、a_t 和 $\hat{D}_{t+1}$ 的相关性是隐式的。在必须选择 a_t 时，由于 $\hat{D}_{t+1}$ 在 t 时是随机的，因此 S_{t+1} 未知。但是如果知晓需求 $\hat{D}_{t+1}$ 的概率分布，就可以计算出 S_{t+1} 具有的特定值的概率。

如果 $\mathbb{P}^D(d) = \mathbb{P}[\hat{D} = d]$ 是概率分布，就可以用下式来找到 S_{t+1} 的概率分布：

$$Prob(S_{t+1} = s') = \begin{cases} 0 & \text{若 } s' > S_t + a_t, \\ \mathbb{P}^D(S_t + a_t - s') & \text{若 } 0 < s' \leq S_t + a_t, \\ \sum_{d=S_t+a_t}^{\infty} \mathbb{P}^D(d) & \text{若 } s' = 0 \end{cases}$$

这些概率取决于 S_t 和 a_t，因此可以把概率分布写作：$\mathbb{P}(S_{t+1}|S_t, a_t)$ =给定 S_t 和 a_t，S_{t+1} 的概率。

然后，可以通过对 S_{t+1} 每个可能值的概率求和来修改式(14.2)中的确定性最优方程(这与取期望相同)，由此得到：

$$V_t(S_t) \;=\; \max_{a_t \in \mathcal{A}_t} \left(C_t(S_t, a_t) + \gamma \sum_{s' \in \mathcal{S}} \mathbb{P}(S_{t+1} = s'|S_t, a_t) V_{t+1}(s') \right) \tag{14.3}$$

我们将上式称为贝尔曼方程的标准形式，因为这是几乎所有关于马尔可夫决策过程的教程都使用的版本。与之等价的形式是：

$$V_t(S_t) \;=\; \max_{a_t \in \mathcal{A}_t} \left(C_t(S_t, a_t) + \gamma \mathbb{E}\{V_{t+1}(S_{t+1}(S_t, a_t, W_{t+1}))|S_t\} \right) \tag{14.4}$$

这里简单地使用期望而非对概率求和。我们将此式称为贝尔曼方程的期望形式。这个版本是我们在本书中使用的标准形式。

式(14.4)通常以更紧凑的形式编写：

$$V_t(S_t) \;=\; \max_{a_t \in \mathcal{A}_t} \left(C_t(S_t, a_t) + \gamma \mathbb{E}\{V_{t+1}(S_{t+1})|S_t\} \right) \tag{14.5}$$

其中，$S_{t+1} = S^M(S_t, a_t, W_{t+1})$ 的函数关系是隐式的。然而，在这一点上，必须处理一些数学符号的微妙性。式(14.4)中捕捉了 S_{t+1} 与 S_t 和 a_t 的函数相关性(functional dependence)，但其中的期望实际上超过了随机变量 W_{t+1}，并可能完全独立于该系统的状态。但是处于状态 S_t 的 W_{t+1} 和(或)动作 a_t 可能存在条件相关性(conditional dependence)。出于这个原因，式(14.4)经常写作以下形式：

$$V_t(S_t) \;=\; \max_{a_t \in \mathcal{A}_t} \left(C_t(S_t, a_t) + \gamma \mathbb{E}\{V_{t+1}(S_{t+1})|S_t, a_t\} \right) \tag{14.6}$$

贝尔曼方程的标准形式(式(14.3))在学术界很流行，原因是在已知转移矩阵时，它能够实现巧妙的代数运算。通常，我们用一种更紧凑的形式编写它。回想一下，策略 π 是在给定状态 S_t 下指定动作 a_t 的一种规则。如果本章总是从"在处于状态 s 时采取动作 a"这一规则的角度来考虑策略，这是最简单的。这是一种策略的"查找表"形式，对于大多数实际问题来说非常笨拙，但却能满足此处的目的。

从状态 $S_t = s$ 到 $S_{t+1} = s'$ 的转移概率可以写作：

$$p_{ss'}(a) = \mathbb{P}(S_{t+1} = s'|S_t = s, a_t = a)$$

可以说"$p_{ss'}(a)$ 是在 t 时、状态 s 中采取动作 a，最终进入状态 s' 的概率"。现在假设有一个函数 $A_t^{\pi}(s)$，它决定状态 s 中应该采取的动作 a。转移概率 $p_{ss'}(a)$ 通常用以下形式表示：

$$p_{ss'}^{\pi} = \mathbb{P}(S_{t+1} = s' | S_t = s, A_t^{\pi}(s) = a)$$

可以用矩阵的形式来写上式:

$$P_t^{\pi} = 策略 \pi 下的一步转移矩阵$$

其中, $p_{ss'}^{\pi}$ 是行 s 和列 s' 的元素。每个策略(决策规则) π 都有一个不同的矩阵 P^{π}。

现在设 c_t^{π} 为带有元素 $c_t^{\pi}(s) = C_t(s, A_t^{\pi}(s))$ 的列向量, 并设 v_{t+1} 为带有元素 $V_{t+1}(s)$ 的列向量, 则式(14.3)等于:

$$\begin{bmatrix} \vdots \\ v_t(s) \\ \vdots \end{bmatrix} = \max_{\pi} \left(\begin{bmatrix} \vdots \\ c_t^{\pi}(s) \\ \vdots \end{bmatrix} + \gamma \begin{bmatrix} \ddots & & \\ & p_{ss'}^{\pi} & \\ & & \ddots \end{bmatrix} \begin{bmatrix} \vdots \\ v_{t+1}(s') \\ \vdots \end{bmatrix} \right) \tag{14.7}$$

其中, 向量中的每个元素(状态)都将最大化。在矩阵/向量形式下, 式(14.7)可以写成:

$$v_t = \max_{\pi} \left(c_t^{\pi} + \gamma P_t^{\pi} v_{t+1} \right) \tag{14.8}$$

这里之所以使用最大化策略, 是因为希望为每个状态找到最佳动作。向量 v_t 被广泛称为价值函数(处于每个状态的价值)。在控制理论中, 它被称为代价函数, 通常用 J 表示。

式(14.8)可通过找到每个状态 s 的最佳动作 a_t 来求解。得到的结果是一个决策向量 $a_t^* = (a_t^*(s))_{s \in \mathcal{S}}$, 这相当于确定最优策略。当 a_t 是标量(购买多少, 是否出售)时, 情况是最容易想象的, 但在许多实际应用中, $a_t(s)$ 本身就是一个向量。例如, 假设问题是将各个程序员分配给不同的规划任务, 其中状态 S_t 捕捉程序员的可用性和需要完成的不同任务。当然, 为每个本身就是向量的状态 S_t 计算出一个向量 a_t 的实现过程远比编写过程困难。

贝尔曼方程和式(14.1)中的初始目标函数之间的关系很容易被忽视。为了解决这个问题, 先使用策略 π 来计算 t 时之前的预期利润:

$$F_t^{\pi}(S_t) = \mathbb{E} \left\{ \sum_{t'=t}^{T-1} C_{t'}(S_{t'}, A_{t'}^{\pi}(S_{t'})) + C_T(S_T) | S_t \right\}$$

$F_t^{\pi}(S_t)$ 是我们在 t 时处于状态 S_t 并且在 t 时之前遵循策略 π 的预期的总贡献。如果 $F_t^{\pi}(S_t)$ 很容易计算, 就可能不需要动态规划。相反, 更自然的做法是递归地使用下式来计算 V_t^{π}:

$$V_t^{\pi}(S_t) = C_t(S_t, A_t^{\pi}(S_t)) + \mathbb{E} \left\{ V_{t+1}^{\pi}(S_{t+1}) | S_t \right\}$$

(通过在时间上从后往前回溯)不难看出:

$$F_t^{\pi}(S_t) = V_t^{\pi}(S_t)$$

14.12.1节中给出的证明使用了归纳法: 假设 V_{t+1}^{π} 是真的, 然后证明 V_t^{π} 是真的(这个方法毫不奇怪, 因为归纳证明法在动态规划中非常流行)。

有了这个结果, 就可建立以下关键结果。设 $V_t(S_t)$ 是式(14.4)(或式(14.3))的解。然后有:

$$
\begin{aligned}
F_t^* &= \max_{\pi \in \Pi} F_t^\pi(S_t) \\
&= V_t(S_t)
\end{aligned}
\tag{14.9}
$$

式(14.9)确定了处于状态 S_t 并遵循最优策略的价值与状态 S_t 下的最优价值函数之间的等价关系。虽然它们确实是等价的，但这个等价是一个定理(14.12.1节中建立的)的结果。然而，人们经常会忽略初始目标函数。稍后，需要近似地求解这些公式，使用初始目标函数来评估解的质量。

14.2.2 计算转移矩阵

在随机动态规划(更准确地说，在马尔可夫决策过程)中，假设以数据的形式给出一步转移矩阵 P^π(记住，每个策略都有不同的矩阵 π)。在实践中，一般可以假设已知转移函数 $S^M(S_t, a_t, W_{t+1})$，必须从中导出一步转移矩阵。

假设处于 t 和 $t+1$ 之间的随机信息 W_{t+1} 独立于所有先验信息。设 Ω 是随机过程的一组可能结果的集合，设 $w_{t+1} = W_{t+1}(\omega)$ 是一种特殊的实现形式(简单起见，假设 Ω 是离散的，就像在一组采样观察中的那样)，其中，$\mathbb{P}(W_{t+1} = w_{t+1} = W_{t+1}(\omega))$ 是概率结果 $W_{t+1}=w_t$ 的概率。同时将指示函数定义为：

$$
\mathbb{1}_{\{X\}} = \begin{cases} 1 & \text{若 } X \text{ 状态为 true}, \\ 0 & \text{其他} \end{cases}
$$

这里，"X"表示逻辑条件(例如，"$S_t = 6$ 是否正确？")。现在观察到一步转移概率 $\mathbb{P}_t(S_{t+1}|S_t, a_t)$ 可以写作：

$$
\begin{aligned}
\mathbb{P}_t(S_{t+1}|S_t, a_t) &= \mathbb{E}\mathbb{1}_{\{s'=S^M(S_t,a_t,W_{t+1})\}} \\
&= \sum_{\omega \in \Omega} \mathbb{P}(W_{t+1} = w_{t+1})\mathbb{1}_{\{s'=S^M(S_t,a_t,w_{t+1})\}}
\end{aligned}
$$

因此，求解一步转移矩阵意味着要对信息 W_{t+1} 的所有可能结果求和，并将从特定状态—动作对 (S_t, a_t) 到特定状态 $S_{t+1} = s'$ 的概率相加。这听起来很简单。

在某些情况下，这种计算很简单(参考本节前面的石油库存示例)。但在其他情况下，这种计算难以实现。例如，W_{t+1} 可能是价格或需求的向量，在这种情况下，结果集 Ω 可能太大，无法枚举(这是第3种"维数灾难")，但可以使用一组采样结果，如10.3.3节所示。

虽然可以用统计的方法估计转移矩阵，但我们的标准方法是模拟转移函数，而非计算(甚至近似)一步转移矩阵。这一标准方法的介绍参见第15章中的ADP设置。本章的剩余部分假设一步转移矩阵是可用的。

14.2.3 随机贡献

在许多应用中，单周期贡献函数是 S_t 和 a_t，因此通常将贡献写成确定性函数 $C_t(S_t, a_t)$。

然而，情况并非总是如此。例如，在随机网络上行驶的汽车可以选择遍历从节点 i 到节点 j 的链路，并且在做出决策后才知道行驶的成本。对于这种情况，贡献函数是随机的，可以将其写作：

$\hat{C}_{t+1}(S_t, a_t, W_{t+1})=$ 在 $t+1$ 时段获得的贡献，其中给定状态 S_t 和决策 a_t 以及在 $t+1$ 时段到达的新信息 W_{t+1}

在这种情况下，只需要把期望放在前面，得到：

$$V_t(S_t) = \max_{a_t} \mathbb{E}\{\hat{C}_{t+1}(S_t, a_t, W_{t+1}) + \gamma V_{t+1}(S_{t+1})|S_t\} \tag{14.10}$$

现在设：

$$C_t(S_t, a_t) = \mathbb{E}\{\hat{C}_{t+1}(S_t, a_t, W_{t+1})|S_t\}$$

因此，可以看到 $C_t(S_t, a_t)$ 是处于状态 S_t 并采取动作 a_t 时的预期贡献。

14.2.4 使用算子符号的贝尔曼方程*

式(14.8)中贝尔曼方程的向量形式可以使用算子符号写成更紧凑的形式。设 $\mathcal{M}$ 为式(14.8)中的"max"(或"min")运算符，它可以视为作用于向量 v_{t+1} 来生成向量 v_t 的运算符。如果给定策略 π，便可以写：

$$\mathcal{M}^\pi v(s) = C_t(s, A^\pi(s)) + \gamma \sum_{s' \in \mathcal{S}} \mathbb{P}_t(s'|s, A^\pi(s))v_{t+1}(s')$$

或者，可以使用下式来找到最优动作：

$$\mathcal{M}v(s) = \max_a \left(C_t(s, a) + \gamma \sum_{s' \in \mathcal{S}} \mathbb{P}_t(s'|s, a)v_{t+1}(s')\right)$$

这里，$\mathcal{M}v$ 生成了一个向量，$\mathcal{M}v(s)$ 指该向量的元素 s。在向量形式中，有：

$$\mathcal{M}v = \max_\pi \left(c_t^\pi + \gamma P_t^\pi v_{t+1}\right)$$

现在，设 $\mathcal{V}$ 是价值函数的空间。那么，$\mathcal{M}$ 是一个映射：

$$\mathcal{M} : \mathcal{V} \to \mathcal{V}$$

还可以使用下式为特定策略 π 定义运算符 $\mathcal{M}^\pi$：

$$\mathcal{M}^\pi(v) = c_t^\pi + \gamma P^\pi v \tag{14.11}$$

其中，某些向量 $v \in \mathcal{V}$。$\mathcal{M}^\pi$ 被称为线性算子，因为它对 v 进行的计算是加法和乘法。在数学中，函数 $c_t^\pi + \gamma P^\pi v$ 被称为仿射函数。这种符号在数学证明中尤其有用(参见14.12节中的一些证明)，但是在描述模型和算法时不会使用这种符号。

之后会在本章中看到，可以利用这个算子性质，推导出马尔可夫决策过程中的一些非常精妙的结果。这些证明深入剖析了这些系统的行为，可以指导算法的设计。出于此原因，这些公式虽然看起来相对无关紧要——它们的实际计算对于许多问题来说可能是棘手的，但是这些见解仍然适用。

14.3　有限时域问题

有限时域问题往往在以下两种情况下出现。

首先，有些问题有非常明确的时域。例如，我们可能对在任何时间$t(t \leq T$，T是行使日期)出售资产的美国期权的价值感兴趣。另一个问题是确定在未来某个时间点出发的特定航班以不同价格出售多少座位。与之类似的是那些需要达到某种目标的问题(但不是在特定的时间点)。例如开车去目的地、卖掉房子或赢得比赛。

其次，一些问题实际上是无限时域的，但目标是在给定的某一系统状态下确定现在要做什么。例如，一家运输公司可能想知道现在应该为一组特定的货物分配哪些司机。当然，这些决策需要考虑下游影响，因此模型必须扩展到未来，但我们不需要在无限时域内进行优化。出于这个原因，可以在时域T内对问题进行建模，一旦成功解决这个问题，就可以得到一个决策并得知现在该做什么。这被称为直接前瞻策略，将在第19章中介绍，但DLA策略可能会涉及求解马尔可夫决策过程。

当遇到有限时域问题时，我们假设给定了数据形式的函数$V_T(S_T)$。通常，只使用$V_T(S_T) = 0$，因为主要感兴趣的是现在该做什么(由a_0给出)，或某一时域$t = 0, 1, \ldots, H$(H是规则时域的长度)内的预测活动。如果设T充分大于H，那么可以假设决策$a_0, a_1, \ldots, a_H$具有足够高的质量，可以发挥作用。

原则上，有限时域问题很容易解决。最优方程可以得出：

$$V_t(S_t) = \max_{a_t \in \mathcal{A}} \mathbb{E}\{C_t(S_t, a_t) + \gamma V_{t+1}(S_{t+1})|S_t\}$$

$$= \max_{a_t \in \mathcal{A}} (C_t(S_t, a_t) + \gamma \mathbb{E}\{V_{t+1}(S_{t+1})|S_t\})$$

$$= \max_{a_t \in \mathcal{A}} \left(C_t(S_t, a_t) + \gamma \sum_{s'} V_{t+1}(s')P(S_{t+1} = s'|S_t, a_t) \right) \qquad (14.12)$$

其中，$P(s'|S_t, a_t)$是一步转移矩阵。如果可以计算一步转移矩阵(这个领域通常这样假设)，那么所要做的就是从最后一个时间段T开始执行式(14.12)(可以假设$V_T(S_T) = 0$或其他一些结束值)，然后在时间上从后往前回溯(这被称为"后向动态规划"的原因)。

重要的是认识到，当Richard Bellman在20世纪50年代首次发现式(14.12)时，它被认为是一个重大突破。记住，在这项工作之前，人们用决策树来处理这些问题。如图14.1所示，决策树的大小会非常迅速地增长。实际上，序贯随机优化问题被认为是非常难以解决的。

后向动态规划的实现如图14.3所示。该算法非常简单；事实上，可能正是因为这一算法如此简单，这个领域才主要关注稳态问题，我们将很快讨论这些问题。然而，被忽视的是，一步转移矩阵很少能被计算，因为它受到以下3种"维数灾难"的影响。

状态空间——如果状态变量S_t是一个L向量，其中每个维度可以采用K值，则状态空间具有随着L快速增长的K^L值。

动作空间——马尔可夫决策过程中的标准假设是 a_t 可以承担有限值(假设为 M, M 不是太大)。虽然有许多应用符合这一假设,但有些应用中的决策是一个向量(这就是本书使用 x_t 作为决策的原因),并且可能是维度非常高的向量。问题是 x_t 在资源分配问题中经常出现一万到十万个维度,参见8.3节。

结果空间——外部信息 W_t 也可以是一个向量,通常具有连续元素(这方面的例子也可以在8.3节中找到)。结果空间的大小随着 W_t 的维度增长而迅速增长。

一步转移矩阵为 $|\mathcal{S}| \times |\mathcal{S}| \times |\mathcal{A}|$ 的元素,并且这些元素中的每个都需要一个关于 Ω 的期望。换句话说, $P(s'|S_t,a_t)$ 的计算是瓶颈。

当探讨一个简单的决策树问题时,我们第一次在2.1.2节(然后在14.1节)中看到了后向动态规划。图14.3中的后向动态规划算法与我们的决策树问题解决方案之间的区别主要是符号。决策树是可视化的,易于理解,而在本节中,方法是使用符号来描述的。然而,决策树问题通常出现在状态和动作相对较少的问题中:我应该做什么工作?航天飞机的发射是否因天气寒冷而取消?

步骤0. 初始化:

　　　　初始化终端贡献 $V_T(S_T)$

　　　　设 $t = T - 1$

步骤1a. 时间从后往前回溯到 $t = T, T-1, \ldots, 0$

　步骤2a. 在状态 $s \in \mathcal{S} = \{1, \ldots, |\mathcal{S}|\}$ 上循环

　步骤2b. 初始化 $V_t(s) = -M$(其中 M 非常大)

　　步骤3a. 在每个动作 $a \in \mathcal{A}(s)$ 上循环

　　　步骤4a. 初始化 $Q(s,a) = 0$

　　　步骤4b. 查找处于状态 s 并采取动作 a 的预期价值

　　　步骤4c. 计算 $Q_t(s,a) = \sum_{w \in \mathcal{w}} \mathbb{P}(w|s,a)V_{t+1}(s' = s^M(s,a,w))$

　　　步骤4d. 如果 $Q_t(s,a) > V_t(s)$

　　　　步骤3b. 保存最优值 $V_t(s) = Q_t(s,a)$

　　　　步骤3c. 保存最佳动作 $A_t(s) = a$

　步骤1b. 为所有 $s \in \mathcal{s}$ 以及 $t = 0, \ldots, T$ 返回值 $V_t(s)$ 和策略 $A_t(s)$

图14.3　后向动态规划算法

动态规划的另一个流行例子是离散资产收购问题。假设你在每个时间段都订购了数量 a_t 以满足下一个时间段的需求 $\hat{D}_{t+1}$。任何未使用的产品将保留至之后的时间段。为此,状态变量 S_t 是在满足需求后,在该时段结束时剩余的库存数量。转移方程由下式给出: $S_{t+1} = [S_t + a_t - \hat{D}_{t+1}]^+$,其中 $[x]^+ = \max(x, 0)$。成本函数(求最小化)由 $\hat{C}_{t+1}(S_t, a_t) = c^h S_t + c^o \mathbb{1}_{\{a_t > 0\}}$ 给出,其中如果 X 为真,则 $\mathbb{1}_{\{X\}} = 1$,否则为0。注意,成本函

数是非凸的。如果通过搜索a_t的不同(离散)值来解决最小化问题，则不会产生问题。因为所有的量都是标量，所以不难找到$C_t(S_t, a_t)$。

为了计算一步转移矩阵，设Ω为$\hat{D}_t$的一组可能的结果集合，设$\mathbb{P}(\hat{D}_t = \omega)$是$\hat{D}_t = \omega$的概率。一步转移矩阵可以由下式计算得出：

$$\mathbb{P}(s'|s, a) = \sum_{\omega \in \Omega} \mathbb{P}(\hat{D}_{t+1} = \omega)\mathbb{1}_{\{s' = [s+a-\omega]^+\}}$$

其中，Ω是需求$\hat{D}_{t+1}$的(离散)结果集。

另一个例子是具有随机弧成本的最短路径问题。假设你正在尝试在尽可能短的时间内从初始节点q移到目标节点r。到达每个中间节点i时，你可以观察到从节点i出来的每个弧所需的时间。设V_j为从时间j到目标节点r的预期最短路径。在节点i，你可以看到链路时间$\hat{\tau}_{ij}$，其表示行程时间的随机观察。接下来，选择遍历圆弧(i, j^*)，其中j^*求解$\min_j(\hat{\tau}_{ij} + V_j)$。下游节点$j^*$的选择是随机的，原因是行程时间$\hat{\tau}_{ij}$是随机的。然后使用$V_i = \mathbb{E}\{\min_j(\hat{\tau}_{ij} + V_j)\}$来计算节点$i$处的值。

14.4　具有精确解的连续问题

针对特定问题的马尔可夫决策过程的研究有着丰富的历史，特别是在具有连续状态和动作的情况下，这些问题有精确的解决方案。本节将说明两个经典问题：赌博问题和连续预算问题。在赌博问题中，我们会推导出确定下注金额的最优策略。这些应用很好地说明了核心原理，而没有隐藏在计算的面纱后面。

14.4.1　赌博问题

赌徒必须确定自己在每一轮赌局中应该以多少资金下注，其中总共下注N个回合，赢的概率是p，输的概率是$q = 1 - p$(假设$q < p$)。设S^n为下注n回合后的总资本$(n = 0, 1, \ldots, N)$，S^0为初始资本。对于这个问题，S^n为下注n回合后系统的状态(可用资本)。设x^n是$n+1$轮下注的(离散)金额(要求$x^n \leq S^n$)。他想最大限度地提高$\ln S^N$，这对于最终输钱的结果提供了强有力的惩罚，而对于赢钱的结果来说，却提供了不断下降的边际值。

设：

$$W^n = \begin{cases} 1 & \text{若赌徒赢了} n \text{局} \\ 0 & \text{其他} \end{cases}$$

系统根据下式演变：

$$S^{n+1} = S^n + x^n W^{n+1} - x^n(1 - W^{n+1})$$

设 $V^n(S^n)$ 是在第 n 个回合结束时拥有的 S^n 美元值。在第 n 个回合处于状态 S^n 的情况下，有：

$$
\begin{aligned}
V^n(S^n) &= \max_{0 \le x^n \le S^n} \mathbb{E}\{V^{n+1}(S^{n+1})|S^n\} \\
&= \max_{0 \le x^n \le S^n} \mathbb{E}\{V^{n+1}(S^n + x^n W^{n+1} - x^n(1 - W^{n+1}))|S^n\}
\end{aligned}
$$

此处声称处于状态 S^n 的价值是在给定第 n 个回合结束时已知信息的情况下，通过选择使状态 S^{n+1} 的期望值最大化的决策得出的。

为解决上述问题，我们从第 N 次试验的末尾开始，并假设已经以 S^N 美元结束了赌局，这意味着最终值是：

$$
V^N(S^N) = \ln S^N
$$

现在返回到 $n = N - 1$，可以得到：

$$
\begin{aligned}
V^{N-1}(S^{N-1}) &= \max_{0 \le x^{N-1} \le S^{N-1}} \mathbb{E}\{V^N(S^{N-1} + x^{N-1}W^N - x^{N-1}(1 - W^N))|S^{N-1}\} \\
&= \max_{0 \le x^{N-1} \le S^{N-1}} \left[p \ln(S^{N-1} + x^{N-1}) + (1 - p)\ln(S^{N-1} - x^{N-1}) \right] \quad (14.13)
\end{aligned}
$$

设 $V^{N-1}(S^{N-1}, x^{N-1})$ 是最大运算符内的值。可以相对于 x^{N-1} 对 $V^{N-1}(S^{N-1}, x^{N-1})$ 进行微分来得到 x^{N-1}，有：

$$
\begin{aligned}
\frac{\partial V^{N-1}(S^{N-1}, x^{N-1})}{\partial x^{N-1}} &= \frac{p}{S^{N-1} + x^{N-1}} - \frac{1 - p}{S^{N-1} - x^{N-1}} \\
&= \frac{2S^{N-1}p - S^{N-1} - x^{N-1}}{(S^{N-1})^2 - (x^{N-1})^2}
\end{aligned}
$$

将导数设置为零并求解 x^{N-1}，得到：

$$
x^{N-1} = (2p - 1)S^{N-1}
$$

下一步是将其带入式(14.13)，使用下式找到 $V^{N-1}(s^{N-1})$：

$$
\begin{aligned}
V^{N-1}(S^{N-1}) &= p \ln(S^{N-1} + S^{N-1}(2p - 1)) + (1 - p)\ln(S^{N-1} - S^{N-1}(2p - 1)) \\
&= p \ln(S^{N-1}2p) + (1 - p)\ln(S^{N-1}2(1 - p)) \\
&= p \ln S^{N-1} + (1 - p)\ln S^{N-1} + \underbrace{p \ln(2p) + (1 - p)\ln(2(1 - p))}_{K} \\
&= \ln S^{N-1} + K
\end{aligned}
$$

其中，K 是关于 S^{N-1} 的常量。由于加性常数不会改变决策，因此可以忽略它，使用 $V^{N-1}(S^{N-1}) = \ln S^{N-1}$ 作为 $N - 1$ 的价值函数，这与 N 的价值函数相同。不出意料，可以应用相同的逻辑在时间上从后往前回溯，并相对于所有 n 得到下式：

$$
V^n(S^n) = \ln S^n \ (\ + K^n)
$$

K^n 依旧是可以忽略的常数。这意味着对于所有 n，最优解决方案是：

$$
x^n = (2p - 1)S^n
$$

每次迭代的最优策略是用当下手头的一小部分钱 $\beta = (2p - 1)$ 下注。当然，这需要 $p > 0.5$。

推导最优策略结构的马尔可夫决策过程的研究有着悠久的传统。在某些情况下，例如在这个赌博问题中，可以找到最优解(或最优策略)。而在其他情况下，则可以找到策略的结构。例如，可以证明"低买高卖"的策略是最佳的，剩下的则是找到买入点和卖出点的问题。

14.4.2　持续预算问题

假设分配的资源是连续的(例如，分配给各种活动的资金)，这意味着 R_t 是连续的，预算多少的决策也是如此。接着，假设分配 x_t 美元给任务 t 的贡献由下式给出：

$$C_t(x_t) = \sqrt{x_t}$$

此函数假设为任务分配额外资源的回报会逐渐减少，这在许多应用中很常见。可以使用动态规划精确地解决此问题。注意，如果最后一项任务还剩 R_T 美元，那么处于这种状态的价值是：

$$V_T(R_T) = \max_{x_T \le R_T} \sqrt{x_T}$$

由于贡献随 x_T 增大而单调增大，因此最优解是 $x_T = R_T$，即 $V_T(R_T) = \sqrt{R_T}$。假设该问题发生在时间 $t = T-1$，则处于状态 R_{T-1} 的价值将是：

$$V_{T-1}(R_{T-1}) = \max_{x_{T-1} \le R_{T-1}} \left(\sqrt{x_{T-1}} + V_T(R_T(x_{T-1})) \right) \tag{14.14}$$

其中，$R_T(x_{T-1}) = R_{T-1} - x_{T-1}$ 是时间段 $T-1$ 剩余的钱。鉴于知道 $V_T(R_T)$，可以将式(14.14)重写为：

$$V_{T-1}(R_{T-1}) = \max_{x_{T-1} \le R_{T-1}} \left(\sqrt{x_{T-1}} + \sqrt{R_{T-1} - x_{T-1}} \right) \tag{14.15}$$

相对于 x_{T-1} 进行微分并将导数设置为零以求解式(14.15)(利用了这样一个事实：正在将一个连续可微的凹函数最大化)。设：

$$F_{T-1}(R_{T-1}, x_{T-1}) = \sqrt{x_{T-1}} + \sqrt{R_{T-1} - x_{T-1}}$$

对 $F_{T-1}(R_{T-1}, x_{T-1})$ 进行微分并将导数设置为零，有：

$$\begin{aligned}
\frac{\partial F_{T-1}(R_{T-1}, x_{T-1})}{\partial x_{T-1}} &= \frac{1}{2}(x_{T-1})^{-\frac{1}{2}} - \frac{1}{2}(R_{T-1} - x_{T-1})^{-\frac{1}{2}} \\
&= 0
\end{aligned}$$

这意味着：

$$x_{T-1} = R_{T-1} - x_{T-1}$$

即有：

$$x_{T-1}^* = \frac{1}{2} R_{T-1}$$

现在必须找到 V_{T-1}。返回式(14.15)，将 x^*_{T-1} 替换掉，得到：

$$
\begin{aligned}
V_{T-1}(R_{T-1}) &= \sqrt{R_{T-1}/2} + \sqrt{R_{T-1}/2} \\
&= 2\sqrt{R_{T-1}/2}
\end{aligned}
$$

可以继续这个练习，但这里似乎形成了一种模式(这是试图解决动态规划时的常见技巧)。这一模式的一般公式可能是：

$$
V_{T-t+1}(R_{T-t+1}) = t\sqrt{R_{T-t+1}/t} \tag{14.16}
$$

或者等效为：

$$
V_t(R_t) = (T - t + 1)\sqrt{R_t/(T - t + 1)} \tag{14.17}
$$

如何确定这个猜测是否正确？使用一种称为归纳证明的方法。假设式(14.16)对于 $V_{T-t+1}(R_{T-t+1})$ 为真，然后证明对于 $V_{T-t}(R_{T-t})$ 得到了相同的结构。既然已经证明式(14.16)对于 V_T 和 V_{T-1} 是正确的，那么这一结果将帮助证明这一公式对于所有 t 都为真。

最后，可以使用式(14.17)中价值函数来确定最优解。最优值 x_t 通过求解下式得到：

$$
\max_{x_t}\left(\sqrt{x_t} + (T - t)\sqrt{(R_t - x_t)/(T - t)}\right) \tag{14.18}
$$

对其进行微分并将结果设置为零，有：

$$
\frac{1}{2}(x_t)^{-\frac{1}{2}} - \frac{1}{2}\left(\frac{R_t - x_t}{T - t}\right)^{-\frac{1}{2}} = 0
$$

这意味着：

$$
x_t = (R_t - x_t)/(T - t)
$$

求解 x_t，得到：

$$
x^*_t = R_t/(T - t + 1)
$$

这是一个非常直观的结果——要在所有剩余任务中平均分配可用预算。这是我们所期望的，因为所有任务都会产生相同的贡献。

14.5　无限时域问题*

本书的大部分内容都集中在有限时域问题之上，这对实际问题最有用。马尔可夫决策过程的研究历史一直集中在无限时域问题上。我们推测，如果假设得到一个一步转移矩阵 $P(S_{t+1} = s'|S_t = s, a)$，那么有限时域问题就会变得容易解决。不用说，这与事实相去甚远。

相反，正如将看到的那样，无限时域问题对于真正讲究的数学来说很有挑战性。每当我们希望研究一个贡献函数、转移函数和支配外部信息过程的参数不随时间变化的问题时，通常都会使用无限时域公式。更重要的是，无限时域问题提供了许多关于问题和算法性质的见解，引出了围绕这类问题发展的精妙理论。即使是想解决复杂的非平稳问题的读者，也能通过理解这类问题受益。

下面从之前提及的贝尔曼方程的有限时域版本开始：

$$V_t(S_t) \quad = \quad \max_{a_t \in \mathcal{A}} \mathbb{E}\{C_t(S_t, a_t) + \gamma V_{t+1}(S_{t+1})|S_t\} \tag{14.19}$$

可以把稳态问题看作一个没有时间维度的问题。设 $V(s) = \lim_{t \to \infty} V_t(S_t)$(假设极限存在)，得到以下稳态最优方程：

$$V(s) \quad = \quad \max_{a \in \mathcal{A}} \left\{ C(s, a) + \gamma \sum_{s' \in \mathcal{S}} \mathbb{P}(s'|s, a)V(s') \right\} \tag{14.20}$$

函数 $V(s)$ 可以被证明(正如稍后所做的)等同于解决无限时域问题：

$$\max_{\pi \in \Pi} \mathbb{E} \left\{ \sum_{t=0}^{\infty} \gamma^t C_t(S_t, A_t^{\pi}(S_t)) \right\} \tag{14.21}$$

现在定义：

$$
\begin{aligned}
P^{\pi,t} \quad &= \quad t \text{ 步转移矩阵(对于时段 } 0, 1, \ldots, t-1, \\
&\qquad \text{给定策略} \pi) \\
&= \quad \Pi_{t'=0}^{t-1} P_{t'}^{\pi}
\end{aligned}
\tag{14.22}
$$

进一步将 $P^{\pi,0}$ 定义为单位矩阵。和以前一样，假设选择由策略 π 描述动作 a_t，而 c_t^{π} 是每个状态的预期成本的列向量，其中状态 s 的元素是 $c_t^{\pi}(s) = C_t(s, A^{\pi}(s))$。$t$ 时开始的策略 π 的无限时域折扣价值由下式给出：

$$v_t^{\pi} \quad = \quad \sum_{t'=t}^{\infty} \gamma^{t'-t} P^{\pi,t'-t} c_{t'}^{\pi} \tag{14.23}$$

假设在遵循策略 π_0 后，遵守策略 $\pi_1 = \pi_2 = \ldots = \pi$。在这种情况下，式(14.23)现在可以写成下式(从 $t = 0$ 开始)：

$$v^{\pi_0} \quad = \quad c^{\pi_0} + \sum_{t'=1}^{\infty} \gamma^{t'} P^{\pi,t'} c_{t'}^{\pi} \tag{14.24}$$

$$= \quad c^{\pi_0} + \sum_{t'=1}^{\infty} \gamma^{t'} \left(\Pi_{t''=0}^{t'-1} P_{t''}^{\pi} \right) c_{t'}^{\pi} \tag{14.25}$$

$$= \quad c^{\pi_0} + \gamma P^{\pi_0} \sum_{t'=1}^{\infty} \gamma^{t'-1} \left(\Pi_{t''=1}^{t'-1} P_{t''}^{\pi} \right) c_{t'}^{\pi} \tag{14.26}$$

$$= \quad c^{\pi_0} + \gamma P^{\pi_0} v^{\pi} \tag{14.27}$$

式(14.27)表明，策略的价值是单周期回报加上(与从时间 1 开始的策略价值相同的)折扣最终回报。如果决策规则是固定的，那么 $\pi_0 = \pi_1 = \ldots = \pi_t = \pi$，这允许将式(14.27)重写为：

$$v^{\pi} \quad = \quad c^{\pi} + \gamma P^{\pi} v^{\pi} \tag{14.28}$$

由此能明确地求解平稳回报(只要 $0 \leq \gamma < 1$),得到:

$$v^\pi = (I - \gamma P^\pi)^{-1} c^\pi$$

还可以使用我们的算子符号来编写一个最优方程的无限时域版本。设 $\mathcal{M}$ 为"max"(或"min")算子(也称为贝尔曼算子),式(14.11)的无限时域版本将被写成:

$$\mathcal{M}^\pi(v) = c^\pi + \gamma P^\pi v \tag{14.29}$$

有几种解决无限时域问题的算法策略。第一种——值迭代是应用最广泛的方法。它涉及迭代地估计价值函数。在每次迭代中,价值函数的估计值决定了我们将做出哪些决策,从而定义了策略。第二种策略是策略迭代(policy iteration)。每一次迭代都定义一个策略(字面意思就是决定决策的规则),然后确定该策略的价值函数。

通过仔细检查值和策略迭代可以发现,这些是密切相关的策略,可以被视为使用值和策略迭代方法的一般策略的特例。第三种主要的算法策略利用了以下观察结果:价值函数可以被视为一个特殊结构的线性规划问题的解决方案。

14.6　无限时域问题的值迭代*

值迭代可能是动态规划中应用最广泛的无限时域问题算法,因为它是最简单的实现手段,并且往往是解决许多问题的最自然的方法。它实际上与有限时域问题的后向动态规划相同。此外,我们在近似动态规划中的大部分工作都基于值迭代。

值迭代有几种方式。值迭代算法的基本版本如图14.4所示。对于喜欢数学的读者来说,收敛性证明(见14.12.2节)非常简洁。该算法还具有几个很好的特性,稍后将对此进行探讨。

步骤0. 初始化

　　设 $v^0(s) = 0 \ \forall s \in \mathcal{S}$

　　固定一个公差参数 $\epsilon > 0$

　　设 $n = 1$

步骤1. 对于每个 $s \in \mathcal{S}$,计算:

$$v^n(s) = \max_{a \in \mathcal{A}} \left(C(s,a) + \gamma \sum_{s' \in \mathcal{S}} \mathbb{P}(s'|s,a) v^{n-1}(s') \right) \tag{14.30}$$

步骤2. 如果 $\|v^n - v^{n-1}\| < \epsilon(1-\gamma)/2\gamma$,设 π^ϵ 为求解式(14.30)的结果策略,并设 $v^\epsilon = v^n$-1且停止;否则设 $n = n+1$ 并重新回到步骤1

图14.4　无限时域优化的值迭代算法

很容易看出,值迭代算法类似于后向动态规划算法。我们没有使用下标 t(即从 T 递减到0),而是使用一个迭代计数器 n,从0开始递增,直到满足收敛准则为止。在这里,当满足下式时停止该算法:

$$\|v^n - v^{n-1}\| < \epsilon(1-\gamma)/2\gamma$$

其中，‖υ‖是由下式定义的最大范数：

$$\|v\| = \max_{s} |v(s)|$$

因此，‖υ‖是元素向量的最大绝对值。如果任何状态价值的最大变化小于 $\epsilon(1 - \gamma)/2\gamma$（其中 ϵ 是指定的误差容限），就要停止。

接下来，介绍一个高斯–塞德尔(Gauss-Seidel)变体——加速值迭代的一种有效方法，以及一个称为相对值迭代的版本。

14.6.1　高斯–塞德尔变体

值迭代算法的一个小变体可以提供更快的收敛速度。这个版本(通常称为高斯–塞德尔变体)利用了以下事实：在计算未来值的期望时，必须遍历所有状态 s' 来计算 $\sum_{s'} \mathbb{P}(s'|s,a)v^n(s')$。已经为特定状态 s 计算了 $v^{n+1}(\hat{s})$，$\hat{s} = 1, 2, \ldots, s-1$。只需要在已访问过的状态里用 $v^{n+1}(\hat{s})$ 替换 $v^n(\hat{s})$，就可以获得一种通常表现出明显更快的收敛速度的算法。该算法需要更改值迭代的步骤1，如图14.5所示。

用步骤1′替换步骤1

步骤1′. 为每个 $s \in s$ 计算

$$v^n(s) = \max_{a \in \mathcal{A}} \left\{ C(s,a) + \gamma \left(\sum_{s' < s} \mathbb{P}(s'|s,a)v^n(s') + \sum_{s' \geq s} \mathbb{P}(s'|s,a)v^{n-1}(s') \right) \right\}$$

图14.5　值迭代的高斯–塞德尔迭代变体

14.6.2　相对值迭代

值迭代的另一个版本被称为相对值迭代(relative value iteration)，它在没有折扣因子的问题中，或者在最优策略比价值函数收敛得快得多的情况下很有用，因为价值函数可能会在多次迭代中稳定增长。相对值迭代算法如图14.6所示。

步骤0. 初始化：

- 选择一些 $v^0 \in \mathcal{V}$
- 选择一个基本状态 s^* 和一个公差 ϵ
- 设 $w^0 = v^0 - v^0(s^*)e$，其中 e 是1的向量
- 设 $n = 1$

步骤1. 设：

$$v^n = \mathcal{M}w^{n-1},$$
$$w^n = v^n - v^n(s^*)e$$

步骤2. 如果 $sp(v^n - v^{n-1}) < (1-\gamma)\epsilon/\gamma$，继续进行步骤3；否则跳转回步骤1

步骤3. 设 $a^\epsilon = \arg\max_{a \in \mathcal{A}} (C(a) + \gamma P^\pi v^n)$

图14.6　相对值迭代

在相对值迭代中，我们可能对差值$|v(s)-v(s')|$的收敛更感兴趣，而不是对$v(s)$和$v(s')$的值感兴趣。当对最优策略而非价值函数本身感兴趣时，这种情况就会出现(并非总是如此)。经常发生的情况是，特别是在接近极限时，所有的值$v(s)$开始以相同的速率增大。因此，可以选择任何状态(在算法中表示为$s*$)，并从所有其他状态中减去其值。

为了给算法提供一些形式，我们定义了向量v的扩张空间(span)，如下所示：

$$sp(v) = \max_{s \in \mathcal{S}} v(s) - \min_{s \in \mathcal{S}} v(s)$$

注意，这里使用的"扩张空间"与线性代数中通常使用的"扩张空间"不同。在这里和本节中，将向量的范数定义为：

$$\|v\| = \max_{s \in \mathcal{S}} v(s)$$

注意，该扩张具有以下6个属性：

(1) $sp(v) \geq 0$

(2) $sp(u + v) \leq sp(u) + sp(v)$

(3) $sp(kv) = |k| sp(v)$

(4) $sp(v + ke) = sp(v)$

(5) $sp(v) = sp(-v)$

(6) $sp(v) \leq 2\|v\|$

属性(4)表明$sp(v) = 0$并不意味着$v = 0$，也就不满足范数的性质。因此，它被称为半范数。

相对值迭代算法只是在每次迭代时从值向量中减去一个常量。显然，这不会改变最优决策，但会改变值本身。如果你只对最优策略感兴趣，那么相对值迭代通常会提供更快的收敛速度，但它可能无法准确估计每个状态的价值。

14.6.3 收敛界限和速度

值迭代算法的一个重要性质是，如果初始估计值太低，算法将从下向上接近正确的值。类似地，如果初始估计值太高，算法将从上往下接近正确的值。该性质形式化为以下定理。

定理14.6.1 对于向量$v \in \mathcal{V}$，有：

(1) 若v满足$v \geq \mathcal{M}v$，则$v \geq v^*$。

(2) 若v满足$v \leq \mathcal{M}v$，则$v \leq v^*$。

(3) 若v满足$v = \mathcal{M}v$，则v是这个公式组的唯一解并且$v = v^*$。

上述定理的证明详见14.12.3节。这是一个很好的性质，因为它提供了关于收敛路径性质的一些有价值的信息。在实践中，通常不知道真价值函数，因此很难知道是从上面还是下面开始(尽管有些问题具有自然界限，例如非负性)。

单调性的证明也为我们提供了一个很好的推论。对于所有 s，如果 $V(s) = \mathcal{M}V(s)$，则 $V(s)$ 是这个公式组的唯一解，同时必须是最优解。

这一结果引发了一个问题：如果对处于某种状态的价值的估计过高，而另一些估计过低，该怎么办？这意味着这些值可能在最优解之上和最优解之下循环，尽管在某个点上，可能会发现所有的值从一次迭代到下一次迭代都有所增大(减小)。如果发生这种情况，则意味着这些值都等于或低于(高于)极限值。

值迭代也为解的质量提供了一个很好的界限。之前，在使用值迭代算法时，当满足下式时就会停止运算：

$$\|v^{n+1} - v^n\| < \epsilon(1 - \gamma)/2\gamma \tag{14.31}$$

其中，γ 是折扣因子，ϵ 是一个特定的误差容限。虽然在停止运算时，可能找到了最优策略，但找到最优价值函数的可能性很小。不过，可以通过使用以下定理得到解 v^n 和最优值 v^* 之间差距的界限。

定理14.6.2　如果应用带有停止参数 ϵ 的值迭代算法，并且算法在第 n 次迭代时以价值函数 v^{n+1} 终止，则有：

$$\|v^{n+1} - v^*\| \leq \epsilon/2 \tag{14.32}$$

设 π^{ϵ} 是终止时得到的策略，并设 $v^{\pi^{\epsilon}}$ 是这项策略的价值，则有：

$$\|v^{\pi^{\epsilon}} - v^*\| \leq \epsilon$$

证明见14.12.4节。虽然可以得到误差的界，但坏消息是，这个界可能相当差。更重要的是，这个界能告知折扣因子的作用。

假设有一个不重要的动态规划，则可以对界以及收敛速度提供一些额外的见解。对于这个问题，在每次迭代时，都会得到恒定的回报 c。其中没有决策，也没有随机性。这种"游戏"的值很快就被视为：

$$\begin{aligned} v^* &= \sum_{n=0}^{\infty} \gamma^n c \\ &= \frac{1}{1-\gamma}c \end{aligned} \tag{14.33}$$

假设使用值迭代来解这个问题，想想会发生什么。从 $v^0 = 0$ 开始，使用下列迭代：

$$v^n = c + \gamma v^{n-1}$$

重复了 n 遍上述操作后，得到：

$$\begin{aligned} v^n &= \sum_{m=0}^{n-1} \gamma^n c \\ &= \frac{1-\gamma^n}{1-\gamma}c \end{aligned} \tag{14.34}$$

对比式(14.33)和式(14.34)，发现：

$$v^n - v^* = -\frac{\gamma^n}{1-\gamma}c \tag{14.35}$$

类似地，从一次迭代到下一次迭代的值变化由下式给出：

$$
\begin{aligned}
\|v^{n+1} - v^n\| &= \left|\frac{\gamma^{n+1}}{1-\gamma} - \frac{\gamma^n}{1-\gamma}\right|c \\
&= \gamma^n\left|\frac{\gamma}{1-\gamma} - \frac{1}{1-\gamma}\right|c \\
&= \gamma^n\left|\frac{\gamma-1}{1-\gamma}\right|c \\
&= \gamma^n c
\end{aligned}
$$

如果在第$n+1$次迭代时停止，则意味着：

$$\gamma^n c \le \epsilon/2\left(\frac{1-\gamma}{\gamma}\right) \tag{14.36}$$

如果选择ϵ以便让式(14.36)取等号，那么(由式(14.32)求出的)误差的界为：

$$
\begin{aligned}
\|v^{n+1} - v^*\| &\le \epsilon/2 \\
&= \frac{\gamma^{n+1}}{1-\gamma}c
\end{aligned}
$$

从式(14.35)可知距最优解多远：

$$|v^{n+1} - v^*| = \frac{\gamma^{n+1}}{1-\gamma}c$$

这一距离符合我们的界。

这一小小的练习证实了误差的界可能是紧凑的。它还表明，误差以折扣因子决定的速率呈几何级数递减。这个问题的误差增长是因为我们用"有限和"来近似"无限和"。对于更现实的动态规划，我们还会尝试找到最优策略。当这些值足够接近，能使我们真正找到最优策略时，就只有一个马尔可夫回报过程(其中的每一次转移都会获得回报的马尔可夫链)。一旦马尔可夫回报过程达到稳定状态，就会像我们刚刚解决的简单问题那样运作，其中c是每次转移的预期回报。

14.7   无限时域问题的策略迭代*

我们会在策略迭代中选择一个策略，然后找到该策略的无限时域和折扣值，并使用该值选择新策略。这一通用算法如图14.7所示。对于无限时域问题，流行使用策略迭代法来解决，因为可以轻松地找到一个策略的价值。如14.5节所示，策略π的价值由下式给出：

$$v^\pi = (I - \gamma P^\pi)^{-1}c^\pi \tag{14.37}$$

虽然随着状态空间的增长，逆的计算可能会有问题，但这至少是一个非常方便的公式。

下面有必要阐释不同场景下的策略迭代算法。设想一个批量补充问题：必须补充资源(筹集资金、勘探石油以扩大已知储量、雇用人员)，因为订购更大的数量会带来经济效益。可以使用一个简单的策略：如果资源水平 $R_t < q$，其中 q 为某下限，则订购的数量为 $a_t = Q - R_t$。此策略由 (q, Q) 进行参数化并写作下式：

$$A^\pi(R_t) = \begin{cases} 0, & R_t \geq q, \\ Q - R_t, & R_t < q \end{cases} \tag{14.38}$$

对于给定的一组参数 $\pi = (q, Q)$，可以计算一步转移矩阵 P^π 和贡献向量 c^π。

策略有多种形式。目前，我们只是将策略视为规则，它用于告知当处于特定状态时应该做什么决策。后面的章节将介绍不同形式的策略，它们为寻找最优策略带来了不同的挑战。

给定转移矩阵 P^π 和贡献向量 c^π，可以使用式(14.37)来求解 v^π，其中 $v^\pi(s)$ 是遵循策略 π 的情况下，始于状态 s 的折扣值。通过这个向量，可为每个状态 s 求解下式来得到一个新策略：

$$a^n(s) = \arg\max_{a \in \mathcal{A}} \left(C(a) + \gamma P^\pi v^n \right) \tag{14.39}$$

对于我们的批量补货示例，可以证明 $a^n(s)$ 将具有与式(14.38)所示结构相同的结构。因此，可为每个 s 存储 $a^n(s)$，或者简单地确定与式(14.39)产生的策略相对应的参数 (q, Q)。完整的策略迭代算法如图14.7所示。

步骤0. 初始化

　　步骤0a. 选择一个策略 π^0

　　步骤0b. 设 $n=1$

步骤1. 给定策略 π^{n-1}

　　步骤1a. 计算一步转移矩阵 $P^{\pi^{n-1}}$

　　步骤1b. 计算贡献向量 $c^{\pi^{n-1}}$，其中状态 s 的元素由 $c^{\pi^{n-1}}(s) = C(s, A^{\pi^{n-1}})$ 给定

步骤2. 设 $v^{\pi,n}$ 是下式的解：

$$(I - \gamma P^{\pi^{n-1}})v = c^{\pi^{n-1}}$$

步骤3. 找到一个由下式定义的策略：

$$a^n(s) = \arg\max_{a \in \mathcal{A}} \left(C(a) + \gamma P^\pi v^n \right)$$

这要求为每个状态 s 计算一个动作

步骤4. 如果对于所有状态 s，有 $a^n(s) = a^{n-1}(s)$，那么设 $a^* = a^n$；否则，设 $n=n+1$ 并且跳转至步骤1

图14.7　策略迭代

策略迭代算法易于实现，并且在依据迭代次数测量时具有快速的收敛性。然而，如果状态的数量很多，则求解式(14.37)相当困难。如果状态空间很小，则可以使用

$v^\pi = (I - \gamma P^\pi)^{-1}c^\pi$这一公式，但是矩阵求逆可能需要大量的计算。出于这个原因，可以使用结合了策略迭代和值迭代的特征的混合算法。

14.8　混合值—策略迭代*

值迭代基本上是这样一种算法：在每次迭代时更新值，然后根据价值函数新估计的情况确定一个新策略。在任何迭代中，价值函数都不是策略的真稳态值。相比之下，策略迭代会选择一个策略，然后确定在给定策略的每个状态下的真稳态值。给定此值，便会选择一个新策略。

就迭代次数而言，策略迭代的收敛速度更快，这可能并不奇怪，因为它在每次迭代中都要做更多的工作(确定策略下每个状态的真稳态值)。值迭代在每次迭代中都变得更快，但它是在给定一个价值函数的近似值的情况下确定一个策略，然后对价值函数执行非常简单的更新，这可能与真正的价值函数相去甚远。

结合了两种方法的特征的混合策略是在执行策略更新之前，对价值函数执行更加完整的更新。图14.8概述了如何用更简单的迭代步骤(图14.8中的步骤2)代替式(14.37)中价值函数的稳态评估。这一步骤要运行M次迭代，其中M是一个用户控制的参数，它能够探索该价值函数更准确的估计值。意料之中的是，通常情况下，随着整个过程的收敛，M应该随迭代次数的减少而变小。

步骤0. 初始化

- 设$n = 1$
- 选择一个容差参数ϵ以及一个内部迭代界限M
- 从$v^0 \in v$进行选择

步骤1. 为每个s找到满足下式的决策$a^n(s)$

$$a^n(s) = \arg\max_{a \in A}\left\{C(s,a) + \gamma\sum_{s' \in S}\mathbb{P}(s' \mid s,a)v^{n-1}(s')\right\}$$

用策略π^n来表示

步骤2. 部分策略估计

(1) 设$m = 0$，且$u^n(0) = c^\pi + \gamma P^{\pi^n}v^{n-1}$

(2) 如果$\|u^n(0) - v^{n-1}\| < \epsilon(1 - \gamma)/2\gamma$，跳转至步骤3，否则：

(3) 当m<M时，执行以下操作

　① $u^n(m + 1) = c^{\pi^n} + \gamma P^{\pi^n}u^n(m) = \mathcal{M}^\pi u^n(m)$

　② 设$m = m + 1$并重复①

(4) 设$v^n = u^n(M), n = n + 1$，然后返回步骤1

步骤3. 设$a^\epsilon = a^{n+1}$并停止运算

图14.8　混合值—策略迭代

14.9　平均回报动态规划*

在某些场景中，自然目标函数的目的是最大化每单位时间的平均贡献。假设从状态s开始，后遵循策略π，得到的平均回报由下式给出：

$$\max_{\pi} F^{\pi}(s) = \max_{\pi} \lim_{T \to \infty} \frac{1}{T} \mathbb{E} \sum_{t=0}^{T} C(S_t, A^{\pi}(S_t)) \tag{14.40}$$

在这里，$F^{\pi}(s)$是每个时间段的预期回报。对于矩阵形式，在时域T中遵循策略π的总价值可以写作：

$$V_T^{\pi} = \sum_{t=0}^{T} (P^{\pi})^t c^{\pi}$$

其中，V_T^{π}是一个列向量，其元素$V_T^{\pi}(s)$给出了以状态s开始时，在时间段T内的预期贡献。可以通过观察当T变大时发生的状况来了解$V_T^{\pi}(s)$如何运行。假设底层的马尔可夫链是遍历性的(这意味着最终能以正概率从任何状态进入任何其他状态)，便可知晓在$(P^{\pi})^T \to P^*$中，P^*的行都是一样的。

接下来，定义一个由下式给出的列向量g：

$$g^{\pi} = P^* c^{\pi}$$

鉴于P^*的行都是一样的，g^{π}的所有元素都是一样的，并且每个元素都使用处于每个状态的稳态概率来给出每个时间段的平均贡献。对于有限T，列向量V_T^{π}的每个元素都不一样，因为最初的几个时间段所获得的贡献取决于起始状态。但不难看出随着T的增长，可以得到下式：

$$V_T^{\pi} \to h^{\pi} + T g^{\pi}$$

其中，向量h^{π}捕捉总贡献中与状态相关的差异，同时g^{π}是极限中独立于状态的平均贡献。图14.9显示出V_T^{π}以线性函数形式增长。

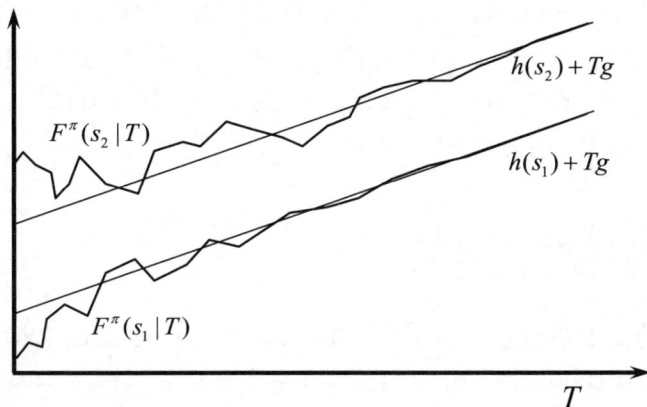

图14.9　在状态s_1和s_2下开始的时域T内的累积贡献，以接近独立于起始状态的速率增长

如果希望找到随着 $T \to \infty$ 表现最好的策略，那么很明显 h^π 的贡献会消失，我们希望专注于最大化当下可以视为标量的 g^π。

14.10　动态规划的线性规划方法**

定理14.6.1说明，如果：

$$v \geq \max_a \left(C(s,a) + \gamma \sum_{s' \in \mathcal{S}} \mathbb{P}(s'|s,a)v(s') \right)$$

则 v 是每个状态的价值的上界(实际上是上界的向量)。这意味着满足 $v^* = c + \gamma P v^*$ 的最优解是满足这一不等式的 v 的最小值。可以利用这种见解将寻找最优值的问题表述为一个线性规划。设 β 为包含要素 "$\beta_s > 0,\ \forall s \in \mathcal{S}$" 的向量。通过求解下列线性规划可以找到最优价值函数：

$$\min_v \sum_{s \in \mathcal{S}} \beta_s v(s) \tag{14.41}$$

对于所有 s 和 a，满足：

$$v(s) \geq C(s,a) + \gamma \sum_{s' \in \mathcal{S}} \mathbb{P}(s'|s,a)v(s') \tag{14.42}$$

线性规划具有一个 $|\mathcal{S}|$ 维度的决策向量(处于每个状态的价值)，和 $|\mathcal{S}| \times |\mathcal{A}|$ 不等式约束(式(14.42))。

多年来，这一公式被视为主要的理论结果，因为它需要制定一个线性规划，其中约束的数量等于状态的数量乘以动作的数量。即使是现在，这也限制了它可以解决的问题的规模，但现代线性规划求解器可以毫无困难地处理具有数万个约束的问题。通过使用专门的算法策略，这一规模得到了极大的扩展，在本书撰写之时，这是一个活跃的研究领域。

与值迭代相比，线性规划方法的优势在于它不会因值迭代表现出的几何收敛而要进行迭代学习。尽管过去十年中，线性规划求解器在求解速度上取得了巨大进步，值迭代相对于线性规划方法的性能仍是一个没有定论的问题。然而，这个问题只出现在状态和动作空间相对较小的情况下。具有50 000个约束的线性规划可以被看作大问题，而具有50 000个状态和动作的动态规划却往往是相对较小的问题。

14.11　线性二次调节

最有名的最优控制问题是线性二次调节(linear quadratic regulation)问题。这是一个仅在控制领域中才为人知晓的问题，因此，我们将回归到经典控制符号，这是它在任何流行演示中出现的唯一方式(除此之外，我们仍使用时间 t，而控制领域通常使用 "k")。当你阅读此模型时，最好将其放在诸如管理机器人或火箭等问题的背景下思考：

x_t=状态向量，给出位置(二维或三维)和速度(同样是二维或三维的)，

u_t=控制向量，给出施加到每个二维(或三维)的力

状态根据以下线性方程演变：

$$x_{t+1} = A_t x_t + B_t u_t \tag{14.43}$$

这一方程捕捉了力对位置和速度的影响。我们的目标是找到控制$u_1, \dots, u_T$以最小化下式给定的成本：

$$
\begin{aligned}
C_t(x_t, u_t) &= \frac{1}{2} x_t^T Q_t x_t + u_t^T R_T u_t, \ \ t = 1, \dots, T-1, \\
C_T(x_T) &= \frac{1}{2} x_T^T S_T x_T
\end{aligned}
$$

其中，Q_t、R_t和S_T是对称的半正定矩阵。目标函数由下式给出：

$$J = \frac{1}{2} \sum_{t=1}^{T} C_t(x_t, u_t) + \frac{1}{2} C_T(x_T)$$

满足式(14.43)给出的系统动态条件。注意，x_t和u_t不受约束。我们将使用拉格朗日松弛(Lagrangian relaxation)原理使式(14.43)松弛，并将偏差添加到目标函数中，从而得到拉格朗日量(Lagrangian)(这是一种标准的优化技术)：

$$L(u_1, \dots, u_T, \lambda) = \frac{1}{2} \sum_{t=1}^{T} \left(C_t(x_t, u_t) + \lambda_{t+1}(A_t x_t + B_t u_t - x_{t+1}) \right) + \frac{1}{2} C_T(x_T) \tag{14.44}$$

然后，控制领域定义了拉格朗日量的一部分，将之称为哈密顿量(Hamiltonian)，即：

$$H_t = \frac{1}{2} x_t^T Q_t x_t + u_t^T R_t u_t + \lambda_{t+1}(A_t x_t + B_t u_t)$$

求式(14.44)相对于λ_{t+1}的微分，并将导数设置为零(这在最优情况下为真)，通过设置下式实现转移方程：

$$\frac{\partial L(u_1, \dots, u_T, \lambda)}{\partial \lambda_{t+1}} = (A_t x_t + B_t u_t - x_{t+1}) = 0$$

从中重新获得式(14.43)(称为状态方程)。学习线性规划的读者会认识到，λ_t是一种对偶变量。

然后，通过相对于x_t对H_t微分，得到协态方程(costate equation)，有：

$$\lambda_t = \frac{\partial H_t}{\partial x_t} = Q_t x_t + A_t^T \lambda_{t+1} \tag{14.45}$$

这基本上给出了对偶变量。

该系统基本上是使用12.7节中给出的导数解决的。从这些导数中，可以导出以下反馈公式，这些公式是从给定的S_T开始，通过"时光倒流"来求解的(通常由希望设备到达的位置决定)：

$$S_t = A_t^T \left[S_{t+1} - S_{t+1} B_t (B_t^T S_{t+1} B_t + R_t)^{-1} B_t^T S_{t+1} \right] A_t + Q_t \tag{14.46}$$

然后可以计算：

$$K_t = \left(B_t^T S_{t+1} B_t + R_t\right)^{-1} B_t^T S_{t+1} A_t \tag{14.47}$$

最优控制由下式给出：

$$u_t^* = -K_t x_t \tag{14.48}$$

我们注意到，这些推导都是在确定性问题的背景下完成的。引入不确定性的一种方法是引入加性噪声：

$$x_{t+1} = A_t x_t + B_t u_t + w_t \tag{14.49}$$

其中，w_t 在 t 时是随机的(这是最优控制领域的经典风格——在本书其他地方使用 W_{t+1})。例如，当外力(如风)随时间的推移干扰系统演化时，就会引入加性噪声。

如式(14.49)中所做的那样引入加性噪声不会改变解。当它被添加到哈密顿量中时取期望，因为将假设 $\mathbb{E}w_t = 0$，噪声项会消失。

这也是一个罕见的真正最优策略案例，它非常依赖于这个问题的特点：

- 成本函数二次型(在状态 x_t 和控制 u_t 下均为二次型)。
- 事实上，它是完全不受约束的。

最重要的是，由式(14.48)给出的最优控制相对于控制 u_t 是线性的。这为不满足所有这些条件的问题提供了一个起点。一种已经成功应用的策略是假设策略是局部线性的，即它在控制方面是线性的，但系数仅在特定区域上定义。

14.12 有效的原因**

马尔可夫决策过程的理论对于喜欢概率数学的读者来说尤其精巧。虽然不需要进行计算，但了解其工作原理将有助于更深入地理解这些问题的性质。

14.12.1节证明最优价值函数满足最优方程。14.12.2节证明值迭代算法的收敛性。14.12.3节证明值迭代单调增大或减小到最优解的条件。14.12.4节证明当值迭代满足14.6.3节给出的终止标准时，误差的界。14.12.5节讨论确定性和随机策略，并证明确定性策略至少与随机策略一样好。

14.12.1 最优方程

到目前为止，一直在介绍最优方程，就好像它们是某种基本定律一样。毫无疑问，它们看起来容易理解，但仍有必要确定初始优化问题和最优方程之间的关系。由于这些方程是动态规划的基础，因此我们似乎有义务通过这些步骤来证明它们实际上是正确的。

记住原优化问题：

$$F_t^\pi(S_t) \quad = \quad \mathbb{E}\left\{\sum_{t'=t}^{T-1} C_{t'}(S_{t'}, A_{t'}^\pi(S_{t'})) + C_T(S_T)|S_t\right\} \tag{14.50}$$

由于式(14.50)一般来说非常难以求解，因此需要求助最优方程：

$$V_t^\pi(S_t) \quad = \quad C_t(S_t, A_t^\pi(S_t)) + \mathbb{E}\{V_{t+1}^\pi(S_{t+1})|S_t\} \tag{14.51}$$

我们的挑战是证明上述式子是一样的。为了实现这一结果，先证明以下几点将会有所帮助。

引理14.12.1 设S_t是一个可以捕捉到t时为止的相关历史记录的状态变量，设$F_{t'}(S_{t+1})$为在时间$t' \geq t+1$时以随机变量S_{t+1}为条件测量的某个函数，因而有：

$$\mathbb{E}\left[\mathbb{E}\{F_{t'}|S_{t+1}\}|S_t\right] \quad = \quad \mathbb{E}\left[F_{t'}|S_t\right] \tag{14.52}$$

证明： 这个引理被称为迭代期望定律或塔性质。简单起见，假设$F_{t'}$是一个离散且有限的随机变量，取$\mathcal{F}$集中的结果。可以先写出下式：

$$\mathbb{E}\{F_{t'}|S_{t+1}\} \quad = \quad \sum_{f \in \mathcal{F}} f\mathbb{P}(F_{t'} = f|S_{t+1}) \tag{14.53}$$

S_{t+1}是一个随机变量，因此以S_t为条件对式(14.53)两侧取期望，如下所示：

$$\mathbb{E}\left[\mathbb{E}\{F_{t'}|S_{t+1}\}|S_t\right] = \sum_{S_{t+1}\in\mathcal{S}} \sum_{f\in\mathcal{F}} f\mathbb{P}(F_{t'} = f|S_{t+1}, S_t)\mathbb{P}(S_{t+1} = S_{t+1}|S_t) \tag{14.54}$$

首先，得到$\mathbb{P}(F_{t'} = f|S_{t+1}, S_t) = \mathbb{P}(F_{t'} = f|S_{t+1})$，因为以$S_{t+1}$为条件，所以所有先验历史变得不相关。接下来，可以对式(14.54)右侧的和求逆(要做到这一点，必须满足一些技术条件，但如果随机变量是离散且有限的，则这些条件已满足)。这意味着：

$$\begin{aligned}
\mathbb{E}\left[\mathbb{E}\{F_{t'}|S_{t+1} = S_{t+1}\}|S_t\right] &= \sum_{f\in\mathcal{F}} \sum_{S_{t+1}\in\mathcal{S}} f\mathbb{P}(F_{t'} = f|S_{t+1}, S_t)\mathbb{P}(S_{t+1} = S_{t+1}|S_t) \\
&= \sum_{f\in\mathcal{F}} f \sum_{S_{t+1}\in\mathcal{S}} \mathbb{P}(F_{t'} = f, S_{t+1}|S_t) \\
&= \sum_{f\in\mathcal{F}} f\mathbb{P}(F_{t'} = f|S_t) \\
&= \mathbb{E}\left[F_{t'}|S_t\right]
\end{aligned}$$

这证明了我们的结果。注意，第一步将S_t添加到条件中，是证明的关键步骤。

接下来可以证明以下定理。

定理14.12.1 $F_t^\pi(S_t) = V_t^\pi(S_t)$

证明： 为了证明式(14.50)和式(14.51)是相等的，我们在动态规划中使用了一个标准技巧——归纳证明。显而易见，$F_T^\pi(S_T) = V_T^\pi(S_T) = C_T(S_T)$。接下来，假设它适用于$t+1, t+2, \ldots, T$。我们想证明这对$t$来说也是成立的。这意味着可以得到：

$$V_t^\pi(S_t) = C_t(S_t, A_t^\pi(S_t)) + \mathbb{E}\left[\mathbb{E}\left\{\underbrace{\sum_{t'=t+1}^{T-1} C_{t'}(S_{t'}, A_{t'}^\pi(S_{t'})) + C_t(S_T(\omega))\bigg|S_{t+1}}_{F_{t+1}^\pi(S_{t+1})}\right\}\bigg|S_t\right]$$

然后使用引理14.12.1，得到 $\mathbb{E}\left[\mathbb{E}\{\dots|S_{t+1}\}|S_t\right] = \mathbb{E}\left[\dots|S_t\right]$。因此：

$$V_t^\pi(S_t) = C_t(S_t, A_t^\pi(S_t)) + \mathbb{E}\left[\sum_{t'=t+1}^{T-1} C_{t'}(S_{t'}, A_{t'}^\pi(S_{t'})) + C_t(S_T)|S_t\right]$$

当以 S_t 为条件时，$A_t^\pi(S_t)$（因此 $C_t(S_t, A_t^\pi(S_t))$）是确定性的，因此可以把期望运算拉到前面，得到：

$$\begin{aligned} V_t^\pi(S_t) &= \mathbb{E}\left[\sum_{t'=t}^{T-1} C_{t'}(S_{t'}, y_{t'}(S_{t'})) + C_t(S_T)|S_t\right] \\ &= F_t^\pi(S_t) \end{aligned}$$

这证明了我们的结果。

使用式(14.51)，我们得到一个用反向递归来计算给定策略 π 的 $V_t^\pi(S_t)$。现在有了给定 π 的预期回报，想找到最优策略的 π。也就是说，想找到：

$$F_t^*(S_t) = \max_{\pi \in \Pi} F_t^\pi(S_t)$$

如果集合 Π 是无限的，就将"max"替换为"sup"。通过求解最优方程来解决这个问题，即有：

$$V_t(S_t) = \max_{a \in \mathcal{A}}\left(C_t(S_t, a) + \sum_{s' \in \mathcal{S}} p_t(s'|S_t, a)V_{t+1}(s')\right) \tag{14.55}$$

我们声称，如果找到解式(14.55)的 V' 的集合，就找到了优化 F_t^π 的策略。接下来，正式陈述此声明。

定理14.12.2　设 $V_t(S_t)$ 是式(14.55)的解。有：

$$\begin{aligned} F_t^* &= V_t(S_t) \\ &= \max_{\pi \in \Pi} F_t^\pi(S_t) \end{aligned}$$

证明：该证明分为两部分。首先，通过归纳法证明对于所有 $S_t \in \mathcal{S}$ 以及 $t = 0, 1, \dots, T-1$，有 $V_t(S_t) \geq F_t^*(S_t)$。然后，证明逆不等式为真，以此得到最后结果。

第1部分

再次用归纳法来证明。鉴于对所有 S_T 以及所有 $\pi \in \Pi$，有 $V_T(S_T) = C_t(S_T) = F_T^\pi(S_T)$，因此 $V_T(S_T) = F_T^*(S_T)$。

假设对于 $t' = t + 1, t + 2, \ldots, T$，有 $V_{t'}(S_{t'}) \geq F_{t'}^*(S_{t'})$，然后设 π 是一个任意策略。对于 $t' = t$，最优方程告诉我们：

$$V_t(S_t) \quad = \quad \max_{a \in \mathcal{A}} \left(C_t(S_t, a) + \sum_{s' \in \mathcal{S}} p_t(s'|S_t, a) V_{t+1}(s') \right)$$

通过引理假设，$F_{t+1}^*(s) \leq V_{t+1}(s)$，因此有：

$$V_t(S_t) \quad \geq \quad \max_{a \in \mathcal{A}} \left(C_t(S_t, a) + \sum_{s' \in \mathcal{S}} p_t(s'|S_t, a) F_{t+1}^*(s') \right)$$

当然，对于任意的 π，都有 $F_{t+1}^*(s) \geq F_{t+1}^\pi(s)$。设 $A^\pi(S_t)$ 是策略 π 处于状态 S_t 时选择的决策，有：

$$
\begin{aligned}
V_t(S_t) \quad &\geq \quad \max_{a \in \mathcal{A}} \left(C_t(S_t, a) + \sum_{s' \in \mathcal{S}} p_t(s'|S_t, a) F_{t+1}^\pi(s') \right) \\
&\geq \quad C_t(S_t, A^\pi(S_t)) + \sum_{s' \in \mathcal{S}} p_t(s'|S_t, A^\pi(S_t)) F_{t+1}^\pi(s') \\
&= \quad F_t^\pi(S_t)
\end{aligned}
$$

这意味着，对于所有的 $\pi \in \Pi$，有：

$$V_t(S_t) \geq F_t^\pi(S_t)$$

这就证明了第1部分。

第2部分

从另一方面证明此不等式。具体来说，我们想证明对于任何 $\epsilon > 0$，存在策略 π，满足：

$$F_t^\pi(S_t) + (T - t)\epsilon \geq V_t(S_t) \tag{14.56}$$

为此，从定义开始：

$$V_t(S_t) \quad = \quad \max_{a \in \mathcal{A}} \left(C_t(S_t, a) + \sum_{s' \in \mathcal{S}} p_t(s'|S_t, a) V_{t+1}(s') \right) \tag{14.57}$$

可以设 $a_t(S_t)$ 是求解式(14.57)的决策规则。该规则对应策略 π。一般来说，集合 $\mathcal{A}$ 可能是无限的，因此必须用 "sup" 替换 "max"，并处理可能不存在最优决策的情况。可为这种情况设计一个决策规则 $a_t(S_t)$，该规则返回满足下式的决策 a。

$$V_t(S_t) \quad \leq \quad C_t(S_t, a) + \sum_{s' \in \mathcal{S}} p_t(s'|S_t, a) V_{t+1}(s') + \epsilon \tag{14.58}$$

可以通过归纳法证明式(14.56)。注意，因为 $F_T^\pi(S_t) = V_T(S_T)$，所以式(14.56)对于 $t = T$ 来说为真。现在假设它对于 $t' = t + 1, t + 2, \ldots, T$ 为真。已知：

$$F_t^\pi(S_t) \quad = \quad C_t(S_t, A^\pi(S_t)) + \sum_{s' \in \mathcal{S}} p_t(s'|S_t, A^\pi(S_t)) F_{t+1}^\pi(s')$$

可以使用我们的归纳假设，即 $F_{t+1}^\pi(s') \geq V_{t+1}(s') - (T - (t+1))\epsilon$，得到：

$$
\begin{aligned}
F_t^\pi(S_t) \ \geq\ & C_t(S_t, A^\pi(S_t)) + \sum_{s' \in \mathcal{S}} p_t(s'|S_t, A^\pi(S_t))[V_{t+1}(s') - (T - (t+1))\epsilon] \\
=\ & C_t(S_t, A^\pi(S_t)) + \sum_{s' \in \mathcal{S}} p_t(s'|S_t, A^\pi(S_t))V_{t+1}(s') \\
& - \sum_{s' \in \mathcal{S}} p_t(s'|S_t, A^\pi(S_t)) \left[(T - t - 1)\epsilon\right] \\
=\ & \left\{ C_t(S_t, A^\pi(S_t)) + \sum_{s' \in \mathcal{S}} p_t(s'|S_t, A^\pi(S_t))V_{t+1}(s') + \epsilon \right\} - (T-t)\epsilon
\end{aligned}
$$

现在，使用式(14.58)，用较小的 $V_t(S_t)$ 代替括号中的项(式(14.58))：

$$
F_t^\pi(S_t) \ \geq\ V_t(S_t) - (T-t)\epsilon
$$

这样就证明了归纳假说。由前文可知：

$$
F_t^*(S_t) + (T-t)\epsilon \geq F_t^\pi(S_t) + (T-t)\epsilon \geq V_t(S_t) \geq F_t^*(S_t)
$$

这证明了结果。

现在已知晓，通过求解最优方程，也可得到最优价值函数。这是我们最有力的结果，因为这样便可以求解许多无法用其他方法解决的问题的最优方程。

14.12.2   值迭代的收敛性

接下来证明基本价值函数迭代会收敛至最优解。这不仅是一个重要的结果，而且是一个简洁的结果，它使一些强大的定理得以应用。证据也很简洁。然而，需要一些数学基础知识。

定义14.12.1   设 $\mathcal{V}$ 是一组(有界的，实值的)函数，并定义范数 v 为：

$$
\|v\| \ =\ \sup_{s \in \mathcal{S}} v(s)
$$

在状态空间有限时，用"max"替换"sup"。因为 $\mathcal{V}$ 在加法和标量乘法下是封闭的，并且具有范数，因此它是一个赋范线性空间(normed linear space)。

定义14.12.2   如果存在一个" γ, $0 \leq \gamma < 1$ "，使得 $T : \mathcal{V} \to \mathcal{V}$ 为收缩映射(contraction mapping)，那么有：

$$
\|Tv - Tu\| \ \leq\ \gamma\|v - u\|
$$

定义14.12.3   如果对于所有 $\epsilon > 0$，存在 N，对于所有 $n, m \geq N$，满足下式，则序列" $v^n \in \mathcal{V}$, $n = 1, 2, ...$ "被称为柯西序列(Cauchy sequence)：

$$
\|v^n - v^m\| < \epsilon
$$

定义14.12.4   如果每个柯西序列在该空间中都包含一个极限点，则一个赋范线性空间是完备的(complete)。

定义14.12.5 巴拿赫空间(Banach space)是一个完全赋范线性空间。

定义14.12.6 将矩阵Q的范数定义为：

$$\|Q\| = \max_{s \in \mathcal{S}} \sum_{j \in \mathcal{S}} |q(j|s)|$$

即矩阵的最大行之和。如果Q是一步转移矩阵，则$\|Q\| = 1$。

定义14.12.7 三角形不等式(triangle inequality)意味着给定两个向量$a, b \in \mathfrak{R}^n$，有：

$$\|a + b\| \leq \|a\| + \|b\|$$

三角形不等式通常用于证明，因为它可以帮助我们在两个解之间建立界限(特别是在一个解和最优解之间)。

接着陈述并证明应用数学中的一个著名定理，然后立即用它来证明值迭代算法的收敛性。

定理14.12.3 (巴拿赫不动点定理)设$\mathcal{V}$是一个巴拿赫空间，并设$T : \mathcal{V} \to \mathcal{V}$是收缩映射。然后：

(1) 存在唯一的$v^* \in \mathcal{V}$，使得$Tv^* = v^*$。

(2) 对于任意$v^0 \in \mathcal{V}$，序列v^n由收敛到v^*的$v^{n+1} = Tv^n = T^{n+1}v^0$定义。

证明： 首先证明，当n足够大时，向量v^n和v^{n+m}之间的距离趋于零，并用下式得出它们之间的差值

$$v^{n+m} - v^n = v^{n+m} - v^{n+m-1} + v^{n+m-1} - \cdots - v^{n+1} + v^{n+1} - v^n$$

$$= \sum_{k=0}^{m-1} (v^{n+k+1} - v^{n+k})$$

取两边的范数并引用三角形不等式，可得：

$$\|v^{n+m} - v^n\| = \|\sum_{k=0}^{m-1} (v^{n+k+1} - v^{n+k})\|$$

$$\leq \sum_{k=0}^{m-1} \|(v^{n+k+1} - v^{n+k})\|$$

$$= \sum_{k=0}^{m-1} \|(T^{n+k}v^1 - T^{n+k}v^0)\|$$

$$\leq \sum_{k=0}^{m-1} \gamma^{n+k} \|v^1 - v^0\|$$

$$= \frac{\gamma^n(1 - \gamma^m)}{(1 - \gamma)} \|v^1 - v^0\| \tag{14.59}$$

由于 $\gamma < 1$，当 n 足够大时，式(14.59)的右侧可以任意地变小，这意味着 v^n 是一个柯西序列。由于 $\mathcal{V}$ 是完备的，它必须有一个极限点 v^*。由此得出结论：

$$\lim_{n\to\infty} v^n \to v^* \tag{14.60}$$

接着要证明 v^* 是映射 T 的固定点。为了证明这一点，先观察下列式子：

$$0 \quad \leq \quad \|Tv^* - v^*\| \tag{14.61}$$

$$= \quad \|Tv^* - v^n + v^n - v^*\| \tag{14.62}$$

$$\leq \quad \|Tv^* - v^n\| + \|v^n - v^*\| \tag{14.63}$$

$$= \quad \|Tv^* - Tv^{n-1}\| + \|v^n - v^*\| \tag{14.64}$$

$$\leq \quad \gamma\|v^* - v^{n-1}\| + \|v^n - v^*\| \tag{14.65}$$

式(14.61)来自范数的性质。式(14.62)中使用了标准技巧，即加上和减去一个量(在这个例子中，这个量是 v^n)，这就建立了式(14.63)中的三角形不等式。使用 $v^n = Tv^{n-1}$，得到式(14.64)。式(14.65)中的不等式是基于定理的假设，即 T 是一个收缩映射。从式(14.60)可推出：

$$\lim_{n\to\infty}\|v^* - v^{n-1}\| \quad = \quad \lim_{n\to\infty}\|v^n - v^*\| = 0 \tag{14.66}$$

结合式(14.61)、式(14.65)和式(14.66)，得出：

$$0 \quad \leq \quad \|Tv^* - v^*\| \leq 0$$

由此得出结论：

$$\|Tv^* - v^*\| \quad = \quad 0$$

这意味着 $Tv^* = v^*$。

可以用反证法来证明唯一性。假设有两个极限点，分别用 v^* 和 u^* 来表示。假设 T 是一个收缩映射，要求：

$$\|Tv^* - Tu^*\| \leq \gamma\|v^* - u^*\|$$

但是，如果 v^* 和 u^* 是极限点，那么 $Tv^* = v^*$ 且 $Tu^* = u^*$，这意味着：

$$\|v^* - u^*\| \leq \gamma\|v^* - u^*\|$$

由于 $\gamma < 1$，因此这是矛盾的，意味着 $v^* = u^*$ 必须成立。

如果能够证明 $\mathcal{M}$ 是收缩映射，就可以证明值迭代算法会收敛到最优解。因此，需要证明以下内容。

引理14.12.2 如果 $0 \leq \gamma < 1$，则 $\mathcal{M}$ 是 $\mathcal{V}$ 的一个收缩映射。

证明：设 $u, v \in \mathcal{V}$，并假设 $\mathcal{M}v \geq \mathcal{M}u$，其中不等式是逐元素应用的。对于一个特定状态 s，设

$$a_s^*(v) \in \arg\max_{a\in\mathcal{A}}\left(C(s,a) + \gamma\sum_{s'\in\mathcal{S}}\mathbb{P}(s'|s,a)v(s')\right)$$

其中假设解存在。那么：

$$0 \leq Mv(s) - Mu(s) \tag{14.67}$$

$$= C(s, a_s^*(v)) + \gamma \sum_{s' \in \mathcal{S}} \mathbb{P}(s'|s, a_s^*(v))v(s')$$

$$- \left(C(s, a_s^*(u)) + \gamma \sum_{s' \in \mathcal{S}} \mathbb{P}(s'|s, a_s^*(u))u(s') \right) \tag{14.68}$$

$$\leq C(s, a_s^*(v)) + \gamma \sum_{s' \in \mathcal{S}} \mathbb{P}(s'|s, a_s^*(v))v(s')$$

$$- \left(C(s, a_s^*(v)) + \gamma \sum_{s' \in \mathcal{S}} \mathbb{P}(s'|s, a_s^*(v))u(s') \right) \tag{14.69}$$

$$= \gamma \sum_{s' \in \mathcal{S}} \mathbb{P}(s'|s, a_s^*(v))[v(s') - u(s')] \tag{14.70}$$

$$\leq \gamma \sum_{s' \in \mathcal{S}} \mathbb{P}(s'|s, a_s^*(v))\|v - u\| \tag{14.71}$$

$$= \gamma\|v - u\| \sum_{s' \in \mathcal{S}} \mathbb{P}(s'|s, a_s^*(v)) \tag{14.72}$$

$$= \gamma\|v - u\| \tag{14.73}$$

根据假设，式(14.67)成立，根据定义，式(14.68)成立。式(14.69)中的不等式成立的原因是：$a_s^*(v)$ 在价值函数为 u 时不是最优的，导致第二个括号中给出的值减小。式(14.70)是式(14.69)的一个简化版。式(14.71)形成了一个上界，因为 $\|v - u\|$ 的定义是用这个向量的最大元素替换所有的元素 $[v(s) - u(s)]$。由于这目前是一个常数向量，因此可以把它拉到求和符号的外面，得到式(14.72)，很容易将该式简化为式(14.73)——因为概率加起来等于1。

该结果表明，如果 $Mv(s) \geq Mu(s)$，则 $Mv(s) - Mu(s) \leq \gamma|v(s) - u(s)|$。如果先假设 $Mv(s) \leq Mu(s)$，则相同的推理会产生 $Mv(s) - Mu(s) \geq -\gamma|v(s) - u(s)|$。这意味着，对于所有状态 $s \in \mathcal{S}$，有：

$$|Mv(s) - Mu(s)| \leq \gamma|v(s) - u(s)| \tag{14.74}$$

根据范数定义，有：

$$\sup_{s \in \mathcal{S}} |Mv(s) - Mu(s)| = \|Mv - Mu\|$$

$$\leq \gamma\|v - u\|$$

这意味着 $\mathcal{M}$ 是一个收缩映射，这也就意味着由 $v^{n+1} = \mathcal{M}v^n$ 生成的序列 v^n 收敛于一个满足最优方程的唯一极限点 v^*。

14.12.3   值迭代单调性

无限时域动态规划为研究这些算法的理论性质提供了一种紧凑的方法。即使不能直接应用这个模型或这些算法，此处获得的见解也适用于这个问题。

在讨论无限时域问题时，我们始终假设回报函数在状态空间的域上是有界的。这一假设在实践中几乎总是成立，但也有一些明显的例外。例如，如果最大化一个依赖于对手头资源取对数的效用函数(资源可能是有界的，但如果设资源为零，函数就是无界的)，那么这个假设将不成立。

我们的第一个结果建立了一种单调性，可以在算法设计中加以利用。

定理14.12.4   对于向量$v \in \mathcal{V}$：

(1) 如果v满足$v \geq \mathcal{M}v$，则$v \geq v^*$；

(2) 如果v满足$v \leq \mathcal{M}v$，则$v \leq v^*$；

(3) 如果v满足$v = \mathcal{M}v$，则v是这个方程组的唯一解，且$v = v^*$。

证明：(1)部分要求

$$v \geq \max_{\pi \in \Pi}\{c^\pi + \gamma P^\pi v\} \tag{14.75}$$

$$\geq c^{\pi_0} + \gamma P^{\pi_0} v \tag{14.76}$$

$$\geq c^{\pi_0} + \gamma P^{\pi_0}(c^{\pi_1} + \gamma P^{\pi_1}v) \tag{14.77}$$

$$= c^{\pi_0} + \gamma P^{\pi_0}c^{\pi_1} + \gamma^2 P^{\pi_0}P^{\pi_1}v$$

假设(定理的(1)部分)和式(14.76)成立，则式(14.75)成立，原因是对于向量v来说，π_0不一定是最优的策略。使用类似的推理可知，式(14.77)成立的原因是π_1不一定是最优的策略。利用$P^{\pi,(t)} = P^{\pi_0}P^{\pi_1}\ldots P^{\pi_t}$，通过归纳得到，

$$v \geq c^{\pi_0} + \gamma P^{\pi_0}c^{\pi_1} + \cdots + \gamma^{t-1}P^{\pi_0}P^{\pi_1}\ldots P^{\pi_{t-1}}c^{\pi_t} + \gamma^t P^{\pi,(t)}v \tag{14.78}$$

又因为有：

$$v^\pi = \sum_{t=0}^{\infty} \gamma^t P^{\pi,(t)}c^{\pi_t} \tag{14.79}$$

将式(14.79)中的和分为两部分，便可以将式(14.78)中的展开式改写为：

$$v \geq v^\pi - \sum_{t'=t+1}^{\infty} \gamma^{t'} P^{\pi,(t')}c^{\pi_{t'+1}} + \gamma^t P^{\pi,(t)}v \tag{14.80}$$

对式(14.80)的两侧取极限，即$t \to \infty$，有：

$$v \geq \lim_{t\to\infty} v^\pi - \sum_{t'=t+1}^{\infty} \gamma^{t'} P^{\pi,(t')}c^{\pi_{t'+1}} + \gamma^t P^{\pi,(t)}v \tag{14.81}$$

$$\geq v^\pi \ \forall \pi \in \Pi \tag{14.82}$$

只要回报函数c^π有界，且$\gamma < 1$，则式(14.81)中的极限存在。因为式(14.82)对$\pi \in \Pi$都成立，所以对于最优策略，它也成立，这意味着：

$$v \geq v^{\pi*}$$
$$= v^*$$

由此证明了定理的(1)部分。(2)部分可以用类似的方式证明。(1)部分和(2)部分意味着有 $v \geq v^*$ 和 $v \leq v^*$。如果 $v = \mathcal{M}v$，就满足了(1)和(2)的前提条件，这意味着它们都是正确的，因此必须有 $v = v^*$。

这一结果意味着，如果从一个高于最优向量的向量开始，就将单调降至最优解(几乎是这样——我们还没有完全证明实际上能达到最优解)。反之，如果从低于最优向量的向量开始，就将升至最优解。注意，要找到一个满足定理中条件(1)或(2)的向量 v 并不总是容易的。在回报可能是正数或负数的问题中，这可能很难处理。

14.12.4　从值迭代中界定误差

接下来，我们希望建立一个关于值迭代的误差界限，以确定停止规则。我们提出两个界限：一个是终止时的价值函数估计，另一个是终止时的决策规则的长期值。为了定义后者，设 π^ϵ 为满足停止规则的策略，并设 v^{π^ϵ} 是遵循策略 π^ϵ 的无限时域的值。

定理14.12.5　如果采用停止参数 ϵ 的值迭代算法，并且算法在第 n 次迭代时以价值函数 v^{n+1} 终止，那么有：

$$\|v^{n+1} - v^*\| \leq \epsilon/2 \tag{14.83}$$

且：

$$\|v^{\pi^\epsilon} - v^*\| \leq \epsilon \tag{14.84}$$

证明：从下式开始

$$\|v^{\pi^\epsilon} - v^*\| = \|v^{\pi^\epsilon} - v^{n+1} + v^{n+1} - v^*\|$$
$$\leq \|v^{\pi^\epsilon} - v^{n+1}\| + \|v^{n+1} - v^*\| \tag{14.85}$$

前面曾提到，π^ϵ 是求解 $\mathcal{M}v^{n+1}$ 的策略，这意味着 $\mathcal{M}^{\pi^\epsilon}v^{n+1} = \mathcal{M}v^{n+1}$。因此可以将式(14.85)右边的第一项重写为：

$$\|v^{\pi^\epsilon} - v^{n+1}\| = \|\mathcal{M}^{\pi^\epsilon}v^{\pi^\epsilon} - \mathcal{M}v^{n+1} + \mathcal{M}v^{n+1} - v^{n+1}\|$$
$$\leq \|\mathcal{M}^{\pi^\epsilon}v^{\pi^\epsilon} - \mathcal{M}v^{n+1}\| + \|\mathcal{M}v^{n+1} - v^{n+1}\|$$
$$= \|\mathcal{M}^{\pi^\epsilon}v^{\pi^\epsilon} - \mathcal{M}^{\pi^\epsilon}v^{n+1}\| + \|\mathcal{M}v^{n+1} - \mathcal{M}v^n\|$$
$$\leq \gamma\|v^{\pi^\epsilon} - v^{n+1}\| + \gamma\|v^{n+1} - v^n\|$$

求解 $\|v^{\pi^\epsilon} - v^{n+1}\|$，得到：

$$\|v^{\pi^\epsilon} - v^{n+1}\| \leq \frac{\gamma}{1-\gamma}\|v^{n+1} - v^n\|$$

可以将类似的推理应用于式(14.85)中的第二项，证明：

$$\|v^{n+1} - v^*\| \leq \frac{\gamma}{1-\gamma}\|v^{n+1} - v^n\| \tag{14.86}$$

当 $\|v^{n+1} - v^n\| \leq \epsilon(1-\gamma)/2\gamma$ 时，该值迭代算法停止。将此式代入式(14.86)中，可得：

$$\|v^{n+1} - v^*\| \leq \frac{\epsilon}{2} \tag{14.87}$$

认识到同样的界限也适用于 $\|v^{\pi^\epsilon} - v^{n+1}\|$，将这些与式(14.85)结合起来，有：

$$\|v^{\pi^\epsilon} - v^*\| \leq \epsilon$$

证明完成。

14.12.5　随机化策略

我们隐式地假设每个状态都需要一个单独的动作。另一种选择是从一系列策略中随机选择一项策略。如果一个状态产生了一个动作，便称其使用的是确定性策略。如果从一组动作中随机选择一个动作，就称其使用了随机化策略。

随机化策略可能是因为问题的性质而产生的。例如，你想在拍卖会上购买一些东西，但自己无法出席。你可能有一个简单的规则("只要价格低于特定金额就购买")，但你不能假设你的代表会采用相同的规则。你可以选择一个代表，这样做的话，实际上就是在选择动作的概率分布。

随机化行为在双人游戏中也起作用。如果你每次在某种特定的状态下都做出相同的决策，你的对手就可能会预测你的行为并获得优势。例如，作为一位机构投资者，你可能会告诉银行，你不愿意为一只新发行的股票支付超过14美元，而事实上你愿意支付18美元。如果你总是能接受与初始价格偏差4美元的价格，银行就能够猜到你愿意支付的价格。

当只能影响动作的可能性时，就有了一个随机MDP的实例。设：

$q_t^\pi(a|S_t)$＝在给定状态 S_t 和策略 π(更准确地说，决策规则 A^π)的情况下，在 t 时采取决策 a 的概率

在这种情况下，最优方程如下：

$$V_t^*(S_t) = \max_{\pi \in \Pi^{MR}} \sum_{a \in \mathcal{A}} \left[q_t^\pi(a|S_t) \left(C_t(S_t, a) + \sum_{s' \in \mathcal{S}} p_t(s'|S_t, a) V_{t+1}^*(s') \right) \right] \tag{14.88}$$

现在来考虑可采取的最优动作。设其为 a^*，可以使用下式来求解：

$$a^* = \arg\max_{a \in \mathcal{A}} \left[C_t(S_t, a) + \sum_{s' \in \mathcal{S}} p_t(s'|S_t, a) V_{t+1}^*(s') \right]$$

这意味着对于所有 $a \in \mathcal{A}$，有：

$$C_t(S_t, a^*) + \sum_{s' \in \mathcal{S}} p_t(s'|S_t, a^*) V_{t+1}^*(s') \geq C_t(S_t, a) + \sum_{s' \in \mathcal{S}} p_t(s'|S_t, a) V_{t+1}^*(s') \tag{14.89}$$

将式(14.89)代入式(14.88)，得到：

$$
\begin{aligned}
V_t^*(S_t) &= \max_{\pi \in \Pi^{MR}} \sum_{a \in \mathcal{A}} \left[q_t^{\pi}(a|S_t) \left(C_t(S_t, a) + \sum_{s' \in \mathcal{S}} p_t(s'|S_t, a) V_{t+1}^*(s') \right) \right] \\
&\leq \max_{\pi \in \Pi^{MR}} \sum_{a \in \mathcal{A}} \left[q_t^{\pi}(a|S_t) \left(C_t(S_t, a^*) + \sum_{s' \in \mathcal{S}} p_t(s'|S_t, a^*) V_{t+1}^*(s') \right) \right] \\
&= C_t(S_t, a^*) + \sum_{s' \in \mathcal{S}} p_t(s'|S_t, a^*) V_{t+1}^*(s')
\end{aligned}
$$

这意味着，当可以选择想要的动作或者选择潜在最优和非最优动作的概率分布时，总是会选择最优动作。显然，这并不是一个令人惊讶的结果。

随机策略的价值主要出现在双人游戏中，其中一个玩家试图预测另一个玩家的行为。在这种情况下，状态变量的一部分是当游戏处于特定状态时，对另一个玩家下一步动作的估计。通过随机化自己的行为，玩家会降低其他玩家预测自己动作的能力。

14.13　参考文献注释

本章介绍了马尔可夫决策过程的经典观点，相关文献非常丰富。从 Bellman(1957) 的开创性著作开始，已经有了许多关于该主题的重要教程，包括 Howard(1960)、Nemhauser(1966)、White(1969)、Derman(1970)、Bellman(1971)、Dreyfus 和 Law(1977)、Dynkin 和 Yuskevich(1979)、Denardo(1982)、Ross(1983) 以及 Heyman 和 Sobel(1984) 的书。截至本书撰写之时，目前这一领域水平最高的教程是 Puterman(2005) 的里程碑式著作。本章大部分内容都基于 Puterman(2005) 的著作，并根据我们的符号风格进行了修改。

14.10 节——线性规划方法首次被 Manne(1960) 提出(详见 Derman(1962) 和 Puterman(2005) 的后续讨论)。所谓的线性规划方法因为产生的线性规划问题的规模太大而被忽视了很多年，但这种方法在近似技术方面重新引起了人们的兴趣。17.10 节将讨论使用该方法解决问题的算法的最新研究。

14.11 节——本节改编自 Lewis 和 Vrabie(2012) 的书(2.2 节)。

练习

复习问题

14.1　自 20 世纪 50 年代以来，人们一直在研究离散马尔可夫决策过程，将其作为解决随机动态规划问题的一种方法。然而，在第 4 章中，这被用作一个可以确定地解决的随机优化问题的例子。请解释原因。

14.2　一个经典库存问题的工作原理如下：假设状态变量 R_t 是时间段 t 结束时手

头的产品数量，而且 D_t 是一个随机变量，表示时间段 $(t-1,t)$ 内的需求量，其分布为 $p_d = \mathbb{P}(D_t = d)$。时间段 t 内的需求必须用时间段开始时手头的产品来满足。可以在时间段 t 结束时订购数量为 x_t 的产品，以在时间段 $t+1$ 内补充库存。

(1) 如果订购量为 x_t(其中 x_t 对所有 R_t 都是固定的)，请给出将 R_{t+1} 与 R_t 关联起来的转移函数。

(2) 给出一步转移矩阵 $P^\pi = \{p_{ij}^\pi\}$ 的代数形式，其中 $p_{ij}^\pi = \mathbb{P}(R_{t+1} = j | R_t = i, A^\pi = x_t)$。

14.3 重复前面的练习，但假设采用了一个策略 π：规定在 $R_t < q$ 时订购数量为 $x_t = 0$；在 $R_t \geq s$ 时订购数量 $x_t = Q - R_t$ 的产品(假设 $R_t \leq Q$)。如何表示转移矩阵当下取决于策略 π(它描述了策略的结构和控制参数 s)。

建模问题

14.4 每天，销售员拜访 N 个客户，以销售其货车上的 R 件相同的产品。每个客户只拜访一次，每个客户只购买零件或一件商品。到达客户地点后，销售给出以下报价之一：$0 < p_1 \leq p_2 \leq ... \leq p_m$。给定报价为 p_i，客户购买商品的概率为 r_i。显然，r_i 随着 i 的增大而减小。销售员想要最大化当天的预期总收入。请证明，如果 $r_i p_i$ 随着 i 的增大而增大，那么最高价格 p_m 总是最优的报价。

14.5 你需要决定何时更换汽车。如果你有一辆车龄为 y 年的汽车，那么该年维护汽车的费用将是 $c(y)$。购买一辆新车(以固定的美元计算)需要花费 P 美元。如果汽车出现故障，假设故障概率为 $b(y)$，这将让你额外花费 K 美元来修理它，然后你会立即卖掉旧车并购买一辆新车。同时，你用负成本 $-r(y)$ 来表示你因拥有一辆新车而获得的快乐，其中 $r(y)$ 是一个随车龄增长而下降的函数。每年年初，你可以选择购买一辆新车($z = 1$)或者保留旧车($z = 0$)。预计你还会驾驶汽车 T 年。

(1) 确定此问题的马尔可夫决策过程的所有要素。

(2) 写出目标函数，以便找到最优决策规则。

(3) 写出一步转移矩阵。

(4) 写出能让你求解问题的最优方程。

14.6 用决策树来描述14.4.1节中的赌博问题，假设每轮只能赌0、1或2美元(这只是为了防止决策树变得过大)。

14.7 你正在努力寻找最佳停车位，以尽量缩短到达餐厅所需的时间。这里共有50个停车位，你可以依次看到1、2……50个车位。当你接近每个停车位时，你会看到它是满的还是空的。我们大胆假设，每个停车位被占用的概率遵循一个独立的伯努利过程，也就是说，每个停车位都有可能被占用，概率为 p，但每个停车位也有可能空着，概率为 $1-p$，并且每个停车位的结果相互独立。

每个停车位开车经过需要2秒，步行经过需要8秒。也就是说，如果停在第 n 个车位，则步行到餐厅要 $8(50-n)$ 秒。此外，你还需要 $2n$ 秒到达这个停车位。如果你到达最后一个停车位却没有找到空位，那么你将不得不开进街区外的一个特殊停车场，行程将多花30秒。

找到一个最优策略来接受或拒绝停车位。

(1) 给出状态和动作空间集以及决策迭代周期。

(2) 给出每个时间段的预期回报函数和预期最终回报函数。

(3) 给出一个目标函数的正式说明。

(4) 给出解决这个问题的最优方程。

(5) 你刚才查看了45号停车位，它是空的。还有5个空车位可用(46到50)。你应该怎么做？使用$p=0.6$，通过求解46至50号停车位的最优方程，找到最优策略。

(6) 给出对应你的最优解的(5)部分目标函数的最优值。

计算练习

14.8 我们将用一个非常简单的马尔可夫决策过程来说明价值函数的初始估计如何影响收敛行为。事实上，因为我们的过程没有任何决策，我们将使用马尔可夫回报过程来说明行为。假设有一个具有一步转移矩阵的两阶段马尔可夫链：

$$P = \begin{bmatrix} 0.7 & 0.3 \\ 0.05 & 0.95 \end{bmatrix}$$

从状态$i \in \{1, 2\}$到状态$j \in \{1, 2\}$的每一次转移的贡献由下列矩阵给出：

$$\begin{bmatrix} 10 & 30 \\ 30 & 5 \end{bmatrix}$$

也就是说，若从状态1转移到状态2，将返还30的贡献。对于无限时域问题，使用值迭代算法(注意，由于没有选择一个决策，因此不存在最大化步骤)。处于每个状态的价值的计算将取决于先前对每种状态的价值的估计。这些计算可以很容易地在电子表格中实现。假设你的折扣因子是0.8。

(1) 如果你对处于每个状态的价值的初始估计为0，请绘制处于状态1的迭代次数的函数。展示50次迭代的算法的图形。

(2) 用初始估计值100重复此计算。

(3) 用状态1的初始估计值100重复计算，并使用0表示处于状态2的价值。将该行为与前两个起点的行为进行对比。

14.9 在练习14.8给出的问题中使用策略迭代。绘制每次迭代后的平均价值函数(即对处于每种状态的价值取平均)，以及每次迭代后使用值迭代找到的平均价值函数(对于值迭代，将价值函数初始化为零)。比较一次值迭代和一次策略迭代的计算时间。

14.10 在练习14.8给出的问题中使用混合值—策略迭代算法。用$M = 1, 2, 3, 5, 10$显示每次主要迭代后的平均价值函数(n次更新)。比较策略迭代和值迭代的收敛速度。

14.11 有一个四阶段过程(如图14.10 所示)。在状态1中，将保持在概率为0.7的状态，并将以0.3的概率转移到状态2。在状态2和状态3中，可以选择两种策略：保持现在的状态，等待向上转移，或决定返回状态1并获得指定的回报。在状态4中，立即返回状态1并获得20美元。希望使用折扣因子$\gamma=0.8$找到一个最优的长期策略。建立并求解该问题的最优方程。

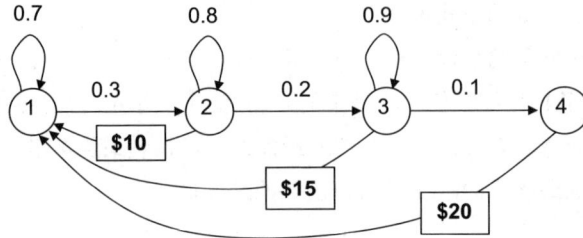

图14.10　一个四阶段过程

14.12 假设你已经将值迭代应用于四阶段马尔可夫决策过程，并且已经获得了表14.1所示的从第8次迭代到第12次迭代的值(假设折扣因子为0.90)。假设在第12次迭代之后停止。请给出每个状态的最优值的最紧(有效)的界限。

表14.1　练习14.12的表格

状态	第8次迭代	第9次迭代	第10次迭代	第11次迭代	第12次迭代
1	7.42	8.85	9.84	10.54	11.03
2	4.56	6.32	7.55	8.41	9.01
3	11.83	13.46	14.59	15.39	15.95
4	8.13	9.73	10.85	11.63	12.18

14.13 假设存在一个针对班车问题的控制限制策略，该策略允许将最优调度规则写成关于s的函数，如$z^{\pi}(s)$。可以将状态s这一变量的函数写作$r(s,z)$。

(1) 在范围$0 < s < 3M$内绘制$r(s,z(s))$来说明它的形状(因为允许乘客数量超过一辆车的满载量，假设可以在一个时间段内发送$z = 0,1,2,\ldots$辆车)。

(2) 设$c=10$，$h=2$，$M=5$并假设$A_t = 1$的概率为0.6，$A_t = 0$的概率为0.4。建立并求解该问题在稳态下的最优价值函数的线性方程。

理论问题

14.14 证明在遵循(固定问题的)策略π的情况下，$\mathbb{P}(S_{t+\tau}|S_t)$由式(14.22)给出。(提示：首先证明$\pi=1,2$，然后使用归纳推理法来证明它对一般的$\pi$也为真。)

14.15 重复14.4.2节中的推导，假设任务t的回报是$c_t\sqrt{x_t}$。

14.16 重复14.4.2节中的推导，假设任务t的回报由$\ln(x)$给出。

14.17 再次重复14.4.2节中的推导，但现在假设你只知道回报是连续可微、单调递增和凹的。

14.18 如果贡献是凸的而非凹的(例如，$C_t(x_t) = x_t^2$)，那么14.4.2节中的预算分配问题的答案会发生什么变化？

14.19 在定理14.12.4的证明中，我们证明了如果$v \geq \mathcal{M}v$，则$v \geq v^*$。请执行反向证明的步骤，即如果$v \leq \mathcal{M}v$，则$v \leq v^*$。

14.20 定理14.12.4指出，如果$v \leq \mathcal{M}v$，则$v \leq v^*$。请证明如果$v^n \leq v^{n+1} = \mathcal{M}v^n$，则对于所有$m \geq n$，有$v^{m+1} \geq v^m$。

14.21 来看一下具有以下性质的有限时域MDP：

- $\mathcal{S} \in \Re^n$，动作空间$\mathcal{A}$是$\Re^n$的一个紧凑型子集，对于所有$s \in \mathcal{S}$，有$\mathcal{X}(s) = \mathcal{X}$。
- $C_t(S_t, x_t) = c_t S_t + g_t(x_t)$，其中$g_t(\cdot)$是已知的标量函数，并且$C_T(S_T) = c_T S_T$。
- 如果在t时状态为S_t的情况下选择了决策x_t，则下一个状态是：

$$S_{t+1} = A_t S_t + f_t(x_t) + \omega_{t+1}$$

其中$f_t(\cdot)$是标量函数，并且A_t和ω_t分别为$n \times n$和$n \times 1$维的随机变量，且其分布与t之前的过程历史无关。

(1) 证明最优价值函数相对于状态变量是线性的。

(2) 证明存在由恒定的决策函数组成的最优策略$\pi^* = (x_1^*, \ldots, x_{T-1}^*)$。也就是说，对于某个常量$A_t^*$，以及所有的$s \in \mathcal{S}$，有$A_t^{\pi^*}(s) = A_t^*$。

14.22 假设你已在股票市场投资了R_0美元，其根据下式演变：

$$R_t = \gamma R_{t-1} + \varepsilon_t$$

其中，ε_t是一个独立同分布的离散正随机变量，$0 < \gamma < 1$。如果你在t时段末出售该股票，那么在T时之前，它将获得无风险回报r，这意味着它将根据下式演变：

$$R_t = (1 + r)R_{t-1}$$

你必须在同一天的T时之前出售股票。

(1) 编写一个动态规划递归来解决该问题。

(2) 证明存在一个时间点τ，使得在$t \geq \tau$时卖出最优，而在$t < \tau$时持有最优。

(3) 如果你在一段时间内只能出售一部分资产，(2)的答案会发生什么变化？即，如果你的账户有R_t美元，你可以在t时出售$x_t \leq R_t$。

14.23 证明式(3.68)中的递归更新公式中的矩阵H^n在单一参数的情况下减小为$H^n = 1/n$(这意味着使用Y=常量，无自变量)。

$$\bar{\theta}^n = \bar{\theta}^{n-1} - H^n x^n \hat{\varepsilon}^n$$

14.24 一个调度员控制着一辆限定了满载量的班车，其工作方式如下：在每个时间段内，有随机人数A_t到达。在乘客到达后，调度员必须决定是否呼叫班车来移走最多M

个乘客。调度班车的成本为c，这与班车搭载人数无关。在每个时间段，乘客等待的成本是h。设$z = 1$表示班车出发，0表示相反情况，那么单周期回报函数由下式给出：

$$c_t(s, z) = cz + h[s - Mz]^+$$

其中，M是班车的满载量。请证明当希望最小化r时，$c_t(s, a)$是子模。注意，我们表示的是乘客到达后系统的状态。

14.25 证明式(3.68)所示的递归更新公式中的矩阵H^n在单一参数的情况下减小为$H^n = 1/n$(这意味着使用Y=常量，无自变量)。

$$\bar{\theta}^n = \bar{\theta}^{n-1} - H^n x^n \hat{\varepsilon}^n$$

求解问题

14.26 必须在每N个人口分段发送一组问卷。每个人口分段的大小由w_i给出。你有B份问卷的预算，要在人口分段之间分配。如果向第i个分段发送x_i份问卷，则有一个与下式成比例的采样误差：

$$f(x_i) = 1/\sqrt{x_i}$$

你希望最小化由下式给出的采样误差的加权和：

$$F(x) = \sum_{i=1}^{N} w_i f(x_i)$$

你希望找到在预算服从约束$\sum_{i=1}^{N} x_i \leq B$的情况下，使$F(x)$最小化的分配方式$x$。建立最优方程，以动态规划的方式解决这个问题(不用说，我们只对整数解感兴趣)。

14.27 一家石油公司将订购多艘油轮来填充一组大型储罐。一辆满载的油轮需要填满一个储油罐。订单在每四周的会计期开始下达，但直到会计期结束时才会到达。在此期间，公司可以向一家区域化工公司出售0、1或2罐油(订单以罐为单位)。需求为0、1或2的概率分别为0.40、0.40和0.20。

一罐石油的购买成本为160万美元，售价为200万美元。每个周期储存一罐石油的成本为2万美元(在为t时间段订购，直到$t + 1$时间段才能出售的石油在t时间段不会产生任何持有成本)。仅对在该时间段初未出售的石油收储存费。可以订购超出储存量的石油。例如，该公司可能有2个满储的油罐，又订购了3个，然后只销售1个。这意味着在该时间段结束时，将有4罐油。每当拥有2罐以上的石油时，该公司都必须以70万美元的价格直接从船上出售石油。对于未满足的需求，不会有任何惩罚。

在t时间段下达的订单必须在t时间段付款，即使订单直到$t+1$时间段才到货。公司每个会计期的利率为20%(即折扣因子为0.80)。

(1) 给出处于状态s并做出决策d的单周期回报函数$r(s,d)$的表达式。计算所有可能状态(0,1,2)和所有可能决策(0,2,1)的回报函数。

(2) 当你的动作是订购一到两罐石油时，请找出一步概率转移矩阵。阶数为零时的转移矩阵为：

起点—终点	0	1	2
0	1	0	0
1	0.6	0.4	0
2	0.2	0.4	0.4

(3) 写出最优方程的一般形式，并在稳态下解决这个问题。

(4) 从 "$V(s) = 0$，$s = 0, 1, 2$" 开始，使用值迭代算法求解最优方程。可以使用规划环境，但问题可以在电子表格中解决。运行该算法，进行20次迭代。针对 $s = 0, 1, 2$ 的情况绘制 $V^n(s)$ 图像，并在每次迭代中为每个状态给出最佳动作。

(5) 在每次迭代后给出价值函数的界。

序贯决策分析和建模

以下练习摘自在线书籍 *Sequential Decision Analytics and Modeling*（《序贯决策分析和建模》），扫描右侧二维码，即可查看该书。

14.28 我们将对一个能量储存问题进行实验，这一问题可以用后向动态规划来精确地解决。扫描右侧二维码，下载代码 "EnergyStorage_I"。

(1) 使用基本模型的Python实现，通过在20~60美元的范围内以1美元为增量改变 θ^{sell}，对参数向量 $\theta = (\theta^{buy}, \theta^{sell})$ 进行网格搜索。假设价格过程根据以下方式演变：

$$p_{t+1} = \min\{100, \max\{0, p_t + \varepsilon_{t+1}\}\}$$

其中，ε_{t+1} 遵循下式给出的离散均匀分布：

$$\varepsilon_{t+1} = \begin{cases} -2 & \text{概率 } 1/5 \\ -1 & \text{概率 } 1/5 \\ 0 & \text{概率 } 1/5 \\ +1 & \text{概率 } 1/5 \\ +2 & \text{概率 } 1/5 \end{cases}$$

假设 $p_0 = \$50$。

(2) 现在，通过使用14.3节中的后向动态规划策略来求解最优策略(该算法已在Python模块中实现)。

① 在价格以$1、$0.50和$0.25为增量离散化的情况下运行该算法。计算这3个中的每个离散化水平的状态空间的大小，并绘制运行时间与状态空间大小的关系图。

② 使用1美元离散化的最优价值函数，将表现与(1)部分中找到的最优买卖策略进行比较。

(3) 重复(2)，但现在假设价格过程根据以下方式演变：

$$p_{t+1} = .5p_t + .5p_{t-1} + \varepsilon_{t+1}$$

其中，ε_{t+1} 遵循(1)部分中的分布。为了处理状态变量的额外维度，必须修改代码。使用(1)部分和(2)部分中假设的价格模型，并用1美元的单一离散化来比较运行时间。

(4) 上述书籍的8.3.1节介绍了时间序列模型，其中：

$$p_{t+1} = \bar{\theta}_{t0}p_t + \bar{\theta}_{t1}p_{t-1} + \bar{\theta}_{t2}p_{t-2} + \varepsilon_{t+1} \tag{14.90}$$

这一节还提供了 $\bar{\theta}_t$ 的更新式。

① 对于该变动，使用我们的典型框架(状态、决策、外生信息、转移函数、目标函数)来呈现该问题的完整模型。

② 状态变量有多少维度？请根据在(2)和(3)部分中的经验，估计使用贝尔曼方程解决此问题可能花费的时间。

③ 接下来考虑优化(1)部分中的买卖策略。更复杂的价格模型对这一策略的设计有什么影响？特别是你的策略如何反映 p_{t-1} 的值？

每日一问

"每日一问"是你选择的一个问题(请参阅第1章中的指南)。针对你的每日一问，回答以下问题。

14.29　使用序贯模型将你的问题写成一个动态规划问题，并写出用于求解该问题的贝尔曼方程。注意，必须写出状态变量，然后用数学方法说明如何计算一步转移矩阵。由于你不太可能解出这个问题，因此只需要讨论求解贝尔曼方程所需的每个要素的计算复杂度。注意，如果状态变量中有连续元素，则只需要将转移矩阵视为积分函数，而不是使用离散求和。

参考文献

第15章

后向近似动态规划

第14章介绍了离散马尔可夫决策过程最经典的求解方法，这一方法经常被称作"后向动态规划"，因为必须采用"时光倒流"的方式，使用值 $V_{t+1}(S_{t+1})$ 来计算 $V_t(S_t)$。虽然偶尔可以用这种策略解决具有连续状态和决策的问题(正如在14.4节中所做的那样)，但大部分情况下，这一策略被用于具有离散状态和决策的问题，其中一步转移矩阵 $P(S_{t+1} = s'|S_t = s, a)$ 是已知的(即可计算的)。

离散马尔可夫决策过程领域有着丰富的理论历史，这主要是因为离散状态和动作的简洁性以及一个重要的假设：可以对 W_{t+1} 计算期望。这一理论似乎一直在自我延续，原因是它没得到一类有动机的应用程序的支持。然而，正如本章和后续章节所述，它为强大而实用的近似策略提供了基础。

用于离散动态规划的基本后向动态规划策略受到我们所说的3种"维数灾难"的影响。

(1) **状态变量**——当状态变量超过3个或4个维度时，状态的数量往往会因变得太多而无法枚举。特别是，在许多应用场景中，状态变量的某些(或全部)维度是连续的。

(2) **决策变量**——如果存在3个或4个以上的维度，则列举所有可能的决策往往会变得十分困难，除非可以通过约束显著减少决策数量。超过3维或4维的问题往往需要特殊的结构，如凸性。因此，第14章采用了离散动作 a 的经典符号，但本章会恢复采用决策 x 的标准符号，其中将设 x 是多维和连续的，具体原因很快就会说明。

(3) **外生信息变量**——假设外生信息为 $W_t \in \mathcal{W} = \{w_1, \dots, w_L\}$，并设：

$$p_t^W(w|s,x) = \mathbb{P}[W_t = w|s,x]$$

正如9.7节中指出的，为了找到一步转移矩阵，需要计算期望：

$$
\begin{aligned}
\mathbb{P}(s'|S_t^x = (s,x)) &= \mathbb{E}_{W_{t+1}}\{\mathbb{1}_{\{s'=S^M(s,x,W_{t+1})\}}|S_t = s, x_t = x\} \\
&= \sum_{w \in \mathcal{W}} p_{t+1}^W(W_{t+1} = w|s,x)\mathbb{1}_{\{s'=S^M(s,x,w)\}}
\end{aligned}
\tag{15.1}
$$

然而，如果 W_{t+1} 是一个向量或是连续的(而不是 W 的离散结果)，这在计算上将变得难以处理。

这些计算问题推动了诸如"近似动态规划""启发式动态规划"(工程领域中使用的较旧术语)、"自适应动态规划"(2010年后在工程领域使用的术语)、"神经动态规划"或"强化学习"(计算机科学中发展起来的一个非常流行的领域)等领域的发展。所有这些方法实际上都是"前向近似动态规划"的形式，因为它们都基于向前推进的时间原则。许多作者(包括笔者)都假设，如果你不能进行"后向动态规划"(即14.3节中描述的方法)，则需要使用"近似动态规划"，即前向近似动态规划。本章对这一概念提出了质疑。

本章将介绍一种称为后向近似动态规划(backward approximate dynamic programming)的策略，其显著特点是它可以处理多维(和连续)状态变量和外生信息变量。此外，在适当的条件下，它还可以处理多维(和连续)决策变量。换句话说，后向近似动态规划克服了所有的3种"维数灾难"。然而，它仍然面临着与任何基于近似价值函数的方法相同的挑战：策略的质量在很大程度上取决于能够多好地近似价值函数，而许多问题是无法得到高质量的近似的。本章末尾将给出一些强有力的实证证据来支持它的有效性。

15.1   有限时域问题的后向近似动态规划

接下来将从说明有限时域问题的后向近似动态规划开始，这与第14章中介绍的并行后向动态规划类似。首先使用经典的查找表来表示价值函数，然后转到连续近似。

虽然可看到，前向ADP方法非常强大，但首先要介绍后向近似动态规划的理念，这在研究文献中得到的关注相对较少。后向ADP可以被视为经典后向动态规划的一种实现(参见图14.3中的算法)，它使用状态和外生信息的采样来避免枚举状态空间和信息空间。仍然需要对决策进行优化，但这为利用凹性(如果最小化则为凸性)之类的结构，以便使用求解器处理高维决策提供了可能性。

除了恰当地扩展到复杂的问题之外，我们还将提供一些支持使用后向ADP的经验证据。然而，与介绍其他近似方法时一样，我们不能对后向ADP与前向ADP方法(或任何其他类别的策略)的性能做出广泛的陈述。它应该被视为任何序贯决策研究者工具箱中的一个强大工具。

15.1.1   准备工作

从编写贝尔曼方程开始，将其分为两个步骤：从决策前状态 S_t 到决策后状态 S_t^x，然后从决策后状态 S_t^x 进入下一个决策前状态 S_{t+1}。

$$V_t(S_t) = \max_{x_t} \left(C(S_t, x_t) + V_t^x(S_t^x) \right), \tag{15.2}$$

$$V_t^x(S_t^x) = \mathbb{E}_{W_{t+1}} \left\{ V_{t+1}(S_{t+1}) | S_t^x \right\} \tag{15.3}$$

其中，

$$S_t^x = S^{M,x}(S_t, x_t),$$

$$S_{t+1} = S^{M,W}(S_t^x, W_{t+1})$$

这些步骤如图15.1所示。

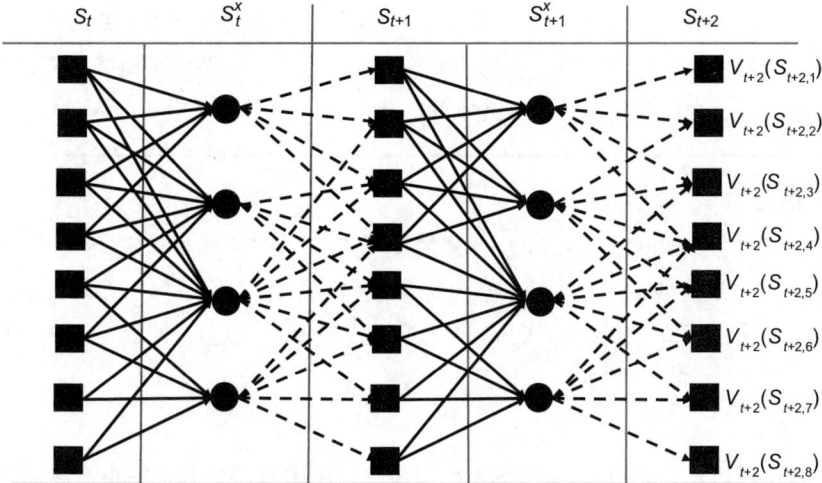

图15.1 从决策前状态 S_t 到决策后状态 S_t^x 再到决策前状态 S_{t+1} 的转移

与这些公式相关的计算挑战包括：

- 针对式(15.2)中的每个(可能是离散的)决策前状态 S_t，计算 $V_t(S_t)$。
- 如果 x_t 是式(15.2)中的向量，则优化 x_t。
- 为式(15.3)中的每个决策后状态 S_t^x 计算 $V_t^x(S_t^x)$。
- 计算式(15.3)中基于随机变量 W_{t+1} 的期望 $\mathbb{E}_{W_{t+1}}$。

如下所示，逐一分解这些计算挑战。

(1) 带查找表的采样状态——后向ADP的核心理念是通过使用一组采样状态来避免枚举整个状态空间。第一阶段仍使用价值函数的查找表表示，并且同样假设可以完成全部期望，并最大化所有决策(这通常意味着一组不太大的离散决策)。

(2) 采样期望——用采样近似值替换对 W_{t+1} 的精确期望。

(3) 价值函数的参数近似——用参数(或非参数)近似代替价值函数的查找表表示，这有助于价值函数近似的计算。

(4) 决策——有两种处理多维(可能是高维的)决策的策略：

① 可以用采样集合的最大化来代替决策的最大化。

② 如果使用 $V_t^x(S_t^x)$ 的参数近似，或许能够使用经典优化方法(线性、非线性或整数规

划)求解式(15.2)。

我们将首先使用价值函数的查找表模型描述后向ADP，然后改为使用连续近似。

15.1.2　使用查找表的后向ADP

后向近似动态规划的基本理念是使用式(15.2)~式(15.3)执行经典的后向动态规划，不过，我们使用的是采样集合$\hat{S}$，而非枚举所有状态S。首先介绍使用查找表近似作为价值函数近似的策略。这与经典的后向动态规划非常相似(例如，参见式(14.3))。

目前，假设(对某些应用而非所有应用为真)决策后状态空间S^x"不太大"。相反，设决策前状态空间S任意大。当需要一些信息来做决策，但一旦做出决策就不再需要这些信息时，就经常出现这种情况。一些示例如下。

■ 示例15.1

当一辆汽车在交通网络上从节点i行驶到节点j时，会产生随机成本$\hat{c}_{ij}$，第一次到达节点i时就会学习到这些成本。当到达节点i时，其(决策前)状态是$S = (i, (\hat{c}_{ij})_j)$。在做出从节点$i$到节点$j'$的决策后(但在移到$j'$之前)，决策后状态为$S^x = (j)$，原因是不再需要实现成本$(\hat{c}_{ij})_j$。

■ 示例15.2

一名货车司机抵达城市i并了解到有一组货物$\mathcal{L}_i$需要转移到其他城市。这意味着抵达i时，司机的状态是$S = (i, \mathcal{L}_i)$。若司机选择了一种货物$\ell \in \mathcal{L}_i$，但在运送货物ℓ抵达目的地之前，(决策后)状态为$S^x = (\ell)$(或者可以使用货物ℓ的目的地)。

■ 示例15.3

一辆水泥车接到一组订单，要把水泥运送到一组工地。设R_t是水泥的库存，$\mathcal{D}_t$是需要送货的建筑工地的集合(该集合包括每个工地需要的水泥量)。水泥厂需要做出的决策是生产多少水泥来补充库存。决策前状态为$S_t = (R_t, \mathcal{D}_t)$，而决策后状态为$S_t^x = R_t^x$，即完成所有送货后剩余的库存量。

在以上的每一个示例中，决策前状态的数量可能非常多。我们并非在S中的所有状态上循环操作(正如在图15.1中不得不做的那样)，而是取一个大小可控的样本$\hat{S}$。可以看到蒙特卡洛模拟的强大之处在于，状态变量既可以是连续的，也可以是高维的，原因是控制了$\hat{S}$的样本数量。唯一需要注意的是，必须预先指定一个采样区域，这意味着必须了解S_t每个维度的取值范围。

除了列举决策后状态，(目前)还要假设：

- 有一组可以搜索的离散决策$x_t \in \{x_1, x_2, \ldots, x_K\}$。
- 有离散的结果$W_{t+1} \in \{w_1, \ldots, w_L\}$。

- 已知概率 $p_t^W(w_\ell) = \mathbb{P}(W_{t+1} = w_\ell | S_t^x)$。

图15.3详细描述了算法的步骤，但建议参考图15.2来解释该理念。在此图中，正方形表示决策前状态，圆形表示决策后状态，而黑色方块表示采样集合 $\hat{S}$ 中的状态。假设知道每个状态 $s \in \hat{S}$ 的 $\overline{V}_{t+2}(s)$，通过对所有随机结果取期望来计算 S^x 中每个决策后状态 s 的值 $\overline{V}_{t+1}^x(s)$，这些结果将我们带到采样集合 $\hat{S}$ 中的状态，如下式所示：

$$V_{t+1}^x(S_{t+1}^x) = \frac{\sum_{\ell=1}^{L} p_{t+2}^W(w_\ell)\overline{V}_{t+2}(S_{t+2}(w_\ell))\mathbb{1}_{\{S_{t+2}(w_\ell)\in\hat{S}\}}}{\sum_{\ell=1}^{L} p_{t+2}^W(w_\ell)\mathbb{1}_{\{S_{t+2}(w_\ell)\in\hat{S}\}}} \qquad (15.4)$$

其中，$S_{t+2}(w) = S^M(S_{t+1}^x, w)$。注意，式(15.4)仅包括向采样集合 $\hat{S}$ 中 S_{t+2} 值的转移，这意味着必须对概率进行归一化，以使转移到 $\hat{S}$ 中状态的结果的概率之和为1。

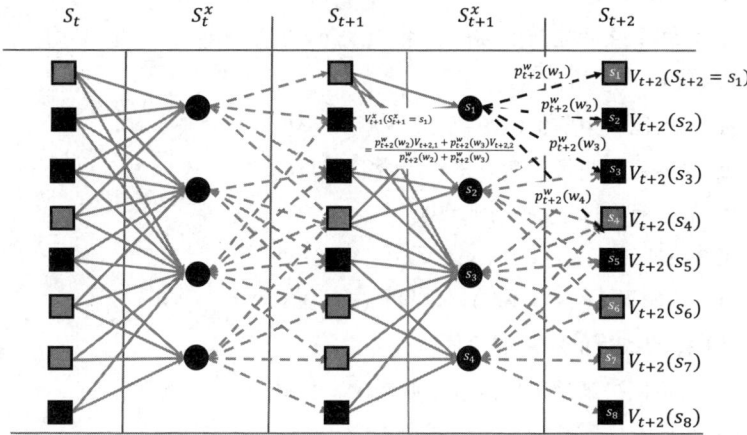

图15.2　使用完全期望计算决策后状态 S_{t+1}^x 的价值

这很快引发了一个潜在问题。如果没有随机结果将我们带到 $\hat{S}$ 的状态中，怎么办？当这种情况发生时，要从决策后状态中选择随机结果的子集，通过这些结果找到决策前状态，然后将这些状态添加到采样集合 $\hat{S}$ 并重复计算。

一旦获得了每个决策后状态的价值，便可以通过后退来找到每个采样决策前状态的价值，如图15.4所示。由于我们假设已经计算出了处于每个决策后状态的价值，因此要找到任何决策前状态的价值，只需要在所有决策中进行搜索，找到单周期回报加下游价值所得结果最大的决策。

15.1.3　具有连续近似的后向ADP算法

现在已经概述了后向ADP的基本理念，接下来，阐述一种完全可扩展的算法，它可以处理多维和连续的状态变量(决策前状态 S_t 和决策后状态 S_t^x)、决策 x_t 和外生信息 W_t。为此，我们将使用围绕决策后状态变量适当设计的价值函数的连续近似。

算法简图如图15.5所示。该算法具有一些很好的特性：

- 决策前状态 S_t 和决策后状态 S_t^x 可以是多维和连续的。

- 只要有一些随机变量采样的机制，外部信息 W_{t+1} 也可以是多维和连续的。这可能来自底层数学模型，也可能来自历史观察。

- 决策 x_t 可能是多维和连续的(或离散的)，但用于解决多维决策问题的算法通常需要 $\left(C(\hat{s}_{t+1}^n, x) + \overline{V}_{t+1}^x(\hat{s}_{t+1}^{n,x})\right)$ 的凹性(如果是最小化，则为凸性)。在选择价值函数近似的架构时可能需要注意这一点。

步骤0. 初始化

　　步骤0a. 初始化终端贡献 $V_T(S_T)$

　　步骤0b. 创建一个决策前状态的采样集合 $\hat{S}$(假设可以在每个时间段使用这个相同的样本)

　　步骤0c. 创建一个完整的决策后状态集合 S^x(假设其大小可管理)

　　步骤0d. 设 $t = T - 1$

步骤1a. 在时间上从后往前回溯 $t = T, T-1, \dots, 0$

计算每个决策后状态的价值：

　　步骤2a. 初始化决策前价值函数近似 $\overline{V}_t(s) = -M$

　　步骤2b. 循环遍历决策前状态采样集合 $s \in \hat{S}$

　　步骤2c. 循环遍历每个决策 $x \in \mathcal{X}(s)$

　　　　步骤3a. 计算 $Q_t(s, x) = C(s, x) + \overline{V}_t^x(s' = S^{M,x}(s, x))$

　　　　步骤3b. 如果 $Q_t(s, x) > \overline{V}_t(s)$，则设 $\overline{V}_t(s) = Q_t(s, x)$

计算每个采样的决策前状态的价值：

　　步骤4a. 初始化决策后价值函数近似 $\overline{V}_t^x(s^x) = -M$

　　步骤4b. 循环遍历完整的决策后状态集合 $s^x \in S^x$

　　步骤4c. 在时间上从后往前回溯：$t = t - 1$

　　　　步骤5a. 初始化 $Q(s, x) = 0$

　　　　步骤5b. 初始化总概率 $\rho = 0$

　　　　步骤5c. 循环遍历每个 $w \in W$

　　　　步骤5d. 如果 $\rho > 0$，则(如果 $\rho < 1$，则必须归一化 $Q_t(s, x)$)：

　　　　　　步骤6a. 计算 $Q_t(s, x) = Q_t(s, x) + \mathbb{P}(w|s, x)\overline{V}_{t+1}(s' = S^M(s, x, w))$

　　　　　　步骤6b. $\rho = \rho + \mathbb{P}(w|s, x)$

　　　　　　步骤6c. $Q_t(s, x) = Q_t(s, x)/\rho$

　　　　否则：如果 $\rho = 0$，则意味着没有随机转移到 $\hat{S}$ 中的状态

　　　　　　步骤6d. 选择一组结果 $\hat{w}$(至少一个)，找到下游决策状态 $\hat{s} = S^{M,W}(s, \hat{w})$，并将每个 $\hat{s}$ 添加到 $\hat{S}$ 中

　　　　　　步骤6e. 返回步骤4a

步骤1b. 对于所有的 $s \in S$ 以及 $t = 0, \dots, T$，返回值 $\overline{V}_t(s)$

图15.3　使用查找表的后向动态规划算法

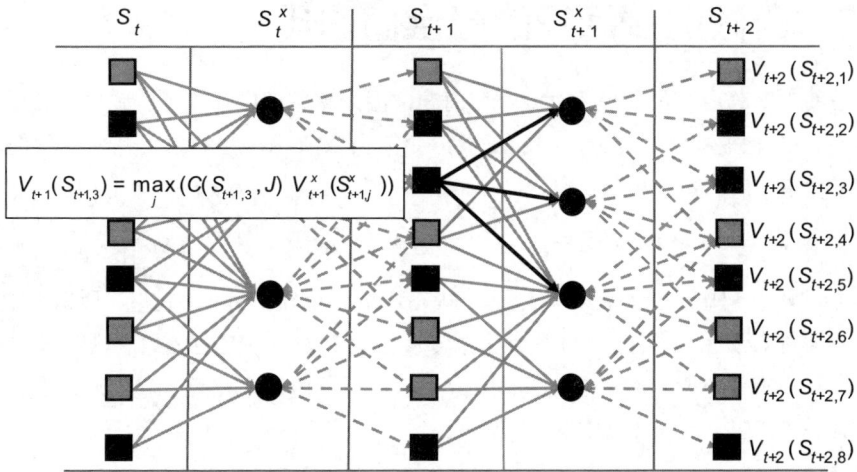

图15.4　使用完全最大化算法计算决策前状态S_{t+1}的价值

(0) 假设有一个价值函数近似$\overline{V}_t(s)$

(1) 进行N次采样，其中$n = 1, \ldots, N$

　　(1a) 随机从$|Scalhat^x$集合中对一个决策前状态$\hat{s}_t^{x,n}$进行采样

　　(1b) 在已经处于状态$\hat{s}_t^x$的情况下，找出随机变量W_{t+1}的$\hat{w}_{t+1}^n$的一个采样实现

　　(1c) 使用$\hat{s}_{t+1}^n = S^{M,W}(\hat{s}_t^{x,n}, \hat{w}_{t+1}^n)$模拟从$\hat{s}_t^{x,n}$到$\hat{s}_{t+1}^n$的方式

　　(1d) 使用下式计算处于决策前状态$\hat{s}_{t+1}^n$的价值的样本估计$\hat{v}_{t+1}^n$

$$\hat{v}_{t+1}^n = \max_x \left(C(\hat{s}_{t+1}^n, x) + \overline{V}_{t+1}^x(\hat{s}_{t+1}^{n,x}) \right) \tag{15.5}$$

　　　　其中，$\hat{s}_{t+1}^{n,x} = S^{M,x}(\hat{s}_t^n, x_t^n)$，而$x_t^n$是优化式(15.5)的$x$的值。现在把值$\hat{v}_{t+1}^n$与前一个决策后状态$\hat{s}_t^{x,n}$关联起来

(2) 从步骤(1)，编译一组观察集合"$(\hat{s}_t^n, \hat{v}_{t+1}^n), n = 1, \ldots, N$"

(3) 运用第3章中的任何一种统计方法(此处使用批量学习)，使用数据集"$(\hat{s}_t^n, \hat{v}_{t+1}^n), n = 1, \ldots, N$"来拟合一个统计模型$\overline{V}_t^x(s)$。在这个背景下，一些已经证明成功的方法参见15.3节

(4) 在时间上从后往前回溯一个时间段，重复此行为，直到$t = 0$

图15.5　多维应用程序的后向动态规划算法

　　一个悬而未决的问题是：这种方法的效果如何？t时的近似取决于$t + 1$时的近似，这意味着$t + 1$时的近似的误差会向后传播到t，而且事实上是累积的。15.4节公布了3组支持后向近似动态规划的准确性和效率的实证基准实验。然而，当将这些理念应用于平稳(稳态)问题的背景下时，可以获得更强的结果，这个概念在文献中被称为"拟合值迭代"。

15.2　无限时域问题的拟合值迭代

本书的大部分内容都聚焦于有限时域问题，因为这些问题代表了实践中最常遇到的问题。然而，关于马尔可夫决策过程的文献，如第14章所述，强调了贝尔曼方程的稳态版本，表示如下：

$$V(s) = \max_{x \in \mathcal{X}} \left(C(s, x) + \gamma \mathbb{E}_W \{V(S^M(s, x, W))|s\} \right)$$

其中，$s' = S^M(s, x, W)$ 是我们处于的状态，给定现在所处的状态 s、所做的决策 x 和之后观察到的 W。将价值函数明确地写作转移函数 $S^M(s, x, W)$ 的函数，以明确依赖 W。不用说，这个期望不易计算，特别是在一个 max 运算符内部。相反，我们通过选择一个随机样本 $W = \{w_1, w_2, \ldots, w_L\}$ 来使用采样估计。

基本理念遵循后向ADP的步骤。选择状态 $\hat{S} = \{\hat{s}_1, \ldots, \hat{s}_m, \ldots, \hat{s}_M\}$ 的一个样本。假设有一个近似价值函数 $\overline{V}^{n-1}(s)$。然后，在给定 $\overline{V}^{n-1}(s)$ 的情况下，对 $\hat{s}_m \in \hat{S}$ 进行采样并计算：

$$\hat{v}_m^n = \max_{x \in \mathcal{X}} \left(C(\hat{s}_m, x) + \gamma \frac{1}{L} \sum_{\ell=1}^{L} \left(\overline{V}^{n-1}(S^M(\hat{s}_m, x, w_\ell))|s \right) \right) \tag{15.6}$$

针对 $m = 1, \ldots, M$，重复计算式(15.6)，直至得到一个关于 $m=1,\ldots,M$ 的数据集 $(\hat{s}_m, \hat{v}_m^n)$。注意，我们通过第 n 次迭代对价值函数近似 $\overline{V}^n(s)$ 进行索引，但是从一次迭代到下一次迭代的采样状态 $\hat{s} \in \hat{S}$ 是相同的。

下一步是使用数据集 $(\hat{s}_m, \hat{v}_m^n)_{m=1}^M$ 来创建更新的价值函数近似值 $\overline{V}^n(s)$，使用第3章中的任何近似架构。当然，求解式(15.6)比求解式(15.5)中的 $\hat{v}^n$ 要难得多，原因是我们选择使用取决于决策前状态的价值函数来说明拟合值迭代，这使我们不得不使用期望的采样表示。可以使用与有限时域情况下相同的策略，并围绕决策后的状态计算价值函数。同样地，也可以在有限时域的情况下使用本节中说明的期望的采样来表示。我们决定同时说明这两种方法，但任何一种方法都可以用于任何一种场景。

有限时域和无限时域版本之间唯一的真正区别是，有限时域算法涉及对时域的一次反向传播。没有收敛的概念。相反，可以随心所欲地对无限时域情况下更新 $\overline{V}^n(s)$ 的过程重复任意多次迭代，从而为收敛问题创造了可能。回想一下，当使用查找表表示并假设可以计算一步转移矩阵时，便可以得到严格的误差界限(参见14.12.2节)。

第4章曾指出，经典的离散马尔可夫决策过程(其中假设一步转移矩阵是已知的)实际上是一个确定性问题(参见4.2.5节)，正如任何可以精确计算期望的随机问题一样。事实上，4.3节指出，用采样近似值替换期望——像式(15.6)中所做的那样，只是用可以计算的近似值替代无法计算的初始期望。一旦这样做，就能有效地将精确的"确定性"问题转化为近似"确定性"的问题。但如果继续使用查找表来表示，仍然会遭受状态空间中的"维数灾难"。

显示类似于精确离散动态规划方法的收敛结果是可能的，但它需要足够灵活的近似结构，以允许在采样状态下进行任意精确的拟合。如果使用低维参数化架构(如二次拟合)，这将是不可能的。高斯过程回归、内核回归和神经网络都可以产生非常精确的近似方法，但除非有非常大的样本，否则无论何时使用这些高维架构，都有可能过拟合到有噪声的观察值。因此，没有任何方法是完美的，权衡利弊之后再选择方案吧。

15.3　价值函数近似策略

我们使用价值函数的标准查找表说明了后向近似动态规划的基本理念，但如果具有多维状态(经典的"维数灾难")，那么这将很快导致问题。本节提出的3种近似价值函数的策略可以在一定程度上缓解这一问题。

15.3.1　线性模型

可以说，近似价值函数的最自然的策略就是拟合统计模型，其中最自然的起点是下列形式的线性模型：

$$\overline{V}_t(S_t|\theta_t) = \sum_{f\in\mathcal{F}} \theta_{tf}\phi_f(S_t)$$

在这里，$\phi_f(S_t)$是一组适当选择的特征。例如，如果S_t是一个连续的标量(如价格)，就可以使用$\phi_1(S_t) = S_t$和$\phi_2(S_t) = S_t^2$。

这个想法很简单。针对决策前状态采样集合$\hat{s}$中的每个$\hat{s}$，计算处于状态s^n的价值的采样估计$\hat{v}_t^n$。

$$\hat{v}_t^n = \arg\max_x \left(C(\hat{s}^n, x) + \mathbb{E}\{\overline{V}_{t+1}(S_{t+1})|\hat{s}^n\} \right)$$

其中，$S_{t+1} = S^M(\hat{s}^n, x, W_{t+1})$。

现在有一组数据"$(\hat{s}^n, \hat{v}_t^n)$，$n = 1, \dots, |\hat{s}|$"。可以使用这个数据集来估计任何统计模型$\overline{V}_t(S_t|\theta_t)$，其提供了对处于每个状态的价值的估计，而不仅仅是采样状态。例如，假设有一个线性模型(记住这意味着相对于参数呈线性)：

$$\begin{aligned}\overline{V}_t(S_t|\bar{\theta}_t) &= \bar{\theta}_{t1}\phi_1(S_t) + \bar{\theta}_{t2}\phi_2(S_t) + \bar{\theta}_{t3}\phi_3(S_t) + \dots, \\ &= \sum_{f\in\mathcal{F}} \theta_{tf}\phi_f(S_t)\end{aligned}$$

其中，$\phi_f(S_t)$是该状态的一些特征。这可能是库存R_t(银行存款、血液单位)或R_t^2，或$\ln(R_t)$。使用下式创建(列)向量ϕ^n：

$$\phi^n = \begin{pmatrix} \phi_1^n \\ \phi_2^n \\ \vdots \\ \phi_F^n \end{pmatrix}$$

其中，$\phi_f^n = \phi_f(S_t^n)$。

设 $\hat{v}_t^n$ 使用式(15.7)来计算，可以将其视为估计 $\overline{V}_t^{n-1}(S_t)$ 的一个样本实现。考虑以下式作为估计中的"误差"。

$$\varepsilon_t^n = \overline{V}_t^{n-1}(S_t) - \hat{v}_t^n$$

使用 3.8.1 节中首次介绍的方法，便能借助下式更新参数向量的估计值 $\bar{\theta}_t^{n-1}$。

$$\bar{\theta}_t^n = \bar{\theta}_t^{n-1} - H_t^n \phi_t^n \varepsilon_t^n \tag{15.7}$$

其中，H_t^n 是使用下式计算的矩阵。

$$H_t^n = \frac{1}{\gamma^n} M_t^{n-1} \tag{15.8}$$

其中，M_t^{n-1} 是一个由下式进行递归更新的 $|\mathcal{F}| \times |\mathcal{F}|$ 矩阵。

$$M_t^n = M_t^{n-1} - \frac{1}{\gamma_t^n}(M_t^{n-1}\phi_t^n(\phi_t^n)^T M_t^{n-1}) \tag{15.9}$$

γ_t^n 是使用下式计算出来的标量。

$$\gamma_t^n = 1 + (\phi_t^n)^T M_t^{n-1} \phi_t^n \tag{15.10}$$

因为可以从一个小样本中得到处于每个状态的价值的估计，所以参数近似特别有吸引力。而参数近似中引入的误差则是为这种普遍性付出的代价。

15.3.2 单调函数

在许多序贯决策问题中，状态变量具有3到6个(甚至7个)维度，在这种情况下，常常由于状态空间太大而无法使用查找表估计价值函数的范围。然而，在许多应用中，价值函数在每个维度上都是单调的，也就是说，随着状态变量在每个维度中增加，状态中的值也会增加。一些示例如下：

- 零件和设备的最优更换往往表现为相对于描述零件的使用年限和(或)工作环境的变量呈单调性的价值函数。
- 控制参与临床试验的患者数量的问题产生了相对于变量呈单调性的价值函数，这些变量有：入选患者数量、药物疗效和患者退出研究的比率等。
- 开始药物治疗(他汀类药物治疗胆固醇，二甲双胍治疗血糖)，会得到相对于胆固醇或血糖、患者年龄和体重等健康指标呈单调性的价值函数。
- 支出的经济模型在可用资源(如个人储蓄)和其他指数(如股市、利率和失业率)方面往往是单调的。

当使用查找表表示价值函数时，可以利用单调性。假设一个状态s由4个维度$(s_{t1}, s_{t2}, s_{t3}, s_{t4})$组成，其中每个维度采用一组离散值中的一个值，例如$s_{t2} \in \{s_{t2,1}, s_{t2,2}, s_{t2,3}, \ldots, s_{t2,J_2}\}$。假设对处于状态$\hat{s}^n$的价值进行了采样估计，可以使用下式计算：

$$\hat{v}_t^n(\hat{s}^n) = \max_x \left(C(\hat{s}^n, x) + \mathbb{E}_{W_{t+1}}\{\overline{V}_t^{n-1}(S_{t+1})|\hat{s}^n\} \right)$$

其中，$S_{t+1} = S^M(\hat{s}^n, x, W_{t+1})$。然后，可以使用下式，利用采样估计(无论它是如何找到的)来更新状态$\hat{s}^n$下的价值函数近似。

$$\overline{V}_t^n(\hat{s}^n) = (1 - \alpha_n)\overline{V}_t^{n-1}(\hat{s}^n) + \alpha_n\hat{v}_t^n(\hat{s}^n)$$

假设在更新之前，$\overline{V}_t^{n-1}(s)$在s中是单调的。假设$s' > s$，则每个元素$s'_{ij} \geq s_{ij}$。如果$\overline{V}_t^{n-1}(s)$在s上是单调的，则$s' > s$意味着$\overline{V}_t^{n-1}(s') \geq \overline{V}_t^{n-1}(s)$。然而，不能假设在完成状态$s_t^n$的更新之后，$\overline{V}_t^n(s) \leq \overline{V}_t^n(s')$对$\overline{V}_t^n(s)$来说就是成立的。可以对每个$s'$快速检查$\overline{V}_t^n(s) \leq \overline{V}_t^n(s')$，其中至少有一个元素大于$s$对应的元素。

该理念如图15.6所示(扫描右侧二维码，即可查看彩图)。从左上角开始，从初始价值函数$\overline{V}(s) = 0$着手，并在中间得到观察值(蓝点)10。接着使用单调结构使该点右侧和上方的所有点等于10。然后，得到观察值5，并使用该观察值更新上次观察左侧和下方的所有点。

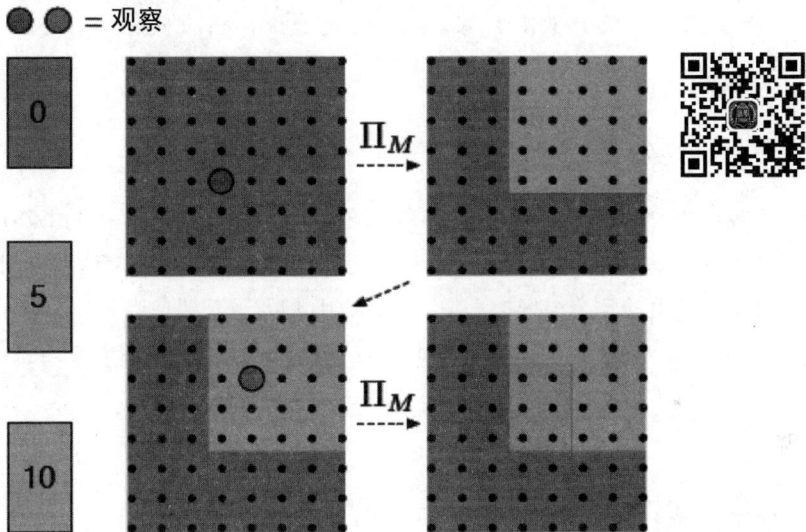

图15.6　单调性使用的说明。从左上角开始：(1) 初始价值函数均为0，观察值(蓝点)为10；(2) 使用观察值将右侧和上方的所有点更新为10；(3) 新观察值(粉红点)为5；(4) 将左侧和下方的所有点更新为5。改编自Jiang和Powell(2015)的著作

图15.7显示了使用单调性更新二维函数的截图。同样从右上角开始，前3张截图来自前20次迭代的结果，而最后一张(右下角)是在函数停止变化很久之后的结果。

单调性是一种重要的结构性质。当它成立时，会大大加快学习价值函数的过程。我们已经将这个理念用于具有多达7个维度的矩阵，不过，7维函数的查找表已经变得非常大了。

在某些情况下，价值函数在某些维度上是单调的，而在另一些维度上不是单调的。在这种情况下，只需要在单调性成立的状态子集上施加单调性(有些笨拙)。剩余的状态则不得不求助于暴力查找表方法。如果$\bar{s}$是价值函数非单调时的状态集，而$\check{s}$是价值函数单调的状态(当然，$s = (\bar{s}, \check{s})$)，就可以想到一个价值函数$\overline{V}(\bar{s}, \check{s})$，该函数对于每个状态$\bar{s}$(希望不太多)，都相对于$\check{s}$呈单调性。

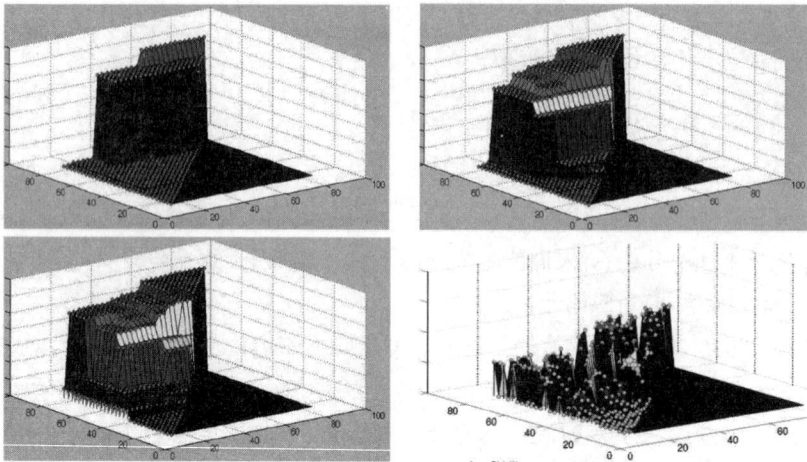

图15.7　使用单调性对二维函数进行三次更新的截图；第四张截图(右下)展示的是
一个没有使用单调性的价值函数

15.3.3　其他近似模型

希望读者大胆尝试第3章(或者最喜欢的关于统计学或机器学习的书籍)中的其他方法。我们注意到，近似误差会随着后向ADP的运行而累积，因此不应该过度相信 $\overline{V}_t(S_t)$ 是对处于状态 S_t 的价值的一个很好的近似。然而，我们发现，即使当 $\overline{V}_t(S_t)$ 和真价值函数 $V_t(S_t)$ (当能找到该函数时)间存在很大的不同时，近似值 $\overline{V}_t(S_t)$ 可能仍能提供一个高质量的策略，但这没有保证。

15.4　计算观察

截至本书撰写之时，后向近似动态规划仍是一种相对较新的算法策略，这令人惊讶，因为它是经典后向动态规划(参见第14章)的近似模拟。第一篇参考文献似乎发表于2013年。因此，我们首先介绍我们直接参与的几个项目，这些项目对后向近似动态规划产生的解决方案进行某种形式的基准测试。然后，我们会分享一些关于该方法的注释。

15.4.1　后向ADP的实验基准

本节将公布在3种非常不同的环境中后向ADP的经验基准。第一个例子将与使用第14章的技术计算出的精确最优解进行比较。后面两个例子更加复杂，不可能有精确的解决方案。相反，会将后向ADP与已经在使用的策略进行比较：一项用于电池存储系统的优化，另一项用于国际货币基金组织在非洲的资源分配。

优化临床试验

进行临床试验的公司面临的问题是在每个时间点做出以下决策：药物有效(上市，通常通过出售专利)，药物无效(取消临床试验)，或继续实验。状态变量有以下维度。

- 检测的患者数量。
- 一个二维的信念状态，捕捉药物生效概率估计值的平均值和方差。

这意味着状态变量有个单一的离散维度和两个连续维度。如果愿意使用连续维度的离散化版本，则这是一个可以使用第14章中介绍的后向动态规划方法得到最优解的问题。针对实际问题的最优基准非常罕见。

结果可以简单表述为：

- 最优解决方案需要在先进的笔记本电脑上花费268小时。
- 后向近似动态规划需要20分钟，解决方案的表现可以达到最优解所产生的策略表现的1.2%。

优化复杂的储能问题

假设有一个优化储能设备的问题，其中必须平衡两个收入流。

- 可以使用电池从电网购买和出售电能。电价(称为LMP或"位置边际价格")每5分钟更新一次，并且可能会有很大变化。平均20美元/兆瓦时的电价可能会飙升至1000美元/兆瓦时甚至10 000美元/兆瓦时。
- 电网运营商将向电池运营商支付费用，以帮助自己完成一个称为"频率调节"的过程。由于电网上负载的随机变化，电网上的电力会波动。电网运营商可能会为每兆瓦的电力支付30美元(每个电池都有一个额定功率，这反映了电力进出电池的速度)，但这些价格也各不相同，可能会增加到500美元/兆瓦时或更高。

当电网运营商支付使用电池来进行频率调节的费用时，无论是希望电池(以电池额定功率的某个百分比)充电还是放电，或者什么都不做，电网都将每两秒发送一次信号。电网从不要求电池长时间充电(或放电)，因此这些电池不必很大。频率调节仅用于短期平滑功率变化。

当电池运营商收到执行频率调节的费用时，预期其会遵守电网运营商发出的信号(这些信号在美国被称为"RegD"信号)。在实践中，设备的局限性(并非只有电池执行这一功能——任何发电机，从天然气涡轮机到燃煤电厂都可以执行频率调节)意味着提供频率调节的设备可能不会完全符合RegD信号。出于这个原因，会对不遵守规定的行为进行处罚。图15.8显示的是几个月内LMP和RegD价格的图表。它表明了波动的程度以及两种价格之间的相关性。对于此示例中的问题，外生信息过程的建模尤为重要。

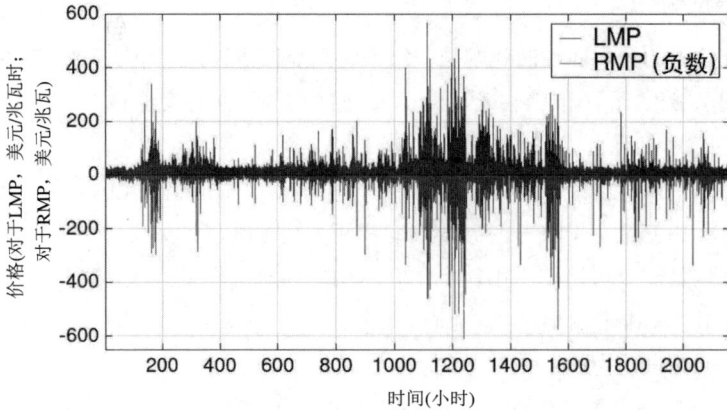

图15.8　2015年1月至3月的实时能源价格(上半部)和监管价格(下半部),
显示了两者之间的高度相关性

这引发了一个问题:如果电池操作员(电池通常具有完美的合规性)偶尔不遵守RegD信号,怎么办?特别是,如果电网运营商要求电池操作员在电价非常高的时候购买电力,该怎么办?在这种情况下,电池运营商可能会违背RegD信号,向高价市场出售(这可能只持续5分钟),但要为这一违规行为支付罚款。

这里的挑战是,遵循RegD信号是容易的;电池操作员只需要遵循来自电网运营商的RegD信号,指定何时充电、放电或什么都不做。然而,在简单地按照RegD信号做事,和违背信号利用电网上的价格尖峰之间进行选择时,需要基于优化的逻辑。例如,电网价格可能会上涨,但是否已经上涨到足以承受不遵守RegD信号的后果?

这个问题的显著特征是时间段的数量。决策每2秒做出一次,这意味着一天有43 200个时间段。由于状态空间的大小和时间段的数量,标准的后向动态规划无法使用。而第16~18章中介绍的前向ADP方法(请继续关注这些演示)需要迭代学习,这太慢了。事实上,这也正是我们第一次使用后向ADP的原因。

这个问题难以像临床试验问题那样计算最优基准。然而,有一个非常苛刻的不同基准:不需要对两个信号进行优化,遵循RegD信号即可。这是一种非常困难的竞争,因为预计在两个收入流中进行优化的收益是有限的。这意味着无法容忍次优的表现,因为这将威胁到仅遵循RegD信号的更大的收入流。

结果如表15.1所示。这些结果展示了使用后向近似动态规划产生的组合信号相对一致但适度的改进。我们再次强调,竞争纯频率调节策略的挑战在于,纯频率调节策略使用一个非常简单易懂的规则产生了90%以上的收入。

表15.1　后向ADP产生的收入与纯频率调节策略产生的收入的比较(包括频率调节和购电收入)

月份	后向ADP收入	纯RegD策略	改进/%
1月	22 052	19 131	10.27
2月	51 282	46 331	10.68
3月	36 518	32 329	12.95
4月	24 121	22 272	8.3
5月	31 861	30 232	5.39
6月	18 975	17 999	5.42
7月	18 463	17 152	7.64
8月	15 988	14 750	8.39
9月	22 336	20 462	9.16
10月	17 714	16 553	7.01
11月	15 930	15 033	5.97
12月	15 079	13 901	8.47
年度	290 323	266 151	9.08

非洲的资源分配

最后一个示例涉及国际货币基金组织(IMF)在非洲项目中面临的复杂资源分配问题。解决这一问题的常用方法是一个单周期线性规划，它优化了一个复杂的效用函数，以获取一个国家/地区在一年的时间中的状态。效用函数将获取经济指标、社会指标(如贫困、基础设施投资)和不稳定指标(如暗杀)。这一决策是关于在不同的项目上投资的金额，如道路、教育、卫生和发电机。鉴于这些决策涵盖了在非洲所有国家/地区和所有项目中分配的资源，因此这是一个高维的决策，具有维度非常高的(且基本上是连续的)状态向量。

解决这个问题的最新技术使用线性规划在单个年度内优化收益，尽管一些投资明显具有多年的期限。这也是一个巨大的不确定性问题。在任何一年，叛乱都可能发生并挑战一个国家/地区的稳定。疾病的出现或自然资源的发现是不确定性的高影响力的常见例子。

这个问题是使用后向近似动态规划解决的，并与实践中广泛使用的短视策略进行了比较。结果如图15.9所示，其中公布了两组模拟。图15.9(a)显示了噪声相对较低的一个后向ADP的模拟结果，而图15.9(b)显示了具有显著不确定性的场景下的结果。在低噪声和高噪声情况下，后向ADP优于标准短视策略。它在高噪声环境中表现得格外优秀，正是在这种环境下，有人可能会说："我们的未来有太多不确定性，为什么要计划呢？"

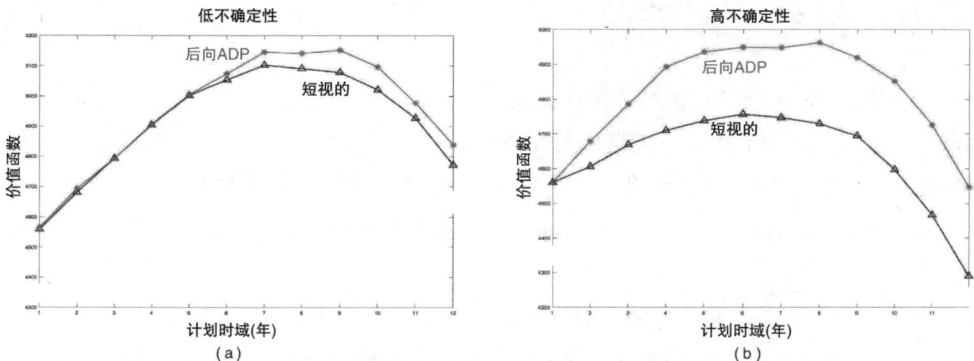

图15.9　(a)在未来预测中使用低不确定性的后向ADP产生的策略表现；(b)在未来预测中使用高不确定性的后向ADP产生的策略表现

该应用示例很好地演示了复杂的高维资源分配问题中的后向ADP。事实上，这是一个显然需要前瞻类型策略的问题，但直接前瞻策略(首见于第11章，详见第19章)并不是一种显而易见的方法。

15.4.2　计算注意事项

在设计和测试使用后向近似动态规划的算法时，请记住以下几点。

近似架构——可以使用第3章(或你最喜欢的统计/机器学习相关书籍)中描述的任何统计学习方法。我们注意到，本书中的大多数方法都涉及自适应学习(这是第3章的重点)，但通过使用后向ADP，实际上回到了(统计学习领域中)更熟悉的批量学习环境。遵循任何统计模型规范中的标准建议，确保模型的维度(通过参数数量测量)远小于观察值的数量，以避免过拟合。

调整——几乎所有的自适应学习算法都有可调整的参数，这是解决随机优化问题的整体方法的致命弱点。在第9章中，9.11节总结了4个问题类别(见表9.3)，其中类别(1)和类别(4)旨在找到最优学习策略。这些"学习策略"代表了寻找最优搜索算法的过程，其中包括调整控制特定类别算法的参数。在实践中，对最优学习策略的寻找(或等效地，对最优搜索算法的寻找)通常以一种特设的方式进行。有数千篇论文会证明渐近收敛性，但实际的算法设计取决于特设的测试。

验证——任何近似策略(包括后向ADP)都面临着验证的重大挑战。在一些问题中，价值函数是真价值函数的相当不错的近似，而后向ADP可以在此类问题上表现得非常好，但这一点没有保证。最好有一个好的基准(在这种情况下，被广泛接受的短视策略起到了这个作用)来进行比较。

表现(性能)——在一些问题类别上获得了非常好的表现(性能)，包括数千个时间段的能量存储问题。通过与最优策略(使用第14章中针对低维问题实例的方法获得)进行比较，获得了最优性超过95%的解决方案，但有时，若在近似上做得不好，表现(性能)会低至70%。

15.5　参考文献注释

15.1节——Senn等人(2014)首次在已发表的文献中使用术语"后向近似动态规划"，该术语基于2013年发表的Senn的博士论文(德语)。这一文献讲的是一个有限时域确定性控制问题。Cheng等人(2018a)使用价值函数的低秩近似思想，将后向ADP用于随机储能问题。Cheng等人(2018b)使用了一种更简单的线性架构来解决能量存储问题，并表明其非常有效。

15.2节——拟合值迭代基本上是无限时域问题的后向近似动态规划。Szepesvári和Munos(2005)以及Munos和Szepesvi(2008)的论文是最早使用"拟合值迭代"这一术语的文献。拟合值迭代是一种近似值迭代形式，我们会在侧重前向算法的第17章对此进行深入探究。

15.4.1节——临床试验的后向ADP相关内容取自Tian等人(2021)的论文。储能实验相关内容取自Cheng等人(2018b)的论文。在非洲分配援助的相关内容取自Aboagye和Powell(2018)的论文，他们扩展了Collier和Dollar(2002)的开创性论文，该论文提出了针对同一问题的短视策略。

练习

复习问题

15.1　根据每个问题的"收敛性"概念，将有限时域问题与无限时域问题的后向近似动态规划进行对比。

计算练习

15.2　我们将使用后向近似动态规划解决14.4.2节中提出的连续成本问题。该问题从分配给0到T时间段的R_0个资源开始。设x_t是t时间段内分配的量，其贡献为：

$$C_t(x_t) = \sqrt{x_t}$$

假设$T = 20$个时间段。

(1) 使用14.4.2节的结果以最优方式解决此问题。通过模拟1000次最优策略来评估模拟。

(2) 使用图15.5描述的后向ADP算法，运用下式获得价值函数近似：

$$\overline{V}_t(R_t) = \theta_{t0} + \theta_{t1}\sqrt{x_t}$$

使用线性回归(使用3.7.1节中的方法或软件包)拟合$\overline{V}_t(R_t)$。然后，模拟该策略1000次(理想情况下使用与(1)部分相同的方法)。你认为θ_{t0}和θ_{t1}应该怎样表现？

(3) 使用图15.5描述的后向ADP算法，运用下式获得价值函数近似：

$$\overline{V}_t(R_t) = \theta_{t0} + \theta_{t1}R_t^x + \theta_{t2}(R_t^x)^2$$

其中，R_t^x是决策后资源状态$R_t^x = R_t - x_t$(因为转移是确定性的，所以与R_{t+1}相同)。

使用线性回归(使用3.7.1节中的方法或软件包)拟合$\overline{V}_t(R_t)$。然后，模拟该策略1000次(理想情况下使用与(1)部分相同的方法)。

15.3　重复练习15.2，但这次使用：

$$C(x_t) = \ln(x_t)$$

对于(2)部分，使用：

$$\overline{V}_t(R_t) = \theta_{t0} + \theta_{t1}\ln(x_t)$$

15.4　本练习将使用贝尔曼方程求解一个简单的库存问题以获得最优策略。接下来的练习将帮助你实现各种后向ADP策略，你可以将这些策略与在这个练习中获得的最优策略进行比较。库存问题将跨越T个时间段，库存公式由下式控制：

$$R_{t+1} = \max\{0, R_t - \hat{D}_{t+1}\} + x_t$$

此处，假设在t时订购的产品x_t会在$t+1$时到货。假设$\hat{D}_{t+1}$由1和20之间的离散均匀分布来描述。

接下来假设贡献函数为：

$$C(S_t, x_t) = 50 \min\{R_t, \hat{D}_{t+1}\} - 10x_t$$

(1) 通过使用第14章中的经典后向动态规划方法(特别是式(14.3))精确求解动态规划，找到最优策略。注意，最大的挑战是计算一步转移矩阵。从$R_0 = 0$开始模拟1000次该最优策略并报告表现(性能)。

(2) 现在，使用简单的二次近似来近似价值函数，用后向ADP来解决这个问题：

$$\overline{V}_t^x(R_t^x) = \theta_{t0} + \theta_{t1}R_t^x + \theta_{t2}(R_t^x)^2$$

其中，R_t^x是可以使用的决策后资源状态，可以用下式表示：

$$R_t^x = \max\{0, R_t - \mathbb{E}\{\hat{D}_{t+1}\}\} + x_t$$

已找到$\overline{V}_t^x(R_t^x)$，将生成的策略模拟1000次，并将结果与最优策略进行比较。

序贯决策分析和建模

以下练习摘自在线书籍*Sequential Decision Analytics and Modeling*(《序贯决策分析和建模》)，扫描右侧二维码，即可查看该书。

15.5　实验一个储能问题，可以使用后向近似动态规划来精确地解决这个问题。扫描右侧二维码，下载代码"EnergyStorage_I"。设置此代码是为了使用后向动态规划来准确地解决问题，其中必须枚举状态空间。在这里，你将被要求创建一个使用后向近似动态规划的代码版本。

假设价格过程根据下式演变：

$$p_{t+1} = \min\{100, \max\{0, p_t + \varepsilon_{t+1}\}\}$$

其中，ε_{t+1}遵循下式给出的离散均匀分布：

$$\varepsilon_{t+1} = \begin{cases} -2 & \text{概率 } 1/5 \\ -1 & \text{概率 } 1/5 \\ 0 & \text{概率 } 1/5 \\ +1 & \text{概率 } 1/5 \\ +2 & \text{概率 } 1/5 \end{cases}$$

假设$p_0 = \$50$。

(1) 使用本书14.3节中的后向动态规划策略求解最优策略(算法已经在Python模块中实现)。

① 运行算法，其中价格以1美元的增量离散化，然后是0.50美元，最后是0.25美元。计算3个离散化级别中每个级别的状态空间大小，并绘制运行时间与状态空间大小的关系图。

② 使用1美元离散化的最优价值函数，对价格的每个离散化级别进行100次前向模拟，并报告估计的目标函数。

(2) 使用图15.3中给出的查找表，运用近似动态规划修改代码以解决问题。(针对3个价格离散化级别中的每一个)模拟生成的策略并报告结果。

(3) 使用图15.5中给出的连续近似，运用近似动态规划修改代码以解决问题。(针对3个价格离散化级别中的每一个)模拟生成的策略并报告结果。使用决策后价值函数的线性模型：

$$\overline{V}_t^x(S_t^x) = \sum_{f\in\mathcal{F}} \theta_f \phi_f(S_t^x)$$

其特征为：

$$\phi_0(S_t^x) = 1,$$
$$\phi_1(S_t^x) = R_t^x,$$
$$\phi_2(S_t^x) = (R_t^x)^2,$$
$$\phi_3(S_t^x) = p_t,$$
$$\phi_4(S_t^x) = p_t^2,$$
$$\phi_5(S_t^x) = R_t^x p_t$$

使用近似价值函数模拟你获得的策略(100次)，并将结果与最优策略进行比较。

(4) 重复步骤(3)，但现在假设价格过程根据下式演化：

$$p_{t+1} = .5p_t + .5p_{t-1} + \varepsilon_{t+1}$$

其中，ε_{t+1}遵循如上所示的分布。记住，你现在必须使状态变量包含p_{t-1}。只需要使用1美元的单一价格离散化。请执行以下操作。

① 首先按照(1)部分中的方法计算最优策略。你必须修改代码来处理状态变量的额外维度。使用(1)部分和(2)部分中假设的价格模型比较运行时间。更复杂的状态变量如何影响最优算法和后向近似动态规划算法的求解时间？

② 比较最优解的表现(性能)与使用后向近似动态规划获得的解。

每日一问

　　"每日一问"是你选择的一个问题(请参阅第1章中的指南)。针对你的每日一问，回答以下问题。

15.6 以你在第14章"每日一问"练习中提出的问题为例，为该问题绘制一个后向ADP算法。指定一个你认为可能有效的价值函数近似。

参考文献

第**16**章

前向 ADP I：策略价值

第14章为寻找离散状态问题的最优策略奠定了基础，假设状态和决策可以被枚举，一步转移矩阵可以被计算。这一章介绍有限时域问题的经典后向动态规划，但大部分内容都集中在无限时域问题上，其中有好几种计算价值函数$V(s)$的方法。最重要的是值迭代，因为它相对容易计算，并且是许多近似策略的基础。

第15章(为有限时域问题)引入了后向近似动态规划(ADP)的理念，也称为无限时域问题的拟合值迭代。令人惊讶的是，后向近似动态规划是一项相对较新的发明，而拟合值迭代已有些年头，与我们将在本章以及第17章和第18章中介绍的基于前向近似动态规划的原理的方法相比，它所受到的关注明显较少。

我们怀疑，前向近似动态规划之所以相对流行，是因为它捕捉了在时间上向前移动的实际物理系统的动态。它的直接好处是避免了任何形式的枚举状态，从而避免了"维数灾难"(这通常与向量值状态相关)。它甚至不需要决定如何对状态空间进行采样，而这在后向动态规划中是必需的。

它还避免了计算一步转移矩阵的需要，因为要么模拟外生信息W_{t+1}，要么只是从一个物理系统观察S_t到S_{t+1}的转移。当向前推进时间时，就好像存在一个自然的采样机制，虽然这在一定程度上是正确的，但必须注意如何选择决策(在一定程度上)来决定访问的下一个状态。相比之下，后向ADP需要纯随机采样，这意味着对状态的选择完全不受问题物理性质的引导，而只是基于对状态范围的假设。

这一领域的大部分工作仍然会假设离散决策，这有着非常广泛的应用。在第18章前讲的都是向量值决策，直到第18章，才将重点聚焦于具有凹(如果最小化，则为凸)贡献函数的问题(这会转化为价值函数中的凹性)。

本章主要关注计算υ^n的不同方法，然后使用该信息来估计固定策略的价值函数近似。这样做是为了在策略随着迭代而演变、带来严重复杂性之前，降低估计策略价值的难度。为了强调这是在计算固定策略的价值，我们用策略π来索引价值函数V^π等参数。在掌握了估计策略价值的相关基础知识之后，将于第17章讨论寻找好策略的过程。

16.1　对策略价值进行采样

乍一看，从统计学的角度估计固定策略价值的问题应该与从噪声观察中估计函数的问题没有什么不同。事实上，这可能是正确的，但这取决于如何计算 $\hat{v}^n$。随着时间的推移(尤其是在第17章中优化策略时)，我们将不得不接受这样一个事实：$\hat{v}^n$ 几乎总是处于某状态的价值的偏差采样估计。

我们的常规做法是在没有折扣因子的情况下，对有限时域问题进行建模。当然，正如你在第14章中所看到的，折扣在无限期问题中是必不可少的。在后续章节中，我们有时会在有限和无限时域之间切换，并保留折扣因子 γ，即使对于有限时域情况，也是如此。

16.1.1　有限时域问题的直接策略评估

假设固定策略 $X^\pi(s)$ 可以采取第11章所述的任何形式。对于第 n 次迭代，如果在 t 时处于状态 S_t^n，就选择决策 $x_t^n = X^\pi(S_t^n)$，之后对外部信息 W_{t+1}^n 进行采样。我们有时会说我们遵循的是样本路径 ω^n，从中观察 $W_{t+1}^n = W_{t+1}(\omega^n)$。外生信息 W_{t+1}^n 可能取决于 S_t^n 以及决策 x_t^n。由此，可以通过下式计算贡献。

$$\hat{C}_t^n = C(S_t^n, x_t^n)$$

最后，根据转移函数计算下一个状态：

$$S_{t+1}^n = S^M(S_t^n, x_t^n, W_{t+1}^n)$$

这个过程一直持续到我们到达时域 T 的终点。基本算法如图16.1所示。步骤6使用批处理例程来拟合统计模型。通常，更自然的做法是使用某种递归程序并将价值函数的更新嵌入迭代循环中。递归程序的类型取决于价值函数近似的性质。在本章后面部分，当使用线性回归方法时，我们将描述几个递归程序。

有限时域问题有时被称为情节(episodic)事件，其中情节是指在时域结束之前对策略的模拟(也称为试验)。然而，"情节"这个术语也可以得到更广泛的解释。例如，一辆急救车可能会多次返回基地，然后系统重新启动。从基地出发，然后返回基地的每个循环都可以被视为一个情节。因此，如果正在处理一个有限时域问题，我们倾向于将其具象化，称之为有限时域问题。

评估固定策略在数学上等同于对有噪声函数进行无偏观察。拟合函数近似正是整个统计学习领域几十年来一直在努力做的事情。如果要拟合线性模型，那么有一些强大的递归过程可以使用。16.1.2节将对此进行讨论。

步骤0. 初始化

　　步骤0a. 初始化 $\bar{V}^0$

　　步骤0b. 初始化 S^1

　　步骤0c. 设 $n = 1$

步骤1. 选择样本路径 ω^n

步骤2. 选择启动状态 S_0^n

步骤3. 对于 $t = 0, 1, \ldots, T$

　　步骤3a. $x_t^n = X^\pi(S_t^n)$

　　步骤3b. $\hat{C}_t^n = C(S_t^n, x_t^n)$

　　步骤3c. $W_{t+1}^n = W_{t+1}(\omega^n)$

　　步骤3d. $S_{t+1}^n = S^M(S_t^n, x_t^n, W_{t+1}^n)$

步骤4. 计算 $\hat{v}_0^n = \sum_{t=0}^{T} \gamma^t \hat{C}_t^n$

步骤5. $n = n+1$。如果 $n \leq N$，则转至步骤1

步骤6. 使用状态—值对 $(S^i, \hat{v}^i)_{i=1}^n$ 序列来拟合一个函数近似 $\bar{V}^\pi(s)$

图16.1　基本策略评估算法

16.1.2　无限时域问题的策略评估

不出意外的是，无限时域问题引入了一种特殊的复杂性，原因是无法在有限测量次数中获得无偏观测。我们会介绍一些用于无限时域应用的方法。

周期性访问

有许多问题是无限时域的，但系统会定期自行重置。一个简单的例子就是有限时域问题，在这个问题中，到达时域的终点并重新开始(就像在游戏中发生的那样)可以被视为一个情节。另一个不同的例子是排队系统，也许正试图管理急诊室的患者接待。有时候，队列可能会变空，此时系统会重置并重新启动。对于这样的系统，不妨从这个基本状态开始，估计遵循策略 π 的价值。

即使没有这样的更新系统，假设发现自己处于一种状态 s，现在遵循策略 π，直到重新进入状态 s。设 $R^n(s)$ 为获得的回报，而 $\tau^n(s)$ 是重新进入状态 s 之前所需的时间段。在这里，n 正在计算我们访问状态 s 的次数。处于状态 s 并遵循策略 π 所获得的平均回报的观察结果将由下式给出：

$$\hat{v}^n(s) = \frac{R^n(s)}{\tau^n(s)}$$

$\hat{v}^n(s)$ 将在返回状态 s 时计算。然后可以使用下式更新状态 s 的平均值：

$$\bar{v}^n(s) = (1 - \alpha_{n-1})\bar{v}^{n-1}(s) + \alpha_{n-1}\hat{v}^n(s)$$

注意,当从状态s'转移到状态s''时,会在$R(s)$累积每个在到达状态s'之前就访问过的状态s的回报。每次到达状态s'',就会停止为s''累积回报,并计算$\hat{v}^n(s'')$,然后将其平滑到当前估计值$\bar{v}(s'')$。注意,仅在计算每个时间段的平均回报的情况下给出这一点。

部分模拟

虽然可能无法模拟一个无限轨迹,但可以模拟一个长轨迹T,它的轨迹要足够长,以确保得出的估计"足够好"。当使用折扣时,我们会意识到,最终γ^t会变得足够小,以至于更长的模拟实际上无关紧要。这个想法可以用相对简单的方式实现。

先来看一下图16.1中的算法,并在步骤3中插入计算:

$$\bar{c}_t = \frac{t-1}{t}\bar{c}_{t-1} + \frac{1}{t}\hat{C}_t^n$$

$\bar{c}_t$是每时间段贡献在多个时间段上的平均值。随着在越来越多的时间段内遵循策略,$\bar{c}_t$会接近每时间段贡献平均值。在一个无限时域上,可发现:

$$\hat{v}_0^n = \lim_{t\to\infty}\sum_{t=0}^{\infty}\gamma^t\hat{C}_t^n = \frac{1}{1-\gamma}\bar{c}_\infty$$

现在假设只经历了T个时间段,并设$\bar{c}_T$是在此时此刻对$\bar{c}_\infty$的估计。期望:

$$
\begin{aligned}
\hat{v}_0^n(T) &= \sum_{t=0}^{T}\gamma^t\hat{C}_t^n \\
&\approx \frac{1-\gamma^{T+1}}{1-\gamma}\bar{c}_T
\end{aligned}
\tag{16.1}
$$

T时间段估计$\hat{v}_0^n(T)$与无限时域估计$\hat{v}_0^n$之间的误差由下式给出:

$$
\begin{aligned}
\delta_T^n &= \frac{1}{1-\gamma}\bar{c}_\infty - \frac{1-\gamma^{T+1}}{1-\gamma}\bar{c}_T \\
&\approx \frac{1}{1-\gamma}\bar{c}_T - \frac{1-\gamma^{T+1}}{1-\gamma}\bar{c}_T \\
&= \frac{\gamma^{T+1}}{1-\gamma}\bar{c}_T
\end{aligned}
$$

因此,只需要找到使δ_T足够小的T。这种策略被嵌入一些优化算法中,这些算法只要求在$n\to\infty$时,$\delta_T^n\to 0$(意味着必须稳步地让T增长)。

无限时域投射

从式(16.1)很容易看出,如果在T个时间段后停止,那么将以因子$1-\gamma^{T+1}$低估无限时域的贡献。假设T是相当大的(例如,$\gamma^{T+1}<0.1$),就可以引入修正:

$$\hat{v}_0^n = \frac{1}{1-\gamma^{T+1}}\hat{v}_0^n(T)$$

本质上,是在对T时间段路径进行一次采样估计,并将其投射到无限时域上。

16.1.3　时间差分更新

假设处于状态 S_t^n，（使用策略 π）做出决策 x_t^n，之后观察使我们处于状态 $S_{t+1}^n = S^M(S_t^n, x_t^n, W_{t+1}^n)$ 的信息 W_{t+1}。这一转移的贡献由 $C(S_t^n, x_t^n)$ 给出。假设现在继续这样做，直到时域 T 的终点。为简单起见，我们将取消折扣。在这种情况下，沿着这条路径得到的贡献将是：

$$\hat{v}_t^n = C(S_t^n, x_t^n) + C(S_{t+1}^n, x_{t+1}^n) + \dots + C(S_T^n, x_T^n) \tag{16.2}$$

这是通过遵循结果 ω^n 的信息(这决定了 $W_{t+1}^n, W_{t+2}^n, \dots, W_T^n$)和策略 π 的组合产生的路径得到的贡献。$\hat{v}_t^n$ 是处于状态 S_t 并在样本路径 ω^n 上遵循策略 π 的价值的无偏样本估计。可以用下式通过随机梯度算法来估计状态 S_t 的值。

$$\bar{V}_t^n(S_t^n) = \bar{V}_t^{n-1}(S_t^n) - \alpha_n \left(\bar{V}_t^{n-1}(S_t^n) - \hat{v}_t^n\right) \tag{16.3}$$

可以通过使用下式分解式(16.2)中的路径成本来获得更丰富的算法类别。

$$\hat{v}_t^n = \sum_{\tau=t}^{T} C(S_\tau^n, x_\tau^n)$$

$$- \underbrace{\left\{\sum_{\tau=t}^{T} \left(\bar{V}_\tau^{n-1}(S_\tau) - \bar{V}_{\tau+1}^{n-1}(S_{\tau+1})\right)\right\} + \left(\bar{V}_t^{n-1}(S_t) - \bar{V}_{T+1}^{n-1}(S_{T+1})\right)}_{=0}$$

现在使用 $\bar{V}_{T+1}^{n-1}(S_{T+1}) = 0$ 这一事实(这是我们的有限时域模型发挥作用的地方)。通过重新整理，得到：

$$\hat{v}_t^n = \bar{V}_t^{n-1}(S_t) + \sum_{\tau=t}^{T} \left(C(S_\tau^n, x_\tau^n) + \bar{V}_{\tau+1}^{n-1}(S_{\tau+1}) - \bar{V}_\tau^{n-1}(S_\tau)\right)$$

设：

$$\delta_\tau = C(S_\tau^n, x_\tau^n) + \bar{V}_{\tau+1}^{n-1}(S_{\tau+1}^n) - \bar{V}_\tau^{n-1}(S_\tau^n) \tag{16.4}$$

项 δ_τ 称为时间差分(temporal difference)。如果使用标准的单程算法，则在 t 时，$\hat{v}_t^n = C(S_t^n, x_t^n) + \bar{V}_{t+1}^{n-1}(S_t^n)$ 将是对处于状态 S_t 的样本观察，而 $\bar{V}_t^{n-1}(S_t)$ 是目前对处于状态 S_t 的价值的估计。这意味着 t 时的时间差分，即 $\delta_t = \hat{v}_t^n - \bar{V}_t^{n-1}(S_t)$，是指对处于状态 S_t 的价值的当前估计和更新估计之间的差值。这个时间差分也称为贝尔曼误差(Bellman error)。

使用式(16.4)，可以用更紧凑的方式得到 $\hat{v}_t^n$。

$$\hat{v}_t^n = \bar{V}_t^{n-1}(S_t) + \sum_{\tau=t}^{T} \delta_\tau \tag{16.5}$$

将式(16.5)代入式(16.3)，得到：

$$
\begin{aligned}
\bar{V}_t^n(S_t) &= \bar{V}_t^{n-1}(S_t) - \alpha_{n-1}\left[\bar{V}_t^{n-1}(S_t) - \left(\bar{V}_t^{n-1}(S_t) + \sum_{\tau=t}^{T}\delta_\tau\right)\right] \\
&= \bar{V}_t^{n-1}(S_t) + \alpha_{n-1}\sum_{\tau=t}^{T-1}\delta_\tau
\end{aligned}
\tag{16.6}
$$

接下来，使用这一点代数知识构建一类重要的更新机制来估计价值函数。

16.1.4 TD(λ)

时间差分δ_τ是对处于状态S_τ的价值估计的误差。可以将式(16.6)中的每个项视为对价值函数估计的修正。路径中较迟的更新不应该被赋予和路径中较早的更新一样多的权重。因此，通常会人为引入一个折扣因子λ，产生如下形式的更新：

$$
\bar{V}_t^n(S_t) = \bar{V}_t^{n-1}(S_t) + \alpha_{n-1}\sum_{\tau=t}^{T}\lambda^{\tau-t}\delta_\tau
\tag{16.7}
$$

上式是在没有时间折扣因子的情况下推导出来的。在此，将以下练习留给读者，说明如果有时间折扣因子γ，则时间差分更新为：

$$
\bar{V}_t^n(S_t) = \bar{V}_t^{n-1}(S_t) + \alpha_{n-1}\sum_{\tau=t}^{T}(\gamma\lambda)^{\tau-t}\delta_\tau
\tag{16.8}
$$

式(16.8)表明，折扣因子γ通常被视为捕捉货币的时间值，而算法折扣λ是一个纯粹的算法设备。不出意外的是，运筹学的建模人员经常将折扣因子γ设置为一个比捕捉货币时间值所需的数字小得多的数字。人为的折扣支持展望未来，当觉得结果不完全准确时，就可对结果打折。

式(16.7)所示形式的更新产生了一个称为TD(λ)的更新程序(或带折扣λ的时间差分学习)。在此，λ以算法折扣的形式引入，原因是它与反映货币值折扣的传统用法无关。算法折扣是一种启发式方法，可以限制在未来计划做出的决策的影响，原因是未来模型不完善。

式(16.7)中的更新公式要求在更新估计值之前，一直推进到时域的终点。然而，还有另一种实现更新的方法。随着算法在时间上推进，计算时间差分δ_τ。因此，更新公式可以被递归实现。假设在t'时正处于模拟中，只需要简单地执行以下公式。对于所有的$t \le t'$：

$$
\bar{V}_t^n(S_t^n) := \bar{V}_t^n(S_t) + \alpha_{n-1}\lambda^{t'-t}\delta_{t'}
\tag{16.9}
$$

这里的符号"$:=$"意味着取当前值$\bar{V}_t^n(S_t)$，加上$\alpha_{n-1}\lambda^{t'-t}\delta_{t'}$以获得更新值$\bar{V}_t^n(S_t)$。当到达时间$t' = T$时，价值函数将经历一次完整的更新。我们注意到在$t'$时，需要更新每个$t \le t'$。

16.1.5　TD(0)和近似值迭代

当使用 $\lambda = 0$ 时，会出现 TD(λ) 的一个重要特例。在这种情况下，

$$\bar{V}_t^n(S_t^n) \;=\; \bar{V}_t^{n-1}(S_t^n) + \alpha_{n-1}\big(C(S_t^n, x_t^n) + \gamma \bar{V}_{t+1}^{n-1}(S^M(S_t^n, x_t^n, W_{t+1}^n)) - \bar{V}_t^{n-1}(S_t^n)\big) \tag{16.10}$$

现在考虑值迭代的方法。在第 14 章中，当不必处理蒙特卡洛样本以及统计噪声时，(固定策略的)值迭代看起来像：

$$V_t^n(s) = C(s, X^\pi(s)) + \gamma \sum_{s' \in \mathcal{S}} p^\pi(s'|s) V_{t+1}^n(s')$$

在稳定状态下，将其写作：

$$V^n(s) = C(s, X^\pi(s)) + \gamma \sum_{s' \in \mathcal{S}} p^\pi(s'|s) V^{n-1}(s')$$

当使用近似动态规划时，我们遵循的是使自己处于状态 S_t^n 的样本路径，其中观察到贡献 $\hat{C}_t^n$ 的一个样本实现，之后再观察下一个下游状态 S_{t+1}^n 的样本实现(决策由固定策略决定)。使用下式计算处于状态 S_t^n 的价值的样本观察：

$$\hat{v}_t^n = C(S_t^n, x_t^n) + \gamma \bar{V}_{t+1}^{n-1}(S_{t+1}^n)$$

然后，可以使用下式运用该观察来更新对处于状态 S_t^n 的价值的估计：

$$\begin{aligned}
\bar{V}_t^n(S_t^n) &= (1 - \alpha_{n-1})\bar{V}_t^{n-1}(S_t^n) + \alpha_{n-1}\hat{v}_t^n \\
&= (1 - \alpha_{n-1})\bar{V}_t^{n-1}(S_t^n) + \\
&\quad \alpha_{n-1}\big(C(S_t^n, x_t^n) + \gamma \bar{V}^{n-1}(S^M(S_t^n, x_t^n, W_{t+1}^n))\big)
\end{aligned} \tag{16.11}$$

不难看出式(16.10)和式(16.11)是相同的。这个想法很流行，原因是它特别容易实现。它也非常适合高维决策向量 x，参见第 18 章。

时间差分学习因 $\bar{V}^{n-1}(S)$ 被视为处于状态 S 的"当前"值而得名，虽然 $C(S, x) + \bar{V}^{n-1}(S^M(S, x, W))$ 被视为处于状态 S 的更新值。差分 $\bar{V}^{n-1}(S) - (C(S, x) + \bar{V}^{n-1}(S^M(S, x, W)))$ 是这些估计值在迭代(或时间)之间的差异，它也因此而得名。TD(0)是统计自助法的一种形式，因为它取决于当前对处于下游状态 $S^M(S, x, W)$ 的价值 $\bar{V}^{n-1}(S^M(S, x, W))$ 的估计，而不是对整个轨迹的模拟。

虽然 TD(0) 很容易实现，但它也可能导致非常缓慢的收敛，这种效应可用图 16.2 所示的简单五态马尔可夫链说明。其中，从状态 0 到状态 4 的转移的贡献，用 $\hat{c}$ 表示，总是为 0。当从状态 5 进行最后的转移时，会得到 1。当应用 TD(0) 更新来估计每个状态的价值时，得到了表 16.1 所示的一组数字。在这个示例中，没有决策，并且每一时间段的贡献均为零。全部使用 $1/n$ 的步长。

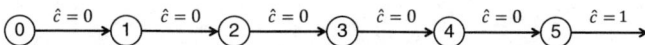

图16.2　用于说明后向学习的五态马尔可夫链

表16.1 步长对后向学习的影响

迭代	$\bar{V}_0$	$\hat{v}_1$	$\bar{V}_1$	$\hat{v}_2$	$\bar{V}_2$	$\hat{v}_3$	$\bar{V}_3$	$\hat{v}_4$	$\bar{V}_4$	$\hat{v}_5$
0	0.000		0.000		0.000		0.000		0.000	1
1	0.000	0.000	0.000	0.000	0.000	0.000	0.000	0.000	1.000	1
2	0.000	0.000	0.000	0.000	0.000	0.000	0.500	1.000	1.000	1
3	0.000	0.000	0.000	0.000	0.167	0.500	0.667	1.000	1.000	1
4	0.000	0.000	0.042	0.167	0.292	0.667	0.750	1.000	1.000	1
5	0.008	0.042	0.092	0.292	0.383	0.750	0.800	1.000	1.000	1
6	0.022	0.092	0.140	0.383	0.453	0.800	0.833	1.000	1.000	1
7	0.039	0.140	0.185	0.453	0.507	0.833	0.857	1.000	1.000	1
8	0.057	0.185	0.225	0.507	0.551	0.857	0.875	1.000	1.000	1
9	0.076	0.225	0.261	0.551	0.587	0.875	0.889	1.000	1.000	1
10	0.095	0.261	0.294	0.587	0.617	0.889	0.900	1.000	1.000	1

表16.1说明了$\bar{V}_0$的收敛速度显著低于$\bar{V}_4$的原因是，当使$\hat{v}_t$平滑地转换为$\bar{V}_{t-1}$时，步长具有折扣效应。当在t时处于某个状态的价值取决于对未来若干步的贡献时(想象一下训练价值函数来下棋的挑战)，问题最为突出。对于具有长时域的问题，尤其是那些需要许多步骤才能获得回报的问题，这种偏差可能非常严重，以至于时间差分(以及使用它的算法)似乎根本无法工作。可以通过仔细选择步长规则来部分克服收敛缓慢的问题。第6章详细讨论了步长。特别地，请参阅专门用于估计价值函数的OSAVI步长策略(见6.4节)。

16.1.6 无限时域问题的TD学习

可以像处理有限时域问题时那样，使用一个通用TD(λ)策略来进行更新。然而，这两者有一些细微的差别。对于有限时域问题，通常假设每个时间段t正在估计不同的函数$\bar{V}_t$。随着时间的推移，获得了可用于特定时间点的价值函数的信息。对于平稳问题，每次转移都会产生可用于更新价值函数的信息，然后在所有未来更新中使用这些信息。相反，如果为有限时域问题更新$\bar{V}_t$，则直到下一次前向遍历状态时才使用此更新。

当处理无限时域问题时，我们放弃了t索引。不再按时间向前，而是按迭代向前。在每一次迭代中，都会产生一个时间差分：

$$\delta^n = C(s^n, x^n) + \gamma\bar{V}^{n-1}(S^{M,x}(s^n, x^n)) - \bar{V}^{n-1}(s^n)$$

为了在每个状态下正确更新价值函数，必须使用以下形式的无限级数：

$$\bar{V}^n(s) = \bar{V}^{n-1}(s) + \alpha_n \sum_{m=0}^{\infty} (\gamma\lambda)^m \delta^{n+m} \tag{16.12}$$

其中，可以使用任何初始启动状态$s^0 = s$。当然，我们会对访问的每个状态s^m使用相同的更新，这样便有：

$$\bar{V}^n(s^m) = \bar{V}^{n-1}(s^m) + \alpha_n \sum_{n=m}^{\infty} (\gamma\lambda)^{(n-m)} \delta^n \tag{16.13}$$

式(16.12)和式(16.13)都意味着在执行更新之前，在时间上向前推进(可能是"大量"迭代)并计算时间差分。运行算法的一种更自然的方式是逐步进行更新。在计算 δ^n 之后，可以在访问过的每个先前状态上更新价值函数。因此，在第 n 次迭代，可执行：

$$\bar{V}^n(s^m) \quad := \quad \bar{V}^n(s^m) + \alpha_n(\gamma\lambda)^{n-m}\delta^m, \quad m = n, n-1, \dots, 1 \tag{16.14}$$

现在可以使用时间差分 δ^n 来更新第 n 次迭代之前访问过的每个状态的价值函数的估计值。

图16.3概述了针对无限时域问题的TD(λ)算法的基本结构。步骤1始于计算第一个决策后状态，步骤2则向前迈出一步。在步骤3中计算时间差分之后，我们会遍历在步骤4中访问的先前状态，以更新它们的价值函数。

步骤0. 初始化

　步骤0a. 对于所有 S，初始化 $\bar{V}^0(S)$

　步骤0b. 初始化状态 S^0

　步骤0c. 设 $n = 1$

步骤1. 选择 ω^n

步骤2. 求解

$$x^n = \arg\max_{x \in \mathcal{X}^n} \left(C(S^n, x) + \gamma \bar{V}^{n-1}(S^{M,x}(S^n, x)) \right) \tag{16.15}$$

步骤3. 计算这一步的时间差分

$$\delta^n = C(S^n, x^n) + \gamma \left(\bar{V}^{n-1}(S^{M,x}(S^n, x^n)) - \bar{V}^{n-1}(S^n) \right)$$

步骤4. 对于 $m = n, n-1, \dots, 1$，更新 $\bar{V}$

$$\bar{V}^n(S^m) \quad = \quad \bar{V}^{n-1}(S^m) + (\gamma\lambda)^{n-m}\delta^n \tag{16.16}$$

步骤5. 计算 $S^{n+1} = S^M(S^n, x^n, W(\omega^n))$

步骤6. 设 $n = n + 1$。如果 $n < N$，则转至步骤1

图16.3　无限时域问题的TD(λ)算法

步骤3会更新之前已经访问的所有状态 $(S^m)_{m=1}^n$。因此，在第 n 次迭代，将模拟部分更新：

$$\bar{V}^n(S^0) \quad = \quad \bar{V}^{n-1}(S^0) + \alpha_{n-1} \sum_{m=0}^{n} (\gamma\lambda)^m \delta^m \tag{16.17}$$

这意味着在任意一次(第 n 次)迭代中，已经使用有偏样本观察更新了值(通常是值迭代中的情况)。我们通过扩展到时域的终点来避免有限时域问题。可以通过假设所有策略最终将系统置于"吸收状态"来获得无偏的无限时域问题的更新。例如，如果正在对持有或出售资产的过程进行建模，就可能保证最终出售资产。

有限时域问题和无限时域问题的时间差分学习之间的一个细微差别是，在无限时域的情况下，可能要在同一样本路径上访问同一状态两次或多次。对于有限时域的情况，状态和价值函数都是按访问它们的时间进行索引的。随着时间的推移，永远无法在同一样本路径中、在同一时间点两次访问同一状态。相反，在稳态问题中，很容易一次又一次地重新访问同一状态。例如，可以追踪漂泊的货车司机(参见2.3.4节)的路径，他们可能在同一样本路径中的同一对位置之间往返。因此，我们使用价值函数来确定要访问的状态，但也在更新处于这些状态的价值。

16.2　随机近似方法

递归估计的核心理念是使用随机近似方法和随机梯度。5.3.1节探讨基于导数的随机优化时已经呈现了这一点。这里将在不同的背景下再次回顾这个理念。从最初作为以下问题引入的同一随机优化问题开始：

$$\min_x \mathbb{E}F(x, W)$$

现在假设正在选择一个标量值 v 来求解该问题：

$$\min_v \mathbb{E}F(v, \hat{V}) \tag{16.18}$$

其中，

$$F(v, \hat{V}) = \frac{1}{2}(v - \hat{V})^2$$

其中，$\hat{V}$ 是一个平均值未知的随机变量。我们希望使用一系列样本实现 $\hat{v}^n$ 来指导算法生成一个收敛到式(16.18)的最优解 v^* 的序列 v^n。使用5.3.1节中介绍的同一基本策略，其中使用下式更新 v^n。

$$
\begin{aligned}
v^n &= v^{n-1} - \alpha_{n-1} \nabla F(v^{n-1}, \hat{v}^n) \\
&= v^{n-1} - \alpha_{n-1}(v^{n-1} - \hat{v}^n)
\end{aligned} \tag{16.19}
$$

现在，若进行转移——不更新标量 v^n，而是更新 $\bar{V}_t^n(S_t^n)$。这会产生以下更新公式：

$$\bar{V}_t^n(S_t^n) = \bar{V}_t^{n-1}(S_t^n) - \alpha_{n-1}(\bar{V}_t^{n-1}(S_t^n) - \hat{v}^n) \tag{16.20}$$

如果使用 $\hat{v}^n = C(S_t^n, x_t^n) + \gamma \bar{V}^{n-1}(S_{t+1}^n)$，我们很快就会发现，使用随机梯度算法(式(16.20))生成的更新公式，与使用时间差分学习(式(16.10))和近似值迭代(式(16.11))得到的更新公式是相同的。在式(16.19)中，α_n 之所以被称为步长，是因为它控制在方向 $\nabla F(v^{n-1}, \hat{v}^n)$ 上走多远，这也是本书采用术语 α_n 的原因。与5.3节中首次应用该理念(步长必须用作缩放函数)时不同，在该场景中，被优化的变量 v^n 的单位和梯度的单位相同。事实上，可以预期 $0 < \alpha_n \leq 1$，这是一个主要的简化。

接下来考虑一下，当用线性回归 $\bar{V}(s|\theta) = \theta^T \phi$ 替换之前使用的查找表表示 $\bar{V}(s)$ 时，会发生什么。现在，想要找到 θ 的最优值，可以通过求解下式来做到这一点。

$$\min_{\theta} \mathbb{E} \frac{1}{2}(\bar{V}(s|\theta) - \hat{v})^2$$

应用一个随机梯度算法，获得更新步骤：

$$\theta^n \quad = \quad \theta^{n-1} - \alpha_{n-1}(\bar{V}(s|\theta^{n-1}) - \hat{v}^n)\nabla_{\theta}\bar{V}(s|\theta^n) \tag{16.21}$$

鉴于 $\bar{V}(s|\theta^n) = \sum_{f \in \mathcal{F}} \theta_f^n \phi_f(s) = (\theta^n)^T \phi(s)$，相对于 θ 的梯度由下式给出：

$$\nabla_{\theta}\bar{V}(s|\theta^n) = \begin{pmatrix} \frac{\partial \bar{V}(s|\theta^n)}{\partial \theta_1} \\ \frac{\partial \bar{V}(s|\theta^n)}{\partial \theta_2} \\ \vdots \\ \frac{\partial \bar{V}(s|\theta^n)}{\partial \theta_F} \end{pmatrix} = \begin{pmatrix} \phi_1(s^n) \\ \phi_2(s^n) \\ \vdots \\ \phi_F(s^n) \end{pmatrix} = \phi(s^n)$$

因此，更新式(16.21)由下式给出：

$$\theta^n \quad = \quad \theta^{n-1} - \alpha_{n-1}(\bar{V}(s|\theta^{n-1}) - \hat{v}^n)\phi(s^n)$$

$$= \quad \theta^{n-1} - \alpha_{n-1}(\bar{V}(s|\theta^{n-1}) - \hat{v}^n)\begin{pmatrix} \phi_1(s^n) \\ \phi_2(s^n) \\ \vdots \\ \phi_F(s^n) \end{pmatrix} \tag{16.22}$$

使用随机梯度算法时，我们需要一些初始估计 θ^0 来表示参数向量，尽管 $\theta^0 = 0$ 是一个常见的选择。

虽然这是一个简单而优雅的算法，但重新引入了缩放问题。正如5.3节所示，θ^{n-1} 的单位和 $(\bar{V}(s|\theta^{n-1}) - \hat{v}^n)\phi(s^n)$ 的单位可能完全不同。我们所了解的步长仍然适用，只是可能需要一个与1.0(共同起点)截然不同的初始步长。

实验工作表明，以下策略效果良好：当选择一个步长公式时，可缩放步长的第一个值，以使 θ^n 在算法的早期迭代中大约有20%到50%的变化(通常需要观察几次迭代)。你想看到 θ^n 的个体元素在早期迭代中始终在同一方向上移动。如果步长太大，值就可能会剧烈波动，因而算法可能根本不会收敛。如果变化太小，算法则可能会完全停止运行。运行该算法一段时间，然后得出结论——它似乎已经收敛(可能是一个好的解)，这非常诱人。虽然在早期迭代中应当看到各个元素朝着相同的方向移动(持续增大或减小)，但也应看到最终的振荡行为。

16.3　使用线性模型的贝尔曼方程*

通过假设价值函数是由线性模型 $V(s) = \theta^T \phi(s)$ 给出的，可以求解无限时域问题的贝尔曼方程，其中 $\Phi(s)$ 是特定状态 s 的基函数的一个列向量。当然，我们仍在使用单一策略，因此贝尔曼方程仅用作找到某个固定策略 π 的无限时域值的最佳线性近似的方法。

下面从一个基于矩阵线性代数的推导开始。这一推导方式更高级，并且不会产生可以在实践中实现的表达式。在讨论之后会附上一个基于模拟的算法，该算法很容易实现。

16.3.1　基于矩阵的推导**

16.5.2节会基于矩阵线性代数的实用性和复杂性，提供基函数的几何视图。我们将继续这个演示，并在假设线性模型的情况下演示贝尔曼方程的一个版本。然而，我们还没有准备好引入对策略进行优化的维度，因此仍旧仅尝试近似处于一个状态的价值。此外，只考虑无限时域模型，因为已经处理了有限时域的情况。该演示可以被视为处理无限时域模型的另一种方法，同时使用线性架构来近似价值函数。

首先回想一下(固定策略的)贝尔曼方程：

$$V^\pi(s) = C(s, X^\pi(s)) + \gamma \sum_{s' \in \mathcal{S}} p(s'|s, X^\pi(s)) V^\pi(s')$$

在向量矩阵形式中，设 V^π 是带有元素 $V^\pi(s)$ 的向量，c^π 是带有元素 $C(s, X^\pi(s))$ 的向量，而 P^π 是第 s 行第 s' 列元素 $p(s'|s, X^\pi(s))$ 的一步转移矩阵。使用此符号，贝尔曼方程变为：

$$V^\pi = c^\pi + \gamma P^\pi V^\pi$$

使用下式求解 V^π。

$$V^\pi = (I - \gamma P^\pi)^{-1} c^\pi$$

这适用于一个查找表表示(每个状态一个值)。现在假设使用一个近似 $\bar{V}^\pi = \Phi\theta$ 来替换 V^π。其中，Φ 是一个带元素 $\Phi_{s,f} = \phi_f(s)$ 的 $|\mathcal{S}| \times |\mathcal{F}|$ 矩阵。同时设：

$d_s^\pi =$ 在遵循策略 π 时处于状态 s 的稳态概率，

$D^\pi =$ 一个 $|\mathcal{S}| \times |\mathcal{S}|$ 对角矩阵，其中状态概率 $(d_1^\pi, \ldots, d_{|\mathcal{S}|}^\pi)$ 组成对角线

我们想选择 θ 来最小化误差平方的加权和，其中状态 s 的误差由下式给出：

$$\epsilon^n(s) = \sum_f \theta_f \phi_f(s) - \left(c^\pi(s) + \gamma \sum_{s' \in \mathcal{S}} p^\pi(s'|s, X^\pi) \sum_f \theta_f^n \phi_f(s') \right) \tag{16.23}$$

式(16.23)右侧的第一项是给定 θ 的情况下，处于每个状态的预测值，而右边的第二项是使用单周期(单时间段)贡献计算的"预测"值加上使用 θ^n 计算的未来期望值所获得的。然后，误差平方和的预期值由下式给出：

$$\min_\theta \sum_{s \in \mathcal{S}} d_s^\pi \left(\sum_f \theta_f \phi_f(s) - \left(c^\pi(s) + \gamma \sum_{s' \in \mathcal{S}} p^\pi(s'|s, X^\pi) \sum_f \theta_f^n \phi_f(s') \right) \right)^2$$

在矩阵形式中，这可以写作：

$$\min_\theta (\Phi\theta - (c^\pi + \gamma P^\pi \Phi\theta^n))^T D^\pi (\Phi\theta - (c^\pi + \gamma P^\pi \Phi\theta^n)) \tag{16.24}$$

其中，D^π 是一个带元素 d_s^π 的 $|\mathcal{S}| \times |\mathcal{S}|$ 对角矩阵，该元素起到缩放作用(希望将注意力集

中在访问最多的状态上)。可以通过对式(16.24)中待优化的函数相对于 θ 求导，并令其等于 0，来找到 θ 的最优值(给定 θ^n)。设 θ^{n+1} 是最优解，这意味着有：

$$\Phi^T D^\pi \big(\Phi\theta^{n+1} - (c^\pi + \gamma P^\pi \Phi\theta^n) \big) = 0 \tag{16.25}$$

可以找到一个不动点 $\lim_{n\to\infty} \theta^n = \lim_{n\to\infty} \theta^{n+1} = \theta^*$，将式(16.25)改写成：

$$A\theta^* = b \tag{16.26}$$

其中，$A = \Phi^T D^\pi (I - \gamma P^\pi)\Phi$ 并且 $b = \Phi^T D^\pi c^\pi$。这至少在理论上支持使用下式求解 θ^*。

$$\theta^* = A^{-1}b \tag{16.27}$$

这可以被视为正则公式(式3.40)的缩放版本。式(16.27)与第14章中介绍的每个状态下的稳态值的计算非常相似，由下式给出：

$$V^\pi = (I - \gamma P^\pi)^{-1} c^\pi$$

式(16.27)的不同之处仅在于通过处于每种状态的概率(D^π)进行缩放以及通过 Φ 向特征空间转移。

我们注意到式(16.25)也可以写成下式的格式：

$$A\theta - b = \Phi^T D^\pi \big(\Phi\theta - (c^\pi + \gamma P^\pi \Phi\theta) \big) \tag{16.28}$$

项 $\Phi\theta$ 可以被视为每个状态的近似值。项 $(c^\pi + \gamma P^\pi \Phi\theta)$ 可以被视为单周期(单时间段)的贡献加上根据策略 π 转移到的状态的期望值，再次针对每个状态进行计算。设在根据策略 π 选择决策时，δ^π 是包含每个状态的时间差分的列向量。根据传统，时间差分总是写成 $C(S_t, x) + \bar{V}(S_{t+1}) - \bar{V}(S_t)$ 形式，这可以被认为是"估计减去预测"。如果继续设 δ^π 为时间差分的传统定义，则有：

$$\delta^\pi = -\big(\Phi\theta - (c^\pi + \gamma P^\pi \Phi\theta) \big) \tag{16.29}$$

在式(16.28)中，D^π 左乘 δ^π 的作用是通过处于每个状态的概率来分解每个时间差分。之后 Φ^T 左乘 $D^\pi \delta^\pi$ 的作用是将每个状态的缩放时间差分转移到特征空间。

我们的目标是找到使 $A\theta - b = 0$ 的 θ 值，这意味着尝试找到生成 $\Phi\theta - (c^\pi + \gamma P^\pi \Phi\theta) = 0$ 缩放版本的值 θ，但要转移到特征空间。

线性代数紧凑而优雅，但也很难解析，因此我们鼓励读者停下来思考其中的关系。一个有效的练习是考虑一组基函数，其中每个状态都有一个"特征"，即如果特征 f 对应于状态 s，则 $\phi_f(s) = 1$。在这种情况下，Φ 是单位矩阵。D^π 是一个对角矩阵，其对角元素 d_s^π 表示处于状态 s 的概率，其作用相当于按照处于某个状态的概率对每个状态的量进行缩放。如果 Φ 是单位矩阵，则 $A = D^\pi - \gamma D^\pi P^\pi$，其中 $D^\pi P^\pi$ 是处于状态 s 且之后转移到状态 s' 的联合概率的矩阵。向量 b 成为每个状态的成本向量(然后取一个对应于策略 π 的 A)乘以处于该状态的概率。

当我们有一组较小的基函数时，则 c^{π} 或 $D^{\pi}(I-\gamma P^{\pi})$ 乘以 Φ 的作用就相当于将以状态为索引的量缩放到特征空间中，这也会将一个 $|\mathcal{S}|$ 维空间转移至一个 $|\mathcal{F}|$ 维空间。

16.3.2   基于模拟的实现

没有人会实际计算16.3.1节中给出的表达式。在实践中，会对一切进行模拟。

首先模拟状态、决策和信息的轨迹：

$$(S^0, x^0, W^1, S^1, x^1, W^2, ..., S^n, x^n, W^{n+1})$$

回想一下，$\phi(s)$ 是一个列向量，对于每个特征 $f \in \mathcal{F}$，存在一个元素 $\phi_f(s)$。使用前面所示的模拟，还获得了一系列列向量 $\phi(s^i)$ 和贡献 $C(S^i, x^i)$。可以使用下式创建16.3.1节中 $|\mathcal{F}| \times |\mathcal{F}|$ 矩阵 A 的样本估计：

$$A^n = \frac{1}{n} \sum_{i=0}^{n-1} \phi(S^i)(\phi(S^i) - \gamma\phi(S^{i+1}))^T \tag{16.30}$$

还可以使用下式创建向量 b 的样本估计：

$$b^n = \frac{1}{n} \sum_{i=0}^{n-1} \phi(S^i)C(S^i, x^i) \tag{16.31}$$

为了获得一些直觉，再次停下来假设每个状态都有一个特征，这意味着 $\phi(S^i)$ 是一个由0组成的向量，其中对应于状态 S^i 的元素为1，这意味着它是一种指示变量，告知处于什么状态。项 $(\phi(S^i) - \gamma\phi(S^{i+1}))$ 是 $D^{\pi}(I - \gamma P^{\pi})$ 的一个模拟版本，根据处于某个特定状态的概率进行加权，其中用实际处于特定状态的样本实现来替换处于某个状态的概率。

当使用线性模型来近似价值函数时，将基于以上论述来介绍两个用于无限时域问题的重要算法。这些被称为最小二乘时间差分(least squares temporal difference，LSTD)学习和最小二乘法策略评估(least squares policy evaluation，LSPE)。

16.3.3   最小二乘时间差分学习

只要 A^n 是可逆的(这是不能保证的)，就可以使用下式计算 θ 的样本估计。

$$\theta^n = (A^n)^{-1}b^n \tag{16.32}$$

该算法在文献中被称为最小二乘时间差分学习。只要特征的数量不是太大(通常是这样)，逆就不太难计算。LSTD可以被视为一种批处理算法，它通过收集时间差分的样本，然后使用最小二乘回归来找到最佳线性拟合。

通过少许代数知识，可以更清楚地看到时间差分的作用。使用式(16.30)和式(16.31)写出：

$$
\begin{aligned}
A^n\theta^n - b^n &= \frac{1}{n}\sum_{i=0}^{n-1}\left(\phi(S^i)(\phi(S^i) - \gamma\phi(S^{i+1}))^T\theta^n - \phi(S^i)C(S^i, x^i)\right) \\
&= \frac{1}{n}\sum_{i=0}^{n-1}\phi(S^i)\left(\phi(S^i)^T\theta^n - (c^\pi + \alpha\phi(S^{i+1})^T\theta^n)\right) \\
&= \frac{1}{n}\sum_{i=0}^{n-1}\phi(S^i)\delta^i(\theta^n)
\end{aligned}
$$

其中，$\delta^i(\theta^n) = \phi(S^i)^T\theta^n - (c^\pi + \alpha\phi(S^{i+1})^T\theta^n)$ 是给定参数向量 θ^n 的第 i 个时间差分。因此，正在进行最小二乘回归，以使模拟的时间差分之和(近似于期望值)等于零。当然，我们希望能够选择 θ，使得对于所有的 i，都有 $\delta^i(\theta) = 0$。然而，当使用样本实现时，可以预期的最好情况是 $\delta^i(\theta)$ 的平均值趋于零。

16.3.4 最小二乘法策略评估

LSTD基本上是一个批处理算法，它需要收集 n 次观察的样本，然后使用回归来拟合模型。另一种策略被称为最小二乘法策略评估(或LSPE)，使用随机梯度算法连续对 θ 的估计进行更新。基本更新公式为：

$$
\theta^n = \theta^{n-1} - \frac{\alpha}{n}G^n\sum_{i=0}^{n-1}\phi(S^i)\delta^i(n) \tag{16.33}
$$

其中，G^n 是一个缩放矩阵。尽管可以用不同的策略计算 G^n，最自然的方式是基于模拟对 $(\Phi^T D^\pi\Phi)^{-1}$ 进行估计，可使用下式进行计算：

$$
G^n = \left(\frac{1}{n+1}\sum_{i=0}^{n}\phi(S^i)\phi(S^i)^T\right)^{-1}
$$

为了可视化 G^n，需要再次回到每个状态都有一个特征的假设。在这种情况下，$\phi(S^i)\phi(S^i)^T$ 是一个 $|\mathcal{S}|\times|\mathcal{S}|$ 的矩阵，其行 S^i 和列 S^i 的对角线上有一个1。由于 n 接近无穷大，因此：

$$
\left(\frac{1}{n+1}\sum_{i=0}^{n}\phi(S^i)\phi(S^i)^T\right)
$$

矩阵趋近于矩阵 D^π，访问每个状态的概率存储在对角线的元素中。

16.4 使用单一状态分析TD(0)、LSTD和LSPE*

理解递归最小二乘法、LSTD和LSPE行为的一个有用练习是考虑当它们应用于一个只有单个状态和单个决策的简单动态规划时会发生什么。显然，我们感兴趣的是选择单一决策的策略。这个动态规划相当于计算下式的总和：

$$F = \mathbb{E}\sum_{i=0}^{\infty}\gamma^i\hat{C}^i \tag{16.34}$$

其中，$\hat{C}^i$是一个给出第i个贡献的随机变量。如果设$\bar{c} = \mathbb{E}\hat{C}^i$，那么很明显$F = \frac{1}{1-\gamma}\bar{c}$。但假设不知道此，且要使用这些不同的算法来计算期望。

16.4.1 递归最小二乘法和TD(0)

设$\hat{v}^n$是对处于状态S^n的价值的估计。继续假设使用下式对价值函数进行近似：

$$\bar{V}(s) = \sum_{f\in\mathcal{F}}\theta_f\phi_f(s)$$

希望通过求解下式来选择θ。

$$\min_{\theta}\sum_{i=1}^{n}\left(\hat{v}^i - \left(\sum_{f\in\mathcal{F}}\theta_f\phi_f(S^i)\right)\right)^2$$

设θ^n是最优解。可以使用本章前面介绍的方法递归地确定这一点，该方法给出了更新公式：

$$\theta^n = \theta^{n-1} - \frac{1}{1+(x^n)^T M^{n-1} x^n}M^{n-1}x^n(\bar{V}^{n-1}(S^n) - \hat{v}^n) \tag{16.35}$$

其中，$x^n = (\phi_1(S^n),\dots,\phi_f(S^n),\dots,\phi_F(S^n))$，矩阵$M^n$使用下式进行计算。

$$M^n = M^{n-1} - \frac{1}{1+(x^n)^T M^{n-1} x^n}\left(M^{n-1}x^n(x^n)^T M^{n-1}\right)$$

如果只有一个状态和一个决策，就只有一个基函数$\phi(s) = 1$和一个参数$\theta^n = \bar{V}^n(s)$。现在矩阵M^n是标量，式(16.35)简化为：

$$\begin{aligned}v^n &= v^{n-1} - \frac{M^{n-1}}{1+M^{n-1}}(v^{n-1} - \hat{v}^n)\\ &= \left(1 - \frac{M^{n-1}}{1+M^{n-1}}\right)v^{n-1} + \frac{M^{n-1}}{1+M^{n-1}}\end{aligned}$$

如果$M^0 = 1$，则$M^{n-1} = 1/n$，有：

$$v^n = \frac{n-1}{n}v^{n-1} + \frac{1}{n}\hat{v}^n$$

假设现在使用TD(0)，其中$\hat{v}^n = \hat{C}^n + \gamma v^{n-1}$。在这种情况下，有：

$$v^n = \left(1 - (1-\gamma)\frac{1}{n}\right)v^{n-1} + \frac{1}{n}\hat{C}^n \tag{16.36}$$

式(16.36)可被视为一种寻找下式的算法。

$$v = \sum_{n=0}^{\infty}\gamma^n\hat{C}^n$$

其解为 $v^* = \frac{1}{1-\gamma} \mathbb{E}\hat{C}$。

式(16.36)表明，如果 $\hat{v}^n$ 是使用时间差分学习计算的，递归最小二乘法的效果是逐渐增加成本的样本实现，其中有一个"折扣因子"为 $1/n$。因子 $1/n$ 是因为需要消除 $\hat{C}^n$ 中的噪声而产生的。例如，如果 $\hat{C} = c$ 是一个已知的常数，可以使用标准值迭代，即有：

$$v^n = c + \gamma v^{n-1} \tag{16.37}$$

很容易看出式(16.37)中的 v^n 能比式(16.36)中的算法更快到达 v^*。关于该主题的更深入的讨论参见第6章。

16.4.2 LSPE

LSPE要求先为 $i = 1, \ldots, n$ 生成一系列状态 S^i 和贡献 $\hat{C}^i$，然后通过求解回归问题计算 θ。

$$\theta^n = \arg\min_\theta \sum_{i=1}^n \left(\sum_f \theta_f \phi_f(S^i) - (\hat{C}^i + \gamma \bar{V}^{n-1}(S^{i+1})) \right)^2$$

对于具有单个状态的问题，其中 $\theta^n = v^n$，这可简化为：

$$v^n = \arg\min_\theta \sum_{i=1}^n \left(\theta - (\hat{C}^i + \gamma v^{n-1}) \right)^2$$

这个问题可以用封闭的形式求解，得到：

$$v^n = \left(\frac{1}{n} \sum_{i=1}^n \hat{C}^i \right) + \gamma v^{n-1}$$

16.4.3 LSTD

最后，证明对于每个 $f \in \mathcal{F}$，LSTD过程通过求解下式来得到 θ。

$$\sum_{i=1}^n \phi_f(S^i)(\phi_f(S^i) - \gamma \phi_f(S^{i+1}))^T \theta^n = \sum_{i=1}^n \phi_f(S^i)\hat{C}^i$$

同样，因为对于单一状态问题，只有一个基函数 $\phi(s) = 1$，所以可以使用下式找到标量 $\theta^n = v^n$。

$$v^n = \frac{1}{1-\gamma} \left(\frac{1}{n} \sum_{i=1}^n \hat{C}^n \right)$$

16.4.4 讨论

本演示说明了估算无限时域和的3种不同风格。在递归最小二乘法中，式(16.35)证明了先前估计 v^n 和最新估计 $\hat{v}^n$ 的连续平滑处理。与此同时，我们不仅在努力消除噪声，也在不断增加贡献。

相反，LSPE将单个周期贡献的平均值的估计与随时间变化的贡献求和过程分开。在每次迭代中，我们都会完善对$\mathbb{E}\hat{C}$的估计，然后通过裂项求和累积最新估计。

最后，LSTD更新了它对$\mathbb{E}\hat{C}$的估计，然后将结果乘以$1/(1-\gamma)$以将其投射到无限时域上。

16.5 基于梯度的近似值迭代方法*

人们强烈希望使用具有以下特征的近似算法：

(1) 离线策略学习。

(2) 时间差分学习。

(3) 价值函数近似的线性模型。

(4) (内存和计算中的)复杂性相对于特征数量呈线性。

特征(4)主要用于需要数千甚至数百万功能的专用应用程序。离线策略学习是可取的，因为它提供了对探索的重要控制。时间差分学习是有用的，因为它非常简单，线性模型的使用也是如此，这使得可以用少量的测量值对整个价值函数进行估计。

离线策略、时间差分学习最初使用已知收敛的查找表表示以Q学习的形式引入。但是如果在参数中引入线性的价值函数近似，就失去了这个性质。事实上，Q学习对于任何正步长都会展现出发散性。出现发散的原因是线性模型无法保证完全准确，这会在学习过程中引入显著的不稳定性。

接下来将描述如何使用近似值迭代来估计线性价值函数。16.5.2节提供线性模型的几何视图。

16.5.1 线性模型的近似值迭代**

Q学习和时间差分学习可以被视为随机梯度算法的形式，但是当使用线性价值函数近似时，早期算法的问题可以追溯到目标函数的选择。例如，如果希望找到最优线性近似$\bar{V}(s|\theta)$，那么假设的目标函数就是最小化$\bar{V}(s|\theta)$和真价值函数$V(s)$之间的期望均方差(MSE)。如果d_s^π是处于状态s的概率，则该目标将被写作：

$$MSE(\theta) = \frac{1}{2}\sum_s d_s^\pi (\bar{V}(s|\theta) - V(s))^2$$

如果使用近似值迭代，则更自然的目标函数是最小化均方贝尔曼误差(MSBE)。为策略π使用贝尔曼运算符$\mathcal{M}^\pi$(正如在第14章中所做的)来表示：

$$\mathcal{M}^\pi v = c^\pi + \gamma P^\pi v$$

其中，v是一个给出处于状态s的价值的列向量；如果处于状态s且根据策略π选择了一个决策x，c^π就是贡献$C(s, X^\pi(s))$的列向量。这使得可以进行如下定义：

$$MSBE(\theta) = \frac{1}{2}\sum_s d_s^\pi \left(\bar{V}(s|\theta) - (c^\pi(s) + \gamma \sum_{s'} p^\pi(s'|s)\bar{V}(s'|\theta))\right)^2$$

$$= \|\bar{V}(\theta) - \mathcal{M}\bar{V}(\theta)\|_D^2$$

可以通过生成一系列状态 $(S^1,\ldots,S^i,S^{i+1},\ldots)$ 来最小化 $MSBE(\theta)$，然后计算一个随机梯度：

$$\nabla_\theta MSBE(\theta) = \delta^{\pi,i}(\phi(S^i) - \gamma\phi(S^{i+1}))$$

其中，$\phi(S^i)$ 是在状态 S^i 时计算的基函数的列向量。标量 $\delta^{\pi,i}$ 是由下式给出的时间差分。

$$\delta^{\pi,i} = \bar{V}(S^i|\theta) - (c^\pi(S^i) + \gamma\bar{V}(S^{i+1}|\theta))$$

我们注意到，$\delta^{\pi,i}$ 取决于策略 π，该策略既影响了单周期贡献，也影响了转移到状态 S^{i+1} 的可能性。为了强调采用的策略是固定的，要自始至终都使用上标 π。

本节将时间差分定义为：

$$\delta^{\pi,i} = \bar{V}(S^i|\theta) - (c^\pi(S^i) + \gamma\bar{V}(S^{i+1}|\theta))$$

原因是：这是基于随机梯度方法推导算法时的自然副产品。本章在前面将时间差分定义为 $\delta_\tau = C(S_\tau^n, x_\tau^n) + \bar{V}_{\tau+1}^{n-1}(S_{\tau+1}^n) - \bar{V}_\tau^{n-1}(S_\tau^n)$（见式(16.4)），该式用于表示裂项求和时更为自然(例如，见式(16.5))。之后，随机梯度算法将使用下式寻求优化 θ。

$$\theta^{n+1} = \theta^n - \alpha_n \nabla_\theta MSBE(\theta) \tag{16.38}$$

$$= \theta^n - \alpha_n \delta^{\pi,n}(\phi(S^n) - \gamma\phi(S^{n+1})) \tag{16.39}$$

如果使用更传统的时间差分定义，则上式将被写作：

$$\theta^{n+1} = \theta^n + \alpha_n \delta^{\pi,n}(\phi(S^n) - \gamma\phi(S^{n+1}))$$

这与用于最小化问题的(式(16.38)给出的)随机梯度算法的经典陈述背道而驰。

该基本算法的一个变体，称为广义 TD(0)(或 GTD(0))算法，由下式给出：

$$\theta^{n+1} = \theta^n - \alpha_n(\phi(S^n) - \gamma\phi(S^{n+1}))\phi(S^n)^T u^n \tag{16.40}$$

其中，

$$u^{n+1} = u^n - \beta_n(u^n - \delta^{\pi,n}\phi(S^n)) \tag{16.41}$$

α_n 和 β_n 都是步长。u^n 是 $\delta^{\pi,n}\phi(S^n)$ 乘积的平滑估计。

基于时间差分的梯度下降法不会使 $MSBE(\theta)$ 最小化，因为不存在一个 θ 值能够让 $\hat{v}(s) = c^\pi(s) + \gamma\bar{V}(s|\theta)$ 被表示为 $\bar{V}(s|\theta)$。可以使用均方投影的贝尔曼误差 $(MSBE(\theta))$，其计算方式如下。对于这种开发，矩阵向量表示法更为紧凑。先回忆下式给出的投影算子 Π。

$$\Pi = \Phi(\Phi^T D^\pi \Phi)^{-1}\Phi^T D^\pi$$

(关于该算子的推导，参见 16.5.2 节。)如果 V 是给出每个状态的价值的向量，那么 ΠV 是 $\theta\phi(s)$ 生成的空间上的 V 的最近投影。我们正在努力寻找与 $\mathcal{M}^\pi\bar{V}(\theta)$ 给出的一步前瞻策

略相匹配的 $\bar{V}(\theta)$，但这会产生一个不能直接表示为 $\Phi\theta$ 的列向量，其中 Φ 是特征向量 ϕ 的 $|\mathcal{S}|\times|\mathcal{F}|$ 矩阵。通过由投影算子 Π 左乘 $\mathcal{M}^\pi V(\theta)$ 来解决这个问题。这使得能够使用下式来形成均方投影贝尔曼误差：

$$MSPBE(\theta) = \frac{1}{2}\|\bar{V}(\theta)-\Pi\mathcal{M}^\pi\bar{V}(\theta)\|_D^2 \tag{16.42}$$

$$= \frac{1}{2}(\bar{V}(\theta)-\Pi\mathcal{M}^\pi\bar{V}(\theta))^T D(\bar{V}(\theta)-\Pi\mathcal{M}^\pi\bar{V}(\theta)) \tag{16.43}$$

现在可以基于这个新的目标函数来寻找 θ 的优化算法。前面曾提及，D^π 是一个带有元素 d_s^π 的 $|\mathcal{S}|\times|\mathcal{S}|$ 对角矩阵，给出了在遵循策略 π 时处于状态 s 的概率。我们使用 D^π 作为一个缩放矩阵来给出处于状态 s 的概率。注意以下特征：

$$\mathbb{E}[\phi\phi^T] = \sum_{s\in\mathcal{S}}d_s^\pi\phi_s\phi_s^T$$

$$= \Phi^T D^\pi\Phi$$

$$\mathbb{E}[\delta^\pi\phi] = \sum_{s\in\mathcal{S}}d_s^\pi\phi_s\left(c^\pi(s)+\gamma\sum_{s'\in\mathcal{S}}p^\pi(s'|s)\bar{V}(s'|\theta)-\bar{V}(s|\theta)\right)$$

$$= \Phi^T D^\pi(\mathcal{M}^\pi\bar{V}(\theta)-\bar{V}(\theta))$$

此处和下方几行中的推导都大量使用了矩阵，这可能很难解析。一个有效的练习是写出矩阵，假设每个状态 s 都存在一个特征 $\phi_f(s)$，如果特征 f 对应于状态 s，则有 $\phi_f(s)=1$。详见练习16.12。

缩放矩阵 D^π 的作用是取量 $\phi\phi^T$ 和 $\delta^\pi\phi$ 的期望值。我们将模拟这些量，其中状态将以概率 d_s^π 发生。我们也使用：

$$\Pi^T D^\pi\Pi = (\Phi(\Phi^T D^\pi\Phi)^{-1}\Phi^T D^\pi)^T D^\pi(\Phi(\Phi^T D^\pi\Phi)^{-1}\Phi^T D^\pi)$$

$$= (D^\pi)^T\Phi(\Phi^T D^\pi\Phi)^{-1}\Phi^T D^\pi\Phi(\Phi^T D^\pi\Phi)^{-1}\Phi^T D^\pi$$

$$= (D^\pi)^T\Phi(\Phi^T D^\pi\Phi)^{-1}\Phi^T D^\pi$$

我们还有最后一个令人痛苦的线性代数问题，它提供了一个更紧凑的 $MSPBE(\theta)$ 形式。将1/2拉到左边(这将在求导时消失)，有：

$$2MSPBE(\theta) = \|\bar{V}(\theta)-\Pi\mathcal{M}^\pi\bar{V}(\theta)\|_D^2$$

$$= \|\Pi(\bar{V}(\theta)-\mathcal{M}^\pi\bar{V}(\theta))\|_D^2$$

$$= (\Pi(\bar{V}(\theta)-\mathcal{M}^\pi\bar{V}(\theta)))^T D^\pi(\Pi(\bar{V}(\theta)-\mathcal{M}^\pi\bar{V}(\theta)))$$

$$= (\bar{V}(\theta)-\mathcal{M}^\pi\bar{V}(\theta))^T\Pi^T D^\pi\Pi(\bar{V}(\theta)-\mathcal{M}^\pi\bar{V}(\theta))$$

$$= (\bar{V}(\theta)-\mathcal{M}^\pi\bar{V}(\theta))^T(D^\pi)^T\Phi(\Phi^T(D^\pi)\Phi)^{-1}\Phi^T D^\pi(\bar{V}(\theta)-\mathcal{M}^\pi\bar{V}(\theta))$$

$$= (\Phi^T D^\pi(\mathcal{M}^\pi\bar{V}(\theta)-\bar{V}(\theta)))^T(\Phi^T D^\pi\Phi)^{-1}\Phi^T D^\pi(\mathcal{M}\bar{V}(\theta)-\bar{V}(\theta))$$

$$= \mathbb{E}[\delta^\pi\phi]^T\mathbb{E}[\phi\phi^T]^{-1}\mathbb{E}[\delta^\pi\phi] \tag{16.44}$$

接下来需要估计这个误差 $\nabla_\theta MSPBE(\theta)$ 的梯度。记住 $\delta^\pi=c^\pi+\gamma P^\pi\Phi\theta-\Phi\theta$。如果 ϕ 是带有元素 $\phi(s)$ 的列向量，假设 s' 是在策略 π 下以 $p^\pi(s'|s)$ 概率发生的，设 ϕ' 是相应的列向量。对式(16.44)求微分，有：

$$\nabla_\theta MSPBE(\theta) = \mathbb{E}[(\gamma\phi' - \phi)\phi^T]\mathbb{E}[\phi\phi^T]^{-1}\mathbb{E}[\delta^\pi\phi]$$
$$= -\mathbb{E}[(\phi - \gamma\phi')\phi^T]\mathbb{E}[\phi\phi^T]^{-1}\mathbb{E}[\delta^\pi\phi]$$

接下来将使用标准随机梯度更新算法来最小化 $MSPBE(\theta)$ 给出的误差，误差由下式给出：

$$\theta^{n+1} = \theta^n - \alpha_n \nabla_\theta MSPBE(\theta) \tag{16.45}$$
$$= \theta^n + \alpha_n \mathbb{E}[(\phi - \gamma\phi')\phi^T]\mathbb{E}[\phi\phi^T]^{-1}\mathbb{E}[\delta^\pi\phi] \tag{16.46}$$

可以创建一个近似于下式的线性预测器：

$$w \approx \mathbb{E}[\phi\phi^T]^{-1}\mathbb{E}[\delta^\pi\phi]$$

其中使用下式近似 w：

$$w^{n+1} = w^n + \beta_n(\delta^{\pi,n} - (\phi^n)^T w^n)\phi^n$$

这使得梯度可以写作：

$$\nabla_\theta MSPBE(\theta) = -\mathbb{E}[(\phi - \gamma\phi')\phi^T]\mathbb{E}[\phi\phi^T]^{-1}\mathbb{E}[\delta^\pi\phi]$$
$$\approx -\mathbb{E}[(\phi - \gamma\phi')\phi^T]w$$

现在已经为两种算法创建了基础。第一种称为广义时间差分2(GTD2)，由下式给出：

$$\theta^{n+1} = \theta^n + \alpha_n(\phi^n - \gamma\phi^{n+1})((\phi^n)^T w^n) \tag{16.47}$$

在这里，ϕ^n 是处于状态 S^n 时基函数的列向量，而 ϕ^{n+1} 是下一状态 S^{n+1} 的基函数的列向量。注意，如果从右到左执行式(16.47)，则所有计算皆相对于特征 F 的数量呈线性。

该算法相对于特征数量呈线性，对于具有大量特征的应用，这一点尤其明显，这是该算法的一个重要特征。

一个称为TDC的变体(带梯度校正器的时间差分)是通过使用稍微修改过的梯度计算得出的：

$$\nabla_\theta MSPBE(\theta) = -\mathbb{E}[(\phi - \gamma\phi')\phi^T]\mathbb{E}[\phi\phi^T]^{-1}\mathbb{E}[\delta^\pi\phi]$$
$$= -(\mathbb{E}[\phi\phi^T] - \gamma\mathbb{E}[\phi'\phi^T])\mathbb{E}[\phi\phi^T]^{-1}\mathbb{E}[\delta^\pi\phi]$$
$$= -(\mathbb{E}[\delta^\pi\phi] - \gamma\mathbb{E}[\phi'\phi^T]\mathbb{E}[\phi\phi^T]^{-1}\mathbb{E}[\delta^\pi\phi])$$
$$\approx -(\mathbb{E}[\delta^\pi\phi] - \gamma\mathbb{E}[\phi'\phi^T]w)$$

这为我们提供了TDC算法：

$$\theta^{n+1} = \theta^n + \alpha_n\left(\delta^{\pi,n}\phi^n - \gamma\phi^{n'}((\phi^n)^T w^n)\right) \tag{16.48}$$

GTD2和TDC均已被证明可以收敛至一个固定实现策略 $X^\pi(s)$ 的最优值 θ，这可能不同于学习(行为)策略。也就是说，假设遵循策略 π 并处于状态 S^n，在时间差分 $\delta^{\pi,n}$ 已完成计算的情况下更新 θ^n 后，便可以遵循该学习策略来决定 S^{n+1}，直接控制访问状态，而非依赖执行策略做出的决策。

16.5.2　线性模型的几何视图*

熟悉线性代数的读者可以从一个简洁的角度来研究基函数的几何观点。3.7.1节通过最小化模型和一组观察值之间的期望误差平方找到了回归模型的参数向量θ。现在假设有一个"真"价值函数$V(s)$，它给出了处于状态s的值，设$p(s)$是访问状态s的概率。我们希望使用给定的一组基函数集$(\phi_f(s))_{f \in \mathcal{F}}$找到最适合$V(s)$的近似价值函数。如果要最小化近似模型和真价值函数之间的期望误差平方，就要求解：

$$\min_{\theta} F(\theta) = \sum_{s \in \mathcal{S}} p(s) \left(V(s) - \sum_{f \in \mathcal{F}} \theta_f \phi_f(s) \right)^2 \tag{16.49}$$

其中，通过实际处于状态s的概率对状态s的误差进行了加权。参数向量θ是无约束的，因此可以通过求导并将导数设置为零来找到最优值。对$\theta_{f'}$求导，有：

$$\frac{\partial F(\theta)}{\partial \theta_{f'}} = -2 \sum_{s \in \mathcal{S}} p(s) \left(V(s) - \sum_{f \in \mathcal{F}} \theta_f \phi_f(s) \right) \phi_{f'}(s)$$

将导数设置为零并重新整理，有：

$$\sum_{s \in \mathcal{S}} p(s) V(s) \phi_{f'}(s) = \sum_{s \in \mathcal{S}} p(s) \sum_{f \in \mathcal{F}} \theta_f \phi_f(s) \phi_{f'}(s) \tag{16.50}$$

此时，矩阵符号形式要简洁得多。定义一个$|\mathcal{S}| \times |\mathcal{S}|$的对角矩阵$D$，其中对角元素是状态概率$p(s)$，如下所示：

$$D = \begin{pmatrix} p(1) & 0 & & 0 \\ 0 & p(2) & & 0 \\ \vdots & 0 & \cdots & \vdots \\ 0 & \vdots & & p(|\mathcal{S}|) \end{pmatrix}$$

设V是列向量，给出每个状态的值：

$$V = \begin{pmatrix} V(1) \\ V(2) \\ \vdots \\ V(|\mathcal{S}|) \end{pmatrix}$$

最后，设Φ为下式给出的$|\mathcal{S}| \times |\mathcal{F}|$基函数矩阵：

$$\Phi = \begin{pmatrix} \phi_1(1) & \phi_2(1) & & \phi_{|\mathcal{F}|}(1) \\ \phi_1(2) & \phi_2(2) & \cdots & \phi_{|\mathcal{F}|}(2) \\ \vdots & \vdots & & \vdots \\ \phi_1(|\mathcal{S}|) & \phi_2(|\mathcal{S}|) & & \phi_{|\mathcal{F}|}(|\mathcal{S}|) \end{pmatrix}$$

不难发现，式(16.50)适用于一个特定特征f'，如果仔细一点，可以看出所有特征的式(16.50)都是由以下矩阵方程给出的：

$$\Phi^T DV = \Phi^T D\Phi\theta \qquad (16.51)$$

这有助于记住 Φ 是一个 $|\mathcal{S}| \times |\mathcal{F}|$ 的矩阵，D 是一个 $|\mathcal{S}| \times |\mathcal{S}|$ 的对角矩阵，V 是一个 $|\mathcal{S}| \times 1$ 的列向量，θ 是一个 $|\mathcal{F}| \times 1$ 的列向量。读者应仔细验证式(16.51)与式(16.50)是否相同。

现在，将式(16.51)的两边左乘 $(\Phi^T D\Phi)^{-1}$，即得出了 θ 的最优值，如下式所示：

$$\theta = (\Phi^T D\Phi)^{-1}\Phi^T DV \qquad (16.52)$$

该式与式(3.37)给出的线性回归的正则公式非常相似，唯一的区别是它引入了缩放矩阵 D 以捕捉访问某个状态的概率。

现在，将式(16.52)的两边左乘 Φ，得到：

$$\Phi\theta = \bar{V} = \Phi(\Phi^T D\Phi)^{-1}\Phi^T DV$$

当然，$\Phi\theta$ 是对价值函数的近似，用 $\bar{V}$ 表示。不过，这是给定函数集 $\phi = (\phi_f)_{f\in\mathcal{F}}$ 的情况下的最佳价值函数。如果向量 ϕ 在由价值函数 $V(s)$ 和状态空间 $\mathcal{S}$ 产生的空间上形成了完整的基础，就会得到 $\Phi\theta = \bar{V} = V$。由于情况通常并非如此，可以将 $\bar{V}$ 视为投到由基函数形成的空间上的最近点投影(其中"最近"被定义为使用状态概率 $p(s)$ 的加权指标)。事实上，可以形成一个由下式定义的投影算子 Π：

$$\Pi = \Phi(\Phi^T D\Phi)^{-1}\Phi^T D$$

因此，$\bar{V} = \Pi V$ 是可以由基函数集合产生的最接近 V 的价值函数。

这一讨论提出了基函数的几何观点(这也是使用术语"基函数"的原因)。近似相关文献中有大量关于基函数的介绍。

16.6 基于贝叶斯学习的价值函数近似*

更新价值函数的另一种策略是基于贝叶斯学习的策略。假设从处于状态 s 的价值的先验 $V^0(s)$ 开始，并假设有一个已知的协方差函数 $Cov(s, s')$，该函数捕捉了我们对 $V(s)$ 和 $V(s')$ 的信念之间的关系。那么一个关于此函数的不错的示例是，若 s 是连续的(或是一个连续曲面的离散化)，便可以使用：

$$Cov(s, s') \propto e^{-\frac{\|s-s'\|^2}{b}} \qquad (16.53)$$

其中，b 是带宽。该函数捕捉了直观的行为，也就是说，如果两个状态彼此接近，它们的协方差就会更高。因此，如果通过观察来提高对 $V(s)$ 的信念，那么对 $V(s')$ 的信念也会提高，如果 s 和 s' 彼此接近，那么信念也会增加。同时假设有一个方差函数 $\lambda(s)$，它能捕捉到状态 s 下测量函数 $\hat{v}(s)$ 中的噪声。

我们的贝叶斯更新模型是为那些能够读取真函数 $V(s)$ 的观察值 $\hat{v}^n$ 的应用而设计的，可以认为观察值由先验信念分布计算而得。该假设有效地排除了使用基于近似值迭代、Q 学习和最小二乘法策略评估的更新算法。我们无法消除偏差，但却描述了如何最小化它。然后，使用查找表和参数模型来描述贝叶斯更新。

16.6.1　最小化无限时域问题的偏差

我们非常希望能够得到$\hat{v}^n(s)$的观察结果，可以将其视为对$V(s)$的无偏观察。实现它的一种方法基于16.1节中描述的方法。

举例来说，假设有一个负责在状态S_t采取决策x_t的策略π，它产生了贡献$\hat{C}_t^n$。假设使用下式为T时间段模拟此策略：

$$\hat{v}^n(T) = \sum_{t=0}^{T} \gamma^t \hat{C}_t$$

如果有一个有限时域问题并且T是时域的终点，任务到此就完成了。如果问题有一个无限时域，则可以先使用以下方法近似单周期贡献来预测策略的无限时域价值：

$$\bar{c}_T^n = \frac{1}{T} \sum_{t=0}^{T} \hat{C}_t^n$$

现在假设这是从时间$T+1$开始的每周期的平均贡献。那么无限时域估计为：

$$\hat{v}^n = \hat{v}_0(T) + \gamma^{T+1} \frac{1}{1-\gamma} \bar{c}_T^n$$

最后，使用$\hat{v}^n$来更新价值函数近似$\bar{V}^{n-1}$以获得$\bar{V}^n$。

接下来，继续讲解查找表和参数模型的贝叶斯更新公式。

16.6.2　具有相关信念的查找表

直到现在，当对$\bar{V}^n(s)$使用查找表模型时，更新某个状态s的$\bar{V}^n(s)$不会影响其他状态$s' \neq s$的$\bar{V}^n(s')$估计值。如果能够读取如式(16.53)所示的协方差函数，则贝叶斯模型可以做更多的事情。

假设状态是离散的，并且有一个协方差矩阵Σ形式的协方差函数$Cov(s, s')$，其中$Cov(s, s') = \Sigma(s, s')$。设$V^n$是处于每个状态的价值$V(s)$的信念向量(用$V^n$来表示贝叶斯信念，这样$\bar{V}^n$就可以代表频率估计)。另外设$\Sigma^n$是我们对向量$V$的信念的协方差矩阵。如果$\hat{v}^n(S^n)$是$V(s)$的一个(近似)无偏样本观察值，那么贝叶斯更新公式如下：

$$\bar{V}^{n+1}(s) = V^n(s) + \frac{\hat{v}^n(S^n) - V^n(s)}{\lambda(S^n) + \Sigma^n(S^n, S^n)} \Sigma^n(s, S^n)$$

必须为每个s(或至少每个$\Sigma^n(s, S^n) > 0$的s)进行计算。使用以下方法更新协方差矩阵：

$$\Sigma^{n+1}(s, s') = \Sigma^n(s, s') - \frac{\Sigma^n(s, S^n)\Sigma^n(S^n, s')}{\lambda(S^n) + \Sigma^n(S^n, S^n)}$$

16.6.3　参数模型

对于大多数应用而言，参数化模型(特别是线性模型)更加实用。回归向量θ^n的频率更新公式由下式给出：

$$\theta^n = \theta^{n-1} - \frac{1}{\gamma^n} M^{n-1} \phi^n \hat{\varepsilon}^n, \tag{16.54}$$

$$M^n = M^{n-1} - \frac{1}{\gamma^n}(M^{n-1}\phi^n(\phi^n)^T M^{n-1}), \tag{16.55}$$

$$\gamma^n = 1 + (\phi^n)^T M^{n-1}\phi^n \tag{16.56}$$

式中$\hat{\varepsilon}^n = \bar{V}(\theta^{n-1})(S^n) - \hat{v}^n$是在观察到的状态$S^n$下的价值函数的当前估计值$\bar{V}(\theta^{n-1})(S^n)$和最近的观察值$\hat{v}^n$之间的差值。对贝叶斯模型的调整相当小。矩阵$M^n$代表：

$$M^n = [(X^n)^T X^n]^{-1}$$

可以看出协方差矩阵Σ^θ(大小由基函数的数量确定)由下式给出：

$$\Sigma^\theta = M^n \lambda$$

在我们的贝叶斯模型中，λ是观察值$\hat{v}^n$和真价值函数$v(S^n)$之间的差的方差，我们假设λ是已知的。这种方差可能取决于观察到的状态，在这种情况下，其被写作$\lambda(s)$，但在实践中，因为不知道函数$V(s)$，所以很难相信我们能够具体说明$\lambda(s)$。我们用$\Sigma^{\theta,n}$替代M^n并重新缩放γ^n来创建下列更新公式：

$$\theta^n = \theta^{n-1} - \frac{1}{\gamma^n}\Sigma^{\theta,n-1}\phi^n \hat{\varepsilon}^n, \tag{16.57}$$

$$\Sigma^{\theta,n} = \Sigma^{\theta,n-1} - \frac{1}{\gamma^n}(\Sigma^{\theta,n-1}\phi^n(\phi^n)^T\Sigma^{\theta,n-1}), \tag{16.58}$$

$$\gamma^n = \lambda + (\phi^n)^T\Sigma^{\theta,n-1}\phi^n \tag{16.59}$$

16.6.4　创建先验

研究文献从贝叶斯的角度对近似动态规划进行了研究，但其他方面显然很少受到关注。我们怀疑，尽管在随机搜索中存在许多有价值的使用信念的先验分布的应用，但在价值函数上建立先验要困难得多。

由于缺乏价值函数的具体结构性知识，我们预计最简单的策略是从$V^0(s) = v^0$开始的，它是所有状态的常量。可以使用几种策略来评估v^0。可以抽取一个状态S^i并找到最佳贡献$\hat{C}^i = \max_a C(S^i, a)$。重复此操作$n$次并计算：

$$\bar{c} = \frac{1}{n}\sum_{i=1}^{n}\hat{C}^i$$

最后，如果有一个无限时域问题，则设$v^0 = \frac{1}{1-\gamma}\bar{c}$。困难的是方差$\lambda$必须捕捉$v^0$和真$V(s)$之差的方差。这需要对$v^0$与$V(s)$的差异有一定程度的了解。我们建议尽量保守一些，也就是说选择一个方差λ，让$v^0 + 2\sqrt{\lambda}$能够轻松覆盖$V(s)$的可能值。当然，这也需要对访问不同状态的可能性做出一些判断。

16.7 学习算法和步长

理解递归最小二乘法、LSTD和LSPE行为的一个有效练习是考虑当它们应用于具有单个状态和单个决策的简单动态规划时会发生什么。显然，我们感兴趣的是选择单一决策的策略。这个动态规划相当于计算下式的总和：

$$F = \mathbb{E} \sum_{i=0}^{\infty} \gamma^i \hat{C}^i \tag{16.60}$$

式中，$\hat{C}^i$ 是一个给出第 i 个贡献的随机变量。如果设 $\bar{c} = \mathbb{E}\hat{C}^i$，那么很明显 $F = \frac{1}{1-\gamma}\bar{c}$。但假设不知道这一点，且要使用这些不同的算法来计算期望。

16.4节中首次使用了单状态问题，但没有关注步长的影响。这里会尽力推导出最小二乘时间差分(LSTD)、最小二乘法策略评估(LSPE)以及递归最小二乘法和时间差分的最优价值函数的解析解。这些表达式有助于理解希望在步长公式中看到的行为类型。

在本节的剩余部分中，先假设使用线性模型来近似价值函数：

$$\bar{V}(s) = \sum_{f \in \mathcal{F}} \theta_f \phi_f(s)$$

再过渡到具有单个状态和单个基函数 $\phi(s) = 1$ 的问题。假设 $\hat{v}$ 是处于单一状态的价值的采样估计。

16.7.1 最小二乘时间差分

16.3节展示了当使用线性架构时，LSTD方法被应用于需要针对每个 $f \in \mathcal{F}$ 求解下式的无限时域问题：

$$\sum_{i=1}^{n} \phi_f(S^i)(\phi_f(S^i) - \gamma\phi_f(S^{i+1}))^T \theta = \sum_{i=1}^{n} \phi_f(S^i)\hat{C}^i$$

设 θ^n 是最优解。同样，因为该单状态问题只有一个基函数 $\phi(s) = 1$，所以该问题可以简化为找到 $v^n = \theta^n$。

$$v^n = \frac{1}{1-\gamma}\left(\frac{1}{n}\sum_{i=1}^{n}\hat{C}^n\right) \tag{16.61}$$

式(16.61)表明，正尝试使用一个简单的平均值估计 $\mathbb{E}\hat{C}$。设 $\bar{C}^n$ 为 n 次观察的平均值，则可以用递归的方式使用下式将 $\bar{C}^n$ 表示为：

$$\bar{C}^n = \left(1 - \frac{1}{n}\right)\bar{C}^{n-1} + \frac{1}{n}\hat{C}^n$$

对于单状态(和单决策)问题，序列 $\hat{C}^n$ 来自一个稳定序列。在这种情况下，简单的平均值是最好的估计值。对于具有多个状态的动态规划环境，在试图优化策略的情况下，v^n将取决于状态。此外，因为决定决策的策略会随迭代不断改变，所以即使固定一个状态，观察值$\hat{C}^n$也是非平稳的。在这种情况下，简单地取平均值不再是最好的方法。相反，最好使用：

$$\bar{C}^n = (1 - \alpha_{n-1})\bar{C}^{n-1} + \alpha_{n-1}\hat{C}^n \tag{16.62}$$

并使用6.1~6.3节中介绍的步长规则之一。一般来说，这些步长规则不会像$1/n$一样迅速下降。

16.7.2　最小二乘法策略评估

最小二乘法策略评估是使用无限时域应用的基函数开发的，通过求解下式找到回归向量θ。

$$\theta^n = \arg\min_{\theta} \sum_{i=1}^{n} \left(\sum_f \theta_f \phi_f(S^i) - (\hat{C}^i + \gamma \bar{V}^{n-1}(S^{i+1})) \right)^2$$

当有一个状态时，处于单一状态的值由$v^n = \theta^n$给出，有：

$$v^n = \arg\min_{\theta} \sum_{i=1}^{n} \left(\theta - (\hat{C}^i + \gamma v^{n-1}) \right)^2$$

这个问题可以用封闭的形式求解，即有：

$$v^n = \left(\frac{1}{n} \sum_{i=1}^{n} \hat{C}^i \right) + \gamma v^{n-1}$$

与LSTD类似，LSPE的作用是估计$\mathbb{E}\hat{C}$。对于一个具有单一状态和单一决策(因此只有一个策略)的问题，对$\mathbb{E}\hat{C}$最好的估计是简单的平均值。然而，正如讨论LSTD时所说的，如果有多个状态并且正在寻找最优策略，那么某个特定状态的观察值$\hat{C}$将来自一个非平稳序列。此类问题应再次采用式(16.62)中的更新公式，并使用6.1节、6.2节或6.3节所述的步长规则之一。

16.7.3　递归最小二乘法

使用线性模型时，首先要用以下标准最小二乘模型来拟合近似：

$$\min_{\theta} \sum_{i=1}^{n} \left(v^i - \left(\sum_{f \in \mathcal{F}} \theta_f \phi_f(S^i) \right) \right)^2$$

正如第3章中已经讨论过的，可以使用最小二乘法拟合参数向量θ，最小二乘法可以使用下式递归计算：

$$\theta^n = \theta^{n-1} - \frac{1}{1 + (x^n)^T B^{n-1} x^n} B^{n-1} x^n (\bar{V}^{n-1}(S^n) - \hat{v}^n)$$

其中，$x^n = (\phi_1(S^n), \ldots, \phi_f(S^n), \ldots, \phi_F(S^n))$，矩阵 B^n 可以通过下式计算：

$$B^n = B^{n-1} - \frac{1}{1 + (x^n)^T B^{n-1} x^n} \left(B^{n-1} x^n (x^n)^T B^{n-1} \right)$$

对于单一状态的特殊情况，可利用一个事实：只有一个基函数 $\phi(s) = 1$ 和一个参数 $\theta^n = \bar{V}^n(s) = v^n$。在这种情况下，矩阵 B^n 是一个标量，θ^n（现在是 v^n）的更新公式变成：

$$
\begin{aligned}
v^n &= v^{n-1} - \frac{B^{n-1}}{1 + B^{n-1}}(v^{n-1} - \hat{v}^n) \\
&= \left(1 - \frac{B^{n-1}}{1 + B^{n-1}}\right)v^{n-1} + \frac{B^{n-1}}{1 + B^{n-1}}\hat{v}^n
\end{aligned}
$$

如果 $B^0 = 1, B^{n-1} = 1/n$，则有：

$$v^n = \left(1 - \frac{1}{n}\right)v^{n-1} + \frac{1}{n}\hat{v}^n \tag{16.63}$$

现在假设使用的是近似值迭代。在这种情况下，$\hat{v}^n = \hat{C}^n + \gamma v^n$。将其代入式(16.63)中，有：

$$
\begin{aligned}
v^n &= \left(1 - \frac{1}{n}\right)v^{n-1} + \frac{1}{n}(\hat{C}^n + \gamma \hat{v}^n) \\
&= \left(1 - \frac{1}{n}(1 - \gamma)\right)v^{n-1} + \frac{1}{n}\hat{C}^n
\end{aligned}
\tag{16.64}
$$

递归最小二乘法具有对 v 的观察结果取平均值的行为。问题是 $\hat{v}^n = \hat{C}^n + \gamma v^n$，因为 $\hat{v}^n$ 也试图成为成本的折扣累积。假设贡献是确定性的，其中 $\hat{C} = c$。如果正在进行经典近似值迭代，就可以得到：

$$v^n = c + \gamma v^{n-1} \tag{16.65}$$

比较式(16.64)和式(16.65)，可发现单周期贡献系数在式(16.64)中为 $1/n$，在式(16.65)中为 1。可以将式(16.64)视为步长为 $1/n$ 的最陡上升更新。如果将步长更改为 1，则得到式(16.65)。

16.7.4   近似值迭代的 $1/n$ 收敛界

众所周知，当与近似值迭代一起使用时，$1/n$ 步长将产生可证明的收敛算法。实验人员都知道，收敛速度可能很慢，但是初涉这一领域的人有时会使用这种步长规则。本节希望提供证据来证明 $1/n$ 步长绝不能与近似值迭代或其变体一起使用。

图16.4是将式(16.64)作为 $\log_{10}(n)$ 的函数(其中，$\gamma = 0.7, 0.8, 0.9, 0.95$)计算的 v^n 曲线图，其中设 $\hat{C} = 1$。$\gamma = 0.90$ 时，需要1010次迭代才能得到 $v^n = 9$，这意味着离最优值仍有10%的距离。$\gamma = 0.95$ 时，甚至在1000亿次迭代之后，都还没有接近收敛。

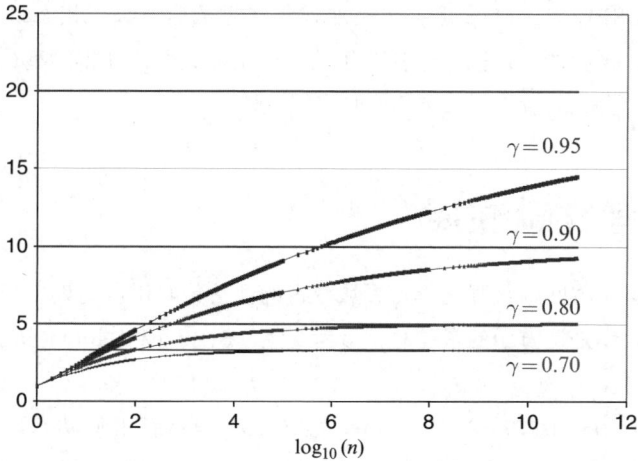

图16.4　当使用$1/n$步长规则进行更新时，相对于$\log_{10}(n)$绘制的$\bar{v}^n$图

有可能为$\bar{v}^n$导出紧凑边界$\nu^L(n)$和$\nu^U(n)$，其中，

$$\nu^L(n) < \upsilon^n < \nu^U(n)$$

边界由下式给出：

$$\nu^L(n) \;=\; \frac{c}{1-\gamma}\left(1-\left(\frac{1}{1+n}\right)^{1-\gamma}\right), \tag{16.66}$$

$$\nu^U(n) \;=\; \frac{c}{1-\gamma}\left(1-\frac{1-\gamma}{\gamma n}-\frac{1}{\gamma n^{1-\gamma}}\left(\gamma^2+\gamma-1\right)\right) \tag{16.67}$$

使用下界公式(当n足够大，使υ^n接近υ^*时，它是相当紧凑的)，可以导出迭代次数以达到特定的精度。设$\hat{C}=1$，这意味着$\upsilon^*=1/(1-\gamma)$。对于$\upsilon<1/(1-\gamma)$的值，至少需要$n(\upsilon)$来实现$\bar{v}^*=\upsilon$，其中(从式(16.66)中)发现$n(\upsilon)$可以为：

$$n(\upsilon) \geq [1-(1-\gamma)\upsilon]^{-1/(1-\gamma)} \tag{16.68}$$

如果$\gamma=0.9$，需要$n(\upsilon)=10^{20}$次迭代以达到$\upsilon=9.9$的值，这给定了一个百分之一的误差。在一个3 GHz芯片上，假设可以在每个时钟周期执行一次迭代(即每秒3×10^9次迭代)，则需要1000年才能实现这一结果。

16.7.5　讨论

现在可以看到，为近似值迭代、时间差分学习和Q学习选择步长的算法比LSPE、LSTD和近似策略迭代(LSPE的有限时域版本)等算法更具挑战性。如果观察到$\hat{C}$带噪声，并且折扣因子$\gamma=0$(这意味着不会尝试随着时间累积贡献)，那么步长$1/n$是理想的。我们只是对贡献求平均，以找到平均值。随着$\hat{C}$的噪声减少，γ增大，我们希望得到一个接近1的步长。总之，必须在随时间累积贡献(随着γ增大，这一点更加重要)和平均贡献观察结果(步长$1/n$是理想的)之间取得平衡。

相比之下，LSPE、LSTD和近似策略迭代都在尝试估计每个状态每个周期的平均贡献。值$\hat{C}(s,x)$是非平稳的，原因是选择决策的策略正在改变，使得序列$\hat{C}(s^n,x^n)$非平稳。但这些算法并不会尝试随着时间的推移同时累积贡献。

16.8　参考文献注释

16.1节——这一节回顾从强化学习领域获得的评估策略价值的许多经典方法。Stutton和Barto(2018)的著作是这方面的最佳总体参考文献。Bradtke和Barto(1996)提出了最小二乘时间差分。

16.2节——Tsitsiklis(1994)和Jaakkola等人(1994)首次在近似动态规划中分析了新兴算法之间的联系(Q学习、时间差分学习)和随机近似理论领域(Robbins和Monro(1951)、Blum(1954)、Kushner和Yin(2003))。

16.3节——使用线性模型的贝尔曼方程开发基于Tsitsiklis和VanRoy(1997)、Lagoudakis和Parr(2003)以及Bertsekas(2017)的研究。Tsitsiklis和Van Roy(1997)强调了此节内容中使用的D范数，其在算法的基于模拟的版本设计中也起着核心作用。Ljung和Soderstrom(1983)以及Young(1984)提供了递归统计的良好处理方法。Precup等人(2001)通过利用基于目标和行为策略选择动作的相对概率的调整机制，给出了使用基函数的离线策略时间差分学习的首个收敛算法。Lagoudakis等人(2002)以及Bradtke和Barto(1996)提出了强化学习背景下的最小二乘法。Van Roy和Choi(2006)使用卡尔曼滤波器对随机梯度更新执行缩放，避免了诸如式(16.22)等的随机梯度更新中固有的缩放问题。Nedic和Bertsekas(2003)介绍了使用策略迭代的线性(相对于参数)价值函数近似的最小二乘公式，并用广泛的λ证明了TD(λ)的收敛性。Bertsekas等人(2004)提出了一种在时间差分算法中估计线性价值函数近似的缩放方法。

16.4节——基于Ryzhov等人(2015)的著作，对具有单一状态的动态规划进行分析。

16.5节——Baird(1995)提供了一个很好的例子，表明当使用线性架构时，即使线性模型可能完全拟合真实价值函数，近似值迭代仍可能会发散。Tsitsiklis和Van Roy(1997)确立了使用贝尔曼误差的重要性，该误差通过状态概率加权。de Farias和Van Roy(2000)表明，贝尔曼方程$\Phi\theta=\Pi\mathcal{M}\Phi\theta$的投影形式不一定存在固定点，其中$\mathcal{M}$是最大算子。该论文还证明了相对于范数$\|\cdot\|_D$定义的投影算子$\Pi_D$确实存在一个固定点，该算子使用处于状态$s$的概率$d_s$对这个状态进行加权。该论文首先显示一个固定策略的结果，然后显示一类随机策略的结果。Sutton等人(2009)提供了GTD2和TDC相关内容，其材料来自Sutton等人(2008)。

16.6节——Dearden等人(1998b)介绍了使用贝叶斯更新Q学习的理念。Dearden等人(2013)随后研究了基于模型的贝叶斯学习。我们的演示基于Ryzhov和Powell(2010)的著作，其中介绍了相关信念的概念。

练习

复习问题

16.1 用文字(非数学)描述实现TD(0)和TD(1)之间的差异。

16.2 用文字描述LSTD和LSPE之间的本质区别，只使用必要的数学。

16.3 试证明，若使用诸如时间差分更新等方法(见16.1.3节)更新处于某一状态的价值，那么此类更新基本上是随机梯度更新(见16.2节)。这意味着时间差分更新正在解决特定的优化问题。该优化问题是什么？

计算练习

16.4 我们将再次尝试使用近似动态规划来估计随机变量的折扣和：

$$F^T = \mathbb{E} \sum_{t=0}^{T} \gamma^t R_t$$

其中，R_t是一个均匀分布在0和100之间的随机变量(要么可以使用此信息随机生成结果，要么无法使用此信息)。这次将使用一个折扣因子$\gamma = 0.95$。假设R_t与先验历史无关。可以将其视为没有决策的单一状态的马尔可夫决策过程。

(1) 利用给定的$\mathbb{E}R_t = 50$，给出F^{100}的确切值。

(2) 提出一个近似动态规划算法来估计F^T。使用步长$\alpha_t = 1/t$给出价值函数更新公式。

(3) 执行近似动态规划算法的100次迭代，以产生F^{100}的一个估计值。这一估计值与真实值相比如何？

(4) 比较以下步长规则的性能：Kesten规则、随机梯度自适应步长规则(使用$\nu = 0.001$)，$1/n^\beta$(其中$\beta = 0.85$)、卡尔曼滤波规则和最优步长规则。对于每一个步长规则，找到总和的估计值和估计的方差。

16.5 图16.2显示了一个五态马尔可夫链，其中从状态0转移到状态1，再到状态2，直至转移到状态5，从每次转移中获得0的贡献，直到从状态5转移并获得1的贡献时终止。表16.1显示了在TD(0)学习算法(也称为近似值迭代)的每次迭代之后处于每个状态的价值。使用以下固定步长重复表16.1中的计算。

(1) $\alpha = 1.0$。

(2) $\alpha = 0.5$。

(3) $\alpha = 0.1$。

(4) $\alpha = 0.05$。

(5) 比较收敛速度。为什么不总使用$\alpha = 1.0$？

16.6　来看一个具有单一状态和单一动作的马尔可夫决策过程。假设不知道贡献的期望值 $\hat{C}$，但每次采样时，从0到20之间的均匀分布中得出采样实现。再假设有一个折扣因子 $\gamma = 0.90$。设 $V = \sum_{t=0}^{\infty} \gamma^t \hat{C}_t$。接下来的练习可以在电子表格中完成。使用LSTD执行100次迭代来对 V 进行估计。

16.7　重复练习16.6，使用LSPE执行100次迭代来对 V 进行估计。

16.8　重复练习16.6，使用递归最小二乘法对该算法执行100次迭代来对 V 进行估计。

16.9　重复练习16.6，使用时间差分(近似值迭代)和 $1/n^{0.7}$ 的步长对 V 进行估计。

16.10　重复练习16.6，使用时间差分(近似值迭代)和 $5/(5+n-1)$ 的步长对 V 进行估计。

16.11　使用折扣因子 $\gamma = 0.95$ 重复练习16.10。

理论问题

16.12　对16.5节中的式子求导，假设每个状态都有一个特征，其中如果特征 f 对应于状态 s，则 $\phi_f(s) = 1$，否则为0。当被要求提供向量或矩阵的样本时，假设有3种状态和3种特征。正如在16.5节中所做的那样，设 d_s^π 为使用策略 π 时处于状态 s 的概率，而 D^π 是由元素 d_s^π 组成的对角矩阵。

(1) 如果 $s = 1$，那么列向量 ϕ 是什么？$\phi\phi^T$ 的式子应是什么样子的？

(2) 如果 d_s^π 是使用策略 π 时处于状态 s 的概率，请写出 $\mathbb{E}[\phi\phi^T]$ 的式子。

(3) 写出矩阵 Φ。

(4) 什么是投影矩阵 Π？

(5) 写出 $MSPBE(\theta)$ 的式(16.44)。

16.13　针对以下问题写出16.5节中的所有公式，其中状态 s 是整数 $\{0, 1, 2, \ldots, S\}$，并且：

$$\bar{V}(s|\theta) = \theta_0 + \theta_1 s$$

16.14　针对以下问题写出16.5节中的所有公式：其中，每个状态都存在一个特征 $\phi_f(s)$，而且若 $f = s$，则 $\phi_f(s) = 1$。

每日一问

"每日一问"是你选择的一个问题(请参阅第1章中的指南)。针对你的每日一问，回答以下问题。

16.15　使用你在练习12.13中设计的策略，借助以下方法简述评估策略价值的步骤：

(1) TD(0)——时间差分 $\lambda = 0$。

(2) TD(1)——时间差分 $\lambda = 1$。

(3) 针对你的每日一问，讨论TD(0)和TD(1)的优点和缺点。

参考文献

第 *17* 章

前向 ADP II：策略优化

我们现在已经准备好解决寻找好策略的问题，同时尝试创造好的价值函数近似。本章的指导原则是，如果能找到好的价值函数近似，就能找到好的策略。问题是，为了找到好的价值函数近似，需要模拟"好的"策略(使用第16章中的方法)。这两者之间的相互作用造成了所有的复杂性。

本章中介绍的算法策略基本基于第14章中首次介绍的算法，只有两个明显的例外。

- 从不求期望——随机变量总是通过蒙特卡洛模拟、历史轨迹或直接现场观察来处理。
- 使用机器学习来近似函数——这意味着必须处理噪声导致的估计误差、有偏观察导致的误差以及所选近似架构中的结构误差。

第3章介绍的统计工具侧重于找到只能在存在噪声的情况下观察的函数的最佳统计拟合，但假设观察是无偏的。第16章中，对处于状态S_t^n的价值的采样估计$\hat{v}_t^n$可能因以下几个原因而产生偏差：

- 如果使用近似值迭代，则价值函数必须稳定地累积下游价值(参看表16.1所示的缓慢收敛)。
- 采样的$\hat{v}_t^n$可能取决于下游价值函数近似，这可能会产生结构偏差(例如，如果使用非线性函数的线性近似)。
- $\hat{v}_t^n$取决于未来决策所使用的策略，而这些策略又取决于不正确的价值函数近似以及在迭代过程中变化的价值函数近似。

在以上所有情况下，对$\hat{v}_t^n$的观察都是有偏的，但某种程度上，在寻找更好的策略时，这种状况也会随着迭代而改变。

当编写一般优化问题时，

$$\max_\pi \mathbb{E}\left\{\sum_{t=0}^T \gamma^t C(S_t, X_t^\pi(S_t))|S_0\right\} \tag{17.1}$$

　　策略的最大化意味着选择第3章中的一种近似策略$\overline{V}_t(S_t)$，并选择控制近似的参数。表达这种搜索的一个有用方法是让$f \in \mathcal{F}$成为体系结构(函数)的集合，且设$\theta \in \Theta^f$是类f中函数的任何可调参数，这意味着策略π是$(f \in \mathcal{F}, \theta \in \Theta^f)$的一个元素。对策略的搜索等同于下式：

$$\max_{\pi=(f \in \mathcal{F}, \theta \in \Theta^f)} \mathbb{E} \left\{ \sum_{t=0}^{T} \gamma^t C(S_t, X_t^\pi(S_t)) | S_0 \right\}$$

　　例如，可能会选择一个短视的策略或者具有一个基函数的简单线性架构：

$$\overline{V}_t(S_t) = \theta_0 + \theta_1 S_t \tag{17.2}$$

　　或者具有两个基函数的线性架构：

$$\overline{V}_t(S_t) = \theta_0 + \theta_1 S_t + \theta_t S^2 \tag{17.3}$$

　　甚至非线性架构，例如：

$$\overline{V}_t(S_t) = \frac{e^{\theta_0 + \theta_1 S}}{1 + e^{\theta_0 + \theta_1 S}}$$

　　可以尝试使用这些架构中的每一个来估计价值函数(这仍然需要为每个函数类别搜索θ)，然后使用式(17.1)中的目标函数比较结果策略的性能，这就是实际上对函数类别执行搜索的方式(当然这是特别安排的)。

　　下面将概述本章介绍的基本算法策略。

17.1　算法策略概述

　　本章研究的算法策略基于第14章中首次介绍的值迭代和策略迭代原则。继续调整算法以适应有限时域和无限时域。

　　通过求解下式解决有限时域的基本值迭代问题：

$$V_t(S_t) = \max_{x_t} \left(C(S_t, x_t) + \gamma \mathbb{E}\{V_{t+1}(S_{t+1}) | S_t, x_t\} \right) \tag{17.4}$$

　　式(17.4)可以通过时间回溯起作用，其中$V_t(S_t)$是针对每个(可能是离散的)状态S_t计算的。这是经典的"后向"动态规划，它受限于众所周知的"维数灾难"，原因是通常无法"遍历所有状态"。

　　近似动态规划通过求解以下形式的问题来近似有限时域问题：

$$\hat{v}_t^n = \max_{x_t} \left(C(S_t^n, x_t) + \gamma \overline{V}_{t+1}^{x,n-1}(S^{M,x}(S_t^n, x_t)) \right) \tag{17.5}$$

　　这里形成了关于决策后状态的价值函数近似。我们通过时间推进来执行该式，此举创建了一个自然状态的采样程序，其在强化学习相关文献中被称为轨迹跟踪(trajectory following)。如果 x_t^n 是优化式(17.5)的决策，那么我们会使用 $S_{t+1}^n = S^M(S_t^n, x_t^n, W_{t+1}^n)$ 计算下一状态，其中 W_{t+1}^n 是对某个分布的采样。这个过程会持续进行，直到我们到达时域的终点，再回到时域的起点并重复这个过程。

无限时域问题的经典值迭代以基本迭代为中心：

$$V^n(S) = \max_x \left(C(S, x) + \gamma \mathbb{E}\{V^{n-1}(S')|S\} \right) \tag{17.6}$$

同样，必须对每个状态 S 执行式(17.6)。每次迭代后，新的估计 V^n 会替换式右侧的旧估计 V^{n-1}，之后 n 会递增。

当使用近似方法时，可以使用下式观察处于某一状态的估计价值：

$$\hat{v}^n = \max_x \left(C(S^n, x) + \gamma \overline{V}^{x,n-1}(S^{M,x}(S^n, x^n)) \right) \tag{17.7}$$

然后使用观察到的状态—价值对 $(S^n, \hat{v}^n)$，以选择的任何架构来更新价值函数近似。

使用 $\hat{v}^n$ 来更新价值函数近似时可能会引入显著的噪声，然后该噪声转化为产生不可预测影响的策略行为(这是ADP领域的实验者所熟知的)。减轻这种噪声的一种策略是在更新策略的外循环中嵌入一个策略近似循环。假设使用下式固定策略：

$$X^{\pi,n}(S) = \arg\max_{x \in \mathcal{X}} \left(C(S, x) + \gamma \overline{V}^{x,n-1}(S^{M,x}(S, x)) \right) \tag{17.8}$$

接下来执行循环 $m = 1, \dots, M$，

$$\hat{v}^{n,m} = \max_{x \in \mathcal{X}} \left(C(S^{n,m}, x) + \gamma \overline{V}^{x,n-1}(S^{M,x}(S^{n,m}, x)) \right)$$

其中，$S^{n+1,m} = S^M(S^{n,m}, x^{n,m}, W^{n+1,m})$。注意，价值函数 $\overline{V}^{x,n-1}(s)$ 在该内循环内保持常量。执行此循环后，执行一系列观察 $\hat{v}^{n,1}, \dots, \hat{v}^{n,M}$，并使用它们更新 $\overline{V}^{x,n-1}(s)$ 来获得 $\overline{V}^{x,n}(s)$。

通常，$\overline{V}^{x,n}(s)$ 除了影响 $\hat{v}^{n,m}$ 的计算之外，并不取决于 $\overline{V}^{x,n-1}(s)$。如果 M 足够大，在遵循式(17.8)的策略的同时，$\overline{V}^{x,n}(s)$ 将代表处于状态 s 的价值的精确近似。事实上，正是由于这种近似策略的能力，近似策略迭代正成为近似动态规划的一种强大算法策略。然而，使用内部策略评估循环的成本可能很高，因此近似值迭代及其变体仍然很流行。

对策略的重复评估有助于减少噪声，但不能消除近似本身的误差，这可能是由于架构的选择，也可能是由于观察结果 $\hat{v}^n$ 是基于近似的，这意味着策略是次优的，对 $\hat{v}^n$ 的估计有偏。换言之，有很多因素会扭曲算法的轨迹。

本章的其余部分围绕以下策略进行组织。

近似值迭代——这些策略对价值函数近似进行迭代更新，然后立即更新策略(通过使用更新的价值函数近似)。我们努力找到一个价值函数近似，以便在遵循(接近)最优策略的同时估计每个状态的价值，但仅限于极限内。我们混合处理有限时域问题和无限时域问题。变化包括以下几方面。

- 查找表表示——这里介绍了3种主要策略，反映了决策前状态、状态—决策对和决策后状态的使用。

- 决策前状态的AVI——使用经典决策状态变量的近似值迭代。
- Q学习——评估状态—决策对的价值。
- 决策后状态的AVI——近似值迭代，其中价值函数近似围绕决策后状态进行。
- 参数化架构——总结了一些依赖于线性模型(基函数)的文献，并谈到了非线性模型。

近似策略迭代——这些策略尝试在内部循环中将策略价值显式近似到某一级别的精度，其中策略保持固定。

- 使用查找表的API——使用此场景来呈现基本理念。
- 使用线性模型的API——该策略因其简单性而持续受到关注。
- 使用非参数模型的API——非参数模型提供了更大的灵活性，但代价是它们不太稳定(可以更快地响应随机变化)，需要更多的观察。

线性规划方法——第14章首次介绍的线性规划方法，可用于开发价值函数近似。

17.2　使用查找表的近似值迭代和Q学习

可以说，近似动态规划的最自然和最基本的方法是使用近似值迭代。本节将探讨与此重要算法策略相关的以下主题：

- 使用决策前状态变量的值迭代。
- Q学习。
- 使用决策后状态变量的值迭代。
- 使用反向传播的值迭代。

17.2.1　使用决策前状态变量的值迭代

(有限时域问题的)经典值迭代使用下式估计处于特定状态 S_t^n 的价值：

$$\hat{v}_t^n = \max_{x_t} \left(C(S_t^n, x_t) + \gamma \mathbb{E}\{V_{t+1}(S_{t+1}) | S_t^n\} \right) \tag{17.9}$$

其中，$S_{t+1} = S^M(S_t^n, x_t, W_{t+1}^n)$，并且 S_t^n 是在 t 时，第 n 次迭代所处的状态。假设遵循的是一条计算 $W_{t+1}^n = W_{t+1}(\omega^n)$ 的样本路径 ω^n。计算 $\hat{v}_t^n$ 后，使用标准公式更新价值函数：

$$\overline{V}_t^n(S_t^n) = (1 - \alpha_{n-1})\overline{V}_t^{n-1}(S_t^n) + \alpha_{n-1}\hat{v}_t^n \tag{17.10}$$

如果随机抽取状态(而非遵循轨迹)并重复式(17.9)和式(17.10)，则最终会收敛到每个状态的正确值。注意，我们假设的是一个有限时域模型，并且可以精确地计算期望值。当能够精确地计算期望值时，这与经典值迭代非常接近，唯一的例外是没有在每次迭代中循环遍历所有状态。

使用决策前状态变量的一个原因是，对于某些问题，期望值很容易计算。例如，W_{t+1} 可能是一个二项式随机变量(客户是否到达，组件是否发生故障)，这使得取期望特别容易。如果不是这样的话，则必须近似预期。例如，可以使用：

$$\hat{v}_t^n = \max_{x_t}\left(C(S_t^n, x_t) + \gamma \sum_{\hat{\omega} \in \hat{\Omega}^n} p^n(\hat{\omega})\overline{V}_{t+1}^{n-1}(S^M(S_t^n, x_t, W_{t+1}(\hat{\omega})))\right) \tag{17.11}$$

无论选择哪种方式，通过使用查找表表示，都可以用下式更新处于状态S_t^n的价值：

$$\overline{V}_t^n(S_t^n) = (1 - \alpha_{n-1})\overline{V}_t^{n-1}(S_t^n) + \alpha_{n-1}\hat{v}_t^n$$

记住，如果可以计算一个期望(或者如果使用一个大样本$\hat{\Omega}$来近似它)，那么步长应该比使用单个样本实现时大得多(就像在决策后公式中所做的那样)。图17.1给出了整个算法的概要。

步骤0. 初始化

　　步骤0a. 初始化 "$\overline{V}_t^0, \ t \in \mathcal{T}$"

　　步骤0b. 设$n = 1$

　　步骤0c. 初始化S^0

步骤1. 采样ω^n

　　步骤2. 对于$t = 0, 1, \dots, T$

　　　　步骤2a. 选择$\hat{\Omega}^n \subseteq \Omega$并求解：

$$\hat{v}_t^n = \max_{a_t}\left(C_t(S_t^{n-1}, x_t) + \gamma \sum_{\hat{\omega} \in \hat{\Omega}^n} p^n(\hat{\omega})\overline{V}_{t+1}^{n-1}(S^M(S_t^{n-1}, x_t, W_{t+1}(\hat{\omega})))\right)$$

　　　　设x_t^n是求解最大化问题的x_t的值

　　　　步骤2b. 计算：

$$S_{t+1}^n = S^M(S_t^n, x_t^n, W_{t+1}(\omega^n))$$

　　　　步骤2c. 更新价值函数：

$$\overline{V}_t^n \leftarrow U^V(\overline{V}_t^{n-1}, S_t^n, \hat{v}_t^n)$$

步骤3. $n = n+1$。如果$n \leq N$，则转至步骤1

步骤4. 返回价值函数$(\overline{V}_t^n)_{t=1}^T$

图17.1 使用决策前状态变量的近似动态规划

就此，一个合理的问题是：这个算法有效吗？答案是……可能吧，但一般来说无效。在得到一个(至少在理论上)可行的算法之前，需要处理一个被称为探索—利用的问题，详见17.5节。

17.2.2 Q学习

强化学习文献中最早、研究最广泛的算法之一是Q学习。这个名字来源于算法中使用的符号，并且开创了用符号命名算法的传统。

为了激发Q学习，先回到使用动态规划进行决策的经典方法。通常我们要求解

$$x_t^n = \arg\max_{x_t \in \mathcal{X}_t^n} \left(C_t(S_t^n, x_t) + \gamma \mathbb{E} \left\{ \overline{V}_{t+1}^{n-1}(S_{t+1}(S_t^n, x_t, W_{t+1})) \,|\, S_t^n, x_t \right\} \right) \tag{17.12}$$

由于以下两个不同的原因，求解式(17.12)可能存在问题：第一，可能无法计算期望，因为其在计算上过于复杂(第二种"维数灾难")；第二，可能根本没有计算期望所需的信息。如果不知道随机信息的概率分布，或者可能不知道转移函数，这种情况就可能会发生。这两种情况都意味着不"了解模型"，需要使用"无模型"的公式。

可以计算期望意味着有转移函数且知道概率分布，因此可以使用所谓的"基于模型"的公式。许多作者将"基于模型"等同于"知道一步转移矩阵"，但这忽略了许多问题。在一些情况下，虽然知道转移函数以及外生信息的概率定律，但是因为状态空间太大(或连续)，或者外生信息是多维的，也根本无法计算转移函数。

早些时候，我们通过使用结果的子集(见式(17.11))来近似期望，从而规避了这个问题，但这在计算上对许多问题来说都是不妥的。一种想法是解决单个样本实现的问题：

$$x_t^n \;=\; \arg\max_{x_t \in \mathcal{X}_t^n} \left(C_t(S_t^n, x_t) + \gamma \overline{V}_{t+1}^{n-1}(S_{t+1}(S_t^n, x_t, W_{t+1}(\omega^n))) \right) \tag{17.13}$$

问题是，这意味着正在为未来信息$W_{t+1}(\omega^n)$的特定实现选择x_t。如果使用$W_{t+1}(\omega^n)$的相同样本实现来做出实际会发生的决策(当在时间上向前推进时)，这就成了所谓的作弊(窥探未来)，可能严重扭曲系统的行为。如果使用$W_{t+1}(\omega)$的单个样本实现，而且它与我们模拟前向时使用的样本实现不同，那么这不太可能产生好的结果(想象一下基于单次观察计算的平均值)。

如果先选择决策x_t^n，然后观察W_{t+1}^n(因此在选择决策时没有使用这些信息)，再计算成本，会怎样？通过下式计算结果成本：

$$\hat{q}_t^n(S_t, x_t) = C(S_t, x_t) + \gamma \overline{V}_{t+1}^{n-1}(S^M(S_t^n, x_t, W_{t+1}(\omega^n))) \tag{17.14}$$

现在可以对这些值进行平滑以获得：

$$\overline{Q}_t^n(S_t, x_t) = (1 - \alpha_{n-1})\overline{Q}^{n-1}(S_t^n, x_t^n) + \alpha_{n-1}\hat{q}_t^n(S_t, x_t)$$

毋庸置疑，可以使用下式通过Q因子计算处于某一状态的价值：

$$\overline{V}_t^n(S_t) = \max_x \overline{Q}_t^n(S_t, x) \tag{17.15}$$

结合式(17.14)和式(17.15)，可得：

$$\hat{q}_t^n = C(S_t, x_t) + \gamma \max_{x_{t+1}} \overline{Q}^{n-1}(S_{t+1}, x_{t+1})$$

其中，$S_{t+1} = S^M(S_t^n, x_t, W_{t+1}(\omega^n))$是决策$x_t$以及采样信息$W_{t+1}(\omega^n)$导致的下一个状态。

函数$Q_t(S_t, x_t)$被称为Q因子，它们捕捉处于某种状态的价值并做出某一特定决策。回顾9.4.5节，状态—决策对(S_t, x_t)是决策后状态的一种形式，尽管它通常是表示决策后状态最不紧凑的形式。

现在可以通过求解下式选择一个决策:

$$x_t^n = \arg\max_{x_t \in \mathcal{X}_t^n} \bar{Q}_t^{n-1}(S_t^n, x_t) \tag{17.16}$$

注意,一旦知道Q因子,便可以在不知道任何其他因素的情况下选择一个决策,这就是Q学习通常被描述为一种解决以下问题的方法的原因:在这种方法中,可以观察一个过程(如医生做决策),并学习决策,而不需要转移函数或回报或不确定性模型(也称为无模型动态规划)。

完整的算法如图17.2所示。

步骤0. 初始化

    步骤0a. 对于所有状态 S_t 和决策 " $x_t \in \mathcal{X}_t, t = \{0, 1, \dots, T\}$ ",初始化价值函数近似 $\bar{Q}_t^0(S_t, x_t)$

    步骤0b. 设 $n = 1$

    步骤0c. 初始化 S_0^1

步骤1. 选择样本路径 ω^n

    步骤2. 对于 $t = 0, 1, \dots, T$

        步骤2a. 使用 ϵ 贪婪确定决策。从 x 中随机选择一个决策 x^n 的概率是 ϵ,使用下式选择 a^n 的概率是 $1 - \epsilon$

$$x_t^n = \arg\max_{x_t \in \mathcal{X}_t} \bar{Q}_t^{n-1}(S_t^n, x_t)$$

        步骤2b. 抽取 $W_{t+1}^n = W_{t+1}(\omega^n)$ 并计算下一个状态 $S_{t+1}^n = S^M(S_t^n, x_t^n, W_{t+1}^n)$

        步骤2c. 计算

$$\hat{q}_t^n = C(S_t^n, x_t^n) + \gamma \max_{x_{t+1} \in \mathcal{X}_{t+1}} \bar{Q}_{t+1}^{n-1}(S_{t+1}^n, x_{t+1})$$

        步骤2d. 使用下式更新 $\bar{Q}_t^{n-1}$ 和 $\overline{V}_t^{n-1}$

$$\bar{Q}_t^n(S_t^n, x_t^n) = (1 - \alpha_{n-1})\bar{Q}_t^{n-1}(S_t^n, x_t^n) + \alpha_{n-1}\hat{q}_t^n$$

步骤3. $n = n+1$。如果 $n \le N$,则转至步骤1

步骤4. 返回 Q 因子 $(\bar{Q}_t^n)_{t=1}^T$

图17.2 Q学习算法

Q学习的一个变体被称为"Sarsa",代表"状态(state)、动作(action)、回报(reward)、状态(state)、动作(action)"(计算机科学领域有一种以符号命名算法的文化)。假设从状态 s 开始并做决策 x。在这之后,观察到回报 r 以及下一个状态 s'。最后,使用一些策略来选择下一个决策 x'。

17.2.3 使用决策后状态变量的值迭代

对于许多应用来说,它们有一个紧凑的决策后状态变量,可以将近似值迭代调整为围绕决策后状态变量估计的价值函数。在算法的核心，我们使用下式选择决策(并估计处于状态 S_t^n 的价值)：

$$\hat{v}_t^n = \arg\max_{x_t \in \mathcal{X}_t} \left(C(S_t^n, x_t) + \gamma \overline{V}_t^{n-1}(S^{M,x}(S_t^n, x_t)) \right)$$

当使用决策后状态变量时，其显著的区别是：最大化问题目前是确定性的。关键步骤是如何更新价值函数近似。不是使用 $\hat{v}_t^n$ 更新决策前价值函数近似 $\overline{V}^{n-1}(S_t^n)$，而是使用 $\hat{v}_t^n$ 围绕先前的决策后状态 $S_{t-1}^{x,n}$ 更新决策后价值函数近似。使用下式来完成：

$$\overline{V}_{t-1}^n(S_{t-1}^{x,n}) = (1 - \alpha_{n-1})\overline{V}_{t-1}^{n-1}(S_{t-1}^{x,n}) + \alpha_{n-1}\hat{v}_t^n$$

决策后状态不仅支持解决确定性优化问题，还在许多应用中具有与决策前状态相同的维度，或者对于某些应用，具有更低的维度。

图17.3给出了上述算法的完整总结。

步骤0. 初始化

　　步骤0a. 为所有决策后状态 " $S_t^x, t = \{0, 1, \dots, T\}$ "，初始化价值函数近似 $\overline{V}_t^0(S_t^x)$

　　步骤0b. 设 $n = 1$

　　步骤0c. 初始化 $S_0^{x,1}$

步骤1. 选择样本路径 ω^n

　　步骤2. 对于 $t = 0, 1, \dots, T$

　　　　步骤2a. 使用 ϵ 贪婪确定决策。从 $\mathcal{X}$ 中随机选择决策 x^n 的概率是 ϵ，使用下式选择 a^n 的概率是 $1 - \epsilon$

$$\hat{v}_t^n = \arg\max_{x_t \in \mathcal{X}_t} \left(C(S_t^n, x_t) + \gamma \overline{V}_t^{n-1}(S^{M,x}(S_t^n, x_t)) \right)$$

　　　　设 x_t^n 是解决最大化问题的决策

　　　　步骤2b. 使用下式更新 $\overline{V}_{t-1}^{n-1}$

$$\overline{V}_{t-1}^n(S_{t-1}^{x,n}) = (1 - \alpha_{n-1})\overline{V}_{t-1}^{n-1}(S_{t-1}^{x,n}) + \alpha_{n-1}\hat{v}^{nt}$$

　　　　步骤2c. 抽取 $W_{t+1}^n = W_{t+1}(\omega^n)$ 并计算下一个状态 $S_{t+1}^n = S^M(S_t^n, x_t^n, W_{t+1}^n)$

步骤3. $n = n+1$。如果 $n \le N$，则转至步骤1

步骤4. 返回价值函数 $(\overline{V}_t^n)_{t=1}^T$

图17.3　使用决策后状态变量的有限时域问题的近似迭代

　　Q学习与使用决策后价值函数的动态规划有某些相似之处。特别是，两者都需要解决确定性优化问题，才能做出决策。然而Q学习通过状态—决策对 (S, x) 给出的决策后状态来实现这一目标(9.4.5节首次介绍了这种形式的决策后状态)。之后必须学习处于 (S, x) 的价值，而不是只学习状态 S 的价值(这对于大多数问题来说已经很难了)。

如果围绕决策后状态 $S^x = S^{M,x}(S,x)$ 计算价值函数近似 $\overline{V}^n(S^x)$，可以使用下式直接基于贡献函数和决策后价值函数创建Q因子：

$$\bar{Q}^n(S,x) = C(S,x) + \gamma\overline{V}_t^n(S^{M,x}(S,x))$$

从这个角度来看，使用围绕决策后状态变量估计的价值函数的近似值迭代相当于Q学习。然而，如果决策后状态是紧凑的，那么估计 $\overline{V}(S^x)$ 比估计 $\bar{Q}(S,x)$ 要容易得多。

17.2.4　使用反向传播的值迭代

经典近似值迭代相当于 $\lambda = 0$ 的时间差分学习(也称为TD(0))，它可以使用纯前向传播来实现，这增强了其简单性。然而，有些问题在"随时间推移模拟决策并随时间回溯更新价值函数"时是有用的。这也被称为 $\lambda = 1$ 的时间差分学习，但我们认为"反向传播"更具描述性。该算法如图17.4所示。

步骤0. 初始化

　步骤0a. 初始化 " $\overline{V}_t^0,\ t \in \mathcal{T}$ "

　步骤0b. 初始化 S_0^1

　步骤0c. 选择初始策略 $X^{\pi,0}$

　步骤0d. 设 $n = 1$

步骤1. 选择一个样本路径 ω^n

步骤2. 对于 $t = 0, 1, 2, \ldots, T$

　步骤2a. 查找

$$x_t^n = X_t^{\pi,n-1}(S_t^n)$$

　步骤2b. 更新状态变量

$$S_{t+1}^n = S^M(S_t^n, x_t^n, W_{t+1}(\omega^n))$$

步骤3. 设 $\hat{v}_{T+1}^n = 0$ 并且对于 $t = T, T-1, \ldots, 1$

　步骤3a. 使用下式更新 $\hat{v}_t^n$

$$\hat{v}_t^n = C(S_t^n, x_t^n) + \gamma\hat{v}_{t+1}^n$$

　步骤3b. 使用下式更新价值函数近似 $\overline{V}_t^n$

$$\overline{V}_t^n \leftarrow U^V(\overline{V}_t^{n-1}, S_t^{x,n}, \hat{v}_t^n)$$

　步骤3c. 更新策略

$$X_t^{\pi,n}(S) = \arg\max_{x\in\mathcal{X}}\left(C(S_t^n, x) + \gamma\overline{V}_t^n(S^{M,x}(S_t^n, x))\right)$$

步骤4. $n = n+1$。如果 $n \leq N$，则跳至步骤1

步骤5. 返回价值函数 $(\overline{V}_t^N)_{t=1}^T$

图17.4　有限时域问题的近似动态规划算法的双通道版本

在这个算法中，我们向前推移时间，创建状态、决策和结果的轨迹。然后，进行时间回溯，使用来自未来相同轨迹中的信息更新处于某状态的价值。我们也将使用这个算法来为一个时间相关的有限时域问题说明ADP。此外，我们还将说明策略评估的一种形式。注意变量的索引方式。

通过时间回溯来生成处于某种状态的价值估计的想法，最初是在控制理论领域以时间反向传播(backpropagation through time，BTT)的名义引入的。反向传播的结果是$\hat{v}_t^n$，这是样本路径ω^n以及一个特定策略的贡献。从字面上讲，我们的策略是由价值函数近似产生的一组决策$\overline{V}^{n-1}$。不同于前向传播算法(其中$\hat{v}_t^n$取决于近似$\overline{V}_t^{n-1}(S_t^x)$)，$\hat{v}_t^n$是在$t$时并遵循由$\overline{V}^{n-1}$产生的策略，对处于状态$S_t^n$的价值的有效、无偏的估计。

我们引入了一个内循环，这样就不必只使用单个$\hat{v}_0^n$来对价值函数近似进行更新，而是对一组样本求平均以创建更稳定的估计$\bar{v}_0^n$。

这两种策略很容易用简单的资产出售问题来说明。为此，可稍微简化之前提供的模型，其中假设价格$\hat{p}_t$的变化是外生信息。如果使用这种模型，就必须在状态变量(甚至是决策后状态变量)中保留价格p_t。对于此示例，可假设外生信息是价格本身，因此$p_t = \hat{p}_t$。进一步假设$\hat{p}_t$独立于所有以前的价格(一个相当强的假设)。对于此模型，决策前状态为$S_t = (R_t, p_t)$，而决策后状态变量为$S_t^x = R_t^x = R_t - x_t$，这表明是否持有资产。接下来，$S_{t+1} = S_t^x$，原因是资源转移函数是确定性的。

利用该模型，通过时间推移来执行单个算法(近似值迭代)，$t = 1, 2, \ldots, T$。在时间t上，先抽取$\hat{p}_t$，可发现：

$$\hat{v}_t^n = \max_{x_t \in \{0,1\}} \left(\hat{p}_t^n x_t + (1 - x_t)(-c_t + \bar{v}_t^{n-1})\right) \tag{17.17}$$

假设在所有时间段上，持有成本$c_t = 2$。

表17.1说明了三周期问题的单个算法的三次迭代。首先对于$t = 0, 1, 2, 3$，初始化$\bar{v}_t^0 = 0$。得到$\hat{p}_1$后的第一个决策是x_1。第一列显示了迭代计数器，而第二列显示步长$\alpha_{n-1} = 1/n$。对于第一次迭代，总是选择卖出，因为$\bar{v}_t^0 = 0$，这意味着$\bar{v}_{t-1}^1 = \hat{p}_t^1$。由于步长是1.0，因此，对于每个时间段，有$\hat{v}_t^1 = \hat{p}_t^1$。

表17.1 单向遍历(single-pass)算法

迭代	α_{n-1}	t=0		t=1				t=2				t=3			
		$\bar{v}_0$	$\hat{v}_1$	$\hat{p}_1$	x_1	$\bar{v}_1$	$\hat{v}_2$	$\hat{p}_2$	x_2	$\bar{v}_2$	$\hat{v}_3$	$\hat{p}_3$	x_3	$\bar{v}_3$
0						0				0				0
1	1	30	30	30	1	34	34	34	1	31	31	31	1	0
2	0.5	31	32	24	0	31.5	29	21	0	29.5	30	30	1	0
3	0.3	32.3	35	35	1	30.2	27.5	24	0	30.7	33	33	1	0

$$\hat{v}_1^2 = \max\{\hat{p}_1^2, -c_1 + \bar{v}_1^1\}$$
$$= \max\{24, -2 + 34\}$$
$$= 32$$

这意味着 $x_1^2 = 0$(因为在持有)。然后使用下式用 $\hat{v}_1^2$ 更新 $\bar{v}_0^2$。

$$\bar{v}_0^2 = (1 - \alpha_1)\bar{v}_0^1 + \alpha_1\hat{v}_1^1$$
$$= (0.5)30.0 + (0.5)32.0$$
$$= 31.0$$

重复这个逻辑,再次在 $t = 2$ 时持有,但因为这是最后一个时间段,所以总是在 $t = 3$ 时卖出。在第三次迭代中,再次在第一时间段卖出,但在第二时间段持有。

重要的是认识到这个问题很简单,不必处理探索问题。如果卖出,则不再持有资产,前向遍历(forward pass)将停止(更准确地说,鉴于已经出售了资产,应该继续模拟这个过程)。相反,即使卖出了资产,也会随时间推移,继续评估持有该资产的状态(当然,不持有该资产的状态价值为零)。通常,我们只评估转移到的状态(参见步骤2b),但对于这个问题,实际上访问了所有状态(因为实际上只有一个状态真正需要评估)。

现在考虑双向遍历(double-pass)算法。表17.2呈现了前向遍历,然后是后向遍历,简单起见,只使用一次内部迭代($M = 1$)。表中的每一行只显示了在前向或后向遍历过程中确定的数字。在第一次遍历中,总是卖出(因为未来的值为零),这意味着在每个时间段,持有资产的价值都是该时间段的价格。

表17.2　双向遍历算法

迭代	遍历	t=0		t=1				t=2				t=3		
		$\bar{v}_0$	$\hat{v}_1$	$\hat{p}_1$	x_1	$\bar{v}_1$	$\hat{v}_2$	$\hat{p}_2$	x_2	$\bar{v}_2$	$\hat{v}_3$	$\hat{p}_3$	x_3	$\bar{v}_3$
0		0					0			0				0
1	前向	→	→	30	1	→	→	34	1	→	→	31	1	
1	后向	30	30	←	←	34	34	←	←	31	31	←	←	0
2	前向	→	→	24	0	→	→	21	0	→	→	27	1	
2	后向	26.5	23	←	←	29.5	25	←	←	29	27	←	←	0

在第二次遍历中,最好持有资产两个时间段,直到在最后一个时间段卖出。每个时间段的值 $\hat{v}_t^2$ 是剩余轨迹的贡献,在这种情况下,剩余轨迹是在上一个时间段收到的价格。于是,由于 $a_1 = a_2 = 0$,然后 $a_3 = 1$,因此在 $t = 3$ 时持有资产的价值是在该时间段内卖出的27美元的价格。在 $t = 2$ 时持有资产的价值是-2的持有成本加上 $\hat{v}_3^2$,得到 $\hat{v}_2^2 = -2 + \hat{v}_3^2 = -2 + 27 = 25$。同样,在 $t = 1$ 时持有资产意味着 $\hat{v}_1^2 = -2 + \hat{v}_2^2 = -2 + 25 = 23$。用 $\bar{v}_{t-1}^{n-1}$ 平滑 $\hat{v}_t^n$ 以产生与单向遍历算法相同的 $\bar{v}_{t-1}^n$。

实现双向遍历算法的价值取决于问题。例如,假设资产是一架喷气式飞机的昂贵替换设备。将零件存放在库存中，直到需要时为止，对于某些零件来说，这可能需要几年的时间。这意味着可能有数百个存放零件的时间段(假设每个时间段都是一天)。现在使用单向遍历算法来估计现在的零件价值(这将决定是否订购零件以保持库存)，可能会产生非常缓慢的收敛。双向遍历算法的效果会更好。但是，如果零件经常使用，只在库存中停留几天，那么单向遍历算法更适用。

17.3　学习方式

此时，不妨停下来讨论17.2节和第16章所述想法的不同学习方式。本节将对比3种可以应用这些想法的场景。

- 到目前为止，我们一直致力于解决的基本离线学习问题使用模拟器来训练价值函数。
- 如果在现场运行时优化系统，就会出现一个在线学习问题。
- 一种近似前瞻策略应用这些方法，纯粹是为了在t时做出决策x_t。

17.3.1　离线学习

第16章和17.2节中介绍的算法是在运行模拟器以近似以下期望的情况下编写的：

$$F^{\pi} = \mathbb{E} \sum_{t=0}^{T} C(S_t, X^{\pi}(S_t)) \tag{17.18}$$

其中，如果正在模拟一个样本路径ω^n，就将单个模拟的结果写作：

$$\hat{F}^{\pi}(\omega^n) = \sum_{t=0}^{T} C(S_t(\omega^n), X_t^{\pi}(S_t(\omega^n)))$$

其中的转移针对一系列外部输入$(W_1(\omega^n), \dots, W_T(\omega))$根据下式演化。

$$S_{t+1}(\omega^n) = S^M(S_t(\omega^n), X_t^{\pi}(S_t(\omega^n)), W_{t+1}(\omega^n))$$

我们一直在使用这个带有以下策略的基本模型(第9章中介绍的"基本模型")：

$$X_t^{\pi}(S_t) = \arg\max_{x} \left(C(S_t, x) + \overline{V}_t^{x,n-1}(S_t^x) \right) \tag{17.19}$$

其中，S_t^x是决策后状态，$\overline{V}_t^{x,n-1}(S_t^x)$是在$n-1$次更新后得到的决策后价值函数近似。可以使用TD(0)、TD(1)或通用 TD(λ)来应用采样估计$\hat{v}_t^n$更新$\overline{V}^{x,n-1}(S_t)$，从而使用任何近似架构来获得$\overline{V}_t^{x,n}(S_t)$。我们的最终目标是使用特定类别的价值函数近似(假设只能使用基于VFA的策略)来解决以下问题：

$$\max_{\pi} F^{\pi}$$

整个方法假设在模拟器中进行离线学习，其中假设可以访问转移函数$S_{t+1} = S^M(S_t, x_t, W_{t+1})$以及一种采样方式$(W_1, \dots, W_T)$。我们使用此场景重复训练迭代，在使用

"TD(λ)，$\lambda > 0$"时这尤为重要，原因是这需要16.1.4节所述的更新的反向传播(特别参见式(16.13))。

我们提醒读者不要混淆离线学习与离线策略学习。离线学习意味着(通常)在一个模拟器中学习，在学习价值函数时并不关心做得有多好，只是在评估了价值函数之后才关心最终策略的效果。

17.3.2　从离线到在线

假设正在尝试在没有模拟器的情况下设计基于VFA的策略，此外，有一个试图学习和控制的实际物理系统。在这种情况下，我们将不再依赖于了解转移函数或观察外生信息 W_t；相反，只是做一个决策 x_t，然后观察下一个状态 S_{t+1}(经典无模型动态规划)。虽然这对本节内容并不重要，但可以假设决策是通过基于VFA的策略做出的，并且正在更新，但这些更新是如何发生的？

首先，不必学习与时间相关的策略 $X_t^\pi(S_t)$，这没有意义，原因是一旦经过了 t 时，就对 $X_t^\pi(S_t)$ 不再感兴趣了。因此，先假设要估计一个平稳策略 $X^\pi(S_t)$ 和一个平稳价值函数近似 $\overline{V}^{x,n}(S_t)$。记住，在离线场景中，n 用来计算模拟过程的次数 $W_1, \dots, W_T$。在我们的在线场景中，$n = t$，原因是(由 t 索引)在每个时间段更新一次价值函数近似(用 n 标记)。

接下来，当然可以在前向过程中应用经典的TD(0)进行更新，这对于一类问题非常有效。如果是这样的话，就可以从状态 S_t 向前，使用 $\overline{V}^{x,n-1}$ 执行动作 $x_t = X^\pi(S_t)$。然后，得到由 $\hat{v}_t^n$ 给出的处于状态 S_t 的价值的最新估计，该估计可用来更新价值函数近似，以获得 $\overline{V}^{x,n-1}$。

虽然TD(0)在某些问题类中非常有效，但在许多问题中，使用 $\lambda = 1$ 的TD(λ)效果可能更好。如果需要证据，请回顾表16.1并查阅这些计算的相关讨论，以提醒自己TD(0)可能有多慢。因此，我们不得不提出一个问题：如果转向在线学习，是否会失去这种强大的算法策略？

幸运的是，答案是否定的，但必须做一些额外的工作。随着时间(向前)推进，需要至少保留一些历史状态 $S_{t'}$、决策 $x_{t'}$、状态 $S_{t'}$(或者，对于本演示，决策后状态 $S_{t'}^x$)，和对于 $t' = t-1, t-2, \dots, t-H$ 的贡献 $c_{t'} = C(S_{t'}, x_{t'})$。方便起见，我们将这个序列编译成一段历史，以便进行时间回溯。

现在回想一下之前是如何在式(16.12)的折扣无限时域问题中完成TD(λ)更新的，不同的是，现在将首先使用下式，将其应用于未打折扣的有限时域场景：

$$\overline{V}^n(s) = \overline{V}^{n-1}(s) + \alpha_n \sum_{m=0}^{H} (\lambda)^m \delta^{n+m} \tag{17.20}$$

其中，δ^n 是通常的时间差分更新：

$$\delta^n = C(s^n, x^n) + \overline{V}^{n-1}(S^{M,x}(s^n, x^n)) - \overline{V}^{n-1}(s^n)$$

我们将自适应地执行式(17.20)，在时间上进行回溯。为了使逻辑尽可能清晰，可假设一个查找表价值函数，在访问状态 $S_{t'}$ 时，通过时间 t' 对价值函数进行索引，以便跟踪增量更新。因此，首先定义：

$$\overline{V}^x_{t',t'}(S_{t'}) = \overline{V}^x_{t'}(s) = \text{截至时间 } t', \ \overline{V}_{t'}(S_{t'}) \text{ 估计值的起始值,}$$

$$\overline{V}^x_{t',t}(s) = \text{截至时间 } t \geq t', \ \overline{V}^x_{t'}(s) \text{ 的部分更新}$$

假设 $\overline{V}^x_{t'}(S_{t'})$ 是在 t' 时访问状态 $S_{t'}$ 的情况下，处于状态 $S_{t'}$ 的近似价值。截至时间 $t > t'$，会有一个处于状态 $S_{t'}$ 的价值的部分更新的估计值 $\overline{V}^x_{t',t}(S_{t'})$，由下式给出：

$$\overline{V}^x_{t',t}(S_{t'}) = \overline{V}^x_{t'}(S_{t'}) + \alpha_{t'} \sum_{\tau=t'}^{t} \lambda^{\tau-t'} \delta_\tau \tag{17.21}$$

这意味着截至 $t+1$ 时的更新为：

$$\overline{V}^x_{t',t+1}(S_{t'}) = \overline{V}^x_{t'}(S_{t'}) + \alpha_{t'} \sum_{\tau=t'}^{t+1} \lambda^{\tau-t'} \delta_\tau,$$

$$= \overline{V}^x_{t',t}(S_{t'}) + \lambda^{t+1-t'} \delta_{t+1} \tag{17.22}$$

这意味着随着时间推移至 $t+1$，必须回溯历史，将 $\lambda^{t+1-t'} \delta_{t+1}$ 添加到每个 "$\overline{V}_{t'}(S_{t'})$，$t' = t, t-1, t-2, \ldots$" 上，直到 $\lambda^{t+1-t'}$ 足够小，可以停止时为止。

最后，删除时间索引——因为正在更新平稳策略。

17.3.3　评估离线学习策略和在线学习策略

研究文献几乎完全忽略了"在线学习中需要使用累积回报目标"这一点。离线(这是大多数算法的测试方式)应该使用最终回报目标，即9.11节表9.3中类(4)的目标，由下式给出：

$$\max_{\pi^{lrn}} \mathbb{E}\{C(S, X^{\pi^{imp}}(S|\theta^{imp}), \widehat{W})|S^0\} =$$
$$\mathbb{E}_{S^0} \mathbb{E}^{\pi^{lrn}}_{W^1,\ldots,W^N|S^0} \mathbb{E}^{\pi^{imp}}_{S|S^0} \mathbb{E}_{\widehat{W}|S^0} C(S, X^{\pi^{imp}}(S|\theta^{imp}), \widehat{W}) \tag{17.23}$$

注意，我们正在评估学习策略 π^{lrn}，但这可能与实现策略相同(或密切相关)。如果使用的是扰动的实现策略(例如，像激励策略中所做的那样添加噪声)，那么 $\max_{\pi^{lrn}}$ 实际上意味着在激励策略中最大化噪声。

如9.12节所示，可以模拟这个(在其他方面令人生畏的)表达式。设 ω 是训练观察 $W_1(\omega), \ldots, W_T(\omega)$ 的单个样本路径，并设 ψ 是测试随机变量 $\widehat{W}(\psi)$ 的单次观察。然后根据下式得到对学习策略 π^{lrn} 的价值的估计：

$$F^\pi(\theta^{lrn}|\omega,\psi) = \frac{1}{T}\sum_{t=0}^{T} C(S_t(\psi), X^{\pi^{imp}}(S_t(\psi)|\theta^{imp},\omega), \widehat{W}_{t+1}(\psi)) \tag{17.24}$$

最终对ω的K样本集合和ψ的L样本集合取平均值，得到：

$$\bar{F}^\pi(\theta^{lrn}) = \frac{1}{K}\frac{1}{L}\sum_{k=1}^{K}\sum_{\ell=1}^{L} F^\pi(\theta^{lrn}|\omega^k,\psi^\ell) \tag{17.25}$$

用通俗话来说，这意味着先训练$\overline{V}_t(S_t)$，再固定$\overline{V}_t(S_t)$，并运行模拟以查看其性能。当模拟策略($\overline{V}_t(S_t)$保持不变)时，就是在近似式(17.23)中的期望$\mathbb{E}^{\pi^{imp}}_{S|S^0}$。

17.3.4   前瞻策略

近似动态规划的另一个视角是前瞻策略。侧重于前瞻策略的第19章将更深入地讨论此策略，但为了完整性，本节将概述现在要做的事情以进行比较。

假设现在要做出一个好的决策，必须使用对各种活动的预测的最优估计来规划未来。可能会遇到这样的情况：例如为一个复杂的供应链规划库存时，平稳策略不可行。此外，正如第19章所讨论的，前瞻策略具有以潜在变量的形式嵌入大量信息的特点，这些信息在预测未来时会影响建模，但在预测未来时不会提升状态变量的复杂性。

这一想法要求建立一个近似模型，然后使用目前讨论的任何算法，通过近似动态规划来解决。我们最终在t时解决了一个问题，该解决方案始于t时，除此之外，其结构与式(17.18)之后的结构相同。另外，因为它是一个前瞻模型，可以更简单，所以用到了修改的状态、决策和外生信息，19.2节将更详细地介绍这些信息：

$$X_t^\pi(S_t) = \arg\max_{x_t} \tilde{E}\left\{\sum_{t'=t}^{t+H} C(\tilde{S}_{tt'}, \tilde{X}_{t'}^\pi(\tilde{S}_{tt'}))\right\} \tag{17.26}$$

换句话说，我们的策略将是求解一个近似前瞻模型，并使用现在看起来最好的决策$x_t = \tilde{X}_t^\pi(\tilde{S}_{tt})$。我们注意到，每个时间段都必须重新进行优化(可能从头开始，但不一定)。此外，虽然这一想法是计算价值函数以获得良好的策略，但主要的兴趣在于t时做什么决策。

17.4   使用线性模型的近似值迭代

近似值迭代、Q学习和时间差分学习($\lambda = 0$)显然是更新处于某一状态的价值估计的最简单方法。线性模型是近似价值函数的最简单方法。因此，这两种策略的结合引起了人们很大的兴趣。

图17.5描述了在近似值迭代中使用递归最小二乘法更新的线性模型的基本调整。然而，该算法并没有收敛性证明，有些例子甚至表明它可能不会收敛，即使对于线性近似有

可能识别正确价值函数的问题，也是如此。也就是说，该方法之所以受欢迎，是因为它相对简单，而且似乎适用于许多应用(回想一下，15.4.1节中使用线性架构进行后向近似动态规划的基准测试研究的结果就非常好)。

步骤0. 初始化

   步骤0a. 初始化 $\bar{v}^0$

   步骤0b. 初始化 S^1

   步骤0c. 设 $n = 1$

   步骤1. 求解

$$\hat{v}^n = \max_{x\in\mathcal{X}^n}\left(C(S^n,x) + \gamma\sum_f\theta_f^{n-1}\phi_f(S^{M,x}(S^n,x))\right) \tag{17.27}$$

   然后设 x^n 是求解式(17.27)的x的值。

   步骤2. 使用第3章中的式(3.41)~式(3.45)递归更新价值函数，以获得 θ^n

   步骤3. 选择一个样本 $W^{n+1} = W(\omega^{n+1})$ 并使用如下策略，确定下一个状态：

$$S^n = S^M(S^n, x^n, W^{n+1})$$

   步骤4. $n=n+1$。如果 $n \le N$，则跳至步骤1

   步骤5. 返回价值函数 $\bar{v}^N$

图17.5 使用线性模型近似值迭代

无论何时使用线性模型，也不管场景如何，最重要的步骤是仔细选择基函数，以便线性模型有机会在最广的状态范围内表示真价值函数。线性模型的最大优点也是它的最大缺点。一个严重错误可能会扭曲 θ^n 更新，继而影响整个近似的精度。由于价值函数近似决定了策略(参见步骤1)，因此，差的近似会导致差的策略，进而扭曲观察 $\hat{v}^n$。这可能是一个恶性循环，算法可能永远无法从中恢复。

步骤2是递归最小二乘法更新的具体选择。图17.5参考了第3章中式(3.41)~式(3.45)所示的经典递归最小二乘法更新公式。然而，这些公式隐式使用了$1/n$的步长规则。第6章表明，$1/n$的步长尤其不利于近似值迭代(以及Q学习和TD(0)学习)。虽然这种步长可以很好地作用于平稳数据(实际上，它是最佳的)，但它非常不适合近似值迭代中出现的后向学习。幸运的是，这个问题可以轻松解决——将如下所示的式(3.44)和式(3.45)给出的M^n和γ^n的更新式：

$$M^n = M^{n-1} - \frac{1}{\gamma^n}(M^{n-1}\phi^n(\phi^n)^TM^{n-1}),$$

$$\gamma^n = 1 + (\phi^n)^TM^{n-1}\phi^n$$

替换为如下所示的式(3.47)式(3.48)：

$$M^n = \frac{1}{\lambda}\left(M^{n-1} - \frac{1}{\gamma^n}(M^{n-1}\phi^n(\phi^n)^TM^{n-1})\right),$$

$$\gamma^n = \lambda + (\phi^n)^TM^{n-1}\phi^n$$

其中，λ对原来的误差打折扣。$\lambda = 1$生成初始递归公式。当与近似值迭代一起使用时，$\lambda < 1$很重要。在3.8.2节中，我们认为如果要为诸如$\alpha_n = \theta^{\text{step}}/(\theta^{\text{step}} + n - 1)$等的$\alpha_n$选择步长规则，就应该使用下式在第$n$次迭代中设置$\lambda_n$。

$$\lambda_n = \alpha_{n-1}\left(\frac{1 - \alpha_n}{\alpha_n}\right)$$

必须谨慎使用线性架构的近似值迭代。可证明的收敛结果很少见，并且存在发散的样本。与所有策略一样(无论它们是否使用价值函数近似)，特定策略的性能非常依赖于问题。强烈建议设计某种基准。如果你使用的是价值函数，那么你的问题很可能属于需要一个策略来估计当前决策的下游影响的类别。这意味着某种形式的直接前瞻近似(如第19章所述)可能是一种自然的基准。

17.5　在线策略学习与离线策略学习以及探索—利用问题

近似动态规划中最困难的挑战之一便是管理状态空间的探索，以确保得到基于可能会访问的状态集S_t的$V_t(S_t)$的良好近似。必须处理以下几类问题。

- 事先不知道最有可能访问的状态集。在第n次迭代，有一个近似$\overline{V}^n(S)$。如果当下停止，则策略将由下式给出：

$$x_t^n = \arg\max_{x_t \in \mathcal{X}_t}\left(C(S_t^n, x_t) + \mathbb{E}\{\overline{V}_{t+1}^n(S_{t+1})|S_t^n, x_t\}\right) \tag{17.28}$$

这可以得到状态$S_{t+1}^n = S^M(S_t^n, x_t^n, W_{t+1}^n)$。转移至状态$S_{t+1}^n$意味着正在使用轨迹跟踪，这表明$S_{t+1}^n$是一个可以访问的合理状态。然而，这取决于当前价值函数近似$\overline{V}_{t+1}^n(S_{t+1})$，而这个价值函数近似可能很差。

- 对于随机问题，其中W_{t+1}从概率分布中选择，使用下式计算的处于某种状态的采样值$\hat{v}_t^n$是一个随机变量(并且可能是一个噪声很大的随机变量)：

$$\hat{v}_t^n = \max_{x_t \in \mathcal{X}_t}\left(C(S_t^n, x_t) + \mathbb{E}\{\overline{V}_{t+1}^n(S_{t+1})|S_t^n, x_t\}\right)$$

这意味着价值函数近似$\overline{V}_t^n(S_t)$本身就是随机变量。如果$\overline{V}_t^n(S_t)$高估了处于某种状态的价值，系统就会被这种状态吸引，更频繁地访问它。同样，如果低估了$\overline{V}_t^n(S_t)$，系统将避免将我们带至状态S_t的决策，限制我们修复误差的能力。

- 估计$\hat{v}_t^n$取决于$\overline{V}_{t+1}^n(S_{t+1})$，这意味着$\hat{v}_t^n$是有偏差的。

- 虽然由W_{t+1}引起的$\hat{v}_t^n$中的噪声可能会导致$\overline{V}_t^n(S_t)$的估计出现误差，但是如果使用任何形式的参数或局部参数信念模型，也可能引入结构误差。

下面将从一些术语开始讨论。然后，转向讨论与查找表表示相关的问题，再讨论广义学习方法的使用。

17.5.1　术语

现从以下几个术语开始讨论。

实现策略 $X^{\pi^{imp}}(S_t)$——如果 $\overline{V}^n(S_t)$ 是对时间 t 进行 n 次训练迭代的价值函数近似，实现策略就是通过使用这些价值函数近似获得的策略，这意味着：

$$X^{\pi^{imp},n}(S_t) = \arg\max_{x_t \in \mathcal{X}_t}\left(C(S_t,x_t) + \mathbb{E}\{\overline{V}_{t+1}^n(S_{t+1})|S_t,x_t\}\right) \tag{17.29}$$

在用尽训练迭代之后，实现策略为 $X^{VFA,N}(S_t)$。实现策略在计算机科学中被称为目标策略(target policy)。

学习策略 $X^{\pi^{lrn}}(S_t)$——这是学习价值函数近似时使用的策略。可以选择使用实现策略，也就是说，正在使用式(17.28)来确定现在要做的决策 x_t^n，以决定下一个要访问的(在第 n 次迭代期间)状态 $S_{t+1}^n = S^M(S_t^n,x_t^n,W_{t+1}^n)$。学习策略在计算机科学中被称为行为策略(behavior policy)。其他学习策略可能包括如下策略。

- 随机——从集合(或区域)$\mathcal{X}_t$ 中随机选择 x_t^n。
- ϵ 贪婪——从 $\mathcal{X}_t$ 中以概率 ϵ 随机选择 x_t^n，并以 $1-\epsilon$ 的概率使用实现策略 $x_t^n = X^{VFA,n}(S_t)$。
- 区间估计——从下式中选择 x_t^n。

$$X^{IE}(S_t|\theta^{IE}) = \arg\max_{x_t \in \mathcal{X}_t}\left((C(S_t,x_t) + \mathbb{E}\{\overline{V}_{t+1}^n(S_{t+1})|S_t,x_t\}) + \theta^{IE}\bar{\sigma}_t^n(S_t)\right)$$

  其中，$\bar{\sigma}_t^n(S_t)$ 是估计 $\overline{V}_{t+1}^n(S_{t+1})$ 的标准差。
- (持续决策的)干扰实现策略：

$$X^{\pi^{lrn}}(S_t) = X^{\pi^{imp}}(S_t) + \varepsilon_{t+1} \tag{17.30}$$

  其中，$\varepsilon_{t+1} \sim N(0,\sigma_\varepsilon^2)$。

可以利用第7章中的任何学习策略，但偏向使用简单且易于计算的策略。

一般来说，只使用学习策略来确定要访问的状态。如果使用学习策略来选择 x_t^n，就不会使用 $\hat{v}_t^n = C(S_t^n,x_t^n)+\mathbb{E}\{\overline{V}_{t+1}^n(S_{t+1})|S_t^n,x_t^n\}$ 来更新价值函数的估计。

在线策略学习——这是使用实现策略 $X^{\pi^{imp}}(S_t)$ 来指导学习时的决策选择。

离线策略学习——这是使用学习策略 $X^{\pi^{lrn}}(S_t)$ 来指导下一个状态的选择。

像式(17.30)中的扰动实现策略这样的策略是有吸引力的(如果适用)，因为它们是为继续学习付出很小代价的一种实现策略。

17.5.2　使用查找表学习

近似动态规划中的大量工作始于计算机科学和运筹学，使用价值函数的查找表表示。查找表的优点是，在极限范围内，可以提供一个完美的匹配。而缺点是，直接的实现意味着访问状态 s 对于了解状态 s' 没有任何帮助。关于探索—利用问题的大部分文献都聚焦于查找表表示。

　　来看一下如图17.6所示的双状态动态规划。假设从状态1开始,并将处于两个状态中的每一个的价值初始化为 $\vec{V}^0(1) = \vec{V}^0(2) = 0$。可以看到从状态1转移到状态2的负贡献为-5美元,但保持状态1的贡献为0美元。不会看到从状态2回到状态1的20美元的贡献,因为它似乎最好留在状态1。这就是需要学习策略来执行强制探索的地方。

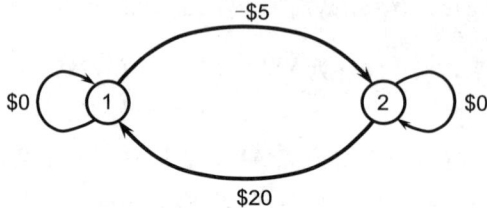

图17.6　具有转移贡献的双状态动态规划

　　可以用2.3.4节中介绍的漂泊的货车司机问题来说明这个问题的一个更现实的版本。假设使用跟踪实现策略(tractory-following implementation policy)来调度货车司机。在500次调度后,货车司机最终只访问了7个城市。

　　另一种策略是从乐观估计处于每个城市的价值开始,以鼓励探索,同时仍然只使用实现策略。这种情况下,货车司机正在访问更多的城市。注意,这不是一个理想的解决方案,因为它实际上是建议货车司机访问他尚未访问的城市。当然,可以调整乐观估计(可能是在模拟器中),以便选择"足够高"的初始估计。

17.5.3　使用广义信念模型学习

　　探索策略在很大程度上取决于如何近似价值函数。使用查找表访问状态 s 时无法得知其他状态的信息,这使得探索变得异常重要。我们要提出的论点是,绝大多数实际问题都有非常大(通常是无限大)的状态空间,这限制了查找表表示的价值。重新翻阅9.9节中的简单库存问题中的状态变量(已扩展到42个维度),以提醒自己即使在简单问题上,状态空间的增长速度也是非常惊人的。

　　第3章为某种形式的广义学习提供了多种策略,其中访问状态 s 时可得知许多其他状态的价值。示例列举如下。

　　具有相关信念的查找表——通常可以通过协方差矩阵 Σ 来表示状态对(pair)之间的关系。使用3.4.2节中的工具,即可访问一个状态,然后通过 Σ 中获取的关系更新许多其他状态。我们可能拥有的唯一的特性是平滑性,但这仍然是一个强大的特性。

　　单调性——如果 $V(s)$ 的值在每个维度(或维度的子集)中增大(或减小),可以利用此属性根据单次观察更新许多状态。

　　线性模型——最简单的信念模型(因此也是最受关注的模型)是具有如下一般形式的线性模型(记住这意味着相对于参数呈线性)。

$$\overline{V}_t(S_t|\theta_t) = \sum_{f \in \mathcal{F}} \theta_{tf} \phi_f(S_t)$$

注意，我们使用的是标准的时间索引形式(这在计算机科学等领域中不是标准的)，但估计时间相关的VFA会相对容易。

线性模型被广泛使用，但这并不意味着它们运行得很好，下面会重申这一点。之所以使用线性模型，是因为它们很简单，并且可以提供一个答案，但使用者通常不知道给出的答案有多好。例如，单一线性模型不太可能准确地表示实际访问的整个状态范围内的价值函数。

非线性模型——非线性参数模型提供了与线性模型相同的广义学习，尽管它引入了本章稍后将讨论的其他问题。

凸近似——第18章将讲到凸性是一个强大的特性，它支持在不需要任何显式探索逻辑的情况下估计精确的价值函数近似。

局部线性近似——这里会为一个区域集创建线性模型，这些区域可以表示为一系列状态空间($\mathcal{S}_1, ..., \mathcal{S}_I$)。注意，一旦引入局部近似的概念，就需要访问不同区域的状态$\mathcal{S}_i$。据推测，区域的数量将大大少于状态的数量，因此这是一种进步。

神经网络——神经网络是一种高度灵活的架构，以至于我们几乎回到了与查找表相同的情况，但没有局部学习的直觉。

线性模型很容易成为最流行的价值函数近似形式，与所有参数模型一样，线性模型提供了拥有K参数模型的广义学习的能力(其中K通常在10到100个参数的数量级上，但也可以是1000个)。这意味着，通过较少的训练迭代，也可以得到每个状态的价值估计。

不过仍然存在同样的偏差问题(υ_t^n)和噪声问题，而且必须处理结构误差，因为不能期望一个线性模型能够全局精确。加入更多(会提高K的)特性并不是万能的办法，因为这会引入不必要的可变性。例如，正在拟合一个平滑的凹形函数(设想一个美丽的草地山顶)，用一个二次函数即可很好地(虽然不是完美地)获取一般形状。高阶函数可能会引入不必要的波动。

与使用查找表(甚至非参数模型)的情形相比，使用参数模型进行的探索具有完全不同的行为。关于探索—利用的经典直觉与参数模型完全不同。一个很好的例子是学习线性需求曲线的问题，12.6.2节中的图12.2展示了这一点。虽然这不是价值函数，但它清晰地说明了学习线性函数需要获取远离其他观察数据分布中心的观察样本。要(在任何情况下)学习线性函数，最好通过观察极值点来完成。问题是(见图12.2)，如果在离线环境中学习，访问极值点的代价可能很大。

当使用参数价值函数近似时，我们的经验表明，实践中使用的最流行的策略是使用学习策略，该策略由12.6.2节中介绍的扰动实现策略组成。最自然的做法是使用连续决策和状态来实现，但也可使用soft-max(Boltzmann)策略在分类选项中进行选择。

17.6　应用

许多问题都可以利用状态变量中的结构，假设我们提出以少量参数为特征的函数，这些参数必须进行统计估计。3.6.3节演示了一个版本，其中每个(可能聚合的)状态都有一个参数。我们假设的唯一结构隐含在指定一个或多个聚合函数的能力中。

本节的其余部分将说明回归模型在具体应用中的使用，包括美国期权的定价和逆向井字棋的玩法，然后简要讨论工程控制问题和游戏中出现的确定性问题。

17.6.1　美国期权定价

先来看一下确定美式看跌期权价值的问题，这会赋予我们在一组离散时间段内以指定价格出售资产(或合同)的权利。例如，在接下来的12个月里，可能在当月的最后一天行使期权。

假设有一项期权，允许在4个时间段中的任何一个时间段以1.20美元的价格出售一项资产。假设用0.95的折扣因子来捕捉货币的时间价值。假设一直等到时间段4——必须行使期权时，若此时的价格超过1.20美元，则获利为零。然而，在中间的时间段，即使价格低于1.20美元，也可以选择持有期权(当然，如果价格高于1.20美元，则行使期权不合理)。问题是在中间点如何做出决策：是持有还是行使期权？

从历史数据中，我们发现了10个价格轨迹样本，如表17.3所示。

表17.3　4个时间段内价格实现的10个样本

股票价格/美元				
结果	时间段1	时间段2	时间段3	时间段4
1	1.21	1.08	1.17	1.15
2	1.09	1.12	1.17	1.13
3	1.15	1.08	1.22	1.35
4	1.17	1.12	1.18	1.15
5	1.08	1.15	1.10	1.27
6	1.12	1.22	1.23	1.17
7	1.16	1.14	1.13	1.19
8	1.22	1.18	1.21	1.28
9	1.08	1.11	1.09	1.10
10	1.15	1.14	1.18	1.22

如果等到时间段4，回报如表17.4所示，如果价格高于1.20美元，回报则为零，价格低于1.20美元时，回报则为$1.20 - p_4$。

在时间段$t = 3$、可以访问价格历史(p_1, p_2, p_3)。因为可能无法假设价格是独立的，甚至是马尔可夫的(其中p_3仅取决于p_2)，整个价格历史代表状态变量，以及一个指示是否仍持有该资产的指标。我们希望预测在时间段$t = 4$持有该期权的价值。给定时间段4的状态(包括价格p_4)，设$V_4(S_4)$是在时间段4持有期权的价值。现在设时间段3的条件期望为：

$$\overline{V}_3(S_3) \quad = \quad \mathbb{E}\{V_4(S_4)|S_3\}$$

表17.4　仍持有期权的情况下时间段4的期权价值

在时间段4的期权价值/美元				
结果	时间段1	时间段2	时间段3	时间段4
1	—	—	—	0.05
2	—	—	—	0.07
3	—	—	—	0.00
4	—	—	—	0.05
5	—	—	—	0.00
6	—	—	—	0.03
7	—	—	—	0.01
8	—	—	—	0.00
9	—	—	—	0.10
10	—	—	—	0.00

我们的目标是使用在时间段3知道的信息来近似 $\overline{V}_3(S_3)$。提出一个如下式所示的线性回归：

$$Y = \theta_0 + \theta_1 X_1 + \theta_2 X_2 + \theta_3 X_3$$

其中，

$$Y \quad = \quad V_4,$$
$$X_1 \quad = \quad p_2,$$
$$X_2 \quad = \quad p_3,$$
$$X_3 \quad = \quad (p_3)^2$$

变量 X_1、X_2 以及 X_3 是基函数。记住，解释变量 X_i 一定是在时间段 $t = 3$ 掌握的信息的函数，其中我们正试图预测时间段 $t = 4$ 会发生什么(回报)。然后将建立表17.5给出的数据矩阵。

表17.5　时间段3的回归数据

结果	自变量/美元			因变量/美元
	X_1	X_2	X_3	Y
1	1.08	1.17	1.3689	0.05
2	1.12	1.17	1.3689	0.07
3	1.08	1.22	1.4884	0.00
4	1.12	1.18	1.3924	0.05
5	1.15	1.10	1.2100	0.00
6	1.22	1.23	1.5129	0.03
7	1.44	1.13	1.2769	0.01
8	1.18	1.21	1.4641	0.00
9	1.11	1.09	1.1881	0.10
10	1.14	1.18	1.3924	0.00

接下来对这些数据进行回归以确定参数 $(\theta_i)_{i=0}^3$。合理做法是只考虑在时间段4内产生

正值的路径，因为这些路径代表了最后最有可能仍持有资产的样本路径。线性回归只是一个近似，最好将近似拟合在最有趣的价格区间(可以使用相同的推理来纳入一些"未遂事件")。因为只使用价值函数来估计持有资产的价值，所以这是我们希望估计的函数的一部分。然而，为了说明这一点，我们使用了所有10个观察值，从而得出了下式：

$$\overline{V}_3 \approx 0.0056 - 0.1234p_2 + 0.6011p_3 - 0.3903(p_3)^2$$

$\overline{V}_3$ 是持有期权至时间段4时将收到的价格期望值的一个近似。现在，可以使用这个近似值来帮助决定在时间段 $t = 3$ 要做什么。表17.6比较了在时间段3行使期权的价值与在时间段4之前持有期权的价值，使用 $\gamma \overline{V}_3(S_3)$ 计算。取两个值中较大的一个为例，可发现，在给定样本1~4、6、8和10的情况下，将持有期权，但给定样本5、7和9时，将出售期权。

可以重复这个练习来估计 $\overline{V}_2(S_t)$ 。这一次，因变量"Y"可以用两种不同的方式来计算。最简单的方法是从表17.6中取两列中数值较大的一列(用粗体标记)。因此，对于样本路径1，会有 $Y_1 = \max\{.03, 0.039\,47\} = 0.039\,47$ 。这意味着观察值实际上基于近似价值函数 $\overline{V}_3(S_3)$ 。

计算在时间段3持有期权的观察值的另一种方法是使用近似价值函数来确定决策，但随后使用最终行使期权时收到的实际价格。因为决定在时间段3(基于近似价值函数)持有资产，之后期权的价格又变为0.05(美元)，所以使用这种方法时会在第一个样本路径中得到0.05。打折扣后，这个值为0.0475。对于样本路径2，期权价值为0.07(美元)，折扣回到了0.0665(我们决定在时间段3持有，而在时间段4的期权价值为0.07美元)。对于示例路径5，期权价值为0.10(美元)，因为决定在时间段3行权。

无论用哪种方法计算时间段3的问题值，过程的其余部分都是相同的。必须构造独立变量"Y"，并使用价格历史 (p_1, p_2) 相对于时间段3的期权价值观察结果进行回归。在方法上的唯一变化将发生在时间段1，必须使用一个不同的模型(因为时间段0没有价格)。

表17.6　在时间段3行权时的支付额以及基于近似的预期持有价值(最优决策用粗体表示)

结果	回报	
	决策	
	行权/美元	持有/美元
1	0.03	0.04155 ×.95 = **0.039 47**
2	0.03	0.03662 ×.95 = **0.034 79**
3	0.00	0.02397 ×.95 = **0.023 72**
4	0.02	0.03346 ×.95 = **0.031 78**
5	**0.10**	0.05285 ×.95 = 0.050 21
6	0.00	0.00414 ×.95 = **0.003 94**
7	**0.07**	0.00899 ×.95 = 0.008 54
8	0.00	0.01610 ×.95 = **0.015 30**
9	**0.11**	0.06032 ×.95 = 0.057 31
10	0.02	0.03099 ×.95 = **0.029 44**

17.6.2　逆向井字棋

逆向井字棋与我们熟悉的井字棋相同，只不过现在是要让对方连赢三局。这一流行儿童游戏的巧妙转变，为下一次在近似动态规划中使用回归方法提供了场景。

与在期权定价中的做法不同，为了演示井字棋盘，需要捕捉离散状态。假设棋盘中的格子如图17.7(a)所示，从左到右、从上到下编号。现在来看图17.7(b)中的棋盘。可以使用下式来表示第t次后棋盘的状态：

$$S_{ti} = \begin{cases} 1 & \text{若格子}i\text{包含“X”} \\ 0 & \text{若格子}i\text{是空白的} \\ -1 & \text{若格子}i\text{包含“O”} \end{cases}$$

$$S_t = (S_{ti})_{i=1}^9$$

图17.7　一些井字棋盘：(a)我们的索引方案；(b)样本棋盘

这个简单的问题有多达$3^9 = 19\,683$个状态。虽然这些状态中的许多状态永远不会被访问，但可能性仍然很大，这似乎夸大了游戏的复杂性。

我们很快意识到，游戏棋盘的重要之处不是所演示的每个格子的状态。例如，旋转棋盘不会改变什么，但它确实代表了一种不同的状态。此外，我们倾向于关注策略(在游戏早期，当它更有趣时)，例如赢得棋盘中心或边角的策略(在游戏早期它更有趣)。下面开始定义变量(基函数)，例如：

$\phi_1(S_t)$=如果板的中心有一个“X”，则为1，否则为0

$\phi_2(S_t)$=带有“X”的边角单元数

$\phi_3(S_t)$=带有“X”(水平、垂直或对角)的相邻单元格的实例数

当然，可以设计出许多这样的函数，但我们不太可能想出十几个(如果有的话)看似有用的函数。重要的是认识到，不需要价值函数来告知如何落子。

一旦形成基函数，价值函数近似就由下式给出：

$$\overline{V}_t(S_t) = \sum_{f \in \mathcal{F}} \theta_{tf} \phi_f(S_t)$$

我们注意到，已经按时间(游戏次数)对参数进行了索引——因为这可能在确定由基函数衡量的特征值方面发挥作用，但尝试拟合某个$\theta_{tf} = \theta_f$的模型是合理的。我们通过玩游戏(并遵循一些策略)来估计参数θ，然后查看输赢。如果赢了第n次游戏，就设$Y^n = 1$，否则

为0。这也意味着，如果处于某一特定状态，价值函数就会试图近似获胜的概率。

我们可以通过使用价值函数来帮助确定策略。然而，另一种策略是假设两个人(理想情况下是专家)玩游戏，并利用此收集状态和游戏结果的观察数据。如果缺少一个"监督者"，就必须依靠简单的策略，同时使用缓慢学习的价值函数近似。在这种情况下，还必须认识到，在早期迭代中，没有足够的信息来可靠地估计大量基函数的系数。

17.6.3　确定性问题的近似动态规划

人们热衷于将ADP应用于两类确定性问题。

- **工程控制问题**——想象一下，在如何控制无人机或机器人的决策中，必须(使用控制理论的符号)将多维力向量u_t应用于设备以最小化某些性能指标。
- **玩游戏**——强化学习/近似动态规划已吸引了计算机围棋、国际象棋和一系列电子游戏研究者的关注。

事实证明，神经网络在这两种场景中都非常流行，并有报道称结果非常成功(尽管计算机游戏的技术往往需要混合策略)。正如在3.9.3节中首次引入神经网络时所指出的那样，神经网络的高维度倾向于使其对噪声敏感。然而，对于确定性问题，这无关紧要，神经网络在不需要识别合理架构的情况下演示复杂功能的能力可能特别强大。

这两个丰富领域的发展情况超出了本书的讨论范围。我们鼓励对这些问题感兴趣的读者寻找更专业的文献。

17.7　近似策略迭代

近似动态规划工具箱中最重要的工具之一是近似策略迭代。该算法既不比近似值迭代更简单，也没有显得更优雅，但如果在指定的容差内评估策略，它可以提供更强的收敛保证。

本节将回顾几种近似策略迭代，包括：

(1) 使用查找表的有限时域问题。

(2) 使用线性模型的有限时域问题。

(3) 使用线性模型的无限时域问题。

有限时域问题允许通过模拟策略在时域结束时获得策略价值的蒙特卡洛估计。注意，这里的"策略"总是指由价值函数近似确定的决策。我们使用有限时域环境来说明使用查找表和基函数的价值函数近似，此举可突出向基函数转移的优点和缺点。

然后，提出一种基于最小二乘时间差分(LSTD)的算法，并对比使用线性模型时有限时域问题和无限时域问题所需的步骤。

17.7.1　使用查找表的有限时域问题

图17.8给出了一个用于无限时域问题的近似策略迭代算法的相当通用的版本。该算法有助于说明在近似设置中设计策略迭代算法时可以做出的选择。

步骤0. 初始化

　步骤0a. 初始化 $\overline{V}^{\pi,0}$

　步骤0b. 设置前瞻参数 T 和内部迭代计数器 M

　步骤0c. 设 $n = 1$

步骤1. 对状态 S_0^n 进行采样，然后执行

步骤2. 对于 $m = 1, 2, \dots, M$

　步骤3. 选择样本路径 ω^m(前瞻时域 T 的样本实现)

　步骤4. 对于 $t = 0, 1, \dots, T$

　　步骤4a. 计算：

$$x_t^{n,m} = \arg\max_{x_t \in \mathscr{S}_t^{n,m}} \left(C(S_t^{n,m}, x_t) + \gamma \overline{V}^{\pi,n-1}(S^{M,x}(S_t^{n,m}, x_t)) \right)$$

　　步骤4b. 计算：

$$S_{t+1}^{n,m} = S^M(S_t^{n,m}, x_t^{n,m}, W_{t+1}(\omega^m))$$

　步骤5. 初始化 $\hat{v}_{T+1}^{n,m} = 0$

　步骤6. 对于 $t = T, T-1, \dots, 0$

　　步骤6a. 累积 $\hat{v}^{n,m}$：

$$\hat{v}_t^{n,m} = C(S_t^{n,m}, x_t^{n,m}) + \gamma \hat{v}_{t+1}^{n,m}$$

　　步骤6b. 更新策略的近似价值：

$$\bar{v}^{n,m} = \left(\frac{m-1}{m}\right)\bar{v}^{n,m-1} + \frac{1}{m}\hat{v}_0^{n,m}$$

步骤7. 更新状态 S^n 下的价值函数：

$$\overline{V}^{\pi,n} = (1 - \alpha_{n-1})\bar{v}^{n-1} + \alpha_{n-1}\hat{v}_0^{n,M}$$

步骤8. 设 $n = n+1$。如果 $n < N$，则转至步骤1

步骤9. 返回价值函数($\overline{V}^{\pi,N}$)

图17.8　无限时域问题的一个策略迭代算法

该算法具有3个嵌套循环。最靠里的内圈循环从初始状态 $S^{n,0}$ 在时间上向前推进和向后回溯。此循环的目的是获得路径价值的估计。通常，我们会选择足够大的 T，使得 γ^T 非常小(从而近似一个无限路径)。

次外圈循环重复此过程 M 次来获得统计上可靠的策略价值估计(由 $\overline{V}^{\pi,n}$ 决定)。第三个循环表示外部循环，(以更新价值函数的形式)执行策略更新。在一个更实际的实现中，可以随机选择状态，而不是在所有状态上循环。

读者应该会注意到，我们曾尝试以一种能显示变量如何变化的方式对变量进行索引。(它们是随外部迭代 n 还是内部迭代 m 或前向前瞻计数器 t 而变化的？)这并不意味着必须存储每个状态或决策(例如，对于每一个 n、m 和 t)。在实际实现中，软件应只存储必要的内容。

可以通过选择参数来创建近似策略迭代的不同变体。如果设 $T \to \infty$，正在评估的就是真正的无限时域策略。如果同时设 $M \to \infty$，v^n 就会接近由 $\overline{V}^{\pi,n}$ 决定的策略 π 的确切的无限时域值。因此，对于 $M = T = \infty$，有一个基于蒙特卡洛的精确策略迭代版本。

可以选择一个有限的 T 值，使得值 $\hat{v}^{n,m}$ 接近无限时域的结果。还可以选择有限的 M 值，包括 $M = 1$。当使用有限的 M 值时，这意味着在完全评估策略之前就更新了策略。这种变体在文献中被称为乐观策略迭代(optimistic policy iteration)，因为未等到对策略价值的真正估计，而是在每个样本之后更新策略(不一定产生更好的策略)。也可将其视为部分策略评估的一种形式，这与14.8节中描述的混合值—策略迭代不同。

17.7.2 使用线性模型的有限时域问题

使用线性模型进行近似策略迭代的最简单演示是在有限时域问题的场景中。图17.9展示了当使用线性模型时，如何使用查找表对算法进行调整。在 n 次外循环中，使用下式对策略进行拟合：

$$X_t^\pi(S_t) = \arg\max_{x_t}\left(C(S_t,x_t) + \gamma\sum_f \theta_{tf}^{\pi,n}\phi_f(S_t,x_t)\right) \tag{17.31}$$

> **步骤0.** 初始化
> **步骤0a.** 固定基函数 $\phi_f(s)$
> **步骤0b.** 对于所有的 t，初始化 $\theta_{tf}^{\pi,0}$。这决定了在内部循环中模拟的策略
> **步骤0c.** 设 $n=1$
> **步骤1.** 对初始启动状态 S_0^n 进行采样
> **步骤2.** 初始化 $\theta^{n,0}$(如果 $n>1$，使用 $\theta^{n,0}=\theta^{n-1}$)，$\theta^{n,0}$ 用于估计由 $\theta^{\pi,n}$ 产生的策略 π 的价值
> **步骤3.** 对于 $m=1,2,\dots,M$
> **步骤4.** 选择样本路径 ω^m
> **步骤5.** 对于 $t=0,1,\dots,T$
> **步骤5a.** 计算：
> $$x_t^{n,m} = \arg\max_{x_t\in x_t^{n,m}}\left(C(S_t^{n,m},x_t)+\gamma\sum_f\theta_{tf}^{\pi,n-1}\phi_f(S^{M,x}(S_t^{n,m},x_t))\right)$$

图17.9 使用线性模型的有限时域问题的策略迭代算法

步骤5b. 计算：

$$S_{t+1}^{n,m} = S^M(S_t^{n,m}, x_t^{n,m}, W_{t+1}(\omega^m))$$

步骤6. 初始化 $\hat{v}_{T+1}^{n,m} = 0$

步骤7. 对于 $t = T, T-1, \ldots, 0$

$$\hat{v}_t^{n,m} = C(S_t^{n,m}, x_t^{n,m}) + \gamma \hat{v}_{t+1}^{n,m}$$

步骤8. 使用递归最小二乘法更新 $\theta_t^{n,m-1}$，获得 $\theta_t^{n,m}$ (见3.8节)

步骤9. 设 $n = n+1$。如果 $n < N$，则转至步骤1

步骤10. 返回价值函数 $(\overline{V}^{\pi,N})$

图17.9　使用线性模型的有限时域问题的策略迭代算法(续)

假设基函数本身与时间无关，但依赖于状态变量 S_t (和决策 x)，当然，变量取决于时间。策略由参数 $\theta_{tf}^{\pi,n}$ 决定。

通过在运行 $m = 1, \ldots, M$ 的内部循环中重复模拟策略来更新策略 $X_t^\pi(s)$。这个内循环使用递归最小二乘法来更新参数向量 $\theta_{tf}^{n,m}$。该步骤取代了图17.8中的步骤6b。

如果设 $M \to \infty$，那么参数向量 $\theta_t^{n,M}$ 趋近于由 $\theta^{\pi,n-1}$ 确定的策略 $X_t^\pi(s)$ 的最佳拟合。然而，非常重要的是，须认识到，这并不等同于使用查找表表示来执行策略的完美评估。问题是(对于离散状态)，查找表具有完美近似策略的潜力，而当使用基函数时，则通常并非如此。如果选择了不好的基函数，就可能会在 m 趋近于无穷时找到 $\theta^{n,m}$ 的可能的最佳值，但仍可能得到一个很差的近似，无法反映出由 $\theta^{\pi,n-1}$ 产生的策略。

17.7.3　使用线性模型求解无限时域问题的LSTD

我们已使用查找表和基函数为有限时域问题的近似策略迭代奠定了基础，接下来为无限时域问题使用线性模型，在这里将引入在无限时域上投影贡献的维度。有几种方法可以实现这一点(见16.1.2节)。我们使用最小二乘时间差分，原因是它代表了无限时域问题的经典策略迭代的最自然的扩展。

假设在状态 S^m 和决策 x^m 下，一个单期贡献的样本实现由下式给出：

$$\hat{C}^m = C(S^m, x^m)$$

和过去一样，设 $\phi^m = \phi(S^m)$ 是在状态 S^m 下计算的基函数的列向量。接下来，固定一个策略，该策略基于 $\overline{V}^n(s) = \sum_f \theta_f^n \phi_f(s)$ (见式(17.31))给出的价值函数近似贪婪地选择决策。假设在一组迭代 $i = (0, 1, \ldots, m)$ 中模拟了该策略，得到一系列的贡献 $\hat{C}^i$，$i = 1, \ldots, m$。根据16.3节中的内容，可以通过下式使用标准线性回归来估计 θ^m。

$$\theta^m = \left[\frac{1}{1+m} \sum_{i=0}^{m} \phi_i (\phi^i - \gamma \phi^{i+1})^T \right]^{-1} \left[\frac{1}{1+m} \sum_{i=1}^{m} \phi^i \hat{C}^i \phi^i \right] \tag{17.32}$$

注意，$\phi^i - \gamma \phi^{i+1}$ 项可以被视为 $I - \gamma P^\pi$ 的一个模拟采样实现，投影到特征空间中。正如在基本策略迭代中使用 $(I - \gamma P^\pi)^{-1}$ 来投影策略 π 的无限时域价值一样(请回顾14.7节)，使用下式

$$\left[\frac{1}{1+m} \sum_{i=0}^{m} \phi_i (\phi^i - \gamma \phi^{i+1})^T \right]^{-1}$$

来生成特征投影贡献的无限时域估计：

$$\left[\frac{1}{1+m} \sum_{i=1}^{m} \phi^i \hat{C}^i \phi^i \right]$$

式(17.32)要求为每个观察求解一个逆矩阵。效率更高的做法是使用递归最小二乘法，也就是使用下式：

$$\epsilon^m = \hat{C}^m - (\phi^m - \gamma \phi^{m+1})^T \theta^{m-1}, \tag{17.33}$$

$$M^m = M^{m-1} - \frac{M^{m-1} \phi^m (\phi^m - \gamma \phi^{m+1})^T M^{m-1}}{1 + (\phi^m - \gamma \phi^{m+1})^T M^{m-1} \phi^m}, \tag{17.34}$$

$$\theta^m = \theta^{m-1} + \frac{\epsilon^m M^{m-1} \phi^m}{1 + (\phi^m - \gamma \phi^{m+1})^T M^{m-1} \phi^m} \tag{17.35}$$

图17.10详细展示了完整算法。如果愿意假设存在向量 θ^*，使得真价值函数 $V(s) = \sum_{f \in \mathcal{F}} \theta_f^* \phi_f(s)$ (诚然，这是一个相当强的假设)，则该算法有一些良好的性质。

首先，如果内部迭代限制 M 作为 n 的函数增长以使该策略的近似质量越来越好，那么整个算法将收敛到真正的最优策略。当然，这意味着让 $M \to \infty$，但从实际角度来看，这表示该算法可以找到任意接近最优策略的策略。

其次，该算法可用于向量值决策和连续决策。这得益于该算法的几个特征。第一，为了计算策略 $X^\pi(s|\theta^n)$，需要解决确定性优化问题。如果使用离散决策，这意味着简单地枚举决策并从中选择最佳的一个。如果使用连续决策，则需要解决一个非线性规划问题。唯一的实际问题是，可能无法保证目标函数是凹的(如果正在最小化，则是凸的)。第二，要注意，步骤6c中使用了轨迹跟踪(也称为在线策略训练)，而未包含明确的探索步骤。多维决策向量的探索步骤可能非常难以实现。

步骤0. 初始化

步骤0a. 初始化 θ^0

步骤0b. 设初始策略

$$A^\pi(s|\theta^0) = \arg\max_{a \in \mathcal{A}} \left(C(s,x) + \gamma\phi(S^M(s,x))^T\theta^0 \right)$$

步骤0c. 设 $n = 1$

步骤1. 对于 $n = 1, \dots, N$

步骤2. 初始化 S_0^n

步骤3. 对于 $m = 0, 1, \dots, M$

步骤4. 初始化 $\theta^{n,m}$

步骤5. 对 W^{m+1} 采样

步骤6. 完成以下步骤

步骤6a. 计算决策 $x^{n,m} = X^\pi(S^m|\theta^{n-1})$

步骤6b. 计算决策后状态 $S^{x,m} = S^{M,x}(S^{n,m}, x^{n,m})$

步骤6c. 计算下一个决策前状态 $S^{n,m+1} = S^M(S^{n,m}, x^{n,m}, W^{m+1})$

步骤6d. 计算式(17.32)中自变量 $\phi(S^{n,m}) - \gamma\phi(S^{n,m+1})$

步骤7. 完成以下步骤

步骤7a. 计算因变量 $\hat{C}^m = C(S^{n,m}, x^{n,m}, W^{m+1})$

步骤7b. 使用式(17.32)计算 $\theta^{n,m}$

步骤8. 更新 θ^n 和策略

$$\theta^{n+1} = \theta^{n,m}$$
$$X^{\pi,n+1}(s) = \arg\max_{x \in \mathcal{X}} \left(C(s,x) + \gamma\phi(S^M(s,x))\theta^{n+1} \right)$$

步骤9. 返回 $X^\pi(s|\theta^N)$ 和参数 θ^N

图17.10　使用最小二乘时间差分的无限时域问题的近似策略迭代

只要访问的状态有足够的变化，支持计算式(17.32)中的 θ^m，就可以避免探索。使用查找表时，需要进行探索以保证最终会无限次地访问每个状态。使用基函数时，只需要访问足够多样的状态，以便估计参数向量 θ^m。用统计学的语言来说，这个问题是识别问题(即估计 θ 的能力)，而不是探索问题。这是一个更容易满足的要求，也是参数模型的主要优点之一。

17.8　演员—评论家范式

在一些领域中，流行用"演员"和"评论家"来看待近似动态规划。简单来说，演员是选择决策的策略，而评论家是评估策略所产生动作的价值函数。在工程控制方面的应用中，状态和控制是连续的，通常使用(一般是浅层)神经网络来表示策略和近似价值函数，因此一些作者称之为"演员网络"和"评论家网络"。注意，在这种场景中，演员是策略函数近似的一种形式。

图17.11中的策略迭代算法说明了演员—评论家范式。决策函数为式(17.36)，其中，$V^{\pi,n-1}$(在此种情况下)决定策略。这就是演员。更新了策略价值估计的式(17.37)则是评论家。我们在一段时间内固定演员(即固定演员使用的价值函数近似)，并执行重复迭代，尝试在给定某一演员(策略)的情况下估计价值函数。我们还会时不时地停下来，利用价值函数改变行为(评论家喜欢这样做)。在本例中，我们将通过用当前的 $\overline{V}$ 替换 V^{π} 来更新行为。

步骤0. 初始化

　步骤0a. 初始化 "$V_t^{\pi,0},\ t\in\mathcal{T}$"

　步骤0b. 设 $n=1$

　步骤0c. 初始化 S_0^1

步骤1. 对于 $n=1,2,\ldots,N$

　步骤2. 对于 $m=1,2,\ldots,M$

　　步骤3. 选择一个样本路径 ω^m

　　步骤4. 初始化 $\hat{v}^m=0$

　　步骤5. 对于 $t=0,1,\ldots,T$

　　　步骤5a. 求解：

$$x_t^{n,m}=\arg\max_{x_t\in x_t^{n,m}}\left(C_t(S_t^{n,m},x_t)+\gamma V_t^{\pi,n-1}(S^{M,x}(S_t^{n,m},x_t))\right)\qquad(17.36)$$

　　　步骤5b. 计算：

$$\begin{aligned}S_t^{x,n,m}&=S^{M,x}(S_t^{n,m},x_t^{n,m}),\\ S_{t+1}^{n,m}&=S^{M,W}(S_t^{x,n,m},W_{t+1}(\omega^m))\end{aligned}$$

　步骤6. 对于 $t=T-1,\ldots,0$

　　步骤6a. 累积路径成本(其中，$\hat{v}_T^m=0$)

$$\hat{v}_t^m=C_t(S_t^{n,m},x_t^m)+\gamma\hat{v}_{t+1}^m$$

　　步骤6b. 从 t 时开始更新策略的近似价值：

$$\overline{V}_{t-1}^{n,m}\leftarrow U^V(\overline{V}_{t-1}^{n,m-1},S_{t-1}^{x,n,m},\hat{v}_t^m)\qquad(17.37)$$

　　　其中，通常使用 $\alpha_{m-1}=1/m$

　步骤7. 更新策略价值函数：

$$V_t^{\pi,n}(S_t^x)=\overline{V}_t^{n,M}(S_t^x)\ \ \forall t=0,1,\ldots,T$$

步骤8. 返回价值函数 $(V_t^{\pi,N})_{t=1}^T$

图17.11 使用基于价值函数的策略的近似策略迭代

在其他情况下，策略是某种形式的策略函数近似，它将状态映射到一个决策。例如，如果我们正驶过一个交通网络(或遍历图)，则策略的形式可能是"当在节点 i 时，转到节点

j"，这将是查找表策略的一种形式。更新价值函数后，我们可能会断定节点i处的正确策略是遍历到节点k。一旦更新了策略，策略本身就不直接依赖于某个价值函数。

另一个例子可能会在决定手头应该有多少资源的情况下出现。可以通过最大化形式为$f(x) = \beta_0 - \beta_1(x - \beta_2)^2$的函数来求解该问题。当然，$\beta_0$不影响最优数量。可以使用价值函数来更新$\beta_0$和$\beta_1$。一旦确定了这些，就有了一个本身不直接依赖于价值函数的函数。

17.9 最大算子的统计偏差*

当进行优化时，由于是在随机变量集合上取最大值，会出现一种微妙的偏差。在诸如Q学习或近似值迭代的算法中，我们通过在取决于$\bar{Q}^{n-1}(S, x)$的决策集合中选择最佳决策来计算$\hat{q}_t^n$。问题是估计值$\bar{Q}^{n-1}(S, x)$是随机变量。在最好的情况下，假设$\bar{Q}^{n-1}(S, x)$是对处于(决策后)状态S^x的真值$V_t(S^x)$的无偏估计。因为这仍然是具有一定程度变化的统计估计，所以有些估计值会过高，而有些估计值则会过低。如果一个特定的决策使我们恰好处于估计值过高的状态(由于统计变化)，那么更有可能选择这个作为最优决策，并使用它来计算$\hat{q}^n$。

为了说明这一点，假设必须选择一个决策$x \in \mathcal{X}$，其中$C(S, x)$是使用决策x获得的贡献(假设正处于状态S)，然后转移至(决策后)状态$S^{M,x}(S, x)$，在那里得到一个估计值$\bar{V}(S^{M,x}(S, x))$。通常，我们会通过计算下式来更新处于状态S的价值：

$$\hat{v}^n = \max_{x \in \mathcal{X}} \left(C(S, x) + \bar{V}^{x,n-1}(S^{M,x}(S, x))\right)$$

然后使用标准更新公式来更新处于状态S的价值：

$$\bar{V}^n(S) = (1 - \alpha_{n-1})\bar{V}^{n-1}(S) + \alpha_{n-1}\hat{v}^n$$

由于$\bar{V}^{n-1}(S^{M,x}(S, x))$是一个随机变量，因此有时它会高估处于状态$S^{M,x}(S, x)$的真值，有时也会低估。当然，我们更有可能选择一个将我们带到高估了值的状态的决策。

可以参照下式量化统计偏差导致的误差。固定迭代计数器n(这样便可以忽略它)，并设下式的计算结果为使用决策x的估计值。

$$U_x = C(S, x) + \bar{V}(S^{M,x}(S, x))$$

用β表示的统计误差由下式给出：

$$\beta = \mathbb{E}\{\max_{x \in \mathcal{X}} U_x\} - \max_{x \in \mathcal{X}} \mathbb{E}U_x \tag{17.38}$$

式(17.38)右侧的第一项——$\bar{V}(S)$的期望值基于最佳观察值计算而得。第二项是正确的答案(仅在知道真正平均值的情况下能找到)。可以通过使用被称为"插入原理"(plug-in principle)的统计技术来估计差异。假设$\mathbb{E}U_x = \bar{V}(S^{M,x}(S, x))$，这意味着假设估计$\bar{V}(S^{M,x}(S, x))$正确，然后尝试估计$\mathbb{E}\{\max_{x \in \mathcal{X}} U_x\}$。因此，式(17.38)中的第二项很容易计算。

而难的是计算 $\mathbb{E}\{\max\limits_{x\in\mathcal{X}} U_x\}$。假设在计算 $\overline{V}(S^{M,x}(S,x))$ 时，也一直在计算 $\bar{\sigma}^2(x) =$ $Var(U_x) = Var(\overline{V}(S^{M,x}(S,x)))$。使用插入原理，假设估计 $\bar{\sigma}^2(x)$ 表示价值函数近似的真实方差。很难为多个决策计算 $\mathbb{E}\{\max\limits_{x\in\mathcal{X}} U_x\}$，但可以使用一种称为克拉克近似(Clark approximation)的技术来提供估计。该策略会找到两个正态分布随机变量的最大值的精确平均值和方差，然后假设该最大值也是正态分布的。假设决策可以排序，以使 $\mathcal{X} = \{1, 2, \ldots, |\mathcal{X}|\}$。现在设：

$$\bar{U}_2 = \max\{U_1, U_2\}$$

可以参照下式计算 $\bar{U}_2$ 的平均值和方差。暂时使用下式定义 α。

$$\alpha^2 = \sigma_1^2 + \sigma_2^2 - 2\sigma_1\sigma_2\rho_{12}$$

其中，$\sigma_1^2 = Var(U_1)$，$\sigma_2^2 = Var(U_2)$，且 ρ_{12} 是 U_1 和 U_2 间的相关系数(允许随机变量相关，但很快就会把它们近似为无关)。接下来找到：

$$z = \frac{\mu_1 - \mu_2}{\alpha}$$

其中，$\mu_1 = \mathbb{E}U_1$ 且 $\mu_2 = \mathbb{E}U_2$。现在，设 $\Phi(z)$ 是累积标准正态分布(即 $\Phi(z) = \mathbb{P}[Z \le z]$，其中 Z 呈平均值为0、方差为1的正态分布)，并设 $\phi(z)$ 是标准正态密度函数。如果假设 U_1 和 U_2 是正态分布的(当它们代表处于某种状态的价值的样本估计时，这是一个合理的假设)，那么很容易证明这一点：

$$\mathbb{E}\bar{U}_2 = \mu_1\Phi(z) + \mu_2\Phi(-z) + \alpha\phi(z), \tag{17.39}$$
$$\begin{aligned}Var(\bar{U}_2) &= \left[(\mu_1^2 + \sigma_1^2)\Phi(z) + (\mu_1^2 + \sigma_2^2)\Phi(-z) + (\mu_1 + \mu_2)\alpha\phi(z)\right]\\ &\quad -(\mathbb{E}\bar{U}_2)^2\end{aligned} \tag{17.40}$$

现在假设有第三个随机变量——U_3，希望找到 $\mathbb{E}\max\{U_1, U_2, U_3\}$。克拉克近似通过下式来求解：

$$\begin{aligned}\bar{U}_3 &= \mathbb{E}\max\{U_1, U_2, U_3\}\\ &\approx \mathbb{E}\max\{U_3, \bar{U}_2\}\end{aligned}$$

其中，假设 $\bar{U}_2$ 呈正态分布，其平均值由式(17.39)给出，方差由式(17.40)给出。对于我们的情况，不太可能估计相关系数 ρ_{12}(或 ρ_{23})，因此假设随机估计是独立的。这个想法可以通过下式在大量的决策中反复使用。

$$\begin{aligned}\bar{U}_x &= \mathbb{E}\max\{U_1, U_2, \ldots, U_x\}\\ &\approx \mathbb{E}\max\{U_x, \bar{U}_{x-1}\}\end{aligned}$$

可以重复利用这一点，直至找到 $\bar{U}_{|\mathcal{X}|}$ 的平均值，其平均值是 $\mathbb{E}\{\max\limits_{x\in\mathcal{X}} U_x\}$ 的一个近似。这反过来可以用于计算由式(17.38)给出的统计偏差 β 的估计。

对超30个样本实现取平均的100个决策计算 $\beta = \mathbb{E}\max\limits_x U_x - \max\limits_x \mathbb{E}U_x$，即可绘制出图17.12。每个 U_x 的标准差固定在 $\sigma = 20$。图17.12显示，误差稳步增大，直到集合 $\mathcal{X}$ 中

有大约20或25个决策，在这之后它的增长速度要慢得多。当然，在近似动态规划应用中每个U_x都会有自己的标准差，当重复抽取某个决策时，它会趋于减小(上面的近似很好地捕捉到了这种行为)。

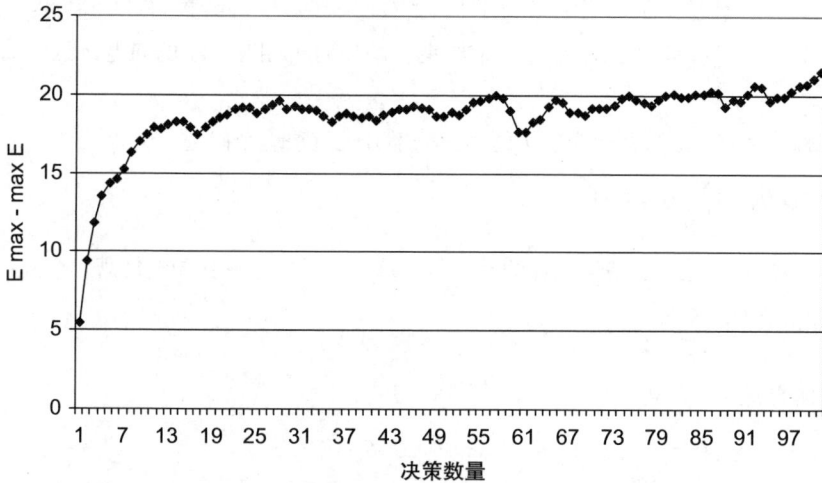

图17.12 对超30个样本实现取平均的100个决策的$\mathbb{E} \max_x U_x - \max_x \mathbb{E} U_x$
(所有样本实现的标准差为20)

这一简要分析表明，最大算子的统计偏差可能是显著的。然而，它高度依赖于数据。如果有单一的主导决策，那么误差将可以忽略不计。只有当存在许多(如10个或更多)具有竞争性的决策，并且估计值的标准差不小于平均值之间的差异时，才会出现问题。遗憾的是，在大多数大型应用中都可能会出现这种情况(如果单个决策占主导地位，则表明解可能是显而易见的)。

值迭代偏差与统计偏差之间的相对大小取决于问题的性质。如果使用纯前向遍历(TD(0))，并且t时处于某状态的价值反映了未来许多时段内获得的回报，那么值迭代偏差可能很大(特别是在步长太小的情况下)。

值迭代偏差在动态规划领域中早已得到认可。相反，统计偏差似乎几乎没有得到任何关注，因此我们没发现有哪个研究在处理这个问题。我们怀疑，统计偏差可能会相当均匀地夸大价值函数近似，这意味着对策略的影响可能很小。然而，如果目标是获得价值函数本身(例如，估计资产或合同的价值)，那么偏差可能会扭曲结果。

17.10 使用线性模型的线性规划方法*

14.10节表明，通过求解以下线性规划，可以确定处于每个状态的价值。

$$\min_v \sum_{s \in \mathcal{S}} \beta_s v(s) \tag{17.41}$$

该线性规划满足：

$$v(s) \geq C(s,x) + \gamma \sum_{s' \in \mathcal{S}} p(s'|s,x)v(s'), \text{ 对于所有 } s \text{ 和 } x \tag{17.42}$$

这种形式的问题在于，它要求枚举状态空间来创建价值函数向量 $(v(s))_{s \in \mathcal{S}}$。此外，我们对每个状态—决策对(pair)都有一个约束，即使对于相对较小的问题，这个约束集也将是巨大的。

可以通过用回归函数替换离散价值函数来部分地解决这个问题，例如：

$$\overline{V}(s|\theta) = \sum_{f \in \mathcal{F}} \theta_f \phi_f(s)$$

其中，$(\phi_f)_{f \in \mathcal{F}}$ 是一组适当设计的基函数。这产生了一个修正的线性规划公式：

$$\min_{\theta} \sum_{s \in \mathcal{S}} \beta_s \sum_{f \in \mathcal{F}} \theta_f \phi_f(s)$$

对于所有 s 和 x，满足：

$$v(s) \geq C(s,x) + \gamma \sum_{s' \in \mathcal{S}} p(s'|s,x) \sum_{f \in \mathcal{F}} \theta_f \phi_f(s')$$

这仍然是一个线性规划，但现在决策变量是 $(\theta_f)_{f \in \mathcal{F}}$ 而不是 $(v(s))_{s \in \mathcal{S}}$。注意，未使用随机迭代算法，而是直接通过求解线性规划来获得 θ。

大量的约束仍然是一个问题。鉴于不再需要确定 $|\mathcal{S}|$ 个决策变量(在式(17.41)~式(17.42)中，参数向量 $(v(s))_{s \in \mathcal{S}}$ 表示决策变量)，那么，实际上并不需要所有的约束。已经提出的一种策略是简单地选择状态和决策的随机样本。给定一个状态空间 $\mathcal{S}$ 和一组决策 χ，即可随机选择状态和决策以创建较小的约束集。

生成此样本时需要谨慎。特别是，须生成与它们实际被访问的概率大致成比例的状态。然后，对于生成的每个状态，需要随机抽取一个或多个决策。要做到这一点，最好的策略是与问题相关的策略。

该技术已应用于一个管理网络队列的问题。图17.13显示了一个有3个服务器和8个队列的排队网络。一台服务器一次只能服务一个队列。例如，服务器A可能是一台可以将组件涂成3种颜色之一(例如，红色、绿色和蓝色)的机器。最好在切换到蓝色之前先将一系列零件涂成红色。有一些客户是从外部到达的(用到达率 λ_1 和 λ_2 表示)。其余客户从其他队列到达(例如，从队列1离开的客户成为队列2的到达客户)。问题是确定一个服务器在每次服务完成后应该处理哪个队列。

如果假设客户按照泊松过程到达，并且所有服务器都有负指数服务时间(这意味着所有过程都是无记忆的)，那么系统的状态由下式给出：

$$S_t = R_t = (R_{ti})_{i=1}^{8}$$

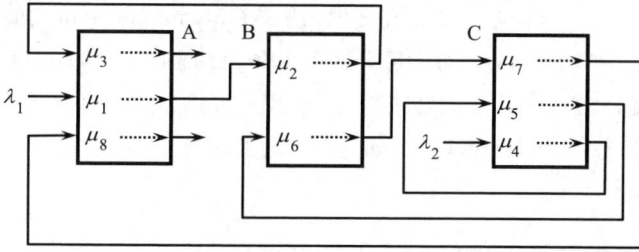

图17.13　一个由3个服务器组成的排队网络，共服务8个队列，其中2个有外部输入(λ)，6个有
来自其他队列的输入(改编自de Farias和Van Roy(2003)的论著)

其中，R_{ti}是队列i的顾客数。设$\mathcal{K} = \{1, 2, 3\}$是服务器集，而$a_t$是一个服务器的属性向量，由$a_t = (k, q_t)$给出，其中$k$是服务器的标识，$q_t$是在$t$时服务的队列。

每个服务器只能服务于队列的子集(见图17.13)。设$\mathcal{D} = \{1, 2, \ldots, 8\}$表示一个服务特定队列的决策，而$\mathcal{D}_a$是可用于具有属性$a$的服务器的决策。最后，如果决定分配一个具有属性$a$的服务器来服务队列$d \in \mathcal{D}_a$，就设$x_{tad} = 1$。

状态空间实际上是无限的(即太大而无法枚举)。但仍然可以随机对状态进行采样。研究表明，重要的是大致按访问的概率对状态进行采样。我们不知道某个状态被访问的概率，但知道一个有r名客户(当有泊松到达和负指数服务器时)的队列的概率遵循几何分布。因此，选择使用概率$(1 - \gamma)\gamma^r$抽取$r = \sum_i R_{ti}$名客户的状态，其中γ是折扣因子(使用值0.95)。

更复杂的是，还必须对决策进行采样。设$\mathcal{X}$是决策向量x的所有可行值的集合。每个服务器的可能决策数量等于其服务的队列数量，因此向量x的值的总数为$3 \times 2 \times 3 = 18$。在本示例的实验中，仅对5000个状态进行了采样(与$(1 - \gamma)\gamma^r$成比例)，但所有决策都是针对每个状态进行采样的，产生了90 000个约束条件。

一旦价值函数被近似，就可以模拟由该价值函数近似产生的策略。我们将结果与两种短视的策略进行了比较：服务最长的队列，以及先进先出(即服务最先到达的客户)。表17.7给出了每种策略产生的成本，表明基于ADP的策略显著优于其他策略。

表17.7　使用模拟估算的平均成本(数据来自de Farias和Van Roy(2003)的研究)

策略	成本
ADP	33.37
最长的	45.04
FIFO	45.71

要在更现实的系统上测试这一策略，还需要大量的数值工作。例如，对于不呈现泊松到达或负指数服务时间的系统，基于几何分布的采样状态仍然可能非常有效。更大的问题是可行域$\mathcal{X}$随着服务器数量和每台服务器的队列数量的增加而快速增长。

使用约束采样的另一种方法是一种称为列生成(column generation)的高级技术。该技术不生成枚举所有决策(即 $v(s)$，对于每个状态)和所有约束(式(17.42))的完全线性规划，相反，有可能生成越来越大的线性规划序列，并根据需要添加行(约束)和列(决策)。这些技术超出了我们的讨论范围，但读者需要了解这个问题类别的可用技术范围。

17.11　稳态应用的有限时域近似

我们很容易假设，如果有一个静态数据的问题(即所有随机信息都来自一个不随时间变化的分布)，就可以将这个问题作为一个无限时域问题来解决，并使用由此产生的价值函数来产生一个告知在任何状态下应该做什么的策略。事实上，如果能够找到每个状态的最优价值函数，这就是正确的。

无限时域模型在回答策略问题方面有许多应用。有足够的医生吗？如果扩大队列中容纳客户的缓冲空间，会怎么样？降低交易成本对共同基金现金持有量有何影响？如果租车公司改变了规定，允许租车办事处在客户预订的汽车用完时为客户提供更好的汽车，会发生什么？

这些都是由约束(缓冲区的大小或医生的数量)、参数(交易成本)或支配问题物理性质的规则(替代汽车的能力)控制的动态规划。当这些变量被调整时，我们可能会有兴趣了解这样一个系统的行为。对于太复杂而无法精确求解的无限时域问题，ADP提供了一种近似这些解的方法。

无限时域模型在操作环境中也有应用。假设有一个由平稳过程控制的问题，可以求解该问题的稳态版本，并使用生成的价值函数来定义一个可以从任何初始状态开始工作的策略。事实上，如果找到了任何初始状态的最优价值函数的至少一个近似，这个方法就会奏效。然而，如果你已经在本书中做到了这一点，则意味着你有兴趣研究那些无法为所有状态找到最优价值函数的问题。通常，我们是被迫近似价值函数的，而且大多数情况下，会把价值函数拟合到经常访问的状态。

在操作环境中工作时，我们会从某个已知的初始状态 S_0 开始。从这个状态开始，会有一系列"好"的决策，后面跟着随机信息，把我们带到一组状态 S_1，这通常受到初始状态的严重影响。图17.14说明了这种现象。假设真稳态价值函数近似看起来像正弦函数。在时间 $t = 1$，可以到达的状态 S_t 的概率分布显示为阴影区域。假设选择了拟合价值函数的二次函数，通过蒙特卡洛采样生成 S_t 的观察值。我们可能会获得标记为 $\overline{V}_1(S_1)$ 的虚线，这与观察到的状态 S_1 的真价值函数相吻合。

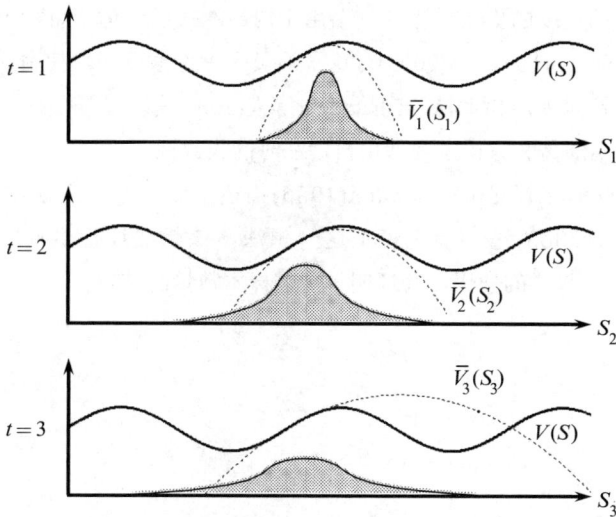

图17.14　精确价值函数(正弦曲线)和$t = 1, 2, 3$时的价值函数近似，它们随着可以从S_0到达的状态的概率分布而变化

对于时间$t = 2$和$t = 3$，实际观察到的状态S_2和S_3的分布范围越来越广。因此，二次函数的最佳拟合也会扩展。因此，即使有一个稳态问题，最佳价值函数近似仍取决于初始状态S_0以及预测的未来时间段。此类问题最好建模为有限时域问题，但这仅仅是因为我们被迫近似该问题。

17.12　参考文献注释

17.2节——使用查找表的近似值迭代包括一系列算法，这些算法依赖于未来状态价值的近似来估计当前状态的价值，包括Q学习和时间差分学习。这些方法是近似动态规划和强化学习的基础。

17.4节——在近似值迭代(TD学习)中使用线性模型的问题在研究文献中十分常见。Bertsekas和Tsitsiklis(1996)、Tsitsiklis和Van Roy(1997)、Baird(1995)和Precup等人(2001)均对这些问题进行过很好的讨论。

17.7节——Bradtke和Barto(1996)最先介绍了最小二乘时间差分，这是一种使用线性模型近似单周期贡献，然后投影无限时域性能的方法。Lagoudakis和Parr(2003)描述了最小二乘法策略迭代算法(LSPI)，该算法使用线性模型来近似Q因子，然后将其嵌入无模型算法中。

17.8节——长期以来，流行将策略称为"演员"，将价值函数称为"评论家"(例如，参见Barto等人(1983)、Williams和Baird(1990)、Bertsekas和Tsitsiklis(1996)以及Sutton和Barto(2018)的论著)。Borkar和Konda(1997)以及Konda和Borkar(1999)将演员—评论家算法

分解为具有两个时间尺度的更新过程：一个用于内部迭代以评估策略，另一个用于外部迭代以更新策略。Konda和Tsitsiklis(2003)讨论了演员—评论家算法，使用线性模型来表示演员和评论家，为评论家使用自助法。Bhatnagar等人(2009)提出了演员—评论家算法的几种新变体，并证明了当演员和评论家都使用自助法时的收敛性。

17.10节——Schweitzer和Seidmann(1985)描述了线性规划方法中基函数的使用。deFarias和VanRoy(2003)进一步完善了这一想法，该想法还提供性能保证。Farias和Roy(2001)研究了约束采样的使用，并证明了所需样本数量的结果。

练习

复习问题

17.1　解释在线策略学习和离线策略学习的区别。

17.2　仅使用必要的符号(但你需要一些)来对比使用决策前状态的ADP和使用决策后状态的ADP，以及使用Q学习的ADP，并找出它们之间的本质区别。

17.3　已知(S,x)是决策后状态的一种形式，请对比使用决策后状态的ADP和使用Q学习的ADP。它们是等价的吗？

17.4　讨论如何使用Q学习，其中x是一个向量。

17.5　用文字解释单向遍历和双向遍历版本的前向ADP之间的差异。你能举一个需要使用后向遍历的问题的例子吗？

17.6　将后向遍历与后向近似动态规划进行对比。它们是等价的吗？如果不等价，它们又有何不同？

17.7　使用符号解释演员—评论家范式中"演员"和"评论家"的含义。

建模问题

17.8　使用近似动态规划的最常见策略是使用模拟器离线训练价值函数近似。使用9.11节中介绍的语言，根据它们是状态无关还是状态相关，以及是优化最终回报还是累积回报来对问题进行分类，训练VFA将归属于状态相关问题，其中我们将最终回报最大化。该目标最紧凑的形式如下(如表9.3所示)：

$$\max_{\pi^{lrn}} \mathbb{E}\{C(S, X^{\pi^{imp}}(S|\theta^{imp}), W)|S_0\} \tag{17.43}$$

式(9.43)扩展了期望，使底层随机变量变得明确，而这产生了等价的表达式：

$$\max_{\pi^{lrn}} \mathbb{E}\{C(S, X^{\pi^{imp}}(S|\theta^{imp}), \widehat{W})|S^0\} \;\; = \tag{17.44}$$

$$\mathbb{E}_{S^0} \mathbb{E}^{\pi^{lrn}}_{W^1,...,W^N|S^0} \mathbb{E}^{\pi^{imp}}_{S|S^0} \mathbb{E}_{\widehat{W}|S^0} C(S, X^{\pi^{imp}}(S|\theta^{imp}), \widehat{W})$$

请使用本章介绍的前向ADP算法，回答以下问题。

(1) 优化策略(如学习策略 π^{lrn} 时，必须在策略类 $f \in \mathcal{F}^{lrn}$ 之上搜索，同时该类内任何可调参数 $\theta \in \Theta^f$。给出两个"策略类"示例和每个类的可调参数示例。

(2) 本书将函数作为动态规划的默认目标：

$$\max_{\pi} \mathbb{E} \left\{ \sum_{t=0}^{T} C(S_t, X^\pi(S_t)) | S_0 \right\} \tag{17.45}$$

本章(以及第15章中的后向ADP方法)介绍了训练VFA的不同方法，之后将通过模拟式(17.45)中的目标来运行模拟以测试有效性。请解释式(17.44)中 π^{lrn} 和 π^{imp} 的含义。

(3) 9.11节将式(17.43)确定为优化最终回报的目标，并且表明(在式(9.44)中)可以使用下式对其进行模拟：

$$\max_{\pi^{lrn}} \mathbb{E}_{S^0} \mathbb{E}^{\pi^{imp}}_{(W_t^n)_{t=0}^T)_{n=0}^N | S^0} \left(\mathbb{E}^{\pi^{imp}}_{(\widehat{W}_t)_{t=0}^T | S^0} \frac{1}{T} \sum_{t=0}^{T-1} C(S_t, X^{\pi^{imp}}(S_t | \theta^{imp}), \widehat{W}_{t+1}) \right) \tag{17.46}$$

当设计算法来求解式(17.45)中的累积回报目标时，实际上是在求解式(17.46)中给出的最终回报优化问题。

计算练习

17.9　我们将在这一部分使用前向ADP重新完成练习15.4。在本练习中，你将使用贝尔曼方程求解一个简单的库存问题，以获得一个最优策略。接下来的练习将会让你实现各种后向ADP策略，你可以将这些策略与本练习中获得的最优策略进行比较。你的库存问题将跨越 T 时间段，库存公式由下式给出：

$$R_{t+1} = \max\{0, R_t - \hat{D}_{t+1}\} + x_t$$

这里假设在 t 时订购的产品 x_t 会在 $t+1$ 时到达。假设 $\hat{D}_{t+1}$ 由1到20之间的离散均匀分布来描述。

接下来假设贡献函数由下式给出：

$$C(S_t, x_t) = 50 \min\{R_t, \hat{D}_{t+1}\} - 10x_t$$

(1) 通过使用第14章中的经典后向动态规划方法(特别是式(14.3))精确求解动态规划，找到最优策略。注意，你最大的挑战是计算一步转移矩阵。从 $R_0 = 0$ 开始模拟1000次最优策略并报告其性能。

(2) 现在使用价值函数近似的简单二次近似，使用前向ADP解决问题：

$$\overline{V}_t^x(R_t^x) = \theta_{t0} + \theta_{t1} R_t^x + \theta_{t2}(R_t^x)^2$$

其中，R_t^x 是可以使用下式表示的决策后资源状态：

$$R_t^x = \max\{0, R_t - \mathbb{E}\{\hat{D}_{t+1}\}\} + x_t$$

用图17.3中的算法，使用100次前向遍历来估计 $\overline{V}_t(S_t)$。

(3) 在找到 $\overline{V}_t^x(R_t^x)$ 后，将生成的策略模拟1000次，并将结果与最优策略进行比较。

(4) 重复练习(2)和(3)，但这次使用价值函数近似，它只相对于 R_t^x 呈线性：

$$\overline{V}_t^x(R_t^x) = \theta_{t0} + \theta_{t1} R_t^x$$

与(3)中得到的结果相比，由此产生的策略如何？

17.10 我们将在这一部分使用前向ADP重新完成练习15.2。我们将使用后向近似动态规划求解14.4.2节中演示的连续预算问题。问题从 R_0 个资源开始，然后在0到 T 个时间段内分配。设 x_t 是时间段 t 内分配的金额，其贡献为：

$$C_t(x_t) = \sqrt{x_t}$$

假设 $T = 20$ 个时间段。

(1) 使用14.4.2节的结果以最优方式求解此问题。通过模拟最优策略1000次来评估模拟。

(2) 使用图17.3中描述的前向ADP算法，通过下式来得到价值函数近似：

$$\overline{V}_t(R_t) = \theta_{t0} + \theta_{t1} \sqrt{x_t}$$

使用100次前向遍历来估计 $\overline{V}_t(R_t)$。使用线性回归(3.7.1节中的方法或软件包)来拟合 $\overline{V}_t(R_t)$。然后，模拟该策略1000次(在理想情况下使用与(1)部分相同的样本路径)。你认为 θ_{t0} 和 θ_{t1} 应该怎样表现？

(3) 用图15.5中所述的前向ADP算法，通过下式获得价值函数近似：

$$\overline{V}_t(R_t) = \theta_{t0} + \theta_{t1} R_t^x + \theta_{t2} (R_t^x)^2$$

其中，R_t^x 是决策后资源状态 $R_t^x = R_t - x_t$(与 R_{t+1} 相同，因为转移是确定性的)。

使用线性回归(3.7.1节中的方法或软件包)来拟合 $\overline{V}_t(R_t)$。然后，模拟该策略1000次(在理想情况下使用与(1)部分相同的样本路径)。

17.11 重复练习7.10，但这次使用：

$$C(x_t) = \ln(x_t)$$

对于(2)部分，使用：

$$\overline{V}_t(R_t) = \theta_{t0} + \theta_{t1} \ln(x_t)$$

理论问题

17.12 证明只要 $p \geq c$，则报童目标函数对于 x 来说是凹的。

$$F(x) = \mathbb{E}\{p \min\{x, W\} - cx\}$$

求解问题

17.13　我们将再次尝试求解资产出售问题，假设持有一项真实资产，且正在回应一系列报价。设 $\hat{p}_t$ 为第 t 个报价，统一分布在500至600之间(所有价格均以千美元计)。还假设每个报价独立于所有先前报价。你想考虑最多10个报价，目标是获得尽可能高的价格。如果你没有接受前9个报价，则必须接受第10个报价。

(1) 根据最新价格的蒙特卡洛样本和价值函数的当前估计，写出你将在动态规划算法中使用的决策函数。

(2) 写出在求解第 t 个报价的决策问题后，将(为价值函数)使用的更新公式。

(3) 使用同步状态采样实现近似动态规划算法。使用1000次迭代，在每次报价后，立即写出你对处于每个状态的价值估计。在本练习中，需要离散化价格，以近似价值函数。以5美元为单位离散该价值函数。

(4) 从你的价值函数中，推断出一个"如果价格大于 $\hat{p}_t$ 就售出"的决策规则。

17.14　我们希望使用Q学习来决定是否继续玩一个游戏，在这个游戏中，如果掷硬币时得到正面，就赢1美元，如果得到反面，就输1美元。使用步长 $\alpha = \frac{\theta}{\theta+n}$，实现式(11.18)和式(11.19)中的Q学习算法。初始化估计值 $\bar{Q}(s,a)=0$，并使用 $\theta=1, 10, 100, 1000$ 运行该算法1000次。绘制 θ 的每个值对应的 Q^n，并讨论如果成本是 $N=50, 100, 1000$，会做出什么选择。

序贯决策分析和建模

以下练习摘自在线书籍 *Sequential Decision Analytics and Modeling*(《序贯决策分析和建模》)，扫描右侧二维码，即可查看该书。

17.15　回顾第5章5.1~5.6节中关于随机最短路径问题的内容。重点关注5.6节中的扩展，其中费用 $\hat{c}_{ij}$ 是随机的。到达节点 i 后，在必须决定移动到哪个链路之前，旅行者可以看到除节点 i 外的费用 $\hat{c}_{ij}$。扫描右侧二维码，下载模块"StochasticShortestPath_Dynamic"，即可获得该问题的软件。

(1) 写出此问题的决策前状态变量和决策后状态变量。

(2) 给定决策后状态 S_t^x 的价值函数近似 $\bar{V}_t^{x,n}(S_t^x)$，说明更新 $\bar{V}_t^{x,n}(S_t^x)$ 以获得 $\bar{V}_t^{x,n+1}(S_t^x)$ 的步骤。

(3) 使用Python模块，借助以下步长公式比较性能：

① $\alpha_n = 0.10$

② $\alpha_n = \frac{1}{n}$

③ $\alpha_n = \frac{\theta^{\text{step}}}{\theta^{\text{step}}+n-1}$，其中，$\theta^{\text{step}} = 10$

对10、20、50和100次训练迭代运行该算法，然后模拟生成的策略。在给定训练迭代次数的情况下，报告每个步长公式产生的策略性能。

17.16　回顾上述书籍第13章13.1~13.4节中的血液管理问题。扫描右侧二维码，下载模块"BloodManagement"，即可获得该问题的软件。

(1) 写出此问题的决策前状态变量和决策后状态变量。

(2) 给定决策后状态S_t^x的价值函数近似$\overline{V}_t^{x,n}(S_t^x)$，说明更新$\overline{V}_t^{x,n}(S_t^x)$以获得$\overline{V}_t^{x,n+1}(S_t^x)$的步骤。注意$\overline{V}_t^{x,n}(S_t^x)$是分段线性且可分的。

(3) 使用Python模块，借助以下步长公式比较性能：

① $\alpha_n = 0.10$

② $\alpha_n = \dfrac{1}{n}$

③ $\alpha_n = \dfrac{\theta^{\text{step}}}{\theta^{\text{step}}+n-1}$，其中，$\theta^{\text{step}} = 10$

对10、20、50和100次训练迭代运行该算法，然后模拟生成的策略。在给定训练迭代次数的情况下，报告每个步长公式产生的策略性能。

每日一问

"每日一问"是你选择的一个问题(请参阅第1章中的指南)。针对你的每日一问，回答以下问题。

17.17　针对你的每日一问的计算复杂性和可能的性能，比较图17.3中的纯前向遍历算法与图17.4中的双向遍历算法。

参考文献

第 18 章

前向 ADP III：凸性资源 分配问题

第3章介绍了用于近似函数而不假设任何特殊结构性质的通用近似工具。本章着重介绍动态资源分配问题中出现的价值函数近似，其中贡献函数(以及作为副产品的价值函数)在资源维度上趋于凸性(如果最大化，则为凹性)。因为最小化是标准的做法，所以将这些问题称为"凸性"是优化领域的标准做法，但我们将坚持最大化的标准做法。

例如，如果 R 是可用资源(水、石油、资金或疫苗)的数量且 $V(R)$ 是拥有 R 单位资源的价值，我们经常发现 $V(R)$ 在 R 上是凹的(其中 R 通常是向量)。通常，它是分段线性的，无论 R 是离散的(例如卡车或血液的库存)还是连续的(例如管理能源或金钱时会出现的情况)。具有这种结构的价值函数可以使用特殊的近似策略，并且在前两章中遇到的一些问题(特别是探索—利用问题)消失了。

存在一系列可以广义地描述为动态资源分配的问题。表18.1展现了该领域中应用场景的多样性。几乎所有这些场景都涉及多维决策，因为我们管理不同的资源(医生、拖车、血液等)、不同的资源类型(医师专业、拖车类型、血型等)，其中任何一种都可能呈空间分布。

我们将从一个简单的标量问题开始，其中 R_t 是指 t 时的手头资源数量(电池电量、留存现金、零件库存等)。然后转移到向量值问题。这些问题出现在许多场景中，但我们将空间分布问题的背景用于激励应用，定义如下：

R_{ti}＝在 t 时，位置 $i \in \mathcal{I}$ 上的可用资源数量

R_t ＝资源状态向量

　＝$(R_{ti})_{i \in \mathcal{I}}$

表18.1　不同问题领域出现的资源分配问题示例列表

主要领域	问题	资源
能量	电网运行	发电机
	电网运行	天然气供应
	电网运行	风能
	储能	储量
	储能	电池能量
	物业管理	楼宇温度
健康	公共卫生	新型冠状病毒实验
	公共卫生	疫苗
	公共卫生	护士
	公共卫生	血液库存
	医院	ICU容量
	医院	医生
	医院	护士
	医院	药物
	医院	血液供应
后勤	库存管理	现有库存
	库存管理	物料输送
	制造	冲压机
	制造	机器人
	供应链	供应商
	供应链	原材料
货运	卡车运营	司机
	卡车运营	货物
	卡车运营	拖车
	铁路运营	机车
	铁路运营	运货车厢
	海运	船舶
	海运	港口装卸能力
金融	贸易	投资
	贸易	现金
	贸易	风险承担
实验科学	设备	显微镜
	设备	扫描仪
	设备	计算机
	材料	氧气
	材料	金属
	人员	科学家
	人员	技术人员

　　根据底层问题，空间分布的问题可能会分布在数十、数百或数千个位置，从而产生一个维度非常高的问题。我们将使用空间分布设置来激励向量值资源状态变量，但向量值资源分配问题出现在各种场景中：

R_{tk}=类型$k \in \mathcal{K}$(衬衫的类型、颜色)资源的数量，可以(以一定的成本)替代以满足对于类型ℓ的产品的需求$D_{t\ell}$

$R_{tt'}$=在t时知晓的并且可以在t'时使用的资源

R_{ta}=具有属性向量a的资源(如人员或复杂设备)，其中，$a = (a_1, a_2, \dots, a_M) \in \mathcal{A}$

符号R_{ta}最通用，但在属性向量a具有三个以上的维度的情况下，就可能出现潜在的高维资源向量。

先来看以下这一系列使用日益复杂的方法来近似价值函数的策略。

分段线性、凹性——从一个简单的标量库存问题开始证明凹性的威力。

可分、分段线性、凹性——当对整数解感兴趣时，这些函数特别有用。可分函数相对容易估计，并且在求解最优方程时提供了特殊的结构性质。

一般非线性回归方程——此处有统计领域可用的全部工具。

切割平面——这是一种近似多维、分段线性函数的技术，已被证明对多级线性规划(如动态资源分配问题中出现的规划)特别有效。

线性近似——有些问题的价值函数相对于资源呈线性，因此非常有用。尤其是一些维度非常高的问题，其资源数量的属性向量a通常为0或1。

具有外部状态变量的资源分配——迄今为止的所有近似值都纯粹由状态变量中的资源向量R_t组成。有些问题需要捕捉其他用I_t表示的信息，给出状态变量$S_t = (R_t, I_t)$，并且不喜欢相对于I_t呈凹性(或凸性)的结构。

本章的一个重要意图是使用导数来估计价值函数，而不仅仅是状态的价值。当要确定应该向储存设施输送多少石油时，最重要的是额外石油的边际价值。对于一些问题类，这是一个特别强大的设备，可以显著提高收敛性。

本章期望读者具备线性规划的背景知识，且对求解线性规划的工具有一定了解(尽管不需要算法的计算知识)。更重要的是，能够理解被用来估计价值函数的对偶向量。

18.1 资源分配问题

第8章演示了一些可以称为资源分配问题的问题。本章将使用3个问题来说明不同的算法策略：我们熟悉的报童问题、一个具有替代机制的两阶段资源分配问题，以及一个非常广泛的多周期资源分配问题。

18.1.1 报童问题

鉴于最基本的资源分配问题被称为报童问题，2.3.1节首次介绍了这个问题。此处，首先分配一定数量的资源("报纸")x来支付每份报纸的单位成本c，然后观察需求D，以价格p出售较小的x以满足D。

报童问题贯穿于随机资源分配问题始终。例如，运输公司(铁路公司、航空公司或航运公司)通常必须提前一年或更长时间订购设备。该公司希望所有的设备都能使用，并能满足需求。如果公司订单太多，就会面临超负荷的提前老化状态。如果该公司的订单太少，设备就会处于使用率不足的未尽年限状态。

符号定义如下：

$x=$可用于满足即将到来的需求(尚未知)的订单数量，

$D=$在时间间隔1期间出现的需求，

$c=$资产的单位购买成本，

$p=$满足每单位需求的价格

贡献函数由下式给出：

$$F(x) = \mathbb{E}F(x, D) = \mathbb{E}\{p\min[x, D] - cx\} \tag{18.1}$$

假设(如真实的报童问题中所发生的一样)未使用的资产没有价值(如实际管理报纸时所发生的那样)。每个时间段都是一个新问题。

图18.1(a)显示了不同的D值对应的$F(x, D)$的形状。当然，假设价格p大于库存成本c，利润在$x = D$时最大化。图18.1(b)给出了随机变量D的概率分布，最后，图18.1(c)展示了订购数量x时的预期利润，然后观察随机需求D。此图展示了报童问题的基本凹形特征，这一特征广泛存在于资源分配问题中，须将供应与随机需求相匹配。这种行为甚至存在于更复杂的资源分配问题中，但前提是收入相对于p呈线性，且成本相对于c呈线性。

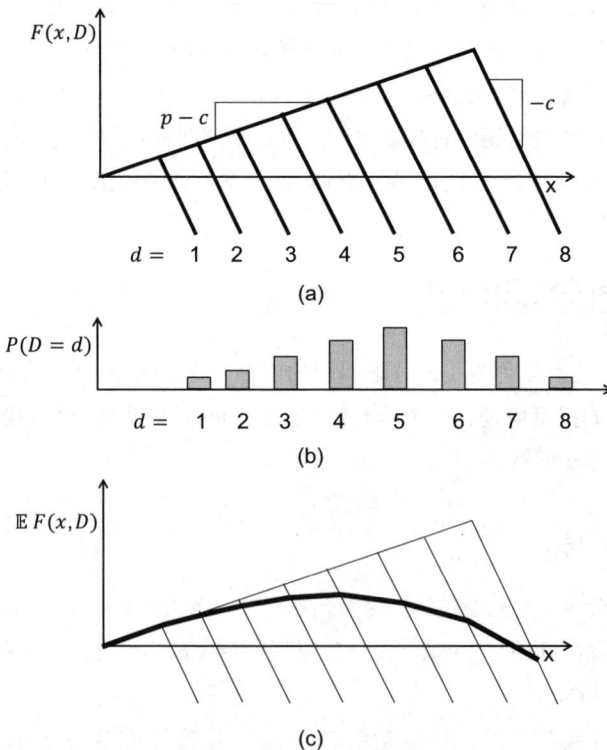

图18.1 (a) 不同需求值D对应的报童问题的形状；(b) 每个需求结果的概率$P(D{=}d)$；

(c) 预期利润作为x的函数

18.1.2　两阶段资源分配问题

假设报童问题中有单一类型的资源被用来满足单一类型的需求。目前，在许多场景中都必须分配不同类型的资源，而后才能看到需求，然后才能最终决定将哪些资源用于满足哪些需求。

■ 示例18.1

电力公司需要购买高达数百万美元的昂贵部件，且需要提前一年或更长的时间订购。该行业需要保持这些产品的供应，以防出现故障。问题是确定要购买多少个部件、何时购买、部件应该具有哪些功能以及应该存放在哪里。当产品发生故障时，公司会寻找具有特定情况所需功能的就近存放的部件。

■ 示例18.2

投资银行需要将资金分配到各种投资领域(长期、高风险投资、房地产、股票、指数基金、债券、货币市场、定期存单)。银行还会在机会来临时将资金从一项投资转移到另一项投资，但这些交易可能需要时间来执行并有一定成本(例如，最容易且最快捷的做法是将资金从货币市场基金中转移出去)。

■ 示例18.3

一家在线书商以快速交货为傲，但这需要持有实际库存。如果接到的订单没有相应库存交付，那么卖家将不得不延迟完成订单(并有丢失订单的风险)或需要以更高的成本从出版商处购买相应书籍。如果库存过高，公司又必须在持有库存(占用空间和资金)、降价促销和将库存卖给其他分销商(以大幅折扣)之间做出选择。

■ 示例18.4

汽车制造商必须决定设计和制造什么车型，并规划汽车应具备的功能。考虑到3年的设计和制造周期，他们必须制造出能够应对未来不确定市场的汽车。一旦建立了模型，客户就必须对其进行调整并购买最符合其意愿的模型。

以上的所有这些问题都要求做出初步的分配决策。这可能是购买一种设备、制造特定型号的汽车或储存不同类型产品的决策。一旦做出了初始决策，就会看到有关资产需求的信息，以及满足需求所产生的价格/成本(也可以是随机的)。在这些信息被披露之后，我们可能会做出新的决策。目标是根据可能做出的潜在下游决策，做出最佳的初始决策。这些问题如图18.2所示。

这个问题结合了"要做什么"(什么类型的产品，在哪储存)和"做多少"。这是接下来要介绍的更复杂的、完全序贯资源分配问题的基本构件。

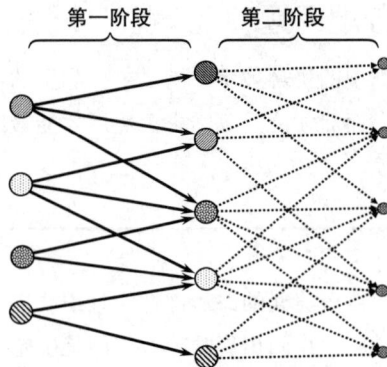

图18.2 两阶段资源分配问题。第一阶段的决策必须在第二阶段的信息变得已知之前做出。
当这些信息被披露时，就可以重新分配资源

18.1.3　一个通用多周期资源分配模型*

报童问题和两阶段资源分配模型背后的见解可以被用于动态资源分配问题的一个相当通用的模型。这种模式中管理着一种"资源"(人员、设备、血液、金钱等)，以满足"需求"(任务、客户和工作)。我们注意到，这个模型非常通用，可以用于一些相当复杂的资源分配问题。

使用以下符号描述资源和需求。

$$R_{ta} = \text{系统在} t \text{时具有属性} a \in \mathcal{A} \text{的资源数}$$
$$R_t = (R_{ta})_{a \in \mathcal{A}}$$
$$D_{tb} = \text{系统在} t \text{时类型} b \in \mathcal{B} \text{的需求数量}$$
$$D_t = (D_{tb})_{b \in \mathcal{B}}$$

a 和 b 都是资源和需求属性的向量。系统的状态由下式给出：

$$S_t = (R_t, D_t)$$

新信息表示为资源和需求向量以及控制问题的其他参数的外生变化。这些模型使用：

$$\hat{R}_{t+1,a} = \text{在时间段} t (t \text{和} t+1 \text{之间}) \text{内到达的信息引起的} R_{ta} \text{的外生变化}$$
$$\hat{D}_{t+1,b} = \text{在时间段} t (t \text{和} t+1 \text{之间}) \text{内到达的信息引起的} D_{tb} \text{的外生变化}$$

信息到达过程如下：

$$W_{t+1} = (\hat{R}_{t+1}, \hat{D}_{t+1})$$

在血液管理问题中，$\hat{R}_{t+1}$ 包括献血。在飞机或机车等复杂设备的模型中，$\hat{R}_{t+1}$ 还将捕获设备故障或延迟。在产品库存中，$\hat{R}_{t+1}$ 可能代表产品被盗。$\hat{D}_{t+1}$ 通常表示新的客户需求，但也可以表示对现有需求的更改或订单的取消。

使用以下符号对决策进行建模：

$\mathcal{D}^D$ = 满足属性为b的需求的决策(每个决策$d \in \mathcal{D}^D$都对应于需求属性$b_d \in \mathcal{B}$)

$\mathcal{D}^M$ = 修改资源的决策(每个决策$d \in \mathcal{D}^M$都具有修改资源属性的效果)。$\mathcal{D}^M$包括"什么都不做"的决策

$\mathcal{D}$ = $\mathcal{D}^D \cup \mathcal{D}^M$

x_{tad} = 最初具有属性a的资源数量，对其采取类型为$d \in \mathcal{D}$的决策

x_t = $(x_{tad})_{a \in \mathcal{A}, d \in \mathcal{D}}$

决策必须满足以下约束条件：

$$\sum_{d \in \mathcal{D}} x_{tad} = R_{ta}, \tag{18.2}$$

$$\sum_{a \in \mathcal{A}} x_{tad} \leq D_{tb_d}, \quad d \in \mathcal{D}^D, \tag{18.3}$$

$$x_{tad} \geq 0 \tag{18.4}$$

设$\mathcal{X}_t$是满足式(18.2)~式(18.4)的x_t的集合。如前所述，假设决策是由一类决策函数决定的：

$X_t^{\pi}(S_t)$=返回决策向量$x_t \in \mathcal{X}_t$的函数，其中$\pi \in \Pi$是函数(策略)集Π中的一个元素

转移函数一般由下式给出：

$$S_{t+1} = S^M(S_t, x_t, W_{t+1})$$

现在必须处理状态变量的每个维度。毫无疑问，最难处理的是资源向量R_t。这主要通过属性转移函数来处理：

$$a_t^x = a^{M,x}(a_t, d)$$

其中，a_t^x是决策后属性(由类型a在任何新信息变得可用之前生成的属性)。出于代数目的，按如下方式定义指标函数：

$$\delta_{a'}(a, d) = \begin{cases} 1 & \text{若 } a' = a_t^x = a^{M,x}(a_t, d) \\ 0 & \text{其他} \end{cases}$$

使用矩阵符号，可以使用下式写出决策后资源向量R_t^x。

$$R_t^x = \Delta R_t$$

其中Δ是矩阵，$\delta_{a'}(a, d)$是行a'和列(a, d)中的元素。要强调的是，$\delta_{a'}(a, d)$和矩阵Δ纯粹是为了方便表示；在实际操作中，只使用转移函数$a^{M,x}(a_t, d_t)$。决策前资源状态向量由下式给出：

$$R_{t+1} = R_t^x + \hat{R}_{t+1}$$

我们以一种简单的方式来模拟需求。如果一个资源被分配给一个需求，那么需求将被"服务"，然后从系统中消失；否则，将保留至下一个时间段。设：

$$\delta D_{tb_d}(x) = \text{在} t \text{时送达的类型} b_d \text{的需求数量,}$$

$$= \sum_{a \in \mathcal{A}} x_{tad} \quad d \in \mathcal{D}^D,$$

$$\delta D_t = (\delta D_{tb})_{b \in \mathcal{B}}$$

需求转移函数可以写成：

$$D_t^x = D_t - \delta D_t(x),$$

$$D_{t+1} = D_t^x + \hat{D}_t$$

模型的最后一个维度是目标函数。为资源分配问题的每个决策都定义了一个贡献：

$$c_{ad} = \text{使用作用于属性为} a \text{的资源的决策} d \text{所获得的贡献(如果是成本，则为负值)}$$

假设时间段 t 的贡献函数呈线性，由下式给出：

$$C(S_t, x_t) = \sum_{a \in \mathcal{A}} \sum_{d \in \mathcal{D}} c_{ad} x_{tad}$$

目标函数由下式给出：

$$\max_{\pi \in \Pi} \mathbb{E} \left\{ \sum_{t=0}^{T} C(S_t, X_t^\pi(S_t)) | S_0 \right\}$$

18.2 价值与边际价值

在动态规划中，估计状态价值的问题很常见。在研究资源分配问题时，必须从使用状态价值(对于这些问题来说，这是非常高的维度)转移到使用属性为 a 的额外资源的边际价值 R_{ta}(如果使用的是多属性表示法)。因此，不是为高维向量 R_t 找到单一价值 $V_t(R_t)$，而是针对每个 $a \in \mathcal{A}$(给出增长的 R_{ta} 的边际价值)，计算 $\hat{v}_{ta}$。这意味着要计算边际价值向量 $\hat{v}_t = (\hat{v}_{ta})_{a \in \mathcal{A}}$，而非单一价值 $V_t(R_t)$。

我们将使用资源分配问题的上下文来说明梯度的强大功能。原则上，估计函数斜率的挑战与估计函数本身的挑战相同(斜率只是一个不同的函数)。然而，估算斜率可能具有重要的实际优势。

首先，可以使用线性近似或分段线性可分近似来近似 $V_t(R_t)$。

其次，另一个同样重要的区别是，如果估计处于某个状态的价值，那么当访问该状态时，将得到处于该状态的价值估计。当估计梯度时，会得到各种类型资源的导数的估计。例如，如果 $R_t = (R_{ta})_{a \in \mathcal{A}}$ 是一个资源向量，$V_t(R_t)$ 是价值函数，那么价值函数相对于 R_t 的梯度如下所示：

$$\nabla_{R_t} V_t(R_t) = \begin{pmatrix} \hat{v}_{ta_1} \\ \hat{v}_{ta_2} \\ \vdots \\ \hat{v}_{ta_{|\mathcal{A}|}} \end{pmatrix}$$

其中，

$$\hat{v}_{ta_i} = \frac{\partial V_t(R_t)}{\partial R_{ta_i}}$$

可能需要额外的工作来获得梯度的每个元素，但增加的工作量可能远远小于获得价值函数本身所需的工作量。如果优化问题自然返回这些梯度(例如，线性规划的对偶变量)，这一点尤其正确，但当不得不求助于数值导数时，这也可能是正确的。一旦具备解决问题的所有计算，解决小扰动的成本就相对低了。

有一类重要的问题，其中，找到处于某状态的价值等于找到导数。这就是管理单个资源的情况。在本例中，系统(资源)的状态是属性向量a，有意估计当处于状态a时资源的价值$V(a)$。或者，可以使用向量R_t来表示系统的状态，其中$R_{ta} = 1$表示资源具有属性a(我们假设$\sum_{a \in \mathcal{A}} R_{ta} = 1$)。在这种情况下，可以写出如下的价值函数：

$$V_t(R_t) = \sum_{a \in \mathcal{A}} v_{ta} R_{ta}$$

这里，系数v_{ta}是$V_t(R_t)$关于R_{ta}的导数。

在一个典型的近似动态规划算法的实现中，只能估计一个资源处于特定状态(由属性向量a给出)时的价值。这相当于只对$R_{ta} = 1$时a的值找到导数$\hat{v}_a$。相反，计算梯度$\nabla_{R_t} V_t(R_t)$时隐含地假设对每个$a \in \mathcal{A}$都计算了$\hat{v}_a$。有一些算法策略(参见18.6节中的例子)会在算法中隐含该假设。如果属性状态空间不太大(例如，如果a是几百个位置集合中的一个物理位置)，那么针对所有$a \in \mathcal{A}$计算$\hat{v}_a$的做法是合理的。如果a是一个向量，那么可能无法枚举属性空间(实际上，它是"维数灾难"的再现)。

考虑到这些问题，须先确定是否有必要估计价值函数的斜率或价值函数本身是否至关重要。其结果可能会对算法策略产生重大影响。

18.3　标量函数的分段线性近似

有很多问题都必须估计R数量资源的价值(其中R是标量)。可能想了解R美元预算、R件设备或R单位库存的价值。R可能是离散的或连续的，本节将重点关注一些问题，其中，R是离散的或容易离散的。

假设有一个单调递减的函数，这说明虽然不知晓确切的价值函数，但知道(对于标量 R)有 $V(R+1) \leq V(R)$。如果函数是分段线性凹的，就假设 $V(R)$ 指的是 R 上(更准确地说，是 R 右侧)的斜率。假设当前的近似价值 $\overline{V}^{n-1}(R)$ 满足这个性质，并且在第 n 次迭代时，对于 $R = R^n$，有 $V(R)$ 的样本观察。如果函数是分段线性凹的，那么 $\hat{v}^n$ 将是该函数导数的一个样本实现。如果使用标准更新算法，则可以得到：

$$\overline{V}^n(R^n) = (1 - \alpha_{n-1})\overline{V}^{n-1}(R^n) + \alpha_{n-1}\hat{v}^n$$

更新后，更新近似很可能不再满足单调属性。不妨来回顾两种保持单调性的策略：

调平算法——一种通过将违反单调性的系列元素强制改为更大或更小的值来恢复单调性的简单方法。

CAVE算法——如果更新后存在单调性违规，CAVE只需要扩展应用更新的函数范围。

18.3.1　调平算法

调平算法使用一个简单的更新逻辑，该逻辑可以写成如下形式：

$$\overline{V}^n(y) = \begin{cases} (1 - \alpha_{n-1})\overline{V}^{n-1}(R^n) + \alpha_{n-1}\hat{v}^n & , \ y = R^n, \\ \overline{V}^n(y) \vee \left\{(1 - \alpha_{n-1})\overline{V}^{n-1}(R^n) + \alpha_{n-1}\hat{v}^n\right\} & , \ y > R^n, \\ \overline{V}^n(y) \wedge \left\{(1 - \alpha_{n-1})\overline{V}^{n-1}(R^n) + \alpha_{n-1}\hat{v}^n\right\} & , \ y < R^n \end{cases} \tag{18.5}$$

其中，$x \wedge y = \max\{x, y\}$，且 $x \vee y = \min\{x, y\}$。式 (18.5) 从为 $y = R^n$ 更新斜率 $\overline{V}^n(y)$ 开始。然后，要确保斜率在下降。因此，若发现右边的斜率更大，就需要将其降至估计的斜率 $y = R^n$。类似地，如果左侧有一个斜率较小，则需要将其升高至 $y = R^n$。具体步骤如图18.3所示。

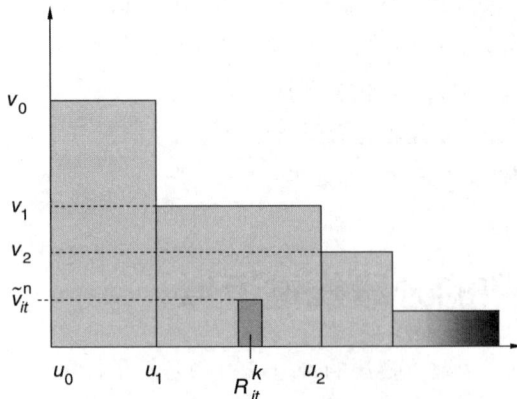

(a) 初始单调函数

图18.3　调平算法的步骤。(a) 显示的是具有 R 和函数 $\hat{v}$ 的观察值的初始单调函数；(b) 显示了更新单段函数后的函数，产生了一个非单调函数；(c) 显示了通过调平函数恢复单调性后的函数

(b) 单段更新后

(c) 调平操作后

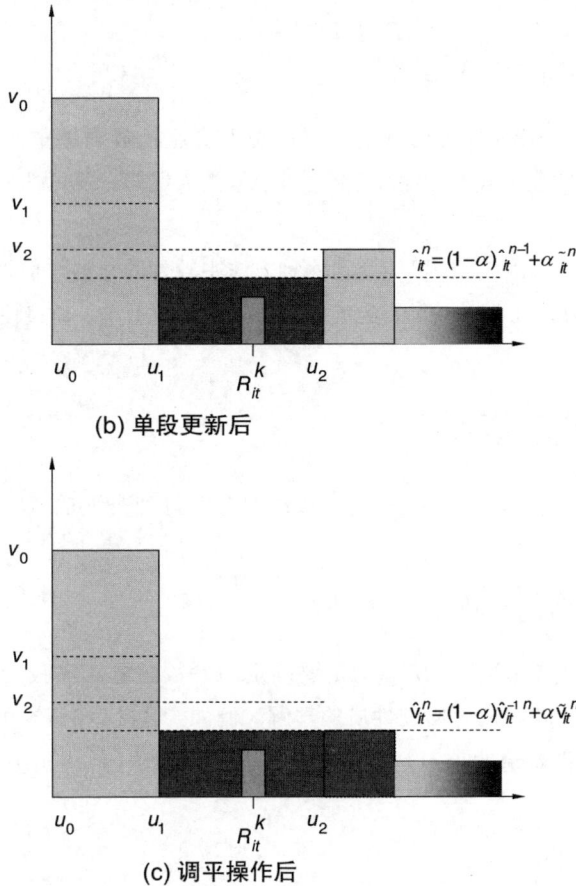

图18.3 调平算法的步骤。(a) 显示的是具有 R 和函数 $\hat{\upsilon}$ 的观察值的初始单调函数；(b) 显示了更新单段函数后的函数，产生了一个非单调函数；(c) 显示了通过调平函数恢复单调性后的函数(续)

18.3.2 CAVE算法

一个特别有用的变化是在一个比 $y = R^n$ 更宽的间隔上进行初始更新(计算 $\bar{y}$ 时)。假设已选择一个参数 δ^0，其大小为 R^n 可能取到的最大值的20%至50%。使用下式计算 $\overline{V}^n(y)$。

$$\overline{V}^n(y) = \begin{cases} (1 - \alpha_{n-1})\overline{V}^{n-1}(y) + \alpha_{n-1}\hat{\upsilon}^n, & R^n - \delta^n \leq y \leq R^n + \delta^n, \\ \overline{V}^{n-1}(y) & \text{其他} \end{cases}$$

此处使用 $\hat{\upsilon}^n$ 来更新更大范围的间隔。然后，应用相同的逻辑来保持单调性(如果这些是斜率，则为凹性)。从间隔 $R^n \pm \delta^0$ 开始，但必须定期减小 δ^0。例如，可以跟踪目标函数(称之为 F^n)，并使用下式更新范围：

$$\delta^n = \begin{cases} \delta^{n-1} & \text{若 } F^n \geq F^{n-1} - \epsilon, \\ \max\{1, .5\delta^{n-1}\} & \text{其他} \end{cases}$$

虽然减小 δ^n 的规则通常比较特别，但这对于快速收敛至关重要。关键是必须选择 δ^0，使它起到关键的缩放作用，因为它必须被设置为大致与 R^n 可以取得的最大值的数量级相同。

经过适当调整的CAVE算法可能是这两种方法中较好的一种，但调整很重要，且引入了额外的步骤。如果预计要对一个特定的问题类做大量的工作，建议使用CAVE算法。

18.4　回归方法

如第3章所述，可以创建回归模型，该模型会对每种类型的资源数量进行操作。例如，可以使用：

$$\overline{V}(R) = \theta_0 + \sum_{a \in \mathcal{A}} \theta_{1a} R_a + \sum_{a \in \mathcal{A}} \theta_{2a} R_a^2 \tag{18.6}$$

其中，$\theta = (\theta_0, (\theta_{1r})_{r \in \mathcal{R}}, (\theta_{2r})_{r \in \mathcal{R}})$ 是要确定的参数向量。在我们的近似中，解释性术语的选择通常会反映我们对问题性质的理解。例如，式(18.6)假设可以混合使用线性和可分二次项。一种更普遍的表示是假设已经开发了基函数 $(\phi_f(R))_{f \in \mathcal{F}}$ 的族 $\mathcal{F}$。基函数的示例有：

$$\phi_f(R) = R_{a_f}^2,$$

$$\phi_f(R) = \left(\sum_{a \in \mathcal{A}_f} R_a \right)^2 \quad \text{对于某个子集} \mathcal{R}_f,$$

$$\phi_f(R) = (R_{a_1} - R_{a_2})^2,$$

$$\phi_f(R) = |R_{a_1} - R_{a_2}|$$

一个常见的策略是在某种程度的近似上获取资源数量。例如，如果正在购买应急设备，则可能会关心一国每个地区各有多少件应急设备，也可能会关心一种类型的设备有多少件(无论位置如何)。可以使用一系列聚合函数 G_f，$f \in \mathcal{F}$ 来捕捉这些问题，其中 $G_f(a)$ 将属性向量 a 聚合到一个空间 $\mathcal{R}^{(f)}$，其中每个基函数 f 都有一个元素 $a_f \in \mathcal{R}^{(f)}$。基函数可以用下式表达：

$$\phi_f(R) = \sum_{a \in \mathcal{A}} \mathbb{1}_{\{G_f(a) = a_f\}} R_a$$

基函数纯粹根据资源向量编写而得，但也可以根据更复杂的状态向量中的其他参数来编写，例如资产价格。

给定一组基函数，可以将价值函数近似写作：

$$\overline{V}(R|\theta) = \sum_{f \in \mathcal{F}} \theta_f \phi_f(R) \tag{18.7}$$

重要的是记住 $\overline{V}(R|\theta)$（或更常见的 $\overline{V}(S|\theta)$）是把任何价值函数近似为以 θ 为参数的状态向量的函数。式(18.7)是一个经典的参数线性公式。虽然并不局限于这种形式，但它最简单且提供了一些快捷算法。

在制定和评估 $\overline{V}(R|\theta)$ 时遇到的问题与任何统计回归研究者在建模复杂问题时所面临的问题相同。主要的区别是我们的数据随时间(迭代)到达，因此必须递归地更新公式。此外，我们的观察结果通常是非平稳的。当价值函数的更新取决于未来价值函数的近似时(与值迭代或任何TD(λ)算法类的情况相似)，这一点尤其正确。当从非平稳数据中估计参数时，并不希望对所有观察值进行同等加权。

寻找 θ 的问题可以表示为求解以下随机优化问题：

$$\min_{\theta} \mathbb{E} \frac{1}{2}(\overline{V}(R|\theta) - \hat{V})^2$$

可以使用随机梯度算法来解决这一问题，该算法会产生以下形式的更新：

$$\begin{aligned}
\bar{\theta}^n &= \bar{\theta}^{n-1} - \alpha_{n-1}(\overline{V}(R^n|\bar{\theta}^{n-1}) - \hat{V}(\omega^n))\nabla_{\theta}\overline{V}(R^n|\theta^n) \\
&= \bar{\theta}^{n-1} - \alpha_{n-1}(\overline{V}(R^n|\bar{\theta}^{n-1}) - \hat{V}(\omega^n))\begin{pmatrix} \phi_1(R^n) \\ \phi_2(R^n) \\ \vdots \\ \phi_F(R^n) \end{pmatrix}
\end{aligned}$$

如果价值函数相对于 R_t 呈线性，则有：

$$\overline{V}(R|\theta) = \sum_{a \in \mathcal{A}} \theta_a R_a$$

在这种情况下，参数数量已经从整个 R_t 向量的可能实现数量减少到属性空间的容量(对于某些问题，它可能仍然很大，但远不及初始状态空间大)。对于这个问题，$\phi(R^n) = R^n$。

我们不一定总是希望使用线性参数模型，也可以考虑价值随着资源数量的增加而增加的模型，但它以我们不知道的速度减速增加。这样的模型可以通过下式来捕捉：

$$\overline{V}(R|\theta) = \sum_{a \in \mathcal{A}} \theta_{1a} R_a^{\theta_{2a}}$$

其中，希望 $\theta_2 < 1$ 以产生凹函数。现在，更新公式如下：

$$\begin{aligned}
\theta_1^n &= \theta_1^{n-1} - \alpha_{n-1}(\overline{V}(R^n|\bar{\theta}^{n-1}) - \hat{V}(\omega^n))(R^n)^{\theta_2}, \\
\theta_2^n &= \theta_2^{n-1} - \alpha_{n-1}(\overline{V}(R^n|\bar{\theta}^{n-1}) - \hat{V}(\omega^n))(R^n)^{\theta_2} \ln R^n
\end{aligned}$$

其中，假设 $(R^n)^{\theta_2}$ 中的指数运算符按分量执行。

可以将这种更新策略用于时间差分。如前所述，时间差分由下式给出：

$$\delta_\tau = C_\tau(R_\tau, x_{\tau+1}) + \overline{V}_{\tau+1}^{n-1}(R_{\tau+1}) - \overline{V}_\tau^{n-1}(R_\tau)$$

当每个状态有一个参数时，初始的参数更新式(式(16.7))就变成了：

$$\bar{\theta}^n = \bar{\theta}_t^{n-1} + \alpha_{n-1} \sum_{\tau=t}^{T} \lambda^{\tau-t} \delta_\tau \nabla_\theta \overline{V}(R^n | \bar{\theta}^n)$$

需要注意的是，与大多数其他随机梯度应用不同，使用目标函数的梯度更新参数向量时需要混合 θ 的单位和价值函数的单位。在这些应用中，步长 α_{n-1} 也必须发挥缩放作用。

18.5　可分的分段线性近似

标量分段线性函数被证明是解决高维随机资源分配问题的一种非常有效的方法。可以使用18.1.2节中介绍的"工厂—仓库—客户"模型，以最少的技术细节描述算法。假设遇到了图18.4(a)中描述的问题。首先从左侧4个"工厂"节点发送"产品"，然后必须决定向中间5个"仓库"节点中的每个节点发送多少货物。做出此决策后，再观察右侧5个"客户"节点的需求。

可以使用可分的分段线性价值函数近似来解决这个问题。假设对仓库中的资源有分段线性价值函数的初始估计(可以将这些值设置为零)，得到图18.4(b)所示的网络，尽管有数百(或数千)个工厂和仓库节点，但这仍是一个小型线性规划。解决这个问题，即可获得一个解决方案以确定应该向每个节点发送多少产品。

然后，使用第一阶段的解决方案(其提供了每个仓库节点的可用资源)，对每个需求进行蒙特卡洛采样，并做出将产品从每个仓库发送到每个客户的第二个线性规划。这一阶段需要的是每个仓库节点的对偶变量，它可提供每个节点资源边际价值的估计。注意，这里需要谨慎，因为这些对偶变量实际上不是对另一种资源价值的估计，而是对次梯度的估计，这意味着它们可能是上一种资源或下一种资源的值，或介于两者之间的值。

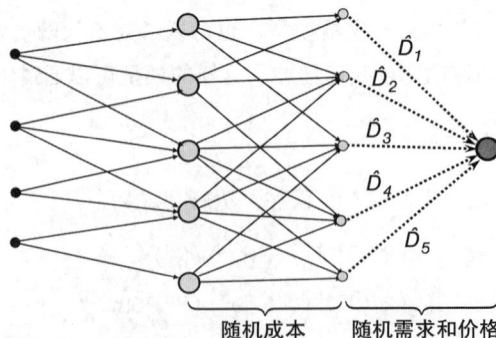

(a) 随机第二阶段数据的两阶段问题

图18.4　估计两阶段随机规划的可分分段线性近似的步骤

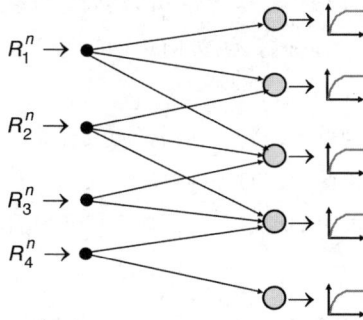

(b) 使用第二阶段的可分分段线性近似来求解第一阶段

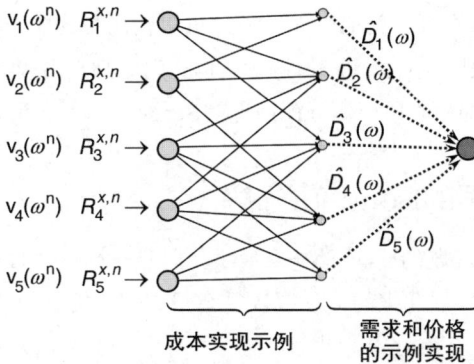

(c) 求解第二阶段的蒙特卡洛实现并获得对偶变量

图18.4　估计两阶段随机规划的可分分段线性近似的步骤(续)

　　最后，使用这些对偶变量，运用前面讲述的方法更新分段线性价值函数。这个过程将不断重复，直到解决方案看上去不再改进。

　　尽管已经在两阶段问题的背景下讲述了该算法，但相同的基本策略可以应用于具有多个时间段的问题。使用近似值迭代(TD(0))在时间上向前推进，求解每个线性规划之后，将停止并使用式(18.2)中约束的对偶变量来更新前一时间段(更具体地，在前一决策后状态附近)的价值函数。有限时域问题则将一直进行到最后一个时间段，然后重复整个过程，直到解决方案看上去正在收敛。

　　通过更多的工作，可以避免任何价值函数更新，从而实现后向遍历(TD(1))，直至到达最后一个时间段，但必须保留每个节点处的资源增加一个单位的效果的相关信息(这最好用数值导数来实现)。然后，需要在时间上向后回溯，用 $t+1$ 时另一资源的价值的相关信息来计算 t 时另一资源的边际价值。这些边际价值将用于更新价值函数近似。

　　这种算法策略有一些很好的特点。

- 这是一个非常通用的模型，应用范围涉及设备、人员、产品、资金、能源和疫苗。它非常适合"单层"资源分配问题(一种类型的资源，而非飞行员和飞机、血液和患者、卡车和货物等成对的资源)，尽管许多双层问题可以合理地近似为单层问题。

- 该方法可扩展到非常大的问题，决策向量中有数百或数千个节点，以及数万个维度。
- 不需要解决探索—利用问题。纯粹的利用资源很有效。原因与价值函数近似的凹性有关，它具有将次优价值函数推向正确解的效果。
- 分段线性价值函数近似非常稳健，避免了对价值函数的形状进行任何简化假设。

18.6　非可分近似的Benders分解**

虽然可分的分段线性近似已被证明是有效的(对于流须是整数的离散问题，尤其如此)，但使用可分近似时将不可避免地引入误差。可以使用称为Benders分解的方法创建一个不可分近似，该方法通过最小化一个线性超平面(称为切割平面)集合来近似价值函数。

下面将介绍一个简单的两阶段资源分配问题的Benders分解思想。

18.6.1　两阶段问题的Benders分解

切割平面是表示多维问题的凹(或凸——最小化时)分段线性函数的有力策略。这种方法最初是在20世纪70年代发展起来的一种解决复杂整数规划问题的技术，它得益于将决策变量分为两类(例如，优化仓库位置，然后将需求分配给仓库)。该方法随后适用于20世纪90年代早期出现的两阶段和多阶段随机资源分配问题中的序贯决策问题。

历史上，动态规划一直被视为一种解决小的离散优化问题的技术，而随机规划一直用于处理数学规划中不确定性的领域(通常以高维决策向量和大量约束为特征)。随机规划和动态规划之间的联系在历史上被视为完全相互竞争的框架，在很大程度上被忽视了。本节旨在弥合随机规划和近似动态规划之间的差距。我们的演示是通过符号决策(例如决策中使用的 x_t)以及决策后状态变量的使用来推进的，这消除了每个时间段最大化问题中的期望。

本节将把采样放在迭代算法的上下文中，此处选择在第 n 次迭代中对 ω^n 进行采样。这与以前选择固定样本 $w_1, \dots, w_K$ 的风格形成对比。我们只是想强调，符号的变化反映了采样方式的变化。这样做是因为可能需要在第 n 次迭代选择一个样本 $w_1^n, \dots, w_K^n$。

例如，设 R_t 是每个配送中心的产品库存向量，而 x_t 是在 $t+1$ 时到达的补货决策。决策 x_t 必须满足一组约束，一般表示为：

$$A_t x_t = R_t$$

这些库存必须用于满足随机需求 D_{t+1} (具有与 R_t 相同的维度)。库存 R_{t+1} 由下式给出：

$$R_{t+1} = B_t x_t + \hat{R}_{t+1}$$

其中，x_t 是从一个设施到下一个设施的流向量，矩阵 B_t 将进入每个设施的流量相加。此处加入了一些噪声——$\hat{R}_{t+1}$，它可能反映装运受损或延迟的原因。我们也会观察到需求

D_{t+1} 和更新的运输成本 c_{t+1}，因为需要通过卡车出租公司搬运，所以它们是随机的。我们还注意到，矩阵 A_t 和 B_t 捕捉了行程时长；如果它们是随机的，那么在 t 时，矩阵 A_{t+1} 和 B_{t+1} 也是随机的。

这意味在 $t+1$ 时所揭示的信息是：

$$W_{t+1} = (A_{t+1}, B_{t+1}, c_{t+1}, D_{t+1}, \hat{R}_{t+1})$$

这反过来又提供了 $t+1$ 时的(决策前)状态：

$$S_{t+1} = (R_{t+1}, A_{t+1}, B_{t+1}, c_{t+1}, D_{t+1})$$

我们将通过假设 A_{t+1}、B_{t+1}、c_{t+1} 和 D_{t+1} 独立于任何先前的信息(关于随机规划的文献称之为级间独立性的属性)来简化演示。这意味着决策后状态为：

$$S_t^x = R_t^x = B_t x_t$$

由于 S_t^x 由 x_t 决定，关于随机规划的文献将此状态变量写作 x_t，它虽然在数学上是准确的，但其维度比 R_t^x 要高得多(如果有一个存放的仓库，它可能是标量)。这两种表述都适用于我们要做的事情。

如果使用决策前状态，在 t 时找到 x_t 的问题将由下式给出：

$$\max_{x_t} \left(c_t x_t + \mathbb{E}_{W_{t+1}} V_{t+1}(R_{t+1}, W_{t+1}) \right) \tag{18.8}$$

注意，信息向量 W_{t+1} 的维度非常高，这会使预期 $\mathbb{E}_{W_{t+1}}$ 和近似 $V_{t+1}(R_{t+1}, W_{t+1})$ 的计算变得复杂。但如果使用决策后状态，就会得到更简单的问题：

$$\max_{x_t} \left(c_t x_t + V_t^x(R_t^x) \right) \tag{18.9}$$

该问题在满足如下约束条件时得到解决：

$$A_t x_t = R_t, \tag{18.10}$$
$$x_t \geq 0 \tag{18.11}$$

其中，式(18.10)表示每个配送中心可以放置多少库存(由 R_t 捕捉)。

然后在给定第一阶段决策的情况下，解决第二阶段的问题(在 $t+1$ 时)以确定 x_{t+1}。假设观察随机变量 W 的结果 ω。可以在计算 x_{t+1} 之前看到新信息 $W_{t+1}(\omega)$，因此通过 $x_{t+1}(\omega)$ 捕捉此信息。由此产生的问题可以写作：

$$V_{t+1}(x_t, W_{t+1}(\omega)) = \max_{x_{t+1}(\omega)} c_{t+1}(\omega) x_{t+1}(\omega) \tag{18.12}$$

对于所有 $\omega \in \Omega$，满足：

$$A_{t+1}(\omega) x_{t+1}(\omega) \leq R_{t+1}(\omega), \tag{18.13}$$
$$B_{t+1}(\omega) x_{t+1}(\omega) \leq D_{t+1}(\omega), \tag{18.14}$$
$$x_{t+1}(\omega) \geq 0 \tag{18.15}$$

式(18.13)对库存流施加了流量守恒。式(18.14)表示需求约束，其中假设贡献向量 c_{t+1} 旨在提供满足需求的高回报。假设 $\beta_{t+1}(\omega)$ 是反映 t 时的决策 x_t 对 $t+1$ 时间段影响的资源约束(式(18.13))的对偶变量。

我们的策略是用一个近似来替换$V_t^x(x_t)$，这个近似是通过一系列超平面生成的，然后取这些超平面上的最小值作为近似。在极限情况下，这种"近似"将产生一个精确的$V_t^x(x_t)$表示。

价值函数$V_{t+1}(x_t, W_{t+1})$在关于随机规划的文献中被称为追索权函数(recourse function)，因为它支持在选择x_t和观察$W_{t+1}(\omega)$后使用选择的追索权变量$x_{t+1}(\omega)$来响应不同的结果。因此，可能希望从休斯敦附近的配送中心发货以满足得克萨斯州的需求，但如果该中心没有足够的库存，则追索权要求从较远的芝加哥中心发货以满足需求。

我们面临的挑战是：近似函数$V_{t+1}(x_t) = \mathbb{E}V_{t+1}(x_t, W_{t+1})$以解决式(18.9)中$x_t$的初始问题。如果能以一种线性规划的方式解决第一阶段问题，就很容易处理向量x_t了。可以借鉴几种策略，但这里要介绍一个称为"Benders分解"的强大理念。简言之，第二阶段函数$V_{t+1}(x_t, W_{t+1})$是一个线性规划，这意味着它在右侧约束$B_1 x_0$中是凹性的(因为正在最大化)。

我们会在解决采样版本的问题的上下文中讲解Benders分解。通过用采样结果集合$\mathcal{W} = (\omega^1, \dots, \omega^N)$替换初始的完整样本空间$\Omega$(在该空间上$\mathbb{E}$已被定义)来解决这个问题。每个解都会获得最优值$\hat{V}_{t+1}(x_t, w)$，以及相应的对偶变量"$\beta(w), \ w \in \mathcal{W}$"。然后，对结果取平均，以创建表示为$\overline{V}_t^x(x_t)$的决策后价值函数的近似$V_t^x(x_t)$，由下式求得：

$$\overline{V}_t^x(x_t) = \frac{1}{N} \sum_{n=1}^{N} \hat{V}_{t+1}(x_t, \omega^n)$$

Benders分解通过构建一系列支撑超平面(见图18.5)迭代地创建了$V_{t+1}(x_t)$的近似，这些超平面通过求解随机向量W_{t+1}的单个样本w的第二阶段线性规划而得到。为此，为样本实现$\Omega = \{\omega^n, n = 1, \dots, N\}$求解式(18.12)~式(18.15)，并获得：

$$\alpha_{t+1}^n(\omega^n) = V_{t+1}(x_t, W_{t+1}(\omega^n)),$$
$$\beta_{t+1}^n = \beta_{t+1}(\omega^n)$$

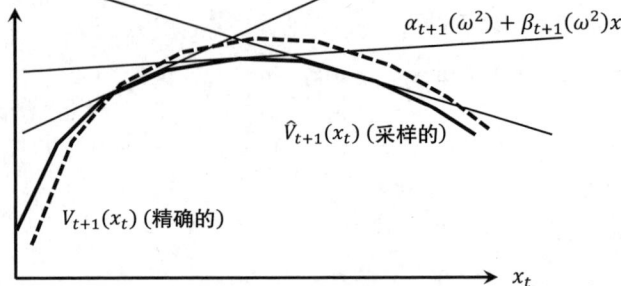

图18.5　Benders切割的示意图，与精确的($V_{t+1}(x_t)$)和采样的($\hat{V}_{t+1}(x_t)$)追索权函数相邻

其中，$\beta_{t+1}(\omega^n)$ 是约束式(18.13)的对偶变量。然后求解：

$$x_t^* = \arg\max_{x_t, z_t} (c_t x_t + z_t) \tag{18.16}$$

满足式(18.10)和式(18.11)以及：

$$z_t \leq \alpha_{t+1}^n(\omega^n) + \beta_{t+1}^n(\omega^n)x_t, \quad n = 1, \ldots, N \tag{18.17}$$

式(18.17)创建了一个如图18.5所示的多维包络，描述了采样函数 $\hat{V}_{t+1}(x_t)$ 和初始真函数 $V_{t+1}(x_t)$。注意，超平面接触采样函数 $\hat{V}_{t+1}(x_t)$，但仅近似真函数 $V_{t+1}(x_t)$。

我们的时间索引值得花一些时间来解释。系数 $\alpha_{t+1}^n(\omega^n)$ 和 $\beta_{t+1}^n(\omega^n)$ 由 $t+1$ 索引，因为它们取决于 $t+1$ 时了解的新信息的特定采样观察 $W_{t+1}(\omega)$。z_t 的运行类似于期望；式(18.17)在所有这些切割中取最小值，创造出了不取决于单个实现 ω 的 z_t。

实现该方法的算法步骤如图18.6所示。

步骤0. 初始化

　步骤0a. 初始化 V_t^0

　步骤0b. 设 $n = 1$

步骤1. 求解：

$$x_t^n = \arg\max_{x_t, z_t} (c_t x_t + z_t)$$

　满足：

$$z_t \leq \alpha_{t+1}^m(\omega^m) + \beta_{t+1}^m(\omega^m)x_t, \quad m = 1, \ldots, n-1$$

步骤2. 对于 $k = 1, \ldots, K$

$$\hat{V}_{t+1}(x_t^n, W_{t+1}(\omega^k)) = \max_{x_{t+1}(\omega^k)} c_{t+1}(\omega^k)x_{t+1}(\omega^k)$$

　满足式(18.13)~式(18.15)。得到每个 ω^k 的式(18.15)的对偶函数 $\beta_{t+1}^n(\omega^k)$

步骤3. 计算：

$$\alpha_t^n = \frac{1}{K}\sum_{k=1}^{K} \hat{V}_{t+1}(x_t^n, \omega^k),$$

$$\beta_t^n = \frac{1}{K}\sum_{k=1}^{K} \beta_{t+1}^n(\omega^k)$$

步骤4. $n = n+1$。如果 $n \leq N$，则跳至步骤1

步骤5. 返回解 x_t^N

图18.6　使用采样模型的两阶段随机优化的Benders分解

最后，注意到这是解决凸性问题的一种方法，但这需要假设采样近似将提供一个好的解决方案。这引出了一系列专注于良好样本设计的文献，在线性规划的高维环境中极具挑战性。

很容易得出结论：使用多维Benders切割比使用可分的分段线性近似要好。当管理离散资源(卡车、机车)时，可分的分段线性近似特别有用，因为当使用分段线性近似时，更容易获得整数解，转折点位于R_{ta}的整数值处。

我们比较了在电网上连接电池组的两种能源管理设置方法，其中每个电池中存储的能量都是连续的。此外，因为可以轻易地在电网上的任何一对位置之间移动能量，所以我们预计这个问题是高度非可分的。图18.7显示了含25个电池的电网和含50个电池的电网的Benders(上限)切割的性能与可分分段线性价值函数近似性能的比较。

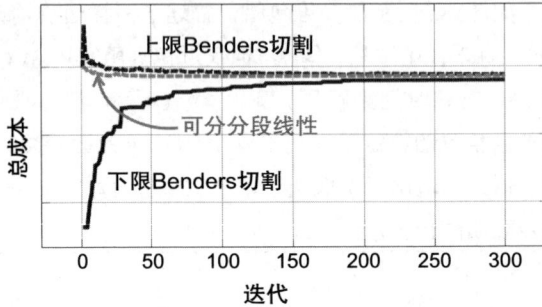

(a) 对于含25个电池的电网，Benders(上限)切割与可分分段线性的对比

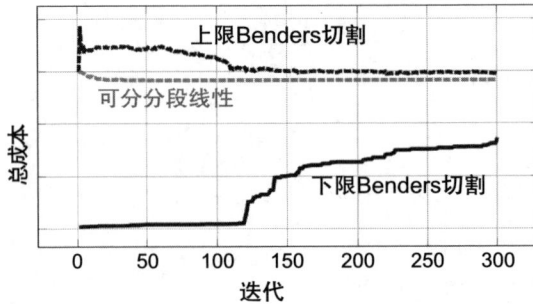

(b) 对于含50个电池的电网，Benders(上限)切割与可分分段线性的对比

图18.7　电网电池组之间分配能量的Benders(上限)切割与可分分段线性价值函数近似的比较

结果表明，在25个电池的场景中，可分分段线性近似具有稍快的收敛速度。在50个电池的电网中，可分近似显示出更快的收敛速度。我们猜测可分近似如此有效的一个原因是更新更有效；高维度的Benders切割之所以效率较低，是因为切割不会为每个电池的边际价值的质量作出贡献，而可分近似的情况则不同，其中每个VFA(价值函数近似)在每次迭代中都会更新。

18.6.2　具有正则化的Benders的渐近分析**

18.6.1节介绍了使用固定样本表示第二阶段不确定性的Benders分解的基本理念。本节介绍Benders的渐近版本，这是本章中介绍的其他迭代算法的主题。这个版本最初是作为随机分解(stochastic decomposition)引入的。首先介绍基本算法，然后介绍一种称为正则化的变体，该变体被发现可以稳定性能。

基本算法

18.6 节中首次介绍的两阶段随机规划模型

$$\max_{x_0} \left(c_0 x_0 + \mathbb{E} Q_1(x_0, W) \right) \tag{18.18}$$

满足：

$$A_0 x_0 \;=\; b, \tag{18.19}$$

$$x_0 \;\geq\; 0 \tag{18.20}$$

我们将再次使用一系列 Benders 切割来解决式(18.18)中的初始问题，但这次将构造一些不同的切割。近似问题看起来仍然是：

$$x^n = \arg\max_{x_0, z}(c_0 x_0 + z) \tag{18.21}$$

满足式(18.19)、式(18.20)和下式：

$$z \leq \alpha_m^n + \beta_m^n x_0, \;\; m = 1, \ldots, n-1 \tag{18.22}$$

当然，对于迭代 $n = 1$，没有任何削减。

针对给定值 $W(\omega)$ 求解的第二阶段问题指定了成本和需求 D_1。我们的迭代算法使用来自第一阶段的解 x_0^n 来解决 ω^n 的问题：

$$Q_1(x_0^n, \omega^n) = \max_{x_1(\omega^n)} c_1(\omega^n) x_1(\omega^n) \tag{18.23}$$

满足：

$$A_1 x_1(\omega^n) \;\leq\; B_1 x_0^n, \tag{18.24}$$

$$B_1 x_1(\omega^n) \;\leq\; D_1(\omega^n), \tag{18.25}$$

$$x_1(\omega^n) \;\geq\; 0 \tag{18.26}$$

和以前一样，当使用样本 ω^n 解决问题时，设 $\hat{\beta}^n$ 为资源约束式(18.24)的对偶变量。然后设：

$$\alpha_n^n \;=\; \frac{1}{n} \sum_{m=1}^{n} Q_1(x_0^m, \omega^m),$$

$$\beta_n^n \;=\; \frac{1}{n} \sum_{m=1}^{n} \hat{\beta}^m$$

因此，通过对第二阶段的所有先验目标函数求平均计算 α_n^n，然后通过对所有先验对偶变量取平均计算 β_n^n。最后，对于 $m < n$，使用下式更新所有先验 α_m^n 和 β_m^n。

$$\alpha_m^n \;=\; \frac{n-1}{n} \alpha_m^{n-1}, \;\; m = 1, \ldots, n-1,$$

$$\beta_m^n \;=\; \frac{n-1}{n} \beta_m^{n-1}, \;\; m = 1, \ldots, n-1$$

除了计算 Benders 切割的方式不同之外，该实现与我们之前在 18.6 节中给出的采样解决方案之间的主要区别在于，在该递归公式中，样本 ω 从整个样本空间 Ω（而非一个采样空间)中提取。当解决问题的采样版本时，我们会在有限次数的迭代中精确地解决它，但只能获得采样问题的一个最优解。此处的算法将渐近收敛到初始问题的最优解。

　　图18.8说明了使用随机分解生成的切割。不妨将使用随机分解生成的切割与18.6节中使用问题的采样版本生成的切割(如图18.5所示)进行比较。当解决采样版本时，可以精确计算期望值，这就是切割很紧的原因。这里将从全概率空间采样，得到近似该函数的切割结果，仅此而已。然而，在极限为 $n \to \infty$ 时，切割将在最优值附近收敛到真函数。

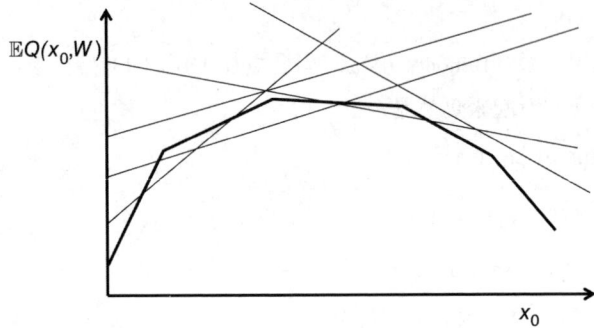

(a) 早期迭代中的Benders切割

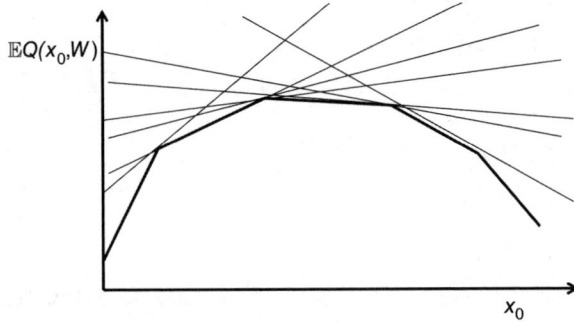

(b) 极限中的Benders切割

图18.8　使用随机分解生成的切割

　　哪个更好？很难说。虽然渐近最优的算法很好，但我们只能运行有限次数的迭代。由于每次迭代会取平均，因此采样问题将更加稳定，但是这必须为采样问题中的每个 ω 求解一个线性规划，这一步骤比递归版本涉及更多的计算。

18.6.3　正则化Benders

　　当根据数据估计函数时，正则化是会反复使用的工具。Benders分解也是如此。正则化是通过对近似优化问题(式(18.21))进行微小的修改来处理的，该近似优化问题变为：

$$x^n = \arg\max_x \left(c_0 x_0 + z + \rho^n (x - \bar{x}^{n-1})^2 \right) \tag{18.27}$$

上式在满足式(18.19)和式(18.20)和Benders切割约束式(18.22)的条件下求解。参数 ρ^n 是一个递减序列，需要被缩放，以处理成本和项$(x - \bar{x}^{n-1})^2$之间的单位差异。$\bar{x}^{n-1}$是每次迭代更新的正则化项；正则化旨在阻止x^n偏离先前的解决方案太远，尤其是在早期迭代中。

平方偏差$(x - \bar{x}^{n-1})^2$的使用被称为L_2正则化，可以写作$\|x - \bar{x}^{n-1}\|_2^2$。另一种选择是$L_1$正则化，它是使偏差的绝对值最小化的正则化，会被写为$|x - \bar{x}^{n-1}|$。

设置正则化项的方法有多种，但最简单的方法仅使用$\bar{x}^{n-1} = x^{n-1}$。其他方法包括对之前的多次迭代进行平滑。正则化系数可以是任何递减序列，例如：

$$\rho^k = r\rho^{k-1}$$

其中，某些因子$r < 1$，必须选择一个初始ρ^0来处理缩放。

通过正确的实现，正则化不仅提供了理论上的保证，而且可以加速收敛并稳定算法的性能。

18.7 高维应用的线性近似

假设要使用相对于资源变量呈线性的基函数(不要与相对于参数呈线性的线性模型混淆)。价值函数近似的线性近似由下式给出：

$$\overline{V}^n(R_t) = \sum_{a \in \mathcal{A}} \bar{v}_{ta}^n R_{ta}$$

其中，$\bar{v}_{ta}^n$是n次迭代之后，对具有属性a的资源的边际价值的估计。可以使用刚刚讲述的方法来估计这些斜率，以获得$\hat{v}_{ta}^n$。它是在第n次迭代中，对R_{ta}的边际价值的采样估计。然后，使用下式更新线性近似的估计：

$$\bar{v}_{ta}^n = (1 - \alpha_n)\bar{v}_{ta}^{n-1} + \alpha_n \hat{v}_{ta}^n$$

其中，α_n是步长(见第6章)，这可能取决于针对属性a观察$\hat{v}_a^n$多少次。

线性价值函数近似对于高维问题特别有用，其属性$\mathcal{A}$的空间很大，以至于R_{ta}的元素可能非常小(大多数为零，有时为1)。然而，这产生了一个问题：针对每个$a \in \mathcal{A}$计算$\hat{v}_{ta}^n$时可能会遇到困难。

例如为卡车司机分配货物的问题，a用于表示卡车司机的属性。属性向量a可能包括：

$a_1 = $ 司机的当前位置(或其要去的地方)，

$a_2 = $ 司机居住的位置，

$a_3 = $ 自上次回家以来，连续多少天出车，

$a_4 = $ 司机正在牵引的拖车类型(例如，干货车或冷藏拖车)，

$a_5 = $ 司机的国籍

这个属性空间的大小可能很容易高达数百万，而我们可能正在优化由100或1000名司机组成的车队。为了计算$\hat{v}_{ta}^n$，可能需要重新解决时间t优化问题，以便针对每个$a \in \mathcal{A}$获得R_{ta}的边界价值，因此计算量巨大。

避免这种"维数灾难"的方法是使用3.6.1节中介绍的分层聚合功能。其理念是创建一个简化属性向量族$a^{(g)}$，其中$a^{(0)}$是初始的完整属性向量。然后，创建一系列更紧凑的向量$a^{(1)}, a^{(2)}, ..., a^{(G)}$，其中$a^{(G)}$可能有一个具有少量值的属性。分层聚合维护着一个权重集合$w_a^{(g),n}$，它取决于聚合级别以及属性向量a，其中，

$$\sum_{g=0}^{G} w_a^{(g),n} = 1$$

这些权重由方差加偏差平方表示，归一化后它们的总和为1(详见3.6.1节)。

然后，保持一个平均估计值$\bar{v}_a^{(g),n}$，要意识到可能一些(实际上是许多)属性向量a的某些聚合级别g没有任何观察结果。在这种情况下，设置$w_a^{(g),n} = 0$。最后，使用下式得到R_{ta}的边际价值估计。

$$\bar{v}_a^n = \sum_{g=0}^{G} w_a^{(g),n} \bar{v}_a^{(g),n}$$

18.8 具有外生信息状态的资源分配

本章中的方法已经说明了找到资源分配问题的有效价值函数近似的方式，即使在资源向量R_t维度非常高的情况下，也是如此。所有这些工作都假设R_t是唯一的状态变量。这里传达的信息很简单：高维问题并不难，但前提是可以利用凹性(或凸性)或线性等结构。

问题是，有许多资源分配问题的资源向量并非状态变量中的唯一信息。可能还有一系列附加信息：温度、天气预报、市场价格、实验室湿度、竞争对手行为等。这样的列表可能无穷无尽。这些是要放入信息状态变量I_t中的信息(见9.4节)。

需要强调的是，只有当这些信息随着时间的推移而改变，并且会影响系统行为时，才会让I_t包含这些信息。决策是否影响I_t的发展轨迹并不重要。当有一个信息状态变量时，系统状态变量由(R_t, I_t)给出。困难之处在于，虽然价值函数在R_t中可能呈凹性(或凸性)，但这一属性通常不会转移至I_t。特别是，仅把I_t当作R_t的额外维度来处理，因为I_t通常会影响R_t中每个元素影响价值函数的方式。因此，如果使用斜率为$\bar{v}_{ta}^n$的线性价值函数近似，就会想用$\bar{v}_{ta}^n(I_t)$来表达对信息状态I_t的依赖。

例如，假设可以将信息状态表示为一个(不太大的)集合$\mathcal{I} = \{i_1, i_2, ..., i_{|\mathcal{I}|}\}$。现在必须计算"$\bar{v}_{ta}^n(i), \; i \in \mathcal{I}$"，而非为每个属性$a$估计单一值$\bar{v}_{ta}^n$。如果有10个信息状态，那么问题会变难10倍。然而I_t可以是一个多维(并且可能是连续的)向量。

可以处理一些特殊情况。I_{t+1}独立于I_t(或R_t)的情况即最重要的特殊情况。例如I_t可能是患者的属性，假设在$t+1$时到达的患者的属性与在t时到达的患者无关。在这种情况下，决策后状态$S_t^x = R_t^x$，意味着我们忘记了信息状态。这一点很重要，因为我们通常在决策后状态附近估计价值函数近似。

I_{t+1} 不取决于 I_t 的属性在随机规划领域被称为"级间独立"。虽然方便，但这种情况并不经常发生。不过，这个问题在机器学习中经常出现。7.13.6节就介绍过一类主动学习问题(也称为多臂老虎机问题)，即上下文老虎机(contextual bandit)问题。这场讨论为该问题提供了一个新的视角，但在其他方面并没有提供解决方案。

一种潜在的解决方案是借鉴分层聚合中的工作。假设可以创建一系列信息状态变量 $(I_t^{(0)}, I_t^{(1)}, ..., I_t^{(G)})$，其中 $I_t^{(0)}$ 是初始的完整信息状态，而 $I_t^{(g)}$ 是对于 $g = 1, 2, ... G$ 的一系列依次增大的聚合变量。假设这些变量中的每一个都可以离散成一个规模逐渐变小的集合 $\mathcal{I}^{(g)}$。最后假设集合 $\mathcal{I}^{(G)}$ 较小，这意味着为 $\mathcal{I}^{(G)}$ 中的每个值创建估计值不难。模拟 I_t 并识别每个集合 $\mathcal{I}^{(g)}$ 中的对应元素。然后，应用分层聚合的方法，创建一个加权估计。

18.9　结束语

本章重点介绍了各种复杂的资源分配问题，但示例都限于所谓的单层资源分配问题。例如，管理水库、货币、(不同类型的)血液和卡车。这些问题适用于本章中描述的各种凸性近似。

假设现在要管理血液，必须为两种类型的患者提供服务：那些需要立即进行紧急手术的患者和接受延迟、择期手术的患者。在择期手术的情况下，有两类资源：血液和(择期)患者。如果没有择期患者，则决策后状态变量将只包括不同类型的血液。

能择期进行手术时，血液资源向量 R_t^{blood} 的价值难以近似，因为一个属性为 a 的额外单位血液的边际价值取决于择期手术集合。在这种情况下，可分近似不太可能奏效，并且随着交互变得更加复杂，它需要更多的Benders切割来捕捉此信息。对整数解的依赖会增加复杂性。

当未来变得足够复杂时，通常不得不转向直接前瞻策略，这将在第19章中介绍。

18.10　参考文献注释

18.1.1节——在运筹学中，报商问题(以前称为"单周期库存问题"或"报童问题")在各种随机资源分配问题中出现。这是一个简单的问题，有助于说明随机优化中的概念。Qing等人(2011)提供了出色的综述；Petruzzi和Dada(1999)提供了稍早的综述(但大部分研究是在几十年前完成的)。如今人们仍然对该专题感兴趣；例如，De Yong(2020)回顾了与定价研究相关的报商研究文献。

18.1.2节——有大量文献利用了 $Q(x_0, W_1)$ 在 x_0 中的自然凸性，从Van Slyke和Wets(1969)开始，随后是关于随机分解(Higle和Sen，1991)和随机对偶动态规划(SDDP)

(Pereira和Pinto，1991)的开创性论文。研究者已经围绕这项工作展开了大量的研究，包括Shapiro(2011)的研究，他对SDDP进行了仔细分析，并将其扩展到处理风险措施的方法(Shapiro等人(2013)，Philpott等人(2013))。基于Benders的解决方案的收敛性证明，已经产出了许多论文，其中最好的是Girardeau等人(2014)的论文。Kall和Wallace(2009)以及Birge和Louveaux(2011)的论文是随机规划领域的优秀入门论文。King和Wallace(2012)出色地介绍了将问题建模为随机规划的过程。Shapiro等人(2014)对该领域进行了现代概述。

18.1.3节——本节符号由Powell等人(2001)开发，并应用于多篇论文，包括Simao等人(2009)的论文(货车运输)和Bouzaiene Ayari等人(2016)的论文(机车管理问题)。

18.2节——在动态规划相关文献中，特别是在运筹学领域，是否估计价值函数或其导数的决策经常被忽视。在控制领域中，梯度的使用有时被称为对偶启发式动态规划(见Werbos(1992)以及Venayagamoorthy和Harley(2002)的论著)。运筹学领域非常熟悉边际价值的使用理念(例如，见18.5节和18.6节中引用的方法)，而计算机科学领域几乎只处理需要获取处于某种状态的价值(而非边际价值)的问题(例如在图上定义的问题)。

18.3节——CAVE算法首先在Godfrey和Powell(2001)的书中针对报童问题提出，然后在Powell和Godfrey(2002)的著作中扩展到车队管理中的空间资源分配问题。Powell等人(2004)给出了投影SPAR算法背后的理论。Topaloglu和Powell(2003)给出了调平算法的收敛性证明。Zhou等人(2020)给出了分段线性可分近似的一个版本的收敛证明。

18.6节——Dantzig和Ferguson(1956)的论文似乎是第一篇提出不确定性数学规划的论文。关于随机优化领域的广泛介绍，参见Ermoliev(1988)和Pflug(1996)的论文。有关随机规划领域的完整处理，参见Shapiro(2003)、Birge和Louveaux(2011)、Kall和Mayer(2005)以及Shapiro等人(2014)的论著。有关该主题的简单教程，参见Sen和Higle(1999)的书。Ruszczynski和Shapiro(2003)对随机规划进行了非常全面的介绍。Mayer(1998)详细介绍了随机规划的计算工作。我们对所考虑过的网络问题的类型特别感兴趣(见Wallace(1986)、S. W.和Wallace(1987)以及Birge等人(1988)的论著)。Rockafellar和Wets(1991)提出了使用场景制定的随机规划的专用算法。这一建模框架在金融投资组合领域特别受关注(Mulvey和Ruszczyáski(1995))。Van Slyke和Wets(1969)首次提出了两阶段随机规划的Benders分解，称为"L形"方法。Higle和Sen(1991)介绍了随机分解，这是一种基于蒙特卡洛的算法，在本质上与近似动态规划最为相似。Chen和Powell(1999)提出了介于随机分解和L形方法之间的Benders变体。Benders分解和动态规划之间的关系经常被忽视。一个值得注意的例外是Pereira和Pinto(1991)，他们使用Benders解决了水库管理中出现的资源分配问题。其论文将Benders作为一种避免动态规划维数灾难的方法。关于Benders分解多阶段问题的优秀综述，参见Ruszczynski(2003)的论文。Benders在Birge(1985)、Ruszczynski(1993)以及Chen和Powell(1999)的论著中被扩展至多阶段问题，这可以被视为一种使用价值函数近似的切割的近似动态规划形式。

18.7节——例如，当需要估计 $\bar{v}_a$ 时，高维应用就会出现，其中 $a \in \mathcal{A}$ 是一个多维向量，而集合 $\mathcal{A}$ 可能有很多元素，远远超出观察预算。本节使用了George等人(2008)的VFA论文中开发的分层学习(见3.6节)。Simao等人(2009)的论文中使用了这些方法，其中 a 是卡车司机的属性。

18.8节——长期以来，随机优化领域的研究者已经认识到，近似一个相对于 R 呈凹性(如果最小化，则为凸性)的函数 $V(R)$ 相对容易，其中的 R 可以是高维的。然而，有许多问题涉及管理资源分配，这些问题结合了资源向量 R_t 和外生变化信息状态 I_t，这意味着系统的状态是 $S_t = (R_t, I_t)$。通常，I_t 是相对非结构化的数据，如天气、价格、预测、实验室湿度等。随机规划领域通常假设"级间独立"，这意味着决策后的状态 $S_t^x = R_t^x$ (也就是说，它不取决于 I_t)；见Morton(1996)、Queiroza和Morton(2013)的论文。Asamov和Powell(2018)提出了一种正则化算法，该算法假设 I_t 可以采用"有限"(即不太大)数量的离散值 $I_1, I_2, \dots, I_K$。

练习

复习问题

18.1　给出表18.1中未列出的3个资源分配问题示例。描述资源的类型以及需要做出的决策。

18.2　什么是"两阶段"资源分配问题？举个例子。

18.3　式(18.12)~式(18.15)使用变量，如 $x_{t+1}(\omega)$、$A_{t+1}(\omega)$ 和 $b_{t+1}(\omega)$，其中什么是 ω？当把它写作一个参数时，意味着什么？

18.4　假设必须解决一个报童问题，其成本和价格动态变化为：

$$\max_{x \le R_t} F(x) = \mathbb{E}\{p_t \max\{x, W_{t+1}\} - c_t x | S_t\}$$

资源状态变量是什么？什么是"外生信息状态"变量？

建模问题

18.5　遵循18.1.3节中的一般建模风格，创建自己的自动驾驶电动汽车车队模型，目标是模拟一天的调度过程。以下是创建模型时要遵循的一些常规准则。

- 假设正在对一个地区(如一个州)进行建模，该地区被划分为区域集合 $z \in \mathcal{Z}$。根据地区的大小和区域的大小，可以有100到10 000个区域。
- 假设以15分钟为增量对一整天的时间进行建模。
- 需要为车队 $i \in \mathcal{I}$ 建模。

- 设 b_{ti} 是 t 时车辆 i 中的电池电量。可以假设所有车辆在一天开始时都已充满电。设 η^{move} 是每辆汽车在行驶时消耗能量的速率，η^{idle} 为汽车空闲时的能耗率。

- 设 a_{ti} 是 t 时车辆 i 的特征，这将包括当前位置(如果空闲)，或者它将前往的位置(如果在行程中)、预计到达的时间段(如果已动身)和电池电量 b_{ti}。

- 设 $\hat{D}_{t+1,zz'}$ 是在 t 和 $t+1$ 之间到达的从 z 区域至 z' 区域的新旅行请求数。如果选择为车辆 i 执行决策 $d \in \mathcal{D}$，则设 $x_{tdi} = 1$。

- 需要引入决策集 $\mathcal{D}$，其中 $d \in \mathcal{D}$ 可以是：动身去接客户，空驶，什么都不做，动身去充电站充电(引入充电站符号)。

使用 $X^{\pi}(S_t)$ 作为策略，设置动态模型的所有5个元素。然后，推荐两个可行的策略：一个来自策略搜索类，另一个来自前瞻类。

计算练习

18.6 假设有一个报童问题，要求解：

$$\max_{x} \mathbb{E}F(x, \hat{D})$$

其中，

$$F(x, \hat{D}) = p\min(x, \hat{D}) - cx$$

必须在观察随机需求 $\hat{D}$ 之前选择一个数量 x。对于这个问题，假设 $c = 1, p = 2$，并且 $\hat{D}$ 遵循1和10之间的离散均匀分布(即 $\hat{D} = d, d = 1, 2, \ldots, 10$，概率为0.10)。使用18.3节中描述的方法，将 $\mathbb{E}F(x, \hat{D})$ 近似为一个分段线性函数，使用步长 $\alpha_{n-1} = 1/n$。注意，使用 $F(x, \hat{D})$ 的导数来估计该函数的斜率。在每次迭代中，在1~10的范围内随机选择 x。使用梯度的样本实现来估计函数。计算精确函数，并将你的近似与精确函数进行比较。

18.7 重复练习18.6，但这次使用以下线性近似来近似 $\mathbb{E}F(x, \hat{D})$：

$$\bar{F}(x) = \theta x$$

比较线性近似得出的解与分段线性近似得出的解。接下来使用均匀分布在500和1000之间的需求重复练习。比较两个不同问题的线性近似行为。

18.8 重复练习18.6，但这次使用调平算法近似 $\mathbb{E}F(x, \hat{D})$。从下式给出的初始近似开始：

$$\bar{F}^0(x) = \theta_0(x - \theta_1)^2$$

使用18.4节和3.8节中的递归回归方法拟合参数。验证你选择的步长规则。计算精确函数，并比较近似与精确函数。

18.9 重复练习18.6，但这次使用下式给出的回归函数近似 $\mathbb{E}F(x, \hat{D})$。

$$\bar{F}(x) = \theta_0 + \theta_1 x + \theta_2 x^2$$

使用18.4节和3.8节中的递归回归方法拟合参数。验证你选择的步长规则。计算精确函数，并比较近似与精确函数。使用以下两种方法估计价值函数近似：

(1) 使用$F(x, \hat{D})$的观察结果来更新回归函数。

(2) 使用$F(x, \hat{D})$的导数的观察结果，使得$\bar{F}(x)$成为$\mathbb{E}F(x, \hat{D})$的导数的近似。

18.10 在练习18.6中近似函数$\mathbb{E}F(x, \hat{D})$，但现在假设随机变量$\hat{D} = 1$(也就是说，它是确定性的)。使用以下近似策略：

(1) 使用分段线性价值函数近似。尝试使用左导数和右导数来更新函数。

(2) 使用回归$\bar{F}(x) = \theta_0 + \theta_1 x + \theta_2 x^2$。

18.11 我们将解决基本资产收购问题(见8.2.1节)，即t时购买用于$t+1$时的资产(价格为p^p)。以p^s的价格出售资产，以满足在时间段t内出现的需求$\hat{D}_t$。这个问题要在有限时域T内解决。假设初始库存为0，需求在$[0, D^{max}]$范围内遵循离散的均匀分布。问题参数如下：

$$\gamma = 0.8,$$
$$D^{max} = 10,$$
$$T = 20,$$
$$p^p = 5,$$
$$p^s = 8$$

通过估计分段线性价值函数近似(见18.3节)来解决此问题。选择$\alpha_{n+1} = a/(a+n)$作为步长规则，并使用不同的a值(例如1、5、10和20)进行实验。使用单向遍历算法，并在每次迭代后报告利润(所有时期的总和)。比较不同步长规则的性能。运行1000次迭代，并尝试确定需要多少次迭代才能产生一个好的解决方案(答案可能远少于1000次)。

18.12 重复练习18.11，但这次使用调平算法来近似价值函数。使用以下函数作为初始价值函数近似：

$$\overline{V}_t^0(R_t) = \theta_0(R_t - \theta_2)^2$$

接下来的每个练习都可能需要调整步长规则。试着找到一个合适的规则(建议坚持基本的$a/(a+n)$策略)。确定一个适当的训练迭代次数，然后通过对100次迭代(测试迭代)的结果求平均来评估性能，其中价值函数不变。

(1) 使用$\theta_0 = 1, \theta_1 = 5$解决问题。

(2) 使用$\theta_0 = 1, \theta_1 = 50$解决问题。

(3) 使用$\theta_0 = 0.1, \theta_1 = 5$解决问题。

(4) 使用$\theta_0 = 10, \theta_1 = 5$解决问题。

(5) 总结具有这些不同参数的算法的行为。

18.13　重复练习18.11，但这次假设价值函数近似由下式给出：

$$\overline{V}_t^0(R_t) = \theta_0 + \theta_1 R_t + \theta_2 R_t^2$$

使用18.4节和3.8节的递归回归技术确定参数向量θ的值。

18.14　重复练习18.11，但这次假设正在解决一个无限时域问题(这意味着只有一个价值函数近似)。

18.15　重复练习18.13，但这次假设一个无限时域。

18.16　重复练习18.11，但现在假设以下问题参数：

$$\gamma \ = \ 0.99,$$
$$T \ = \ 200,$$
$$p^p \ = \ 5,$$
$$p^s \ = \ 20$$

对于需求分布，假设$\hat{D}_t = 0$且概率为0.95，$\hat{D}_t = 1$且概率为0.05。这是低需求问题的一个例子，其中必须在相当长的时间内保持库存。

序贯决策分析和建模

以下练习摘自在线书籍*Sequential Decision Analytics and Modeling*(《序贯决策分析和建模》)，扫描右侧二维码，即可查看该书。

18.17　阅读上述书籍关于血液管理问题的13.1~13.4节。扫描右侧二维码，下载一个已在Python中实现的近似动态规划算法，使用"BloodManagement"模块。

(1) 使用ADP算法创建分段线性价值函数近似，并模拟结果策略。报告通过模拟策略获得的目标函数。

(2) 现在将所有VFA设为零，并模拟结果前瞻策略。比较前瞻策略与基于VFA的策略的性能。

(3) 将血液供应量增加50%(将所有输入供应量乘以1.5)，并重复(1)部分和(2)部分的比较。在血液供应量增加的情况下，基于VFA的策略的相对价值如何变化？

(4) 重复(3)，但这次将供应量乘以0.80。这对结果有何影响？

每日一问

"每日一问"是你选择的一个问题(请参阅第1章中的指南)。针对你的每日一问，回答以下问题。

18.18　本章适用于具有凹性(如果最小化，则为凸性)属性的问题。这种情况通常发生在资源分配问题的背景下，但也可能出现在其他情况中。找出任何你认为相对于某些状态变量呈凹性(或凸性)的价值函数，倘若你的问题中存在这些状态变量，则描述一个利用此属性的近似架构。

参考文献

第19章

直接前瞻策略

到目前为止，已讨论3类策略：策略函数近似(PFA)、参数化成本函数近似(CFA)和取决于价值函数近似(VFA)的策略。价值函数近似策略通过状态变量近似决策对未来的影响。所有这3种策略都依赖于近似函数，这意味着由于能力有限，很难创建在实践中有效的近似函数。

毋庸置疑，不可能总是得到足够精确的函数近似。当决策是简单的决策(考虑低买高卖策略)或使用参数或非参数函数(从线性函数到神经网络)进行近似的低维连续控制时，策略函数近似最为成功。成本函数近似需要一个提供合理近似的确定性模型。当价值函数显示出可以使用第3章或第18章中介绍的近似架构族开发的架构时，价值函数近似表现得很好。

若所有其他方法都失败(并且经常失败)，就必须求助于直接前瞻近似(DLA)策略，该策略在一定时域内进行优化，可以帮助捕捉现在所做决策对未来活动的影响，我们可以从中提取现在要做的决策。几个有可能采用完全直接前瞻策略的问题示例如下。

■ 示例19.1
要知道在十字路口向左转还是向右转，则需要规划通往目的地的道路。

■ 示例19.2
设想飓风袭过一个地区，正如飓风经常光顾美国东南部和东南亚。有必要对区域进行疏散，但由于网络瓶颈的存在，需要通过协调的方式来疏散。鉴于此时飓风的情况，在每个时间点及时计划每个疏散区域z，从而确定疏散的关键区域，这是至关重要的。

■ 示例19.3
须知是否可以使用宝贵的O-阴性血(基本上每个人都可使用)取决于已计划的献血数量和手术台次，以及目前O-阴性血库的实际存储时长。

■ 示例19.4

当财务规划师为退休人员进行退休规划时，需要评估投资组合是否会对退休人员舒适退休的目标造成风险。这一评估将决定退休人员当下应该进行哪些投资。

直接前瞻策略代表了一种更为直接、简单的决策方法。毋庸置疑，直接预测策略通常计算起来非常困难。因此，这里的挑战是如何引入更易于处理该问题的近似。我们将这些近似分为两大类。

确定性前瞻——当需要使用直接前瞻策略时，这是实践中最常见的方法。通过使用前瞻策略，有些问题可以顺利地解决(想想在瞬息万变的交通网络上，导航系统可以协助找到一条理想路径)，但有些情况下，确定性近似一无是处。

随机前瞻——当需要直接前瞻策略，但其中的确定性前瞻会忽略关键问题时，则必须探索随机前瞻模型的世界，这将是本章大部分内容探讨的重点。

本章内容安排如下。

第一部分：基础资料——包括DLA策略的以下一般主题。

19.1节——创建最佳直接前瞻策略。这为所有直接前瞻近似策略奠定基础。

19.2节——介绍用于近似前瞻模型的符号，并讨论不同的近似策略。

19.3节——讨论为不同于基本模型的前瞻模型使用目标的理念。

19.4节——回到评估策略的熟悉领域，此方面在DLA策略中经常受到忽视。

19.5节——本章第一部分结束时将讨论DLA策略适用的场景和原因。

第二部分：确定性DLA模型——19.6节讨论使用确定性前瞻模型的简单但流行的观点。

第三部分：随机DLA模型——这一实质性主题划分如下。

19.7节——从快速介绍4类策略着手，基于在DLA模型中使用这4类策略的背景展开讨论，其计算成本和解决方案质量之间的权衡，与在基本模型中使用这4类策略时有所变化。

19.7.1节——前瞻PFA策略在可用时更受欢迎，原因是其在计算上最为简单，但并非最容易设计。

19.7.2节——如果确定性近似可用，则前瞻CFA更容易调整。

19.7.3节——介绍在前瞻模型背景下使用近似动态规划(特别是后向ADP)的策略。

19.7.4节——在前瞻DLA模型中使用DLA策略，这在计算上要求很高，但可能是必要的应急方案。

在这一部分，还将介绍一些吸引了不同领域研究者相当大的注意力的专业成果。

19.8节——透彻介绍了蒙特卡洛树搜索离散作用问题的流行理念。其中包含经典(悲观)MCTS和乐观MCTS。

19.9节——介绍向量值决策研究文献中广泛使用的两阶段随机规划。

19.1　使用前瞻模型的最优策略

最好通过重申目标函数来讲解直接前瞻策略：

$$F(S_0) = V_0(S_0) = \max_{\pi \in \Pi} \mathbb{E} \left\{ \sum_{t'=0}^{T} C(S_{t'}, X_{t'}^{\pi}(S_{t'})) | S_0 \right\}$$ (19.1)

必须提醒的是，我们习惯把期望放在起始状态S_0以进行约束；如果更改启动状态，则可能会影响最优策略。这意味着，从技术上讲，应该将最优策略作为S_0的函数，如$\pi^*(S_0)$。到目前为止，我们通常将这种相关性隐秘地保留下来。但随着我们不断推进，必须提醒自己注意这种相关性。

现在假设，从t时开始求解式(19.1)。

$$V_t(S_t) = \max_{\pi \in \Pi} \mathbb{E} \left\{ \sum_{t'=t}^{T} C(S_{t'}, X_{t'}^{\pi}(S_{t'})) | S_t \right\}$$ (19.2)

该式也可以写成：

$$V_t(S_t) = \max_{x_t \in \mathcal{X}_t} \Bigg(C(S_t, x_t) +$$
$$\mathbb{E}_{S_t} \mathbb{E}_{W_{t+1}|S_t} \left\{ \max_{\pi \in \Pi} \mathbb{E}_{S_{t+1}} \mathbb{E}_{W_{t+1},\ldots,W_T|S_{t+1}} \left\{ \sum_{t'=t+1}^{T} C(S_{t'}, X_{t'}^{\pi}(S_{t'})) | S_{t+1} \right\} | S_t, x_t \right\} \Bigg)$$ (19.3)

其中，$\mathcal{X}_t$是给定状态S_t的约束(通过对t时设置的约束进行索引，这是隐式的)。式(19.4)中已经以完整的扩展形式写出期望，S_t的期望(或嵌入的S_{t+1})也可以处理任何信念状态。很容易在式(19.4)中看出为何很少使用扩展形式，而是写：

$$V_t(S_t) = \max_{x_t \in \mathcal{X}_t} \left(C(S_t, x_t) + \mathbb{E} \left\{ \max_{\pi \in \Pi} \mathbb{E} \left\{ \sum_{t'=t+1}^{T} C(S_{t'}, X_{t'}^{\pi}(S_{t'})) | S_{t+1} \right\} | S_t, x_t \right\} \right)$$ (19.4)

我们只是在提醒读者，当看到式(19.4)时，所指的是式(19.3)中的表达式。

目前可以将此写成在t时做决策x_t的策略：

$$X_t^{DLA}(S_t) = \arg\max_{x_t} \left(C(S_t, x_t) + \mathbb{E} \left\{ \underbrace{\max_{\pi \in \Pi} \mathbb{E} \left\{ \sum_{t'=t+1}^{T} C(S_{t'}, X_{t'}^{\pi}(S_{t'})) | S_{t+1} \right\}}_{V_{t+1}(S_{t+1})} | S_t, x_t \right\} \right)$$ (19.5)

注意，如果可以计算式(19.5)，则策略$X_t^{DLA}(S_t)$将是最优策略。如果能够计算式(19.4)中的价值函数$V_{t+1}(S_{t+1})$，则可以将策略写为：

$$X_t^{DLA}(S_t) = \arg\max_{x_t} \left(C(S_t, x_t) + \mathbb{E}\{V_{t+1}(S_{t+1}) | S_t, x_t\} \right)$$ (19.6)

或者，使用第15章中介绍的决策后价值函数 $V_t^x(S_t^x)$。

$$X_t^{DLA}(S_t) = \arg\max_{x_t}\left(C(S_t, x_t) + V_t^x(S_t^x)\right) \tag{19.7}$$

需要记住的是，使用决策后状态的优化是一个确定性问题(即没有嵌入的期望)，这为一些问题打开了大门，在这些问题中，x_t 是一个向量(甚至可能是一个维度非常高的向量)。尽量使用那些相对于 x_t 呈线性或呈凹性的函数来近似 $V_t^x(S_t^x)$。

当然，使用价值函数的策略版本非常具有吸引力，原因是其非常紧凑，但如果能够计算它们，甚至得出合理的近似值，就能借鉴第14章至第18章介绍的技术。采用直接前瞻策略的原因是其可以专门用于处理价值函数根本不起作用的许多问题。未来价值不易估计的一些问题列举如下。

- **复杂交互问题**——假设有一个随机调度问题(路由车辆、调度机器、调度医生等)，其涉及未来不同类型资源(车辆和货物；机器和作业；医生、护士和患者)之间的复杂交互问题。为了当下做出决策(例如，承诺在未来为工作或患者服务)，有必要明确计划未来的时间表。

- **预测问题**——假设有一个假期管理产品库存的问题，并且有一个满足需求的预测 $f_t = (f_{tt'})_{t' \geq t}$。由于预测会随着时间的推移而发生变化，因此这些预测可算作状态变量的一部分，但这根本不可能做到。最自然的方法是将预测建模为潜在变量(这意味着忽略了预测本身正在发生变化这一事实)，但这要求在规划时域内对该问题建模。

- **多层资源分配问题**——在建模单层资源分配问题(管理水、血液、资金、卡车等)时，价值函数非常有效，但涉及多层(工作和机器、卡车和包裹、血液和患者)资源分配问题时，则不尽然。例如，当机器的价值取决于作业的数量时，就很难捕捉机器的价值。

式(19.5)中的策略看起来有点令人生畏，但这是本章剩余部分的起点。将图19.1与2.1.2节中首次出现的决策树进行比较，有助于对该策略进行解释。图19.1使用如下约定：方形节点表示做出决策的决策前状态 S_t(或 $S_{t'}$，$t' > t$)。实线是决策；虚线代表随机结果，基于此，必须取预期。须牢记的一点是，若 x_t 是一个向量，就不使用决策树。本章将公开以下可能性：x_t 是一个向量，这意味着枚举 x_t 所有可能值的想法本身就很难达成。

在看到期望时，我们往往会假设其无法计算，因为随机变量可以是连续的和(或)向量值。然而，蒙特卡洛模拟其实是一个非常强大的工具，因此可以确定的是，可以用蒙特卡洛方法来近似任何预期。

图19.1从最大化的策略 π 到始于 $t+1$ 时的每个决策节点画了一条线。这反映了前瞻模型中的策略 π 必须为每个决策节点指定从 $t+1$ 时开始的决策的性质。但是在式(19.5)中，这一策略的设定很容易成为我们前瞻策略中最棘手的问题。我们将此策略称为前瞻策略，但有时也将其称为"策略中的策略"。在此，我们不仅要进行策略搜索(这是自第11章以来一

直在应对的挑战)，还必须在求期望时做到这一点！这意味着要针对每个 x_t 以及每个 W_{t+1} 的结果(更具体地说，是针对每个状态 S_{t+1})完成这个任务！当然，还需要设计一些快捷方式。

$$X_t^*(S_t) = argmax_x \left(C(S_t, x_t) + \mathbb{E}\left\{ \max_\pi \left\{ \mathbb{E}\left\{ \sum_{t'=t+1}^{T} C\left(S_t, X_{t'}^\pi(S_{t'})\right) | S_{t+1} \right\} | S_t, x_t \right\} \right\} \right)$$

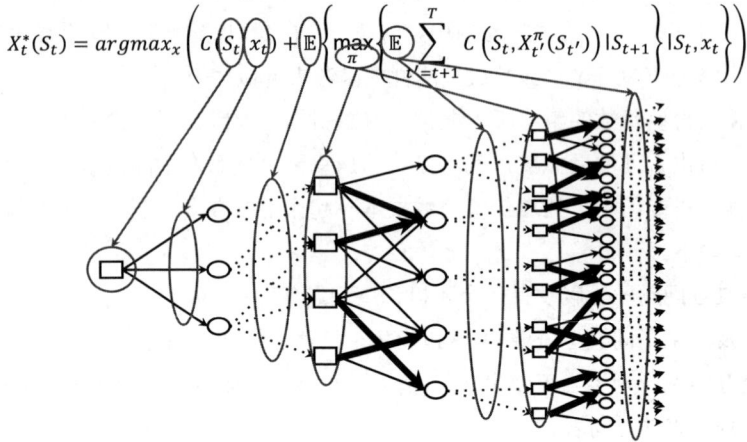

图19.1　式(19.5)中的前瞻策略与决策树之间的关系

我们必须牢记，寻找始于 $t+1$ 时的前瞻策略的问题其实与为 t 时(或0时)设计策略的问题一样。只需要把问题推到一个时间段。然而，也需要认识到，永远不会真正实施前瞻策略所产生的决策；所做的这些只是为了帮助当下获取更好的决策。这个观察结果表明，前瞻模型要比基础模型更能容忍次优策略。

有许多研究领域都在寻求不同的策略来获取前瞻模型。例如：

滚动时域程序——也称为后退时域程序(receding horizon procedure)，指的是一个过程：在区间 $(t, t+H)$ 内优化，在 t 时执行决策，滚动到 $t+1$ 时(并采样/观察新信息)，然后在区间 $(t+1, t+H+1)$ 内求解(因此得名滚动时域)。大多数滚动时域程序使用未来的确定性近似。

模型预测控制——这是工程控制领域使用的术语，指的是如果创建前瞻模型，则需要该问题的一个确切模型，这意味着它其实是"直接前瞻策略"的另一名称。工程控制相关文献主要关注确定性问题，因此，MPC("模型预测控制"的标准缩写)通常与未来的确定性模型相关，而且常与确定性前瞻策略相关。

随机规划——随机规划领域采取多种方式简化前瞻模型，但最重要的两种是：①用一个采样场景集合展示未来的不确定性；②简化未来，首先假设可以看到整个未来，然后在允许查看整个未来的情况下进行优化(这被称为"两阶段"近似，稍后将进行回顾)。

蒙特卡洛树搜索——MCTS是一种算法策略(仅简要回顾)，用于对具有离散动作空间的问题进行随机搜索树的前向自适应搜索。它将采用渐近的方式来探索整个搜索树，这意味着其可以用来解决基本问题，但实则它只是部分搜索，这意味着它是一种直接前瞻策略。

滚动策略——假设前瞻策略被替换为一个易于计算的简单函数，但从技术角度看，这只是任何近似策略的另一种称呼。

鲁棒优化——鲁棒优化领域用"不确定性集"取代不确定性模型,其中未来的结果 $W_{t+1}, \ldots, W_{t+H}$ 落在一个有界的区域内,然后针对表示给定决策情况下最坏结果的特定实现 $w_{t+1}, \ldots, w_{t+H}$ 最大化 $x_{t+1}, \ldots, x_{t+H}$。

近似动态规划——有许多近似动态规划的应用实际上是在随机前瞻模型的背景下实现的(但作者们并未提及这一点)。因此,接下来要介绍的是如何创建使ADP可行的近似前瞻模型。

尽管我们确实提出了将前瞻模型求解至最优的方法,至少是采用渐近的方式,但是本章仅聚焦于用更容易求解的近似替换前瞻模型的理念。首先提供一个符号系统来建模一个近似的前瞻模型,然后提出不同的近似策略。本章的剩余部分将致力于更深入地探讨这些策略。

19.2　创建近似前瞻模型

直接前瞻策略的关键在于用一个近似的前瞻模型替代真模型(即基本模型),该近似前瞻模型涉及问题的最重要方面,同时引入简化,这种简化使预测模型更易于处理。

有许多研究论文解决了"随机动态模型",这些模型实际上是使变量保持为常量的随机前瞻模型,这意味着这些模型甚至从未被讨论过。这种情况并非总是很明显。事实上,随机动态模型是前瞻模型还是基本模型,通常取决于其使用方式。如果只想在第一个时间段执行决策,之后新信息将抵达,整个过程周而复始,这就是一个前瞻模型。不过,可以使用随机动态模型来测试整个时域内输入参数变化的影响。在这种情况下,模型是用作模拟器的一个基本模型。

以下两个例子说明了这个问题。

■ 示例19.5

巴西使用随机优化模型来规划水力发电的水库的使用。该规划预计在10年内进行优化,可以采用以下两种方法中的一种。第一种方法是,确定未来一周内水库间的水流,这个过程每周重复一次。以这样的方式使用的模型就是随机前瞻模型。第二种方法是,以同样的模型测试水库之间输送水的泵的容量的变化。在此设定中,模型用作模拟器(即基本模型)。

■ 示例19.6

可以使用优化不同地点之间卡车移动的随机模型来确定卡车的调度方式。该模型优化了一周卡车的流量,然后可以每小时更新一次预测。以这种方式使用的模型就是一种前瞻模型。不过,相同的模型可用于模拟不同车队规模的效果,在这种情况下,该模型是用于战略规划的基本模型。

接下来介绍前瞻模型的符号，然后讨论不同类别的近似。

19.2.1 前瞻模型建模

首先，假设DLA策略正在处理一个称为前瞻模型的模型，它不同于我们试图通过设计有效策略来解决的基本模型。这意味着需要专用于前瞻模型的符号。

开始时需要注意，前瞻模型必须由时间t索引。因为它在时域内从t时延伸至$\min\{t+H,T\}$，所以通过t(其固定模型的信息内容)和t'索引每个变量，这是前瞻范围内的时间段。

然后，建议使用与基本模型中所用变量相同的变量，但带上"波浪号"。因此，在前瞻时域中，对于在t时正在求解的模型，$\tilde{S}_{tt'}$将是前瞻模型在t'时的状态。$\tilde{S}_{tt'}$的变量数量可能少于S_t(或$S_{t'}$)，我们还可以使用不同的聚合级别。同样，$\tilde{x}_{tt'}$将是t'时使用前瞻策略$\tilde{\pi}$做出的决策，由函数$\tilde{X}_t^{\pi}(\tilde{S}_{tt'})$给出，其中带有的外生信息$\widetilde{W}_{tt'}$是在$t'$时首次观察到的前瞻模型中的模拟信息。有了这个符号，对于t时生成的前瞻模型，状态序列、决策和"外生"信息看起来像：

$$(\tilde{S}_{tt}, \tilde{x}_{tt}, \widetilde{W}_{t,t+1}, \tilde{S}_{t,t+1}, \tilde{x}_{t,t+1}, \widetilde{W}_{t,t+2}, \dots, \tilde{S}_{tt'}, \tilde{x}_{tt'}, \widetilde{W}_{t,t'+1}, \dots)$$

注意，在基本模型中，可能要在线运行程序，这意味着在t时做出决策x_t后，外生信息W_{t+1}将在物理过程中被观察到。在前瞻模型中，$\widetilde{W}_{t,t+1}$必须来自模型。

使用上述符号，直接前瞻策略将可以写作：

$$X_t^{DLA}(S_t) = \arg\max_{x_t} \left(C(S_t, x_t) + \tilde{\mathbb{E}} \left\{ \max_{\tilde{\pi} \in \tilde{\Pi}} \tilde{\mathbb{E}} \left\{ \sum_{t'=t+1}^{t+H} C(\tilde{S}_{tt'}, \tilde{X}_t^{\tilde{\pi}}(\tilde{S}_{tt'})) | \tilde{S}_{t,t+1} \right\} | S_t, x_t \right\} \right) \tag{19.8}$$

其中，$\tilde{S}_{t,t'+1} = \tilde{S}^M(\tilde{S}_{tt'}, \tilde{X}_t^{\tilde{\pi}}(\tilde{S}_{tt'}), \widetilde{W}_{t,t'+1})$描述了前瞻模型中的动态，而$\tilde{X}_t^{\tilde{\pi}}(\tilde{S}_{tt'})$是与$\tilde{\pi}$相关的前瞻策略。

这里将$\tilde{\Pi}$作为一个修改过的策略集，并将$\tilde{\mathbb{E}}$作为一个修改后的随机结果集的期望。事实上，稍后还将介绍仅针对前瞻模型使用不同不确定性算子的可能性，例如评估极端事件以捕捉风险的算子。甚至可能会以不同的方式建模时间(例如，用小时而非5分钟来设置步长)，但为了简化，我们将采用相同的时间符号。

19.2.2 近似前瞻模型策略

可以使用多种策略来近似前瞻模型，以使求解式(19.5)的过程在计算上更加便捷。

(1) **时域截断**——可以把时域从(t,T)简化至$(t,t+H)$，其中H是一个合适的短期时域，用来捕捉重要的行为结果。例如，可能希望建立一个10年的水库管理模型，但一个一年的前瞻策略(捕捉一个完整的季节周期)就足以产生高质量的决策，然后即可模拟策略，以对10年的水库流进行预测。

(2) **结果汇总或采样**——我们并未使用完整的结果集Ω(通常是无限的)，而是使用蒙特卡洛采样选择一个小型的可能结果集，这个结果集从t时(假设在时域第n次模拟中处于状态S_t^n)开始，直到时域$t + H$的末尾。我们将其称为$\tilde{\Omega}_t^n$，以表示它是在状态S_t^n下为t时的决策问题而构造的。在这一类中，最简单的模型是一种采用单点估计的确定性前瞻模型。

(3) **离散化**——时间、状态和决策都可以以一种让生成的模型在计算上更易解决的方式离散。在某些情况下，这可能导致马尔可夫决策过程，该过程可以使用后向动态规划(见第14章)精确求解。因为离散化通常取决于当前状态S_t，所以该模型在从t到$t + 1$的转移中必须被再次求解。

(4) **阶段聚合**——阶段表示信息披露过程，随后需要做出决策。可以通过聚合阶段来近似未来，从而减缓问题的增长。

(5) **潜在变量**——一种简化形式是，忽略前瞻模型中的一些变量。例如，天气或未来价格的预测可以让状态变量具有多个维度(9.9节中的储能示例演示了这一点)。虽然必须在基本模型中追踪这些变量(包括预测的演化)，但可以在前瞻模型中固定这些变量，之后在状态变量中忽视它们(这些变量就成了潜在变量)。

(6) **策略近似**——前瞻模型仍然要求设计一个前瞻策略，这意味着必须找到一个"策略中的策略"。虽然可能已经选择为基本模型使用前瞻策略，但是通常会选择一些更简单的策略，例如前瞻模型中使用的策略。

本章剩余部分将介绍用于近似预测模型的不同策略。最复杂的近似策略是为随机前瞻模型设计的前瞻策略，原因是必须认识到，当尝试为原始基本模型设计策略时，若使用随机前瞻模型，仍然需要解决从$t + 1$时开始的随机优化问题。

下面将对每种策略进行简要讨论。策略近似的策略非常丰富，因此，除了简短的概述外，本章后部还将探讨更完整的策略。

时域截断

时域截断往往是在前瞻模型中使用的最简单的近似。总体的方法是选择一个时域H，该时域足以记录我们认为会影响当下决策的未来活动。在一个储能问题中，这可能需要至少规划未来的一天(有时是两天)来预测日常活动。在季节性库存规划中，可能需要一个超出高峰期(如重大节日)的时域。时域越长，通常意味着结果越好(但并不总是如此)。

结果汇总或采样

通常使用样本来近似前瞻模型中的期望。第一个期望基于$\tilde{W}_{t+1}$中的随机变量，而第二个期望基于序列$\tilde{W}_{t+2}, \tilde{W}_{t+3}, \dots, \tilde{W}_{t+H}$的整个样本路径。第一个样本集可以用$\tilde{\Omega}_{t+1}$表示，而第二个样本集可以用集合$\tilde{\Omega}_{[t+2,t+H]}$表示。

与时域一样，通常样本越多，结果越好，但随之而来的是，计算成本也会相应地增加，策略的边际改进往往会相应地减少。增加多少取决于决策的方法。如果使用卷展栏策略，则必须对每个样本重复此操作，因此计算成本随样本量的增加而线性增加。然而，还有一种称为两阶段随机规划(下面将介绍)的方法，该方法会一次性对所有场景、所有时间段进行优化。这些问题将会变得相当大，CPU耗时的增长速度可能会比样本量的线性增长速度快得多。

重要的是，必须结合即将讨论的前瞻策略的设计来解决采样问题(这总是必要的)。

阶段聚合

一个常见的近似方法是两阶段公式(见图19.2(a))，其中会做出决策x_t，接着观察所有未来事件(直到$t+H$)，然后做出所有剩余的决策。相反，多阶段公式将明确建模序列：决策、信息、决策、信息等。图19.2(b)显示了多阶段公式中的许多可能路径，其中突出显示了从t到t'的单个历史$h_{tt'}$，之后是一个在t'时之后共享历史$h_{tt'}$的结果集。

有大量文献使用两阶段表示法(见图19.2(a))求解随机资源分配问题，这可追溯到20世纪50年代。19.9节对这种方法进行了更详细的总结。

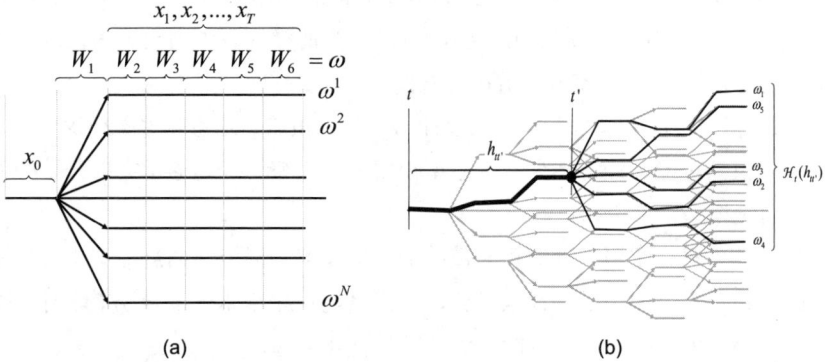

图19.2　(a)两阶段场景树；(b)显示t'时之前具有共同历史$h_{tt'}$、t'时之后具有不同采样路径的多阶段场景树

潜在变量

最强大而微妙的近似策略之一通过简单地使一些变量保持不变来简化前瞻模型，这意味着它们其实是前瞻模型中的潜在变量。

例如：

* 预测——被视为潜在变量的最常见变量之一就是在t时做出的数量为$W_{t'}$的预测$f_{tt'}^W$。当基本模型从t时推移到$t+1$时，将获得最新预测$f_{t+1,t'}^W$。然而，当在前瞻模型中从t'时转移到$t'+1$时，并不更新预测向量。因此，向量$(f_{tt'}^W)_{t'\geq t}$在前瞻模型中保持不变，被视为潜在变量。
* 信念——很多场景都有一个关于参数的信念B_t，例如患者对24种降血糖药物中的一种药物的反应。如果做出决策(例如开处方)，然后观察患者的反应，就会从该反应中学习并更新信念。我们或许会决定尝试一种降血糖的药物，以观察患者的反应并更新信念。或许会选择在不更新信念的情况下在前瞻模型中做决策，因为更新信念可能会导致计算成本猛涨。一旦做出决策x_t，就会更新信念，然后观察基本模型中的响应W_{t+1}(可以是字段)。

- 我们或许正在优化一场暴风雨后多用途卡车的清理路线。两种形式的信息分别来源于客户投诉停电的电话，以及卡车司机观察到的停电地点。为了规划卡车的路线，我们非常希望在前瞻模型中模拟卡车司机的观察结果，但希望忽略前瞻模型中来自客户的新电话(记住，这些只是模拟电话)。

在前瞻模型中，没有简单的公式用于决定哪些动态状态变量可以保持不变。关键是考虑动态信息将如何影响未来的决策，以及这将在多大程度上影响在基本模型中实现的决策 x_t。

策略近似

创建前瞻模型时，最具挑战性的问题是式(19.8)给出的前瞻策略(或策略中的策略)的设计。正如本书的大部分内容都聚焦于良好(理想的最佳)策略的设计一样，前瞻策略可以对嵌入前瞻内的策略进行自我优化。因为正在设计的前瞻策略是为基本模型创建DLA策略的一部分，所以这听起来像是一个循环问题。而一个顺其自然的问题是：如果已经决定使用一个直接前瞻策略，那么不应该(在DLA策略中)只使用DLA策略吗？

第一个问题是(随机前瞻模型的)DLA策略可能计算成本高昂——正如本章将要说明的那样。前瞻DLA策略必须多次计算，因此在前瞻模型中使用DLA策略的做法在计算上不大可行(尽管确定性前瞻并非绝无可能)。好消息是，由于前瞻策略只用于近似决策(实际上并没有采用前瞻策略)，因此可以使用"足够好"且计算更简单的策略取代它。

换言之，在设计前瞻策略时，必须考虑所有4类策略。有必要回顾一下第11章中关于如何设计策略的讨论(特别是11.10节中的讨论)。为基本模型选择策略和在前瞻模型中选择策略之间的重要区别列举如下。

- 计算——DLA中的策略通常需要模拟多次，因此相对于每个时间段只需要计算一次策略的基本模型，设计前瞻策略时的计算需求更为重要。
- 次优效果——基本模型的次优策略直接转换为正在实施的决策。相比之下，前瞻策略中的错误对实际执行决策的直接影响较小。

换言之，前瞻策略的重点偏向于最小化计算成本而非创建最高质量的决策。

之后，将更深入地研究4类中的每一类，不过，先给出以下评论。

PFA——策略函数近似很容易计算，但必须先找到函数，这涉及它自身的估计问题。在4个类别中，设置PFA最为困难。稍后将介绍一些捷径。

CFA——成本函数近似涉及嵌入式优化，这意味着它捕捉到了一些问题结构。因此，调整变得更容易，但函数的计算成本更高。

VFA——PFA和VFA之间有内在的相似性，但(与PFA和纯CFA相比)VFA往往更易于近似，原因是它包含了关于决策下游影响的信息，而PFA和CFA必须通过多次模拟才能随着时间的推移逐渐学习到哪些参数设置是最有效的。

DLA——与任何其他策略类别相比，DLA更能在一个时域内直接优化，因此其最擅长将问题结构直接纳入策略之中。当然，确定性DLA相对容易计算(通常比其他3类更难计算)，但通常会涉及可调参数，以填补确定性模型引入的错误。相反，随机DLA很容易成为所有策略中最难计算的，但所需的调整最少(引入了近似，可能仍然需要调整)。

19.3　前瞻模型中的修改目标

前面的讨论描述了创建近似前瞻模型的方法，其中明确解释了如何通过引入近似，简化前瞻模型的计算过程。

然而，有理由更改前瞻模型以创建具有所需行为的策略。接下来将从风险调整策略的重要特例开始讨论，在此特例中，用风险算子替换期望算子，期望算子只是简单地对结果求平均，而风险算子会对特定事件赋予不同的权重(通常与分布的尾部相关)。然后讨论工作中遇到的其他类型的修改。

19.3.1　风险管理

当涉及不确定性时(如本书所述)，一些事件通常被视为特别不理想的事。例如：

- 约会迟到。
- 不符合系统的能源要求。
- 给患者服用过量药物，或使用产生不良反应的药物。
- 投资损失资金，或损失的金额超过原本用于此的准备金(如保险单)。
- 因选择错误的选手而输掉比赛。
- 在完成足量的实验以找到合适的材料或设计之前，时间已经耗尽。

有一个广泛(且数学上深入)的研究领域致力于风险处理。此处仅聚焦与建模和计算相关的问题。首先介绍一个用来代替期望算子的不确定性算子 $\rho(\cdot)$，它支持以任何方式操纵一系列成果。然后，用3种不同的方法创建风险调整行为，再讨论如何评估调整风险后的策略。

不确定性算子和风险调整后的表现

通常需要在策略设计中考虑风险。考虑风险的方式有以下几种。

- 贡献的不确定性——担心低贡献的可能性时，可能会尝试最大限度地提高总贡献(或最小化成本)。
- 违反约束条件的风险，例如未按时到达或未满足需求。
- 单个业绩指标的不确定性——或许会尝试最小化向客户交付货物的成本，但也希望司机按时到家。

对目标不确定性的担忧可以通过以更通用的不确定性算子 $\rho(\cdot)$ 替换期望算子的方法来

处理。可以按以下不同方式定义运算符$\rho(F_t^\pi)$。

- 风险价值——使用F_t^π分布计算α百分位数，使用α=0.10来捕捉左尾。可以将不确定性算子写作$\rho_\alpha(F_t^\pi)$，从而给出α百分位数。

- 条件风险价值(conditional value at risk)——广泛地称为CVar，也有其他名称(如平均风险价值)，CVar使用低于α百分位数的价值$\hat{F}_t^\pi$的平均值(假设我们担心低值)。

- 风险调整后表现——如果$\bar{F}_t^\pi$是结果的平均值，且$\bar{\sigma}_t^\pi$是标准差，那么风险调整后表现可能是：

$$\rho(F_t^\pi|\theta) = \bar{F}_t^\pi - \theta\bar{\sigma}_t^\pi$$

其中可能选择$\theta \approx 2$来捕捉左尾。

- 时域内偏差——与其关注整个前瞻时域的汇总统计数据，不如关注单个时间段内最差的表现，或者找到贡献高于或低于某个目标的次数。在这种情况下，可以使用：

$$\rho\big(C(\tilde{S}_{t,t+1}), \bar{X}^\pi(\tilde{S}_{t,t+1})), C(\tilde{S}_{t,t+2}, \bar{X}^\pi(\tilde{S}_{t,t+2})), \ldots, C(\tilde{S}_{t,t+H}, \bar{X}^\pi(\tilde{S}_{t,t+H}))\big)$$

这些风险指标都是根据不同样本结果(通常称为场景)的实际性能可变性来定义的。

通常会使用修改后的贡献函数，例如：

$$\bar{C}^{risk}(S_t, x_t) = \mathbb{E}_{W_{t+1}} C(S_t, x_t, W_{t+1}) + \eta\rho(S_t, x_t, W_{t+1})$$

把期望的贡献函数$\mathbb{E}_{W_{t+1}} C(S_t, x_t, W_{t+1})$和风险指标$\rho(S_t, x_t, W_{t+1})$结合在一起，假设可以访问当前状态信息$S_t$、决策$x_t$，以及随机信息(股票回报、患者表现)$W_{t+1}$。参数$\eta$可以平衡预期贡献的重要性和尾部事件的结果。当然，若在前瞻模型环境中应用这种风险调整贡献模型，则意味着将使用前瞻状态变量$\tilde{S}_{tt'}$、决策$\tilde{x}_{tt'} = \bar{X}^\pi(\tilde{S}_{tt'})$和模拟的外生信息$\widetilde{W}_{t,t'+1}$。

例如，设前瞻模型的表现遵循样本路径$\tilde{\omega}$，由下式给出：

$$\tilde{F}_t^\pi(S_t, x_t|\tilde{\omega}) = C(S_t, x_t) + \sum_{t'=t+1}^{t+H} C(\tilde{S}_{tt'}(\tilde{\omega}), \bar{X}^\pi(\tilde{S}_{tt'}(\tilde{\omega})), \widetilde{W}_{t,t'+1}(\tilde{\omega}))$$

其中，$\tilde{S}_{t,t'+1}(\tilde{\omega}) = \tilde{S}^M(\tilde{S}_{tt'}(\tilde{\omega}), \tilde{x}_{tt'} = \bar{X}^\pi(\tilde{S}_{tt'}(\tilde{\omega})), \widetilde{W}_{t,t'+1}(\tilde{\omega}))$是$t'+1$时遵循样本路径$\tilde{\omega}$的状态。$\tilde{F}_t^\pi(S_t, x_t|\tilde{\omega})$是沿着样本路径$\tilde{\omega}$遵循前瞻策略$\bar{X}^\pi(\tilde{S}_{tt'})$而获取的总贡献。之后可以将$\tilde{F}_t^\pi(S_t, x_t)$定义为样本路径$\tilde{\omega}_i \in \tilde{\Omega}_{[t+2,t+H]}$的结果为$\tilde{F}_t^\pi(\tilde{\omega}_i)$的随机变量。

之后，可以计算出总性能的风险调整算式：

$$\bar{F}_t^{risk-sum,\pi}(S_t, x_t) = \mathbb{E}\tilde{F}_t^\pi + \eta\rho(\tilde{F}_t^\pi) \tag{19.9}$$

或者，可以将风险调整后贡献相加，得到：

$$\begin{aligned} \bar{F}_t^{sum-risk,\pi}(S_t, x_t) &= C(S_t, x_t) + \sum_{t'=t+1}^{t+H} \mathbb{E}C(\tilde{S}_{tt'}, \tilde{x}_{tt'}, \widetilde{W}_{t,t+1}) + \\ &\quad \eta\rho(\tilde{S}_{tt'}, \tilde{x}_{tt'}, \widetilde{W}_{t,t+1}) \end{aligned} \tag{19.10}$$

若不考虑风险，则这两个指标结果一样，毕竟一系列随机变量之和的预期等于所有预期之和。当采取风险措施时，情况却并非如此。鉴于这个原因，有：

$$\bar{F}_t^{risk-sum,\pi}(S_t, x_t) \neq \bar{F}_t^{sum-risk,\pi}(S_t, x_t)$$

其中的关系也不是很清楚。更重要的是，随着时间的推移，正在前瞻模型中做决策 $\tilde{x}_{tt'} = \tilde{X}^\pi(\tilde{S}_{tt'})$，因此必须考虑对整个范围的部分贡献总额进行评估。这种前瞻策略的设计实际上已经吸引了很多研究者的关注(更多阅读资料参见"参考文献注释")。这个话题并不在本书讨论范围之内，此处仅简单介绍。

为了在前瞻策略中捕捉风险，可以使用下式，这有助于描述前瞻模型中的整个信息流：

$$\tilde{h}_{[t,t']}^\pi = (\tilde{S}_{tt}, \tilde{x}_{tt}, \tilde{W}_{t,t+1}, \dots, \tilde{S}_{t,t'})$$

之所以称 $\tilde{h}_{[t,t']}^\pi$ 为"历史"，是因为实际上是在时间上向前看，这就是未来相对于 t' 时的历史。当遵循样本路径 ω 并使用策略 π 时，历史 $\tilde{h}_{[t,t']}^\pi$ 是一个生成实现 $\tilde{h}_{[t,t']}^\pi(\omega)$ 的随机向量。

给定该历史，则可以编译所需的任何活动指标。设：

$$\rho^{LA}(\tilde{h}_{[t,t']}^\pi|\theta) = 在前瞻模型中根据历史 \tilde{h}_{[t,t']}^\pi 得出的性能指标$$

风险算子 $\rho^{LA}(h_{[t,t+H]}|\theta)$ 可以从未来史中获取几乎所有的统计信息，这些统计信息是从样本路径族中计算出来的。因此，正如样本路径上的平均预期一样，风险算子 $\rho^{LA}(h_{[t,t+H]}|\theta)$ 可以用来表示最坏的情况，或者第10或第90个百分位。关键是我们正在模拟它的值，因此很容易从模拟的前瞻模型中计算出来。

风险调整策略

无论如何处理风险，归根结底，这仍然只是一个前瞻策略，而这个话题很容易被忽略。例如，可以使用下式创建风险调整的前瞻策略：

$$X_t^{risk}(S_t|\theta) = \arg\max_{x_t \in \mathcal{X}_t} \bar{F}_t^{sum-risk,\pi}(S_t, x_t) \tag{19.11}$$

如果 x_t 是离散的，也就是说 $\mathcal{X}_t = \{x_1, \dots, x_M\}$，则这个策略相当易于计算。如果它是连续的，并且可能是向量值的，则需要利用基于导数(见第5章)或无导数(见第7章)的随机搜索工具。

实际上，在很多应用中，风险都是一个非常重要的问题。如何捕捉风险与问题高度相关。财务应用往往会出现尾部偏差；能源应用会平衡预期成本与停电罚款；卫生领域的应用会侧重于检测不良健康结果的可能性；建筑物和桥梁的设计往往强调极端大风或地震下出现故障的可能性；库存问题通常侧重于避免供应资源耗尽；电动汽车控制会侧重于电池电量耗尽的可能性。

机会受限策略

式(19.11)中的策略旨在最大化(或最小化)风险调整后的目标函数。另一种方法是保留式(19.5)中提出的原始目标：

$$X_t^{CC}(S_t|\theta) = \arg\max_{x_t} \left(C(S_t, x_t) + \mathbb{E}\left\{ \max_{\pi\in\Pi} \mathbb{E}\left\{ \sum_{t'=t+1}^{T} C(S_{t'}, X_{t'}^{\pi}(S_{t'}))|S_{t+1} \right\} |S_t, x_t \right\} \right) \tag{19.12}$$

但现在引入了一个约束条件——风险算子 $\rho^{LA}(\tilde{h}_{[t,t+H]}^{\pi})$（这是一个随机变量，因为 $\tilde{h}_{[t,t+H]}^{\pi}$ 是随机的）以期望概率 P^{target} 满足某些目标 θ^{target}。这意味着希望根据概率的约束最大化前瞻模型的预期贡献：

$$\mathbb{P}[\rho^{LA}(\tilde{h}_{[t,t+H]}^{\pi}) \leq \theta^{\text{target}}] \quad \geq \quad P^{\text{target}} \tag{19.13}$$

约束式(19.13)称为机会约束。虽然计算概率 $\mathbb{P}[\rho^{LA}(\tilde{h}_{[t,t+H]}^{\pi}) \leq \theta^{\text{target}}]$ 很有挑战性，但是顺其自然的方式就是使用样本来近似它，正如使用前瞻策略期望来近似期望(或评估策略)一样。

鲁棒优化

鲁棒优化最初是作为解决土木和机械工程等领域出现的工程设计问题的一种方法出现的。问题是如何设计一种承受风应力的建筑物。面临的挑战则是在风速和风向给定的最恶劣风力条件下，找到成本最低的设计(最小化问题)。机械工程师在设计商用飞机的机翼时会面临类似的问题，他们的目标是在处理风产生的最大应力的同时最小化机翼的重量。

设 $F(x,w)$ 是给定风力条件 w 下的设计 x 的成本，其中，若设计失败，可以将 $F(x,w)$ 设置为极大值。然后设 $\mathcal{W}$ 为 "风" 结果的空间，其中，元素 $w\in\mathcal{W}$。设 x 可以捕捉所有设计选项。要解决以下优化问题：

$$\min_{x\in\mathcal{X}} \max_{w\in\mathcal{W}} F(x,w) \tag{19.14}$$

这个式子被称为鲁棒优化问题，因为解决方案 x 在最坏的情况下也必须是可行的。可行域 $\mathcal{X}$ 受定义良好的物理约束控制。相比之下，集合 $\mathcal{W}$ 的设计并未良好定义，原因是必须解决极端事件的可能性问题。设 θ 是一个参数，它控制希望包含在 $\mathcal{W}$ 内的事件的可能性。然后，将这个集合写成 $\mathcal{W}(\theta)$ 来反映集合 $\mathcal{W}$ 与该参数的相关性。

可以使用以下几种策略构建 $\mathcal{W}(\theta)$。

- 方框约束——可以将 $\mathcal{W}(\theta)$ 表示为以下形式的约束集：

$$w^{\min} \leq w \leq w^{\max}$$

如果 w 是一个向量(如风速和风向)，则可以在每个维度拥有 $w^{\min}$ 和 $w^{\max}$。可以选择这些约束，使得每个维度落在此范围之外的概率为 θ。

这种策略的问题在于模型可能会选取 w 每个维度的极端值。因此，可能会有飓风，并且仅一个方向就会产生最大应力。这种逻辑很可能会选择两个值中最极端的 w。

- 联合约束——其构造了一个区域，所有维度都可能以概率 θ 落在边界之外。特别是将此想法应用于序列问题时，联合区域更难创建和使用。

通过使用相同原则制定直接前瞻模型，该策略已适用于完全序贯问题，但也有以下变化：

- 用 $(\tilde{x}_{tt}, \tilde{x}_{t,t+1}, \ldots, \tilde{x}_{t,t+H})$ 代替 x。
- 把 w 设为 $(\tilde{W}_{t,t+1}, \ldots, \tilde{W}_{t,t+H})$ 的具体实现，而 $\mathcal{W}(\theta)$ 是 w 所有可能值的集合。设 $w = (\tilde{w}_{t,t+1}, \ldots, \tilde{w}_{t,t+H})$ 是一个具体的实现序列。

切换至最大化 x 的更标准的风格，多周期鲁棒优化问题将被写作：

$$\max_{(\tilde{x}_{tt}, \ldots, \tilde{x}_{t,t+H}) \in \mathcal{X}} \; \min_{(\tilde{w}_{tt}, \ldots, \tilde{w}_{t,t+H}) \in \mathcal{W}(\theta)} F(\tilde{x}_t, \tilde{w}_t) \tag{19.15}$$

注意，式(19.15)所述的优化问题是一个确定性优化问题。我们的问题是选择一个向量 $\tilde{x}_t = (\tilde{x}_{tt}, \ldots, \tilde{x}_{t,t+H})$ 和一个 $\tilde{w}_t = (\tilde{w}_{tt}, \ldots, \tilde{w}_{t,t+H})$。鉴于我们只对 $\tilde{x}_{tt}$ 感兴趣(就像我们所有的直接前瞻策略一样)，可以将鲁棒优化模型写作策略：

$$X_t^{RO}(S_t|\theta) = \arg \min_{(\tilde{x}_{tt}, \ldots, \tilde{x}_{t,t+H}) \in \mathcal{X}} \; \max_{(\tilde{w}_{tt}, \ldots, \tilde{w}_{t,t+H}) \in \mathcal{W}(\theta)} F(\tilde{x}_t, \tilde{w}_t) \tag{19.16}$$

尽管我们正在对整个向量 $(\tilde{x}_{tt}, \ldots, \tilde{x}_{t,t+H})$ 进行优化，该策略只执行 $\tilde{x}_{tt}$。

一些人提倡鲁棒优化，以免创建潜在概率分布，不过这具有些许误导性。创建一个产生理想行为的不确定性集合 $\mathcal{W}(\theta)$ 是最困难的挑战，无论是在计算上(因为 $\mathcal{W}(\theta)$ 必须考虑所有随机事件的联合可能性)，还是在对潜在问题的建模上。因此，虽然式(19.16)中的策略没有明确的概率计算，但潜在概率模型已嵌入 $\mathcal{W}(\theta)$ 的创建过程中。

鲁棒优化领域经常会忽略式(19.16)固有的"两阶段"性质，并且会忽略信息展开所带来的做出新决策的能力。其重要性取决于问题设置。

19.3.2　多目标问题的效用函数

许多情况下都使用定义良好的指标(如利润、成本或完成任务的时间)来评估策略。然而，须知现实世界更加复杂并基于此制定策略。例如：

- 叫车服务或货运公司需要尽可能减少司机的空驶里程，但公司也必须认识到司机必须按时回家。
- 同样，在尽量减少空驶里程的同时，希望确保准时为客户提供服务。
- 希望机器排期能最大化生产效率，但机器必须进行维护，因此排期中留出的冗余时间有助于维护，或者在机器由于机械原因而不得不停机时消除延迟影响。
- 希望在动态网络上找到最短路径，但不要有太多的弯弯绕绕。
- 希望在市场中优化报价，但必须小心，不要让竞争对手预测到。

处理这些问题的一个简单而实用的方法是在前瞻模型中引入回报和惩罚，这在评估策略时会被忽略(可能会在现场发生)。使用回报和惩罚来应对不同的目标，这是一种广泛使用的启发式方法。例如，通常情况下，引入这些回报和惩罚是为了找到满足目标性能指标的解决方案，而不是最小化成本。这意味着通常会尝试满足机会约束。这些回报和惩罚的调整与策略搜索非常相似，而且它们使用相同的工具。

19.3.3 模型折扣

当在前瞻模型中引入近似时，鉴于近似的累积效应使这些决策对当下确定最优策略的过程不那么重要，理应对未来的进一步模拟决策打折扣。折扣后的前瞻策略如下：

$$X_t^{DLA}(S_t) = \arg\max_{x_t} \left(C(S_t, x_t) + \tilde{\mathbb{E}} \left\{ \max_{\tilde{\pi} \in \tilde{\Pi}} \tilde{\mathbb{E}} \left\{ \sum_{t'=t+1}^{t+H} \lambda^{t'-t} C(\tilde{S}_{tt'}, \tilde{X}_{tt'}^{\tilde{\pi}}(\tilde{S}_{tt'})) | \tilde{S}_{t,t+1} \right\} | S_t, x_t \right\} \right) \quad (19.17)$$

这里的参数 λ 与 $\text{TD}(\lambda)$ 中的 λ 相同(见16.1.4节)，起到了算法折扣因子的作用。

19.4 评估DLA策略

在聚焦随机前瞻的文献中，有一个令人惊讶的传统——只专注解决随机前瞻，而没有认识到解决方案只是一个仍需要评估的策略计算。通常，若在求解随机前瞻策略方面花费过多精力，模拟一个原本复杂的策略的想法看起来就不切实际了。

评估随机前瞻策略的方法与用于任何策略的方法相同。可以使用以下两种基本策略。

- **离线，使用模拟器**——这是一种最佳的全面比较策略的方式，包括在类中调整策略。这需要建造一个模拟器，这在能源、运输、卫生和金融等许多领域都是重要的项目。模拟器需要物理系统动力学模型(在转移函数 $S^M(S_t, x_t, W_{t+1})$ 中捕捉)和外生信息处理过程 $W_1, W_2, \dots, W_t, \dots$ 模型。有两种方法可以模拟信息过程。
  - 使用数学模型——这要求在给定当前状态 S_t 和最近的决策 x_t 的前提下，在 W_{t+1} 中创建随机变量数学模型。该数学模型可能相当复杂(第10章介绍了一个称为不确定性量化的领域)，但提供了执行重复模拟的能力，包括模拟历史上不存在的物理过程(例如对风力发电和太阳能发电的重大投资)。
  - 使用历史——这很容易成为金融领域最常用的方法，在金融领域，回溯测试是一种标准方法。这包括创建来自不同历史时期的样本路径 $W_1, W_2, \dots, W_t, \dots$。

离线模拟器具有受控实验的优势、并行测试的能力以及在某些情况下近似导数的能力，这为基于导数的随机搜索打开了一扇大门。

- **在线，在现场**——模拟器的构建成本很高(并且自身也有错误)，因此，替代方法通常是观察策略在现场的工作方式。在线评估是对真实的物理系统进行实验，这意味着必须在一段时间内实际测验策略的表现。虽然现场评估避免了建模错误，但其花费的时间过长，并且无法近似计算导数。然而，在很多情况下，不太可能或不适合构建模拟器，因此这个策略可派上用场。

须注意的是，模拟策略可能会引入大量噪声。虽然这并不是普遍正确的，但我们建议，设计策略评估和调整的方法，使其可能是正确的，并进行一些初步实验以评估不确定性水平。

虽然最后会注意到所有策略都需要评估，但模拟PFA或CFA策略对其有效性至关重要，而精心设计的随机DLA策略则不然。

19.4.1　在模拟器中评估策略

假设(正如将要做的那样)要选择一项前瞻策略 $\bar{X}_t^{\tilde{\pi}}(\tilde{S}_t|\theta)$，这项前瞻策略可能来自4个类别中的任何一个。这意味着可以在式(19.8)中写入策略，而不需要嵌入 $\max_{\tilde{\pi}}$ 算子：

$$X_t^{DLA}(S_t|\theta) = \arg\max_{x_t}\left(C(S_t, x_t) + \tilde{\mathbb{E}}\left\{\tilde{\mathbb{E}}\left\{\sum_{t'=t+1}^{t+H} C(\tilde{S}_{tt'}, \bar{X}_{tt'}^{\tilde{\pi}}(\tilde{S}_{tt'}|\theta))|\tilde{S}_{t,t+1}\right\}|S_t, x_t\right\}\right) \quad (19.18)$$

其中，θ 捕捉控制策略(这里指的是整个DLA策略，而不仅仅是前瞻策略 $\bar{X}_{tt'}^{\tilde{\pi}}(\tilde{S}_{tt'}|\theta)$)所需的任何参数。使用表示为集合 $\tilde{\Omega}_{t+1}$ 的 $\widetilde{W}_{t+1}$ 的样本集来近似式(19.8)中的第一个期望。然后通过创建一系列样本路径 $\omega \in \tilde{\Omega}_{[t+2,t+H]}$ 来近似第二个预期值，其中，使用预先确定的策略 $\bar{X}_t^{\tilde{\pi}}(\tilde{S}_t|\theta)$ 来沿样本路径 ω 运行模拟，创建序列：

$$(\tilde{S}_{tt}, \tilde{x}_{tt}, \widetilde{W}_{t,t+1}(\omega), \tilde{S}_{t,t+1}, \tilde{x}_{t,t+1}, \widetilde{W}_{t,t+2}(\omega), \dots, \tilde{S}_{tt'}, \tilde{x}_{tt'}, \widetilde{W}_{t,t'+1}(\omega), \dots)$$

其中，$\tilde{x}_{tt'} = \bar{X}^{\pi}(\tilde{S}_{tt'}|\theta)$，$\tilde{S}_{t,t'+1} = \tilde{S}^M(\tilde{S}_{tt'}, \tilde{x}_{tt'}, \widetilde{W}_{t,t'+1})$。在这个序列中，可以使用 $C(\tilde{S}_{tt'}, \tilde{x}_{tt'})$ 根据每个决策累积贡献。

程序步骤如图19.3所示，其会返回处于状态 S_t 的从 t 时开始的策略表现的近似 $\bar{F}_t(x_t)$。

步骤0. 初始化

　步骤0a. 设置初始状态 $\tilde{S}_t$

　步骤0b. 选择 $\tilde{W}_{t+1}$ 的样本集 $\tilde{\Omega}_{t+1}$，以及整个序列 $\tilde{W}_{t+2}, \dots, \tilde{W}_{t+H}$ 的样本集 $\tilde{\Omega}_{[t+2,t+H]}$

步骤1. 对于 $x_t = x_1, x_2, \dots, x_M$

　步骤2. 计算 $C_t(x_t) = C(\tilde{S}_t, x_t)$

　步骤3. 对于 $\tilde{w}_{t+1} = \{\tilde{w}_1, \tilde{w}_2, \dots, \tilde{w}_M\} \in \tilde{\Omega}_{t+1}$

　　步骤4a. 找到状态 $\tilde{S}_{t+1} = \tilde{S}^M(\tilde{S}_t, x_t, \tilde{w}_{t+1})$

　　步骤4b. 选择给定 $\tilde{S}_{t+1}$ 的策略参数 $(\theta^{\min}, \theta^{\max})$(实际上并没有在实践中这样做)

　　步骤4c. 对于每个样本路径 $\omega \in \tilde{\Omega}_{[t+2,t+H]}$(这些模拟应该并行执行)

　　　步骤5a. 模拟 $t' = t+1, t+2, \dots, t+H$ 时的 $(\theta^{\min}, \theta^{\max})$ 策略(适用于任何参数化策略)

　　　　步骤6a. 找到 $\tilde{x}_{t'} = \bar{X}^{\pi}(\tilde{S}_{t'}|\theta^{\pi} = (s, S))$

　　　　步骤6b. 找到贡献 $C_{t'}(\tilde{x}_{t'}, \omega) = C(\tilde{S}_{t'}, \tilde{x}_{t'})$

　　　　步骤6c. 找到 $\tilde{W}_{t'+1}(\omega)$

　　　　步骤6d. 找到下一个状态 $\tilde{S}_{t'+1} = \tilde{S}^M(\tilde{S}_{t'}, \tilde{x}_{t'}, \tilde{W}_{t'+1})$

　　　步骤5b. 累积贡献 $F_t^{\pi}(x_t, \omega) = C_t(x_t) + \sum_{t'=t+1}^{t+H} C_{t'}(\tilde{x}_{t'}, \omega)$

　步骤7. 找到 $\bar{F}_t^{\pi}(x_t|S_t) = \frac{1}{M}\sum_{i=1}^{M} F_t^{\pi}(x_t, \omega_i)$

　步骤8. 找到 $x_t^* = \arg\max_{x_t}\bar{F}(x_t|S_t)$ 并且返回 x_t^* 以及函数 $\bar{F}_t^{\pi}(x_t|S_t)$

图19.3　前瞻策略的模拟

当然，图19.3中的程序可以用于生成估计：

$$\bar{F}_0(x_0|S_0) \approx \mathbb{E}\{F(x^{\pi,N}, W)|S_0\}$$

可以考虑将 $\bar{F}_0(x_0|S_0)$ 作为采样估计 $\mathbb{E}\{F(x^{\pi,N}, W)|S_0\}$ 用于任何无导数随机搜索算法。因为使用的是模拟器，所以将使用下式(见第7章)给出的离线学习目标：

$$\max_{\pi} \mathbb{E}\{F(x^{\pi,N}, W)|S_0\}$$

这里可以使用4类策略中的任何一类。选择的学习策略应考虑到模拟运行的速度以及从模拟器的某次运行到下次运行的变化性。

19.4.2　评估风险调整策略

令人惊讶的是，评估风险调整策略的常见方法是模拟其 N 次并取平均值。设 $X_t^{RA}(S_t|\theta)$ 是任何风险调整策略：$X_t^{risk}(S_t|\theta)$(式(19.11))、$X_t^{CC}(S_t|\theta)$(式(19.12)~式(19.13))或 $X_t^{RO}(S_t|\theta)$ (式(19.16))。评估这些策略的一种方法是模拟样本路径 ω 以获得：

$$F^{RA}(\omega|\theta) = \sum_{t=0}^{T} C(S_t(\omega), X^{RA}(S_t(\omega)|\theta)) \tag{19.19}$$

进行几次模拟并取平均值：

$$\bar{F}^{RA}(\theta) = \frac{1}{N} \sum_{n=1}^{N} F^{RA}(\omega^n|\theta) \tag{19.20}$$

这意味着，正在使用基于期望的标准指标评估策略，之前将其写作：

$$F^{RA}(\theta) = \mathbb{E}\left\{\sum_{t=0}^{T} C(S_t, X^{RA}(S_t|\theta))|S_0\right\} \tag{19.21}$$

现在，只需要使用标准的随机搜索方法寻找最优 θ 值。

细心的读者可能会提出这样的问题：在策略的前瞻模型中使用一个目标，而在评估策略时使用另一个目标，这样对吗？首先注意到，该领域的顶尖专业人士都是这样做的(请参阅本章末尾的"参考文献注释")。其次，可以认为，风险调整策略与其他任何策略一样。如果频繁执行，则可以评估其随时间推移的表现(这意味着取平均值)，这是非常有意义的。

也就是说，在前瞻模型中使用一个目标，而在评估策略时使用一个与之不同的目标，这二者之间存在逻辑上的不一致。考虑在0时做出一个决策：风险调整策略中的前瞻模型使用一个指标，然后使用不同的方法评估该策略。这样便可以通过简单地切换到基于期望的前瞻模型，立即创建一个更好的策略。

当使用基于采样的方法时，可以简单地使用风险指标评估策略。算子 $\rho^{LA}(h_{[t,t+H]}|\theta)$ 非常通用，原因是几乎任何指标都可以通过模拟的贡献历史和其他统计数据来计算。当使用

机会约束公式时，评估策略时的唯一问题就会出现，原因是我们可能会发现我们正在评估机会约束。这必须通过添加惩罚条款来处理，也就是放弃机会约束，并将这些违规行为转移到目标函数中。

19.4.3 在现场评估策略

在现场评估策略意味着，将使用无导数随机搜索工具，见第7章。此外，这还意味着必须使用由下式给出的优化累积回报的目标：

$$\max_{\pi} \mathbb{E}_{S_0} \mathbb{E}_{W_1,\dots,W_T|S_0} \left\{ \sum_{t=0}^{T} C(S_t, X^{\pi}(S_t)) | S_0 \right\}$$

原因是必须在学习的同时展示表现。由于学习本身就是很缓慢的过程，因此建议采用第7章中的一种前瞻策略(如知识梯度或其变体)，这往往最适合预算有限的学习。

19.4.4 调整直接前瞻策略

前3种近似策略(时域、结果样本和离散化)最为直接，原因是它们属于"越多越好"的类别。更多的时间段(较长的时域)、更多的样本和更精细的离散化程度总是更好。问题在于解决方案质量和计算成本之间的权衡。

为上述每一个建模方案寻找最佳值时往往需要创建图19.4所示的图形，图中显示了性能"肘部"，即增大模型参数(时域、样本、离散化区间)时产生的回报。CPU时间变得不切实际的点完全取决于当时的情况。

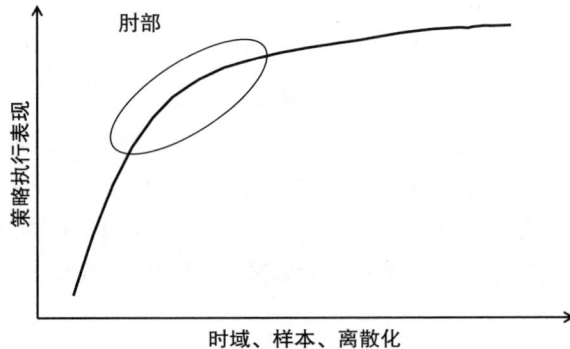

图19.4 性能"肘部"显示了性能随着时域、样本、离散化区间增大而改进

无论搜索的是离散选择(例如不同类别的策略或不同类型的近似架构)，还是连续参数，策略搜索都是随机搜索中的一项练习。最常见的情况是，使用无导数随机搜索工具来处理问题(见第7章)，但可以对连续参数使用精确导数或数值导数，并应用第5章中的方法。无论采用哪种方式，第12章中关于策略搜索的讨论都值得回顾。

19.5　使用DLA的原因

鉴于设计和计算直接前瞻策略的复杂性，自然会问：该策略有什么优点？对于最经典的序贯决策问题之一——库存计划，有必要对比这两类策略。最简单的库存问题是订单即订即达，因此库存公式由下式给出：

$$R_{t+1} = \max\{0, R_t + x_t - \hat{D}_{t+1}\}$$

其中，$\hat{D}_{t+1}$是在t时期至$t+1$时期间到达的需求，在做出订购决策x_t(即将到达)时，它是未知的。这个基本问题的状态变量是$S_t = R_t$。自然策略(事实上，这是已知的针对该问题的最优策略)是一个简单的PFA，称为"补充库存策略"，写作：

$$X^{\pi}(S_t|\theta) = \begin{cases} \theta^{\max} - R_t & \text{若 } R_t < \theta^{\min} \\ 0 & \text{其他} \end{cases} \tag{19.22}$$

其中，设$\theta = (\theta^{\min}, \theta^{\max})$。

在这个简单的库存问题中，由已知的分析函数给出合理的策略。接下来，假设面临的库存问题很容易出现以下一系列变化。

(1) 介绍交付周期，其中在t时下的订单x_t在τ时间段之后到达。事实上，如果在北美订购中国的产品，交货期为100天，不过具体交货期可能在50天的范围内发生变化。

(2) 想象一下，在0时，有一艘满载着中国货物的船，将在10天后到达。

(3) 并不是只有一艘货船在10天内抵达，有3艘船分别在5天、15天和40天内抵达。

(4) 由于太平洋的一场突如其来的风暴，途经风暴区域的船只或许会延误5至10天。换句话说，必须为未来50天内可能遭遇风暴的情况做准备。在这种情况下，船运将延迟。

(5) 可以选择采用10天内抵达的空运来下紧急的订单。

然后提出一个问题：这些变化如何改变决策？

若使用补充库存策略，将很难捕捉这些额外的问题特征，原因是可以控制的唯一参数是向量$\theta = (\theta^{\min}, \theta^{\max})$。这意味着必须让$\theta$成为状态$S_t$的函数，将其写作$\theta(S_t)$。就未来抵达的船只和天气的信息而言，$S_t$的维度会变得非常高(记住，要知晓起始策略其实是多途径补充库存)。即使有了这些信息，也很难设计函数$\theta(S_t)$。

试想：如果使用直接前瞻策略，会发生什么？关于船只抵达和天气的所有信息(包括天气的不确定性以及使用空运发出紧急订单的选项)将在前瞻模型中被捕捉。在模拟未来时，会捕捉到船只到达(此时间表位于状态变量中)、风暴的随机效应(这将在前瞻模型的随机变量$\tilde{W}_{tt'}$中建模)，以及使用空运发出紧急订单的能力(这将是前瞻模型中的一个决策$\tilde{x}_{tt'}$，取决于一些合理的前瞻策略)。当然，必须为当下的每个订购决策x_t运行此模拟，不过要记住的是，所有这些都可以并行完成。

因此，在为使用随机直接前瞻策略付出计算成本的同时，我们收获了一个策略，该策略不仅能够捕捉非常复杂的状态变量S_t的所有维度，还可以帮助我们在未来做出决策。若改变入境船只的时间表，便可立即改变订单决策 x_t。同样，若在前瞻模型中引入未来可能做出的新决策，以帮助应对随机事件，就会改变当下的最优决策 x_t。

换言之，DLA策略会捕捉到高度复杂的状态变量(船只到达时间表)、随机未来事件(如风暴)，以及帮助缓解这些随机事件的选项(如库存紧急订单)。这是一项反应速度非常快的策略，且不必进行复杂的机器学习。

这就是本章的第一部分，其中讨论了DLA策略的一般设置以及克服随机前瞻模型中固有的计算问题的不同策略。接下来将关注确定性前瞻策略的使用，该策略很容易成为解决前瞻问题最普遍的策略类别。然后，继续介绍近似随机前瞻策略的方法。

19.6　确定性前瞻

设计前瞻模型时，应用最广泛的近似方法认为问题是确定性的。这消除了两种期望，意味着不再优化策略，而是像任何确定性模型一样优化决策。因此，将该策略写作：

$$
\begin{aligned}
X_t^{DLA-Det}(S_t) &= \arg\max_{x_t}\left(C(S_t,x_t)+\max_{x_{t+1},\dots,x_{t+H}}\sum_{t'=t+1}^{T}C(S_{t'},x_{t'})\right)\\
&= \arg\max_{x_t,\dots,x_{t+H}}\left(C(S_t,x_t)+\sum_{t'=t+1}^{T}C(S_{t'},x_{t'})\right)\\
&= \arg\max_{x_t,\dots,x_{t+H}}\sum_{t'=t}^{T}C(S_{t'},x_{t'})
\end{aligned}
\tag{19.23}
$$

该策略服从必要的约束。

这是一项策略，无论 x_t 是标量(连续或离散)还是向量。即使 x_t 是一个标量，式(19.23)中的优化问题仍然需要在向量 $x_t,\dots,x_{t+H}$ 上优化。

关于确定性前瞻策略，还需要解决以下几个问题。

谬论1——确定性模型很容易解决。虽然这可能是真的，但也有一些复杂的问题，比如在长时域上优化或许花费非常大。例如，在一周或更长的时域内优化一个由货车或机车组成的车队，这在计算上非常困难。当下的建议是，对于某些问题，随机前瞻模型比确定性前瞻模型更易于求解。

图19.5显示了随着时间的推移，涉及管理机车的运输应用的CPU时间增长。如果将时域增长到4天，这在该设置中并非不合理，那么解决前瞻模型的单个实例的CPU时间将增长到50小时(这项工作在2010年左右是使用Cplex和一台大内存计算机完成的)。

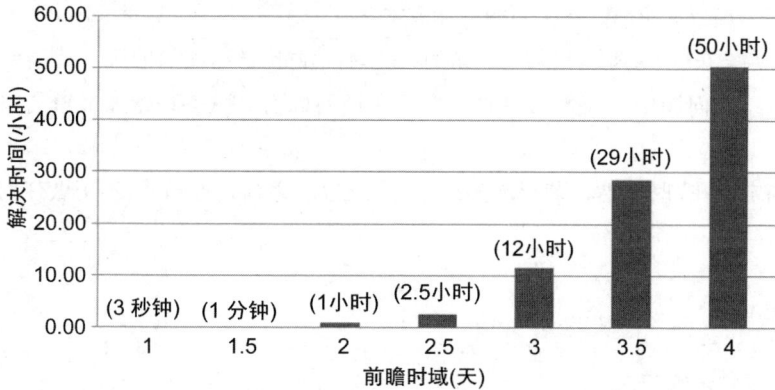

图19.5　在确定性前瞻模型中，随着时域增长，CPU时间增长

谬论2——因为正在获取一个最优解决方案，所以"它"是最优的。这是一个很常见的误解。通常，人们不明白，在一个时域上优化(以确定当下该做什么)是解决问题的策略，而非问题本身，而且近似前瞻模型的最优解决方案也并不是最优策略！例如，使用导航系统规划路径时，在给定网络中每个链路通行时间的点估计情况下，尝试找到最优路径。这可能是一个好策略，但却忽略了链路通行时间的不确定性，所以其实它并不是最优策略。

谬论3——尽管策略可能不是最优的，但却是一个很好的起点。虽然有许多问题是这样的，但这确实是一个谬论。假设在价格随机变化的情况下，要使用确定性前瞻来制定一项资产买卖策略。对未来价格的最佳估计是当前价格，因此未来价格预测是不变的。一个顺应自然的策略是：当价格低于某个点时买入，当价格高于另一个点时卖出。确定性前瞻甚至无法产生这一策略的合理近似。也就是说，确定性前瞻完全有可能是一个很好的起点，正如第13章中演示的那样，当使用确定性前瞻来解决储能问题时，必须调整参数。

我们仍然认为确定性前瞻应该被视为一个可能的起点。但鉴于应用设置的多样性，必须考虑确定性前瞻是否能够为问题捕捉正确的行为。不能盲目地采用确定性前瞻(或任何策略)。

19.6.1　确定性前瞻：最短路径问题

为了理解前瞻策略，不妨来看看在行程时间变化莫测的交通网络中寻找最佳路径的过程。假设正尝试从原点 q 到目的地 r，目前处于中间节点 i (试图到达 r)。导航系统建议从 i 到某个节点 j ——首先找到最短路径 (i, r)，然后使用此路径确定现在要做的事。

为了解决这个问题，需要把它看成一个确定性(但时间相关)动态规划问题。为了简化符号，假设链路 (i, j) 上的每次移动都要花费一定时间。我们只在旅行者处于一个节点时用符号表示之，因为这是唯一有真实决策的时候。想象一下，现在是 t 时，我们从节点 q 前往 r。定义：

c_{tij} = 在t时遍历链路(i,j)的估计成本,

x_{tij} = 在t时规划的(通常在未来的某个时间)遍历链路(i,j)的流

在最短路径问题中,流x_{tij}为1时,表示该链路(i,j)是从q到r距离最短的路径,否则x_{tij}为0。

假设确定能在T时到达,若提前到达,那么在T时之前,在节点r不用做任何事。可以把问题写作:

$$\min_{x_t,\dots,x_T} \sum_{t'=t}^{T} \sum_i \sum_j c_{tij} x_{tij} \tag{19.24}$$

服从流量守恒约束:

$$\sum_j x_{tqj} = 1, \tag{19.25}$$

$$\sum_k x_{t',ki} - \sum_j x_{t'+1,ij} = 0, \quad t' = t,\dots,T-1, \forall i, \tag{19.26}$$

$$\sum_i x_{T-1,ir} = 1 \tag{19.27}$$

优化模型(式(19.24)~式(19.27))是一个前瞻模型,从t时开始优化问题,直到时域T的尽头。约束式(19.25)指定一个流单元必须在t时离开源节点q。约束式(19.26)确保流入每个中间节点的流等于流出流。最后,约束式(19.27)确保在T时节点r中有一个流单元。

最短路径问题总是采用(高度专业化的)确定性动态规划来解决。结合一些细致的软件工程,问题式(19.24)~式(19.27)可以很容易地使用确定性问题的贝尔曼方程来解决,对于$t' = t,\dots,T$和所有节点i,有:

$$V_{t'i} = \min_j \left(c_{t'ij} + V_{t'+1,j} \right) \tag{19.28}$$

线性规划(式(19.24)~式(19.27))和确定性动态规划(式(19.28))都代表确定性前瞻模型。求解线性规划时,使用的只是告知在t时该做什么的决策x_t。同样,使用来自动态规划的以下决策,该决策会告知应该去向哪个节点j。

$$x_t^* = \arg\min_j \left(c_{tqj} + V_{t+1,j} \right)$$

如果$x_{tqj} = 1$,则在$t+1$到达节点j时重新优化,此时成本可能会发生变化。

这个问题很好地说明了一个复杂随机网络问题,其中原始问题的状态变量不仅是出行者的位置,而且是整个网络中每个链路的当前行程时间估计。不用说,这是一个维度非常高的随机优化问题,任何已知的算法都不能获得最优解。通过选择确定性前瞻模型,可以将前瞻模型作为一个动态规划以寻求最优解,但这并不意味着它会成为一个最优策略。

最短路径问题代表了一个熟悉的应用(在使用导航系统时使用它),其中一个确定性前瞻策略似乎提供了有用的指导。倘若所有问题都这么简单就好了,正如19.6.2节所演示的那样。

19.6.2　参数化前瞻策略

设计DLA的最有效策略之一是使用参数化确定性前瞻策略，正如13.3.3节中对随机、时间相关的储能问题所做的那样。鉴于此策略对DLA策略的重要性，这里将简要总结此策略。

当时，正在优化以下连接风电场、电网、电池存储设备的流程，所有这些都用于满足需求。

$\tilde{x}_{tt'}$　=　规划$t'(t' > t)$小时内发电量，规划是在t时形成的，由以下元素组成

$\tilde{x}_{tt'}^{ED}$　=　从可再生能源到需求的能量流

$\tilde{x}_{tt'}^{EB}$　=　从可再生能源到电池的能量流

$\tilde{x}_{tt'}^{GD}$　=　从电网到需求的能量流

$\tilde{x}_{tt'}^{GB}$　=　从电网到电池的能量流

$\tilde{x}_{tt'}^{BD}$　=　从电池到需求的能量流

目标是优化来自风电厂的可用电能E_t，来自电网的电能可按价格p_t购买以满足需求D_t。鉴于需求的时变特性、储存和传输的容量约束以及风能的高度随机性，我们需要对未来进行规划，使用以下符号表示对需求D_t和风电场的能源E_t的预测：

$f_{tt'}^{D}$　=　在t时做需求$D_{t'}$的预测，

$f_{tt'}^{E}$　=　在t时做风能$E_{t'}$的预测

然后，创建一个确定性前瞻策略，并在时域$t, ..., t + H$内对该策略进行优化，如下式所示：

$$X^{DLA}(S_t|\theta) = \arg \max_{x_t, (\tilde{x}_{tt'}, t'=t+1, ..., t+H)} \left(p_t(x_t^{GB} + x_t^{GD}) + \sum_{t'=t+1}^{t+H} \tilde{p}_{tt'}(\tilde{x}_{tt'}^{GB} + \tilde{x}_{tt'}^{GD}) \right) \quad (19.29)$$

上式服从以下约束。首先，对于时间t，有：

$$x_t^{BD} - x_t^{GB} - x_t^{EB} \leq R_t, \quad (19.30)$$

$$\tilde{R}_{t,t+1} - (x_t^{GB} + x_t^{EB} - x_t^{BD}) = R_t, \quad (19.31)$$

$$x_t^{ED} + x_t^{BD} + x_t^{GD} = D_t, \quad (19.32)$$

$$x_t^{EB} + x_t^{ED} \leq E_t, \quad (19.33)$$

$$x_t^{GD}, x_t^{EB}, x_t^{ED}, x_t^{BD} \geq 0 \quad (19.34)$$

然后，对于$t' = t + 1, ..., t + H$，有：

$$\tilde{x}_{tt'}^{BD} - \tilde{x}_{tt'}^{GB} - \tilde{x}_{tt'}^{EB} \leq \tilde{R}_{tt'}, \quad (19.35)$$

$$\tilde{R}_{t,t'+1} - (\tilde{x}_{tt'}^{GB} + \tilde{x}_{tt'}^{EB} - \tilde{x}_{tt'}^{BD}) = \tilde{R}_{tt'}, \quad (19.36)$$

$$\tilde{x}_{tt'}^{ED} + \tilde{x}_{tt'}^{BD} + \tilde{x}_{tt'}^{GD} = \theta_{t'-t}^{D} f_{tt'}^{D}, \quad (19.37)$$

$$\tilde{x}_{tt'}^{EB} + \tilde{x}_{tt'}^{ED} \leq \theta_{t'-t}^{E} f_{tt'}^{E} \quad (19.38)$$

两个关键约束分别是使用预测$f_{tt'}^{D}$的式(19.37)和使用$f_{tt'}^{E}$的式(19.38)。鉴于这些预测的

不确定性，将二者分别乘以系数 $\theta_{t'-t}^D$ 和 $\theta_{t'-t}^E$。这些系数提供了参数化策略 $X^{DLA}(S_t|\theta)$，其中的一个挑战是，这个策略有可能需要调整 θ。接下来，必须通过优化下式来调整 θ。

$$\max_{\theta} F^{\pi}(\theta) = \mathbb{E}\left\{\sum_{t=0}^{T} C(S_t, X^{\pi}(S_t|\theta))|S_0\right\} \tag{19.39}$$

13.3.3 节详细总结了该问题的调整优化过程。该应用提出了在确定性前瞻设置中使用参数化成本函数近似概念的一般策略。我们认为，这一策略实际上已在实践中得到了广泛应用，但应用方式是特殊的。缺少的是调整优化参数的正式过程，这意味着需要解决式 (19.39) 给出的优化问题，不管它是在在线设置还是在离线设置中完成的。

我们强调，没有任何策略是万能的，但经过调整的确定性前瞻代表了一种实用而强大的策略，而这种策略在很大程度上被学术界所忽视。我们注意到，相对于随机前瞻，这种方法的一个主要优点是：可以在一个非常真实的模拟器(或现实世界)中调整 θ，如接下来所描述的那样，从而避免使用随机前瞻需要的近似数组。

与任何参数模型一样，设计参数化是一门艺术，需要对问题的结构以及不确定性如何影响确定性解决方案有所察觉。欢迎回顾第 13 章，以了解参数化确定性模型。

19.7　随机前瞻策略简介

现在将 4 类策略中的每一类作为前瞻策略的备选方案进行回顾。虽然本部分与全书的框架类似，侧重于涵盖所有 4 类策略，但将其视作直接前瞻策略内前瞻策略的备选策略时，重点转向了计算，并不再强调解决方案的质量。

在本书撰写之时，几乎没有文献讨论过次优前瞻策略对 DLA 策略表现的影响。虽然有一些理论研究，但预计该评估始终是问题相关的，并需要在模拟器中测试。

19.7.1　前瞻 PFA

我们的前瞻策略 $X_t^{DLA}(S_t)$ 采用嵌入式前瞻策略 $\tilde{X}_{t'}^{\tilde{\pi}}(\tilde{S}_{tt'})$，由下式给出：

$$X_t^{DLA}(S_t) = \arg\max_{x_t}\left(C(S_t, x_t) + \tilde{E}\left\{\max_{\tilde{\pi} \in \tilde{\Pi}} \tilde{E}\left\{\sum_{t'=t+1}^{T} C(S_{t'}, \tilde{X}_{t'}^{\tilde{\pi}}(\tilde{S}_{tt'}))|\tilde{S}_{t+1}\right\}|S_t, x_t\right\}\right) \tag{19.40}$$

为了分解这一点，假设正在解决库存补充问题，并且前瞻策略 $\tilde{X}_{t'}^{\tilde{\pi}}(\tilde{S}_{tt'})$ 遵循补充库存策略(见式(19.22))，其中当库存 R_t 低于 $\theta^{\min}$ 时，触发订购 $\tilde{X}_{t'}^{\tilde{\pi}}(\tilde{S}_{tt'}|\tilde{\theta}) = (\theta^{\max} - R_t)$。设 $\tilde{\theta} = (\theta^{\min}, \theta^{\max})$ 为可调参数。如果将此作为前瞻策略，用 $\max_{\tilde{\theta}}$ 替换内部 $\max_{\tilde{\pi}}$，有：

$$X_t^{DLA}(S_t) = \arg\max_{x_t}\left(C(S_t, x_t) + \tilde{E}\left\{\max_{\tilde{\theta}} \tilde{E}\left\{\sum_{t'=t+1}^{T} C(S_{t'}, \tilde{X}_{t'}^{\tilde{\pi}}(\tilde{S}_{tt'}|\tilde{\theta}))|\tilde{S}_{t+1}\right\}|S_t, x_t\right\}\right) \tag{19.41}$$

在用这样的方式写出的式子中，可以看到最优的$\tilde{\theta}^*$取决于状态S_{t+1}，正如求解式(19.1)时得到的最优策略$X^*(S_t)$应该写作$X^*(S_t|S_0)$。19.5节已经讨论过创建函数$\theta^*(S_t)$的挑战。要么通过一个通用函数$\theta^*(S_t)$计算$\tilde{\theta} = \theta^*(S_{t+1})$，要么必须为式(19.41)中的每个状态$S_{t+1}$找到最佳$\tilde{\theta}$。说实话，这两种方法都不可行。

一个更现实的选择是，要为DLA策略$X_t^{DLA}(S_t|\theta)$选择一个$\theta = (\theta^{\min}, \theta^{\max})$。现在策略看起来像：

$$X_t^{DLA}(S_t|\theta) = \arg\max_{x_t}\left(C(S_t, x_t) + \tilde{E}\left\{\tilde{E}\left\{ \sum_{t'=t+1}^{T} C(S_{t'}, \tilde{X}_{t'}^{\pi}(\tilde{S}_{tt'}|\hat{\theta}))|\tilde{S}_{t+1}\right\}|S_t, x_t\right\}\right)$$

还需要调整θ，就像要调整策略中的任何参数一样(就像对PFA和CFA所做的那样)，但现在只需要执行一次(离线)，这使得策略更易于计算。

当然，这是用解决方案的质量来换取计算的简单性，但这是DLA策略中优先计算的一个例子，毕竟次优策略并没有那么大的负面影响，并且实际上并没有执行决策。

图19.6说明了式(19.41)中前瞻策略背后的计算。首先必须循环遍历x_t的所有可能值(因此，x_t最好是离散标量)。然后必须使用蒙特卡洛样本对随机变量$\tilde{W}_{t+1}$的期望进行近似。之后，创建一系列样本路径，其中一个样本路径ω是$\tilde{W}_{t+2}, \tilde{W}_{t+3}, \ldots, \tilde{W}_{t+H}$的一系列观察结果。这些样本路径用于模拟剩余时域内的策略。

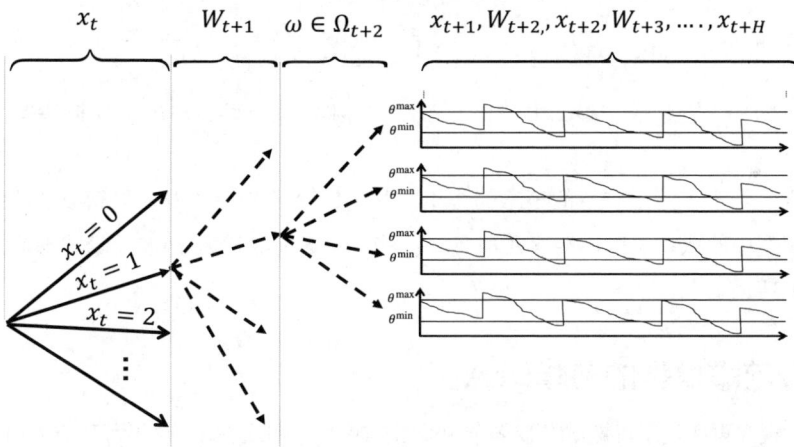

图19.6　前瞻模型中嵌入补充库存策略的直接前瞻库存策略模拟

该前瞻策略的特定解决方案对此应用而言是唯一的。然而，若在前瞻模型中采用更易于计算的策略，就必须同时权衡解决方案的质量，这是一种可以应用于任何问题的通用策略。挑战在于为了确定一种更容易计算且足够好的前瞻策略，要结合艺术和科学。

19.7.2　前瞻CFA

从选择前瞻策略的角度来看，PFA和CFA都是参数化策略，可以采用相同的方法处理。处理CFA时有以下两个主要区别。

- CFA的计算量比PFA更大，因为总是有嵌入的优化(可能像排序一样简单，也可能像整数规划一样复杂)。嵌入DLA中的CFA策略可能需要计算数百或数千次。
- 因为CFA在确定性优化模型中包含了大量的问题结构，所以CFA的最佳参数向量θ的搜索往往比PFA的更简单。

除了这些问题外，评估CFA与评估PFA相同。

19.7.3 前瞻模型的前瞻VFA

若不知道策略的结构，基于VFA的策略往往比PFA更容易近似。另一个好处是，使用VFA时比使用PFA时更容易创建时间相关的策略。也就是说，任何为每个状态$\tilde{S}_{tt'}$求解(即使是近似的)动态规划以确定$\tilde{x}_{tt'}$的策略都是不切实际的。同样，必须认识到，对于适合直接前瞻策略的问题，后向ADP策略(见第15章)将无法捕捉未来的复杂交互。

还有一种方法可以直接开发基于VFA的策略的能力。它包括以下两个步骤。

步骤1：在前瞻模型中使用一次后向近似规划(见第15章)，这意味着受限于近似状态$\tilde{S}_{tt'}$而非基本状态S_t的信息，正如在第15章中所做的那样。由此，在前瞻模型中，可以得到每个时间段$t' = t, t+1, ..., t+H$的价值函数近似$\overline{V}_{tt'}^{x}(\tilde{S}_{tt'})$。

步骤2：使用这些VFA作为以下策略的基础。

$$\tilde{X}_{tt'}^{VFA}(\tilde{S}_{tt'}) = \arg\max_{\tilde{x}_{tt'}} \left(C(\tilde{S}_{tt'}, \tilde{x}_{tt'}) + \overline{V}_{tt'}^{x}(\tilde{S}_{tt'}^{x}) \right)$$

然后在图19.3的算法步骤6a中使用此策略。策略$\tilde{X}_{tt'}^{VFA}(\tilde{S}_{tt'})$被用于模拟决策$x_t$的下游影响。

这种方法结合了基于VFA的策略的作用与基于DLA的策略获得的更高级别的细节，原因是基础模型中的状态S_t内可能存在信息，这些信息在前瞻模型(而非前瞻状态$\tilde{S}_{tt'}$)中作为潜在变量被捕捉。

19.7.4 前瞻模型的前瞻DLA

因此，现在再次使用直接前瞻策略作为前瞻模型中的前瞻策略。这很可能成为用于前瞻策略的计算要求最高的策略。记住，重新审视所有用于构建原始前瞻模型的近似策略。我们预计有两种方法可使前瞻DLA策略在计算上变得可能(否则将没有吸引力)。

- 规划时域——设$\tilde{H}$为前瞻DLA模型中的规划时域。我们期望$\tilde{H} < H$，但这显然是一个可以调整的参数。然而，如果积极缩短时域，或许会得到一个切实可行的策略。例如，假设正在规划无人驾驶电动汽车的调度，这意味着我们拥有这辆车，并且在当下做出调度决策时，需要规划该车未来的活动。我们可能会决定，在做决策之前，先规划当天的调度。然而，DLA中的策略或许会在未来仅对一次调度进行短视优化。
- 确定性前瞻策略——可以在随机模型中为DLA策略使用确定性前瞻。以叫车服务为例，可以对未来的需求进行采样，然后以最优方式解决这个问题，这使得我们可以乐观估计未来状态 $\tilde{S}_{tt'}$ 的价值。

记住，在模拟DLA策略的未来时，必须为我们遇到的每个模拟状态 $\tilde{S}_{tt'}$ 求解这两个策略。即使这些策略被证明过于昂贵，它们也可能成为其他策略的基准。

19.7.5　讨论

很难说哪一个策略对某个特定问题最有效。即使问题同属一个问题类，也可能风格各异，需要不同类型的策略。我们的目标是促使读者始终考虑所有4类策略，并使用所有可用的工具。序贯决策问题的范围很大，我们正在努力地充分使用该领域提供的完整工具箱。

接下来，将考虑两个被广泛研究(和使用)的前瞻策略，它们在学术文献中引起了相当大的关注。这两种策略如下。

- 离散决策的蒙特卡洛树搜索——这种方法在计算机科学中非常流行，这很大程度上源于该方法在游戏中的使用，其中直接前瞻策略特别有用。
- 向量决策的两阶段随机规划——该策略最初于20世纪50年代针对一类特殊问题(决策、查看信息、决策、停止)开发，但主要用作全序贯问题的策略。

第三种策略——鲁棒优化在19.3节作为具有不同目标的前瞻策略的示例介绍过。这在学术文献中也引起了相当大的关注，尽管人们并不清楚它在实践中的应用有多广泛。遗憾的是，引起学术界注意的方法与实际应用的方法之间往往存在很大差距。

19.8　离散决策的蒙特卡洛树搜索

针对每个状态决策数量不太多(但随机结果集可能非常大，甚至大到无限)的问题，可以用启发式策略代替整棵树的显式枚举，以评估其达到某个状态后可能发生的情况。假设正尝试评估是否应选择带我们到状态 $\bar{x}_{tt}$ (决策后状态)的决策，然后随机选择一个结果 $\tilde{W}_{t,t+1}$，使我们处于下一个(决策前)状态 $\tilde{S}_t^x$。若对每个决策 $\bar{x}_{tt}$ 重复此过程，然后为每个下游状态 $\tilde{S}_{t,t+1}$ 之外的每个决策 $\bar{x}_{t,t+1}$ 重复此过程，树在规格上就会激增。

蒙特卡洛树搜索(MCTS)以智能方式提供了一种对树进行采样的方法。鉴于有无限的预算，蒙特卡洛树搜索最终将学习整棵树，但希望产生一个能以合理的计算成本在基本模型中实现的高质量(可能接近最优)的初始决策。作为直接前瞻策略，蒙特卡洛树搜索提供了一个框架，可以在其中借鉴我们介绍的许多其他工具，但本节将提供蒙特卡洛树搜索的基本介绍，它非常适合离散决策集的问题，并且每个状态的决策集并不是很大。

19.8.1　基本思路

在计算机科学中，蒙特卡洛树搜索是一种非常流行的技术(尽管该方法源于运筹学)，主要用于确定性问题。蒙特卡洛树搜索(众所周知)指的是，对节点外的每个决策应用一个简单的测试，然后使用该测试选择一个决策进行探索。这可能导致遍历到一个以前曾访问过的状态，此时只需要重复该过程，也可能会发现到达了一个新状态。我们称之为卷展栏策略(字面意思是迄今为止讨论过的任何策略)，这是一种根据手头问题做出决策的策略。卷展栏策略会给出处于这种新状态的价值估计。如果该状态足够有吸引力，就有必要将其添加到树中。

树中的每个节点(状态)都由以下4个量描述。

(1) 决策前价值函数 $\tilde{V}_{tt'}(\tilde{S}_{tt'})$、决策后价值函数 $\tilde{V}_{tt'}^x(\tilde{S}_{tt'}^x)$，以及处于状态 $\tilde{S}_{tt'}$ 并做出决策 $\tilde{x}_{tt'}$ 所得到的贡献 $C(\tilde{S}_{tt'}, \tilde{x}_{tt'})$。

(2) 访问计数 $N(\tilde{S}_{tt'})$，统计从状态 $\tilde{S}_{tt'}$ 执行卷展栏策略(接下来解释)的次数。

(3) 决策计数 $N(\tilde{S}_{tt'}, \tilde{x}_{tt'})$，计算从状态 $\tilde{S}_{tt'}$ 做决策 $\tilde{x}_{tt'}$ 的次数。

(4) 来自每个状态 s 的决策集 $\mathcal{X}_s$ 以及在决策后状态 $\tilde{S}_{tt'}^x$ 可能发生的随机结果 $\tilde{\Omega}_{t,t'+1}(\tilde{S}_{tt'}^x)$。

19.8.2　蒙特卡洛树搜索的步骤

蒙特卡洛树搜索分4个步骤进行，如图19.7所示，蒙特卡洛树搜索的详细步骤将在一系列程序中进行描述。注意，和以前一样，设 $\tilde{S}_{tt'}$ 是决策前状态，即决策之前的节点。确定性函数 $S^{M,x}(\tilde{S}_{tt'}, \tilde{x}_{tt'})$ 将我们带至决策后状态 $\tilde{S}_{tt'}^x$，之后，外生信息的蒙特卡洛样本将带我们进入下一个决策前状态 $\tilde{S}_{t,t'+1}$。

(1) 选择——选择阶段有两个步骤。第一个(也是最困难的)步骤需要选择一个决策，而第二个步骤则需要对任何随机信息进行蒙特卡洛采样。

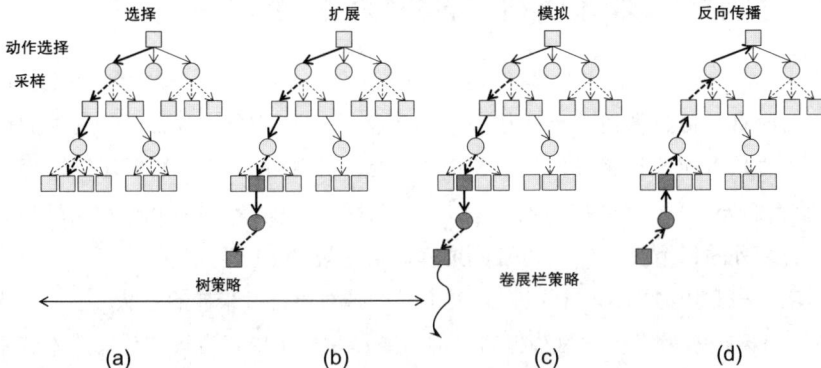

图19.7　蒙特卡洛树搜索示意图(从左到右)：选择、扩展、模拟和反向传播

- 选择决策——任何节点(已经生成)的第一步都是选择决策(见图19.7(a)和图19.8中的算法)。选择决策使用的最普遍策略是使用一种适用于树的上置信边界(参见7.5节中介绍的UCB策略)，因此它被称为树的上置信边界(UCT)。可以简单地选择看起来最好的决策，但如果回避那些看起来不具吸引力的决策，则可能会陷入一个解决方案之中。由于我们的估算只是近似，因此必须认识到，没有对其进行足够的探索(经典的探索—利用权衡)。在此设置中，UCT策略由下式给出：

$$X_{tt'}^{UCT}(\tilde{S}_{tt'}|\theta^{UCT}) = \arg\max_{\tilde{x}\in\tilde{\mathcal{X}}_{tt'}}\left((C(\tilde{S}_{tt'},\tilde{x}) + \tilde{V}_{tt'}^x(\tilde{S}_{tt'}^x)) + \theta^{UCT}\sqrt{\frac{\ln N(\tilde{S}_{tt'})}{N(\tilde{S}_{tt'},\tilde{x}_{tt'})}}\right)$$

参数 θ^{UCT} 必须调整，正如任何策略都要调整一样。与UCB策略一样，平方根项旨在鼓励探索，为尚未经常探索的决策提供回报。UCT策略的一个很好的特点是，它们易于计算，这在需要快速评估许多决策的蒙特卡洛树搜索设置中很重要。

- 结果采样——假设可以简单地对任何随机信息进行蒙特卡洛采样(见10.4节)。在某些情况下，简单的蒙特卡洛采样不是很有效。例如，当随机结果可能成功也可能失败时，其中一个或另一个占主导地位。

函数 $MCTS(S_t)$

步骤0. 创建根节点 $\tilde{S}_{tt} = S_t$；设迭代计数器 $n = 0$

步骤1. 当 $n < n^{thr}$ 时

　　步骤1.1 $\tilde{S}_{tt'} \leftarrow TreePolicy(\tilde{S}_{tt})$

　　步骤1.2 $\tilde{V}_{tt'}(\tilde{S}_{tt'}) \leftarrow SimPolicy(\tilde{S}_{tt'})$

　　步骤1.3 $Backup(\tilde{S}_{tt'}, \tilde{V}_{tt'}(\tilde{S}_{tt'}))$

　　步骤1.4 $n \leftarrow n+1$

步骤2. $\tilde{x}_t^* = \arg\max_{\tilde{x}_{tt}\in\tilde{\mathcal{X}}_{tt}(\tilde{S}_{tt})}\tilde{C}(\tilde{S}_{tt},\tilde{x}_{tt}) + \tilde{V}_{tt}^x(\tilde{S}_{tt}^x)$

步骤3. 返回 x_t^*

图19.8　MCTS算法采样

(2) 扩展——如果刚刚选择的决策曾在之前选择过，即可进入下一个决策后状态(图19.7(b)中连接方形节点和圆形节点的实线)，这时对另一个随机结果进行采样，从而进入新的决策前状态(参见图19.9中的算法)。但是，如果以前没有选择过这个决策，就首先将与决策相关的链路添加到决策后状态节点来扩展树，然后通过蒙特卡洛样本将我们带到随后的决策前状态。此时，必须面对这样一个事实：无法估计处于这种状态的价值(这是UCT策略所需要的)。为了克服这一点，我们称之为模拟策略，它就是一种卷展栏策略(下一步将讨论)。

(3) 模拟——模拟步骤假设可以访问一些易于执行的策略，快速合理地估计处于某一状态的价值(见图19.7(c)和图19.10中的算法)。当然，这取决于问题。一些策略列举如下。

- 短视策略，这其实是贪婪地做出选择。有些问题是短视的策略，这些策略初始估计是合理的(当然它们是次优的)。然而，这种贪婪的策略可能非常糟糕(始终选择节点中最短的链路来找到网络中的最短路径)。
- 合理估计参数的参数化策略。可能有这样一个规则：若某项资产的价格上涨了一定的比例，就出售该资产。这样的规则并不理想，但却合理。
- 后界。对未来的所有信息进行采样，然后假设未来的信息会成为现实，并做出最优决策。

函数 $TreePolicy(\tilde{S}_{tt})$

步骤0. $t' \leftarrow t$

步骤1. while $\tilde{S}_{tt'}$还不是终点，**do**

步骤2. if $|\tilde{A}_{tt'}(\tilde{S}_{tt'})| < d^{thr}$，**do**(将决策扩展到决策前状态)

步骤2.1 通过基于决策 $\tilde{C}(\tilde{S}_{tt'}, \tilde{x}_{tt'})$ 的贡献进行优化来选择决策 $\tilde{x}_{tt'}^*$，然后将蒙特卡洛样本带到下一个决策前状态 $\tilde{S}_{t,t'+1}$，最后使用卷展栏策略来近似处于状态 $\tilde{S}_{t,t'+1}$ 的价值

步骤2.2 $\tilde{S}_{tt'}^x = S^M(\tilde{S}_{tt'}, \tilde{x}_{tt'}^*)$(扩展步骤)

步骤2.3 $\tilde{\mathcal{X}}_{tt'}(\tilde{S}_{tt'}) \leftarrow \tilde{\mathcal{X}}_{tt'}(\tilde{S}_{tt'}) \bigcup \{\tilde{x}_{tt'}^*\}$

步骤2.4 $\tilde{\mathcal{X}}_{tt'}^u(\tilde{S}_{tt'}) \leftarrow \tilde{\mathcal{X}}_{tt'}^u(\tilde{S}_{tt'}) - \{\tilde{x}_{tt'}^*\}$

else 步骤2.5

$$\tilde{x}_{tt'}^* = \arg\max_{\tilde{x}_{tt'} \in \tilde{\mathcal{X}}_{tt'}(\tilde{S}_{tt'})} \left((\tilde{C}(\tilde{S}_{tt'}, \tilde{x}_{tt'}) + \tilde{V}_{tt'}^x(\tilde{S}_{tt'}^x)) + \theta^{UCT}\sqrt{\frac{\ln N(\tilde{S}_{tt'})}{N(\tilde{S}_{tt'}, \tilde{x}_{tt'})}} \right)$$

步骤2.6 $\tilde{S}_{tt'}^x = S^M(\tilde{S}_{tt'}, \tilde{x}_{tt'}^*)$

end if

步骤3 if $|\tilde{\Omega}_{t,t'+1}(\tilde{S}_{tt'}^x)| < e^{thr}$ **do**(将外部结果扩展到决策后状态)

步骤3.1 选择外生事件 $\hat{W}_{t,t'+1}$

步骤3.2 $\tilde{S}_{t,t'+1} = S^{M,x}(\tilde{S}_{tt'}^x, \hat{W}_{t,t'+1})$(扩展步骤)

步骤3.3 $\tilde{\Omega}_{t,t'+1}(\tilde{S}_{tt'}^x) \leftarrow \tilde{\Omega}_{t,t'+1}(\tilde{S}_{tt'}^x) \bigcup \{\hat{W}_{t,t'+1}\}$

步骤3.4 $\tilde{\Omega}_{t,t'+1}^u(\tilde{S}_{tt'}^x) \leftarrow \tilde{\Omega}_{t,t'+1}^u(\tilde{S}_{tt'}^x) - \{\hat{W}_{t,t'+1}\}$

步骤3.5 $t' \leftarrow t' + 1$

返回 $\tilde{S}_{tt'}$(停止执行**while**循环)

else 步骤3.6 选择外生事件 $\hat{W}_{t,t'+1}$

步骤3.7 $\tilde{S}_{t,t'+1} = S^{M,x}(\tilde{S}_{tt'}^x, \hat{W}_{t,t'+1})$

步骤3.8 $t' \leftarrow t' + 1$

end if

end while

图19.9 树策略

(4) 反向传播——在采用卷展栏策略进行前向模拟并获得处于新生成状态的初始估计后，立即回溯并获取通往新生成状态的路径上每个状态价值的更新估计(参见图19.7(d)和图19.11中的算法)。

图19.12显示了由MCTS算法生成的树，它说明了MCTS探索树的不同程度。MCTS正在增加价值的一个迹象是，相比树的其他部分而言，树的狭窄部分的探测深度要深得多。如果树相当匀称，就意味着MCTS不是在修剪决策，而是基本上在枚举树。当然，真正的

问题是，生成的树作为解决基本模型的策略的效果如何。

函数 $SimPolicy(\tilde{S}_{tt'})$

步骤0. 选择样本路径 $\tilde{\omega} \in \tilde{\Omega}_{tt'}$

步骤1. while $\tilde{S}_{tt'}$ 属于非终结点

  步骤2.1 选择 $\tilde{x}_{tt'} \leftarrow \pi(\tilde{S}_{tt'})$，其中 π 是卷展栏策略

  步骤2.2 $\tilde{S}_{t,t'+1} \leftarrow S^M(\tilde{S}_{tt'}, \tilde{x}_{tt'}(\tilde{\omega}))$

  步骤2.3 $t' \leftarrow t' + 1$

end while

return $\bar{V}_{tt'}(\tilde{S}_{tt'})$ ($\tilde{S}_{tt'}$ 的价值函数)

图19.10 模拟策略的函数

函数 $Backup(\tilde{S}_{tt'}, \bar{V}_{tt'}(\tilde{S}_{tt'}))$

while $\tilde{S}_{tt'}$ 非空时 **do**

  步骤1.1 $N(\tilde{S}_{tt'}) \leftarrow N(\tilde{S}_{tt'}) + 1$

  步骤1.2 $t^* \leftarrow t'-1$

  步骤1.3 $N(\tilde{S}_{t,t^*-1}, \tilde{x}_{t,t^*-1}) \leftarrow N(\tilde{S}_{t,t^*-1}, \tilde{x}_{t,t^*-1}) + 1$

  $\bar{V}^x_{t,t^*-1}(\tilde{S}^x_{t,t^*-1}) \leftarrow \frac{1}{\sum_{\tilde{\omega}_{t,t^*+1} \in \tilde{\Omega}_{t,t^*+1}(S^x_{tt^*})} p(\tilde{\omega}_{t,t^*+1})}$

  步骤1.4 $E_g[p(\tilde{W}_{t,t^*+1})/g(\tilde{W}_{t,t^*+1}) \bar{V}_{tt^*}(S^{M,x}(\tilde{S}^x_{tt^*}, \tilde{W}_{t,t^*+1}))]$

  步骤1.5 $\tilde{S}_{tt^*} \leftarrow \tilde{S}^x_{tt^*}$ 的前身

  步骤1.6 $\Delta \leftarrow \tilde{C}(\tilde{S}_{tt^*}, \tilde{x}_{tt^*}) + \bar{V}^x_{tt^*}(\tilde{S}^x_{tt^*})$

  步骤1.7 $\bar{V}_{tt^*}(\tilde{S}_{tt^*}) \leftarrow \bar{V}_{tt^*}(\tilde{S}_{tt^*}) + \frac{\Delta - \bar{V}_{tt^*}(\tilde{S}_{tt^*})}{N(\tilde{S}_{tt^*})}$

  步骤1.8 $t' \leftarrow t^*$

end while

图19.11 备份更新树中每个决策节点的价值的过程

19.8.3 讨论

MCTS是一个真正的混合体——它是使用UCB策略(这是CFA的一种形式，参见7.5节)、卷展栏策略(通常是PFA或CFA)和VFA的DLA。或许最大的不足在于用于获取节点价值的初始估计的卷展栏策略。由于无法保证卷展栏策略的质量，因此初始估计会低估真值(平均值)。

MCTS已被证明是渐近最优的。换言之，若给定无限的搜索预算，MCTS最终将从每个状态(并枚举所有状态)中无限频繁地对每个决策进行采样。原因是UCT的策略由下式给出：

$$X^{UCT}_{tt'}(\tilde{S}_{tt'}|\theta^{UCT}) = \arg\max_{\tilde{x} \in \tilde{\mathcal{X}}_{tt'}}\left((C(\tilde{S}_{tt'}, \tilde{x}) + \bar{V}^x_{tt'}(\tilde{S}^x_{tt'})) + \theta^{UCT}\sqrt{\frac{\ln N(\tilde{S}_{tt'})}{N(\tilde{S}_{tt'}, \tilde{x}_{tt'})}} \right)$$

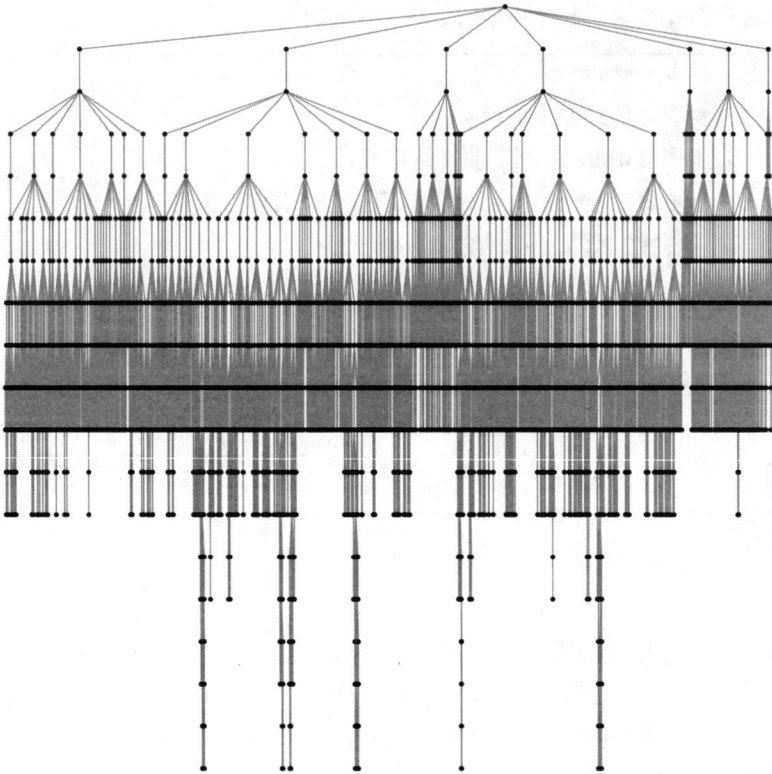

图19.12　蒙特卡洛树搜索生成的树示例，说明了MCTS算法生成的可变深度

关键是项

$$\sqrt{\frac{\ln N(\tilde{S}_{tt'})}{N(\tilde{S}_{tt'}, \tilde{x}_{tt'})}}$$

其中，$N(\tilde{S}_{tt'})$ 是访问状态 $\tilde{S}_{tt'}$ 的次数，而 $N(\tilde{S}_{tt'}, \tilde{x}_{tt'})$ 是访问 $\tilde{S}_{tt'}$ 状态并选择决策 $\tilde{x}_{tt'}$ 的次数。当继续搜索这棵树时，这个项会趋向无穷。若不尝试决策 $\tilde{x}_{tt'}$，那么分子增长，而分母保持不变。若从未尝试过这个决策 $\tilde{x}_{tt'}$，那么分母为零，这会迫使我们在从未尝试过的决策 $\tilde{x}_{tt'}$ 中进行选择，直到所有决策都至少尝试过一次(这会迫使探索所有下游状态)。

简言之，这个"不确定性回报"术语(它通常被认为是"老虎机"领域中的逻辑起源)是迫使我们最终尝试一切的秘密。这意味着，即使卷展栏策略很难估计 $\tilde{V}_{tt'}^x(\tilde{S}_{tt'}^x)$ 的值，我们仍然会尝试每一个决策 $\tilde{x}_{tt'}$，这最终会迫使我们访问每一个状态 $\tilde{S}_{tt'}$。

须谨慎对待渐近收敛证明(包括5.10节中的证明)。我们从未把算法运行到极限，这意味着我们关心的是，在计算预算内，其效果如何。MCTS也不例外。在实践中，它的效果取决于计算预算，而计算预算取决于诸如前瞻策略之类的选择，以及编码的细节。例如，有很多机会使用并行计算(可能会同时探索数百个决策)，并行计算会影响在预算内探索树的深度(以及深入程度)。

19.8.4　乐观蒙特卡洛树搜索

MCTS的一个变体称为乐观MCTS，它只需要一个小修改即可工作。我们在时域结束之前，都没有模拟从节点 $\tilde{S}_{t,t''}$ 开始的卷展栏策略，而只是生成外生信息 $\tilde{W}_{t,t''},\tilde{W}_{t,t''+1},\ldots,\tilde{W}_{t,t+H}$ 的样本路径。然后，假设我们知道整个样本路径，想要获得从节点 $\tilde{S}_{t,t''}$ 开始的做出决策 $\tilde{x}_{t,t''},\tilde{x}_{t,t''+1},\ldots,\tilde{x}_{t,t+H}$ 的确定性优化问题的最优解。最后，计算此路径上的贡献，并使用它来初始化节点 $\tilde{S}_{t,t''}$ 的价值。

通过对整个样本路径进行优化，可以做出"预测"未来的决策。这将产生对节点 $\tilde{S}_{t,t''}$ 价值的乐观估计，而非传统MCTS的悲观估计。这是一个很棒的结果，因为它允许我们证明渐近最优性，而不必访问每个状态，甚至测试每个决策。对于有大量决策的问题，这是一个重要的特性，但它是有代价的。基于样本路径解决确定性优化问题的花费相当高昂。

有两种方法可以运行乐观的MCTS。花费最低的是前面概述的逻辑，其中会对整个样本路径进行优化，使用其他情况不可用的信息，这被称为信息松弛。另一种更高级的算法使用惩罚，试图强制要求 $\tilde{x}_{t,t''}$ 独立于在 t'' 时之后到达的信息。不用说，这个想法很难实现。

图19.13将以下策略的改进作为每个节点决策数量的函数：

(a) 乐观MCTS，其中增加惩罚以鼓励不反映未来事件(即 $\tilde{w}_{t,t''+1}$ 和之后)的决策 $\tilde{x}_{t,t''}$。

(b) 无信息松弛惩罚的乐观MCTS。

(c) 经典的"悲观"MCTS。

图19.13(a)的信息惩罚计算涉及超出本书范围的高级方法，但比较这3种策略有助于理解MCTS以及我们当前描述的两阶段随机规划。

结果表明，当每个节点的决策数超过30个时，带信息松弛惩罚的乐观MCTS的表现明显优于悲观MCTS。无信息松弛惩罚的乐观MCTS也优于悲观MCTS，不过差异不大。这张图没有显示计算成本的差异。乐观MCTS，即使无信息松弛惩罚，在计算上的耗费也比悲观MCTS要大。带信息松弛惩罚的计算负担更大。然而，这个问题必须在现代计算环境中解决，因为现代计算环境可能存在大规模并行。

这是一个需要更多研究的领域。众所周知，MCTS仅限于每个节点的决策数量"不太大"的问题，但若运用对未来价值的乐观估计，可能会扩大问题的规模(即决策数量)。

例如基于来自(模拟)未来的信息 $\tilde{x}_{t,t''}$ 做出决策的理念也可用于其他方法，正如接下来将在两阶段随机优化中看到的那样。图19.13初步展示了在前瞻策略中使用信息松弛的效果。

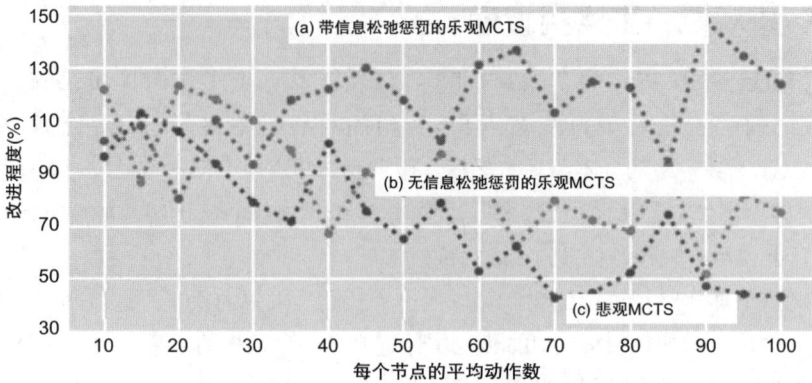

图19.13　(a) 带信息松弛惩罚的乐观MCTS的表现；(b) 无信息松弛惩罚的乐观MCTS的表现；
(c) 悲观MCTS的表现

19.9　向量决策的两阶段随机规划*

确定性线性规划诞生后，研究人员很快意识到许多应用中都存在不确定性，于是又致力于将不确定性纳入线性规划，这是由George Dantzig发起的，他发明了单纯形法，从而开启了数学规划革命。

毋庸置疑，将不确定性引入数学规划，开启了当今学术界面临的建模和计算问题的潘多拉盒子。几十年来，学界关注的是所谓的两阶段随机规划问题，包括"做出决策，查看信息，再做另一个决策"。两阶段随机规划公式仍然是近似全序贯问题的基本工具。我们介绍了基本的两阶段随机规划问题，然后展示了如何使用它为我们前面介绍的完全序贯库存问题建立前瞻策略。最后，展示了如何将其用作全序贯问题的近似前瞻模型。

历史上这样记载着：伴随着Richard Bellman对马尔可夫决策过程领域发展的推动，随机规划领域于20世纪50年代横空出世。随机规划侧重于向量值决策和处理离散决策的马尔可夫决策过程。这些并驾齐驱的领域有着明显不同的符号系统、建模框架以及各自倚重的理论与计算。

19.9.1　基本两阶段随机规划

18.6节介绍了所谓的两阶段随机规划，该规划做出了初始决策x_0(例如仓库位置)，之后便可以看到信息$W_1 = W_1(\omega)$(这可能是对产品的需求)，然后基于这些信息做出第二组决策$x_1(\omega)$(决策x_1称为追索权变量)。

正如在18.6节中所做的那样，该两阶段随机规划问题可以被写作：

$$\max_{x_0} \left(c_0 x_0 + \mathbb{E}V_1(x_0, W_1)\right) \tag{19.42}$$

满足以下约束条件：

$$A_0 x_0 = b_0, \tag{19.43}$$

$$x_0 \geq 0 \tag{19.44}$$

(决定仓库库存的)最初决策 x_0 影响信息(需求)已知后所做的决策，产生如下的第二阶段问题：

$$V_1(x_0, \omega) = \max_{x_1(\omega)} c_1(\omega) x_1(\omega) \tag{19.45}$$

对于所有的 $\omega \in \Omega$，满足以下约束条件：

$$A_1 x_1(\omega) \leq B_1 x_0, \tag{19.46}$$

$$B_1 x_1(\omega) \leq D_1(\omega), \tag{19.47}$$

$$x_1(\omega) \geq 0 \tag{19.48}$$

注意，我们用 x_0 为第二个状态编写了价值函数 $V_1(x_0, W_1)$，尽管 x_0 不是合适的状态变量。例如，可以写作：

$$R_1 = B_1 x_0$$

然后将第一阶段目标写作：

$$\max_{x_0} \left(c_0 x_0 + \mathbb{E} V_1(R_1, W_1) \right)$$

事实上，在许多应用中，R_1 的维数比 x_0 低(很多)。例如，R_1 可能是一个库存向量，其中 R_{1i} 是 i 处的库存总量，而 x_0 是带有元素 x_{0ij} 的高维向量。前面展示的版本演示了这个领域的标准惯例。

如果 Ω 代表所有潜在结果，那么实际上无法计算该模型，因此必须使用4.3节中首次介绍的采样模型的理念。我们注意到，即使 Ω 经过精心设计且"不太大"，但是两阶段问题仍然很难解决(若决策向量足够大)。

以下几种计算策略用于解决式(19.42)~式(19.48)所示问题：

"确定性等效"方法——当公式使用观察的采样集合 Ω 时，式(19.42)~式(19.48)所示问题基本上是单一的(潜在的大型)确定性线性规划，一些人将此问题称为"确定性等效"。现代求解器可以通过最少的训练，处理具有数十万个变量的问题(专家已经处理过具有数百万个变量的难题)。

松弛——如果用 $x_0(\omega)$ 替换 x_0，则意味着允许 x_0 预见未来。可以用一个看起来像下式的非预期约束来解决这个问题：

$$x_0(\omega) = x_0, \text{对于所有 } \omega \in \hat{\Omega} \tag{19.49}$$

这个公式允许通过设计算法来放松该约束，允许用惩罚式(19.49)中偏差的逻辑来解决 $|\Omega|$ 不相关的问题。这种方法被称为逐步对冲，它使得逼近两阶段随机规划变得可能，否则规划太大。

Benders分解法——18.6节介绍了使用Benders分解法的理念，其中函数$\mathbb{E}V_1(x_0, W_1)$被一系列切割替换。这实际上是一种近似动态规划的形式，详见第18章。

下面讲解如何使用这个两阶段模型作为完全序贯问题的策略。

19.9.2　序贯问题的两阶段近似

虽然存在真正的两阶段随机规划问题，但本书中也研究过大量的全序贯问题，这些问题涉及存在不确定性的向量值决策。一种广泛使用的策略是：通过将这些问题近似为两阶段问题来解决它们，在t时需要做出一个用x_t表示的决策，然后假设可以观察剩余时域$(t+1, t+H)$的所有未来信息。待这些信息公开后，做出所有剩余的决策$\tilde{x}_{tt'}$，其中，$t' = t+1, \ldots, t+H$，表示决策问题的第二阶段。

下面使用13.3.3节中首次讨论的储能问题来说明这些理念，在此例中，从电网(以随机价格)、风电场(随机供应)中提取能量，以满足与时间相关的负荷，并使用储存设备对不同来源的可变性进行平滑处理。本节不再重温模型，而只是重述几个变量的定义。状态变量定义如下：

$$D_t \ = t\text{小时内的电力需求("负荷")}$$

$$E_t \ = t\text{小时内可再生能源(风能/太阳能)产生的电能}$$

$$R_t \ = t\text{时电池中储存的电量}$$

$$u_t \ = \text{对}t\text{时可传输的电量的限制(这是预先知道的)}$$

$$p_t \ = \text{对}t\text{时从电网中获取的电能的支付价格}$$

决策变量由以下公式给出：

$$x_t^{ED} \ = \text{从风到需求的能量流}$$

$$x_t^{EB} \ = \text{从风到电池的能量流}$$

$$x_t^{GD} \ = \text{从电网到需求的能量流}$$

$$x_t^{GB} \ = \text{从电网到电池的能量流}$$

$$x_t^{BD} \ = \text{从电池到需求的能量流}$$

设x_t是所有5个能量流的向量，设$\tilde{x}_{tt}, \ldots, \tilde{x}_{t,t+H}$是规划时域内的向量集。正如在13.3.3节中所做的那样，希望在不再使用需求$D_{t'}$以及风能或太阳能$E_{t'}$的时域上进行规划。相反，希望对于$t' > t$，建立$D_{t'}$、$E_{t'}$和$p_{t'}$的不确定性模型。

首先，创建一个M采样路径的集合，称之为$\tilde{\Omega}_t$(由t索引，原因是它在t时生成)，其中每个$\tilde{\omega}_t \in \tilde{\Omega}_t$表示随机变量$W_{t+1}, W_{t+2}, \ldots, W_{t+H}$的一个完整序列。给定$\tilde{\omega}_t \in \tilde{\Omega}_t$(也就是说，给定未来剩余时间)，对于$t' = t+1, t+2, \ldots, t+H$，我们用相同的结果$\tilde{\omega}_t$索引所有未来决策，给出向量$\tilde{x}_{tt'}(\tilde{\omega}_t)$。结果$\tilde{\omega}_t$在随机规划语言中称为场景(scenario[①])。

---

① 译者注：在规划领域中，scenario通常被译作"场景"或"情景"，本书中统一译作"场景"。

接下来，为每个采样路径$\tilde{\omega}_t$做决策$\tilde{x}_{t,t+1}(\tilde{\omega}_t), \tilde{x}_{t,t+2}(\tilde{\omega}_t), \ldots, \tilde{x}_{t,t+H}(\tilde{\omega}_t)$。因为$\tilde{\omega}_t$索引整个样本路径，所以每个$\tilde{x}_{tt'}(\tilde{\omega}_t)$都被允许"预测"整个未来。然而，只允许未来的决策$\tilde{x}_{tt'}$(即$t' > t$)这样做。我们将执行的当前决策$\tilde{x}_{tt}$并没有用$\tilde{\omega}_t$索引。

当下有以下变量集。

- 由(tt)索引的变量(即现在已知或确定的)，包括：
  - 参数或数量，包括成本和约束。
  - 当下将实施的决策$\tilde{x}_{tt}$。
- 使用$(tt')(t' > t)$索引的变量，其中包括：
  - 目前未知的未来的参数或数量。
  - 计划用于帮助制定$\tilde{x}_{tt}$的决策$\tilde{x}_{tt'}$，但不会实施。

有两种建模$\tilde{x}_{tt}$的方法。第一种方法是将其视为必须立即确定的单个向量。第二种方法是允许其被$\tilde{\omega}_t$索引，创建一个变量$\tilde{x}_{tt}(\tilde{\omega}_t)$集合，每个变量都能看到整个样本路径(这意味着其可以看到未来)。这就提出了一个问题：应该实施哪一个？我们只需要执行一个决策，通过施加以下约束来实现：

$$\tilde{x}_{tt}(\tilde{\omega}_t) = x_t \tag{19.50}$$

在关于随机规划的文献中，式(19.50)称为非预期约束，详见第2章(见式(2.25))。读者应该问的第一个问题是：为什么还要使用符号$x_{tt}(\omega)$？原因在于计算。假设将t时的决策写作$x_{tt}(\omega)$，暂时忽略式(19.50)。在这种情况下，问题会被分解为一系列问题，每个问题对应一个$\tilde{\omega}_t \in \tilde{\Omega}_t$。这些问题比同时处理所有不同场景的单个问题小得多，但这意味着可以在t时得到不同的答案$\tilde{x}_{tt}(\tilde{\omega}_t)$，这便是一个问题。然而，有一些算法策略可以利用这个问题结构。

可以将第一阶段决策建模为$\tilde{x}_{tt}(\tilde{\omega}_t)$并施加非预期约束式(19.50)，或者可以简单地使用x_t，并且让所有未来的决策"$\tilde{x}_{tt'}(\tilde{\omega}_t), \ t' > t$"取决于场景。如果使用后一个公式(这个公式编写起来更简单，但可能更难求解)，则可以在t时编写如下策略：

$$X_t^{SP}(S_t|\theta) = \arg\min_{x_t} \Bigg(p_t(x_t^{GB} + x_t^{GD}) +$$

$$\min_{(\tilde{x}_{tt'}(\tilde{\omega}_t))_{t'=t+1}^{t+H}, \, \tilde{\omega}_t \in \tilde{\Omega}_t} \sum_{\tilde{\omega}_t \in \tilde{\Omega}_t} P(\tilde{\omega}_t) \sum_{t'=t+1}^{t+H} \left(\tilde{p}_{tt'}(\tilde{\omega}_t)(\tilde{x}_{tt'}^{GB}(\tilde{\omega}_t) + \tilde{x}_{tt'}^{GD}(\tilde{\omega}_t)) - \theta^{pen} \tilde{x}_{tt'}^{slack}(\tilde{\omega}_t) \right) \Bigg) \tag{19.51}$$

该策略服从约束：

$$\tilde{R}_{t'+1}(\tilde{\omega}_t) - (\tilde{x}_{tt'}^{GB}(\tilde{\omega}_t) + \tilde{x}_{tt'}^{EB}(\tilde{\omega}_t) - \tilde{x}_{tt'}^{BD}(\tilde{\omega}_t)) = \tilde{R}_{t'}(\tilde{\omega}_t) \tag{19.52}$$

$$\tilde{x}_{tt'}^{ED}(\tilde{\omega}_t) + \tilde{x}_{tt'}^{EB}(\tilde{\omega}_t) \leq \tilde{h}_{t'}(\tilde{\omega}_t), \tag{19.53}$$

$$\tilde{x}_{tt'}^{BD}(\tilde{\omega}_t) + \tilde{x}_{tt'}^{GD}(\tilde{\omega}_t) + \tilde{x}_{tt'}^{ED}(\tilde{\omega}_t) + \tilde{x}_{tt'}^{slack}(\tilde{\omega}_t) = \tilde{D}_{t'}(\tilde{\omega}_t), \tag{19.54}$$

$$\tilde{x}_{tt'}^{GB}(\tilde{\omega}_t), \tilde{x}_{tt'}^{EB}(\tilde{\omega}_t), \tilde{x}_{tt'}^{BD}(\tilde{\omega}_t), \tilde{x}_{tt'}^{ED}(\tilde{\omega}_t), \tilde{x}_{tt'}^{slack}(\tilde{\omega}_t) \geq 0 \tag{19.55}$$

式(19.52)指的是电池的流量守恒约束，而式(19.53)约束了风电场或太阳能发电场的可用功率。式(19.54)约束了可以向客户交付的数量，其中 $\tilde{x}_{tt'}^{slack}$ 是捕捉需求未得到满足程度的松弛变量，这会在目标函数中带来惩罚 θ^{pen}。

这个公式让我们能够在 t 时做出决策，同时对未来时间段的随机可变性进行建模。在随机规划领域中，结果 $\tilde{\omega}_t$ 通常称为场景。如果对20个场景进行建模，那么优化问题会增大20倍，因此未来引入的不确定性会带来巨大的计算成本。然而，这种公式能让我们了解到未来结果的可变性，这明显比简单预测更具优势。此外，虽然问题肯定要大得多，但可以使用19.9.1节中描述的3种算法策略之一来处理它。

尽管两阶段近似比完整的多级模型小得多，但是，即使是两阶段近似，也很有挑战性。问题在于，在许多应用中，即使是确定性前瞻模型，也很难解决。幸运的是，随着计算机的速度和支持优化求解器并行化的能力的提高，在过去几年中，用于线性、整数和凸性优化问题的现代求解器得到了显著改进。

19.9.3   讨论

随机规划领域几乎普遍认为，两阶段前瞻策略是他们正在解决的"问题"。记住，在许多应用(通常带整数变量)中，两阶段随机规划的求解非常困难。研究团队有时要花费数年才能开发出这些模型。但忽略了这样一个事实：式(19.51)~式(19.55)定义的问题实际上是一种解决基本模型的策略(如式(19.1)中给定的)。与所有近似前瞻模型一样(该模型中有许多近似)，近似前瞻模型的最优解从来都不是最优策略。

两阶段随机规划的大多数用户都将关注使用场景样本的近似值。令人惊讶的是，我们往往会忽略两阶段近似的误差，其中决策 $\tilde{x}_{t,t+1}(\tilde{\omega}_t), \tilde{x}_{t,t+2}(\tilde{\omega}_t), \ldots, \tilde{x}_{t,t+H}(\tilde{\omega}_t)$ 被允许看到可再生能源价格、需求和能源的整个外生随机变量序列。当然，这种近似的效果与问题高度相关，但这正是我们参考图19.13中公布的MCTS模拟的原因，这表明在基本模型中进行模拟时，两阶段近似实际上可能会显著降低策略的质量。

19.10   对DLA策略的评论

关于前瞻策略的使用，有很多评论。

- 通常，使用前瞻策略建模时，会假设这是我们必须求解的模型。真正的问题是基本模型，而前瞻策略只是为基本模型创建策略的一种方法。
- 有时，很难判断一个模型是前瞻模型还是基础模型。随机动态规划有许多实例，它们是基础模型，但也可能是前瞻模型。我们在下文中提供了一些指导。
- 随机前瞻模型的最优解很难找到，但近似前瞻模型的最优解不是基本模型的最优策略，而基本模型则是正在求解的实际模型。

- 虽然模拟策略(任何策略)通常是调整和比较策略的最佳方式,但在使用策略搜索(策略函数近似或成本函数近似)时,这很重要。相反,使用前瞻模型时,这就不那么重要了。鉴于构建模拟器的复杂性,以及任何模拟中固有的近似,在许多情况下,前瞻策略只是在现场测试。使用此规划时,重要的是认识到这种情况正在发生,收集性能指标以评估策略的表现,并读取策略中的更改。

在本书撰写之时,词汇"基本模型"(base model)和"前瞻模型"(lookahead model)尚未入选随机优化建模语言。因此,很难确定随机优化模型是基本模型还是前瞻模型。有如下参考准则。

- 如何使用模型?如果模型的主要输出是在第一个时间段做出的决策,那么这几乎一定是一个前瞻模型。另一方面,模型用于回答策略问题,我们使用优化来模拟好的决策。在这种情况下,模型是基本模型。注意,同一模型既可以用作前瞻模型,也可以用作基本模型。
- 如果使用确定性前瞻模型或者使用场景树的随机前瞻模型,以便在动态变化的环境中做出决策,那么这是前瞻模型。前瞻模型中的未来决策(即"$\tilde{x}_{tt'}$,$t' > t$")不会在随机环境中实现。

也许本章最重要的收获是,需要明确区分前瞻模型和基本模型,并记住我们努力解决的问题是基本模型。之后面临的挑战是,设计一个前瞻模型,该模型能够在现实性和计算可处理性之间取得平衡,特别是在前瞻策略的设计方面。我们的目标是,提供两个维度的选择菜单,希望某些组合适用于特定的应用。

19.11　参考文献注释

19.1节——前瞻模型属于被控制界称为"模型预测控制"(或MPC)的广泛策略类别,不过MPC通常等同于确定性前瞻。对于确定性基本模型,确定性前瞻是一种最优策略,一直延伸到时域的终点(见Morari等人(2002)以及Camacho和Bordons(2003)的论著)。对于随机问题,完全随机前瞻等同于贝尔曼最优原理(见Puterman(2005)的论著)。

19.2节——开发近似前瞻的方法,包括识别不同类型的近似和符号,Powell(2014)首次提出。

19.3节——在前瞻策略中使用修改后的目标,同时仍旧使用预期来评估策略的想法已经以特别的方式在使用了。例如,Ben-Tal等人(2005)使用鲁棒的优化目标来解决库存问题,但随后指出:

"为了评估使用该模型可能产生的实际结果,我们使用不同数据集进行了数百次模拟,并将平均表现与平均PH(规划时域)结果进行了比较。"

换句话说,他们数百次模拟鲁棒策略,并取平均值(即近似期望)。我们认为,使用各种风险指标计算模拟策略的做法很常见,但它是在没有明确的策略模型的情况下完成的(正如Ben-Tal等人(2005)的情况那样)。

19.3.1节——不确定性序贯决策问题中的风险主题异常丰富,涉及深奥的推理问题和数学问题。问题的核心是(总是)缺乏跨时间段的风险相加性,这是我们处理期望时认为理所应当的。正是Andrzej Ruszczynski关于动态风险措施的研究(从Ruszcynski(2010)开始),在很大程度上启动了动态项目中风险措施的研究。关于这一研究方向的介绍,建议从Ruszczynski(2014)的教程开始。Philpott和DeMatos(2012)总结了新西兰水库规划模型的直接前瞻策略中的嵌套风险措施,该模型使用SDDP求解(见第18章)。然后,本书说明了该策略的后续模拟,其中考虑了(决定操作成本的)平均表现和停电风险。Shapiro等人(2013)针对巴西的水电规划问题阐述了这些问题。Maceira等人(2014)探讨了巴西系统设定现货价格的风险。Collado等人(2017)阐述了风险规避随机路径检测问题的风险建模。

19.6节——确定性前瞻是一种广泛使用的启发式方法,用于在动态环境中进行序贯决策。这在关于最优控制的文献中称为"模型预测控制",是唯一一个认真研究确定性前瞻策略特性的领域,不过这都是在确定性问题的背景下进行的(见Morari等人(2002)和Camacho和Bordons(2003)的论著)。Secomandi(2008)研究了重新优化对滚动时域程序适应新信息的影响。

19.7节——使用4类策略(或混合策略)中的任何一类作为前瞻策略的想法都是非常新颖的,尽管MCTS本质上采用的是一种多样化的方法。

19.8节——MCTS背后理念的基础来源于Chang等人(2005)的研究。"蒙特卡洛树搜索"首次出现在Coulom(2006)的著作中。Browne等人(2012)对蒙特卡洛树搜索进行了回顾,尽管这主要针对确定性问题。最近的其他综述包括Auger等人(2013)和Munos(2014)的论文。有关MCTS及其在电脑围棋等游戏中应用的最新综述,参见Fu(2017)的教程。Fu(2018)是一本关于MCTS的出色教程。

MCTS成功的关键在于具备有效的卷展栏策略,以获得叶节点的初始近似价值。卷展栏策略最初在Bertsekas等人(1997)以及Bertsekos和Castanon(1999)的论著中介绍和分析。

19.8.4节——乐观MCTS基于这样的理念:在节点价值估计中使用确定性样本,然后使用完整的未来进行优化,这是一种信息松弛的形式,对节点的价值进行乐观估计。Jiang等人(2020)提出了乐观MCTS收敛的渐近证明。

19.9节——两阶段资源分配问题被广泛用于说明一般的两阶段随机规划,最早由Dantzig(1955)提出,该理论开创了随机规划领域(见BirgeandLouveaux(2011)、KallandWallace(2009)、Shapiro等人(2014)的著作)。当两阶段随机规划模型用作序贯资源分配问题的策略时,我们还未曾对其表现进行任何分析。

练习

复习问题

19.1　至少描述3个问题示例，其中：目前看似需要预测决策的下游影响；无法使用价值函数近似合理地进行近似。从个人经验出发，自由设置环境。

19.2　前瞻模型中的变量 $\tilde{S}_{tt'}$、$\tilde{x}_{tt'}$ 和 $\tilde{W}_{tt'}$，都由两个时间(t 和 t')索引。请解释每个时间索引的目的。

19.3　列出可用于开发近似前瞻模型的6类近似策略，并简单解释一下。

19.4　列出3个(19.3.1节中未给出的)风险示例。这些风险示例可以从任何环境中提取。

19.5　既然决定使用直接前瞻策略(至少，这是你阅读本章的原因)，为什么不使用DLA来选择前瞻策略？在设计前瞻策略时，主要关注什么？

求解问题

19.6　如果使用PFA(参数为 θ)作为前瞻策略(见式(19.40))，则需要优化 θ。理论上，应该用什么样的目标函数来优化 θ？你的最佳 θ 选择基于什么？

19.7　努力寻找通过动态交通网络的最优路径，以便从起点 r 出发到目的地 s，并在特定时间 t^{target} 之前到达目标节点 s。我们希望：

(1) 将确定性最短路径问题建模为前瞻模型，但要进行修改，以便在到达目标节点 s 时，能捕捉相对于 t^{target} 的延迟时间。这个问题需要什么状态变量？

(2) 请给出此确定性近似的贝尔曼方程。

(3) 假设在到达每个节点时，使用更新的行程成本估计来解决这个问题。试为这个序贯决策问题建模状态变量。

(4) 试给出用于模拟更新成本样本路径的策略表现的表达式。

19.8　在动态最短路径问题的演示(见13.2.3节)中，我们注意到状态变量(假设用户耗费一段时间遍历网络中的每条链路)为：

$$S_t = (R_t, \tilde{c}_t)$$

其中，R_t 捕捉用户当前所在的节点(这意味着他们必须做出决策)，$\tilde{c}_t = (\tilde{c}_{t,k\ell})_{k,\ell \in \mathcal{N}}$ 是每个链路 (k,ℓ) 上当前行程时间估计的向量，根据下式进行更新：

$$\tilde{c}_{t+1,k\ell} = \tilde{c}_{t,k\ell} + \delta \tilde{c}_{t+1,k\ell}$$

解决此问题的标准方法是创建前瞻策略，该策略需要解决确定性最短路径问题。

(1) 用确定性最短路径问题替换原始问题时，会得到什么样的近似？请给出具体说明(仅仅说"它是确定性的"是不够的)。

(2) 确定性问题的状态变量是什么？

(3) 纳入不确定性的一种方法是，用 $\tilde{c}_{t,i,j}^{\pi}(\theta)$ 替换 $\tilde{c}_{t,k\ell}$ 的点估计(截至 t 时)，其中 $\tilde{c}_{t,i,j}^{\pi}(\theta)$ 的定义如下：

$$\tilde{c}_{t,i,j}^{\pi}(\theta)=\text{给定} t \text{时的估计时，链路}(i,j)\text{行程时间的} \theta \text{百分位数}$$

使用参数化前瞻策略重写式(19.5)中的策略，并说明如何优化 θ。解释为什么 θ 的最优值是函数，并说明它是什么函数。

(4) 如果把 θ 定义为标量，试重写式(19.5)中的策略。给出优化 θ 的目标函数。

19.9 你的任务是购买天然气期货合同。设 $x_{tt'}$ 是现在想购买的天然气量，你想以一定的价格 $p_{tt'}$ 在 t' 时交割。价格是季节性的，但有相当大的浮动。若你买的东西比你需要的多，就有能力储存多余的东西。设 u 是天然气储存库的容量。假设你最初有 R_0。

制定前瞻策略以帮助制定需要当下实施的决策集 $x_t = (x_{tt'})_{t' \geq t}$。记住，必须在前瞻模型中为决策 $\tilde{x}_{t,t',t''}$ 建模，这代表的是当下计划的合同，但实际上在 t' 时之前未曾对 t'' 时的交付做出购买决策。设 $\tilde{p}_{t,t',t''}$ 为可能在 t' 时订购并在 t'' 时交货的天然气远期价格的预测。注意，这些预测根据 MMFE 模型持续发展(见9.4节)。不要担心前瞻策略的计算。

19.10 使用练习19.9中的模型创建前瞻模型的确定性版本。

(1) 鉴于天然气需求的季节性特点(冬季供暖需求最高)以及储存库容量的约束，确定性前瞻模型更有优势。

(2) 接下来考虑潜在的价格变化(可能很大)，但该变化永远也不会被预测到(价格飙升常由突发性原因引起)，这在理想的策略行为中很常见，但确定性前瞻模型可能会忽略这些变化。

19.11 使用练习19.9中的模型和练习19.10中的确定性前瞻，设计一个参数化前瞻，以便生成一个能在价格飙升的不确定性下更好地工作的策略。在没有价格变化的情况下，参数应该取0(若是加法)或1(若是乘法)等值。展示如何调整参数化策略，使其能更好地处理价格飙升的情况(假设这些情况都是随机发生的，无法预测)。

序贯决策分析和建模

以下练习摘自在线书籍 *Sequential Decision Analytics and Modeling*(《序贯决策分析和建模》)，扫描右侧二维码，即可查看该书。

19.12 阅读关于动态最短路径问题的6.1~6.4节。该方法说明了如何使用动态规划求解网络的确定性近似，并将其用作确定性前瞻策略。该算法已在Python中实现，可扫描右侧二维码以进行下载，并使用 StochasticShortestPath_Dynamic 模块。

(1) 使用确定性前瞻模型作为策略(已经编码)，并在提供的网络上模拟策略。根据完成路径所需的时间描述策略的表现。

(2) 接下来修改链路的成本，以便使用 θ 百分位数而非平均数。使用随机成本 $\hat{c}_{ij}$ 的假定

平均值和标准差创建θ百分位成本$\bar{c}(\theta)_{ij}$。这是一个新的确定性最短路径问题。修改代码以模拟$\theta=0.5$, 0.7, 0.9时此策略的表现。基于20个样本模拟每个策略，并报告每个θ值的平均值和标准差。

每日一问

"每日一问"是你选择的一个问题(请参阅第1章中的指南)。针对你的每日一问，回答以下问题。

19.13　在每日一问中选择一个可以合理使用直接前瞻策略做出的决策(记住，原则上任何决策都可以使用直接前瞻策略做出)。现在回答以下问题：

(1) 描述决策以及决策如何影响未来。

(2) 评估对策略使用确定性前瞻模型的利弊。你是否觉得这是一个很好的近似？

(3) 提出一个近似前瞻模型，并说明"策略中的策略"的至少一个候选策略。

参考文献

第VI部分

多智能体系统

本书的第VI部分仅包含关于多智能体系统的一章内容，但这一章开拓了一条全新的思路。鉴于每个智能体都使用本书早期介绍的相同框架来建模，因此该章完全基于我们的通用框架。每个智能体所做的决策都源于相同的策略类别。

本部分首先回顾了基本的学习问题，与前面不同的是，此处使用两个智能体模型来解释这些问题：环境智能体和控制智能体。然后将所得模型与大量成熟文献所使用的方法进行对比，这些方法称为"部分可观察马尔可夫决策过程"(partially observable Markov decision process，POMDP)。结果表明，通过我们的方法生成的模型比POMDP相关文献中开发的模型更实用、更具可扩展性。我们还认为，我们的方法修复了POMDP相关文献中关于转移函数的一个基本错误。

接下来，转到具有多个控制智能体的系统，为这些系统使用不同的策略来实现不同的行为结果。我们还引入了这样一种观点：可以对其他智能体的不同层次的信念进行建模，这些层次涵盖其他智能体熟知的信念，以及它们如何行为的信念等。这是一种建模选择，而不是对求解特定模型的算法的比较。多智能体系统为复杂系统的建模和控制开辟了一条全新的途径。

有大量文献谈及多智能体系统。一方面，大多数应用程序都使用相当简单的策略。另一方面，也有许多复杂的建模论文，此类论文使用POMDP建模框架，并将某种形式的优化作为一个系统来实现。这些方法往往局限于相对较小的系统。

我们的方法是通过使用一个通用建模框架的扩展版本对每个智能体进行建模，该框架涵盖了一个新的维度——通信。在给定可用于控制智能体的数据的情况下，使用4类策略进行决策，从而找到在合理的时间内能计算的最优策略。

我们注意到，通用建模框架提供了信念状态以及确定已知的物理和信息参数和数量。我们已经演示了许多不存在信念状态的应用。在多智能体系统中，信念状态总是存在的，因为总是存在关于其他智能体的未知信息。当然，也可以选择忽略信念状态变量，但这将是一个明确的建模选择。不过，只要我们想学以致用，就一定具备从这些决策中学到知识的能力。

第**20**章

多智能体建模与学习

有许多问题最好作为多智能体系统来应对。在多智能体系统中，多智能体的使用可以帮助捕捉知识的划分。最简单的例子是，任何学习问题都有一个事实(可以被建模为只有"环境智能体"知晓的信息)需要由做决策的智能体(被称为"控制智能体")学习。不过，这只是多智能体概念可以捕捉的各种系统的开始。

本章介绍多智能体模型的基本要素，这些要素是由日益复杂的应用驱动的。从多智能体系统的简介开始，我们总结了多智能体系统的维度，概述了如何将我们的建模框架推广到多智能体环境，然后介绍了纯粹由于多智能体的存在而出现的通信领域。

本章的剩余部分则分别描述了双智能体系统和具有多个(可能很多)智能体的系统。

首先展示如何将纯学习问题建模为双智能体系统：环境智能体包含基本事实，而控制智能体必须学习环境才能做出决策。我们使用在人群中减轻流感的设置，并开发一系列模型，然后使用这些模型来说明不同类别策略的使用。将纯学习问题建模策略与一个称为部分可观察马尔可夫决策过程(partially observable Markov decision process，POMDP)的知名领域进行了对比，在该领域中，学习问题得以建模并作为单个系统解决。

然后，介绍报童问题的双智能体版本，以说明双智能体表面上是合作的，但目标不同。此应用为学习其他控制智能体的行为提供了很好的参照。

本章的后半部分将谈到多智能体系统，从一个涉及数百个独立智能体的经典系统着手讲解——这些智能体代表大型建筑中公寓的恒温器，最后介绍一个在不同医院间管理和共享血液供应的合作系统。

多智能体系统是一个丰富的问题类别，一章的内容根本无法涵盖其所有维度。相反，我们的目标只是说明如何应用通用策略，并说明如何在此背景下应用4类策略。

20.1　多智能体系统概述

首先讲解多智能体系统的维度，接下来介绍如何建模通信，这是我们原始(单智能体)框架中没有的建模元素。然后，描述如何建模多智能体系统，并讨论控制结构。

20.1.1　多智能体系统维度

多智能体系统有许多维度。样本包括以下内容。

(1) 智能体——首先列出智能体及其函数。

(2) 学习——包括如下内容。

- 学习环境。
- 学习其他智能体。
  - 学习其所知。
  - 学习其行为(特别是其如何做决策)。

(3) 通信——通信包括以下内容。

- 必须描述哪些智能体可以向其他智能体发送信息和从其他智能体获取信息。
- 每对智能体之间的通信速度和容量。
- 每对智能体之间通信的准确性。准确性可能是技术(通信错误)或选择(一个智能体向另一个智能体提供有偏差的信息)的结果。

(4) 协调——其描述了用于协调多个智能体行为以实现共同目标的任何机制。

(5) 回报结构——智能体如何互动取决于其如何获得回报。竞争(或合作)是一个程度问题，可能是零和游戏(例如，竞争开源资源)，也可能是同一团队、不同目标的智能体。具有相同回报结构的智能体应该学习合作行为。

(6) 资源——智能体必须管理资源。一个常见的例子是能源，但智能体往往会分发疫苗、医疗用品、弹药、食品、水、零件等。需要具体说明：

- 智能体需要管理哪些资源？
- 智能体可以储存多少资源？
- 智能体本身消耗多少资源？
- 什么是必须满足的外生需求(以及如何学习这些需求)？
- 它是如何补充的(它是返回基地、去加油站补充，还是可以被补充智能体访问)？

虽然单个智能体可以在应用领域的环境中具有广泛的功能，但与多智能体系统的控制直接相关的功能仅包括：

- 环境智能体——此智能体无法做出任何决策或执行任何学习(即任何内容都意味着智能)。这是一个了解环境事实的智能体，它包括我们正在学习的未知参数，或者执行其他智能体正在观察的物理系统的建模。然而，控制智能体能够改变环境。

- 控制智能体——这些智能体做出的决策作用于其他智能体，或基本事实智能体(充当环境)。控制智能体可以将信息传递给其他控制智能体和/或学习智能体。控制智能体还可能改变其他控制智能体的环境或(物理、信息和/或信念)状态。
- 学习智能体——这些智能体不做任何决策，但可以观察和执行学习(基本事实和/或其他控制智能体)，并向其他智能体传达信念。
- 补充智能体——这些智能体具有补充资源的能力。它们可以是固定的或移动的，其中移动补充智能体可以由固定补充智能体补充。这些智能体可以执行学习和做决策，这使得它们类似于控制智能体，但它们的活动集很小。

智能体的类型多样，能做决策、传递信息和/或执行学习。示例如下。

- 单个固定装置——例如，制造业中使用的机械臂、现场摄像机以及建筑物的暖气和空调系统等机械。
- 单个移动设备——包括陆地机器人、无人机和水下机器人。将来可能还包括无人驾驶车辆。
- 设备车队——一组机器人、无人机和水下机器人，将来可能还包括自动驾驶电动汽车车队。
- 现场的个人——决定如何检测或治疗患者疾病的一名医疗技术人员，或者一名社区警察，或一名单独行动的士兵，甚至可能是人群中某个决定免于暴露在病毒之下或接种疫苗的个人。
- 现场的团队——可能是由一个人管理的一组人员，如军事活动中的人员或应对疾病突发的医务人员。
- 管理公司资源集的个人——这可能是为特定的火车站(或一国某地)的火车分配机车的人，或者某个为供应链中单个供应商制定制造和库存决策的经理。
- 做出决策以指导下级管理人员的高级管理人员——例如，高级管理人员可以设定生产力目标，从而评估实际分配人员执行任务的现场经理。"高级管理人员"一词适用于公司内就成本、产品定价或营销做出决策的任何决策者。

我们注意到设备和人都可以成为智能体，但却是不同类型的智能体，原因是设备很难发展出人类的技能。人类却可以拥有比设备更复杂的行为，而这又带来了更复杂的学习挑战。

20.1.2　通信

通信是多智能体系统的一个特征，在我们的基本单智能体模型中，它不以任何形式存在。可以从许多维度对智能体之间的通信进行建模。其中包括：

通信架构——必须决定谁可以和谁通信。通常情况下，在更复杂的系统中，任何智能体都不能(或不会)将其状态向量 S_{tq} 发送给其他智能体。我们可能会有协调智能体，该智能体和每个人通信，做出决策，然后将这些决策(以某种形式)发送给其他智能体。我们引入了集合 Q_q^+ 和 Q_q^- 来捕捉在任何决策形式下智能体 q 可以作用的智能体集合，或者可以作用于智能体 q 的智能体集合。为了获取信息结构，可以使用：

$$\mathcal{I}_q^+ \quad = \quad 智能体q可以向哪些智能体发送信息，$$

$$\mathcal{I}_q^- \quad = \quad 哪些智能体可以向智能体q发送信息$$

- 主动观察——选择通过运行测试(例如，查看谁感染了流感)或使用雷达等传感器来观察环境或其他因素。可以观察智能体的位置、智能体控制的资源以及智能体可能做出的决策。例如，一艘海军舰艇必须决定是否打开雷达来观察另一艘舰艇，这会同时显示发送雷达信号的舰艇的位置。

- 接收信息——若信息从 q' 发送到 q，则智能体 q 必须更新自己的信念，这必须反映智能体 q 对来自智能体 q' 的信息的置信。假设刚刚从智能体 q' 获得了关于智能体 q 的状态变量 S_{qi} 的第 i 个元素的更新信息 $\widehat{W}_{q'qi}$。设：

$$\beta_{qi} \quad = \quad 对估计 S_{qi} 的信念精度，$$

$$\beta_{q'q}^W \quad = \quad 从 q' 到 q 的信息流的精度(也可以让其与 i 相关)，$$

$$\delta_{q'q} \quad = \quad 智能体 q' 向智能体 q 发送信息时引入的偏差$$

如果收到信息 $\widehat{W}_{q'qi}$，则通过3.4.1节中首次介绍的公式，更新估计 S_{qi} 及其精度 β_{qi}：

$$S_{qi} \quad \leftarrow \quad \frac{\beta_{qi}S_{qi} + \beta_{q'q}^W \widehat{W}_{q'qi}}{\beta_{qi} + \beta_{q'q}^W} \tag{20.1}$$

$$\beta_{qi} \quad \leftarrow \quad \beta_{qi} + \beta_{q'q}^W \tag{20.2}$$

注意，精度 $\beta_{q'q}$ 取决于发送智能体和接收智能体，这意味着它取决于它们之间的关系，而不仅仅是任一智能体的可靠性。

- 发送信息——必须模拟将 S_{tq} 中的信息发送给另一智能体 q' 的行为。信息可能会被准确地发送，也可能带有一些噪声和偏差。

- 信号失真——必须了解噪声的存在，它反映了发送内容和接收内容之间的差异。信号失真可能以如下方式出现。

  - 被动失真——这是技术(通信信道可能会引入噪声)和环境(天气或磁场可能会引入噪声)的副产品。

  - 主动失真——发送智能体故意扭曲所发送的信息。主动失真有很多种类型，包括：
    - 主动噪声——发送智能体添加零平均噪声项以隐藏真实平均。
    - 主动偏差——发送智能体可能出于各种原因而故意使信号产生偏差。

20.1.3　多智能体系统建模

若要为系统建模，应先使用通用框架中的标准词汇表，然后简单地添加索引 q(用来索引智能体)。不过，要首先描述其通信和交互的体系结构，这是建模框架的一个新元素，仅出现在多智能体系统中。

智能体架构

首先描述建模使用的智能体集：

Ω = 智能体集

Ω_q^+ = 智能体q可以通过决策$x_{tqq'}$影响的智能体集q'，其中这些决策可以表示发送信息、资金或物理资源

我们使用传统符号来捕捉物理资源流的约束。另一方面，信息流是由带宽约束(例如，比特/秒)以及信息的可靠性来描述的。现在，因为信息被用来更新我们的观念B_{tq}，所以将引入向量$\zeta_{qq'}$：

$\zeta_{qq'i}$ = 控制从q传递到任何智能体$q' \in \Omega_q^+$的数据元素i的相关信息的速度、容量和可靠性的参数向量

= $(\beta_{qq'i}, \delta_{qq'i}, \eta_{qq'i})$，其中，

$\beta_{qq'i}$ = 从q发送到q'的关于数据元素i的信息可靠性的精度(方差的倒数)

$\delta_{qq'i}$ = 将数据元素i的相关信息从q发送到q'产生的偏差

$\eta_{qq'i}$ = 将数据元素i的相关信息从q'发送到q所需的能量

对于我们的建模框架，通信是一个全新的维度，因为这在单智能体系统中根本不会出现。

状态变量

与单智能体系统一样，每个智能体都有一个状态变量，具有相同的3类信息：

R_{tq} = 智能体q在t时控制的资源状态

I_{tq} = 智能体q在t时已知的任何其他信息

B_{tq} = 任何其他智能体已知的智能体q的信念(因此智能体q并不知道)。这包括基本事实中的参数，任何其他智能体已知的任何内容(例如，智能体q'所控制的资源，以及对其他智能体决策方式的信念

信念状态是多智能体系统中最丰富、最具挑战性的维度，尤其是当存在多个控制智能体时，如在竞争性游戏中所发生的情况。

决策变量

由于通信和学习是多智能体系统的基本组成部分，我们将引入新的决策变量，它们专门用于获取从智能体q发送到另一个智能体q'的信息：

$z_{tqq'i}$ = t时从智能体q发出，$t+1$时到达智能体q'的数据元素i的相关信息

$z_{tqi} = (z_{tqq'i})_{q' \in \Omega_q^+}$

发送信息所需的可靠性、偏差和能量由$\zeta_{qq'i}$描述。

此外，仍将保留传统的 x 变量，该变量将展示物理资源的移动，并且仍控制(或影响)我们所做的观察，正如之前所做的那样。

x_{tq} ＝ 智能体 q 做出的决策(标量或向量)，其中可能包括 $x_{tqq'}$

$x_{tqq'}$ ＝ 智能体 q 对智能体 q' 做出的决策

尽管需要将 $x_t \in \mathcal{X}_t$ 作为单智能体的符号，但是现在使用的是 $x_{tq} \in \mathcal{X}_{tq}$，这可能只需要把 x_{tq} 从一个有限的集合(例如，药物或人的选择)中提取出来，或者它可以表示使用矩阵符号写作以下形式的流守恒约束：

$$A_{tq}x_{tq} = R_{tq},$$
$$x_{tq} \leq u_{tq},$$
$$x_{tq} \geq 0$$

决策由策略 $X_q^\pi(S_{tq})$ 决定。

如果 $\mathcal{X}_t$ 是决策 x_{tq} 的可行域，那么如何表示对信息流的约束呢？简单的现实是：信息流没有任何约束。通常情况下，我们会期望 $z_{tqq'}$ 至少包含状态 S_{tq} 中一个或多个变量的噪声估计(记住 S_{tq} 是知识状态)，但这不是必需的。智能体可以传输完全不正确的信息，这往往会发生在智能体希望向对手发出错误信息的对抗环境。当然，这种情况在社交媒体上随处可见！

通信决策是多智能体系统研究中引入的决策制定的新维度。第7章中说明了需要遵守的决策，这里选择 x^n，然后观察函数 $F^n = F(x^n, W^{n+1})$。当下，我们有能力从我们的所知(t 时的状态 S_t)中进行选择，然后以一定精度将其传达给另一个智能体。

外生信息变量

输入智能体的外生信息可能来自系统之外的其他智能体。

W_{tq} ＝ 从任何外源到达智能体 q 的外生信息，可能包括 $W_{tqq'}$

$W_{tqq'}$ ＝ 从智能体 q' 到达智能体 q 的信息

$W_{tqq'}$ 中的信息通常是决策 $x_{tqq'}$ 的副产品。重要的是明确在 t 时做出的决策 $x_{tqq'}$ 的信息何时到达智能体 q'。假定它在 $t+1$ 时到达。

转移函数

这很简单：

$$S_{t+1,q} = S_q^M(S_{tq}, x_{tq}, W_{t+1,q})$$

书中一直在使用该式。现在，每个智能体 q 都有一个转移函数。

目标函数

假设每个智能体都有一个性能指标，写作：

$$C_q(S_{tq}, x_{tq}) = 智能体 q 的贡献(处于状态 S_{tq} 和做出决策 x_{tq})$$

其中，$x_{tq} = X_q^{\pi}(S_{tq})$。

然后，我们会面临跨策略优化的问题。这不像单智能体那样简单。两种可能的优化机制包括：

- 每个智能体都优化各自的策略。虽然这符合本书其余部分介绍的框架，但我们仍然会遇到这样的现实——所有智能体都同时搜索策略。由于智能体 q' 的策略可以影响送达智能体 q 的外生信息 $W_{t+1,q'q}$，因此，作为策略搜索过程的一部分，外生信息过程正在发生变化(无论是在线还是离线)。

- 单个优化过程(不一定是智能体)可能正在管理搜索所有策略的过程，以搜索全局优化策略集。记住，每个智能体 q 使用的策略只能取决于智能体 q 所知的由其状态变量 S_{tq} 捕捉的信息。

由于搜索策略的机制太多，因此只介绍搜索策略的问题。记住，虽然可能会跨策略类进行搜索，但更常见的情况是，为每个智能体选择策略类，使优化由任何可调参数组成。

在有关多智能体系统的文献中，有一种趋势是使用"系统状态" $S_t = (S_{tq})_{q \in \Omega}$。我们认为，这是毫无意义的，因为没有任何智能体可以看到所有这些信息，包括中央控制智能体，中央控制智能体不被允许查看单个智能体的状态 S_{tq}(尽管可以共享信息)。我们把每个智能体的建模处理为其各自的系统，并理解到任何智能体都需要开发模型来帮助智能体预测外生信息过程 W_{tq}。当然，这取决于智能体使用的策略以及其他智能体的预期行为。

20.1.4 控制架构

既然有了一个模型，接下来便可讨论设计策略。到目前为止，我们假设在单智能体问题中有一个正在优化的性能指标。多智能体系统更复杂。我们仍然假设每个智能体都有一个目标，但它有能力影响其他智能体的行为，这意味着智能体可以改变其工作环境，从而提高其自身的性能。系统的结构会影响每个智能体的行为。

鉴于智能体类型的多样性，多智能体系统范围的广泛性也就不足为奇了。因此，我们列出了几个系统示例来说明有趣的多智能体设置。

- 学习系统(控制智能体和环境智能体)——控制智能体可以学习环境，但也可以修改环境以提高自身性能。20.2节将用流感传播阻断示例来说明这一点。

- 双智能体对抗系统(游戏)——通常描述零和游戏，但包括半合作环境，其中两个智能体与不同的目标交互(但不一定完全相反)。我们用一个半合作博弈示例来说明这一点，称之为双智能体报童问题(见20.4节)。

- 寡头垄断制度——通常出现在市场上，市场上只有少数参与者(例如3到5个)，比双智能体系统更复杂，但规模小到足以让单个参与者对市场产生影响。

- 多个独立智能体——该系统的每个智能体的行为完全独立于其他智能体，但使用的策略是为实现系统范围的目标而选择的。20.5节用建筑物中的恒温器集合对此进行了说明。

- 多个合作智能体——可以描述协同工作的团队，或组成产品供应链的供应商团队。其可用于协调不同医院部门管理的血液供应(见20.6节)。
- 分层系统——该系统用于控制现场智能体的核心(或中央)管理人员，甚至是控制军事或大型公司中的更低层的管理人员。在这种情况下，在遵循上级智能体的指导下，智能体通常必须平衡其本地性能(可能包括其下级智能体的性能)。理想情况下，这些智能体是一致的，但众所周知……

20.2　学习问题——流感缓解

此处将使用致力于使人群免受流感侵袭的问题作为学习问题的一个例证。此例中的学习问题带一个未知但可控的参数——流感在人群中的扩散程度。将用它来说明不同类别的策略，然后提出几个扩展方案。

20.2.1　模型1：静态模型

设 μ 是流感在人群中的流行率(也就是说，感染流感的人群比例)。在一个有未知参数 μ 的静态问题中，我们使用：

$$W_{t+1} = \mu + \varepsilon_{t+1} \tag{20.3}$$

其中，噪声 $\varepsilon_{t+1} \sim N(0, \sigma_W^2)$ 会阻止完美观察 μ。

通过假设 $\mu \sim N(\bar{\mu}_t, \bar{\sigma}_t^2)$ 来表达我们对 μ 的信念。由于修正了正态性假设，我们把 μ 信念表达为 $B_t = (\bar{\mu}_t, \bar{\sigma}_t^2)$。我们还将再次使用 $\beta_t = 1/\bar{\sigma}_t^2$ 来表达不确定性。$\beta_t = 1/\bar{\sigma}_t^2$ 是我们估计 μ 的精度，$\beta^W = 1/\sigma_W^2$ 是我们观察噪声 ε_{t+1} 的精度。

需要通过运行测试来估计疾病患者的数量，这会产生噪声估计 W_{t+1}。用决策变量 x_t^{obs} 表示运行测试的决策，其中，

$$x_t^{obs} = \begin{cases} 1 & \text{若观察过程并获得} W_{t+1}, \\ 0 & \text{若未进行观察} \end{cases}$$

如果 $x_t^{obs} = 1$，便观察 W_{t+1}，并结合下式来更新信念 μ。

$$\bar{\mu}_{t+1} = \frac{\beta_t \bar{\mu}_t + \beta^W W_{t+1}}{\beta_t + \beta^W}, \tag{20.4}$$

$$\beta_{t+1} = \beta_t + \beta^W \tag{20.5}$$

如果 $x_t^{obs} = 0$，便有 $\bar{\mu}_{t+1} = \bar{\mu}_t$，$\beta_{t+1} = \beta_t$。

对于这个问题，我们的状态变量是关于 μ 的信念，写作：

$$S_t = B_t = (\bar{\mu}_t, \beta_t)$$

若这就是我们的问题，那它可能是一个单臂老虎机的案例。我们可能会评估进行观察的成本，以及不确定性的成本。例如，假设有以下成本：

$$c^{obs} = \text{对人群进行采样以估计感染流感人数的成本}$$

$$C^{unc}(S_t) = \text{不确定性的代价,}$$

$$= c^{unc}\bar{\sigma}_t$$

$$C(S_t, x_t) = c^{obs}x_t^{obs} + C^{unc}(S_t)$$

使用此信息，可以将此模型放入典型框架中，如下所示。

状态变量——$S_t = (\bar{\mu}_t, \beta_t)$。

决策变量——$x_t = x_t^{obs}$由策略$X^{obs}(S_t)$决定(稍后确定)。

外生信息——W_{t+1}是从式(20.3)中得出的流感患者人数噪声估计(仅当$x^{obs} = 1$时获得)。

转移函数——式(20.4)和式(20.5)。

目标函数——将目标写为：

$$\max_{\pi} \mathbb{E}\left\{\sum_{t=0}^{T} C(S_t, x_t)|S_0\right\} \tag{20.6}$$

现在需要一项策略$X^{obs}(S_t)$以确定x_t^{obs}。可以使用7.3节或第11章中描述的4类策略中的任何一类。20.2.5节中概述了策略示例。

20.2.2　流感模型的变体

接下来将展示流感模型的一系列变体，以引出不同的建模问题。这些变化产生以下模型。

模型2：时变模型。

模型3：带漂移的时变模型。

模型4：带可控事实的动态模型。

模型5：带资源约束和外生状态的流感模型。

模型6：空间模型。

这些变体旨在揭示当有一个带已知动态的演变事实、一个带未知动态(漂移)的演变事实、一个可以控制(或影响)的演变事实时出现的建模问题，以及引入已知和可控物理状态维度的问题。

模型2：时变模型

如果流感的真实流行率是由外源性进化而来的(正如在本应用中所期望的那样)，就要把事实参数写成与时间相关的形式——μ_t，它可能会根据下式演变：

$$\mu_{t+1} = \max\{0, \mu_t + \varepsilon_{t+1}^{\mu}\} \tag{20.7}$$

其中，$\varepsilon_{t+1}^{\mu} \sim N(0, \sigma^{\mu,2})$描述了事实是如何演变的。如果事实以零均值和已知方差$\sigma^{\varepsilon,2}$

演变，那么信念状态与静态事实相同(也就是说，$S_t = (\bar{\mu}_t, \beta_t)$)。改变的只是转移函数，该函数当下必须同时反映观察的噪声ε_{t+1}以及事实演变中的不确定性ε_{t+1}^{μ}。

备注：当μ是常量时，可以将它作为参数来引用，而我们系统的状态是随着时间发展的信念(状态变量应该只包括随着时间变化的信息)。μ随时间变化，在这种情况下，可写作μ_t，那么μ_t更可能被认为是系统的状态，不过它不能被控制器所观察到。因此，许多作者会将μ_t视为一种隐藏状态。然而，我们仍然具有关于μ_t的信念，这造成了一些困惑：状态变量是什么？接下来将解决这一困惑。

模型3：带漂移的时变模型

现在假设：

$$\varepsilon_{t+1}^{\mu} \sim N(\delta, \sigma^{\varepsilon,2})$$

如果$\delta \neq 0$，则表示μ_t变得更高或更低(目前，假设δ是一个常量)。我们不知道δ，所以会指定一个观念，例如：

$$\delta \sim N(\bar{\delta}_t, \bar{\sigma}_t^{\delta,2})$$

再次由$\beta_t^{\delta} = 1/\bar{\sigma}_t^{\delta,2}$给出精度。

我们可能会使用下式更新我们对δ的信念：

$$\hat{\delta}_{t+1} = W_{t+1} - W_t$$

现在，使用下式更新我们对δ信念的平均值和方差的估计：

$$\bar{\delta}_{t+1} = \frac{\beta_t^{\delta} \bar{\delta}_t + \beta^W \hat{\delta}_{t+1}}{\beta_t^{\delta} + \beta^W}, \tag{20.8}$$

$$\beta_{t+1}^{\delta} = \beta_t^{\delta} + \beta^W \tag{20.9}$$

在这种情况下，状态变量变为：

$$S_t = B_t = ((\bar{\mu}_t, \beta_t), (\bar{\delta}_t, \beta_t^{\delta}))$$

在这里，只模拟了关于μ_t的信念，而μ_t本身只是一个动态变化的参数。这在下一个示例中会有所改变。

模型4：带可控事实的动态模型

接下来考虑当我们的决策实际上可能改变事实μ_t时可能会发生什么。设：

$$x_t^{vac} = 在该地区接种疫苗的数量$$

假设每个接种疫苗x_t^{vac}的患者的疾病发病率可以下降θ^{vac}，并且t时做出的决策直到$t+1$时才实施。这为事实得出了以下公式：

$$\mu_{t+1} = \max\{0, \mu_t - \theta^{vac} x_{t-1}^{vac} + \varepsilon_{t+1}^{\mu}\} \tag{20.10}$$

我们通过假设其为$\mu_t \sim N(\bar{\mu}_t, \sigma_t^2)$的高斯分布，来表达对该疾病存在的信念。再次设精

度为 $\beta_t = 1/\sigma_t^2$，信念状态为 $B_t = (\bar{\mu}_t, \beta_t)$，转移公式类似于式(7.26)和式(7.27)中给出的方程，但根据我们对决策的信念进行了调整。如果进行观察(即，如果 $x_t^{obs} = 1$)，有：

$$\bar{\mu}_{t+1} = \frac{\beta_t(\bar{\mu}_t - \theta^{vac}x_{t-1}^{vac}) + \beta^W W_{t+1}}{\beta_t + \beta^W}, \tag{20.11}$$

$$\beta_{t+1} = \beta_t + \beta^W \tag{20.12}$$

如果 $x_t^{obs} = 0$，则有 $\bar{\mu}_{t+1} = \bar{\mu}_t - \theta^{vac}x_{t-1}^{vac}$，$\beta_{t+1} = \beta_t$。

此设置引入了一个建模挑战：状态是 μ_t 还是信念 $(\bar{\mu}_t, \beta_t)$？当 μ_t 是静态的或外生演变的，那么很明显，状态是关于 μ_t 的信念。然而，现在可以控制 μ_t，更自然的做法是将 μ_t 视为状态。这个问题是部分可观察马尔可夫决策问题的一个实例。稍后，将回顾POMDP领域如何建模这些问题，并提供不同的方法。

这个问题有一个不可观察的可控状态。接下来将引用两个问题来介绍结合了可控的可观察状态和不可观察状态的维度。

模型5：带资源约束和外生状态的流感模型

现在假设，可管理的疫苗数量有限。设 R_0 是可用的疫苗数量。疫苗 x_t^{vac} 必须从该库存中提取。同时引入决策 x_t^{inv} 以按某个成本增加库存。这意味着库存根据下式演变：

$$R_{t+1} = R_t + x_{t-1}^{inv} - x_{t-1}^{vac}$$

其中，要求 $x_{t-1}^{vac} \le R_t$。我们仍然可以决定是否观察环境 x_t^{obs}，因此决策变量为：

$$x_t = (x_t^{inv}, x_t^{vac}, x_t^{obs})$$

与此同时，还可以添加天气信息，例如温度 I_t^{temp} 和湿度 I_t^{hum}，这些因素都会导致流感的传播。我们将在"其他信息"变量中对此建模：

$$I_t = (I_t^{temp}, I_t^{hum})$$

状态变量变为：

$$S_t = (R_t, (I_t^{temp}, I_t^{hum}), (\bar{\mu}_t, \beta_t)) \tag{20.13}$$

现在有一个可控物理状态 R_t 的组合，可以完美地观察其外生环境信息 $I_t = (I_t^{temp}, I_t^{hum})$，以及信念状态 $B_t = (\bar{\mu}_t, \beta_t)$，该信念状态捕捉我们对无法观察到的可控状态 μ_t 的信念的分布。

注意，可解的二维问题很快就变成了更大的五维问题。若试图使用贝尔曼方程，那么当使用价值函数的查找表时，这就是一个大问题(否则，不用在意)。

模型6：空间模型

假设必须把流感疫苗分配给一组地区 $\mathcal{I}$。那么对于该问题中的每个区域 $i \in \mathcal{I}$，都有一个事实 μ_{ti} 和信念 $(\bar{\mu}_{ti}, \beta_{ti})$。接下来假设 x_{ti}^{vac} 是分配给地区 i 的疫苗数量，服从约束：

$$\sum_{i \in \mathcal{J}} x_{ti}^{vac} \le R_t \tag{20.14}$$

库存 R_t 根据下式演变：

$$R_{t+1} = R_t + x_t^{inv} - \sum_{i \in \mathcal{J}} x_{ti}^{vac}$$

耦合约束式(20.14)使得不能为每个区域独立求解。因此这将生成状态变量：

$$S_t = \left(R_t, (\bar{\mu}_{ti}, \beta_{ti})_{i \in \mathcal{J}}\right) \tag{20.15}$$

使用此扩展的目的是，创建一个维度可能非常高的状态变量，原因是空间问题很容易遍及数百到数千个区域。

20.2.3　双智能体学习模型

任何学习问题都可以从两个角度考虑：一个是从环境的角度，另一个是从控制者的角度。

环境视角——环境(有时称为"基本事实")了解 μ_t，但无法做出任何决策(也无法学习)。

控制者视角——控制者做出影响环境的决策，但无法看到 μ_t。相反，控制者只能获得关于 μ_t 的信念。

环境智能体的模型见图20.1。控制智能体的模型如图20.2所示。

状态变量	$S_t^{env} = (\mu_t, \delta)$ (包括漂移 δ，即使它没有变化)
决策变量	没有决策
外生信息	$W_{t+1}^{env} = \varepsilon_{t+1}^{\mu}$
转移函数	$S^{env} = S^{M,env}(S_t^{env}, W_{t+1}^{env})$，其中包括描述 μ_t 演变的式(20.7)
目标函数	因为没有决策，所以没有目标函数

图20.1　环境智能体的典型模型

最好把这两种视角看作在各自的世界里工作的智能体。有不做决策的"环境智能体"和做决策并学习无法观察到的环境的"控制智能体"(例如 μ_t)。一旦确定了两个智能体，就需要定义每个智能体习得的内容。首先，应定义谁知道参数的哪些具体内容，例如 μ_t，但这远不止于此。

表20.1显示了20.2.2节中提出的流感问题的每个变体的环境状态变量和控制状态变量。一些观察结果是有用的。

- 双智能体视角意味着有两个系统。环境智能体是一个简单的没有决策的系统，但可以读取 μ_t 以及疫苗如何影响 μ_t 的动态。环境智能体的系统状态为包括 μ_t 的 S_t^{env}。控制智能体的系统状态 S_t^{cont} 是关于 μ_t 的信念，以及诸如 R_t 等的控制智能体已知的任何其他信息。这两个系统完全不同，超出了通信能力。

状态变量　$S_t^{cont} = ((\bar{\mu}_t, \beta_t), (\bar{\delta}_t, \beta_t^\delta))$

决策变量　$x_t = (x_t^{vac}, x_t^{obs})$

外生信息　W_{t+1}^{cont} 是对流感感染人数的不准确估计(只有当 $x_t^{obs} = 1$ 时才能得到)

转移函数　$S_{t+1}^{cont} = S^{M,cont}(S_t^{cont}, x_t, W_{t+1}^{cont})$，由式(20.11)和式(20.12)组成

目标函数　可以用不同的方法来写。假设是在现场实现该目标，那么想要优化累积回报。设：

$$c^{obs} = 为估计流感感染人数而对人群进行采样的单位成本$$

$$C^{vac}(\bar{\mu}_t) = 感染人数为 \bar{\mu}_t 时估计的成本$$

现在，设 $C^{cont}(S_t, x_t) = c^{obs}x_t^{obs} + C^{vac}(\bar{\mu}_t)$ 是处于状态 S_t 并做出决策 x_t (注意，x_t^{vac} 影响 S_{t+1}) 时的成本。最后，要优化：

$$\max_\pi \mathbb{E}\left\{\sum_{t=0}^{T} C^{cont}(S_t, X_t^\pi(S_t)) | S_0\right\} \tag{20.16}$$

图20.2　控制智能体的典型模型

表20.1　不同模型的环境状态变量和控制状态变量

模型	S_t^{env}	S_t^{cont}	说明
(1)	(μ_t)	$(\bar{\mu}_t, \beta_t)$	静态、未知事实
(2)	$((\mu_t), (I_t^{temp}, I_t^{hum}))$	$(R_t, (I_t^{temp}, I_t^{hum}), (\bar{\mu}_t, \beta_t))$	受限于外生信息的资源
(3)	(μ_t, δ)	$((\bar{\mu}_t, \beta_t), (\bar{\delta}_t, \beta_t^\delta))$	带不确定漂移的动态模型
(4)	$(\mu_t, x_{t-1}^{vac}, \theta^{vac})$	$(\bar{\mu}_t, \beta_t)$	带可控事实的动态模型
(5)	$((\mu_{ti})_{i \in \mathcal{J}}, x_{t-1}^{vac}, \theta^{vac})$	$(R_t, (\bar{\mu}_t, \beta_t))$	资源受限模型
(6)	$((\mu_{ti})_{i \in \mathcal{J}}, x_{t-1}^{vac}, \theta^{vac})$	$(R_t, (\bar{\mu}_{ti}, \beta_{ti})_{i \in \mathcal{J}})$	空间分布模型

- 在模型(2)中，将温度 I_t^{temp} 和湿度 I_t^{hum} 建模为环境智能体和控制智能体的状态变量，这可能会控制这些变量的变化，因为我们已经假设控制智能体能够完美地观察这些变化。当然，也可以坚持要求控制智能体只能通过不完善的仪器来观察这些情况，在这种情况下，将以我们处理 μ_t 的方式处理它们。

- 通常，状态变量 S_t 应只包括随时间变化的信息(否则信息将进入初始状态 S_0)。在本演示中，我们在环境状态变量中加入了漂移 δ(模型(3))和疫苗接种对流感流行率 θ^{vac} 的影响(模型(4))等信息，以表明环境智能体而非控制智能体已知的信息。

- 模型(4)的环境状态变量中纳入了决策 x_{t-1}^{vac}。假设控制智能体决定在 $t-1$ 时接种疫苗 x_{t-1}^{vac}，然后将其传达给环境智能体(这就是它添加到 S_t^{env} 中的方式)，最后在 t 时段

内实施。信息通过外生信息变量 W_t^{env} 到达环境智能体。

- 可以看到模型(5)和模型(6)从二维或三维升至数百维或数千维的速度有多快。空间分布模型无法使用状态空间的标准离散表示法求解，但近似动态规划已用于超高维资源分配问题(见第18章)。

除了对每个智能体知道的内容进行建模之外，还必须对通信进行建模。对多个控制智能体建模时，这将成为一个重要的问题，详见20.5节。对于单控制智能体和被动环境的问题，只有两种类型的通信：控制智能体观察环境(有噪声)的能力，以及决策 x_t^{vac} 到环境的通信。

不难看出，任何学习问题都可以(而且我们声称应该)使用这种"双智能体"视角来表示。

20.2.4　双智能体模型的转移函数

我们的双智能体模型关注的是每个智能体了解的内容(状态变量)，但还有一个值得仔细研究的维度——转移函数本身。假设描述 μ_t (只有环境知道)演变的真实模型是：

$$
\begin{aligned}
\mu_{t+1} = & \ \theta_0^\mu \mu_t + \theta_{24}^\mu \mu_{t-24} + (\theta_0^{temp} U_t + \theta_1^{temp} U_{t-1} + \theta_2^{temp} U_{t-2}) \\
& -(\theta_1^{vac} x_{t-1}^{vac} + \theta_2^{vac} (x_{t-1}^{vac})^2) + \varepsilon_{t+1}^\mu
\end{aligned}
\tag{20.17}
$$

其中，

$$
U_t = \big(\max\{0, I_t^{temp} - I^{threshold}\}\big)^2
$$

其中，$I^{threshold}$ 是指临界温度(如25华氏度)，低于该温度时，感冒和打喷嚏开始传播流感病毒。将当前和前两个时间段的温度包含在内，便可以捕捉由寒冷温度导致的流感发病延迟。

对于某些类别的策略，控制智能体需要开发自己的流感演变模型。控制智能体不可能知道式(20.17)中的真实动态，可能会使用以下时间序列模型来计算观察到的流感病例数 W_t：

$$
W_{t+1} = \theta_0^W W_t + \theta_1^W W_{t-1} + \theta_2^W W_{t-2} - \theta^{vac} x_{t-1}^{vac} + \varepsilon_{t+1}^W
\tag{20.18}
$$

式(20.18)中的模型是用来预测 W_{t+1} 的观察序列 $(W_1, \ldots, W_t)$ 的合理时间序列模型。然而，该模型中存在若干错误：

- 当环境智能体使用 μ_t 时，控制智能体正在使用观察结果 W_t、W_{t-1} 和 W_{t-2}，μ_t 对于控制智能体来说是无法观察的。
- 控制智能体没有意识到流感的发展有24小时的滞后。
- 控制智能体忽略了温度的影响。
- 控制智能体没有正确捕捉疫苗接种对感染的影响。

同样，无知是有益的，控制智能体也在尽最大努力模拟流感的演变。假设时间序列模型(式(20.18))是数据的合理拟合。我们怀疑，若仔细检查误差(它应该是独立的和同分布的)，它可能无法通过适当的统计检验，但我们也可能不能拒绝以下假设：误差确实满足适当条件。这并不意味着模型本身是正确的；这仅仅意味着我们没有数据来推翻它。

现在假设一个研究者正在为流感模型编写模拟器，并且只有一个人编写代码(就像实践中常见的那样)。研究者会创建真正的转移公式(即式(20.17))。当他创建控制器使用的转移模型时，会根据其允许使用的信息创建尽可能最优的近似，不过会立即知道近似中存在大量误差。这将使得他声明这个模型是"非马尔可夫"的，但这只是因为他运用了自己关于真实模型的知识。

我们观察到，几乎所有的统计模型(如式(20.18))都只是近似，这意味着如果有足够的数据，就能够证明存在一些违规行为(通常误差是独立的，且分布相同)。开发此模型的人或许会在没有任何数据的情况下，简单地将此模型与"真"模型(式(20.17))进行比较，并坚持认为近似转移函数(式(20.18))是"非马尔可夫"的——这对于控制智能体来说是未知的(但对于建模者来说是已知的)。实际上，建模者是在利用他对真实模型的了解来作弊，这在实践中根本不会发生(这是一个真实的故事)。

20.2.5　流感问题的策略设计

一旦制定了每个智能体的模型，接下来需要为控制智能体设计策略。制定有效、高质量的策略非常重要。我们要做的是，为4类策略中的每一类提供示例，以帮助读者深入理解所有4类策略的重要性。

策略函数近似

策略函数近似是将状态映射到动作的分析函数。在4类策略中，这是唯一不涉及嵌入优化问题的类别。

流感问题通常通过问题的结构来确定辅助决策的简单函数。例如，可以使用以下规则来确定是否要对环境进行观察：

$$X^{pfa-obs}(S_t|\theta^{obs}) = \begin{cases} 1 & \bar{\sigma}_t/\bar{\mu}_t \geq \theta^{obs}, \\ 0 & \text{其他} \end{cases} \tag{20.19}$$

该策略捕捉到了这样一种直觉：当与平均值相关的不确定性水平(由我们对真实流行率的估计的标准差捕捉)超过某个值时，就会进行观察。我们使用式(20.6)中的目标函数对参数θ^{obs}进行调整。可调参数的一个优点是无单位。

要确定x_t^{vac}，就可能会把μ^{vac}作为目标感染水平，然后在我们相信(或希望)的水平接种疫苗才能达到目标。为此，先计算：

$$\zeta_t(\theta^{vac}) = \frac{1}{\theta^{vac}} \max\{0, (\bar{\mu}_t - \mu^{vac})\}$$

可以把 ζ_t 视为我们与目标 μ^{vac} 之间的距离。这个计算忽略了估算 $\bar{\mu}_t$ 的不确定性，因此，我们可能想使用：

$$\zeta_t(\theta^\zeta) = \max\{0, (\bar{\mu}_t + \theta^\zeta \bar{\sigma}_t - \mu^{vac})\}$$

这项策略是说 μ_t 可能与 $\bar{\mu}_t + \theta^\zeta \bar{\sigma}_t$ 一样大，其中 θ^ζ 是一个可调参数。现在关于 x^{vac} 的策略是：

$$X^{pfa-vac}(S_t|\theta^{vac}, \theta^\zeta) = \frac{1}{\theta^{vac}} \zeta_t(\theta^\zeta) \tag{20.20}$$

使用策略 $X^{obs}(S_t)$，可以为 $x_t = (x_t^{vac}, x_t^{objs})$ 写一个策略：

$$X^{PFA}(S_t|\theta) = \left(X^{pfa-vac}(S_t|\theta^{vac}, \theta^\zeta), X^{pfa-obs}(S_t|\theta^{obs})\right)$$

其中，$\theta = (\theta^{vac}, \theta^{obs}, \theta^\zeta)$。这项策略必须在目标函数(式(20.16))中进行调整。然后，将此策略与通过近似贝尔曼方程取得的策略进行比较。

设计策略函数近似的另一种方法是假设它由线性模型表示：

$$X^{PFA}(S_t|\theta) = \sum_{f \in \mathcal{F}} \theta_f \phi_f(S_t)$$

参数函数非常易于估算，但必须了解策略的结构。另一种方法是使用神经网络，其中，θ 是神经网络图中链路的权重。重要的是记住，神经网络往往是高维的(θ 可能有数千甚至数十万个维度)，并且它们可能无法复制明显的属性。不管怎样，我们都会使用式(20.16)中的目标函数调整 θ。

成本函数近似

接下来将使用空间分布流感疫苗接种问题来说明CFA，假设每次只允许观察一个区域 $x \in \mathcal{I}$(只有一个检查组)。如果一次只能处理一个地区，往往会选择处理流感流行率估计值最高的地区。

我们不知道 μ_{tx}，但在 t 时，假设对流感在该地区 $x \in \mathcal{I}$ 的流行情况有一个估计 $\mu_x \sim N(\bar{\mu}_{tx}, \bar{\sigma}_{tx}^2)$。我们用这个信念来决定接种区域，并使用以下策略来描述此：

$$X^{vac}(S_t) = \arg\max_{x \in \mathcal{I}} \bar{\mu}_{tx}$$

然后，必须决定观察哪个区域。可以把这个问题看作一个多臂老虎机问题，在这个问题上，必须决定先观察哪个地区(老虎机术语中的"臂")。计算机科学界最流行的一类学习问题策略称为多臂老虎机问题的上置信边界。一类UCB策略是区间估计，它将选择求解下式的区域 x。

$$X^{obs-IE}(S_t|\theta^{IE}) = \arg\max_{x \in \mathcal{I}} \left(\bar{\mu}_{tx} + \theta^{IE} \bar{\sigma}_{tx}\right) \tag{20.21}$$

其中，$\bar{\sigma}_{tx}$ 是估计值 $\bar{\mu}_{tx}$ 的标准差。

策略 $X^{obs-IE}(S_t|\theta^{IE})$ 是参数化成本函数近似的一种形式；它需要解决一个嵌入的优化问题，且没有人确切尝试过估计某个决策对未来的影响。这很容易计算，但是 θ^{IE} 必须调

整。为此，需要一个目标函数。注意，我们将在模拟器中调整策略，这意味着可以读取所有 "μ_{tx}，$x \in \mathcal{I}$"。

设 $x_t^{obs} = X^{obs-IE}(S_t|\theta^{IE})$ 是给定 S_t 中已知信息的情况下选择观察的区域。这提供了以下观察值：

$$W_{t+1,x_t^{obs}} = \mu_{t,x_t^{obs}} + \varepsilon_{t+1}$$

其中，$\varepsilon \sim N(0, \sigma_W^2)$。然后，基于此观察结果，使用平均值(式(7.26))和精度(式(7.27))的贝叶斯更新公式(见式(20.11)和式(20.12))更新估计值 $\bar{\mu}_{t,x_t^{obs}}$。

重要的是记住，作为观察和疫苗接种策略的结果，真正的流行率 μ_{tx} 会随着时间而变化，因此将其表示为 $\bar{\mu}_{tx}^{\pi}(\theta^{IE})$，其中观察策略的参数为 θ^{IE}。

我们正在现场学习，这意味着我们希望，随着时间的推移，将所有地区的流感流行率降至最低。由于使用模拟器来评估策略，因此使用下式给出的流感流行的真实水平来评估其性能：

$$F^{\pi}(\theta^{IE}) = \mathbb{E}_{S_0} \left\{ \sum_{t=0}^{T} \sum_{x \in \mathcal{I}} \bar{\mu}_{tx}^{\pi}(\theta^{IE}) | S^0 \right\} \tag{20.22}$$

然后需要求解下式来调整策略：

$$\min_{\theta^{IE}} F^{\pi}(\theta^{IE})$$

基于价值函数的策略

任何具有适当定义的状态变量的序贯决策问题都可以用贝尔曼方程求解：

$$V_t(S_t) = \max_x \left(C(S_t, x_t) + \mathbb{E}\{V_{t+1}(S_{t+1})|S_t, x_t\} \right)$$

这提供了以下策略：

$$X^{VFA}(S_t) = \arg\max_x \left(C(S_t, x_t) + \mathbb{E}\{V_{t+1}(S_{t+1})|S_t, x_t\} \right)$$

实际上，无法计算 $V_t(S_t)$，因此使用近似价值函数的方法(见第15~17章)。

近似价值函数已广泛用于动态规划和随机控制问题。然而，信念状态问题在很大程度上被忽视，但是关于Gittins指数的文献(见7.6节)除外，此类文献简化了高维信念状态(整个臂组的信念)，使每个臂对应一个动态规划。

原则上，通过使用如下的统计模型替换价值函数 $V_t(S_t)$，近似动态规划甚至可以应用于高维问题，包括那些具有信念状态的问题：

$$V_t(S_t) \approx \overline{V}_t(S_t|\theta) = \sum_{f \in \mathcal{F}} \theta_f \phi_f(S_t)$$

其中，$(\phi_f(S_t))_{f \in \mathcal{F}}$ 是个特征集。或者，可以通过使用神经网络近似 $\overline{V}_t(S_t)$。

我们注意到，或许可以将策略写作：

$$X^{VFA}(S_t|\theta) = \arg\max_x \left(C(S_t, x) + \sum_{f \in \mathcal{F}} \theta_f \phi_f(S_t, x) \right) \tag{20.23}$$

其中，$(\phi_f(S_t, x_t))_{f \in \mathcal{F}}$ 是包括 S_t 和 x_t 的特征集。例如，可以设计如下公式：

$$X^{VFA}(S_t|\theta) = \arg\max_x \left(C(S_t, x) + (\theta_{t0} + \theta_{t1}\bar{\mu}_t + \theta_{t2}\bar{\mu}_t^2 + \theta_{t3}\bar{\sigma}_t + \theta_{t4}\beta_t\bar{\sigma}_t) \right)$$

如第3章和第16章所述，已经开发了多种适合 θ 的策略。

直接前瞻策略

直接前瞻策略涉及求解式(11.24)中给出的近似前瞻模型，为方便起见，在此重新列出该式：

$$X_t^{DLA}(S_t) = \arg\max_{x_t} \left(C(S_t, x_t) + \tilde{E} \left\{ \max_{\tilde{\pi}} \tilde{E} \left\{ \sum_{t'=t+1}^{T} C(\tilde{S}_{tt'}, \tilde{X}^{\tilde{\pi}}(\tilde{S}_{tt'})) | \tilde{S}_{t,t+1} \right\} | S_t, x_t \right\} \right) \tag{20.24}$$

直接前瞻策略的问题是，它需要解决一个随机优化问题(以解决原始的随机优化问题)。为了便于处理，可以引入各种近似。与本问题场景相关的近似列举如下。

(1) 使用确定性近似。对于纯粹的资源分配问题，这些方法是有效的(谷歌地图使用确定性前瞻，通过随机图找到抵达目的地的最佳路径)，但似乎不太适用于学习问题。

(2) 对 $\tilde{\pi}$ 使用参数化策略，可以使用之前建议的任何策略作为前瞻策略。然后，必须使用蒙特卡洛采样来近似期望。

(3) 可以求解一个简化的马尔可夫决策过程。

(4) 可以使用蒙特卡洛树搜索来近似前瞻。

下面说明第三种方法。从流感问题的模型(3)开始，它需要状态变量：

$$S_t^{cont} = ((\bar{\mu}_t, \beta_t), (\bar{\delta}_t, \beta_t^{\delta}))$$

我们能够合理地使用二维状态变量(使用离散化)，而非四维状态求解动态规划。一种近似策略是通过保持 $(\bar{\delta}_t, \beta_t^{\delta})$ 不变来固定关于漂移 δ 的信念。这意味着持续带着不确定性建模真实 δ，但忽略了这样一个事实：可以持续学习和更新信念。这意味着在前瞻模型中状态变量 $\tilde{S}_{tt'}$ 由下式给出：

$$\tilde{S}_{tt'} = (\tilde{\mu}_{tt'}, \tilde{\beta}_{tt'})$$

假设可以离散化二维状态，可在这个近似模型上使用经典的后向动态规划来求解前瞻模型(可以在稳态下或在有限时域内进行，这更有意义)。求解此模型，将为近似前瞻模型提供精确的价值函数 $\tilde{V}_{tt'}(\tilde{S}_{tt'})$，可以从中找到现在要做出的决策：

$$X_t^{\pi}(S_t) = \arg\max_x \left(C(S_t, x) + \mathbb{E}\{\tilde{V}_{t,t+1}(\tilde{S}_{t,t+1})|S_t\} \right) \tag{20.25}$$

然后，实施 $x_t = X_t^{\pi}(S_t)$，前进至 $t+1$、观察 W_{t+1}，更新到状态 S_{t+1} 并重复该过程。

混合策略

有两种决策：是否观察 x_t^{obs}，以及要接种多少疫苗 x_t^{vac}。可以将它们组合成一个二维决策 $x_t = (x_t^{obs}, x_t^{vac})$，然后枚举所有可能的动作。不过，也可以使用混合策略。例如，可以使用式(20.19)中的策略函数，然后转向 x_t^{vac} 的其他4类策略中的任何一类。这不仅降低了问题的维度，而且当对 x_t^{obs} 的函数(也许是UCB风格的策略)有信心，但因为管理的是物理资源而没有信心为更复杂的 x_t^{vac} 设计函数时，这可能会有所帮助。

20.3　POMDP角度*

POMDP领域通过将我们的流感问题视为一个带状态 μ_t 和控制(或至少影响)该状态动作 x_t 的动态规划，来处理该可控版本。从这个角度来看，μ_t 是系统的状态。任何对"该状态"的引用都是指双智能体模型的环境状态 μ_t。在资源受限的系统里，将 R_t 添加到状态变量，可得到 $S_t = (R_t, \mu_t)$，但当下要关注无约束问题。

然后，研究领域转向对 μ_t 相关的信念建模的理念，然后引入"信念MDP"，其中信念是状态(而非 μ_t)。

马尔可夫决策过程的这两个版本的问题在于，没有一个关于"谁知道什么"的明确模型。"状态"s(有时称为物理状态)会与给出处于状态 s 的概率的信念 $b(s)$ 混淆，其中 $b(s)$ 是它自己的状态变量! 这个问题不仅出现在谁有权读取 μ_t 的问题中，还出现在关于转移函数的信息中。我们用双智能体模型解决了这种混淆问题。

为了帮助展示POMDP视角，将做出以下假设。

假设(1)　正在稳态下解决问题。

假设(2)　状态空间是离散的，这意味着有 $S_t \in \mathcal{S} = \{s_1, \dots, s_K\}$。例如，状态可能是患者的血糖(离散化)。我们无法完全观察状态(对血糖的观察伴随着采样误差和患者血糖的自然变化)。

假设(3)　根据(未知)状态做出决策 x_t，这可能是控制血糖的饮食选择(或药物选择，包括药物类型和剂量)。

假设(4)　可以计算一步转移矩阵 $p(s'|s, x)$，这是处于状态 s 并采取动作 x，转变为 $S = s'$ 的概率。重要的是记住，$p(s'|s, x)$ 使用下式计算：

$$p(s'|s, x) = \mathbb{E}_S \mathbb{E}_{W|S} \{\mathbb{1}_{\{S_{t+1} = s' = S^M(s,x,W)\}} | S_t = s\}$$

期望 $\mathbb{E}_S$ 获取我们对状态 S(如实际血糖)的不确定性，而期望 $\mathbb{E}_{W|S}$ 获取 S 的观察结果中的噪声。计算一步转移矩阵 $p(s'|s, x)$ 意味着需要知道转移函数 $S^M(s, x, W)$，这可能是未知的(我们可能不知道患者对饮食或药物的反应)。此外，我们需要知道 W 的概率分布。

表20.2给出了模型中使用的符号。

表20.2　POMDP符号表

物理(不可观察)系统	
$S_t = s$	物理(不可观察)状态s
x_t	对S_t起作用的决策(由控制器做出)
W_{t+1}	影响物理状态S_t的外生信息
$S^M(s, x, w)$	给定$x_t = x$和$W_{t+1} = w$的条件下，物理状态$S_t = s$的转移函数
$p(s'\|s, x)$	$Prob[S_{t+1} = s' \| S_t = s, x_t = x]$
控制器系统	
$b(s)$	处于物理(不可观察)状态s的概率(信念)
W^{obs}	对物理状态$S_t = s$的噪声观察
$\mathcal{W}^{obs}$	W^{obs}的结果空间
$P^{obs}(w\|s)$	给定$S_t = s$的条件下，观察到$W^{obs} = w$的概率

有了这些假设，就可以推导出离散状态和动作的贝尔曼方程的常见形式：

$$V(s) = \max_x \left(C(s, x) + \sum_{s' \in \mathcal{S}} p(s'|s, x) V(s') \right) \tag{20.26}$$

通过求解贝尔曼方程(式(20.26))来确定动作时存在的问题是，控制器断定x无法看到状态s。POMDP领域通过为每个状态$s \in \mathcal{S}$创建信念$b(s)$来解决这一问题。在任何时候，只能处于一种状态，这意味着：

$$\sum_{s \in \mathcal{S}} b(s) = 1$$

POMDP相关文献随后根据信念状态向量$b = (b(s_1), \ldots, b(s_K)) = (b_1, \ldots, b_K)$创建了所谓的信念MDP，其中$b_k$是指概率(我们的信念)$\mu = s_k$。这是一个动态规划，其状态由连续向量$b$给出。接下来介绍由下式给出的信念向量$b$的转移函数：

$$B^M(b, x, W) = \text{给出概率向量}b'(b' = B^M(b, x, W))\text{的转移函数，当前信念向量(先}$$
$$\text{验)为}b\text{时，做决策}x\text{，然后观察随机变量}W\text{——这是选择进行观}$$
$$\text{察时对}\mu_t\text{的噪声观察}$$

函数$B^M(b, x, W)$返回向量b'，其中，对于每个物理状态s，都有一个元素$b'(s)$。要清楚，如果$b_t(s)$是处于状态s时的信念，b_{t+1}就是由下式给出的处于每个状态s'时的信念向量：

$$b_{t+1} = B^M(b_t, x_t, W_{t+1})$$

我们用$B^M(b, x, W)(s)$表示由$B^M(b, x, W)$返回的向量元素s。

在贝叶斯定理的使用中，信念转移函数的推导是一个中等难度的练习，见20.8.1节。不过，可以证明贝尔曼方程(式(20.26))能写作：

$$V(b_t) = \max_x \left(C(b_t, x) + \sum_{s \in \mathcal{S}} b_t(s) \sum_{s' \in \mathcal{S}} p(s'|s, x) \times \right.$$

$$\left. \sum_{w^{obs} \in \mathcal{W}^{obs}} P^{obs}(w^{obs}|s', x) V(B^M(b_t, x, w^{obs})) \right) \tag{20.27}$$

如果式(20.27)可以被解出来，那么控制器的决策策略由下式给出：

$$X^*(b_t) = \arg\max_x \left(C(b_t, x) + \sum_{s \in \mathcal{S}} b_t(s) \sum_{s' \in \mathcal{S}} p(s'|s, x) \right.$$

$$\left. \sum_{w^{obs} \in \mathcal{W}^{obs}} P^{obs}(w^{obs}|s', x) V(B^M(b_t, x, W^{obs})) \right)$$

这些公式背后的计算似乎还不够令人生畏，我们还需要认识到，正在将控制器的决策与物理系统的动力学知识(由转移矩阵捕捉)相结合。一步转移矩阵需要了解转移函数 $S^M(s, x, W)$，而这一切并非总是控制器已知的。在20.2.4节的一个示例场景中，控制智能体不知道真实转移函数。

这里的一个挑战是，即使已经使不可观察的状态离散化，向量b仍是连续的。然而，使用状态b的贝尔曼方程具备一些研究领域已开发的良好特性。同样，它仍然受限于以下问题：不可观察系统的状态空间$\mathcal{S}$相对较小。记住，小问题很容易产生10 000个状态空间，我们永远不可能用这么大的状态空间来执行这些公式(想想当对美国50个州或3000多个县中的每个状态都有信念时，状态空间的大小)。因此，POMDP研究领域制定了各种近似策略。

相反，双智能体模型避开了控制器知道转移函数的假设，并为使用4类策略中的任何一类打开了大门，如我们所展示的，这些策略可以被扩展到维度非常高的问题。同样重要的是，它为更容易解释和实施的简单PFA和CFA打开了大门。

20.4　双智能体报童问题

2.3.1节引入了报童问题，在许多应用中，这是涉及不确定性资源分配的一个基本问题。在这个问题中，分配了一个数量x_t，然后观察需求$\hat{R}_{t+1}$。我们将使用成本最小化版本，其中对于每单位未满足的需求都有一个短缺成本c^u，对于每单位(在下一个时间段才会持有的)超额库存都有一个超额成本c^o。这产生了一个由下式给出的成本函数$F(x, D)$。

$$F(x, D) = c^u \max\{0, D - x\} + c^o \max\{x - D\} \tag{20.28}$$

在许多应用中，"现场智能体"(我们指定的"q")认为需要提供资源来满足估计的需求，但必须向可能无法满足整个请求的"中央智能体"(q')请求资源。通常，现场智能体的短缺成本会高于超额成本(即$c_q^u > c_q^o$)。比较一下，粮食、血液或弹药都用完了的情况与这3种资源都过剩的情况。

设：

$$\hat{R}_{t+1} = t+1时的实际资源需求$$
$$\hat{R}_t^e = 对t时的需求\hat{R}_{t+1}的估计$$
$$= \mathbb{E}\hat{R}_{t+1}$$

换句话说，$\hat{R}_t^e$是对$\hat{R}_{t+1}$的无偏估计，是最初的报童问题中没有提供的信息。

如果知道给定估计值R_t^e的情况下$\hat{R}_{t+1}$的分布，就可以在式(20.28)中找到问题的最优解。不过，这里假设不知道分布。但仍然可以通过下式求出最优解：

$$X^\pi(S_t|\theta_t) = R_t^e + \theta_t \tag{20.29}$$

其中，S_t是决策者在t时所知道的信息。可以从假设$S_t = R_t^e$开始，但状态变量也取决于自适应更新θ_t的过程。

现场智能体面临的真正挑战是，它必须向有自己目标的"中央智能体"寻求资源。这是我们在最初的报童问题中没有遇到的一个转折点(在实践中经常出现)。设：

$$x_{tqq'} = 现场智能体q向中央智能体q'提出的资源请求，$$
$$= X_q^\pi(S_{tq}|\theta_{tq})$$
$$x_{tq'q} = 中央智能体q'决定给现场智能体q的数量，$$
$$= X_{q'}^\pi(S_{tq'}|\theta_{tq'})$$

这为现场智能体q产生了一个成本函数$F_q(x,\hat{R})$，见下式：

$$F_q(x_{tqq'}, \hat{R}_{t+1}) = c_q^u \max\{0, \hat{R}_{t+1} - x_{tq'q}\} + c_q^o \max\{0, x_{tq'q} - \hat{R}_{t+1}\} \tag{20.30}$$

其中，中央智能体向现场智能体提供的数量$x_{tq'q}$取决于由现场智能体向中央智能体发出的原始请求$x_{tqq'}$，不过其中的关系是现场智能体必须尝试估计的。

为了理解中央智能体可能如何做决策$x_{tq'q}$，必须给出目标函数，如下式所示：

$$F_{q'}(x_{tq'q}, \hat{R}_{t+1}) = c_{q'}^u \max\{0, \hat{R}_{t+1} - x_{tq'q}\} + c_{q'}^o \max\{0, x_{tq'q} - \hat{R}_{t+1}\} \tag{20.31}$$

智能体q和智能体q'目标之间的唯一区别是智能体q使用成本(c_q^u, c_q^o)而智能体q'使用$(c_{q'}^u, c_{q'}^o)$。通常，$c_q^u > c_{q'}^u$且$c_q^o < c_{q'}^o$，这反映了现场智能体不太想耗尽资源。

注意，中央智能体的表现仍然取决于是否满足未知需求$\hat{R}_{t+1}$，但可以合理假设，中央智能体的短缺成本和超额成本可能满足$c_{q'}^u = c_{q'}^o$，这意味着现场智能体尽可能与预期需求相匹配，但其实现场智能体希望避免低于预期需求。这造成了一种紧张局势(在实践中经常发生)，即现场智能体比中央智能体需要更高的资源水平，中央智能体对短缺成本不太敏感，而对超额成本更敏感。这突出了两个智能体或许会一起工作(但目标不同)，最终会表现出竞争性。

回想一下，为现场智能体提供了$\hat{R}_{t+1}$的无偏估计R_t^e，但鉴于$c_q^u < c_q^o$，可以期望：式(20.29)中θ_{tq}的最优值意味着$\theta_{tq} > 0$，而这又意味着尽管智能体q向智能体q'发出的请求$x_{tqq'}$基于无偏估计R_t^e，但却可能是对$\hat{R}_{t+1}$的有偏差的估计。

接下来借用式(20.29)中的原始报童决策，为同一形式的智能体q提出一项策略：

$$X_q^\pi(S_{tq}|\theta_{tq}) = x_{tqq'} = R_t^e + \theta_{tq} \tag{20.32}$$

在这种情况下，有两个理由相信$\theta_{tq} > 0$：

- 由于$c_q^u > c_q^o$，想要订购的数量多于估计R_t^e。
- 由于当下提出的原因，我们将期望中央智能体给予现场智能体的比其要求的更少，这意味着我们期望$x_{tq'q} < x_{tqq'}$。现场智能体将知道这一点，并以此为理由进一步夸大请求。

因为$x_{tqq'}$很可能会偏大，所以理应为中央智能体提出以下形式的策略：

$$X_{q'}^\pi(S_{tq}|\theta_{tq}) = x_{tqq'} - \theta_{tq'} \tag{20.33}$$

其中已经减去了校正项$\theta_{tq'}$以便期望$\theta_{tq'} > 0$。

式(20.33)中的策略仅使用来自智能体q的请求来指导中央智能体的决策。这使得中央智能体相对容易操作。例如，中央智能体将学习"请求$x_{tqq'}$被夸大并进行调整"（如式(20.33)所示），现场智能体可能会继续夸大$x_{tqq'}$。

一个更合理的模型是，假设中央智能体会平衡来自现场智能体的请求$x_{tqq'}$与某个独立的知识来源。一种想法是使用3.5节中描述的方法估计来自现场智能体的请求的偏差和方差，以及独立知识来源的偏差和方差。设$w_{tqq'}$和$w_{t\cdot q'}$是为每个信息源给出的权重，这两个权重值的计算方式为：取各自估计值的方差与偏差平方之和的倒数，并进行归一化，使两个权重之和为1(见3.6.3节)。然后，使用下式获得需求的混合估计：

$$x_{tq'}^{blend} = w_{tqq'} x_{tqq'} + w_{t\cdot q'} x_{t\cdot q'} \tag{20.34}$$

该机制还鼓励现场智能体保持一定程度的真实性，因为偏差或噪声会降低$w_{tqq'}$的影响。

若对智能体q和q'采用式(20.32)和式(20.33)中的策略，则需要设计策略以调整θ_{tq}和$\theta_{tq'}$，用下式来表示：

$$\theta_{t+1,q} = \Theta_q^\pi(S_{tq}),$$
$$\theta_{t+1,q'} = \Theta_{q'}^\pi(S_{tq})$$

接下来要直面设计适应性学习策略$\Theta_q^\pi(S_{tq})$和$\Theta_{q'}^\pi(S_{tq'})$的挑战。

图20.3采用类似于电路图的形式来描述信息流。此图表明噪声可能进入不同形式通信的位置。它展示了现场智能体根据现场输入做出决策，然后向中央智能体发送请求的过程；也展示了中央智能体如何将来自现场智能体的请求与自己的环境信息相结合，以做出自己的判断。

我们需要认识到，没有一种"正确"的方法来设计这些策略，因为这与建模人类行为有关。例如，(必须管理数百个现场智能体的)中央智能体可能会使用一个简单的规则：

$$\Theta_{q'}^\pi(S_{tq'}|\rho_{q'}) = (1 - \rho_{q'})\theta_{tq'} + \rho_{q'}(x_{tqq'} - \hat{R}_{t+1}) \tag{20.35}$$

注意，使用此策略时，q' 的状态变量将是 $S_{tq'} = (x_{tqq'}, \theta_{tq'})$。

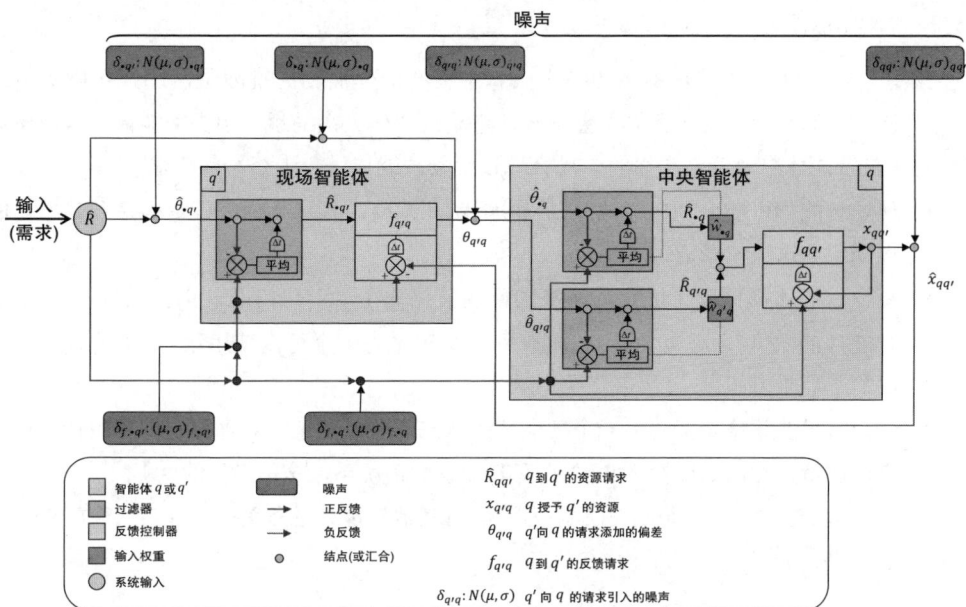

图20.3　双智能体报童问题的信息流

式(20.35)中的策略是一种简单的带有需要调整的平滑参数 $\rho_{q'}$ 的反应策略(PFA的一种形式)。智能体 q' 不知道初始估计 R_t^e(此信息是现场智能体的私有信息)，但我们假设在时间段 t 结束时，q' 能够了解实际需求 $\hat{R}_{t+1}$(注意，在实践中并非总是如此)。智能体 q' 想知道，现场智能体对它的请求有多大的偏差，但它对 R_t^e 的最优估计是 $\hat{R}_{t+1}$。

同样，可能会为智能体 q 制定策略：

$$\Theta_q^\pi(S_{tq}|\rho_q) = (1 - \rho_q)\theta_{tq} + \rho_q(x_{tqq'} - x_{tq'q}) \tag{20.36}$$

同样，这是一个简单的反应策略，可利用现场智能体的能力来应用现场智能体要求的内容 $x_{tqq'}$ 和中央智能体提供的内容 $x_{tq'q}$ 之间的差异。

虽然对任何一个智能体都没有"恰当"的策略，但却可以提出，在给出中央智能体的一个假定的策略 $X_{q'}^\pi(S_{tq'})$ 的情况下，为智能体(例如现场智能体 q)设计最佳(或最优)策略的问题。实际上，尽管PFA(如式(20.32)和式(20.33)中的策略)在这样的环境中将是最受欢迎的，仍旧应该考虑所有4类策略。这意味着每个智能体都面临一个无导数的随机搜索问题，因此第7章中的方法将发挥作用。由于另一个智能体可能会不断调整其策略，因此每个智能体都会面临非平稳学习问题。

这个非常简单的模型适合用于设计多种策略，这很好地说明了多智能体设置的一些挑战。我们可以考虑使用的一些策略列举如下。

- 如果每个智能体都使用简单的调整策略，如式(20.32)和式(20.33)中所示的策略，则每个智能体都会面临另一智能体学习其策略并进行调整的风险。隐藏策略的一个简单策略是引入一些噪声。例如，中央智能体可能使用策略：

$$X_{q'}^\pi(S_{tq}|\theta_{tq}) = x_{tqq'} - \theta_{tq'} + \varepsilon_{q'}$$

其中，$\varepsilon_{q'} \sim N(0, \sigma_{q'}^2)$是零平均噪声项。中央智能体面临的挑战是，选择正确的方差值$\sigma_{q'}^2$。该值过低的话，现场智能体会学会该策略；该值太高的话，中央智能体的响应资源级别对中央智能体来说就是次优的，只会导致现场智能体进一步夸大其请求。

- 现场智能体可能会期望策略$\Theta_{q'}^\pi(S_{tq'})$更新其调整，并将此响应机制构建到其自己的选择中。这意味着近似$\partial \Theta_{q'}^\pi(S_{tq'})/\partial \theta_{tq}$。
- 每个智能体都可以将优化其调整的问题转化为主动学习问题。也就是说，(从现场智能体的角度)考虑离散化θ_{tq}，然后将其转化为一个可以使用第7章中的方法来解决的主动学习问题。
- 一个常见的策略是猜测另一个智能体的状态变量，这意味着理解它们使用什么信息来做决策，然后试图操纵它(在没有其知识的情况下，这是必然的)。

所有这些策略的一个共同主题是，为了学习其他智能体的行为(即策略)，需要查看它们的决策。

20.5　多个独立智能体——HVAC控制器模型

下面考虑控制大楼的各个公寓的空调的问题，并牢记以下两个目标。

- 每个公寓的温度需要保持在$E^{\min}$至$E^{\max}$范围内，当温度超出这个范围时，就会处以特定的经济处罚(以租金折扣的形式表示)。
- 该大楼按每5分钟变化一次的实时电网价格支付电费，大楼物业希望将电费降至最低。

空调由每个公寓的恒温器控制，可作为一个智能体进行建模。恒温器不能通信。

20.5.1　建模

使用以下标准框架为每个恒温器q的系统建模。

状态变量

$$E_{tq}^{in} = 公寓q的当前温度$$

$$E_t^{out} = 当前室外温度$$

$$H_{tq} = \begin{cases} 1 & 若公寓q内的空调当前已开启 \\ 0 & 若空调当前已关闭 \end{cases}$$

$$S_{tq} = 公寓q内的空调系统状态$$

$$= (E_{tq}^{in}, E_t^{out}, H_{tq}).$$

决策变量

$$x_{tq} = \begin{cases} +1 & \text{若想打开空调}(\text{需要}H_{tq} = 0) \\ 0 & \text{若希望保持不变} \\ -1 & \text{若想关闭空调}(\text{需要}H_{tq} = 1) \end{cases}$$

设 $X_q^\pi(S_{tq})$ 是在给定 S_{tq} 信息的情况下，决定 x_{tq} 的策略。

外生信息变量

可通过以下两种方法对系统进行建模。

- 无模型——如果不需要预设温度 E_{tq}^{in} 随时间变化的动态模型，就使用这种方法。在这种情况下，假设只观察到 $E_{t+1,q}^{in}$，这意味着这是外生信息，因此 $W_{t+1,q} = E_{t+1,q}^{in}$。我们知道 $H_{t+1,q}$，是因为知道 H_{tq} 和 x_{tq}，然后它们会确定 $H_{t+1,q}$，这意味着有 $W_{t+1,q} = S_{t+1,q}$(也就是说，我们的外生信息是状态变量)。

- 基于模型——这为更丰富的模型打开了大门。假设可以获得外部温度(称为 E_t^{out})，可以根据公寓的热力学性质得到一个动态模型。在这种情况下，外生信息将是 $W_{t+1,q} = E_{t+1}^{out}$(假设恒温器可以读取外部温度)。

转移函数

如果使用无模型公式，那么 $S_{t+1,q} = W_{t+1,q}$，也就是说，只是观察 $t+1$ 时的状态，而非计算在给定 x_{tq} 的情况下如何达到该状态和观察 $EW_{t+1,q}$。

基于模型的表示可能允许观察外部温度 E_{t+1}^{out}，然后使用动态公式，例如:

$$E_{t+1,q}^{in} = E_{tq}^{in} + \rho_q\left(E_{t+1}^{out} - E^0\right) + \varepsilon_{t+1,q} \tag{20.37}$$

其中，E^0 是基准温度(约65华氏度)，ρ_q 是反映公寓 q 传热的系数。

目标函数

评估性能的一种自然方法是，测量超出范围的偏差$(\theta^{min}, \theta^{max})$，如下式所示:

$$C_q(S_{tq}, x_{tq}) = c^u \max\{\theta^{min} - E_t, 0\} + c^o \max\{E_t - \theta^{max}, 0\}$$

必须选择系数 c^u 和 c^o 以反映建筑物过冷(夏季)与过暖的不适程度。如果可以的话，还可以加入运营成本:

$$C(S_t, x_t) = c^u \max\{\theta^{min} - E_t, 0\} + c^o \max\{E_t - \theta^{max}, 0\} + c^{oper} H_t$$

因为 c^{oper} 反映实际运营成本，所以 c^u 和 c^o 必须进行缩放，以捕捉运营成本相对于冷热不适的相对重要性。这是多目标成本的一个很好的例子。

20.5.2　设计策略

当然，平稳控制器是最简单的，但即便使用我们的基本HVAC控制器，仍有必要考虑所有4类策略。

策略函数近似——这些策略很容易成为实践中使用最广泛的策略。(空调问题)的自然策略是：

$$X_q^{AC}(S_t|\theta) = \begin{cases} 0 & \text{若 } E_t < \theta^{\min}, \\ +1 & \text{若 } E_t > \theta^{\max}, \\ H_t & \theta^{\min} \le E_t \le \theta^{\max} \end{cases}$$

在所有公寓中，我们故意保留 θ 常量。严格来说，大楼管理人员不是智能体(因为其只扮演背景 θ)，可以通过解决以下问题来设置此策略。

$$\min_\theta \sum_{t=0}^T \sum_{q \in \Omega} C_q(S_{tq}, X_{tq}^{PFA}(S_{tq}|\theta)) \tag{20.38}$$

可通过以下几种方法推广这个简单的策略。

- θ 可以依赖于每个智能体来捕捉公寓间不同的热传递速率。
- θ 可以与时间相关，以捕捉一天中不同时段的效应。

如果能够预测温度的变化(就像冬季每天早上都可能发生的那样)，而这种变化会导致内部温度 E_{tq}^{in} 发生超出 HVAC(暖通空调)系统调节能力的剧烈波动，那么 PFA 的主要局限性将会显现。因此，可能有必要开始预热(冬季)或预冷(夏季)，以平衡用电高峰期的需求压力。

成本函数近似——CFA 为使用确定性滚动时域程序打开了大门，正如在 13.3.3 节的能源示例中所做的那样。这只需要执行调整。可以像 13.3.3 节中的例子那样离线完成，但一个很好的挑战是在现场在线完成，这意味着我们将优化累积性能。可以在第 7 章中应用无导数随机搜索技术。

价值函数近似——在这种类型的应用中，由于不同时段模式清晰(即费率随一天当中使用时段的不同而异)，我们需要一个与每天时段相关的策略。当我们建议在 PFA 中设置一个与时间相关的控制参数 θ 时，就暗示了这一点。但这可能会将二维搜索问题转化为高维的搜索(特别是当 θ 与 5 分钟增量相关时)。另外，基于 VFA 的策略往往自然具有时间相关性。可以使用第 15 章(后向近似动态规划)或第 16~17 章(前向近似动态规划)中描述的任何近似动态规划算法。

直接前瞻——与时间相关的应用是前瞻策略的首选，正如 13.3.3 节中展示的储能问题，实际上就是 DLA 与 CFA 的组合，因为前瞻是参数化的。想象一下，如果提前知道每日温度的预测，就可以优化空调的开启和关闭过程，以保持适当的温度。这将涉及在滚动时域内求解整数规划。使用现代整数规划求解器处理此类问题并不是特别难，但与其他策略相比，此方法引入的计算量更大。如果这由中央服务器来完成，这种方法就是可行的，但是如果要由每个公寓中的每个恒温器来计算，此法就是不可能的。

20.6 合作智能体——空间分布血液管理问题

我们在8.3.2节介绍过血液库存管理问题，其中捕捉了8种不同类型的血液，储存时长(0至5周)，并对不同类型血液的替代能力进行了建模。然而，该模型没有捕捉位置。现在假设每家医院都在管理各自的血液库存，但有能力将血液从一个地方运送到另一个地方。(目前)进一步假设医院是大爱无私的——生命至上，每家医院都希望确保其血液库存得到最佳利用，无论是在自己的医院还是在其他医院。

我们将使用18.5节中介绍的可分分段线性价值函数近似策略。可以使用Benders切割(如18.6节所述)，但可分分段直线近似的使用可以通过智能体之间更简单的通信来完成。

该数学模型的介绍参见8.3.2节，其可分分段线性近似的逻辑则参见18.5节。在此，仅以图形方式回顾该模型和近似方法。图20.4(a)显示的是将用于单个医院q的网络模型，其中，我们为每种血型和储存时长都设置了一个节点，(允许替代的)每个血型的需求都带弧。

图20.4(b)通过将所有需求合并到一个节点中来简化图形，以更清楚地显示持有的血液。首先，流入节点以进入决策后状态(新需求被发现之前的剩余血液)，然后进入下周的决策前状态(此时血液"老了"一周)。使用可分分段线性价值函数的单智能体的策略可以写作：

$$X^{VFA-PWL}(S_t) = \arg\max_{x_t \in \mathcal{X}_t}\left(C(S_t, x_t) + \sum_{a\in\mathcal{A}} \overline{V}_{ta}^x(R_{ta}^x(x_t)) \right) \tag{20.39}$$

其中，$R_{ta}^x(x_t)$是在t周末具有属性a的血液单位数量(即决策后资源状态)，其中$\overline{V}_{ta}^x(R_{ta}^x(x_t))$是$R_{ta}^x(x_t)$血液单位的分段线性价值函数。

最后，图20.4(c)显示了附加到每个决策后节点的分段线性价值函数，生成了一个易于求解的确定性线性规划，并假设每个医院都可以访问这种类型的计算资源(对于医院来说，这种假设比恒温器更容易实现)。

这些价值函数近似仅适用于下一周同一医院的血液价值。通过获取每种类型和储存时长的额外血液单位的边际价值来计算这些分段线性近似，并将其与CAVE或调平(见18.3节)等算法结合使用，以便为各种类型或储存时长的额外血液单位价值创建凹性(如果最大化)近似。

现在假设，在医院q应用这个逻辑。分段线性价值函数近似只需要我们获得存储在医院q的带有属性a(包括血型和储存时长)的额外血液单位的边际价值$\hat{v}_{tqa}$。随着时间的倒推，这被用于更新价值函数近似$\overline{V}_{t-1,qa}(R_{t-1,qa})$的分段线性价值函数。

除了在医院q做血液选择决策之外，还可以决定将血液转移到另一家医院q'(或从医院q'转移到医院q)。为了助力这一过程，我们不仅需要储存在医院q的血液的价值，还需要其他医院q'储存的血液。这意味着医院q需要为每个医院q'估计$\overline{V}_{tq'a}^x(R_{tq'a}^x)$，以帮助决定血液是否应该转移到$q'$。

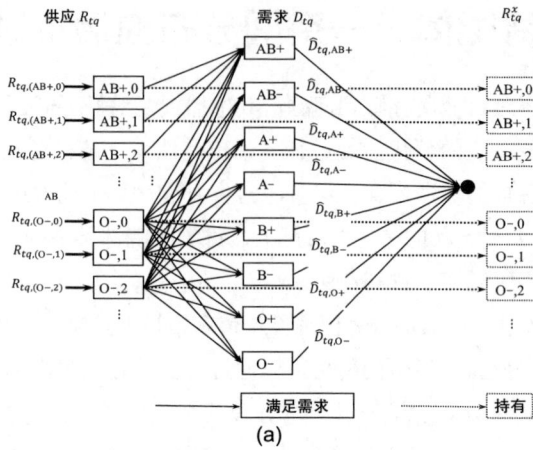

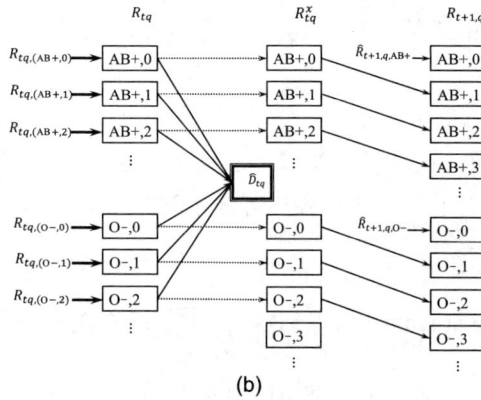

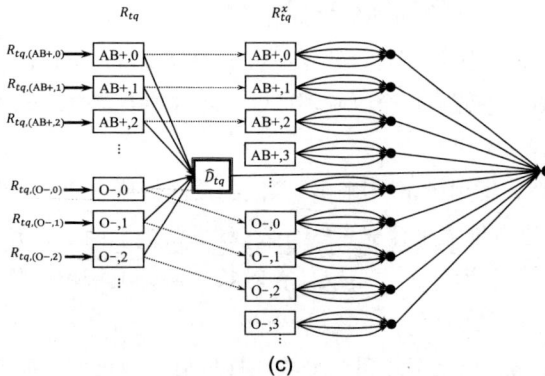

图20.4　(a) 显示了按不同血型需求分配血液供应的血液网络；(b) 聚合了需求弧，并显示了持有至决策后 R_t^x 以及下一个决策前 R_{t+1} 的血液网络；(c) 显示了附加到决策后资源节点的分段线性价值函数的血液网络

我们不必使用对所有医院的全局优化来解决这个问题(美国有数千家医院)。相反，可以使用多智能体公式，为每个医院求解单个小模型，并在医院之间传递边际价值。

当允许在医院间转移血液时，生成图20.5所示的网络，其中医院q允许将每个(由类型和储存时长标识的)血液单位转移到其他只表示为分段线性价值函数的医院。数学上，我们会为医院q制定以下策略：

$$X_q^{VFA-PWL}(S_t) = \arg\max_{x_{tq} \in \mathcal{X}_{tq}} \left(C(S_{tq}, x_{tq}) + \sum_{q' \in Q} \sum_{a \in \mathcal{A}} \overline{V}_{tq'a}^x (R_{tq'a}^x(x_t)) \right) \tag{20.40}$$

将式(20.39)中的单智能体策略与式(20.40)中的多智能体策略进行比较，不难发现它们除了要在t时分别为各个医院做出决策外，其他基本相同。

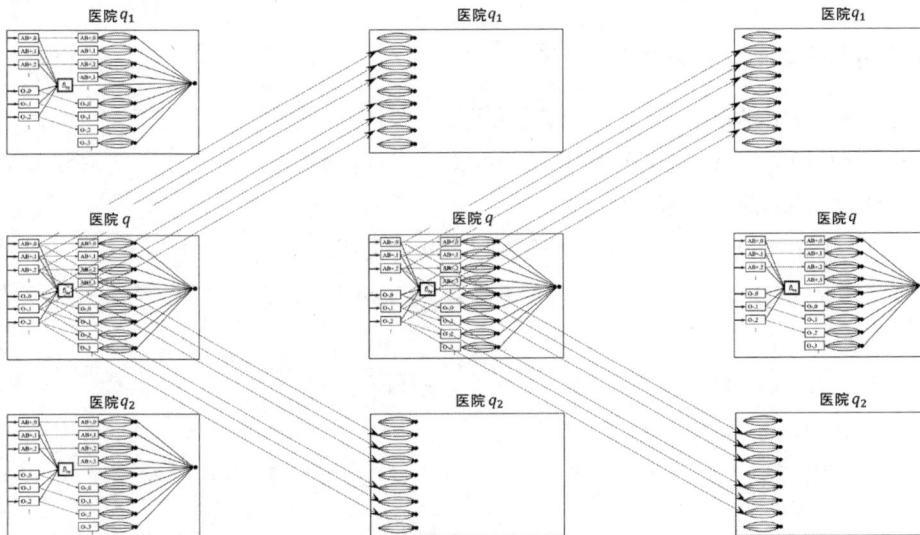

图20.5　多家医院的血液管理(作为一个多智能体系统)

必须强调，这种方法要求医院愿意与其他医院分享每个血液单位的边际价值$\hat{v}_{tqa}$。如果有必要，这种方法可以很容易地扩展到数千家医院。

我们试图在所有医院中进行优化，仔细实施这一逻辑，可以产生接近最佳的解决方案。但如果我们不相信医院是完全大爱无私的呢？可以通过简单地对其他医院的血液(而非自己医院的血液)价值打折扣来实现贪婪行为。如果折扣因子直降为零，就可回到完全贪婪的行为。

20.7　结束语

有大量关于多智能体系统的文献。其中大部分都集中在设备(无人机、机器人、无人空中飞行器)上，在这些设备上，对环境的信念的形成是主要挑战。这些问题在很大程度上超出了本书的范畴。

同样有大量的文献关注特定的环境领域，其中智能体的行为(即策略)是针对特定问题领域设计的，例如建模机器人足球队，调查城市环境、鸟群和昆虫群的无人机。通常，这些模型将策略设计与设备物理特性的详细控制(加速/减速、转弯、起飞和着陆)相结合。

这里的简要介绍旨在提供一些基本符号，并概述多智能体控制中出现的一些问题。这里的目标主要是演示如何扩展建模框架，以突出使用所有4类策略的潜力。

20.8 有效的原因

POMDP信念转移函数的推导

本节将推导由式(20.27)给出的贝尔曼方程。

信念转移函数是贝叶斯定理运用的一个练习。设$b_t(s)$是我们在t时处于状态$S_t = s'$(这是我们的先验)的概率。假设可以访问分布：

$$P^{obs}(w^{obs}|s) = \text{处于状态} s \text{并观察} W^{obs} = w^{obs} \text{的概率}$$

假设处于状态$S_t = s$，采取行动x_t并观察$W_{t+1}^{obs} = w^{obs}$，那么更新的信念分布$b_{t+1}(s')$将会是：

$$b_{t+1} \quad (s'|b_t, x_t, W_{t+1}^{obs} = w^{obs}) = B^M(b_t, x, W_{t+1}^{obs} = w^{obs})(s')$$

$$= Prob[S_{t+1} = s'|b_t, x_t, W_{t+1}^{obs} = w^{obs}]$$

$$= \frac{Prob[W_{t+1}^{obs} = w^{obs}|b_t, x_t = x, S_{t+1} = s']Prob[S_{t+1} = s'|b_t, x_t]}{Prob[W^{obs} = w^{obs}|b_t, x_t]} \tag{20.41}$$

$$= \frac{Prob[W_{t+1}^{obs} = w^{obs}|b_t, x_t, S_{t+1} = s']\sum_{s \in \mathcal{S}} Prob[S_{t+1} = s'|S_t = s, b_t, x_t]Prob[S_t = s|b_t, x_t]}{Prob[W_{t+1}^{obs} = w^{obs}|b_t, x_t]} \tag{20.42}$$

$$= \frac{Prob[W_{t+1}^{obs} = w^{obs}|S_{t+1} = s']\sum_{s \in \mathcal{S}} Prob[S_{t+1} = s'|S_t = s, x_t]b_t(s)}{Prob[W_{t+1}^{obs} = w^{obs}|b_t, x_t]} \tag{20.43}$$

$$= \frac{P^{obs}(w^{obs}|s')\sum_{s \in \mathcal{S}} P(s'|s, x_t)b_t(s)}{P^{obs}(w^{obs}|b_t, x_t)} \tag{20.44}$$

式(20.41)是贝叶斯定理的直接应用，其中所有概率都有给定的决策x_t和先验b_t(具有捕捉历史的效果)。式(20.42)处理了从给定"信念$b(s)$"的$S_t = s$到被观察的状态$S_{t+1} = s'$的转移。其余式子则识别$b_t(s)$条件何时不重要，并用变量名称替换不同的概率，从而简化式(20.42)。

使用以下公式计算式(20.41)中的分母：

$$Prob[W_{t+1}^{obs} = w^{obs}|b_t, x_t] = \sum_{s' \in \mathcal{S}} Prob[W_{t+1}^{obs} = w^{obs}|S_{t+1} = s']$$

$$\cdot \sum_{s \in \mathcal{S}} Prob[S_{t+1} = s'|S_t = s, x_t]Prob[S_t = s|b_t, x_t] \tag{20.45}$$

$$= \sum_{s' \in \mathcal{S}} P^{obs}(w^{obs}|s')\sum_{s \in \mathcal{S}} P(s'|s, x_t)b_t(s) \tag{20.46}$$

只要状态空间 $\mathcal{S}$ 不是太大(实际上它必须相当小)，观察概率分布 $P^{obs}(w^{obs}|S=s,x)$ 已知，且一步转移矩阵 $P(s'|s,x)$ 已知，式(20.44)计算起来就相当简单。$P^{obs}(w^{obs}|S=s,x)$ 的知识要求了解观察未知系统的过程的结构。例如，要对人群进行采样以了解谁患流感，就可能会使用二项采样分布来捕捉抽取流感患者的概率。一步转移矩阵 $P(s'|s,x)$ 的知识要求了解物理系统的潜在动态。

也就是说，要注意，状态空间上有3次求和用于计算单个值 $b_{t+1}(s')$。必须对每个 $s' \in \mathcal{S}$ 重复此操作，并为每个动作 x_t 和观察 W_{t+1}^{obs} 计算该值。这是许多嵌套循环。问题是，正在建模两个转移：状态 S_t 的转移以及信念向量 $b_t(s)$ 的转移。如果只是模拟这两个系统，就不是问题。式(20.44)和式(20.46)需要计算期望，以找到物理状态 S_t 和信念状态 b_t 的转移概率。

POMDP研究领域通过如下的(稳态问题的)贝尔曼方程来求解该动态规划：

$$V(b_t) = \max_x \left(C(b_t,x) + \mathbb{E}\{V(B^M(b_t,x,W_{t+1}^{obs}))|b_t,x\} \right)$$

最好将期望算子扩展到所涉及的实际随机变量上。假设我们处于带有信念向量 b_t 的物理状态 S_t，便可写出如下期望：

$$V(b_t) = \max_x \big(C(b_t,x) + \mathbb{E}_{S_t|b_t}\mathbb{E}_{S_{t+1}|S_t} \\ \mathbb{E}_{W_{t+1}^{obs}|S_{t+1}}\{V(B^M(b_t,x,W^{obs}))|b_t,x\} \big) \tag{20.47}$$

在这里，$\mathbb{E}_{S_t|b_t}$ 使用信念分布 $b_t(s)$ 在 S_t 的状态空间上进行积分。给定 S_t 的情况下，$\mathbb{E}_{S_{t+1}|S_t}$ 对 S_{t+1} 取期望。最后，$\mathbb{E}_{W_{t+1}^{obs}|S_{t+1}}$ 在给定所处状态 S_{t+1} 的观察空间上进行积分。这些期望将使用下式计算：

$$V(b_t) = \max_x \Bigg(C(b_t,x) + \sum_{s \in \mathcal{S}} b_t(s) \sum_{s' \in \mathcal{S}} p(s'|s,x) \\ \sum_{w^{obs} \in \mathcal{W}^{obs}} P^{obs}(w^{obs}|s',x)V(B^M(b_t,x,w^{obs})) \Bigg) \tag{20.48}$$

20.9　参考文献注释

20.1节——通过建模使控制分布在多个智能体之间的理念涉及很多应用，包括交通和运输(Chen等人(2010))、建筑控制系统(Zhao等人(2013))、动物科学(Tang和Bennett(2010))、农业(Tang和Bennett(2010))和能源(González-brionesetal等人(2018))。有很多关于这个主题的书(Tecuci(1998)以及D'Inverno和Luck(2001))的著作就是两个例子)，越来越多的教程使用"多智能体强化学习"(Chen等人(2010)、Busoniu等人(2011)和Dorri等人(2018))。Abara等人(2017)介绍了基于智能体的建模和软件。

本书对多智能体系统的演示遵循了一个不同的风格，这种风格首见于Powell(2021)的著作，其中每个智能体都使用了我们的通用框架建模。我们用通信的维度扩充了本质为单智能体的通用框架，区分了主要的智能体类别，其中控制智能体可以使用4类策略中的任何一类(这是全新的)。

20.2节——流感缓解模型摘自Powell (2020)的著作。

20.3节——POMDP的相关内容以及"经典POMDP框架假设控制智能体知道环境的转移函数"的论断，摘自Powell(2020)的著作。

20.4节——图20.3由Gunter Schemmann绘制，并在Warren Powell教授的ORF 411课程中使用多年。有大量关于报童问题的文献，但几乎没有论文提到"双智能体报童"。这一部分基于Brian Cheung在普林斯顿大学攻读博士学位时的工作写成。

20.5节——虽然将HVAC控制器建模为智能体的想法很常见(例如，参见Dorri等人(2018)和Zhao等人(2013)的论著)，但我们的演示使用的是本书的框架，这是全新的。

20.6节——血液管理模型使用了Godfrey和Powell(2001)首次提出的非线性价值函数，并适用于Powell和Godfrey(2002)提出的车队管理问题。Shapiro和Powell(2006)在空间分解方法中使用了这种近似的方法，其中空间分解可以被视为多智能体分解。这一理念随后被应用于管理机车的实际应用(该系统于2006年采用，截至本书撰写之时仍在运行)，参见Bouzaiene-Ayari等人(2016)的论著。此节将此理念应用于血液管理问题的举动属首创，使用它的原因是这个问题更简单。

练习

复习问题

20.1 有哪些类型的智能体？

20.2 可以使用通用建模框架对每个智能体进行建模，但多智能体系统确实引入了仅当有两个或更多智能体时才会出现的新元素。就高层次而言，这些新元素是什么？

20.3 请给出20.4节中双智能体报童问题的智能体S_{tq}和$S_{tq'}$的状态变量。

建模问题

20.4 要想全面描述多智能体系统的通信架构，必须指定什么？

20.5 智能体q可以使用哪些可观察信息学习智能体q'的行为？"行为"指的是智能体q'使用的策略$X_{q'}^\pi(S_{tq'})$。

20.6 多智能体系统要求智能体具备对其他智能体的信念。请思考用来描述智能体的通用框架的所有维度。以该框架的元素为起点，列出一个控制智能体可能对另一个控制智能体形成的所有信念。

20.7　在20.4节中，将双智能体报童问题的每个智能体的所有5个元素建模为序贯决策问题。标记智能体A和智能体B，并将这些标签放在与每个智能体关联的变量的下标中。但不必指定策略。

求解问题

20.8　假设将指定两个智能体——A和B，二者正在各自的群落(可能是相邻国家)努力缓解流感。如果没有相互影响，则可以使用20.2节中的模型对智能体A和B建模，但两国人口相互往来，传播了病毒。设：

$$P_{ti}^H \quad = \quad t时国家i真实的健康人数，$$

$$P_{ti}^I \quad = \quad t时国家i真实的感染人数，$$

$$P_{ti}^V \quad = \quad t时国家i接种疫苗的人数(这将被智能体i所知)，$$

$$\mu_{ti} \quad = \quad t时(对于i=A, B)，国家i流感人口的真实比例，$$

$$\rho_{ij} \quad = \quad 每个时间段从国家i到国家j的访客比例，同样适用于整个人口，$$

$$x_{ti}^{vac} \quad = \quad t时国家i的疫苗接种数量，$$

$$x_{tij}^{share} \quad = \quad t时从国家i发往国家j的疫苗数量，$$

$$x_{ti}^{test} \quad = \quad 在t和t+1时之间，国家i内接受测试的人数，产生噪声估计——P_{ti}^H的$$

$$\hat{P}_{t+1,i}^H 以及P_{ti}^I 的 \hat{P}_{t+1,i}^I (决定在t时测试人群，在t+1时生成观察)，$$

$$\bar{P}_{ti}^H \quad = \quad t时国家i健康人数的估计值，$$

$$\bar{P}_{ti}^I \quad = \quad t时国家i感染人数的估计值$$

最初假设两个智能体之间没有信息共享(例如估计$\bar{P}_t^H$ 或 $\bar{P}_t^I$)。

疫苗接种与健康状况或感染状况无关。健康人在接种疫苗后会受到保护，免受进一步的感染，但如果是在初次感染后接种疫苗，感染者则仍可能被感染。创建3个智能体：环境智能体(涵盖两个国家)和两个控制智能体。对于每个智能体，执行以下操作。

(1) 定义状态变量、决策变量、外生信息变量和转移函数(假设智能体i已知ρ_{ij}且智能体j已知ρ_{ji})。

(2) 假设每个控制智能体的目标是，将其所在国家的感染人数降至最低。请写出每个控制智能体的目标函数。

(3) 记住，人口可能存在很大区别，这意味着如果$P_{ti}^H \gg P_{tij}^H$，考虑到将从国家i前往国家j的人数比例ρ，国家j可能会向国家i输送疫苗。鉴于此，设计一个简单的PFA来为每个国家确定x_{ti}^{vac}和x_{tij}^{share}。

20.9　假设流感问题中的每一个智能体都愿意分享其观察结果 $\hat{P}_t^H$ 和 $\hat{P}_t^I$。进一步假设两个智能体都不清楚转移率 ρ_{ij} 和 ρ_{ji}。试描述这如何影响状态变量、外生信息变量和转移函数的表述。注意，每个智能体都必须创建各自对转移率的估计。

20.10　双智能体报童问题的中央智能体可以混合来自现场智能体的请求与外部知识来源，如式(20.34)所示。这个过程(我们认为这在与人打交道时很常见)产生了一些问题。

(1) 现场智能体似乎总是做得更好，相比于中央智能体的估计，它可以通过不断提高相对于估计 R_t^e 的请求来做到捷足先登。试描述混合程序如何阻止这种情况。

(2) 试描述可预测性过强会如何伤害现场智能体。

(3) 如果可预测性过强可能会伤害现场智能体，请描述一种可能有助于现场智能体的噪声和偏差策略。对比偏差与噪声的长期有效性。

20.11　假设中央智能体在双智能体报童问题(见20.4节)中不允许查看 $\hat{R}_{t+1}$，但确实看到了总成本(结合超额成本和短缺成本)，这可能是许多组织的典型情况。

(1) 更新中央智能体的模型。

(2) 根据中央智能体所掌握的信息，为其提出学习策略建议。

20.12　为双智能体报童问题(见20.4节)引入两个变化：首先，当下假设现场智能体可以在稍后的时间段内持有过剩库存；其次，短缺成本 c^u 当下随时间随机变化，因此将其建模为 c_t^u。这意味着某些时间段的 c_t^u 可能比其他时间段的高得多。这种变化鼓励现场智能体在短缺成本较低的时期囤积资源，以便在短缺成本较高时使用。

(1) 为现场智能体更新模型。假设中央智能体不知道为未来时间段持有的资源。

(2) (为现场智能体)建议持有库存的决策。注意，可能是在无法满足当前时间段的需求的同时，为未来时间段持有资源。

20.13　假设在双智能体报童问题(见20.4节)中，现场智能体试图预测中央智能体的行为(本书对此进行了初步讨论，但没有详细说明)。你在这个练习中的目标是补充细节。

(1) 为现场智能体提出一个有关中央智能体行为的信念模型。

(2) 将此观念模型并入状态变量，并概述现场智能体序贯决策系统的5个要素。确保在转移函数中包含所有状态变量的更新公式，包括中央智能体的信念模型所需的任何公式。

(3) 为现场智能体设计订购策略。若策略需要引入其他状态变量，请确保更新(2)部分中的模型。

20.14　假设在双智能体报童问题(见20.4节)中，中央智能体试图预测现场智能体的行为，而没有假设现场智能体试图预测中央智能体(正如在练习20.13中所做的那样)。你在这个练习中的目标是补充细节。

(1) 为中央智能体提出一个有关现场智能体行为的信念模型。

(2) 将此信念模型并入状态变量中，并概述中央智能体序贯决策系统的5个要素。确保在转移函数中包含所有状态变量的更新公式，包括现场智能体信念模型所需的任何公式。

(3) 为中央智能体设计订购策略。如果策略需要引入其他状态变量，请确保更新(2)部分中的模型。

20.15　(高级地)重复练习20.14，假设你已经完成练习20.13，这意味着你正在为中央智能体建模，同时预期现场智能体正在尝试预测中央智能体的行为。

序贯决策分析和建模

以下练习摘自在线书籍*Sequential Decision Analytics and Modeling*(《序贯决策分析和建模》)，扫描右侧二维码，即可查看该书。

20.16　此练习将侧重于上述书籍第10章和第11章中的多智能体问题，因此请首先回顾此材料。此练习将使用Python模块"TwoNewsvendor"，扫描右侧二维码，即可下载。

(1) 使用基本的学习模型运行代码，并看看这两个对手最终会接受什么决策(更可能被选择的偏见)。

(2) 将中央命令偏差固定为-4。让代码运行该问题——现场智能体将其视为一个具有UCB参数的多个值(1、2、4、8、16、32)的学习过程，并绘制一个"回合与选择"的图表，以查看学习策略如何选择要使用的偏差。

(3) 使用第一个双报童(two-newsvendor)模型的代码和学习方法模块的代码，编写自己的模块，其中现场智能体将问题视为学习问题，每回合选择[0,10]中的一个偏差，中央命令使用第一个模型中的策略来处理问题(计算偏差，添加自己的偏差和一些噪声)。

(4) 接下来看一个双报童问题，其中央命令也有一些关于需求的外生信息。其对需求的估计具有更大的噪声(例如，对于需求总是在20到40之间的电子表格数据而言，该噪声要比与现场智能体通信的源的噪声大3倍)。将中央命令的偏差重新定义为它在得到的估计上添加的量。尝试一种学习方法，其中选择的偏差区间为[-5,5]。运行该程序，并将结果与旧的学习过程进行比较。

(5) (惩罚策略1)来看一个案例，其中，现场智能体使用学习方法，中央智能体使用惩罚策略。鉴于智能体知道如果现场提供的量少于需求量，就会受到更大的惩罚，因此中央命令将(为$t-1$时)计算先前的现场偏差，如果结果是正值，就会对现场的请求应用2倍大小和相反符号的偏差。运行这个实验，看看在4000次之后，该领域的普遍偏差是什么。

每日一问

"每日一问"是你选择的一个问题(请参阅第1章中的指南)。针对你的每日一问，回答以下问题。

20.17　如果你的日记问题具有学习维度(如学习未知环境)或涉及多个决策者，就可以使用本章中的框架。鉴于此，请执行以下操作。

(1) 描述每个智能体，并将其表征为环境智能体、控制智能体(可能有学习能力，也可能没有学习能力)，也可能是纯学习智能体。

(2) 为每个控制智能体识别信念变量，这些变量捕捉控制智能体必须创建的关于未知参数和数量的信念。若有多个控制智能体，那么每个智能体都有必要开发对其他控制智能体的信念，但将此留到(3)部分。虽然引入符号很重要，但首先要描述信念和未知量。

(3) 如果有多个控制智能体，则有必要建立关于其他控制智能体的信念。

(4) 为每个智能体创建一个包含所有5个元素的完整模型(除控制智能体外，其他智能体将缺少决策和目标函数)。

参考文献